2015

한계상태설계법을 기본으로 한

강교 설계

이명우 지음

도서출판 동화기술

머리말

종합적이고 다양한 공학기술이 접목되어 있는 대표적인 강구조물인 강교는 콘크리트교량과는 달리 기본적으로 박벽 강판을 보강하여 구조체를 형성함으로써 외력에 저항하는 구조물이므로, 강교는 구조계획, 구조형식, 부재배치, 상세 및 보강설계방법 등에 따라 구조응답거동이 상이하게 되는 구조물이다. 그러므로 구조거동이 복잡하고 교량형식과 설계자의 구조계획에 따라 거동과 성능이 달라지며, 계획, 설계, 건설의 전체단계에 걸친 구조적 결함이 구조피로파괴나 구조진동, 구조내구성이나 구조신뢰성에 매우 민감하게 영향을 미치는 구조물이므로 강교의 설계는 콘크리트교보다 훨씬 더 복잡한 구조거동, 응력해석, 설계이론의 확실한 이해와 보다 면밀하고 세심한 공학기술이 필요하였다.

이러한 것들에 대응하여 Computer와 구조공학은 획기적으로 진보하였고, 이와 더불어 종래의 형식적인 구조물에 대해 응력이나 변형 등의 특성이 명확해 졌다. 그 뿐만 아니라 Computer의 활용에 의해 비로소 실현이 가능하게 된 구조물이나, 나아가서 그 목적과 디자인의 센스를 최대한 살린 초현대적 구조 등(초고층 구조 · 초장대교 구조 · 초고속철도 구조 등) 끝없이 인류의 꿈이 짧은 기간에 실현되어 가고 있다. 인류의 구조물에 대한 소원은 주어진 소재의 허용된 범위에서 어떠한 구조물이 가능한 가를 먼저 알아야 하기 때문에 옛날에는 몇 번이나 경험적 시행이 필요했으며 근대에 와서도 Computer가 없는 시대에는 복잡한 구조물의 전체적인 거동 등은 알 수도 없었고, 역시 많은 경험적 요소가 구조기술자의 머릿속을 오가야 했었다. 현재 Super-Computer는 이와 같은 기술가운데 이론 계산상의 명확하지 않는 부분을 일거에 밝혀내고, 많은 실험을 대신하여 경험적으로 불명확했던 요소를 명확하게 하고, 구조기술의 새로운 전개에 대해 큰 지주가 되었다.

이 교과서는 『도로교설계기준(2015 한계상태설계법)』에 규정된 새로운 기준을 강교설계에 적용하는 입문서가 되도록 계획하였다. 이 책에서 몇 장에서 다루는 내용들은 학부와 대학원 교재로 함께 사용이 가능하지만, 토목 및 건축공학부 학생을 위하여 저술된 책이다. 강구조 분야 실무종사자들이 설계업무나 『도로교설계기준(2015 한계상태설계법)』 및 『강구조설계기준(2010 하중계수저항설계법)』을 복습할 필요가 있는 경우 참고서로 유용하게 사용할 수도 있다. 이 책으로 공부하는 학생은 사전에 재료역학과 정정구조해석에 대한 지식을 습득하고 있는 것이 바람직하지만, 부정정구조해석에 대한 지식은 이 책을 사용하는 데 있어서 미리 꼭 갖추어야 할 요건은 아니다.

강구조물의 설계는 여러 절차의 통합을 포함하는 복잡한 시도라고 할 수 있다. 이 책은 강구조물의 전체적인 설계와 강구조설계를 구성하는 요소의 설계에 관한 사항들을 제공한다. 이 책은 완성된 강구조물의 설계, 개별부재 및 연결부의 설계를 다루고 있다. 단위로는 SI(System International)단위를 사용하였고, 부득이 비교의 목적 등에 대해서는 미국상용단위를 사용하였다. 이론과 실무 사이의 균형을 맞추기 위하여 여러 가지를 시도하였다. 학부생들이 이해할 수 있는 이론은 수록하고 난해한 내용들은 포함하지 않았다.

해석과 설계법은 『도로교설계기준(2015 한계상태설계법)』에 규정된 장과 절 및 수식을 인용 · 설명 · 해설하였으며, 각 설계에 대해서는 순서도로 나타내었다. 이 순서도를 보고 컴퓨터의 언어인 Visual BASIC, Visual C, Visual FORTRAN 등을 활용하면 컴퓨터 프로그램을 작성할 수 있을 것이다.

제1편에서는 제1장 서론(개설, 교량의 구성, 분류), 제2장 교량의 역사, 제3장 IT 융복합 스마트 교량설계(BIM)를 다루었다.
제2편에서는 『도로교설계기준(2015 한계상태설계법)』에 규정된 제1장 총칙(적용범위, 정의, 설계원칙), 제2장 설계개요, 제3장 하중을 다루었다.
제3편에서는 제1장 구조형태와 구조물의 이상화 · 구조해석 이론, 제2장 교량의 종류별 구조해석법(보-슬래브교에서 근사적 해석법 · 격자법 · 유한요소법 · 유한대판법을, 보-슬래브교의 슬래브에서 선형탄성법을, 박스거더교에서 보-라인 방법 · 유한요소법을), 제3장 프리스트레스, 온도, 건조수축과 크리프의 영향, 제4장 횡방향 하중 해석(풍하중과 지진하중), 제5장 영향선 이론을 다루었다.
제4편에서는 『도로교설계기준(2015 한계상태설계법)』에 규정된 제1장 강교(LSD 2015에서는 제6장), 인장 · 압축부재의 설계예, 제2장 강교설계순서, 강교 단면설계, 강합성교 단면설계, 휨을 받는 단면의 설계예(항복모멘트 계산, 정모멘트 단면의 소성중립축 계산, 부모멘트 단면의 소성중립축 계산, 정소성모멘트 계산, 부소성모멘트 계산, 복부판의 압축측 높이계산, 부휨강도 계산, 복부 전단강도 계산, 스터드 전단연결재설계, 중간수직보강재 설계, 하중집중점 지압보강재 설계), 강교의 설계예(비합성 압연강 단순거더교, 합성 압연강 단순거더교, 합성 플레이트 연속거더교)를 다루었다.
제5편에서는 제1장 복부판에 파형강판을 사용한 합성형교, 제2장 복부에 트러스를 사용한 합성형교를 다루었다.

끝으로 본서를 편집할 때 본문내용 작성에는 많은 저서들을 많이 참고하였음을 밝혀둔다. 이러한 책들은 독자들에게도 훌륭한 참고문헌이 될 수 있을 것으로 확신함에도 불구하고 부족한 필자가 책을 출간하게 되어 두려움과 송구스러움을 떨쳐버릴 수가 없다. 부족한 필자이기 때문에 본서에서는 잘못이 많을 것으로 생각한다. 책의 내용과 구성이 미비하고, 오자와 탈자도 많을 것으로 생각된다. 독자들이 발견한 어떠한 오류도 감사한 마음으로 받을 것이다. 그리고 필자는 생략된 부분에 대한 보충설명과 더 많은 문제들을 점차적으로 수정 보완해 나갈 것을 약속드리며, 독자들이 이 책을 통해 2015 한계상태설계법을 기본으로 한 강교설계에 자신감을 갖게 되기를 기대한다.

또한 본서 출간에 수고를 아끼지 않은 홍남골 조교들에게 고마움을 전하며 마지막으로 상당한 시간동안 이 일에만 몰두하느라 거의 잊다시피 하여도 참아준 아내 정아와 아들 상원에게 드디어 다했다고 전해주고 싶다. 그리고 출판에 심혈을 기울여 주신 도서출판 동화기술 회장님 이하, 편집부 직원들에게도 감사를 드린다.

홍남골 끝자락에서

長山 이명우

목차

Part 4. 강교의 설계 (LSD, 2015) • 317

Part 5. 복합구조 합성형교 • 699

제1편

총 론

서 론 01

1.1 개설

교량이란 도로 · 철도 등의 운송로상의 장애 또는 방해가 되는 계곡 · 호수 · 해안 · 해협 등을 건너거나, 다른 철도 · 도로 · 수로 · 가옥 · 시가지 등을 통과할 목적으로 가설되는 구조물을 총칭하는 것으로 정의할 수 있다. 이러한 교량은 기본적으로 도로 · 철도와 같은 운송망의 일부분을 형성하고 있어 그 기능이 마비되거나(서울도시철도2호선-당산철교) 파괴되면(서울시-성수대교) 운송망의 기능이 오랜 기간 동안 마비될 정도로 매우 중요한 기능을 갖고 있으므로, **국토의 균형발전과 지역경제의 활성화 등에 결정적인 역할**을 하고 있을 뿐 아니라 국가 경제와 국민생활에 동맥의 역할을 하는 대단위 인간 공동체의 생명선과 같은 기능을 갖고 있는 가장 중요한 사회간접자본인 기반시설물이다.

교량은 인류의 문명이 시작된 고대로부터 문명이 고도화된 현대에 이르기까지 인류의 역사를 통해 볼 때, 한 국가와 지역사회의 번영과 생활에 필수요소로서 문명이 고도화될수록 도로운송수단의 발달과 더불어 국가 사회 경제와 인간의 삶에 더욱더 중요한 비중을 갖게 되었다. 예전에는 도로나 철도계획노선상의 장애물 통과가 주된 목적이었으나 근대화를 거쳐 오늘에 오기까지 교량은 단순한 **통행수단으로서의 기능**만을 갖는 것이 아니라, 프랑스 파리 세느강의 아름다운 교량들이나 부산 광안해수욕장 앞을 가로지르는 광안대교, 서해안고속도로의 서해대교 및 인천 영종도에서 송도로 바다를 가로지르는 인천대교와 같이 아름답고 장대한 교량은 그 지역의 상징적 · 기념비적 문화유산이자 아름다운 조형물로서 **심미적 · 환경적인 면에서도 매우 중요한 기능**을 갖게 되었다.

그렇지만 모든 사람들이 교량을 똑같이 보고 이해하는 것은 아니다. 이러한 사실은 교량에 대한 연구를 더욱 매력적으로 만드는 요인이 된다. 사람들은 작은 강을 가로지르는 교량을 저마다 다른 시각으로 볼 것이다. 왜냐하면 그들 개개인은 각각의 독특한 시각으로 교량을 관찰하기 때문이다. 매일 교량을 지나 일터로 가는 사람은 단지 강변의 양쪽에 도로가 있으므로 교량이 그곳에 있다고 생각할 수도 있고, 또 다른 사람들은 교량이 지어지기 이전에 그들이 친구를 만나거나 학교나 공원 등에 가기 위해 얼마나 멀리 돌아가야 했는지를 생각할 수도 있다. 시민의 대표자들은 교량을 시민들 간에 연결로나 소방관 또는 경찰관들이 다니는 시민생활에 필수적인 수단으로, 사업가들에게는 교량이 새로운 시장을 열어주고 상업을 확장시켜 주는 수단이 된다. 예술가들에게는 그림이나 영화나 음악의 주제로 이용될 수도 있고 신앙인에게는 신과 인간을 상징적으로 연결시켜주는 매개체로 생각할 수도 있다. 한편 배를 타고 교량아래를 지나가는 사람들에게는 전혀 다른 시각을 가지게 할 것이다. 이와 같이 **교량은 사람들에게 다양한 형태로 의식에 영향을 미치게 된다**.

일반 시민들은 교량을 이용하고 기술자는 교량을 설계하며 시공하고 유지관리 한다. 그러나 교량은 한순간에 생겨나는 것이 아니다. 교량은 매우 고도의 엔지니어링에 의한 계획 · 설계 · 시공단계를 거치고 난 후에야 비로소 형성되는 것이다. 즉 **오늘날 교량의 건설은 고도의 공학적 전문지식 · 경험 · 기예를 필요로 한다**. 다시 말하자면 교량형식의 선정 · 작용하중의 해석 · 설계 · 시공 · 유지관리 등의 과정에서 교량기술자들은 고도의 경험 및 기예를 필요로 하고 첨단 구조공학에 바탕을 둔 설계 · 해석 · 분석이론과 실무가 필요하다. 그러나 앞에서 언급한 바와 같이 교량은 일반적으로 기능적인 면과 문화적 · 환경적 · 정신적인 면에서 인간생활과 밀접한 관계를 가지고 있음을 유의해야 한다. 기능적인 면이란 누구나 교량 위를 지장 없이 통행할 수 있도록 충분한 강도와 사용성과 내구성과 필요한 구조 규모를 갖는 것을 의미한다. 문화적 · 환경적 · 정신적인 면에서는 주로 교량의 미관, 즉 조형미와 관련된 것을 의미한다. 교량의 조형미는 교량 자체의 **형태미**(proportion)와 교량이 주위의 경관이나 환경과 결합하여 창출하는 **구도미**(composition)로 구성된다. 위의 두 조건을 만족하는 교량을 건설하기 위해서는 교량의 생애주기(life cycle), 즉 **계획 · 설계 · 시공 · 유지관리 · 폐기의 5단계**에 걸쳐 교량의 안정성 · 경제성 · 기능성 · 미관을 종합적으로 고려해야 한다. 그러나 이것은 결코 쉬운 일이 아니며, 위의 모든 기능을 충족하며 안전하고 경제적인 교량의 가설을 위해서는 교량 기술자와 건설 각 분야 전문가들의 팀웍에 의한 계획 · 설계 · 시공과 현대 교량공학의 고도로 발전된 기술을 최대한 활용할 수 있어야 한다.

1.1.1 국내 교량공학의 배경

우리나라의 경우 지난 수십 년간의 고도의 경제성장과 산업화과정에서 국가 기간도로, 철도망의 건설과 더불어 수많은 교량이 가설되었으나 제대로 가설된 교량이 별로 없이 정치와 건설 분야의 비리와 부조리 및 미비한 관리청에 의해 거의 모든 교량이 부실계획 · 부실설계 · 부실시공 · 부실유지관리 되어 왔다. 이로 인해 가설 후 몇 년이지나 열화 · 손상되고 위험한 상태나 외관이 추하게 된 교량이 허다하였고, 대부분 제대로 된 유지관리 없이 방치되는 것이 현실이었다. 그러다가 1994년 32명의 목숨을 앗아간 성수대교의 붕괴참사를 계기로 정부와 국민 모두가 교량에 대해 안전성과 유지관리의 중요성을 깨달아, 그 후에 교량의 설계 · 시공 · 유지관리가 예전보다 많이 향상되었다. 그리고 교량이 도로의 장애물 통과수단으로서의 기능뿐만 아니라 국가와 지역사회의 문화적 측면의 기능도 중요시함으로써 **안전하고 경제적이며 미관도 뛰어난 교량의 가설**이 이루어지도록 계획 · 설계 · 시공하고자 하는 의식의 전환이 이루어지게 되었다. 예를 들면, 부산 광안해수욕장 앞을 통과하는 광안대교, 서해안고속도로의 서해대교, 인천 영종도에서 송도로 바다를 가로지르는 인천대교, 여수-광양을 연결시키는 이순신대교, 압해-암태를 연결시키는 새천년대교, 군외-남창을 연결시키는 완도대교, 거제도-가덕도를 연결시키는 거가대교, 부산의 북항대교, 고하-죽교 · 소록-거금 · 돌산-화태 · 영남-적금 · 여수-묘도를 연결시키는 교량 및 세풍대교 · 완도대교 · 제2남해대교 · 울산대교 등과 같이 아름답고 장대한 교량은 그 지역의 상징적 · 기념비적 문화유산이자 아름다운 조형물로서 심미적 · 환경적인 면에서도 매우 중요한 기능을 갖게 계획 · 설계 · 시공되었다.

1.1.2 교량공학의 발전과 전망

제2장에서 기술하고 있는 **교량의 역사**야말로 교량공학의 발달사 그 자체라고 할 수 있다. 아마도 일찍이 기원전부터 주로 석재와 목재를 이용하여 뛰어난 장인들의 경험과 직관에 바탕을 둔 기예에 의해 예술작품같이 만들어지던 건축물과 교량의 건설기술에 대한 알려진 첫 기록은 BC 1**세기경**에 Mucus Vitruvios Pallio에 의해 쓰인 건설재료와 구조물형식을 다룬 건축물에 관한 책일 것이다. 그러나 고대 그리스인들에 의해 발달된 정역학의 원리가 15, 16**세기**의 중세를 지나기까지 건축물이나 교량의 설계와 건설에 응용된 기록은 없고, 고대의 건설기술관련 기록이나 문헌도 이용할 줄 모른 채 교량과 배수관로 등의 건설기술은 뛰어난 장인기술자들의 경험과 전통에만 의존했던 것이다. 기술이 공학으로서 과학의 형태를 최초로 갖추기 시작한 것은 르네상스시대의 갈릴레오, 레오나르도 다빈치, 카르다노(Cardano) 등에 의한 건축기술의 과학적 연구와 공학적 응용이 이루어지면서 부터이다. 무엇보다도 17**세기말** 뉴턴의 고전역학이 정립되고, Hooke가 재료의 탄성법칙을 발견하고, 라이프니츠, 베르누이 형제들에 의해 미적분학에 의한 역학적 계산이론이 발전되면서, 건축과 교량의 기술도 탄성역학에 바탕을 둔 과학적인 체계를 갖추게 되었다. 그 결과 Lahire (1695)와 Belider (1729)는 구조물의 이론적 해석에 관한 책을 엮어내었고 이 책들은 18세기동안 프랑스에서 발전된 공학기술에서 재료역학분야의 기본교재로 사용되었다. 그러나 근대 교량공학의 발전은 어디까지나 **산업혁명이후** 19세기에 수많은 주철 트러스교, 주철 아치교와 곳이은 연철 장대교량의 건설과 더불어 시작되었고, 이에 따른 유럽과 미국에서의 교량구조형식 · 해석법 · 가설기술의 발전 등이 현대 교량공학의 초석이 되었다. 그 후 19**세기말과** 20**세기초**부터 강교량과 철근콘크리트교량의 건설이 본격화되면서 현대 교량공학은 비로소 오늘날 공학기술의 원초적 모습을 갖추게 되었다.

1930**년대**를 전후로 본격화된 강트러스교 · 강아치교 · 현수교와 같은 장대교량의 건설과 철근콘크리트 T빔교 · 박스교 · 아치교의 건설, 또한 1927년부터 시작된 프리스트레스트 콘크리트교의 건설은 고차부정정구조물의 해석법이 요구되었는데 1930년에 Hardy Cross의 모멘트 분배법이 발표되면서부터 본격적인 고차부정정 구조물시대로 접어들었고, 구조재료의 발전과 더불어 설계이론이 발전되고 탄소성 구조해석이론이 발전되었다. 그 결과 **1950년대**로 들어서면서부터 소성해석 · 강도설계법의 발전을 가져오게 되었다. 그러나 진정한 의미의 현대적 교량공학은 **1960년대** 이후 본격화된 유한요소법 · 최적설계법 · 구조신뢰성이론의 발전과 더불어 제3세대 전산화시대가 시작되면서 구조해석 및 설계기술이 고도화되고, 이에 따른 교량의 설계 · 해석기술이 고도화되면서 급격하게 발전하였다. 무엇보다도 20세기초부터 시작된 구조실험과 탄소성 역학은 강재와 콘크리트의 역학적 거동 · 파괴거동 · 안정 거동을 실험적 · 이론적으로 체계화시킴으로서 60년대 이후 선진국에서는 현대적인 교량설계 시방서를 사용하게 되었다.

그러나 아이러니컬하게도 **현대교량공학기술의 발전**은 수많은 교량의 붕괴참사를 겪으면서 그때마다 한 단계씩 점프하면서 발전하게 되었다. 예를 들면 20세기 초부터 2차 대전을 전후하여 겁 없이 무분별하게 제작 · 가설되던 수많은 용접을 이용한 잠수함 · 선박 · 강교들의 취성피로파괴에 의한 침몰 · 붕괴로 파괴역학이란 이론이 출현하게 되었다. 또한 60년대의 호주의 Kings교(1962) 등을 비롯한 세계 여러 교량들의 **피로파괴에 의한 붕괴**는 고강도강재의 사용과 더불어 피로설계준규의 발전을 촉진시켰던 것이다. 또한 2장에 소개되어 있지만 캐나다의 **퀘벡교(1917)의 가설도중 압축재의 좌굴에 의한 파괴**는 압축재의 안정설계기준의 발전을 가져왔다. 장대교량 붕괴역사상 가장 큰 사건은 1940년에 발생한 Tacoma Narrows교의 돌풍에 의한 붕괴사건이다. 19 m/sec 정도의 돌풍이 일으킨 **비틀림 플러터**(torsional flutter)에 의한 현수교의 어이없는 붕괴는 장대교량의 설계에서 **공기역학적 안정설계의 중요성**을 비로소 인식하는 계기가 되었고, 그 이후 모든 장대교량은 공기역학적 안정설계를 위하여 철저한 내풍해석 · 풍동시험들을 하도록 규정하고 있다. 사고사례와 관련하여 구조공학기술의 발전을 언급하자면 한이 없지만, 그만큼 선진국에서는 실패와 붕괴사례를 기술발전의 계기로 삼고 있다는 점에서 모든 실패와 사고를 덮어두고 기록을 없애기에 급급한 우리나라의 경우와 근본적으로 다른 기술풍토를 엿볼 수 있고 왜 우리 건설기술이 선진화되지 못하는가를 깨닫게 해준다.

현재 선진 각국의 교량가설기술과 **교량공학의 발전동향**을 보면 계획에서 설계 · 해석 · 제작 · 가설 · 시공관리 · 유지관리에 이르기까지 전 과정이 단계별로 또는 전체적으로 자동화 · 전산화되고 있고, 설계법도 지난 80년대부터 도입된 구조신뢰성이론에 바탕을 둔 현대적 · 과학적 · 합리적 설계규준인 **LRFD** (Load and Resistance Factor Design, 하중저항계수설계법), **LSD** (Limit State Design, 한계상태설계법)로 모두 전환되었다. Mechatronics기술의 발전으로 제작가설장비의 고도화 · 자동화 · 무인 로봇화와 설계 · 가설 전과정에 걸친 구조거동의 엄밀한 해석이 가능한 고도의 교량해석 및 설계 소프트웨어의 발전은 지난 50년간 축적된 가설기술의 노하우와 함께 장대교량은 더욱더 장대화되고, 일반교량은 고도의 표준화 프리훼프(pre-fab)화로 산업화가 되고 있으며, 기존의 교량에 대한 자동화 계측 · 모니터링 · 분석 · 평가기술의 발전과 고도의 유지 · 보수 · 보강기술 · upgrading기술이 더욱더 고도화되고 있는 추세이다.

이에 반하여 **우리나라의 교량설계 · 시공 · 유지관리기술과 교량공학**은 장교가 아닌 일반교량의 경우 어느 정도 선진국의 기술수준에 이르고 있다고 해도 과언이 아니다. 무엇보다도 지난 몇 년 사이의 팔당대교 · 신행주대교 · 성수대교 등의 붕괴를 계기로 교량의 부실설계 · 부실시공 · 부실유지관리의 결과가 얼마나 무서운지를 깨닫게 되었고 점차로 각성하면서 제도 · 규정, 교량의 설계 · 시공 · 유지관리 기술과 관련된 시방 · 지침 · 편람 · 요령들이 제정 · 발간되고 기술수준이 올라가면서 현재의 수준이 되었다고 볼 수 있다. 그러나 아직도 장대교량의 기본설계, 특수공법 시공기술은 낙후되어 있고, 기술자들의 기술자로서의 책임의식 · 윤리의식이 해이되어 있어 적당주의와 안전 불감증이 사라지지 않고 있고, 그간 건설제도가 많이 정비되었으나 설계 · 시공 · 유지관리프로젝트의 입찰 · 수주 · 하도급과 관련된 부조리와 비리는 여전히 만연되어 있어 우리 교량건설기술 발전의 발목을 잡고 있기 때문에 결과적으로 수년이내의 21세기 초에 우리나라 교량건설의 선진화는 기대하기 어려운 실정이다. 그렇지만 우리나라의 교량공학과 교량의 설계 · 시공기술도 그간의 하드웨어적 기술축척을 바탕으로 전산화시대에 맞는 고도의 선진화된 CAE/CAD (Computer Aided Engineering/Computer Aided Design) 소프트기술로 발전하고 있다는 것은 틀림없는 사실이다.

1.2 교량의 구성

교량은 일반적으로 상부구조(super structure)와 하부구조(sub structure)로 구성되어 있다. [그림 1.2.1]과 같이 상부구조는 자동차나 보행자 등을 직접 지지하는 부분을 말하고 하부구조는 상부구조를 지지하는 부분을 말한다. 그러나 모든 교량이 상부구조와 하부구조로 명확히 구분되는 것은 아니다. 예를 들면 라멘교와 같이 상부구조와 하부구조가 일체로 되는 경우도 있다. 상부구조를 구성하는 주요 부분으로는 바닥판 · 바닥틀(세로보와 가로보) · 거더 · 수평브레이싱(lateral bracing) · 수직브레이싱(sway bracing) · 받침부 등이 있고 신축이음장치 · 난간 · 방호책 · 배수장치 · 조명설비 · 점검설비 등의 부속설비도 포함된다. 본 절에서는 교량을 크게 상 · 하부구조로 나누어 간략히 논하였으며 구체적인 교량형식별 분류에 따른 구성요소는 생략하였다.

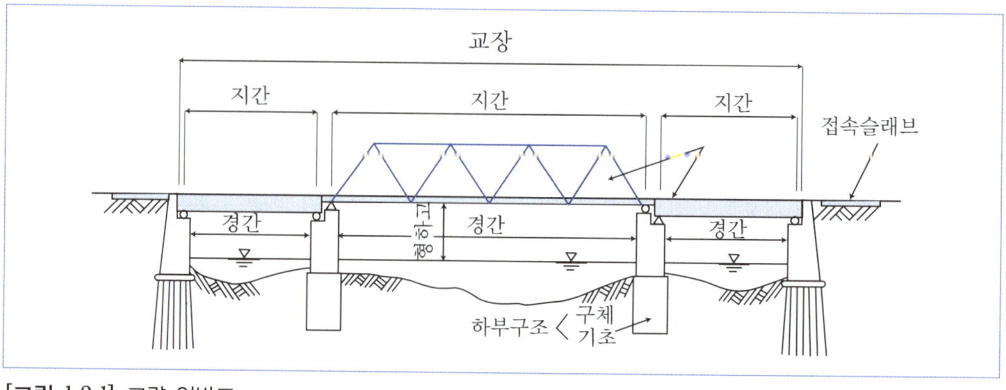

[그림 1.2.1] 교량 일반도

1.2.1 상부구조

상부구조는 구조상으로 교량의 주체가 되는 거더 · 트러스 · 아치 · 라멘 등으로 나눌 수 있고, 또한 바닥 · 바닥틀 · 브레이싱 등으로 구성되며 받침도 포함된다.

(1) 바닥과 바닥틀

바닥(floor)은 교통하중을 직접 지지하는 부분으로 부분으로서 도로교에서는 교면과 그 밑에 있는 바닥판을 말하며 철도교에서는 궤도가 교면에 해당하고 보통 드문 경우이나 도상식 (ballast floor)의 경우에는 바닥판이 있다.

바닥틀(floor system)은 바닥에 작용하는 하중을 주형 또는 트러스에 전달하는 역할을 한다. 일반적으로 가로보(cross beam)와 세로보(stringer)로 구성되며, 가로보는 주형 또는 트러스에 직각으로 지지되는 횡방향의 거더이며 가로보 사이에 연결되어 있는 종방향의 거더가 세로보이다. 바닥판과 바닥틀의 일반적인 형태는 [그림 1.2.2]와 같다.

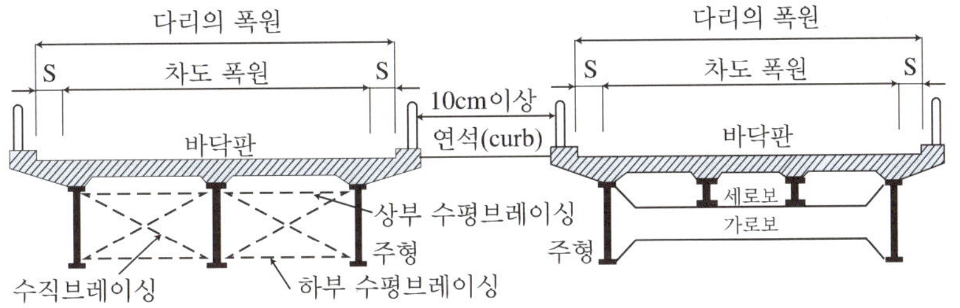

[그림 1.2.2] 바닥과 바닥틀

(2) 주형과 트러스

거더교에서는 2개 또는 그 이상의 **주형**이 사용되고, 트러스교에서는 양측의 **트러스**가 상부구조의 주체가 된다. 바닥에 작용하는 하중은 바닥틀을 통하여 주형 또는 트러스에 전달되고 이것이 다시 받침에 전달된다.

(3) 브레이싱

좌우의 주형 또는 트러스를 입체적으로 연결시키며 수평하중이나 비틀림에 저항하는 구조이다.

① 수평브레이싱(lateral bracing) : 주형이나 트러스 현재(弦材)의 길이 방향에 설치된 수평방향의 브레이싱으로 횡하중을 받침에 전달하는 역할을 한다. 위에 있는 것을 상부수평브레이싱, 아래에 있는 것을 하부수평브레이싱이라 한다.

② 수직브레이싱(sway bracing) : 주형이나 트러스에서 서로 마주보는 수직재를 연결하는 브레이싱으로 중간에 있는 것을 중간수직브레이싱, 교량 단부에 있는 것을 단수직브레이싱이라 한다.

(4) 받침(bearing support, shoe)

상부구조로부터 전달되는 하중을 확실하게 하부구조에 전달하는 구조부분으로서 받침에는 일반적으로 가동받침, 힌지(hinge)받침 및 고정받침인 3가지 종류가 있다.

1.2.2 하부구조

하부구조는 교대(abutment), 교각(pier)을 총칭으로 지상에 있는 부분을 구체(軀體, body), 지중에 묻혀있는 부분을 기초(基礎, foundation)라 한다. 기초는 상부구조에 못지않게 중요한 부분으로 보이지 않으며, 지반의 성질, 암반의 깊이에 따라 말뚝기초, 우물통기초 등 여러 종류가 있다. 하부구조는 주로 콘크리트 및 철근콘크리트로 만들며 때에 따라서는 콘크리트와 강재의 복합구조형식을 사용하기도 한다.

1.3 교량의 분류

교량은 용도, 사용재료, 노면의 위치, 교량의 평면형상, 가설지점, 교량의 가동여부, 내용년수, 설계하중, 구조형식 등에 따라 분류할 수 있다.

1.3.1 용도에 따른 분류

- 도로교(road bridge) : 도로를 통과시키는 교량
- 철도교(railway bridge) : 철도성로를 통과시키는 교량
- 수로교(aqueduct) : 수로, 수력발전 또는 관계용수를 통과시키는 교량
- 과선교(跨線橋, over bridge) : 철도선로 위에 가설하는 교량
- 가도교(架道橋, over bridge) : 도로 위에 가설하는 교량
- 관로교(pipe bridge, 또는 水管橋) : 수로를 통과시키는 교량
- 육교(viaduct) : 저지 계곡 등에서 물이 없는 곳에 가설하는 교량, 철도 또는 도로를 횡단해서 가설된 보도용 교량도 육교라 함
- 군용교 : 군사용으로 이용되는 교량으로 가반 조립식 형식이 많다. 군사 도하작전에 사용 됨
- 운하교(運河橋, canal aqueduct) : 운하를 통과하는 교량
- 공용교(共用橋) : 보도, 도로, 철도 등 공용으로 된 교량

1.3.2 사용재료에 따른 분류

- 목교 : 내하력과 내구연한이 적고 또한 불에 약하기 때문에 차츰 소멸되고 있는 실정이나 최

근에 와서는 공원이나 관광단지에 많이 만들고 있다.

- 석교 : 단지간에서는 거더교, 장지간에서는 아치교로 많이 만들었다. 내구연한도 길기 때문에 옛날에는 많이 만들었으나 철근콘크리트가 등장함으로서 지금은 거의 쓰이지 않고 있다.
- 철근콘크리트교 : 교량용 재료로서는 철근콘크리트가 비교적 오래되지는 않았으나 여러 가지 형식의 교량을 만들 수 있고, 내구력도 풍부하며 유지비도 적게 들어 많이 채용되고 있다.
- 프리스트레스트 콘크리트교 : 철근콘크리트교와 비슷하나 강도가 큰 콘크리트를 사용하고, 고장력의 PS(pre-stress)강재에 큰 프리스트레스를 준 거더를 교량에 사용하는 것으로 I형, T형, Box형, 중공 Slab 등이 있다.
- 강교 : 현재 장대 교량에서 제일 많이 쓰이며 교량에 사용되는 강재는 보통 탄소강 중에서 구조용 압연강재이다.
- 경금속교 : 고장력 알루미늄합금을 주재료로 한 교량으로 주로 보도교로 가설되고 있다.
- 복합재료교 : 신소재 FRP 등을 이용한 교량으로 주로 보도교나 군용교로 사용되고 있다.

1.3.3 노면의 위치에 따른 분류

- 상로교(deck bridge) : 노면이 교량의 거더나 트러스 위쪽에 있는 교량
- 중로교(half through bridge) : 노면이 교형 높이의 중간 부근에 있는 교량
- 하로교(through bridge) : 노면이 교량의 아래쪽에 있는 교량
- 2층교(double-deck bridge) : 통로가 2단으로 나눠 있는 교량으로 위쪽은 도로용이고 아래쪽은 철도용(영종대교, 청담대교), 위·아래 모두 도로(광안대교) 등으로 사용된다.

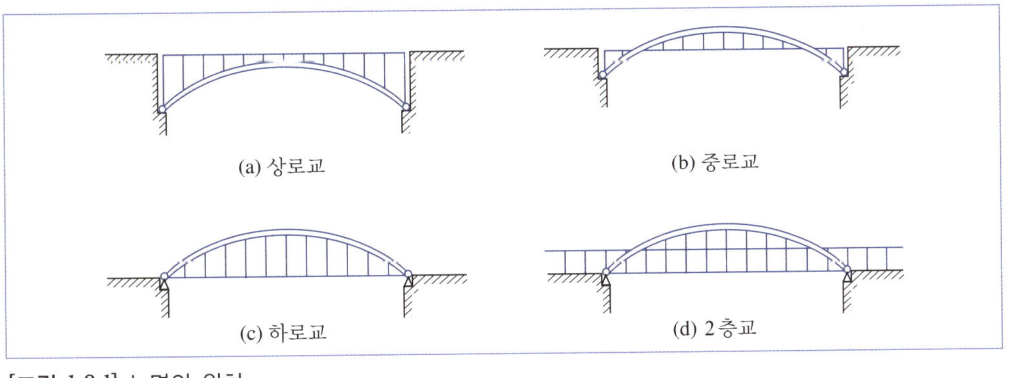

[그림 1.3.1] 노면의 위치

1.3.4 교량의 평면형상에 따른 분류

- 직교(right bridge) : 하천이나 계곡 등 장애물에 직각으로 가설한 교량
- 사교(skew bridge) : 장애물의 방향과 교량의 방향에 사각을 이루는 교량
- 곡선교(curved bridge) : 교축선이 곡선으로 이루어진 교량

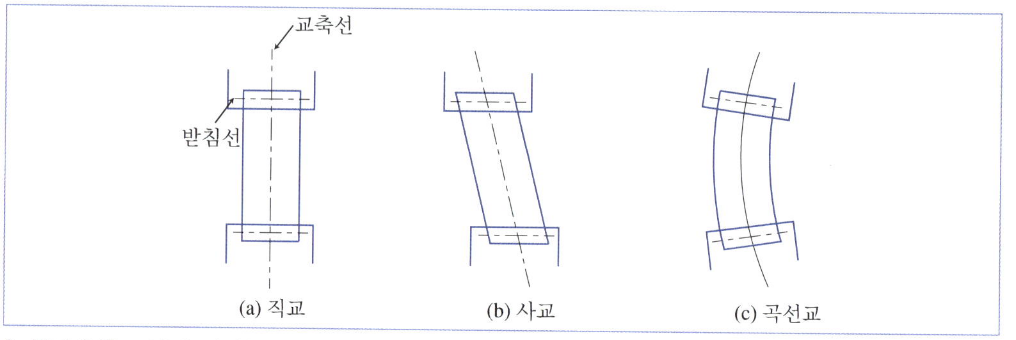

[그림 1.3.2] 교량의 평면형상

1.3.5 가설지점에 따른 분류

- 횡단육교(cross viaduct) : 철도 또는 도로를 횡단해서 가설된 보도용 교량
- 고가교(高架橋, elevated bridge) : 도로면보다 높은 위치에 가설한 교량
- 하천교(河川橋, river bridge) : 하천을 횡단하는 교량

1.3.6 교량의 가동여부에 따른 분류

- 고정교(fixed bridge) : 교형의 개폐가 없는 일반적 모든 교량으로 가동교와 특별히 구분할 때 쓰이는 용어
- 가동교(movable bridge) : 선박의 항해를 위하여 교형을 개폐하는 교량
- 선회교(旋回橋, swing bridge) : 교형이 수직축 둘레를 수평으로 회전하는 교량
- 승개교(昇開橋, lift bridge) : 교형이 수직으로 승강하는 교량
- 도개교(跳開橋, bascule bridge) : 교형이 수평축의 주위를 회전하는 교량

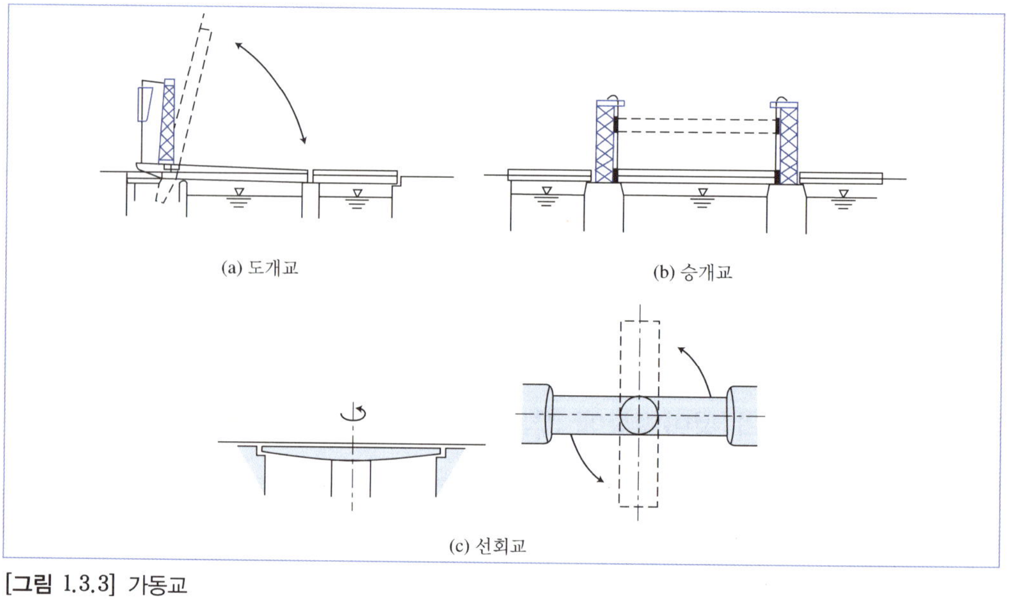

[그림 1.3.3] 가동교

1.3.7 내용년수에 따른 분류

- 영구교(永久橋, permanent bridge) : 목교나 응급교에 비해 강교 · 철근콘크리트교와 같이 내구연한이 큰 교량
- 가설교(假設橋, temporary bridge) : 본 공사를 수행하기 위해 필요한 교량
- 응급교(應急橋, emergency bridge) : 예기치 못한 경우에 비상용으로 사용되는 교량

1.3.8 설계하중에 따른 분류

- 1등교
- 2등교
- 3등교

1.3.9 구조형식에 따른 분류

라멘교, 거더교, 트러스교, 아치교, 현수교, 사장교 등

(1) 라멘교(rigid frame bridge)

문형라멘교, 문형 balanced 라멘교, Ⅱ 형 라멘교

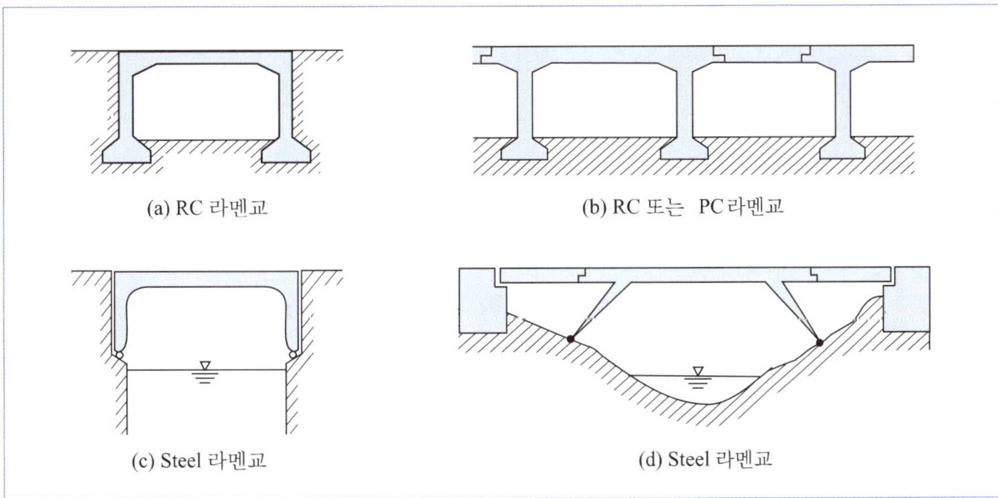

[그림 1.3.4] 라멘교

(2) 거더교(girder bridge)

- 단순형교(simple girder bridge)
- 연속형교(continuous girder bridge)
- 캔틸레버형교(cantilever girder bridge)
- 게르버형교(gerber girder bridge)

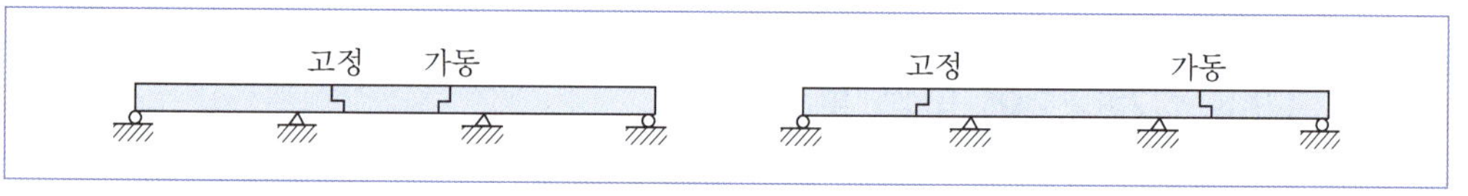

[그림 1.3.5] 게르버형교

- T형교
- I형교
- 박스거더교(box girder bridge)
- 슬래브교(slab bridge)
- 격자형교(grid girder bridge)
- 합성형교(composite girder bridge)

(3) 트러스교(truss bridge)

- Warren Truss
- Pratt Truss
- Howe Truss
- K-Truss
- 단순트러스교
- 연속트러스교
- 게르버트러스교
- 비이렌디일교 : 트러스에서 사재를 없애고 현재와 수직재를 강결시킨 교량

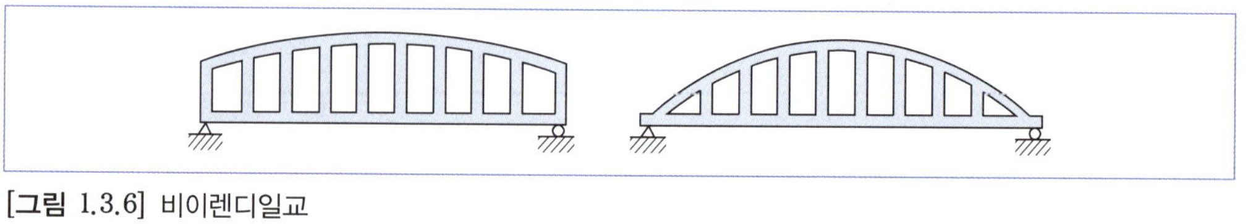

[그림 1.3.6] 비이렌디일교

(4) 현수교(suspension bridge)

- 타정식 현수교(block anchored bridge)
- 자정식 현수교(self anchored bridge)

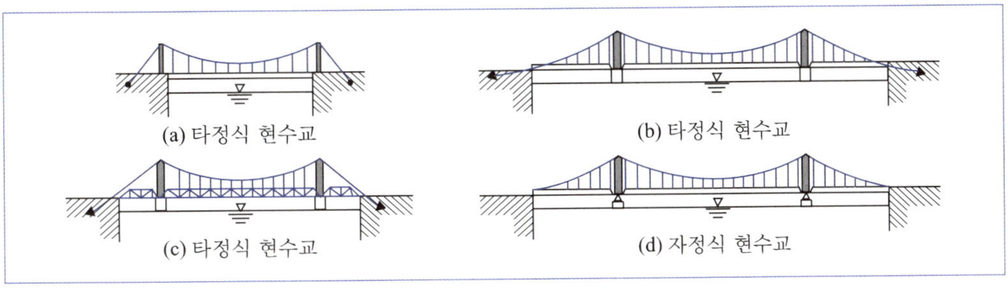

(a) 타정식 현수교 (b) 타정식 현수교
(c) 타정식 현수교 (d) 자정식 현수교

[그림 1.3.7] 현수교

(5) 아치교(arch bridge)

(가) 힌지별 아치교 – 고정아치, 1힌지아치, 2힌지아치, 3힌지아치

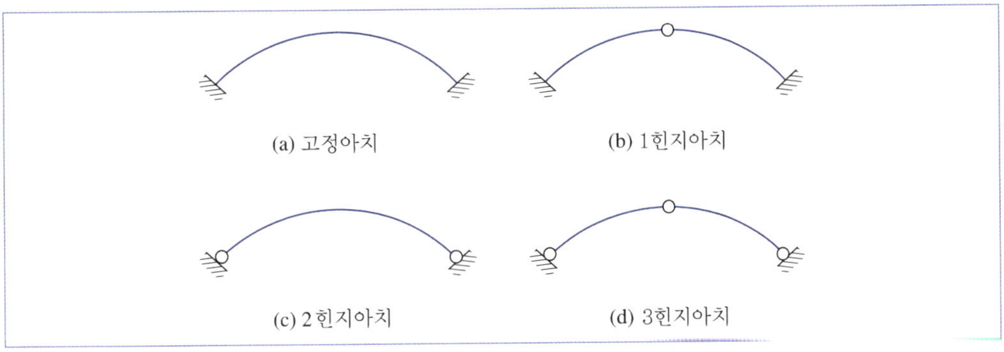

(a) 고정아치 (b) 1힌지아치
(c) 2힌지아치 (d) 3힌지아치

[그림 1.3.8] 힌지별 아치교

(나) 형식별 아치교 – Solid rib arch, Braced rib arch, Spandrel braced arch, Tied arch

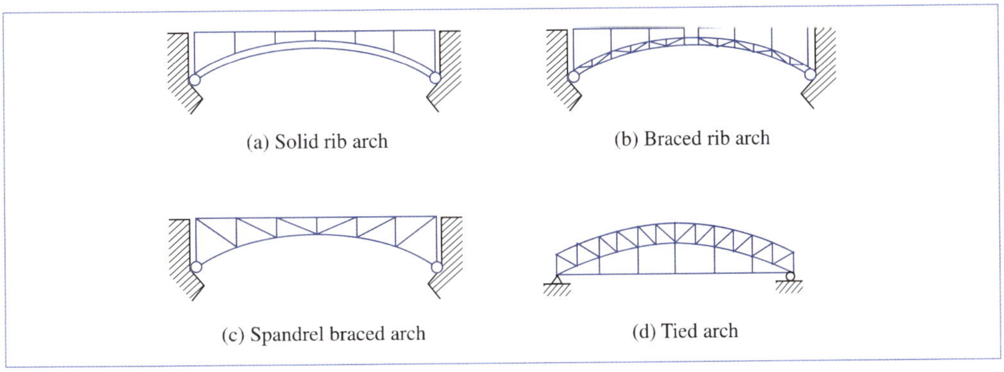

(a) Solid rib arch (b) Braced rib arch
(c) Spandrel braced arch (d) Tied arch

[그림 1.3.9] 형식별 아치교

(다) Langer Arch · Lohse Arch · Nielsen Arch

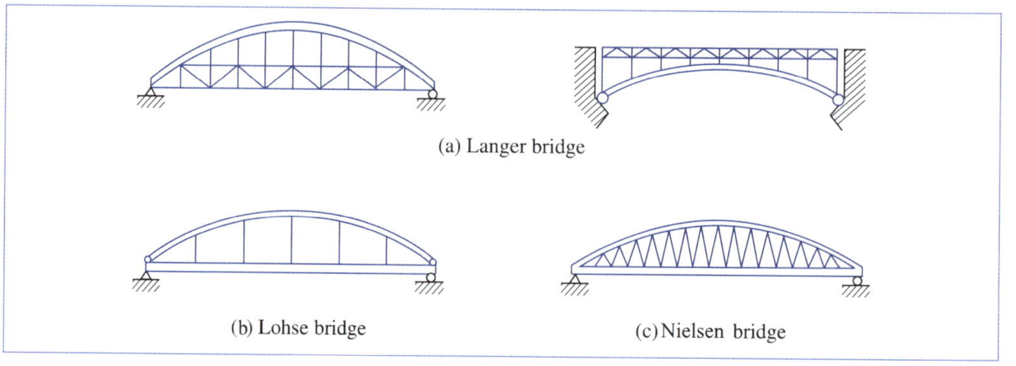

[그림 1.3.10] Langer Arch, Lohse Arch, Nielsen Arch

(라) Balanced Arch교

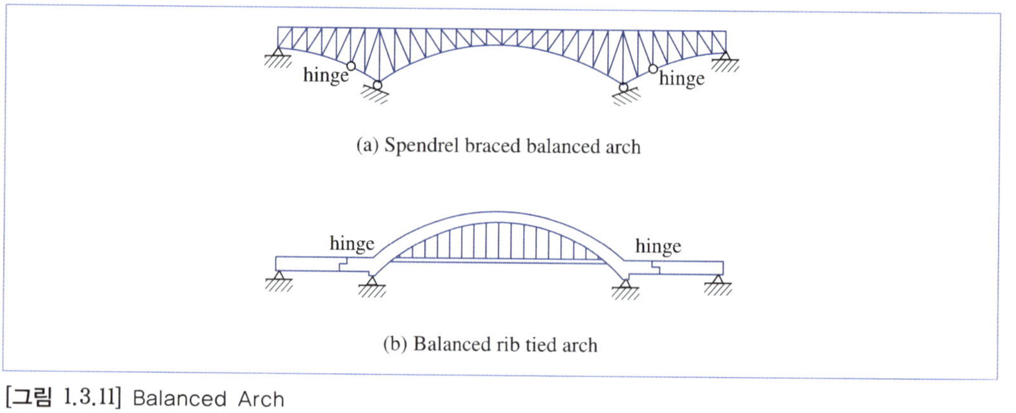

[그림 1.3.11] Balanced Arch

(6) 사장교(cable-stayed bridge)

Fan(방사)형 (a), Harp(하프)형 (b), Radiating(부채)형 (c), Star(스타)형 (d)

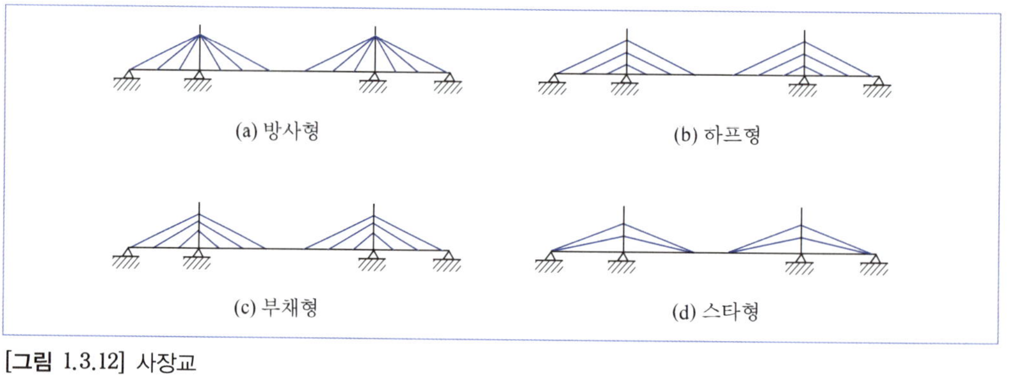

[그림 1.3.12] 사장교

교량의 역사 02

인류는 유사 이래 자연에 순응하고 때로는 이를 극복하면서 발전하여 왔다. 최초의 인류는 자연적으로 만들어진 구조물을 이용하여 이동하고 식량 등을 운반하였으나 통행의 장애가 되는 강 · 하천 또는 계곡 등을 통과하기 위한 수단이 필요하게 되었다. 사람들은 한 곳에서 다른 곳으로 인적 · 물적 자원을 수송하는 것에 항상 관심을 가져왔으며, 특히 강가를 중심으로 정착하기 시작하면서 물이 갖는 지역적인 차단성을 극복하고 이웃지역과의 연결을 위하여 교량이 생겨났다. 초기에는 가급적 수로를 이용하였으며, 오늘날에도 물건을 운반하는 가장 경제적인 방법은 배를 이용하는 것이다. 그러나 배에 의한 운성은 원하는 목적지에 따라 제한을 받을 뿐만 아니라 수로 자체도 충분하지 않았다. 따라서 육상 수송을 위해서는 교량이 필수적인 수단이 되었다. 교량은 이렇게 인간의 주어진 환경과 밀접한 관계를 맺어왔으며, 이러한 교량건설의 이면에는 민족의 애환과 전설이 서려있을 뿐만 아니라 정신적 · 종교적 의미까지도 내포하고 있다.

교량은 아득한 과거에서부터 현재까지 문학 및 예술의 주요 주제가 되어왔으며 여러 신화 속에서도 언급이 되어 왔다. 그 예로 로마사람들은 “교량은 하늘과 땅을 연결하는 상징”이라고 믿었으며 많은 교량들이 신부(神父)들에 의하여 건설되었다. 특히 “교량”을 의미하는 폰티(ponti)와 “만들다”를 의미하는 펙스(fex)가 합쳐진 “교량가설자”라는 의미의 합성어인 폰티푸(pontiff)가 교황(教皇)의 라틴표기인 것만 보아도 당시에 많은 교량이 가설되었으며, 교량의 가설자는 상당한 권력자였음을 유추할 수 있다. 한편 동양의 불교에서는 교량을 건설하여 중생을 편하게 만들어주는 일이 현세에서의 세 가지 공덕 중의 하나라고 믿었으며, 많은 아치교가 사찰 앞에 건설되었는데 이는 속세로부터 무지개를 타고 불국(佛國)으로 들어간다는 의미를 내포하고 있다.

교량은 또한 마을 및 도시의 일상생활을 유지하기 위한 기본이 되어 왔다. 고대에는 교량건설을 시작할 때 인간을 제물로 삼아 신을 기쁘게 하여 구조물이 안전하도록 기원하는 풍습이 있었다. 이렇게 교량 등과 같은 공공시설에 대한 중요성은 대중의 기대와 요구측면에서 보면 현재보다 과거에 훨씬 크게 인식되었다. 교량의 건설과 관련한 오늘날의 지식 및 기술은 몇 세기 전의 수준보다 엄청나게 높아졌으나, 지역사회에서 교량을 만드는 사람의 위치가 위대하다고 간주되지는 않는다. 그러나 새로운 교량의 개통과 더불어 생기는 개인적인 만족감은 교량의 건설자에게 커다란 성취감을 안겨준다.

도로 및 철도의 확보는 전쟁수행에도 필수적이며, 교량 위에서의 전투도 많이 있었는데, 전략적으로 중요한 교량의 차지여부가 전쟁의 결과에 결정적인 영향을 미치는 경우도 있었다. 로마 사람들은 일찍 이러한 사실을 깨달아 잘 발달된 도로를 이용하여 제국 내의 한 곳에서 다른 곳으로, 그 당시로서는 매우 빨리 군대를 이동시킬 수 있었다. 히틀러도 유럽정복을 위하여 군대, 제조품 및 원자재를 빠르게 대량으로 수송할 목적으로 아우토반을 건설하였다.

이와 같이 교량은 오랜 기간에 걸쳐 인간에게 실용적 · 정신적 구조물이 되었고 여러 사람들의 관심의 대상이었다. 이는 옛날부터 동서양을 막론하고 시가 · 회화 및 영화의 소재로 등장하며, 직접적으로 편리를 주는 구조물인 동시에 교통의 요충지에 위치한 이정표적 존재로서 당대의 문화와 역사가 간직될 수 있는 양면성을 모두 지니고 있기 때문일 것이다.

교량은 고속도로 및 철도 발달의 핵심고리로서 경제발전과 필수 불가결의 관계를 지니고 있다. 유럽은 발전된 해상 및 육상 운송시스템을 비롯한 기타 여러 요인에 힘입어 다른 지역보다 경제적으로 일찍 발전하였고, 미국의 급속한 경제성장도 육상수송체계가 발달된 후에야 가능하였다. 심지어는 오늘날에도 후진국들이 경제적으로 뒤지는 가장 큰 이유 중의 하나로서 양호한 육상 수송체계의 결여를 들 수 있다. 여기서는 고대로부터 현대에 이르는 세계교량의 변천사와 이에 따른 교량기술의 발달사를 개관하였다. 또한 우리나라 교량의 역사에 대해서도 간략하게 언급하였다.

2.1 세계 교량의 역사

2.1.1 고대의 교량

초기의 교량은 돌로 된 슬래브나 통나무 같은 것을 이용하는 단순한 형태로 건설되었다. 장경간의 경우에는 대나무 또는 포도나무줄기를 교량 간격만큼 한 줄로 연결하여 통행하는 사람들 실은 바구니 또는 고리를 로프(rope)로 당기는 방법을 사용하였다. 처음 반 정도의 거리까지는 중력을 이용하고 나머지 반은 인간의 힘으로 당겨야 했다. 이러한 원시적인 현수교 형식은 여러 개의 케이블 및 바닥틀 구조를 갖는 형식으로 발전되었다. 원시적인 교량은 아시아, 남아메리카 및 아프리카 등의 고대 문헌에 기록되어 있으며, 아직까지도 일부 미개발 원시지역에서 이용되고 있다.

교각으로부터 강의 양단에 목재 캔틸레버보를 연장하는 초보적인 캔틸레버교가 중국에서 건설되었으며, 지금까지 알려진 최초의 아치교는 중동지방의 우르(Ur)에서 발견되었다. 이집트에서의 아치교 역사는 B.C 3,000년경까지 거슬러 올라간다. 이러한 아치는 교량이라기보다 건물에 가까웠다. 지금까지 남아있는 가장 오래된 석재 아치교는 터키의 Smyrna에 있다. 로마최초의 석재 아치교는 B.C 17세기 직후에 Teverone을 횡단하는 Solares교이다. 로마사람들은 목재교량을 많이 건설하였으나 로마의 건설기술을 상징하는 기념물들은 한때 로마제국하에 있던 유럽에 산재한 석재 아치교들이다. 지금까지 남아있는 유명한 로마의 교량들로서는 이탈리아의 Rimini에 있는 Augustus교, 스페인의 Puente Alcantara교, 남프랑스의 Gard교 등이 있다, 이 교량들은 기원 후 1~2세기에 건설된 것들이다. Augustus교는 경간이 7~8.5 m인 다섯 개의 반원형 아치로 구성되어 있다. Gard교는 강으로부터 높이가 47.5 m인 세층의 아치로 구성되어 있으며, 교량과 수로의 기능을 동시에 가지고 있다. 가장 긴 아피 경간은 약 24.4 m이며, 최상층은 연장이 270 m로 유일하게 모르타르가 사용되었다.

가장 주목할 만한 교량 중 하나는 다뉴브강을 횡단하는 Trajan교이다. 이 교량은 교각의 높이가 45.7 m, 폭은 18.3 m, 두께가 15.2 m나 되는 대단히 거대한 구조물이다, 교각사이로 목재아치가 높여져 있으며 총 연장은 914 m를 넘는다. 지금도 Trajan교의 자취가 남아 있다. 기원 후 4~8세기 동안 유럽에서는 정치집단의 규모가 작아져서 도로와 교량 건설의 추진이 어려웠다. 이로 인해 약 400년 동안 유럽에서는 새로운 교량이 거의 건설되지 않았으며 창의적인 기술은 사라져 버렸다. 그러나 페르시아 · 중국 · 인도 등에서는 기념할 만한 구조물이 건설되었다.

7세기경 인도에서 철사슬로 연결된 현수교가 건설되었다는 기록이 있으며 얼마 지나지 않아서 중국에서도 이러한 형식의 교량이 출현하였다. 마르코폴로(Marcopolo)의 기록에 의하면 뛰어난 교량들이 중국에 많이 있었다는 것을 알 수 있으며, 중국의 교량들이 질적 · 양적으로 상당한 수준에 이른다는 사실에 마르코 폴로는 깊은 인상을 받은 것으로 보인다.

2.1.2 산업혁명 이전의 교량

암흑시대를 지나서 유럽에 건설된 첫 대형교량은 Avignon교다. 전설적인 명성을 갖고 있는 이 교량은 Benoet(또는 Benezet)를 기념한 것이다 그는 Freres du Pont(Borthers of Bridge)라 불리는 수도승 단체의 일원이었을 것으로 추측된다. 이 단체는 교량 및 나룻배를 이용하는 여행자 등의 안전을 책임졌으며 나중에는 실제로 교량을 건설하였다. Avignon교는 1187년에 완성되었는데 아름다운 네 개의 아치가 있으며 아치의 길이는 30.6~33.3 m로서 당시에는 대단한 경간이었다. 그러나 많은 전쟁이 이곳에서 벌어져서 대부분의 아치가 파괴되었고 그 일부분만이 프랑스 아비뇽의 Rhone강에 남아 있을 뿐이다.

영어권에서 가장 역사적인 구조물은 구 런던교이다. 1176년에 공사가 시작되어 33년 후에 준공된 이 교량은 200년 동안 사용되었다. Colechurch의 Peter가 교량을 설계하였으나 그는 준공을 보지 못하고 교량 위의 예배당에 묻혔다. 19개의 거대한 교각 및 285.3 m의 연장을 가진 이 교량은 길이의 반이 교각으로 되어 있어 교각 사이의 빠른 유속, 불량한 지반조건 및 세굴에 의하여 계속 보수를 해야 했다. 어린이 동요인 “London Bridge is Falling Down”은 이러한 배경을 가지고 있다. Thomas Becket에 헌정된 예배당뿐만 아니라 각 교각 위에는 상점 및 주거시설이 있는 고층건물이 건설되었다. 이 교량은 런던문화의 중심지가 되었으며 많은 전투가 이곳에서 벌어졌다. Traitor's Gate(배반자의 문)로 알려진 교량의 문에는 전쟁에 지거나 배반의 혐의가 있는 사람들을 처형하여 목을 달아 놓았다. 교량은 계획단계에서의 준비성 부족으로 시공상태가 좋지 못하였으며, 또한 화재 · 홍수 · 마모 때문에 끊임없이 다시 지어져야 했다. 그럼에도 불구하고 구 런던교만큼 관심이 집중된 교량은 없었으며 마지막 백년동안 많은 변경보수를 하였으나 1831년 마침내 완전히 철거되었다.

런던교가 세워진 이후로 얼마 안되어 유럽에는 역사적 · 기념비적인 교량들이 많이 건설되었다. 이중에서도 1345년 플로렌스에 세워진 Vecchio교, 1591년 베니스의 Rialto교, 1607년 파리의 Neuf교 등은 1503년 프라하에 Kalsbrucke교를 제외하면 대체적으로 적당한 경간장을 가진 석재 아치교이다. 상기한 네 교량들은 오늘날까지 그대로 보존되어 있다. Vecchio교와 Rialto교는 르네상스의 영향을 받았으며 지금도 그 도시를 방문하는 많은 사람들에게 경탄을 자아내고 있다. Vecchio교는 플로렌스인들의 생활의 중심지였으며 교량위에 위치한 대장간도 수세기 동안 번성하였다. 세그멘탈 아치는 세워질 당시에 매우 견고하였으며 1966년 11월 대홍수시에도 무난히 지탱하였다.

Rialto교는 설계공모 당선작으로 Antonio da Ponte에 의해 건설되었다. 공사비는 26.8 m 경간으로는 당시 상당히 비싼 375,000$였는데, 이처럼 공사비가 많이 소요된 이유는 값비싼 자재 및 기초공사의 어려움 때문이었다. Da Ponte는 6,000개의 목재말뚝을 사용하였는데 말뚝의 직경은 15 m, 길이는 3.35 m이었으며, 말뚝 상부에 거대한 돌을 재하하여 내하력을 실험하는 방법으로 내구성을 검토하였다. 이 교량은 베니스의 대운하를 따라가는 여행의 절정이다.

르네상스에 영향을 받아 이탈리아뿐만 아니라 다른 나라에서도 새롭고 기념비적인 교량이 창조적으로 건설되었다. Neuf교는 세느강(Seine)에 두 번째로 세워진 석재 아치교이다. 17세기 초반에 건설된 이 교량은 300년 이상 보존되었다. 건설 초기 교량 내에 상점을 설치할 것인가를 두고 많은 논쟁이 벌어지고 공사가 지연되었으나 최종적으로 간이매점만이 허락되었다. 이 교량은 기초 때문에 많은 문제가 야기되었으며, 또한 종교적인 이유로 원래 공사자인 Du Cerceau가 떠나야만 했다. 완공 후 이 교량은 파리의 생활중심지가 되었으며 200년 이상동안 파리의 역사와 더불어 지내왔다. 나폴레옹은 이 교량에서 제1차 집정(First Consul)을 선포하였다, 로베스 피레르(Robes Pierre)는 처형장으로 가면서 마지막으로 이 교량을 지나갔다. 파리의 규모가 커지면서 많은 교량이 세워졌다. 따라서 Right Bank와 Left Bank의 연결로서의 이 교량의 사용빈도는 감소하게 되었다.

석재아치교는 로마시대의 석재교각, 반원형 아치로부터 Benezet(Avignon)의 3중심아치(three-centered arch) · Gaddi의 세그먼트아치(Vecchio) · Ammananti의 타원아치(Santa Trinita) · Jean Perronet의 세장아치 및 폭이 좁은 교각으로 발전되었다. 제일전문기술대학인 Ecole des Ponts et Chaussees의 학장인 Jean Perronet은 아치의 중요성을 깨달은 최조의 인물이었으며, 아름다운 석재 아치교를 많이 완성하였다. Neuilly교는 "세상에서 가장 우아한 석교"로 불리고 있는데 이 교량은 5개의 대담한 평탄형 아치로 구성되고 각 아치는 경간이 36.6 m, 교각의 두께는 단지 4 m였다. 그 당시의 비판적인 기술자는 이 교량이 얼마 못 갈 것이라고 예상하였으나 현대적인 교량으로 대체된 1956년까지 건재하였다. 그렇지만 1791년에 가설된 Perronet의 최후의 교량인 ConCorde교는 아직도 아치교량의 기념비로 남아있다.

2.1.3 산업혁명 이후의 교량

18세기의 정치 · 산업혁명기 동안에 영국에서는 세 명의 유명한 교량 건설자가 나왔다. 이들은 John Rennie, Thomas Telford 및 George Stephenson이다. 초기에 이들은 수작업으로 하는 일을 배운 후, Rennie는 기계기술자, Telford는 석공, Stephenson은 엔진기술자가 되었다. 이들이 하잘 것 없는 신분에서 유명한 인사가 되기까지 감동적인 이야기가 있다. Rennie는 Edinburgh 대학교에서 수학을 전공하였다. 방학 때는 등록금을 벌기 위하여 기계공장의 기계를 수리하는 일을 하였다. 그는 Watt가 증기엔진을 개발하는데 결정적인 도움을 주었다고 하며, 영국의 수많은 교량이 그에 의해 건설되었다. 두 개의 유명한 교량은 석재아치구조물로서 Waterloo교와 New London교이다. 이 교량은 그가 죽은 후 아버지의 설계에 기초하여 아들이 완성하였다. John Rennie는 기사작위를 받는 것을 거부하였지만 그의 아들은 유명한 기술자가 되었으며 기사작위를 받았다.

최초의 철교는 제련소가 처음으로 세워진 영국 Coalbrookdale에서 가설되었다. 단순교로서 경간이 42.7 m인 이 교량은 도로면을 지지하는 반원모양의 주철리브(cast iron rib)로 구성되어 있다. 이 교량은 Thomas Telford가 설계하여 John Wilkinson과 Abraham Dardy가 시공하였으며 오늘날까지도 사용되고 있다. Thomas Telford는 독학을 통하여 배웠으며 석재공장에서 일하였다. 후에 Wilkinson과 Darby와의 만남을 통하여 철교에 관심을 가지게 되었으며, 그는 스코틀랜드 Spey를 지나는 경간장 45.7 m, 높이 6 m의 아름다운 철트러스아치교를 건설하였다. 이 구조물은 최초의 현대적인 철재(iron)아치교로 간주되고 있다. 그의 중요 업적은 웨일스의 Menai해협을 지나는 현수교를 건설한 것이다 이 교량의 경간장은 당시로는 엄청난 183 m이었으며 연결체인을 갖는 현수교 형식으로 가설되었다. 이 교량은 1818~1826년 동안 공사가 진행되어 완공되었으며 16개의 현수체인으로 구성되었다, 후에 다른 현수교와 마찬가지로 내풍 안전성에 문제가 발생되어 수차례에 걸쳐 보수가 필요하였다. 1939년 연철로 된 체인은 중차량 통행을 위하여 강케이블로 교체되었다.

George Stephenson은 증기기관차를 발명하였으며 Telford와 마찬가지로 독학하였다. 그는 주로 밤에 아들의 학습자료를 공부함으로서 지식을 넓혀갔다. 철도를 위해서는 교량이 필요하였기 때문에 그는 아들 Robert와 함께 교량을 짓기 시작하였다. Robert는 아버지 Stephenson보다 더 유명한 교량기술자가 되었다. Robert가 설계한 가장한 유명한 교량은 웨일즈 Menai 해협을 지나는 Britannia교이다. 이 교량은 연철로 만들어진 두 개의 연속 중공튜브(hollow tube)로 구성되어 있는데 튜브보(tube beam)속으로 기차가 통과한다. 이 교량은 70 m와 140 m의 경간이 각각 두 개로 구성되어 있다. 공사를 시작한 후 4년만인 1850년 완공되었다. George Stephenson은 공사기간 중 1848년 사망했으며 아들 Robert도 11년 후에 죽었다. 그는 Thomas Telford와 함께 웨스트민스터 사원에 묻혔다.

석재 아치교가 유럽에서 널리 보급되었던 것과 달리 트러스 형식, 특히 목재를 사용한 트러스 공법이 미국에서 개발되었다. 이탈리아 출신의 건축가인 Palladio는 1570년 건출에 관한 연구서에서 트러스 형식을 네 가지로 구분하여 설명하였다. 목재 트러스교는 유럽의 빌딩구조물에서는 가끔 사영된 적은 있으나 본질적으로 유럽에서는 좋은 목재가 충분하지 못하였기 때문에 교량에서는 거의 사용되질 않았다. 초기 미국에서는 마차도르의 일부로 목재 트러스교가 보편화될 정도로 많이 건설되었다. 교량의 지붕은 하중전달부재를 보호하였다. 화재만 없었다면 이 교량은 수십년간 사용되었을 것이다. 초기 트러스교는 거의 단순 트러스 형식이었으나 차츰 복잡한 형식이 개발되었다.

모양이 아름다운 목교로서 펜실베니아 페어마운트(Fairmount)에 가설된 Schuylkill교가 있다. 이 교량은 독일에서 미국으로 이민한 Lewis Wernwag가 설계한 교량으로서 트러스아치 경간장이 104 m였다. 트러스의 대각선부재로 철제봉(iron rod)이 사용되었는데 철제봉은 압축력을 지지할 수 없으므로 대각선 부재는 대재시스템(counter system)으로 설계되었다. 19세기 초반에 건설된 이 교량은 1838년 화재로 인하여 소실되었다. WernWag를 비롯하여 여러 교량기술자들이 초기 동부미국에서 건설된 다양한 형식의 목교를 설계하였다. Theodore Burr의 아치트러스, Ithiel Town의 래티스 트러스, Colonel Steven Long의 다중 킹포스트(king post) 등과 같은 다양한 형식의 트러스교가 개발되었다. 이러한 형식은 구조역학이 아닌 경험에 근거하여 개발되었다. Long의 다중 킹포스트형식이 개발된 직후 William Howe는 Long truss 형식에서 수직재를 연철로 대체한 공법을 개발하였다. 이후 대각선 인장부재가 생략되었으며 나머지 사부재들이 압축력에 의하여 전단력을 지지하도록 하였다. 인장부재보다는 압출부재의 단부에서 만족스럽게 접합하는 것이 더 쉽고 안전하였다.

교량설계를 주먹구구식 경험시대로부터 과학적인 시대로 진보하는데 기여한 한 출판물이 1847년 출판되었다. 이것은 Squire Whipple이 쓴 “A Work on Bridge Building”이었다. 여기서 저자는 트러스부재의 응력을 계산하였다. 그는 어느 부재는 압축력, 다른 부재는 인장력을 받는다는 사실을 인지하였으며, 인장부재의 재료는 연철, 압축부재 재료는 가격이 낮아 경제적인 주철을 사용할 것을 제안하였다. 강재는 인장강도가 가장 높다는 것을 알았지만 너무 비싸다고 생각되었다. Whipple의 저서가 출판된 이후 영국에서는 다양한 트러스 형식의 응력계산을 위한 논문들이 발표되었다. 1858년 W. J. M. Rankine은 “Applied Mechanics”라는 저서를 출판하였는데 이 책은 50년 이상 교량기술자들에게 바이블같이 사용되었다.

미국에서 철도의 팽창은 트러스 해석에 있어 수학적인 이론을 도입하는 시기와 일치하였다. 따라서 철도교로서 많은 트러스교가 가설되었다. 19세기 중반 경험상 주철은 인장강도가 충분하지 않은 것으로 밝혀졌기 때문에 상기한 교량들은 대부분 연철을 사용하여 건설되었다. 교량의 증가는 새로운 트러스 공법의 개발을 가져왔다. Wendell Bollman, Albert Fink가 그랬듯이 Whipple이 그의 이름을 딴 트러스형식을 도입하였고 나중에는 Pratt와 Warren형식도 개발 되었다.

19세기동안 미국 철도망의 급격한 팽창으로 상당히 많은 철도교가 건설되었다. 이 가운데 많은 교량은 설계 및 재료가 적절하지 못하여 파괴가 발생하였다. 1870년대에는 1년에 약 40개교가 기능이 상실되었는데, 목교가 과반수를 차지하였다. 이러한 교량의 붕괴는 많은 인명피해를 낳았다. 1877년 일리노이주 Chatsworth 근교의 철도교가 붕괴되었다. 사고당시 교량위에는 2량의 기관차와 15량의 객차가 있었는데 선두기관차는 교량 건너편을 통과하였으나 나머지 기차들은 추락하여 불타버려서 84명이 죽는 대참사였다.

미국에서만 교량의 붕괴가 발생한 것은 아니다. 1879년 12월 28일 영국의 유명한 Firth of Tay 철도교가 강한 바람에 붕괴되었다. 붕괴시 기차가 교량에 있었기 때문에 75명이 사망하였으며 부상자도 많이 발생하였다. 경간장이 61 m이상 되는 13개의 하로 트러스 경간이 기차와 함께 Tay 하구에 추락하였다. 철도공무원으로서 교량을 설계한 Thomas Bouch경은 교량의 붕괴로 인하여 엄청난 비난을 받았으며 사고 후 얼마 지나지 않아 죽었다. 이러한 철도교의 붕괴는 교량 설계 및 시공에 많은 변화를 가져왔다. 첫째, 교량재료로 연강이 아닌 강재를 사용하게 되었다. 둘째, 교량의 설계 및 시공은 상당한 훈련과 지식을 겸비역학의 연구를 필요로 하였고 구조역학의 중요성이 부각되었다.

협곡 또는 큰 강을 횡단하기 위하여 현수교가 오랫동안 사용되어 왔다. 원시적인 형태의 포도나무 덩굴부터 현대적인 케이블로 시공과정은 진화되었다. 케이블이 개발되기 전에는 로프가 사용되었다. 1839~1845년 동안, 부다페스트에는 중앙경간이 202 m인 Kettnbrueke교가 건설되었다. 이 교량은 영국기술자인 W. Tierney Clark의 작품이다. 프랑스 기술자인 M. Vicat는 최초로 현장에서 와어케이블을 시공하는 공법을 개발하였다. 그는 1829년 Rhone강을 횡단하는 대형현수교에 이 공법을 최초로 적용하였다.

19세기 후반기동안 미국에 3개교, 영국에 1개교 등 총 4개의 기념비적인 교량이 건설되었다. John Roebling은 나이아가라 폭포 현수교를 1851~1855년 동안 설계・시공하였다. 이 교량은 성공적인 최조의 철도현수교로서 중앙경간이 250 m였다. 케이블은 도금처리가 안된 연철로 만들어졌다. Roebling이 처음 제안할 당시 많은 엔지니어들은 건설되는 교량은 위험하다고 주장하였다. 철도하중이 증가됨에 따라 1896년 이 교량은 대체되었다. 19세기에는 James B. Eads라는 걸출한 미국엔지니어가 배출되었다. 1820년 인디아나주 로렌스버그 태생의 Eads는 13살에 세인트루이스에 정착하였으며 여기서 "최초"라는 수식어가 붙은 교량을 건설하여 명성을 얻었다. 그의 일생은 결단과 용기의 삶이었다. 엔지니어로서 일반적인 학교교육을 받지는 않았으나 그의 성격은 어느 분야든지 최대한 배우겠다는 신념이 대단히 강하였다.

1866년 세인트루이스에서 미시시피강을 횡단하는 교량이 필요하게 되었다. 경험 있는 교량설계자는 모두 주저하였으나 교량을 전혀 건설한 경험이 없는 James Eads는 하겠다고 나섰다. 그는 사람들을 조직적으로 관리하는 방법과 강재의 제작방법, 그리고 누구보다도 강재를 잘 알고 있었다. 세인트루이스교(St. Louis Bridge)는 상부구조의 재료로서 최초로 튜브모양의 아치형상으로 강재를 사용하여 152 m, 157 m, 152 m의 3경간으로 시공되었으며, 두 개의 교각은 공기케이슨 공법으로 시공되었다. 이 공법은 유럽에서는 사용되었으나 미국에서는 사용사례가 없어 그는 유럽에 가서 직접 공법에 대한 연구를 하였다. 그 결과 모래펌프 및 기타장비를 새로 개발하여 기존의 유럽방식보다 개선된 공법을 제시하였다. 이 교량이 건설되기를 바라지 않거나 안전하지 못하다고 생각하는 일부 사람들에 의하여 법적인 문제가 발생하였으나 그는 굽히지 않고 일을 추진하였다. 5년 기간동안 홍수 · 빙하 · 돌풍 등을 헤치며 마침내 1874년 교량이 완성되어 기차의 통행이 시작되었고 지금까지도 사용되고 있으며, 가로보 시스템은 1947년에 고정하중을 감소시키기 위하여 경량콘크리트로 대체되었다. 1920년 그는 엔지니어로서는 최초로 미국 명예의 전당에 이름을 남기게 되었다.

미국의 서부에서 Eads의 교량들이 그랬던 것 같이 동부에서는 브룩클린교(Brooklyn Bridge)가 토목공학분야의 인간승리의 상징적인 교량이 되었다. 이 교량을 건설한 John Roebling은 교량건설을 위해서는 와이어케이블이 필요하다는 것을 일찍이 예측하여 1849년에 뉴저지주 트렌톤(Trenton)에 와이어 공장을 세웠다. 나이아가라 폭포 현수교를 성공적으로 건설한 후 그는 뉴욕의 East강을 횡단하는 대형교량을 설계 및 시공할 수 있는 사람이라고 인식되었다. 그는 신시내티에 건설된 당시 최대경간의 현수교보다 50% 이상되는 488 m 경간을 세울 것을 계획하였으며 많은 비판을 감수해야 했지만 결국 그의 계획은 승인을 받았다.

예비작업을 하는 동안 그는 발을 다쳐 결국 3주 후에 사망하였다. 모든 작업은 그가 직접 훈련시킨 그의 아들 Washington A. Roebling에게 넘어갔다. 그는 RPI(Rensselaer Polytechnic Institute) 대학에서 토목을 전공한 석사출신이었다. 아들도 마찬가지로 주탑을 내려놓기 위한 공기케이슨 작업 도중 잠수병에 걸리게 되어 신체 일부가 마비가 되었으나 아내를 대리인으로 내세워 나머지 작업을 지휘하였다. 이렇게 하여 Brooklyn교는 총 공사비 900만$ 정도가 소요되어 1883년 봄에 마침내 완공되었으며 몇 년 동안 최대경간 기록을 보유하였다.

당시에 네 번째의 대형교량은 영국에 건설된 철도교이다. 앞에서 언급하였던 바와 같이, 태이만(First of Tay)은 스코틀랜드 동부해안을 따라 남쪽에서 북쪽으로 여행하는 데 큰 장애물이었다. 포스만(First of Tay)은 태이만 보다 더 넓었기 때문에 더 큰 장애가 되었다. Fowler의 런던 엔지니어링 회사에 근무하던 유명한 Benjamin Baker와 John Fowler는 포스만을 횡단하는 대형 구조물을 계획하였다. 그들은 양쪽에 두 개의 주경간(518 m)을 갖는 캔틸레버 트러스 형식으로 교량을 계획하였다. 경간장 뿐만 아니라 트러스의 최대높이는 107 m로서 대단히 큰 구조물이었으며 트러스 부재는 최대직경이 3.66 m인 튜브단면이었다. 교량공사비는 1,600만$이었으며 강재량은 총 58,000 ton으로 이 교량은 지금 기준으로도 초대형교량이다. 공사기간동안 총 4,500명의 인력 가운데 47명이 사고로 사망하였는데, 이때는 오늘날의 안전기준이 없었기 때문에 이 정도의 인력손실은 인정할 만한 것이었다. 교각을 안착시키기 위하여 공기케이슨을 사용하였으며 새로 발명된 전기아크등은 케이슨 내부작업시 대단히 유용하였다. 공사는 1883년 시작되어 1889년 완공되어 교량이 개통되었으며 오늘날까지 기차가 지나가고 있다. Baker와 Fowler는 이 업적으로 기사 작위를 수여받았다. 1917년 퀘벡교(Quebec Bridge)가 출현하기까지 이 교량은 최장 경간을 캔틸레버를 기록하고 있었다.

20세기 초반에 세계의 주목을 받았던 대표적인 교량공사는 캐나다의 퀘벡주 St. Lawrence강을 횡단하는 철도교 공사였으나, 이 교량의 건설은 비극으로 끝났다. 이 교량은 중앙경간이 549 m를 갖는 거대한 캔틸레버로 설계되었다. 책임기술자는 Theodore Cooper로서 세인트루이스교 공사의 James Eads아래서 공사감독을 시작하면서 엔지니어의 길을 걸었다. 그 후 아메리카에서 가장 뛰어난 교량설계 기술자가 되었으며, 철도교 하중으로 채택되고 있는 “Cooper Railroad Bridge Loading”의 제안자가 되었다. 그가 당초 제시한 설계는 회사의 재정형편상 곤란하였기 때문에 상당한 양의 강재를 줄이도록 설계를 변경하였다. 1907년 8월 29일 아침, 역사상 최악의 교량붕괴사고가 발생하였다. 거의 완성단계에 있었던 켄틸레버 팔 구간이 갑자기 붕괴되어 강으로 추락하였는데, 이 사고로 작업중이던 86명의 인부 중 11명만이 살아남았다. 인명피해 뿐만 아니라 수만톤의 강재와 수천시간의 노동작업이 순식간에 사라져 버린 것이다.

Cooper는 교량의 새그(sag)가 이상하다는 보고를 뉴욕 사무실에서 받았다. 그는 즉시 모든 인부를 교량에서 철수하라는 지시를 내렸으나, 너무 늦어서 이미 사고가 먼저 발생하였다. 장기간에 걸쳐 사고조사를 한 결과 사고의 원인은 부적절한 레이싱바로 인한 압축부재의 좌굴로 밝혀졌다. Tay교 붕괴와 마찬가지로 이 교량의 붕괴는 대규모의 압축부재의 강도에 관한 연구를 통하여 관련기술이 발전하는 계기가 되었다. 다른 사람과 마찬가지로 Cooper도 당시의 기술수준이 부족하여 발생한 사고의 희생자였다. 그는 은퇴하여 은둔생활을 한지 몇 년후 사망하였다.

퀘벡교의 붕괴는 단지 하나의 비극일 뿐만 아니라 다른 한편으로 용기와 인내의 계기가 되었으며, 사고후 몇 년이 지난 뒤에는 당초 교량의 강재량보다 2.5배 많은 강재를 사용한 새로운 교량이 가설되었다. 현수경간은 수면에서 45.7 m 높이에 있는 최종위치까지 바지선으로부터 인상되어야 하였다. 1916년 캔틸레버 팔이 성공적으로 가설되었으나 서스펜디드(sus-pended) 경간이 3.6 m 정도 올려졌을 때 경간구조체가 인상장치에서 미끄러지는 사고가 발생하여 경간이 물속으로 처박히면서 11명이 사망하였다. 1년 후 새 경간이 성공적으로 가설되었는데 이 교량은 지금까지도 가장 경간장이 큰 캔틸레버 형식의 교량이다.

19세기에는 철도망 구축에 따른 철도교량공사가 많았으나 20세기에는 자동차 도로망의 확충을 위하여 수많은 도로교량이 건설되었다. 이 기간에 다양한 형식의 장대교가 출현하게 된다. 이것이 가능하였던 것은 복잡한 설계기법뿐만 아니라 새로운 재료 및 정교한 시공기술이 뒷받침되었기 때문이다. 고강도 강재가 생산되었으며 강재 제작 및 콘크리트 배합시 품질관리로 인하여 허용응력이 상향되었다. 엔지니어링도 더욱 발전하였고 교량설계 기술자도 훨씬 교육을 잘 받게 되었으며 시방서 및 각종 기준들이 여러 전문가에 의하여 만들어졌다. 엔지니어링 업계는 신기술 개발뿐만 아니라 지식과 경험의 보급에서도 중요한 역할을 수행하게 되었다.

20세기에 건설된 교량 중에 중요한 대규모 교량조차 이 제한된 지면에 모두 언급하는 것은 불가능하다. 각 형식마다 세계 최대규모의 교량이 계속 시공되었다, 최대 경간은 본질적으로 고속도로 교량에서 건설되었다. 경간장뿐만 아니라 교량건설에 큰 변화를 가져온 중요한 사항도 개발되었다. 그 중의 하나는 철근콘크리트의 개발이었다. 콘크리트는 그전에 어느 정도 사용되었으나 고속도로 공사를 계기로 주요 재료로 각광을 받기 시작하였다.

Robert Mailart는 1900년 초반에 스위스의 멋있는 콘크리트 아치교를 설계하였다. 이 시기의 엔지니어 및 일반인들은 하나의 교량이 사용성 뿐만 아니라 미적으로도 훌륭한 도구가 될 수 있다고 생각하게 되었다. 그 이전에도 미적으로 훌륭한 교량이 많이 있었으나 19세기 교량 중 미적 설계가 뛰어난 교량의 상당수는 의도적인 것이 아닌 우연하게 이루어진 것이었다. 1928년 미국 강구조학회는 미국에서 건설되는 교량 가운데 매년 미적설계가 뛰어난 교량을 선정하여 상을 주기 시작하였다. 이 상은 설계자들이 대단히 큰 관심을 갖는 대상이 되었으며, 전문기술자에게는 교량이 아름다울 수 있다는 생각을 갖게 하였다. D. B Steinman은 유명한 현수교 설계자로서 "미적으로 뛰어난 교량을 보면 누구도 감동을 받을 수 있다. 교량은 문명의 이정표일 뿐만 아니라 인간정신의 표현이어야 한다."라는 말을 남겼다. 퀘벡교 붕괴가 발생한 1917년에 세 개의 중요한 교량이 완성되었다. 이 교량들은 Sciotoville의 Ohio교, 오하이오강을 지나는 Metropolis교와 뉴욕의 East River를 지나는 Hell Gate교였다. 첫 번째 교량은 미국에서 최초의 대규모 연속 트러스교였다. 최대 경간장은 236 m이었으며 40년이 지나서야 경간장 기록이 경신되었다. 부정정 연속트러스는 지반해석의 불확실성 때문에 많은 기술자들이 선호하지 않은 형식이다. 토질역학의 발전이 이루어질 때까지 일반적인 형식은 정정 캔틸레버 형식의 교량이 채택되었다. Metropolis교는 1974년까지는 최대 규모의 단순 트러스교로서 경간장이 220 m이었다. 1974년 펜실베니아 체스터에 현수경간이 251 m인 캔틸레버 트러스가 건설되었다. 한편 오늘날의 관점에서 보면 이러한 단순 트러스교는 재료 및 인건비 측면에서 바람직한 것은 아니다. 현재의 토질역학 및 기초지반의 지식을 응용하면 경간을 줄여서 연속교로 하는 것이 더욱 경제적이다.

Hall Gate Arch교는 4개의 철도레일이 있는 철도교이다. 298 m 경간은 아치교로서는 최대이었다. Gustav Lindenthal의 지도로 설계된 이 교량은 그 당시까지 중량이 가장 많이 나가는 구조물이었으며, 교량의 고정하중은 77.4 ton/m이었다. 이 교량은 뉴욕시의 East River에서 지금까지 뛰어난 위용을 자랑하고 있다.

제1차 세계대전 이후 고속도로 건설이 가속화됨에 따라 정교한 교량이 많이 건설되었다. 그러나 1929년 지나서야 Quebec교의 경간기록이 경신되었다. 새로운 기록은 미시건주 디트로이트에 건설된 중앙경간이 564 m인 Ambassador 현수교에 의하여 이루어졌다. 그러나 이 기록은 얼마 지나지 않아 1931년 허드슨강을 횡단하는 뉴욕의 George Washington교에 의하여 깨졌다. 이 교량은 최대경간이 1,067 m로서 그전 교량의 거의 2배나 되었다. 죠지 워싱턴교는 O. H. Ammann에 의하여 설계가 이루어졌으며 그는 스위스에서 태어난 후 미국에서 Gustav Lindenthal과 같이 일하면서 경험을 쌓았다. 죠지 워싱턴교는 원래부터 이층구조로서 상층에는 8차선 도로교, 하층에는 고속철도교로 설계되었다. 그러나 처음에는 하층의 철도교는 시공되지 않았다. 따라서, 통상적인 보강트러스가 없었으므로 비보강 현수교(세계 최대규모)가 되었다. 후에 하층의 철도교가 추가로 가설되었다.

세계적인 규모의 강아치교 두 개가 1931년, 1932년에 각각 건설되었다. 첫째는 1931년 준공된 뉴저지주 베이온 소재 Kill-van-Kull교로서 경간장이 504 m이었다. 둘째는 경간장이 503 m인 sydney Hardor교로서 1932년에 완성되었으며, 도로-철도 겸용교이므로 첫째 교량보다 중량이 무거웠다.

이와 같은 시기에 캘리포니아에 규모가 9.66 km나 되는 San Francisco Oakland Bay교와 이중 현수교로서 최대규모의 경간장 1,280 m인 Golden Gate교가 건설되고 있었다, 첫째 교량은 1935년에 둘째 교량은 1937년에 완공되었다. Bay교의 거대한 중앙앵커 교각은 대단히 뛰어난 엔지니어링시공의 산물이다. 교각은 수면에서 73.2 m의 높이를 지니고 있으며 드레징 웰(dredging well)을 갖는 케이슨으로 건설되었다. Golden Gate교는 건설당시의 모든 기록을 보유하게 되었는데, 교량주탑은 227.4 m 높이이고 각 주현수 케이블은 직경 0.95~91.4 cm인데다가 27,572개의 와이어로 구성되었다.

2.1.4 현대의 교량

20세기에 와서는 현수교가 장대경간이 필요한 경우의 유일한 대안이 되었으나, 1940년에 현수교 설계자들 뿐만 아니라 전세계는 매우 충격적인 소식에 접하게 되었다. 워싱턴주 타코마 소재, 경간장 853 m의 Tacoma Narrows교에 어마어마한 진폭의 진동이 심하게 발생하여 현수케이블이 끊어지고 대부분의 구조물이 강으로 추락하였다는 것이다. 경간/중량비, 경간/폭비가 큰 다른 현수교들에서 뿐만 아니라 이 교량에서도 이미 어느 정도의 진동이 일찍이 관찰되었다. 이 교량의 경간/폭비는 붕괴후 가설된 교량의 2배가 넘는 72나 되었다. 교량의 설계자인 Leon S. Moisseiff는 뛰어난 교량들을 많이 설계하였으며 1909년 Manhattan교 설계시 현수교의 처짐이론(deflection theory)을 최초로 도입하기도 하였으나 진동폭이 4.6 m나 되는 구조물을 도저히 상상하지 못하였다. 보강 트러스의 밀실한 거더(solid girder)와 밀실한 노면(solid roadway)이 바람에 함께 반응하여 수직 및 비틀림 진동(tortional flutter)을 일으키기에 충분한 상향력이 발생한 것이다, 이것은 불과 19 m/s의 풍속에서 발생하였다. 이 교량의 붕괴를 계기로 현수교의 공기동력학적 안전성에 대한 연구가 활발하게 진행되었으며 이를 위한 풍동시험은 교량 엔지니어의 중요한 연구도구로 되었다. 이 연구의 결과로 현수교설계가 개선되었으며 2차세계대전 이후에 건설된 교량은 이러한 변화를 반영하였다.

2차 세계대전 동안 전쟁을 치르지 않은 유럽국가에서는 중요한 교량설계의 발전이 이루어 졌다. 스웨덴의 Sando교는 경간장이 264 m로서 당시에는 최대 규모의 콘크리트 아치교이었다. 이 교량은 경간장 뿐만 아니라 경쾌한 선형과 우아한 아치곡선 또한 빼어나서 미적으로도 뛰어났다. 경간장 기록은 시드니만에 1963년 건설된 경간장 305 m의 Gladesvill교에 의하여 경신되었다. 2차 세계대전이 종전됨에 따라 세계의 교량 기술자는 엄청난 수의 교량건설에 직면하였다. 유럽에는 대부분의 교량이 파괴되었으며 미국도 새로운 고속도로의 건설이 필요하였고 저개발국가에서도 새로운 도로의 건설이 필요하였다.

1948년 이후 10년 동안에 교량의 설계와 시공기술은 비약적으로 발전하였다. 가장 괄목할 만한 것은 프리스트레스트 콘크리트(PSC)이었다. 기본개념은 50년이 넘었지만 프랑스의 Freyssinet와 벨기에의 Magnel이 고속도로 교량에 실용적인 PS강재용 고장력 와이어를 사용함으로서 크게 실용화되기 시작하였다. 1940년대 후반 유럽에는 상당한 양의 PSC교량이 건설되었으며 미국에서는 필라델피아에 1949년에 건설된 Walnut Lane교가 그 효시이다. 유럽에서는 일반적으로 포스트텐션방식이 사용된 것과 달리 미국에서는 중앙 캐스팅야드에서 대규모의 생산방식이 용이한 프리텐션방식이 대중을 이루었다. 대량생산기법으로 가장 대표적인 예는 1957년에 완공된 뉴올리안스 근처의 Lake Ponchartrain교로서 이 교량은 길이가 38.6 km나 된다. PSC교량구간은 중앙 제작장에서 제작되어 바지를 이용하여 현장속으로 수송되었으며 폭 10 cm, 경간 17 m가 동시에 제작 · 가설되었다. 교량 건설기간은 2년이었다. 1950~1960년대에는 전세계적으로 여러 형식의 PSC교량이 건설되었다. 미국에서는 주간고속도로(interstate highway)에 비교적 단경간을 가진 PSC교량이 수천개 이상 건설되었으며 유럽에서는 경간장이 더 큰 교량이 건설되었다. 1960년대 이후부터 1970년대에서는 이동식 거푸집(travelling form)을 사용하는 PSC캔틸레버 공법이 개발되었다. 놀라울 정도로 장경간 공사에도 적용이 가능하였다. 여러 나라에서 244 m 이상 되는 교량을 건설하였다. 이러한 교량들은 연속교로서 공법은 PSC사장교의 공사에도 적용되었다. PSC공법은 교량설계 기술자들의 창의성만 뒷받침된다면 적용대싱이 무한히 넓혀질 것으로 예측된다.

유럽에서의 전후 두 번째의 중요한 발전은 강상판 교량이다. 이 형식에서는 얇은 두께의 아스콘으로 피복된 강판이 교량의 상판을 구성한다. 강판은 종방향으로는 리브로, 횡방향으로는 일정간격의 가로보로서 보강이 된다. 데크 플레이트는 상판 자체뿐만 아니라 주형의 상부플랜지로서의 기능을 하고 있다. 따라서 종방향 거더의 높이가 낮아지고 전체적으로 강재량을 줄일 수 있다. 이 형식의 대표적인 최초의 교량은 1950년대 건설된 독일의 Mannheim 소재 Kurpfalz

교이다. 또다른 대표적인 구조물은 경간이 75 m − 261 m − 75 m인 Belgrade의 Save River교와 St. Louis의 미시시피강을 횡단하는 Poplar Street교이다. 샌프란시스코만 남단을 지나는 San Mateo-Hayward교는 중앙지간이 229 m로서 당시 이 형식으로 미국에서는 가장 긴 교량이다.

최근에는 고강도강재가 폭넓게 사용되고 있다. 교량건설에 이용되는 강재의 종류는 항복강도가 SS400부터 SM570까지의 압연강재, SMA400부터 SMA570까지의 내후성 열간압연강재, 그리고 HSB500부터 HSB800까지의 교량구조용 압연강재 등 다양하다. 많은 구조물은 이제 여러 종류의 강재를 포함하고 있으며 고강도강재의 내부식성 향상도 설계자에게는 큰 매력이 되고 있다. 리벳은 100년 이상동안 강교의 표준 연결재로 사용되어 왔다. 그러나 1950년대 고장력볼트의 개발과 용접기술의 향상은 부재의 연결방법을 크게 변화시켰다. 1965년 이후의 대부분의 교량은 고장력볼트 또는 용접을 사용하여 가설되고 있다.

1960년대 초 관심을 끄는 2개의 교량은 1962년에 준공된 베네수엘라의 Lake Maracaibo교와 1963년 완성된 독일의 Fehmarnsund교를 들 수 있다, 전자는 PSC와 케이블 구조를 병용한 구조로서 연장이 8.85 km이다. 후자는 “basket-handle arch”로 불리는데 2개의 아치가 안쪽으로 굽어져 아치 크라운부에서 만나는 구조이다, 경사케이블 행거가 노면을 지지하고 있으며 교량의 순경간은 248 m이다.

1960년대에는 현수교 형식의 교량에서 괄목할 만한 진전이 이루어졌다. 30년 동안 금문교가 가지고 있었던 최대경간 기록은 New York 항을 가로지르는 Verrazano-Narrows교에 의하여 깨졌다. 이 교량은 경간장이 1,299 m로서 1965년에 개통되었다. 공사비는 3억 2500만$이 소용되었고, 설계는 O. H. Ammann사가 수행하였다. 1957년 미시간주 Mackinac 해협은 중앙 경간이 1,158 m인 거대한 현수교로 연결되었다. 그러나 총 연장은 2,560 m로서 연장으로 보면 그 당시 세계최고이며 측경간도 통상적인 규모보다 크다. 1966년 유럽에서는 흥미있는 현수교가 2개 건설되었다. 하나는 영국의 Secern교로서 설계상의 독특한 기법이 두 가지가 있다. 즉, 일반적인 보강트러스를 사용하지 않고 높이가 3.1 m인 연속용접 강박스와 4차선 노폭의 강상판으로 건설된 것이다. 이 박스는 비틀림 강성이 충분하였으며 풍동실험결과 일반적인 수직케이블 대신 경사케이블을 사용하여도 공기동력학적 안전성이 입증되었다. 중앙 경간이 988 m, 총 경간이 1,597 m의 이 교량은 경제적으로 우수한 설계이었다.

교량의 설계에 있어 또한번의 획기적인 발전은 1950년대 중반 이후에 이루어졌다. 일반적으로 수직케이블 대신 타워에서 거더까지 직선케이블을 사용하는 공법으로 오늘날 사장교라고 일컫는 교량이 등장하였다. 이 교량은 서독 뒤셀도르프(Dusseldorf)의 장대교에서 최초로 시도되었는데 1958년에 완공되었으며 중앙 경간은 260 m였다. 사용된 거더는 박스였으며 PSC박스와 강박스가 같이 사용되었다. 그 이후 사장교 형식으로 중앙 경간이 300 m 이상 되는 교량도 많이 건설되었다. 이후 교량은 전세계적인 산업화의 물결에 따른 도로망의 확충, 초대형 장대교량 건설을 통한 국가간 기술경쟁이 과학기술의 발전, 컴퓨터의 등장, 새로운 소재 및 장비의 개발 등과 맞물려 사장교와 현수교를 중심으로 엄청난 양적 · 질적 증가를 가져왔다. 사장교와 현수교의 발전과정에 대한 보다 자세한 내용은 뒤에서 자세히 다루고 있으므로 여기서는 최근 건설된 장대교량에 대해서만 간략히 언급하였다.

사장교로는 중앙지간 856 m인 프랑스의 Normandy교와 중앙지간이 890 m인 일본의 다다라교(多多羅橋)가 완공되었다. 현수교이며 현재 세계최대규모의 교량은 1998년에 준공된 일본의 아카시대교(明石海峽大橋)이다. 이 교량은 일본 본토의 고베와 아와지섬을 연결하여 총연장 3,910 m (960 m+1,990 m+960 m)에 중앙지간이 1,990 m에 이른다. 내풍과 내진을 고려하여 초속 80 m의 풍속과 리히터규모 8.5의 지진에 견디도록 설계되었다. 유럽에서 최대경간을 갖는 교량은 1997년 완공된 현수교 구간의 중앙지간이 1,624 m인 Great Belt East교로 덴마크의 두주(主)섬을 연결하는 교량이다. 이 교량은 세계에서 두 번째로 긴 교량으로서 아카시대교의 뒤를 잇고 있다. 지금까지 살펴본 다양한 교량의 발전과정에 대한 이해를 돕기 위하여 부록 B에 현수교와 사장교를 비롯한 대표적인 교향형식별 주요교량의 지간장별 일람표를 수록하였다.

오늘날 구조엔지니어는 가장 강력한 해석수단으로 컴퓨터를 이용할 수 있다. 해석 및 설계를 위한 근사적인 방법도 보다 정확한 방법으로 바뀌어가고 있으며, 컴퓨터는 과거 수년씩 걸리던 방대한 계산량을 불과 수분만에 수행한다. 컴퓨터를 이용함으로써 많은 형식의 교량이 최적설계가 가능하며 더욱 정교한 해석 및 계산도 가능하게 되었다. 기존 재료의 장점을 살리고 새로운 재료의 개발도 이어져 보다 높은 강도 · 경량 특성을 가지면서도 미적으로는 뛰어난 구조물이 건설되어 오고 있으며 앞으로도 더욱 발전될 것이다. 오늘날의 대규모 교량공사에서는 관련 기술이 너무나 다양하다. 따라서 과거처럼 모든 것이 한 사람에게 집중되질 않으며, 많은 기술자가 설계 및 시공에 참여하고 다양한 영역에서 다수의 전문회사들이 참여한다. 그러나 최종적인 결정은 결국 한 사람이 내리게 된다. 이러한 최종 결정이 합리적으로 이루어지려면 풍부한 기술적 지식과 많은 경험에 근거한 분별 있는 판단력이 반드시 요구된다.

이상에서 살펴본 바와 같이 교량의 역사는 실로 인류의 역사와 더불어 발전하였으며, 교량의 존재 또한 영원할 것이다. 따라서 앞으로 건설될 교량들은 기술적인 면이나 안전성 · 내구성 · 사용성뿐만 아니라, 주변의 환경과 미관을 고려하여 영원히 후손에게 물려줄 아름답고 자랑스러운 구조물이 되어야 할 것이다.

2.2 국내 교량의 역사

우리나라는 원시시대부터 자연발생적으로 징검다리 · 외나무다리 등의 형식이 실생활에 응용되었을 것으로 보이며, 격식을 갖춘 다리는 삼국시대 초기 궁성(宮城) 조성시 대규모의 토목공사가 이루어질 때였다고 생각된다. 기록상 가장 이른 시기의 교량은 신라의 평양주대교(平壤州大橋, A.D. 413)이고 현존하는 최고(最古)의 교량은 불국사의 청운교(青雲橋) · 백운교(白雲橋) · 연화교(蓮花橋) · 칠보교(七寶橋)로 오늘날 관점에서도 우수한 기술력이 발휘된 것으로 평가된다. 전통고교량(傳統古橋梁)은 당시의 첨단과학기술의 소산으로 이미 삼국시대를 거쳐 통일신라시대에 오늘날의 관점에서도 찬탄을 금할 수 없는 완숙한 기술단계에 이르렀으며, 일부 중국으로부터 앞선 문화유입이 있었으나 이를 우리의 것으로 계승 발전시켜 독특한 전통고교량의 특성을 지니게 되었다. 한편 전통교량은 **연결기능**(communication) 외에도 **독자성**(identity)을 지닌 기념물적인 시설물의 역할과 당시의 사상 · 종교 · 민속 등이 곁들여진 시설물이었다. 교량의 변화는 당시의 경제활동방식 · 도로여건 · 운송수단 · 과학기술수준과 깊은 연관을 가지면서 사회상을 종합적으로 반영하고 있는 대표적인 구조물이다.

각 왕조별로 통치이념이나 종교적 차이로 인해 교량가설에 적지 않은 영향을 끼쳤으리라 생각되나 절대적인 요소는 아니었다고 본다. 그러나 편의상 역대왕조를 중심으로 구분하는 것이 일반적인 방식이므로 이에 따라 설명하였다.

2.2.1 삼국시대 이전의 교량

기록상 이 시기의 교량건조기록은 찾아 볼 수 없다. 그러나 구석기시대가 식량채집 단계인데 비해, 신석기시대(B.C.5000 ~ B.C.1000)에는 식량을 생산하게 되어 이동생활에서 정착생활을 할 수 있게 되었다. 생활근거지 주변의 하천 등 통행의 장애가 되는 곳에는 자연발생적인 형태의 다리를 설치함으로써 원시적인 형태의 다리가 시작된 것으로 생각되며 원시적인 다리형식은 징검다리나 가공하지 않은 통나무를 걸친 외나무다리 형식으로 추정된다. 신석기시대에 이어 지석묘(支石墓, dolmen) 묘제(墓制)로 대표되는 청동기시대(B.C.1000 ~B.C.300)에는 수십톤 규모의 돌을 다룰 수 있는 당시 기술로 간단한 형교형식의 석교정도는 적절히 가공하여 가설이 가능했으리라 생각된다. 이 청동기시대 이래로 한반도에 나타나는 묘장(墓葬)들로는 석관묘(또는 석상분(石箱墳), stone cist), 고인돌(dolmen), 적석묘(積石墓), 옹관묘(甕棺墓), 토광묘(土壙墓) 등으로 구분하는데 이러한 구조물은 당시의 다라가설 기술을 가름하는 척도가 될 수 있다고 본다. 초기 철기시대(B.C.300~0)에는 홈이 있는 도끼 · 돌대팻날 · 반달칼 등이 일상생활에 적용된 시기로 석재뿐 아니라 목재를 정교하게 가공하여 사용할 수 있는 도구가 발달된 시기이다.

서한(西漢)의 무제(武帝)가 동이족의 세력을 견제하기 위하여 설치한 한사군(漢四郡) 지역 중 평양을 중심으로 한 낙랑(樂浪)(B.C.108~A.D.313)과 황해도의 대방군에 많은 한식 (漢式)의 묘를 남겼는데 낙랑의 경우 전형적인 중국묘제인 전묘(傳墓)가 평양지방에 만들어졌다. 이후 고구려에는 석실묘가 생기는데 횡혈식 석실(橫穴式 石室)에다 연도를 만든다든지 천장을 궁륭식으로 만든 것은 낙랑고분의 전실묘(傳室墓)에서 아이디어를 얻어서 전통적인 돌로 쌓았을 것으로 보이며 말각조정(抹角藻井)이라는 모서리 줄여 쌓기 천장형식 등이 보인다.

삼국사기 『고구려본기 시조 동명성왕조(高句麗本記 始粗 東明聖王條)』에 의하면 B.C. 37년에 주몽일행이 나라를 세우고자 남하하는 과정에서 엄사수에 다달아 자라가 다리를 놓아주어 무사히 건널 수 있었다는 것은 "어벌교(漁鼈僑)"의 자라(거북이)가 사람을 위험이나 고난으로부터 보호하는 보호신 역할을 한 것으로 고대로부터 한국인과 어우러져 살아온 동물로서 자라는 고구려의 수호신 역할을 한 셈이 된다. 한편 이는 단순한 전설이라기보다는 엄사수 부근에 살던 부족이 주몽일행을 배다리로 강을 건너게 한 뒤 다리를 해체한 것으로 생각된다. 그리고 이 기록은 사서에서 가장 이른 시기에 "교(僑)"라는 단어가 사용된 것으로 또한 그 의미를 찾을 수 있다. 이어서 원삼국시대(0~A.D.300)에는 고구려 · 백제 · 신라 등 삼국이 국가형태로 태동하기 시작하는 단계로 일명 성읍국가(城邑國家)라고 불리기도 했다. 삼국중 비교적 국가체제를 일찍 갖춘 고구려는 몇 차례 도읍을 옮기면서 궁성건축을 하는 등 대규모의 토목공사가 이루어졌다. 이 당시 궁성 건축의 실상은 알 수 없으나 각종 유적 · 유물을 통하여 볼 때 각종 기술이 발달되어 그 기술수준은 생활주변에 필요한 교량가설을 충분히 했으리라 본다.

2.2.2 삼국시대의 교량

고구려·백제·신라 등 삼국이 국가형태를 갖추기 시작한 4세기초에서 신라가 삼국을 통일한 때까지의 기간을 삼국시대로 구분하였다. 이 시기에는 삼국이 고대국가 체계를 갖추고 중국의 선진문화와 그들의 고유문화를 조화시키면서 각기 개성있는 문명국가로 발전해 나갔다.

2.2.2.1 신라

신라는 한반도 동남부에 위치하여 초기에는 북의 고구려와 서의 백제의 제약으로 초기에는 직접 중국과의 교류를 갖지는 못했으나 고구려와 백제를 통해 비교적 순수하게 그들의 고유문화를 오래도록 보전하면서 소부족국가의 연합체로서 발족하여 통일국가 체제를 갖추기 시작하였다.

다리에 관한 최초의 역사기록은 삼국사기 신라본기(新羅本記) 실성니사령조(實聖尼師令條)에 "…12년 추팔월 신성 평양주대교(十二年 秋八月 新城 平壤州大橋)…" 즉 A.D. 413으로 이 당시 평양주는 현재의 양주(楊州)라는 설이 있으나 위치는 확실치 않고 어떠한 다리인지도 알 수 없다. 다만 "대교(大橋)"라 한 것을 보면 당시 상당한 규모의 다리를 축조하였다는 사실을 알 수 있게 한다. 이 평양주대교의 가설 이전에 이미 이 당시에 여러 형태와 규모의 다리가 널리 실생활에 활용되고 있었다는 사실을 알 수 있다.

삼국유사에 의하면 제26대 진평왕 17년(597)에 비형(鼻荊)으로 하여금 귀신을 부려 신원사(神元寺) 북쪽 개천에 다리를 놓으라 하였더니 비형이 그의 무리를 시켜 돌을 다듬어 하룻밤 사이에 큰 다리를 놓았으므로 귀교(鬼橋)라 하였다고 하는데, 지금의 신원사 북쪽개천 오릉(五陵) 북쪽으로 현재 콘크리트로 된 문천교 하류 약 100 m 지점 하상에 십여점의 다리부재가 흩어져 있다. 현재 신원사는 폐사되고 없으나 노출되어있는 석재유구(石材遺構)는 다리부재임을 알 수 있게 한다. 이는 귀신이 하룻밤 사이에 다리를 놓았다 하나 우수한 다리였음을 의미하며 앞으로 발굴조사가 이루어지면 더욱 귀교에 관한 사항이 밝혀지리라 기대된다. 한편 이 귀교는 다리의 축조재료 종류가 석재임을 밝혀주는 최초의 기록이어서 주목된다.

한편 주목되는 기록중의 하나는 삼국유사 4권 원효불기조(元曉不羈條)에 문천교(蚊川橋)(일명 유교(楡橋))의 다리 이름이 보이는데 이 문천교는 원효대사와 요석공주의 사연이 있다. 원효가 어느날 남산에서 내려와 문천교를 지나다가 떨어져 옷을 적시자 관리가 요석궁에 데려가 옷을 말리도록 하였는데, 궁에 홀로된 공주와 유숙하여 설총을 낳았다는 것이다, 원효의 출생이 진평왕 39년(617)이므로 유교는 7세기의 다리로 보인다. 이 다리의 유구(遺構)로 보이는 목조로 된 기초부재가 월정교(月精橋) 하류 약 19 m 지점에서 발견되어 여러 가지로 주목을 끌고 있다.

2.2.2.2 백제

백제는 한반도 중부지역에 할거하던 고구려계통의 한 부족이 점차 반도의 서남부로 진출하여 4세기초에 통일국가 체제를 정비하였다. 백제는 반도의 서남부에 진출하고 해로를 통하여 중국남조 여러 나라와 직접 교류하여 급속한 문화이 발전을 보았다. 백제는 도읍을 처음 한성(지금의 한강주변)에서 고대국가로 성장하다가 문주왕 1년(475) 수도를 웅진성(熊津城)(지금의 공주)으로 옮기고 재기하였는데 이 시기인 웅진시대의 다리가설 기록이 있다. 삼국사기 백제본기 동성왕조(東城王條)(498)에 설웅진교(設熊津橋), 즉 웅진교를 건설하였다고 하였으나 그 위치와 규모는 알 수 없다.

백제는 다시 사비(지금의 부여)로 도읍을 옮기고 (A.D.538) 국가부흥에 힘을 썼는데 백제는 부여에 도읍을 정하고 있었을 때 전성기를 이루었을 것으로 생각된다. 이 당시 백제는 일본에 여러분야의 선진문화를 전했는데 그 중의 하나가 다리 축조기술이었다. 백제 토목기술자인 노자공(路子工)이 일본에 건너가 다리가설 기술을 전한 것은 백제인의 다리 축조기술 정도를 가늠케 하는 좋은 예이다. 우리나라에는 현존하는 백제다리 유구가 없는 것으로 알려졌으나 최근 문화재연구소가 발굴해 오고 있는 익산 미륵사지에서 다리유구가 조사되었다. 이 발굴에서 살펴보면 다리구조로는 지칭하지는 않았으나 미륵사지 강당지 중심축선상에서 북측건물지(승방지(僧房址))와 금당(金堂) 건물지(建物址)간의 연지(蓮池)를 건너가는 다리 통로로 교각은 4개소, 건물기단을 교대로 삼아 원형지대석 위에 원통형 초석과 같은 장주형 교각이 남아 있다.

다리는 교각간 2.8 m, 폭 2.8 m, 총 길이 14 m에 이르는 회랑식 (廻廊式) 교량으로 생각된다. 그 외 백제고분중 무녕왕릉의 경우 동 · 서벽을 내곡시켜 아치를 형성한 것은 당시 교량에서 아치교 가설이 가능하였음을 보여주는 좋은 자료이다.

2.2.2.3 고구려

고구려는 삼국중 고대국가로 가장 먼저 체제를 정비하여 문화적인 수준도 다른 두 나라보다 앞섰다. 고구려가 최초로 도읍을 정한 곳은 현재 혼강(渾江)유역으로 생각되는 불유강(沸流江) 유역의 졸본부여(卒本扶餘, B.C.37)이다. 유리왕(琉璃王) 2년(A.D. 3) 국내성(國內城)(지금의 통구(通構))으로 이도하였고 다시 장수왕(長壽王) 2년(427) 평양대성으로 이도하여 평원왕(平原王) 28년(586) 장안성(長安城)(지금의 평양)을 축조하였다. 기록에 의하면 구제궁(九悌宮)에는 통한(通漢) · 연우(延祐) · 청운(靑雲) · 백운(白雲) 등 네 개의 교가 있었다 하나 지금은 그 자리를 찾아 볼 수 없다.

한편 5세기 초의 고구려시대 다리유구인 고구려 대동강 다리터에 대한 발굴조사보고가 있다. 이에 따르면 고구려 왕궁인 안학궁(安鶴宮) 전면으로 이 다리는 오늘날 토성구성(土城區城)과 천호동과 사동구역 휴암동을 연결시켰던 큰 목교였다고 하는데, 이 다리의 규모는 길이 375 m, 다리폭 9 m로 당시 이 정도 규모의 다리를 대동강에 설치하였다면 세계적인 규모라고 생각된다. 이 다리의 골조에 해당되는 부재는 각재 (38 cm × 25 cm)로 발굴조사 결과에 의해 이 다리의 형상을 유추해 보면 다리의 입구부분은 부채살모양으로 깔판을 붙여 깔아 출입에 편하게 하였고 교각위에는 종량과 횡량을 놓고 그위에 두꺼운 판자를 깔아 다니기에 편리하게 한 목교였다고 보고되어 있다.

그 외 고구려는 삼국사기 고구려본기 영양왕 23년(612) 기록에 수(隋) 양제와 고구려와의 전투시 비록 가설주체는 고구려가 아니었으나 요수(遼水)에서 부교(浮橋)를 이용하여 도하하는 부교(주교(舟橋))가 전투시에 이용되어 몇차례 고구려와의 전투결과 수나라가 전쟁에서 패배, 곧 멸망하게 되었는데 이는 부교가 전투시 등 중요행사시 이용되었음을 알 수 있다. 특히 고구려는 여러 차례 도성을 옮기면서 대규모의 토목사업을 일으켜 일찍부터 상당한 기술수준에 이르렀던 것으로 보인다. 현존하는 대표적인 유적으로 고구려고분 형식을 살펴보면 궁륭식 (宮隆式) · 말각조정식 (抹角藻井式) · 평천장식 (平天障式) 등 각종 다양한 형식이 있었음을 볼 수 있다. 이렇듯 각종 형식의 고분구조를 통해 보건대 이러한 각종 석조형식은 고분뿐 아니라 성곽건축, 교량 등에도 적용되었을 것이다. 최근 복원된 평양의 대성산성 남문에는 Arch는 아니나 성문 개구부에 꺾임형의 성문이 복원된 것과 만주 집안현(輯安縣)의 사아천장총(四阿天障塚) 석실(石室)의 궁륭형식은 아치 전단계로서 아치교 출현과정을 보여주는 좋은 자료이다. 이 당시 중국의 대표적인 교량으로 하북성(河北城) 조현(趙縣) 남문밖의 교량으로 수(隋) 대업년간(大業年間)(605~617)에 이춘(李春)이라는 기술자에 의해 만들어진 것으로 알려진 유명한 안제교(安濟橋)(일명 대석교(大石橋))가 있다. 이 석교는 중국의 교량구조 연구에 중요한 유구로 평가되고 있다. 궁형(弓形)의 대형아치교(길이 37.37 m)로 다리 아치양단에 소형의 아치(spandral arch)를 설치하여 교량자중을 줄이고 유수를 돕는 수법으로 된 이 형식은 서구보다 앞선 것으로 6~7세기의 중국의 앞선 교량기술을 알 수 있게 한다. 이 당시의 고구려 석교가 현존하는 것이 없으나 당시 중국과의 관계 등으로 보아 상당한 수준의 다리가설이 이루어져 활용되었을 것이다.

2.2.2.4 통일신라시대

삼국통일(608)을 이룩한 신라의 과학기술이 매우 발달한 시기였다. 특히 수학이 발달하여 사원건축 등에 널리 응용되었는데 신라의 최고학부인 국학(國學)에서는 수락교육이 행하여 졌으며 산박사 제도를 설치하기까지 하였다. 이렇게 발달된 수학지식은 통일신라시대의 대표적 걸작품인 불국사와 석굴암 등 균형미 넘치는 건축물을 낳게 하였다. 경덕왕 10년(751)에 불국사를 건립한 김대성이 경주 토함산에 석굴암을 창건하였는데 신라 토목건축의 대표적인 걸작이다. 이때 조성한 불국사의 청운 · 백운교(青雲 · 白雲橋), 연화 · 칠보교(蓮化 · 七寶橋)등은 현존하는 최고의 교량의 우수함을 보여주고 있다. 기록상으로 통일신라시대의 교량은 수도 경주 월성해자(月城垓字)에 해당되는 문천(蚊川)을 중심으로 외곽지역에 대한 기록이 주를 이루고 있다. 대표적인 교량의 예로 삼국사기 신라본기 9권 경덕왕 19년(760)에 축조한 것으로 알려진 월정교(月精橋)와 일정교(日精橋)가 있다. 이 월정교의 경우 완전한 형태로 남은 것은 아니지만 교각과 교대가 남아 전해져 당시 교량건조기술의 많은 부분도 알려주고 있다.

우리나라에 온전하게 남아 전해지는 가장 오래된 다리로 불국사의 청운교 · 백운교(국보 제23호)와 연화교 · 칠보교(국보 제22호)가 있다. 신라 경덕왕대(742~765)에 김대성이 창건한 것으로 알려진 이 다리는 계단형식의 다리이다. 청운교 · 백운교는 홍예를 중심으로 아래쪽이 청운교, 위쪽이 백운교로 석단이 2단으로 쌓여지고 계단이 45° 경사로 설치되어 있다. 좌우측에는 석재난간이 설치되어 있고 계단석은 중앙의 돌을 경계로 양쪽으로 나누어져 있다. 가구수법(架構手法)은 당시 목조건축에서 널리 활용되었던 기법을 활용한 석조물로 뛰어난 조형술의 극치를 보여주고 있다.

이 시기의 유구로 발굴조사(1988~1989)로 밝혀진 계림동편(鷄林東便) 수로의 석교는 2경간으로 길이 4.74 m, 폭 3.5 m 규모로 추정되는데 간단한 형태의 난간을 갖춘 형교형식으로 보인다. 이 석교의 하류 50 m 지점에서 이와 유사한 형태와 규모의 교량터가 또 조사된 바 있는데 앞서의 석교와 같은 형식으로 이 석교에서 새로운 내용은 난간 돌란대가 사각의 형식을 취하고 있음이 주목된다. 그 외 1985년 발굴조사한 월정교지(月精橋址) 하류 19 m 지점에서 목교유지가 출토된 바 있는데 이 목교는 삼국유사에 나오는 유교로 보이며 완전한 형태는 아니나 지금까지 발견된 최고의 다리유구이며 다리 기초공법이 목조확대기초를 사용한 우수한 다리구조임을 알 수 있게 한다.

2.2.2.5 고려시대의 교량

고려시대의 중앙집권적인 관료제가 도입되고 지방제도가 본격적으로 정비되기 시작한 것은 성조(981~997)때이다. 지방조직을 효율적으로 관리하기 위하여 교통로인 역로망(驛路網)을 갖추어 갔다. 전국을 22역도, 55역이라는 방대한 역조직을 구성하였다. 그러나 실제로 어떻게 운영되었는지는 알기 어렵다.

교량은 도로와 불가분의 관계를 갖는 구조물로 도로와 함께 연구되어야 할 대상이다. 고려는 도읍을 개성으로 정하였으나 건국초기에는 도성계획을 수립하지 못하고 궁성만 있었는데 현종 2년(1011) 강감찬의 요청으로 19년만인 현종 20년(1029)에 완성하였다. 도성내 궁성인 만월대(滿月臺)를 중심으로 한 일대에 선죽교(善竹橋)를 비롯 병부교(兵部橋), 십천교(十川橋), 궐문교(闕門橋), 저교(渚橋) 등 다리들이 알려져있다. 이외에도 도성에는 소규모의 다리가 다수 있었을 것이다. 북한지역(北韓地域)의 고려시대 다리로 현존하는 유명한 선죽교가 있는데 이 다리는 화강암으로 만든 연교(衍橋)형식의 석교로 길이 6.67 m, 폭 2.54 m로 개성시 선죽동 개성남문에서 동쪽으로 약 1 km 떨어진 곳에 위치해 있다. 이 선죽교는 고려충신 정몽주가 피살된 곳으로 유명한데 최근 사진기록에 의하면 주변에 석조의 보호책을 둘러놓았다.

남한지역의 고려시대 다리로 전남 함평의 고막천석교(古幕川石橋)가 있다. 고려 원종 15년(1274)에 고막대사가 가설했다 하여 붙혀진 이름이다. 일명 독다리라고도 하는데 가설자의 이름이 전해지는 중요한 다리이다. 형교형식의 이 고막교는 나주에서 함평으로 가는 길인 고막원(古幕院)마을 앞의 영산강 지류와 조수가 반복되는 하천위에 놓인 다리이다. 다리규모는 길이 20 m, 폭 3.5 m로 교각을 장대석(長臺石)으로 된 지대석(地臺石) 위에 50~70 cm 장방형의 가공석재를 3~4잔으로 겹쳐 쌓아 그 위에 4~5 cm나 되는 멍에돌(가석(駕石))을 받치고 멍에돌 위에 장귀틀의 돌을 세줄로 깔고 귀틀 사이에 우물마루 깔듯이 청판석을 귀틀에 끼이도록 하였다. 이는 목조건축의 결구(結構)형식을 석조로 정교하게 축조하였고 그 형식이 고식 (古式)을 띄고 있다. 이러한 다리가 오랫동안 조수와 홍수에 무너지지 않고 온전하게 형태를 전해오는 이유는 고낙대사의 도술때문이라는 전설이 전해지기도 한다.

고려시대 다리중 고식의 형식을 띈 충북 진천의 농교(籠橋)가 있다. 이 농다리는 구조 형식이 징검다리와 형교의 중간형태를 보이고 있어 그 형식으로 인해 삼국시대 축조설이 있기는 하지만 진천 지방의 구읍지(舊邑誌)인 상산지(常山誌, 1933)에 의하면 고려 고종때의 권신인 임연(林衍) 장군이 그의 정선기에 출생지인 구곡마을에 가설한 것으로 전한다. 이 다리는 단일 징검돌 대신 여러 개의 자연할석(自然割石)을 서로 엇물리게 축적하여 교각으로 삼고 그위에 길이 170 m, 두께 20 m 정도의 장대석을 1매 또는 2매 걸쳐놓았다. 이러한 구조적 특성으로 홍수시에도 물속에 잠기어도 교각과 시렁골이 그대로 안전하게 유지될 수 있어 오늘날의 잠수교의 역할을 하고 있다. 이 농다리는 당초에는 28칸이었을 것으로 보이나 지금은 양쪽으로 2칸씩 줄어 24칸이다. 고려시대에는 이러한 일반적인 교량 이외에도 임진강에 부교를 놓아 백성들이 안전하게 건너다닐 수 있게 부교가설 기록이 보이고 있다.

2.2.3 조선시대의 교량

경국대전의 공전(工典)에는 교로(橋路)에 관한 규정이 수록되어 있다. 이에 따르면 조선왕조의 교로는 전반적으로 국가관리를 원칙으로 하였으나 실제에는 교량의 계획에서 설치에 이르기까지 국가적 계획이 수립되거나 실천된 적이 거의 없었다, 도성내의 교량의 경우 처음에는 공조(工曹)와 한성부(漢城府)에서 맡아 고찰 · 치수한다고 규정하였다. 육전조례(六典條例)에는 호조(戶曹)에서 도성의 교로를 닦고 관리하였다. 즉 공조는 재정지원을 담당하였으며, 병조(兵曹)는 안보면에서 참여하였다. 지방의 도로와 교량은 농한기를 이용하여 수리케 하였으며 전국 각지에 널리 교량 가설은 이루어졌으나 반영구적인 석교의 가설은 쉽지 않았다.

조선왕조가 한양으로 천도 후 궁성을 조성하면서 궁내에는 우수한 궁궐 교량이 조성되었는데 대표적인 것으로 정궁인 경복궁의 영제교(永濟橋), 창덕궁의 금천교(錦川橋), 창경궁의 옥천교(玉川僑) 등이 그것이다. 이들 교량은 전부 정문에서 정전(正殿)에 이르는 주통로상에 가로 걸쳐 흐르는 금천(禁川)이라는 명당수를 건너는 교량들이다. 조선왕조가 한양으로 천도 후 궁성을 조성하면서 도성에는 청계천을 중심으로 여러다리가 가설되었는데 도성내외의 교량은 조선조말 고종을 전후하여 작성된 한경식략(漢京識略) · 수선전도(首善全圖) · 서울지도 등의 사료에 의하면 당시 서울에 산재한 교량은 성내에 76개소, 성외에 10개소로서 합계 86개소에 이른다. 그러나 이 중에서 위치와 교량이름을 알 수 있는 것은 69개소 뿐이고 나머지에 대해서는 이름을 모르거나 위치가 불분명하다.

도성주변에 위치한 많은 교량중에 현존하는 대표적인 것으로 수표교(水標橋)가 있는데 이는 옛날 청계천의 수위를 측정하던 수표석(水標石)이 다리 옆에 있었기 때문에 붙여진 이름으로 원래는 마천교(馬塵橋)라 하였다. 이 수표교의 가설시기는 명확치 않으나 세종 또는 성종 때 가설된 것으로 추정된다. 그 외에도 성동구 왕십리와 뚝섬 사이의 한양대학교 남쪽에 걸쳐진 살곶이다리는 세종 2년(1420)에 가교공사를 시작하였다가 성종 18년(1483)에 완성하였는데 길이 75 m, 폭 6 m로 조선시대 가장 긴 다리였다. 지금 남아있는 다리가 70년대 보수되어 전해오는 것이다. 그 외 사찰지역에는 아름다운 홍예교(虹霓橋) 형식의 다리가 많이 남아있고 민간지역에도 다리형식이 일부나마 전해지고 있다.

그 외에도 조선 제22대 정조때에는 그의 생부인 사도세자의 묘소가 있는 수원으로 배릉(拜陵)을 위하여 한강에 배다리 설치를 하는 주교사(舟橋司)라는 관청을 만들어 운용하였다. 조선전기에 작성된 신증동국여지승람의 교량조(僑梁條)에 나타나 있는 전국의 교량수는 516개소로 당시의 교량가설 실상을 다소나마 이해할 수 있게 한다.

2.2.4 근대의 교량

근대교량으로는 한강철교(1900, 트러스교)를 시작으로 압록강철교(1911, 선개교(旋開橋)), 부산 영도교(1934, 도개교(跳開橋)), 한강대교(1937, 타이드 아치), 광진교 등이 차례로 가설되었다. 1973년에는 육지와 남해섬을 연결하는 현수교 형식의 남해대교가 완성되어 우리의 교량기술이 세계수준에 도달하였다는 사실을 입증하였으며, 교량의 장대화에 케이블을 최초로 사용했다는 점은 교량의 건설기술이 크게 발전했음을 나타내는 것이다. 또한 주경간 345 m의 진도대교(1983), 주경간 280 mm의 돌산대교(1983)도 바다를 배경으로 하여 가설된 사장교 형식의 교량이며, 서울의 한강상에는 주경간 150 m, 주탑높이 88 m의 올림픽대교(1989)가 서울올림픽을 기념하기 위하여 사장교 형식으로 가설되어 기존의 교량들과 좋은 조화를 이루고 있다. 이 외에도 서해 고속도로상의 서해대교, 신공항을 연결하기 위한 고속도로상에 가설될 영종대교, 부산의 광안대교 등이 시공되었다.

남해대교는 전장 660 m (128 m + 404 m + 128 m)이며, 블록정착식 (타정식) 현수교로 1973년 6월에 개통되었다. 영종대교는 철도 · 도로 병용 2층 자정식 현수교로 전장 550 m (125 + 300 + 125)이다. 그 외에도 부산의 광안대교는 중앙지간 500 m의 블록정착식 (타정식) 현수교이다.

2.2.5 오늘날의 교량

오늘날 교량이 도로의 장애물 통과수단으로서의 기능뿐만 아니라 국가와 지역사회의 문화적 측면의 기능도 중요시함으로써 안전하고 경제적이며 미관도 뛰어난 교량의 가설이 이루어지도록 계획 · 설계 · 시공하고자 하는 의식의 전환이 이루어지게 되었다. 예를 들면, 부산 광안해수욕장 앞 바다를 가로지르는 광안대교, 서해안고속도로의 서해대교, 인천 영종도에서 송도로 바다를 가로지르는 인천대교, 여수-광양을 연결시키는 이순신대교, 압해-암태를 연결시키는 새천년대교, 군외-남창을 연결시키는 완도대교, 거제도-가덕도를 연결시키는 거가대교, 부산의 북항대교, 고하-죽교 · 소록-거금 · 돌산-화태 · 영남-적금 · 여수-묘도를 연결시키는 교량 및 세풍대교 · 완도대교 · 제2남해대교 · 울산대교 등과 같이 아름답고 장대한 교량은 그 지역의 상징적 · 기념비적 문화유산이자 아름다운 조형물로서 심미적 · 환경적인 면에서도 매우 중요한 기능을 갖게 계획 · 설계 · 시공되었다.

IT 융복합 스마트 교량설계

03

최근의 토목 산업 분야는 급변하는 사회적 정세와 기술적 발전을 충분히 반영하지 못하고 있기 때문에 그 생산성이 현저히 감소하고 있는 추세이다. 따라서 토목 산업 분야에 새로운 기술의 적용과 정보화, 장비의 고도화, 조달의 합리화 등을 통하여 생산성 향상을 이루어야 할 필요가 있으며 이러한 목적을 실현하기 위한 전문 토목 엔지니어의 양성이 시급한 실정이다. 공학 전반의 기술발전이 빠르게 이루어지면서 건설분야에서는 시공기술과 설계기술이 눈부시게 발전하고 있다.

특히, 설계기술은 공학이론의 발전과 함께 컴퓨터를 활용한 IT기술이 급속하게 발전하면서 설계방법의 다변화와 함께 편리성이 개선되었다. 1970~1980년대에 수작업으로 해왔던 구조물의 설계도면 작성을 1990년대 이후로는 CAD 프로그램의 도움을 받아 컴퓨터 작업을 해오고 있다. 그러나 최근에는 기존의 수작업을 단순히 컴퓨터로 대신하는 개념에서 탈피하여 설계의 전과정을 컴퓨터를 활용하여 수행하려는 시도들이 계속되고 있다. 이런 분야를 최근에 **'토목 BIM'** 이라 명명하고 있다. 실제로 BIM은 건축분야의 Building Information Modeling에서 출발하였으나 최근에는 토목분야에까지 확장되어 적용되면서 건축의 BIM과는 다른 양상으로 활발하게 개발, 적용되고 있다. 예를 들어 도면을 처음부터 평면도면이 아닌 3차원 노변으로 작성한다던지, 컴퓨터로 설계도면 작성시 공정관리 개념을 도입하여 설계도면과 함께 시공관리를 할 수 있는 형태로 운영하는 경우(3차원과 함께 시간까지 고려하여 4D CAD라고 부르는 경우도 있음)가 많이 있다.

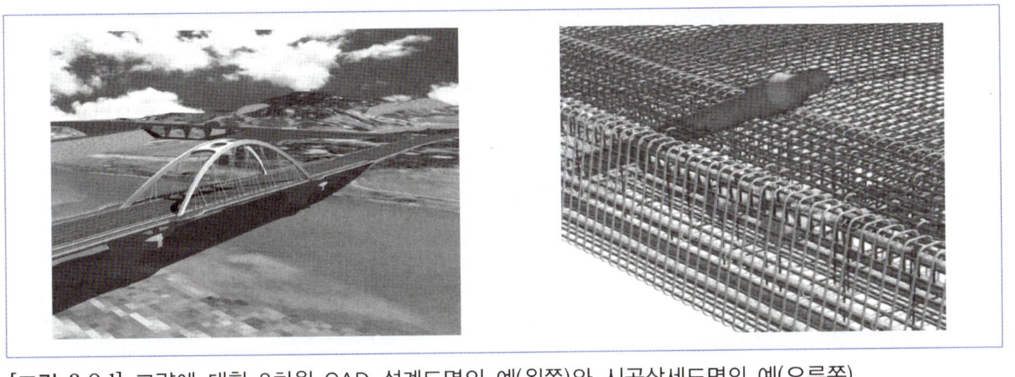

[그림 3.0.1] 교량에 대한 3차원 CAD 설계도면의 예(왼쪽)와 시공상세도면의 예(오른쪽)

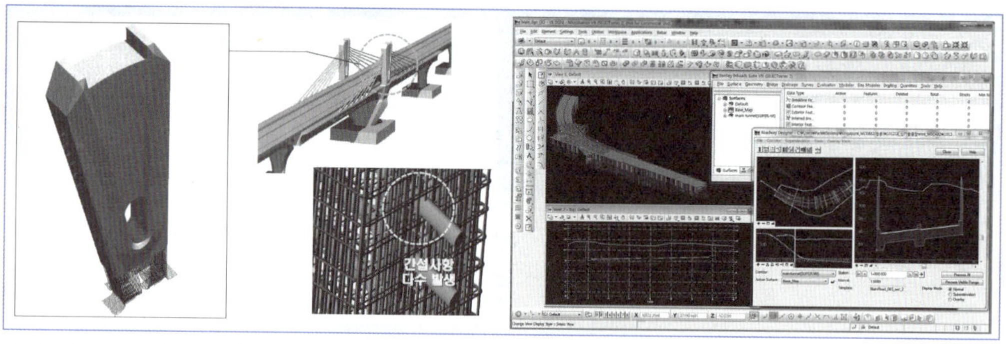

[그림 3.0.2] 토목 BIM의 다양한 활용 예

기존의 토목 분야 공정 시스템은 설계로부터 시공, 유지관리의 단계까지 각각의 격리된 정보를 이용하여 수행되어 왔기 때문에 다수의 건설 정보 손실이 발생되어 왔는데 최근 토목 BIM이 개발되어 단일의 총체적 건설 정보 모델을 수립하여 운영하고 모든 건설 단계에서의 정보 공유화가 가능하게 함으로써 시간적, 경제적 자원의 손실을 최소화하고 토목 산업의 생산성을 향상시키고 있다. 최근 이러한 토목 BIM 활용이 증가되고 있다.

구조물의 계획단계에서부터 토목 BIM을 적용하여 경관설계와 함께 구조물을 계획을 검토하는 경우도 많다. 컴퓨터 시뮬레이션을 통해 가상현장을 구축하고 가상건설을 미리 수행함으로써 공사시 발생할 수 있는 시공상의 어려움이나 공정관리, 장비운용에 많은 insight를 얻을 수 있다. 또한, 선형검토, 토공량 산정도 가능하게 되며 공사에 대한 이해를 획기적으로 증진시킬 수 있다. 이를 잘 활용하면 구조물이 완공된 이후에 유지관리에도 활용이 가능하다.

3.1 BIM 정의

IT를 이용한 건설사업의 건설기술이 설계, 시공, 유지관리 분야에 걸쳐 발전을 거듭하고, 컴퓨터 하드웨어 및 설계전용 소프트웨어의 발전에 따라 설계업무의 전산화 및 자동화가 급속히 진전되고 있다. BIM은 Building Information Modeling의 약자로 일반적으로 3차원 정보모델을 기반으로 시설물의 생애주기(계획, 설계, 시공, 유지관리)에 걸쳐 효율적인 업무협업을 수행하는 시스템이다[그림 3.1.1].

국제 빌딩스마트 협회의 Thomas Liebich 박사는 최근 빌딩스마트코리아 세미나에서 BIM의 개념을 세 가지로 정리 하였다. 첫째는 건물을 표현하는 하나의 정보집합으로 보는 개념으로 BIM을 특정 소프트웨어에서 만든 하나 또는 여러 개의 모델파일(예: Revit 모델, Archicad 모델 등)로 보는 경우이다. 이 경우에 BIM은 'Building Information Model'로 해석된다. 둘째는 건물의 생애주기 동안의 정보처리 및 관리과정(process)로 보는 견해이다. 이 경우 BIM은 'Building Information Modeling' 또는 'Building Information Management'로 해석된다. 셋째는

BIM을 이러한 것을 구현하는 소프트웨어로 보는 견해로 이 경우 BIM은 'Building Information Modeler'로 해석된다.

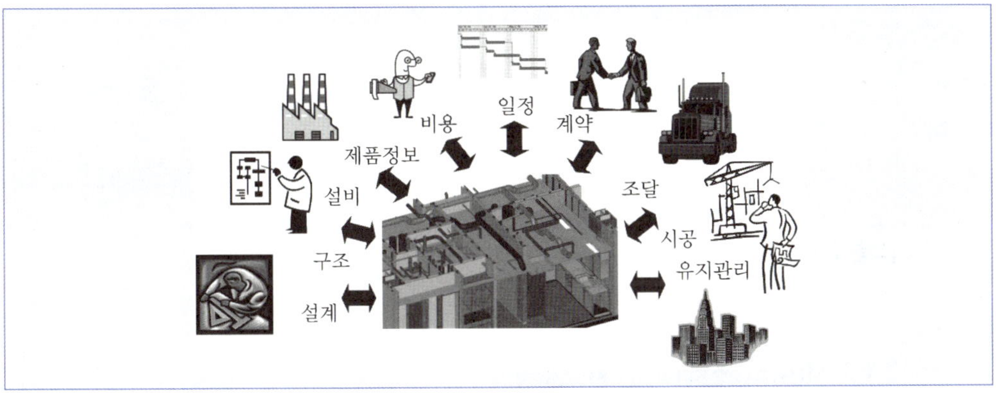

[그림 3.1.1] BIM의 활용

3.1.1 BIM의 용어

BIM이란 용어가 처음 등장하기 시작한 데에는 다양한 의견이 있으나, 1970년대 후반, Georgia Institute of Technology의 Charles M. Eastman 교수가 Building Product Model이란 용어를 사용하기 시작한 것이 'Building Information Modeling(BIM)'이란 용어 탄생의 계기이다. BIM 용어 사용 배경에 대해서 년도 별로 정리하면, 다음 [표 3.1.1]에 나타낸 바와 같다.

[표 3.1.1] BIM 용어 사용 배경

년도	주요 내용
1970년대 후반	· Georgia Institute of Technology의 Charles M. Eastman 교수가 Building Product Model 이란 용어를 사용
1986년	· 최근 벤틀리에서 오토데스크로 옮긴 Robert Aish의 1986년 논문 'Building Modeling : The key to Integrated Construction'에서 유사 개념 제시
1987년	· 1987년 Graphisoft사의 Archicad가 '가상설계 및 건설 (Virtual Design and Construction)이라는 개념으로 최초 프로그램 개발
1992년	· 1992년 Automation in Construction에 G.A van Nederveen과 F. Tolman이 발표한 'Modelling multiple views on buildings'에서 'Building Information Modeling' 이라는 용어사용
2003년	· 2003년 Autodesk사가 'Building Information Modeling' 이라는 제목의 백서를 내면서, 경쟁업체인 Bentley (Bentley and Workman 2003)와 Graphisoft (Bernstein and Pittman 2004)가 유사한 백서를 냈음
–	· 건축캐드 웹진 (The Laiserin Letter)의 편집장인 Jerry Laiserin 이 '위대한 논쟁 (the Great Debate)'이라는 제목으로 오토데스크와 벤틀리간의 BIM 에 관한 논쟁을 중계하면서 BIM이라는 용어와 개념이 대중적으로 보급

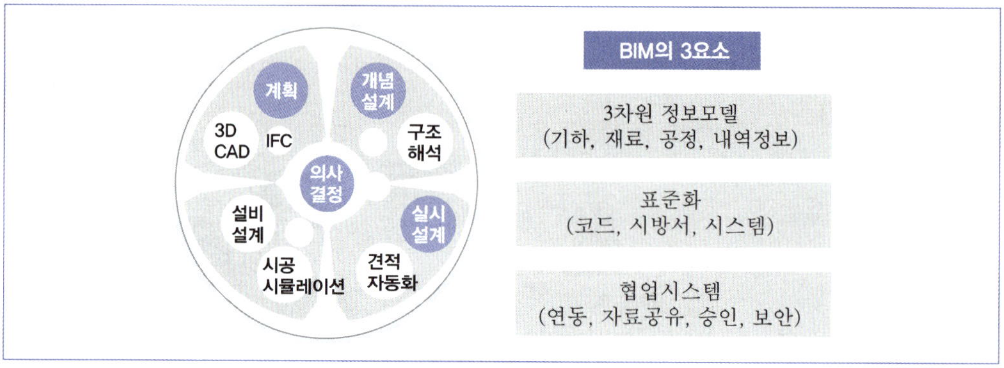

[그림 3.1.2] BIM의 구성요소

3.1.2 BIM의 진화과정별 정의

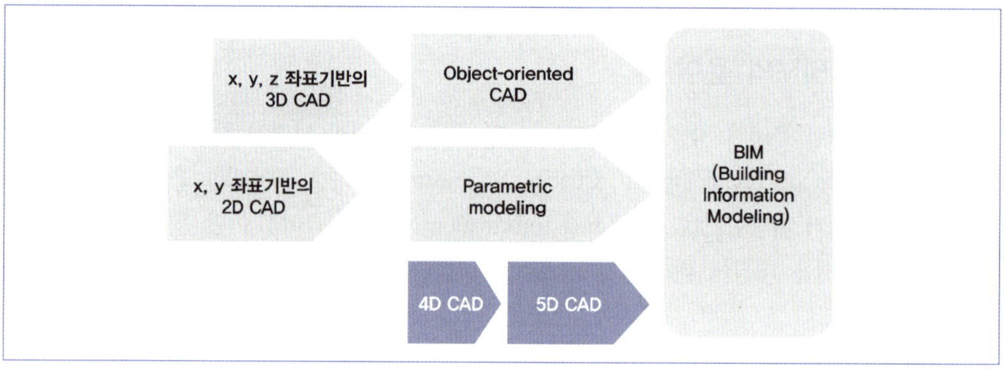

[그림 3.1.3] BIM의 진화과정

3.1.3 BIM 프로그램 분석

- 기존엔 개발된 다양한 3차원 모델링 툴이 있으나, BIM구축을 위해 이용되는 범용 프로그램은 다음 [표 3.1.3]과 같은 4종류가 있다.
- BIM용 프로그램에 의해 작성된 모델은 콘크리트 등의 주요 수량을 산출할 수 있으며, 투영법에 의한 일반도 작성을 통해 성과품의 적정성을 검토할 수 있다.
- 또한, 공정데이터와의 연계를 통해 예상 시공일에 따른 구조물의 시공상태를 3차원적으로 확인 가능하다.
- 철근 배근을 3D로 시각 및 데이터화하여 철근 배근검토 및 간섭체크를 하여 수정, 보완을 할 수 있고, 철근모델을 도면화할 수 있다.
- 토목분야에서 가장 활발하게 적용되고 있는 마이크로스테이션(Bentley, 미국)은 작성된 모델을 시공중 공정관리는 물론, 유지관리용 모델로도 활용될 수 있다[그림 3.1.4].

[표 3.1.2] BIM의 진화과정

대분류	개념도	주요 특징
x,y 좌표 기반의 2D CAD	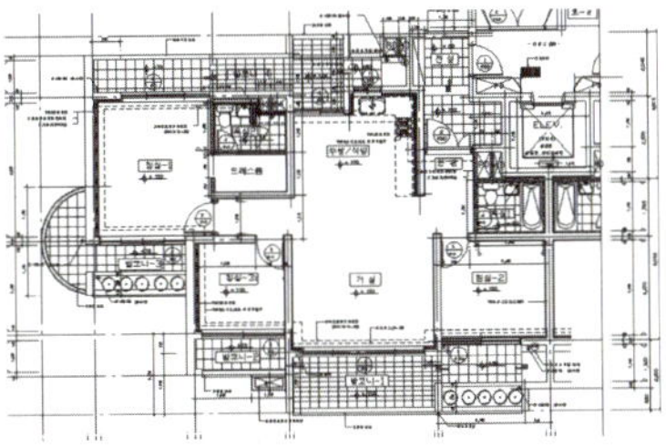	· Computer Aided Design의 약칭으로 과거 수작업으로 작도했던 2차원 도면을 컴퓨터를 이용하여 설계하는 시스템 · 사용자가 도면정보 사용시 2D로 표현된 정보를 3차원 공간으로 인식/해석하는 과정이 필요
x,y,z 좌표 기반의 3D CAD	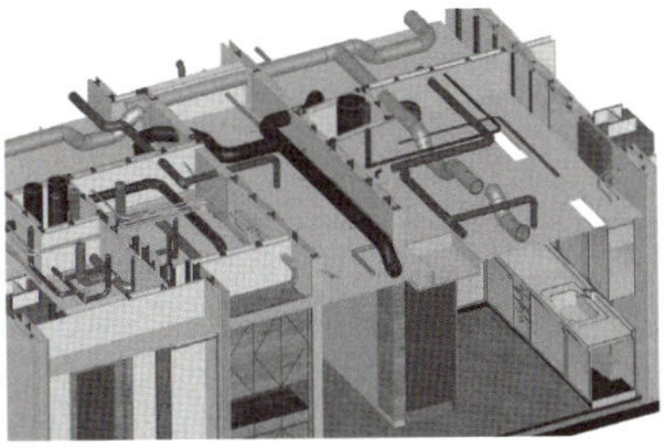	· 3차원 형상을 솔리드 모델링 시스템을 이용하여 컴퓨터에서 구현하는 CAD 설계 시스템 · 객체의 재질, 규격, 물량 등 속성정보는 포함하지 않고 객체의 형상정보만을 표현
Object-oriented & Parametric modeling	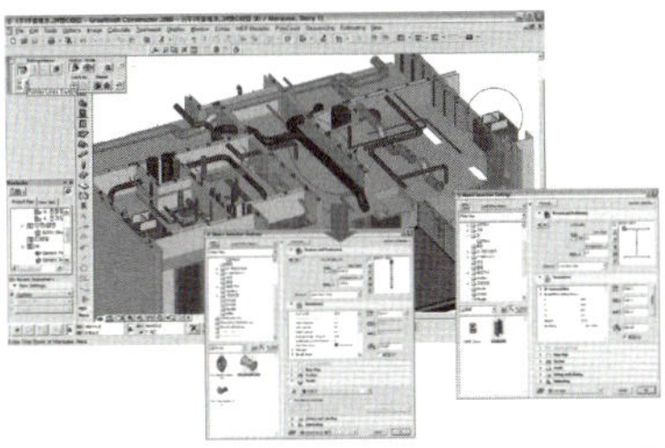	· 파라미터와 그 파라미터간의 규칙을 이용하여 객체를 형상화하는 시스템 · 현재 상용중인 BIM Modeler의 기반 시스템으로 BIM 설계 소프트웨어와 다른 CAD 시스템을 구분짓는 주요 기술 · 객체의 형상정보와 속성정보(재료, 물량 등)을 포함
4D CAD	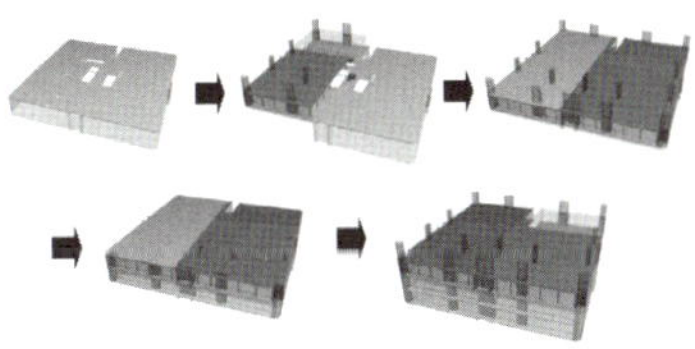	· 3D CAD + Time · 객체의 3D 형상에 시간의 개념을 적용시킨 것으로 프로젝트의 각 시공단계 모습을 시뮬레이션을 통해 시각화 분석이 가능하도록 함.
5D CAD	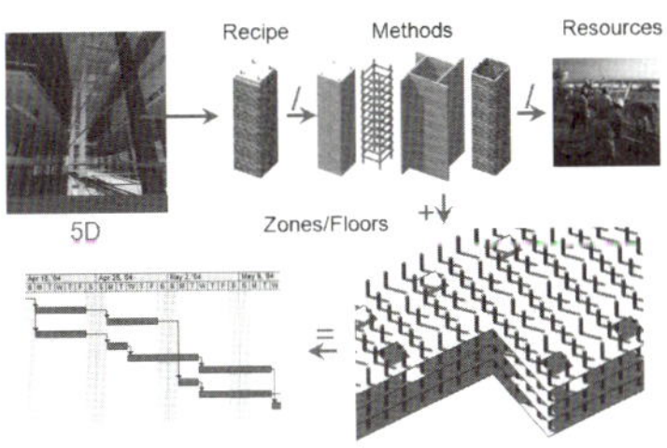 	· 3D CAD + Time + Cost · 객체의 3D 형상에 시간, 비용의 개념을 적용시킨 것으로 시공단계 시뮬레이션과 각 단계별 물량정보를 이용하여 자동견적이 가능하게 함.
nD CAD	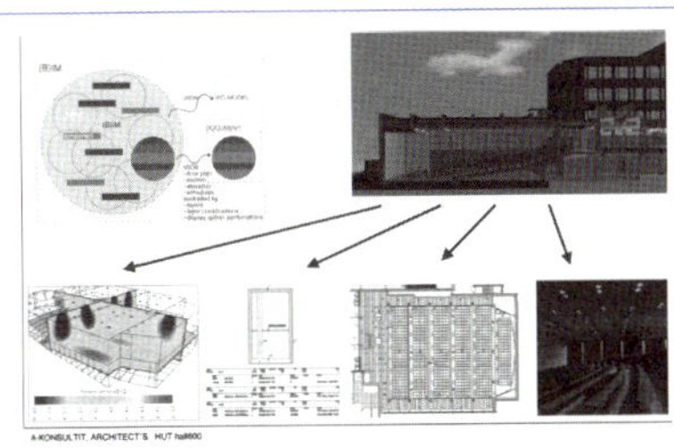	· BIM을 활용하여 얻을 수 있는 추가적인 엔지니어링 분석들에 대한 발전 가능성을 표현 · BIM을 이용한 시설물 완공후의 Energy Analysis를 설계 초기단계에 수행

[표 3.1.3] 범용 BIM 프로그램

프로그램	Microstation V8i	Revit 2010	Archicad 12	CATIA V5
개발사	Bentley (미국)	Autodesk (미국)	Nemetchek (독일)	Dassault (프랑스)
특징	· 토목엔지니어링, 시공까지 다양한 분야를 포괄 · 파일기반 시스템으로, 적은 메모리 부하	· 건축BIM시장 주도. · 국내 가장 많은 사용자 확보	· BIM 시장에서 가장 오래 전부터 만들어 판매 · BIM 건축설계 프로그램	· 항공, 자동차산업에서 가장 광범위하게 쓰임
장점	· 복잡한 곡면 모델링 기능을 지원 · 파일 기반 시스템으로 적은 메모리 부하	· 프로그램의 사용성 우수 · 다양한 객체 라이브러리	· 배우기 쉬운 인터페이스 · 건축분야 시공, 시설관리 분야를 지원하는 많은 프로그램을 포함	· 강력한 파라메트릭 모델링 · 대부분의 3차원 디테일 모델을 생성 가능
단점	· 시스템 종류가 많고, 시스템을 배우고 다루기 어려움	· 메모리기반 시스템 · 복잡한 곡면을 지원 안됨	· 파라메트릭 모델링 기능에 있어서 몇가지 제약 · 메모리기반 시스템	· 초기 투자비가 큼 · 복잡한 인터페이스
국내적용 주요 프로젝트	· 행복도시 금강2교, · 제2돌산대교등	· 대구 두산 위브 더 제니스 등	· 용인시민체육공원 · 성균관대학교학술정보관	· 행정중심복합도시1지구 · 동대문운동장복합단지

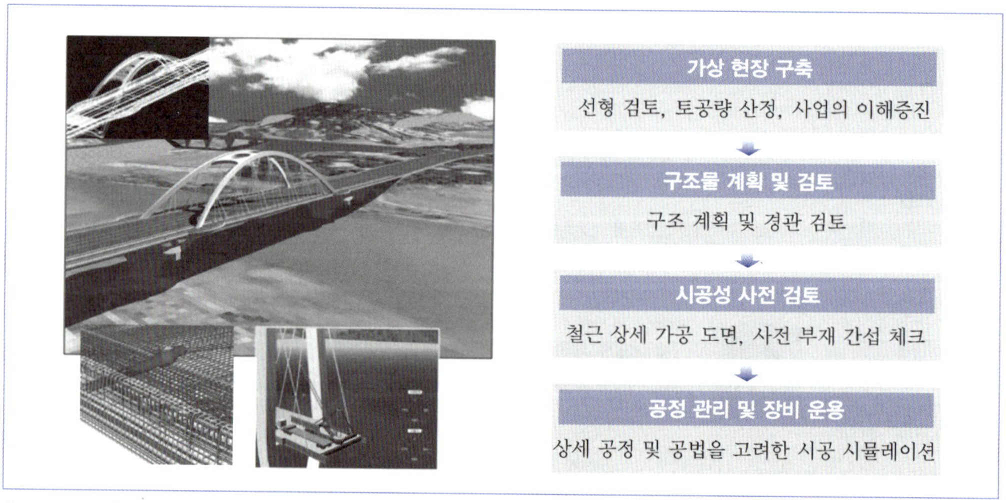

[그림 3.1.4] BIM의 건설 및 유지관리 전 분야에 적용

3.1.4 건축과 토목 BIM의 차이

- BIM이 먼저 활발하게 도입된 건축분야에 비해 토목분야는 그 규모 및 관련분야가 건축에 비해 매우 광범위하여 적용에 어려움이 있다.
- 대규모 작업을 위한 프로그램 선정과 관련 토목 기술자의 양성 및 확보가 중요하다.

[표 3.1.4] 건축과 토목 BIM의 비교

구분	건축분야 BIM	토목분야 BIM
내용	·비정형 구조물 설계를 위해서는 반드시 필요 ·HVAC(공조 시스템), 에너지 효율성 극대화를 위한 해석에 필요 ·Building Smart 협회 등 연구개발자 및 기술자 활발한 활동 ·고품격 디자인을 위한 설계사, 유지관리 및 공사비 절감 등을 위해 건축주 주도로 도입	·대형 국책사업의 효율적인 관리 및 공사비 절감을 위해 필요 ·측량, 구조, 지반, 수리 등 다양한 분야의 공동작업이 가능해야 함 ·국내외 적으로 관련 기술자 및 개발자수 부족 ·원가절감을 위한 시공사, 대형 기반시설의 유지관리를 위한 발주처 주도로 도입

3.2 BIM의 필요성

3.2.1 건설 산업의 생산성

- 세계적으로 건설산업의 생산성은 감소되고 있고, 미국의 경우 제조업은 기술 및 관리 향상을 통해 40년간 2배 이상의 노동생산성이 향상되었으나 건설업은 꾸준히 생산성이 감소되어 왔으며, 한국의 건설산업은 더욱 심각한 실정이다.
- 한국건설산업연구원 분석에 따르면(건설경제 2009.6), 우리나라의 건설업의 노동생산성은 유럽 선진국의 50~60% 수준에 불과하며, 자재 가격 상승률은 5년 평균 4.5%로 가장 높아 자재 수급의 원활화 및 구매 합리화가 생산성 향상을 위한 중요한 과제이다.

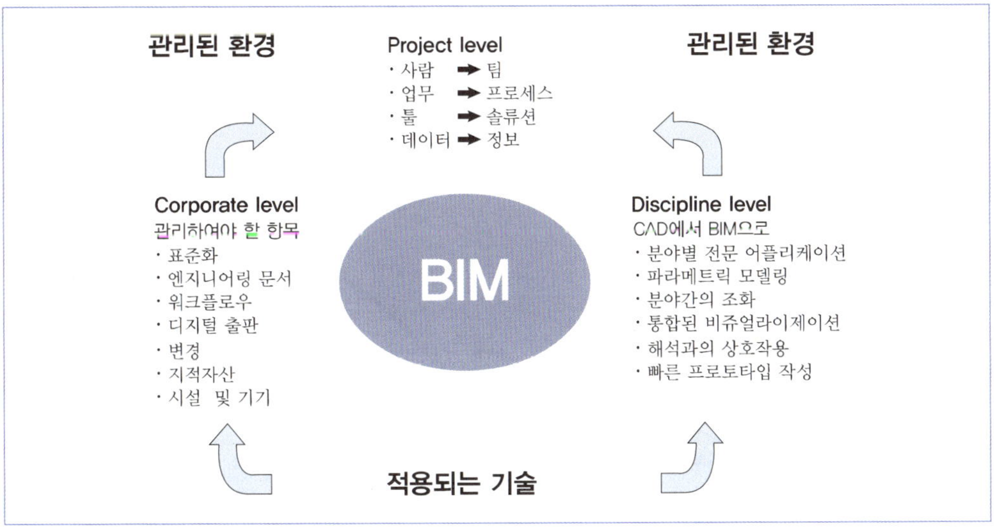

[그림 3.2.1] 건설 패러다임의 변화

- 정보기술(IT) 관련 비용의 투입비중은 2.9%로 외국에 비해 현저히 낮다(미국 26.4%, 영국 12.2%, 일본 6.2%).
- 지금까지의 건설업은 경쟁력보다는 정책적 배려에 의존했고, 지식과 영감보다는 근력과 땀으로 버텨온 결과, 새로운 기술의 적용과 정보화, 장비의 고도화, 조달의 합리화 등을 통해 생산성 향상에 노력해야 할 것으로 분석된다.

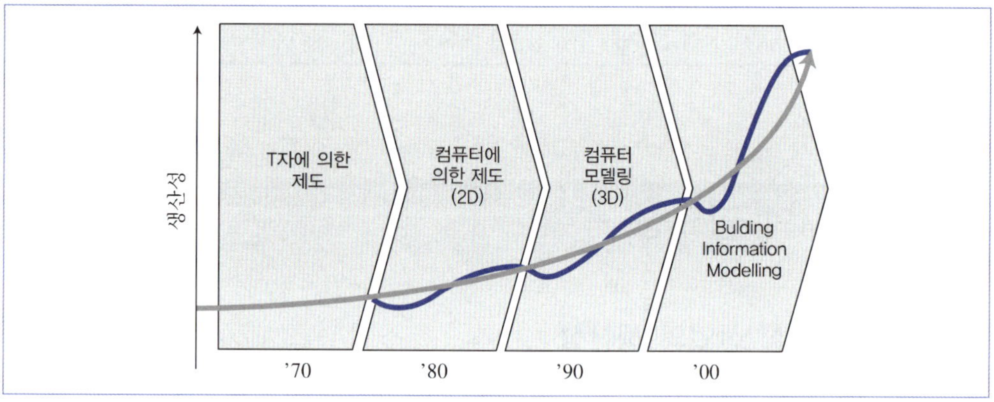

[그림 3.2.2] 건설 패러다임의 변화

3.2.2 건설 정보의 손실

- 건설분야의 근본적인 문제점은 설계, 건설, 운용의 각 단계가 단절되어 있어, 시간 및 예산, 품질의 저하가 발생할 수 있다.
- 기존 시스템은 설계부터 시공, 유지관리 단계까지 건설 정보가 다수 손실될 가능성이 있다.
- 하나의 건설정보 모델을 이용하여 시간적, 경제적 손실 최소화할 필요가 있다.

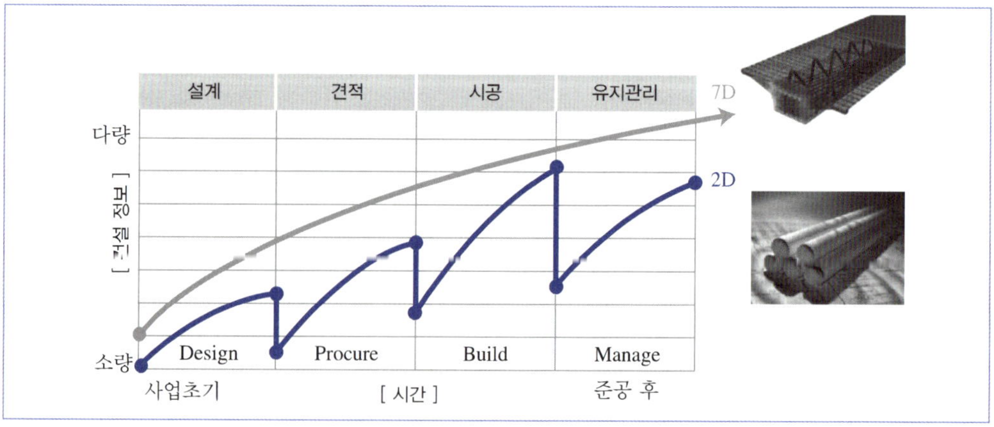

[그림 3.2.3] 건설 정보의 손실

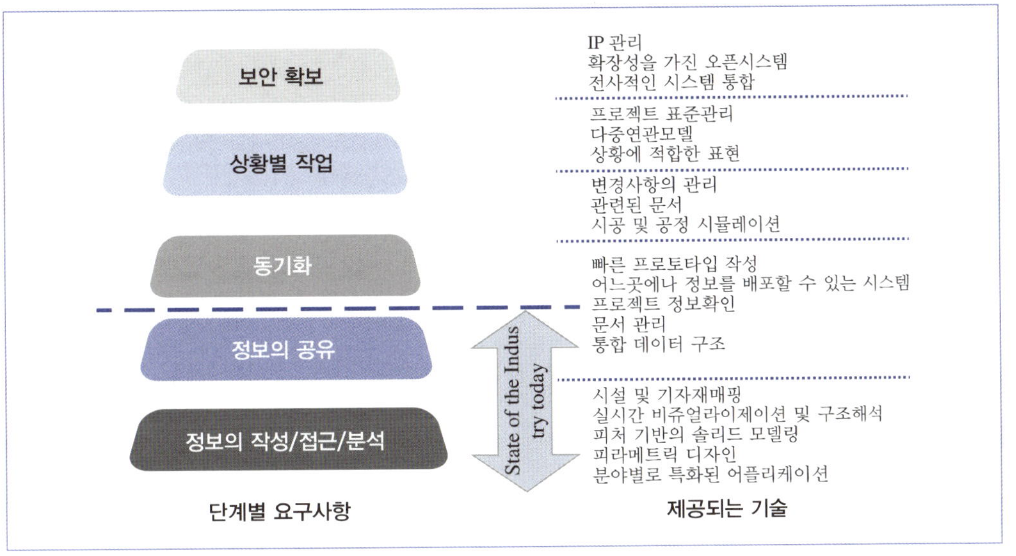

[그림 3.2.4] 건설정보 활용 극대화를 위한 BIM 기술 요건

3.2.3 미관 및 경관 디자인 중요성 증가

- 발주처 및 건축주의 디자인에 대한 요구 수준이 상승하고 있다.
- 기존의 2D 설계로는 불가능한 구조물이 3D 설계로 가능케 되었다.

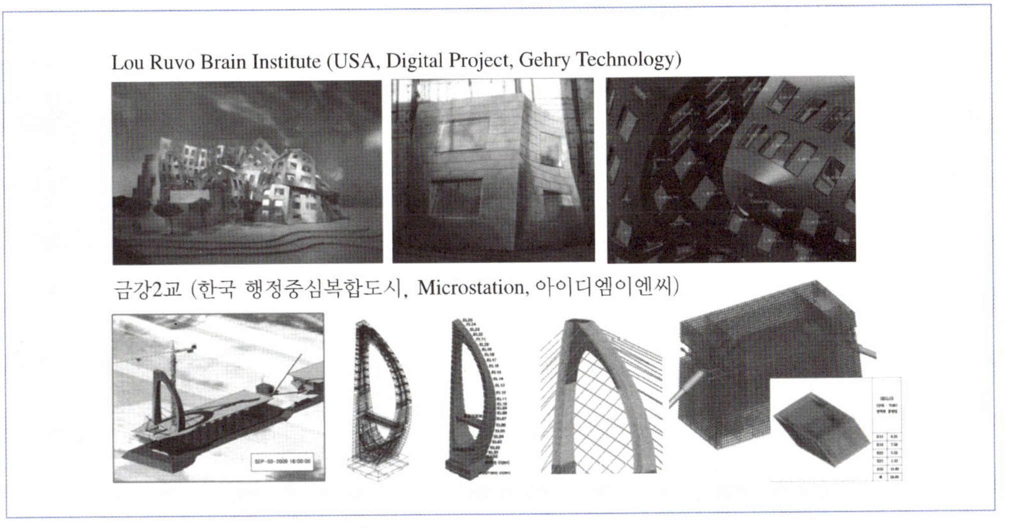

[그림 3.2.5] 미관 및 경관 디자인 중요성 증가

[표 3.2.1] 미관 및 경관 디자인 중요성 증가

대분류	항 목	주요 내용
리스크 감소	커뮤니케이션 향상 협 업 문제점 예측 안전성 향상	· 명확한 커뮤니케이션 채널 필요 · 팀간의 커뮤니케이션과 건전한 계약관계 · 위험요인 예측 · 보험율 감소
비용 감소	관련 연구 증가 가치 향상 사전 제작	· 3D 모델을 이용한 full-scale simulation 활용 · 폐기물 최소화 및 가치 향상 · 현장보다는 공장에서 제작
시간 절감	사전시공계획 향상 공기 절약	· 협업을 통한 빠른 사전 계획 · 시각화를 통한 시공계획
품질 향상	설계수준 향상 시공품질 향상	· 설계향상, 미적 설계 등 · 시공 절차 및 조립방법 개선, 폐기물 감소, 안전 시공 등
생애주기별 기능 향상	유지관리 요소 향상 에너지 사용 향상	· 생애주기별 비용 절감 · 에너지 소비 감소

3.3 BIM 도입 현황

3.3.1 해외 BIM 발주 현황

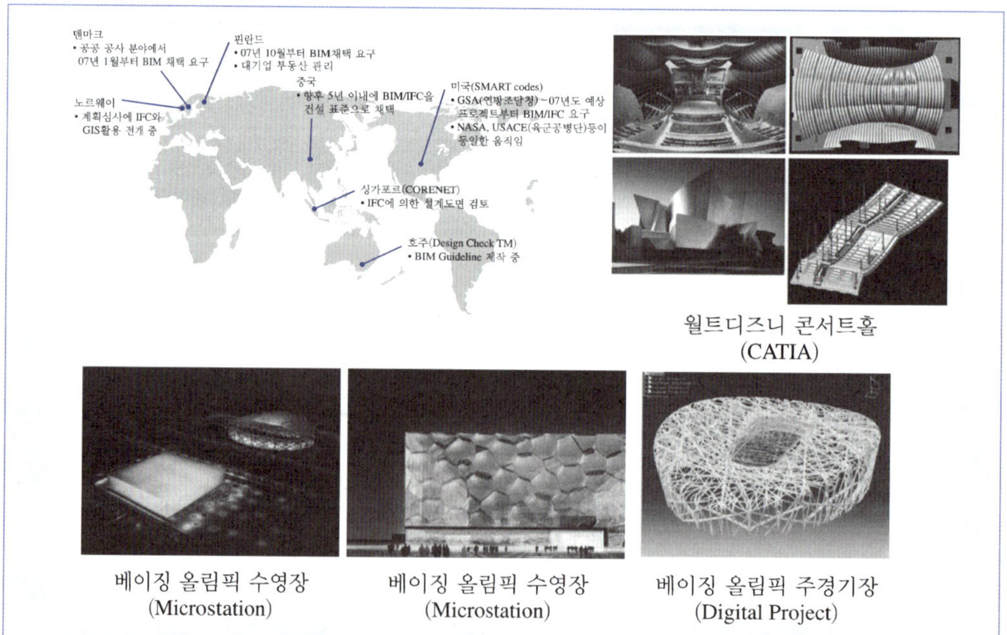

[그림 3.3.1] 해외 BIM 발주 현황

- 최근, 비정형 건축물의 지속적인 증가에 의하여 Qatar National Museum, Abu dhabi Louvre Museum과 같이 중동국가를 중심으로 해외에서 발주되는 신규 공공 프로젝트들의 BIM 기반 발주가 꾸준히 증가하고 있다.
- 이미, 미국, 싱가폴 및 유럽을 포함한 주요 선진국에서 BIM의 적용을 의무화하고 있다.
- Sydney Opera House 등 최근 BIM을 기반으로 한 건설 프로젝트의 진행이 일반적이며, 유지관리비용이 최대 20% 절감하는 것으로 보고되었다.
- 침체기에 있는 국내 건설 경기상황에서 수익구조의 다변화를 위해서는 해외수주는 필수적이며, 이에 따라 BIM 도입을 서두를 필요가 있다.

[표 3.3.1] 주요 국가에서 BIM의 적용

국가	주요 내용
일본	·JACIC등에서 정부차원의 BIM연구프로젝트 진행
싱가폴	·정부 CORNET을 통하여 인허가에 BIM 법규 자동체크 활용
호주	·BIM을 활용한 시드니 오페라하우스 유지관리 시스템 개발사례
중국	·BIM을 디자인 협업을 위한 표준으로 목표 설정 ·향후 5년 이내에 IFC 포맷을 건설 표준으로 채택 (2006년 시작)
미국	·국가 BIM 표준지침 개발 보급 ·GSA (연방조달청) 설계계약시 BIM 데이터 제출 의무화
핀란드	·정부산하 시설물 프로젝트의 개방형 BIM 표준 납품 의무화
노르웨이	·인허가시 BIM에 의한 에너지 분석자료제출 의무화 ·계획단계부터 사용승인까지 BIM 활용 계획
덴마크	·2007년 1월 530만 유로이상의 관공사에 개방형 BIM 데이터 제출 의무화
독일	·기존 조달표준인 GAEB를 기초로 IFC 기반의 새로운 독일조달표준 제정 중
프랑스	·IFC를 국가 BIM 표준으로 제안, 정부에서 BIM 연구지원

3.3.2 국내 BIM 발주 현황

- 2012년 조달청에서 공공 발주되는 시설물 중 500억 이상 T/K에 BIM 적용이 의무화 되었다.
- 용인사만체육공원에서는 국내 최초로 BIM기반 T/K 발주에서 BIM 발주서 작성 및 프로젝트 운영을 지원하였다.
- 4대강 살리기 사업에서 3차원 설계 및 시뮬레이션이 도입되었다.

[표 3.3.2] 국내 BIM 발주 현황

년도	주요 내용
2006년	· 가상건설시스템 개발 연구단 국내 최초 BIM 도입 (국토부)
2008년	· LH 공사 양주희천지구 BIM 최초 설계 · 한국빌딩 스마트협회 출범 (4.25)
2009년	· 동대문 디자인 플라자 BIM 적용 등
2010년	· 국토해양부 BIM 적용 가이드라인 발표 (건축) · 조달청 "시설사업 BIM 적용 기본지침서 V 1.0" 제정
2011년	· 한국 BIM학회 설립 (5.11)
2012년	· BIM적용 의무화 추진 (조달청 보도 2010.12.27) · Total Service로 발주하는 500억 이상 턴키, 설계공모 공사

3.3.3 각 국가에서 BIM 가이드라인 현황

- 미국을 비롯한 해외 선진국에서는 이미 BIM 적용에 대한 체계적인 지침이 마련되어 운영중이며, 2010년 우리나라에서도 건축분야 BIM 가이드라인이 제정되었다.
- 토목분야에서는 가상건설연구단을 중심으로 BIM 가이드라인(안)이 2009년에 제시되었으며, 현재 지속 수정 보완 중에 있다.

[표 3.3.3] 각 국가에서 BIM 가이드라인 현황

국가	가이드라인 명칭	개발기관
한국	BIM 적용설계 가이드라인 건축분야 BIM 적용 가이드라인	국토해양부 국토해양부
미국	BIM Guide Series National Information Building Standards General Building Information Handover Guide BIM GUIDELINES & STANDARDS for AEC BIM STANDARD for Architects, Engineers & Contractors BIM standards for Architects, Engineers & Contractors BIM Standards for A/E/C	GSA NBIMS NIST Indiana University BuildLACCD SDCCD Wisconsin
호주	Draft Guideline	CRC-CI
핀란드	BIM Requirement 2007	Senate Properties
노르웨이	BIM Manuals	STATSBYGG
덴마크	3D Working Method	BIPS
독일	BIM/IFC User Guide	IAI
영국	AEC (UK) BIM Standard	AEC (UK)

3.4 BIM 교량설계 적용 사례

행정중심복합도시내 미호천 1교 (2008, 유신코퍼레이션)

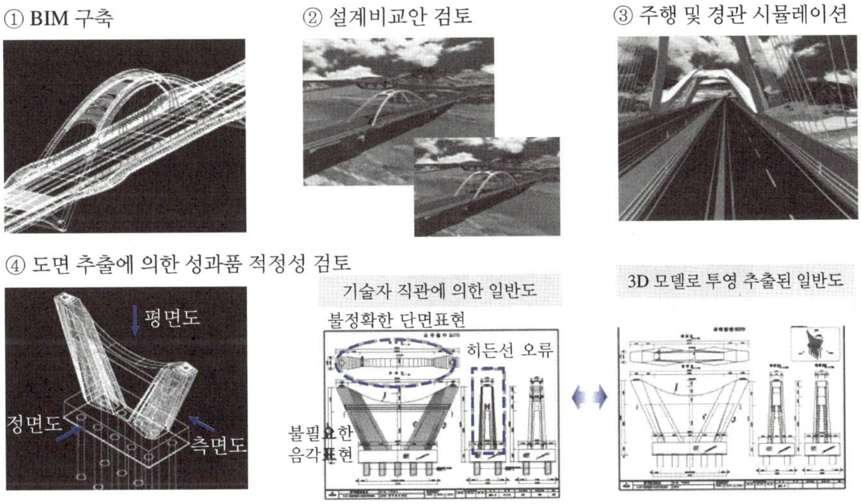

· 3차원 지형과 구조물 모델을 이용한 설계 비교안 검토, 주행 및 경관 시뮬레이션
· 도면추출에 의한 성과품 적정성 검토
· 별도의 동영상 및 CG 비용 절감, 도면 오류에 의한 설계수정 및 보완 기간 감소

[그림 3.4.1] 행정중심복합도시내 미호천 1교

자기부상열차 시험선 (2008, 철도기술연구원)

· 3차원 주변 현황과 노선 및 열차 모델을 이용한 비교안 검토, 주행 시뮬레이션
· 시공성 사전 검토, 유지관리 시설 절감 방안 검토
· 사전 시공성 검토에 의한 시험제작비 절감, 별도의 동영상 및 CG 비용 절감, 유지관리 시설비 절감

[그림 3.4.2] 자기부상열차 시험선

두바이 R881-2A 교량 (30개소) 및 도로 시공엔지니어링 (2008, 성원건설)

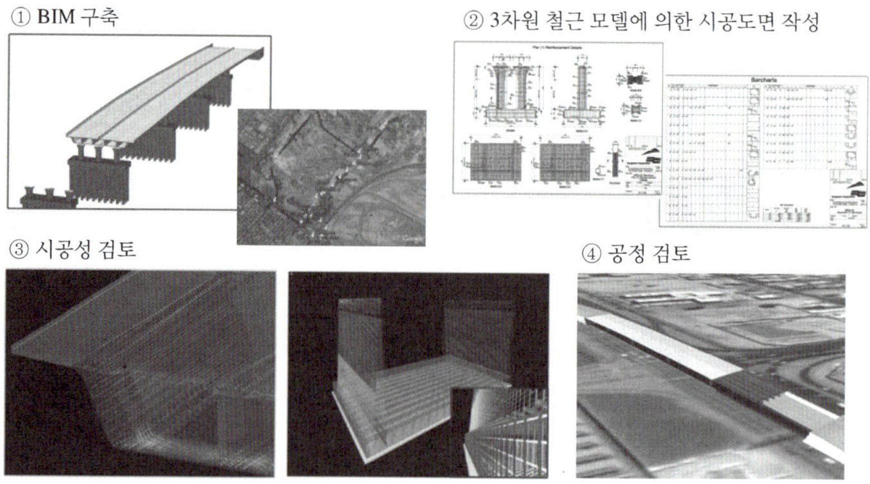

· 3차원 주변 현황과 주요 구조물 모델을 이용한 계획 검토
· 3차원 모델을 이용한 도면 및 수량 산출, 시공성 사전 검토, 공정검토
· 설계 성과품의 품질 확보, 사전 시공성 검토에 의한 시험제작비 절감, 별도의 동영상 및 CG 비용 절감

[그림 3.4.3] 두바이 R881-2A 교량 (30개소) 및 도로 시공엔지니어링

소사-원시 역사 BTL (2008, 포스코 건설)

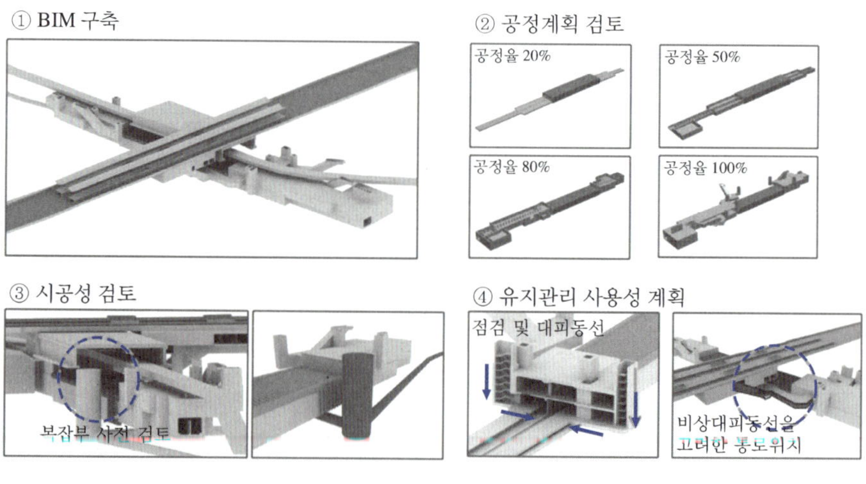

· 3차원 역사 상세 모델을 이용하여 시공성 및 유지관리 사용성 검토
· 공정별 예상 시공모델에 의한 복합공정 최적화 계획
· 시공성 및 유지관리 사용성 검토자료, 연계공정 검토에 의한 공기단축으로 공사비 절감

[그림 3.4.4] 소사-원시 역사 BTL

적금-영남 앵커리지부 검토 (2008, 대림산업)

① BIM 구축

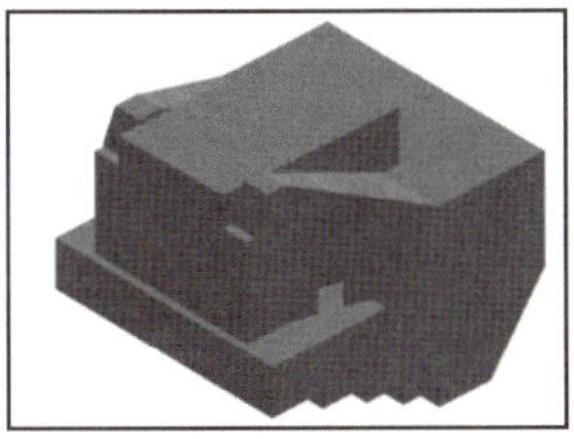

② 시공성 사전 검토(자동 간섭체크)

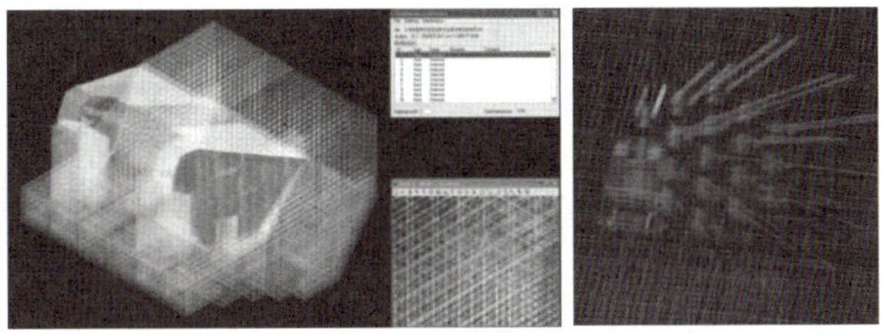

③ 부재배치, 수량 검토

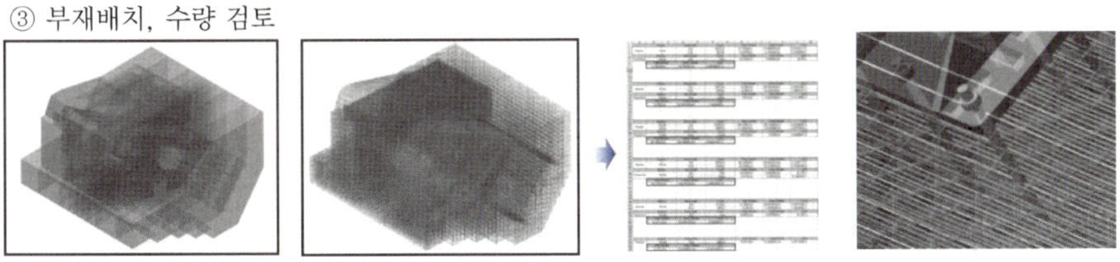

· 현수교 앵커리지부 상세 모델에 의한 설계 및 수량 성과품 적정성 검토
· 3차원 상세 철근 모델 및 장치 모델간 (자동)간섭체크에 의한 시공성 사전 검토
· 복잡한 철근배치와 장치구조의 앵커리지부 사전 시공검토로 도면오류에 의한 추가재료, 가공비 절감

[그림 3.4.5] 적금-영남 앵커리지부 검토

제2돌산대교 성과품 및 공정 검토 (2008, 대림산업)

① BIM 구축

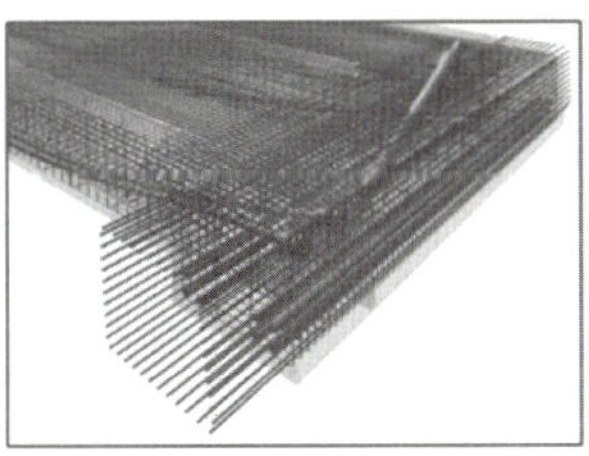

② 시공성 검토(부재간섭 및 작업성 검토)

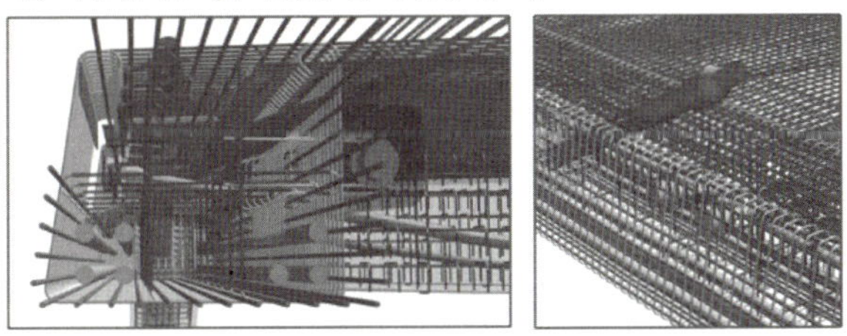

③ 공정 및 장비운영 검토

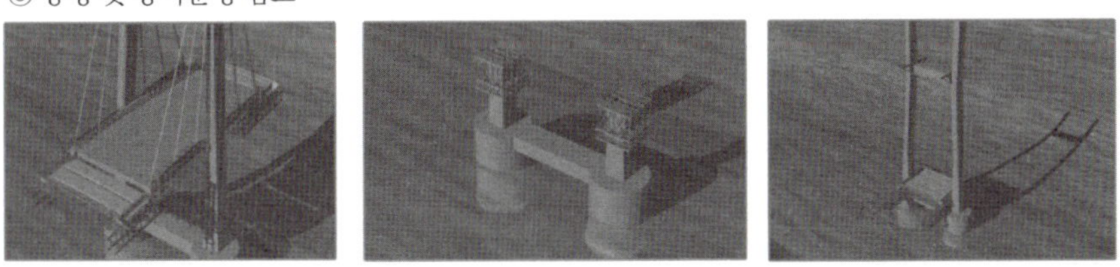

· 콘크리트 사장교 보강형의 복잡한 부재배치를 3차원 형상으로 시공성 검토
· 철근과 기타 부속장치의 간섭 검토, 주요 공정 및 장비운영 검토
· 사전 시공성 검토로 시험제작비 및 추가적인 재료, 가공비 절감, 사전 장비운영 검토로 공기단축 효과

[그림 3.4.6] 제2돌산대교 성과품 및 공정 검토

이순신대교 3차원 설계 검토 (2008, 대림산업)

① BIM 구축

② 설계 성과품 검토

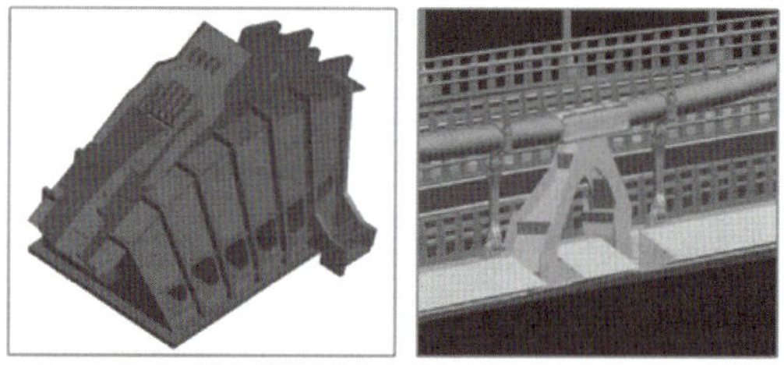

③ 가상현실(VR) 검토

· 초장대 교량의 설계 성과품 검토를 위해 3차원 상세 모델 구축
· 주요 상세 부재 사전 시공성 검토, 홍보용 가상현실 동영상 제작
· 3차원 정밀 모델에 의한 성과품 사전 검토로 추가재료, 가공비 절감, 홍보자료 별도 제작비 절감

[그림 3.4.7] 이순신대교 3차원 설계 검토

Hyun-HT 교량 3차원 설계 (2009, 현대건설)

① 3차원 설계

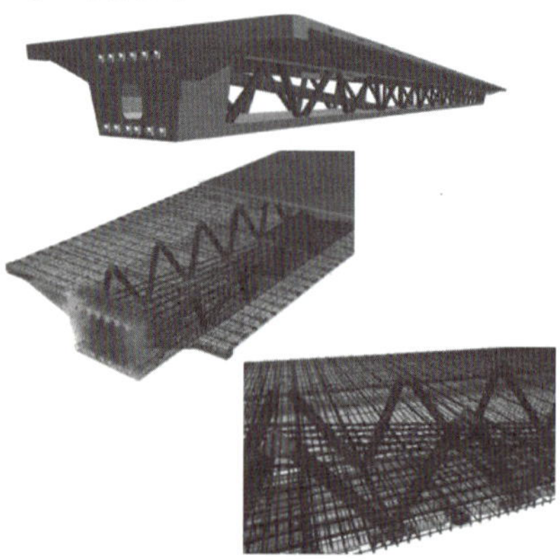

② 시공성 검토

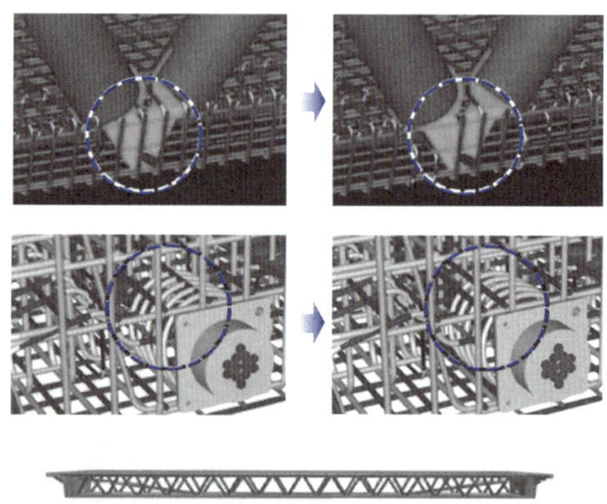

· 다양한 구조부재 및 입체적 형상(트러스)이 적용된 복합교량을 3차원적으로 설계
· 교량 상세부 시공성 사전 검토
· 3차원 설계로 복합교량에 대한 설계기간 단축 및 정밀성 증대, 사전 시공성 검토로 시험제작비 절감

[그림 3.4.8] Hyun-HT 교량 3차원 설계

금강 2교 검토 (2009, 대림산업)

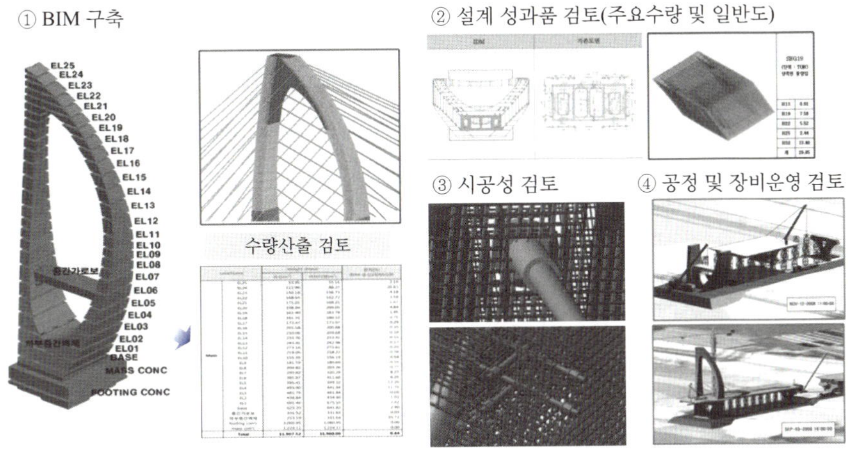

· 3차원적으로 변화하는 단면을 가진 주탑부의 일반도 및 수량 검토에 활용
· 3차원 철근 상세 모델을 이용하여 시공성 사전 검토 및 세그별 수량 산출
· 3차원 설계로 미관을 고려한 곡선형 구조물의 정확한 일반도 및 수량산출과 시공성 검토 이용

[그림 3.4.9] 금강 2교 검토

3.5 토목 BIM 적용성 검토결과

3.5.1 토목 단계별 BIM 적용 내용 및 효과

- 토목시설물의 전 생애주기에 걸친 BIM 적용 내용 및 효과를 정리하면 다음 [표 3.5.1]과 같다.

[표 3.5.1] 토목 단계별 BIM 적용 내용 및 효과

구분	주요 적용 효과
프로젝트 초기단계	· 개략적인 시설물 모델과 비용 데이터베이스에 연결하여, 초기에 개략 견적을 가능하게 함으로써 발주자의 의사결정 지원 · 초기단계에 분석/시뮬레이션 도구들을 사용하여 설계 대안들을 평가함으로써 전체 프로젝트의 품질향상 기회 제고
설계단계	· 3D 시각화를 통한 설계의도 검토 용이성 향상 · 설계변경 발생시 객체들에 사용된 파라메트릭 규칙에 의해 변경사항이 자동으로 반영, 갱신되어 정확하고 일정한 2D 설계도면을 즉시 생성 가능 · 다양한 설계분야의 조기 협업 · 설계단계 중 견적을 통한 공사비 예측 · 에너지 효율성과 지속 가능성 향상

시공단계	· 설계와 시공계획의 검토 · 설계오류 및 누락의 발견 · 설계 변경 내용에 대한 빠른 대응 · 자재 제작을 위한 기초모델로서 설계 모델 사용 · 향상된 시공기술과 린 건설 기술 적용
유지관리 단계	· 시설물 유지관리 업무 효율성 증대 · 시설물 운영관리 시스템과의 통합

3.5.2 토목 분야별 BIM 적용 내용 및 효과

- 초창기 토목분야의 BIM은 주로 구조분야, 그 중에서도 교량분야에 집중되었으며, 주로 교량의 3차원 상세 모델링을 통해 케이블 정착구와 간섭문제 해결과 같은 시공성 검토나 시공단계별 시뮬레이션을 통한 사업의 이해를 돕는 목적이었다.
- 2009년 말, 4대강 살리기 등 대형 국가사업이 동시 다발적으로 진행되면서 발주처와 시공사는 효과적인 공사관리 및 시공계획의 방안으로 BIM을 도입하기 시작하였다.

[표 3.5.2] 토목 분야별 BIM 적용 내용 및 효과

토목분야	BIM 적용 내용	주요 적용 효과
구조/교량	· 복잡부 간섭 및 시공성 검토 · 장비운영 계획 검토 · 주요 가시설 계획 · 거푸집 및 철근조립 검토	· Mock-up 비용 절감 · 철근량 최적화
도로/철도	· 토공량 정밀 검토 및 유동계획 · 교통처리 검토 · 부대공 계획 · 장비운영 및 조합 최적화	· 토공 유동 최적화 · 장비 최적 운영
지하철	· 지하 가시설 검토 · 출입구 및 환기구등 돌출물 검토 · 기존 구조물 연결 및 지장물 간섭 검토	· 가시설 계획 최적화 · 지장물 이설 계획
터널	· 갱구부 상세 검토 · 터널내 장비운영(공간) 검토 · 발파암 및 버력처리 계획 · 터널내 계측관리	· 주요 접합부시공 계획 · 장비 최적 운영
수자원	· 하천 준설량 검토 · 기계 설비 간섭 검토 · 수자원 구조물 배치 및 시공성 검토	· 준설량 최적화 · 설비간섭 사전 해결
항만	· 대형 콘크리트 구조물의 철근조립 검토 및 철근 VE · 유틸리티 관망 시설 검토 · 준설량 검토	· 철근량 최적화 · 토공 유동 최적화
단지	· 토공량 정밀 검토 및 유동계획 · 추가 도면 추출 · 지하 유틸리티 관망 검토	· 토공 유동 최적화 · 관망간섭 사전 해결

- 3차원 토목모델을 이용하여, 준설량을 검토하고, 3차원 철근모델을 이용하여 복잡부 및 비정형 구조물의 배근상세를 검토하였으며, 3차원 공정관리(4D) 시스템이 공정 관리 및 공기 단축계획 검토에 이용되었다.

3.5.3 현장내 각 팀별 BIM 활용분야

- 현장내 BIM 프로젝트 진행시 가장 중요한 절차가 현장 기술진과의 아이디어 회의이다.
- 구축된 BIM이 현장에서 적극 활용되기 위해서는 현장을 구성하는 팀별 업무의 특성을 파악하고, 해당 분야별로 BIM을 적극 활용하기 위한 아이템의 발굴 및 관련 솔루션의 개발이 중요하다.
- 기존에는 착공시 설계도서검토나 샵드로잉 준비를 위해 설계팀에서 BIM을 이용하는 사례가 많았으나, 최근에는 공정 및 기성관리를 위한 공무팀의 활용이나 3차원 시공계획을 위한 공사팀의 활용이 상당히 늘었으며, 이를 위해 현장내 BIM 교육과 관련 기술진의 현장상주 요구가 증가하고 있다.
- 안전관리팀도 공사중 위험요소를 3차원 가상현장내 아바타를 이용하여 사전 검토하거나, 이를 직원들의 안전교육에 활용하고 있으며, 품질관리팀도 공정계획과 연계하여 최적의 자재 조달 계획을 수립하는데 이용한다.

[표 3.5.3] 현장내 각 팀별 BIM 활용분야

토목분야	주요 적용 효과
공무팀	· 공정관리 및 기성관리 · 대발주처 및 대민 설명자료 작성 · BIM과 연계한 각종 공사문서 관리 · 자재 조달 계획
공사팀	· 공사전 3차원 모델로부터 좌표 및 제원 확인 · 부족한 공사용 도면 추출 · 지장물 사전 검토
설계팀	· 3차원 모델을 이용한 설계도면 사전검토 · 가시설 계획 및 설계 · 3차원 철근 모델을 이용한 샵드로잉 작성 및 검토
안전관리팀	· 안전교육(안전교육장), 사전 안전사항 검토 · 장비운영시 안전사항 검토 · BIM과 연계한 각종 계측자료 관리
품질관리팀	· 자재 조달 계획 · BP장 관리방안

3.6 BIM 검토 기법

3.6.1 3차원 일반도 검토

- 3차원 구조물 계획이 완료되면, 이를 이용하여 3차원 구조물과 연동되는 일반도를 작성할 수 있다.
- 정면, 평면, 측면이 3차원 모델과 정확하게 일치하므로 기존 기술자의 직관에 의하던 방법에 비해 품질확보가 확실하며, 계획의 잦은 변경시에도 작업상의 누락이나 오류를 사전에 방지할 수 있다.

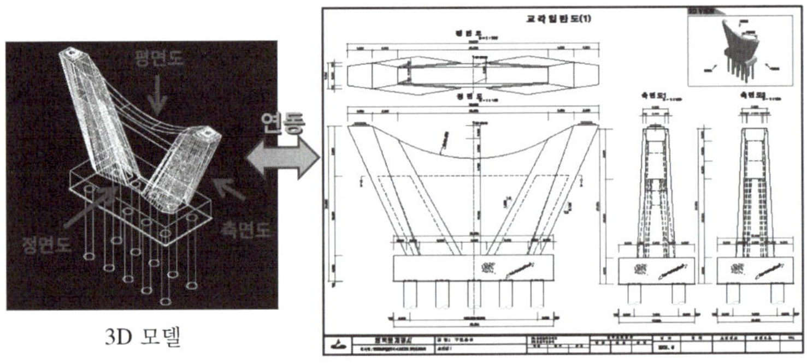

[그림 3.6.1] 3차원 모델로부터 추출한 일반도

구분	엔지니어 직관에 의한 작성 도면	BIM으로부터 추출된 도면
작성 도면	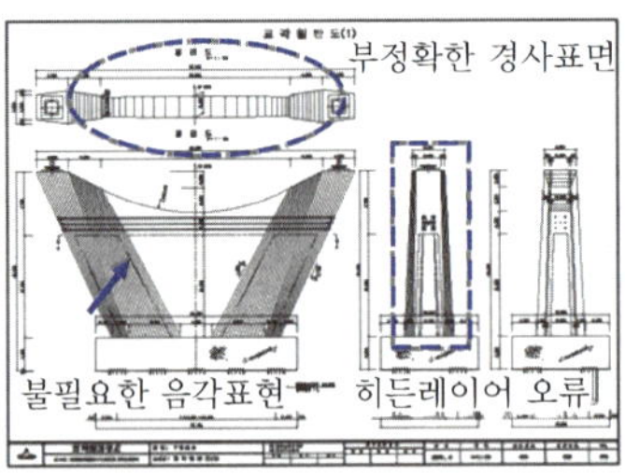	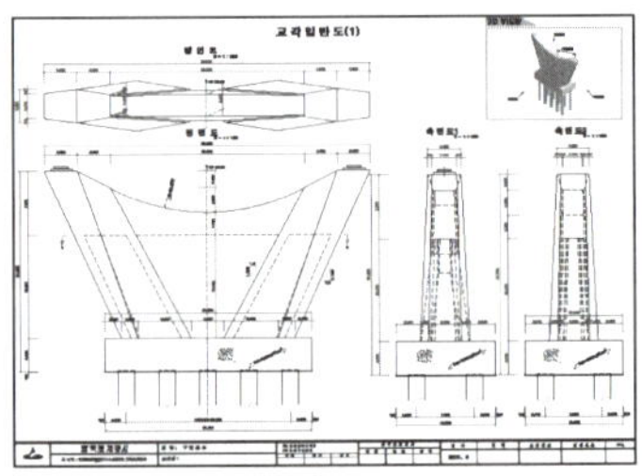

[그림 3.6.2] BIM으로부터 추출된 도면

3.6.2 3차원 배근도 검토

- 각 면에서 표현되는 철근이 서로 연동되어 3차원 데이터베이스를 이루는 스마트 배근도는 3차원 모델을 생성시켜 작업자나 감독자의 이해를 도울 뿐 아니라, 부재간섭이나 시공성 검토가 가능하다.

- 또한, 사용되는 모든 철근 형상에 대해 데이터베이스가 구축되기 때문에 철근수량을 자동산출 할 수 있을 뿐만 아니라 시공상세도면(샵드로잉)의 자동생성과 철근손율 최소화가 가능한 반입철근량 계획이 추가적으로 가능하다.
- 내부 철근까지 고려된 3차원 구조물 모델의 구축은 선, 면, 체적 정보를 이용하여 수량을 자동으로 산출할 수 있도록 해주고, 이는 기존의 도면을 보고 수작업에 의해 구하던 수량산출 방식에 비해 오류발생 소지를 없애고 3차원 모델정보만 수정되면 자동으로 수량산출량이 바뀌게 되어 작업시간도 상당히 줄어들게 하는 장점이 있다.

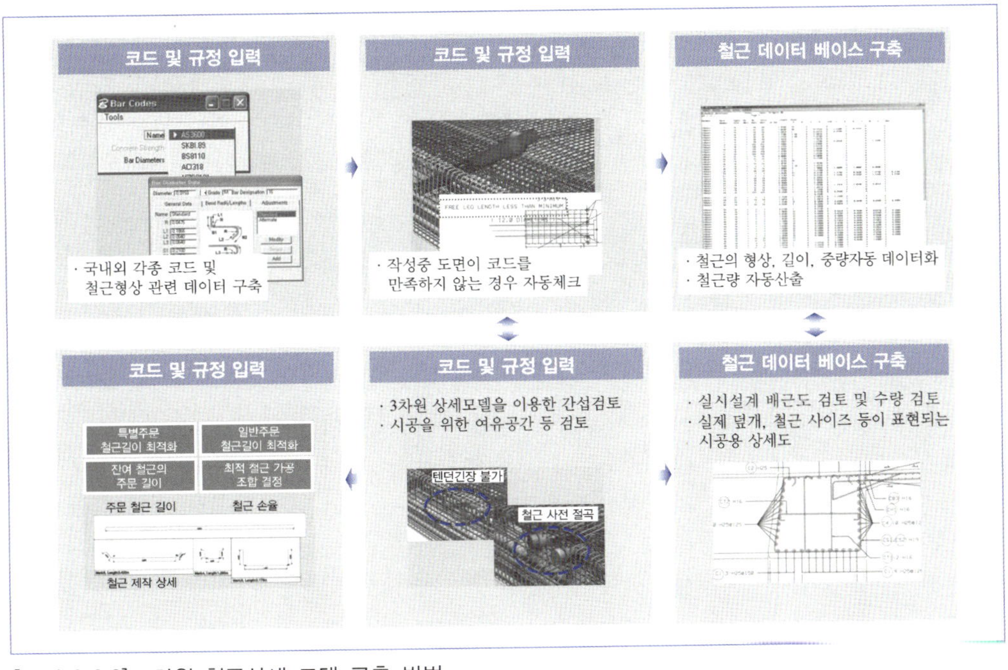

[그림 3.6.3] 3차원 철근상세 모델 구축 방법

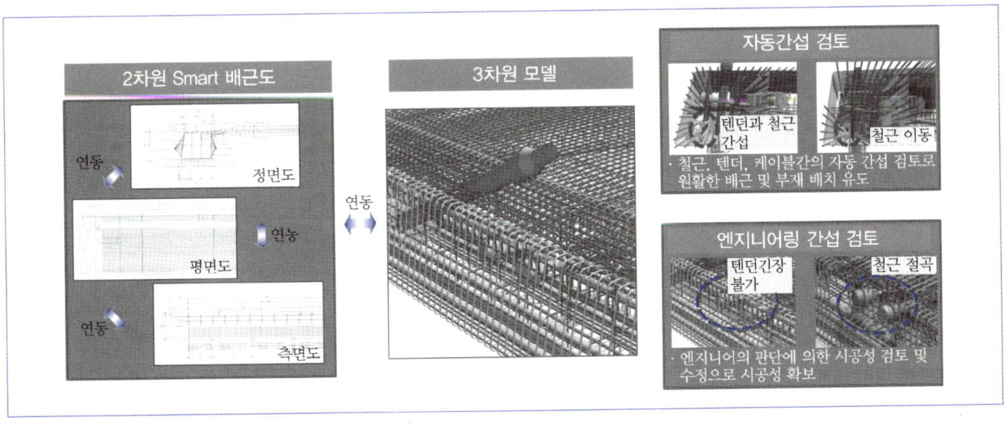

[그림 3.6.4] 3차원 철근상세 모델 구축 개념

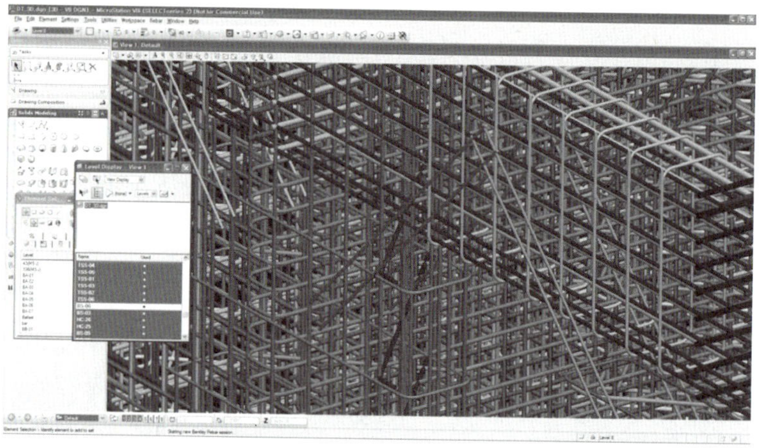

[그림 3.6.5] 철근 마킹별 위치와 형상 확인

번호	직경	형상(mm)	길이 (mm)	갯수	총길이 (mm)	단위 중량	총중량 (TON)	비고
US-21-06	H16	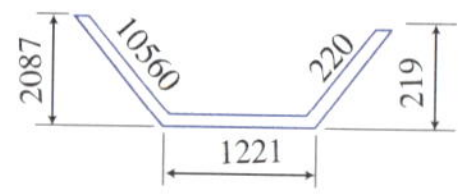 2087, 10560, 220, 219, 1221	12000	1	11970	0.019	0.019	
US-21-07	H16	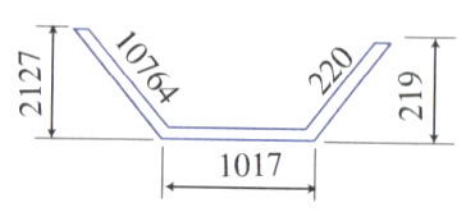 2127, 10764, 220, 219, 1017	12000	1	11970	0.019	0.019	
US-21-08	H16	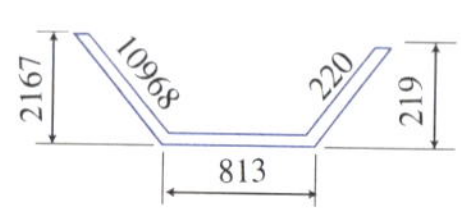 2167, 10968, 220, 219, 813	12000	1	11970	0.019	0.019	

[그림 3.6.6] 철근 수량 산출

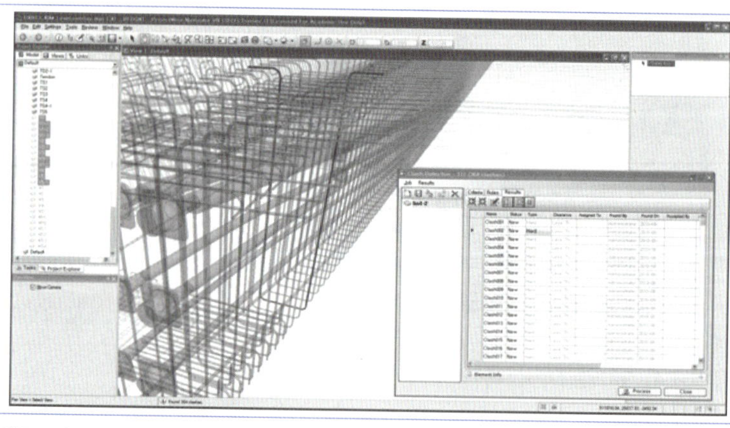

[그림 3.6.7] 철근 자동 간섭 체크

3.6.3 3차원 공정관리 검토

- 3차원 모델을 공정단계별로 구분하여 예정 공정에 따른 시공 시뮬레이션이 가능하며, 이를 통해 공기의 적정성을 검토할 수 있을 뿐만 아니라, 작업자 및 감독자의 이해를 도울 수 있다.
- 계획 공사일정의 경과에 따라 일(Day)별 시설물 완성도가 3차원 정보모델에 의해 표현되어, 시각적인 공정관리가 가능한 시스템이다.
- 계획 공정대비 실적공정을 색깔로 표현하여 시각적으로 확인 가능하다.

3.6.4 적용 프로그램

국내에서 많이 사용되고 있는 미국 Bentley사의 프로그램 Microstation V8i와 Rebar V8i의 주요 특징은 다음과 같다.

(1) Microstation V8i

- MicroStation V8i는 엔지니어, 건축가, GIS 전문가, 건설 전문가와 오너 오퍼레이터에 의해 사회 기반시설을 위한 설계, 모델화, 시각화, 문서화, 지도 제작 등의 프로젝트에 사용된다.
- MicroStation V8i 는 사용자의 데스크탑 환경에 완벽하게 통합되고, 직관적이면서 입증된 다양한 도구들, 대화식 도구 사용 및 타CAD 시스템과의 뛰어난 상호 호환성 기능들을 갖추고 있기 때문에, 다양한 산업 부문의 설계 엔지니어들이 선호한다.
- 단일 환경에서 DWG와 DGN를 통합하고, DWG 데이터의 가치를 확장하고 다양한 DWG 재사용에 대한 문제를 해결한다.
- 사용자는 다양한 소프트웨어 제품에서 작성된 3차원 모델을 재사용하고 통합할 수 있으며 대용량 래스터 이미지를 신속하게 처리함으로써 프로젝트 완료 시간을 효율적으로 관리된다.
- MicroStation V8i의 지리 좌표 도구를 사용하여 프로젝트 팀은, 같은 파일 내에서 벡터와 래스터 참조 데이터를 손쉽고 정확하게 부착할 수 있다.
- 프로젝트 수행 시 요구되는 3차원 모델에 대해 완벽하게 좌표를 유지한 상태에서 원하는 뷰의 모양을 잘라내거나 필터링 할 수 있으며, 2D 도면을 추출 해 낼 수 있다.
- 직관적이고 쌍방향 형식의 도구를 통해 보다 신속하게 모델을 작성하고 편집 가능하다.
- 실사에 가까운 이미지를 표현하는 Photo-realistic 룩솔로지(Luxology) 렌더링 엔진을 탑재하여 프로젝트에 대한 타당성 및 마무리에 대한 적합성을 확인한다.

(2) Bentley Rebar V8i

- Bentley Rebar는 MicroStation 플랫폼을 최대한 사용하여 강력한 콘크리트 상세화 및 스케줄링 시스템을 구현한다.
- 표준 강화 상세 요소를 동적으로 검색하고 평면, 단면 및 고도 뷰에서 3D 강화 모델을 만들고 지능형 파라메트릭 상세화로 막판 설계 변경 사항에도 신속하고 효율적으로 대응한다.

• 철근 상세화 툴은 직철근 및 폐합철근, 나선철근 등에 대한 다양한 라이브러리를 제공한다.

[그림 3.6.8] 3차원 철근 모델 생성

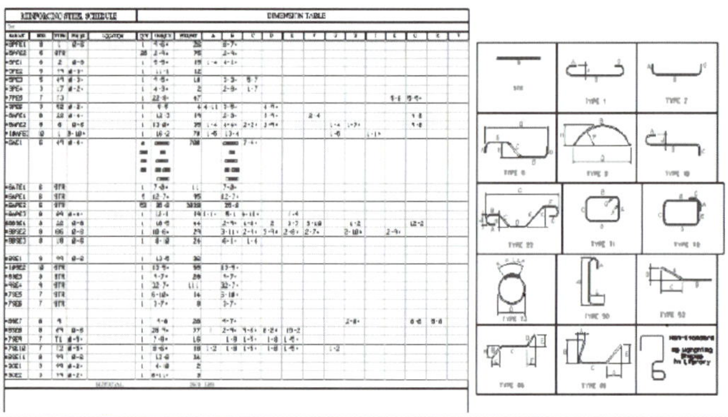

[그림 3.6.9] 철근 재료표 작성

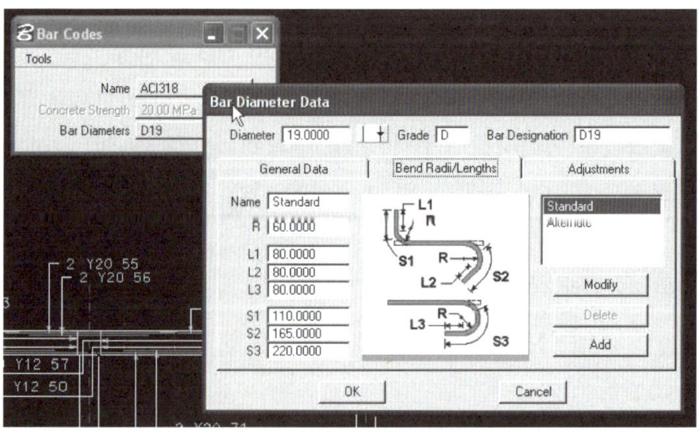

[그림 3.6.10] 다양한 철근 코드 지정

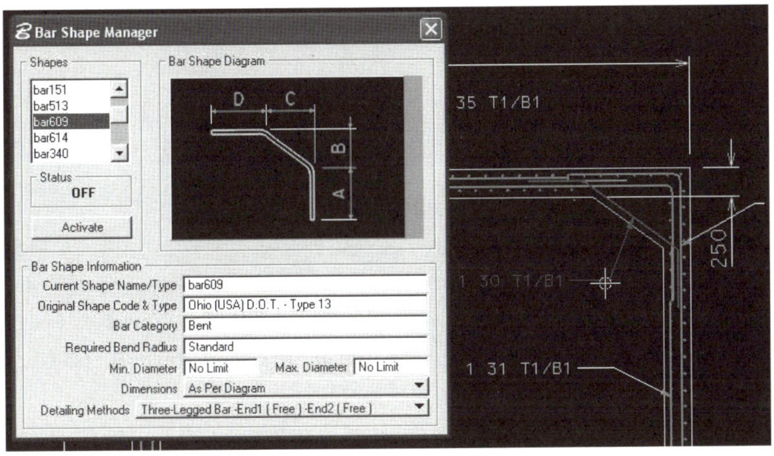

[그림 3.6.11] 다양한 형상의 철근 라이브러리 제공

참고문헌

1) Timoshenko, S. and S. Woinowsky-Kreiger (1959). *Theory of Plates and Shells*, 2nd ed., McGraw-Hill, New York.
2) 平井 敦 他 (1967), *鋼橋 Ⅲ*, 技報堂(株).
3) 吉町 太郎一 (1970), *鋼橋の理論と計算*, 石崎書店.
4) Timoshenko, S. and J. N. Goodier (1970). *Theory of Elasticity*, 3rd ed., McGraw-Hill, New York.
5) Horne, M. R. (1971). *Plastic Theory of Structures*, Willan Clowes & Sons, Lodon, UK.
6) Cheung, Y. K. (1976). *Finite Strip Method in Structural Analysis*, 1st ed., Pergamon Press, New York.
7) Neal, N. G. (1977). *The Plastic Methods of Structural Analysis*, 3rd ed., Chapman & Hall, London, UK.
8) Loo, Y. C. and A. R. Cusens (1978). *The Finite Strip Method in Bridge Engineering*, View Point Publications, Great Britain, UK.
9) Ugural, A. C. (1981). *Stresses in Plates and Shells*, McGraw-Hill, New York.
10) 장동일 (1982), *강구조공학*, 창지사.
11) Ghali, A. and A. M. Neville (1989). *Structural Analysis-A Unified Classical and Matrix Approach*, 3rd ed., Chapman & Hall, New York.
12) Hambly, E. C. (1991). *Bridge Deck Behavior*, 2nd ed., E & FN SPON. An imprint of Chapman & Hall, London, UK.
13) 中井 博, 北田俊行 (1992), *鋼橋設計の基礎*, 共立出版(株).
14) Finch, T. R. and J. A. Puckett (1992). "*Transverse Load Distribution of Slab-Girder Bridges*," Report 92-9, Vol. No. 5, Mountain Plains Consortium, Fargo, ND.
15) AISC (1994). *LRFD Manual of Steel Construction*, 2nd ed., AISC, Chicago, IL.
16) 김생빈, 유우수 (1995), *강구조공학*, 기문당.
17) *도로교표준시방서* (1996), 대한토목학회.
18) 황학주 (1996), *최신교량공학*, 동명사.
19) 조효남 (1999), *교량공학*, 구미서관.
20) 이우현 (1999), *교량공학*, 청문각.
21) 이재훈, 김익현, 최진호, 정혁창 (2008), *철근콘크리트 교각의 연성도 내진설계 기술*, 서울대학교 교량설계핵심기술연구단, 국토해양부 건설기술혁신사업.
22) AASHTO (1994, 1998, 2004, 2007, 2010). *LRFD Bridge Design Specification*, 1st~5th ed., AASHTO, Washington, DC.
23) 이명우 외 5인 (2011. 12). *IT 융·복합 교육과정 개발(스마트 토목설계 트랙)*, 2010 교육역량강화사업 연구보고서, 명지전문대학, 토목과.
24) 이명우 (2013). 구조역학, 대가.
25) *도로교설계기준(한계상태설계법)* (2015), (사)한국도로교통협회, 2014.12
26) *하중저항계수설계법에 의한 강구조설계기준* (2015, 2009), (사)한국강구조학회, 2014.4.21., 2009. 12.

제2편

·총칙
·설계개요
·하중(LSD, 2015)

총 칙 01

1.1 적용범위

이 설계기준의 규정은 도로교의 설계, 평가 및 보수·보강에 적용함을 그 목적으로 한다. 이 설계기준에는 고정교와 가동교가 포함되나 가동교의 기계적, 전기적인 사항, 특수차와 보행자 안전에 관한 사항은 취급되지 않았으며 철도, 궤도교통 또는 공공설비 전용교량에 대한 규정도 포함되지 않았다. 이 설계기준에서 완전하게 다루어지지 않은 교량의 경우에는 필요한 기준을 보완하여 이 설계기준의 규정을 적용할 수 있다.

이 설계기준은 교육이나 설계자의 판단을 대신하기 위한 것이 아니고 단지 공공의 안전을 위해 필요한 최소필요조건을 기술한 것이다. 발주자 또는 설계자는 최소필요조건보다 높은 수준의 설계나 재료 및 시공의 품질을 요구할 수 있다. 여용성과 연성에 의거한 안전의 개념과 세굴 및 충돌에 대한 방호개념을 더욱 강조하였다. 이 설계기준의 설계규정은 「**하중 저항계수 설계법(LRFD 방법)**」을 적용하였다. 이 계수들은 하중과 구조적 성능에 관한 현시점에서의 통계적 지식에 근거한 신뢰도 이론으로부터 개발되었다. 이전 설계기준에 포함되지 않은 해석방법과 이에 적용되는 모델링 기법이 포함되었으며 따라서 이들의 사용을 권장한다.

1.2 용어

가동교	차량 또는 선박에 대한 다리밑공간이 가변적인 교량
고정교	차량 또는 선박에 대한 다리밑공간이 고정되어 있는 교량
공칭저항	설계기준에 명시된 규격, 허용응력, 변형 또는 규정된 재료강도에 의해 산출되는 구성요소 또는 연결부의 하중영향에 대한 저항
극단상황한계상태 (Extreme Event Limit States)	교량의 설계수명을 초과하는 재현주기를 갖는 지진, 유빙하중, 차량과 선박의 충돌 등과 같은 사건과 관련한 한계상태

극한한계상태 (Ultimate(Strength) Limit States)	설계수명동안 강도, 안정성 등 붕괴 또는 이와 유사한 형태의 구조적인 파괴에 대한 한계상태
기술자	교량설계의 책임자
다재하 경로 구조물	하중을 지지하는 주된 구성요소 또는 연결부의 하나가 기능을 상실한 경우에도 규정하중을 지지할 수 있는 구조물
구조해석모델	해석을 위한 구조물의 이상화
발주자	교량에 대한 관할권을 가진 개인 또는 기관
보수·보강	교량의 내구성이나 내하력, 강성 등의 역학적 성능을 회복 또는 향상시키는 작업
붕괴	교량의 사용불능을 초래하는 기하구조의 심한 변형
사용수명	교량이 사용될 것으로 기대되는 기간
사용한계상태 (Serviceability Limit States)	균열, 처짐, 피로 등의 사용성에 관한 한계상태로서, 일반적으로 구조물 또는 부재의 특정한 사용 성능에 해당하는 상태
설계수명	통행 하중의 통계적 산출 근거 기간으로 이 설계기준의 경우 100년
여용성(Redundancy)	부재나 구성요소의 파괴가 교량의 붕괴를 초래하지 않는 성능
연성(Ductility)	비탄성응답을 허용하는 구성요소 또는 접합부의 특성
재료계수	[LSD 5장 콘크리트교]의 구조설계에서 사용하는 저항계수이며, 재료 설계값을 구하기 위하여 재료 기준값에 곱하는 부분안전계수로서 대개 1보다 작은 값으로 재료저항계수라고도 한다.
저항계수	부재나 재료의 공칭값에 곱하는 통계기반 계수이며, 일차적으로 재료와 치수 및 시공의 변동성과 저항모델의 불확실성을 고려하기 위한 계수이다. 이 기준에서는 콘크리트구조에 사용하는 저항계수는 재료계수, 그 이외의 모든 경우에는 저항계수로 용어를 통일한다.
정상상태	특별허가차량의 통행, 25 m/sec를 초과하는 바람, 그리고 세굴 등의 극단 상황을 제외한 조건
중요도(Operational Importance)	도로 기능상 교량의 중요한 정도
평가	기존 교량의 내하력 결정
피로와 파단한계상태	반복적인 차량하중에 의한 피로파괴 및 파단에 관한 한계상태
하중계수	하중효과에 곱하는 통계에 기반한 계수이며, 일차적으로 하중의 가변성, 해석 정확도의 결여 및 서로 다른 하중의 동시작용확률을 고려하며, 계수 보정과정을 통하여 저항의 통계와도 연관되어 있다.
하중수정계수	교량의 연성, 여용성 및 중요도를 고려한 계수
하중영향	작용하중, 부과된 변형, 체적변화로 인하여 발생하는 변형, 응력 또는 단면력(축력, 전단력, 비틂모멘트, 또는 휨모멘트)
한계상태 (Limit State)	교량 또는 구성요소가 사용성, 안전성, 내구성의 설계규정을 만족하는 최소한의 상태로서, 이 상태를 벗어나면 관련 성능을 만족하지 못하는 한계

1.3 설계원칙

1.3.1 일반사항

교량은 4.5에 규정된 바와 같이 점검, 경제성 및 미관에 대해 적절히 고려를 하면서 시공성, 안전성 및 사용성의 목표를 달성할 수 있도록 규정된 한계상태에 대하여 설계되어야 한다. 적용 해석 방법과 관계없이 규정된 하중효과와 그 조합에 대하여 식 (1.3.1)을 만족하여야 한다.

1.3.2 한계상태

(1) 일반사항

별도의 규정이 없는 한 교량의 각 구성요소와 연결부는 각 한계상태에 대하여 식 (1.3.1)을 만족하여야 한다. 사용한계상태에 대한 저항계수는 1.0을 적용하며, 극단상황한계상태에 대한 저항계수는 [LSD 5.2.3.2] 및 [LSD 6.5.5]를 적용한다. 모든 한계상태는 동등한 중요도를 갖는 것으로 고려해야 한다.

$$\sum \eta_i \gamma_i Q_i \leq R_r \tag{1.3.1}$$

여기서,

- 최대하중계수가 적용되는 하중의 경우 $\eta_i = \eta_D \eta_R \eta_I \geq 0.95$ (1.3.2)
- 최소하중계수가 적용되는 하중의 경우 $\eta_i = \dfrac{1}{\eta_D \eta_R \eta_I} \leq 1.0$ (1.3.3)

여기서, R_r = 계수저항 : 콘크리트부재에 대하여는 $R_r = R\{\phi_i X_i\}$,
그 이외에는 $R_r = \phi R_n$을 적용한다. (여기서, ϕ_i 및 X_i는 [LSD 5장]에 정의된 재료계수 및 재료의 기준강도, ϕ 및 R_n은 [LSD 6장, 7장 및 8장]에서 적용하는 저항계수 및 공칭저항)

Q_i = 하중효과

γ_i = 하중계수 : 하중효과에 적용하는 통계적 산출계수

η_i = 하중수정계수 : 연성, 여용성, 구조물의 중요도에 관련된 계수

η_D = 1.3.3에 규정된 연성에 관련된 계수

η_R = 1.3.4에 규정된 여용성에 관련된 계수

η_I = 1.3.5에 규정된 구조물중요도에 관련된 계수

(2) 사용한계상태

사용한계상태는 정상적인 사용조건 하에서 응력, 변형 및 균열폭을 제한하는 것으로 규정한다.

(3) 피로와 파단한계상태

피로한계상태는 기대응력범위의 반복 횟수에서 발생하는 단일 피로설계트럭에 의한 응력 범위를 제한하는 것으로 규정한다. 파단한계상태는 「**KS D 3515-용접구조물 압연강재**」에 제시하고 있는 재료인성요구사항으로 규정한다.

(4) 극한한계상태

극한한계상태는 교량의 설계수명 이내에 발생할 것으로 기대되는, 통계적으로 중요하다고 규정한 하중조합에 대하여 국부적/전체적 강도와 안정성을 확보하는 것으로 규정한다.

(5) 극단상황한계상태

극단상황한계상태는 지진 또는 홍수 발생시, 또는 세굴된 상황에서 선박, 차량 또는 유빙에 의한 충돌 시 등의 상황에서 교량의 붕괴를 방지하는 것으로 규정한다.

1.3.3 연성

교량구조계는 극한한계상태 및 극단상황한계상태에서 파괴 이전에 현저하게 육안으로 관찰될 정도의 비탄성 변형이 발생할 수 있도록 형상화 및 상세화 되어야 한다. 콘크리트 구조의 경우 연결부의 저항이 인접구성요소의 비탄성 거동에 의해 발생하는 최대 하중효과의 1.3배 이상이면 연성요구조건을 만족하는 것으로 간주할 수 있다. 에너지 소산장치는 연성을 제공하는 방법으로 인정될 수 있다.

• 극한한계상태에 대해서는	
$\eta_D \geq 1.05$ $\eta_D = 1.00$ $\eta_D \geq 0.95$	· 비연성 구성요소 및 연결부 · 이 설계기준에 부합하는 통상적인 설계 및 상세 · 이 설계기준이 요구하는 것 이외의 추가 연성보강장치가 규정되어 있는 구성요소 및 연결부
• 기타 다른 한계상태의 경우	
$\eta_D = 1.00$	

1.3.4 여용성

특별한 이유가 없는 한 다재하경로구조와 연속구조로 하는 것이 바람직하며 각 부재는 여용성 분류에 따라 다음의 값을 사용한다.

• 극한한계상태에 대해서는	
$\eta_D \geq 1.05$ $\eta_D = 1.00$ $\eta_D \geq 0.95$	· 비여용부재 · 통상적 여용수준 · 특별한 여용수준
• 기타 다른 한계상태의 경우	
$\eta_D = 1.00$	

1.3.5 구조물의 중요도

이 절은 극한한계상태와 극단상황한계상태에만 적용한다.

발주자는 특정교량 또는 그 교량의 구조요소 및 접합부를 중요한 구조로 지정할 수 있다.

• 극한한계상태에 대해서는	
$\eta_D \geq 1.05$ $\eta_D = 1.00$ $\eta_D \geq 0.95$	· 중요 교량 · 일반 교량 · 상대적으로 중요도가 낮은 교량
• 기타 다른 한계상태의 경우	
$\eta_D = 1.00$	

1.4 교량의 등급

[LSD 3.6.1.3]에 규정된 설계 차량활하중 KL-510으로 설계하는 교량을 1등교로 한다.

2등교는 1등교 활하중효과의 75%를 적용하며, 3등교는 2등교 활하중효과의 75%를 적용한다.

교량의 등급은 원칙적으로 발주자가 정한다.

1.5 품질보증 요건

구조물의 적절한 품질보증 요건을 만족시키기 위하여 설계자는 공사품질에 관한 특별 시방서를 작성하여야 하며, 도급자는 품질요건을 만족시키도록 품질관리를 실시하고, 구조물 소유주는 도급자의 직접고용자가 아닌 자로 감리 또는 감독체제를 구성하여 공사과정을 철저히 감독하여야 한다. 품질보증 활동과 관련된 수행과정과 결과는 기록으로 보존되어야 한다.

기본설계, 실시설계의 각 단계에서 설계 품질관리를 위한 검토가 이루어져야 한다.

1.6 설계도에 기재할 사항

설계도에는 다음 사항을 기재하여야 한다.

- 노선명 및 교량 위치
- 교량명
- 책임기술자, 참여기술자
- 설계년월일
- 주된 설계조건 및 설계변경기록
- 내진기준

1.7 기록

(1) 교량대장

교량대장에는 교량길이, 교폭, 설계하중(시방서명), 설계지진도, 기초의 형식과 근입깊이, 지반조건, 주요 부분의 구조도, 준공년월일, 기타 장래의 유지관리에 필요한 사항을 기재하여 이것을 보관하여야 한다. 또한 교량에 관한 주요 정보를 디지털자료로도 보관하여야 한다.

(2) 교명판

교량에는 교명판을 부착시킴을 원칙으로 한다.
교명판의 치수와 기재사항은 [그림 1.7.1]에 따르는 것을 표준으로 한다.

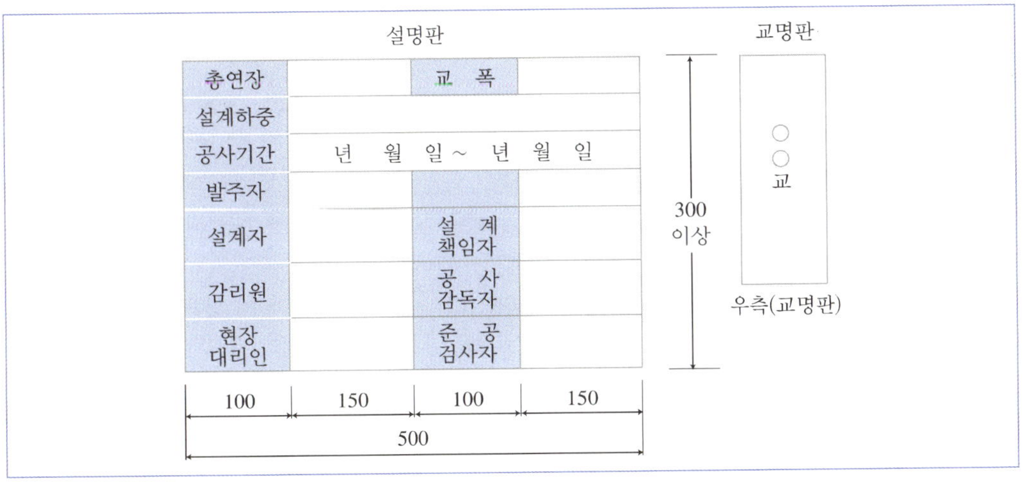

[그림 1.7.1] 교명판

02 설계개요

2.1 적용범위

- 시설한계, 환경보호, 교량미학, 지질학적 조사, 경제성, 주행성, 내구성, 시공성, 검사 및 유지관리에 대한 최소요구사항이 제시되었다.
- 교통안전에 대한 최소요구사항이 언급되었다.
- 배수시설과 물, 얼음, 및 수인성 염분에 대한 내구 방책의 최소요구사항이 포함되었다.
- 세굴에 의한 교량파괴가 많이 발생하였으므로 수리, 수문학적 사항이 상세히 다루어졌다.

2.2 용어

초과홍수	유량이 100년 빈도 홍수보다 많고 500년 빈도 홍수보다 적은 홍수 또는 조석흐름
교량세굴 검측홍수	세굴설계홍수를 초과하는 유량을 야기하는 폭우, 폭풍 해일 또는 조석에 의하여 발생하는 홍수로 어느 경우에도 재현주기 500년을 넘지는 않는다. 교량세굴 검측홍수는 교량기초가 이러한 흐름과 이에 의하여 발생하는 세굴에 대하여 안전하며 안정을 유지할 수 있는가의 조사 평가에 사용한다(초과홍수 참조).
교량세굴 설계홍수	교량기초에 최대의 세굴을 야기할 수 있는 재현기간 100년 이하의 홍수흐름. 도로나 교량은 교량세굴 설계홍수시 침수될 수 있다. 최악의 세굴조건은 압력차에 의한 흐름의 결과인 월류홍수시 형성될 수 있다.
국부세굴	교각, 교대 또는 흐름에 대한 장애물 주위에 국부적으로 발생하는 수로 또는 범람원의 세굴
도류제	흐름의 변경, 퇴적물 또는 세굴의 유도를 위해 제방의 인접부 또는 하상에 설치한 구조물 또는 하천의 흐름과 퇴적상황을 변경하기 위한 다른 방도
만조	만월 또는 신월의 매 2주 만에 발생하는 대조
물끊기 홈	표면을 따라 물이 흘러 떨어지도록 한 구성요소 하부의 직선 홈

보도폭	분리대 사이 또는 연석과 분리대 사이의 장애물이 없는 보행자 전용공간
배수구	바닥판에 설치된 배수시설
100년 빈도홍수	연 발생확률이 1% 또는 이를 초과하는 폭우 또는 조석에 의한 홍수
비상주차대	사고차량의 조치를 위해 통행로 경계외측에 위치한 장애물이 없고 비교적 평탄한 지역, 통행로는 갓길이나 보조차선을 포함하지 않는다.
설계유량	적용설계조건을 초과하지 않고 교량이 수용할 수 있는 최대 유량
수로	하천, 강, 연못, 호수 또는 바다
수로개구부	흐름의 진행방향과 직각으로 특정수위에서 측정한 교량 개구부의 폭 또는 면적
수로개구부 설계홍수	수로나 범람원을 가로질러 설치하는 교량 또는 도로의 설계에 적용되는 초과확률개념을 포함하는 최대유량, 체적, 수위 또는 파고. 정의에 의거하여, 도로나 교량은 수로개구부 설계 홍수에 침수되지는 않는다.
수리학	주로 수로에서의 유체의 거동과 흐름에 관한 과학.
수문학	강우량, 유출 및 지표수를 포함하는 지구상 물의 발생, 분포 및 순환에 관한 과학
안정수로	심각한 하상저하, 상승 또는 제방침식이 발생하지 않고 상류유역에서 내려오는 유량 및 유사를 수로로 통과시킬 수 있는 하상경사와 단면을 갖는 하천의 상황
여유공간	장애물이 없는 수직 또는 수평 공간
500년 빈도홍수	연 발생확률이 0.2% 또는 이를 초과하는 폭우 또는 조석에 의한 홍수
월류홍수	도로, 교량, 유역경계 또는 비상 배수시설 위로 넘치는 홍수흐름. 월류홍수로 인해 최악의 세굴조건이 발생할 수 있다.
유수지	유출을 억제하였다가 방류구조물을 통하여 일시적으로 하류수로로 방류하는 우수관리 시설
유역	배출구가 하나인 배수경계로 세한된 배수면적, 한 곳의 유출에 기여하는 전체 배수면적
일반 또는 축소단면세굴	흐름에 대한 장애물 또는 교각 주위에 국한되지 않는 수로 또는 범람원의 세굴. 수로의 경우 일반/축소단면세굴은 수로의 전폭 또는 대부분에 영향을 주며 일반적으로 흐름의 수축에 의해 발생한다.
조석	공전하는 지구에 미치는 해와 달의 영향으로 발생하는 해수의 수기석 상승/강하
제수구	홍수터흐름의 통과가 가능하도록 범람원 제방에 설치한 개구부
복합홍수	태풍에 의한 만조 또는 폭설 위의 강우 등과 같이 둘 이상의 원인에 의한 홍수흐름
편경사	수평곡선부에서 발생하는 차량의 원심력을 부분 상쇄시키기 위한 노면의 경사
하상상승	퇴적물로 인한 하상 종단의 일반적/점진적인 상승
하상저하	장기 침식으로 인한 하상종단의 일반적/점진적인 강하
하천 지형형태학	하천과 범람원의 형성, 표면 형상 및 침식과 침식 잔해물의 집적에 의한 변화를 연구하는 학문

2.3 위치 선정

2.3.1 노선 선정

(1) 일반사항

교량의 위치는 몇 개의 검토안 중에서 공학적, 사회적, 경제적, 환경적 요인과 구조물의 유지관리 및 검사 또한 이들 상호간의 중요도를 고려하여 선정하여야 한다. 최상의 교량 위치 선정을 위하여 다음과 같은 조건 및 이에 상응하는 정도의 세밀한 검토가 이루어져야 한다.

- 횡단하는 장애물로 인한 조건에 부합
- 설계, 시공, 운용, 검사 및 유지관리 면에서 실제적/경제적인 방안의 확보
- 요구되는 수준의 사용성과 안전성의 확보
- 도로에 미치는 불리한 영향의 최소화

(2) 하천과 범람원 통과

하천을 통과하는 경우는 교량의 초기 건설비 및 수로정리를 위한 하안 공사와 침식을 감소시키기 위한 유지관리 조치가 포함된 총비용의 최적화를 고려하여 위치를 선정해야 한다. 교량 위치에 대한 대안을 조사하는 경우 다음과 같은 사항들을 평가한다.

- 수로의 안정성, 홍수기록, 그리고 하구의 경우는 조차 및 조석주기를 포함하는 하천과 범람원의 수리, 수문학적 특성
- 교량의 설치가 홍수흐름양상에 미치는 영향과 이에 의한 교량 기초에서의 세굴가능성
- 새로운 홍수위험의 발생 또는 기존 홍수위험의 심화가능성
- 하천과 범람원에 미치는 환경적 영향

범람원에 설치하는 교량과 진입로의 위치선정 및 설계에는 범람원의 활용목적과 함께 다음 사항을 고려한다.

- 범람원이 비경제적으로, 위험하게 또는 적절치 못하게 활용·개발되는 것의 방지
- 가능한 한 심각한 종방향 및 횡방향 잠식의 방지
- 가능한 한 도로가 미치는 악영향의 최소화 및 완화
- 국가 또는 지역의 홍수방재계획에 부합
- 장기 하상상승 또는 저하
- 환경영향 평가에 의한 인가를 받도록 한 사항

2.3.2 교량의 배치

(1) 일반사항

교량의 위치와 선형은 교량 상·하부 교통상황을 모두 만족하도록 선정한다. 교량이 통과하는 수로, 도로 또는 철도의 폭 또는 선형의 향후 변화 가능성을 고려한다. 해당되는 경우 향후 추가될 대중교통 수단이나 교량의 확폭 가능성을 고려한다.

(2) 교통안전

① 구조물의 보호

교량 상·하부를 통과하는 차량이 안전하게 통행하도록 하여야 한다. 주행차로로부터 안전거리를 두고 방호물을 설치하여 비상주차대의 사고차량에 대한 위험을 최소화한다. 입체교차로의 교각 기둥 또는 벽체는 「**도로의 구조·시설기준에 관한 규칙**」(**국토교통부**)에 제시되어 있는 비상주차대개념에 부합하도록 위치한다. 건설비, 구조물의 형식, 통행 교통량과 설계속도, 경간배분, 사각, 지형조건의 제약으로 인해 위 지침을 만족시키는 것이 어려운 경우에는 가드레일이나 기타분리대를 설치하여 교각기둥 또는 벽체를 보호한다. 견고한 분리대가 설치되지 않을 경우 가드레일 또는 기타 분리대는 가능한 한 독립기초로 하고, 도로측 전면은 교각이나 교대의 전면으로부터 최소 600 mm의 이격거리를 갖도록 한다. 가드레일 또는 기타 분리대의 전면은 갓길차선으로부터 600 mm 이상의 이격거리를 갖도록 한다.

② 사용자의 보호

방호울타리는 구조물의 연단을 따라 9장의 규정에 맞도록 설치해야 한다. 모든 방호물은 차로이탈 차량을 안전하게 유도할 수 있도록 적절한 면 특성과 완화구간이 있어야 한다. 가동교의 경우 경고판, 경고등, 경고음, 차단기, 분리대 및 기타 안전장치를 제공하여 보행자와 자전거이용자, 차량을 보호해야 한다. 이런 장치들은 가동경간이 개방되기 전에 작동을 해서 가동경간이 완전히 폐쇄될 때까지 작동하도록 설계해야 한다. 발주자가 규정하는 곳에는 보도를 분리대로 보호해야 한다.

③ 구조규격기준

「**도로의 구조 · 시설기준에 관한 규칙(국토해양부)**」의 요구사항을 만족하여야 하며, 예외사항에 대해서는 그 사유가 정당화되어야 한다. 길어깨의 폭과 교통분리대의 규격은 발주자의 시방서를 만족해야 한다.

④ 노면

교량의 노면은 「**도로의 구조 · 시설기준에 관한 규칙(국토교통부)**」 또는 국지적 요구사항에 부합하는 마찰특성, 노면배수, 편경사가 주어져야 한다.

⑤ **선박충돌**

교량구조물은 2편 3.21.15에 규정된 대로 방충재나 제방, 또는 계선부표를 설치하여 선박충돌 하중으로부터 보호하거나 2편 3.21.14에 규정된 대로 충격하중효과에 저항할 수 있도록 설계해야 한다.

2.3.3 다리밑공간

(1) 하천 혹은 항로상 교량

하천 혹은 항로상에 건설되는 교량의 수평, 수직 다리밑공간은 유관기관과 협의하여 설정해야 한다.

(2) 도로상 교량

도로구조물의 수직 다리밑공간은 「**도로의 구조·시설기준에 관한 규칙(국토교통부)**」을 만족하여야 하며 예외사항에 대해서는 그 사유가 정당화되어야 한다. 고가도로의 침하에 의한 수직 다리밑공간의 감소 가능성에 대한 조사가 시행되어야 한다. 침하량이 25 mm 이상으로 예측되는 경우는 규정된 다리밑공간에 그 값을 추가해야 한다.

도로 표지판과 육교의 수직 다리밑공간은 도로 구조물의 여유공간보다 300 mm 이상 커야 하며, 트러스 구조물에서 도로와 상부횡브레이싱 간의 수직여유공간은 5,000 mm 이상 확보해야 한다. 교량아래의 수평 여유공간은 2.3.2의 요구조건을 만족하도록 한다. 교량의 위나 아래에 분리대를 제외한 어떠한 물체도 주행차로 경계로부터 1200 mm 이내에 위치하지 않도록 한다. 분리대의 내측면은 물체면 또는 주행차로 경계로부터 최소 600 mm의 이격거리를 갖도록 한다.

(3) 철로상 교량

철로 위를 통과하도록 설계한 구조물은 그 철도의 통상적 사용을 위한 기준에 부합하도록 설계해야 한다. 이러한 구조물에는 관련법규(국가 및 지방)를 적용해야 한다. 법규, 시방서, 기준은 최소한 「**도로교 설계기준(국토교통부)**」와 「**철도설계기준(국토교통부)**」, 「**철도건설규칙(국토교통부)**」를 만족하도록 한다.

2.3.4 환경

교량과 진입로의 설치가 지역사회, 유적지, 습지와 기타 미관적, 환경적, 생태학적으로 민감한 지역에 미치는 영향을 고려하여야 한다. 하천 지형형태학, 강바닥 세굴의 결과, 제방사면 보호 식생의 제거 및 필요한 경우 하구조석거동에 대한 영향을 고려해야 한다.

2.4 지반조사

(1) 일반사항

하부구조의 설계에 적절하고 충분한 자료를 제공하기 위한 시추조사와 토질시험을 포함한 지반조사는 [LSD 7.4]의 규정에 따라 시행해야 한다. 기초의 형식과 공사비는 교량의 위치와 형식을 선정하기 위한 경제성/미관성 분석시 고려한다.

(2) 지형학적 조사

교량가설 부지의 현 지형상태는 지도와 항공사진을 사용하여 결정해야 한다. 이러한 연구에는 토사와 암석의 침식, 지각의 변동사항과 하천의 유동에 대한 부지의 역사적 변천과정을 포함해야 한다.

2.5 설계목적

2.5.1 안전성

기술자의 첫번째 책무는 공공의 안전을 확보하는 것이다.

2.5.2 사용성

(1) 내구성

① 재료

구조용 강재는 내후성 강재를 사용하거나, 내후성 코팅 또는 음극방식으로 보호해야 한다. 대기 또는 수인성 염분에 노출될 가능성이 있는 콘크리트 구성요소의 철근과 프리스트레싱 강선은 에폭시 또는 아연코팅, 콘크리트 피복, 밀도, 또는 공기연행제를 포함하는 콘크리트 화학성분 그리고 콘크리트 표면의 불투수도장 또는 음극방식의 적절한 조합으로 보호해야 한다. 덕트 내부의 프리스트레스 강선은 그라우팅이나 그 외의 부식 방지책으로 보호해야 한다.

목조 구조물의 부착물과 고정 장치는 스테인레스강, 가단주철, 알루미늄을 사용하거나 아연코팅, 카드뮴 도금 또는 기타 코팅처리된 강재를 사용해야 한다. 목재구성요소는 방부처리 해야 한다. 알루미늄 제품은 강재와 콘크리트 구성요소로부터 전기적으로 격리해야 한다.

복사열 또는 대기오염에 의해 피해가 발생할 수 있는 재료의 경우도 보호대책을 마련해야 한다. 지반 또는 물과 직접 접촉하는 재료는 내구성을 고려해야 한다.

② **내구 방책**

물끊기 홈은 콘크리트 바닥판 하부를 따라 측면 경계로부터 250 mm를 초과하지 않도록 설치되어야 한다. 방수처리된 바닥판 이음부 위치에서 교량받침 거치면을 제외한 교각과 교대의 상부 표면은 연단으로 최소 5%의 경사를 갖도록 시공해야 한다. 방수처리되지 않은 이음부 위치에서 이 값은 15%로 증가되어야 하고 받침은 염분 및 콘크리트 잔해와 접촉되지 않도록 조치되어야 한다. 포장면은 바닥판 이음부에서 분리해야 하며 이음장치에 원활하게 연결해야 한다.

(2) 검사

보다 실용적인 검사방법이 없다면 교량 점검용 통로, 사다리, 개폐출입구 및 필요한 경우 조명 등이 제공되어야 한다. 가능한 한 상대적 거동이 발생할 수 있는 다중박스형 구성요소의 내부 및 연결부에는 수검사 또는 육안검사를 위한 접근로와 적절한 공간이 확보되어야 한다.

(3) 유지관리

유지 관리가 어려울 것으로 예상되는 구조계는 배제하도록 한다. 기후 또는 교통조건 등으로 바닥판을 교량 사용수명 이전에 교체할 필요가 있는 경우는 설계서에 바닥판의 교체를 명시하거나 또는 구조적 보강을 제시해야 한다. 받침부 주위와 바닥판 신축 이음부 위치의 하부는 긴장작업, 청소, 받침과 신축 이음부의 수리, 교체가 용이하도록 설계한다.

잭업장비 설치 지점은 설계도상에 명시해야 하며 구조물은 [LSD 3.4.4]에 명시한 긴장력을 고려하여 설계해야 한다. 접근이 불가능한 공간은 배제한다. 사람이나 동물이 거주할 수 있는 공간은 배제하거나 안전조치를 취해야 한다.

(4) 주행성

교량바닥판은 원활한 교통흐름이 가능하도록 설계해야 한다. 포장도로에서는 접속슬래브가 진입로와 교대사이에 위치하도록 한다. 바닥판종단면의 허용시공오차는 설계도, 설계기준 또는 특별규정에 명시해야 한다. 바닥판이음부의 개수는 가능한 한 최소화해야 한다. 차량과 접촉하는 콘크리트 바닥판이음부의 모서리는 마모되거나 파손되지 않도록 보호한다. 조립식 이음계획에는 기조립된 이음부를 일체로 가설하도록 명시해야 한다.

노출 콘크리트 바닥판의 경우 그라인딩에 의한 바닥판 종단면의 수정 그리고 마모에 의한 두께손실을 고려해서 10 mm의 여유두께를 제공한다.

(5) 배관로

필요한 경우 배관로를 유지, 지지하기 위한 규정을 제시해야 한다.

(6) 처짐

① 일반 사항

처짐으로 인한 바람직하지 못한 구조적 또는 심리적 영향을 배제할 수 있도록 교량을 설계한다. 직교이방성 강바닥판을 제외하고 처짐과 높이의 제한이 선택적이라 하더라도 세장성과 처짐에 관한 기존의 성공적 실례와 많은 차이가 있을 경우에는 설계검토를 수행하여 교량의 적절한 기능 수행여부를 결정한다. 동적 해석을 하는 경우, [LSD 4.7]의 원칙과 요구사항을 만족해야 한다.

② 처짐기준

아래 사항을 제외하고 이 장의 기준은 선택적인 것으로 간주해야 한다.

- 직교이방성 강바닥판에 대한 규정은 필수적인 것으로 간주해야 한다.
- 격자 강바닥판, 기타 경량 강바닥판 및 경량콘크리트 바닥판은 [LSD 6.14.3.2]의 사용성 규정을 준수해야 한다.

이 기준을 적용하는 경우 차량 활하중에는 충격하중 효과를 포함해야 한다. 발주자가 처짐의 제한을 요구하는 경우 다음 원칙을 적용할 수 있다.

- 최대처짐을 조사하는 경우 모든 재하차로에 하중을 재하하며 모든 지점은 동일한 처짐을 갖는 것으로 가정한다.
- 합성설계의 경우 설계단면은 도로의 전폭과 구조적으로 연속적인 난간, 보도, 중앙분리대를 포함한다.
- 부재간 상대처짐을 조사하는 경우 상대처짐이 가장 크게 발생할 수 있는 재하차로의 개수와 위치를 선정한다.
- [LSD 표 3.4.1]에 제시된 사용하중조합 I 의 활하중 비율은 충격하중계수 IM을 포함하여 사용한다.
- 활하중은 [LSD 3.6.1.7]에 의거한다.
- [LSD 3.6.1.2]의 활하중 동시재하에 대한 규정을 적용한다.
- 사교의 경우 교축직각단면을 사용할 수 있고, 곡교나 곡사교의 경우 방사방향 단면을 사용할 수 있다.

기타 기준이 없는 경우, 아래의 처짐 제한을 강, 알루미늄 또는 콘크리트 구조물에 적용할 수 있다.

- 차량하중, 일반 지간/800
- 차량하중 또는 보행자하중 지간/1,000
- 내민보의 차량하중 지간/300
- 내민보의 차량하중 또는 보행자하중 지간/375

I형 강재 보와 거더 그리고 강박스 및 튜브형 거더에서 플랜지응력 조정으로 영구처짐을 제한하는

경우 [LSD 6.10.5.2와 6.11.7]의 규정을 적용해야 한다. 기타 기준이 없는 경우, 아래의 처짐 제한을 목재 구조물에 적용할 수 있다.

- 차량하중과 보행자 하중 지간/425
- 목재 바닥판위의 차량하중 (인접판간의 극대상대처짐) 2.5 mm

직교이방성 강바닥판에는 다음 규정을 적용해야 한다.

- 강바닥판 위의 차량하중 지간/300
- 직교이방성 강바닥판 가로보 위의 차량하중 지간/1,000
- 직교이방성 강바닥판 가로보 위의 차량하중(인접 가로보간의 극대상대처짐) 2.5 mm

③ 경간-높이비에 대한 선택적 기준

발주자가 경간-높이비에 대한 제한을 고려할 것을 요구하는 경우 다른 기준이 없다면 [표 4.5.1]의 제한값을 적용할 수 있으며, 여기서 S는 슬래브 경간장, L은 경간장이며 모두 mm 단위이다. 언급이 없으면 [표 2.5.1]의 제한값은 전체높이에 적용하여야 한다.

(7) 향후 확폭의 고려

① 다거더 교량의 외측거더

향후 확폭이 배제되지 않는 경우 외측거더의 내하력은 내측거더의 내하력보다 작지 않도록 하여야 한다.

② 하부구조

향후 확폭이 예상되는 경우 확폭조건을 하부구조 설계에 반영한다.

2.5.3 시공성

교량의 적절한 시공을 위하여 다음을 고려한다.

- 교량은 지나친 어려움 또는 문제점 없이 제작, 설치될 수 있어야하고, 또한 잔류 시공하중의 영향이 허용치 이내가 되도록 설계한다.
- 고정하중 하에서의 응력도입을 위해 특별공정을 설계자가 의도한 경우, 이러한 공정을 특별시방서에 명시하여야 한다.
- 외부여건 또는 기타 이유로 시공법에 제약이 발생 또는 발생 가능한 경우, 이러한 사항을 설계도서에 명시하여야 한다.
- 협소한 장소에서의 용접 또는 조밀하게 조립한 철근 사이로의 콘크리트 타설이 요구되는 세부설계는 배제한다.
- 교량의 시공에 영향을 줄 수 있는 기후와 수리학적 조건을 고려해야 한다.

[표 2.5.1] 일정단면 상부구조의 통상적 최소 높이

상 부 구 조		최소높이(바닥판 포함) 변단면의 경우 정·부 모멘트 단면의 상대 강성변화를 고려하여 조정할 수 있다.	
재료	형식	단경간	다경간
철근콘크리트	차량진행방향의 주철근 배치슬래브	$\frac{1.2(S+3,000)}{30}$	$\frac{1.2(S+3,000)}{30} \geq 165\ \mathrm{mm}$
	T형 보	$0.070L$	$0.065L$
	박스형 보	$0.060L$	$0.055L$
	보행자 구조물 보	$0.035L$	$0.033L$
프리스트레스 콘크리트	슬래브	$0.030L \geq 165\ \mathrm{mm}$	$0.027L \geq 165\ \mathrm{mm}$
	현장타설 박스형 보	$0.045L$	$0.040L$
	프리캐스트 I형 보	$0.045L$	$0.040L$
	보행자 구조물 보	$0.033L$	$0.030L$
	인접 박스형 보	$0.030L$	$0.025L$
강 재	합성형 I형 보의 전체 높이	$0.040L$	$0.032L$
	합성형 I형 보에서 I형 보의 높이	$0.033L$	$0.027L$
	트 러 스	$0.100L$	$0.100L$

2.5.4 경제성

(1) 일반 사항

구조물의 형식, 경간장, 재료는 공사비를 고려하여 선정하여야 한다. 교량사용 수명 기간의 생애주기비용을 고려한다. 자재확보, 제작, 부지, 수송 및 설치상 제약과 같은 국지적 요소를 고려하여야 한다.

(2) 대안

경제성 분석으로 분명한 결정이 이루어지지 않는 경우 발주자는 경쟁력 있는 대안입찰을 요구할 수 있다. 대안입찰의 설계는 동등한 안전성, 사용성 그리고 미관성을 제공해야 한다. 항로상의 가동교는 가급적 배제한다. 가동교가 제안되는 경우 적어도 하나의 고정교가 대안으로 제시되어 경제적 비교를 수행한다.

2.5.5 교량 미학

교량은 적절한 강성을 가진 우아한 모양을 갖추어 주위의 환경과 조화하도록 한다. 기술자는 각 구조요소의 형상과 배치를 개선함으로써 더욱 만족스러운 외관을 갖도록 한다. 비구조적이고 과장된 장식의 사용은 배제한다. 아래의 지침을 고려한다.

- 교량의 설치 장소를 선정하는 단계에서는 교각의 수가 적거나 없는 설계안을 검토하고, 기본

설계단계에서 상세히 논의한다.

- 교각의 형상은 서로 일치되고 상부구조와 균형을 이루도록 한다.
- 각 구성요소의 형상과 구조형식의 급격한 변화는 배제한다. 서로 다른 구조형식의 연결이 불가피한 경우에는 외관상 자연스럽게 연결되도록 한다.
- 바닥판배수 홈통과 같은 세부 설계에 주의하는 것을 간과하지 않도록 한다.
- 기능성 또는 경제적 관점에서 하로트러스교와 같은 교량 형식이 불가피한 경우는 개방적이고 혼잡하지 않은 외관을 제공하는 구조계를 선정한다.
- 교량을 교통 표지판, 조명등 또는 현수막을 지지하는 구조로 사용하는 것은 가능한 한 배제한다.
- 지점 이외에 설치된 횡방향 복부판 보강재는 측면에서 보이지 않도록 한다.

2.6 수문 및 수리

2.6.1 일반사항

하천을 횡단하는 교량 부지에 대한 수리 수문학적인 검토와 평가는 기본계획개발의 일부로서 완수되어야 한다. 이러한 검토의 자세한 사항들은 구조물의 중요성 및 연관 위험성과 동등하게 취급한다.

시공자의 사용 또는 시공 중 교통소통을 위한 임시 구조물은 범람원 자연자원에 미치는 영향의 최소화는 물론 인접 시설물의 소유자 및 대중교통의 안전을 고려하여 설계해야 한다. 발주자는 임시 구조물의 예상사용기간과 이에 의한 홍수 위험을 고려하여 설계요구조건의 변경을 허가할 수 있다. 임시 구조물에 대한 계약서에는 시공자가 제기한 책임소재와 위험요인들이 개괄적으로 기술되어야 한다.

교량대안설계에 대한 평가는 하천의 안정, 역류, 흐름의 분배, 유속, 세굴가능성, 홍수위험, 조석거동(해당되는 경우)을 고려해야 하며 하천정비 기본계획 및 하천설계기준(국토해양부)의 설정기준치와의 부합성을 고려해야 한다.

2.6.2 부지자료

부지특성 자료의 수집 계획에는 아래 사항을 고려하여야 한다.

- 교량이 설치되는 위치의 주하천수로와 범람원 및 적절한 상·하류구간을 포함하는 항공측량 또는 지상측량자료의 수집
- 검토대상 범주에 속하는 하천과 범람원의 조도계수 평가
- 세굴 해석에 요구되는 재료 특성을 분석하기에 충분한 깊이의 하상재료채취
- 지반 시추조사

- 하천, 저수지, 유수지, 조석의 최고수위 그리고 홍수조절 구조물 및 가동공정을 포함하는 수위에 영향을 미치는 요인
- 하천정비기본계획의 규정에 의거하여 수행된 자료를 포함하는 기존 연구자료와 보고서
- 관측된 세굴, 제방침식 및 잔해물이나 결빙체에 의한 구조물의 손상을 포함하는 과거 홍수시 구조물의 성능과 하천의 거동에 관해 입수 가능한 역사적 정보
- 수로내 가능한 지형변화

2.6.3 수문분석

발주자는 도로의 기능분류, 국가 및 지자체의 요구조건과 부지의 홍수위험에 기초하여 수문분석의 범위를 결정해야 한다. 수문분석시 다음과 같은 홍수흐름을 적절히 검토한다.

- 홍수위험평가와 범람원 유지관리 요구조건의 만족 : 100년 빈도 홍수
- 도로 사용자에 대한 위험 및 교량과 진입로에 대한 파손의 평가 : 월류홍수 또는 교량 세굴 설계 홍수
- 위험성이 높은 부지에서의 홍수재해평가 : 발주자가 부지조건과 내포된 위험성을 고려하여 적절히 선택한 규모의 검측홍수
- 세굴에 저항할 수 있는 교량기초의 적합성 검토 : 교량 세굴 검측 홍수
- 관련부서의 설계정책과 기준의 만족 : 수로개구부 설계홍수와 고속도로의 여러 기능등급에 대한교량 세굴 설계 홍수
- 수위산정의 보정 및 기존 구조물의 성능 평가 : 과거의 기록된 홍수
- 환경조건의 평가 : 갈수량 또는 기저유출자료 및 하구를 통과하는 교량의 경우 대조차 해양이나 하구에 설치되는 구조물의 경우 해수위 상승이 조차에 미치는 영향에 대한 검토를 규정하도록 한다.

2.6.4 수리분석

(1) 일반사항

기술자는 발주자가 인정하고 요구되는 해석수준에 부합하는 해석모델과 기술을 사용하여야 한다.

(2) 하천의 안정

하천의 안정과 시설물이 하천에 미치는 영향을 평가하기 위한 연구를 수행해야 하며, 다음과 같은 항목들을 고려해야 한다.

- 하상의 저하, 상승 또는 평형상태 여부
- 합류부 근처에 교량을 설치할 경우 주 하천과 지류가 홍수위, 유속, 흐름의 배분, 수류의 수직 수평운동에 미치는 영향과 이러한 조건들이 교량의 수리설계에 미치는 영향

- 하천의 직선형, 곡선형, 수축부 또는 천이구역을 고려한 교량의 최적위치 및 기존 또는 향후의 하천조건으로부터 교량을 보호하기 위한 통제시설물의 위치
- 제안된 수로변경의 영향
- 골재채취 또는 기타 수로에서의 활동에 의한 영향
- 토지사용변경에 의한 유출량 또는 유출률의 변화 가능성
- 자연적 하천지형변화가 설치예정인 구조물에 미치는 영향
- 설치예정인 구조물에 의해 발생한 지형변화가 인접한 기존 구조물에 미치는 영향

  불안정한 하천이나 흐름조건의 경우 하천의 향후 수직 수평 형상변화가능성을 평가하고 교량과 진입로의 안전을 위한 대비책을 설계시 또는 그 이후에 결정하기 위해 특별 검토를 수행해야 한다.

(3) 교량수로

교량수로의 규모를 결정하기 위한 설계과정에는 아래사항을 포함해야 한다.

- 기존 조건에서 주 수로와 범람원의 홍수 흐름 양상에 대한 평가.
- 설계목적에 부합하는 도로 종단, 선형 및 교량 길이의 다양한 조합에 대한 평가.

  기존의 홍수검토를 이용하는 경우 그 정확도를 결정해야 한다.

(4) 교량기초

① 일반사항

기본설계의 인증 전에 기초설계의 구조적, 수리적, 지반공학적 사항들이 정리되고 문제점이 해결되어야 한다.

② 교량 세굴

[LSD 3.12.5]에 요구된 바와 같이 교량기초의 세굴은 (**하천설계기준 - 37.3 세굴평가 및 세굴방호공, 참조**) 다음 두 조건에 대하여 검토한다.

- 세굴설계홍수의 경우, 전 세굴깊이에 걸쳐있는 하상퇴적물은 제거된 것으로 가정하는 것을 설계조건으로 해야 한다. 폭풍해일설계홍수, 조석 또는 복합홍수는 100년 빈도홍수 또는 그보다는 재현기간이 작은 월류홍수보다 큰 강도로 정해야 한다.
- 세굴검측홍수의 경우 초과홍수에 의해 야기되는 세굴조건에 대해 교량기초의 안정성을 검토해야한다. 이러한 조건에 대한 안정성 검토에 요구되는 것보다 과도한 여유는 불필요하다. 극단상황한계상태를 적용해야 한다.

결빙체나 잔해물의 집적과 합류부의 저수위 조건에 의해 세굴설계홍수 또는 세굴검측홍수로 보다 큰 강도의 홍수가 요구되면 기술자는 이를 사용할 수 있다. 토사 또는 침식암 위의 확대기초는 세굴 검측홍수로 결정되는 세굴깊이의 아래에 기초하부가 위치해야 한다. 세굴 염려가 없는 암반위의 확대기초는 기반암과 일체가 유지되도록 설계, 시공해야 한다.

깊은기초는 홍수흐름의 방해와 이에 의한 국부세굴을 가능한 한 최소화하기 위하여 기초의 상부가 산정된 축소단면세굴깊이의 아래에 위치하도록 설계해야 한다. 수류에 노출되어 방식 및 부식에 의한 손상가능성이 우려되는 경우의 파일기초는 더 낮은 위치에 설치하는 것을 고려한다. 여건상 기초의 상부가 하상보다 위에 위치해야 하는 경우 설계시 세굴가능성에 유의해야 한다. 방충재 또는 기타 교각보호시설물을 사용하는 경우 교각세굴과 잔해물 집적에 미치는 영향을 설계시 고려해야 한다. 난류 수역에 위치한 교대의 안정성에 대해서는 철저한 검토를 수행해야 한다. 노출된 제방경사지는 적절한 세굴방지대책으로 보호한다.

(5) 교량진입로

교량은 범람원내에 있는 교량진입로와 함께 설계를 수행하여 전체 홍수흐름의 양상이 하나의 연관된 일체시스템으로 개발, 분석되어야 한다. 범람원내의 진입로가 홍수시 흐름을 방해하는 경우 범람원 경계내의 도로 구간은 홍수위험을 최소화하도록 설계되어야 한다.

역류와 홍수흐름 방해로 타 유역까지 흐름의 영향이 미치는 경우 설계평가를 수행하여 타유역 홍수위험에 관한 법적 요구조건을 만족해야 한다.

2.6.5 암거 위치, 길이와 수로면적

[2.6.3과 2.6.4]의 규정과 함께 아래의 조건을 고려한다.

- 어류와 야생동물의 통로
- 큰 출구부 유속과 흐름의 집중이 암거출구부, 하류수로 및 인접 시설물에 미치는 영향
- 암거입구부에 작용하는 부력효과
- 교통안전
- 하류통제와 폭우고조로 야기되는 하류 고수위의 영향

2.6.6 도로배수

(1) 일반사항

통과차량의 안전을 최대화하고 교량의 파손을 최소화하기 위하여 교량바닥판과 진입로는 통행로로부터의 노면수를 효과적이고 안전하게 배수할 수 있도록 설계해야 한다. 차도, 자전거 이용도, 보도를 포함한 바닥판의 횡단배수는 충분히 자연배수가 되도록 횡단경사 또는 편경사를 제공하여야 한다. 각 방향 3차선 이상의 광폭교량은 바닥판배수의 특별설계 또는 특별한 거친 노면처리로 수막현상의 발생가능성을 감소시켜야 할 필요가 있는 경우도 있다. 측구로 배수되는 물은 교량 위로 흘러들지 않도록 차단해야 한다. 교량 양단에서의 배수는 모든 유출량을 충분히 감당할 수 있는 용량이 되어야 한다.

교량 아래의 수로로 배출할 수 없는 특수한 환경 민감조건의 경우, 교량 하부에 부착한 종방

향 배수로를 사용하여 교량 단부의 지상에 위치한 적절한 시설로 배수하거나 불가피한 경우 환경을 저감시킬 수 있는 별도의 방안을 수립하여야 한다.

(2) 설계강우강도

교량바닥판 배수에 적용하는 설계강우강도는 발주자가 규정하지 않는 한 인접도로의 포장 배수설계에 적용하는 설계강우강도보다 작지 않아야 한다.

(3) 배수시설의 형식, 규격 및 개수

바닥판배수시설의 개수는 수리조건을 만족시키는 범위에서 최소로 한다.
편경사가 변하는 곳에서는 배수흐름을 고려한 등고선을 작성하여 신속하게 교면수를 유도할 수 있도록 교면배수시설을 설치하여야 한다. 바닥판 배수시설의 집수구는 수리학적으로 효과적이고 청소를 위한 접근이 가능해야 한다.

(4) 바닥판 배수시설로부터의 유출

바닥판 배수시설은 바닥판이나 노면의 지표수가 교량 상부구조부재와 하부구조로부터 원활히 제거 될 수 있도록 설계하고 위치해야 한다. 발주자가 배수시설 및 배수관으로부터의 유출에 대한 통제에 특별한 요구조건을 제시하지 않을 경우, 아래 사항들을 고려한다.

- 인접한 상부구조요소의 최저부 아래로 최소 100 mm의 돌출부
- 45° 경사의 원추형 분사가 구조요소에 접촉하지 않는 관로 유출구의 위치
- 실제적으로 허용되는 경우 난간의 개구부 또는 자유 낙하이용
- 45°를 초과하지 않는 굴곡부 사용
- 청소

바닥판과 배수시설로부터의 유출은 환경 및 안전요구조건에 부합하도록 처리해야 한다.

(5) 구조물의 배수

구조물에 물이 고일 수 있는 공간이 있는 경우는 가장 낮은 위치에서 배수시키도록 조치하여야 한다. 바닥판과 포장면 특히 바닥판 이음부는 물이 고이지 않도록 설계해야 한다. 포장면이 일체로 시공되지 않거나 현장거치 거푸집을 사용하는 교량바닥판의 경우 접합부에 고이는 물의 제거를 고려해야 한다.

2.7 교량의 경제성

2.7.1 교량의 경제성분석의 배경

선진국에서는 이미 80년대부터 본격적으로 도입되기 시작한 생애주기비용분석이 이제는 국내에서도 2000년부터 건교부에서 건설기술관리법 시행령 제38조의 13(2000.3.28)에 의거 총공사비 500억원 이상인 공공발주공사에 대하여 설계의 경제성 검토에서 생애주기비용개념에 의한 검토를 포함시킴으로써 생애주기비용분석을 공공사업의 설계단계에 적용하는 근거가 마련되었다. 이에 따라 국내에서도 앞으로 생애주기비용개념이 본격적으로 적용될 전망이다. 특히, 국가기반시설 건설에서 가장 중요한 도로건설에서 도로시설물의 유지관리와 재건설에 막대한 비용이 드는 현실을 감안하면 생애주기비용분석의 적용은 매우 시급한 문제라고 볼 수 있다.

2.7.2 생애주기비용 (Life Cycle Cost : 이하 LCC라 함)

시설물을 건설하여 이용하기 위해서는 계획 · 설계 · 시공 · 유지보수 및 폐기처분에 이르는 각각의 단계에서 비용이 발생한다. LCC라는 것은 시설물의 계획 단계에서부터 폐기처분 시까지의 모든 비용, 즉, 계획 · 설계비, 시공비, 유지보수비, 폐기물 처분 비용을 합한 것으로 시설물의 생애전반에 필요한 모든 비용을 의미한다. 건설사업에 있어서 예상되는 총 기대비용의 경제적 효율을 높이기 위해서는 시설물의 수명주기 전체를 통한 비용관리가 필요하고, 이와 같이 총 기대비용을 고려하여 투자에 대한 경제성 평가를 하는 방법을 생애주기비용분석(Life-Cycle Cost Analysis: 이하 LCCA라 함)이라고 한다. 또한, 건설분야에 있어서 LCCA란 시설구조물의 건설에 있어서 하나의 내안 또는 복수의 대란에 대해 최적대안을 결정히기 위헤 경제적 주기(economic life cycle)에 걸쳐서 발생하는 비용항목을 체계적으로 결정하고 구조물의 결제수명 범위 내에서 발생하는 각 대안(alternatives)의 비용을 일정한 기준을 정하여 등가환산한 값으로 각 대안들에 대한 경제성을 평가하는 방법으로 정의할 수 있다.

2.7.3 LCC 관련 최근 연구 및 실무 동향

LCCA은 미국에서 개발된 것으로 VE(Value Engineering : **가치공학**)으로부터 발전한 기법이다. 1960년대에 LCC라는 용어가 처음 사용되기 시작하였고, 1964년에 국방성에서 '동일기능의 최저 가격'이라는 원칙에 따라 항공기의 타이어 조달에 LCC계약을 시범적으로 적용하였다. LCC해석과 관련된 기본 개념은 매우 단순하며 새로운 것이 아니다. LCC분석은 건설시스템에 대한 선택대안중 비용효율적인 방안에 대한 의사결정을 위해서 다양한 시설물에 적용되어 왔다. 비용효율적인 방안에 대한 의사결정을 위하여 최근 미국, 유럽을 중심으로 이러한 LCC를 응용하는 경우가 점점 늘고 있다.

최근 일본 교토에서 개최된 저명한 학술대회인 제7차 구조안전도 및 신뢰성학회인 ICOSSAR'97에서는 LCC가 시설물 설계 및 유지관리 분야에서 미래의 중요한 이슈가 될 것으로 보고 이에 대한 깊은 토의가 있기도 하였다. 이와 같이, 선진국을 중심으로 이러한 LCC개념이 시설물의 LCC 특히, 시설물의 설계 및 유지관리 분야에서 상당히 중요한 주제로 대두되고 있다. 체계적으로 정리된 비용데이타, 시공의 다양성, 비용과 관련된 다양한 변수 등으로 인하여 문제점은 많이 내포하고 있지만, LCC해석은 아직까지도 매우 중요한 접근법임이 인식되고 있다. 최근에는 미국 National Science Foundation과 National Research Council의 연구비 지원하에 국내에서도 건설교통부와 시설안전기술공단을 중심으로 LCC의 분석기법에 대한 연구가 활발히 진행중에 있다.

미국 1991 US Intermodal Surface Transportation Efficienct Act(ISTEA)는 교량, 터널, 포장과 같은 시설물의 설계 및 유지관리에 초기 비용 자체보다는 LCC 분석을 요구하고 있고, Federal Highway Administration(FHWA)의 지원 아래 개발된 현 Pontis 및 BRIDGIT과 같은 Bridge Management System(BMS)는 LCC개념을 고려하여 개발되었다. 유럽에서는 Leeming, Piringer, De Brito, Branco 등이 교량의 비용효율적 설계 및 유지관리를 위해 LCC도입을 시도하였다. 또한 도로포장에 대한 LCC응용이 미국의 Smith, Walls, Goldbaum을 중심으로 활발하게 연구중이다.

시설물 설계측면에서 재료선택에 대한 연구에 있어서 Ehlen 및 Marshall은 고성능 콘크리트 복합재료를 Goodwin과 Weyers는 고성능도장재료를 Jobes는 무도장강재에 대한 활발한 연구를 하고 있고 최근 Ehlen은 BridgeLCC 1.0이라는 교량의 LCC분석을 위한 프로그램을 개발하

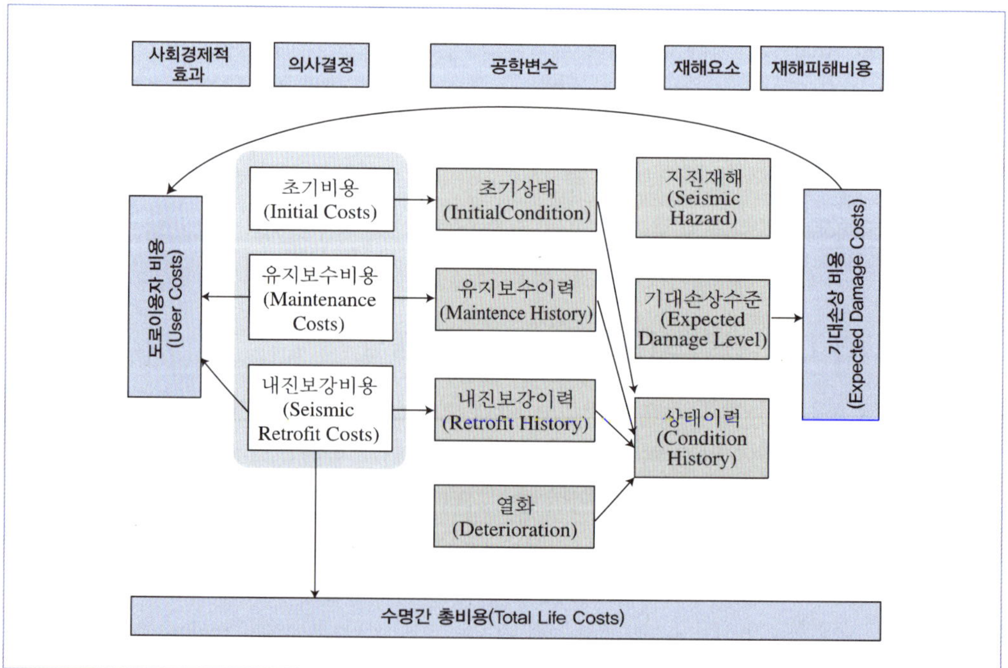

[그림 2.7.1] 지진재해하중을 고려한 시설물의 LCC분석시 고려사항

여 그 적용 사례로 재래적인 철근콘크리트덱과 FRP덱의 LCC를 서로 비교하는 연구를 하기도 하였다.

LCC해석과 관련된 문제점 중 중요한 한 가지는 바로 지진 등과 같은 미래에 발생할지도 모르는 자연재해하중에 대한 보수, 보강 비용과 관련된 사항이다. 이러한 문제는 현재의 LCC해석에 명확하게 잘 반영된 사례는 없지만 최근 이러한 분야에 대한 연구가 진행되고 있다. 그 중 Chang, Shinozuka은 다음 [그림 2.7.1]과 같은 지진재해하중을 고려한 시설물의 LCC분석을 위해서 고려해야 할 사항들을 표현하기도 했다.

LCC개념을 도입한 신뢰성 해석 기법을 이용하여 구조물의 최적 LCC설계와 교량성능향상의 최적 수준 결정을 위한 연구가 진행되고 있으며, Ang, Wen, Kang 등은 빌딩구조물에 대한 내진신뢰성에 기초한 LCC분석 모델을 연구한 바 있다. 이러한 연구는 국내에서도 조효남 등에 의해 교량에 대한 내진신뢰성에 기초한 LCC분석 모델이 연구된 바 있다. Frangopol 등은 노후 구조물의 LCC에 기초한 최적유지관리 기법 모형을 개발한 바 있으며, 신뢰성과 최적화 기법에 기초하여 RC교량의 상부구조의 LCC 최적설계 개념 및 방법을 제안한 바 있다. Koskito, Ellingwood는 신뢰성에 기초하여 공장가공 구조물의 전 공용기간동안 LCC를 최소화하는 모델을 연구한 바 있다. 또한 한국에서도 이러한 LCC분석기법에 대한 관심이 고조되고 있는데, 시설물에 대한 LCC 의사결정기법에 대해 최근 시설안전기술공단에서도 연구중이며, 고속철도 강교 활용화를 위한 한국강구조학회의 최근 연구, 그리고 최적 내진설계 및 내진성능 개선을 위한 연구가 있다.

2.7.4 교량의 Life Cycle Cost 평가시 주요 고려사항

시설물 설계 대안에 대한 경제성을 정확하게 분석하기 위해서는 계획, 설계, 시공, 유지관리, 보수·보강, 철거 후 재활용, 재건설에 따른 간접비용의 효과, 교량의 파손/붕괴에 의한 손상비용 등의 산정에 이르기까지 제반비용을 모두 고려하여 교량의 수명기간 동안의 총 LCC를 산출하여야만 가능하다.

구조물 수명기간의 LCC는 시공기간뿐만 아니라 구조물의 공용기간을 포함하는 총 수명기간 중 그 기능과 안전도를 확보하기 위해 소요되는 총비용을 말한다. 따라서 LCC 평가를 바탕으로 한 경제성분석을 위해서는 초기건설비용뿐만 아니라 공용중에 소요되는 비정기 및 정기적으로 소요되는 안전진단비, 보수·보강비 등을 포함하는 유지관리비용을 고려하여야 하며, 또 수명이 다한 후 주요구조부재 또는 구조물 전체의 교체비용 및 재활용에 따른 이익 등도 고려하는 종합적인 비용요소에 대한 분류와 평가가 있어야 한다. 다음은 이러한 LCC분석시 주요 고려사항을 간략히 기술하였다.

(1) 설계수명(Design Life)

LC분석을 수행하는데 있어서 반드시 수반되어야 할 첫 번째 작업은 구조물 사용동안에 축적되는 발생비용을 분석하기 위한 구조물의 구성 요소에 대한 수명의 결정이라고 할 수 있다. 이러한 구성요소의 수명은 해당 요소에 대해 유지관리, 보수·보강 라이프사이클(Life Cycle), 유지관리비용 및 보수 보강비용이 각각 합리적으로 반영되어야 하는데, 요소의 수명은 과거 유지관리 데이터의 축적과 전문가의 판단에 기초할 수밖에 없다, 즉, 전체시설물의 영구치않은 수명을 실질적으로 고려하여야 한다는 것이다. 예를 들어 도로구조물의 전체가 아닌 교량의 거더와 같은 주부재의 수명은 50년 이상으로 고려될 것이나 덱(Deck)에서 포장의 사용수명은 거더수명보다 작은 10~15년 정도에 그칠 것이다. [표 2.7.1]은 개선된 기술을 교량에 대해 Nishkawa(1997)가 최신 유지관리 무필요 고성능 강교량과 재래적인 강교량의 LCC 해석을 위해 시산조건으로 사용하였던 구조물의 각 구성요소별 기대 수명을 나타내고 있다.

[표 2.7.1]에서 특히 주목할 부분은, 일반적인 강교량에서 사용되고 있는 염화계 고무도료의 기대수명이 15년인 것에 반하여 아연도금으로 도장된 경우의 수명은 재래적인 도장수명보다 무려 8배 이상의 수명을 갖는다는 것이다. 또, PSC바닥판으로 설계 및 시공되는 경우 수명이 40년 정도인 바닥판이 PSC바닥판으로 교체할 경우 50년 정도인 것에 비하여 개선된 기술이 도입된 교량에 대해서는 약 200년 정도로까지 기대할 수 있다는 것이다, 즉 어떠한 방법에 의해 시공 및 유지관리 되는가에 따라 설계수명은 달라질 수 있음을 의미한다.

[표 2.7.1] LCC의 시산조건(Nishkawa, 1997)

구분	교량 구성별 교체 사이클			
	기존 강교량		개선된 기술을 도입한 강교량	
도장(도막)	염화계 고무도료	15년	아연도금	130년
도 체	염화계 고무도료	15년	아연용사	70년
바 닥 판	RC 바닥판	40년	PC 바닥판	200년
상판보수	부분보수 건설후 20년	20년	이음부 보수	50년
받 침	강재받침	30년	고무받침	100년
신축장치	종래사양	10년	최소비용 유지관리교량	20년
포 장	보통 아스팔트	10년	개량 아스팔트	10년
방 수 층	시트방수(포장 사이클)	10년	시트방수(포장 사이클)	15년
방수층 갱신	도막방수(포장 사이클)	10년	도막방수(포장 사이클)	15년

(2) 할인율(Discount Rate)

화폐의 가치는 시간의 흐름에 따라 달라지기 때문에 경제성을 분석하기 위해 수입과 지출에서 발생되는 모든 금액을 일정한 기준시점의 화폐가치로 환산하여야 한다. 일정 시점의 금액을 기준 시점의 화폐가치로 환산하기 위해서 할인율(割引率)을 사용하게 된다. 즉 할인율은 미래의 화폐가치를 현재의 통화가치로 변환시키기 위한 방법이다. 이 할인율에 인플레이션은 고려하지 않아야 한다. 할인율을 적용하여 미래의 비용을 현재의 비용으로 환산하는 현가분석식은 다음과 같다.

$$PV = \sum_{n=1}^{k} \frac{C_n}{(1+i)^n} = \frac{C_1}{(1+i)^1} + \frac{C_2}{(1+i)^2} + \frac{C_3}{(1+i)^3} + \cdots + \frac{C_k}{(1+i)^k} \tag{2.7.1}$$

여기서, PV = 미래의 발생하는 현재가치

C = n년 후에 발생하는 비용

i = 할인율

k = Life Cycle고려시 설계수명

[그림 2.7.2]는 시간에 따른 현재의 비용가치와 할인율과의 관계를 나타낸 것이고 [표 2.7.2]는 여러 국가들의 실질할인율(Tilly, 1996)을 나타낸 것이다.

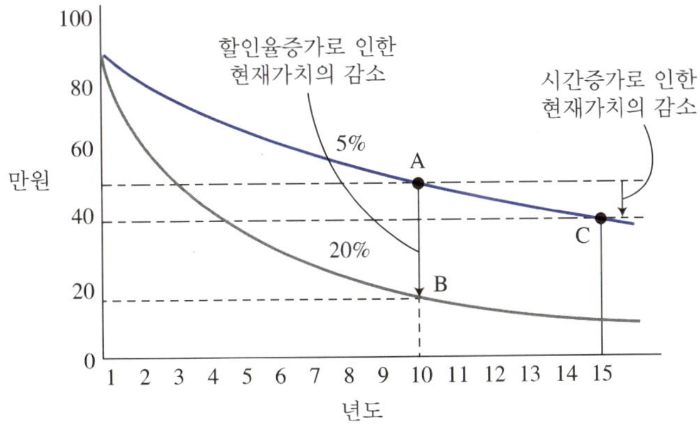

[그림 2.7.2] 시간에 따른 현재의 비용가치와 할인율과의 관계

[표 2.7.2] 여러 국가들의 실질할인율(Tilly, 1996)

국가	영국(%)	독일	스위스	대부분 개발도상국
실질할인율	5 ~ 8	3	2	6 ~ 8

영국의 경우를 보면 타국가에 비하여 상당히 높은 할인율을 적용한 것을 알 수 있다. 영국내 소비율이 매우 높았던 90년대 초반에 공공소비율을 억제하기 위하여 할인율이 상대적으로 높게 적용된 사례를 나타내는 것으로, 이는 할인율이 국내경제사정에 따라 적절하게 변형되어 적용될 수 있음을 의미한다.

도로설계시 도로시스템의 중요도 및 기대 공용연수에 따라 할인율을 다르게 적용할 수 있다. 즉, 공용 기간이 짧은 시설물은 높은 할인율을 적용시키고, 긴 기대 공용기간이 필요한 주요 도로는 LCC 분석시 낮은 할인율을 적용하는 것이 일반적이다. 즉 국가 공공시설물이라 해서 일률적으로 적용해서는 안되며 주요 구조물이고 기대공용수명이 긴 구조물일수록 낮은 할인율을 적용하는 것이 바람직하다(Tilly, 1997). 예를 들어 할인율이 낮다며 미래비용에 대해 큰 의미를 갖게 되나, 할인율이 높다면 큰 의미를 갖지 못하게 된다. 할인율이 비교적 높은 경우(5% 이상)는 30~40년 후의 비용은 현재의 통화가치로 환산하였을 경우 거의 영향을 주지 않지만 할인율이 낮으면 100년 뒤에도 지속적으로 비용의 효과가 변함을 알 수 있다. 따라서 할인율은 유지보수비, 재건설비 등과 같은 시공후의 미래비용에 대해 고량의 중요도 및 기대공용연수에 따라 큰 영향을 끼칠 수 있다.

(3) LCC 비용항목

건설분야에서 공사에서 소요되는 비용은 공사의 규모와 특성에 의존하므로 그 영향요소를 보다 합리적으로 고려하여야 하는데, Piringer(1993)는 건설공사에서 고려될 수 있는 비용요소를 개략적으로 [표 2.7.3]과 같이 요약하였다.

[표 2.7.3] 건설공사에서 고려할 총비용항목

비용 항목	비용요소	비고
초기 비용	· 제작비, 운송비, 가설비	· 건설기간동안의 비용
정기안전점검 비용	· 연간소요비용(정기점검비용) · 5~7년 간격으로 발생되는 비용(특별점검비용) · 부식방지 재설비 비용	· 소규모 보수 · 보수작업을 포함하는 주요 정밀검사비용
비정기 보강·보수 비용	· 노면파손 및 노후에 따른 재포장 · 재료파손, 내구성저하, 피로손상 보수/보강, 부식 및 동결융해, 완공후 발생하는 사고	
수정된 요구에 따른 비용요소	· 보강, 확폭, 감소	
해체 비용	· 해체비, 운송비, 해체후 최종처리비	· 환경처리비 등
간접 비용	· 시간지연에 따른 시간지연 손실비용 · 시간지연에 따른 차량운행 손실비용	· 지연시간 산정 · 구간별 1일 수송수요 · 이용자 1인당 시간가치
재활용 비용	· 재료의 재활용비용	

2.7.5 LCC를 고려한 교량의 최소비용 유지관리

교량의 경제성을 분석하기 위해서는 초기 건설비용뿐만 아니라 장래의 유지관리비용, 보수비용, 공용기간 이후 철거 및 재건설에 따른 간접비용을 고려해야 보다 합리적인 경제성 평가를 할 수 있을 것으로 판단된다.

교량의 경제성을 효과적으로 분석하기 위한 최근 연구의 한 예로서 Ehlen/Marshall(1996)의 LCC함수를 아래에 제시하였다.

$$PVLCC = IC + PVOMR + PVD \tag{2.7.2}$$

여기서, $PVLCC$ = 현대까지의 총기대비용

IC = 초기 비용

$PVOMR$ = 유지보수비용

PVD =파괴비용

(1) 초기비용, IC

초기비용은 교량의 건설을 위한 계획단계부터 건설완료에까지 소요되는 모든 비용을 포함한다. 초기비용은 총 기대비용 중 유지보수비용이나 파괴비용에 비해 상당히 큰비용이 소요된다.

초기비용에 포함하는 항목으로는 조사비용, 설계비용 그리고 시공비용, 이렇게 세 가지 범주로 나눈다. 세 가지 범주로 구분된 초기비용의 항목 중에서 가장 큰 비용을 차지하는 항목은 시공비용으로 초기비용의 대부분이 이 시공비용의 항목으로 구성된다.

(2) 유지보수비용, PVOMR

유지보수비용은 교량의 건설이 완료된 이후에 보수에 사용되는 비용으로써 시설물의 공용중에 소요되는 비용이다. 이 비용의 항목으로는 시설물의 각 부분에 해당되는 유지보수비용 뿐만 아니라 보수 작업으로 인해 발생되는 일련의 비용까지도 포함한다.

유지보수비용의 항목에는 여러 가지가 있으나 여기서는 유지보수비용에서 가장 중요한 항목인 운행지연비용, 차량운행비용 그리고 사고비용에 대한 항목에 대해서 설명을 하였다.

① 운행지연비용

운행지연비용이란 보수작업으로 인해 차량의 운행이 지연됨으로써 운전자의 시간에 대해 발생되는 비용이다. 운행비용에 대한 정식화를 식 (2.7.3)과 같이 하였다.

$$\text{운행지연비용} = \left(\frac{L}{S_a} - \frac{L}{S_n}\right) \times ADT \times N \times w \tag{2.7.3}$$

여기서, L = 영향받는 도로의 길이(km)

S_a = 보수공사기간동안의 교통속도(km/hr)

S_n = 정상상태의 교통속도(km/hr)

ADT = 평균일일교통량

N = 공사기간(Day)

w = 운전자의 시간가치

② 차량운행비용

차량운행비용은 보수작업으로 인해 차량의 운행이 지연됨으로써 차량의 운행에 관련된 비용으로써 이에 대한 정식화는 아래 식 (2.7.4)와 같다.

$$\text{차량운행비용} = \left(\frac{L}{S_a} - \frac{L}{S_n}\right) \times ADT \times r \tag{2.7.4}$$

여기서, L = 영향받는 도로의 길이(km)

S_a = 보수공사기간동안의 교통속도(km/hr)

S_n = 정상상태의 교통속도(km/hr)

ADT = 평균일일교통량

N = 공사기간(Day)

r = 차량의 운행비용의 가중평균

③ **사고비용**

사고비용은 교량의 공용 중 보수작업으로 인해 발생하는 사고로 인해 소요되는 비용으로 이 비용에 대한 정식화는 아래 식 (2.7.5)와 같다.

$$사고비용 = L \times ADT \times N \times (A_a - A_n) \times C_a \tag{2.7.5}$$

여기서, L = 영향받는 도로의 길이(km)

A_a = 보수공사 중 사고율

A_n = 정상상태의 사고율

ADT = 평균일일교통량

N = 공사기간(Day)

C_a = 사고당비용

(3) 파괴비용, PVD

파괴비용은 교량의 수명이 다한 후 해체비용과 주요구조부재 또는 구조물 전체의 교체비용 및 재활용에 따른 이익 등도 고려하는 종합적인 비용이다. 그러나 주요구조부재 또는 구조물 전체의 교체비용 및 재활용에 따른 이익은 제외하고 파괴비용의 항목으로 교량의 각 부분에 대한 철거비용과 폐기물처리비용을 파괴비용의 항목으로 하였다.

2.7.6 LCC와 교량의 성능과의 관계

LCC에 의한 경제성 평가는 교량 성능과의 관계로부터 규명하여야 한다. 즉 교량의 고체비용과 유지관리에서의 성능 향상과의 관계에 대해 조사할 필요가 있다, 퍼스널컴퓨터나 자동차는 매년 그 비용에 비해 성능(비용 대 효과) 향상이 두드러지는 공업제품으로써 적당한 내용연수를 설정하고 지속적으로 갱신해 나가는 것이 비용 절감효과가 있으므로 이들 제품에 대해서는 꾸준히 유지관리를 수행한다.

이것에 비해 교량의 경우에, 교량을 보수하지 않고 방치해 두는 경우 50년 정도의 수명을 가진다고 가정해 보더라도 퍼스널컴퓨터나 자동차와는 달리 50년후의 미래의 교통상황을 예측하기란 매우 어렵다. 따라서 최적의 유지관리를 위해서는 교량 건설시에 교량의 성능을 향상시키는 것은 물론 유지관리 비용을 최소화하면서 교량의 수명은 연장시키는 노력을 해야 한다.

[그림 2.7.3]에 이러한 성능과 교량의 비용사이의 최적설계점이 선정되는 개념을 보여주고 있다. 즉, 증가곡선은 설계수준에 따른 초기비용의 증가를 보여주고 있고 반면에 감소곡선은

설계수준에 따른 유지관리비용을 의미한다. 이들을 합하면 그림에서 보는 바와 같은 아래로 볼록한 곡선을 얻을 수 있는데 바로 이 곡선의 아래 점이 최적 설계 수준이 된다. 이러한 LCC에 입각한 다양한 대상구조물의 최적설계 기법에 대해서 현재 여러 연구자들에 의해 연구가 진행 중에 있다.

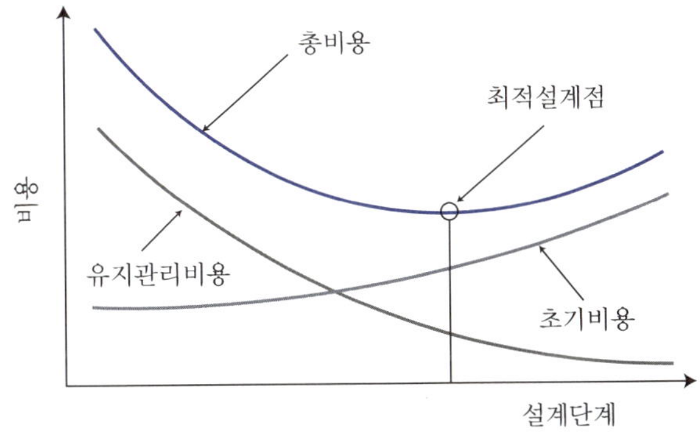

[그림 2.7.3] Life Cycle Cost를 고려한 최적설계수준

2.8 교량의 미관설계

교량은 주위경관의 한 요소를 이루게 되므로 교량은 구조적인 관점과 주위환경의 한 요소로서 함께 설계되어야 한다. 그렇지만 교량미관에 대한 관점은 종종 독자적일 수 있으며 교량은 조형미가 뛰어나게 설계됐더라도 주변환경과 잘 어울리지 않을 수도 있다. 따라서 주변환경과의 조화를 위해서 구조적인 장점을 상쇄시킬 수도 있으며 종종 주변과의 조화에 대하여 간과되는 경우도 많았다. 또한 제안된 설계의 미관은 여러 각도에서 평가되어야 한다. 이러한 미관설계를 위하여 최근에는 BIM이 활용되고 있다. 앞에서 언급한 바와 같이 교량이 "어떻게 보이는가"에 따른 교량의 미관을 중시하여야 한다. 교량은 가장 중요한 관측점에 대하여 경관설계하고 조형미가 달성되도록 계획하여야 한다.

2.8.1 교량의 미적요소

(1) 구조형식과 조형미

조형미상으로 성공적인 교량은 효율성·조화성·예술적인 형태 등으로 특정 지을 수 있다. 교량의 효율성은 교량이 조형미와 기술적인 문제를 잘 조화시켰을 때 획득된다. 우리가 감지하는 교량의 아름다움은 교량에 대하여 친밀감이 들고 사용재료와 교량의 아름다움이 잘 조화 되어 있을 때 느끼게 된다, 로마시대로부터 현재에 이르기까지 교량의 아름다움은 사용재료의 효과적인 활용과 직결되어 왔다. 구조물의 기능은 교량미관설계의 기초적인 평가요소가 되고 있는데, 이러한 점은 예술가와 공학기술자 간의 뚜렷한 차이점이라 할 수 있다.

교량의 미관관점에서 효율성·기능성은 [그림 2.8.1]과 같이 대별될 수 있다. [그림 2.8.1(a)]의 교량은 부재의 두께가 얇고 경사교각을 갖은 프레임으로서 [그림 2.8.1(b)] 교량과 비교할 때 교대부와 거더에 대하여 콘크리트 재료를 적게 사용하고 있다, 즉 교량으로서 동일역할을 수행하나 사용재료측면에서 경제성의 차이를 보이고 있다. [그림 2.8.1(b)] 교량은 육중하고 무거워 보여 구조물의 효율성이 떨어지고 있다.

[그림 2.8.1] (a) 효율적인 교량 (b) 비효율적인 교량

효과적인 구조물인지의 판정요소로서 구조물의 투명성과 날씬함(slenderness), 즉 두께가 두껍지 않고 얇은 형태의 여부가 중요 요소가 될 수 있다. 어떠한 교량은 육중한 벽체와 같이 보여 교량의 투명성이 떨어질 수도 있다. 그리고 교량의 높이가 낮은 경우 교량의 투명성, 즉 하부공간의 트임성이 상판의 보높이와 관계될 수 있다. 그러나 일반적으로 교량의 투명성은 교각의 수효와 단면의 폭과 관계되게 된다[그림 2.8.2]. 따라서 이러한 문제는 가능한 한 교각의 단면을 작게 하여 해결하는데, 이는 경간장이 짧은 경우에는 더욱 중요하다.

[그림 2.8.2] (a) 폭이 넓은 쌍둥이 교각으로 투명성 감소 (b) 1주형 교각사용으로 투명성 확보

교량하부공간의 확보, 즉 투명성확보는 가능한 한 교각을 지점에 1개씩 배치하고 1주형기둥으로 계획하여 확보할 수 있으나 횡방향 안정성이 떨어져 종종 불안해 보일 수도 있다. 구형단면의 기둥은 투명성과 안정감을 확보하는 데 유리할 수 있다. 교량 상부구조폭 B가 12 m 이하

인 경우에는 1주형교각으로 계획하는 데 문제가 없으며 보통 상판폭 B와 교각단면폭 b의 비 (B/b)는 3 : 1~3.5 : 1 정도가 적당하다. 교량 상판의 B가 12 m 이상이더라도 상부구조의 단면이 단일단면으로 계획되는 경우 교각높이에 관계없이 사용될 수도 있다. 이러한 교량의 B/b는 3.5 : 1 ~ 4.0 : 1 정도까지 확대될 수 있다.

2주형, 즉 한 지점에 2개의 교각배치방식은 교량의 높이가 낮고 상판폭 B가 12 m 이상인 교량에 종종 사용되는데, 이때 교각의 단면은 중심단면으로서 원형, 또는 다각형 단면이 주로 사용된다. 횡방향 배치간격은 상부구조의 모멘트를 고려하여 계획한다. 1지점에 2개 이상의 교각을 사용하는 경우는 하부공간이 폐쇄되어 투명성이 떨어지므로 가능한 한 사용하지 않도록 한다. 프레임형 2주형교각은 경간장이 길고 교각의 수효가 작을 때 적합한 형태가 될 수 있다. 교량하부공간의 투명성은 교량경간부를 분석함으로써 문제해결의 실마리를 마련할 수 있을 것이다.

교량의 날씬함은 상부구조형식과 관계된다. 교량의 유효 날씬함 지수λ는 경간장과 교량의 형고, 즉 거더높이비로서 정의된다. 종종 λ는 교량의 결제성평가 지수로도 이용된다. 가장 경제적인 상부구조 형식의 λ는 15~17 사이이나 λ를 30까지 적용 가능하다. 단 λ를 너무 큰 값으로 채용하면 교량의 비용은 상당량 증가하게 된다. 그러나 λ는 교량의 전체에 대한 가시적인 날씬함에 대한 신뢰할 수 있는 척도라 할 수는 없고 상부구조의 날씬함 지수라고 할 수 있다. 가시적인 교량의 날씬함은 교량의 연장에 대한 상부구조의 감지 규모로서 조화가 깨어져 보이지 않는 외형을 의미한다. 교량을 투시하는 위치에 따라서 규모는 보의 높이와 폭에 대한 감각이 달라질 수 있다[그림 2.8.2]. 따라서 교량의 경간장은 육안으로 느끼는 날씬함에 중요한 영향을 미치게 된다. 또한 상부구조의 연속이 교각으로 인하여 깨뜨려지지 않아야 한다.

상부구조의 두께는 교량의 높이가 낮을 경우 중요 요소가 된다. 또한 교량의 길이가 짧고 높이가 높은 교량에서 역시 지배인자가 될 수 있다. 교량의 길이가 길고 높이가 큰 교량은 형고에 관계없이 멀리서 보게 되면 날씬해 보이는 것이 일반적이다. 상판의 높이는 폭이 넓고 긴 캔틸레버를 적용하여 줄일 수 있는데 이렇게 처리하는 경우 상판의 캔틸레버로 인한 음영이 복부에 드리워져 상부구조의 길이를 길게 보이게 하고 높이를 감소시키는 효과를 줄 수 있다. 예를 들어 경간장이 긴 3경간 교량에 있어서의 가시적인 날씬함은 중앙경간에 헌치를 두고 양쪽경간의 상판에는 테이퍼 처리하여 향상될 수 있다. 헌치가 설치된 강재 프레임 구조는 단일경간교의 경우 교량의 높이가 낮은 개소에 적합하다. 이러한 경우 λ가 25 정도 되면 매우 둔해 보이게 된다. 교량의 상판 높이와 교량의 높이의 상호작용을 고려해야 하며, 교량의 투명과 날씬함은 교량의 높이와 보 높이비가 4 : 1보다 크게 확보되지 않으면 획득되지 않는다.

교량의 높이가 높은 교량에 있어서의 상부구조의 폭원은 가시적인 날씬함에 영향을 주게 다. 교축에서 약간의 각도를 갖고 상방향으로 시각을 두는 지점, 즉 한계초점에서 보면 교량의 하부는 거의 폐합되어 보일 수 있다. 차선으로 교량의 폭원은 정해지게 된다. 교량의 단면계획을 통하여 교폭의 영향을 줄일 수 있으며, 1연박스거더에 폭이 넓은 상판캔틸레버를 두는 것도 한 가지 방법이 된다.

조화나 하모니는 교량구성요소간의 어우러짐을 의미한다. 교량에 있어서의 조화는 외형적인

가시적 수단과 기술적인 수단으로 성취될 수 있다. 가시적인 방법은 대칭성 · 규칙성 · 배열과 정돈성 등이며 기술적인 방법은 교량의 각 부재의 구조적인 기능을 명확하게 처리하는 방법이다.

우리가 교량을 보고 느낄 수 있는 하모니는 교량의 효율성과 기능성에 대한 인식으로 볼 수 있다. 어떠한 교량이 조화가 있다고 느낄 수 있다는 것은 교량의 계획에 최소의 노력과 재료의 사용으로 친근감이 발생되는 것을 의미한다. 교량이 조화된 균형을 이루고 안정감이 있어 보이면 이는 교량이 응력적으로 유리한 상태이고 안정평형의 상태에 있게 마련이다. 대체로 대칭 구조형식은 로마시대 이후로부터 오늘에 이르기까지 이러한 관점에서 교량의 조형미에 유리한 형태에 속한다.

교량의 각 부분의 정열성이나 규칙성은 1차원요소로 평가될 수 있다. 교량의 부재는 어떠한 방향성이나 완만한 곡선을 형성하고자 하는 목적 외에 다른 방향이나 각도로 배치해서는 안된다. 서로 다른 각도와 방향으로 부재를 배치하면 특정각도에서 보면 안정감이 깨지고 무질서하게 보이게 되기 때문이다. 쌍둥이 교량의 경우에는 가능한 한 평행으로 배치하고 동일한 상부구조형식을 취하는 것이 좋으며 가장 중요한 지점에서 볼 때 하나의 교량으로 보일 수 있도록 처리한다면 더욱 좋다.

교량의 안정성 · 사용성 · 경제성의 추구만으로는 아름다운 교량이 될 수 없다. 교량의 아름다움은 예술적인 형상화를 통하여 향상될 수 있으며, 이러한 노력에는 추가적인 비용이 요구되는 것이 보통이다. 구조의 역학적인 흐름을 무시한 설계는 교량의 조형미에 도움이 되지 않으며 구조적인 측면에서도 불리한 결과를 초래하게 된다. 또한 예술적인 자질을 이용하여 부재에 대한 조형미 추구와 약간의 장식처리로 매력적인 교량을 계획할 수도 있다.

(2) 교량의 형태미와 구도

교량의 미관을 논할 때는 구조공학적으로 타당하게 설계된 교량을 대상으로 하여 대상교량을 보는 방법에 관한 기본계념이 필요하다. 교량의 미는 교량자체가 가지고 있는 형태와 교량을 보는 차이저의 인식과 밀접한 관계가 있다. 이 때문에 교량미학(bridge aesthetics)에서는 교량미를 교량의 형태미(proportion)와 구도(composition)의 두 요소로 구성된 것으로 본다.

교량의 형태미란 동일대상 또는 동일공간에 있는 상이한 크기(dimension) 사이의 관계, 즉 보의 높이와 폭의 비, 아치의 높이(rise)와 지간의 비, 3경간 연속교의 측경간장과 중앙경간장의 비 등을 나타내는 개념이다. 즉 형태미라는 것은 대상교량을 바라보는 시점의 위치에 따라 변하지 않는 고정의 고유미를 말한다.

한편 구도라는 것은 서로 상이한 대상 사이 또는 상이한 공간 사이와 대상을 보는 위지 사이의 관계를 나타내는 개념이다. 따라서 이 개념은 고유의 형태미와는 다르게 대상에 대한 시점위치에 따라 변하는 개념이다. 즉 동일한 형태미를 가진 교량이라도 시점위치와 시선방향(視軸)에 따라 교량을 보는 방법이 크게 달라진다.

일반적으로 대상교량의 경간을 평가할 때는 한정된 시점으로부터의 미를 중심으로 평가하기 때문에 교량과 같은 거대구조물에서는 구도의 개념이 매우 중요하다. 교량을 보는 방법을 규정하는 구도의 첫 번째 요인은 교량과 시점의 공간적 위치관계에 있다. 물론 계절 · 시각 · 기후

등 여러 변동요인들에 의해서도 교량의 경관은 다르게 느껴질 수 있지만. 이들 요인은 설계자나 감상자의 능력으로 조절할 수 없기 때문에 미학적인 관점에서는 제외할 수밖에 없다. 따라서 구도의 결정요소로는 수평시각 · 시거리 · 시선입체각 등이 있다. 이 요소들은 교량의 외관크기 · 외관 형태 · 부재의 재질감 · 교량과 주변 요소와의 관계, 즉 구도를 규정하는 것이다.

교량을 보는 방법을 규정하는 구도의 두 번째 요인으로는 시점장(視點場)의 상황과의 관계이다. 즉 동일한 크기와 외관을 가진 형태의 교량일지라도 교량을 보는 시점장의 성질에 따라 교량의 미관이 크게 달라진다. 시점이 이동할 때, 즉 움직이는 자동차 · 전철 · 선박 위에서 보거나 보행하면서 교량을 감상할 경우 교량의 표정이 어떻게 변화 될 것인가도 교량의 경관설계상 유의해야 할 점이다. 이러한 문제는 장대교량을 접속도로에서 접근하면서 보는 경우 또는 과도교나 과선교를 교차하면서 주행하는 경우에도 나타난다.

(3) 수평시각과 시거리

교량을 보는 수평시각과 교량까지의 거리는 [그림 2.8.3]과 같이 교량의 경관과 관련된 조망지점(view point)의 중요한 요소 중의 하나이다. 이중 수평시각(θ)의 크기는 인간시야와의 관계에 따라 경관상의 교량의 중량감을 결정함과 동시에 교량전체의 외관 및 교량경관에 대한 전체적인 줄거리를 규정지어 준다. 또한 교량까지의 시거리는 교량부재에 따른 구조질감(texture) 크기와의 관계이다. 보통 시거리에 관하여는 대상교량의 외관관계로부터 근경 · 중경 · 원경의 3 영역으로 구분된다.

- 근경영역 : 세부부재, 구조질감의 식별가능
- 중경영역 : 교량 각부의 세부 · 구조질감 등이 지나치게 의식되지 않음
- 원경영역 : 주부재만 인지되고, 세부는 식별 불가능

  수평시각 또는 시거리와 교량외관과의 관계를 확정적인 수치로 나타내기는 곤란하지만 인간의 시야와 대상 전체 사이에 대한 경험적인 자료로부터 정량적인 기준을 개략적으로 추측하면 다음과 같은 가설적 수치를 생각할 수 있다.

- 수평시각 $\theta \geq 60°$: 교량의 거더가 경관의 주제가 되고, 부재의 세부가 눈에 들어오기 쉽고 근경영역에 속하는 수평시각
- 수평시각 $60° > \theta \geq 10°$: 교량과 주변경관의 조화가 주제가 되고, 중경과 원경 사이의 영역에 속하는 수평시각
- 수평시각 $\theta < 10°$: 교량이 주변경관의 부가적인 대상이 되며, 주부재에 의한 교량전체 형상이 문제가 되고 세부는 거의 인식되지 않는 원경영역에 속하는 수평시각

  수평시각이 20° 이하가 되면 교량 전체를 덩어리로 파악하기 쉬운 영역이라 추측된다. 이 영역에서는 교량 전체의 형상이 한번에 파악될 수 있고, 이때 시점은 주부재에 의한 교량의 전체 형상 · 색 · 주변경관과의 조화가 문제가 되는 영역이다.

이상의 관점으로 볼 때 교량설계의 착안점이 시점의 위치에 따라 다르므로 이런 사항을 염두

에 둔 교량의 설계가 요망된다. 예를 들어 도시내 고가교의 경우에는 근시점에 의한 미적설계가 필요하다.

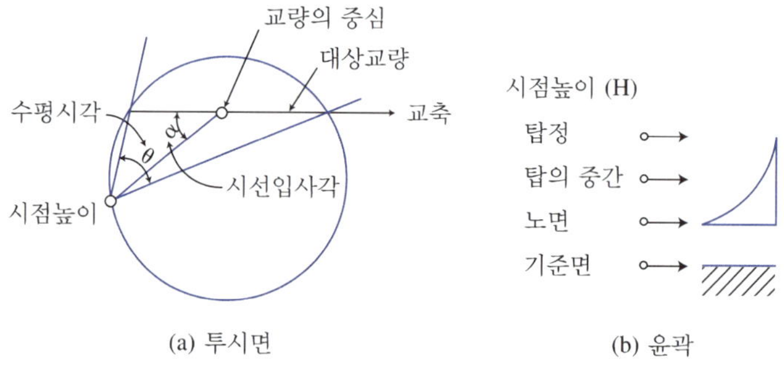

[그림 2.8.3] 교량시점의 위치와 교량과의 관계

(4) 시선입사각

교량경관은 주로 측면에서 보는 경관이지만 실제로는 여러 각도로 특히 사각으로 보게 되는 경우가 많다. 교량과 같이 긴 구조물은 교축방향과 시축이 이루는 각도인 시선입사각(α)이 교량의 외관형상에 큰 영향을 준다. 예를 들어 트러스교량에서는 트러스형상 및 부재의 외관 형상이 시선입사각의 변화에 따른 상부공의 형상미가 크게 변하지 않지만 교각의 형식이나 형상은 시선입사각의 영향을 강하게 받는다. 기둥식이나 벽식교각에서는 외관형상 변화가 심하다. 특히 도시내 고가교량의 경우에는 가까운 위치에서 교축방향으로 고가교 하부공간을 보는 경우가 많은데 이 경우 교각에 의한 시계 저해감이 생겨 마치 고가교가 높은 벽면과 같이 보이면서 폐쇄감을 느끼게 할 경우가 있다. 따라서 교각의 설계시 외관 방향성을 충분히 고려할 필요가 있다.

(5) 앙각과 부각

교량을 바라보는 시점의 높이(H)도 교량의 외관형상을 규정하는 주요한 요소 중의 하나이다. 동일한 교량을 보더라도 앙각(仰角)이나 부각(俯角)으로 보는 경우에 미적느낌은 매우 상이하다. 일반적으로 앙각의 경우에는 하늘을 배경으로 하여 교량을 봄으로써 동적(dynamic) 또는 상징적(symbolic)으로 보게 되는 경우가 많다. 동적인상은 그시점에서 교량을 사각방향으로 보는 경우에 더욱 강하게 나타난다. 근시점에서의 앙각은 경우에 따라 압도감을 주는 경우도 있다. 이상과 같은 인상은 시점이 높을 때 얇게 나타나고, 부각에서는 교량이 배경의 지물(地物)이어서 상징성이 약하게 된다. Martense가 시각심리학에 근거하여 제안한 앙각과 구조물의 관계는 다음과 같다.

- 앙각 $\theta > 30°$: 압박감이 강한 영역
- 앙각 $14° < \theta < 30°$: 압박감이 다소 있는 영역

- 앙각 $\theta < 14°$: 압박감이 없는 영역

특히 가로상의 고가교에서와 같이 가까운 거리에서 교량을 보는 경우가 많은 교량에서는 압박감을 고려한 외관설계 및 대책이 요망된다.

(6) 주변공간과 교량의 조화

교량의 조형비과 경관을 설계시 한번쯤은 제고해야 할 요소이다. 현장의 지형조건은 교량의 미관에 영향을 주는 중요요소이므로 교량의 기하구조 설계시 상관관계를 검토하여야 한다. 산의 사면에 육교가 설치되는 경우 등고선과의 완만한 조화를 이루어 산등성이의 선형과 균형을 이루도록 설계해야 한다.

주변의 경관을 구조형태에 반영시키도록 노력해야 한다. 주변의 현장여건이 평평하여 별다른 특징이 없는 곳에서는 교량의 형태가 강조되도록 계획할 수 있다. 강폭이 넓은 곳이나 깊은 계곡이 놓여 있는 구간을 통과하는 경우에는 구조물의 1개 중앙경간의 강조하여 교량을 부각시키는 것도 한 가지 방법이 된다. 농경지나 경작지에 위치하는 교량은 주변을 밀폐 또는 폐쇄시키지 않도록 유의한다. 그러나 도심지에서는 교량이 돋보여 주위경관의 포인트가 되게 설계하는 경우도 종종 있다. 앞에서는 주로 시점과 교량 사이의 관계로 생기는 시야 중에서 교량이 조화를 이루는 방법에 대하여 기술되어 있다. 그러나 여기서는 대상교량이 어떻게 조화를 이룰 것인가를 문제로 한다. 이 문제를 대별하면 다음과 같다.

- 교량의 하부구조와 지반을 접속시키는 문제
- 넓은 주변공간 속에 교량을 배치하는 문제

주변공간은 산지 · 평지 · 도시의 3종류로 분류되는데 이것은 매우 어려운 문제이지만 설계의 시초부터 교량이나 주변경관과 시각적 조화를 이루며 교량의 특징을 이끌어 낼 수 있도록 하는 것이 중요하다.

교대는 상부공으로부터의 반력을 양호한 지반에 확실하게 전달함과 동시에 교대배면 토압에 저항하면서 상부공과 지반 사이의 접속을 확보하는 기능을 가지고 있다. 경관의 관점에서 볼 때 주변환경과의 조화를 도모해야 한다. 따라서 하천의 교량 · 절토구간 · 도로상의 과도교 · 교장 · 교량규모 · 주변환경 · 교대의 크기 · 교대의 표면처리 · 교대 법면의 표면처리 등을 고려하여 교대의 미관을 설계해야 한다.

2.8.2 교량의 조형미와 경제성

구조형식을 약간 수정하여 교량을 아름답게 하고 전체 교량공사비에 영향을 줄 수도 있다. 교량의 미관과 재료의 효과적인 사용의 상관관계에 따라 공사비의 감소요인이 되기도 한다. 종종 구조물의 부재에 예술적인 조형미를 추가함으로써 공사비의 증가를 발생시키는 것도 사실이다. 교량의 경간장의 증가를 초래하지 않는 범위 내에서의 외형적인 외관 때문에 비롯되는 교

량의 수정은 대체적으로 전체공사비 2% 정도 이상으로 증가되지는 않는다.

그러나 교량의 경간장을 교량의 미관 때문에 늘려야 한다면 공사비 증가가 커질 것이다. 이런 경우에 하부공사비는 어느 정도 감소되겠으나 상부구조 공사비의 증가를 상쇄시키기는 어렵게 된다. 콘크리트 교량의 경우 최적 경간장은 짧은 것이 일반적이며 이로 인하여 조형미가 좋지 않다. 좀더 긴 경간장을 적용하면 교량의 투명성이 향상되고 기능미도 나아져 보이게 되고 전체적으로는 주위 미관과 조화가 향상되어 교량의 미관이 향상되게 된다. 따라서 최적 경간장보다 약간 길게 하는 것을 제안하며 교량의 주변을 강조하는 곳에서는 더욱 경간장을 늘릴 필요가 있다. 교량의 조형미와 주변 환경과 조화를 위한 목적으로 교량공사비가 7% 정도까지 증가되는 범위가 적당하다고 판단된다.

2.9 교량설계단계 및 설계발주방법

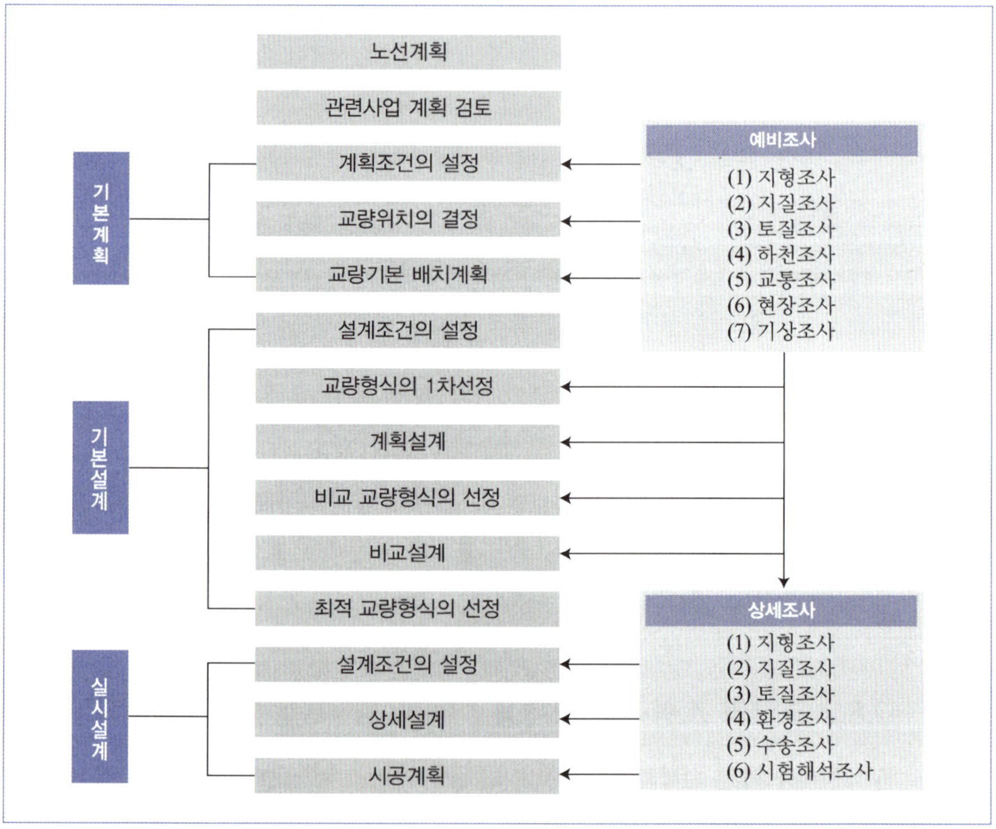

[그림 2.9.1] 교량 설계 흐름도

교량설계 과정은 기본계획단계(타당성 조사), 기본설계단계 및 실시설계(상세설계) 단계로 구분하여 진행된다. 발주자는 이들의 설계단계를 발주청의 방침에 따라 직영발주방법과 도급발주방법을 선정하여 발주하며, 도급발주 방식을 채택하는 경우가 일반적이다. 발주자가 이들의 설계 3단계를 발주하는 방법의 예는 다음과 같다.

① 타당성 조사, 기본설계, 실시설계 분리 발주
② 타당성 조사 후, 기본설계와 실시설계 동시 발주
③ 타당성 조사와 기본설계 후, 실시설계 별도 발주
④ 타당성 조사 후, 기본설계, 실시설계 및 시공 발주(Turn Key 방식)
⑤ 타당성 조사와 기본설계 후, 실시설계 및 시공을 발주(Turn Key 방식)

설계 발주방법이 발주자의 방침에 따라 결정되면 기본설계의 범위는 공사의 특성과 발주자의 의지에 따라 과업지시서 내용이 결정되며, 실시설계의 경우는 공사의 특성과 규모에 관계없이 성세설계의 범위와 수행절차는 유사하다. 어느 경우든 교량기술자는 기본계획, 기본설계, 실시설계의 3단계 순서를 따라 설계하는 것이 합리적이다. [그림 2.9.1]은 일반적인 교량설계 업무의 흐름을 나타낸 것이다.

2.10 교량설계 단계별 업무내용

2.10.1 타당성 조사(기본계획)

기본계획은 교량공사에 대한 사업비의 기본구상을 토대로 사업의 목표와 이를 위한 방법을 설정하여 경제적, 기술적 및 사회·환경적 타당성을 사전에 종합적으로 판단하여, 교량의 규모나 중요성, 교량가설위치의 조건 및 상태를 정확히 판단함으로써 교량건설 기간 중에 큰 변경 없이 합리적이고 경제적인 계획, 설계, 시공을 위한 목적으로 본 조사를 실시한다. 또한 교량시설물의 실현방법에 있어 여러 대안을 비교·검토하여 최적안을 선정하고 그에 대한 교량 기본계획을 수립하여 기본설계용역에 대한 기본이 되는 기술 자료를 작성하는 단계를 말한다.

타당성 조사는 교량의 계획단계에서 수행하는 것이 일반적이며, 교량가설을 위한 용지보상의 근거자료인 용지도 및 지장물 조서를 작성하여야 하고, 타당성 조사과정에서 사업비 추정을 위한 교량구조의 개략 설계를 실시하는데 그 내용은 다음과 같다.

(1) 설계기준 제안

① 도로의 종류 및 교량등급 제안
② 설계속도 및 교량의 폭원구성 제안
③ 교량의 설계방법과 내진설계 등급 제안

④ 계획홍수량, 계획홍수위, 다리밑공간 및 경간장 제안
⑤ 교량이 해상에 설치되는 경우는 조석(간만)의 차 및 설계파고 계산
⑥ 교량설계에 적용할 설계하중의 종류 및 크기 등을 제안

(2) 노선설계

① 노선대 설계 : 축척 1/50,000~1/25,000 지형도 상에서 후보 노선설계를 수행하고 최적노선을 결정
② 개략노선 설계 : 최적노선에 대하여 축척 1/5,000 지형도 상에서 개략적적인 노선설계를 계획하고 주요 교량을 계획하여 경제성 분석에 필요한 사업비 산출을 위한 설계도를 작성

(3) 타당성 조사시 교량설계

① 교량가설 위치에 적합한 실현 가능성이 있는 여러 계획안과 설계기준을 토대로 교량형식을 결정
② 최적 교량형식 (안)에 대한 안전성, 시공성, 내구성, 환경성, 유지관리성 등을 고려하여 사용재료를 선정하고 사용성 등을 고려한 경간구성 결정
③ 노선이 통과하는 시설물 또는 장애물 즉 도로, 철도, 하천 및 항로 등의 다리밑 공간을 결정 및 지하시설물이 교량의 교대 및 교각의 기초에 작용하는 하중의 영향을 고려한 경간구성으로 교량 개략 설계에 반영

2.10.2 기본설계

기본설계는 타당성 조사시 기본계획에서 제시된 교량가설위치, 교량 연장, 다리밑 공간, 경간장, 평면배치형태, 기초 및 상부구조 시공법 및 공사기간, 소요비용 등에 있어 일반적인 조사 및 분석, 비교·검토를 거쳐서 최적안을 선정하고 교량에 대하여 예비 설계를 수행하며 설계기준 및 조건 등 실시설계 용역에 필요한 기술 자료를 작성하는 단계를 말한다.

개략적인 구조물 일반도를 작성으로 개략 물량을 산출하여 교량형식 비교에 필요한 자료를 작성하는 교량형식 선정단계와 비교 대상 교량 중 최적 형식에 대한 비교 설계 단계로 나눌 수 있으며 이를 교량의 기본설계라고 한다. 기본설계 단계와 교량구조의 기본설계를 수행하는데 일반적인 내용은 다음과 같다.

2.10.2.1 교량계획 단계

(1) 교량형식

교량의 형식은 다음과 같은 요소의 장점과 단점을 비교 검토하여 경간, 상부구조, 하부구조 형식을 결정한다.

- **경 제 성** : 초기 건설공사비, 유지관리비, 내구년한 등의 적정성
- **시 공 성** : 지형, 민원, 가설조건 등
- **기 능 성** : 소음·진동의 최소화, 다리밑 공간 확보, 주행성
- **안 전 성**
- **미 관** : 교량자체의 조형미, 주변 경관과의 조화
- **유지관리 등**

① **경간구성**

(a) 사용재료 등을 고려하여 적정한 경간을 계획한다.

(b) 하상 또는 해저면까지 수심, 지형 등과 기초지반의 상태를 고려하여 지간을 계획한다.

(c) 계획홍수량 및 홍수위 등을 고려하여 적정한 경간을 계획하고 홍수시 교각 설치에 의한 수위 사승으로 제방에 미치는 영향이 최소화 되도록 한다.

(d) 도로, 철도, 선박의 항로 등의 교차시설이 갖는 시설한계 이상의 적정폭을 고려하여 경간을 계획한다.

(e) 지장물 및 기타 장애물을 고려하여 경간을 계획한다.

(f) 주변 경관과의 조화를 고려하여 경간 구성을 계획한다.

② **교량 상·하부 구조 계획**

(a) 하중의 종류, 크기, 하부구조에 미치는 영향 등을 고려하여 계획한다.

(b) 운전자의 승차감을 고려하여 가능하면 연속구조로 계획한다.

(c) 도로, 철도, 선박의 항로 등의 교차시설을 고려하여 적정한 다리밑 공간을 유지할 수 있도록 계획한다.

(d) 하부구조는 하천 흐름이니 선박의 항해에 방해가 되지 않도록 계획한다.

(e) 공사자재 및 장비 등의 운반 및 진입, 공사방법 등을 고려하여 적정한 구조 형식을 계획한다.

(2) 공법선정

(a) 계획교량의 규모, 위치 및 지형 지질, 동원가능 장비의 능력 및 수준, 가설 제작장 설치가능 여부, 공사 소요기간 및 가설장비 등을 비교 검토하여 계획한다.

(b) 주변시설 및 인근 주민에 미치는 소음, 진동과 교통의 혼잡을 최소화 할 수 있는 공법을 검토한다.

(c) 하천 또는 해상 공사중 토사유출 등으로 주변이 오염되지 않는 공법을 검토한다.

2.10.2.2 교량 기본설계 단계

교량 기본설계 단계에서는 타당성조사 단계에서 설정한 설계기준에 대하여 적정성을 연구·검토하여 실시설계에서 적용할 설계기준을 확정하고 이에 따라 설계를 수행하며 그 내용은 다음과 같다.

(1) 설계기준

(a) 설계속도, 소요차로, 폭원구성, 교량연장 등의 결정
(b) 교량설계방법과 내진설계 등급 결정
(c) 재현빈도에 따른 계획홍수량 및 계획홍수위 결정
(d) 하중의 종류, 크기, 규정
(e) 사용재료의 종류 및 특징(재질, 강도) 등의 규정
(f) 해상에 설치되는 경우 조수간만의 차, 설계파고 등의 결정
(g) 설계기준, 시방서, 설계지침, 편람 및 외국의 설계기준, 참고문헌 규정

(2) 교량 기본설계

(a) 조사 및 계획업무 결과로 주요 교량의 형식을 비교·검토하여 최적형식을 결정한다. 이 때 구조형식에 따라 구조물의 상부구조, 하부구조, 기초구조의 단면을 설정하고, 구조물의 안전성, 내구성, 사용성 등을 검토하여 설계한다.
(b) 주요 구조물에 대한 단면을 가정하고, 관련 설계기준 등에 규정된 해석방법으로 모델링하며 구조계산에 필요한 단면계수를 산출한다.
(c) 최대 단면력이 산출될 수 있도록 하중조합은 불리한 조건이 되도록 하고 재하위치를 결정한다.
(d) 설계방법에 따른 하중계수, 강도 감소계수 등을 적용한다.
(e) 시공방법 및 순서를 고려하여 구조계산을 수행하되 교량의 각 형식에 대한 대표적인 교량에 대하여 수행한다.
(f) 산출된 최대 단면력에 대한 안전성을 관련 설계기준에 근거하여 확인한다.
(g) 사장교, 현수교와 같은 특수교량은 풍하중 등에 따른 동적하중에 대한 구조물의 안전성이 검토되어야 한다.
(h) 구조계산을 위한 전산 프로그램은 반드시 검증된 것을 사용한다.
(i) 개략 구조계산에 따른 주요 구조물의 표준 단면도 및 표준 구조상세도를 작성한다.
(j) 기타사항

교량 기본설계시 설계자는 용역계약서, 과업지시서에 의해 과업내용을 충분히 파악하고 해당 과업에 대하여 발주청의 의도를 정확히 파악하며, 설계 및 제반법규 등을 조사한다. 또한 교량 가설에 따른 상위계획, 지역 관련계획, 교통관련계획, 기타 관련계획 등의 관련계획을 조사하여 저촉 여부를 명확히 하여야 한다. 해당 사업의 기본계획, 기본설계 보고서에 대하여 발주처의 자료, 관련 설계자료 등을 참고하여 추가 조사항목, 수집할 자료 등 설계에 필요한 정보를 검토하여 반영하여야 한다.

2.10.3 실시설계

실시설계는 기본설계에서 검토하여 결정된 교량에 대하여 가교위치, 교량형식, 교량연장, 경간장, 교량폭원, 규격, 시공방법 및 기간, 재료의 재질, 건설비용, 유지관리 등에 관하여 상세조사 및 분석, 비교·검토를 거쳐서 최적의 교량형힉과 시공법을 선정하고 상세설계를 수행하여 시공 및 유지관리하는데 필요한 기술자료를 작성하는 단계이다.

실시설계 단계는 설계기준 검토 및 보와, 구조해석, 설계도면 작성, 공사 및 전문시방서 작성, 건설사업비 산출 등의 업무로 구분된다. 따라서 실시설계 단계에서는 계획단계의 타당성조사 보고서, 기본설계도서 검토 결과, 유사 규모의 교량설계·시공자료 및 외국의 설계 및 시공자료 등 관련 설계·시공 자료를 이용하여 실시설계 단계에서 구조계산서, 실시설계 도면, 공사 및 전문시방서, 설계내역서 등을 작성하며, 이등의 설계도서에 대하여 설계자문·설계감리, 설계심의 단계에서 지적 또는 보완사항이 있을 경우 설계자는 반드시 보완 또는 수정하여야 한다. 실시설계 업무는 계획단계와 설계단계로 구분할 수 있으며, 그 상세내용은 다음과 같다.

2.10.3.1 교량계획 단계

(1) 교량형식

기본설계에서 검토하지 않은 소교량, 지역 주민의 민원 및 기본설계 완료 후에 계획된 관련 계획에 의해 신설하고자 하는 모든 교량에 대해 기본설계에서 검토한 각 항목에 따라 교량 형식별 각각의 장·단점을 비교·검토하여 형식을 결정한다.

① **경간구성**

(a) 사용재료 등을 고려하여 적정한 경간을 계획한다.
(b) 하상 또는 해저면까지 수심, 지형 등과 기초지반의 상태를 고려하여 지간을 계획한다.
(c) 계획홍수량 및 홍수위 등을 고려하여 적정한 경간을 계획하고 홍수시 교각 설치에 의한 수위 상승으로 제방에 미치는 영향이 최소화 되도록 한다.
(d) 도로, 철도, 선박의 항로 등의 교차시설이 갖는 시설한계 이상의 적정폭을 고려하여 경간을 계획한다.
(e) 지장물 및 기타 장애물을 고려하여 경간을 계획한다.
(f) 주변 경관과의 조화를 고려하여 경간 구성을 계획한다.

② **교량 상·하부 구조 계획**

(a) 하중의 종류, 크기, 하부구조에 미치는 영향 등을 고려하여 계획한다.
(b) 운전자의 승차감을 고려하여 가능하면 연속구조로 계획한다.
(c) 도로, 철도, 선박의 항로 등의 교차시설을 고려하여 적정한 다리밑 공간을 유지할 수 있도록 계획한다.
(d) 하부구조는 하천 흐름이니 선박의 항해에 방해가 되지 않도록 계획한다.

(e) 공사자재 및 장비 등의 운반 및 진입, 공사방법 등을 고려하여 적정한 구조 형식을 계획한다.
(f) 신기술, 신공법, 외국기술 도입 여부를 검토하여 적용가능 여부를 결정한다.

(2) 공법선정

(a) 계획교량의 규모, 위치 및 지형 지질, 동원가능 장비의 능력 및 수준, 가설 제작장 설치 가능여부, 공사 소요기간 및 가설장비 등을 비교 검토하여 계획한다.
(b) 주변시설 및 인근 주민에 미치는 소음, 진동과 교통의 혼잡을 최소화 할 수 있는 공법을 검토한다.
(c) 하천 또는 해상 공사중 토사유출 등으로 주변이 오염되지 않는 공법을 검토한다.
(d) 신기술, 신공법, 외국기술 도입 여부를 검토하여 적용가능 여부를 결정한다.
(e) 도시고가교의 경우 인근 건물 등 구조물의 영향을 검토하여 가설공법을 결정한다.
(f) 교통처리계획을 수립하여 교통 혼잡을 최소화 할 수 있는 가설공법을 결정한다.

2.10.3.2 교량 상세설계 단계

기본설계의 설계도서를 검토하여 미비점을 발견시에는 보완하며, 다음과 같은 사항을 확정하고 상세설계를 수행하여야 한다.

(1) 설계기준

(a) 교량의 소요차로, 폭원구성, 교량연장
(b) 교량구조물의 설계방법과 내진등급
(c) 계획홍수량 및 계획홍수위, 유속
(d) 설계하중의 종류, 크기 및 부가하중의 종류, 크기
(e) 해상구조물 설계시 조수간만의 차, 설계파고, 조류속도
(f) 장대교량 설계의 경우 설계풍속
(g) 설계기준, 시방서, 지침, 편람, 기타 설계 기준서를 규정

(2) 공법검토

(a) 교량 계획단계에서 선정된 공법에 대한 검토

(3) 교량 구조의 상세설계

(a) 기본설계 및 교량계획 단계에서 선정된 최적의 구조형식에 따라 교량 상·하부 구조, 기초구조의 단면을 설정하여 구조물의 안전성, 내구성, 사용성 검토
(b) 관련 설계기준 및 규정, 지침에 따라 세부사항 검토 후에 상세설계 실시
(c) 최대 단면력이 산출되도록 작용하중 재하위치 결정 및 하중조합
(d) 구조계산에 필요한 단면계수 산정 및 지점조건 선정

(e) 설계방법에 따른 하중계수, 강도감소계수, 허용응력 증가계수 등 적용
(f) 지진력 계산은 구조물 형식, 형태를 고려하여 구조해석 방법 결정
(g) 최대 단면력에 대한 안전성, 내구성, 사용성 등을 검토, 확인후 상세설계 실시
(h) 기초 구조물의 안전성 및 활동, 전도, 지지력, 변위 등에 대한 안정성 검토를 실시한다. 직접기초의 지지력과 말뚝기초의 침하량, 연직과 수평 지지력 및 군말뚝 등에 대한 검토는 지반 관련 전문분야와의 협조하에 적정안전률을 확보함
(i) 구조물 형식에 따라 국부적인 하중이 작용하는 부재는 상세설계를 통하여 안전성을 확보함
(j) 피로하중이 우려되는 부재는 관련기준을 검토하여 공용중 피로하중에 대하여 안전성을 확보함
(k) 현수교, 사장교와 같은 풍하중에 민감한 교량은 필요시 동적해석을 실시하여 그 결과를 상세 설계시 반영함
(l) 구조계산이 필요한 가시설물은 시공단계별로 상세하게 검토하여 설계

(4) 교면 포장설계 및 교면방수

(a) 콘크리트 바닥판, 강바닥판, 프리캐스트 바닥판 등의 종류에 따라 적정 포장공법을 채택한다.
(b) 소음, 진동, 승차감, 유지관리 등을 고려하여 공법 선정
(c) 차량하중에 의한 급제동시 충격과 우수 및 적설등 기상조건에 대하여 교량 바닥판이 보호될 수 있도록 포장 설계 실시
(d) 방수공법은 바닥판과 포장과의 부착성이 우수하고, 내구성이 우수한 공법을 선정하여야 함

(5) 부대시설 설계

(a) 난간, 방호책, 방호벽, 중앙분리대, 연석 등의 규격, 재질, 형상을 검토하여 교량의 안전기능이 확보되도록 설계
(b) 교명주, 상징조형물 등은 발주처와 협의하여 규격, 재질 등 결정
(c) 교량의 종단 및 편경사를 고려하여 교면의 배수구 위치, 배수구 형식, 우수처리 방법 등을 검토하여 설계
(d) 도로의 조명기준에 의해 가로등의 간격, 높이, 밝기 등을 검토하여 설계
(e) 선박 운행을 고려하여 관련 규정에 따른 항로 표시등 설치 및 선박충돌로 인한 하부구조의 피해 최소화를 위한 방충시설을 검토하여 설계
(f) 점검통로, 거더 내부 조명시설 및 환기시설, 안전점검을 위한 계측시설 등의 유지관리 시설을 검토하여 설계

하중 03

3.1 적용범위

이 장은 교량의 설계에서 사용되는 하중들에 대한 최소한의 요구 조건, 적용한계, 하중계수 및 하중조합에 대해 규정한다. 또한 이 규정은 기존 교량의 구조적 안전성 평가에도 적용될 수 있다. 이 규정들은 하중에 대한 최소 요구조건이므로, 필요한 경우 발주자의 판단에 따라 이 기준 이상의 하중을 사용할 수 있다.

3.2 용어

용어	정의
계획차로	발주자에 의해 정해진, 교량완공시 계획된 통행차로
공칭하중	설계기준에 명시된 하중 또는 하중영향
국부	요소 또는 요소의 부품에 관련된 항목
결빙	난류로 인해 어는 현상
노출	선박의 이물, 갑판 또는 돛대와의 충돌에 대하여, 교량의 하부구조나 상부구조의 일부가 물리적인 충돌의 대상이 되는 상태
도로폭	방호벽이나 도로경계석 사이의 공간
돌핀	선박을 계류하기 위하여 해중에 설치한 접안시설물
등가유체	토압과 같은 크기의 압력을 계산하기 위해 등가의 밀도로 가정한 유체
바퀴	축의 끝에 하나 또는 두 개의 타이어
바퀴라인	종방향 또는 횡방향의 바퀴 그룹

방충재	선박의 충격에너지를 일부 흡수 또는 감소시켜 선박과 접안 시설을 보호할 목적으로 접안시설 등에 설치하는 시설
변형	구조물의 기하학적인 변화
상부구조	구조물 하부 및 기초를 제외한 부분
상재하중	흙의 자중에 의한 하중을 제외한 지반위에 가해지는 모든 형태의 하중
재하차로	활하중의 재하를 위한 개념상의 차로
설계열운동범위	최대 설계온도와 최소 설계온도 차이에서 오는 구조물의 움직임의 범위
설계수심	만조시의 수심
영향면	판 구조물 위를 단위하중이 지나갈 때 특정점의 모멘트, 전단력 등과 같은 각종 물리량의 변화를 하중의 위치의 함수로 나타낸 곡면
원심력	차량이 곡선을 통과할 때 곡선외방으로 작용하는 힘
재하차로	활하중의 재하를 위한 개념상의 차로
정착장치	상부부재끼리 또는 상부부재와 하부부재간의 열운동에 의한 힘을 이동시키거나 줄이기 위한 장치
지속하중	완성된 구조물에 영구적으로 작용하거나 또는 장기간에 걸쳐서만 변화하는 또는 그렇게 가정하는 힘이나 하중
진동모드	진동수에 관련된 동적인 변형
전체안정성	교대를 포함하는 사면 또는 구조체의 전체적인 안정성
차로	하나의 차 또는 하나의 등분포선을 받는 바닥판의 범위
충격하중계수	교량과 이동중인 차량간의 동적인 작용을 계산하기위한 정적인 하중효과의 증가
축단위	1축 또는 2축
탄성진동	구조물의 바람에 의한 주기적이고 탄성적인 응답
하부구조	교량의 상부구조를 지탱하며 지반과 연결시키는 부분구조계를 총칭하는 말로 교대와 교각 등이 이에 해당
하중	구조물 또는 부재에 응력 및 변형의 증감을 유발시키는 외부에서 작용하는 일체의 작용
허용차량	무게나 크기가 관리 기준을 초과하지 않는 차량
호안	하안 또는 제방을 유수로 인한 파괴와 침식으로부터 직접 보호하기 위하여 그 비탈에 설치한 구조물

3.3 기호

AF	연간파괴빈도
a_B	바지선의 이물 손상길이 (3.21.25 참조)
a_S	손상을 입은 이물의 길이 (3.21.18 참조)
B	교량총폭
B_p	교각폭
B_M	바지선, 예인선, 선박 등의 폭
BR	제동하중
C	원심하중 계산시 계수 (3.18.1 참조)
C_D	항력계수
C_H	수리동적질량계수
C_L	횡방향 항력계수
D	교량 총높이
D_B	이물의 깊이
DWT	배의 적재중량 톤 수
f_i	구조물의 바람방향 1차 모드 고유진동수
G_r	거스트계수 (3.13.4 참조)
g	중력가속도
H_p	교각 내하력
H_s	상부구조물 횡방향 내하력
IM	충격하중
KE	선박의 충돌에너지
L	지간장
LOA	설계선박 전체 길이
M	선박의 용적톤수
m	차량활하중의 동시재하계수
N	형태, 크기 및 하중조건에 의해 분류된 수로를 이용하는 연간 선박의 수(3.21.1 참조)
P	차륜의 중량, 집중하중, 선박충격하중 (3.21.11 참조)
PA	선박의 항로이탈 확률
P_{BH}	노출된 상부구조물에 작용하는 이물충격력
P_{DH}	선박갑판실의 충격력
PC	항로이탈한 선박과 충돌할 때 교량이 파괴될 확률
PG	항로이탈한 선박이 교각이나 상판과 충돌할 기하학적 확률

p_s	등가정적선박 충격하중 (3.21.17 참조)
p	한 차로에서의 트럭교통량 비율 ([표 3.6.2 참조]), 풍압 (3.13.3 참조)
q_i	하중 또는 하중효과
R	재현기간 (3.13.2 참조), 통행차선의 회전반경 (3.18.1 참조)
R_B	교량의 위치에 따른 보정계수 (3.21.2 참조)
R_{BH}	노출된 상부
R_c	선박의 통과경로에 평행한 유속에 대한 보정계수 (3.21.2 참조)
R_D	통행 선박의 밀도에 대한 보정계수
R_{DH}	감소계수 (3.21.21 참조)
R_{XC}	선박의 통과경로의 직각방향 유속에 대한 보정계수
t	콘크리트 상판의 두께
V	설계충격속도 (3.21.6 참조), 선박충돌속도 (3.21.17 참조)
V_c	배의 통과경로에 평행한 유속성분 (3.21.6 참조)
V_D	설계기준풍속 (3.13.1 참조)
V_{MIN}	최소설계충격속도
V_T	정상기상조건에서 수로를 지나는 선박의 보통속도
V_{10}	기본풍속
v	도로설계속도
W	재하차로폭 (3.6.1 참조)
W_C	연석간의 교폭
W_P	발주자에 의해 정해진, 교량완공시 계획된 통행차로의 폭(3.6.1.1 참조)
X	수로의 중심신에서 교각표면까지의 거리 (3.21.6 참조)
X_C	수로의 중심선에서 항로폭 끝단까지의 거리 (3.21.6 참조)
X_L	설계선박 전체길이 3배거리 (3.21.6 참조)
z_5	z와 5 m중 큰 값 (3.13.4 참조)
θ	꺾임 혹은 곡선영역의 회전 각도(3.21.5 참조)
γ_{EQ}	지진하중 고려시의 활하중계수
γ_i	하중계수 ([표 3.4.1]과 3.4.1 참조)
γ_{SD}	침하에 대한 하중계수(3.4.2)
γ_{TG}	온도 구배에 대한 하중계수
ξ	한계감쇠에 대한 구조 감쇠비
η_i	하중수정계수 (LSD 1.3.2항 참조)

3.4 하중의 종류와 하중조합

3.4.1 하중의 종류

설계에 있어서는 다음 하중을 고려한다.

• 지속하는 하중

(1) 고정하중
- 구조부재와 비구조적 부착물의 중량(DC)
- 포장과 설비의 고정하중(DW)

(2) 프리스트레스힘(PS)
- 포스트텐션에 의한 2차하중효과를 포함한, 시공과정 중 발생한 누적 하중효과

(3) 시공중 발생하는 구속응력(EL)

(4) 콘크리트 크리프의 영향(CR)

(5) 콘크리트 건조수축의 영향(SH)

(6) 토압
- 수평토압(EH)
- 상재토하중(ES)
- 수직토압(EV)
- 말뚝부마찰력(DD)

• 변동하는 하중

(7) 활하중
- 차량활하중(LL)
- 상재활하중(LS)
- 보도하중(PL)

(8) 충격(IM)

(9) 풍하중
- 차량에 작용하는 풍하중(WL)
- 구조물에 작용하는 풍하중(WS)

(10) 온도변화의 영향
- 단면평균온도(TU)
- 온도구배(TG)

(11) 지진의 영향(EQ)

(12) 정수압과 유수압(WA)

(13) 부력 또는 양압력(BP)

(14) 설하중 및 빙하중(IC)

(15) 지반변동의 영향(GD)

(16) 지점이동의 영향(SD)
(17) 파압(WP)
(18) 원심하중(CF)
(19) 제동하중(BR)
(20) 가설시하중(ER)
(21) 충돌하중
- 차량충돌하중(CT)
- 선박충돌하중(CV)

(22) 마찰력(FR)

3.4.2 하중계수와 하중조합

하중계수를 고려한 총 설계하중은 다음과 같이 결정된다.

$$Q = \sum \eta_i \gamma_i Q_i \tag{3.4.1}$$

여기서, η_i = 하중수정계수 (LSD 1.3.2항 참조)
γ_i = 하중계수 ([표 5.3.4.1]과 [표 5.3.4.2] 참조)
Q_i = 하중 또는 하중효과

교량의 부재들과 연결부들은 다음의 각 한계상태에서 규정된 극한하중효과의 조합들에 대하여 식 (3.4.1)에 의해 검토하여야 한다.

- **극한한계상태 하중조합 I** 일반적인 차량통행을 고려한 기본하중조합. 이때 풍하중은 고려하지 않는다.
- **극한한계상태 하중조합 II** 발주자가 규정하는 특수차량이나 통행허가차량을 고려한 하중조합. 풍하중은 고려하지 않는다.
- **극한한계상태 하중조합 III** 거더높이에서의 풍속 25 m/sec를 초과하는 설계풍하중을 고려하는 하중조합.
- **극한한계상태 하중조합 IV** 활하중에 비하여 고정하중이 매우 큰 경우에 적용하는 하중조합.
- **극한한계상태 하중조합 V** 차량 통행이 가능한 최대 풍속과 일상적인 차량통행에 의한 하중효과를 고려한 하중조합.
- **극단상황한계상태 하중조합 I** 지진하중을 고려하는 하중조합.
- **극단상황한계상태 하중조합 II** 빙하중, 선박 또는 차량의 충돌하중 및 감소된 활하중을 포함한 수리학적 사건에 관계된 하중조합. 이때 차량충돌하중 CT의 일부분인 활하중은 제외된다.
- **사용한계상태 하중조합 I** 교량의 정상 운용 상태에서 발생 가능한 모든 하중의 표준값과 25

m/s의 풍하중을 조합한 하중상태이며, 교량의 설계 수명 동안 발생 확률이 매우 적은 하중조합이다. 이 하중조합은 철근콘크리트의 사용성 검증에 사용할 수 있다. 또한 옹벽과 사면의 안정성검증, 매설된 금속구조물, 터널라이닝판과 열가소성 파이프에서의 변형제어에도 적용한다.

- **사용한계상태 하중조합 II** 차량하중에 의한 강구조물의 항복과 마찰이음부의 미끄러짐에 대한 하중조합.
- **사용한계상태 하중조합 III** 교량의 정상 운용 상태에서 설계 수명 동안 종종 발생 가능한 하중조합이다. 이 조합은 부착된 프리스트레스 강재가 배치된 상부구조의 균열폭과 인장응력 크기를 검증하는데 사용한다.
- **사용한계상태 하중조합 IV** 설계수명 동안 종종 발생 가능한 하중조합으로 교량 특성상 하부구조는 연직하중보다 수평하중에 노출될 때 더 위험하기 때문에 연직 활하중 대신에 수평풍하중을 고려한 하중조합이다. 따라서 이 조합은 부착된 프리스트레스 강재가 배치된 하부구조의 사용성 검증에 사용해야 한다. 물론 하부구조는 사용하중조합III에서의 사용성 요구조건도 동시에 만족하도록 설계하여야 한다.
- **사용한계상태 하중조합 V** 설계수명 동안 작용하는 고정하중과 수명의 약 50% 기간 동안 지속하여 작용하는 하중을 고려한 하중조합이다.
- **피로한계상태 하중조합** 3.6.2항에 규정되어 있는 피로설계트럭하중을 이용하여 반복적인 차량하중과 동적응답에 의한 피로파괴를 검토하기 위한 하중조합.

본 설계기준의 하중조합들에 적용되는 하중계수는 [표 3.4.1]에 정리되어 있다. 설계시 적절한 모든 하중조합들에 대한 검토가 이루어져야 할 것이다. 각 하중조합에서 모든 하중들은 적절한 하중계수에 의해 보정되어야 하며, 필요시에는 3.6.1.2에 제시된 다차로재하계수에 의해 보정되어야 한다. 보정된 하중들은 [LSD 식 (1.3.1)]에 의해 조합되고, 최종적으로 [LSD 1.3.2]의 하중수정계수에 의해 보정되어야 한다.

하중계수들은 최대하중조합효과가 계산되도록 선정되어야 하며, 각 하중조합에서 정과 부의 극한상태가 모두 검토되어야 한다. 한 하중이 다른 하중의 효과를 감소시키는 하중조합에서는 그러한 하중에 최소하중계수를 적용하여야 한다. 상시하중효과에 대해서는 [표 3.4.2]에 제시된 두가지 하중계수중에서 큰 하중조합효과를 주는 하중계수가 적용되어야 한다. 반면에 상시하중효과가 구조물의 안정성이나 내하성능의 증가를 가져오는 경우에는 최소 하중계수가 적용되어야 한다.

TU, CR 및 SH하중에 제시된 두 가지 하중계수중에서 큰 값은 변형량 계산에 적용되며, 나머지 모든 경우에 γ_{TG}는 작은 값이 적용된다. 뒷채움이나 얕은 기초 또는 깊은 기초의 설치와 관계없이 사면의 전체 안정성은 [LSD 7.5.2]에서 규정된 적절한 저항계수와 사용한계조합-I에 근거하여 평가되어야 한다. 온도구배에 대한 하중계수(γ_{TG})와 침하에 대한 하중계수(γ_{SD})는 공사별 특별시방에 의해 결정하여야 한다. 공사별 하중계수값이 없는 경우에는 다음과 같이 결정한다.

- 극한한계상태와 극단상황한계상태 조합 – 0.0 (고려하지 않음)
- 활하중이 고려되지 않는 사용한계상태조합 – 1.0
- 활하중이 고려되는 사용한계상태조합 – 0.5

세그먼트방식으로 가설되는 교량에서는 사용한계상태에 대하여 식 (3.4.2)의 하중조합이 고려되어야 한다.

$$DC + DW + EH + EV + ES + WA + CR + SH + TG + PS \tag{3.4.2}$$

극단상황한계상태조합 I 에서의 활하중계수(γ_{EQ})는 공사별 특별시방에 의해 결정하여야 한다.

[표 3.4.1] 하중조합과 하중계수

하중 / 한계상태 하중조합	DC DD DW EH EV ES EL PS CR SH	LL IM BR PL LS CF	WA BP WP	WS	WL	FR	TU	TG	GD SD	이 하중들은 한번에 한가지만 고려			
										EQ	IC	CT	CV
극한 I	γ_p	1.80	1.00	–	–	1.00	0.50/ 1.20	γ_{TG}	γ_{SD}	–	–	–	–
극한 II	γ_p	1.40	1.00	–	–	1.00	0.50/ 1.20	γ_{TG}	γ_{SD}	–	–	–	–
극한 III	γ_p	–	1.00	1.40	–	1.00	0.50/ 1.20	γ_{TG}	γ_{SD}	–	–	–	–
극한IV-EH, EV, ES, DW, DC만 고려	γ_p	–	1.00	–	–	1.00	0.50/ 1.20	–	–	–	–	–	–
극한V	γ_p	1.40	1.00	0.40	1.00	1.00	0.50/ 1.20	γ_{TG}	γ_{SD}	–	–	–	–
극단상황 I	γ_p	γ_{EQ}	1.00	–	–	1.00	–	–	–	1.00	–	–	–
극단상황 II	γ_p	0.50	1.00	–	–	1.00	–	–	–	–	1.00	1.00	1.00
사용 I	1.00	1.00	1.00	0.30	1.00	1.00	1.00/ 1.20	γ_{TG}	γ_{SD}	–	–	–	–
사용 II	1.00	1.30	1.00	–	–	1.00	1.00/ 1.20	–	–	–	–	–	–
사용 III	1.00	0.80	1.00	–	–	1.00	1.00/ 1.20	γ_{TG}	γ_{SD}	–	–	–	–
사용IV	1.00	–	1.00	0.70	–	1.00	1.00/ 1.20	–	1.00	–	–	–	–
사용V	1.00	–	–	–	–	–	0.50	–	–	–	–	–	–
피로 - LL, IM & CF만 고려	–	0.75	–	–	–	–	–	–	–	–	–	–	–

[표 3.4.2] γ_p에 관한 하중계수

하중의 종류	하중계수	
	최대	최소
DC : 구조부재와 비구조적 부착물	1.25 1.50 (극한한계상태 조합IV에서만)	0.90
DD : 말뚝부마찰력	1.80	0.45
DW : 포장과 시설물	1.50	0.65
EH : 수평토압 · 주동 · 정지	 1.50 1.35	 0.90 0.90
EV : 연직토압 · 전체 안정성 · 옹벽 및 교대 · 강성 암거 (예, 콘크리트 박스) · 뼈대형 강성구조물 (예, 라멘형) · 연성 암거 (예, 파형강관) · 박스형 연성 강재암거	 1.00 1.35 1.30 1.35 1.95 1.50	 – 1.00 0.90 0.90 0.90 0.90
ES : 상재토하중	1.50	0.75
EL : 시공중 발생하는 구속응력	1.0	1.0
PS : 프리스트레스힘 · 세그멘탈콘크리트교량의 상부,하부구조 · 비세그멘탈콘크리트교량 상부구조 · 비세그멘탈콘크리트교량 하부구조 - I_g를 사용하는 경우 - $I_{effective}$를 사용하는 경우 · 강재 하부구조	 1.0 1.0 0.5 1.0 1.0	
CR, SH : 크리프, 건조수축 · 세그멘탈콘크리트교량의 상부,하부구조 · 비세그멘탈콘크리트교량 상부구조 · 비세그멘탈콘크리트교량 하부구조 - I_g를 사용하는 경우 - $I_{effective}$를 사용하는 경우 · 강재 하부구조	 DC에 대한 γ_p 사용 1.0 0.5 1.0 1.0	

3.4.3 가설시 하중에 대한 하중계수

구조물과 부속물의 중량에 대한 하중계수는 1.25 이상의 값을 택해야 한다. 발주자에 의해 특별히 제시되지 않은 경우에는 시공하중, 설비하중 그리고 동적효과에 대한 하중계수는 1.5 이상의 값을 택해야 한다. 풍하중에 대한 하중계수는 1.25 이상의 값이어야 한다. 모든 다른 하중계수들은 1.0을 택한다.

3.4.4 긴장력과 포스트텐션힘을 위한 하중계수

발주자에 의해 정하지 않았다면, 사용하는 설계긴장력을 긴장위치에 가장 가까운 지점에 발생하는 고정하중에 의한 반력의 1.3배보다 작아서는 안된다. 긴장작업시 교통통제가 이루어지지 않은 경우에는 활하중계수를 곱한 활하중에 의한 반력을 포함하여야 한다. 포스트텐션의 정착부에 대한 설계력은 최대긴장력의 1.2배를 택한다.

3.5 고정하중 : DC, DW

고정하중은 구조물의 자중·부속물과 그곳에 부착된 제반설비, 토피, 포장, 장래의 덧씌우기와 계획된 확폭 등에 의한 모든 예측 가능한 중량을 포함한다. 고정하중을 산출할 때는 [표 3.5.1]에 나타낸 단위질량을 사용하여야 한다. 다만, 실질량이 명백한 것은 그 값을 사용한다.

[표 3.5.1] 재료의 단위질량

재료		단위질량(kg/m^3)
강재, 주강, 단강		7,850
주철, 주물강재		7,250
알루미늄 합금		2,800
철근콘크리트		2,500
프리스트레스트 콘크리트		2,500
콘크리트		2,350
시멘트 모르타르		2,150
역청재(방수용)		1,100
아스팔트 포장재		2,300
목재	단단한 것	960
	무른 것	800
용수	담수	1,000
	해수	1,025

3.6 활하중

3.6.1 차량활하중 : LL

3.6.1.1 재하차로의 수

(1) 차량활하중의 재하를 위한 재하차로의 수 N은 식 (3.6.1)과 같다.

$$N = \frac{W_C}{W_P} \text{ 의 정수부} \tag{3.6.1}$$

여기서, W_C= 연석, 방호울타리(중앙분리대 포함)간의 교폭(m), W_P= 발주자에 의해 정해진 계획차로의 폭(m). 다만, 식 (3.6.1)에 의한 N이 1이며 W_C가 6.0m 이상인 경우에는 재하차로의 수(N)를 2로 한다.

(2) 재하차로의 폭 W는 식 (3.6.2)와 같다.

$$W = \frac{W_C}{N} \le 3.6 \text{ m} \tag{3.6.2}$$

(3) 교량 바닥판상의 차도가 중앙분리대 등에 의해 물리적으로 두 부분으로 나누어져 있는 경우에는 다음을 따른다.

① 두 부분이 영구적인 시설로 분리되어 있는 경우에는 두 부분의 폭을 각각 고려하여 재하차로의 수와 폭을 정하여야 한다.

② 두 부분이 임시적인 시설로 분리되어 있는 경우에는 전체 차도의 폭을 고려하여 재하차로의 수와 폭을 정하여야 한다.

3.6.1.2 활하중의 동시재하

이 조항은 재하차로수에 관계없이 한대의 피로설계트럭하중이 재하되는 피로설계에는 적용되지 않는다. 특별한 언급이 없는 한, 활하중의 최대 영향은 [표 3.6.1]의 다차로재하계수를 곱한 재하차로의 모든 가능한 조합에 의한 영향을 비교하여 결정되어야 한다. 3.6.4에 규정된 보도하중과 1차로 이상의 차량하중을 포함하는 하중조건의 경우에 보도하중을 하나의 재하차로로 취할 수 있다.

[표 3.6.1] 다차로재하계수

재하차로의 수	다차로재하계수 'm'
1	1.0
2	0.9
3	0.8
4	0.7
5 이상	0.65

3.6.1.3 설계 차량활하중

교량이나 이에 부수되는 일반구조물의 노면에 작용하는 차량활하중('KL-510'으로 명명함)은 3.6.1.3.1에 규정된 표준트럭하중과 3.6.1.3.2에 규정된 표준차로하중으로 이루어져 있다. 이 하중들은 재하차로 내에서 횡방향으로 3,000 mm의 폭을 점유하는 것으로 가정한다.

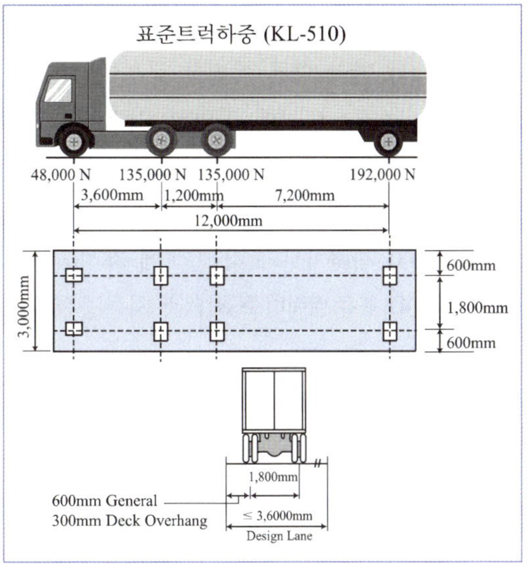

[그림 3.6.1] 표준트럭하중

3.6.1.3.1 표준트럭하중

표준트럭의 중량과 축간거리는 [그림 3.6.1]과 같다. 충격하중은 3.7에 규정된 대로 적용되어야 한다.

3.6.1.3.2 표준차로하중

표준차로하중은 종방향으로 균등하게 분포된 하중으로 [표 3.6.2]의 값을 적용한다. 횡방향으로는 3,000 mm의 폭으로 균등하게 분포되어있다. 표준차로하중의 영향에는 충격하중을 적용하지 않는다.

[표 3.6.2] 표준차로하중

$L \le 60$ m	$w = 12.7$ (kN/m)
$L > 60$ m	$w = 12.7 \times \left(\dfrac{60}{L}\right)^{0.10}$ (kN/m)

L : 표준차로하중이 재하되는 부분의 지간

3.6.1.4 바닥판과 바닥틀을 설계하는 경우의 설계차량활하중

(1) 바닥판과 바닥틀을 설계하는 경우에는 차도부분에 표준트럭하중을 재하한다. 표준트럭하중은 종 방향으로는 차로당 1대를 원칙으로 하고, 횡방향으로는 재하 가능한 대수를 재하하되 동시 재하 계수를 고려하여 설계부재에 최대응력이 일어나도록 재하한다. 교축직각방향으로 볼 때, 표준트럭하중의 최외측 차륜중심의 재하위치는 차도부분의 단부로부터 300 mm로 한다.

(2) 차륜의 접지면은 표준트럭하중의 각 차륜에 대해 면적이 $(12{,}500/9)P$ (mm^2)인 하나의 직사각형으로 간주하며 이 직사각형의 폭과 길이의 비는 2.5 : 1로 한다. 여기서, P는 차륜의 중량(kN)이다. 접지면이 연속적인 표면인 경우에 접지압은 규정된 접지면에 균일하게 분포하는 것으로 가정한다. 접지면이 단속적인 경우에는 접지압은 바퀴자국이 있는 실제의 접촉면에 균등하게 분포되어 있으며 규정된 접지면과 실제 접지면의 비만큼 압력을 증가시킨다.

3.6.1.5 주거더를 설계하는 경우의 설계차량활하중

(1) 만약 다른 특별한 규정이 없다면 최대 하중영향은 아래의 경우 중 큰 값을 사용한다.
- 3.6.1.3.1에 정의된 표준트럭하중의 영향
- 3.6.1.3.1에 정의된 표준트럭하중 영향의 75%와 3.6.1.3.2에 정의된 표준차로하중의 영향의 합

(2) 최대 하중효과에 영향을 주지 않는 바퀴는 무시해도 된다.

(3) 재하차로와 각 차로에 재하되는 3,000 mm 폭은 최대 하중영향을 갖도록 배치되어야한다.

(4) 표준트럭하중 최외측 차륜중심의 횡방향 재하위치는 차도부분의 단부로부터 600 mm로 한다.

3.6.1.6 흙 채움에 의한 윤하중의 분배

채움의 깊이가 600 mm보다 작은 경우 활하중 분배에 대한 채움의 영향을 무시할 수 있다. 암거상부의 활하중분배는 [LDS 4.6.2.1과 4.6.3.2]의 차량방향과 평행한 바닥판의 규정을 근거로 한다. 채움의 깊이가 600 mm을 초과할 때는 정밀해석 대신에 윤하중이 3.6.1.4(2)에 규정된 타이어 접촉면적과 크기가 같은 직사각형에 균등하게 작용하는 분포하중으로 간주하며 양질의 입상 채움에서는 깊이의 1.15배, 다른 채움에서는 그 깊이만큼 증가시킨다. 3.6.1.3의 규정이 적용된다. 몇 개의 바퀴하중이 중복되어 받는 경우에 전체하중은 전면적에 균일하게 분포시킬 수 있다.

단경간 암거에서 채움의 깊이가 2,400 mm 이상이며 경간 길이보다 큰 경우에는 활하중 효과를 무시할 수 있다. 다경간 암거의 경우에는 채움의 깊이가 벽 사이 거리보다 크면 활하중효과를 무시할 수 있다. 흙채움을 통한 하중분배에 기초한 콘크리트 바닥판의 활하중과 충격하중에 의한 모멘트가 [LSD 4.6.2.1과 4.6.3.2]에서 계산된 활하중이나 충격하중의 모멘트보다 크면 후자의 모멘트를 사용한다.

3.6.1.7 처짐 평가를 위한 하중재하

만약 발주자가 규정된 활하중에 대한 처짐의 허용기준을 요구할 때 처짐은 아래의 값 중 큰 값을 사용해야한다.

- 표준트럭하중만으로 얻은 처짐
- 표준차로하중과 조합된 표준트럭하중의 25%에 의해 얻은 처짐

3.6.2 피로하중

3.6.2.1 크기와 형태

피로의 영향을 검토하는 경우의 활하중은 3.6.1.3.1에서 규정된 표준트럭하중의 80%를 적용한다. 이때 적용하는 충격계수는 3.7의 충격하중 조항을 적용한다.

3.6.2.2 빈도

피로하중의 빈도는 단일차로 일평균트럭교통량($ADTT_{SL}$)을 사용한다. 이 빈도는 교량의 모든 부재에 적용하며 통행차량수가 적은 차로에도 적용한다. 단일차로의 일평균트럭교통량에 대한 확실한 정보가 없을 때는 식 (3.6.3)의 차로당 통행비율을 적용하여 산정할 수 있다. 즉,

$$ADTT_{SL} = p \times ADTT \tag{3.6.3}$$

여기서, ADTT = 한 방향 일일트럭교통량의 설계수명기간동안 평균값
$ADTT_{SL}$ = 한 방향 한 차로의 일일트럭교통량의 설계수명기간동안 평균값
p = [표 3.6.3]의 값

[표 3.6.3] 한 차로에서의 트럭교통량 비율, p

트럭이 통행가능한 차로수	p
1차로	1.00
2차로	0.85
3차로 이상	0.80

3.6.2.3 피로설계에서의 하중분배

① **정밀한 방법** 교량을 [LSD 4.6.11]에 규정된 정밀한 방법으로 해석하는 경우 고려하는 상세부위에 최대응력이 발생하도록 바닥판의 통행위치나 재하차로의 위치에 관계없이 횡방향, 종방향으로 하나의 설계트럭을 배치한다.

② **근사적 방법** 교량을 [LSD 4.6.3]에 규정된 것처럼 근사적 하중분배로 해석하는 경우 한 차선의 분배계수를 사용해야한다.

3.6.3 궤도차량하중

교량에 궤도차량하중이 있다면 발주사가 궤도차량하중의 특성과 궤도차량과 일반차량간의 예상되는 상호관계를 규정해야한다.

3.6.4 보도하중

(1) 바닥판과 바닥틀을 설계하는 경우에 보도 등에는 5×10^{-3} MPa의 보도하중이 설계차량활하중과 동시에 적용된다.

(2) 주거더를 설계하는 경우에 보도 등에는 [표 3.6.4]의 등분포하중을 재하한다.

(3) 보도나 보행자 또는 자전거용 교량에서 유지관리용 또는 이에 부수되는 차량통행이 예상되는 경우 이 하중은 설계에 고려되어야한다. 이 차량에 대해 충격하중은 고려하지 않는다.

[표 3.6.4] 보도 등에 재하하는 등분포하중

지간장 L (m)	$L \le 80$	$80 < L \le 130$	$L > 130$
등분포하중의 크기(MPa)	3.5×10^{-3}	$(4.3 - 0.01L) \times 10^{-3}$	3.0×10^{-3}

3.7 충격하중 : IM

3.7.1 일반사항

3.7.2와 3.7.3에서 허용된 경우를 제외하고 원심력과 제동력 이외의 표준트럭하중에 의한 정적효과는 [표 3.7.1]에 규정된 충격하중의 비율에 따라 증가시켜야한다.

- 정적하중에 적용시켜야 할 충격하중계수는 다음과 같다 : $(1+IM/100)$
- 충격하중은 보도하중이나 표준차로하중에는 적용되지 않는다.

[표 3.7.1] 충격하중계수, *IM*

성 분		*IM*
바닥판 신축이음장치를 제외한 모든 다른 부재	피로한계상태를 제외한 모든 한계상태	25%
	피로한계상태	15%

다음과 같은 경우에는 충격하중을 적용할 필요가 없다.

- 상부구조물로부터 수직반력을 받지 않는 옹벽
- 전체가 지표면 이하인 기초부재

충격하중은 [LSD 4.7.2.1]의 규정에 따라 충분한 증거에 의해 검증될 수 있다면 연결부를 제외한 다른 부재에 대하여 감소시킬 수 있다.

3.7.2 매설된 부재

암거나 매설된 구조물에 대한 충격하중은 백분율로 다음 식과 같다.

$$IM = 40\left(1.0 - 4.1 \times 10^{-4} D_E\right) \geq 0\% \tag{3.7.1}$$

여기서, D_E = 구조물을 덮고 있는 최소깊이(mm)

3.7.3 목재부재

목교나 교량의 목재부재에 대해서는 3.7.1에 규정된 충격하중을 [표 3.7.1]에 제시된 값의 50%로 줄일 수 있다.

3.8 프리스트레스힘 : PS

구조물에 프리스트레스힘을 도입하는 경우에는 설계에 이를 고려하여야 한다. 프리스트레스트 콘크리트에 도입하는 프리스트레스힘에 관해서는 다음과 같이 정한다.

(1) 설계시에 고려하여야 할 프리스트레스힘은 프리스트레싱 직후의 프리스트레스힘과 유효프리스트레스힘이다. 또 프리스트레스힘에 의하여 부정정력이 일어나는 경우에는 이들도 고려하여야 한다.

(2) 프리스트레싱 직후의 프리스트레스힘의 감소는 프리텐션 방식에서는 콘크리트의 탄성변형만을 고려하여야 하고, 포스트텐션 방식에서는 콘크리트의 탄성변형, PS강재와 쉬스의 마찰, 정착장치 및 정착부 내부의 마찰, 정착장치에서의 활동량을 고려하여야 한다.

(3) 유효프리스트레스힘은 (2)항의 규정으로 산출한 프리스트레싱 직후의 프리스트레스힘에 다음의 영향을 고려하여 산출한다.

① 콘크리트의 크리프

이 경우에 고려하는 지속하중은 프리스트레스힘과 고정하중이다.

② 콘크리트의 건조수축

③ PS강재의 릴랙세이션

(4) 일반적으로 프리스트레스힘에 의해 보의 변형이 구속되어 이로 인하여 부정정력이 발생하게 되는데 단면의 응력을 검사할 경우에 이 부정정력을 고려하여야 한다. 유효프리스트레스힘에 의한 부정정력은 PS강재 인장력의 유효계수를 부재 전체에 걸쳐 평균한 값을 프리스트레싱 직후의 부정정력에 곱하여 산출할 수 있다.

3.9 콘크리트의 크리프 : CR

콘크리트와 목재의 크리프 변형도는 각각 [LSD 제5장(콘크리트교)]의 규정에 따른다. 크리프로 인한 하중과 변형량을 결정하기 위하여 시간의존성과 압축응력의 변화를 고려하여야 한다.

3.10 콘크리트의 건조수축 : SH

다른 재령과 재질의 콘크리트 사이, 콘크리트와 강재 또는 목재와의 사이에서 발생하는 부등건조수축에 의한 변형도는 일반적으로 [LSD 제5장(콘크리트교)]의 규정에 따라 결정되어야 한다.

3.11 토압 : EH, ES, LS, DD

토압은 구조물과 지반의 상대적인 변위와 관계하여 정지토압, 주동토압 및 수동토압으로 구분된다. 토압과 토압분포는 구조물과 지반과의 상대적인 변위, 구조물의 형태, 토질종류, 토층상태, 배면지형, 상재하중조건 등을 고려하여 산정한다. 토압은 다음과 같은 요인에 의하여 영향을 받는다.

- 지반의 종류와 밀도
- 흙의 크리프특성
- 지하수위
- 상재하중
- 후면경사각
- 함수비
- 다짐도
- 지반-구조물 상호작용
- 지진효과
- 벽체 경사

3.12 정수압, 유수압, 부력, 파압 : WA, BP, WP

3.12.1 정수압

정수압은 수압을 지지하고 있는 구조물의 벽면에 직각으로 작용한다고 가정한다. 압력은 작용점으로부터 연직상방 수면까지의 거리에 물의 밀도와 중력가속도(g)를 곱하여 계산된다. 다양한 한계상태의 설계수위는 발주자에 의해 규정된 것이거나 승인 받은 것이어야 한다.

3.12.2 유수압

3.12.2.1 종방향

하부구조물에 종방향으로 작용되는 유수에 의한 압력은 식 (3.12.1)과 같이 구한다.

$$p = 5.14 \times 10^{-4} C_D V^2 \tag{3.12.1}$$

여기서, p = 유수에 의한 압력(MPa)

C_D = [표 3.12.1]에 의해 주어지는 교각의 기하학적 형상에 따른 항력계수

V = 설계홍수시의 설계유속(m/s)

종방향 항력은 종방향 동수압과 흐름에 노출된 투영면적을 곱하여 구한다.

[표 3.12.1] 항력계수

교각의 단면 형상	C_D
반원형(선단) 교각	0.7
사각형 교각	1.4
부유물질이 부착·집적된 교각	1.4
쐐기형 선단 교각(선단각 90° 이하)	0.8

3.12.2.2 횡방향

교각단면의 종축에 θ의 각도로 접근하는 흐름이 하부구조에 미치는 횡방향 등분포 압력은 식 (3.12.2)와 같이 구한다.

$$p = 5.14 \times 10^{-4} C_L V^2 \qquad (3.12.2)$$

여기서, p = 횡방향 압력(MPa)

C_L = [표 3.12.2]로 주어지는 횡방향 항력계수

횡방향 항력은 횡방향 동수압과 흐름에 노출된 면적의 곱으로 구한다.

[표 3.12.2] 횡방향 항력계수

흐름과 교각의 종축이 이루는 각도, θ	C_L
0°	0.0
5°	0.5
10°	0.7
20°	0.9
$\theta \geq 30°$	1.0

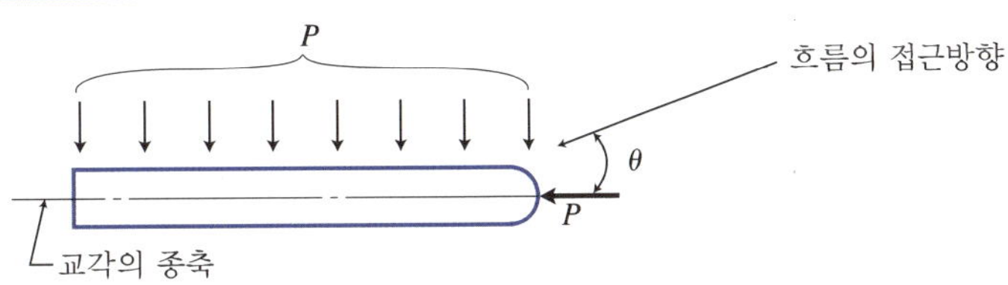

[그림 3.12.1] 동수압을 보여 주는 교각의 평면도

3.12.3 부력(BP)

부력은 양압력으로 간주되며, 3.12.1에 기술된 바와 같이 설계수면고 하부의 모든 구조물에 작용하는 정수압의 연직상방분력의 합으로 취한다.

3.12.4 파압(WP)

상당한 파력이 발생하는 지역에서 파랑에 노출된 교량구조물에 대해서는 이의 영향을 고려하여야 한다.

3.12.5 세굴에 대한 한계상태에서의 기초의 변화

[LSD 2.6.4(4)]의 규정이 적용된다. 세굴설계홍수로 인한 기초상태 변화의 영향은 교량의 극한한계상태 및 사용한계상태 검토시 고려한다. 세굴검측홍수 및 태풍에 의한 기초상태 변화의 영향은 극단상황한계상태 검토시 고려한다.

3.13 풍하중

3.13.1 풍속

3.13.1.1 기본풍속

기본풍속(V_{10})이란 재현기간 100년에 해당하는 개활지에서의 지상 10 m의 10분 평균 풍속을 말한다. 기본풍속은 대상지역 인근 기상관측소의 장기풍속기록(태풍 또는 계절풍)과 지역적 위치를 동시에 고려하여 극치분포로부터 추정하거나 태풍자료의 시뮬레이션 등의 합리적인 방법으로 추정한다. 단 대상지역의 풍속자료가 가용치 못한 경우에는 [표 3.13.1]에 주어진 지역별 기본풍속을 사용할 수 있다.

[표 3.13.1] 지역별 기본풍속(V_{10})

구분	지역	지명	기본풍속(m/s)
I	내륙	서울, 대구, 대전, 춘천, 청주, 수원, 추풍령, 전주, 익산, 진주, 광주	30
II	서해안	서산, 인천	35
III	서남해안 남해안 동남해안	군산 여수, 충무, 부산 포항, 울산	40
IV	동해안 제주지역 특수지역	속초, 강릉 제주, 서귀포 목포	45
V	–	울릉도	50

3.13.1.2 설계기준풍속

① 일반 중소지간 교량의 설계기준풍속(V_D)은 40 m/s로 한다.

② 태풍이나 돌풍에 취약한 지역에 위치한 중대지간 교량의 설계기준풍속(V_D)은 대상지역의 풍속 록과 구조물 주변의 지형 및 환경 그리고 교량상부구조의 지상 높이 등을 고려하여 합리적으로 결정한 10분 평균 풍속이다. 그러나 대상지역의 풍속자료가 가용치 못한 경우에는 고도보정을 위하여 식 (3.13.1)을 사용할 수 있다.

$$V_D = 1.723\left(\frac{z_D}{z_G}\right)^{\alpha} V_{10} \tag{3.13.1}$$

여기서, α = [표 3.13.2]의 지표조도지수

z = 지상 또는 수면으로부터 구조물의 대표 높이(m)로 교량 주거더와 같은 수평 구조물의 우에는 평균 높이를, 교각과 같은 수직 구조물의 경우에는 총 높

이의 65%를 사용한다.

V_D = 설계고도 z에서의 10분 평균 설계기준풍속(m/s)

z_D = z와 [표 3.13.2]의 z_b 중에서 큰 값

[표 3.13.2] 지표조도구분에 의한 각종 계수들

지표조도 구분	지표상황	α	α_2	β	c	ε	l(m)	z_b(m)	z_G(m)
I	· 해상, 해안	0.12	0.174	1.25	0.15	0.125	200	2	200
II	· 개활지, 농지, 전원 수목과 저층건축물이 산재하여 있는 지역	0.16	0.210	1.54	0.20	0.200	150	5	300
III	· 수목과 저층건축물이 밀집하여 있는 지역 · 중, 고층 건물이 산재하여 있는 지역 · 완만한 구릉지	0.22	0.286	2.22	0.30	0.333	100	10	400
IV	· 중, 고층 건물이 밀집하여 있는 지역 · 기복이 심한 구릉지	0.29	0.400	3.33	0.45	0.500	50	20	500

3.13.1.3 시공기준풍속

시공기준풍속은 태풍에 취약한 지역에 위치한 중장대 지간 교량의 시공중 검토를 위한 풍속으로, 공사기간에 대한 최대풍속의 비초과확률 80%에 해당하는 10분 평균 풍속이다. 이때 재현기간 R, 비초과확률 P_{NE}, 공사기간 N의 관계는 식 (3.13.2)를 사용하여 구할 수 있다.

$$R = \frac{1}{1-(P_{NE})^{1/N}} \tag{3.13.2}$$

3.13.2 설계풍압

3.13.2.1 일반 중소지간 교량의 설계풍압

① 박스거더교, 플레이트거더교, 슬래브교에 작용하는 풍압은 [표 3.13.3]에 나타낸 값으로 한다.

여기서,

B = 교량 총폭(m) ([그림 3.13.1] 참조)

D = 교량 총높이(m) ([그림 3.13.1] 참조)

[표 3.13.3] 거더교의 풍압(kPa)

단면형상	풍압(kPa)
$1 \le \frac{B}{D} < 8$	$\left(4.0 - 0.2\frac{B}{D}\right)$
$8 \le \frac{B}{D}$	2.4

② 풍상측 트러스에는 활하중 비재하시 유효연직투영면적당 $2.4/\sqrt{\phi}$의 풍압이 작용하고, 풍하측 트러스에는 그 절반이 작용한다. 이때 ϕ는 트러스의 충실률로 트러스 외곽 면적에 대한 트러스 투영면적의 비율이다.

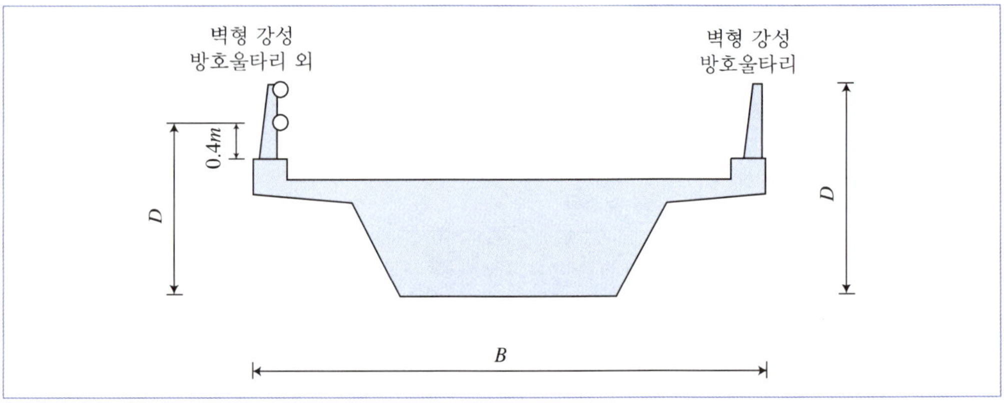

[그림 3.13.1] 교량 총폭 B와 총높이 D

③ 기타 형식 교량의 주거더 부분에 작용하는 풍하중은 주거더의 형상에 따라 ①항 또는 ②항을 적용한다. ①항 또는 ②항에 규정되지 않은 부재에 작용하는 활하중 비재하시 풍압은 단면형상에 따라 [표 3.13.4]에 나타낸 값을 사용한다.

[표 3.13.4] 기타 교량 부재에 작용하는 풍압(kPa)

단면형상	풍상측 부재	풍하측 부재
원형	1.5	1.5
각형	3.0	1.5

④ 거더교가 병렬로 놓여있는 경우에는 이 영향을 고려하여 풍하중을 적절히 보정하여야 한다.

⑤ 활하중 재하시에는 풍압을 절반만 재하할 수 있다. 활하중이 재하될 때에는 교면상 1.5 m의 높 이에서 1.5 kN/m의 풍하중이 활하중에 작용하여 상부구조로 전달되는 것으로 본다.

3.13.2.2 태풍이나 돌풍에 취약한 지역에 위치한 중대지간 교량의 설계풍압

구조물의 정적설계를 위한 단위면적당 작용하는 풍압 p(Pa)는 설계기준풍속 V_D(m/s), 공기밀도 ρ (= 1.25 kg/m^3), 항력계수 C_D 및 거스트계수 G를 사용하여 식 (3.13.3)에 의하여 구한다.

$$p = \frac{1}{2}\rho V_D^2 C_D G_r \qquad f_1 > 1 H_z$$

$$p = \frac{1}{2}\rho V_D^2 C_D G_f \qquad f_1 \le 1 H_z \tag{3.13.3}$$

여기서, f_1은 구조물의 바람방향 1차 모드 고유진동수이고, 항력계수 C_D는 기존 문헌, 실험, 해석 등의 합리적인 방법으로 산정한다. 거스트계수 G는 풍속의 순간적인 변동의 영향을 보정하기 위한 계수이며, 강체 및 유연 구조물에 따라 구분하며 3.13.3의 방법에 따라 구한다.

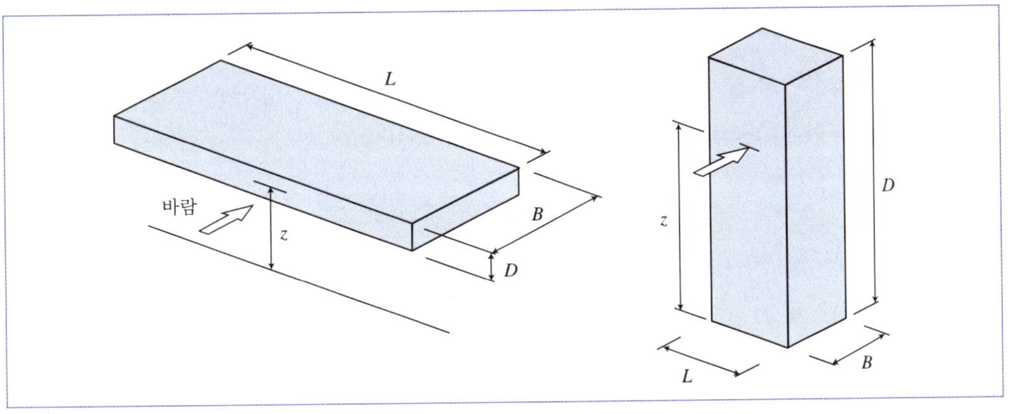

[그림 3.13.2] 수평 및 수직 구조물의 제원

3.13.2.3 하부구조에 작용하는 풍압

하부구조에 직접 작용하는 풍압은 교축직각방향 및 교축방향에 작용하는 수평하중으로 한다. 그러나 동시에 2방향으로 작용하지 않는 것으로 한다. 풍압의 크기는 [표 3.13.4]의 값을 사용하거나, 유효연직투영면적에 대하여 식 (3.13.3)을 사용하여 구한다. 식 (3.13.3)을 적용할 경우에 항력계수로 원형 및 트랙형 단면의 경우에 0.6, 각형 단면의 경우에 1.2를 사용할 수 있다.

3.13.3 거스트계수

3.13.3.1 강체구조물

바람방향 1차 모드 고유진동수가 1 Hz를 초과하는 구조물은 강체구조물로 분류되며, 거스트계수 G_r은 식 (3.13.4)와 [표 3.13.2]에 의하여 구한다.

$$G_r = K_p \frac{1 + 5.78\, I_z Q}{1 + 5.78\, I_z} \tag{3.13.4}$$

여기서, B, D, L = [그림 3.13.2]의 제원

$I_z = c\left(\frac{10}{z_D}\right)^{1/6}$: 난류강도

$L_z = l\left(\frac{z_D 0}{10}\right)^{\varepsilon}$: 난류길이

z_5 : z와 5 m 중 큰 값

$Q = \sqrt{\dfrac{1}{1 + 0.63\left(\dfrac{L+D}{L_z}\right)^{0.63}}}$: 풍압보정계수

3.13.3.2 유연구조물

바람방향 1차 모드 고유진동수가 1 Hz 이하인 구조물은 유연구조물로 분류되며, 거스트계수 G_f는 식 (3.13.5)와 [표 3.13.2]에 의하여 구한다.

$$G_f = K_p \frac{1 + 1.7\, I_z \sqrt{11.56\, Q^2 + g_R^2\, R^2}}{1 + 5.78\, I_z} \tag{3.13.5}$$

여기서, B, D, L, K_p, I_z, Q = 3.13.3.1절의 값을 사용

ξ = 한계감쇠에 대한 구조 감쇠비(예를 들면, 감쇠비 2%인 경우에 0.02를 사용)

$$B_1 = 15.4\, f_1 \frac{B}{V_D}$$

$$D_1 = 4.6\, f_1 \frac{D}{V_D}$$

$$L_1 = 4.6\, f_1 \frac{L}{V_D}$$

$$N_1 = \frac{f_1\, L_z}{V_D}$$

$$R_n = \frac{7.47\, N_1}{(1 + 10.3\, N_1)^{5/3}}$$

$$R_B = \frac{1}{B_1} - \frac{1}{2B_1^2}\left(1 - e^{-2B_1}\right)$$

$$R_D = \frac{1}{D_1} - \frac{1}{2D_1^2}\left(1 - e^{-2D_1}\right)$$

$$R_L = \frac{1}{L_1} - \frac{1}{2L_1^2}\left(1 - e^{-2L_1}\right)$$

$$R = \sqrt{\frac{1}{\xi} R_n\, R_D\, R_L (0.53 + 0.47\, R_B)}$$

$$g_R = \sqrt{2\, \log_e (600\, f_1)} + \frac{0.577}{\sqrt{2\, \log_e (600\, f_1)}}$$

3.13.4 공기역학적 안정성

주경간 길이가 200 m 이상인 장대 특수교량이나 주경간 길이와 폭(또는 높이)의 비율이 30을 넘는 교량이나 부재는 바람에 의한 진동이 발생하기 쉽다. 장대 특수교량이나 세장 구조부재는 전항의 정적설계 결과에 대하여, 동적해석과 풍동실험을 통하여 풍하중의 동적효과에 대한 제반 공기역학적 안정성을 검토하여야 한다. 또한 가설단계에서의 내풍안정성에 대해서도 충분히 검토하여야 한다.

3.14 온도변화

3.14.1 평균온도(TU)

3.14.1.1 온도범위

온도에 관한 정확한 자료가 없을 때, 온도의 범위는 [표 3.14.1]에 나타낸 값을 사용한다. 온도에 의한 변형효과를 고려하기 위하여 설계시 기준으로 택했던 온도와 최저 혹은 최고온도와의 차이 값이 사용되어야 한다.

[표 3.14.1] 온도의 범위

기후	강교(강바닥판)	합성교(강거더와 콘크리트바닥판)	콘크리트교
보통	−10°에서 50℃	−10°에서 40℃	−5°에서 35℃
한랭	−30°에서 50℃	−20°에서 40℃	−15°에서 35℃

3.14.1.2 가설 기준온도

교량이나 교량부재의 가설 기준온도는 가설 직전 24시간 평균값을 사용하여야 한다.

3.14.1.3 계절별 온도변화

계절별 온도 변화는 가설지점이나 가장 가까운 기상청의 자료를 사용할 수 있다.

3.14.2 온도경사(TG)

바닥판이 콘크리트인 강재나 콘크리트 상부구조에서 수직온도경사는 [그림 3.14.1]과 같이 택한다. [그림 3.14.1]에서 "A"의 제원은 다음과 같다.

- 두께가 400 mm 이상인 콘크리트 상부구조물의 경우, A = 300 mm
- 400 mm 이하의 콘크리트단면의 경우, A = 실제 두께보다 100 mm 작은 값
- 강재로 된 상부구조물인 경우, A = 300 mm, t = 콘크리트 바닥판의 두께

상부의 온도가 높을 때의 T_1과 T_2의 값은 [표 3.14.2]와 같다. 하부의 온도가 높을 때의 값은 [표 3.14.2]에 정해진 값에 콘크리트 포장에는 −0.3을, 아스팔트포장에는 −0.2를 곱하여 구한다.

[표 3.14.2] 온도경사 기본값

T_1 (℃)	T_2 (℃)
23	6

현장조사에 의하여 T_3의 값을 정하지 않는 경우, T_3의 값은 영(0℃)으로 하여야 한다. 그러나 3℃를 넘어서는 안된다. 온도경사를 고려할 때 양 또는 음의 온도변화에 의한 내부응력과 구조

변형은 [LSD 4.6.13]에 의하여 결정하여야 한다.

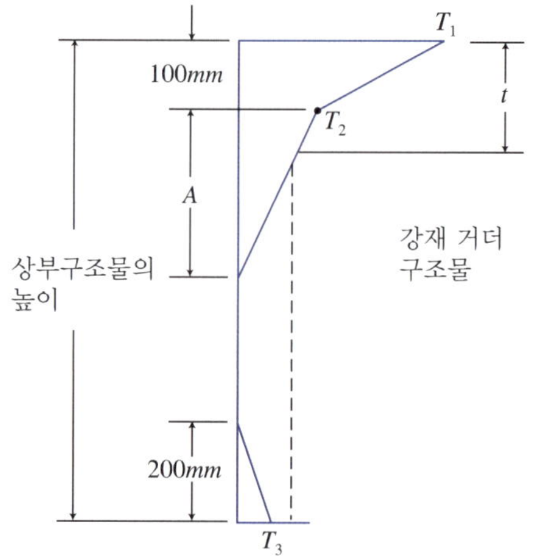

[그림 3.14.1] 콘크리트와 강재상부구조물에 발생하는 온도의 수직변화곡선

3.15 지진의 영향 : EQ

지진의 영향에 대해서는 [LSD 8장 내진설계]에서 정하는 바에 따른다.

3.16 설하중 및 빙하중 : IC

설하중 및 빙하중을 고려할 필요가 있는 지방에서는 가설지점의 실제 상황에 따라 적당한 값을 정하도록 한다.

3.17 지반변동 및 지점이동의 영향 : GD, SD

하부 구조물들 사이 또는 하부구조물의 세부구조들 사이에서 발생하는 최대 부등침하에 의한 하중을 고려하여야 한다. 침하량의 산정은 [LSD 7.7.2.3]의 규정에 따라 계산한다.

3.18 원심하중 및 제동하중 : CF, BR

(1) 원심하중

원심하중은 표준트럭하중의 축중량에 계수 C를 곱한 값이다. C는 식 (3.18.1)과 같다.

$$C = \frac{4}{3}\frac{v^2}{gR} \tag{3.18.1}$$

여기서, v = 도로 설계속도(m/s)
g = 중력가속도(m/s^2)
R = 통행차선의 회전반경(m)이다.

도로 설계속도는 도로설계기준(2012)에서 규정된 값보다 적어서는 안된다. 3.6.1.2에 규정된 동시재하계수를 적용해야한다. 원심하중은 교면상 1,800 mm 높이에서 수평으로 작용하는 것으로 한다.

(2) 제동하중

자동차의 제동하중 및 궤도차량의 제동하중은 극단적으로 가벼운 교량 및 궤도가 있는 교량등 특별한 경우에 고려하는 것으로 한다. 자동차의 제동하중은 최대하중 효과가 발생되도록 재하차로 위에 재하한 표준트럭하중의 10%로 하고 교면상 1,800 mm되는 위치에서 자동차의 진행방향으로 작용하는 것으로 본다. 궤도상의 제동하중은 윤하중 전체의 10%로 하고 레일면상 1,800 mm 높이에서 차량의 진행방향으로 작용하는 것으로 한다.

3.19 가설시 하중 : ER

교량 가설시에는 가설단계별 가설방법과 가설중의 구조를 고려하여 자중, 가설장비, 기자재, 바람, 지진의 영향 등 모든 재하조건에 대한 안전도 검토를 수행하여야 한다.

3.20 차량충돌하중 : CT

3.20.1 구조물의 보호

구조물이 아래와 같이 충돌로부터 보호된 경우 차량충돌하중을 적용시킬 필요가 없다.

- 제방
- 구조적으로 독립된, 충돌에 강한 높이 1,370 mm가 넘는 방호울타리가 보호받아야 할 구조물로부터 3,000 mm 내에 있는 경우
- 높이 1,070 mm인 방호울타리가 보호받아야 할 구조물로부터 3,000 mm 이상 떨어져 있는 경우 이러한 경우 방호울타리는 구조적, 기하적으로 '**도로안전시설 설치 및 관리 지침**'의 규정에 따라야 한다.

3.20.2 구조물과 차량이나 열차의 충돌

3.20.1에서 허용된 경우를 제외하고 도로의 가장자리로부터 9,000 mm 내에 위치하거나, 궤도의 중심선으로부터 15,000 mm 거리 내에 위치한 교대나 교각은 1,800 kN 크기의 등가정적 하중에 대해 설계된다. 이 하중은 노면상 1,200 mm 높이에서 수평으로 임의의 방향으로 작용할 수 있다.

3.21 선박충돌하중 : CV

3.21.1 일반사항

설계수심이 600 mm 이상 되는 곳에 위치하며 배가 통행할 수 있는 수로에 건설된 교량의 모든 구조부재는 설계 시에 선박 충돌의 영향을 고려하여야 한다.

하부구조물의 설계를 위한 최소 설계충돌하중은 수로에서의 연평균유속과 같은 속도로 떠내려가는 빈 호퍼바지선을 기준으로 계산하여야 한다. 만일 교량 발주자에 의해서 특별히 승인된 것이 없다면, 설계 바지선은 화물을 싣지 않은 경우 중량이 200톤이고 10,700 mm × 60,000 mm 크기의 것으로 한다.

교량이 깊은 수로를 가로지르며 놓여 있고 배와 부딪치는 것을 예방할 수 있을 만큼 높이 설치되어있지 않은 경우에, 상부구조물에 가해지는 충격의 최소 설계값은 3.21.10.3에 규정된 돛대의 충돌에 의한 충격하중을 사용할 수 있다. 선박에 의한 충돌이 예상되는 하천에 건설되는 구조물은 다음의 사항을 만족하여야 한다.

- 선박에 의한 충돌하중에 견딜 수 있게 설계되거나,
- 방호물, 계선말뚝, 통로 또는 다른 안전을 위한 시설에 의해서 적절히 보호되어야 한다.

선박과의 충돌에 의한 충격하중은 교량과 아래사항과의 관계를 고려하여 결정하여야 한다.

- 수로의 기하학적 형상
- 수로를 이용하는 선박의 크기, 형태, 하중조건, 통과빈도
- 가용 수심
- 선박의 속도와 방향
- 충돌에 의한 교량의 구조적 거동

3.21.2 교량 발주자의 책임

교량 발주자는 교량의 중요도 등급, 해당교량에 대한 수로를 통행하는 선박의 밀도와 선박의 설계속도, 선박통과를 고려한 다리밑공간 확보를 위한 높이를 규정하거나 승인하여야 한다. 발주자는 방호시스템을 포함한 교량의 구성부재에 발생이 허용되는 손상의 정도를 규정하거나 승인해야 한다.

3.21.3 중요도 등급

3.21의 조항을 위하여, 항행 수로에 있는 모든 교량에 대하여 '중요' 또는 '보통'의 중요도등급을 결정하여야 한다. 중요 교량은 보통 교량에 비하여 발생확률이 더 적은 충돌 후에도 제 기능을 발휘해야한다.

3.21.4 설계선박

각 교각과 경간구조부재에 대한 설계선박을 선택하여야 한다. 이때, 그 설계선박 보다 더 큰 선박에 대하여 3.21.5에 의하여 계산한 추정 연간파괴빈도가 그 구조부재의 허용기준 보다 작아야 한다. 설계선박은 교량의 중요도등급과 선박, 교량 및 항로의 특성에 의하여 결정된다.

3.21.5 연간파괴빈도

교량구성부재의 연간파괴빈도는 식 (3.21.1)과 같이 산정한다.

$$AF = (N)(PA)(PG)(PC) \tag{3.21.1}$$

여기서, AF = 선박충돌에 의한 교량구성부재 파괴의 연간빈도

N = 형태, 크기 및 하중조건에 의해 분류된 수로를 이용하는 연간 선박의 수

PA = 선박의 항로이탈 확률

PG = 항로이탈한 선박이 교각이나 상부구조와 충돌할 기하학적 확률
PC = 항로이탈한 선박과 충돌할 때 교량이 파괴될 확률

AF는 각 교량구조부재와 선박 등급별로 계산되어야 한다. 전 교량에 대한 연간파괴빈도는 모든 부재의 AF를 합하여 구한다. 중요 교량에 대하여 전 교량에 대한 최대 연간파괴빈도 AF는 0.0001을 사용한다. 보통 교량에 대하여 전 교량에 대한 최대 연간파괴빈도 AF는 0.001을 사용한다. 설계선박 전체길이(LOA)의 6배보다 작은 수로에 대하여, 각 교각과 선박 상부구조물 구성부재의 연간 파괴빈도에 대한 허용기준은 전 교량의 허용기준을 수로에 위치한 교각과 경간구성부재에 분포시킴으로 결정할 수 있다. 폭이 LOA의 6배보다 큰 넓은 수로에 대하여, 각 기둥과 경간구조부재의 연간파괴빈도에 대한 허용기준은 전체 교량에 대한 허용기준을 입출항 항로의 두 중심선에서 좌우로 LOA의 3배 거리 내에 위치한 기둥과 상부 구조재들에 분포시켜 결정하여야 한다.

3.21.5.1 선박의 빈도분포

크기, 형태, 하중조건 및 이용가능수심에 근거하여 교량 밑을 통과하는 선박의 수(N)를 각각 기둥과 지간부재들에 대하여 구한다. 수로의 상태에 따른 왕래하는 선박의 수와 하중조건 간의 차이를 고려하여야 한다.

3.21.5.2 항로이탈확률

(1) 일반사항

선박의 항로이탈확률(PA)은 통계적 방법이나 근사적 방법으로 결정할 수 있다.

(2) 통계적 방법

해당 수로에서의 선박충돌, 추돌, 좌초에 대한 역사적 자료와 사고가 보고된 기간 동안 해당 수로를 통과한 선박 수에 대한 자료를 활용하여 통계분석 함으로써 항로이탈확률을 계산할 수 있다.

(3) 근사적 방법

항로이탈확률은 식 (3.21.2)와 같이 구할 수 있다.

$$PA = (BR)(R_B)(R_C)(R_{XC})(R_D) \tag{3.21.2}$$

여기서, PA = 항로이탈확률
BR = 항로이탈의 기본율
R_B = 교량의 위치에 따른 보정계수
R_C = 선박의 통과경로에 평행한 유속에 대한 보정계수

R_{XC} = 선박의 통과경로의 직각방향 유속에 대한 보정계수

R_D = 통행선박의 밀도에 대한 보정계수

항로이탈의 기본율(BR)은 다음과 같다.

- 배의 경우 : $BR = 0.6 \times 10^{-4}$
- 바지선의 경우 : $BR = 1.2 \times 10^{-4}$

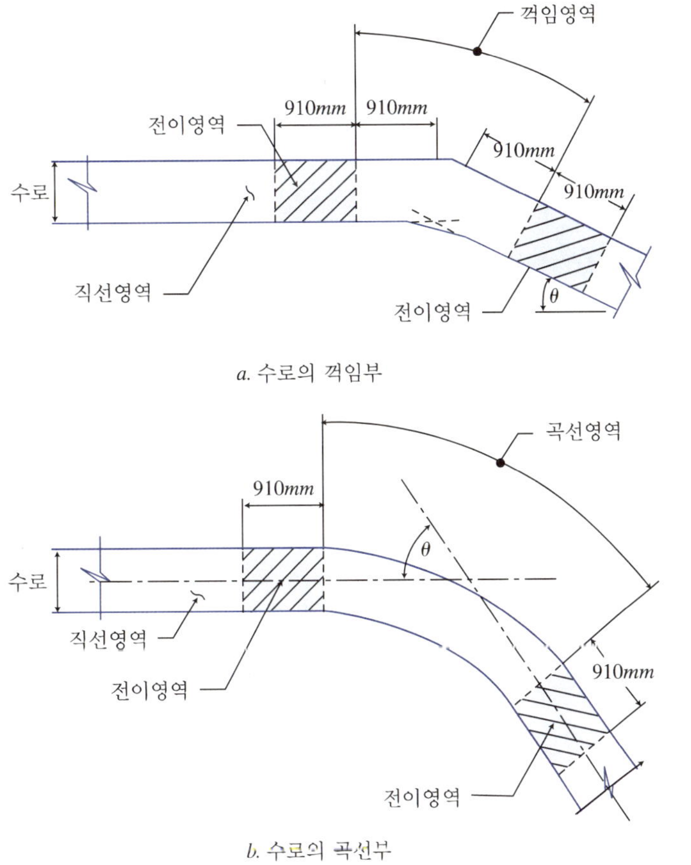

[그림 3.21.1] 교량 위치에 대한 수로 영역

[그림 3.21.1]에 나타낸 세 가지 수로영역에 대한 교량의 상대적인 위치에 관련된 교량위치에 따른 보정계수(R_B)는 식 (3.21.3~5)와 같다.

- 직선 영역: $R_B = 1.0$ (3.21.3)
- 전이 영역: $R_B = 1 + \dfrac{\theta}{90°}$ (3.21.4)

• 꺽임/곡선 영역: $R_B = 1 + \dfrac{\theta}{45°}$ (3.21.5)

여기서, θ = [그림 3.21.1]에 나타낸 꺽임 혹은 곡선영역의 회전각도(단위 : 도)

배의 통과경로에 평행한 유속에 대한 보정계수(R_C)는 식 (3.21.6)과 같다.

$$R_C = 1 + \frac{V_c}{19} \tag{3.21.6}$$

여기서, V_c = 배의 통과경로에 평행한 유속성분(단위 : km/h)

수로에서 배의 통과경로에 직각방향 유속에 대한 보정계수(R_{XC})는 식 (3.21.7)과 같다.

$$R_{XC} = 1.0 + 0.54\,V_{XC} \tag{3.21.7}$$

여기서, V_{XC} = 배의 통과경로에 직각방향 유속성분(단위 : km/h)

통행선박의 밀도에 대한 보정계수(R_D)는 교량에 인접한 수로에서 선박의 통행 밀도에 의해 선정된다.

• **저밀도** : 교량 인접부근에서 선박이 서로 만나거나 추월 하는 것이 드문 경우

$$R_D = 1.0 \tag{3.21.8}$$

• **평균밀도** : 교량 인접부근에서 선박이 서로 만나거나 추월하는 것이 간혹 있는 경우

$$R_D = 1.3 \tag{3.21.9}$$

• **고밀도** : 교량 인접부근에서 선박들이 일상적으로 만나거나 추월하는 경우

$$R_D = 1.6 \tag{3.21.10}$$

3.21.5.3 기하학적 확률

교량부근에서 항로를 이탈한 선박의 항로를 모형화하는데 정규분포를 이용할 수 있다. 기하학적 확률분포(PG)는 [그림 3.21.2]에 나타낸 바와 같이 교각의 양 측면에 놓인 두 선박의 중심선 사이의 범위에서 정규분포곡선을 적분한 면적이다. 이 정규분포의 표준편차(σ)는 3.21.4에 따라서 선택된 설계선박의 총길이(LOA)와 같다고 가정한다.

이 정규분포의 평균위치는 선박통과경로의 중심선으로 잡아야 한다. PG는 각 선박분류등급에 대한 선폭(B_M)에 근거하여 결정되거나 모든 분류간격에 대해 3.21.4에 따라 선택된 설계선박의 선폭(B_M)을 이용하여 결정될 수 있다.

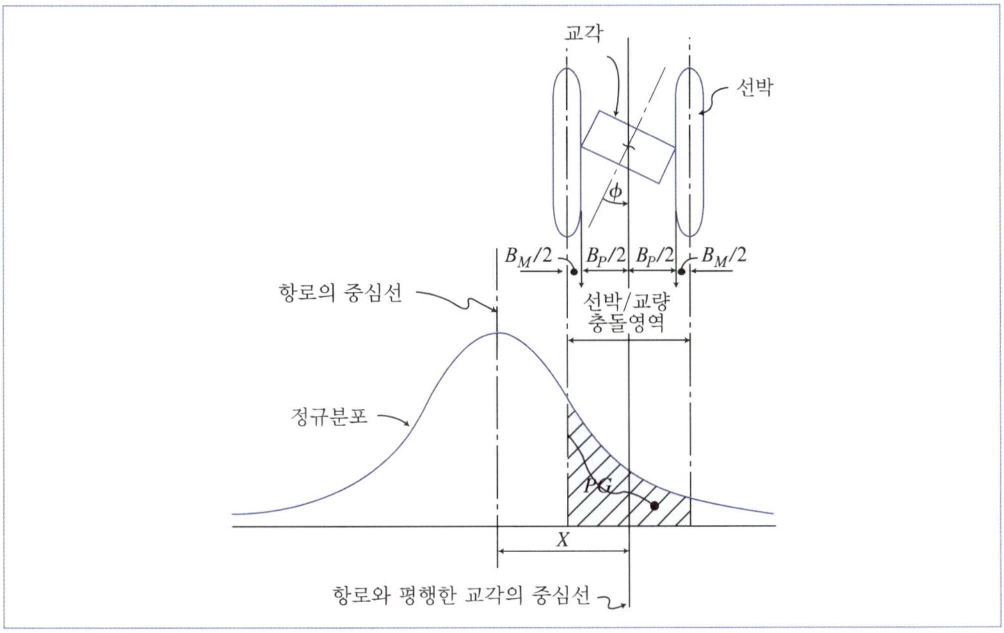

[그림 3.21.2] 교각충돌의 기하학적 확률

3.21.5.4 파괴확률

교량파괴확률(PC)은 선박의 충격하중(P)에 대한 교각의 횡방향 내하력(H_p)과 경간의 횡방향 내하력(H_S)의 비율에 따라 식 (3.21.11~13)과 같이 결정된다.

- $0.0 \leq \dfrac{H}{P} < 0.1$ 이면, $$PC = 0.1 + 9\left(0.1 - \frac{H}{P}\right) \tag{3.21.11}$$
- $0.1 \leq \dfrac{H}{P} < 1.0$ 이면, $$PC = \frac{1}{9}\left(0.1 - \frac{H}{P}\right) \tag{3.21.12}$$
- $\dfrac{H}{P} \geq 0.1$ 이면, $$PC = 0.0 \tag{3.21.13}$$

여기서, PC = 파괴확률

H = 교각내하력(H_p)이 상부구조물의 횡방향 내하력(H_S)으로 표현되는 수평하중에 대한 교량구조물의 강도(단위 : N)

P = 선박충격하중, P_S, P_{BH}, P_{DH} 또는 P_{MT}, 이들은 각각 3.21.8, 3.21.10.1, 3.21.10.2 및 3.21.10.3에 기술되었다(단위 : N).

3.21.6 설계충돌속도

설계충돌속도는 [그림 3.21.3]에서와 같이 결정된다.

V	설계충돌속도(단위 : m/s)
V_T	정상기상조건에서 수로를 지나는 선박의 보통 속도(단위 : m/s)로서 반드시 V_{MIN}보다 커야 한다.
V_{MIN}	최소설계충돌속도(단위 : m/s), 교량이 설치된 곳의 연평균유속보다 커야 한다.
X	수로의 중심선에서 교각표면까지의 거리(단위 : mm)
X_C	수로의 중심선에서 항로폭 끝단까지의 거리(단위 : mm)
X_L	설계선박의 전체길이의 3배 거리(단위 : mm)

바지선 예인의 경우에 설계선박의 전체길이(LOA)는 바지선과 예인선 길이의 합에 예인 로우프의 길이를 더하여 구한다.

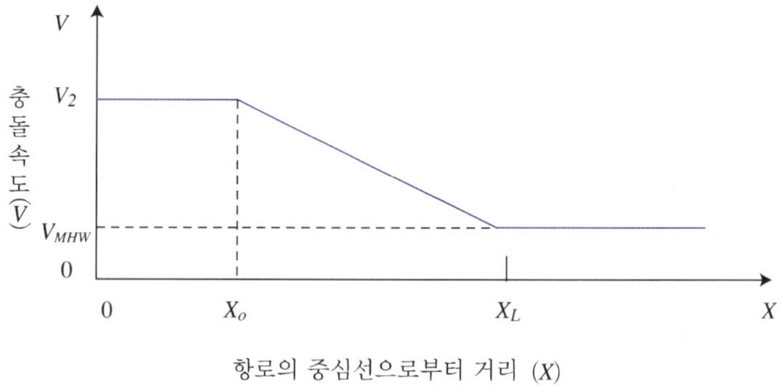

[그림 3.21.3] 설계충돌속도의 분포도

3.21.7 선박충돌에너지

이동 중인 선박이 교각과 정면으로 충돌하는 경우의 운동에너지는 식 (3.21.14)와 같이 구한다.

$$KE = 500\, C_H\, M\, V^2 \qquad (3.21.14)$$

여기서, KE = 선박의 충돌 에너지(단위 : J)

M = 선박의 용적 톤수(단위 : 미터톤)

C_H = 수리동적질량계수

V = 선박충돌속도(단위 : m/s)

선박의 질량(M)은 선박의 재하조건에 따라 결정되고 적재선박의 경우에는 비적재선박의 질량에 화물질량을 더하여 계산하며, 비적재나 가벼운 화물만을 실은 경우에는 비적재 선박의 질량에 선박의 수송을 위한 water ballast의 질량을 더하여 계산한다. 견인되는 바지선의 경우에는 용적톤수는 예인선의 질량과 예인되는 바지선들의 질량의 합이다.

수리동적질량계수 C_H는 식 (3.21.15~16)과 같이 구할 수 있다.

- 용골과 수로바닥과의 간격이 선박의 흘수×0.5보다 큰 경우 : $C_H = 1.05$ (3.21.15)
- 용골과 수로바닥과의 간격이 선박의 흘수×0.1보다 작은 경우 : $C_H = 1.25$ (3.21.16)

용골과 수로바닥과의 간격이 위의 기준치 사이에 있는 경우에는 적절히 보간하여 C_H값을 구한다. 용골과 수로바닥과의 간격(underkeel clearance)은 선박의 바닥과 수로의 바닥간의 간격으로 한다.

3.21.8 교각에 작용되는 선박 충격력

선박과 교각이 정면충돌하는 경우에 교각에 작용되는 힘은 식 (3.21.17)과 같다.

$$P_S = 1.2 \times 10^5 \ V \sqrt{DWT} \tag{3.21.17}$$

여기서, P_S = 등가 정적선박충격하중(단위 : N)

DWT = 선박의 적재중량톤수(단위 : 미터톤)

V = 선박의 충돌속도(단위 : m/s)

3.21.9 선박의 이물손상길이

견고한 물체에 부딪쳐 부서진 이물의 수평길이는 식 (3.21.18)과 같이 구할 수 있다.

$$a_S = 1.54 \times 10^3 \left(\frac{KE}{P_S} \right) \tag{3.21.18}$$

여기서, a_S = 손상을 입은 이물의 길이(단위 : mm)

KE = 배의 충돌에너지(단위 : J)

P_S = 식 (3.21.17)에서 규정된 배의 충격력(단위 : N)

3.21.10 상부구조물에 작용하는 선박의 충격력

3.21.10.1 이물의 충돌

상부구조물에 작용되는 이물충격력은 식 (3.21.19)와 같다.

$$P_{DH} = (R_{DH})(P_S) \tag{3.21.19}$$

여기서, P_{DH} = 노출된 상부구조물에 작용하는 이물충격력(단위 : N)

R_{DH} = 노출된 상부구조부깊이의 전체이물 깊이에 대한 비

P_S = 식 (5.3.21.17)에서 규정된 선박의 충격력(단위 : N)

이 조항에서 노출부는 충격영역에서 선박과 교량상부구조가 연직으로 겹쳐진 부분을 나타낸다.

3.21.10.2 갑판실과의 충돌

갑판실과의 충돌에 의하여 상부구조부에 미치는 충격력은 식 (3.21.20)과 같이 구한다.

$$P_{DH} = (R_{DH})(P_S) \tag{3.21.20}$$

여기서, P_{DH} = 선박 갑판실의 충격력(단위 : N)

R_{DH} = 아래에 규정된 감소계수

P_S = 식 (3.21.17)에서 규정된 선박의 충격력(단위 : N)

선박이 100,000 DWT 이상인 경우에는 R_{DH}는 0.1로 간주하고, 선박이 100,000 DWT 이하인 경우에는 감소계수를 식 (3.21.21)과 같이 구한다.

$$R_{DH} = 0.2 - (DWT/10,000) \times 0.10 \tag{3.21.21}$$

3.21.10.3 돛대와의 충돌

돛대와의 충돌에 의하여 상부구조부에 미치는 충돌력은 식 (5.3.21.22)와 같이 구한다.

$$P_{MT} = 0.10 P_{DH} \tag{3.21.22}$$

여기서, P_{MT} = 선박의 돛대 충격력 (단위 : N)

P_{DH} = 식 (3.21.20)에서 규정된 갑판실의 충격력 (단위 : N)

3.21.11 교각에 작용하는 바지선의 충격력

3.21에서는 표준호퍼바지선을 다음과 같은 제원을 가진 내륙하천에서 운항되는 바지선으로 택한다.

- 폭 10,700 mm
- 길이 60,000 mm
- 깊이 3,700 mm
- 비적재 흘수 520 mm

- 적재 흘수　　2,700 mm
- 질량　　1,730 미터톤

교각에 작용되는 표준호퍼바지선의 충격력은 다음과 같이 구한다.

- a_B < 100 mm인 경우 : $P_B = 6.0 \times 10^4\ a_B$ (3.21.23)

- a_B > 100 mm인 경우 : $P_B = 6.0 \times 10^6 + 1{,}600\ a_B$ (3.21.24)

여기서, P_B = 등가정적 바지선의 충격력(단위 : N)

a_B = 식 (3.21.25)에 규정된 바지선의 이물 손상길이(단위 : mm)

표준호퍼바지선 보다 큰 설계바지선의 충격력은 표준호퍼바지선의 충격력을 표준호퍼바지선 폭에 대한 큰 바지선 폭의 비율만큼 증가시켜서 사용한다.

3.21.12 바지선의 이물 손상길이

표준호퍼바지선에 대한 바지선의 이물 수평손상길이는 식 (3.21.25)와 같이 구할 수 있다.

$$a_B = 3{,}100\sqrt{1 + 1.3 \times 10^{-7} KE} - 1 \tag{3.21.25}$$

여기서, a_B = 바지선의 이물 손상길이(단위 : mm)

KE = 선박의 충돌에너지(단위 : J)

3.21.13 극단상황한계상태에서의 손상

극단상황한계상태에서 상부구조의 붕괴를 방지하기 위한 충분한 연성과 구조여용력이 잔여 구조계에 존재하는 경우에는 하부구조와 상부구조 부재에 대하여 비탄성 거동과 하중 재분배를 허용할 수 있다. 다른 방법으로서 교량구조물에 작용하는 선박의 충돌 하중을 없애거나 허용수준까지 줄이기 위해서 교각방호공을 설치할 수도 있다.

3.21.14 충격력의 작용

3.21.14.1 하부구조 설계

하부구조물의 설계를 위하여 항해수로의 중앙선에 평행한 방향 및 수직인 방향으로의 등가정적하중을 다음과 같이 독립적으로 작용시켜야 한다.

- 항해수로의 중앙선과 평행한 방향으로 작용하는 설계충격하중의 100%, 또는

- 항해수로의 중앙선과 수직인 방향으로 작용하는 설계충격하중의 50%

설계선박에 대하여 선체의 어떤 부분이나 이물 등에 의한 접촉에 노출되어 있는 하부구조물의 모든 부재는 작용하는 하중을 견뎌낼 수 있도록 설계되어야 한다. 배나 바지선 이물의 돌출부, 경사 또는 flair **거리**(overhang, rake or flair distance) 등은 선박과의 접촉에 노출되어 있는 하부구조물의 부위를 결정하는데 고려되어져야 한다. 선체의 이물이 파손되어 하부구조의 퇴행부분이 접촉되는 경우도 고려되어져야 한다. 여기에서 규정된 두 가지 설계의 경우에 있어서 충격하중은 하부구조물에 다음과 같이 작용되어야 할 것이다.

- 전체적인 안정을 위해서, 설계충격하중은 [그림 3.21.4]에서와 같이 수로의 평균수위 높이에서 하부구조물에 집중하중의 형태로 가해진다.
- 국부적인 충돌하중에 대해서, 설계충격하중은 [그림 3.21.5]에서와 같이 이물 깊이에 대하여 등분포된 수직선상의 하중으로 가한다. 하부구조물에 충격하중이 가해질 수 있는 접촉면적을 결정하는데 있어서 이물의 형태는 전방으로 경사됐다고 가정한다. 바지선에 있어서의 국부적인 충격하중은 [그림 3.21.6]과 같이 최선단 블럭의 깊이에 대하여 등분포된 수직선상의 하중으로 고려한다.

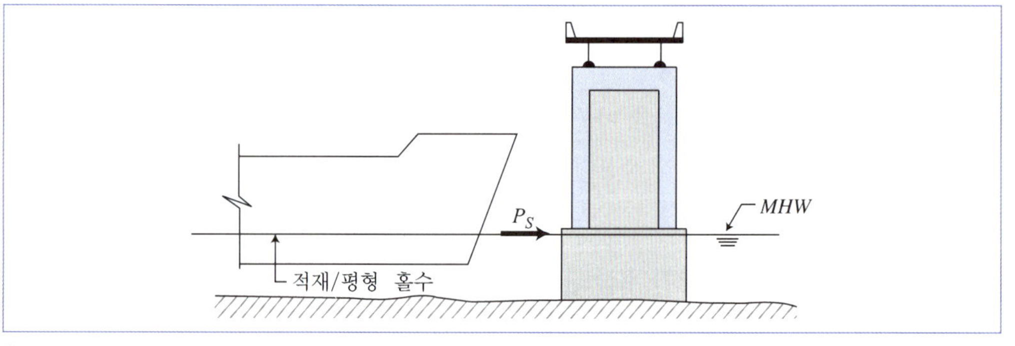

[그림 3.21.4] 교각에 작용되는 배의 집중충격력

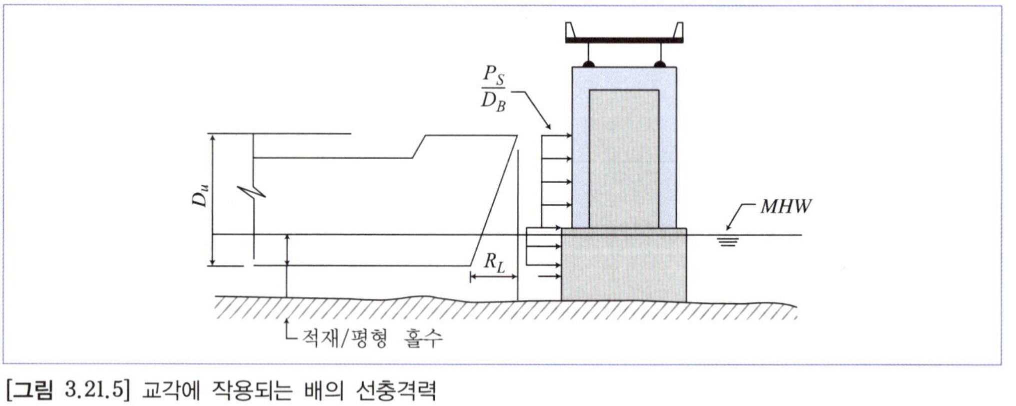

[그림 3.21.5] 교각에 작용되는 배의 선충격력

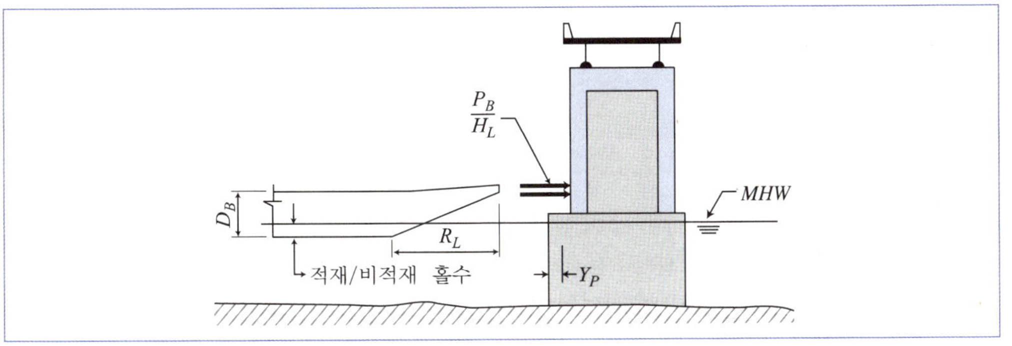

[그림 3.21.6] 교각에 작용되는 바지선의 충격력

3.21.15 하부구조물의 보호

선박충돌에 대한 교각의 노출 위험도를 줄이거나 없애기 위해 펜더, 군말뚝, 말뚝지지 구조물, 돌핀, 인공섬 또는 이들을 조합한 방호공을 설치할 수 있다. 방호공은 충돌에 대해 심한 손상을 받거나 붕괴될 수도 있지만 이는 충돌선박이 교각에 충돌전에 방호공에 의해 정지되거나 또는 방향이 재조정되어 교각으로부터 멀어지는 경우에 한한다.

3.22 마찰력 : FR

마찰력은 마찰면 사이의 최대 마찰계수에 기초하여 계산하여야 한다. 일반적인 경우에 수분의 영향과 마찰면 또는 회전면의 마모 또는 오염으로 인한 마찰계수의 변화를 고려하여야 한다.

참고문헌

1) Timoshenko, S. and S. Woinowsky-Kreiger (1959). *Theory of Plates and Shells*, 2nd ed., McGraw-Hill, New York.
2) 平井 敦 他 (1967), *鋼橋 Ⅲ*, 技報堂(株).
3) 吉町 太郎一 (1970), *鋼橋の理論と計算*, 石崎書店.
4) Timoshenko, S. and J. N. Goodier (1970). *Theory of Elasticity*, 3rd ed., McGraw-Hill, New York.
5) Horne, M. R. (1971). *Plastic Theory of Structures*, Willan Clowes & Sons, Lodon, UK.
6) Cheung, Y. K. (1976). *Finite Strip Method in Structural Analysis*, 1st ed., Pergamon Press, New York.
7) Neal, N. G. (1977). *The Plastic Methods of Structural Analysis*, 3rd ed., Chapman & Hall, London, UK.
8) Loo, Y. C. and A. R. Cusens (1978). *The Finite Strip Method in Bridge Engineering*, View Point Publications, Great Britain, UK.
9) Ugural, A. C. (1981). *Stresses in Plates and Shells*, McGraw-Hill, New York.
10) 장동일 (1982), *강구조공학*, 창지사.
11) Ghali, A. and A. M. Neville (1989). *Structural Analysis-A Unified Classical and Matrix Approach*, 3rd ed., Chapman & Hall, New York.
12) Hambly, E. C. (1991). *Bridge Deck Behavior*, 2nd ed., E & FN SPON. An imprint of Chapman & Hall, London, UK.
13) 中井 博, 北田俊行 (1992), *鋼橋設計の基礎*, 共立出版(株).
14) Finch, T. R. and J. A. Puckett (1992). "*Transverse Load Distribution of Slab-Girder Bridges*," Report 92-9, Vol. No. 5, Mountain Plains Consortium, Fargo, ND.
15) AISC (1994). *LRFD Manual of Steel Construction*, 2nd ed., AISC, Chicago, IL.
16) 김생빈, 유우수 (1995), *강구조공학*, 기문당.
17) *도로교표준시방서* (1996), 대한토목학회.
18) 황학주 (1996), *최신교량공학*, 동명사.
19) 조효남 (1999), *교량공학*, 구미서관.
20) 이우현 (1999), *교량공학*, 청문각.
21) 이재훈, 김익현, 최진호, 정혁창 (2008), *철근콘크리트 교각의 연성도 내진설계 기술*, 서울대학교 교량설계핵심기술연구단, 국토해양부 건설기술혁신사업.
22) AASHTO (1994, 1998, 2004, 2007, 2010). *LRFD Bridge Design Specification*, 1st~5th ed., AASHTO, Washington, DC.
23) 도로교설계기준(*한계상태설계법*) (2015), (사)한국도로교통협회, 2014.12
24) *하중저항계수설계법에 의한 강구조설계기준* (2015), (사)한국강구조학회, 2014.4.21

제3편

강교의 구조해석

구조형태와 구조물의 이상화·구조해석 이론 01

1.1 구조형태와 구조물의 이상화

1.1.1 개요

역학을 공부하려는 학생들에게는 실제 구조물이 어떻게 구성되어 있으며 구성된 각 부분들이 받는 힘의 작용점, 크기, 방향을 이해하는 것은 대단히 중요하다. 그리고 실제 구조물을 해석하기 위해서는 구조물을 어떻게 모형화하고 풀어내는 가를 이해하고 평가하는 점도 매우 중요하다.

구조기술자는 구조물에 힘, 하중, 변위 등이 작용할 때 전체적인 구조물의 응답을 정확하게 예측할 수 있어야만 한다. 이러한 예측은 실제의 구조물에 적절한 가정을 도입하여 해석 가능한 이상화한 구조물로 모형화하고 이를 풀어내는 구조해석에 기초를 두고 있다. 구조물에 작용하는 **힘**(force)은 크기와 방향으로 정의되며 [그림 1.1.1]에 나타낸 바와 같이 **5가지 형태의 단면력(인장, 압축, 휨, 전단, 비틀림)**을 발생시킨다. 이들 **힘의 효과**는 **회전**(θ)과 **이동변위**(δ)를 발생시키다. 이 구조물이 평형상태라면 구조물을 구성하는 모든 부재도 평형상태이어야 한다. 그리고 전체구조물에 정적평형방정식을 적용할 수 있는 것처럼 각 부재에 대해서도 적용이 가능하다. 따라서 각 부재에 작용하는 모든 힘을 포함한 부분도를 그릴 수 있고, 거기에 정적평형방정식을 각각 적용할 수 있다. 이러한 그림을 **자유물체도(FBD, free body diagram,** [그림 1.1.1(b)-(e)참조)라 한다. 자유물체에 작용하는 힘은 그 부재에만 작용하는 외력과 반력, 그리고 인접 부재에서 전달되어 온 내력을 포함한다. 구조기술자는 실제구조물이 다음과 같은 기준을 만족할 수 있도록 책임을 다해야만 한다.

① 강도(strength)

구조물과 구조물의 각 부분은 여러 가지 하중에 저항할 수 있도록 충분히 강해야 한다. 즉 구조부재의 계산된 응력들(축력, 전단력, 휨)은 **안전성확보**를 위해 구조부재로 선정된 재료의 규정된 허용범위를 초과하지 않아야 한다.

② **강성(stiffness)**

구조물과 구조물의 각 부분은 과대하게 하중이 작용하더라도 쏠리거나 변형되지 않도록 충분한 강성을 가져야 한다. 부재의 강성은 부재의 물리적 차원과 부재재료의 역학적 성질의 함수이다. 전체구조물의 강성은 각 부재들 강성의 함수이다. 구조물의 처짐 또는 변형의 허용치는 일반적으로 실제 설계규정에 **사용성**으로 규정되어 있다.

③ **안정(stability)**

구조물과 구조물의 각 부분은 압축하중이 작용할 때 **좌굴**이 없이 충분한 **균형**을 이루어야만 한다. 구조부재는 안정하여야 하고 부재재료의 **역학적 성질**뿐만 아니라 부재의 **세장성**(가느다란 정도, **slenderness**)에서도 안정하여야 한다.

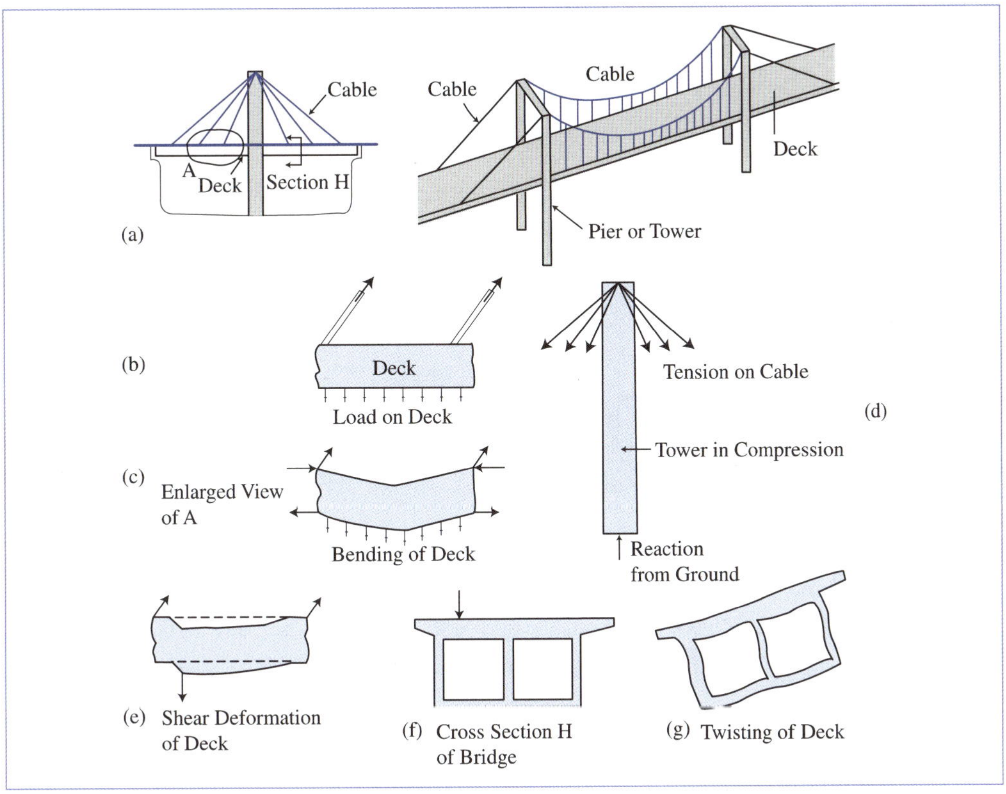

[그림 1.1.1] 구조물과 자유물체도 및 변형

1.1.2 뼈대 또는 일차원 구조물

1.1.2.1 보 (Beam 또는 Girder)

보는 부재의 축에 직각인 방향으로 작용하는 하중을 지지하는 가장 단순한 휨부재로 단면에는 전단력과 휨모멘트가 발생한다. 휨부재의 오목한 부분에는 압축응력이, 볼록한 부분에는 인장응력이 발생한다. 지점에서 연직방향의 지지만 하면 되므로, 지점의 설계가 용이하며 연직공간을 적게 차지한다. 공간이 제한된 고층건물의 바닥이나 천정을 지지하는 구조로 적합하나 재료를 비경제적으로 사용하는 단점이 있다.

1.1.2.2 케이블 (cable)

케이블은 휨 강성이 없이 단지 인장력만으로 하중을 지지하고 압축에는 저항할 수 없는 구조를 말한다. 따라서 케이블은 인장강도가 큰 재료로 만들어지며, 케이블구조는 이러한 케이블 인장력의 연직성분이 하중과 평형을 이루도록 설계된 구조이다. 케이블에 작용하는 하중의 위치가 변하거나 몇 개의 하중이 동시에 작용하면 케이블의 기하학적 형상이 많이 변화한다. 수직방향으로 등분포하중이 작용할 때의 케이블 형상은 포물선이 되고, 케이블의 길이에 따라서 일정한 분포하중이 작용하면 현수선(catenary)이 된다. 대표적인 케이블 구조로는 현수교, 사장교와 같은 교량과 지붕구조, 케이블카 등을 들 수 있다[그림 1.1.1].

1.1.2.3 아치 (arch)

아치는 하중에 의하여 부재에 발생하는 압축력은 크고, 휨모멘트는 작은 특성을 갖는다. 즉, 케이블 구조의 특성과 거의 반대되는 성질을 갖는다고 말할 수 있다.

1.1.2.4 트러스 (truss)

이상적인 트러스는 부재와 부재가 마찰이 없는 힌지로 연결된 구조로서 기본형태는 삼각형이다. 이러한 이상적인 트러스는 절점하중만을 고려하므로 부재에는 축방향력만 발생한다. 그러나 실제 트러스 부재간의 연결은 연결판을 사용한 볼트이음이거나 용접이음이다. 따라서 이러한 강절(rigid joint)에는 재하시에 휨 응력이 발생되나, 그 크기가 대단히 작으므로 힌지로 가정하여 해석하여도 만족스런 결과를 얻을 수 있다. 보와 마찬가지로 트러스의 상현재는 압축력, 하현재는 인장응력에 저항하고, 전단에 대한 저항은 수직재와 사재가 감당한다. 트러스 구조는 재료를 경제적으로 사용하기 위해 보에서 휨 응력이 작은 단면의 중앙부에서 휨 응력이 큰 단면의 상하부로 재료를 이동시킨 것과 같은 구조형태로서, 주로 장지간의 구조물에 적용된다. 장지간의 트러스에서는 압축재의 길이가 길어지고, 압축력이 커지므로 압축재에 좌굴이 발상할 가능성이 있다. 교량, 건물의 지붕이나 브레이싱 등을 트러스로 구성할 수 있다. 송신탑은 일종의 트러스이다.

1.1.2.5 격자구조 (grille, horizontal grid)

격자구조는 직교하는 두 방향에 나란하고 각각 등간격인 보로 이루어진 구조로서 면외 하중을 받을 경우 이것을 연속체로 생각하면 보의 간격이 그 경간에 비하여 대단히 작다면 근사적으로 판구조로 볼 수 있다. 격자구조에는 보가 직교로 배열된 경우와 대각 배열된 경우가 있으며,

이 구조계에서 보는 휨과 비틀림에 대해 설계되어야 한다. 얇은 박막 지붕(lamella roof)은 3차원으로 변하는 대각 격자구조이다. 부재가 강체로 연결되어 있다면 이들 부재에는 축방향 압축력, 휨, 비틀림이 조합되어 작용하게 된다. 그러나 추가된 부재들이 유연한 절점을 갖는 삼각뼈대로 더해져 있다면 이들 부재에는 단순한 축방향 인장력이나 압축력이 작용하게 된다.

1.1.3 면 구조물 (surface structures)

1.1.3.1 평판 (plane plate)

인장응력과 압축응력 및 휨응력 뿐만 아니라 비틀림까지 받을 수 있는 구조로서 굴곡이 없는 판을 평판구조라 한다. 평판구조는 작용하는 외적하중을 구조표면으로 지지하는 구조물로서 구조단면의 중립면이 2차원 평면인 기하형상을 갖는다. 평판구조는 1차원적인 선형 휨 거동 구조인 보의 거동을 2차원적 평면, 휨 거동으로 확장한 휨 저항 평면구조물이다. 전형적인 평판구조로는 건물의 바닥판이나 교량의 바닥판(deck) 등이 있다.

1.1.3.2 쉘 (shell)

쉘구조는 작용하는 외적하중을 구조표면에 의해 지지하는 구조물로서 곡면의 기하형상을 갖는다. 쉘구조는 1차원 곡선구조인 아치나 케이블의 축압축이나 인장거동을 2차원 곡면거동으로 확장한 곡면구조물로서 아치와 케이블의 축력은 쉘에서 막력(membrane force)으로 나타낸다. 가장 일반적인 쉘구조로는 돔, 스타디움, 곡면 지붕구조 등을 들 수 있다. 쉘구조는 곡면의 기하적 형상, 재료, 변위, 단면력 등이 3차원적으로 상호작용을 하기 때문에 그 해석이론이 매우 복잡하므로 보다 전문적인 역학교재에서 다루게 된다.

1.1.3.3 절곡판 (folded plate)

절곡판은 뾰족한 끝단을 갖는 평판이 직으로 구성되어 있으며, 휨이 작용되기 때문에 평판이나 쉘로는 만들 수 없다. 절곡판구조의 판판한 면은 콘크리트 타설로 쉽게 시공할 수 있다.

1.1.4 구조물의 이상화 (idealization)

1.1.4.1 구조물의 형태

합리적이고 간편하면서 정확하게 구조물의 여러 부분에서 응력을 계산하기 위해서는 구조해석에 적합하도록 단순하게 구조물을 나타낼 필요가 있다. 구조요소는 폭과 두께가 있으며, 집중하중은 단일 점에 작용하는 경우가 거의 없고 오히려 집중하중은 작은 면적에 분포된다. 그러나 이런 특징들을 상세하게 고려한다면 구조물의 해석은 거의 불가능할 정도로 어려울 것이다. 실제 구조물을 해석에 적합하도록 단순한 시스템으로 대체하는 과정을 **구조 이상화**(structural idealization)라 한다.

일반적으로 대부분의 경우 입체뼈대구조물은 구조물의 부재중심축을 따라 선으로 **이상화한 구조물**(idealized structure)로 **모형화**(modeling)하여 구조요소를 나타낸다. 이러한 방법으로 이상화된 구조물의 스케치를 일반적으로 **선-도형**(line diagram)이라 한다.

[그림 1.1.2(a)]는 실제 입체뼈대구조물이고, [그림 1.1.2(b)]는 실제구조물을 직선으로 이상화하여 모형화한 골조구조물이다. 입체구조물의 해석기법은 매우 복잡하므로 [그림 1.1.2(b)의 골조구조물을 [그림 1.1.2(c)]에 나타낸 바와 같이 각 각 평면구조물로 분해시킨다. 각 뼈대는 실제 다른 평면뼈대에 결합되고 상호작용 함에도 불구하고 구조물 전체하중의 몫이 각 뼈대에 분담되어 독립적으로 작용하는 것으로 가정되었다.

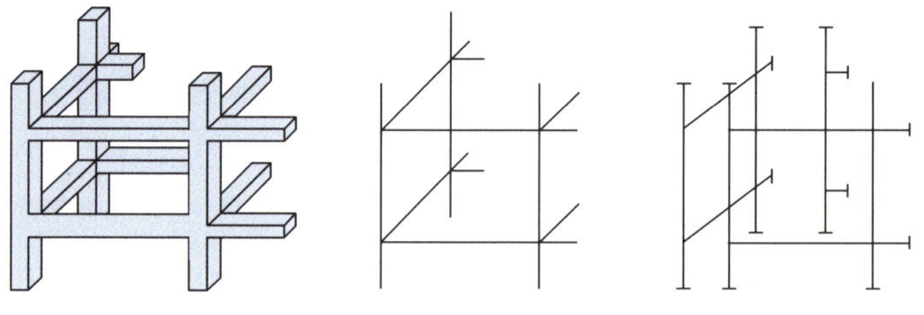

[그림 1.1.2] 구조물의 모형화

[그림 1.1.3]에 나타낸 바와 같이 트러스 구조물에서 리벳이나 볼트이음으로 된 **실제 이음**(actual joint)을 한 점으로 축소하여 **핀**(pin) 또는 **활절**(hinge)로 **이상화**시키는 것이 중요하다.

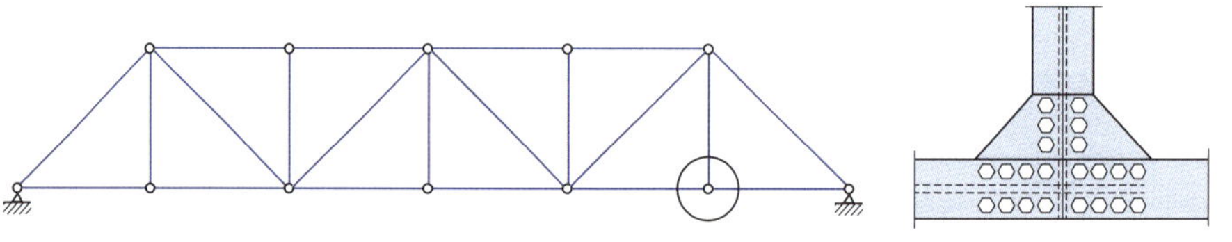

[그림 1.1.3] 트러스에서 이음의 이상화

더구나 빌딩에서 바닥슬래브인 플래이트 구조는 일반적으로 플래이트 또는 쉘의 두께를 다른 부재와 비교할 때 얇으므로 평면 세그먼트로 모형화 한다.

[그림 1.1.4]에 나타낸 바닥판, 기둥, 아치를 일체로 현장 타설하는 철근콘크리트 아치교를 고려해 보자. 예비설계에서 수직 기둥으로 지지되어 있는 연속 판요소인 바닥판은 직선요소로 보고 해석하고, 기둥하중을 지지하는 콘크리트아치는 곡선요소로 해석한다.

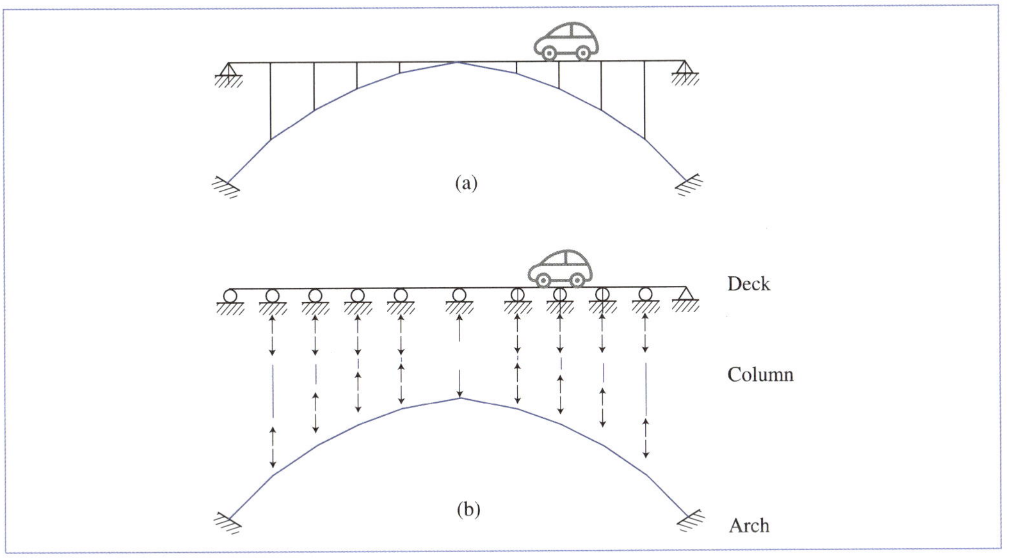

[그림 1.1.4] 철근콘크리트 아치교

1.1.4.2 연결(connections)과 지점조건(support conditions)

일반적으로 **연결** 또는 **이음**은 핀(pin or hinge, [그림 1.1.3]) 또는 강체(rigid, [그림 1.1.5])로 가정되었다. 실제는 그렇지 않지만, **용접이음**은 완전한 강체로 가정되었으며, 이렇게 가정된 강체이음은 설계모멘트를 받게 되고 이음에서 하중작용 전후 조립된 부재의 중심선 사이의 각도를 유지하게 된다.

한편, 실제는 그렇지 않지만, 역학에서 **볼트이음**은 완전한 회전을 허용하는 마찰이 없는 핀으로 가정되며, 이렇게 가정된 핀 연결은 전단력과 비틀림 모멘트는 받을 수 있으나 휨모멘트는 받을 수 없다.

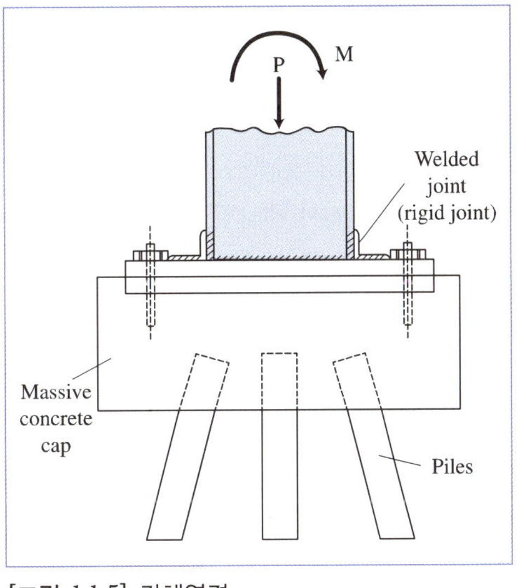

[그림 1.1.5] 강체연결

역학에서는 **지점**(supports or bearings)에 대해서도 이러한 이상화가 적용되며, 지점은 **고정지점**(fixed supports), **회전지점**(또는 **힌지**, hinged supports) 또는 **이동지점**(roller supports)으로 가정된다. 고정지점은 회전과 이동을 할 수가 없으며, 회전지점은 이동할 수 없고 휨에 대해 회전이 가능하며 비틀림이 구속되어 있다. 이동지점은 지지 면에 평행한 방향으로만 이동하고 회전이 가능하다. 실제 [그림 1.1.6(a)]에 나타낸 철재뼈대의 지점은 [그림 1.1.6(b)]와 같이 이상화된다. 지점 A는 고정지점, 지점 D는 회전지점(힌지)로 이상화되었다. 지점의 여러 가지 형식에 대해서는 제2장의 구조물의 개론에 나타내었다.

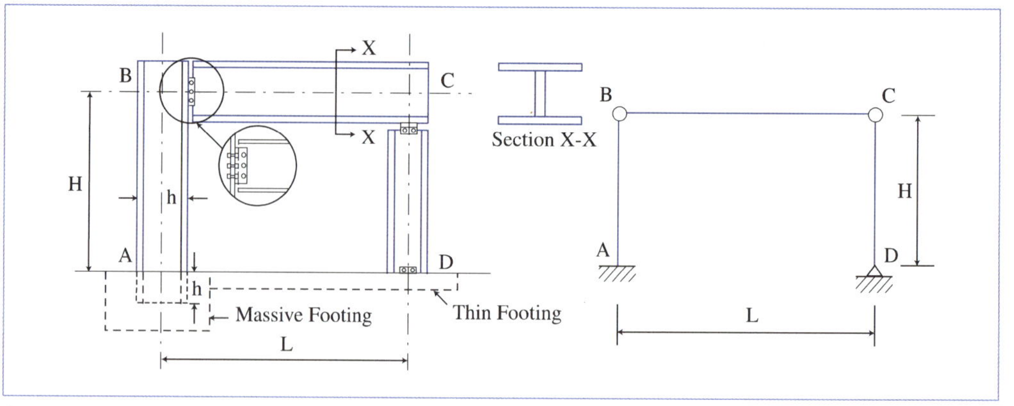

[그림 1.1.6] 철재뼈대에서 연결의 이상화

1.1.4.3 하중

구조물에 작용하는 힘을 하중이라고 하고, 구조물을 설계할 때 고려해야 할 하중은 중력, 풍력, 수압, 가속도, 온도변화, 건조수축, 마찰, 지진, 충격 등에 의한 것들이다.

1.1.4.4 재료의 거동

모든 구조재료의 거동은 **미시적 수준**(microscopic level)에서 **비등방성**(nonisotropic)인 것으로 알고 있다. 강재는 미시적 수준에서 등방성이고 비례한도 내에서 **선형탄성거동**을 한다. 반면에 철근콘크리트는 **비선형거동**을 한다.

앞에서 언급한 바와 같이 실제구조물의 이상화는 구조물의 계획진행에 매우 중요하다. 실제 구조물을 설계하고 시공하는데 있어서는 이상적인 구조물을 선택하고 결정하는데 있어서는 기술자의 경험과 판단이 대단히 중요하다.

1.2 하중의 전달 경로

실제 구조물에서 하중이 작용하여 어떻게 구조물을 통하여 지지하는 기초까지 전달되는지 이해하고 평가하는 것이 대단히 중요하다.

1.2.1 하로 트러스 철도교

[그림 1.2.1(a)]에 나타낸 하로 트러스 철도교를 고려해보자. 철도트랙(railroad)은 가로보(floor beam)에 지지된 종방향 세로보(longitudinal stringer)에 의해 지지된다([그림 1.2.1(a)]). 이들 가로보의 양단은 수직 종방향 트러스의 하단패널이음에 붙어있다. 교대에는 수직트러스의 반력이 작용한다. 더구나 열차가 교량 위를 통과하는 것과 풍하중을 결부시켜 상단과 하단 패널이음위의 수직트러스에 수평력(횡방향력)이 작용한다. 이들 힘을 상단과 하단의 수평트러스가 받는다. 상단 수평트러스에 작용하는 하중은 양측끝단의 **교문구**(portal)가 받는다. 하중은 교대의 받침에 전달되고 최종적으로 지지하는 지반이 받게 된다. 철도 트러스교에서 하중이 하부기초로 전달되는 경로를 [그림 1.2.1(c)]에 나타내었다. 가로보와 하단 현브래이싱(chord bracing)에 대해서는 [그림 1.2.1(b)]에 나타내었다.

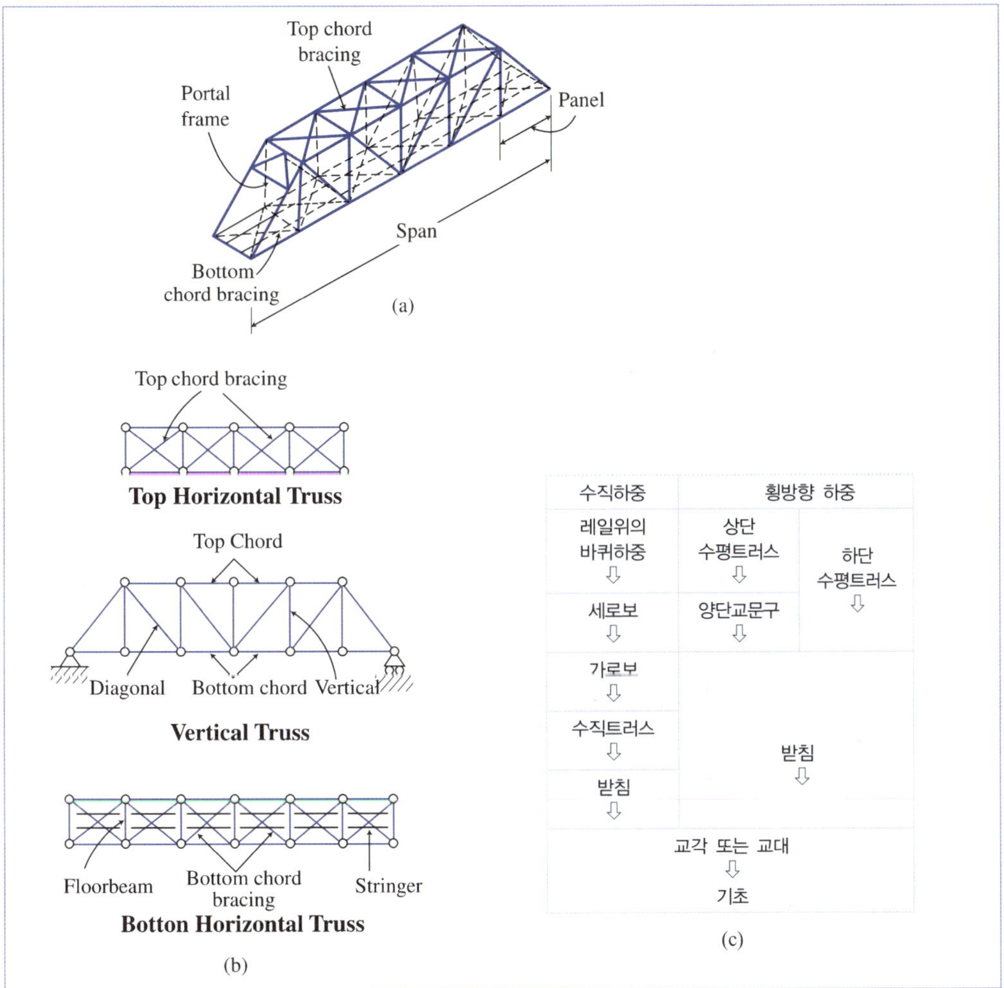

[그림 1.2.1] 하로 트러스 철도교의 하중전달

1.2.2 현수교

그리고 [그림 1.2.2(a)]에 나타낸 현수교를 고려해보자. 현수교는 주형(Girder) 또는 트러스인 강체, 수직재(hanger), 케이블(cable), 주탑(tower), 정착장치(anchor)로 이루어져 있다. 현수교의 하중전달과정은 [그림 1.2.2(b)]에 나타낸 바와 같다.

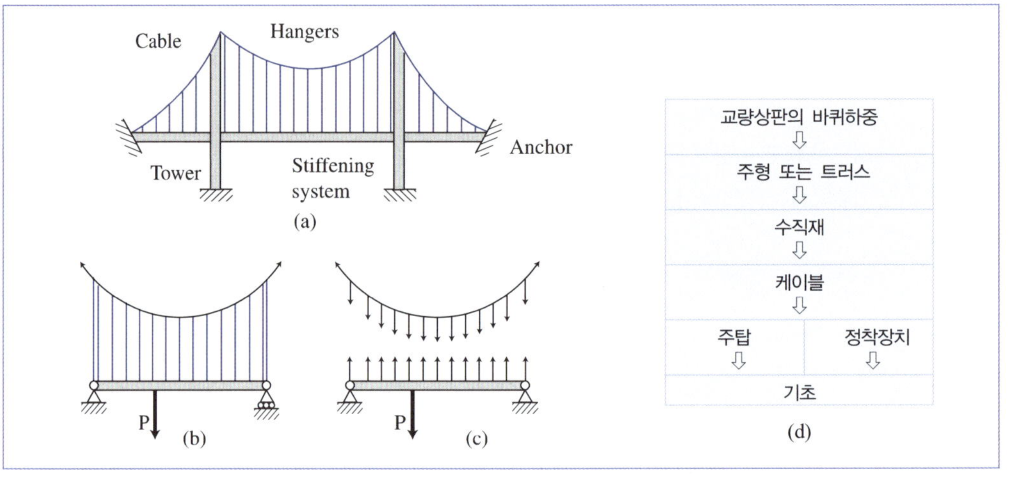

[그림 1.2.2] 현수교의 하중전달

1.2.3 철재 뼈대 건물

[그림 1.2.3(a)]는 철재 뼈대 건물의 표준 골조 평면을 나타낸 것이다. 주형 CD는 [그림 1.2.3(a)]와 같이 이상화되고, [그림 1.2.3(c)]에 나타낸 바와 같이 복부(web)만으로 기둥에 양단이 연결되어 있다. 이러한 건물의 하중이 전달되는 경로는 [그림 1.2.3(d)]에 나타낸 바와 같다.

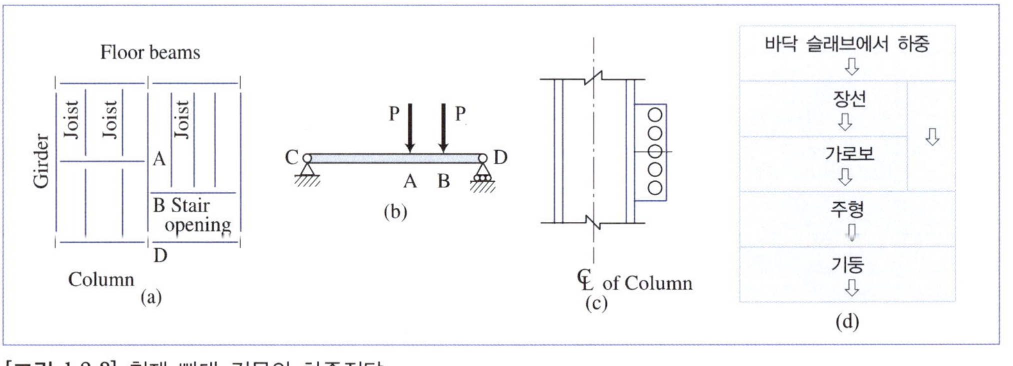

[그림 1.2.3] 철재 뼈대 건물의 하중전달

1.2.4 건물

[그림 1.2.4(a)]에 나타낸 건물의 수직하중, 횡방향하중, 종방향 풍하중의 전달경로는 [그림 1.2.4(d)]에 나타내었다. 이러한 건물에 대한 박공뼈대(gable frame)의 개념적 모형은 뼈대의 큰 처짐을 피하기 위하여 강체이음으로 된 [그림 1.2.4(b)]와 같다. 필요한 강체를 갖기 위한 용접이음은 [그림 1.2.4(c)에 나타낸 바와 같다.

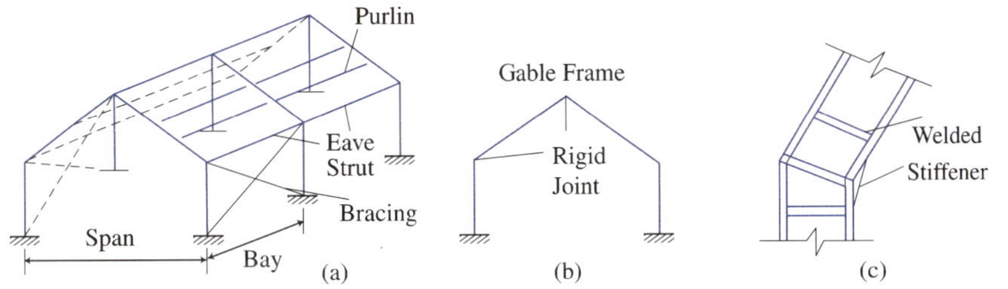

(d)

수직하중 ⇩	횡방향 풍하중 ⇩	종방향 풍하중 ⇩
마루대 및 처마 스트럿 ⇩	박공뼈대 ⇩	기둥간 브레이싱 ⇩
박공뼈대 ⇩		
기초		

[그림 1.2.4] 건물의 하중전달

1.3 겹침의 원리

겹침은 "**전체는 각각의 합과 같다**"는 논리와 과학에 기초한 원리를 기본으로 한 순수 이론적인 개념이다. 구조해석의 많은 부분이 겹침의 원리에 기초를 두고 있다. 겹침의 원리는 정정 및 부정정 구조물의 해석에 광범위하고 빈번히 사용된다. 여러 가지 원인(작용하중, 온도변화, 지점침하, 정해진 변형, 제작오차 등)이 구조시스템에 동시에 작용하거나 각각의 응답효과(반력과 내력, 변위, 변형도, 응력 등)가 각 원인에 직접적으로 비례한다면, 총 작용력 효과는 각각 응답효과를 모두 합하여 구할 수 있다.

정적 정정 안정구조물(statically determinate stable structures)에 대해 힘의 겹침 효과는 성립한다. 전체 구조물의 초기형상에서 변형은 미소하다. 변형이 없는 형상에서 평형방정식이 성립한다. 더구나 정적 정정 구조물에서 힘과 반력은 구조물의 형상에 의존한다. 독립적인 변형과 재료의 성질은 고려하지 않는다. 정적 부정정구조물에서 분리된 원인에 의한 힘의 겹침 효과는 구조물의 재료가 선형(Hooke**의 법칙**)이고 심한 **일그러짐**(distortion)이 없을 때에만 전체 힘의 효과가 성립한다.

변형효과의 겹침을 고려할 때, 변형을 일으키는 원인을 동일하게 다루는 것이 중요하다. 구조물에 심한 일그러짐이 없을 경우에는 정적 정정구조물이나 정적 부정정구조물에서 여러 가지 변형도에 의한 변형의 중첩은 충분히 성립한다. 그러나 하중이 원인이라면 힘과 응력은 변형도나 일그러짐에 관계되고, 이 경우에 구조물이 선형재료라는 조건에 대해서만 적용할 수 있다. [표 1.3.1]에 정정 및 부정정 구조물에서 **겹침의 원리의 적용조건**(필요조건과 충분조건)을 요약해 놓았다.

[표 1.3.1] 겹침의 원리의 적용조건

변형의 겹침				힘의 겹침	
정정 안정 구조물		부정정 안정 구조물			
변형도에 의한 변형	하중(힘 또는 응력)에 의한 변형	변형도에 의한 변형	하중(힘 또는 응력)에 의한 변형	정정 안정 구조물	부정정 안정 구조물
1. 구조물변형 전혀없음(미소변형) 2. 변형도-변위관계:선형	1. 구조물변형 전혀 없음(미소변형) 2. 변형도-변위관계:선형 3. 선형재료	1. 구조물변형 전혀없음(미소변형) 2. 변형도-변위관계:선형	1. 구조물변형 전혀없음(미소변형) 2. 변형도-변위관계:선형 3. 선형재료	1. 구조물변형 전혀없음(미소변형) 2. 선형재료 또는 비선형 재료	1. 구조물변형 전혀없음(미소변형) 2. 선형재료

1.3.1 탄성, 비탄성, 선형, 비선형 거동

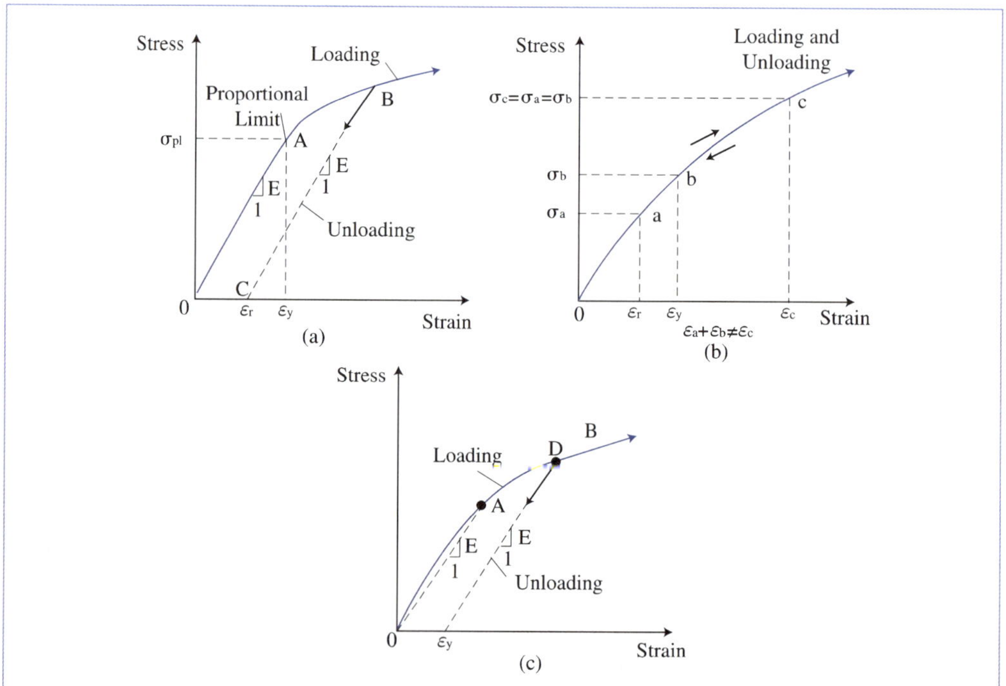

[그림 1.3.1] 재료의 거동 : (a) 선형탄성거동($O\leftrightarrow A$)과 비선형 비탄성거동($O\rightarrow A\rightarrow B\rightarrow C$)
(b) 비선형 탄성거동($O\leftrightarrow a\leftrightarrow b\leftrightarrow c$) (c) 비선형 비탄성거동($O\rightarrow A\rightarrow D\rightarrow \varepsilon_r$)

구조물에 하중이 작용할 때, 응력을 받은 부재의 길이는 변한다. 이때 하중을 제거하면 부재는 원상태의 길이로 복귀하는 구조거동을 **탄성**(elastic)이라고 한다. 반대로 하중을 제거하더라도 부재가 원상태의 길이로 복귀하지 않는 구조거동을 **비탄성**(inelastic)이라고 한다. 더구나 구조물의 각 부재의 응력-변형도 관계가 선형일 때, 구조물의 거동은 **선형**(linear)이라 정의하고, 그렇지 않다면 **비선형**(nonlinear)이라고 말한다.

구조물의 탄성거동은 **선형**(선형탄성구조, linear elastic structure, [그림 1.3.1(a)])이거나 **비선형**(비선형 탄성구조, nonlinear elastic structure, [그림 1.3.1(b)])이라고 할 수 있다. 더구나 비탄성거동은 **비선형**(비선형 비탄성거동, nonlinear inelastic behavior, [그림 1.3.1(c)])이라고 할 수 있다.

1.3.2 대칭과 겹침

많은 구조문제의 해석적 접근은 대칭(또는 하중이나 변형이 대칭이거나 역대칭)인 선형탄성구조물이라면 간단히 할 수 있다. 대칭과 겹침의 원리로 구조물을 분해하여 간단히 해석하는 예를 [그림 1.3.2]에 나타내었다. 실제 대칭과 겹침의 원리에 대한 적용에 대해서는 여러 장에서 다루게 될 것이다.

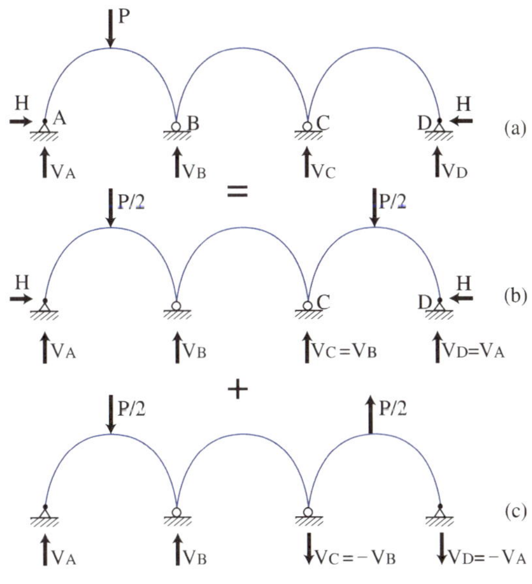

(a) 비대칭 하중작용 = (b) 대칭 하중작용 + (c) 역대칭 하중작용

[그림 1.3.2] 대칭과 겹침의 원리로 구조물을 분해

1.4 구조해석 이론

이 절에서는 구조역학을 공부하기에 앞서 구조해석 이론에 대해 기술하였다. 구조해석의 목적은 하중, 온도변화, 지점침하 등의 외적인 작용을 받는 구조물의 단면력(축력, 전단력, 휨모멘트 등)과 변위와 변형 및 응력분포를 구하여 안전한 구조물을 설계하는데 있다. 구조해석의 수준과 해석방법 또는 구조형식, 사용하중, 구조거동 등에 따라 구조해석법과 구조해석이론은 매우 다양하다. 물론 다양하고 전문적인 구조이론을 어느 한 기술자가 모두 알 수는 없다. 그러나 해석상 외력과 내력의 평형조건, 변위와 변형의 적합조건, 재료의 구성조건, 그리고 역학적 및 기하학적 경계조건을 만족시켜야 하는 데에 대해서는 충분히 알고 있어야 한다. 오늘날 고도로 전문화된 사회에서는 구조문제에 따라 그 분야의 권위적인 전문가에 의해 특정한 문제에 대한 고급구조해석이나 설계가 이루어져야 하지만, 일반 구조설계자나 전문가는 일반구조물에 대한 **고전적인 구조해석이론**과 Computer**에 의한 구조해석이론** 정도는 잘 알고 있어야 한다. 급변하는 다양한 고급구조해석이론에 대한 기초개념을 알고 있어야 복잡한 구조시스템의 해석과 설계를 성공적으로 수행할 수 있을 것이다.

[표 1.4.1]은 교량형식, 평면형태, 지지형식별로 여러 해석방법의 적용성을 비교한 것이다. 표 중의 해석방법은 2차원 및 3차원 해석방법으로 분류할 수도 있다. 2차원 해석방법에서는 교량상판을 판이나 또는 상호 연결된 격자로 이상화한다. **판해석**(plate analysis)으로 하는 경우에는 **직교성판**(orthotropic plate) 방정식을 Fourier급수에 의하여 해석하거나, **유한차분법**(FDM, finite difference method)에 의하여 해석할 수 있다. 또한 판이론에 의거한 설계도표를 이용하여 근사해석할 수 있다.

[표 1.4.1] 교량의 해석방법

교량형식		직교성판 이론	직교성판 이론-설계 도표	절곡판	유한 요소	유한 대판	격자 해석	입체 뼈대	유한 차분
상판형식	슬래브	◉	◉		◉	◉	◉		◉
	중공슬래브	◉	◉		◉	◉	◉		◉
	보-슬래브				◉	◉	◉		
	합성	◉	◉		◉	◉	◉		◉
	직교성	◉	◉		◉	◉	◉		◉
	박스			◉	◉	◉	◁	◉	
평면형태	직교	◉	◉	◉	◉	◉	◉	◉	◉
	사교				◉		◉	◉	◉
	곡선교	◉			◉	◉	◉	◉	◉
	임의형태				◉		◉	◉	◉
지지형식	단순지지	◉	◉	◉	◉	◉	◉	◉	◉
	연속지지	◉		◉	◉	◉	◉	◉	◉
	임의지지				◉		◉	◉	◉

판을 이산화된 유한크기의 삼각형 또는 사각형의 요소들이 조합된 것으로 모형화하는 **유한요소법**(FEM, finite element method)을 사용하여 교량을 해석할 수 있다. 이 방법에서는 유한요소들이 각 절점에서 연결된 것으로 생각하고, 주어진 하중 및 반력과 이에 대응되는 절점변위 간의 계방정식을 구성하고, 이를 해석하여 미지의 절점변위를 구한다. 응력과 변형률은 이 결과에 근거하여 해석할 수 있다. 교량축에 따라 교량지간과 같은 길이를 가진 종방향의 대판으로 교량이 구성된 것으로 생각하는 **유한대판법**(FSM, finite strip method)도 유한요소의 일종으로 볼 수 있다. 유한요소법은 3차원해석에 사용될 수 있고, 가장 일반적이고 강력한 컴퓨터해석법이고, 복잡한 문제에 대해서는 이것이 유일한 방법이 될 수 있다. 그러나 요소의 수가 증가함에 따라 계산시간이 증가하아여 비경제적일 수 있다. 따라서 보다 간단한 문제에 대해서는 다른 방법들이 효율적일 수 있다. 특히, 박스형구조에 대해서는 **절곡판이론**(folded plate theory)과 유한대판법이 보다 효율적이고 경제적이다.

교량을 상호 연결된 보가 강결된 절점에 의하여 연결된 것으로 근사화하는 방법도 일반적이다. 2차원 상판의 경우에는 **격자해석**(grid analysis)이 되고, 3차원의 경우에는 **입체뼈대해석**(space frame analysis)이 된다. 이들 방법은 구조해석의 **강성도법**(stiffness method)에 기준하여 쉽게 컴퓨터 프로그램화할 수 있다. 이러한 해석방법은 상판의 이상화와 입 · 출력자료의 처리에 있어서 유한요소법보다 효율적이다. 오늘날에는 입 · 출력기법의 발전으로 유한요소법을 효율적으로 사용할 수 있다. 설계시 해당 구조물의 설계특성에 적합한 구조해석용 컴퓨터 프로그램을 사용하고, 합리적으로 그 결과를 분석하고 적용해야 한다. 소프트웨어는 일반적으로 통용되는 상용프로그램을 사용하도록 하며, 자체개발 프로그램 사용시에는 프로그램 검증내용을 구조계산서에 수록하여야 한다.

1.4.1 정정 구조해석과 부정정 구조해석

구조물의 '**정정성**(determinancy)'에서는 정정 구조해석과 '**부정정성**(indeterminancy)'에서는 부정정 구조해석으로 구분 된다.

1.4.2 응력법과 변위법

구조해석방법에 따라 구분하면 크게 **응력법**(force method)과 **변위법**(displacement method)으로 구분할 수 있다. 응력법은 미지의 부재력(부정정력, 과잉력 또는 잉여력)을 **적합방정식**(Compatibility Equation)으로부터 구하는 해석이론이고, 변위법은 미지의 절점변위를 절점의 **평형방정식**으로부터 구하는 해석이론이다.

1.4.3 정적 및 동적해석

작용하중의 특성에 따라 구분하면 **정하중**(static load)의 작용으로 인한 정적 단면력, 처짐의 해석을 위한 **정적구조해석이론**과 구조물의 고유진동수, 진동모드의 동특성해석과 시간에 따라 변하는 **동하중**(dynamic load)의 작용으로 인한 동적응답해석을 위한 동적**구조해석이론**으로 나눌 수 있다. 실제 대부분의 구조물은 설계단계에서는 동하중을 등가정하중으로 취급하여 정적해석결과에 의해 구조설계를 한 후에 구조물의 동하중상태에서 정확한 동적거동을 평가하기 위해 엄밀한 동적해석을 수행하는데 장대구조물의 내진 및 내풍설계에서 흔히 사용되는 해석방법이다. 일반 토목구조물에서는 차량, 충돌하중, 폭발, 바람, 지진과 같은 동하중의 작용으로 인한 동적재하효과로부터 충격하중, 충돌에너지, 돌풍효과, 응답스펙트럼 등을 이용한 등가정하중효과를 구하여 등가정적해석만으로 설계하거나 구조안전도를 검토한다.

1.4.4 구조물의 형식에 따른 해석

(1) 뼈대 구조해석 – 보, 트러스, 라멘
(2) 면 구조이론 – 평판, 쉘
(3) 구체 구조해석 – 중력식 옹벽, 댐

고전적인 구조해석이론에서는 이러한 여러 가지 형식의 구조물들에 대한 해석이론이 서로 상이하였지만, 오늘날 **유한요소해석**(FEM, finite element method)에서는 해석이론은 동일하고 다만 이들 구조물의 해석을 위한 **요소강성방정식**(element stiffness equation)의 차이와 그 해석을 위한 유한요소와 구조모델링 상의 차이만 있을 뿐이다. 뼈대구조물의 해석법도 대개의 뼈대구조물이 원래는 입체적으로 3차원 구조시스템을 이루도록 골조를 형성하고 있지만, 하중의 작용이 **면내**(in-plane)**하중**으로 작용하거나 하중에 따라 평면변형이 지배적인 경우에는 종방향 및 횡방향의 평면구조물로 해석한다. 그러나 뼈대가 불규칙하고 하중이 구조물의 입체적인 3차원 변형을 유발하도록 작용하는 경우에는 입체구조물로 해석해야 한다.

1.4.5 구조물의 설계를 위한 해석

구조설계를 위한 정적 및 동적 구조해석에서는 특별한 경우를 제외하고는 일반적으로 **선형해석이론**이 사용된다. 실제 토목이나 건축구조물과 같은 거대한 구조물은 외력의 작용하에 구조물에는 구조물의 전체치수에 비해 변형의 크기가 대단히 작으므로 구조물이 진동하는 경우를 제외하고는 변형을 감지하기가 어렵다. 이와 같이 일반적인 구조물의 **미소변형**(small deformation)으로 인하여 작용외력과 탄성변형 사이에는 선형적인 관계가 성립하며 구조물해석을 대단히 쉽게 하는 기본원리의 하나로 **겹침의 원리**(principle of superposition)가 적용된다. 물론 **장주의 좌굴해석**은 외력과 휨변형이 **비선형**이므로 예외이지만 그 외의 선형탄성구조물의 미소변형구조해석에서는 모두 선형해석이 적용된다.

1.4.6 탄소성-비선형해석 및 유한변형-비선형해석

특히 지진이나 태풍과 같은 자연재해하중을 받게 되면, 이로 인하여 구조물의 손상이나 안전도를 해석할 때에는 구조물에 Hooke의 법칙이 성립하는 탄성한계를 넘어 과도한 응력이 발생하는 구조물에 대해서는 **비탄성**, **탄소성해석**을 해야 한다. 이러한 경우는 응력-변형률 관계가 비선형관계와 과도한 탄소성변형을 수반하는 매우 복잡한 **탄소성-비선형해석**을 하여야 한다. 유연한 장대교(현수교나 사장교 등)에서 작용외력으로 유한변형이 생기게 되면 변형된 구조물에 대해 평형조건으로 해석해야하므로 **유한변형-비선형해석**을 하여야 한다.

1.4.7 실무에 필요한 고급구조해석

(1) **구조안정이론**(structural stability theory)
좌굴파괴(구조불안정), 한계상태설계(LSD, limit state design), 하중저항계수설계(LRFD, load & resistance factor design)

(2) **내진해석** 및 **내풍해석**
장대구조물(장대교나 초고층빌딩)

(3) **피로파괴해석**(fatigue fracture analysis)
강구조물의 금속재료 접합부 등 안전도분석 및 피로수명해석

(4) **확률론적 구조해석** 또는 **구조신뢰성해석**(structural reliability analysis)
자동차, 선박, 해양, 우주, 항공구조물과 특수한 건설구조물 등 중요구조물의 정밀안전도에 대한 엄밀한 해석

(5) **복합재료**(FRP, fiber reinforced plastic) **구조해석**
신소재 복합재료 – 유리섬유(G-FRP), 탄소섬유(C-FRP), 아라미드섬유(A-FRP) 등

1.4.8 구조해석 모델

구조해석을 위한 해석 모델에는 하중, 기하학적 형상, 재료의 특성, 경계조건 등을 가급적 실제조건과 동일 또는 유사하게 표현하여야 하며, 필요한 경우에는 기초의 응답특성을 포함시켜야 한다. 한계상태 및 하중영향, 그리고 필요한 해석의 정밀도에 따라 해석 모델을 선정한다.

구조적으로 불연속인 난간, 연석, 중앙분리대와 방호울타리의 강성도는 구조해석에서 고려하지 않는다. 다만, 구조적으로 연속인 방호울타리는 사용한계상태 및 피로한계상태에 대한 검토와 구조적인 평가 시에만 해석 모델에 포함시킨다. 기초의 해석 모델에는 교량을 지지하는 지반의 성질을 적절히 고려하여야 한다. 내진설계의 경우, 전체적인 지반이동과 액상화가 고려되어야 한다. 받침에 들뜸(lift off)이 발생하는 경우, 해석 모델은 해당 받침에서 거더의 연직변위를 허용하여야 한다.

1.4.8.1 구조재료의 거동

① **일반사항**

재료는 탄성한계까지는 선형으로 거동하고 탄성한계를 넘어서는 비선형 거동을 한다고 가정한다. 해석 결과 구해진 극단상황한계상태에서의 구조물의 거동은 탄성이나 비탄성 영역 모두에 있을 수 있다.

② **탄성거동**

탄성재료의 성질과 특성은 [LSD **5장 콘크리트교와 6장 강교**]의 규정에 따른다. 재령에 따른 콘크리트의 강도 변화와 환경적인 영향으로 인한 재료의 물성치 변화를 모델에 적절히 포함시켜야 한다. 콘크리트와 합성부재의 해석에서는 예상되는 거동에 따라 균열 또는 비균열단면을 사용한다. 보-슬래브 교량에서는 콘크리트 바닥의 강성을 모두 고려하여도 좋다.

③ **비탄성 거동**

구조물을 비탄성 해석하는 경우에는 부재의 연성을 고려하여야 한다. 이 경우, 적절한 파괴 메커니즘과 그에 따른 소성힌지의 위치를 결정하여야 한다. 구조 부재에서의 전단, 좌굴, 부착력 상실에 의한 파괴가 휨 비탄성 파괴 메커니즘보다 먼저 발생하지 않는지 확인할 필요가 있다. 소성힌지가 발생할 것으로 예상되는 부재에서는 초과 강도가 발생한 경우를 검토하여야 한다. 대변형이 발생할 수 있는 경우에는 구조물의 기하학적 일체성이 손상되는지를 검토하여야 한다.

재료의 비탄성 모델은 실험 결과에 따르거나 실험으로 입증된 하중-변형 거동에 따라 결정하여야 한다. 심부구속 등으로 인하여 비탄성거동이 예상되는 경우에는 실험 모델에 그러한 구속을 가할 수 있는 것을 포함시켜야 한다. 극한 하중영향이 반복적으로 발생할 것으로 예상되는 경우에는 실험에 그 주기적인 성질을 반영하여야 한다.

특별히 규정된 경우가 아니면, 등단면 부재에 발생하는 응력과 변형은 단면 내에서 변형도를 선형분포로 가정하여 결정한다. 깊은보(deep beam) 또는 전단에 취약한 보는 전단변형 효과를 고려할 필요가 있다. 콘크리트 부재에 발생하는 최대 변형도는 [LSD **5장 콘크리트교**]에서 규정된 변형도의 한계를 넘지 않아야 한다. 필요한 경우 압축부재의 비탄성 거동을 고려하여야 한다.

1.4.8.2 기하학적 형상

(1) 미소변위 이론

구조물의 변형으로 인하여 하중영향이 크게 변화하지 않는다면, 구조물의 형상변화로 인한 이차 응력효과는 무시할 수 있다.

(2) 대변위 이론

만약 구조물의 변형으로 인하여 하중영향이 크게 변한다면, 평형방정식에 변형효과를 고려하여야 한다. 안정성해석과 대변위해석시 변형효과와 부재의 초기 처짐 문제도 고려하여야 한다.

콘크리트 장주 해석 시, 구조 형상을 크게 변화시킬 수 있는 이력 의존적 재료 특성을 고려하여야 한다. 뼈대구조나 트러스를 해석하는 경우, 인접한 부재에 발생하는 인장 및 압축력의 상호작용효과를 고려하여야 한다.

비선형 영역에서는 계수하중만 사용하며 하중영향의 중첩은 허용되지 않는다. 비선형해석시 하중을 가하는 순서에 따라 해석결과가 달라지므로, 실제 교량의 하중조건에 부합하도록 하중을 재하시켜야 한다.

(3) 근사적인 P-△해석법

(가) 일반사항

[LSD 5장 콘크리트교와 6장 강교]에 규정된 조항을 만족하는 보-기둥과 아치구조에서, 모멘트 확대계수법과 시스템 $P-\Delta$ 해석법의 두 가지 근사법으로 하중영향에 대한 처짐의 영향을 구할 수 있다.

(나) 모멘트 확대계수법 : 보-기둥의 경우

변형이 하중영향에 미치는 영향을 고려하기 위하여 계수모멘트 또는 계수응력을 다음과 같이 증가시킬 수 있다.

$$M_c = \delta_b M_{2b} + \delta_s M_{2s} \tag{1.4.1}$$

$$f_c = \delta_b f_{2b} + \delta_s f_{2s} \tag{1.4.2}$$

$$\delta_b = \frac{C_m}{1 - \dfrac{P_u}{\phi_k P_e}} \geq 1.0 \tag{1.4.3}$$

$$\delta_s = \frac{1}{1 - \dfrac{\sum P_u}{\phi_k \sum P_e}} \tag{1.4.4}$$

여기서, P_u= 계수축하중(N), P_e= 오일러 좌굴하중(N), ϕ_k= 강성감소계수로서 콘크리트구조의 경우 0.75, 강구조의 경우 1.0 적용, M_{2b}= 가로 흔들이가 거의 발생하지 않는 계수하중을 재하시켜 선형 뼈대 해석으로 계산된 항상 양의 값을 갖는 압축부재의 모멘트(N · mm), f_{2b}= M_{2b}에 의한 응력(MPa), M_{2s}= $l_u/1{,}500$보다 큰 가로 흔들이를 발생시키는 계수하중을 재하시켜 선형 뼈대 해석으로 계산된 항상 양의 값을 갖는 압축부재의 모멘트(N · mm), f_{2s}= M_{2s}에 의한 응력(MPa)이다.

오일러 좌굴하중 P_e는 식 (1.4.5)를 따른다. 다만, 강재/콘크리트 합성기둥의 P_e는 [LSD 6.9.5.1]의 규정에 따라 결정하여야 한다.

$$P_e = \frac{\pi^2 EI}{(K l_u)^2} \tag{1.4.5}$$

여기서, l_u= 압축 부재의 지점 간 길이(mm), K = 유효길이계수, E = 탄성계수(MPa), I= 고려하고 있는 축에 대한 단면 2차 모멘트(mm^4)이다.

콘크리트 압축부재의 경우는 [LSD 5.6.6항]의 규정도 적용된다.
해석을 통하여 더 작은 값을 사용하여도 좋다고 인정된 경우 외에는 브레이싱에 의하여 가로 흔들이가 구속되는 부재의 δ_s는 1.0을 사용한다. 가로 흔들이가 구속되지 않는 부재의 δ_b는 가로 흔들이를 구속시켜서 산정하고, δ_s는 가로 흔들이 구속을 해제한 상태에서 δ_b산정 시 구속에 의한 반력을 역으로 재하하여 계산한다.

가로 흔들이가 구속되어 있고 지점사이에 횡하중이 없는 부재에 대한 C_m은 다음의 식으로부터 계산된다.

$$C_m = 0.6 + 0.4\frac{M_{1b}}{M_{2b}} \tag{1.4.6}$$

여기서, M_{1b}= 재단모멘트 중 작은 값, M_{2b}= 재단모멘트 중 큰 값이다.
M_{1b}/M_{2b}의 비는 부재가 단일곡률로 휘면 양으로, 이중 곡률로 휘면 음으로 취한다. 기타의 경우에는 C_m을 1.0으로 취한다. 가로 흔들이가 구속되지 않은 구조물에서는 압축부재와 뼈대를 형성하는 휨부재와 기초부는 연결부 압축부재의 재단모멘트의 합에 대하여 설계하여야 한다. 압축부재가 두개의 주축에 대해 휨을 받는 경우, 각 주축에 대한 모멘트를 각 주축의 구속조건으로부터 정해지는 δ만큼 증가시켜야 한다. 같은 높이에서의 여러 개의 압축 부재군이 벤트(bent)를 형성하는 경우나 동일한 상부구조에 연결되어 구조물의 가로 흔들이에 일체로 저항하는 경우 모든 압축부재에 대하여 δ_s를 계산하여야 하며, 모든 압축부재에 작용하는 압축력의 합 $\sum P_u$와 $\sum P_e$를 사용한다.

(다) 모멘트 확대계수법 : 아치의 경우

미소변위해석에서 활하중과 충격모멘트에 대한 면내 모멘트 확대계수 δ_b를 계산하기 위하여 아래 정의 및 [LSD 4.5.3.3(2)]에 규정을 적용한다.

l_u = 아치 리브 길이의 $\frac{1}{2}$(mm), K = [표 1.4.2]에서 규정된 유효길이계수, C_m = 1.0

[표 1.4.2] 아치 리브의 유효길이계수, K

높이 대 지간장 비	3 힌지 아치	2 힌지 아치	고정 아치
0.1 – 0.2	1.16	1.04	0.70
0.2 – 0.3	1.13	1.10	0.70
0.3 – 0.4	1.16	1.16	0.72

(라) 시스템 $P-\Delta$ 해석법

컴퓨터 프로그램을 이용하여 축방향력에 대한 부가적인 휨모멘트의 확대효과를 정확히 산정할 수 있는 시스템 $P-\Delta$ 해석법은 다음과 같다.

먼저, 계수하중에 대한 선형탄성해석으로 각 부재의 축력을 구하고, 이 축력을 고려한 기하학적 강도행렬을 탄성강도행렬에 추가하여 시스템 강도행렬을 구성하고 계수하중에 대한 하중영향을 산정한다.

1.4.8.3 경계조건의 모델링

경계조건은 지점 및 연속성에 대한 실제 특성을 잘 모델링할 수 있어야 한다.
교량이 설치되는 지반의 성질, 지반-말뚝의 상호작용과 말뚝의 탄성적 거동을 잘 나타낼 수 있도록 기초를 모델링하여야 한다.

1.4.8.4 등가부재

변단면 부재를 몇 개의 등가 뼈대요소로 나누어 모델링할 수 있다. 이 경우 각 등가 뼈대요소는 실제 부재의 강성 특성을 잘 나타낼 수 있어야 한다.

등가부재가 구성하는 부재들의 강성을 잘 대표할 수 있다면, 변단면 유무에 관계없이 교량의 구성 부재들을 단일 등가부재로 치환하여 모델링할 수 있다. 이때 등가강성을 구하기 위하여 엄밀해, 수치적분법, 그리고 직렬과 병렬 유사법 등을 사용할 수 있다.

교량의 종류별 해석법 02

2.1 슬래브-거더교(Slab-Girder Bridges)

슬래브와 슬래브-거더 교량은 일반적인 교량형식으로 [표 2.1.1]에 나타낸 바와 같이 재료의 조합과 여러 가지 형태로 구성된다.

슬래브-거더 교량의 개략적인 모양은 [그림 2.1.1(a)]에 나타내었다. 슬래브의 주요기능은 도로면으로 이루어져 도로면에 작용하는 하중을 보에 전달시키는 것이다. [그림 2.1.1(b)]에 도로면에 작용하는 하중경로를 나타내었다. [그림 2.1.1(c)]에 나타낸 바와 같이 하중이 슬래브-거더 구조계를 변형시킨다. 선형거동일 때, 하중은 각 보에 비례로 변위를 일으킨다. 기대한 대로 하중작용위치의 가까운 보는 작용하중으로부터 먼 보보다 하중을 더 받게 된다. [그림 2.1.1(c)]에 보의 변형을 비교하였다. 전체 보가 부담하는 하중의 총합이 전체 작용하중과 같게 되어 평형을 이루게 된다. 각 보가 부담하는 하중은 슬래브-거더 구조계로 이루어진 성분들의 상대적인 강성의 함수이다. 2개의 주요성분은 보와 슬래브이고, 다른 성분으로는 수직브레이싱(Cross Frames), 다이아프램(Diaphragms), 그리고 받침(Bearings)을 포함한다. 다른 성분들은 미소한 범위에 영향을 미치므로 여기서는 보와 슬래브만 고려되었다.

[표 2.1.1] 슬래브-거더 교량의 예[a)]

보의 재료	슬래브의 재료
Steel	CIP concrete
Steel	Precast concrete
Steel	Steel
Steel	Wood
CIP concrete	CIP concrete
Precast concrete	CIP concrete
Precast concrete	Precast concrete
Wood	Wood

a) Cast in place = CIP

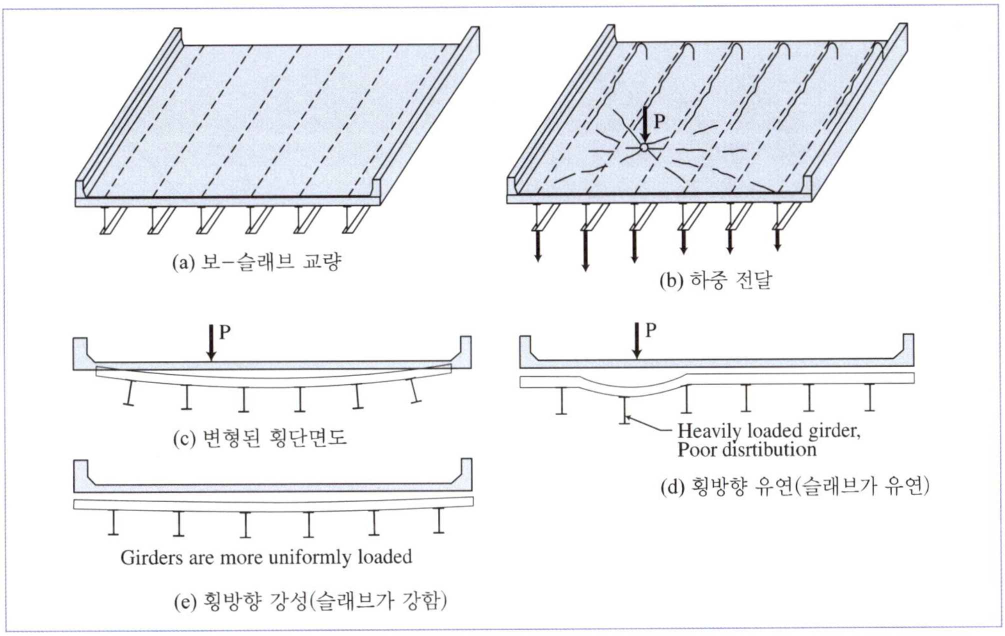

[그림 2.1.1] 슬래브-거더 교량

상대적인 강성의 영향은 [그림 2.1.1(d), (e)]에 나타낸 바와 같이 두 슬래브-거더 구조계를 고려하여 설명되었다. [그림 2.1.1(d)]에 나타낸 구조계는 보에 비해 상대적으로 유연한 슬래브이다. 작용하중 밑의 보에서 최대 처짐을 일으키고 다른 보의 처짐은 상대적으로 작다. [그림 2.1.1(e)]에 나타낸 구조계는 앞의 경우보다 더 큰 강성을 갖는 슬래브이다. 하중(처짐)은 보에 더 평탄하게 분포되므로 각 보의 하중은 [그림 2.1.1(d)]에 나타낸 것보다 작다.

선형탄성해석에 대한 여러 가지 방법은 다음 절에서 설명된다. 모두가 실제 공학에서 사용되고 모든 한계상태에 대해 하중영향을 평가하는데 사용하게 된다.

2.1.1 거동, 구조적 이상화, 모형화

[그림 2.1.2(a)]에 나타낸 슬래브-거더 구조계를 고려해 보자. 공간 차원은 예비모형의 가정이다. 구조계는 1-D, 1.5-D, 2-D, 2.5-D, 또는 3-D 구조계로 모형화된다. 1-D 구조계는 [그림 2.1.2(b)]에 나타내었다. 이 구조계는 보(beam)로서 1-D으로 모형화된다. 명백하게 이것은 단순한 모형으로 설계에 매우 매력적이다. 3-D 구조계를 1-D 구조계로 변환시킬 때, 보에 분배되는 하중의 예비적 결과는 경험적으로 결정된 분배계수를 관습적으로 사용한다. 간단히, 보 해석으로부터 차량하중(또는 하중영향)은 슬래브-거더 구조계의 상대적인 강성의 함수인 계수를 곱한다. 이것은 구조계에서 산정된 하중영향을 보 하중영향으로 변환된 것이다. 여기서 이 절차는 전체 교량을 단순보와 같이 모형화하는 것으로 고려된 보이기 때문에 **보-선 방법**(beam-line method)이라 한다. 여기서 1-D 구조계 보의 방정식은 다음 식 (2.1.1)과 같다.

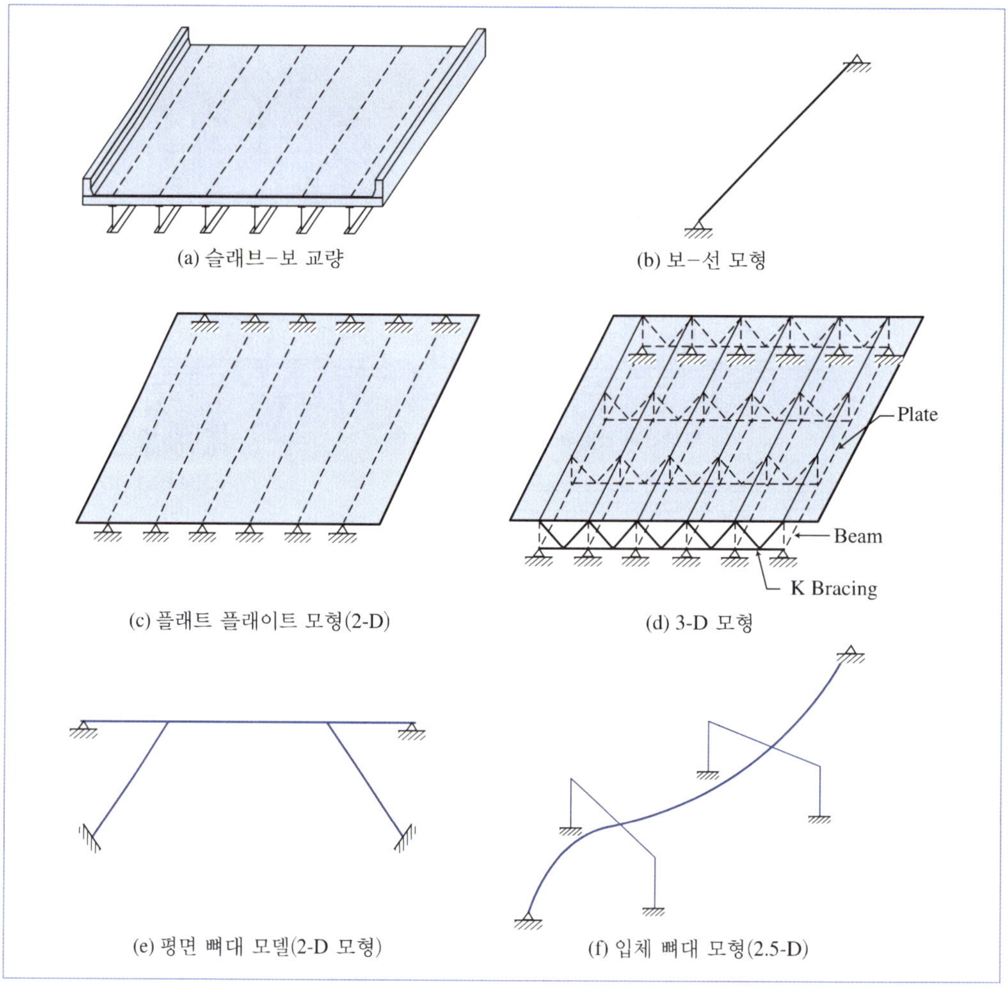

[그림 2.1.2] 보-슬래브 교량의 모델

$$\frac{d^4y}{dx^4} = \frac{w(x)}{EI(x)} \tag{2.1.1}$$

여기서, x= 직교좌표, y= 수직변위, w= 단위길이 당 분포하중, EI= 휨강성(bending rigidity)이다. 휨을 받는 보에서 기본가정에는 ① 재질은 균질(homogeneous)이며 단면의 형상도 균일하다, ② 모든 하중은 면내에서 작용하며 휨에 의한 변형도 면내에서 발생한다, ③ 초기에 평면이었던 각 단면은 변형 후에도 평면을 유지한다. ④ 초기에 중심축에 수직인 단면은 변형 후에도 평면을 유지한다, ⑤ "Hooke의 법칙"에 따라 재료는 변형하며 인장과 압축에 대한 탄성계수는 같다.

2-D 구조계는 [그림 2.1.2(c)]에 나타내었다. 이 구조계는 수직적 차원이다. 이 구조계는 바닥판에 대한 **얇은 판이론**(thin-plate theory)과 주형에 대한 **표준 보 이론**이 조합된 모형이다. 주형은 바닥판(또는 판)의 평면에 놓여있고, 지점은 슬래브 높이에 놓여있다. 둘의 편심은 고려되고 포함되어야 한다. 일반적으로 면내영향(in-plane effects)은 무시된다. 2-D 구조계의 또 다른

형태는 [그림 2.1.2(e)]에 나타낸 평면뼈대이다. 흔히 하중은 보-선 방법을 사용하여 분배계수로 뼈대에 분배된다.

1.5-D 구조계에 있어서 분배계수는 2-D 구조계로 결정되고, 주형에 작용은 1-D 구조계를 사용하여 결정된다. 이 절차는 보-선 해석과 설계에 존재하는 여러 가지 컴퓨터 프로그램들이 1-D 구조계이기 때문이다. 그러나 설계자는 분배계수의 결정에 대해 경험에 기초를 둔 방법을 사용하기보다 세련된 절차를 사용하기를 바란다.

3-D 구조계는 [그림 2.1.2(d)]에 나타내었다. 여기서는 전체 차원이 유지된다. 수직브레이싱(vertical cross frames), 다이아프램(diaphragms) 등과 같은 중요치 않는 성분들도 흔히 포함된다. 이 모형은 가장 세련된 것으로 대부분 수행하는 수단으로 컴퓨터가 필요하다.

2.5-D 구조계는 대표적으로 다른 성분들과 부속 구조계들을 조합한 **단일-선거더**(single-girder line)을 사용한다. 그러한 구조계는 곡선 상자형 주형과 교각을 **입체뼈대요소**(space frame element)로 모형화하여 [그림 2.1.2(f)]에 나타내었다.

이들 모든 방법은 실행가능하고 공학적 경험을 가지고 있다. 이용할 수 있는 가장 세련된 방법을 사용하는 것이 항상 적절하고, 실제적이고, 바람직하지는 않다. 설계뿐만 아니라 검토하는데 있어서 구조계의 복잡성, 얻으려는 하중영향, 해석에 대한 판단 등 모든 것들이 모형화 절차의 선택에서 중요한 고려사항들이다. 앞에서 논의한 것들을 [표 2.1.2]에 요약해 놓았다.

[표 2.1.2] 공간 모델

공간 차원	수학적 모형	수치적 모형(예)	그림
1-D	Beam Theory	Stiffness(Displacement) Method Flexibility(Force) Method Consistent Deformations Moment distribution	2.1.2(b)
2-D	Thin-Plate Theory Beam Theory	Grid Finite Strip Finite Element Harmonic Analysis Classical Plate Solutions	2.1.2(c), 2.1.2(d)
3-D	Theory of Elasticity Thin-Plate Theory Beam Theory	Grid Finite Strip Finite Element Classical Plate Solutions	2.1.2(e)
1.5-D	Thin-Plate Theory Beam Theory	Grid Finite Strip Finite Element Harmonic Analysis Classical Plate Solutions	Not shown
2.5-D	Beam Theory	Finite Element	2.1.2(f)

2.1.2 보-슬래브교(beam-slab bridges)의 근사적 해석방법

2.1.2.1 분배계수법 - 개요

앞에서 설명된 바와 같이 구조계의 공간 차원은 분배계수를 사용하여 환산할 수 있다. 이 계수는 주형에서 작용을 세련된 방법으로 구조계를 해석키 위해 제정되었다. 이 검토에 대한 설명에 휨모멘트와 전단력이 사용되었다. 위험한 위치에서 최대모멘트($M_{refined}$)는 해석적 또는 수치적 방법으로 결정된다. 같은 하중이 단일 주형에 작용되고, 1-D 보해석이 수행된다. 결정된 최대모멘트는 M_{beam}이다. 분배계수 g는 다음 식 (2.1.2)와 같이 정의 된다.

$$g = \frac{M_{refined}}{M_{beam}} \tag{2.1.2}$$

1.5-D 해석의 경우에 있어서 이 계수는 전체 구조계의 산정된 결과를 보-선 해석에서 제정된 하중영향을 환산하는데 사용된다. 예를 들어, 활하중에 대해 보-선을 해석하고, 구조계에서 산정된 하중영향을 구하기 위하여 분배계수 g를 곱한다.

대안으로 수많은 교량에 대해 많은 해석들을 수행할 수 있고, 여러 가지 성분, 기하적인 영향, 하중성분의 관련된 강성의 영향이 연구되어야 한다. 이들 해석결과는 변수를 갖는 구조계의 파라메타를 포함한 경험을 기초한 수식을 구성하는데 사용되었다. 이들 수식은 설계자들에 의해 세련된 해석수행 없이 분배계수를 산정하는데 사용할 수 있다. 미국의 AASHTO와 우리나라의 **한계상태설계법**(LSD, 2015)에서 분배계수들은 이 분배계수법에 기초를 두고 있으며, 콘크리트 바닥판, 완전 채움 격자 또는 부분 채움 격자 바닥판을 지지하는 강재 보 또는 T형 및 더블 T형 단면 콘크리트 거더에 대한 우리나라의 **한계상태설계법**(LSD, 2015)의 분배계수들을 다음에 나타내었다.

2.1.2.2 배경

AASHTO 규정은 오랜 기간 동안 분배계수법을 사용해왔다. 대부분의 일반적인 경우에 있어서 분배계수 g는 다음 식 (2.1.3)과 같다.

$$g = \frac{S}{D} \tag{2.1.3}$$

여기서 S = 주형의 간격, D = 교량형식과 차선하중의 수에 관련된 상수, g = 주형당 받는 차축선의 수에 의해 결정되는 분배계수이다.

2.1.2.3 한계상태설계법(LSD, 2015) 규정 - 분배계수

[LSD 4.6.4 슬래브 교에 대한 등가 스트립 폭]에서 규정된 경우를 제외하고, 이 조항들은 다음과 같은 경우에 대하여 해석되는 교량들에 대해 적용된다.

- 일차로 하중
- 각 차로마다 근사적으로 동일한 하중영향을 나타내는 다차로 활하중

한 차로에 특정한 차량이나 계산이 허용되는 차량이 재하된 경우라면, 혼합된 교통으로 인해 유발되는 거더당 설계하중영향을 [LSD 4.6.4 슬래브 교에 대한 등가 스트립 폭]에 규정된 바에 따라 결정할 수 있다. [LSD 4.6.3.2 휨모멘트에 대한 분배계수]와 [LSD 4.6.3.3 전단력에 대한 분배계수]에 있는 표에서 규정된 적용범위를 초과하는 간격을 갖는 보의 경우, 차로에 재하된 하중에 의하여 발생하는 반력을 지렛대 법칙(lever rule)으로 계산하여 그 반력을 각각의 보의 활하중으로 취할 수 있다. 단, 별도의 규정이 있는 경우에는 그 규정을 따른다. 지렛대 법칙에 의한 하중 분배법에서는 [LSD 3.6.1.2]의 다차로재하계수를 사용할 수 있으나, 근사적해석법의 경우는 다차로재하계수가 이미 반영되어 있기 때문에 다차로재하계수를 중복 적용할 필요가 없다. 이 규정에 해당되지 않는 교량은 [LSD 4.6.11 정밀 해석법]에 따라 해석한다.

아래의 조건을 만족시킴과 동시에, 본 규정의 분배계수 표에서 명시된 조건을 만족시키는 거더, 보, 세로보에 대한 활하중 분배는 [LSD 4.6.3.2 휨모멘트에 대한 분배계수]와 [LSD 4.6.3.3 전단력에 대한 분배계수]의 규정을 사용할 수 있다.

- 바닥판의 폭은 일정하다.
- 다른 규정이 없는 한, 네 개 이상의 보가 있다.
- 보는 평행하며 거의 동일한 강성을 갖는다.
- 차도의 내민부분(d_e)은 910 mm를 초과하지 않는다.
- 면내 곡률은 [LSD 4.6.1.2]의 한계값보다 작다.
- 단면이 [LSD 표 4.6.3]에 보이는 단면중의 하나와 부합된다.

등폭의 바닥판 또는 평행한 보들로부터 크지 않은 편자가 존재할 때에는 교축을 따라 분배계수를 변화시키거나 적절한 보 간격에 대한 단일 분배계수를 적용할 수 있다.

현장타설 콘크리트 다중박스거더 교량형태는 전폭을 갖는 교량으로 설계할 수 있다. 그러한, 단면은 [LSD 4.6.3.2와 4.6.3.3]에 있는 거더개수와 복부판의 폭을 곱하여 내측 거더에 대해 활하중분배계수를 구해야 한다.

콘크리트 바닥판이 있는 강 박스거더에 대하여는 [LSD 4.6.3.2.(1)]에 규정되어 있다. 여기서 규정된 조건을 만족시키는 교량에서 바닥판에 작용하는 고정하중을 보 및 세로보에 등분포시킬 수 있다. 여기서 규정된 활하중 분배계수는 차량의 전폭이 설계차량의 폭과 유사한 허용차량이나 내하력평가 차량에 대해 사용될 수 있다.

[LSD 4.6.3.2와 4.6.3.3]의 표에 나타난 교량 형식은 LSD [표 4.6.3]에 보인 바와 같고, 이러한 형식의 교량에 대하여는 이 규정의 근사적인 방법을 적용할 수 있다.

LSD [표 4.6.3] [LSD 4.6.3.2와 4.6.3.3]에서 기술된 상부구조 형식

바닥판 지지 유형	바닥판 형태	전형적인 단면 형상
강재 거더	현장 타설 콘크리트 슬래브, 프리캐스트 콘크리트 슬래브, 강재격자	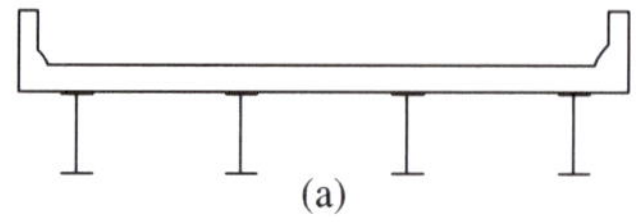 (a)
폐단면 강 또는 프리캐스트 콘크리트 박스거더	현장 타설 콘크리트 슬래브	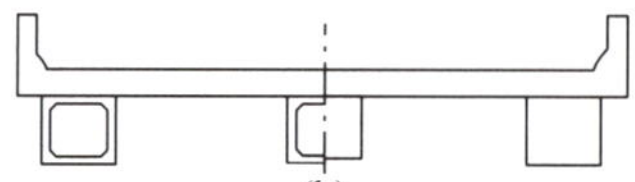 (b)
개단면 강 또는 프리캐스트 콘크리트 박스거더	현장 타설 콘크리트 슬래브, 프리캐스트 콘크리트 바닥판 슬래브	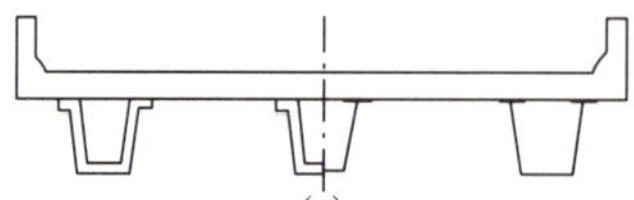 (c)
현장 타설 콘크리트 다중박스거더	일체로 시공된 콘크리트	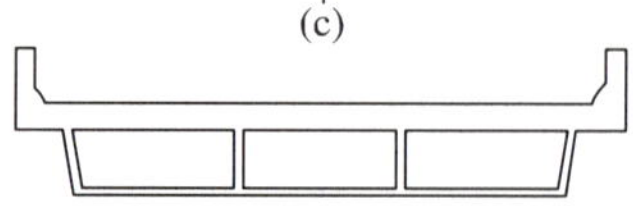 (d)
현장 타설 콘크리트 T형 거더	일체로 시공된 콘크리트	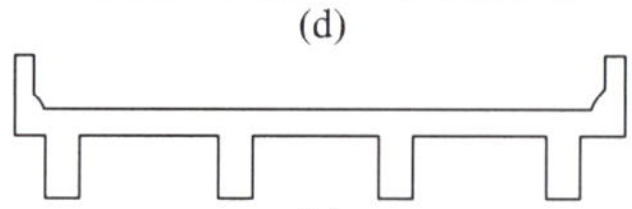 (e)
전단키가 있는 중실, 중공, 격실 프리캐스트 콘크리트 박스거더	현장타설 콘크리트 덧씌움	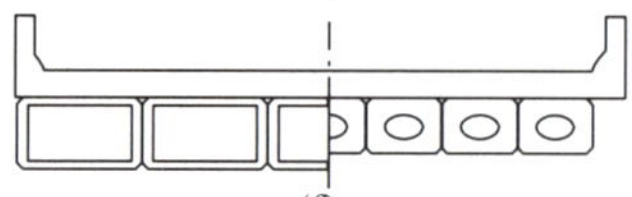 (f)
포스트텐션 또는 그 외 방법으로 조립된, 전단키가 있는 중실, 중공, 격실 프리캐스트 콘크리트 박스거더	지지 단면 상부 콘크리트	 (g)
전단키가 있는 ㄷ형 프리캐스트 콘크리트	현장타설 콘크리트 덧씌움	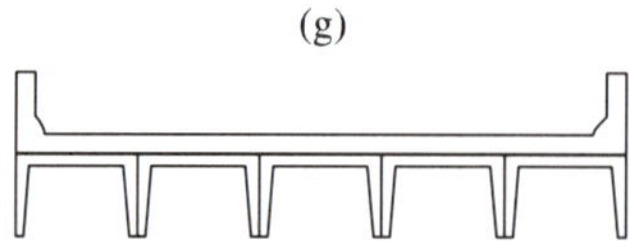 (h)
포스트텐션 또는 그 외 방법으로 조립된, 전단키가 있는 더블 T형 프리캐스트 콘크리트	지지 단면 상부 콘크리트	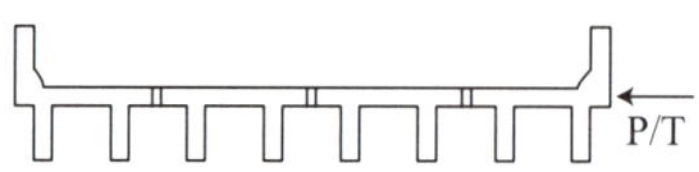 (i)
포스트텐션 또는 그 외 방법으로 조립된, 전단키가 있는 T형 프리캐스트 콘크리트	지지 단면 상부 콘크리트	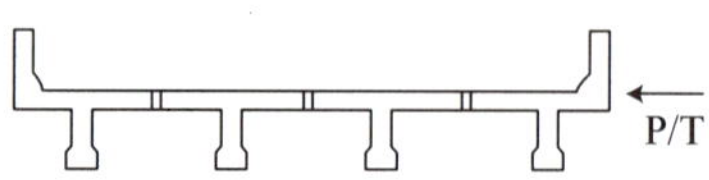 (j)
I 형 또는 역 T형 프리캐스트 콘크리트	현장 타설 콘크리트, 프리캐스트 콘크리트	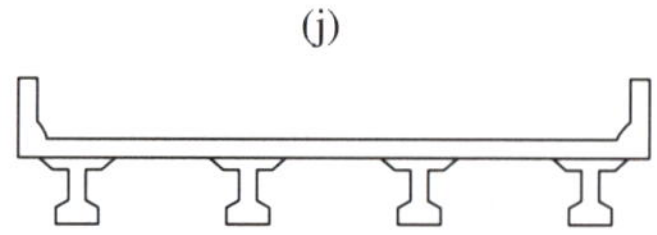 (k)

[LSD 2.5.2.7(1)]에서 허용된 경우를 제외하고, 근사적이든 혹은 정밀한 방법이든지 간에 해석방법에 관계없이 다중보로 이루어진 교량의 외측거더들은 내측거더보다 저항성이 떨어져서는 안 된다. LSD [표 4.6.3]에서 단면유형 "*d*"로 표기된 현장타설 콘크리트 다중박스거더에 대해 [LSD 4.6.3.2와 4.6.3.3]에 있는 분배계수는 복부판, 외측 복부판의 내민부분, 시공중인 복

부판과 인접복부판 사이의 플랜지 절반으로 구성되는 전형적인 형상에 적용되어야 한다. 발주자의 동의하에, LSD [표 4.6.3－1]에서 제공하는 간이값을 사용할 수 있다.

LSD [표 4.6.3-1] [LSD 4.6.3.2와 4.6.3.3]을 위한 간이값

구 분	해당 표	간 이 값			
		a	e	k	f,g,i,j
$\left(\frac{K}{Lt_s^3}\right)^{0.1}$	LSD [표 4.6.4]	1.02	1.05	1.09	−
$\left(\frac{K}{Lt_s^3}\right)^{0.25}$	LSD [표 4.6.6]	1.03	1.07	1.15	−
$\left(\frac{K}{Lt_s^3}\right)^{0.3}$	LSD [표 4.6.9]	0.97	0.93	0.85	−
$\frac{I}{J}$	LSD [표 4.6.4] LSD [표 4.6.7]	−	−	−	$0.54\left(\frac{d}{b}\right)+0.16$

(1) 내측거더

(가) 휨모멘트 계산

콘크리트 바닥판을 지지하는 내측거더에서 활하중에 의한 휨모멘트를 [표 2.1.3]의 설계 재하차로 수에 따른 분배계수를 적용하여 결정할 수 있다. 기본 설계 시 $K_g/(L\,t_s^3)$항과 I/J를 1.0으로 취할 수 있다. 전단키가 있는 다중보 바닥에 사용된 콘크리트 거더(박스단면 제외)의 경우에는 다음 규정을 따른다.

- 적절한 하중 분배를 위하여, 높고 강성이 큰 단부 다이아프램을 설치하여야 한다.
- 거더와 슬래브가 일체인 경우 거더와 거더 사이 간격이 1,200 mm보다 작거나 3,000 mm보다 클 경우, 정밀 해석방법을 사용한다.

[표 2.1.3] 내측거더의 휨모멘트 계산을 위한 차로당 활하중 분배계수

보의 형태	LSD [표 4.6.3]	분배 계수	적용 범위
콘크리트 바닥판, 완전 채움 격자 또는 부분 채움 격자 바닥판을 지지하는 강재 보 또는 T형 및 더블 T 형 단면 콘크리트 거더	a, e, k 그리고 일체로 거동하게 서로 연결된 경우 i, j 적용	한개 설계차로 재하: $0.83\left[0.06+\left(\frac{S}{4,300}\right)^{0.4}\times\left(\frac{S}{L}\right)^{0.3}\left(\frac{K_g}{Lt_s^3}\right)^{0.1}\right]$ 두개 이상 설계차로 재하: $0.9\left[0.075+\left(\frac{S}{2,900}\right)^{0.6}\times\left(\frac{S}{L}\right)^{0.2}\left(\frac{K_g}{Lt_s^3}\right)^{0.1}\right]$	$1,100\le S\le 4,900$ $110\le t_s\le 300$ $6,000\le L\le 73,000$ $N_b\ge 4$ $4\times10^9\le K_g\le 3\times10^{12}$
		N_b=3을 사용한 식의 값과 지렛대 법칙을 사용한 값 중 작은 값	$N_b = 3$

현장타설 콘크리트 다중박스	d	한개 설계차로 재하: $0.83\left[1.75+(\frac{S}{1,100})\times(\frac{300}{L})^{0.35}(\frac{1}{N_c})^{0.45}\right]$ 두개 이상 설계차로 재하: $0.9\left[(\frac{13}{N_c})^{0.3}\times(\frac{S}{430})(\frac{1}{L})^{0.25}\right]$	$2,100\le S\le 4,000$ $18,000\le L\le 73,000$ $N_c\ge$ 3 만약 N_c>8 이면 N_c=8
콘크리트 바닥판을 지지하는 일련의 콘크리트 단일 박스 거더	b, c	한개 설계 차로 재하: $0.83\left[(\frac{S}{910})^{0.35}(\frac{Sd}{L^2})^{0.25}\right]$ 두개 이상 설계 차로 재하: $0.9\left[(\frac{S}{1,900})^{0.5}(\frac{Sd}{L^2})^{0.125}\right]$	$1,800\le S\le 5,500$ $6,000\le L\le 43,000$ $450\le d\le 1,700$ $N_b\ge$ 3
		지렛대 법칙 사용	S > 5500
다중 보 바닥판을 지지하는 콘크리트 거더	f, g	한개 설계 차로 재하 : $0.83\left[k(\frac{b}{2.8L})^{0.5}(\frac{I}{J})^{0.25}\right]$ 여기서, $k=2.5(N_b)^{-0.2}\ge 1.5$ 두개 이상 설계 차로 재하 : $0.9k(\frac{b}{7,600})^{0.6}(\frac{b}{L})^{0.2}(\frac{I}{J})^{0.06}$	$900\le b\le 1,500$ $6,000\le L\le 37,000$ $5\le N_b\le 20$
	h 그리고 접합면에서 상대수직변위가 일어나지 않을 정도로 연결된 경우 i, j 적용	재하 차로수에 무관하게 적용 : $0.9S/D$ 여기서, $C=K(\frac{W}{L})\le K$ $C\le 5$일 때, $D=300\left[11.5-N_L+1.4N_L(1-0.2C)^2\right]$ $C>5$일 때, $D=300(11.5-N_L)$ $K=\sqrt{\frac{(1+\mu)I}{J}}$ 기본설계 시 사용할 수 있는 값 : 보 형태 / K 중실 직사각형 보 / 0.7 중공 직사각형 보 / 0.8 박스거더 / 1.0 ㄷ형 보 / 2.2 T 형 보 / 2.0 더블 T형 보 / 2.0	Skew $\le 45°$ $N_L\le 6$
강격자 바닥판을 지지하는 강재 거더	a	한개 설계차로 재하: t_g<100 mm 시 $\frac{S}{2,760}$ $t_g\ge$100 mm 시 $\frac{S}{3,660}$ 두개 이상 설계차로 재하: t_g<100 mm 시 $\frac{3S}{8,000}$ $t_g\ge$100 mm 시 $\frac{9S}{30,500}$	$S\le$1,800 mm $S\le$3,200 mm
콘크리트 바닥판을 지지하는 다중 강박스거더	b, c	재하차로수에 관계없이 적용: $0.9\left(0.05+0.85\frac{N_L}{N_b}+\frac{0.425}{N_L}\right)$	$0.5\le\frac{N_L}{N_b}\le 1.5$

(나) 전단력 계산

내측거더의 활하중에 대한 전단력은 [표 2.1.4]의 분배계수를 적용하여 결정할 수 있다. [표 2.1.4]에 포함되어 있지 않은 형식의 내측거더에 대한 전단력 계산 시 지점부에 재하되는 윤하중 혹은 축하중에 대한 횡분배는 지렛대 법칙을 이용한다. 기본설계에서는 I/J 항을 1.0으로 취할 수 있다.

[표 2.1.4] 내측거더에서 전단력 계산을 위한 차로당 활하중 분배

상부구조의 형태	LSD [표 4.6.3]	한개 설계 차로 재하	두개 이상 설계 차로 재하	적용 범위
콘크리트 바닥판을 지지하는 강재거더 또는 T형 및 더블T형 단면 콘크리트 거더	a, e, k 그리고 일체로 거동하게 서로 연결된 경우 i, j 적용	$0.83(0.36+\frac{S}{7,600})$	$0.9\left[0.2+\frac{S}{3,600}-(\frac{S}{10,700})^{2.0}\right]$	$1,100\le S\le 4,900$ $6,000\le L\le 73,000$ $110\le t_s\le 300$ $N_b\ge 4$
		지렛대 법칙	지렛대 법칙	$N_b=3$
콘크리트 다중박스거더, 박스 단면	d	$0.83(\frac{S}{2,900})^{0.6}(\frac{d}{L})^{0.1}$	$0.9(\frac{S}{2,200})^{0.9}(\frac{d}{L})^{0.1}$	$1,800\le S\le 4,000$ $6,000\le L\le 3,000$ $890\le d\le 2,800$ $N_c\ge 3$
콘크리트 바닥판을 지지하는 일련의 콘크리트 단일박스거더	b, c	$0.83(\frac{S}{3,050})^{0.6}(\frac{d}{L})^{0.1}$	$0.9(\frac{S}{2,250})^{0.8}(\frac{d}{L})^{0.1}$	$1,800\le S\le 5,500$ $6,000\le L\le 43,000$ $450\le d\le 1,700$ $N_b\ge 3$
		지렛대 법칙	지렛대 법칙	$S > 5500$
다중보 바닥판을 지지하는 콘크리트박스거더	f, g	$0.58(\frac{b}{L})^{0.15}(\frac{I}{J})^{0.05}$	$0.9(\frac{b}{4,000})^{0.4}(\frac{b}{L})^{0.05}$ $\times(\frac{I}{J})^{0.05}(\frac{b}{1,200})$ $\frac{b}{1,200}\ge 1.0$	$900\le b\le 1,500$ $6,000\le L\le 37,000$ $5\le N_b\le 20$ $1.0\times10^{10}\le J\le 2.5\times10^{11}$ $1.7\times10^{10}\le I\le 2.5\times10^{11}$
다중보 바닥판에 사용된 박스거더 외의 콘크리트거더	h 그리고 접합면에서 상대수직변위가 일어나지 않을 정도로 연결된 경우 i, j 적용	지렛대 법칙	지렛대 법칙	N/A
강 격자 바닥판을 지지하는 강재거더	a	지렛대 법칙	지렛대 법칙	N/A
콘크리트 바닥판을 지지하는 강재 다중박스거더	b, c	LSD [표 4.6.4]의 규정적용		

(2) 외측거더

(가) 휨모멘트 계산

외측거더의 활하중에 의한 휨모멘트를 [표 2.1.5]의 설계 재하차로수에 따른 분배계수를 적용하여 결정할 수 있다. 거더의 외측 복부가 방호책보다 안쪽으로 위치할 경우 거리(d_e)는 양의 값으로 하고, 방호책이나 연석의 바깥쪽에 위치할 경우 음의 값으로 취급한다. 격벽이나 수직 브레이싱이 있는 보-슬래브 교량 단면에 대한 외측거더의 분배계수는 단면을 강체로 가정하여 유도된 식 (2.1.4)의 값과 비교하여 큰 값을 취한다.

$$R = \frac{N_L}{N_b} + \frac{X_{ext}\sum^{N_L} e}{\sum^{N_b} x^2} \tag{2.1.4}$$

여기서, R= 차로수에 따른 외측거더의 반력계수, N_L= 주목하는 재하차로 수, e= 각 거더의 무게중심으로부터 설계트럭과 설계차선하중의 편심거리(mm), X_{ext}= 거더들의 무게중심으로부터 외측거더에 이르는 수평거리(mm), N_b= 거더의 총수이다.

[표 2.1.5] 외측거더의 휨모멘트 계산을 위한 차로 당 활하중 분배계수

상부구조의 형태	LSD [표 4.6.3]	한개 설계 차로 재하	두개 이상 설계 차로 재하	적용 범위
콘크리트 바닥판을 지지하는 강재거더 또는 T형 및 더블T형단면 콘크리트거더	a, e, k 그리고 일체로 거동하게 서로 연결된 경우 i, j 적용	지렛대 법칙	$g = e\,g_{interior}$ $e = 0.77 + \frac{d_e}{2,800}$	$-300 \le d_e \le 1,700$
			N_b=3을 사용한 식의 값과 지렛대 법칙을 사용한 값 중 작은 값	N_b=3
콘크리트 다중박스거더, 박스 단면	d	$g = \frac{W_e}{5,160}$	$g = \frac{0.9W_e}{4,300}$	$W_e \le S$
		혹은 4.6.3.1에 규정된 전체폭 설계에 대한 조항		
콘크리트 바닥판을 지지하는 일련의 콘크리트 단일박스거더	b, c	지렛대 법칙	$g = e\,g_{interior}$ $e = 0.97 + \frac{d_e}{8,700}$	$0 \le d_e \le 1,400$ $1,800 < S \le 5,500$
			지렛대 법칙	$S > 5,500$
다중 보 바닥판을 지지하는 콘크리트박스거더	f, g	$g = e\,g_{interior}$ $e = 1.125 + \frac{d_e}{9,100} \ge 1.0$	$g = e\,g_{interior}$ $e = 1.04 + \frac{d_e}{7,600} \ge 1.0$	$d_e \le 600$
다중보 바닥판에 사용된 박스거더 외의 콘크리트 거더	h 그리고 접합면에서 상대수직변위가 일어나지 않을 정도로 연결된 경우 i, j 적용	지렛대 법칙	지렛대 법칙	N/A
강격자 바닥판을 지지하는 강재거더	a	지렛대 법칙	지렛대 법칙	N/A
콘크리트바닥판을 지지하는 다중박스거더	b, c	LSD [표 4.6.4]의 규정적용		

(나) 전단력 계산

외측거더에 대한 활하중에 의한 전단력은 [표 2.1.6]의 분배계수를 적용하여 결정된다. [표 2.1.5]와 [표 2.1.6]에 포함되어있지 않은 경우에는 외측거더에 대한 활하중 분배를 결정하기 위하여 지렛대 법칙을 이용한다. 거리(d_e)는 거더의 외측 복부가 방호책 보다 안쪽으로 위치할 경우 양의 값으로, 방호책이나 연석의 바깥쪽에 위치할 경우 음의 값으로 취급한다. 격벽이나 수직브레이싱(cross frames)이 있는 보-슬래브 교량 단면에 대한 외측거더의 전단력 분배계수는 단면을 강체로 가정하여 유도된 식 (2.1.4)의 값과 비교하여 큰 값을 취한다.

[표 2.1.6] 외측거더 전단력 계산을 위한 차로 당 활하중 분배

<table>
<tr><th>상부구조의 형태</th><th>LSD [표 4.6.3]</th><th>한개 설계 차로 재하</th><th>두개 이상 설계 차로 재하</th><th>적용 범위</th></tr>
<tr><td rowspan="2">콘크리트 바닥판을 지지하는 강재거더 또는 T형 및 더블 T형단면 콘크리트 거더</td><td rowspan="2">a, e, k 그리고 일체로 거동하게 서로 연결된 경우 i, j 적용</td><td rowspan="2">지렛대 법칙</td><td>$g = e\,g_{interior}$
$e = 0.6 + \dfrac{d_e}{3,000}$</td><td>$-300 \le d_e \le 1,700$</td></tr>
<tr><td>지렛대 법칙</td><td>$N_b = 3$</td></tr>
<tr><td rowspan="2">콘크리트 다중박스거더, 박스 단면</td><td rowspan="2">d</td><td>지렛대 법칙</td><td>$g = e\,g_{interior}$
$e = 0.64 + \dfrac{d_e}{3,800}$</td><td rowspan="2">$-600 \le d_e \le 1,500$</td></tr>
<tr><td colspan="2">혹은 4.6.3.1에 규정된 전체폭 설계에 대한 조항</td></tr>
<tr><td rowspan="2">콘크리트 바닥판을 지지하는 일련의 콘크리트 단일박스거더</td><td rowspan="2">b, c</td><td rowspan="2">지렛대 법칙</td><td>$g = e\,g_{interior}$
$e = 0.8 + \dfrac{d_e}{3,050}$</td><td>$0 \le d_e \le 1,400$</td></tr>
<tr><td>지렛대 법칙</td><td>$S > 5,500$</td></tr>
<tr><td>다중 보 바닥판을 지지하는 콘크리트 박스거더</td><td>f, g</td><td>$g = e\,g_{interior}$
$e = 1.25 + \dfrac{d_e}{6,100} \ge 1.0$</td><td>$g = e\,g_{interior}\left(\dfrac{1,200}{b}\right)$
$\dfrac{1,200}{b} \le 1.0$
$e = 1 + \left(\dfrac{d_e + b - 610}{12,200}\right)^{0.5} \ge 1.0$</td><td>$d_e \le 600$</td></tr>
<tr><td>다중보 바닥판에 사용된 박스거더 외의 콘크리트 거더</td><td>h 그리고 접합면에서 상대수직변위가 일어나지 않을 정도로 연결된 경우 i, j 적용</td><td>지렛대 법칙</td><td>지렛대 법칙</td><td>N/A</td></tr>
<tr><td>강 격자 바닥판을 지지하는 강재거더</td><td>a</td><td>지렛대 법칙</td><td>지렛대 법칙</td><td>N/A</td></tr>
<tr><td>콘크리트 바닥판을 지지하는 다중박스거더</td><td>b, c</td><td colspan="3">LSD [표 4.6.4] 규정 적용</td></tr>
</table>

(3) 사교

(가) 휨모멘트 계산

인접지간 지지부의 사각 차이가 10° 미만인 사교에서는 보의 휨 모멘트를 [표 2.1.7]과 같이 감소시킬 수 있다.

[표 2.1.7] 사교지지부에서 교축방향 보의 모멘트 하중분배계수의 감소계수

상부 구조의 형태	LSD [표 4.6.3]	감소 계수	적용 범위
콘크리트 바닥판을 지지하는 강재 거더 또는 T형 및 더블 T형 단면 콘크리트 거더	a, e, k 그리고 일체로 거동하게 서로 연결된 경우 i, j 적용	$1-c_1(\tan\theta)^{1.5}$ $c_1=0.25(\frac{K_g}{Lt_s^3})^{0.25}\times(\frac{S}{L})^{0.5}$ 만약 $\theta<30°$이면, $c_1=0.0$ 만약 $\theta>60°$이면, $\theta=60°$	$30°\le\theta\le60°$ $1,100\le S\le 4,900$ $6,000\le L\le 73,000$ $N_b\ge4$
콘크리트 바닥판을 지지하는 일련의 콘크리트 박스거더, 다중 보 바닥판을 지지하는 콘크리트 박스거더 및 더블 T형 단면 콘크리트 거더	b, c, d, f, g, h 그리고 접합면에서 수직변위가 일어나지 않도록 충분히 연결된 경우 i, j 적용	$1.05-0.25\times\tan\theta\le1.0$ 만약 $\theta>60°$이면 $\theta=60°$를 사용	$0\le\theta\le60$

(나) 전단력 계산

사교의 둔각부 외측거더 지점에서 발생하는 전단력은 직교에서 계산된 값을 보정하여 산정한다. [표 2.1.8]에서 구한 보정계수로 내측거더에 대해서는 [표 2.1.3]의 분배계수를 보정하고, 외측거더에 대해서는 [표 2.1.6]의 분배계수를 보정하여 사용한다.

[표 2.1.8] 둔각부 지점 전단력 계산용 하중 분배계수에 대한 보정계수

상부 구조의 형태	LSD [표 4.6.3]	보정 계수	적용 범위
콘크리트 바닥판을 지지하는 강재거더 또는 T형 및 더블 T형 단면 콘크리트 거더	a, e, k 그리고 단일체로 거동하도록 충분히 연결된 경우 i, j 적용	$1.0+0.2\left(\frac{L\,t_s^3}{K_g}\right)^{0.3}\times\tan\theta$	$0°\le\theta\le60°$ $1,100\le S\le4,900$ $6,000\le L\le73,000$ $N_b\ge4$
콘크리트 다중박스거더, 박스단면	d	$1.0+\left(0.25+\frac{L}{70d}\right)\times\tan\theta$	$0°<\theta\le60°$ $1,800<S\le4,000$ $6,000\le\theta\le73,000$ $900\le d\le2,700$ $N_c\ge3$

콘크리트 바닥판을 지지하는 일련의 콘크리트 박스거더	b, c	$1.0+\frac{\sqrt{Ld}}{6S}\times\tan\theta$	$0° < \theta \leq 60°$ $1,800 \leq S \leq 3,500$ $6,000 \leq L \leq 43,000$ $450 \leq d \leq 1,700$ $N_b \geq 3$
다중보 바닥판을 지지하는 콘크리트 박스거더	f, g	$1.0+\frac{L\sqrt{\tan\theta}}{90d}$	$0° < \theta \leq 60°$ $6,000 \leq L \leq 37,000$ $430 \leq d \leq 1,500$ $900 \leq b \leq 1,500$ $5 \leq N_b \leq 20$

위의 [표 2.1.3]~[표 2.1.8]에서 사용된 기호의 정의는 다음과 같다.

A = 세로보, 보 및 거더의 단면적(mm^2), b = 보의 폭(mm), C = 강성도 변수, d = 세로보 및 보의 높이(mm), d_e = 외측거더의 중심선과 차량 방호벽 또는 연석의 내측단부까지의 거리(mm), D = 차로 당 분배 폭(mm), e = 분배수정계수, g = 분배계수, I_p = 극관성 모멘트(mm^4), J = 생베낭 비틀림상수(mm^4), K = 시공방법에 따른 상수, K_g = 종방향 강성도 변수(mm^4), L = 보의 지간(mm), N_b = 보, 세로보 및 거더의 개수, N_c = 콘크리트 박스 거더에서 격실의 개수, N_L = [LSD 3.6.1.1]에 규정된 설계차로 수, S = 보 또는 복부판의 간격(mm), t_g = 강재 격자구조 또는 주름진 강판의 높이(mm), t_o = 구조적 덧씌움의 두께(mm), t_s = 콘크리트 슬래브의 두께(mm), W = 최외측 면간의 교폭(mm), W_e = 복부판 간격의 절반과 내민부분의 합(mm), θ = 사교의 사각(도), ν = 포아송비이다.

달리 규정되지 않는다면, 여기서 사용되거나 면적과 단면2차모멘트, 비틀림상수에 대한 구조적인 인자들은 공용중 합성단면의 단면상수를 적용한다. 종방향 강성도 변수(K_g)는 다음과 같이 산정된다.

$$K_g = n(I + A\, e_g^2) \tag{2.1.5}$$

여기서, $n = E_B/E_D$, 탄성계수비, E_B = 보재료의 탄성계수, E_D = 바닥판재료의 탄성계수, I = 보의 단면 2차 모멘트(mm^4), e_g = 보의 중심과 바닥판의 중심 사이의 거리(mm), 식 (2.1.5)에서 상수 A와 I는 비합성단면의 값을 사용한다.

2.1.2.4 슬래브-거더 교량의 단면력 계산예 (1)

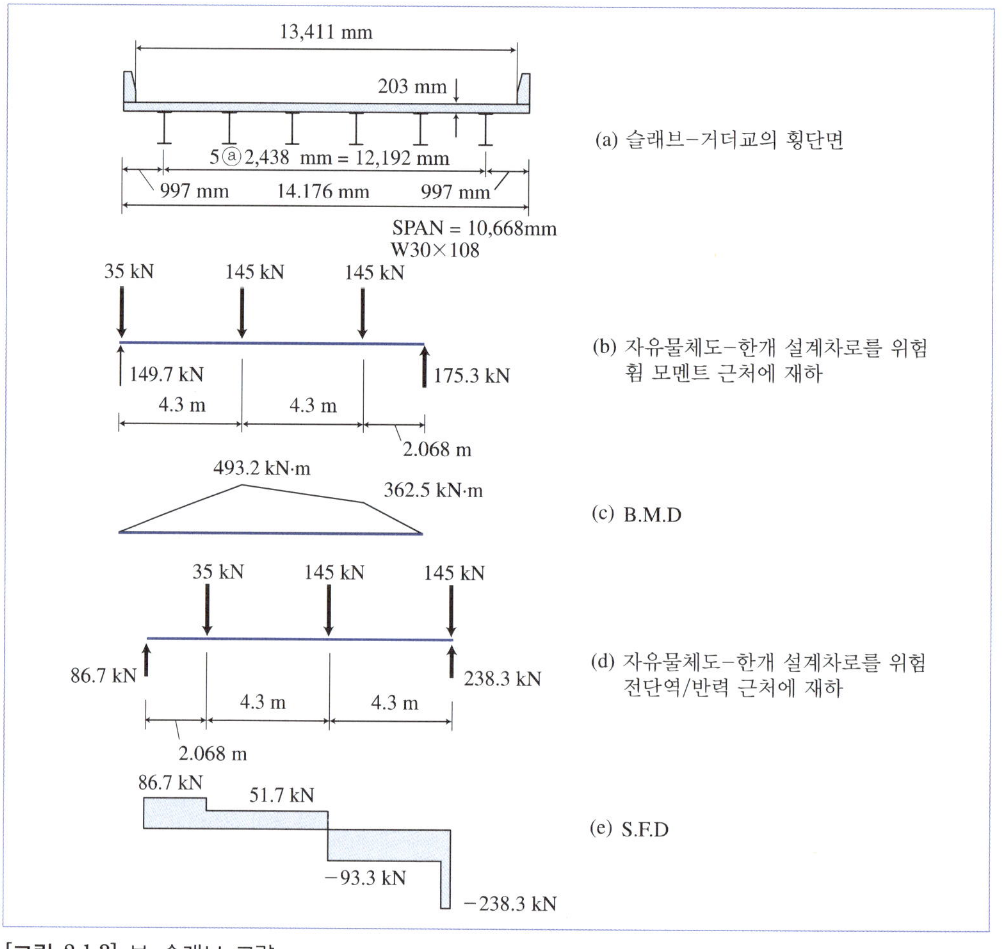

[그림 2.1.3] 보-슬래브 교량

- 한개 설계차로 재하시의 절대최대 휨모멘트 : 498.7 kN · m

[그림 2.1.3(b)]에 나타낸 한개 설계차로 재하시의 최대 휨모멘트는 493.2 kN · m이고, 두개 설계차로 재하시의 최대 휨모멘트는 986.4 kN · m이다.

[그림 2.1.3(d)]에 나타낸 한개 설계차로 재하시의 최대 전단력은 238.3 kN이고, 두개 설계차로 재하시의 최대 전단력은 476.6 kN이다.

2.1.2.5 AASHTO 규정을 사용한 분배계수 계산예 (2)

[그림 2.1.3(a)]에 나타낸 바와 같은 슬래브-거더 교량에 AASHTO 규정을 사용하여 분배계수를 구해보자.

주형의 단면은 [그림 2.1.4]에 나타낸 바와 같다(주형의 정수에 대해서는 AISC 1994). 구조계의 치수와 정수는 다음과 같다.

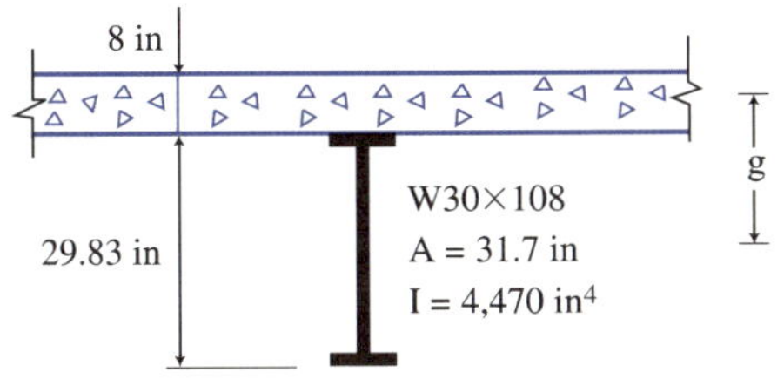

[그림 2.1.4] 주형의 단면

- 주형의 간격 $S=8$ ft (2,438 mm)
- 지간장 $L=35$ ft (10,668 mm)
- 바닥판의 두께 $t_s=8$ in (203 mm)
- 바닥판의 탄성계수 $E_c=3{,}600$ ksi (24.82 GPa)
- 주형의 탄성계수 $E_s=29{,}000$ ksi (200.0 GPa)
- 탄성계수비 $n=\dfrac{E_s}{E_c}=\dfrac{29{,}000}{3{,}600}=8.05$, $n=8$을 사용
- 주형의 단면적 $A_g=31.7\ \text{in}^2\ (20{,}500\ \text{mm}^2)$
- 주형의 단면 2차모멘트 $I_g=4{,}470\ \text{in}^4\ (1{,}860\times10^6\ \text{mm}^4)$
- 주형의 단면도심의 편심거리 $e_g=t_s/2+d/2=8/2+29.83/2=18.92$ in (480 mm)
- 종방향 강성도 변수

  $K_g=n(I+A\,e_g^2)=8[4{,}470+(31.7)\times(18.92^2)]=126{,}500\ \text{in}^4\ (52.6\times10^9\ \text{mm}^4)$
- 외측거더의 중심선과 차량 방호벽 또는 연석의 내측단부까지의 거리(mm)

  $d_e=3\ \text{ft}\ 3\frac{1}{4}\ \text{in (cantilever)}-1\ \text{ft}\ 3\frac{1}{4}\ \text{in (varrier)}=2.0\ \text{ft (610 mm)}$

(1) 모멘트에 대한 분배계수

모멘트에 대한 분배계수는 내측거더는 [표 2.1.3], 외측거더는 [표 2.1.5]를 사용하여 결정한다.

(가) 내측거더

- 한개 설계차로 재하

$$mg^{SI}_{moment}=0.06+\left(\frac{S}{4{,}300}\right)^{0.4}\times\left(\frac{S}{L}\right)^{0.3}\left(\frac{K_g}{L\,t_s^3}\right)^{0.1}$$

$$mg^{SI}_{moment}=0.06+\left(\frac{2{,}438}{4{,}300}\right)^{0.4}\times\left(\frac{2{,}438}{10{,}668}\right)^{0.3}\left(\frac{52.6\times10^9}{(10{,}668)(203^3)}\right)^{0.1}=0.54$$

• 두개 이상 설계차로 재하

$$mg^{MI}_{moment} = 0.075 + \left(\frac{S}{2,900}\right)^{0.6} \times \left(\frac{S}{L}\right)^{0.2}\left(\frac{K_g}{L\,t_s^3}\right)^{0.1}$$

$$mg^{MI}_{moment} = 0.075 + \left(\frac{2,438}{2,900}\right)^{0.6} \times \left(\frac{2,438}{10,668}\right)^{0.2}\left(\frac{52.6\times 10^9}{(10,668)(203^3)}\right)^{0.1} = 0.71$$

(나) 외측거더

두개 이상 설계차로 재하에 대한 외측거더에서 모멘트에 대해 수정계수가 필요하다.

$$e = 0.77 + \frac{d_e}{2,800} \geq 1.0$$

$$e = 0.77 + \frac{610}{2,800} = 0.99\,,\quad e = 1.0\text{을 사용}$$

모멘트에 대한 수정은 내측거더에 대해 수정계수를 곱한다.

$$mg^{ME}_{moment} = e\,(mg^{MI}_{moment}) = 1.0(0.71) = 0.71$$

(2) 전단력에 대한 분배계수

전단력에 대한 분배계수는 내측거더는 [표 2.1.4], 외측거더는 [표 2.1.6]을 사용하여 결정한다.

(가) 내측거더

• 한 개 설계차로 재하

$$mg^{SI}_{shear} = 0.36 + \frac{S}{7,600}$$

$$mg^{SI}_{shear} = 0.36 + \frac{2,438}{7,600} = 0.68$$

• 두 개 이상 설계차로 재하

$$mg^{SI}_{shear} = 0.2 + \frac{S}{3,600} - \left(\frac{S}{10,700}\right)^{2.0}$$

$$mg^{SI}_{shear} = 0.2 + \frac{2,438}{3,600} - \left(\frac{2,438}{10,700}\right)^{2.0} = 0.82$$

(나) 외측거더

두개 이상 설계차로 재하에 대한 외측거더에서 전단력에 대해 수정계수가 필요하다.

$$e = 0.6 + \frac{d_e}{3,000} = 0.6 + \frac{610}{3,000} = 0.80$$

전단력에 대한 수정은 내측 분배계수에 수정계수를 곱한다.

$$mg_{shear}^{ME} = e(mg_{shear}^{MI}) = 0.8(0.82) = 0.66$$

설계트럭하중이 작용하는 외측거더에 대해서는 지렛대 법칙이 사용되었다. 자세한 것은 다음 예에 서 설명되어 있다. 결과는 전단력과 모멘트에 대해 $mg_{shear\ or\ moment}^{SI} = 0.625$에 다차로 재하계수 1.2를 곱한 것이다. AASHTO 분배계수법의 결과는 [표 2.1.9]에 나타내었다.

[표 2.1.9] AASHTO 분배계수법의 결과

거더위치	차선하중의 수	절대최대 휨모멘트 (kN · m)	모멘트 분배계수 (*mg*)	거더 모멘트 (kN · m)	단순보 반력 (kN)	전단분배 계수(*mg*)	거더 전단력 (kN)
외측	1	498.7	0.625×1.2=0.75	374.0	238.3	0.75	178.7
외측	2	498.7	0.71	354.1	238.3	0.66	157.3
내측	1	498.7	0.54	269.3	238.3	0.68	162.0
내측	2	498.7	0.71	354.1	238.3	0.82	195.4

2.1.2.6 지렛대 법칙을 이용한 분배계수 계산예 (3)

[그림 2.1.3(a)]에 나타낸 바와 같은 슬래브-거더 교량에 지렛대법을 사용하여 분배계수를 구해보자. 분배계수를 구하는데 재래 U.S. 단위가 사용되었다.

(1) 외측거더

지렛대법을 고려한 자유물체도를 [그림 2.1.5]에 나타내었다. 바닥판은 캔틸레버로 연속인 거더의 외측을 제외하고는 각 거더로 단순 지지된 것으로 가정하였다. 트럭 No.1을 고려할 때, 거더 A의 반력 R_A(외측거더에 작용하는 하중)는 B점의 모멘트 평형으로 구해진다.

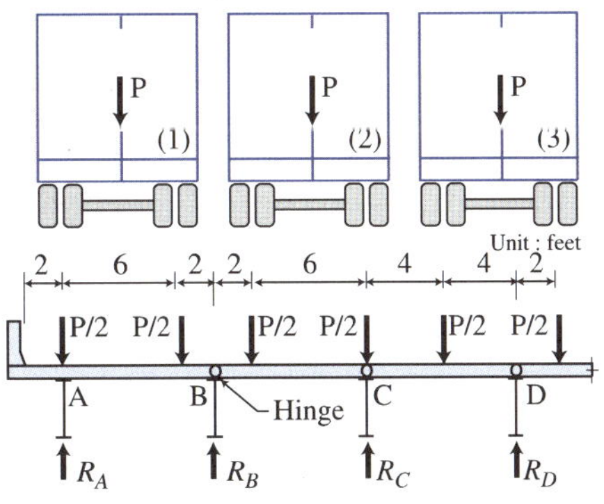

[그림 2.1.5] 지렛대 법칙을 고려한 자유물체도

$$R_A(8) = \left(\frac{P}{2}\right)(8) + \left(\frac{P}{2}\right)(2) \quad \therefore\ R_A = \left(\frac{P}{2}\right) + \left(\frac{P}{2}\right)\left(\frac{2}{8}\right) = 0.625P$$

외측거더가 부담하는 트럭중량 P의 계수는 0.625이다. 다차로재하계수 1.2는 한개 설계차로 재하의 경우에 적용한다. 그러므로 거더의 분배계수는 다음과 같이 된다.

$$mg^{SE}_{shear\ \mathrm{or}\ moment} = (1.2)(0.625) = 0.75$$

$$mg^{ME}_{shear\ \mathrm{or}\ moment} = (1.0)(0.625) = 0.625$$

인접한 트럭(No.2)로부터 차량하중은 외측거더에 분포할 수 없으므로, 이 계수는 한개 설계차로 재하와 두개 설계차로 재하는 같이 "정적"이다. 이것은 첫 번째 내측거더 안에 놓여있는 모든 바퀴와 그 바퀴하중의 영향이 가정된 힌지를 가로질러 전달될 수 없기 때문이다. 차이는 설명한 바와 같이 다차로재하계수에 의한 것이다.

(2) 내측거더

두개 설계차로 재하와 그 이상 설계차로 재하된 내측거더에 대한 분배계수는 [그림 2.1.5]에 나타낸 바와 같이 바닥판 BC와 CD위에 위치한 각 중량 P인 차축 트럭 No.2와 No.3을 고려하여 구해진다. C점의 반력 R_C는 모멘트 평형으로 구해진다.

$$R_C(8) = \left(\frac{P}{2}\right)(2) + \left(\frac{P}{2}\right)(8) + \left(\frac{P}{2}\right)(4) + \left(\frac{P}{2}\right)(0)$$

$$R_C = \left(\frac{P}{2}\right)\left(\frac{2}{8}\right) + \left(\frac{P}{2}\right)\left(\frac{8}{8}\right) + \left(\frac{P}{2}\right)\left(\frac{4}{8}\right) + \left(\frac{P}{2}\right)(0) = 0.875P$$

내측거더가 부담하는 트럭중량 P의 계수는 0.875이다. 다차로재하계수 1.0는 두개 설계차로 재하의 경우에 적용한다. 그러므로 거더의 분배계수는 다음과 같이 된다.

$$mg^{MI}_{shear\ \mathrm{or}\ moment} = (1.0)(0.875) = 0.875$$

내측거더에 한개 설계차로에 트럭 No.2만 고려해보자. 이 트럭은 바퀴의 한축이 직접 거더 No.3위와 바퀴의 한축은 거더로부터 6 ft에 놓이게 된다. C점의 반력 R_C는 모멘트 평형으로 구해진다.

$$R_C(8) = \left(\frac{P}{2}\right)(2) + \left(\frac{P}{2}\right)(8)$$

$$R_C = \left(\frac{P}{2}\right)\left(\frac{2}{8}\right) + \left(\frac{P}{2}\right)\left(\frac{8}{8}\right) = 0.625P$$

내측거더가 부담하는 트럭중량 P의 계수는 0.625이다. 다차로재하계수 1.2는 한개 설계차로 재하의 경우에 적용한다. 그러므로 거더의 분배계수는 다음과 같이 된다.

$$mg^{SI}_{shear\ or\ moment} = (1.2)(0.625) = 0.75$$

전단과 모멘트에 대한 분배계수는 핀-파넬 가정과 같다. 지렛대법에 의한 결과는 [표 2.1.10]에 나타내었다. 이 표의 값들은 예제에 조리 있게 사용되었고, 뒤에서 설명된 예제에서 여러 가지 해석방법결과와 비교하였다.

[표 2.1.10] 지렛대 법칙을 사용한 분배계수의 결과

거더위치	차선하중의 수	절대최대 휨모멘트 (kN · m)	모멘트 분배계수(*mg*)	거더 모멘트 (kN · m)	단순보 반력 (kN)	전 단 분배계수 (*mg*)	거더 전단력 (kN)
외측	1	498.7	0.625×1.2=0.75	374.0	238.3	0.75	178.7
외측	2	498.7	0.625	311.7	238.3	0.625	148.9
내측	1	498.7	0.75	374.0	238.3	0.75	178.7
내측	2	498.7	0.875	436.4	238.3	0.875	208.5

2.1.3 격자법(Grid method)

바닥판에 대한 최고의 수학적 모형은 다음과 같이 지배방정식으로 모형화된 **얇은 판이론**(Thin-Plate Theory)이다(Lagrange, 1811; Timonshenko and Woinowsky-Krieger, 1959; Ugural, 1981).

$$\frac{\partial^4 w}{\partial x^4} + 2\frac{\partial^4 w}{\partial x^2\,\partial y^2} + \frac{\partial^4 w}{\partial y^4} = \frac{p(x)}{D} \qquad (2.1.6(a))$$

또는

$$\nabla^4 w = \frac{p(x)}{D} \qquad (2.1.6(b))$$

여기서, w = 수직변위, x = 직교 횡좌표, y = 직교 종좌표, p = 면적당 분포 수직하중, D = 판의 휨 강성으로 다음과 같다.

$$D = \frac{E t^3}{12(1-\nu^2)}$$

여기서, ν = Poisson 비, t = 판의 두께, E = 탄성계수이다. 식 (2.1.6)은 등방성 슬래브(모든 방향으로 같은 정수)이다. 자세한 내용은 교과서(Timonshenko and Woinowsky-Krieger, 1959; Ugural, 1981)에 나타나 있다.

식 (2.1.6(a))의 첫 번째 항을 고려하고 횡방향 항을 무시하면 식 (2.1.1)과 같이 보에 대한 수학적 모형이 된다. 그리고 식 (2.1.6(a))의 좌측 중간 항을 무시하면 다음 식 (2.1.7)과 같이 비틀림 강성 또는 관련된 비틀림 단면력이 없는 판구조계(Plate System)에 대한 수학적 모형이 된다.

$$\nabla^4 w = \frac{\partial^4 w}{\partial x^4} + \frac{\partial^4 w}{\partial y^4} = \frac{p(x)}{D} \tag{2.1.7}$$

휨, 전단, 비틀림을 받는 격자요소가 조립되어 교량의 상판구조계가 구성된 것으로 생각하는 격자해석은 강성도법에 기준하여 쉽게 정식화될 수 있다.

격자해석법에서는 [그림 2.1.6(a),(b)]에 나타낸 바와 같이 교량상판을 상호 연결된 보로 구성된 평면내 격자구조로 이상화한다. 요소사이의 상호 작용력은 보의 교차점에서 연직으로만 작용한다. 연속체인 바닥판의 연결의 형태는 엄청난 바닥판모형으로 단순화되었다. 연속체에서 한 방향에서 휨의 회전은 직교방향에서 비틀림의 회전이 된다. [그림 2.1.6(c)]에 나타낸 격자구조의 절점을 고려해 보자. 여기서 절점은 모든 방향에서 회전에 대해 연속이고, 절점의 변위는 [그림 2.1.6(d)]에 나타낸 바와 같이 3개의 변위(1개의 수직변위와 2개의 회전인 자유도)로 정의된다. 요소의 휨과 비틀림 강성이 조합된 이 절점의 형태는 연속체와 같고, 모형은 정밀하다.

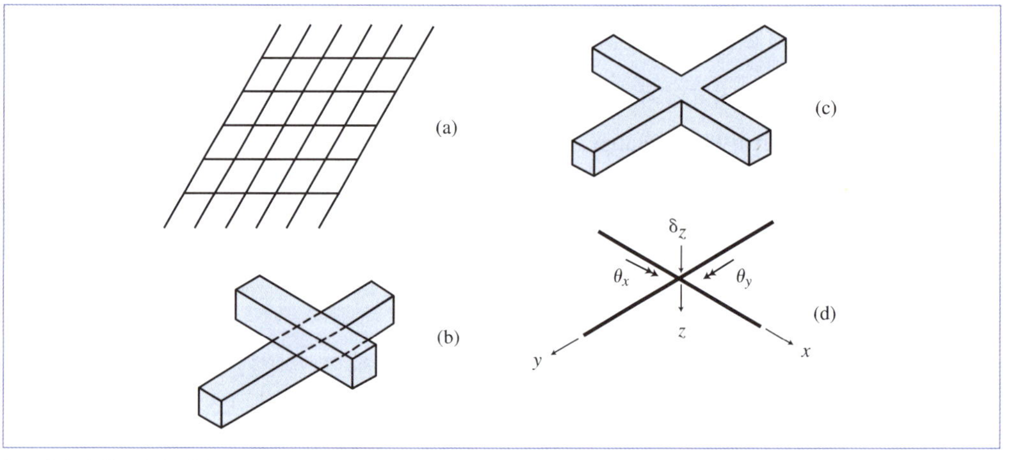

[그림 2.1.6] 격자모형

이 방법은 근사적인 해석법임이 불가피하나, 범용화 된다는 것이 큰 장점이다. 격자구조의 절점에서 임의방향으로의 구속이 가능하므로, 어떤 형태의 지지조건도 표현할 수 있고 고정지지나 탄성지지도 표현할 수 있다. 상판의 형태에 대해서도 제한이 없으므로 사교나 곡선교, 또는 불규칙적인 교량에도 쉽게 적용할 수 있다.

사교의 경우, 격자형태는 상판의 보강방향을 따르는 것이 원칙으로, 격자구조가 직각 또는 경사지게 교차하는 것으로 할 수 있다. [그림 2.1.7]은 사교를 격자구조로 모형화하는 3가지 경우를 나타낸 것이다.

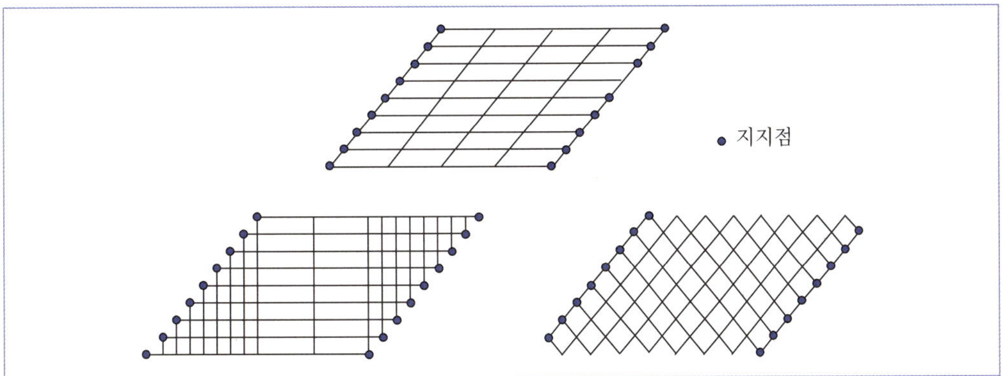

[그림 2.1.7] 사교의 격자모형

2.1.3.1 슬래브-거더 교량의 격자법의 계산예 (4)

[그림 2.1.3(a)]에 나타낸 슬래브-거더 교량의 거더에서 전단력(반력)과 반력을 격자법을 사용하여 구해보자. 그리고 한개 설계차로 재하와 두개 설계차로 재하에 대해 거더의 모멘트와 전단력의 분배계수를 구해보자.

슬래브-거더 교량은 [그림 2.1.8(a),(b)]에 나타낸 바와 같이 격자모형을 2가지 메쉬로 이상화하였다. 단면의 정수는 다음과 같이 계산되었다.

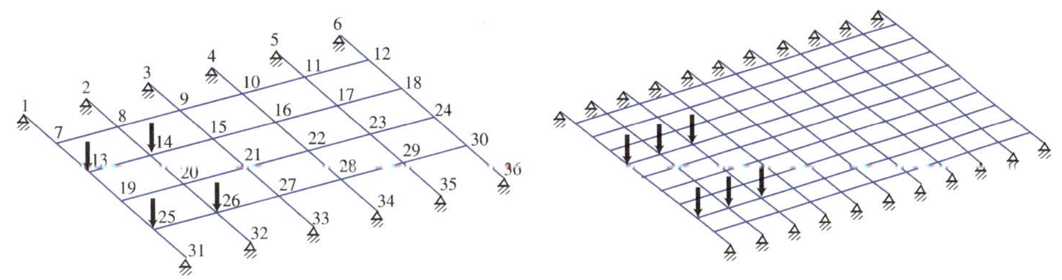

(a) 거친 매쉬　　(b) 조밀한 메쉬

[그림 2.1.8] 2가지 메쉬의 격자모형

(1) 거더의 정수

$$E_s = 29{,}000\ \mathrm{ksi}\ (200.0\ \mathrm{GPa})$$

$$A_g = 31.7\ \mathrm{in}^2\ (20.453\ \mathrm{mm}^2)$$

$$d = 29.83\ \mathrm{in}\ (4{,}536\ \mathrm{mm})$$

$$e_g = \left(\frac{t_s}{2}\right) + \left(\frac{d}{2}\right) = \left(\frac{8}{2}\right) + \left(\frac{29.83}{2}\right) = 18.92\ \mathrm{in}\ (481\,\mathrm{mm})$$

$$I_g = 4{,}470\ \mathrm{in}^4\ \text{(비합성 거더)} = 1.860 \times 10^9\ \mathrm{mm}^4$$

$$J_g = 4.990\ \mathrm{in}^4\ \text{(비합성 거더)} = 2.077 \times 10^6\ \mathrm{mm}^4$$

$$I_g\,(\text{합성거더}) = I_g + e_g^2\,A_g = 4{,}470 + 18.92^2\,(31.7) = 15{,}810\ \text{in}^4(\text{강재})$$
$$= 6.58 \times 10^9\ \text{mm}^4$$

(2) 바닥판의 정수

$$E_c = 3{,}600\ \text{ksi}\ (24.82\ \text{GPa})$$
$$t_s = 8\ \text{in}\,(203\ \text{mm})$$
$$\nu = 0.15$$
$$i_s = \frac{b\,t^3}{12} = \frac{(12)(8^3)}{12} = 512\ \text{in}^4\ (\text{per ft}) = 700{,}000\ \text{mm}^4(\text{mm 당})$$
$$j_s = \frac{b\,t^3}{6} = \frac{(12)(8^3)}{6} = 1{,}024\ \text{in}^4\ (\text{per ft}) = 1{,}400{,}000\ \text{mm}^4(\text{mm 당})$$

(3) 요소의 정수

모형화된 거더의 요소들은 위에 나타낸 바와 같이 같은 정수들을 갖는다. 격자에서 단면 2차모멘트와 비틀림상수만 필요하다. 바닥판에 대한 요소 정수는 메쉬 사이즈의 함수이다.

[그림 2.1.8(a)]에서 거친 메쉬(Coarse Mesh)에 대해 요소들은 횡방향(x – 방향)으로 중심간 7 ft (2,134 mm)에 있다. 그러므로 이들 요소들의 정수는 다음과 같다.

$$I_s = i_s\,(\text{tributary length}) = 512\,\frac{\text{in}^4}{\text{ft}}(7\ \text{ft})$$
$$= 3{,}584\ \text{in}^4\ (\text{transverse}) = 1.49 \times 10^9\ \text{mm}^4$$

$$J_s = j_s\,(\text{tributary length}) = 1{,}024\,\frac{\text{in}^4}{\text{ft}}(7\ \text{ft})$$
$$= 7{,}168\ \text{in}^4\ (\text{transverse}) = 2.98 \times 10^9\ \text{mm}^4$$

거더 위의 바닥판이 부담하는 정수들은 다음과 같다.

$$I_s = i_s\,(\text{tributary length}) = 512\,\frac{\text{in}^4}{\text{ft}}(8\ \text{ft})$$
$$= 4{,}096\ \text{in}^4\ (\text{longitudinal}) = 1.7 \times 10^9\ \text{mm}^4$$

$$J_s = j_s\,(\text{tributary length}) = 1{,}024\,\frac{\text{in}^4}{\text{ft}}(8\ \text{ft})$$
$$= 8{,}192\ \text{in}^4\ (\text{longitudinal}) = 3.41 \times 10^9\ \text{mm}^4$$

그리고, [그림 2.1.8(b)]에서 조밀한 메쉬(Fine Mesh)에 대한 바닥판 요소들의 종속된 폭은 횡방향(x – 방향)과 종방향으로 중심간 3.5 ft (1,067 mm)와 4.0 ft (1,219 mm)에 있다. 그러므로 이들 요소들의 정수는 다음과 같다.

$$I_s = i_s(\text{tributary length}) = 512\frac{\text{in}^4}{\text{ft}}(3.5\text{ ft})$$
$$= 1{,}792\text{ in}^4\,(\text{transverse}) = 746\times10^6\text{ mm}^4$$

$$J_s = j_s(\text{tributary length}) = 1{,}024\frac{\text{in}^4}{\text{ft}}(3.5\text{ ft})$$
$$= 3{,}584\text{ in}^4\,(\text{transverse}) = 1.49\times10^9\text{ mm}^4$$

거더 위의 바닥판이 부담하는 정수들 다음과 같다.

$$I_s = i_s(\text{tributary length}) = 512\frac{\text{in}^4}{\text{ft}}(4\text{ ft})$$
$$= 2{,}048\text{ in}^4\,(\text{longitudinal}) = 852\times10^6\text{ mm}^4$$

$$J_s = j_s(\text{tributary length}) = 1{,}024\frac{\text{in}^4}{\text{ft}}(4\text{ ft})$$
$$= 4{,}096\text{ in}^4\,(\text{longitudinal}) = 1.70\times10^9\text{ mm}^4$$

다음에 거더 요소의 정수에 대해 보와 슬래브 분담의 관련된 정수가 추가된다. 철재 거더는 탄성계수비 $n=8$을 사용하여 콘크리트로 변환된다. 조밀한 메쉬에 대한 결과는 다음과 같다.

$$I_g = I_g(\text{합성보})\times n + I_s$$
$$= 15{,}410\times(8) + 2{,}048 = 125{,}300\text{ in}^4 = 52.1\times10^9\text{ mm}^4$$

$$J_g = J_g(\text{합성보})\times n + J_s$$
$$= 4.99\times(8) + 4{,}096 = 4{,}136\text{ in}^4 = 1.72\times10^9\text{ mm}^4$$

지점의 경계조건은 거더의 단부에서 모든 방향으로 이동이 구속되었다. 약간의 비틀림 구속이 있긴 하지만, 그것을 산정하기는 어렵다. 양단에 비틀림 구속이 있는 경우와 없는 경우의 구조계의 해석을 비교함으로서 이 영향은 적은 것으로 확인되었고, 비틀림 구속은 없는 것으로 보고되었다. 8개의 하중 Case가 사용되었고, 주요 하중 Case를 기술하면 다음과 같다.

- Case 1 설계트럭은 한개 설계차로 재하에 대해 외측거더에서 위험 최대 중앙지간 모멘트와 단부 전단 근처에 작용되었다([그림 2.1.8(a),(b)]).
- Case 2 Number 1은 두개 설계차로 재하에 대해 반복되었다([그림 2.1.8(b)]).
- Case 3 설계트럭은 한개 설계차로 재하에 대해 내측거더($No.3$)에서 위험 최대 중앙지간 모멘트 근처에 작용되었다([그림 2.1.8(b)]).
- Case 4 Number 3은 두개 설계차로 재하에 대해 반복되었다([그림 2.1.8(b)]).
- Case 5–8 Number 1-3은 위험 전단력과 반력을 일으키게 뒤쪽 32 kip (145 kN)인 차축이 지지 근처에 오도록 설계차량의 이동이 반복되었다.

집중 바퀴하중의 어떤 것이 절점사이에 놓이므로 그들의 정적 등가 작용력이 결정되어야 한다. 예를 들어 거친 메쉬에 있어서 절점 13과 14 사이에 놓인 하중은 [그림 2.1.8(a)]에 설명되었다. 정적 등가 작용력은 [그림 2.1.8(c)]에 나타낸 바와 같이 고정단 보에 작용하는 이 하중에 관련된 단력으로 결정된다. 부(−) 또는 정(+)인 작용력이 격자에 적용된다. 거친 메쉬에 대해 작용되는 절점 하중은 하중 Case No.1에 대해 [표 2.1.11]에 설명되었다.

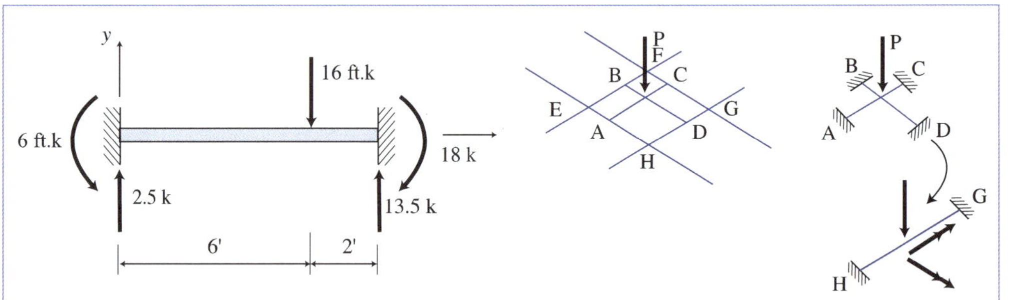

(c) 바퀴하중을 갖는 고정단 보

(d) 요소에 놓인 하중

[그림 2.1.8]

[표 2.1.11] 절점하중 - 거친 메쉬

하중 Case	외측거더 - 한개 설계차로 재하	
절점	하중, P_y (kips)	모멘트, M_z (ft · kips)
13	−18.5	−6.0
14	−13.5	18.0
25	−18.5	−6.0
26	−13.5	18.0
합계	−64.0	

다른 하중 Case와 조밀한 메쉬에 대한 절점하중도 유사한 방법으로 구해진다. 절점하중 모멘트은 일반적으로 무시하고 하중은 단순보가 분담함으로 모멘트는 포함되지 않는다. 모든 하중은 절점에 주어짐으로 하중의 분포는 정확하지 않고 오차를 일으킬 수 있다. 작용 모멘트의 영향은 조밀한 메쉬를 만들어 감소한다. 그러므로 조밀한 메쉬는 강성모델에서 오차를 줄일 뿐 아니라 하중모델에 의한 불필요한 오차도 줄인다. 하중이 부재하중과 같이 직접적으로 요소에 작용된다면, 소프트웨어에서 본래의 알고리즘은 절점 하중력과 모멘트를 정확히 결정한다. 소프트웨어는 해제된(절점-하중작용) 구조계의 해석에서부터 직접 부재에 작용하는 하중의 영향에 대해 계산된 본래의 최종 작용력에 이르기까지의 작용에 본래의 고정단력을 겹쳐놓는다. 하중이 격자 파넬에 작용된다면, 하중이 이들 절점에 할당되어야 하기 때문에(이 예제에서 이것은 편리하고 중대히 피하였다) 정적 등가는 더 어렵다. 이 Case에서 가장 쉬운 접근은 하중아래에 다른 격자 선을 더하는 것이다. 이것이 실행할 수 없다면, 하중은 [그림 2.1.8(d)]에 나타낸 부격자 A−B−C−D를 사용하여 할당되어야 한다. 다음에 부격자 단력을 주격자 요소 HG로 할당되고 앞에서 설명된 바와 같이 수행된다. 주요한 어려움은 비틀림을 고려하는 것이다.

이 장황한 접근의 대안은 단순보 절점하중의 할당이 고정단 비틀림과 휨모멘트가 상대적으로 작기 때문에 실행 가능한 메쉬를 절점으로 다듬는 것이다.

(4) 해석결과

거친 메쉬에 대한 하중 Case No.1의 변위는 [그림 2.1.8(e)]에 나타내었다. 변위는 하중작용점 근처가 가장 크고 지점은 기대한 바와 같이 변위가 구속되었다. 하중 Case No.2에 대한 전단력과 모멘트도는 [그림 2.1.8(f)]와 [그림 2.1.8(g)]에 나타내었다. [표 2.1.11]와 [표 2.1.12]는 4가지 하중 Case에 대해 최대 중앙지간 모멘트와 단부 반력(최대 전단력)을 정리한 것이다.

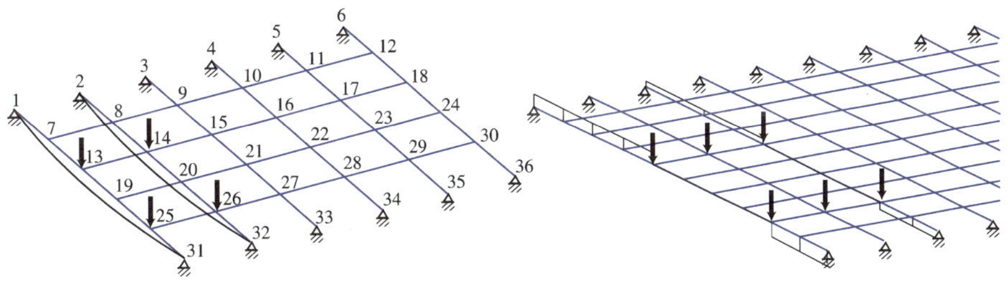

(e) 변위 - 하중 Case No.1 (f) 전단력도 - Case No.2

[그림 2.1.8]

단순보의 단면력은 [그림 2.1.8]에 보인 바와 같이 이 위치에 주어진다. 관련된 단면력은 [그림 2.1.8(f)]와 [그림 2.1.8(g)]에 설명되었다. 또한 분배계수는 표에 주어졌다. 위험 분배계수가 가장 중요한 것이다. 이들 분배계수는 뒤에서 설명된 예제에서 **유한요소법**(Finite Element Method)과 **유한대판법**(Finite Strip Method)으로부터 도출된 것을 추가하여 AASHTO 계수와 비교되었다. [표 2.1.12]에 나타낸 (조밀한 메쉬를 사용한) 휨모멘트에 대한 위험 값이 가장 중요하다.

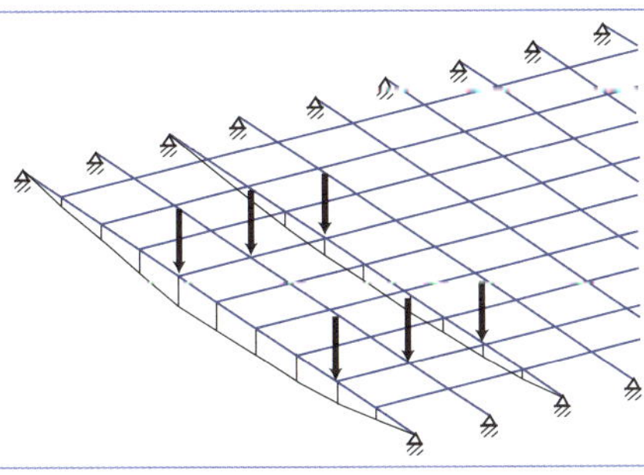

[그림 2.1.8] (g) 모멘트도 - Case No.1

외측거더에서 한개 설계차로 재하에 대한 위험모멘트는 $mg^{SE}_{moment} = 1.2 \times 0.62 = 0.74$의 분배계수를 갖는 1.2(multiple presence) × 221.2 ft · kips = 265.4 ft · kips이고, 두개 설계차

로 재하에 대한 모멘트는 $mg^{ME}_{moment} = 0.65$의 분배계수를 갖는 1.0(multiple presence) × 232.8 ft · kips = 232.8 ft · kips이다. 그리고 내측거더에서 한개 설계차로 재하에 대한 최대 모멘트는 $mg^{SI}_{moment} = 0.53$의 분배계수를 갖는 1.2(multiple presence) × 157.4 ft · kips = 188.8 ft · kips이고, 두개 설계차로 재하에 대한 모멘트는 $mg^{MI}_{moment} = 0.72$의 분배계수를 갖는 1.0(multiple presence) × 258.8 ft · kips = 258.8 ft · kips이다.

[표 2.1.12] 휨모멘트 정리 - 격자법

Load Case*	Girder	Beam Analysis Moment (ft kips)	Max. Moment (ft kips) (Coarse Mesh)	Distribution Factor (*mg*)	Max. Moment (ft kips) (Fine Mesh)	Distribution Factor(*mg*)
1	1	358.4	202.5	0.57	221.2	0.62
1	2	358.4	123.2	0.34	116.7	0.33
1	3	358.4	37.4	0.10	18.5	0.05
1	4	358.4	0.0	0.00	−4.5	−0.01
1	5	358.4	−3.8	−0.01	−3.0	−0.01
1	6	358.4	−0.6	0.00	0.0	0.00
	Sum	Total moment = 358.4	358.7	1.00	348.9	0.98
2	1	358.4	236.	0.66	232.8	0.65
2	2	358.4	257.5	0.72	240.6	0.67
2	3	358.4	182.3	0.51	183.2	0.51
2	4	358.4	49.2	0.14	46.4	0.13
2	5	358.4	−2.3	−0.01	−1.6	0.00
2	6	358.4	−6.3	−0.02	−5.4	−0.02
	Sum	Total moment = 2(358.4) = 716.8	716.7	2.00	695.0	1.94
3	1	358.4	36.7	0.10	19.7	0.06
3	2	358.4	148.1	0.41	123.9	0.35
3	3	358.4	132.3	0.37	157.4	0.44
3	4	358.4	45.5	0.13	48.8	0.14
3	5	358.4	1.2	0.00	1.4	0.00
3	6	358.4	−5.3	−0.01	−5.2	−0.01
	Sum	Total moment = 358.4	358.5	1.00	346.0	0.98
4	1	358.4	26.4	0.07	11.8	0.03
4	2	358.4	167.6	0.47	141.6	0.40
4	3	358.4	255.1	0.72	258.8	0.72
4	4	358.4	203.7	0.57	204.3	0.57
4	5	358.4	69.0	0.19	75.4	0.21
4	6	358.4	4.9	0.01	−6.6	0.02
	Sum	Total moment = 2(358.4) = 716.8	716.9	2.03	685.2	1.95

*Load Case
1. One-Lane loaded for the maximum exterior girder actions (Girder No. 1)
2. Two-Lanes loaded for the maximum exterior girder actions (Girder No. 1)
3. One-Lane loaded for the maximum interior girder actions (Girder No. 3)
4. Two-Lanes loaded for the maximum interior girder actions (Girder No. 3)

거친 메쉬는 조밀한 메쉬와 같이 근사적으로 같은 결과가 됨으로 수렴은 받아들일 수 있는 것으로 간주되었다. 위험단면에서 모멘트 합계는 한개 설계차로 재하에 대해 358.4 ft · kips이고, 두개 설계차로 재하에 대해 716.8 ft · kips이다. 각 하중 Case의 아래에 모멘트의 합계가 정리되었다.

차이는 거더 사이에 위치한 공칭 바닥판 요소의 존재에 의한 것이다. 이들 요소는 표에 나타내지 않았다. 바닥판의 강성이 적기 때문에 그들은 거더 모멘트와 정적 모멘트의 합계사이의 적은 차이이기 때문에 적은 하중크기를 갖는다. 합계에서 이들 요소의 포함은 이 모순의 제거이다. 분배계수는 같은 이유로 1.0(한개 설계차로 재하) 또는 1.2(두개 설계차로 재하)를 합하지 않는다. 보고된 값과 이들 값 사이의 적은 차이는 대략에 의한 것이다.

[표 2.1.13] 반력(전단력) 정리 - 격자법

Load Case[a]	Girder	Beam Analysis Reaction (kips)	Max. Reactions (kips) (Coarse Mesh)	Distribution Factor (*mg*)	Max. Reaction (kips) (Fine Mesh)	Distribution Factor (*mg*)
5	1	52.8	30.3	0.57	34.4	0.65
5	2	52.8	19.8	0.38	19.3	0.37
5	3	52.8	3.2	0.06	−0.4	−0.01
5	4	52.8	−0.1	−0.00	−0.4	−0.01
5	5	52.8	−0.3	−0.01	−0.2	−0.00
5	6	52.8	−0.0	−0.00	0.1	0.00
	Sum	52.8[b]	52.9	1.00	52.8	1.00
6	1	52.8	32.8	0.62	33.4	0.63
6	2	52.8	41.2	0.78	39.0	0.74
6	3	52.8	29.1	0.55	31.7	0.60
6	4	52.8	3.2	0.06	2.3	0.04
6	5	52.8	−0.3	−0.01	−0.4	−0.01
6	6	52.8	−0.4	−0.01	−0.4	−0.01
	Sum	105.6[h]	105.6	1.99	105.6	1.99
7	1	52.8	2.3	0.04	0.5	0.01
7	2	52.8	26.3	0.50	19.9	0.38
7	3	52.8	21.0	0.40	30.4	0.58
7	4	52.8	3.7	0.07	2.6	0.05
7	5	52.8	−0.1	−0.00	−0.2	−0.00
7	6	52.8	−0.4	−0.01	−0.4	−0.01
	Sum	52.8[b]	52.8	1.00	52.8	1.01
8	1	52.8	1.9	0.04	0.1	0.00
8	2	52.8	24.2	0.46	19.5	0.37
8	3	52.8	40.7	0.77	46.0	0.87
8	4	52.8	32.5	0.62	33.3	0.63
8	5	52.8	6.6	0.13	8.2	0.16
8	6	52.8	−0.3	−0.01	−1.3	−0.02
	Sum	105.6[b]	105.6	2.01	105.6	2.01

[a] Load Case

5. One-Lane loaded for the maximum exterior girder actions (Girder No. 1)
6. Two-Lanes loaded for the maximum exterior girder actions (Girder No. 1)
7. One-Lane loaded for the maximum interior girder actions (Girder No. 3)
8. Two-Lanes loaded for the maximum interior girder actions (Girder No. 3)

[b] Beam reaction for entire bridge

그리고 [표 2.1.13]에 나타낸 위험 반력과 전단력이 가장 중요하다. 다차로재하계수는 해석으로부터 단면력을 수정하는데 사용된다. 외측거더에서 한개 설계차로 재하에 대한 최대반력은 $mg_{shear}^{SE}=0.78$의 분배계수를 갖는 1.2(multiple presence) × 34.4 kips = 41.4 kips이고, 두개 설계차로 재하에 대한 최대반력은 $mg_{shear}^{ME}=0.63$의 분배계수를 갖는 1.0(multiple presence)×33.4 kips = 33.4 kips이다. 그리고 내측거더에서 한개 설계차로 재하에 대한 최대반력은 $mg_{shear}^{SI}=0.69$의 분배계수를 갖는 1.2(multiple presence) × 30.4 kips = 36.5 kips이고, 두개 설계차로 재하에 대한 최대전단력은 $mg_{shear}^{MI}=0.87$의 분배계수를 갖는 1.0(multiple presence) ×46.0 kips = 46.0 kips이다. 단부 반력의 합계는 한개 설계차로 재하에 대해 52.8 kips이고, 두개 설계차로 재하에 대해 105.6 kips이다.

조밀한 메쉬에서 공칭 종방향 바닥판 요소는 단부에서 지지되지 않으므로, 합계하중은 단부에서 거더에 분포되어야 하고, 반력은 기대한 것으로 검토한다.

이들 해석결과는 뒤에서 설명된 예제에서 유한요소법(Finite Element Method)과 유한대판법(Finite Strip Method)으로부터 도출된 것을 추가하여 비교되었다. [표 2.1.12]와 [표 2.1.13]에 나타낸 결과는 [표 2.1.14]에 정리되었다.

[표 2.1.14] 격자법의 정리 - 조밀한 메쉬

거더 위치	재하설계 차로 수	모멘트 (ft · kips)	모멘트 분배계수 (*mg*)	반력 (kips)	반력분배계수 (*mg*)
외측	1	265.2	0.74	41.2	0.78
외측	2	232.8	0.65	33.4	0.63
내측	1	190.0	0.53	37.0	0.69
내측	2	258.8	0.72	46.0	0.87

2.1.4 유한요소법(F.E.M., Finite Element Method)

교량의 해석방법 중 가장 강력한 방법이 강성도법을 기본으로 한 유한요소법이다. 앞 절에서 교량바닥판을 강성도법을 기초로 한 1차원 격자요소의 조립에 의하여 모형화하는 것을 보였지만, 유한요소법에서는 2차원 또는 3차원 요소의 조립에 의하여 구조계를 모형화하게 된다. 각 요소는 적절한 자유도를 지닌 절점에서 연결된다. 예를 들어, 슬래브-거더 교량에서 일반적으로 바닥판은 절점당 6개의 자유도를 갖는 쉘요소로 모형화 되고, 거더는 절점당 6개의 자유도를 갖는 입체뼈대요소로 모형화 된다. 이들 요소의 예는 [그림 2.1.9(a),(b)]에서 설명되었다. 거더의 편심(합성거더)은 거더의 중심축에서 요소의 위치로 모형화 되어 많은 추가 자유도가 만들어 진다. 추가 계산적인 노력을 피하기 위하여 거더에서 자유도는 강체연결(rigid linkage)이 이들 두 점 사이에 존재하는 것으로 한 가정에 의한 판의 자유도에 관계된다. 이 연결은 입체뼈대요소에 대해 요소의 수식에서 쉽게 조화시킬 수 있다. 이 성능은 일반적으로 실무용 소프트웨어에 포함되며, 이것은 **강체연결**(rigid links), **요소옵셋**(element offset), **요소편심**(element eccentricities) 등으로 나타낸다. 다양한 형태의 요소를 사용할 수 있어, 불규칙적인 기하형태, 이방성 거동, 비탄성 거동 등 복잡한 구조계를 모형화할 수 있다. 따라서 유한요소법은 실제의 교량해석에 있어서 가장 범용으로 사용될 수 있고, 경우에 따라서는 유일한 해석방법이 될 수도 있다. 그러나 입력자료의 방대함, 장시간의 컴퓨터 계산시간 등이 단점으로 대두되었으나, 오늘날 컴퓨터의 성능향상과 소프트웨어의 발전으로 단점들이 극복되었다.

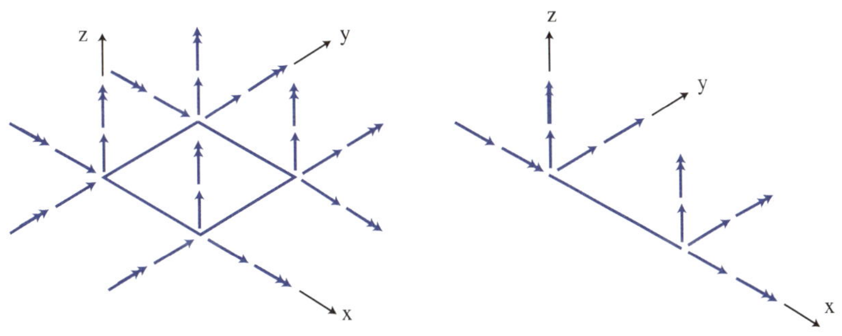

[그림 2.1.9] 절점당 6개의 자유도를 갖는 유한요소

유한요소법은 다음과 같은 3개의 기본적인 단계로 구성된다.

2.1.4.1 구조물의 각 요소의 이상화

이산화된 요소들의 조합에 의하여 구조물의 수학적 모형을 구성한다. 각 요소는 유한차원 및 성실을 가시며, 구조해석을 수행하기 위해서는 각 요소의 하중-변위 관계식을 구성하여야 한다. 이 관계식의 결정이 해석의 제2단계가 된다.

2.1.4.2 요소성질의 결정

유한요소를 사용하여 교량바닥판을 탄성연속체로 표현하기 위해서는 구조의 분할을 여러 방법에 의하여 수행할 수 있다. 슬래브 바닥판에 대해서는 삼각형 요소를 사용할 수도 있고, 사각형 요소를 사용할 수도 있다. 요소수를 적게 하여 거친 요소의 망을 구성할 수도 있고, 상대적으로 수많은 요소를 사용하여 조밀하게 요소의 망을 구성할 수도 있다. 이 선택은 구조물의 기하형태, 응력집중과 같은 국부적 거동의 중요성, 요소의 수렴성질 등에 의하여 좌우된다.

2.1.4.3 요소조합의 구조해석

다음과 같은 조건이 만족되어야 한다.

(1) 평형(equilibrium) : 내적 또는 외적으로 작용된 하중은 각 절점에서 평형을 이루어야 한다.

(2) 적합성(compatibility) : 재하된 상태에서 요소의 변형은 기하학적 적합성을 유지하여야 한다.

(3) 하중-변위 관계(force-displacement relation) : 실제의 기하학적 성질과 재료특성에 적절한 내적인 하중-변위 관계가 각 요소에서 성립되어야 한다.

이들 조건은 유연도법 또는 강성도법에 의하여 행렬 해석될 수 있다. 이 중 강성도법이 문제형성 및 전산화가 간단하고, 하중하의 구조물의 변형을 물리적으로 이해하기에 수월하므로 선호하고 있다.

2.1.4.4 슬래브-거더 교량의 유한요소법을 이용한 계산예 (5)

슬래브-거더 교량의 단면력 계산예에서 설명된 [그림 2.1.3(a)]에서 거더의 단부 전단(반력)과 중앙지간의 휨모멘트를 결정하는데 유한요소법을 사용한다. 추가로 한개 설계차로 재하와 두개 설계차로 재하에 대해 모멘트와 전단력에 대해 분배계수를 결정한다.

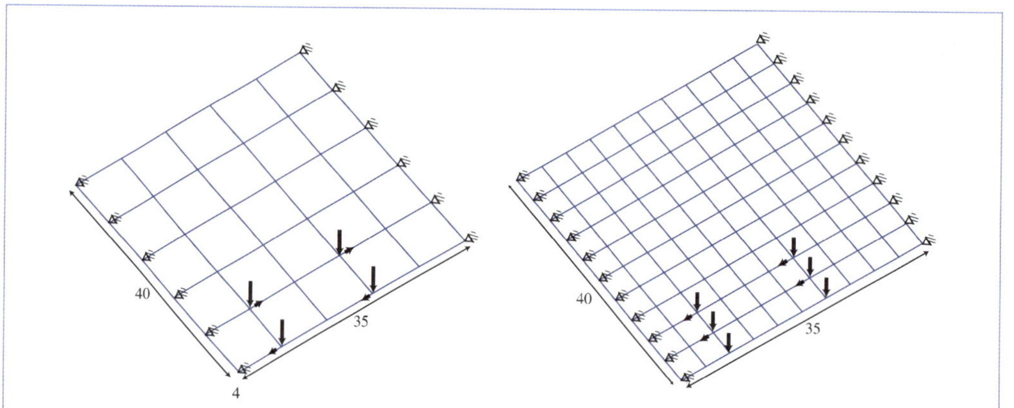

(a) 유한요소 거친 메쉬 (b) 유한요소 조밀한 메쉬

[그림 2.1.10] 유한요소 모형

이 구조계는 [그림 2.1.10(a),(b)]에 나타낸 2-D 메쉬로 이산화 하였다. 거더의 정수는 바닥판을 [그림 2.1.8(a)]에 나타낸 바와 같이 쉘요소로 모형화 되었기 때문에 바닥판의 정수를 추가하지 않은 것을 제외하고는 격자법과 같다. 여기서 면내효과(in-plane effects)는 무시하였고 판의 휨만을 고려하였다. 바닥강성은 $t = 203$ mm = 8 in, $E = 24{,}800$ MPa = 3,600 ksi, 그리고 $\nu = 0.15$를 기본으로 유한요소 프로그램 내에서 계산되었다. 거더의 정수와 절점하중은 앞 예제에서와 같이 계산되었다.

최대 모멘트와 반력은 [표 2.1.15]에 정리되었다. 이 결과는 [표 2.1.12] 및 [표 2.1.13]와 매우 유사하다. 간략을 위해 그러한 표는 나타내지 않고 최대 단면력만 기록하였다.

[표 2.1.15] 유한요소결과 – 위험 단면력

Girder Location	Number of Lanes Loaded	Moment (ft kips)	Distribution Factor (*mg*)	Reactions (kips)	Distribution Factor (*mg*)
Exterior	1	(1.2)(206.0) = 247.2	0.68	(1.2)(31.4) = 37.7	0.71
		(1.2)(196.9) = 236.3	0.66	(1.2)(29.8) = 35.8	0.68
Exterior	2	(1.0)(220.8) = 220.8	0.62	(1.0)(30.6) = 30.6	0.58
		(1.0)(219.4) = 219.4	0.61	(1.0)(30.4) = 30.4	0.58
Interior	1	(1.2)(154.9) = 186.9	0.52	(1.2)(30.2) = 36.2	0.69
		(1.2)(154.8) = 185.8	0.52	(1.2)(30.2) = 36.2	0.69
Interior	2	(1.0)(258.8) = 258.8	0.72	(1.0)(44.2) = 44.2	0.84
		(1.0)(249.0) = 249.0	0.69	(1.0)(44.9) = 44.9	0.85

2.1.5 유한대판법(F.S.M., Finite Strip Method)

유한대판법은 유한요소법으로부터 파생된 것이다. 유한대판법은 [그림 2.1.11(a)]에 나타낸 바와 같이 연속체를 불연속인 대판(strips, 길고 가느다란 조각)들을 사용한다.

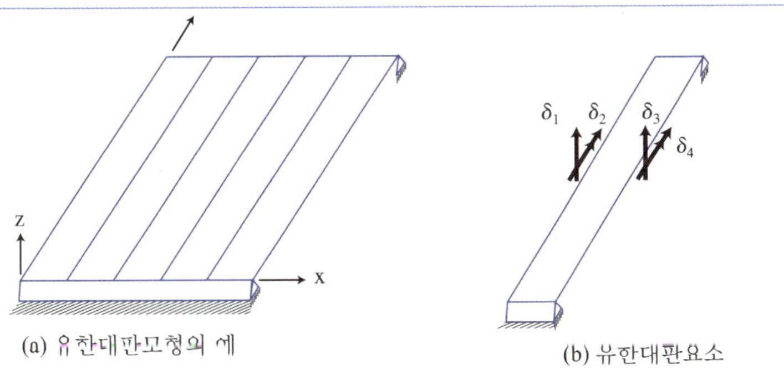

[그림 2.1.11] 유한대판법의 예

대판은 바닥판의 전체 길이인 요소이다. 유한요소법에서 사용된 표준 다항식 형상함수(polynomial shape function)와 같은 형태의 메시는 사용하지 않는다. 그러나 유한대판법은 단순보의 단부에서 경계조건을 고려한 특별한 형상함수가 사용한다. 이 조건은 횡방향에 3차 다항식을 사용하지만 종방향에 변위에 대해 Fourier Sine함수의 사용한다. 대표적 저차 형상 함수는 다음과 같다.

$$w(x,y) = \sum_{m=1}^{r} f_m(x) Y_m$$

$$= \sum_{m=1}^{r} (A_m + B_m x + C_m x^2 + D_m x^3) \sin\left(\frac{m\pi y}{l}\right) \quad (2.1.8)$$

여기서, $f_m(x)$는 계수 A_m, B_m, C_m, D_m를 갖는 3차 다항식, Y_m는 sine 함수, l은 지간장,

y는 종방향 좌표, m은 r인 최대값을 갖는 급수지수이다.

표준 보요소에 대표적으로 사용되는 다항식 함수는 대판 가장자리에서 4개의 자유도항으로 고쳐 쓴다는 점이 중요하다. 자유도에는 고려된(m값) 조화(harmonic)당 2개의 변위와 2개의 회전을 포함한다. 자유도의 총수는 절점선(nodal line)의 수의 2배이다.

예를 들어, 50대판이 50항을 갖는 것으로 사용되었다면, 미지의 총수는 51(절점선)×2(절점선당 미지수)×50(항) = 5,100(미지수)이다.

대표적 유한대판법은 강도매트릭스의 해를 구하는데 유한요소법에 의한 계산시간의 약 10% 정도이다. 유한대판법에 대한 자세한 내용은 Cheung(1976)과 Loo와 Cusens(1978)의 교과서에서 찾을 수 있다. 그리고 UC, Berkeley의 Scordelis교수 등의 연구보고서(1985)에 상세히 나타나 있다.

2.1.5.1 슬래브-거더 교량의 유한대판법을 이용한 계산예 (6)

슬래브-거더 교량의 단면력 계산예에서 설명된 [그림 2.1.3(a)]에서 거더의 단부 전단(반력)과 중앙 지간의 휨모멘트를 결정하는데 유한대판법을 사용한다. 추가로 한개 설계차로 재하와 두개 설계차로 재하에 대해 모멘트와 전단력에 대해 분배계수를 결정한다.

이 구조계는 20 일정한 대판과 100항을 갖는 것으로 모형화하였다. 큰 수의 항은 집중하중과 거더 단부 근처의 전단력을 정밀하게 결정하는데 필요하다.
지간중앙 근처의 휨효과만 필요하다면, 약 10항만 필요하다. 거더, 바닥판의 정수, 그리고 하중점은 앞의 예제에서와 같다. 최대 모멘트와 반력은 [표 2.1.16]에 정리되었다.

[표 2.1.16] 유한대판법의 결과

Girder Location	Number of Lanes Loaded	Moment (ft kips)	Distribution Factor (*mg*)	Reactions (kips)	Distribution Factor (*mg*)
Exterior	1	(1.2)(204.3) = 245.2	0.68	(1.2)(29.6) = 35.5	0.67
Exterior	2	(1.0)(218.6) = 218.6	0.61	(1.0)(30.6) = 30.6	0.58
Interior	1	(1.2)(154.1) = 184.9	0.52	(1.2)(26.4) = 31.7	0.60
Interior	2	(1.0)(250.8) = 250.8	0.70	(1.0)(41.7) = 41.7	0.79

2.1.6 AASHTO, 지렛대법, 격자법, 유한요소법, 유한대판법의 결과를 비교 (7)

[표 2.1.9], [표 2.1.10], 그리고 [표 2.1.14] - [표 2.1.16]의 결과를 조합하여 [표 2.1.17]에 모멘트를 [표 2.1.18]에 전단력을 나타내었다. 대부분의 값은 지렛대법을 제외하고는 10% 이내로 비교되었다.

[표 2.1.17] 해석방법결과의 비교 – 모멘트

Girder	Number of Lanes Loaded	AASHTO	Lever	Grillage	Finite Element	Finite Strip
Exterior	1	268.8 0.75	268.8 0.75	265.2 0.74	236.3 0.66	245.2 0.68
Exterior	2	254.5 0.71	224.0 0.625	232.3 0.65	219.4 0.61	218.6 0.61
Interior	1	193.5 0.54	268.8 0.75	190.0 0.53	185.8 0.52	184.9 0.52
Interior	2	254.5 0.71	313.6 0.875	258.8 0.72	249.0 0.69	250.8 0.70

[표 2.1.18] 해석방법결과의 비교 – 전단력

Girder	Number of Lanes Loaded	AASHTO	Lever	Grillage	Finite Element	Finite Strip
Exterior	1	39.6 0.75	39.6 0.75	41.2 0.78	35.8 0.68	35.5 0.67
Exterior	2	34.8 0.66	33.0 0.625	33.4 0.63	30.4 0.58	30.6 0.58
Interior	1	35.9 0.68	39.6 0.5	37.0 0.70	36.2 0.69	31.7 0.60
Interior	2	43.3 0.82	46.2 0.875	46.0 0.87	44.9 0.85	41.7 0.79

2.2 슬래브-거더교에서 슬래브(Slabs in Slab-Girder Bridges)

슬래브 설계는 3가지 방법으로 수행 된다: (1) 해석적 유한대판법(Finite Strip Method), (2) 경험법, (3) 항복선법(Yield-Line Method). 해석적 법은 슬래브가 강도와 사용한계상태에 만족하도록 선형 탄성 해석이 필요하다. 경험법은 설계자가 바닥판 두께와 철근상세에 관하여 소수의 간단한 법칙을 만족하도록 하는 것이 필요하고, 한계상태는 더 나아가 설계 정당성 없이 자동으로 만족되는 것으로 가정되었다. 3번째 방법은 바닥판의 비탄성 항복에 기초를 둔 항복선법이고, 강도와 극단-결과 한계상태에 대해 적절하다.

2.2.1 선형탄성법(Linear Elastic Methods)

바닥판 슬래브는 지간비(파넬길이/파넬폭)가 크기 때문에 1-방향 슬래브 구조계로 고려되어야 한다. 예를 들어, 표준 파넬폭(거더간격)이 2,400~3,600 mm (7.9~11.8 ft)이고 표준 거더 길이는 9,100~61,000 mm (29.9~200 ft)일 때, 지간비는 3.79~16.95이다. 1.5 또는 큰 지간비를 갖는 바닥 파넬은 1-방향 구조계로 고려되어야 한다. 그러한 구조계는 짧은 파넬 방향으로 보와 같이 하중영향이 전달되는 것으로 가정되었다. 하중은 1-방향 작용으로 거더에 전달되는 것으로 가정하고 주요 결과는 해석과 더불어 설계에 사용되는 스트립 폭(슬래브 폭)이다. 지침은 AASHTO [A4.6.2 근사적 해석방법]에 준비되어 있다. CIP(Cast-in-place, 현장타설) 단면에 대한 스트립 폭 SW [mm]는 다음과 같다.

교축 또는 교축 직각 방향 M^{+}: $\mathrm{SW}^{+} = 660 + 0.55S$ (2.2.1(a)-SI)

M^{+}: $\mathrm{SW}^{+} = 26.0 + 6.6S$ (2.2.1(a)-US)

M^{-}: $\mathrm{SW}^{-} = 1{,}220 + 0.25S$ (2.2.1(b)-SI)

M^{-}: $\mathrm{SW}^{-} = 48.0 + 3.0S$ (2.2.1(b)-US)

내민부분 $\mathrm{SW}^{Overhang} = 1{,}140 + 0.833X$ (2.2.1(c)-SI)

$\mathrm{SW}^{Overhang} = 45 + 10.0X$ (2.2.1(c)-US)

여기서 S = 지지부의 간격(mm), X = 하중과 지점사이의 거리(mm), M^{+} = 정(+)모멘트, M^{-} = 부(−)모멘트이다.

그 외의 바닥판에 대한 스트립 폭은 AASHTO [표 A4.6.2.1.3-1 등가스트립]에 주어져 있다. 지지거더 위의 스트립의 모형은 [그림 2.2.1(a)]에 나타내었다. 설계차량은 인접한 위험 정(+)모멘트에 대해 놓여 있다. 슬래브-거더 구조계는 [그림 2.2.1(b)]에 보인 바와 같이 바꾸어 놓는다. 이 변위는 국부하중효과([그림 2.2.1(c)])과 전체하중효과([그림 2.2.1(d)])에 관계된 변위의 중첩으로 고려되어야 한다.

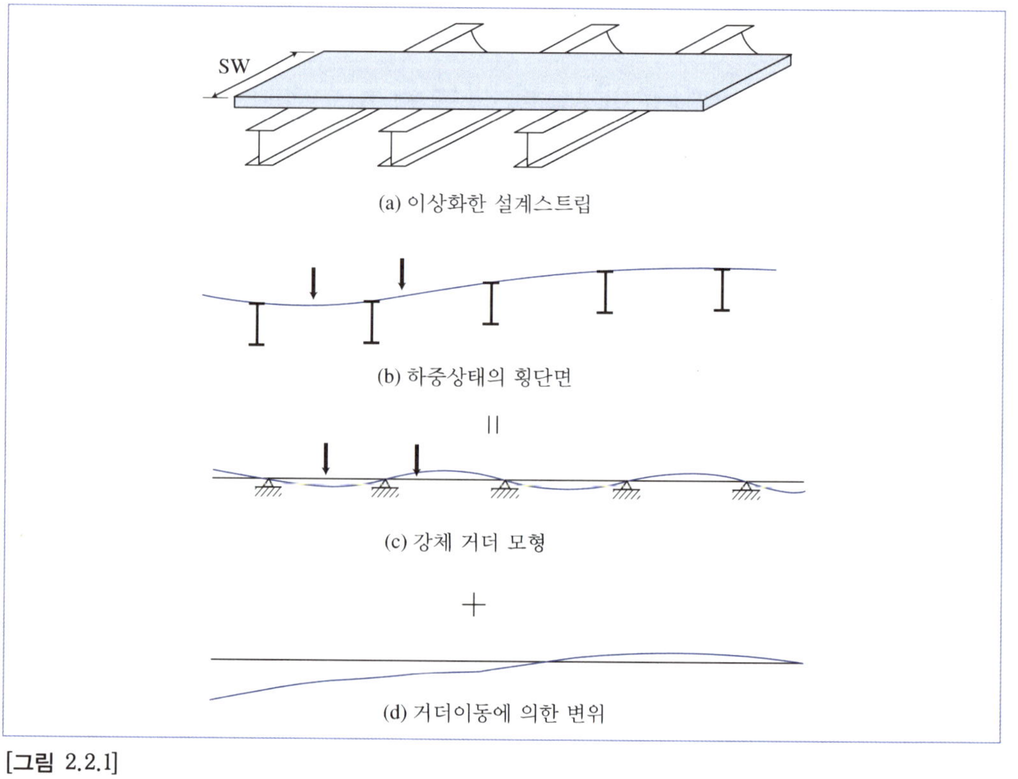

(a) 이상화한 설계스트립

(b) 하중상태의 횡단면

(c) 강체 거더 모형

(d) 거더이동에 의한 변위

[그림 2.2.1]

전체효과는 거더의 변위에 의한 스트립의 휨으로 이루어져있다. 여기서 하중위치에서 적은 변화는 이들 변위에 중대한 효과를 미치지 않으므로, 이것은 전체효과이다. 국부효과는 주로 이 스트립에서 축 하중의 작용에 의한 스트립의 휨에 기인한다. 예를 들어, 횡 방향으로 적은 이동은 국부응답에 중대한 효과를 미친다. 바닥에 대해 일반적으로 국부효과는 전체효과보다 중대히 크다. 전체효과는 무시되고 스트립은 거더를 강체지지로 가정한 고전적 보 이론으로 해석되어야 한다(AASHTO [A4.6.2.1.5]). 하급범위의 정리가 적용되기 때문에 그리고 내적 작용의 이 분배가 평형으로 계산되기 때문에 스트립방법은 충분한 강도로 산출되고 일반적으로 철근의 알맞은 분배로 산출된다. 지지(거더) 폭의 보강효과를 설명하면, 일체 시공된 지지 면에서, 그리고 강재 거더의 플랜지폭 1/4에서 설계 전단력과 모멘트를 정한다.

2.2.1.1 적용예제 (1)

[그림 2.2.2(a)]에 나타낸 슬래브에 대해 횡방향에 요구되는 전단력과 모멘트를 결정하라. 스트립 폭은 AASHTO [표 A4.6.2.1.3-1]에 주어진 수식을 사용한다.

교축 또는 교축 직각 방향

$$\text{SI}\,M^{+}:\ \text{SW}^{+} = 660 + 0.55\text{S} = 660 + 0.55 \times 2{,}438 = 2{,}000\ \text{mm}$$

$$(\text{US}\ \ M^{+}:\ \text{SW}^{+} = 26.0 + 6.6\text{S} = 26 + 6.6 \times 8 = 6.6\ \text{ft})$$

$$\text{SI}\,M^{-}:\ \text{SW}^{-} = 1{,}220 + 0.25\text{S} = 1{,}220 + 0.25 \times 2{,}438 = 1{,}829\ \text{mm}$$

$$(\text{US}\ \ M^{-}:\ \text{SW}^{-} = 48.0 + 3.0\text{S} = 48 + 3.0 \times 8 = 6.0\ \text{ft})$$

슬래브의 스트립 모형은 [그림 2.2.2(b)]에 나타낸 연속보로 구성된다. 여기서 영향함수는 가장 위험 작용력에 대하여 설계차량의 횡방향으로 위치하는 것으로 사용되어야 한다. 이 접근은 보의 해석법이 사용되거나 모멘트분배법을 대안의 접근으로 여기서 사용되었다. 지간 BC에서 모멘트에 대한 인근 위험 차량위치는 [그림 2.2.2(a)]에 나타내었다. 비록 보는 캔틸레버를 포함하여 7개 지간지만, 하중이 없고 회전강성이 없기 때문에 캔틸레버를 무시하고 E점에서 고정지점을 갖는 구조계로 단순화시켰다. 이 단순화는 응답에 작은 영향을 준다. 해석결과는 [표 2.2.1]에 나타내었다.

부(−) 모멘트는 근사적으로 (가장 인접한 0.1 ft · kips) −21.9 ft · kips이다. 이 단부 모멘트는 요소 BC에 대해 단부 전단력의 결정에 [그림 2.2.2(c)]에 나타낸 자유물체도가 사용되었다. 단부-파넬 모멘트도는 [그림 2.2.2(d)]에 나타내었다. 위험 모멘트는 ft 당 모멘트를 얻기 위해 스트립 폭으로 나눈다. 결과는 다음과 같다.

파넬의 중간에서 모멘트 $$m^{+} = \frac{21.0\ \text{ft} \cdot \text{kips}}{6.6\,\text{ft}} = 3.18\ \text{ft} \cdot \text{kips/ft}$$

거더위의 모멘트 $$m^{-} = \frac{-21.9\ \text{ft} \cdot \text{kips}}{6.0\,\text{ft}} = -3.65\ \text{ft} \cdot \text{kips/ft}$$

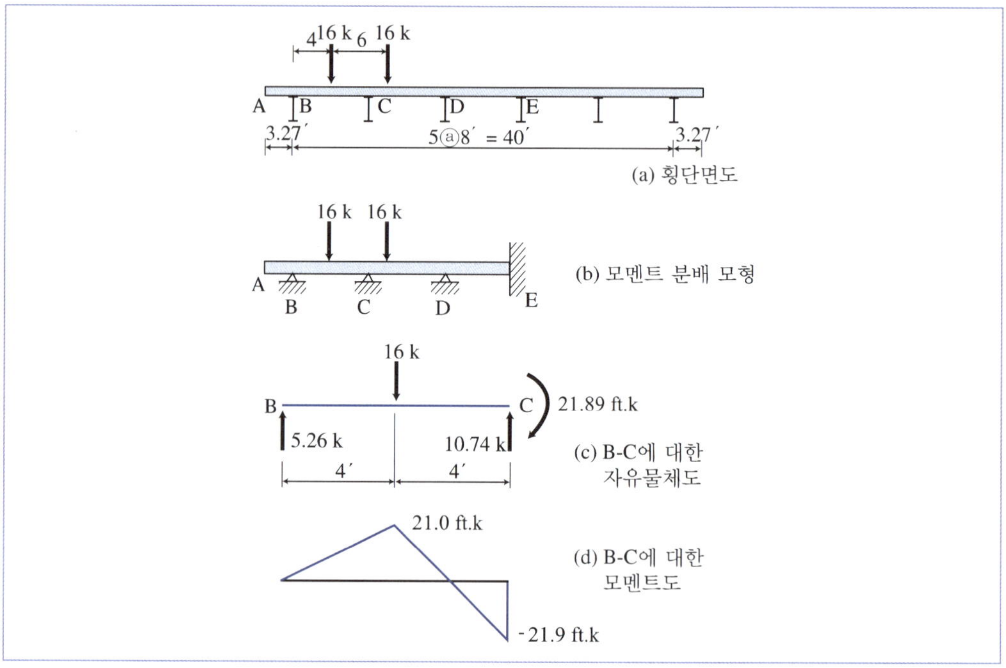

[그림 2.2.2 a~d]

[표 2.2.1] 모멘트분배법

	BC	*CB*	*CD*	*DC*	*DE*	*ED*
Stiffness	0	0.75	1.00	1.00	1.00	Fixed
Distribution Factor	N/A	0.429	0.571	0.5	0.5	0.0
Fixed-end Moment	16	−16	18	−6	0	0
Adjustment	−16					
Carry-over		−8				
Fixed-end Moment		−24	18	−6	0	0
Distribution		2.574	3.426	3.000	3.000	0.000
Carry-over			1.500	1.713		
Distribution		−0.643	−0.857	−0.857	−0.857	
Carry-over			−0.429	−0.429		−0.429
Distribution			0.245	0.215	0.215	
Total		−21.9	21.9	−2.36	2.36	1.07

이 모멘트는 대표적으로 고려된 것이고, 또한 다른 파넬에 대해서도 사용되었다.

$$FEM_{BC} = \frac{Pl}{8} = \frac{16 \times 8}{8} = 16 \text{ ft} \cdot \text{kips}$$

$$FEM_{CB} = -\frac{Pl}{8} = -\frac{16 \times 8}{8} = -16 \text{ ft} \cdot \text{kips}$$

[표 2.2.2] 바닥판해석의 영향선 함수표

Location	M200	M204	M205	M300	R200 b
C 100	−1.0000	−0.4920	−0.3650	0.2700	1+1.270L/s
A 101	−0.9000	−0.4428	−0.3285	0.2430	1+1.143L/s
N 102	−0.8000	−0.3936	−0.2920	0.2160	1+1.016L/s
T 103	−0.7000	−0.3333	−0.2555	0.1890	1+0.889L/s
I 104	−0.6000	−0.2952	−0.2190	0.1620	1+0.762L/s
L 105	−0.5000	−0.2460	−0.1825	0.1350	1+0.635L/s
E 106	−0.4000	−0.1968	−0.1460	0.1080	1+0.508L/s
V 107	−0.3000	−0.1476	−0.1095	0.0810	1+0.381L/s
E 108	−0.2000	−0.0984	−0.0730	0.0540	1+0.254L/s
R 109	−0.1000	−0.0492	−0.0365	0.0270	1+0.127L/s
110 or 200	0.0000	0.0000	0.0000	0.0000	0.0000
201	0.0000	0.0494	0.0367	−0.0265	0.8735
202	0.0000	0.0994	0.0743	−0.0514	0.7486
203	0.0000	0.1508	0.1134	−0.0731	0.6269
204	0.0000	0.2040	0.1150	−0.0900	0.5100
205	0.0000	0.1598	0.1998	−0.1004	0.3996
206	0.0000	0.1189	0.1486	−0.1029	0.2971
207	0.0000	0.0818	0.1022	−0.0954	0.2044
208	0.0000	0.0491	0.0614	−0.0771	0.1229
209	0.0000	0.0217	0.0271	−0.0458	0.0542
210 or 300	0.0000	0.0000	0.0000	0.0000	0.0000
301	0.0000	−0.0155	−0.0194	−0.0387	−0.0387
302	0.0000	−0.0254	−0.0317	−0.0634	−0.0634
303	0.0000	−0.0305	−0.0381	−0.0761	−0.0761
304	0.0000	−0.0315	−0.0394	−0.0789	−0.0789
305	0.0000	−0.0295	−0.0368	−0.0737	−0.0737
306	0.0000	−0.0250	−0.0313	−0.0626	−0.0626
307	0.0000	−0.0191	−0.0238	−0.0476	−0.0476
308	0.0000	−0.0123	−0.0154	−0.0309	−0.0309
309	0.0000	−0.0057	−0.0072	−0.0143	−0.0143
310 or 400	0.0000	0.0000	0.0000	0.0000	0.0000
401	0.0000	0.0042	0.0052	0.0104	0.0104
402	0.0000	0.0069	0.0086	0.0171	0.0171
403	0.0000	0.0083	0.0103	0.0206	0.0206
404	0.0000	0.0086	0.0107	0.0214	0.0214
405	0.0000	0.0080	0.0100	0.0201	0.0201
406	0.0000	0.0069	0.0086	0.0171	0.0171
407	0.0000	0.0053	0.0066	0.0131	0.0131
408	0.0000	0.0034	0.0043	0.0086	0.0086
409	0.0000	0.0016	0.0020	0.0040	0.0040
410 or 500	0.0000	0.0000	0.0000	0.0000	0.0000
501	0.0000	−0.0012	−0.0015	−0.0031	−0.0031
502	0.0000	−0.0021	−0.0026	−0.0051	−0.0051
503	0.0000	−0.0026	−0.0032	−0.0064	−0.0064
504	0.0000	−0.0027	−0.0034	−0.0069	−0.0069
505	0.0000	−0.0027	−0.0033	−0.0067	−0.0067
506	0.0000	−0.0024	−0.0030	−0.0060	−0.0060
507	0.0000	−0.0020	−0.0024	−0.0049	−0.0049
508	0.0000	−0.0014	−0.0017	−0.0034	−0.0034
509	0.0000	−0.0007	−0.0009	−0.0018	−0.0018
510	0.0000	0.0000	0.0000	0.0000	0.0000
Area + (w/o Cantilever)[c]	0.0000	0.0986	0.0982	0.0134	0.4464
Area − (w/o Cantilever)[c]	0.0000	−0.0214	−0.0268	−0.1205	−0.0536
Area Net(w/o Cantilever)[c]	0.0000	0.0772	0.0714	−0.1071	0.3928
Area + (Cantilever)[d]	0.0000	0.0000	0.0000	0.1350	1.0+0.635L/S
Area − (Cantilever)[d]	−5.0000	−0.2460	−0.1825	0.0000	0.0000
Area Net − (Cantilever)[d]	−5.0000	−0.2460	−0.1825	0.1350	1.0+0.635L/S

a Multiply coefficients by the span length where the load is applied, that is, L on cantilever and S in the other spans
b DO NOT multiply by the cantilever span length, use formulae or values given
c Multiply moment area coefficient by S2, reaction area coefficient by S
d Multiply moment area coefficient by L2, reaction area coefficient by L

$$FEM_{CD} = \frac{Pab^2}{l^2} = \frac{16 \times 2 \times 6^2}{8^2} = 18 \text{ ft} \cdot \text{kips}$$

$$FEM_{DC} = -\frac{Pa^2b}{l^2} = -\frac{16 \times 2^2 \times 6}{8^2} = -6 \text{ ft} \cdot \text{kips}$$

모멘트분배법의 대안으로 횡방향 모멘트에 대한 보의 모형은 슬래브해석에 대해 특별히 개발된 영향선 함수로 모형화되었다. 그러한 함수는 길이 S인 4개의 등가 내측지간과 길이 L인 캔틸레버에 대한 영향선 함수표로 [표 2.2.2]에 나타낸 바와 같다. 이 바닥판의 구성은 [그림 2.2.2(a)]에 설명되었다.

205, 204, 300에서 모멘트에 대한 영향선 함수는 [그림 2.2.2(f)-(h)]에 나타내었다. 또한 인근 위험 하중 위치는 이들 그림에 설명되었다. 보의 모멘트계산은 아래에 주어져 있다. 영향선의 종거는 [표 2.2.1]로부터 얻을 수 있다.

$$\begin{aligned} M_{205} &= 16(0.1998)(8) + 16\left(\frac{-0.0317 - 0.0381}{2}\right)(8) \\ &= 16(0.1998)(8) + 16(-0.0349)(8) = 21.1 \text{ ft} \cdot \text{kips} \end{aligned}$$

$$m_{205}^{+} = \frac{21.1 \text{ ft} \cdot \text{kips}}{6.6 \text{ ft}} = 3.2 \text{ ft} \cdot \text{kips}/\text{ft}$$

$$\begin{aligned} M_{204} &= 16(0.2040)(8) + 16\left(\frac{-0.0155 - 0.0254}{2}\right)(8) \\ &= 16(0.2040)(8) + 16(-0.0205)(8) = 23.5 \text{ ft} \cdot \text{kips} \end{aligned}$$

$$m_{204}^{+} = \frac{23.5 \text{ ft} \cdot \text{kips}}{6.0 \text{ ft}} = 3.92 \text{ ft} \cdot \text{kips}/\text{ft}$$

$$\begin{aligned} M_{300} &= 16(-0.1004)(8) + 16\left(\frac{-0.0634 - 0.0761}{2}\right)(8) \\ &= 16(-0.1004)(8) + 16(-0.0698)(8) = -21.8 \text{ ft} \cdot \text{kips} \end{aligned}$$

$$m_{300}^{-} = \frac{-21.8 \text{ ft} \cdot \text{kips}}{6.0 \text{ ft}} = -3.63 \text{ ft} \cdot \text{kips}/\text{ft}$$

205에서 모멘트는 모멘트 분배법의 결과와 같다는 것을 알 수 있다. 204에서 파넬 모멘트는 23.5 ft · kips (3.92 ft · kips/ft)로 증가하였다. 부(−) 모멘트는 완전히 같다. 위험 파넬 모멘트는 $m^{+} = 3.92$ ft · kips/ft 와 $m^{-} = -3.65$ ft · kips/ft 이다. 이들 모멘트는 다음 예제에서 여러 가지 방법들과 비교하였다.

격자법, 유한요소법, 유한대판법이 바닥판 단면력 계산 모형으로 사용되었다. 일반적으로 이 절의 앞에서 설명된 절차가 적용되었다. 절점하중은 가장 위험한 위치에 횡방향으로 놓여야 한다. 종방향 위치는 구조계의 응답에 영향을 준다는 것을 설명하기 위해 두 위치가 다음 예제에 사용되었다. 첫째는 지지근처에, 그리고 둘째는 지간중앙이다. 각각으로부터 결과는 AASHTO 스트립 방법과 비교되었다.

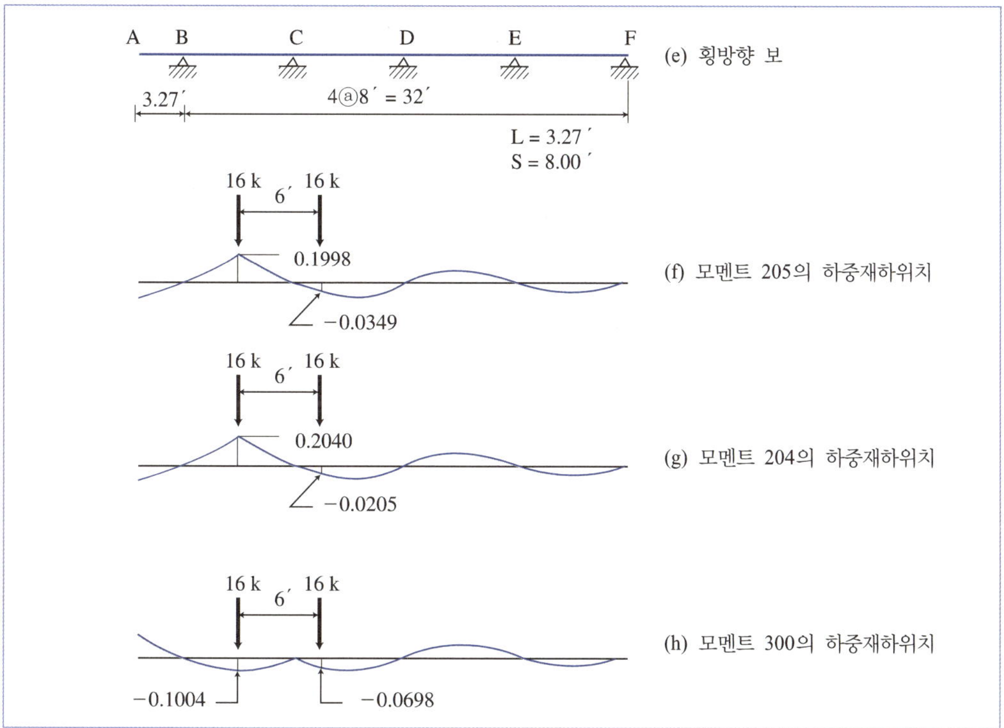

[그림 2.2.2 e~h]

2.2.1.2 적용예제 (2)

[그림 2.2.3(a)]에 나타낸 구조계의 첫 번째 내측 파넬에서 모멘트를 결정하는데 격자법, 유한요소법, 유한대판법을 사용하라. 설계 차량축의 위치는 [그림 2.2.3(a)]에 나타낸 바와 같다. 격자법, 유한요소법, 유한대판법에 대한 조밀한 메쉬는 2.1.3 ~ 2.1.6에서와 같이 사용되었다. 등가절점하중은 기술된 차량위치에 대해 결정되었고, 결과 모멘트는 [표 2.2.3]에 주어져 있다.

격자모형으로부터 모멘트를 얻기 위해 요소모멘트는 관련된 종속길이로 나누어야 한다. 중간지간과 거더로 지지된 근처의 하중에 대한 결과 휨 모멘트도는 [그림 2.2.3(b)]와 [그림 2.2.3(c)]에 나타내었다. 격자법에 의한 중간 파넬에서 단위길이 당 횡방향모멘트는 다음과 같다.

$$m^{+}_{transverse} = \frac{12.84\ \text{ft} \cdot \text{kips}}{3.5\ \text{ft}} = 3.67\ \text{ft} \cdot \text{kips}/\text{ft}$$

$$m^{+}_{longitudinal} = \frac{10.41\ \text{ft} \cdot \text{kips}}{4.0\ \text{ft}} = 2.60\ \text{ft} \cdot \text{kips}/\text{ft}$$

그리고 거더 위에서 횡방향모멘트

$$m^{-}_{transverse} = \frac{-5.65\ \text{ft} \cdot \text{kips}}{3.5\ \text{ft}} = -1.61\ \text{ft} \cdot \text{kips}/\text{ft}$$

거더로 지지된 근처의 슬래브 모멘트는 다음과 같다.

$$m^{+}_{transverse} = \frac{11.52\ \text{ft}\cdot\text{kips}}{3.5\ \text{ft}} = 3.29\ \text{ft}\cdot\text{kips}/\text{ft}$$

$$m^{+}_{longitudinal} = \frac{12.38\ \text{ft}\cdot\text{kips}}{4.0\ \text{ft}} = 3.10\ \text{ft}\cdot\text{kips}/\text{ft}$$

그리고 거더 위에서 횡방향모멘트

$$m^{-}_{transverse} = \frac{-11.03\ \text{ft}\cdot\text{kips}}{3.5\ \text{ft}} = -3.15\ \text{ft}\cdot\text{kips}/\text{ft}$$

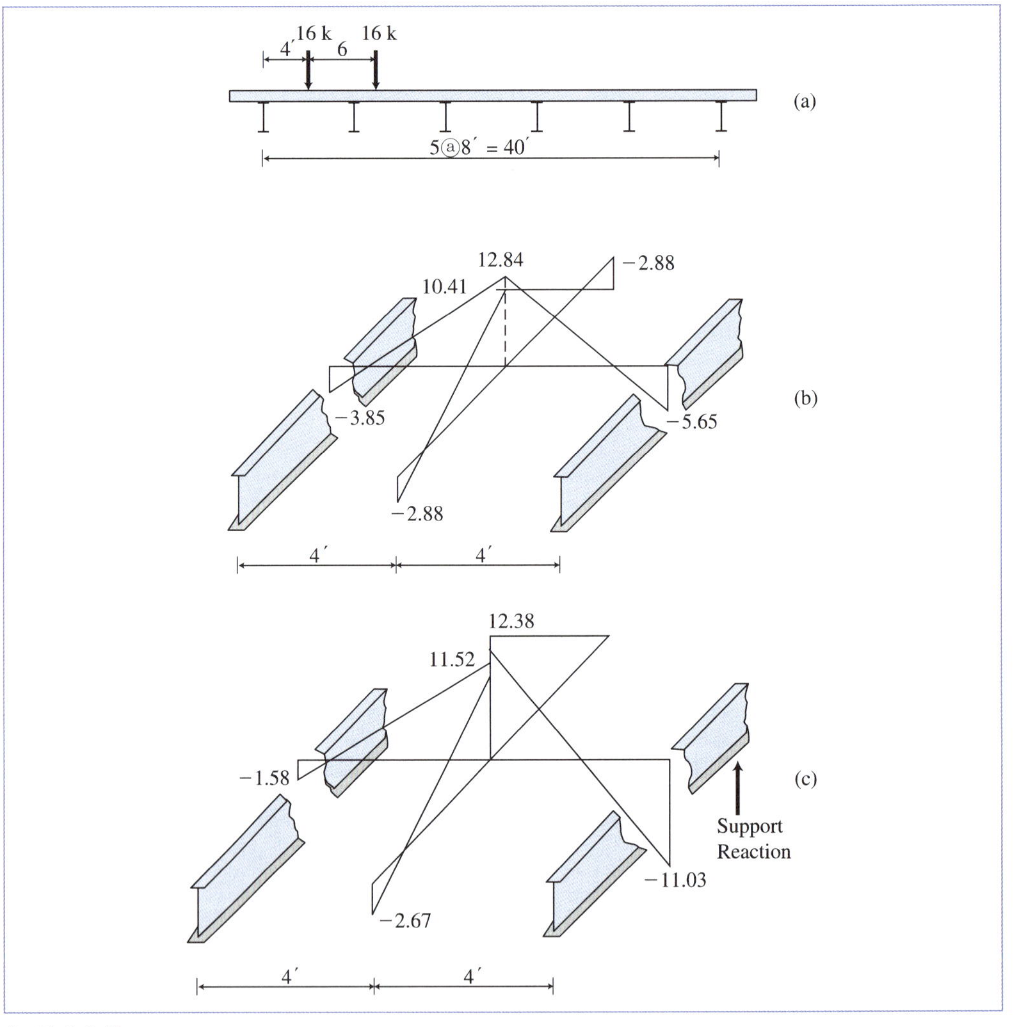

[그림 2.2.3]

유한요소법과 AASHTO 스트립법에 의한 결과 모멘트도 [표 2.2.3]에 주어졌다.

격자법, 유한요소법, 유한대판법은 국부와 전체 하중효과를 포함하고 있다. 앞의 예제에서 나타내지 않은 이들 결과들 사이에 주요한 차이를 알 수 있다.

[표 2.2.3] 유한요소와 AASHTO 모멘트(ft · kips/ft) (횡방향 모멘트만)

	AASHTO Strip Method Transverse Only	Grillage Transverse Longitudinal	Finite Strip Transverse Longitudinal	Finite Element Transverse Longitudinal
m^+ @ Support	3.92	3.29 3.10	4.84 5.21	4.45 4.05
m^- @ Support	−3.65	−3.15	−3.28	−1.26
m^+ @ Midspan	3.92	3.67 2.60	4.38 5.78	4.26 3.63
m^- @ Midspan	−3.65	−1.61	−2.18	−0.31

또한 격자법은 AASHTO 모멘트에 잘 일치하는 결과를 갖는다는 것을 알 수 있다. 또한 횡방향과 종방향에서 모멘트의 비교도 흥미 있는 일이다. 예를 들어, 격자 중간지간에서 정(+) 횡방향 모멘트와 종방향 모멘트의 비는 3.67/2.60 = 1.4, 지지된 근처의 비는 3.29/3.10 = 1.06이다.

유한대판법에 대해서는 각각 중간지간에서 4.38/5.78 = 0.76, 그리고 지지된 근처에서 4.84/5.21 = 0.93이다. 이들 결과는 정밀해석이 중요한 종방향 모멘트(AASHTO 스트립법으로 작게 고려된 모멘트)를 준다는 것을 나타내었다. 경계조건에 의해 거동이 영향을 받으므로 지지된 근처는 교량의 단부에서 지지된 것으로 가정하였다. 이 예제에서 바닥판은 전체폭(바닥판과 거더)을 가로질러 지지된 것으로 가정되었다. 이 경계조건은 종방향 모멘트를 끌어당기는 주요한 종방향 강성을 만들고, 횡방향 모멘트보다 크거나 같다. 거더만으로 지지되어 있다면, 횡방향 모멘트가 약 50% 증가하고 AASHTO 값보다 큰 것이 중요하다. 또한 종방향 모멘트가 감소하는 것이 중요하다.

유한대판모멘트는 정(+) 모멘트의 곡률이 하중에 의해 국부적으로 증가되는 영역(흔히 dishing, 접시모양으로 움푹해짐)에서 집중하중에 직접적으로 기인하기 때문에 모든 다른 모멘트보다 크다. 유한요소법의 값은 직접적으로 고려된 하중의 값일 때 유한대판법의 값과 유사하다. 중요한 것은 모멘트는 하중위치에서 약 2.5 ft (760 mm)에 위치한 요소중심에서 낮아졌다. 마지막으로 AASHTO 스트립법은 거더가 전달하지 않는 것으로 가정하였기 때문에 중요한 것은 종방향 지간의 중간거더 위의 부(−) 모멘트가 과하다는 것이다. 결과는 거더전달이 적으므로 지지된 근처가 더 크다.

여러 가지 방법으로 바닥판의 모형을 나타내는데 차이와 어려움에 관계가 있다는 것을 알 수 있었다. 한 메쉬를 갖는데 한 방법만 사용된다면 어찌될 것인가?

2.2.1.3 정리

종합적으로 정리해보면, 교량바닥판에서 내적 작용의 분배는 복합적이고, 쉽게 모형화 되지 않는다. AASHTO법은 이 예제에 대해 알맞은 결과를 준다는 것을 보였고, 이 바닥판의 설계에서 보인 바와 같이 AASHTO 모멘트는 철근의 알맞은 결과이다.

극한한계상태는 항복선법으로 모형화할 수 있다. 이 방법은 극한하중조건에서 바닥판 구조계의 거동을 추가로 검토하기 위해 사용될 수 있다.

2.3 박스-거더교(Box-Girder Bridges)

2.3.1 거동, 구조적 이상화, 모형화

박스-거더교는 강 및 콘크리트에서 일반적인 구조형태이다. 다중박스-거더는 [그림 2.3.1]에 나타낸 바와 같이 단면의 바닥도 슬래브로 둘러싸인 슬래브-거더교이다.

박스계는 [LSD 표 4.6.3]에 설명된 광범위한 형태로 건설된다. 예를 들면, 현장 타설 콘크리트 슬래브에 폐단면 강 또는 프리캐스트 콘크리트 박스-거더(b), 현장 타설 콘크리트 슬래브 및 프리캐스트 콘크리트 바닥판 슬래브에 개단면(open steel) 강 또는 프리캐스트 콘크리트 박스-거더(c), 일체로 시공된 콘크리트에 현장 타설 콘크리트 다중박스-거더(d), 전단키가 있는 중실, 중공, 격실 프리캐스트 콘크리트 박스-거더(f), 지지 단면 상부 콘크리트에 포스트텐션 또는 그 외의 방법으로 조립된, 전단키가 있는 중실, 중공, 격실 프리캐스트 콘크리트 박스-거더(g)가 있다.

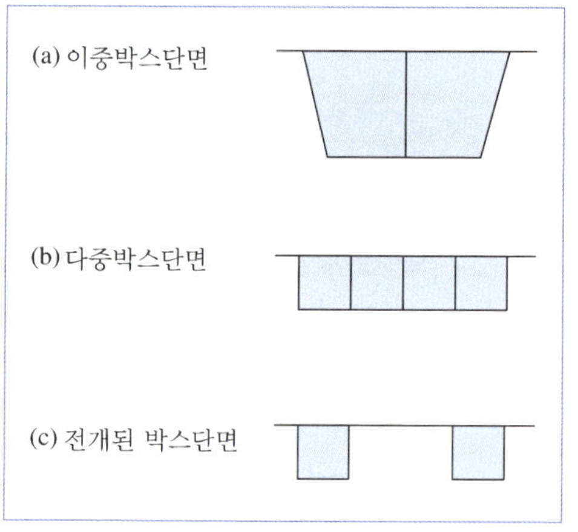

[그림 2.3.1] 박스단면의 형태

이들 구조계는 단일박스 또는 이중박스([그림 2.3.1(a)]), 다중박스([그림 2.3.1(b)]), 전개된 박스계([그림 2.3.1(c)])로 분류할 수 있다. 이들 박스-거더는 폐합단면이므로 비틀림강성이 커서 시공중이나 사용단계에서도 탄성적인 안정성이 상당히 크고, 곡선교 등에 용이하게 사용될 수 있다. 또한 교폭이 클 경우에는 여러 개의 박스를 사용해야 하는데 이 경우 교각과 교각사이에는 격벽이 없더라도 박스단면자체가 비틀림강성이 크므로 하중의 횡분배가 잘 이루어진다.

단일박스 및 이중박스계는 일반적으로 지간이나 보와 유사한 거동으로 비교되었고, 흔히 입체뼈대요소로 모형화된다. 이러한 구조계는 직접적으로 바닥판에 작용하는 차량의 국부적 영향과 전체적 영향에 의한 휨모멘트, 전단력, 비틀림의 조합으로 설계된다. 전체적 영향은 주 거더의 처짐, 모멘트, 또는 전단력과 같은 전체 구조계 응답에 의한 하중영향을 의미한다. 국부적 영향은 설계된 성분(또는 국부적 면적)에 직접적으로 작용되는 하중으로부터의 결과인 단면력과 변위이다. 활하중 배치에서 적은 공간변화가 하중영향에 큰 변화를 일으킨다면 국부하중영향을 고려되어야 한다.

이중박스-거더단면에 대한 여러 가지 변위모드가 [그림 2.3.2(a)-(e)]에 설명되어 있다. 여기서 전체변위는 전체 휨변형(b), 전체 비틀림에 의한 회전변형(c), 국부적 휨변형(d), 전체변위에 의한 국부적 뒤틀림변형(e)인 4개 성분으로 분해할 수 있다. [그림 2.3.2(b)]에 나타낸 전체 휨변형은 단일 보와 같이 거동하는 거더에 의한 것이고 변형 종단면은 선형으로 가정되었고 비틀림 또는 뒤틀림은 없으며 단면형태는 변하지 않는다. [그림 2.3.2(c)]는 전체 비틀림의 회전변형이다. 휨 모드에서와 같이 단면형태는 하중에 의해 변하지 않고 단면은 편심작용하중에 의해 비틀어진다. 국부적 휨 모드는 [그림 2.3.2(d)]에 나타내었다. 여기서 하중은 바닥판에서 **면외휨**(out-of-plane bending)을 일으킨다. 거더 복부는 슬래브와 같이 연속이기 때문에 복부와 바닥슬래브도 또한 휘게 된다. 이 모드에서 요소의 교차점이 (물리적 절점) 회전하고 이동하지는 않는다. 마지막으로 뒤틀림모드는 [그림 2.3.2(e)]에 설명되었다. 슬래브와 복부는 물리적 절점의 이동과 회전에 의해 휘게 되는데 이것은 [그림 2.3.2(b)]에 나타낸 휨변위에 [그림 2.3.2(c)]에 나타낸 회전면형을 더한 것이다. 구조계 응답을 만드는 데는 이들 모든 모드를 중첩시키는 것이다.

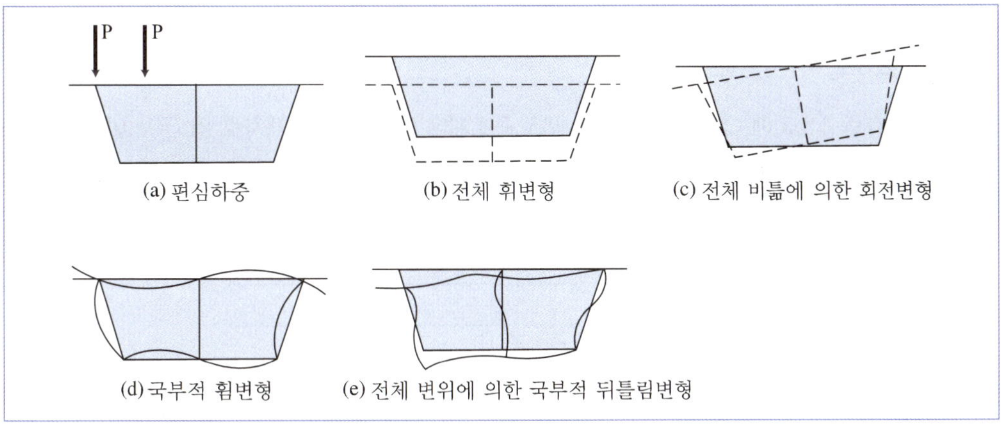

[그림 2.3.2] 이중박스-거더단면에 대한 여러 가지 변위모드

박스-거더 구조계의 해석에는 여러 가지 해석적 방법이 있다. 해석방법의 선택은 응답을 구하고 응답의 사용에 달려있다. 박스 구조계는 유한요소, 유한대판요소, 보요소로 모형화된다. 모든 접근은 실행가능하고 그 하나는 여러 가지 포함된 인자에 따라 선택된다. 즉 셀의 수, 기하(폭/길이, 사각, 다이아프램, cross bracing), 시공법, 박스의 형태(단일박스, 다중박스, 또는 전개된 박스) 등이다.

일반적으로 단일셀과 이중셀 박스 구조계는 보(일반적으로 입체뼈대요소)와 같이 모형화할 수 있고 단면 폭보다 더 큰 지간을 갖는다. 보는 전체적 휨과 비틀림 응답을 고려하여 모형화된다. 이들 단면력은 일반적 방법으로 저항규정으로 사용된다. 강 박스인 경우에는 복부의 두께가 얇아서 국부 보강재가 필요하다. 국부 휨영향은 횡방향으로 뼈대와 같이 박스를 고려하여 모형화되고, (면외 변형에 의한) 알맞은 전단력과 휨모멘트의 분배를 얻는다. 예를 들어, 이 모형은 식 (2.2.1)에 나타낸 분배폭을 기본으로 할 수 있다.

뒤틀림변형은 횡방향 뼈대(평면뼈대)의 절점에서 보의 변위 결과를 부과하는 것으로 모형화되고, 바닥판과 복부 요소의 휨을 구하게 된다. 국부 휨과 뒤틀림변형의 결과는 얻어진 국부면외 단면력을 중첩시킨다.

단일셀과 이중셀 박스 구조계와 같이 다중(3중 또는 그 이상) 박스 구조계는 유한요소법와 유한대판법으로 정밀하게 모형화할 수 있다. 두 방법의 수식은 전체거동 및 국부거동과 관련된 면내와 면외 하중영향을 동시에 모형화할 수 있다. 이들 방법은 확실히 실제 공학에서 사용된 가장 일반적이고 정밀한 방법이다. 슬래브-거더교와 다중 박스교 사이의 근본 차이는 박스단면이 더 큰 비틀림 강성을 갖는 것이 중요하고 하중분배가 더 잘 된다는 것이다.

2.3.2 보-라인 방법(Beam-Line Methods)

AASHTO 규정은 다중 박스 보에 대한 분배계수에 관한 수식을 갖고 있다. 이들은 슬래브-거더 구조계와 유사한 식으로 적용되며 [표 2.3.1]에 정리되어 있다.

2.3.2.1 [적용예제 (1)]

[그림 2.3.3]에 나타낸 현장타설 박스 구조계에 대해 한개 설계차로 및 두개 이상 설계 차로 재하에 대해 분배계수를 결정하라.

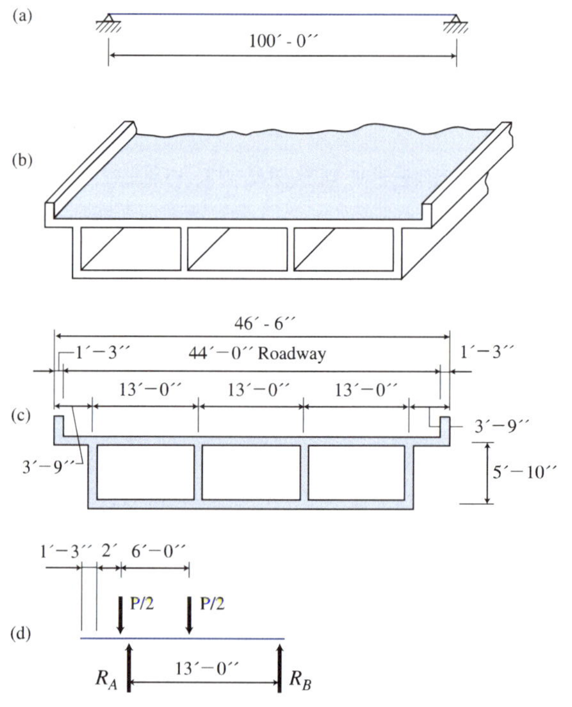

[그림 2.3.3] 현장타설 박스 구조계

[표 2.3.1(a)] 휨모멘트 계산을 위한 차로당 활하중 분배계수

〈내측거더〉

보의 형태	LSD [표 4.6.3]	분배 계수	적용 범위
현장타설 콘크리트 다중박스	d	한개 설계차로 재하: $0.83\left[[1.75+(\frac{S}{1,100})]\times(\frac{300}{L})^{0.35}(\frac{1}{N_c})^{0.45}\right]$ 두개 이상 설계차로 재하: $0.9\left[(\frac{13}{N_c})^{0.3}\times(\frac{S}{430})(\frac{1}{L})^{0.25}\right]$	$2,100\le S\le 4,000$ $18,000\le L\le 73,000$ $N_c\ge 3$ 만약 $N_c>8$ 이면 $N_c=8$

〈외측거더〉

상부구조의 형태	LSD [표 4.6.3]	한개 설계 차로 재하	두개 이상 설계 차로 재하	적용 범위
콘크리트 다중박스거더, 박스단면	d	$g=\frac{W_e}{5,160}$	$g=\frac{9W_e}{43,000}$	$W_e\le S$
		혹은 LSD 4.6.3.1에 규정된 전체폭 설계에 대한 조항	혹은 LSD 4.6.3.1에 규정된 전체폭 설계에 대한 조항	

[표 2.3.1(b)] 전단력 계산을 위한 차로 당 활하중 분배계수

〈내측거더〉

상부구조의 형태	LSD [표 4.6.3]	한개 설계 차로 재하	두개 이상 설계 차로 재하	적용 범위
콘크리트 다중박스거더, 박스단면	d	$0.83(\frac{S}{2,900})^{0.6}(\frac{d}{L})^{0.1}$	$0.9(\frac{S}{2,200})^{0.9}(\frac{d}{L})^{0.1}$	$1,800\le S\le 4,000$ $6,000\le L\le 3,000$ $890\le d\le 2,800$ $N_c\ge 3$

〈외측거더〉

상부구조의 형태	LSD [표 4.6.3]	한개 설계 차로 재하	두개 이상 설계 차로 재하	적용 범위
콘크리트 다중박스거더, 박스단면	d	지렛대 법칙	$g=e\,g_{interior}$ $e=0.64+\frac{d_e}{3,800}$	$-600\le d_e\le 1,500$
		혹은 LSD 4.6.3.1에 규정된 전체 폭설계에 대한 조항들	혹은 LSD 4.6.3.1에 규정된 전체 폭설계에 대한 조항들	

외측거더 둔각부 지점 전단력 계산용 하중 분배계수에 대한 보정계수

상부구조의 형태	LSD [표 4.6.3]	보정 계수	적용 범위
콘크리트 다중박스거더, 박스단면	d	$1.0+\left(0.25+\frac{L}{70d}\right)\times\tan\theta$	$0° <\theta\le 60°$ $1,800 <S\le 4,000$ $6,000 \le\theta\le 73,000$ $900 \le d\le 2,700$ $N_c \ge 3$

LSD 4.6.3에 다른 박스 구조계에 대한 수식들이 있으므로 여기서는 생략하였다.

AASHTO 분배계수는 앞에서 슬래브-거더 교와 같이 사용되었다. 한 개, 두 개, 3개 설계차로에 대한 계수는 내측 및 외측 거더 모멘트와 전단력에 대해 구하였다. 각 경우에 대해 개별적으로 고려되었다. 모든 계산에 대해 독립적으로 [표 2.3.1]이 사용되었다.

(1) 내측거더 모멘트

한개 설계차로 재하

U.S. $$mg^{SI}_{moment} = \left[1.75 + \left(\frac{S}{3.6}\right)\right] \times \left(\frac{1}{L}\right)^{0.35}\left(\frac{1}{N_c}\right)^{0.45}$$

$$mg^{SI}_{moment} = \left[1.75 + \left(\frac{13}{3.6}\right)\right] \times \left(\frac{1}{100}\right)^{0.35}\left(\frac{1}{3}\right)^{0.45} = 0.65$$

S.I. $$mg^{SI}_{moment} = \left[1.75 + \left(\frac{S}{1,100}\right)\right] \times \left(\frac{300}{L}\right)^{0.35}\left(\frac{1}{N_c}\right)^{0.45}$$

$$mg^{SI}_{moment} = \left[1.75 + (\frac{3,962.4}{1,100}\right)\right] \times \left(\frac{300}{30,480}\right)^{0.35}\left(\frac{1}{3}\right)^{0.45} = 0.65$$

다 설계차로 재하

U.S. $$mg^{MI}_{moment} = \left(\frac{13}{N_c}\right)^{0.3} \times \left(\frac{S}{18}\right)\left(\frac{90}{L}\right)^{0.25}$$

$$mg^{MI}_{moment} = \left(\frac{13}{3}\right)^{0.3} \times \left(\frac{13}{18}\right)\left(\frac{90}{100}\right)^{0.25} = 1.09$$

S.I. $$mg^{MI}_{moment} = \left(\frac{13}{N_c}\right)^{0.3} \times \left(\frac{S}{430}\right)\left(\frac{1}{L}\right)^{0.25}$$

$$mg^{MI}_{moment} = \left(\frac{13}{3}\right)^{0.3} \times \left(\frac{3,962.4}{430}\right)\left(\frac{1}{30,480}\right)^{0.25} = 1.09$$

(2) 외측거더 모멘트

한개 및 다 설계차로 재하

U.S. $$W_e = \frac{1}{2}S + \text{내민보(overhang)} = \frac{1}{2} \times 13 + 3.75 = 10.25\ \text{ft}$$

$$mg^{(S+M)E}_{moment} = \frac{W_e}{14} = \frac{0.25}{14} = 0.73$$

(3) 내측거더 전단력

한개 설계차로 재하

U.S. $$mg^{SI}_{shear} = 0.5\left[\left(\frac{S}{3\ \text{ft}}\right)^{0.6}\left(\frac{d}{12L}\right)^{0.1}\right]$$

$$mg^{SI}_{shear} = 0.5\left[\left(\frac{13}{3\ \text{ft}}\right)^{0.6}\left(\frac{6.66 \times 12}{12 \times 100}\right)^{0.1}\right] = 0.92$$

S.I. $$mg_{shear}^{SI} = \left[\left(\frac{S}{2{,}900\ \mathrm{mm}}\right)^{0.6}\left(\frac{d}{L}\right)^{0.1}\right]$$

$$mg_{shear}^{SI} = \left[\left(\frac{3{,}962.4}{2{,}900\ \mathrm{mm}}\right)^{0.6}\left(\frac{2{,}030}{30{,}480}\right)^{0.1}\right] = 0.92$$

다 설계차로 재하

U.S. $$mg_{shear}^{SI} = 0.5\left[\left(\frac{S}{3.4\ \mathrm{ft}}\right)^{0.9}\left(\frac{d}{12L}\right)^{0.1}\right]$$

$$mg_{shear}^{SI} = 0.5\left[\left(\frac{13}{3.4\ \mathrm{ft}}\right)^{0.9}\left(\frac{6.66\times 12}{12\times 100}\right)^{0.1}\right] = 1.28$$

S.I. $$mg_{shear}^{SI} = \left[\left(\frac{S}{2{,}200\ \mathrm{mm}}\right)^{0.9}\left(\frac{d}{L}\right)^{0.1}\right]$$

$$mg_{shear}^{SI} = \left[\left(\frac{3{,}962.4}{2{,}200\ \mathrm{mm}}\right)^{0.9}\left(\frac{2{,}030}{30{,}480}\right)^{0.1}\right] = 1.28$$

(4) 외측거더 전단력

한개 설계차로 재하: 이 계산에 지렛대 법칙이 사용되었다. [그림 2.3.3(d)]에 설명된 자유물체도를 참조하라. 반력 R_A를 결정하기 위해 다음과 같이 B점에 대한 모멘트의 평형을 고려하였다.

$$\sum M_B = 0$$

$$\frac{P}{2}(7.5) + \frac{P}{2}(13.5) - R_A(13) = 0, \quad R_A = 0.81P$$

$$g_{shear}^{SE} = 0.81$$

$$mg_{shear}^{SE} = 1.2(0.81) = 0.97$$

두개 설계차로 재하: 내측 분배계수는 내민보에 기초를 둔 조정계수를 사용하였다.

$$e = \frac{8\ \mathrm{ft} + d_c}{12.5\ \mathrm{ft}} = \frac{8\ \mathrm{ft} + 2.5}{12.5\ \mathrm{ft}} = 0.84$$

$$mg_{shear}^{ME} = e \cdot mg_{shear}^{MI} = 0.84(1.28) = 1.08$$

AASHTO 분배계수는 다음 절에서 유한요소해석 결과와 비교되었다. 이들 계수의 적용은 슬래브-거더 교와 유사하다. 이들 계수의 적용에 대해서는 [LSD 제5장 콘크리교]에서 설명되었다.

2.3.3 유한요소법(Finite Element Method)

박스-거더 교는 쉘(shell) 요소를 사용하여 유한요소법으로 모형화 되어야 한다. 이들 요소는 알맞은 면내 및 면외효과를 갖는 모형이어야 한다. 박스거더의 특성원리의 하나는 전단레그

(shear lag)이다. 이 현상은 복부로부터 떨어진 거리의 증가에 따라 (플랜지 힘) 응력의 감소이다. 메쉬는 이 효과를 모형화 되게 충분히 조밀해야 한다. 너무 거친 메쉬는 큰 길이를 통해 플랜지 힘이 펼쳐짐으로 픽크 힘(peak force)이 감소한다. 또 다른 중요한 특성은 칸막이의 올바른 모형과 지지조건이다. 칸막이는 지지점과 같이 집중하중의 영역에서 지간내에 주기적으로 위치한 횡방향 벽체이다. 칸막이는 단면의 비틀림에 강하고 및 뒴 · 비틀림을 감소시키며 개선된 하중분배특성을 갖는 강한 구조가 된다. 지지점은 일반적으로 중립축을 따라 중요한 거리에 위치하므로 지지강성은 모형화에서 중요하다. 예를 들어, 바닥 플랜지 힘은 지지조건이 핀-롤러에서부터 핀-핀으로 변화되므로 중요하게 변할 수 있다. 마지막으로 박스단면이 주요한 비틀림강성이기 때문에 사각(skew)의 영향은 중요하므로 주의하여 고려되어야 한다. 예를 들어, 박스-거더에 하중이 편심으로 작용하면 지지면에서 관련된 전단력 및 반력이 크게 증가하는 영향이 있다. 그러한 힘은 받침에 균열과 손상을 일으킬 수 있다. 다음 예제에서 단순지지 3-cell 박스거더가 모형화되었다.

2.3.3.1 [적용예제 (2)]

[그림 2.3.4]에 설명된 교량에 대해 중앙지간에서 휨모멘트에 대한 분배계수를 결정하는데 유한요소법을 사용하라.

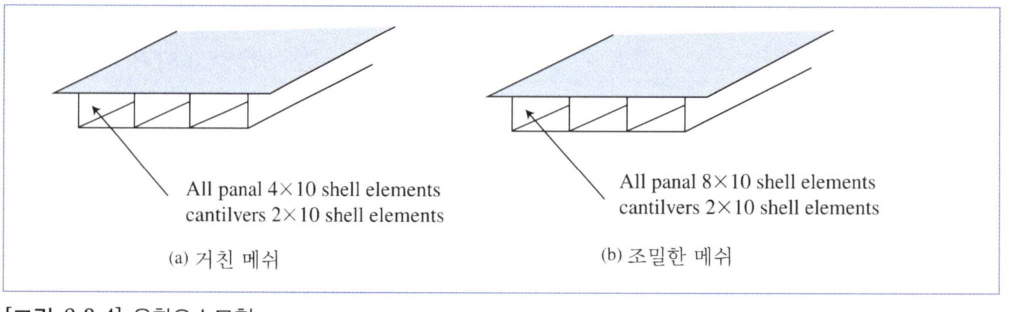

[그림 2.3.4] 유한요소모형

이 구조계는 [그림 2.3.4(a)] 및 [그림 2.3.4(b)]에 나타낸 바와 같이 두 가지 메쉬로 모형화하였다. 두 메쉬는 중요하게 같은 결과가 산출되었다, 그러므로 수렴은 연구에서 파라메타에 대해 구해졌다. 각 복부의 하중영향은 바닥에서 단위길이당 종방향력 f에 기본을 두고 있다. 이 양은 해석으로부터 즉시 이용할 수 있다. 모든 복부에 대한 힘의 합은 하중재하 차선수로 나누어진다. 이 비는 그 때 각 거더에서 힘으로 나누어진다. 거더 i에 대한 분배계수는 수학적으로 다음과 같이 나타낼 수 있다.

$$g = \frac{f_i}{\left(\sum_{No.\ Girder} f_i \,/\, \text{No. Lanes Loaded}\right)} \tag{2.3.1}$$

여기서 f_i는 거더 복부 i에서 하중영향이다.

전체 복부에 대한 휨모멘트는 슬래브-거더 교에서와 같이 사용될 수 있다. 그러나 이 양은 즉시 이용할 수 없다. 모멘트를 결정하기 위하여 단위길이당 힘은 복부깊이를 따라 수치적으로 적분되어야 한다. 즉, $M=\int fy\ dy$. 단부지점이 구속되지 않고, 단면에서 전체 축력이 도입되지 않으면, 그 때 길이당 힘은 명목상 모멘트에 비례한다. 하중은 한차선 재하, 두차선 재하, 3차선 재하에 대해 이측 및 내측 복부에서 최대 휨 영향인 위치를 정한다. 전단력/반력에 대해 하중은 최대 반력인 위치를 정하고, 분배계수는 식 (2.3.1)에 의해 결정된다.

유한요소법에 기초를 둔 분배계수는 [표 2.3.2]에 나타내었다. 또한 AASHTO 분배식으로부터의 결과와 비교하여 나타내었다. AASHTO 분배식과 유한요소법에 의한 결과의 중요한 차이를 주시하여야 한다. 일반적으로 유한요소모형은 AASHTO 값보다 더 좋은 하중분배를 나타낸다.

[표 2.3.2] 유한요소법에 기초를 둔 분배계수

Girder Location	Number of Lanes Loaded	Finite Element Moment Distribution Factor (*mg*)	AASHTO Moment Distribution Factor (*mg*)	Finite Element Shear or Reaction Distribution Factor (*mg*)	AASHTO Shear or Reaction Distribution Factor (*mg*)
Exterior	1	0.53(1.2) = 0.64	0.73	0.72(1.2) = 0.86	0.81
Exterior	2	0.85(1.0) = 0.85	0.73	0.84(1.0) = 0.84	1.08
Exterior	3	1.00(0.85) = 0.85	0.73	1.34(0.85) = 1.14	1.08
Interior	1	0.38(1.2) = 0.46	0.65	0.71(1.2) = 0.85	0.92
Interior	2	0.62(1.0) = 0.62	1.09	1.21(1.0) = 1.21	1.28
Interior	3	0.80(0.85) = 0.68	1.09	1.22(0.85) = 1.04	1.28

프리스트레스, 온도, 건조수축과 크리프의 영향

03

3.1 개요

온도, 건조수축, 프리스트레스의 영향은 유사한 방법으로 다루게 된다. 온도에 따른 축방향 변형 및 휨 변형이 유발하는 내부 응력을 고려하여 단면내의 온도 변화에 따른 하중영향을 산정하여야 한다. 단면 내에서의 온도 변화는 [LSD 3.12.3]의 규정을 사용한다.

다른 재령과 재질의 콘크리트 사이, 콘크리트와 강재 또는 목재와의 사이에서 발생하는 부등 건조수축에 의한 변형도는 일반적으로 [LSD 제5장]의 규정에 따라 결정되어야 한다.

구조물에 프리스트레스힘을 도입하는 경우에는 설계에 이를 고려하여야 한다. 일반적으로 프리스트레스힘에 의해 보의 변형이 구속되어 이로 인하여 부정정력이 발생하게 되는데 단면의 응력을 검사할 경우에 이 부정정력을 고려하여야 한다.

[그림 3.1.1]에 프리스트레인 영향이 작용하는 뼈대요소의 해석에 대해 일반적 절차를 나타내었다. [그림 3.1.1(a)]는 온도 및 프리스트레싱의 영향이 작용하는 구조물을 나타낸 것이다. 구조계의 각 요소는 [그림 3.1.1(b)]에 설명된 바와 같이 구조물로부터 분리시킬 수 있다. 여기

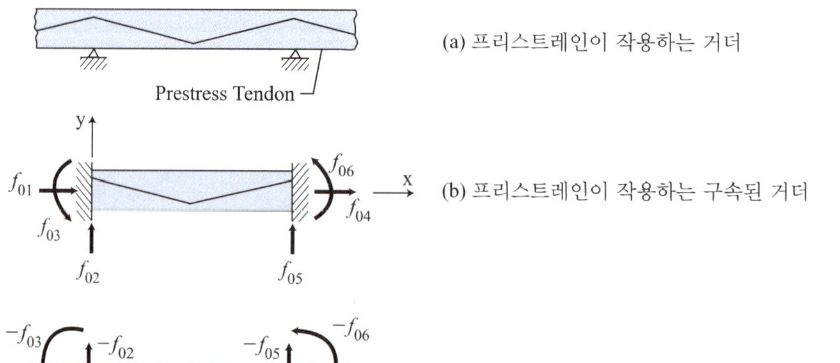

[그림 3.1.1] 프리스트레스

서 절점은 요소의 양측에 위치한 구속력으로 회전 및 이동변위에 대해 지지되었다. 정(부)의 구속력은 절점-하중받는 구조에 작용되고 해석은 다른 절점-하중영향과 같은 방법으로 진행된다. [그림 3.1.1(c)]에 나타낸 절점-하중받는 구조계로부터 변위는 전체 프리스트레인 구조계에서 변위이다. 그러나 절점-하중받는 구조계로부터 작용은 구속된 구조계로부터 전체 구조계에서 작용에 이르기까지 작용이 중첩되어야 한다. 또한 프리스트레인/프리스트레스의 영향에 대한 해석과 직접적인 작용하중에 대한 해석사이의 주요 차이는 구속된 구조계의 해석이다. 다음 절에서 프리스트레싱의 영향 및 온도영향을 논하였다. 건조수축의 영향은 온도영향과 유사하게 결정되나 명백히 포함하지 않았다.

3.2 프리스트레싱

여러 가지 긴장경로에 대한 요소의 하중은 표로 되어 있고 등가요소하중의 결정하는데 이용된다. 일반적으로 사용되는 여러 가지 긴장재 형태에 대한 등가요소하중이 설명된 것은 응용해석에 대한 교과서나 연구보고서에서 찾을 수 있다(Scordelis 등, 1985. Ghali 등, 1989).

3.3 온도 영향

대부분의 교량은 여러 가지 원인에 의하여 온도변화를 받을 수 있다. 특히 콘크리트 구조물은 양생시에 발생하는 수화열로 인하여 온도변화를 유발할 수 있고, 양생후의 구조물도 온도의 작용으로 인해 온도변화가 발생할 수 있다. 온도영향에 대한 해석은 온도변화와 온도차의 2가지 변수를 갖는다. 이러한 변수는 주어진 설계기준이나 온도전달해석으로 결정할 수 있다. 그리고 또 다른 열현상, 즉 온도기울기(Thermal Gradient)에 대해 인식하게 되었다. 콘크리트는 열전도성이 적어 콘크리트부재의 단면높이 전반에 걸쳐 온도기울기가 발생한다. 온도기울기는 햇볕, 주변온도, 풍속의 급격한 변동(Wind Speed Fluctuations), 재료의 성질, 표면의 성질, 단면형태 등과 같은 여러 변수의 함수이다. 이러한 온도기울기는 연속형과 같은 부정정구조물에 외적구속력을 발생시킨다. 구속력의 크기는 가정된 온도기울기의 함수이며, 선형일 수도 있고 혹은 비선형일 수도 있다. 많은 국가에서 온도기울기의 존재를 인정하여 설계에 적용하게 되어 있다. 대부분은 여러 형태의 온도기울기와 강조사항들을 검토하도록 규정하고 있으며 이들이 구소적인 기상상태 및 시공환경에 의해 영향을 받는다는 것에 주의하여야 한다.

3.3.1 한계상태설계법의 온도규정

[LSD 3.14.1 평균온도(TU)와 3.14.2 온도경사(TG)]가 규정되어 있다. 온도에 관한 정확한 자료가 없을 때, 온도의 범위는 [표 3.3.1]에 나타낸 값을 사용한다. 온도에 의한 변형효과를 고려하기 위하여 설계시 기준으로 택했던 온도와 최저 혹은 최고온도와의 차이 값이 사용되어야 한다.

[표 3.3.1] 온도의 범위

기후	강교(강바닥판)	합성교(강거더와 콘크리트바닥판)	콘크리트교
보통	−10°에서 50℃	−10°에서 40℃	−5°에서 35℃
한랭	−30°에서 50℃	−20°에서 40℃	−15°에서 35℃

교량이나 교량부재의 가설 기준온도는 가설 직전 24시간 평균값을 사용하여야 한다. 계절별 온도 변화는 가설지점이나 가장 가까운 기상청의 자료를 사용할 수 있다. 바닥판이 콘크리트인 강재나 콘크리트 상부구조에서 수직온도경사는 [그림 3.3.1]과 같이 택한다. [그림 3.3.1]에서 "A"의 제원은 다음과 같다.

- 두께가 400 mm 이상인 콘크리트 상부구조물의 경우, A = 300 mm
- 400 mm 이하의 콘크리트단면의 경우, A = 실제 두께보다 100 mm 작은 값
- 강재로 된 상부구조물인 경우, A = 300 mm,

  t = 콘크리트 바닥판의 두께

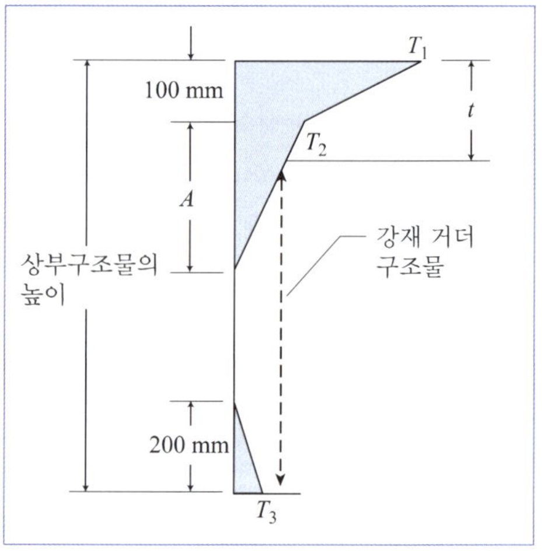

[그림 3.3.1] 콘크리트와 강재상부구조물에 발생하는 온도의 수직변화곡선

상부의 온도가 높을 때의 T_1과 T_2의 값은 [표 3.3.2]와 같다. 하부의 온도가 높을 때의 값은 [표 3.3.2]에 정해진 값에 콘크리트 포장에는 −0.3을, 아스팔트포장에는 −0.2를 곱하여 구한다.

[표 3.3.2] 온도경사 기본값

T_1 (℃)	T_2 (℃)
23	6

현장조사에 의하여 T_3의 값을 정하지 않는 경우, T_3의 값은 영(0℃)으로 하여야 한다. 그러나 3℃를 넘어서는 안된다. 온도경사를 고려할 때 양 또는 음의 온도변화에 의한 내부응력과 구조변형은 [LSD 4.6.6]에 의하여 결정하여야 한다. 온도변화에 의한 변형도는 다음과 같이 구해진다.

$$\varepsilon = \alpha(\Delta t)$$

여기서 α는 열팽창계수(℃$^{-1}$)이고, Δt는 온도변화이다.
이 변형도는 다음과 같이 부재의 길이의 변화를 결정하는데 사용된다.

$$\Delta l = \varepsilon \cdot l = \alpha(\Delta t)\, l$$

여기서 l은 부재의 길이, 구속된 구조계에서 응력은 다음과 같이 된다.

$$\sigma = \alpha(\Delta t)E$$

한계상태설계법에서 다-선형 온도경사에 의한 구조물의 응답은 평균온도보다 더 복잡하며 다음과 같이 두 영향으로 나눌 수 있다. 즉, (a) 축방향 변형을 일으키는 경사, (b) 휨을 일으키는 경사.

3.3.2 축방향 변형을 일으키는 온도경사

온도경사에 의한 축방향 변형도 ε는 다음과 같다(Ghali 등, 1989).

$$\varepsilon = \frac{\alpha}{A}\int T(y)\,dA \tag{3.3.1}$$

여기서 α는 열팽창계수(℃$^{-1}$)이고, $T(y)$는 [그림 3.3.1]에 나타낸 온도경사, y는 중립축으로부터 거리, dA는 미소단면의 면적이다. 적분은 전체 단면에 대한 것이다. 열팽창계수가 모든 단면재료에 대해 같다면, 표준 변환된 단면해석은 단면정수를 구하는데 사용된다. 실제 목적에 대해 강재와 콘크리트는 같은 팽창계수를 갖는다고 가정되었다.

단면을 요소로 분할함으로 식 (3.3.1)은 분할된 합으로 간단히 나타낼 수 있다. [그림 3.3.2]에 나타낸 단일 요소를 고려해 보자. 비록 나타낸 요소가 사각일지라도, 요소의 형태는 임의적이다. 요소의 단성중심축은 거리 $\overline{y_i}$에 위치하고, y는 미소면적요소 dA의 위치이다. 요소의 면적은 A_i, 면적의 2차모멘트는 I_i, 그리고 $y_i = y - \overline{y_i}$이다. 위치 y에서 온도 $T(y)$는 다음과 같다.

$$T(y) = T_{ai} + \frac{\Delta T_i}{d_i} y_i = T_{ai} + \frac{\Delta T_i}{d_i}(y - \overline{y_i}) \tag{3.3.2}$$

여기서 T_{ai}는 요소중심에서 온도, ΔT_i는 요소의 바닥에서부터 상단의 온도차, d_i는 요소의 깊이이다. 식 (3.3.2)를 (3.3.1)에 대입하면 다음과 같이 된다.

$$\varepsilon = \frac{\alpha}{A}\sum\int\left[T_{ai} + \frac{\Delta T_i}{d_i}(y - \overline{y_i})\right]dA \tag{3.3.3}$$

여기서 합은 단면에서 모든 요소에 대한 것이고, 적분은 분할된 요소의 영역에 대한 것이다. 식 (3.3.3)에서 각 항의 적분은 다음과 같이 된다.

$$\varepsilon = \frac{\alpha}{A}\sum\left[T_{ai}\int dA_i + \frac{\Delta T_i}{d_i}\int y\,dA_i - \frac{\Delta T_i\,\overline{y_i}}{d_i}\int dA_i\right] \tag{3.3.4}$$

식 (3.3.4)에 $A_i = \int dA_i$와 $\overline{y_i}\, A_i = \int y\, dA_i$를 대입하면 다음과 같이 된다.

$$\varepsilon = \frac{\alpha}{A}\sum\left[T_{ai}A_i + \frac{\Delta T_i}{d_i}\overline{y_i}\,A_i - \frac{\Delta T_i}{d_i}\overline{y_i}\,A_i\right] \tag{3.3.5}$$

식 (3.3.5)에서 2번째 및 3번째 항의 합은 0이 되므로 다음과 같이 간단히 된다.

$$\varepsilon = \frac{\alpha}{A}\sum T_{ai}A_i \tag{3.3.6}$$

위의 식 (3.3.6)은 식 (3.3.1)의 분할된 형이다. 온도경사를 갖는 단면의 면적만의 합이다.

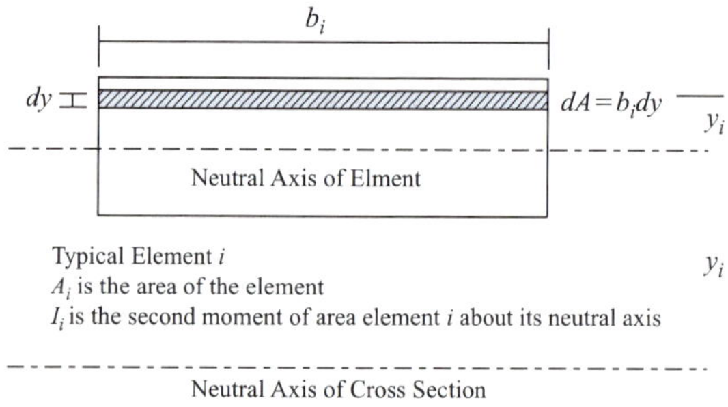

[그림 3.3.2] 분할된 요소를 갖는 단면

3.3.3 휨을 일으키는 온도경사

고려하려는 2번째 변형은 휨을 일으키는 온도경사이다. 온도경사에 의한 곡률 ψ는 다음과 같다(Ghali 등, 1989).

$$\psi = \frac{\alpha}{I}\int T(y)\,y\,dA \tag{3.3.7}$$

여기서 I는 탄성중심축에 대한 전체 단면의 면적에 대한 2차모멘트이다.
식 (3.3.7)에 (3.3.2)를 대입하면 다음과 같다.

$$\psi = \frac{\alpha}{I}\sum\left[T_{ai}\int y_i\,dA_i + \frac{\Delta T_i}{d_i}\int (y^2 - \overline{y_i}\,y)dA_i\right] \tag{3.3.8}$$

여기서 합은 단면에서 모든 요소에 대한 것이고, 적분은 분할된 요소의 영역에 대한 것이다.
식 (3.3.8)에서 각 항의 적분은 다음과 같이 된다.

$$\psi = \frac{\alpha}{I}\sum\left[T_{ai}\overline{y_i}\,A_i + \frac{\Delta T_i}{d_i}I_i - \frac{\Delta T_i}{d_i}\overline{y_i^2}\,A_i\right] \tag{3.3.9}$$

평행축의 정리가 식 (3.3.9)에서 단면정수에 관련되어 사용된다.

$$I_i = \overline{I_i} + \overline{y_i^2} A_i \tag{3.3.10}$$

위의 식 (3.3.10)은 다음과 같이 다시 쓸 수 있다.

$$\overline{I_i} = I_i - \overline{y_i^2} A_i \tag{3.3.11}$$

식 (3.3.9)에 식 (3.3.11)을 대입하여 정리하면 다음과 같이 된다.

$$\psi = \frac{\alpha}{I} \sum \left[T_{ai} \overline{y_i} A_i + \frac{\Delta T_i}{d_i} \overline{I_i} \right] \tag{3.3.12}$$

이 식 (3.3.12)는 식 (3.3.7)에 주어진 적분식의 분할된 형이다.

3.3.4 변형도공식과 곡률공식의 사용

축방향 변형도 ε와 곡률 ψ은 뼈대요소에 대해 둘 다 유연도(또는 연성도)와 강성도 수식에 사용된다. 잘 알고 있는 바와 같이, 축방향 변형도 ε는 P/AE로 나타낼 수 있고, 곡률 ψ는 전형적 변위계산에서 M/EI로 나타낼 수 있다. 강성도법에서 구속된 각주 뼈대요소에 대한 고정단력은 다음과 같이 쉽게 계산된다.

$$N = EA\varepsilon \tag{3.3.13}$$

$$M = EI\psi \tag{3.3.14}$$

여기서 N은 (길이를 따라 일정한) 축력, M은 (길이를 따라 일정한) 휨모멘트, E는 Young의 계수이다. 또한 응력은 다음과 같이 나타낼 수 있다.

$$\sigma(y) = E\left[\varepsilon + \psi \cdot y - \alpha \cdot T(y)\right] \tag{3.3.15}$$

이들 작용력은 일반적 방법에서 등가절점하중을 결정하는데 사용되고 변위결과는 절점-하중 구조계에서 작용력을 회복하는데 사용된다. 이들 작용력은 구속된(고정된) 구조계에서 작용력으로 (이 경우에서 일반적으로 응력을) 첨가되어야 한다. 식 (3.3.13)과 (3.3.14)에서 고정단력이 아닌 구속된 구조계에서 온도-관계된 응력은 단면에 온도경사가 일정하지 않기 때문에 사용된다. 실제 강성에서 이 복잡한 힘의 연산수정은 고정단력이 절점-하중구조의 작용으로 직접적으로 첨가되지 않기 때문에 작성된다.

단순보에서는 자체적으로 평형을 이루지만, 연속보에서는 온도에 의한 곡률발생이 구속되어 부정정력, 즉 지점반력과 휨모멘트가 발생하게 된다.

이 부정정력에 의한 응력은 온도분포가 선형이든 비선형이든 발생하게 되며, 위에서 구한 응력과 합하여 전응력을 구하게 된다. 즉 단면에 발생하는 전응력은 다음과 같다.

$$\sigma(y) = E[\varepsilon + \psi \cdot y - \alpha \cdot T(y)] + \frac{M}{I} y \tag{3.3.16}$$

3.3.5 [적용예제 (1)]

[그림 3.3.3(a)]에 나타낸 변환된 합성단면은 평탄한 콘크리트면에 관계된 온도경사를 받고 있다. 즉 콘크리트면의 $T_1 = 30°$, $T_2 = 7.8°$, 50 mm Asphalt $T_1 = 24°$, $T_2 = 7.8°$, 100 mm Asphalt $T_1 = 17°$, $T_2 = 5°$ 이다. 단면의 치수는 대표적인 정수에 기초를 두기보다는 계산과 설명의 편리에 발췌되었다. 탄성계수비 n은 8로 하였다.

단면은 [그림 3.3.3(b)]에 나타낸 단순보에 사용되었다. 온도변화를 받는 보는 [그림 3.3.3(a)]에 라벨 1과 2인 두 단면으로 나누었다. 단면과 재료정수는 라벨단면에 관해 [표 3.3.3]에 정리되었다. 단면의 모든 다른 면적은 온도경사를 갖지 않으므로 합계에 포함시키지 않았다. 단면과 재료정수는 축방향 변형도, 곡률, 고정단 축력, 휨모멘트를 계산하는데 사용되었다.

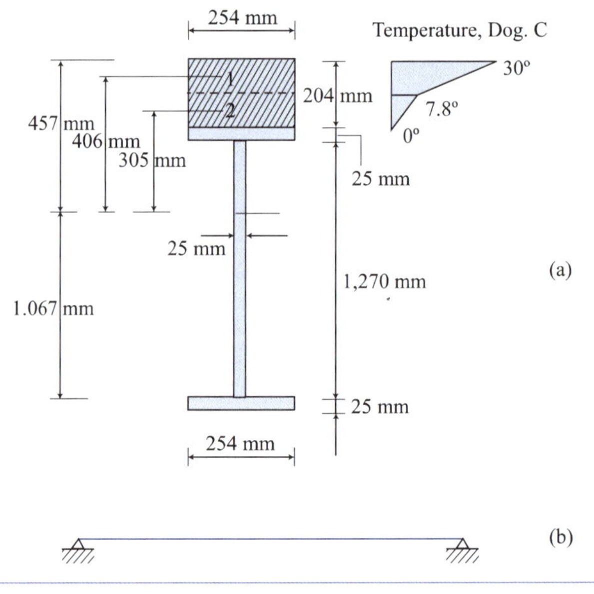

[그림 3.3.3] 단면의 온도응력분포

식 (3.3.6)과 (3.3.13)을 사용하여 온도경사에 의한 축방향 변형율과 고정단 축방향력을 계산한다.

$$\begin{aligned}\varepsilon &= \frac{\alpha}{A} \sum T_{ai} A_i \\ &= \frac{11.7 \times 10^{-6}}{96,780} [(19) \times (25,800) + (4) \times (25,800)] \\ &= 71.74 \times 10^{-6}\end{aligned}$$

$$N = EA\varepsilon = (200{,}000)(96{,}780)(71.74 \times 10^{-6}) = 1{,}390 \text{ kN}$$

식 (3.3.12)와 (3.3.14)를 사용하여 곡률과 고정단 휨모멘트를 계산한다.

$$\begin{aligned}\psi &= \frac{\alpha}{I}\sum\left[T_{ai}\bar{y}_i A_i + \frac{\Delta T_i}{d_i}\bar{I_i}\right] \\ &= \frac{11.7 \times 10^{-6}}{23.9 \times 10^9}[(19)(406)(25{,}800) + \frac{22}{102}(22.2 \times 10^6) \\ &\qquad + (4)(304)(25{,}800) + \frac{8}{102}(22.2 \times 10^6)] \\ &= 115 \times 10^{-9}\end{aligned}$$

$$M = EI\psi = (200{,}000)(23.9 \times 10^9)(115 \times 10^{-9}) = 550 \times 10^6 \text{ N} \cdot \text{mm} = 550 \text{ kN} \cdot \text{m}$$

[표 3.3.3] 단면정수

Properties	Reference Section 1	Reference Section 2	Total Section
A_i (mm^2)	25,800	25,800	96,780
$\bar{y}_i$ (mm)	406	304	1067
I_i (mm^4)	22.2×10^6	22.2×10^6	22.2×10^6
α	11.7×10^{-6}	11.7×10^{-6}	11.7×10^{-6}
E (MPa)	200,000 (n=8)	200,000 (n=8)	200,000
T_{ai} (℃)	19		N/A
ΔT_i (℃)	22		N/A

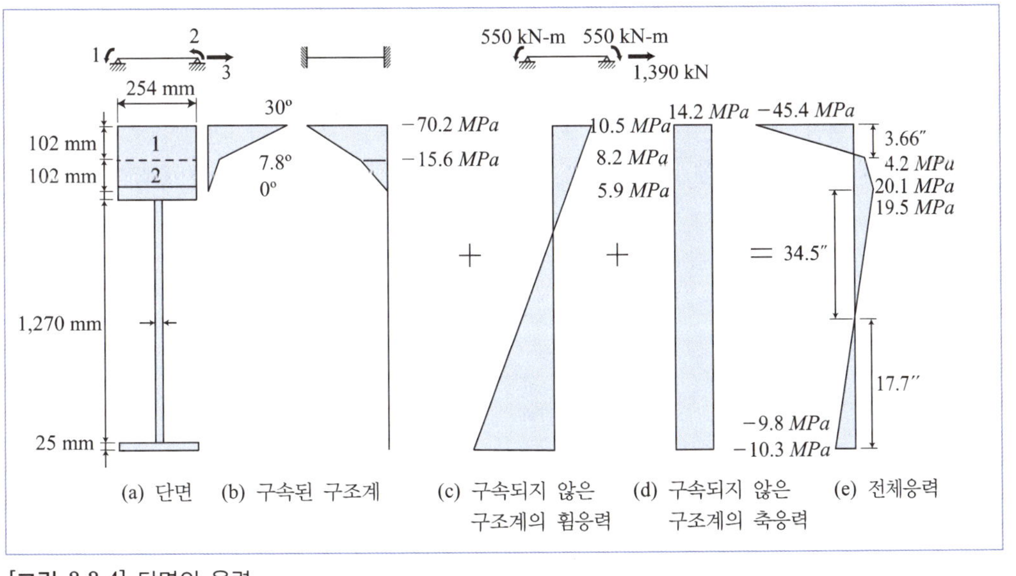

[그림 3.3.4] 단면의 응력

구속된 온도응력은 $\sigma = \alpha \cdot \Delta t \cdot E$으로 결정된다. 단면의 상단에서 구속된 응력은 다음과 같다.

$$\sigma = \alpha \cdot \Delta t \cdot E = (11.7 \times 10^{-6})(30)(200{,}000) = 70.2\ \mathrm{MPa}$$

그리고 하단에서 응력은 [그림 3.3.4(b)]에 나타낸 바와 같이 Δt가 0이기 때문에 0이다. 모멘트는 절점-하중 구조계에서 일정하고 관련된 휨응력 분포는 [그림 3.3.4(c)]에 나타내었다. 또한 구속되지 않은 (절점-하중) 구조계에서 축력은 일정하고 관련된 축응력은 [그림 3.3.4(d)]에 나타내었다. [그림 3.3.4(e)]에 나타낸 응력분포는 구속된 구조계의 응력에 절점-하중 구조계에서 응력을 첨가한 것이다. 외적 지지반력은 0이지만 내적응력은 그렇지 않다. 각 단면에서 최종 내적 힘은 0이고 축력이 없을 뿐 아니라 휨모멘트도 없다. [그림 3.3.4(c)]의 상단에 나타낸 등가절점하중은 [그림 3.3.4(a)]의 상단에 나타낸 변위 {0.00175 rad, −0.00175 rad, 2.2 mm}를 계산하는데 사용되었다.

3.3.6 정리

한계상태설계법(LSD, 2015)은 거더에서 온도영향을 모형하여 사용하는데 필요한 온도경사를 규정하고 있다. 규정된 다-선형 경사는 축변형과 곡률을 결정하기 위해 분할된 합을 포함한 방법을 개발하는데 사용된다. 이들 수식은 강성도 및 유연도 프로그램에 효과적이다. 예제는 나타낸 수식의 사용법을 설명하는데 사용되었다.

3.4 건조수축과 크리프

콘크리트의 크리프와 건조수축은 구조시스템에서 이들 두 영향이 동시에 일어나므로 분리하기는 어렵다. 하중영향은 앞에서 기술된 온도영향에 대한 절차와 유사한 해석으로 산정된다. 온도변형율 $\alpha(\Delta t)$는 건조수축 또는 크리프 변형율로 대체한다. 변형 프로파일은 명백하게 온도경사에 의한 산출보다 어렵지만, 근사적 변형율 프로파일은 유사한 방법으로 사용되어야 한다.

횡방향 하중 해석 04

중력하중과 같이 횡방향 하중도 기초에 전달되고 하중경로는 구분되어야 한다. 횡방향 하중은 바람, 유체, 부빙, 지진으로부터 과하게 된다. 부빙 및 유체에 의한 하중은 주로 하부구조 설계자에 관련되고 이들 하중에 대한 시스템의 내용은 [LSD 제7장 하부구조]에 나타나 있다. 풍하중에 대한 시스템해석은 4.1절에서 논하였고, 지진하중에 대한 시스템해석은 4.2절에서 간단히 소개되었다.

4.1 풍하중 해석

풍압은 [LSD 3.13 풍하중]에 규정된 것에 의해 결정된다. 이 분포 압은 [그림 4.1.1(a)]에 나타낸 상부구조에 작용된다. 하중은 상단 및 하단 풍-저항 시스템으로 구분된다. 바닥과 거더가 합성 또는 풍하중을 충분히 지지되게 연결되었다면, 상단 시스템은 바닥이 [그림 4.1.1(a)]에 나타낸 바와 같이 $y-y$축에 대해 휘는 아주 강한 보와 같이 거동하는 다이아프램으로 고려된다. 이것이 일반적이고 알맞은 가정은 $y-y$축에 대한 바닥판의 단면 2차모멘트가 매우 크게 주어졌다. 상단 시스템에서 깊은 보에 작용되어 다이아프램을 거쳐 교각 및 교대에서 받침에 전달되는 것으로 고려할 수 있다. 종속하는 면적 기초위에서 지지하는 요소로 풍하중이 분포된다([그림 4.1.1(c)]). 교각이 없거나 또는 교각에서 받침지지가 횡방향 구속을 제공하지 않는다면, 모든 다이아프램 하중은 각 반이 교대받침에 전달된다. 받침이 횡방향 이동을 구속하고 교각지지가 유연하다면, 세련된 시스템의 모형은 교각, 받침, 교대의 상대강성에 대한 계산을 알맞게 보장될 수 있다. 바닥판의 면내변형은 일반적으로 무시된다.

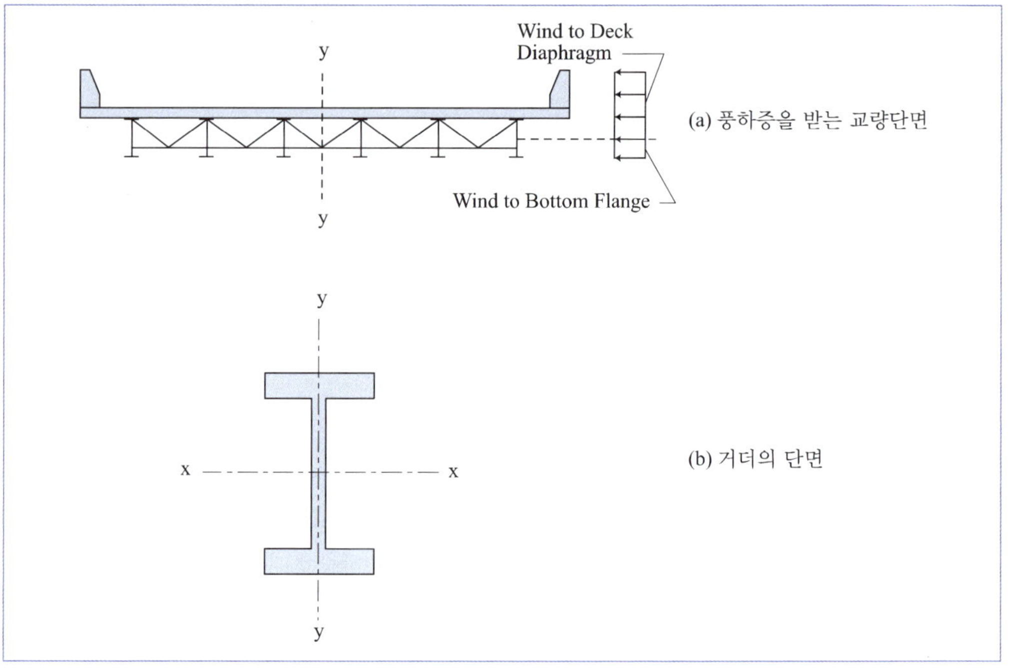

[그림 4.1.1] 풍하중을 받는 교량단면과 거더의 단면

하단 시스템의 풍하중은 약한-축([그림 4.1.1(b)]에서 $y-y$축)의 휨을 거더로 버티게 된다. 이 방향에서 대부분의 거더의 강도와 강성은 플랜지에 관계된다. 대표적으로 바닥플랜지가 [그림 4.1.1(d)]에 나타낸 바와 같이 하단 시스템 하중에 버티는 것으로 가정되었다. 바닥플랜지는 일반적으로 가로보([그림 4.1.1(a)]를 참조), 강 다이아프램 요소(횡방향보), 또는 콘크리트보의 경우에 콘크리트 다이아프램(횡방향)로 나누어진 중간 브레이싱으로 지지된다. 이들 요소는 상판 콘크리트 타설동안에 횡 비틀림-좌굴에 대해 필요한 압축플랜지, 중력하중분배를 최소 범위를 돕는 횡방향 요소, 풍하중에 대해 유효지간길이를 감소시켜 바닥플랜지를 주기적으로 지지하는 브레이싱으로 구분된다. 브레이싱력은 관련된 근사 모멘트를 나타낸 자유물체도로 [그림 4.1.1(d)]에 설명되었다. [LSD 4.6.8]에서 근사해석이 허용되었고, 브레이싱은 그 종속하는 길이의 기초에서 하중을 받는다. 또한 모멘트는 근사적으로 $WL_B^2/10$이 된다. 근사해석대신에 더 정확한 보해석이 수행되어야 하나, 그러나 이 정밀은 좀처럼 보장되지 않는다. 하중이 브레이싱 요소에 분배되자마자, 수직브레이싱(cross frames)에 의하여 바닥 다이아프램으로 전달된다, 또는 다이아프램 브레이싱인 경우에는 뼈대작용에 의하여 바닥 다이아프램으로 전달된다. 하중이 다이아프램에 분배되자마자, 지점에 전달된 상단시스템하중과 조합된다. 바닥판이 비합성 또는 바닥판-거더 결합이 하중을 전달하는데 충분히 강하지 않다면, 그 때 경로는 다르다. 이 경우에 대해서는 뒤에서 논의되었다.

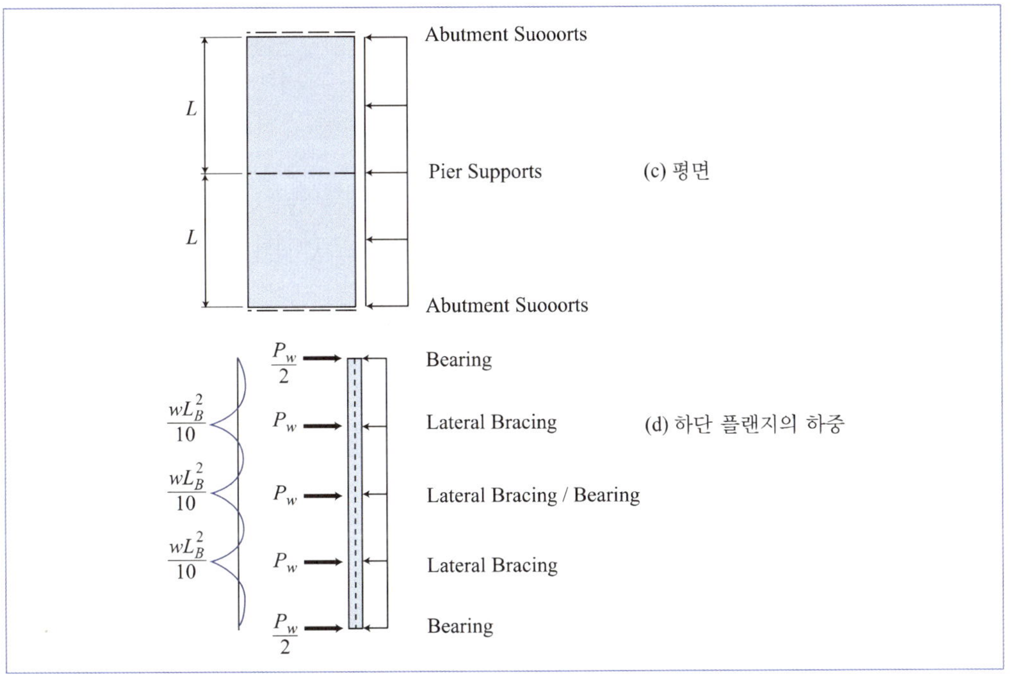

[그림 4.1.1] 풍하중을 받는 교량단면과 거더의 단면

지점에서 하중이 바닥판 위에서 받침으로 전달할 수 있도록 하는 하중경로로 설계된다. 수직 브레이싱(cross frame) 시스템은 이들 하중을 지지하도록 설계되어야 한다. 바닥 다이아프램 하중은 각 거더의 상단에 일정하게 분배되어야 한다. 단부지점은 첫 번째 내측 브레이싱과 지점 사이 종속하는 길이에 대해 하단 플랜지로부터 추가 하중을 받는다. 이 하중은 [그림 4.1.1(e)]에 P_{end}로 나타내었다.

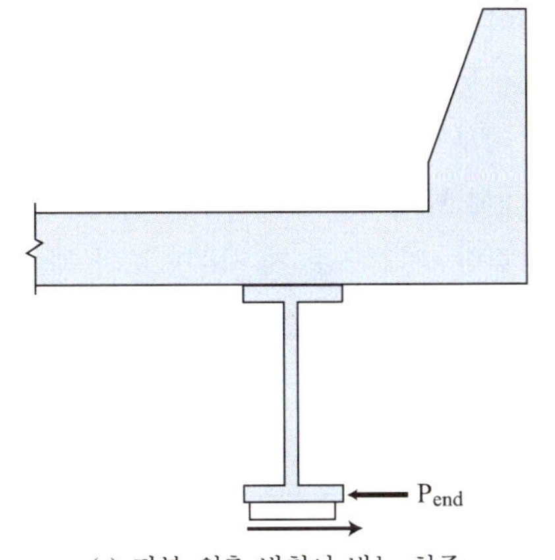

(e) 단부 외측 받침이 받는 하중

[그림 4.1.1] 풍하중을 받는 교량단면과 거더의 단면

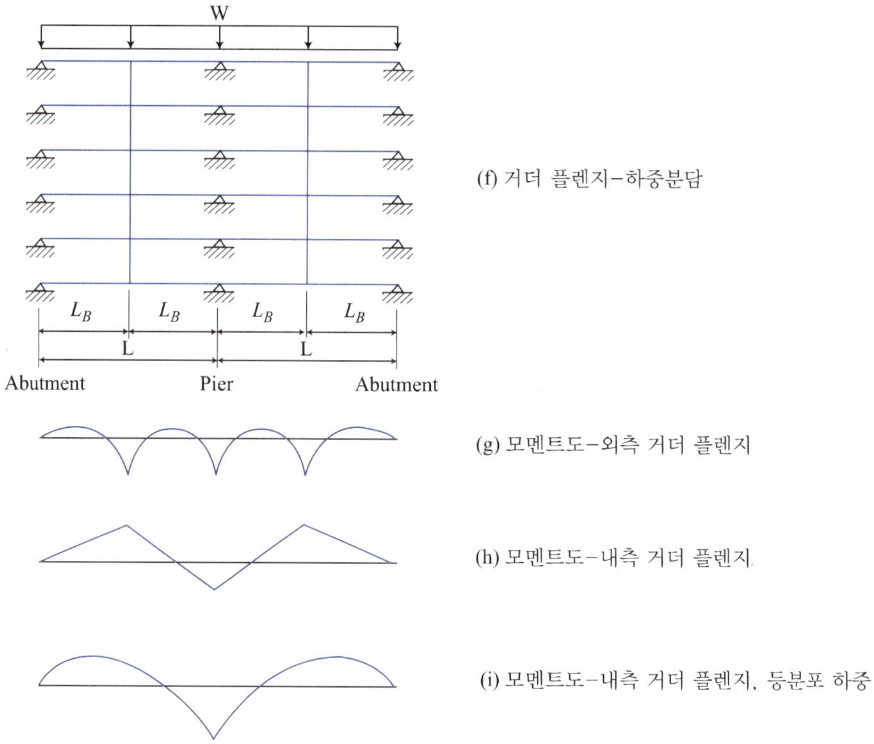

[그림 4.1.1] 풍하중을 받는 교량단면과 거더의 단면

불충분한 다이아프램 작용(또는 다이아프램의 결합)의 경우에서 상단시스템 하중은 약한 축의 휨에서 거더로 전달되어야 한다. 하중분배 메커니즘은 [그림 4.1.1(f)]에 나타내었다. 거더는 횡방향 요소에 연결되어 하중을 모두 이동시킨다. 수직브레이싱(cross frame) 또는 다이아프램은 축방향으로 매우 강하므로 강체로 고려되어야 된다. 이 시스템은 평면 뼈대와 같이 또는 더 간단히 모형화되어야 하고, 하중은 모든 거더에 등가로 분담되어야 되고 직접적으로 외측 거더에 작용하는 풍하중 영향은 추가되어야 한다. 국부적 및 전체 영향은 [그림 4.1.1(g-h)] 및 [그림 4.1.1(i)]에 각각 나타내었다. 더 긴 지간에 대해 브레이싱은 주기적인 간격을 이루고 있고 전체 응답은 더욱 등분포 하중이 작용하는 보와 같다. 지점으로 지지되는 보의 해석에 기초를 두고 등분포처럼 하중이 분배되는 것으로 가정하여 전체해석을 한다. 그 때, 하중은 다음과 같이 수학적으로 모든 거더에 등가로 나눠진다.

$$M_{Total} = M_{Local} + \frac{M_{Global}}{No.\ of\ Girder}$$

이 해석은 확실히 근사이다, 그러나 충분한 연성이 가능하고 하계정리가 적용되었다. 모든 하중에 대해 계산절차를 기술하였으므로, 평형을 유지될 수 있다.

4.2 지진하중 해석

지진하중에 의한 하중경로는 풍하중에 의한 경로와 같다. 또한 작용하중의 성질도 유사하다. 상부구조에 작용하는 풍하중은 교량길이를 따라 등분포 되고 지진하중은 교량길이를 따라 상부구조의 분포된 질량으로 구분된다.

4.2.1 횡방향 지진하중 분포

4.2.1.1 적용범위

이 조항들은 주로 지진시 횡력에 대한 시스템의 요소인 다이아프램, 수직브레이싱, 횡브레이싱 등에 적용된다.

4.2.1.2 설계 기준

설계 시 하부구조물에 대한 명백하고 직접적인 하중경로를 계획하여야 하며, 모든 구성부재와 연결부위들은 계획된 하중경로에 따라 전달되는 하중에 저항할 수 있어야 한다. 가정된 하중경로에서 주거더의 플랜지와 복부판, 수직브레이싱, 연결부, 슬래브와 보의 경계면, 그리고 교량받침부의 상부 플랜지 접합면부터 앵커볼트의 구속면 혹은 하부구조물의 유사한 장치들을 비롯하여 힘의 흐름에 영향을 받는 부재와 상세부재를 검토하여야 한다.

단부 다이아프램과 수직브레이싱의 해석과 설계는 교량받침의 수평저항을 고려해야 한다. 횡방향 저항시스템을 이루는 브레이싱 부재들의 **세장성**(slenderness)과 연결조건은 주요부재 설계에 규정된 조항들에 부합되어야 한다.

교량받침으로 지진하중을 전달하는 하중경로의 한 부분으로서 설계자에 의해 결정된 다이아프램과 수직브레이싱 부재들은 모든 설계지진하에서 교량받침의 종류에 상관없이 적용가능한 전단면을 기준으로 탄성상태를 유지하도록 설계되어야 한다. 주요부재의 설계에 대하여는 가능한 조항들이 적용될 수 있다.

4.2.1.3 하중분배

바닥판, 다이아프램, 수직브레이싱, 횡브레이싱의 강도 특성에 근거해서 횡하중을 기초에 전달할 수 있도록 가능한 하중경로가 설정되어야 한다. 보다 정교한 해석이 이루어지지 않는다면, 근사적인 하중경로가 아래와 같이 가정될 수 있다.

(1) **수평방향의 다이아프램 거동을 할 수 있는 콘크리트 바닥판 또는 상부플랜지 윗면의 수평 브레이싱 시스템을 가지는 교량의 경우** : 바닥판에 부가되는 횡방향 하중은 단부 다이아프램과 수직브레이싱을 통해서 직접적으로 전달된다고 가정되어야 한다. 바닥판과 수평브레이

싱을 통해 하중경로에 대한 개발과 해석은 만약 그런 경우가 있다면, 풍하중 해석에 사용된 것과 흡사하게 구조적인 거동을 가정할 수 있다.

(2) **수평방향의 다이아프램 거동을 할 수 없는 콘크리트 바닥판 또는 상부플랜지 윗면에 수평 브레이싱 시스템이 없는 경우** : 바닥판에 부가되는 횡방향 하중은 중간 다이아프램과 수직브레이싱을 통해 하부의 횡방향 브레이싱 혹은 하부플랜지, 그리고 교량받침에 이르기까지, 그리고 단부 다이아프램과 수직 브레이싱에 대해서는 각각의 강성과 바닥판의 대표질량 속성에 맞게 분산 되어야 한다.

(3) **하부에 수평브레이싱 시스템이 없거나 횡하중을 전달할 정도의 충분한 하부플랜지가 안될 경우**에는 바닥판을 필요한 수평다이아프램 거동을 할 수 있도록 상세설계가 이루어져야 한다.

4.2.2 해석방법

4.2.2.1 일반사항

이 절의 규정은 [LSD 8.4.2]에서 규정한 교량의 지진해석에 대한 규정이며 다음과 같은 두 가지의 해석방법을 제시한다.

(1) 단일모드스펙트럼해석법
(2) 다중모드스펙트럼해석법

두 가지 방법 모두에 있어서 모든 고정된 기둥과 교각 또는 교대지점들은 동일 시점에 있어서 동일한 지반운동을 한다고 가정한다. 가동지점에서는 이 절에서 기술된 해석으로부터 구한 변위가 [도설기 8.4.8]에서 규정된 최소 요구치보다 큰 경우 이 값을 사용하여야 한다.

4.2.2.2 탄성지진응답계수

(1) 단일모드스펙트럼해석 시 설계하중의 결정에 쓰이는 탄성지진응답계수 C_s는 다음과 같은 응답스펙트럼으로부터 구한다.

$$C_s = \frac{1.2AS}{T^{2/3}} \tag{4.2.1}$$

여기서, A = 가속도계수, S = 지반 특성에 대한 무차원의 계수, T = 다른 적합한 방법에 의하여 결정된 교량의 주기이다. 다만, C_s값은 $2.5A$보다 크게 취할 필요는 없다.

(2) 다중모드스펙트럼해석 시 m번째 진동모드에 대한 탄성지진응답계수 C_{sm}은 다음과 같은 응답스펙트럼으로부터 구한다.

$$C_{sm} = \frac{1.2AS}{T_m^{2/3}} \tag{4.2.2}$$

여기서, T_m= m번째 진동모드의 주기. 다만, C_{sm}값은 $2.5A$보다 크게 취할 필요는 없다.

(3) T_m값이 4.0초를 넘는 구조물에 대해서 m번째 진동모드에 대한 C_{sm}값은 다음 값에 따라 결정할 수 있다.

$$C_{sm} = \frac{3AS}{T_m^{4/3}} \tag{4.2.3}$$

4.2.2.3 단일모드스펙트럼해석법

종방향 및 횡방향 지진에 의한 부재의 단면력과 처짐을 계산하는 등가정적 지진하중 $p_e(x)$는 다음식으로 산정할 수 있다.

$$p_e(x) = \frac{\beta C_s}{r} w(x)\, v_s(x) \tag{4.2.4}$$

여기서, $p_e(x)$= 등가정적 지진하중이며 진동의 기본모드를 대표하기 위해 가하는 단위길이당 하중강도([그림 4.2.1]), C_s= 식 (4.2.1)로 주어지는 탄성지진 응답계수이다. 여기서 교량의 주기 T는 다음과 같다.

$$T = 2\pi \sqrt{\frac{r}{p_o\, g\, \alpha}} \tag{4.2.5}$$

여기서, g= 중력가속도, 9.81 m/s^2, $w(x)$= 교량 상부구조와 이의 동적거동에 영향을 주는 하부구조의 단위길이당 고정하중, $v_s(x)$= 균일한 등분포하중 p_o에 의한 정적처짐([그림 4.2.1])이다.

$$\alpha = \int v_s(x)dx \tag{4.2.6}$$

$$\beta = \int w(x)\, v_s(x)dx \tag{4.2.7}$$

$$r = \int w(x)\, v_s^2(x)dx \tag{4.2.8}$$

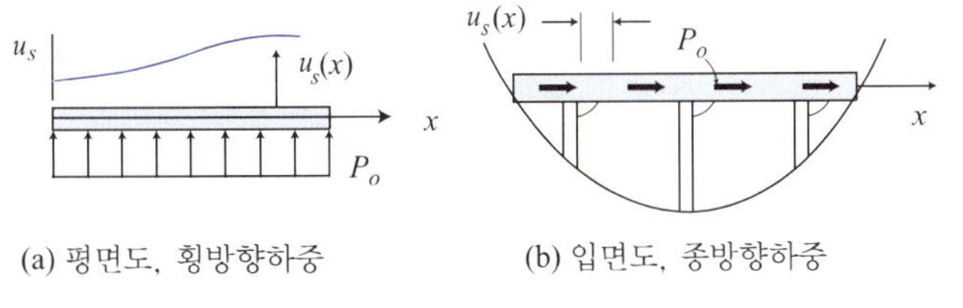

[그림 4.2.1] 횡방향 및 종방향으로 가정된 하중을 받는 교량상판

4.2.2.4 다중모드스펙트럼해석법

(1) 일반사항

다중모드스펙트럼해석법은 비정형 교량의 3방향 연계효과와 최종응답에 대한 다중모드의 기여효과를 결정하기 위해 공인된 공간뼈대 선형 동적해석 프로그램을 사용하여 수행하여야 한다.

(2) 수학적 모형

(a) 교량은 그 구조물의 강성과 관성효과를 실제에 가깝게 모형화하기 위해 적절한 연결부와 절점으로 구성된 3차원 공간 뼈대 구조물로써 모형화해야 한다.

(b) 각 연결부와 절점은 6개의 자유도, 즉 3개의 이동 자유도와 3개의 회전 자유도를 가진다.

(c) 구조 질량은 최소한 3개의 이동 관성항을 갖는 집중질량으로 모형화하여야 하며, 구조 질량은 하부 구조를 포함하여 관련된 모든 요소들을 고려하여야 한다.

(d) 지진시에도 교량에 큰 활하중이 재하되어 있을 가능성이 많은 경우에는 그 활하중의 관성효과를 고려하여야 한다.

(e) 상부구조는 최소한 각 경간단부의 연결부와 지간의 1/4지점마다 절점을 가진 공간뼈대부재의 집합체로 모형화해야 한다. 신축이음부와 교대의 불연속 부분도 상부구조에 포함하여야 하며, 이 때 집중질량의 관성효과를 적절하게 분배시켜야 한다.

(f) 하부구조에서 중간 기둥 또는 교각들은 일반적으로, 인접 지간길이의 1/3 보다 짧은 길이를 갖는 짧고 강성이 강한 기둥에 대해서는 중간 절점이 불필요하나, 길고 유연한 기둥은 기둥단부의 연결부 외에 2개의 1/3지점을 중간 절점으로 모형화하여야 한다. 하부구조의 모형은 상부구조에 대한 기둥의 편심을 고려해야 한다. 기둥 또는 교각하부와 교대에서의 지반은 등가의 선형 스프링계수를 이용하여 모형화할 수 있다.

(3) 진동모드의 형상과 주기

고려중인 방향에 대하여 해석에 필요한 교량의 주기와 모드형상은 고정지반 조건에 대해서 지진에 저항하는 전체 시스템의 질량과 강성을 고려하여 이론적으로 확립된 방법에 의해 계산하여야 한다.

(4) 다중모드스펙트럼 해석

응답해석 시 고려되는 모드의 수는 지간 수의 3배 이상이어야 한다. 이 때, 잔여모드를 모두 포함하여 해석하더라도 응답이 10% 이상 증가하지 않는 충분한 개수의 모드를 고려하여야 한다.

(5) 부재력과 변위

부재의 단면력과 변위는 개별 모드들로부터 각각의 응답성분(예를 들면, 힘, 변위 또는 상대변위)은 **CQC방법(Complete Quadratic Combination)**으로 조합함으로써 계산한다.

05 영향선 이론

보의 전단력과 휨모멘트를 계산하는데 있어서 정하중의 경우에는 지금까지 사용하던 방법과 같이 사용하중에 의한 반력을 구하고 $S.F.D.$을 작도하고 이것으로 $B.M.D.$을 간단히 작도하면 되었다. 그러나 하중이 자동차나 열차하중이라면 구조물 위를 이동하게 됨으로 어느 점에 대한 전단력과 휨모멘트를 구하기 위해서는 하중을 한 개씩 이동시켜 전단력과 휨모멘트를 구하고 그 것 중에서 최대인 것을 택하여 그 점의 최대전단력과 최대휨모멘트로 결정하게 된다. 이와 같은 방법은 대단히 힘겨운 반복작업이 필요하다. 이러한 문제성을 해결하기위해서는 영향선(Influence Line)을 취급함으로서 간편하게 처리할 수 있다.

영향선이란 단위하중(크기가 1인 하중, $P=1$)을 보위에 이동작용시켜, 그 하중에 의한 반력, 전단력 및 휨모멘트를 그림으로 작성한 것이다. 실제의 하중에 대한 반력, 전단력 및 휨모멘트는 이 영향선의 종거를 하중의 크기에 곱하여 구한다. 즉 영향선으로서 최대, 최소 단면력의 하중작용위치 및 그 값을 쉽게 구할 수 있다. 보에 있어서 영향선의 특성은 다음과 같다.

(1) 하중이 주어지지 않고, 단지 단위하중이며 이동하중이다.

(2) 하중이 이동함에 따라 반력, 전단력, 휨모멘트가 변화한다.

(3) (정정구조물에서) 영향선은 직선의 연결선이다.

(4) 영향선도를 작도할 때는 임의점(주어진 점), 지지점에서만 취급하여 연결하면 매우 편리하다.

5.1 이동하중과 영향선

5.1.1 영향선의 종거와 영향선의 면적

5.1.1.1 휨모멘트영향선의 예

(1) [그림 5.1.1(a)]에 나타낸 캔틸레버보

집중수직력 P[kg]가 보위를 이동할 때 A점의 휨모멘트 M_A[kg · N]는 P의 이동에 따라 변화하게 된다. M_A는 다음 식과 같이 된다.

$$M_A = -P \cdot (l-x) \tag{5.1.1}$$

M_A는 $-(l-x)$를 함수로 하여 변화하게 된다는 것을 [그림 5.1.1(b)]에 나타내었다.

[그림 5.1.1(b)]를 영향선(Influence Line)이라고 하며, 이 경우 영형선 종거(Ordinate of influence diagram)의 단위는 [m]이다. 예로서 [그림 5.1.1(c)]에 나타낸 이동하중에 대해 A점에서 휨모멘트 M_A는 다음과 같이 계산된다.

$$M_A = -(P_1 \cdot y_1 + P_2 \cdot y_2 + P_3 \cdot y_3) \tag{5.1.2}$$

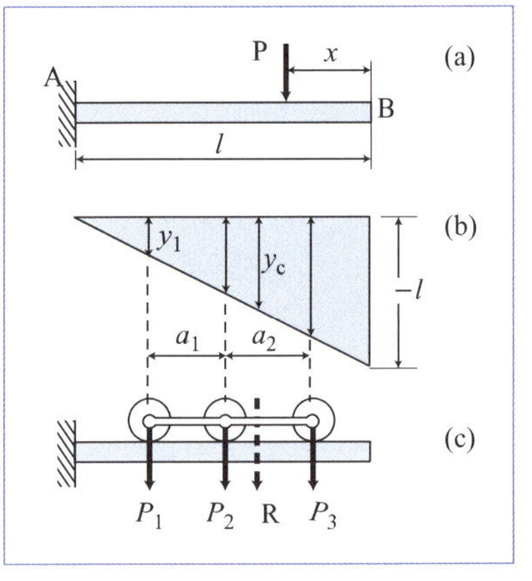

[그림 5.1.1]

여기서, y_1, y_2, y_3는 [그림 5.1.1(b)]에 나타낸 값으로 P_1, P_2, P_3의 재하위치에 대응하는 영향선종거를 나타낸다. [그림 5.1.1(c)]에 나타낸 R은 P_1, P_2, P_3의 합력이며, 다음과 같은 식이 성립한다.

$$R \cdot y_c = P_1 \cdot y_1 + P_2 \cdot y_2 + P_3 \cdot y_3 \tag{5.1.3}$$

여기서, y_c는 [그림 5.1.1(b)]에 나타낸 바와 같이 R의 재하위치에 대한 영향선의 종거이다. 그리고 $R = P_1 + P_2 + P_3$이다. 식 (5.1.3)에서 y_c는 다음과 같이 나타낼 수 있다.

$$y_c = \frac{P_1 \cdot y_1 + P_2 \cdot y_2 + P_3 \cdot y_3}{P_1 + P_2 + P_3} \tag{5.1.4}$$

(2) [그림 5.1.2(a)]에 나타낸 캔틸레버보에서 등분포하중 $w(\mathrm{kg} \cdot \mathrm{m}^{-1})$가 a범위에 작용하고 있을 때 A점의 휨모멘트 M_A

이 경우에도 M_A의 영향선은 [그림 5.1.2 (b)]와 같다. [그림 5.1.2(a)]에 나타낸 등분포하중 w에 대한 M_A는 다음과 같이 계산된다.

$$M_A = \int_0^a w\, y\, dx = w \int_0^a y\, dx = w \cdot F_a \qquad (5.1.5)$$

여기서, F_a는 [그림 5.1.2(b)]에서 w가 재하된 범위내의 영향선 면적(area of influence diagram)이며 단위는 [m^2]이다.

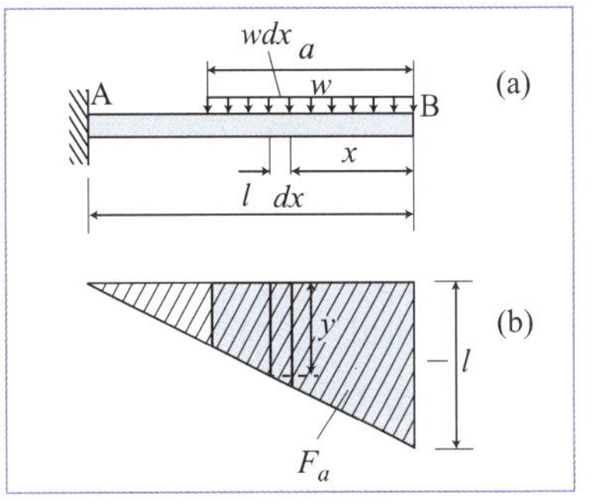

[그림 5.1.2]

(3) [그림 5.1.3(a)]에 나타낸 바와 같이 집중수직력 P가 끝단 B에 작용하고 등분포하중 w가 전체길이 l에 만재된 경우의 A점의 휨모멘트계산

[그림 5.1.3(b)]는 A점의 휨모멘트 영향선 „ M_A″ (지금부터는 영향선을 의미하는 기호 „ ″를 사용함)이다. 그러므로 식 (5.1.2)와 식 (5.1.5)로부터 M_A는 다음과 같이 계산된다.

$$M_A = P \cdot y + w \cdot F_a = -\left(P \cdot l + \frac{w \cdot l^2}{2}\right) \quad (5.1.6)$$

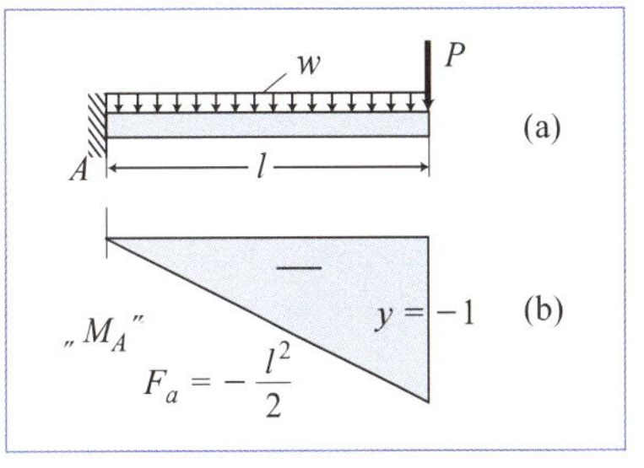

[그림 5.1.3]

5.1.1.2 전단력 영향선의 예

(1) [그림 5.1.4(a)]에 나타낸 캔틸레버보에서 집중수직력 P가 보위를 이동할 때 고정단 A에서 거리 a인 C점의 전단력 Q_c

전단력 Q_c는 P의 이동에 따라 변동하게 된다. Q_c는 다음 식으로 계산된다.

(i) 구간 $\overline{BC}$에서 $\quad Q_c = P \quad$ (5.1.7)

(ii) 구간 $\overline{CA}$에서 $\quad Q_c = 0 \quad$ (5.1.8)

Q_c의 영향선 „ Q_c″ 는 [그림 5.1.4(b)]에 나타내었다. „ Q_c″ 의 영향선종거의 단위는 [1], 영향선면적의 단위는 [m]이다.

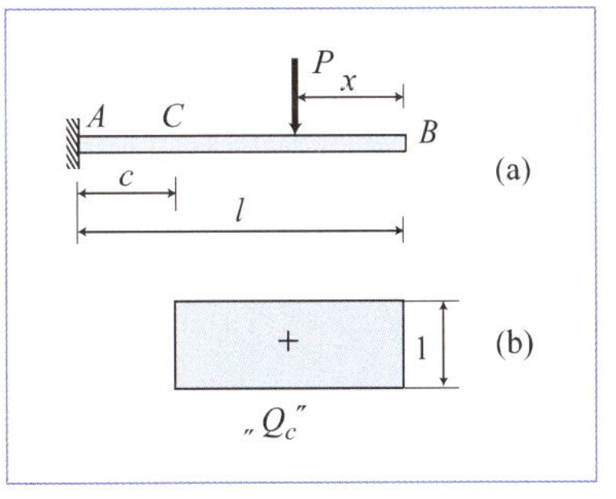

[그림 5.1.4]

(2) [그림 5.1.5(a)]에 나타낸 캔틸레버보에서 집중수직력 P가 끝단 B에 작용하고, 등분포하중 w가 전체길이 O에 만재된 경우의 C점에서 전단력 Q_c

[그림 5.1.5(b)]가 C점에서 전단력 영향선 „ Q_c" 이다. 전단력 Q_c는 식 (5.1.3)과 식 (5.1.5)의 같은 방식으로 다음과 같이 계산된다.

$$Q_c = P \cdot y + w \cdot F_c = P \cdot (1) + w \cdot (l - a) \qquad (5.1.9)$$

한편, [그림 5.1.5(b)]에서 C점의 좌측구간 $\overline{AC}$에는 영향선 면적이 0이므로 이 구간의 하중 w에 의한 Q_c는 생기지 않는다.

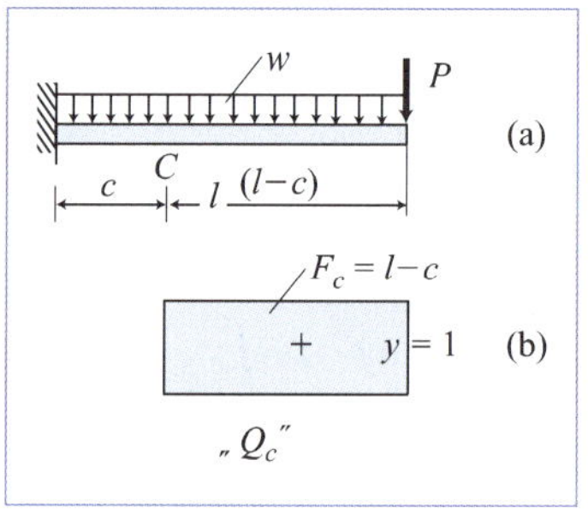

[그림 5.1.5]

5.1.1.3 축력영향선의 예

(1) [그림 5.1.6(a)]에 나타낸 바와 같이 케이블 $\overline{CD}$가 캔틸레버보의 자유단을 지지하고 집중수직력 P가 보위를 이동할 때 $\overline{CD}$ 케이블에 생기는 축력 N

축력 N은 P의 이동에 따라 변동하게 된다. 축력N은 다음 식으로 계산된다.

$$N = P \cdot \frac{x}{a} \sec\alpha \qquad (5.1.10)$$

즉, 축력 N은 함수 $(x/a) \cdot \sec\alpha$에 따라 변동하게 된다. [그림 5.1.6(b)]는 N의 영향선 „ N" 이며 종거는 $y = (w/a) \cdot \sec\alpha$이고 단위는 [1]이다. 영향선면적의 단위는 [m]이다.

(2) [그림 5.1.7(a)]에 나타낸 바와 같이 보의 끝단에 집중수직력 $P(\mathrm{kg})$, 등분포하중 w가 전체길이 l에 만재된 경우의 케이블 $\overline{CD}$에 생기는 축력 N

[그림 5.1.7(b)]가 케이블 $\overline{CD}$가 받는 축력 N의 영향선 „ N" 이다. 케이블 축력 N은 식 (5.1.3)과 식 (5.1.5)의 같은 방식으로 다음과 같이 계산된다.

$$N = Py + wF = P\frac{l}{a}\sec\alpha + w\frac{l^2}{2a}\sec\alpha = \frac{l}{a}\sec\alpha\left(P + \frac{w}{2}l\right) \qquad (5.1.11)$$

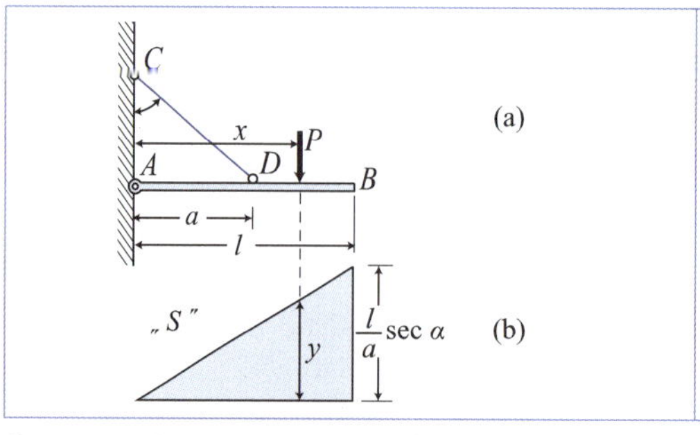

[그림 5.1.6]

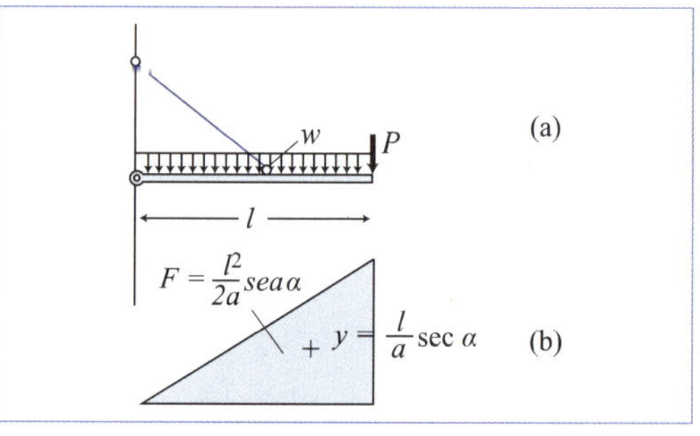

[그림 5.1.7]

5.1.1.4 수직변위 영향선의 예

(1) **[그림 5.1.8(a)]에 나타낸 단순보에 집중수직력 P가 보위를 이동할 때 점 C에서 보의 수직변위 f_c**

수직변위 f_c는 P의 이동에 따라 변동하게 된다. Maxwell-Betti의 상반정리를 생각해 보자. 보의 점 D에 집중수직력 P가 작용할 때 보의 처짐곡선을 [그림 5.1.8(b)]에 나타내었고, 보의 점 C에 집중수직력 Q가 작용할 때 보의 처짐곡선은 [그림 5.1.8(c)]에 나타내었다. [그림 5.1.8(b)]와 [그림 5.1.8(c)]에서 Maxwell-Betti의 상반정리를 적용하면 다음과 같이 된다.

$$P \cdot f_Q = Q \cdot f_P \qquad (5.1.12)$$

위의 식에서 P와 Q가 서로 같다면 다음과 같이 된다.

$$f_Q = f_P \qquad (5.1.13)$$

[그림 5.1.8(d)]에 나타낸 „ f_c" C점의 수직변위의 영향선이며, 보의 C점에 $P=1$이 작용할 때 보의 처짐곡선이다.

(i) 구간 $\overline{AC}$인 경우

$$f_c = \frac{P\,l^3}{6EI} \cdot \frac{(l-a)}{l} \cdot \frac{x}{l} \cdot \left[1-\left(\frac{l-a}{l}\right)^2-\left(\frac{x}{l}\right)^2\right] \qquad (5.1.14)$$

(ii) 구간 $\overline{CB}$인 경우

$$f_c = \frac{P\,l^3}{6EI} \cdot \frac{a}{l} \cdot \frac{(l-x)}{l} \cdot \left[1-\left(\frac{a}{l}\right)^2-\left(\frac{l-x}{l}\right)^2\right] \qquad (5.1.15)$$

여기서 EI는 휨강성, „ f_c" 의 영향선종거의 단위는 $[\mathrm{m} \cdot \mathrm{kg}^{-1}]$, 영향선면적의 단위는 $[\mathrm{m}^2 \cdot \mathrm{kg}^{-1}]$이다.

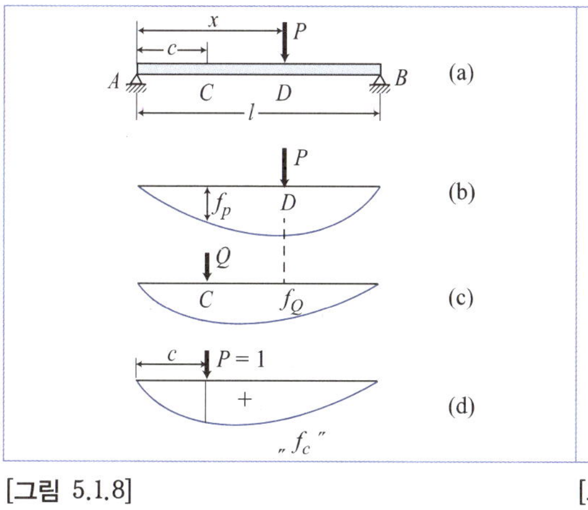

[그림 5.1.8]

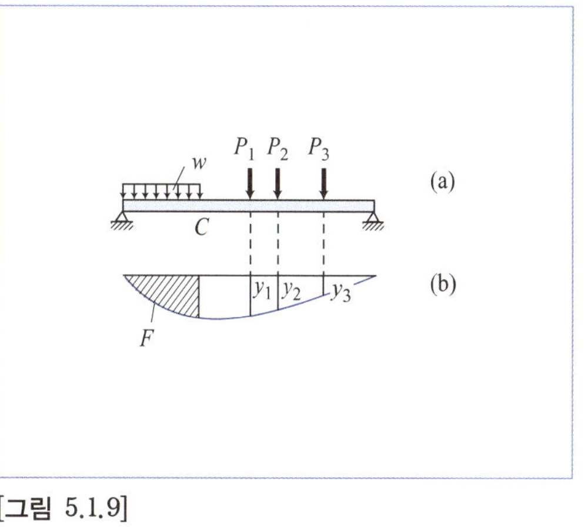

[그림 5.1.9]

(2) [그림 5.1.9]에 나타낸 단순보에서 집중 수직력 P_1, P_2, P_3와 등분포하중 w가 그림에 나타낸 바와 같이 작용할 때 점 C의 수직변위 f_c

[그림 5.1.9(a)]에 나타낸 점 C에 대한 영향선 „ f_c″ 을 [그림 5.1.8(b)]에 나타내었다. „ f_c″ 는 C점의 수직변위 영향선이라고 하며, 이것을 이용하면 C점의 수직변위 f_c는 다음과 같이 계산된다.

$$f_c = P_1 y_1 + P_2 y_2 + P_3 y_3 + wF \tag{5.1.16}$$

여기서, y_1, y_2, y_3는 P_1, P_2, P_3의 작용위치에 대한 영향선의 종거, F는 등분포하중w가 작용하는 위치에 대한 영향선의 면적이다.

5.1.2 영향선의 부호

5.1.2.1 외력의 부호

[그림 5.1.10(a)]에는 집중수직력 P [kg], 집중휨모멘트 M [kg · m], 집중비틀림모멘트 T [kg · m]라 나타내었고, 그림에 나타낸 외력의 방향을 정(+)으로 한다. [그림 5.1.10(b)]에는 분포 수직력 p_o [kg · m^{-1}], 분포 휨모멘트 m [kg · m · m^{-1}]라 나타내었고, 그림에 나타낸 외력의 방향을 정(+)으로 한다. 그리고 [그림 5.1.10(a),(b)]에 나타낸 쌍 화살표시의 의미는 그림에 나타낸 방향의 비틀림 모멘트를 의미 한다.

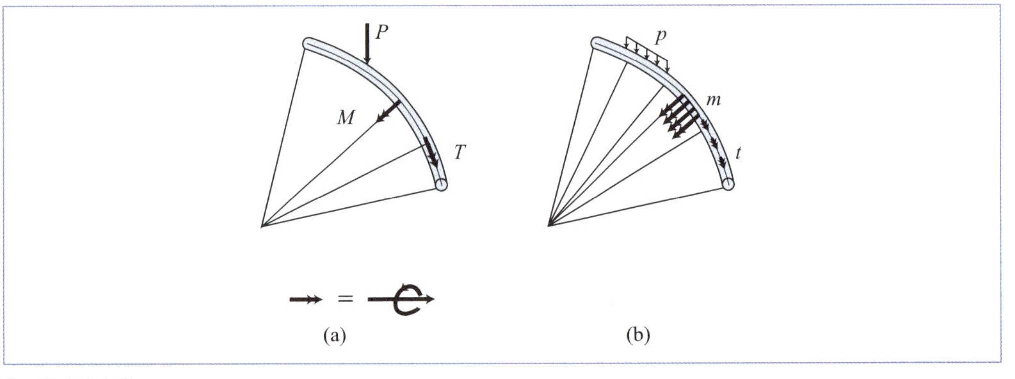

[그림 5.1.10]

5.1.2.2 단면력의 부호

[그림 5.1.11(a)~(d)]에 보의 절단면에서 축력 N, 전단력 Q, 휨모멘트 M, 비틀림 모멘트 T가 생기며 이들을 총체적으로 단면력이라고 말한다. 절단면에는 작용반작용의 법칙이 성립하고 방향반대로 절대치 값이 같은 1조의 단면력이 생기게 되고, 그림에 나타낸 단면력의 방향을 정(+)으로 한다. [그림 5.1.11(c)]에 나타낸 휨모멘트 단면력에서 보의 상연에 압축응력, 하연에

인장응력이 생기는 상태를 정(+), 이와 반대작용상태를 부(−)로 취한다.

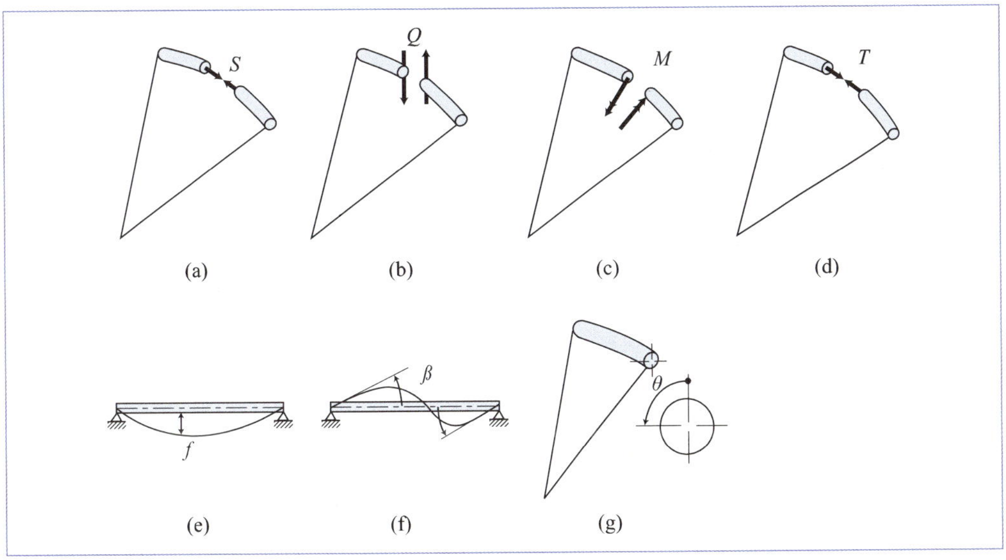

[그림 5.1.11]

5.1.2.3 변형의 부호

절단면에서 축력 N에 의해 인장일 때 정(+), 압축일 때 부(−)로 취한다. [그림 5.1.11(e)]에 나타낸 보에서 보의 처짐이 하향변위(수직변위)를 정(+)으로 한다. 그리고 [그림 5.1.11(f)]에 나타낸 보의 처짐각에 대에서는 반시계방향의 처짐각을 정(+)으로 하고, 시계방향의 처짐각을 부(−)로 한다. [그림 5.1.11(g)]에 나타낸 보의 단면 비틀림에 대한 비틀림각에 대해서도 반시계방향의 비틀림각을 정(+)으로 하고, 시계방향의 비틀림각을 부(−)로 한다.

5.1.2.4 영향선의 부호

(1) 휨모멘트영향선

(a) [그림 5.1.12(a)]에 나타낸 캔틸레버보

단면력에서 휨모멘트의 부호는 [그림 5.1.11(b)]에 나타낸 경우를 정(+)휨모멘트로 [그림 5.1.12(a)]에 나타낸 상태이다. 단면A의 우측 캔틸레버보에 하중 P가 작용하고 있다. 이 그림에 힘의 평형조건 $\sum M = 0$을 고려하면 다음과 같다.

$$M_A + (\ell - x)P = 0 \qquad \therefore M_A = -P(\ell - x) \qquad (5.1.17)$$

[그림 5.1.12(c))에 나타낸 힘 P의 방향을 정(+)으로 하면 식 (5.1.17)의 M_A는 부(−)가 되며, [그림 5.1.12(c)]에 나타낸 „ M_A ″ 의 부호는 부(−)를 나타낸다. P가 캔틸레버보에 하향으로 작용하면서 이동할 때 [그림 5.1.12(d)]에 나타낸 바 와 같이 점 A에는 M_A가 발생하며 보의

상연에는 인장응력, 하연에는 압축응력을 일으키는 휨모멘트가 생긴다는 것을 의미한다.

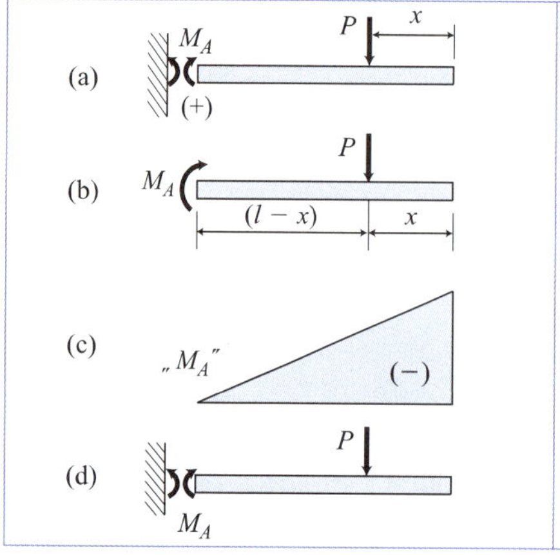

[그림 5.1.12]

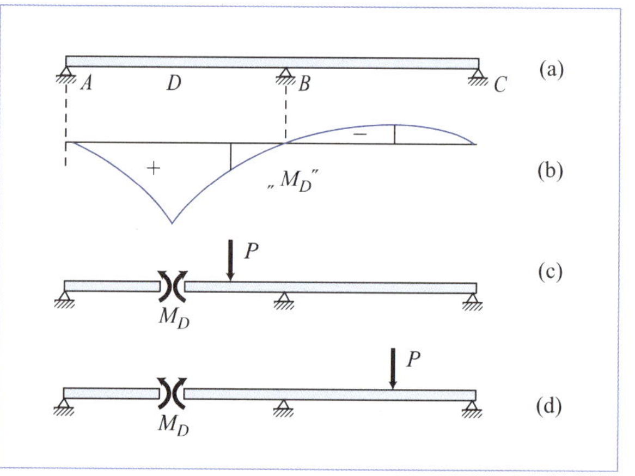

[그림 5.1.13]

(b) **[그림 5.1.13(a)]에 나타낸 2경간연속보**

나중에 기술하겠지만, 집중수직력 $P=1$을 보의 위를 이동시킬 때 점 D의 휨모멘트 영향선 „ M_D " 는 [그림 5.1.13(b)]에 나타내었다. 그림에는 정(+)의 범위와 부(−)의 범위가 나타나 있다. 이것의 의미는 [그림 5.1.13(c)]에서 하중 P가 점 A와 점 B사이를 이동할 때에는 M_D는 정(+), 즉 보의 상연에 압축응력, 하연에는 인장응력이 생기게 하는 휨모멘트가 생긴다는 것을 의미하고, 하중 P가 점 B와 점 C사이를 이동할 때에는 M_D는 부(−), 즉 보의 상연에는 인자응력, 하연에는 압축응력을 생기게 하는 휨모멘트가 생긴다는 것을 의미한다.

[그림 5.1.14(a)]에 나타낸 휨모멘트의 정(+)의 의미를 설명하기 위하여, 이 단면을 확대시켜 [그림 5.1.14(b)]에 나타내었으며, 상연에서는 압축응력, 하연에서는 인장응력이 생기는 그림이다. 이 응력의 우력을 전체 합하면 [그림 5.1.14(a)]에 M_A와 같게 된다. 단면의 좌측과 우측에서는 작용반작용의 법칙이 성립한다.

(2) 전단력영향선

(a) **[그림 5.1.15(a)]에 나타낸 캔틸레버**

단면력인 전단력의 부호는 [그림 5.1.11 (b)]에 나타낸 것을 정(+)으로 하고, [그림 5.1.15(a)]에서 점 C의 단면내에는 정(+)의 전단력은 [그림 5.1.15 (b)]에 나타낸 상태가 된다. [그림 5.1.15(c)]에 나타낸 부재에 힘의 평형조건 $\Sigma F_y=0$를 고려하면 다음과 같이 된다.

$$-Q_c+P=0 \qquad \therefore Q_c=+P \tag{5.1.18}$$

여기서 P는 [그림 5.1.15(b))에 나타낸 방향을 정(+)으로 했을 때 식 (5.1.18)의 Q_c는 정(+)이고 C점의 전단력 영향선 „ Q_c " 는 [그림 5.1.15(d)]에 보인 것처럼 정(+)의 부호를 갖게 된다.

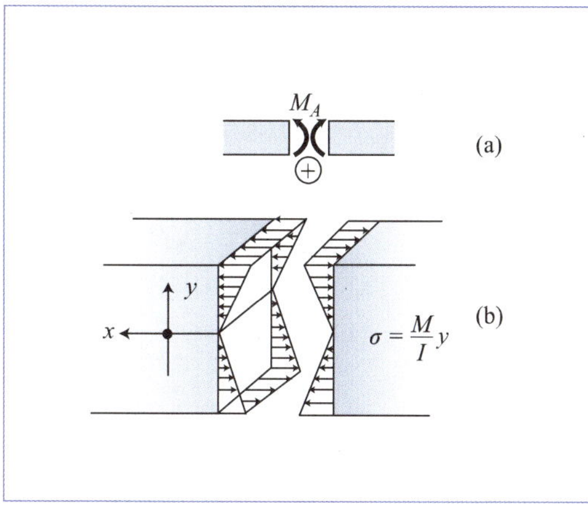

[그림 5.1.14]

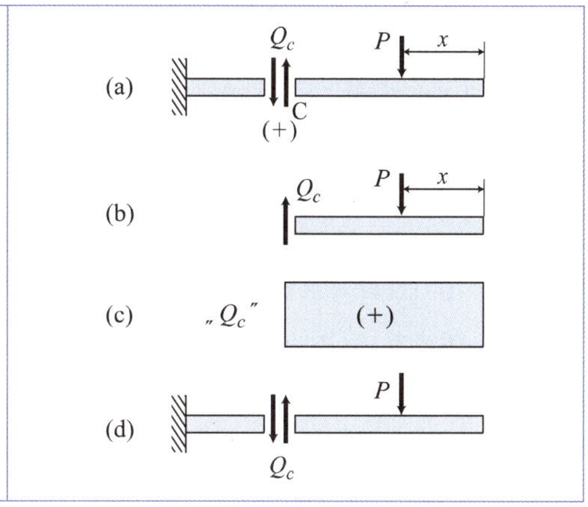

[그림 5.1.15]

P가 캔틸레버보에 하향으로 작용하며 이동할 때 단면 C에는 [그림 5.1.15(d)]에 나타낸 것처럼 전단력이 생긴다.

(b) [그림 5.1.16(a)]에 나타낸 단순보

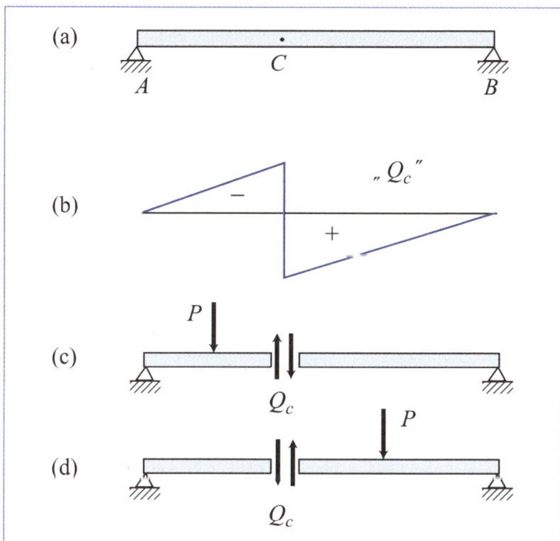

[그림 5.1.16]

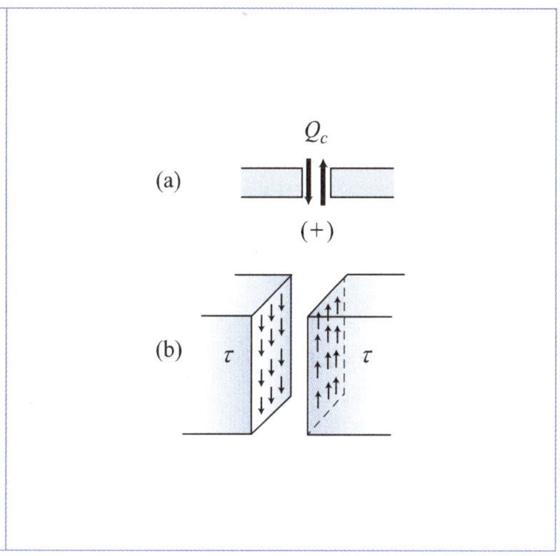

[그림 5.1.17]

나중에 기술하겠지만 집중하중 $P=1$이 보의 위를 이동시킬 때 점C의 전단력영향선 „ Q_c" 는 [그림 5.1.16(b))와 같이 된다. 그림에는 정(+)의 범위가 부(−)의 범위가 나타나있다. 이것의 의미는 P가 점 A와 점 C 사이를 이동할 때 Q_c는 정(+)으로 [그림 5.1.16(c)]에서 전단력은 단면 C의 중앙에 생기고, P가 점 C와 점 B 사이를 이동할 때 Q_c는 정(+)으로 [그림 5.1.16(d)]에서 전단력은 단면 C의 중앙에 생긴다는 것을 의미한다.

[그림 5.1.17(a)]에 나타낸 전단력의 정(+)의 의미를 설명하기 위하여 이 단면을 확대시켜

[그림 5.1.17(b)]에 나타내었으며 좌측단면의 표면에 전단응력은 위에서 아래로 우측단면의 표면에 전단응력은 아래에서 위로 흐르고 있다는 것을 나타낸다. 이들 응력을 전체 힘으로 나타낸 것이 [그림 5.1.17(a)]에 나타낸 전단력 Q_c가 된다. 단면의 좌측과 우측에서는 용반작용의 법칙이 성립한다.

(c) [그림 5.1.18(a)]에 나타낸 단순보에서 하중 P의 작용점 C 부근에서 전단력의 상황을 설명하면 다음과 같다.

이때 전단력도는 [그림 5.1.18(b)]에 나타낸 바와 같으며 전단력의 부호는 그림에 나타낸 바와 같다. C점의 좌우측에서 보를 절단하여 좌측 전단력 ${}_{\ell}Q_c$는 정(+), 우측전단력 ${}_{r}Q_c$는 부(−)로 하여 이 상황을 [그림 5.1.18(c)]에 나타내었다. [그림 5.1.18(d)]의 절단된 AC 구간 자유물체도에서 ${}_{\ell}Q_c + R_A = 0$는 평형조건식의 $\sum F_y = 0$를 만족시키고, CB구간 자유물체도에서 ${}_{r}Q_c + R_B = 0$는 평형조건식의 $\sum F_y = 0$를 만족시킨다.

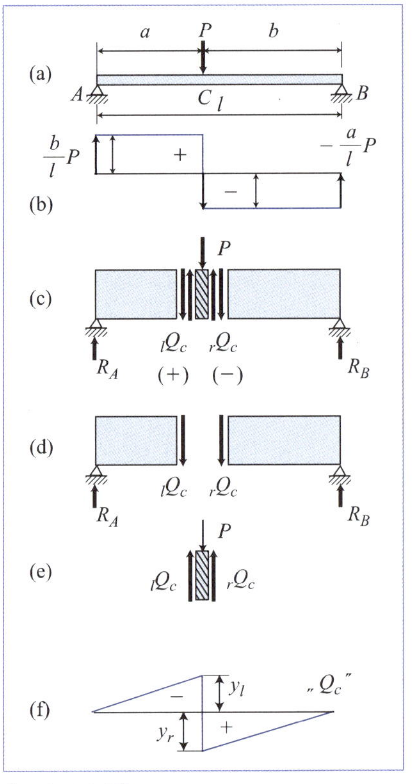

[그림 5.1.18]

[그림 5.1.18(f)]는 C점에 대한 전단력 영향선 $_{\prime\prime}Q_c''$ 를 나타낸 것으로 그림에서 $y_\ell = -a/\ell$, $y_r = +b/\ell$이다. P가 C점의 좌측에 작용할 때의 C점의 전단력 $Q_c = y_\ell \cdot P = (-a/\ell) \cdot P$이고 [그림 5.1.18(c)]의 ${}_{r}Q_c$에 상당한다. P가 C점의 우측에 작용할 때의 C점의 전단력은 $Q_c = y_r \cdot P = (+b/\ell) \cdot P$로 [그림 5.1.18(c)]의 ${}_{\ell}Q_c$에 상당한다. [그림 5.1.18(f)]에 나타낸 ${}_{u}Q_c''$의 C점에 P를 작용시키면 $y_\ell \times P$, $y_r \times P$로 되어 $(y_\ell + y_r)P$가 되는 것이다. [그림 5.1.18(f)]에서 다음식이 성립한다.

$$|y_\ell| + |y_r| = 1 \tag{5.1.19}$$

(3) 비틀림모멘트 영향선

[그림 5.1.19(a)]에 나타낸 양단 고정보의 보위에 집중비틀림 모멘트 $T=1$이 이동하는 경우를 고려해보자. 나중에 기술하겠지만 C점의 비틀림모멘트영향선 $_{\prime\prime}T_c''$는 [그림 5.1.19(b)]에 나타낸 바와 같으며 이 점 A와 점 C 사이를 이동 할 때 T_c는 부(−)이고, [그림 5.1.19(c)]에 보인 바와 같이 비틀림모멘트가 단면 C의 중간에 생기고, $T=1$이 점 C와 점 B 사이를 이동

할 때 T_c는 정(+)이고 [그림 5.1.19(d)]에 보인 바와 같이 비틀림모멘트가 단면 C의 중간에 생긴다.

[그림 5.1.20(a)]는 비틀림모멘트의 정(+)의 의미를 설명하기 위하여 단면을 확대 시켜 [그림 5.1.20(b)]에 나타내었으며, 좌측단면의 표면에 전단응력은 반시계 방향으로 흐르고, 우측단면의 표면에 전단응력은 시계방향으로 흐른다. 이들 응력을 전체 힘으로 나타낸 우력이 [그림 5.1.20(a)]에 나타낸 비틀림모멘트 T_c가 된다. 단면의 좌측과 우측에서는 작용반작용의 법칙이 성립한다.

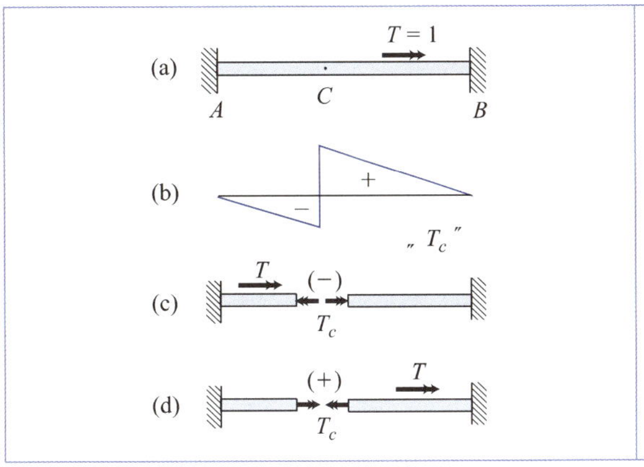

[그림 5.1.19]

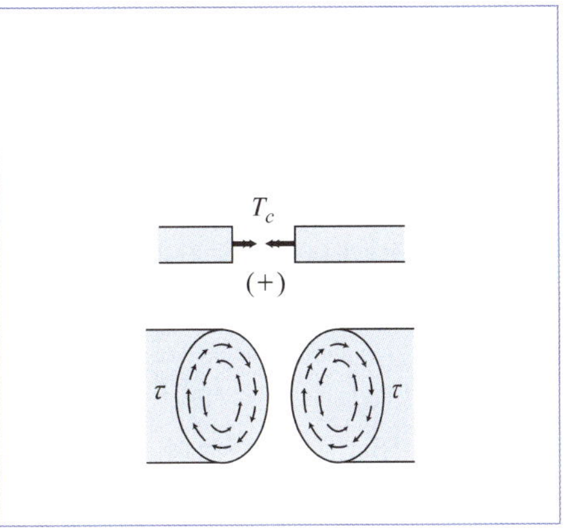

[그림 5.1.20]

(4) 축력영향선

[그림 5.1.21(a)]에 나타낸 케이블로 지지된 보를 생각해 보자. 케이블에서 임의의 한 위치를 절단하면 [그림 5.1.21(a)]와 같이 축력 N이 생기게 되며, 그림에 나타낸 방향을 정(+)로 한다. [그림 5.1.21(b)]에 나타낸 바와 같이 축력 N을 수직성분과 수평성분으로 분해하여 A점에서 힘의 평형조건 $\sum M_A = 0$를 고려하면 다음과 같이 된다.

$$-(N \cdot \cos\alpha)(\alpha) + P \cdot x = 0 \qquad (5.1.20)$$

$$\therefore \; N = P\frac{x}{a}\sec\alpha$$

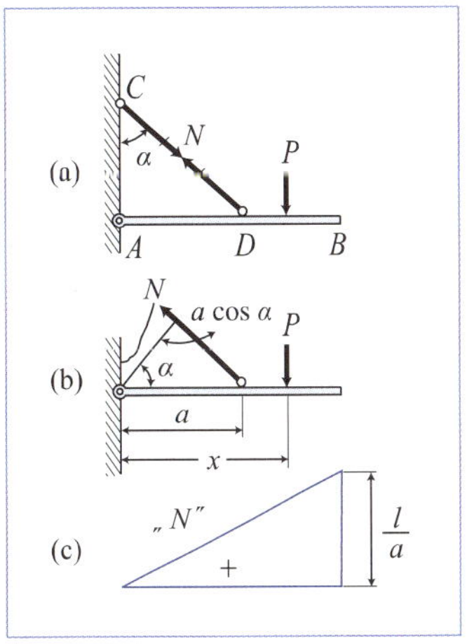

[그림 5.1.21]

[그림 5.1.21(a)]에 나타낸 바와 같이 힘 P가 위 에서 아래로 작용하는 경우를 정(+)으로 하였으므로, 식 (5.1.20)에 나타낸 N은 정(+)이 된다. 축력 영향선 „ N″ 은 [그림 5.1.21(c)]에 나타내었으며, P가 점 A에서 점 B까지 이동할 때 Cable $\overline{CD}$는 인장력이 생김을 알 수 있다.

5.2 부정정구조물의 영향선

5.2.1 1차 부정정구조물의 경우

5.2.1.1 중간지점 B의 수직반력을 부정정력 X_1으로 선택하는 경우

[그림 5.2.1(a)]에 나타낸 보에서 [그림 5.2.1(b)]에 나타낸 바와 같이 지점 B가 없는 단순보와 [그림 5.2.1(c)] 같은 하중 P와 부정정력 X_1이 작용하고 B점의 처짐 $\Delta=0$인 경우로 나누어 생각해 보자. [그림 5.2.1(b)]의 기본계에서 지점 B에 X_1과 같은 방향으로 단위 수직력 1을 작용시키면 [그림 5.2.1(b)]에 나타낸 바와 같이 기본계 단순보는 실선으로 변형되고 B점의 수직변위는 δ_{11}, x의 위치의 수직변위는 δ_{10}이 된다. [그림 5.2.1(c)]와 [그림 5.2.1(d)]에 대해 『Betti의 상반정리』를 적용하면 다음과 같이 된다.

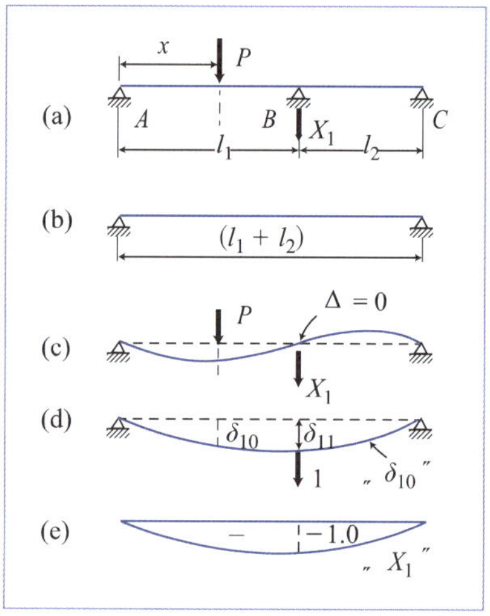

[그림 5.2.1]

$$\delta_{11}\cdot X_1+P\cdot\delta_{10}=1\cdot\Delta \qquad (5.2.1)$$

[그림 5.2.1(a)]에 나타낸 보에서 P가 지점 A에서부터 지점 B까지 이동할 때 지점 B의 수직변위는 항상 0이므로 [그림 5.2.1(c)]에서 Δ는 0이 된다. 그러므로 위의 식 (5.2.1)의 우변이 0이 되므로 다음과 같이 된다.

$$\delta_{11}\cdot X_1+P\cdot\delta_{10}=0 \qquad (5.2.2)$$

$$\therefore\ X_1=-P\cdot\frac{\delta_{10}}{\delta_{11}} \qquad (5.2.3)$$

[그림 5.2.1(a)]에서 P의 이동에 따라 X_1값은 변화하므로 식 (5.2.3)은 중요한 의미를 갖는다. 식 (5.2.3)에서 P재하위치에 따라 δ_{10}값은 변한다. 결국 P의 이동의 경우에는 식 (5.2.3)의 δ_{10}에 [그림 5.2.1(d)]의 δ_{10}곡선을 사용한다. δ_{10}곡선을 „ δ_{10} ″ 로 나타낸다. 이동하중으로 $P=1$을 사용하여 이동할 때 X_1값의 변화를 영향선 „ X_1 ″ 이라 나타내며 다음과 같은 식이 된다.

$$„\ X_1\ ″=-\frac{1}{\delta_{11}}\cdot„\ \delta_{10}\ ″ \qquad (5.2.4)$$

여기서, δ_{11}은 [그림 5.2.1(d)]에 나타낸 바와 같으며 기본계 단순보의 B점에 단위수직력 1을 작용시 B점의 수직변위로서 정수이다. 결국, 식 (5.2.4)의 의미는 다음과 같다.

『집중수직력 $P=1$이 이동할 때, 부정정반력 X_1의 영향선 „ X_1 ″ 은 기본계에 $X_1=1$을 작용시켰을 때의 기본계의 수직변위곡선 „ δ_{10} ″ 을 정수$(-\delta_{11})$로 나눈 것이다. 여기서 δ_{11}은 기본계에서 $X_1=1$이 한 일이다』.

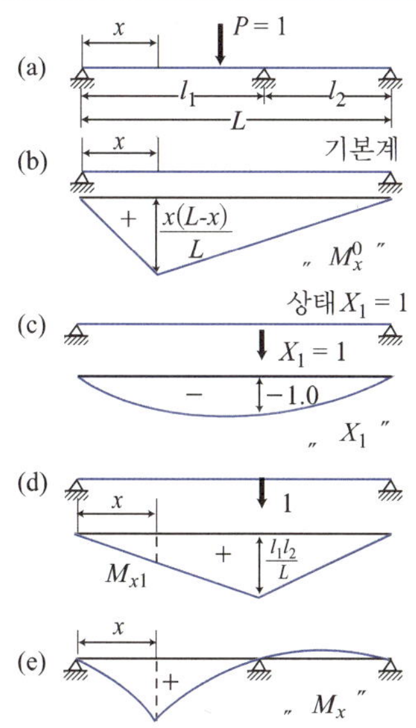

[그림 5.2.2]

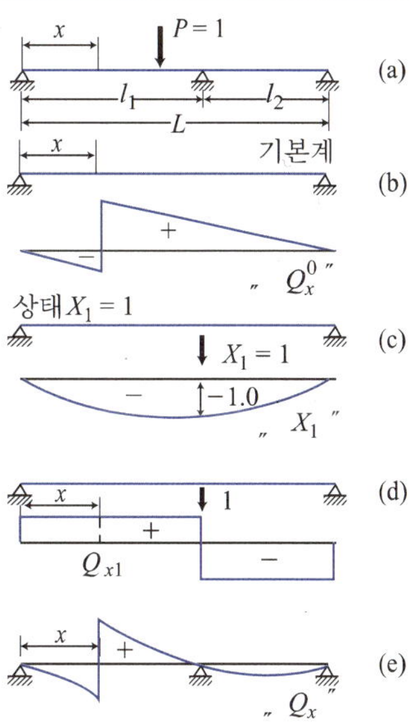

[그림 5.2.3]

(1) 휨모멘트 영향선

점 x의 휨모멘트영향선 „ M_x ″ 는 다음 식으로 구한다.

$$„\ M_x{}'' = „\ M_x{}^{\circ}{}'' + M_{x1} \cdot „\ X_1{}'' \tag{5.2.5}$$

여기서 „ $M_x{}^{\circ}$ ″ 는 기본계의 점 x의 모멘트 영향선으로 [그림 5.2.2(b)]에 나타내었고, M_{x1}은 [그림 5.2.2(d)]와 같이 $X_1=1$에 의한 모멘트도의 점x의 값이며, „ X_1 ″ 은 [그림 5.2.2(c)]와 같은 부정정 반력 X_1의 영향선이다. [그림 5.2.2(e)]에 나타낸 것이 점 x의 휨모멘트 영향선 „ M_x ″ 이다.

(2) 전단력영향선

점 x의 전단력 영향선 „ Q_x ″ 는 다음 식으로 구한다.

$$„\ Q_x{}'' = „\ Q_x{}^{\circ}{}'' + Q_{x1}„\ X_1{}'' \tag{5.2.6}$$

여기서, „ $Q_x{}^{\circ}$ ″ 는 기본계의 점 x의 전단력 영향선으로 [그림 5.2.3(b)]에 나타내었고, Q_{x1}은 [그림 5.2.3(d)]와 같이 $X_1=1$에 의한 전단력도의 점 x의 값이며, „ X_1 ″ 은 [그림

5.2.3(e)]와 같은 부정정 반력 X_1의 영향선이다. 식 (5.2.6)에 나타낸 점 x의 전단력 영향선 〃 Q_x 〃 는 [그림 5.2.3(e)]와 같다.

(3) 수직변위 영향선

점 x의 수직변위 영향선 〃 f_x 〃 는 다음 식으로 구한다.

$$〃 f_x 〃 = 〃 f_x^{\circ} 〃 + f_{x1} \cdot 〃 X_1 〃 \quad (5.2.7)$$

여기서, 〃 f_x° 〃 는 기본계의 점 x의 수직변위 영향선으로 [그림 5.2.4(b)]에 나타내었고, f_{x1}은 [그림 5.2.4(d)]와 같이 $X_1 = 1$의 한 수직변위도의 점x의 값이며, 〃 X_1 〃 은 [그림 5.2.4(c)]와 같은 부정정반력 X_1의 영향선이다. 식 (5.2.7)의 점x의 수직변위 영향선〃 f_x 〃 [그림 5.2.4(e)]와 같다.

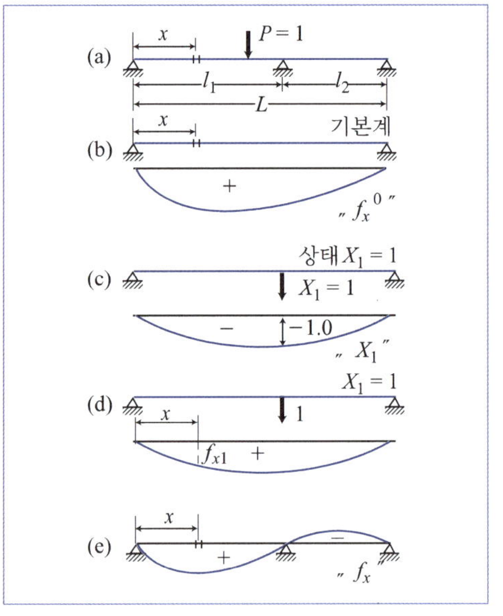

[그림 5.2.4]

5.2.1.2 중간지점 B의 휨모멘트를 부정정력 X_1으로 선택하는 경우

[그림 5.2.5(a)]는 1차 부정정이다. [그림 5.2.5(b)]와 같이 보의 중간지점 B를 힌지로 가정하고 동시에 부정정 휨모멘트 $X_1 = 1$을 작용시킨다. 이때의 보의 휨곡선 δ_{10}은 [그림 5.2.5(c)]와 같이 된다. Betti의 상반법칙을 적용하면 다음과 같이 된다.

$$\delta_{11} X_1 = -P\,\delta_{10} \quad (5.2.8)$$

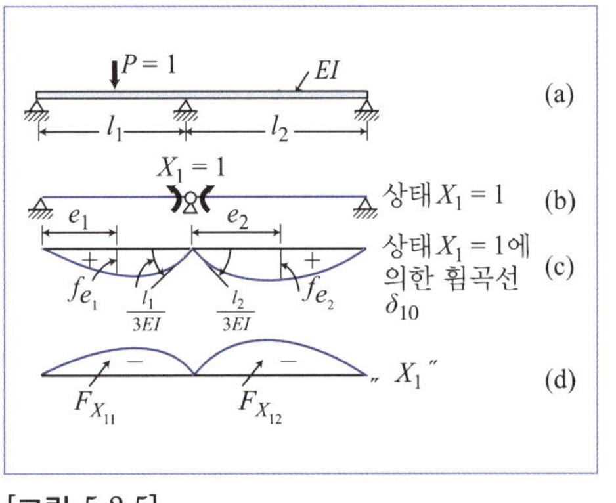

[그림 5.2.5]

여기서 δ_{11}은 $X_1 = 1$이 한 일이다. δ_{10}은 [그림 5.2.5(c)]와 같다.

$$\delta_{11} = \frac{l_1}{3EI} + \frac{l_2}{3EI} = \frac{1}{3EI}(l_1 + l_2) \quad (5.2.9)$$

$$f_{e_1} = \frac{l_1^2}{6EI}\left[\left(\frac{e_1}{l_1}\right) - \left(\frac{e_1}{l_1}\right)^3\right] \equiv \frac{l_1^2}{6EI} w_D$$

$$f_{e_2} = \frac{l_2^2}{6EI}\left[2\left(\frac{e_2}{l_2}\right) - 3\left(\frac{e_2}{l_2}\right)^2 + \left(\frac{e_2}{l_2}\right)^3\right] \equiv \frac{l_2^2}{6EI} w'_D$$

여기서, $w_D = \frac{e_1}{l_1} - \left(\frac{e_1}{l_1}\right)^3$, $w'_D = 2\left(\frac{e_2}{l_2}\right) - 3\left(\frac{e_2}{l_2}\right)^2 + \left(\frac{e_2}{l_2}\right)^3$

식 (5.2.8)에서 $P=1$로 놓으면 X_1의 영향선 „ X_1" 은 다음과 같이 된다.

$$„\ X_1" = -\frac{1}{\delta_{11}} \cdot „\ \delta_{10}" \tag{5.2.10}$$

[표 5.2.1]

$\frac{e}{l}$	$\frac{1}{8}$	$\frac{2}{8}$	$\frac{3}{8}$	$\frac{4}{8}$	$\frac{5}{8}$	$\frac{6}{8}$	$\frac{7}{8}$	$\frac{8}{8}$
w_D	$\frac{63}{512}$	$\frac{120}{512}$	$\frac{165}{512}$	$\frac{192}{512}$	$\frac{195}{512}$	$\frac{168}{512}$	$\frac{105}{512}$	0
w'_D	$\frac{105}{512}$	$\frac{168}{512}$	$\frac{195}{512}$	$\frac{192}{512}$	$\frac{165}{512}$	$\frac{120}{512}$	$\frac{63}{512}$	0

„ X_1" 는 [그림 5.2.5(c)]를 $(-1/\delta_{11})$배한 것이며, [그림 5.2.5(d)]와 같이 된다.
[그림 5.2.5(d)]의 제1경간의 면적 F_{x11}과 제2경간의 면적 F_{x12}는 다음과 같다.

$$F_{x11} = -\frac{1}{\delta_{11}} \int_0^{l_1} \frac{l_1^2}{6EI} \left[\left(\frac{e_1}{l_1}\right) - \left(\frac{e_1}{l_1}\right)^3\right] de_1 \tag{5.2.11}$$

$$= -\frac{1}{\delta_{11}} \cdot \frac{l_1^3}{24EI} = -\frac{l_1^3}{8(l_1+l_2)}$$

$$F_{x12} = -\frac{1}{\delta_{11}} \int_0^{l_2} \frac{l_2^2}{6EI} \left[2\left(\frac{e_2}{l_2}\right) - \left(\frac{e_2}{l_2}\right)^2 + \left(\frac{e_2}{l_2}\right)^3\right] de_2 \tag{5.2.12}$$

$$= -\frac{1}{\delta_{11}} \cdot \frac{l_2^3}{24EI} = -\frac{l_2^3}{8(l_1+l_2)}$$

(1) 반력영향선

지점 A의 반력영향선 „ R_A" 는 다음 식으로 구한다.

$$„\ R_A" = „\ R_A^\circ" + R_{A1} \cdot „\ X_1"$$

$$= „\ R_A^\circ" + \frac{1}{l_1} \cdot „\ X_1" \tag{5.2.13}$$

여기서, „ R_{A°" 는 [그림 5.2.6(c)], R_{A1}은 $X_1 = 1$의 상태에 있어서 지점 A의 반력, „ X_1" 은 [그림 5.2.6(d)]이다. 식 (5.2.13)을 계산하면 [그림 5.4.6(d)]와 같이 된다. [그림 5.2.6(d)]의 제1경간의 면적 F_{RA1}과 제2경간의 면적 F_{RA2}는 다음과 같이 계산된다.

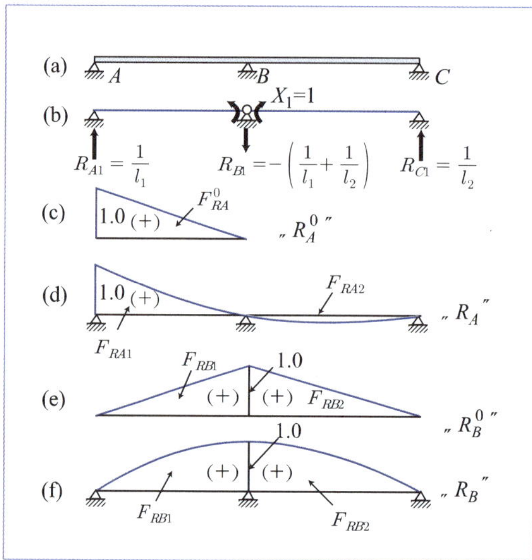

[그림 5.2.6]

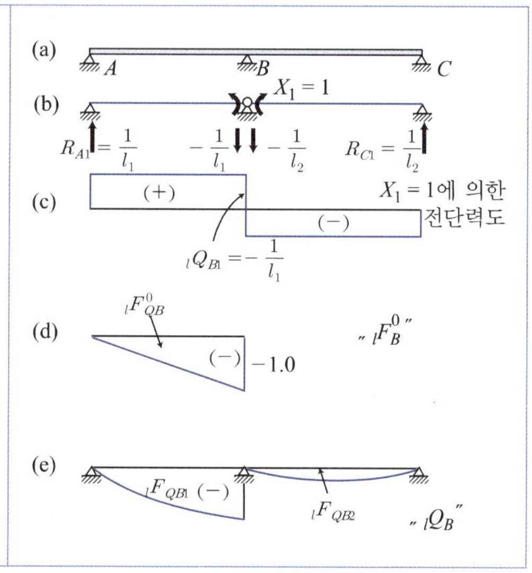

[그림 5.2.7]

$$\begin{aligned} F_{RA1} &= F_{RA}{}^{\circ} + \frac{1}{l_1}F_{X11} = \frac{l_1}{2} + \frac{1}{l_1}F_{X11} \\ F_{RA2} &= \frac{1}{l_1}F_{X12} \end{aligned} \tag{5.2.14}$$

지점 B의 반력 영향선 $,,R_B''$ 는 다음 식으로 구한다.

$$,,R_B'' = ,,R_B{}^{\circ}'' - R_{B1},,X_1'' = ,,R_B{}^{\circ}'' - \left(\frac{1}{l_1} + \frac{1}{l_2}\right),,X_1'' \tag{5.2.15}$$

여기서 $,,R_B^o''$ 는 [그림 5.2.6(e)], R_{B1}은 $X_1 = 1$의 상태에서의 지점 B의 반력, $,,X_1''$ 은 [그림 5.2.5(d)]이다. 식 (5.2.15)는 [그림 5.2.6(f)]와 같이 된다.

[그림 5.2.6(f)]의 제1경간의 면적 F_{RB1}과 제2경간의 면적 F_{RB2}는 다음과 같이 계산된다.

$$\begin{aligned} F_{RB1} &= F_{RB1}{}^{\circ} - \left(\frac{1}{l_1} + \frac{1}{l_2}\right)F_{X11} = \frac{l_1}{2} - \left(\frac{1}{l_1} + \frac{1}{l_2}\right)F_{X11} \\ F_{RB2} &= F_{RB2}{}^{\circ} - \left(\frac{1}{l_1} + \frac{1}{l_2}\right)F_{X12} = \frac{l_2}{2} - \left(\frac{1}{l_1} + \frac{1}{l_2}\right)F_{X12} \end{aligned} \tag{5.2.16}$$

(2) 전단력영향선

중간지점 B의 바로 좌측에 있어서의 전단력 영향선 $,,{}_lQ_B''$ 는 다음 식으로 구한다.

$$\begin{aligned} ,,{}_lQ_B'' &= ,,{}_lQ_B{}^{\circ}'' + {}_lQ_{B1} \cdot ,,X_1'' \\ &= ,,{}_lQ_B{}^{\circ}'' + \frac{1}{l_1} \cdot ,,X_1'' \end{aligned} \tag{5.2.17}$$

여기에서 „ ${}_{l}Q_{B}{}^{\circ}$ ″ 는 [그림 5.2.7(d)], ${}_{l}Q_{B1}$은 $X_1 = 1$의 상태에서의 지점 B의 바로 좌측의 전단력, „ X_1 ″ 은 [그림 5.2.5(d)]이다. 식 (5.2.17)은 [그림 5.2.7(e)]와 같이 된다. [그림 5.2.7(e)]의 제1경간의 면적 ${}_{l}F_{QB1}$와 제2경간의 면적 ${}_{l}F_{QB2}$는 다음과 같이 계산된다.

$$
\begin{aligned}
{}_{l}F_{QB1} &= {}_{l}F_{QB}{}^{\circ} + \frac{1}{l_1}F_{X11} = -\frac{l_1}{2} + \frac{1}{l_1}F_{X11} \\
{}_{l}F_{QB2} &= \frac{1}{l_1}F_{X12}
\end{aligned}
\tag{5.2.18}
$$

(3) 휨모멘트영향선

점 x의 휨모멘트영향선 „ M_x ″ 는 다음 식으로 구한다.

$$
„\ M_x\ ″ = „\ M_x{}^{\circ}\ ″ + M_{x1}„\ X_1\ ″
\tag{5.2.19}
$$

여기서 „ $M_x{}^{\circ}$ ″ 는 기본계의 점x의 휨모멘트 영향선으로 [그림 5.2.8(d)]로 표시되고, M_{x1}은 [그림 5.2.8(c)]와 같이 $X_1 = 1$은 [그림 5.2.5(d)]이다. 식 (5.2.19)는 [그림 5.2.8(e)]와 같이 된다. [그림 5.2.8(e)]의 제1경간의 면적 F_{M1}과 제2경간의 면적 F_{M2}는 다음과 같이 된다.

$$
\begin{aligned}
F_{M1} &= F_{M}{}^{\circ} + M_{x1}F_{X11} = \frac{x(l_1 - x)}{l_1} + M_{x1}F_{X11} \\
F_{M2} &= M_{x1}F_{X12}
\end{aligned}
\tag{5.2.20}
$$

(4) 수직변위영향선

점 x의 수직변위 영향선 „ f_x ″ 는 다음 식으로 구한다.

$$
„\ f_x\ ″ = „\ f_x{}^{\circ}\ ″ + f_{x1}„\ X_1\ ″
\tag{5.2.21}
$$

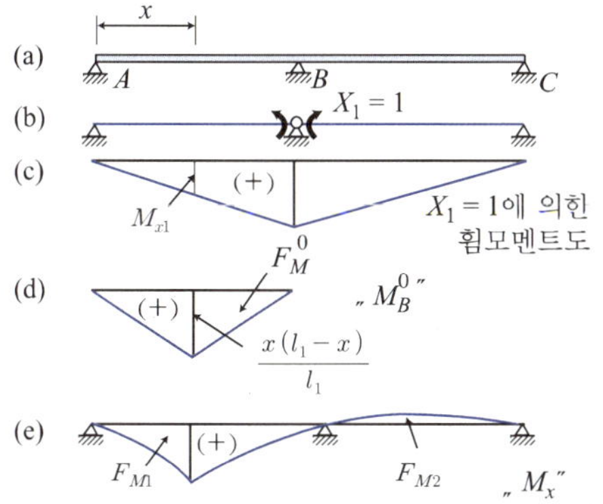

[그림 5.2.8]

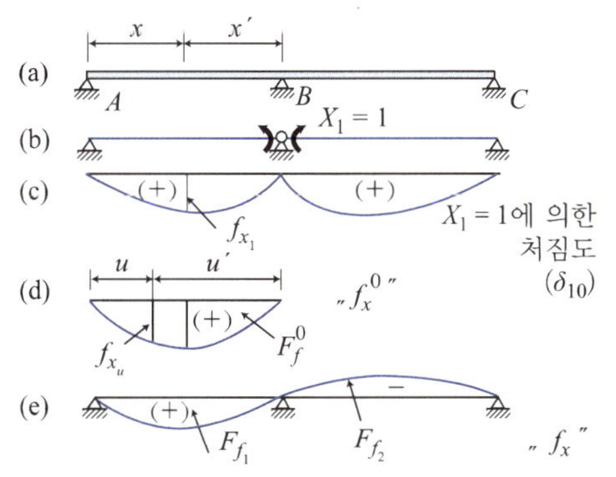

[그림 5.2.9]

여기서 „ $f_x{}^{\circ}$ " 는 기본계의 점 x의 수직변위 영향선으로 [그림 5.2.9(d)]와 같으며 다음 식으로 나타낸다.

$$f_{xu} = \frac{l_1{}^3}{6EI}\left(\frac{x'}{l_1}\right)\left(\frac{u}{l_1}\right)\left[1-\left(\frac{x'}{l_1}\right)-\left(\frac{u}{l_1}\right)^2\right], \qquad 0 \le u \le x \tag{5.2.22}$$

$$f_{xu} = \frac{\ell_1^3}{6EI}\left(\frac{x}{\ell_1}\right)\left(\frac{u'}{\ell_1}\right)\left[1-\left(\frac{x}{\ell_1}\right)^2-\left(\frac{u'}{\ell_1}\right)^2\right], \qquad x \le u' \le \ell_1$$

f_{x_1}은 [그림 5.2.9(c)]와 같이 $X_1 = 1$에 의한 수직변위도의 점x에 있어서의 값이며, „ X_1 " 는 [그림 5.2.5(d)]이다. 식 (5.2.21)은 [그림 5.2.9(e)]와 같이 된다. [그림 5.2.9(e)]의 제 1경간의 면적 F_{f_1}과 제 2경간의 면적 F_{f_2}는 다음과 같이 계산된다.

$$F_{f_1} = F_{f}{}^{\circ} + f_{x_{11}}F_{x_{11}} = \int_0^{\ell_1} f_{x_u}dx + f_{x_1}F_{x_{11}} \tag{5.2.23}$$

$$F_{f_2} = f_{x_1}F_{x_{12}}$$

이상에서 알 수 있는 바와 같이 반력, 전단력, 휨모멘트, 수직변위 영향선의 계산에서 어느 경우든 X_1의 영향선 „ X_1 " 은 공통으로 사용 되고 있다.

(5) 임의의 단면에서 단면력의 영향선

일반적으로 점x에서 단면력의 영향선은 다음과 같이 나타 낼 수 있다.

$$„\ S_x\ " = „\ S_x^{\circ}\ " + S_{x_1} \cdot „\ X_1\ " \tag{5.2.24}$$

여기서 „ S_x° " 는 기본계의 점 x의 단면력의 영향선이고, S_{x_1}은 기본계에 $X_1 = 1$에 의한 단면력도의 점 x에서 값이다.

5.2.2 2차 부정정구조물의 경우

5.2.2.1 중간지점 B, C의 수직반력을 부정정력 X_1, X_2으로 선택하는 경우

[그림 5.2.10(a)]에 나타낸 3경간연속 보를 고려해 보자. 이 보는 2차부정정 이므로 2개의 부정정력을 갖는다. 우선 중간지점 B와 C가 없는 [그림 5.2.10(b)]와 같이 단순보를 기본계로 한다. 그림에 나타낸 바와 같이 2개의 부정정력은 중간지점 B의 수직반력 X_1과 중간지점 C의 수직반력 X_2를 선택하였다. [그림 5.2.10(a)]에서 수직력 $P = 1$이 연속보 위를 이동에 따라 부정정 반력 X_1 및 X_2 값은 변화하므로 „ X_1 " 과 „ X_2 " 는 중요하다. Betti의 상반정리를 이용해보자. [그림 5.2.10(b)]에 나타낸 X_1, X_2, P가 지간$(\ell_1 + \ell_2 + \ell_3)$인 단순보 기본계에 작용하는 경우를 고려한다.

이 기본계에 [그림 5.2.10(c)]와 같이 X_1, X_2, P가 작용하는 경우, [그림 5.2.10(d)]에 나타낸 바와 같이 $X_1=1$이 작용하는 경우, [그림 5.2.10(e)]에 나타낸 바와 같이 $X_2=1$이 작용하는 경우의 3가지 종류를 고려해보자. 각 경우의 기본계의 수직변위곡선은 그림에 실선으로 나타내었다. [그림 5.2.10(c)]와 [그림 5.2.10(d)] 및 [그림 5.2.10(c)]와 [그림 5.2.10(e)]에 대해 **"Betti의 상반정리"** 를 적용하면, 다음과 같은 2원 1차 연립가상일방정식이 된다.

$$\delta_{11}\cdot X_1+\delta_{21}\cdot X_2+P\cdot\delta_{10}=1\cdot\triangle_1 \tag{5.2.25}$$
$$\delta_{12}\cdot X_1+\delta_{22}\cdot X_2+P\cdot\delta_{20}=1\cdot\triangle_2$$

이 식은 X_1과 X_2에 관한 2원 연립가상일방정식으로 상반법칙에 의해 $\delta_{21}=\delta_{12}$가 된다. 식 (5.2.25)의 좌변의 계수행열을 $\begin{vmatrix}\delta_{11} & \delta_{21}\\ \delta_{12} & \delta_{22}\end{vmatrix}=D$로 하여 식을 풀면 다음과 같이 된다.

$$X_1=\frac{P}{D}\begin{vmatrix}-\delta_{10} & \delta_{21}\\ -\delta_{20} & \delta_{22}\end{vmatrix}=P\left[-\frac{\delta_{22}}{D}\cdot\delta_{10}+\frac{\delta_{21}}{D}\cdot\delta_{20}\right]$$
$$X_2=\frac{P}{D}\begin{vmatrix}\delta_{11} & -\delta_{10}\\ \delta_{12} & -\delta_{20}\end{vmatrix}=P\left[-\frac{\delta_{11}}{D}\cdot\delta_{20}+\frac{\delta_{12}}{D}\cdot\delta_{10}\right] \tag{5.2.26}$$

식 (5.2.26)에서 $P=1$이 이동할 때 X_1의 영향선 „ X_1 ″ 및 X_2의 영향선 „ X_2 ″ 는 다음과 같이 된다.

$$„\ X_1\ ″=-\frac{\delta_{22}}{D}„\ \delta_{10}\ ″+\frac{\delta_{21}}{D}„\ \delta_{20}\ ″$$
$$„\ X_2\ ″=-\frac{\delta_{11}}{D}„\ \delta_{20}\ ″+\frac{\delta_{12}}{D}„\ \delta_{10}\ ″$$
(5.2.27)

여기서 „ δ_{10} ″ 는 [그림 5.2.10(d)]에 나타낸 기본계의 수직변위곡선, „ δ_{20} ″ 는 [그림 5.2.10(e)]에 나타낸 기본계의 수직변위곡선이다. 또한, δ_{22}/D, δ_{21}/D, δ_{11}/D, δ_{12}/D는 정수이다. 식 (5.2.27)을 계산해보면 „ X_1 ″ 는 [그림 5.2.10(f)], „ X_2 ″ 는 [그림 5.2.10(g)]가 된다. 그리고 „ X_1 ″ 과 „ X_2 ″ 의 부호에 대해 알아보면, [그림 5.2.10(f)]의 정(+), 부(−)의 부호의 의미는 다음과 같다.

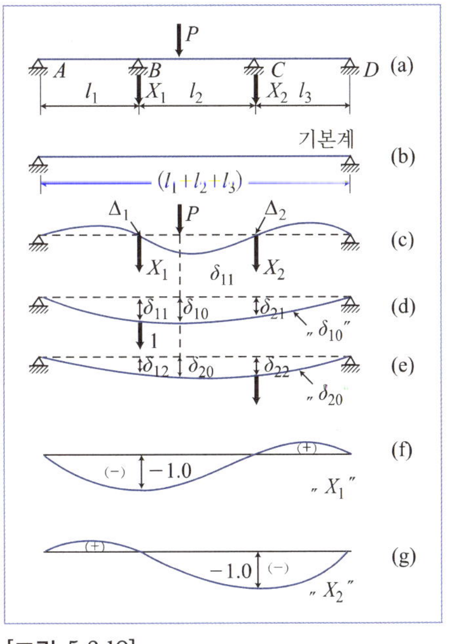

[그림 5.2.10]

『$P=1$이 지간 ℓ_1과 ℓ_2구간을 이동할 때 지점 B의 수직반력 X_1은 상향을, $P=1$이 지간 ℓ_3구간을 이동할 때 지점 B의 수직반력 X_1은 하향으로 작용함을 의미한다』

(1) 휨모멘트영향선

[그림 5.2.11(a)] 나타낸 3경간 연속보에서 $P=1$이 이동할 때 점 x의 휨모멘트영향선 „ M_x ″ 을 구해보자.

[그림 5.2.11(b)]에 나타낸 기본계에 $P=1$이 이동할 때 점 x에서 휨모멘트 영향선 „ M_x° ″ 이며, 이 의미는 M_x의 우측상단 0의 기호로 나타내었다. [그림 5.2.11(c)]에 나타낸 M_{x_1}은 기본계에 $X_1=1$에 의한 휨모멘트의 점 x의 값이며, [그림 5.2.11(d)]에 나타낸 M_{x_2}는 기본계에 $X_2=1$에 의한 휨모멘트의 점 x의 값이다. 그러므로 연속보의 점 x에서 휨모멘트영향선 „ M_x ″ 는 다음 식으로 구해진다.

$$„ M_x ″ = „ M_x^{\circ} ″ + M_{x_1} \cdot „ X_1 ″ + M_{x_2} \cdot „ X_2 ″ \tag{5.2.28}$$

여기서, „ X_1 ″ 와 „ X_2 ″ 는 [그림 5.2.10(f)]와 [그림 5.2.10(g)]에 주어진 것과 같다.

식 (5.2.28)은 [그림 5.2.11(b)]에 [그림 5.2.10(f)]를 M_{x_1}배와 [그림 5.2.10(g)]를 M_{x_2}배를 더한 값으로 [그림 5.2.11(e)]에 나타내었다.

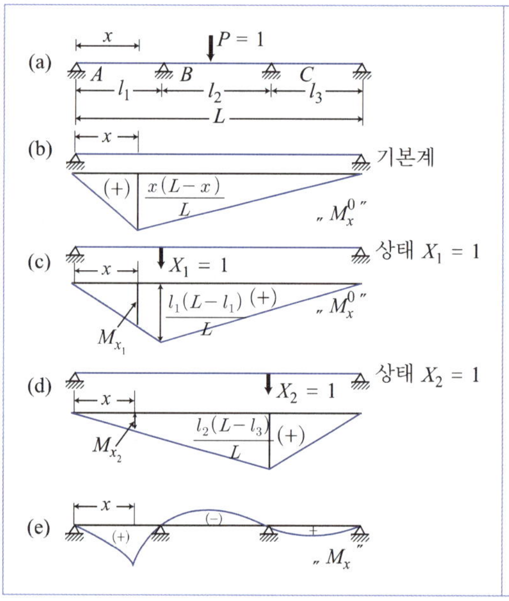

[그림 5.2.11]

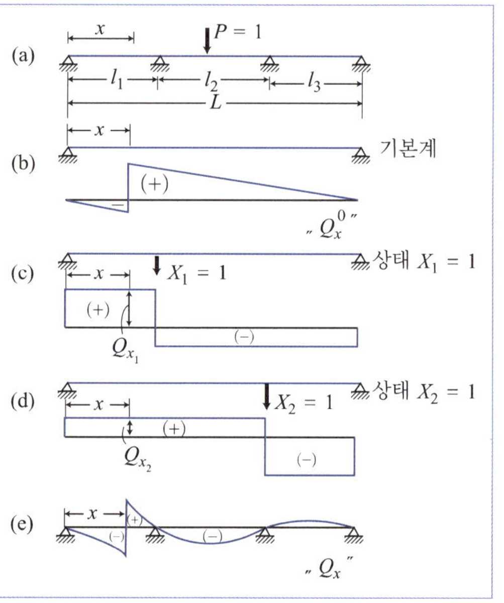

[그림 5.2.12]

(2) 전단력영향선

[그림 5.2.12(a)]에 나타낸 연속보에서 $P=1$이 이동할 때 점 x의 전단력영향선„ Q_x ″ 을 구해보자.

[그림 5.2.12(b)]는 나타낸 기본계에 $P=1$이 이동할 때 점 x의 전단력 영향선„ Q_x° ″ , [그림 5.2.12(c)]의 Q_{x_1}은 기본계에 $X_1=1$이 작용할 때 x점의 전단력, [그림 5.2.12(d)]의 Q_{x_2}는

기본계에 $X_2 = 1$이 작용할 때 x점의 전단력이다. 그러므로 연속보에서 점 x에서 전단력 영향선 „ Q_x " 는 다음 식으로 구해진다.

$$„\ Q_x\ " = „\ Q_x^{\circ}\ " + Q_{x_1} \cdot „\ X_1\ " + Q_{x_2} \cdot „\ X_2\ " \tag{5.2.29}$$

여기서 „ X_1 " 과 „ X_2 " 는 [그림 5.2.10(f)]와 [그림 5.2.10(g)]에 주어진 것과 같다.

(3) 수직변위영향선

[그림 5.2.13(a)]에 나타낸 연속보에서 $P = 1$ 이동할 때 점 x의 수직변위영향선 „ f_x " 를 구해보자.

[그림 5.2.13(b)]는 기본계에 $P = 1$이 이동할 때 점x의 수직변위영향선 „ f_x° ", [그림 5.2.13(c)]의 f_{x_1}은 기본계에 $X_1 = 1$이 작용할 때 x점의 수직변위 값이고, [그림 5.2.13(d)]의 f_{x_2}는 기본계에 $X_2 = 1$이 작용할 때 x점의 수직변위 값이다. 점 x에서 수직변위 영향선 „ f_x " 는 다음 식으로 구해진다.

$$„\ f_x\ " = „\ f_x^{\circ}\ " + f_{x_1} \cdot „\ X_1\ " + f_{x_2} \cdot „\ X_2\ " \tag{5.2.30}$$

여기서 „ X_1 " 과 „ X_2 " 는 [그림 5.2.10(f)]와 [그림 5.2.10(g)]에 주어진 것과 같다.

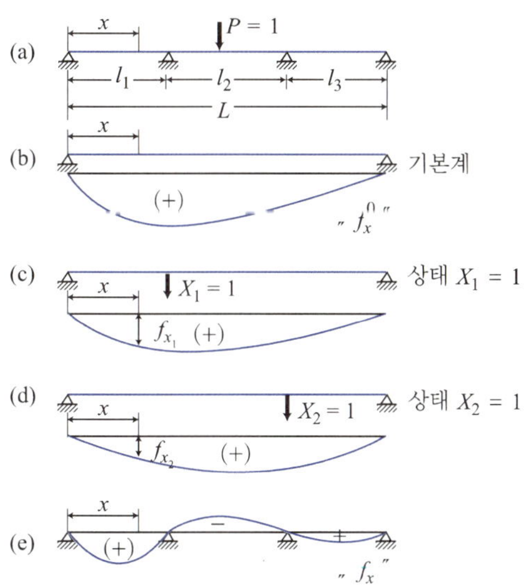

[그림 5.2.13]

5.2.2.2 중간지점 *B*, *C*의 휨모멘트를 부정정력 X_1, X_2로 선택하는 경우

[그림 5.2.14(a)]에 나타낸 연속보는 2차부정정구조물이다. [그림 5.2.14(b)] 또는 [그림 5.2.14(c)]와 같이 중간지점 B와 C를 힌지로 가정한 것을 기본계로 하고 동시에 부정정 휨모

멘트 $X_{(1)}=1$및 $X_{(2)}=1$를 작용시킨다. 여기에서 부정정 휨모멘트 $X_{(1)}=1$은 [그림 5.2.14(b)]와 같이 $X_{1(1)}=1$과 $X_{2(1)}=1$의 2개의 지점 휨모멘트로 이루어지고 그럴 때의 수직변위곡선 δ_{10}은 [그림 5.2.14(c)]와 같다. 또 부정정 모멘트 $X_{(2)}=1$을 [그림 5.2.14(d)]와 같이 $X_{1(2)}=1$과 $X_{2(2)}=1$의 2개의 휨모멘트로 이루어지며 그럴 때의 수직변위곡선 δ_{20}은 [그림 5.2.14(e)]와 같다.

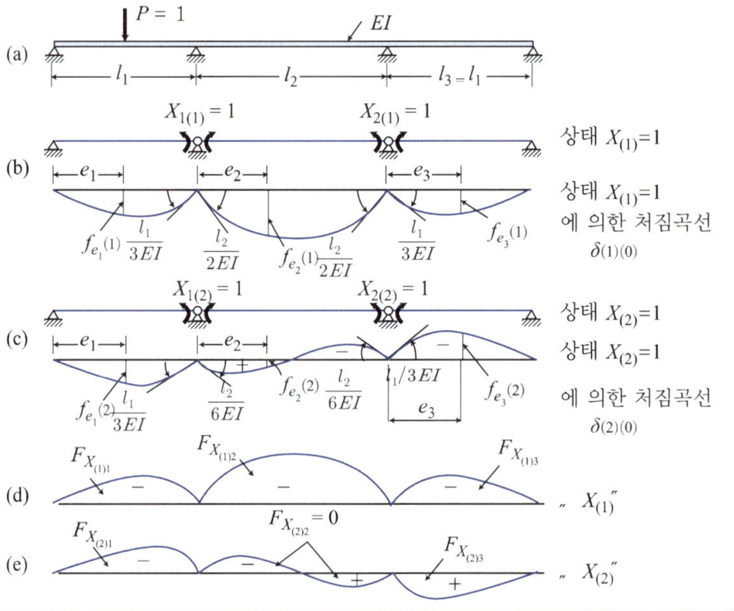

[그림 5.2.14]

여기에서 [그림 5.2.14(b)]와 [그림 5.2.14(d)]를 비교해보면 $X_{2(2)}=1$의 방향이 $X_{2(1)}=1$의 방향과 역방향인 것으로 한다. 2차부정정이므로 다음과 같은 2원 연립가상일방정식이 된다.

$$\delta_{11}X_1+\delta_{12}X_2=-P\delta_{10} \tag{5.2.31}$$

$$\delta_{21}X_1+\delta_{22}X_2=-P\delta_{20}$$

여기에서 δ_{11}은 $X_{(1)}=1$이 하는 가상일이고 δ_{22}는 $X_{(2)}=1$이 하는 가상일, δ_{12} 또는 δ_{21}은 $X_{(1)}=1$과 $X_{(2)}=1$과의 사이에서 하는 가상일이다. 또, δ_{10}은 [그림 5.2.14(c)], δ_{20}은 [그림 5.2.14(e)]와 같다. 즉,

$$\delta_{11}=\left(\frac{l_1}{3EI}+\frac{l_2}{2EI}\right)\times 2 \tag{5.2.32}$$

$$\delta_{22}=\left(\frac{l_1}{3EI}+\frac{l_2}{6EI}\right)\times 2 \tag{5.2.33}$$

$$\delta_{12}=\delta_{21}=0 \tag{5.2.34}$$

$$f_{e1(1)} = f_{e1(2)} = \frac{{l_1}^2}{6EI}\left[\left(\frac{e_1}{l_1}\right) - \left(\frac{e_1}{l_1}\right)^3\right] \equiv \frac{{l_1}^2}{6EI}w_D \tag{5.2.35}$$

$$f_{e2(1)} = \frac{{l_2}^2}{6EI}\left[3\left(\frac{e_2}{l_2}\right) - 3\left(\frac{e_2}{l_2}\right)^2\right] \equiv \frac{{l_2}^2}{6EI}(w_D + w'_D) \tag{5.2.36}$$

$$f_{e2(2)} = \frac{{l_2}^2}{6EI}\left[\left(\frac{e_2}{l_2}\right) - 3\left(\frac{e_2}{l_2}\right)^2\right] \equiv \frac{{l_2}^2}{6EI}(w'_D - w_D) \tag{5.2.37}$$

여기서 w_D, w'_D, $w_D + w'_D$, $w'_D - w_D$의 값은 [표 5.2.1] 및 [표 5.2.2]와 같다.

[표 5.2.2]

$\frac{e}{l}$	$\frac{1}{8}$	$\frac{2}{8}$	$\frac{3}{8}$	$\frac{4}{8}$	$\frac{5}{8}$	$\frac{6}{8}$	$\frac{7}{8}$
$w_D + w'_D$	$\frac{168}{512}$	$\frac{288}{512}$	$\frac{360}{512}$	$\frac{384}{512}$	$\frac{360}{512}$	$\frac{288}{512}$	$\frac{168}{512}$
$w'_D - w_D$	$\frac{42}{512}$	$\frac{48}{512}$	$\frac{30}{512}$	0	$-\frac{30}{512}$	$-\frac{48}{512}$	$-\frac{42}{512}$

식 (5.2.31)에서 $P = 1$로 놓으면 X_1 및 X_2의 영향선 „ X_1 " 및 „ X_2 " 는 $\delta_{12} = \delta_{21} = 0$이므로 다음과 같이 된다.

$$„\ X_1\ " = -\frac{\delta_{10}}{\delta_{11}}, \quad „\ X_2\ " = -\frac{\delta_{20}}{\delta_{22}} \tag{5.2.38}$$

이것은 [그림 5.2.14(f),(g)]와 같다. 즉 [그림 5.2.14(f)]는 [그림 5.2.14(c)]를 $(-1/\delta_{11})$배한 것이 되고, [그림 5.2.14(g)]는 [그림 5.2.14(e)]를 $(-1/\delta_{22})$배한 것이 된다. [그림 5.2.14(f)의 제1경간의 면적 $F_{X(1)1}$와 제2경간의 면적 $F_{X(1)2}$, 그리고 제3경간의 면적 $F_{X(1)3}$은 다음과 같다.

$$F_{X(1)1} = -\frac{1}{\delta_{11}}\int_o^{l_1}\frac{{l_1}^2}{6EI}\left[\left(\frac{e_1}{l_1}\right) - \left(\frac{e_1}{l_1}\right)^3\right]de_1 = -\frac{1}{\delta_{11}}\cdot\frac{{l_1}^3}{24EI} = \frac{{l_1}^3}{8(2l_1 + 3l_2)} \tag{5.2.39}$$

$$F_{X(1)2} = -\frac{1}{\delta_{11}}\int_o^{l_2}\frac{{l_2}^2}{6EI}\left[3\left(\frac{e_2}{l_2}\right) - 3\left(\frac{e_2}{l_2}\right)^2\right]de_2 = -\frac{1}{\delta_{11}}\cdot\frac{{l_2}^3}{12EI} = -\frac{{l_2}^3}{4(2l_1 + 3l_2)} \tag{5.2.40}$$

$$F_{X(1)3} = F_{X(1)1} = -\frac{1}{\delta_{11}}\cdot\frac{{l_1}^3}{24EI} = \frac{{l_1}^3}{8(2l_1 + 3l_2)} \tag{5.2.41}$$

[그림 5.2.14(g)]의 제1경간의 면적 $F_{X(2)1}$, 제2경간의 면적 $F_{X(2)2}$, 제3경간의 면적 $F_{X(2)3}$은 다음과 같다.

$$F_{X(2)1} = -\frac{1}{\delta_{22}}\frac{{l_1}^3}{24EI} = -\frac{{l_1}^3}{8(2l_1 + l_2)} \tag{5.2.42}$$

$$F_{X(2)2} = 0 \tag{5.2.43}$$

$$F_{X(2)3} = -F_{X(2)1} = +\frac{1}{\delta_{22}} \cdot \frac{{l_1}^3}{24EI} = +\frac{{l_1}^3}{8(2l_1 + l_2)} \tag{5.2.44}$$

(1) 반력영향선

(a) 지점 A의 반력 영향선 $_{\prime\prime}R_A{}''$

$$\begin{aligned} _{\prime\prime}R_A{}'' &= {}_{\prime\prime}R_A{}^{\circ}{}'' + R_{A(1)} \cdot {}_{\prime\prime}X_1{}'' + R_{A(2)} \cdot {}_{\prime\prime}X_2{}'' \\ &= {}_{\prime\prime}R_A{}^{\circ}{}'' + \frac{1}{l_1} \cdot {}_{\prime\prime}X_1{}'' + \frac{1}{l_1} \cdot {}_{\prime\prime}X_2{}'' \end{aligned} \tag{5.2.45}$$

여기서 $_{\prime\prime}R_A{}^{\circ}{}''$는 [그림 5.2.15(d)], $R_{A(1)}$은 $X_1 = 1$ 상태에서의 지점 A의 반력, $R_{A(2)}$는 $X_2 = 1$ 상태에서의 지점 A의 반력, $_{\prime\prime}X_1{}''$은 [그림 5.2.14(f)], $_{\prime\prime}X_2{}''$는 [그림 5.2.14(g)]이다. 식 (5.2.45)는 [그림 5.2.15(e)]와 같이 된다. [그림 5.2.15(e)]의 제1, 제2, 제3경간의 면적은 다음과 같다.

$$F_{RA1} = F_{RA}{}^{\circ} + \frac{1}{l_1} F_{X(1)1} + \frac{1}{l_1} F_{X(2)1} = \frac{l_1}{2} + \frac{1}{l_1} F_{X(1)1} + \frac{1}{l_1} F_{X(2)1} \tag{5.2.46}$$

$$F_{RA2} = \frac{1}{l_1} F_{X(1)2} + \frac{1}{l_1} F_{X(2)2} \tag{5.2.47}$$

$$F_{RA3} = \frac{1}{l_1} F_{X(1)3} + \frac{1}{l_1} F_{X(2)3} \tag{5.2.48}$$

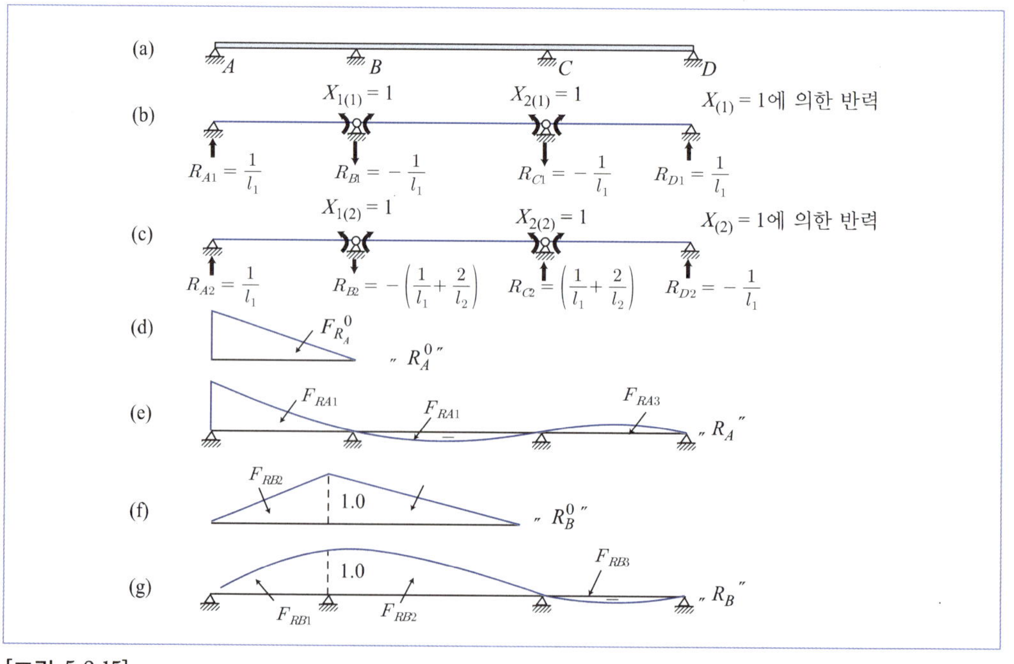

[그림 5.2.15]

(b) **지점 B의 반력영향선** „ R_B ″

$$
\begin{aligned}
„ R_B ″ &= „ R_B^{\circ} ″ + R_{B(1)} \cdot „ X_1 ″ + R_{B(2)} \cdot „ X_2 ″ \\
&= „ R_B^{\circ} ″ - \frac{1}{l_1} \cdot „ X_1 ″ - \left(\frac{1}{l_1} + \frac{2}{l_2}\right) \cdot „ X_2 ″
\end{aligned} \tag{5.2.49}
$$

여기서, „ R_B° ″ 는 [그림 5.2.15(f)], $R_{B(1)}$은 $X_1 = 1$ 상태에서의 지점 B의 반력, $R_{B(2)}$는 $X_2 = 1$ 상태에서의 지점 B의 반력, „ X_1 ″ 은 [그림 5.2.14(f)], „ X_2 ″ 는 [그림 5.2.14(g)]이다. 식 (5.2.49)는 [그림 5.2.15(g)]와 같이 된다. [그림 5.2.15(g)]의 제1, 제2, 제3경간의 면적은 다음과 같다.

$$F_{RB1} = F_{RB1}{}^{\circ} - \frac{1}{l_1} F_{X(1)1} - \left(\frac{1}{l_1} + \frac{2}{l_2}\right) F_{X(2)1} = \frac{l_1}{2} - \frac{1}{l_1} F_{X(1)1} - \left(\frac{1}{l_1} + \frac{2}{l_2}\right) F_{X(2)1} \tag{5.2.50}$$

$$F_{RB2} = F_{RB2}{}^{\circ} - \frac{1}{l_1} F_{X(1)2} - \left(\frac{1}{l_1} + \frac{2}{l_2}\right) F_{X(2)2} = \frac{l_2}{2} - \frac{1}{l_1} F_{X(1)2} - \left(\frac{1}{l_1} + \frac{2}{l_2}\right) F_{X(2)2} \tag{5.2.51}$$

$$F_{RB3} = -\frac{1}{l_1} F_{X(1)3} - \left(\frac{1}{l_1} + \frac{2}{l_2}\right) F_{X(2)3} \tag{5.2.52}$$

(2) 전단력영향선

(a) **지점 B의 바로 좌측에서의 전단력영향선** „ ${}_lQ_B$ ″

$$
\begin{aligned}
„ {}_lQ_B ″ &= „ {}_lQ_B^{\circ} ″ + {}_lQ_{B(1)} \cdot „ X_1 ″ + {}_lQ_{B(2)} \cdot „ X_2 ″ \\
&= „ {}_lQ_B^{\circ} ″ + \frac{1}{l_1} \cdot „ X_1 ″ + \frac{1}{l_1} \cdot „ X_2 ″
\end{aligned} \tag{5.2.53}
$$

여기서 „ ${}_lQ_B^{\circ}$ ″ 는 [그림 5.2.16(f)], ${}_lQ_{B(1)}$은 $X_1 = 1$ 상태에서의 지점 B의 바로 좌측의 전단력, ${}_lQ_{B(2)}$는 $X_2 = 1$ 상태에서의 지점 B의 바로 좌측의 전단력, „ X_1 ″ 은 [그림 5.2.14(f)], „ X_2 ″ 는 [그림 5.2.14(g)]이다.

식 (5.2.53)은 [그림 5.2.16(h)]와 같이 된다. [그림 5.2.16(h)]의 제1, 제2, 제3경간의 면적은 다음과 같다.

$${}_{\ell}F_{QB1} = {}_{\ell}F_{QB1}^{\circ} + \frac{1}{l_1} F_{X(1)1} + \frac{1}{l_1} F_{X(2)2} = -\frac{l_1}{2} + \frac{1}{l_1} F_{X(1)1} + \frac{1}{l_1} F_{X(2)2} \tag{5.2.54}$$

$${}_{\ell}F_{QB2} = \frac{1}{l_1} F_{X(1)2} + \frac{1}{l_1} F_{X(2)2} \tag{5.2.55}$$

$${}_{\ell}F_{QB3} = \frac{1}{l_1} F_{X(1)3} + \frac{1}{l_1} F_{X(2)3} \tag{5.2.56}$$

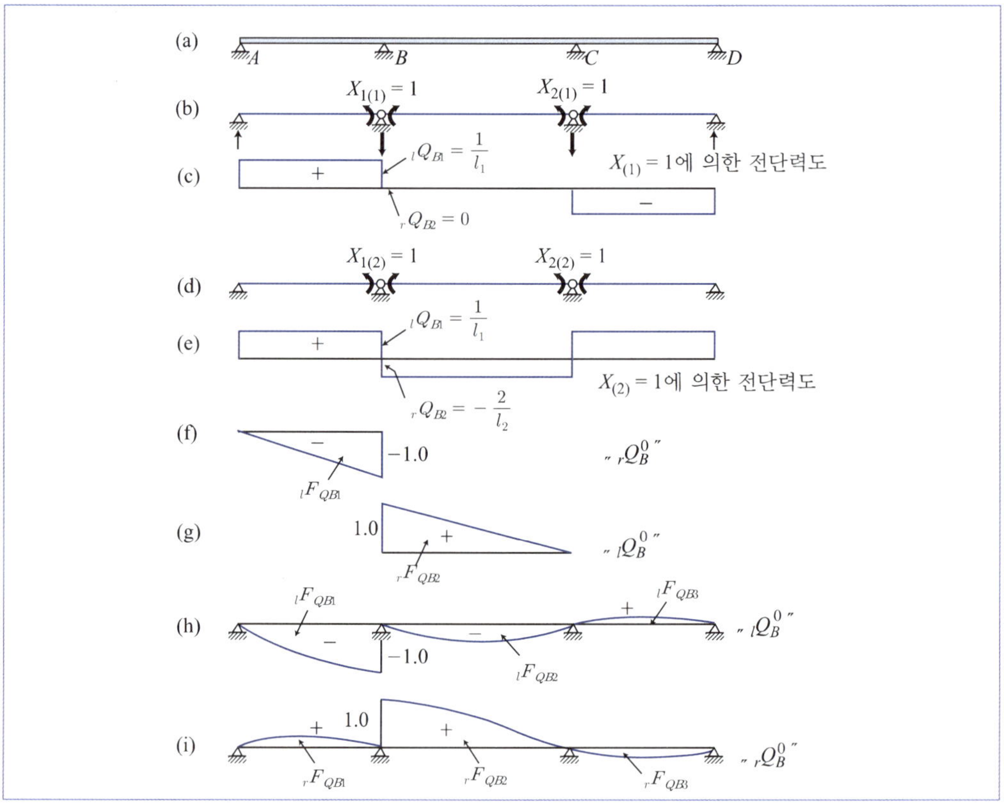

[그림 5.2.16]

(b) **지점 B의 바로 우측에서의 전단력 영향선** 〃 $_rQ_B$ ″

$$\begin{aligned} 〃\ _rQ_B\ ″ &= 〃\ _r\overset{\circ}{Q_B}\ ″ + {_rQ_{B(1)}} \cdot 〃\ X_1\ ″ + {_rQ_{B(2)}} \cdot 〃\ X_2\ ″ \\ &= 〃\ _r\overset{\circ}{Q_B}\ ″ + 0 - \frac{2}{l_2} \cdot 〃\ X_2\ ″ \\ &= 〃\ _r\overset{\circ}{Q_B}\ ″ - \frac{2}{l_2} \cdot 〃\ X_2\ ″ \end{aligned} \tag{5.2.57}$$

여기서 〃 $_r\overset{\circ}{Q_B}$ ″ 는 [그림 5.2.16(g)], $_rQ_{B(1)}$은 $X_1=1$상태에서의 지점 B 바로 우측의 전단력, $_rQ_{B(2)}$는 $X_2=1$상태에서의 지점 B 바로 우측의 전단력, 〃 X_1 ″ 은 [그림 5.2.14(f)], 〃 X_2 ″ 는 [그림 5.2.14(g)]이다. 식 (5.2.57)은 [그림 5.2.16(i)]와 같다. [그림 5.2.16(i)]의 제1, 제2, 제3경간의 면적은 다음과 같다.

$$_rF_{QB1} = -\frac{2}{l_2}F_{X(2)1} \tag{5.2.58}$$

$$_rF_{QB2} = {_r\overset{\circ}{F}_{QB2}} - \frac{2}{l_2}F_{X(2)2} = \frac{l_2}{2} - \frac{2}{l_2}F_{X(2)2} \tag{5.2.59}$$

$$_rF_{QB3} = -\frac{2}{l_2}F_{X(2)3} \tag{5.2.60}$$

(3) 휨모멘트영향선

점 x의 휨모멘트 영향선 „ M_x" 는 다음 식으로 구한다.

$$„ M_x" = „ \overset{\circ}{M_x}" + M_{x(1)} \cdot „ X_1" + M_{x(2)} \cdot „ X_2" \tag{5.2.61}$$

여기서 „ $\overset{\circ}{M_x}$" 는 기본계의 점 x의 휨모멘트 영향선으로 [그림 5.2.17(f)]가 된다. 그리고 $M_{x(1)}$은 $X_1 = 1$인 상태의 휨모멘트도([그림 5.2.17(c)])의 점 x에서의 값, $M_{x(2)}$는 $X_2 = 1$인 상태의 휨모멘트도([그림 5.2.17(e)])의 점 x에서의 값이다. 그리고„ X_1" 은 [그림 5.2.14(f)], „ X_2" 는 [그림 5.2.14(g)]이다. 식 (5.2.61)은 [그림 5.2.17(g)]와 같이 된다. [그림 5.2.17(g)]의 제1, 제2, 제3경간의 면적은 다음과 같다.

$$F_{M1} = M_{x(1)}F_{X(1)1} + M_{X(2)}F_{X(2)1} \tag{5.2.62}$$

$$\begin{aligned} F_{M2} &= \overset{\circ}{F_M} + M_{x(1)}F_{x(1)2} + M_{x(2)}F_{X(2)2} \\ &= \frac{x(l_2 - x)}{2} + M_{x(1)}F_{X(1)2} + M_{x(2)}F_{X(2)2} \end{aligned} \tag{5.2.63}$$

$$F_{M3} = M_{x(1)}F_{X(1)3} + M_{x(2)}F_{X(2)3} \tag{5.2.64}$$

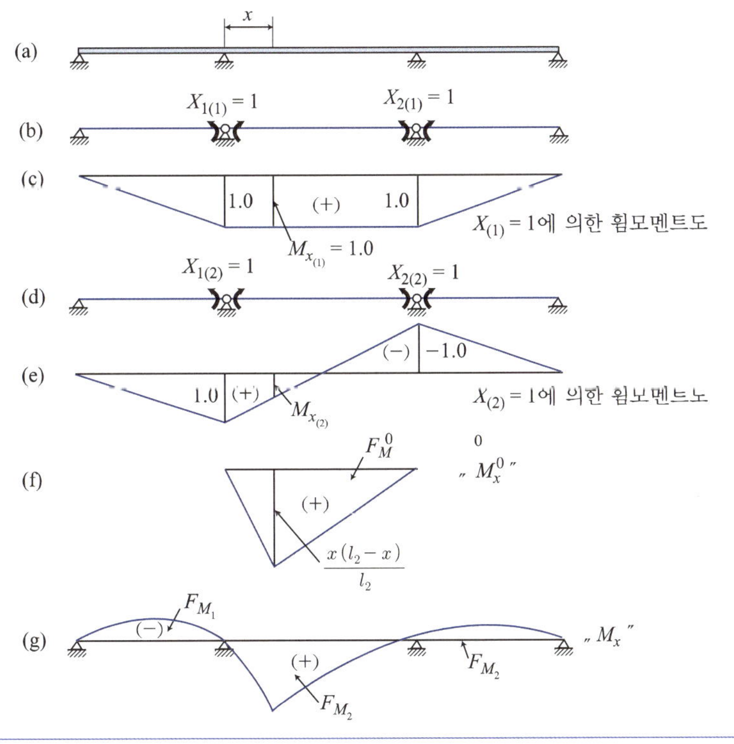

[그림 5.2.17]

(4) 수직변위영향선

점 x의 수직변위 영향선 $_{\prime\prime} f_x{}''$ 는 다음 식으로 구한다.

$$_{\prime\prime} f_x{}'' = {}_{\prime\prime} f_x^{\circ} + f_{x(1)} \cdot {}_{\prime\prime} X_1{}'' + f_{x(2)} \cdot {}_{\prime\prime} X_2{}'' \tag{5.2.65}$$

여기서 $_{\prime\prime} f_x^{\circ}{}''$ 는 기본계의 점 x의 수직변위 영향선으로 [그림 5.2.18(f)]와 같다. $f_{x(1)}$은 $X_1 = 1$상태의 수직변위도 ([그림 5.2.18(c)])의 점 x의 값, $f_{x(2)}$는 $X_2 = 1$ 상태의 수직변위도 ([그림 5.2.18(e)])의 점 x의 값이다. 그리고 $_{\prime\prime} X_1{}''$ 은 [그림 5.2.14(f)], $_{\prime\prime} X_2{}''$ 는 [그림 5.2.14(g)]이다. 식 (5.2.65)는 [그림 5.2.18(g)]와 같이 된다. [그림 5.2.18(g)]의 제1, 제2, 제3경간의 면적은 다음과 같다.

$$F_{f1} = f_{x(1)}F_{X(1)1} + f_{x(2)}F_{X(2)1} \tag{5.2.66}$$

$$F_{f2} = F_f^{\circ} + f_{x(1)}F_{X(1)2} + f_{x(1)}F_{X(2)2} \tag{5.2.67}$$

$$F_{f3} = f_{x(1)}F_{X(1)3} + f_{x(2)}F_{X(2)3} \tag{5.2.68}$$

이상에서 알 수 있는 바와 같이 반력, 전단력, 휨모멘트, 수직변위에 대한 영향선의 계산에서 어느 경우든 X_1의 영향선 $_{\prime\prime} X_1{}''$ 과 X_2의 영향선 $_{\prime\prime} X_2{}''$ 을 공통으로 사용되고 있다.

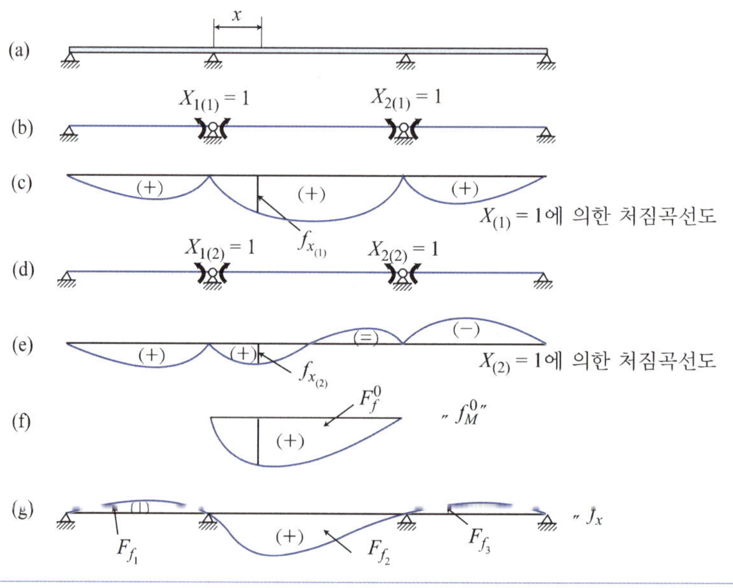

[그림 5.2.18]

(5) 임의의 점 x에서 단면력의 영향선

일반적으로 점 x에서 단면력의 영향선 $_{\prime\prime} S_x{}''$ 는 다음과 같이 나타낼 수 있다.

$$„\, S_x \,\text{"} = „\, S_x^{\circ} \,\text{"} + S_{x1} \cdot „\, X_1 \,\text{"} + S_{x2} \cdot „\, X_2 \,\text{"} \tag{5.2.69}$$

여기서 $„\, S_x^{\circ} \,\text{"}$ 는 기본계의 점 x의 단면력의 영향선이고, S_{x1}과 S_{x2}는 기본계에 $X_1 = 1$과 $X_2 = 1$에 의한 각각 단면력에서 점 x에서 값이다. 지금까지 다룬 연속보를 종합해보면 다음과 같다. 교량구조의 n차 부정정구조물이더라도 점 x에서 단면력의 영향선 $„\, S_x \,\text{"}$ 는 다음 식으로 나타낼 수 있다.

$$„\, S_x \,\text{"} = „\, S_x^{\circ} \,\text{"} + \sum_{i=1}^{n} S_{xi} \cdot „\, X_i \,\text{"} \tag{5.2.70}$$

여기서 $„\, S_x^{\circ} \,\text{"}$ 는 기본계의 점 x의 단면력의 영향선이고, S_{xi}는 기본계에서 $X_i = 1$에 의한 단면력에서 점 x에서 값이고, $„\, X_i \,\text{"}$ 는 X_i의 영향선이다.

5.3 영향선과 단면력도의 관계

5.3.1 정정구조의 경우

5.3.1.1 단순보

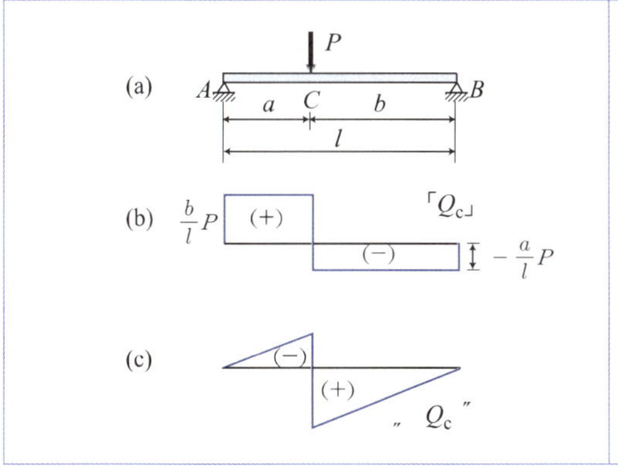

[그림 5.3.1] 전단력영향선

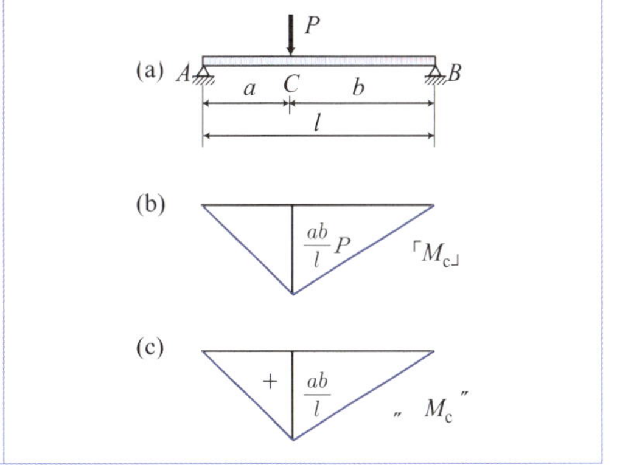

[그림 5.3.2] 휨모멘트영향선

[표 5.3.1] (가로) 전단력 「Q」, (세로) 전단력영향선 „ Q'' ($P=1$)

분할점	0	$\frac{1}{8}l$	$\frac{2}{8}l$	$\frac{3}{8}l$	$\frac{4}{8}l$	$\frac{5}{8}l$	$\frac{6}{8}l$	$\frac{7}{8}l$	l
0	P	0	0	0	0	0	0	0	0
$\frac{1}{8}l$	$\frac{7}{8}P$	$-P/8$ ⋯⋯ $7P/8$	$-\frac{1}{8}P$	$-\frac{1}{8}P$	$-\frac{1}{8}P$	$-\frac{1}{8}P$	$-\frac{1}{8}P$	$-\frac{1}{8}P$	$-\frac{1}{8}P$
$\frac{2}{8}l$	$\frac{6}{8}P$	$\frac{6}{8}P$	$-2P/8$ ⋯⋯ $6P/8$	$-\frac{2}{8}P$	$-\frac{2}{8}P$	$-\frac{2}{8}P$	$-\frac{2}{8}P$	$-\frac{2}{8}P$	$-\frac{2}{8}P$
$\frac{3}{8}l$	$\frac{5}{8}P$	$\frac{5}{8}P$	$\frac{5}{8}P$	$-3P/8$ ⋯⋯ $5P/8$	$-\frac{3}{8}P$	$-\frac{3}{8}P$	$-\frac{3}{8}P$	$-\frac{3}{8}P$	$-\frac{3}{8}P$
$\frac{4}{8}l$	$\frac{4}{8}P$	$\frac{4}{8}P$	$\frac{4}{8}P$	$\frac{4}{8}P$	$-4P/8$ ⋯⋯ $4P/8$	$-\frac{4}{8}P$	$-\frac{4}{8}P$	$-\frac{4}{8}P$	$-\frac{4}{8}P$
$\frac{5}{8}l$	$\frac{3}{8}P$	$\frac{3}{8}P$	$\frac{3}{8}P$	$\frac{3}{8}P$	$\frac{3}{8}P$	$-5P/8$ ⋯⋯ $3P/8$	$-\frac{5}{8}P$	$-\frac{5}{8}P$	$-\frac{5}{8}P$
$\frac{6}{8}l$	$\frac{2}{8}P$	$\frac{2}{8}P$	$\frac{2}{8}P$	$\frac{2}{8}P$	$\frac{2}{8}P$	$\frac{2}{8}P$	$-6P/8$ ⋯⋯ $2P/8$	$-\frac{6}{8}P$	$-\frac{6}{8}P$
$\frac{7}{8}l$	$\frac{1}{8}P$	$\frac{1}{8}P$	$\frac{1}{8}P$	$\frac{1}{8}P$	$\frac{1}{8}P$	$\frac{1}{8}P$	$\frac{1}{8}P$	$-7P/8$ ⋯⋯ $P/8$	$-\frac{7}{8}P$
l	0	0	0	0	0	0	0	0	$-P$

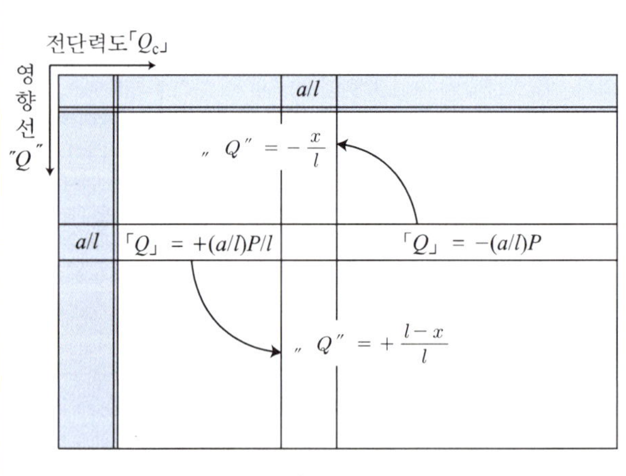

[표 5.3.2] (가로) 전단력 「Q」, (세로) 전단력영향선 „ Q''

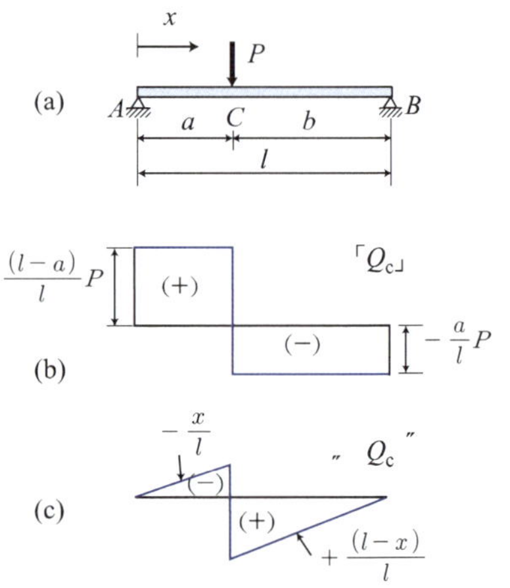

[그림 5.3.3] 전단력 Q_c의 영향선

5.3.1.2 정정보의 영향선의 예

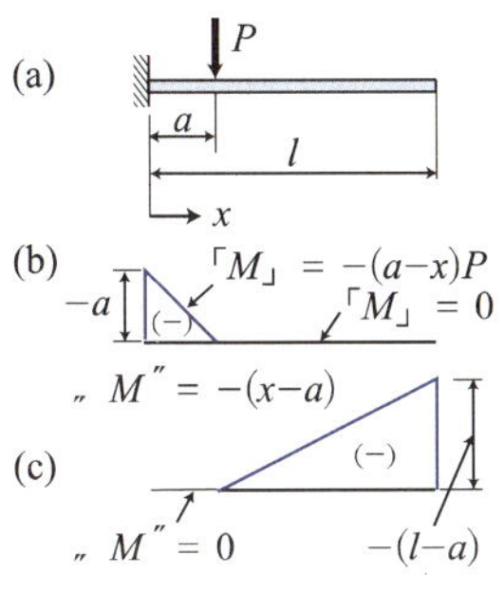

[그림 5.3.4] 캔틸레버

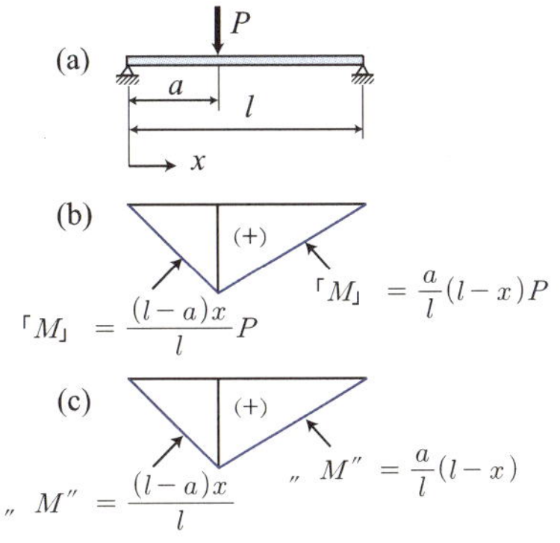

[그림 5.3.5] 단순보

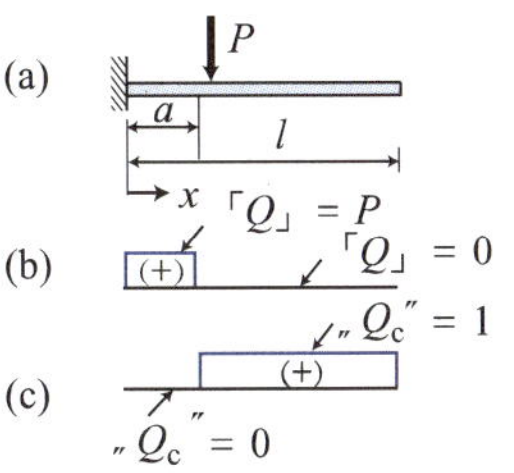

[그림 5.3.6] 캔틸레버의 영향선

[1] [그림 5.3.4(b)]에서	[1] [그림 5.3.5(b)]에서	[1] [그림 5.3.6(b)]에서
$0 \le x \le a$ $M = -(a-x)P$ $a \le x = l$ $M = 0$ (5.3.1)	$0 \le x \le a$ $M = \dfrac{l-a}{l} xP$ $a \le x = l$ $M = \dfrac{a}{l}(l-x)P$ (5.3.2)	$0 \le x \le a$ $Q = P$ $a \le x \le l$ $Q = 0$ (5.3.3)
[2] [그림 5.3.4(c)]에서 $0 \le x \le a$ $M = 0$ $a < x < l$ $M = -(x-a)$ (5.3.4)	[2] [그림 5.3.5(c)]에서 $0 \le x \le a$ $M = \dfrac{x}{l}(l-a)$ $a \le x \le l$ $M = \dfrac{(l-x)}{l} a$ (5.3.5)	[2] [그림 5.3.6(c)]에서 $0 \le x \le a$ $Q = 0$ $a \le x \le l$ $Q = 1$ (5.3.6)

5.3.2 부정정구조의 경우

5.3.2.1 휨모멘트계산 [그림 5.3.7]

$$「M_a」 = 「M_a^{\circ}」 + 「M_1」 X_{a1} \cdot P + 「M_2」 X_{a2} \cdot P \tag{5.3.7}$$

5.3.2.2 전단력계산 [그림 5.3.8]

$$「Q_a」 = 「Q_a^{\circ}」 + 「Q_1」 X_{a1} \cdot P + 「Q_2」 X_{a2} \cdot P \tag{5.3.8}$$

5.3.2.3 수직변위계산 [그림 5.3.9]

$$「f_a」 = 「f_a{}^{\circ}」 + 「f_1」 X_{a1} \cdot P + 「f_2」 X_{a2} \cdot P \tag{5.3.9}$$

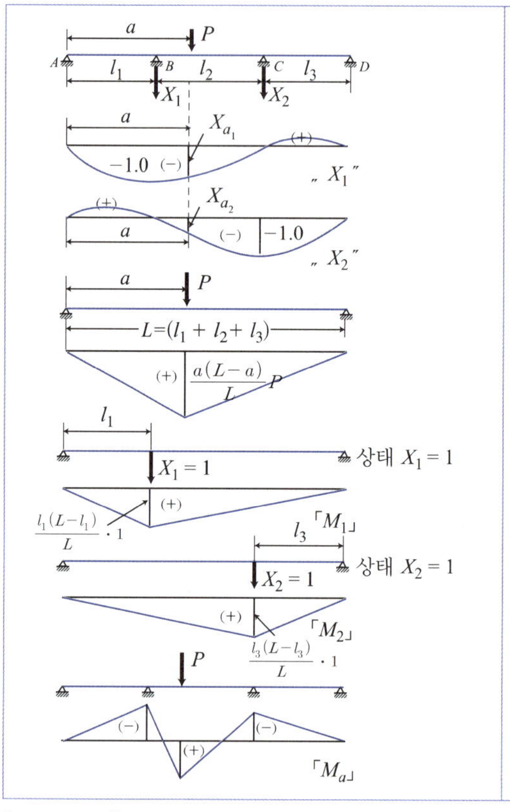

[그림 5.3.7]

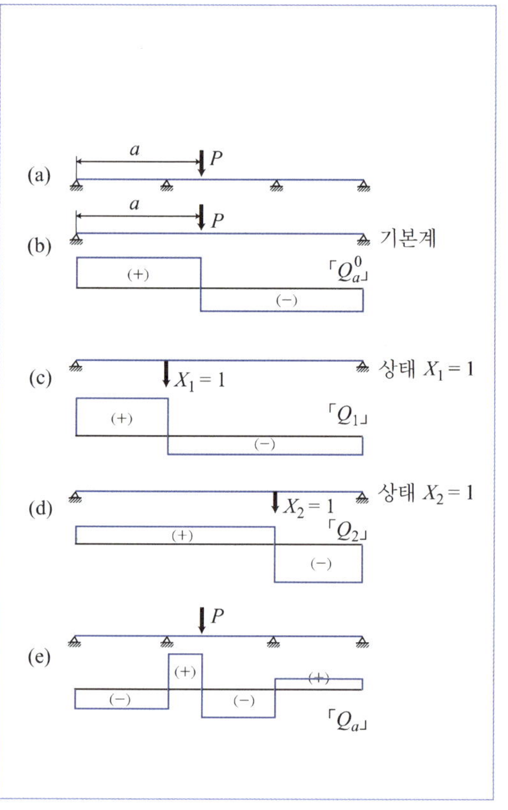

[그림 5.3.8]

5.3.2.4 일반식

거리 a에 P가 작용할 때 단면력이나 변위 「S_a」는 다음과 같이 나타낼 수 있다.

$$「S_a」 = 「S_a{}^{\circ}」 + 「S_1」 X_{a1} \cdot P + 「S_2」 X_{a2} \cdot P \tag{5.3.10}$$

여기서, 「$S_a{}^{\circ}$」는 기본계의 점 a에 P가 작용할 때 단면력이나 변위, S_1과 S_2는 기본계에 $X_1 = 1$이나 $X_2 = 1$에 대해 단면력이나 변위, X_{a1}과 X_{a2}는 X_1이나 X_2의 영향선에서 a거리에서 값을 나타낸다. n차 부정정구조에서 점 a에 P가 작용할 때 단면력이나 변위는 다음과 같이 계산할 수 있다.

$$「S_a」 = 「S_a{}^{\circ}」 + P \cdot \sum_{i=1}^{n} 「S_i」 X_{ai} \tag{5.3.11}$$

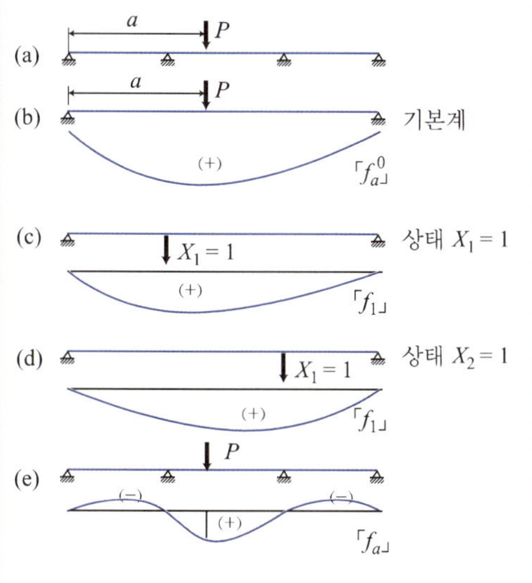

[그림 5.3.9]

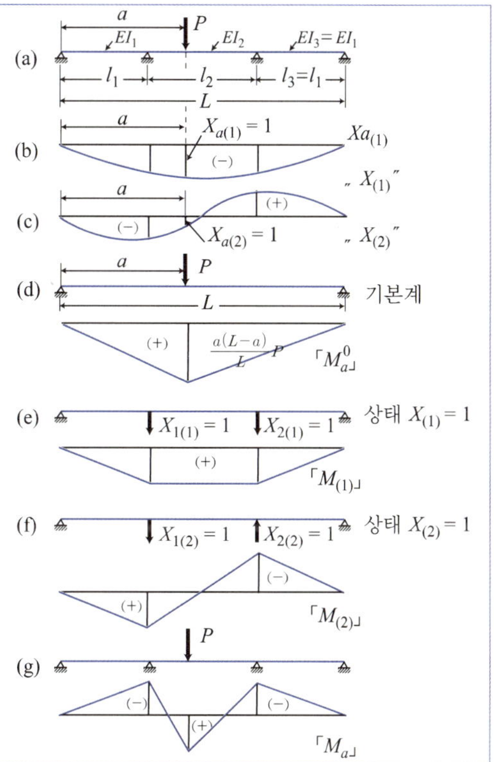

[그림 5.3.10]

5.3.3 부정정구조의 대칭구조의 경우

5.3.3.1 휨모멘트계산 [그림 5.3.10]

$$「M_a」 = 「M_a^\circ」 + 「M_{(1)}」 X_{a(1)} \cdot P + 「M_{(2)}」 X_{a(2)} \cdot P \tag{5.3.12}$$

5.3.3.2 전단력계산 [그림 5.3.11]

$$「Q_a」 = 「Q_a^\circ」 + 「Q_{(1)}」 X_{a(1)} \cdot P + 「Q_{(2)}」 X_{a(2)} \cdot P \tag{5.3.13}$$

5.3.3.3 수직변위계산 [그림 5.3.12]

$$「f_a」 = 「f_a^\circ」 + 「f_{(1)}」 X_{a(1)} \cdot P + 「f_{(2)}」 X_{a(2)} \cdot P \tag{5.3.14}$$

5.3.3.4 일반식

n차 방정식구조에서 점 a에 P가 작용할 때 단면력이나 변위는 다음과 같이 계산할 수 있다.

$$「S_a」 = 「S_a^\circ」 + P \cdot \sum_{i=1}^{n} 「S_{(i)}」 X_{a(i)} \tag{5.3.15}$$

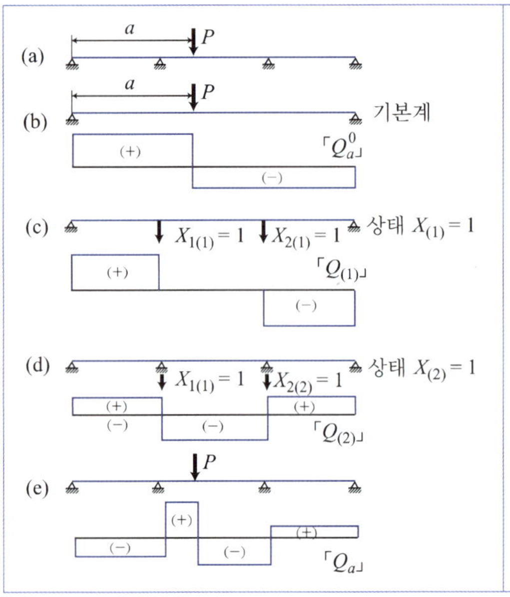

[그림 5.3.11]

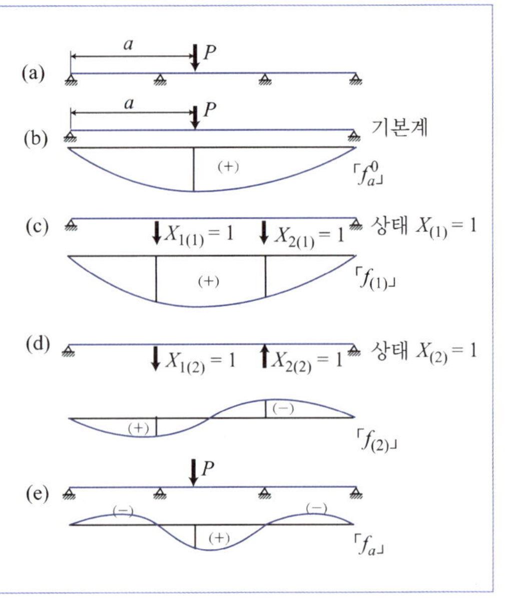

[그림 5.3.12]

5.3.4 상반정리를 적용하는 경우

5.3.4.1 수직력에 의한 수직변위

[그림 5.3.13(a)]에 나타낸 단순보에서 상반정리에 의해 $P \cdot f_P(x,a) = P \cdot f_P(a,x)$가 된다. 점 a에 $P=1$이 작용시 점 x에서 수직변위도 「$f_P(x,a)$」는 $P=1$이 이동시 점 a에서 수직변위영향선 „ $f_P(a,x)$″ 이 된다. 즉,

$$「f_P(x,a)」 = „\ f_P(a,x)″ \tag{5.3.16}$$

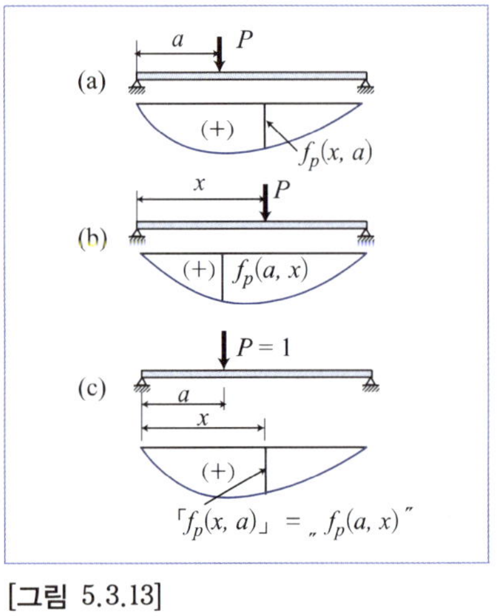

[그림 5.3.13]

◎ $f_P(x,a)$는 점 a에 수직력 $P=1$ 작용시 점 x의 수직 변위

◎ $f_P(a,x)$는 점 x에 수직력 $P=1$ 작용시 점 a의 수직변위

수직변위도 「$f_P(x,a)$」는 $P=1$이 이동시 점 a에서 수직변위 영향선이 된다.

„ $f_P(a,x)$″

5.3.4.2 휨모멘트작용에 의한 수직변위

점 a에 휨모멘트 $M=1$이 작용시 점 x에서 수직변위도 「$f_M(x,a)$」는 $P=1$이 이동시 점 a에서 처짐각영향선 „ $\beta_P(x,a)$" 이 된다.

$$f_M(x,a) \;=\; „\; \beta_P(a,x)" \tag{5.3.17}$$

$$„\; f_M(a,x)" \;=\; 「\beta_P(x,a)」 \tag{5.3.18}$$

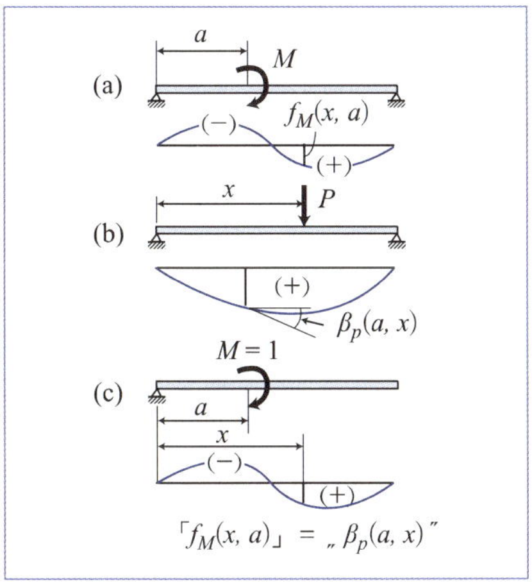

[그림 5.3.14]

◎ 점 a에 휨모멘트 $M=1$ 작용시 점 x에서 수직변위$f_M(x,a)$

◎ 점 x에 수직력 $P=1$작용시 점 a의 처짐각도 $\beta_P(a,x)$

수직변위 「$f_M(x,a)$」는 $P=1$이 이동시 점 a에서 처짐각영향선 „ $\beta_P(a,x)$" 이다.

5.3.4.3 휨모멘트 작용에 의한 처짐각

점 a에 휨모멘트 $M=1$이 작용시 점 x에서 처짐각도 「$\beta_M(x,a)$」는 $M=1$이 이동시 점 a에서 처짐각영향선 „ $\beta_M(a,x)$" 이 된다.

$$\beta_M(x,a) \;=\; „\; \beta_M(a,x)" \tag{5.3.19}$$

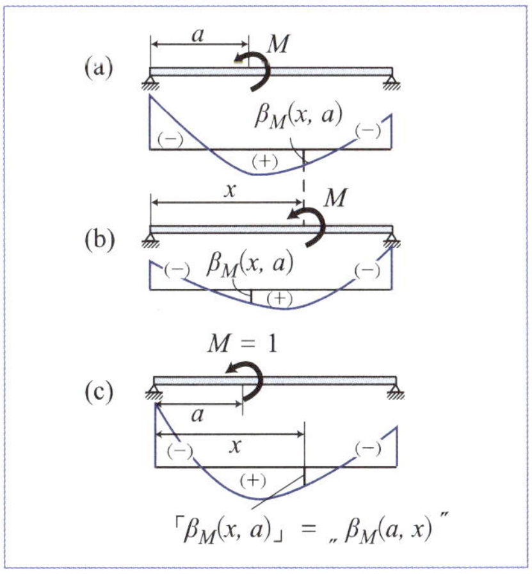

[그림 5.3.15]

◎ 점 a에 휨모멘트 $M=1$ 작용시 점 x에서 처짐각도 $\beta_M(x,a)$

◎ 점 x에 휨모멘트 $M=1$작용시 점 a의 처짐각도 $\beta_M(a,x)$

점 a에 휨모멘트 $M=1$이 작용할 때 처짐각 「$\beta_M(x,a)$」는 $M=1$이 이동시 처짐각 영향선 „ $\beta_M(a,x)$" 이다.

「$\beta_M(x,a)$」 =„ $\beta_M(a,x)$"

5.3.4.4 곡선형교에 수직력과 비틀림모멘트가 작용하는 경우

곡선형교에 수직력 P가 작용할 경우에 곡선형에는 수직변위 f와 비틀림각 θ가 생긴다. 또한 비틀림모멘트 T가 작용할 경우에도 곡선형에는 수직변위 f와 비틀림각 θ가 생긴다. 이 경우에도 상반정리에 의해 다음과 같은 관계식을 얻을 수 있다.

$$「\theta_T(x,a)」 = „\ \theta_T(a,x)'' \tag{5.3.20}$$

$$「\theta_P(x,a)」 = „\ f_T(a,x)'' \tag{5.3.21}$$

$$„\ \theta_P(a,x)'' = 「f_T(x,a)」$$

$$「\theta_M(x,a)」 = „\ \beta_T(a,x)'' \tag{5.3.22}$$

$$„\ \theta_M(a,x)'' = 「\beta_T(x,a)」$$

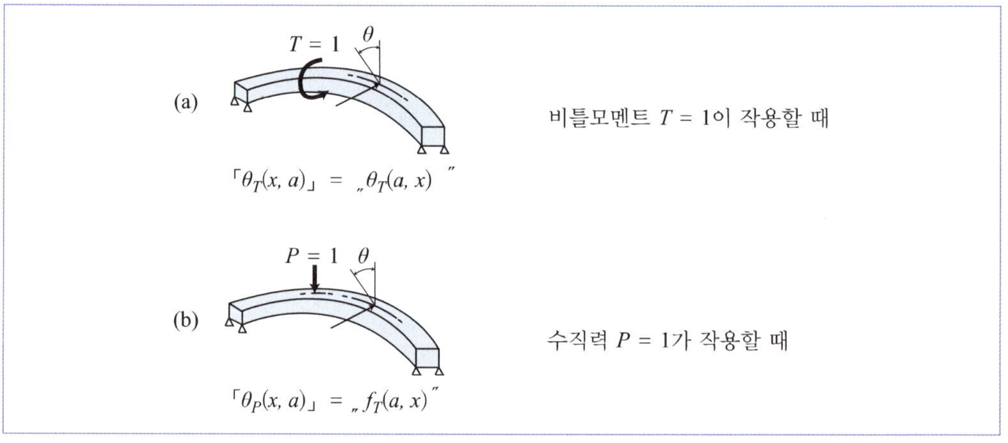

[그림 5.3.16]

5.4 연속교의 영향선 작성예

5.4.1 2경간 연속교

[그림 5.4.1]에 나타낸 2경간 연속교에서 중간지점 ①의 부정정반력을 $X_1 = R_1$이라 하고 임의의 하중재하상태에서 지점 ①에서 수직변위 δ_1을 0(zero)으로 하는 적합조건을 취하면 다음과 같은 1차방정식이 성립한다.

$$\delta_1 = P \cdot (\delta_1)_o - R_1 \cdot \delta_{11} = 0 \tag{5.4.1}$$

5.4.1.1 부정정반력 R_1의 영향선 „ R_1″

$P = 1$이 주형 위를 이동할 때 부정정반력 R_1의 영향선 „ R_1″ 는 다음과 같이 된다.

$$„\ R_1'' = \frac{1}{\delta_{11}} \cdot „\ (\delta_1)_o'' \tag{5.4.2-1}$$

$$„\ R_1'' = \frac{1}{\delta_{11}} \cdot „\ \delta_{1m}'' = \frac{1}{\delta_{11}} \cdot „\ \delta_{m1}'' \tag{5.4.2-2}$$

이 R_1의 영향선 „ R_1″ 은 [그림 5.4.1(c)]의 처짐곡선과는 다르다.

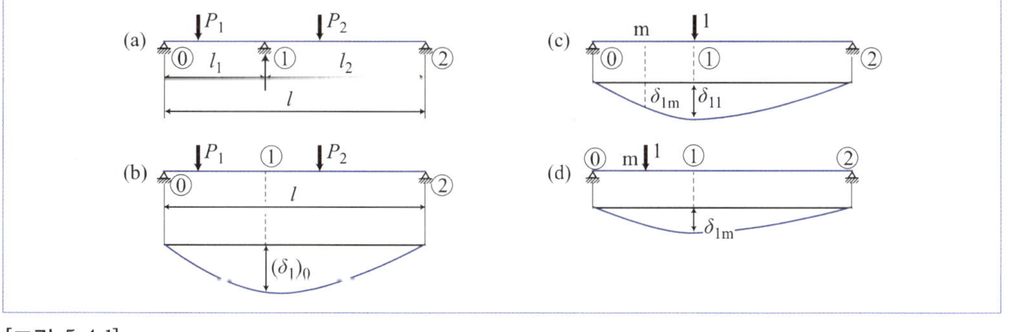

[그림 5.4.1]

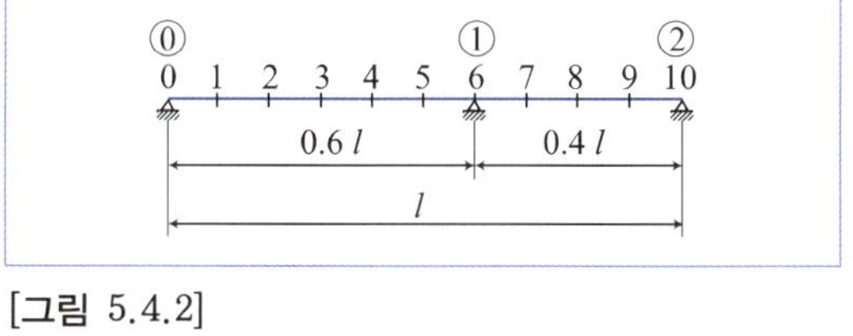

[그림 5.4.2]

예제를 이용하여 영향선의 형태를 구해보자. 먼저 [그림 5.4.2]에 나타낸 바와 같이 $\ell_1 = 0.6\ell$, $\ell_2 = 0.4\ell$으로 10등분하였다.

1차계산은 [그림 5.4.3]에 나타낸 바와 같이 전체 지간장을 등단면으로 하여 처짐계산은 다음 식을 이용하였다.

$$x \le a, \quad y = \frac{Pl^3}{6EI}\left(\frac{b}{l}\right)\left(\frac{x}{l}\right)\left[1-\left(\frac{b}{l}\right)^2-\left(\frac{x}{l}\right)^2\right]$$

$$x' \le b, \quad y' = \frac{Pl^3}{6EI}\left(\frac{a}{l}\right)\left(\frac{x'}{l}\right)\left[1-\left(\frac{a}{l}\right)^2-\left(\frac{x'}{l}\right)^2\right] \qquad (5.4.3)$$

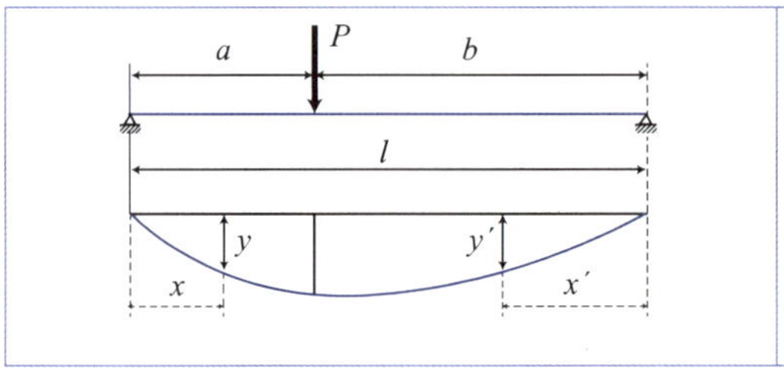

[그림 5.4.3] 기본계

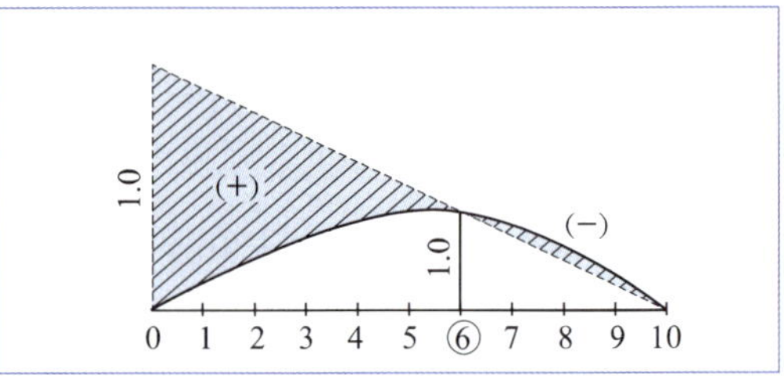

[그림 5.4.4] R_1의 영향선 "R_1"

[그림 5.4.2]에 나타낸 2경간연속보의 부정정반력 R_1의 영향선 "R_1" 을 구하기 위해서는 $\frac{a}{l}=0.6$, $\frac{b}{l}=0.4$으로 10등분하여 기본계([그림 5.4.1(d)])의 "δ_{m1}" 을 구해야 한다.

$$\delta_{m1} = \begin{cases} y = 0.4\left(\frac{x}{l}\right)\left\{1-0.16-\left(\frac{x}{l}\right)^2\right\} = 0.4\left(\frac{x}{l}\right)\left\{0.84-\left(\frac{x}{l}\right)^2\right\}, & \frac{x}{l} \le 0.6 \\ y' = 0.6\left(\frac{x'}{l}\right)\left\{1-0.36-\left(\frac{x'}{l}\right)^2\right\} = 0.6\left(\frac{x'}{l}\right)\left\{0.64-\left(\frac{x'}{l}\right)^2\right\}, & \frac{x'}{l} \le 0.4 \end{cases}$$

이 기본계의 "δ_{m1}" 및 "R_1" 의 계산결과를 [표 5.4.1]에 나타내었고, 여기서 $\delta_{11}=0.1152$로 하였다. 부정정반력 R_1의 영향선 "R_1" 은 [그림 5.4.4]에 나타내었다.

5.4.1.2 O점의 반력영향선 $_{\prime\prime}R_o{}^{\prime\prime}$

[그림 5.4.4]에서 점선과 사선으로 나타낸 부분은 O점의 반력영향선 $_{\prime\prime}R_o{}^{\prime\prime}$ 이다.

$$_{\prime\prime}R_o{}^{\prime\prime} = {}_{\prime\prime}(R_o)_o{}^{\prime\prime} - 0.4 \cdot {}_{\prime\prime}R_1{}^{\prime\prime} \qquad (5.4.4)$$

여기서 $_{\prime\prime}(R_o)_o{}^{\prime\prime}$ 는 기본계의 절점 0의 반력영향선이고, -0.4는 기본계의 반력영향선에서 ⑥점의 값(0.4)의 역방향의 값이다. 이 반력영향선 $_{\prime\prime}R_o{}^{\prime\prime}$ 의 계산과정을 [표 5.4.2]에 나타내었고, 그 영향선은 [그림 5.4.5(b)]에 나타내었다.

[표 5.4.1] 반력 R_1의 영향선 $_{\prime\prime}R_1{}^{\prime\prime}$ [표 5.4.2] O점의 반력영향선 $_{\prime\prime}R_o{}^{\prime\prime} = {}_{\prime\prime}(R_o)_o{}^{\prime\prime} - 0.4 \cdot {}_{\prime\prime}R_1{}^{\prime\prime}$

절점	δ_{m1}	$_{\prime\prime}R_1{}^{\prime\prime} = \frac{1}{\delta_{11}} \cdot {}_{\prime\prime}\delta_{m1}{}^{\prime\prime}$	$_{\prime\prime}(R_0)_0{}^{\prime\prime}$	$-0.4 \cdot {}_{\prime\prime}R_1{}^{\prime\prime}$	$_{\prime\prime}R_0{}^{\prime\prime}$
0	0.0000	0.0000	1.0	0.0000	1.0000
1	0.0332	0.2882	0.9	−0.1153	0.7847
2	0.0640	0.5555	0.8	−0.2222	0.5778
3	0.0900	0.7812	0.7	−0.3125	0.3875
4	0.1088	0.9444	0.6	−0.3778	0.2222
5	0.1180	1.0243	0.5	−0.4097	0.0903
⑥	(0.1152)	1.0000	(0.4)	−0.4000	0.0000
7	0.0990	0.8594	0.3	−0.3438	−0.0438
8	0.0720	0.6250	0.2	−0.2500	−0.0500
9	0.0378	0.3281	0.1	−0.1312	−0.0312
10	0.0000	0.0000	0.0	0.0000	0.0000

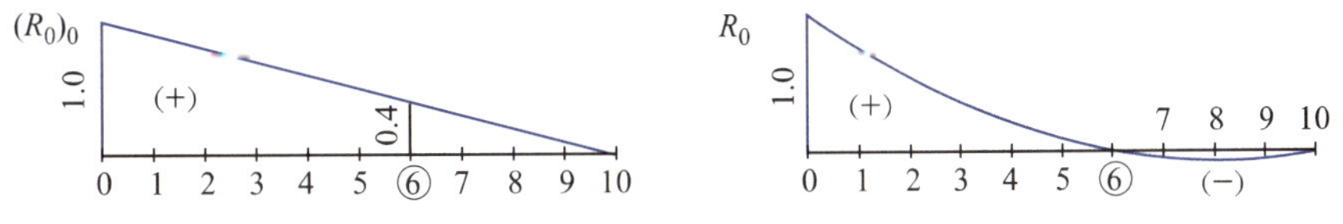

(a) 기본계의 $P=1$에 의한 0점의 반력 $(R_0)_0$ 영향선

(b) 0점의 반력 영향선 R_0

[그림 5.4.5]

5.4.1.3 절점 3의 전단력영향선 $_{\prime\prime}S_3{}^{\prime\prime}$

$$_{\prime\prime}S_3{}^{\prime\prime} = {}_{\prime\prime}(S_3)_o{}^{\prime\prime} - 0.4 \cdot {}_{\prime\prime}R_1{}^{\prime\prime} \qquad (5.4.5)$$

여기서 $_{\prime\prime}(S_3)_o{}^{\prime\prime}$ 는 기본계의 절점 3의 반력영향선이고, (-0.4)는 기본계의 전단력영향선에서 절점 ⑥의 값(0.4)의 역방향의 값이다. 절점 3의 전단력영향선 $_{\prime\prime}S_3{}^{\prime\prime}$ 는 그 계산과정은 [표 5.4.3]에 나타내었고, 영향선은 [그림 5.4.6(b)]에 나타내었다.

[표 5.4.3] $_{\prime\prime}S_3{}''={}_{\prime\prime}(S_3)_o{}''-0.4\cdot{}_{\prime\prime}R_1{}''$

절점	$_{\prime\prime}(S_3)_o{}''$	$-0.4\cdot{}_{\prime\prime}R_1{}''$	$_{\prime\prime}S_3{}''$
0⓪	0	0.0000	0.0000
1	−0.1	−0.1153	−0.2153
2	−0.2	−0.2222	−0.4222
3*l*	−0.3	−0.3125	−0.6125
3*r*	+0.7	−0.3125	+0.3875
4	0.6	−0.3778	+0.2202
5	0.5	−0.4097	+0.0903
6①	(0.4)	−0.4000	0.0000
7	0.3	−0.3438	−0.0438
8	0.2	−0.2500	−0.0250
9	0.1	−0.1312	−0.0312
10②	0.9	0.0000	0.0000

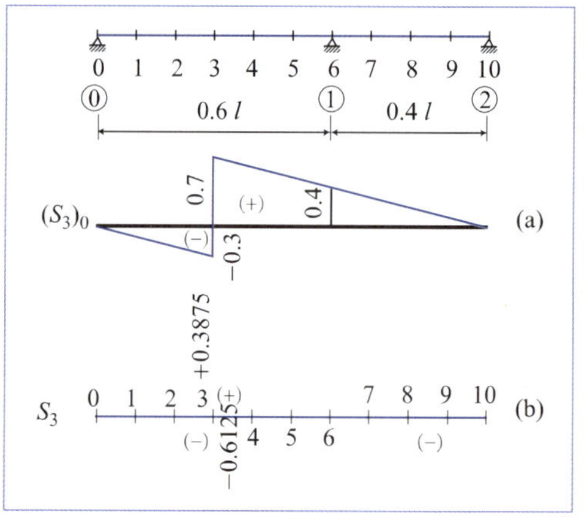

[그림 5.4.6] 절점 3의 전단력영향선

5.4.1.4 중간지점 좌측과 우측의 전단력영향선 $_{\prime\prime}\,{}_lS_6{}''$, $_{\prime\prime}\,{}_rS_6{}''$

(1) 중간지점 좌측의 전단력영향선

$$_{\prime\prime}\,{}_lS_6{}''={}_{\prime\prime}(S_6)_o{}''-0.4\cdot{}_{\prime\prime}R_1{}'' \tag{5.4.6}$$

여기서 $_{\prime\prime}(S_6)_o{}''$ 는 기본계의 절점 6의 전단력영향선이고, (-0.4)는 기본계의 전단력영향선에서 절점 ⑥의 우측 값(0.4)의 역방향의 값이다. 중간지점 ⑥의 좌측의 전단력영향선 $_{\prime\prime}\,{}_lS_6{}''$ 는 그 계산과정은 [표 5.4.4]에 나타내었고, 영향선은 [그림 5.4.7(b)]에 나타내었다.

[표 5.4.4] $_{\prime\prime}\,{}_lS_6{}''={}_{\prime\prime}(S_6)_o{}''-0.4\cdot{}_{\prime\prime}R_1{}''$

절점	$_{\prime\prime}(S_6)_o{}''$	$-0.4\cdot{}_{\prime\prime}R_1{}''$	$_{\prime\prime}S_6{}''$
0	0.0	0.0000	0.0000
1	−0.1	−0.1153	−0.2153
2	−0.2	−0.2222	−0.4222
3	−0.3	−0.3125	−0.6125
4	−0.4	−0.3778	−0.7778
5	−0.5	−0.4079	−0.9097
6*l*	−0.6	−0.4000	−1.0000
6*r*	(0.4)	−0.4000	0.0000
7	0.3	−0.3438	−0.0438
8	0.2	−0.250	−0.0500
9	0.1	−0.1312	−0.0312
10	0.0	0.0000	0.0000

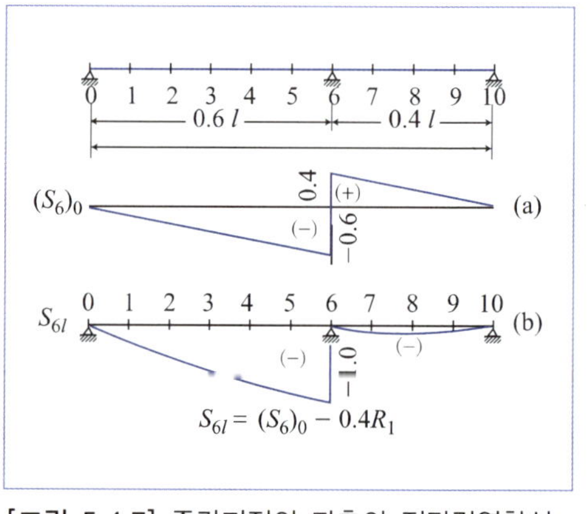

[그림 5.4.7] 중간지점의 좌측의 전단력영향선
$_{\prime\prime}\,{}_lS_6{}''={}_{\prime\prime}(S_6)_o{}''-0.4\cdot{}_{\prime\prime}R_1{}''$

(2) 중간지점 우측의 전단력영향선

$$"{}_{r}S_6" = "(S_6)_o" + 0.6 \cdot "R_1" \tag{5.4.7}$$

여기서 "$(S_6)_o$"는 기본계의 절점 6의 전단력영향선이고, (+0.6)는 기본계의 전단력영향선에서 절점 ⑥의 좌측 값(−0.6)의 역방향의 값이다. 중간지점 ⑥의 우측의 전단력영향선 "${}_{l}S_6$"는 그 계산과정은 [표 5.4.5]에 나타내었고, 영향선은 [그림 5.4.8(b)]에 나타내었다.

[표 5.4.5] $"{}_{r}S_6" = "(S_6)_o" + 0.6 \cdot "R_1"$

절점	"$(S_6)_o$"	$+0.6 \cdot$ "R_1"	"${}_{r}S_6$"
0	0.0	0.0000	0.0000
1	−0.1	0.1729	0.0729
2	−0.2	0.3338	0.1333
3	−0.3	0.4688	0.1688
4	−0.4	0.5666	0.1666
5	−0.5	0.6146	0.1146
$6l$	(−0.6)	0.6000	0.0000
$6r$	0.4	0.6000	1.0000
7	0.3	0.5156	0.8156
8	0.2	0.3750	0.5750
9	0.1	0.1969	0.2969
10	0.0	0.0000	0.0000

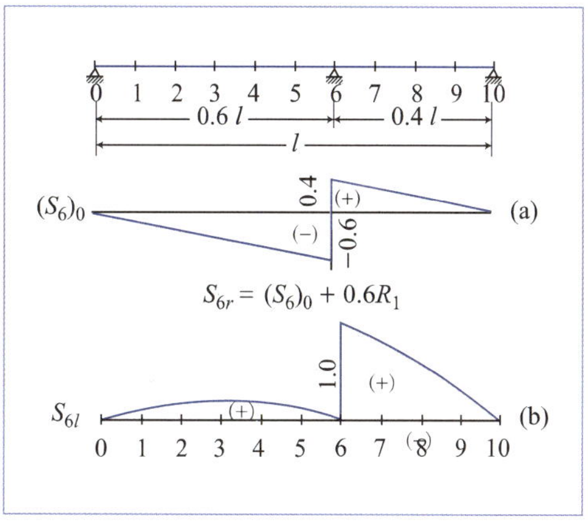

[그림 5.4.8] 중간지점의 우측의 전단력영향선 $"{}_{r}S_6" = "(S_6)_o" + 0.6 \cdot "R_1"$

5.4.1.5 휨모멘트영향선

(1) 절점 3의 휨모멘트영향선

$$"\frac{M_3}{l}" = "\left(\frac{M_3}{l}\right)_o" - 0.12 \cdot "R_1" \tag{5.4.8}$$

여기서 "$\left(\frac{M_3}{l}\right)_o$"는 기본계의 절점 3에서 휨모멘트영향선이다. "$\frac{M_3}{l}$"의 영향선에서 절점 3에서 M_3는 다음과 같이 된다.

$$\frac{M_3}{l} = 0.1163 \Rightarrow \therefore M_3 = 0.1163\, l = \frac{0.1163}{0.6} l_1 = 0.194 \cdot l_1$$

(2) 절점 6의 휨모멘트영향선

$$"\frac{M_6}{l}" = "\left(\frac{M_6}{l}\right)_o" - 0.24 \cdot "R_1" \tag{5.4.9}$$

[표 5.4.7] $''\frac{M_6}{l}'' = ''(\frac{M_6}{l})''_o - 0.24 \cdot ''R_1''$

절점	$''\left(\frac{M_6}{l}\right)''_o$	$-0.24 \cdot ''R_1''$	$''\frac{M_6}{l}''$
0⓪	0.00	0.0000	0.0000
1	0.04	−0.0692	−0.0292
2	0.08	−0.1333	−0.0533
3	0.12	−0.1875	−0.0675
4	0.16	−0.2266	−0.0666
5	0.20	−0.2458	−0.0458
6①	(0.24)	−0.2400	0.0000
7	0.18	−0.2063	−0.0263
8	0.12	−0.1500	−0.0300
9	0.06	−0.0784	−0.0184
10②	0.00	0.0000	0.0000

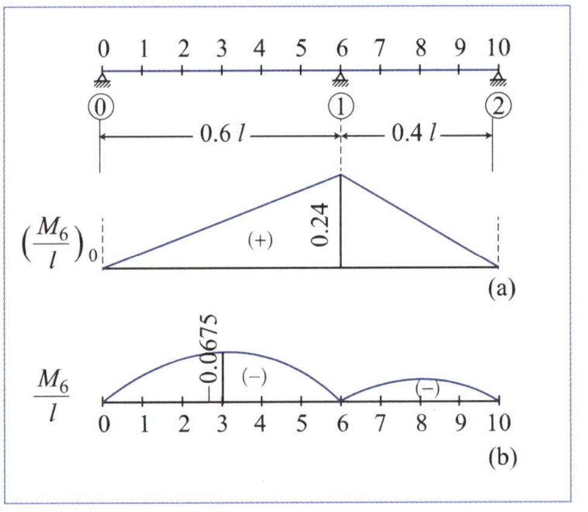

[그림 5.4.9] 절점 6의 휨모멘트영향선

$''\frac{M_6}{l}'' = ''(\frac{M_6}{l})''_o - 0.24 \cdot ''R_1''$

$''\frac{M_6}{l}''$의 영향선에서 절점 6에서 M_6는 다음과 같이 된다.

$$\frac{M_6}{l} = -0.0675 \Rightarrow \therefore M_6 = -0.0675\,l = -\frac{0.0675}{0.6} l_1 = -0.1125\,l_1$$

5.4.1.6 등분포하중이 만재된 경우의 단면력

영향선을 이용하여 연속보의 단면력을 구해보자. [그림 5.4.10]에 나타낸 전체지간이 l인 연속보의 중앙지점인 절점 ①의 지점반력 R_1을 부정정력으로 하고, 정정기본계의 절점 ①의 처짐을 $(\delta_1)_o$으로 하면 적합조건으로부터 다음과 같은 관계가 성립한다.

$$\delta_1 = (\delta_1)_o - R_1 \cdot \delta_{11} = 0$$

$$\therefore R_1 = \frac{(\delta_1)_o}{\delta_{11}} \tag{5.4.10}$$

여기서 $(\delta_1)_o$의 계산에는 다음과 같은 처짐식을 사용한다.

$$y = \frac{wl^4}{24EI}\left\{\left(\frac{x}{l}\right) - 2\left(\frac{x}{l}\right)^3 + \left(\frac{x}{l}\right)^4\right\} \tag{5.4.11}$$

$$\therefore\ y = (\delta_1)_0 = \frac{wl^4}{24EI}(0.6 - 2\times 0.6^3 + 0.6^4) = \frac{wl^4}{24EI}\times 0.2976$$

$$\delta_{11} = \frac{l^3}{6EI}\times 0.1152$$

$$R_1 = \frac{wl}{4}\times\frac{0.2976}{0.1152} = 0.64583\,wl$$

부정정력인 R_1의 값으로 각 절점의 단면력을 구한 것은 [표 5.4.8]과 같고, [그림 5.4.10]에 단면력을 나타내었다.

$$M_2 = 0.0283wl^2 = 0.0283\left(\frac{1}{0.6}\right)^2 wl_1^2 = 0.0786wl_1^2$$

$$M_6 = -0.0350wl^2 = -0.0350\left(\frac{1}{0.6}\right)^2 wl_1^2 = -0.0970wl^2$$

$$M_9 = 0.0063wl^2 = 0.0063\left(\frac{1}{0.4}\right)^2 wl_2^2 = 0.0394wl_2^2$$

$$S_0 = 0.2417wl = 0.2417\times\left(\frac{1}{0.6}\right)wl_1 = 0.4028wl_1$$

$$_lS_6 = -0.3583wl = -0.5972wl_1$$

[표 5.4.8] 단면력

절점	M	S
0	0.0000	$0.2417wl$
1	$0.0192wl^2$	
2	$0.0283wl^2$	
3	$0.0275wl^2$	
4	$0.0167wl^2$	
5	$-0.0042wl^2$	
6	$-0.0350wl^2$	$-0.3583wl$ / $+0.2875wl$
7	$-0.0113wl^2$	
8	$0.0025wl^2$	
9	$0.0063wl^2$	
10	0.0000	$-0.1125wl$

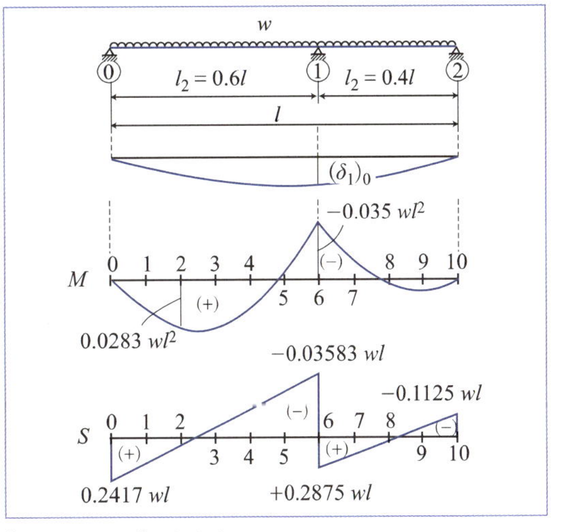

[그림 5.4.10] 단면력도

5.4.2 3경간연속교

[그림 5.2.10(a)]에 나타낸 3경간연속 보를 고려해 보자.

이 보는 2차부정정 이므로 2개의 부정정력을 갖는다. 우선 중간지점 B와 C가 없는 [그림 5.2.10(b)]와 같이 단순보를 기본계로 한다. 그림에 나타낸 바와 같이 2개의 부정정력은 중간지점 B의 수직반력 $X_1 = R_1$과 중간지점 C의 수직반력 $X_2 = R_2$를 선택하였다.

[그림 5.4.11]에 나타낸 바와 같이 $l_1 = l_3 = 0.3l$, $l_2 = 0.4l$인 경우에 영향선을 구해보자. 여기서 δ_{1m}은 식 (5.4.3)을 이용한다.

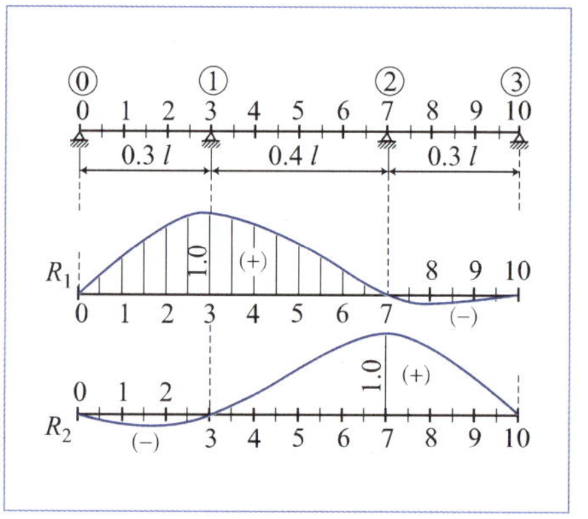

[그림 5.4.11] 3경간 연속교

$$x \leq a,\quad \delta_{1m} = y = \frac{Pl^3}{6EI}\left(\frac{b}{l}\right)\left(\frac{x}{l}\right)\left[1-\left(\frac{b}{l}\right)^2-\left(\frac{x}{l}\right)^2\right]$$

$$x' \leq b,\quad \delta_{1m} = y' = \frac{Pl^3}{6EI}\left(\frac{a}{l}\right)\left(\frac{x'}{l}\right)\left[1-\left(\frac{a}{\ell}\right)^2-\left(\frac{x'}{\ell}\right)^2\right]$$

$$\frac{a}{l}= 0.3\,,\quad \frac{b}{l}= 0.7$$

$$\frac{x}{l}\leqq 0.3\,,\quad y=(0.7)\left(\frac{x}{l}\right)\left\{1-0.49-\left(\frac{x}{l}\right)^2\right\}=0.7\left(\frac{x}{l}\right)\left\{0.51-\left(\frac{x}{l}\right)^2\right\}$$

$$\frac{x'}{l}\leqq 0.7\,,\quad y=(0.3)\left(\frac{x'}{l}\right)\left\{1-0.09-\left(\frac{x'}{l}\right)^2\right\}=0.3\left(\frac{x'}{l}\right)\left\{0.91-\left(\frac{x'}{l}\right)^2\right\}$$

5.4.2.1 반력 및 전단력영향선

지간의 전체길이 l을 10등분하여 δ_{1m}을 구한다. δ_{2m}은 δ_{1m}과 역대칭이므로 계산할 필요는 없다. 식 (5.2.26)을 이용하여 R_1을 구하는 과정을 [표 5.4.9]에 나타내었다. 이 식은 R_1과 R_2에 관한 2원 연립가상일방정식으로 상반법칙에 의해 $\delta_{21} = \delta_{12}$가 된다. 식 (5.2.25)의 좌변의 계수 행열을 $\begin{vmatrix}\delta_{11} & \delta_{21}\\ \delta_{12} & \delta_{22}\end{vmatrix} = D$로 하여 식을 풀면 다음과 같이 된다.

$$R_1 = \frac{P}{D}\begin{vmatrix}-\delta_{10} & \delta_{21}\\ -\delta_{20} & \delta_{22}\end{vmatrix} = P\left[-\frac{\delta_{22}}{D}\cdot\delta_{10}+\frac{\delta_{21}}{D}\cdot\delta_{20}\right]$$

$$R_2 = \frac{P}{D}\begin{vmatrix}\delta_{11} & -\delta_{10}\\ \delta_{12} & -\delta_{20}\end{vmatrix} = P\left[-\frac{\delta_{11}}{D}\cdot\delta_{20}+\frac{\delta_{12}}{D}\cdot\delta_{10}\right] \tag{5.4.12}$$

절점③ → $\delta_{1m} = 0.0882\dfrac{l^3}{6EI} = \delta_{11}$

절점⑦ → $\delta_{1m} = 0.0738\dfrac{l^3}{6EI} = \delta_{12}$

$$\therefore\ R_1 = \frac{\delta_{11}\delta_{1m} - \delta_{12}\delta_{2m}}{\delta_{11}^2 - \delta_{12}^2} = 37.808642 \cdot \delta_{1m} - 31.635802 \cdot \delta_{2m}$$

R_1와 R_2의 영향선의 계산과정을 [표 5.4.9]에 나타내었고 [그림 5.4.11]에 나타내었으며 서로 역대칭이다. 그리고 R_o영향선은 다음과 같이 계산된다.

$$_{\prime\prime}R_0^{\prime\prime} = {}_{\prime\prime}(R_0)_o^{\prime\prime} - 0.7 \cdot {}_{\prime\prime}R_1^{\prime\prime} - 0.3 \cdot {}_{\prime\prime}R_2^{\prime\prime}$$

위의 R_o영향선의 계산과정을 [표 5.4.10]에 나타내었고 영향선은 [그림 5.4.12(b)]에 나타내었다.

[표 5.4.9] $R_1 = 37.808642 \cdot \delta_{1m} - 31.635802 \cdot \delta_{2m}$

지점 절점	$\frac{x}{l}$	$\frac{x'}{l}$	δ_{1m}	δ_{2m}	R_1	R_2
0 ◎ 0	0.0		0.0000	0.0000	0.00000	0.00000
1	0.1		0.0350	0.0270	0.46914	−0.08642
2	0.2		0.0658	0.0552	0.89583	−0.12803
1 ◎ 3	0.3	0.7	0.0882	0.0738	1.00000	0.00000
4		0.6	0.0990	0.0900	0.89583	0.27083
5		0.5	0.0990	0.0990	0.01111	0.61111
6		0.4	0.0900	0.0990	0.27083	0.89583
2 ◎ 7		0.3	0.0738	0.0882	0.00000	1.00000
8		0.2	0.0522	0.0658	−0.10803	0.83640
9		0.1	0.0270	0.0350	−0.08642	0.46914
3 ◎ 10		0.0	0.0000	0.0000	0.00000	0.00000

그리고 전단력 영향선 $_{\prime\prime}S_{1.5}^{\prime\prime}$, $_{\prime\prime}S_{3l}^{\prime\prime}$, $_{\prime\prime}S_{3r}^{\prime\prime}$, $_{\prime\prime}S_5^{\prime\prime}$ 은 다음과 같이 계산된다.

$_{\prime\prime}S_{1.5}^{\prime\prime} = {}_{\prime\prime}(S_{1.5})_o^{\prime\prime} - 0.7\,{}_{\prime\prime}R_1^{\prime\prime} - 0.3\,{}_{\prime\prime}R_2^{\prime\prime}$

$_{\prime\prime}S_{3l}^{\prime\prime} = {}_{\prime\prime}(S_3)_o^{\prime\prime} - 0.7\,{}_{\prime\prime}R_1^{\prime\prime} - 0.3\,{}_{\prime\prime}R_2^{\prime\prime}$

$_{\prime\prime}S_{3r}^{\prime\prime} = {}_{\prime\prime}(S_3)_o^{\prime\prime} + 0.3\,{}_{\prime\prime}R_1^{\prime\prime} - 0.3\,{}_{\prime\prime}R_2^{\prime\prime}$

$_{\prime\prime}S_5^{\prime\prime} = {}_{\prime\prime}(S_5)_o^{\prime\prime} + 0.3\,{}_{\prime\prime}R_1^{\prime\prime} - 0.3\,{}_{\prime\prime}R_2^{\prime\prime}$

위의 영향선은 [그림 5.4.12(c)], [그림 5.4.13(b), (c), (d)]에 나타내었다.

[표 5.4.10] $_{''}R_0{}'' = {}_{''}(R_0)_o'' - 0.7 \cdot {}_{''}R_1{}'' - 0.3 \cdot {}_{''}R_2{}''$

지점 절점	$(R_0)_0$	$-0.7 \cdot R_1$	$-0.3 \cdot R_2$	R_0
⓪0	1.0	0.00000	0.00000	1.00000
1	0.9	−0.32832	0.02593	0.59761
2	0.8	−0.58549	0.03241	0.24692
①3	0.7	−0.70000	0.00000	0.00000
4	0.6	−0.62708	−0.08125	−0.10833
5	0.5	−0.42778	−0.18333	−0.11111
6	0.4	−0.18958	−0.26875	−0.05833
②7	0.3	0.00000	−0.30000	0.00000
8	0.2	+0.07562	−0.25093	0.02469
9	0.1	+0.60490	−0.14074	0.01975
③ 10	0.0	0.00000	0.00000	0.00000

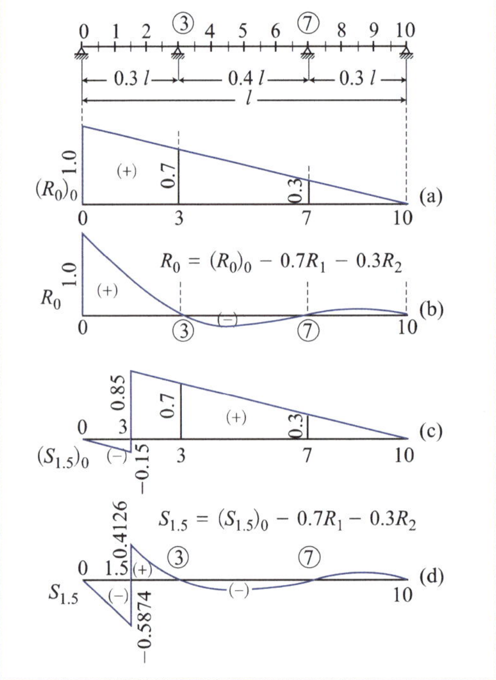

[그림 5.4.12]

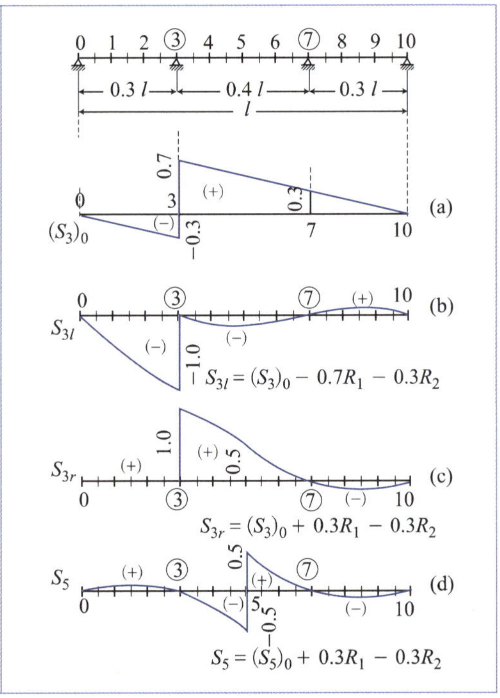

[그림 5.4.13]

5.4.2.2 휨모멘트영향선

휨모멘트영향선 $_{''}\dfrac{M_5{}''}{l}$, $_{''}\dfrac{M_3{}''}{l}$, $_{''}\dfrac{M_{1.5}{}''}{l}$ 은 다음과 같이 계산된다.

$$_{''}\frac{M_5{}''}{l} = {}_{''}\left(\frac{M_5}{l}\right)_o'' - 0.15 \cdot {}_{''}R_1{}'' - 0.15 \cdot {}_{''}R_2{}''$$

$$_{''}\frac{M_3''}{l} = {}_{''}\left(\frac{M_3}{l}\right)_o'' - 0.21 \cdot {}_{''}R_1'' - 0.09 \cdot {}_{''}R_2''$$

$$_{''}\frac{M_{1.5}''}{l} = {}_{''}\left(\frac{M_{1.5}}{l}\right)_o'' - 0.105 \cdot {}_{''}R_1'' - 0.045 \cdot {}_{''}R_2''$$

위의 영향선은 [그림 5.4.14(b),(d)], [그림 5.4.15]에 나타내었다. [그림 5.4.15]의 $_{''}\frac{M_{1.5}''}{l}$ 영향선에서 단위하중이 점 1.5에 작용할 때 모멘트는 다음과 같다.

$$M_{1.5} = 0.06199\,l = \frac{0.0619}{0.3}l_1 = 0.2063\,l_1$$

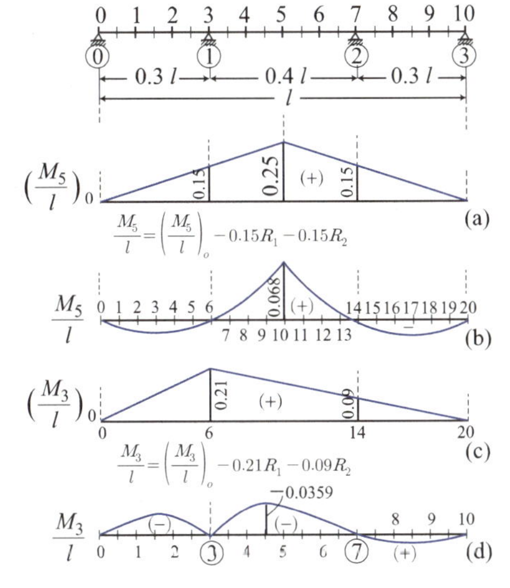

[그림 5.4.14] 휨모멘트영향선

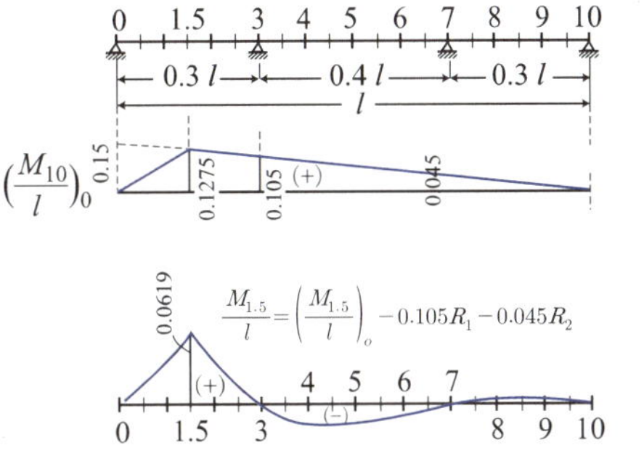

[그림 5.4.15] 휨모멘트영향선

5.5 연속교의 영향선의 종거표와 면적표의 사용법

5.5.1 부호

(a) 수직외력의 부호는 위에서 아래로 향한 것을 정(+)으로 한다.

(b) 어느 단면에 있어서의 휨모멘트 M의 부호는 [그림 5.5.1(a)]와 같이 주형의 상부플랜지에 압축, 하부플랜지에 인장을 발생시키게 하는 것을 정(+)으로 한다.

(c) 어느 단면에 있어서 전단력 Q의 부호는 [그림 5.5.1(b)]와 같이 주형의 단면의 좌측이 아래로, 우측이 위로 자르는 것과 같은 것을 정(+)으로 한다.

(d) 어느 지점에 있어서의 수직반력 R의 부호는 [그림 5.5.1(c)]와 같이 아래로부터 위로 향하는 것을 정(+)으로 한다.

(e) 주형의 수직변위 f의 부호는 [그림 5.5.1(d)]와 같이 위에서부터 아래로 향하는 것을 정(+)으로 한다.

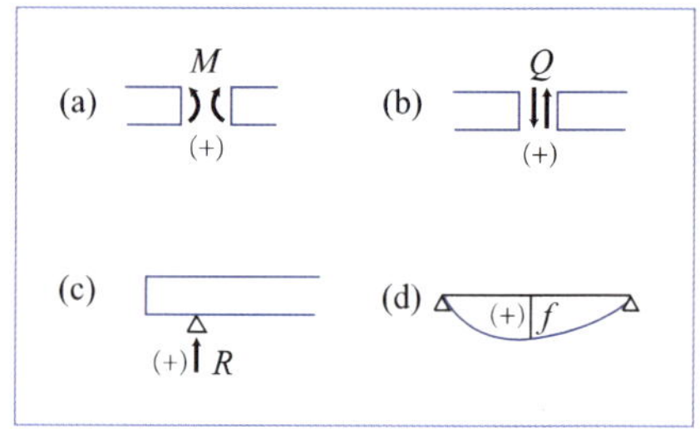

[그림 5.5.1]

[표 5.5.1] 휨모멘트 영향선 수치표

	휨모멘트															
	1	2	3	4	5	6	7	8	9	10	11	12	13	14	15	16
0	0.0000	0.0000	0.0000	0.0000	0.0000	0.0000	0.0000	0.0000	0.0000	0.0000	0.0000	0.0000	0.0000	0.0000	0.0000	0.0000
1	1.0599	0.8699	0.6798	0.4898	0.2997	0.1097	-0.0804	-0.2704	-0.2265	-0.1825	-0.1386	-0.0947	-0.0507	-0.0068	0.0372	0.0811
2	0.8731	1.7462	1.3693	0.9924	0.6156	0.2387	-0.1382	-0.5151	-0.4314	-0.3477	-0.2640	-0.1803	-0.0966	-0.0129	0.708	0.1545
3	0.6927	1.3854	2.0781	1,5209	0.9636	0.4063	-0.1510	-0.7083	-0.5932	-0.4781	-0.3630	-0.2479	-0.1328	-0.0177	0.0974	0.2125
4	0.5220	1.0440	1.5659	2.0879	1.3599	0.6319	-0.0962	-0.8242	-0.6902	-0.5563	-0.4224	-0.2885	-0.1545	-0.0206	0.1133	0.2473
5	0.3641	0.7282	1.0924	1.4565	1.8206	0.9347	0.0488	-0.8371	-0.7010	-0.5650	-0.4290	-0.2930	-0.1569	-0.0209	0.1151	0.2511
6	0.2224	0.4447	0.6671	0.8894	1.1118	1.3341	0.3065	-0.7212	-0.6040	-0.4868	-0.3696	-0.2524	-0.1352	-0.0180	0.0992	0.2163
7	0.0999	0.1998	0.2997	0.3996	0.4995	0.5995	0.6994	-0.4507	-0.3775	-0.3042	-0.2310	-0.1578	-0.0845	-0.0113	0.0620	0.1352
8	0.0000	0.0000	0.0000	0.0000	0.0000	0.0000	0.0000	0.0000	0.0000	0.0000	0.0000	0.0000	0.0000	0.0000	0.0000	0.0000
9	-0.1039	-0.2079	-0.3118	-0.4158	-0.5197	-0.6237	-0.7276	-0.8316	0.8750	0.7065	0.5380	0.3696	0.2011	0.0327	-0.1358	-0.3042
10	-0.1594	-0.3187	-0.4781	-0.6374	-0.7968	-0.9562	-1.1155	-1.2749	0.2067	1.6883	1.2949	0.9014	0.5080	0.1146	-0.2788	-0.6722
11	-0.1757	-0.3513	-0.5270	-0.7026	-0.8783	-1.0540	-1.2296	-1.4053	-0.1863	1.0326	2.2516	1.5956	0.9395	0.2835	-0.3726	-1.0286
12	-0.1623	-0.3245	-0.4868	-0.6490	-0.8113	-0.9736	-1.1358	-1.2981	-0.3606	0.5769	1.5144	2.4519	1.5144	0.5769	-0.3606	-1.2981
13	-0.1286	-0.2572	-0.3857	-0.5143	-0.6429	-0.7715	-0.9000	-1.0286	-0.3726	0.2835	0.9395	1.5956	2.2516	1.0326	-0.1863	-1.4053
14	-0.0840	-0.1681	-0.2521	-0.3361	-0.4201	-0.5042	-0.5882	-0.6722	-0.2788	0.1146	0.5080	0.9014	1.2949	1.6883	0.2067	-1.2749
15	-0.0380	-0.0761	-0.1141	-0.1521	-0.1901	-0.2282	-0.2662	-0.3042	-0.1358	0.0327	0.2011	0.3696	0.5380	0.7065	0.8750	-0.8316
16	0.0000	0.0000	0.0000	0.0000	0.0000	0.0000	0.0000	0.0000	0.0000	0.0000	0.0000	0.0000	0.0000	0.0000	0.0000	0.0000
17	0.0169	0.0338	0.0507	0.0676	0.0845	0.1014	0.1183	0.1352	0.0620	-0.0113	-0.0845	-0.1578	-0.2310	-0.3042	-0.3775	-0.4507
18	0.0270	0.0541	0.0811	0.1082	0.1352	0.1623	0.1893	0.2163	0.0992	-0.0180	-0.1352	-0.2524	-0.3696	-0.4868	-0.6040	-0.7212
19	0.0314	0.0628	0.0942	0.1256	0.1569	0.1883	0.2197	0.2511	0.1151	-0.0209	-0.1569	-0.2930	-0.4290	-0.5650	-0.7010	-0.8371
20	0.0309	0.0618	0.0927	0.1236	0.1545	0.1854	0.2163	0.2473	0.1133	-0.0206	-0.1545	-0.2885	-0.4224	-0.5563	-0.6902	-0.8242
21	0.0266	0.0531	0.0797	0.1062	0.1328	0.1594	0.1859	0.2125	0.0974	-0.0177	-0.1328	-0.2479	-0.3630	-0.4781	-0.5932	-0.7083
22	0.0193	0.0386	0.0579	0.0773	0.0966	0.1159	0.1352	0.1545	0.0708	-0.0129	-0.0966	-0.1803	-0.2640	-0.3477	-0.4314	-0.5151
23	0.0101	0.0203	0.0304	0.0406	0.0507	0.0608	0.0710	0.0811	0.0372	-0.0068	-0.0507	-0.0947	-0.1386	-0.1825	-0.2265	-0.2704
24	0.0000	0.0000	0.0000	0.0000	0.0000	0.0000	0.0000	0.0000	0.0000	0.0000	0.0000	0.0000	0.0000	0.0000	0.0000	0.0000
	$\times 10^{-1} l_1$															
	영향선면적															
1	0.4782	0.8001	0.9658	0.9753	0.8285	0.5255	0.0661	-0.5493	-0.4602	-0.3709	-0.2816	-0.1923	-0.1030	-0.0137	0.0755	0.1648
2	-0.1623	-0.3245	-0.4868	-0.6490	-0.8113	-0.9736	-1.1358	-1.2981	-0.0676	0.8113	1.3386	1.5144	1.3386	0.8113	-0.0676	-1.2981
3	0.0206	0.0412	0.0618	0.0824	0.1030	0.1236	0.1442	0.1648	0.0755	-0.0137	-0.1030	-0.1923	-0.2816	-0.3709	-0.4602	-0.5495
총	0.3365	0.5168	0.5409	0.4087	0.1202	-0.3245	-0.9255	-1.6827	-0.4522	0.4267	0.9540	1.1298	0.9540	0.4267	-0.4522	-1.6827
	$\times 10^{-1} l_1^2$															

5.5.2 휨모멘트 영향선

3경간연속교의 $l_1 + l_2 + l_3 = 1 : 1.5 : 1$의 휨모멘트 영향선의 수치표는 [표 5.5.1], 전단력 및 반력 영향선의 수치표는 [표 5.5.2], 수직처짐 영향선의 수치표는 [표 5.5.3]에 나타내었다.

[표 5.5.2] 전단력 및 반력 영향선 수치표

	전단력		반력	
	${}_{\ell}Q_B$	${}_{r}Q_B$	R_A	R_B
0	0.00000	0.00000	1.00000	0.00000
1	-0.15204	0.02344	0.84796	0.17548
2	-0.30151	0.04464	0.69849	0.34515
3	-0.44583	0.06138	0.55417	0.50721
4	-0.58242	0.07143	0.41758	0.65385
5	-0.70871	0.07254	0.29129	0.78125
6	-0.82212	0.06250	0.17788	0.88462
7	-0.92007	0.03906	0.07993	0.95913
8	-1.00000	1.00000	0.00000	1.00000
9	-0.08316	0.91016	-0.08316	0.99331
10	-0.12749	0.79018	-0.12749	0.91767
11	-0.14053	0.65011	-0.14053	0.79064
12	-0.12981	0.50000	-0.12981	0.62981
13	-0.10286	0.34989	-0.10286	0.45275
14	-0.06722	0.20982	-0.06722	0.27704
15	-0.03042	0.08984	-0.03042	0.12027
16	0.00000	0.00000	0.00000	0.00000
17	0.01352	-0.03906	0.01352	-0.05258
18	0.02163	-0.06250	0.02163	-0.08413
19	0.02511	-0.07254	0.02511	-0.09766
20	0.02473	-0.07143	0.02473	-0.09615
21	0.02125	-0.06138	0.02125	-0.08263
22	0.01545	-0.04464	0.01545	-0.06010
23	0.00811	-0.02344	0.00811	-0.03155
24	0.00000	0.00000	0.00000	0.00000
		× 1		
		영향선면적		
1	-0.55495	0.04762	0.44505	0.60256
2	-0.12981	0.75000	-0.12981	0.87981
3	0.01648	-0.04762	0.01648	-0.06410
	-0.66827	0.75000	0.33173	1.41827
		$\times\, l_1$		

[표 5.5.3] 수직처짐 영향선 수치표

	처짐														
	1	2	3	4	5	6	7	8	9	10	11	12	13	14	15
0	0.00000	0.00000	0.00000	0.00000	0.00000	0.00000	0.00000	0.00000	0.00000	0.00000	0.00000	0.00000	0.00000	0.00000	0.00000
1	0.34330	0.55354	0.62786	0.59595	0.48752	0.33225	0.15985	0.00000	-0.17054	-0.26145	-0.28819	-0.26621	-0.21095	-0.13786	-0.06239
2	0.55354	0.97066	1.14748	1.11035	0.91814	0.62976	0.30408	0.00000	-0.32484	-0.49801	-0.54894	-0.50706	-0.40180	-0.26259	-0.11884
3	0.62786	1.14748	1.45063	1.46162	1.23498	0.85778	0.41709	0.00000	-0.44665	-0.68476	-0.75479	-0.69721	-0.55248	-0.36105	-0.16341
4	1.59595	1.11035	1.46162	1.56822	1.38114	0.98157	0.48327	0.00000	-0.51974	-0.79681	-0.87830	-0.81130	-0.64288	-0.42014	-0.19015
5	0.48752	0.91814	1.23498	1.38114	1.29972	0.96639	0.48701	0.00000	-0.52786	-0.80926	-0.89203	-0.82397	-0.65293	-0.42670	-0.19312
6	0.33225	0.62976	0.85778	0.98157	0.96639	0.77749	0.41269	0.00000	-0.45477	-0.69721	-0.76851	-0.70989	-0.56252	-0.36762	-0.16638
7	0.15985	0.30408	0.41709	0.41709	0.48701	0.41269	0.24471	0.00000	-0.28423	-0.43576	-0.48032	-0.44368	-0.35158	-0.22976	-0.10399
8	0.00000	0.00000	0.00000	0.00000	0.00000	0.00000	0.00000	0.00000	0.00000	0.00000	0.00000	0.00000	0.00000	0.00000	0.00000
9	-0.17054	-0.32484	-0.44665	-0.51974	-0.52786	-0.45477	-0.28423	0.00000	0.56592	0.93410	1.05390	0.98454	0.78525	0.51525	0.23376
10	-0.26145	-0.49801	-0.68476	-0.79681	-0.80926	-0.69721	-0.43576	0.00000	0.93410	1.79554	2.17331	2.09585	1.70148	1.12851	0.51525
11	-0.28819	-0.54894	-0.75479	-0.87830	-0.89203	-0.76851	-0.48032	0.00000	1.05390	2.17331	2.92968	3.00434	2.51806	1.70148	0.78525
12	-0.26621	-0.50706	-0.69721	-0.81130	-0.82397	-0.70989	-0.44368	0.00000	0.98454	2.09585	3.00434	3.38041	3.00434	2.09585	0.98454
13	-0.21095	-0.40180	-0.55248	-0.64288	-0.65293	-0.56252	-0.35158	0.00000	0.78525	1.70148	2.51806	3.00434	2.92968	2.17331	1.05390
14	-0.13786	-0.26259	-0.36105	-0.42014	-0.42670	-0.36762	-0.22976	0.00000	0.51525	1.12851	1.70148	2.09585	2.17331	1.79554	0.93410
15	-0.06239	-0.11884	-0.16341	-0.19015	-0.19312	-0.16638	-0.10399	0.00000	0.23376	0.51525	0.78525	0.98454	1.05390	0.93410	0.56592
16	0.00000	0.00000	0.00000	0.00000	0.00000	0.00000	0.00000	0.00000	0.00000	0.00000	0.00000	0.00000	0.00000	0.00000	0.00000
17	0.02773	0.05282	0.07263	0.08451	0.08583	0.07395	0.04622	0.00000	-0.10399	-0.22976	-0.35158	-0.44368	-0.48032	-0.43576	-0.28423
18	0.04437	0.08451	0.11620	0.13522	0.13733	0.11831	0.07395	0.00000	-0.16638	-0.36762	-0.56252	-0.70989	-0.76851	-0.69721	-0.45477
19	0.05150	0.09809	0.13488	0.15695	0.15940	0.13733	0.08583	0.00000	-0.19312	-0.42670	-0.65293	-0.82397	-0.89203	-0.80926	-0.52786
20	0.05071	0.09658	0.13280	0.15453	0.15695	0.13522	0.08451	0.00000	-0.19015	-0.42014	-0.54288	-0.81130	-0.87830	-0.79681	-0.51974
21	0.04358	0.08300	0.11413	0.13280	0.13488	0.11620	0.07263	0.00000	-0.16341	-0.36105	-0.55248	-0.69721	-0.75479	-0.68476	-0.44665
22	0.03169	0.06036	0.08300	0.09658	0.09809	0.08451	0.05282	0.00000	-0.11884	-0.26259	-0.40180	-0.50706	-0.54894	-0.49801	-0.32484
23	0.01664	0.03169	0.04358	0.05071	0.05150	0.04437	0.02773	0.00000	-0.06239	-0.13786	-0.21095	-0.26621	-0.28819	-0.26145	-0.17054
24	0.00000	0.00000	0.00000	0.00000	0.00000	0.00000	0.00000	0.00000	0.00000	0.00000	0.00000	0.00000	0.00000	0.00000	0.00000
	$\times 10^{-2}\ \frac{l_1^3}{EI}$														
	영향선면적														
1	0.39289	0.71311	0.91033	0.95868	0.85667	0.62725	0.31777	0.00000	-0.34549	-0.53121	-0.58554	-0.54087	-0.42859	-0.28009	-0.12677
2	-0.26621	-0.50706	-0.69721	-0.81130	-0.82397	-0.70989	-0.44368	0.00000	0.96223	1.95852	2.67990	2.94096	2.67990	1.95852	0.96223
3	0.03380	0.06439	0.08853	0.10302	0.10463	0.09014	0.05634	0.00000	-0.12677	-0.28009	-0.42859	-0.54087	-0.58554	-0.53121	-0.34649
총	0.16049	0.27043	0.30165	0.25040	0.13733	0.00751	-0.06956	0.00000	0.48897	1.14723	1.66578	1.85922	1.66578	1.14723	0.48897
	$\times 10^{-2}\ \frac{l_1^4}{EI}$														

5.5.2.1 점 $x=(3/8)l_1$에서 휨모멘트 영향선 "$M_{(3/8)l_1}$"

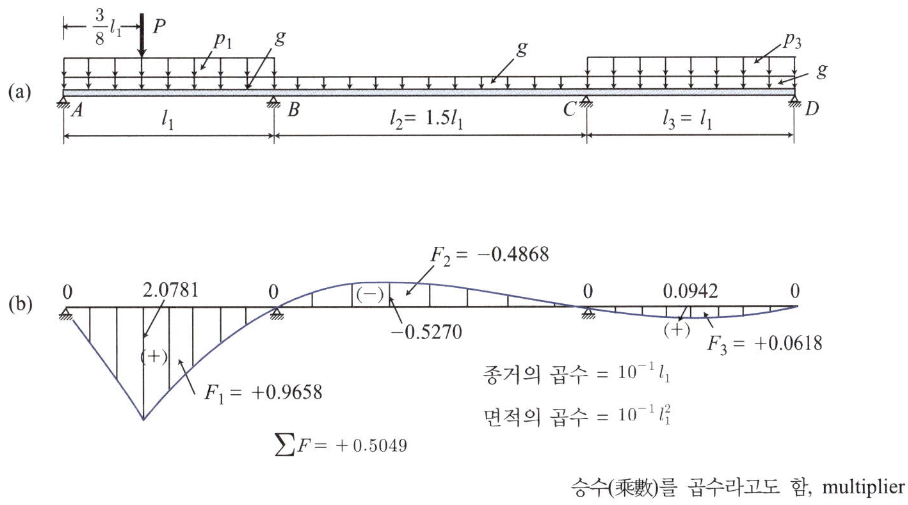

[그림 5.5.2] 점 $x=(3/8)l_1$에서의 휨모멘트 영향선 "$M_{(3/8)l_1}$"

[그림 5.5.2]의 3경간연속교에서 점 $x=(3/8)l_1$에서의 휨모멘트 영향선 "$M_{(3/8)l_1}$"을 그리려면 3경간연속교의 $l_1+l_2+l_3=1:1.5:1$의 휨모멘트의 수치표([표 5.5.1])의 점 3의 열의 수치를 종으로 취하여 이것을 그림으로 나타내면 [그림 5.5.2(b)]와 같이 된다. 이 연속교의 점 $x=(3/8)l_1$에서의 최대휨모멘트를 구하기 위해서는 [그림 5.5.1(a)]와 같이 하중을 작용시켜야 한다. 즉, 점 $x=(3/8)l_1$에서의 최대휨모멘트 $M_{(3/8)l_1}$은 [그림 5.5.1(b)]의 영향선종거(곱수는 $10^{-1}l_1$, 곱수를 승수라고도 함, multiplier) 및 영향선면적(곱수는 $10^{-1}l_1^2$)의 수치를 사용하면 다음과 같이 된다.

$$M_{\frac{3}{8}l_1}=2.0781\cdot P\times10^{-1}l_1+(0.9658\cdot p_1+0.0618\cdot p_3+0.5409\cdot g)\times10^{-1}l_1^2$$

예를 들면, $l_1=45\ \mathrm{m}$, $P=30{,}000\ \mathrm{kgf}$, $p_1=400\ \mathrm{kgf/m}$, $p_3=500\ \mathrm{kgf/m}$, $g=200\ \mathrm{kgf/m}$이라 하면, 최대휨모멘트 $M_{(3/8)l_1}$은 다음과 같이 된다.

$$\begin{aligned}M_{\frac{3}{8}l_1}&=2.0781\times10^{-1}l_1\cdot P+(0.9658\cdot p_1+0.0618\cdot p_3+0.5409\cdot g)\times10^{-1}l_1^2\\&=2.0781\times30{,}000\times10^{-1}\times45\\&\quad+(0.9658\times400+0.0618\times500+0.5409\times200)\times10^{-1}\times45^2\\&=386{,}937\ \mathrm{kgf\cdot m}\end{aligned}$$

5.5.2.2 점 $x=(5/8)l_2$에서 휨모멘트 영향선 〃$M_{(5/8)l_2}$〃

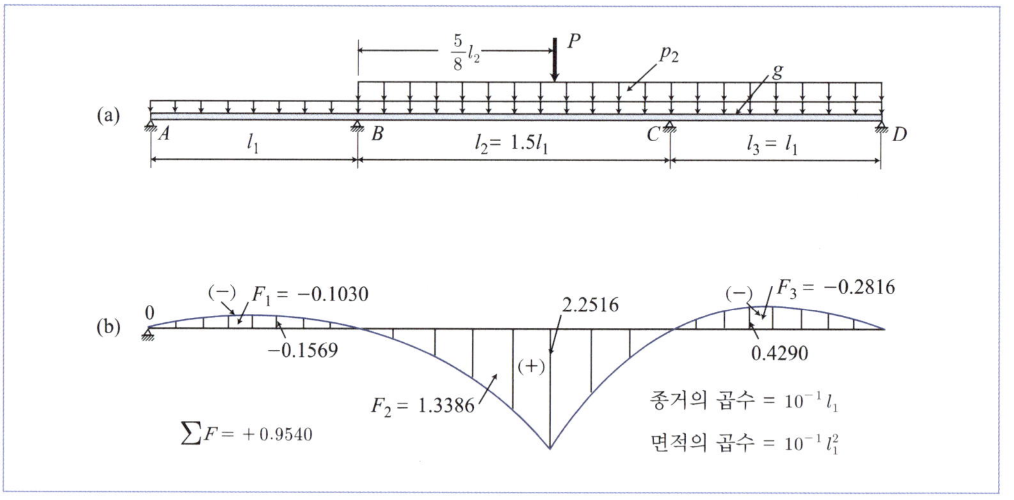

[그림 5.5.3] 점 $x=(5/8)l_2$에서의 휨모멘트 영향선 〃$M_{(5/8)l_2}$〃

[그림 5.5.3]의 3경간연속교에서 점 $x=(5/8)l_2$에서의 휨모멘트 영향선 〃$M_{(5/8)l_2}$〃을 그리려면 3경간연속교의 $l_1+l_2+l_3=1:1.5:1$의 휨모멘트의 수치표([표 5.5.1])의 점 13의 열의 수치를 종으로 취하여 이것을 그림으로 나타내면 [그림 5.5.3(b)]와 같이 된다. 이 연속교의 점 $x=(5/8)l_2$에서의 최대휨모멘트를 구하기 위해서는 [그림 5.5.3(a)]와 같이 하중을 작용시켜야 한다. 즉, 점 $x=(5/8)l_2$에서의 최대휨모멘트 $M_{(5/8)l_2}$은 [그림 5.5.3(b)]의 영향선종거(곱수는 $10^{-1}l_1$) 및 영향선면적(곱수는 $10^{-1}l_1^2$)의 수치를 사용하면 다음과 같이 된다.

$$M_{\frac{5}{8}l_1} = 2.2516 \cdot P \times 10^{-1}l_1 + (1.3386 \cdot p_2 + 0.9540 \cdot g) \times 10^{-1}l_1^2$$

예를 들면, $l_1 = 45\text{ m}$, $P = 30{,}000\text{ kgf}$, $p_2 = 300\text{ kgf/m}$, $g = 200\text{ kgf/m}$이라 하면, 최대휨모멘트 $M_{(5/8)l_2}$은 다음과 같이 된다.

$$\begin{aligned} M_{\frac{5}{8}l_2} &= 2.2516 \times 10^{-1}l_1 \cdot P + (1.3386 \cdot p_2 + 0.9540 \cdot g) \times 10^{-1}l_1^2 \\ &= 2.2516 \times 30{,}000 \times 10^{-1} \times 45 + (1.3386 \times 300 + 0.9540 \times 200) \times 10^{-1} \times 45^2 \\ &= 423{,}923\text{ kgf} \cdot \text{m} \end{aligned}$$

5.5.3 전단력 영향선

5.5.3.1 지점 B의 바로 좌측점의 전단력영향선 " $_lQ_B$"

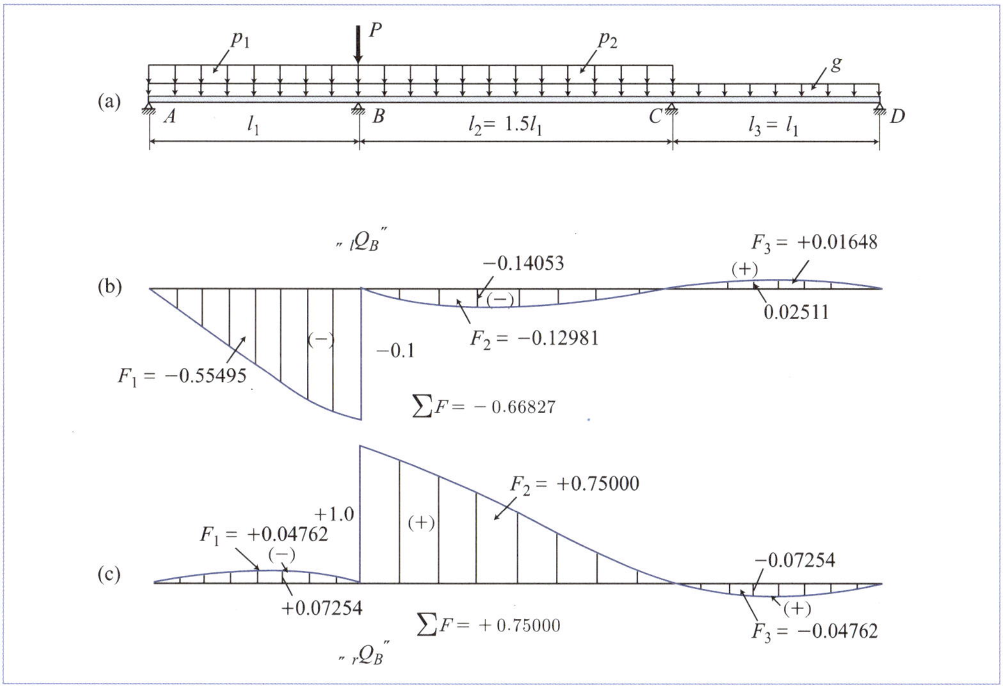

[그림 5.5.4] 지점 B의 좌우측점의 전단력 영향선 " $_lQ_B$"

[그림 5.5.4]의 3경간연속교에서 지점 B의 바로 좌측점의 전단력 영향선 " $_lQ_B$"을 그리려면 3경간연속교의 $l_1+l_2+l_3=1:1.5:1$의 전단력 $_lQ_B$의 영향선 수치표([표 5.5.2])의 열의 수치를 종으로 취하여 이것을 그림으로 나타내면 [그림 5.5.4(b)]와 같이 된다. 그리고 지점 B의 바로 우측점의 전단력 영향선 " $_rQ_B$"을 그리려면 3경간연속교의 $l_1+l_2+l_3=1:1.5:1$의 전단력 $_rQ_B$의 영향선 수치표([표 5.5.2])의 열의 수치를 종으로 취하여 이것을 그림으로 나타내면 [그림 5.5.4(c)]와 같이 된다.

이 연속교의 전단력을 구하기 위해서는 [그림 5.5.4(a)]와 같이 하중을 작용시켜야 한다. 즉, 지점 B의 바로 좌측점에 있어서 $_lQ_B$ 및 지점 B의 바로 우측의 점에서의 전단력 $_rQ_B$는 [그림 5.5.4(b)] 및 [그림 5.5.4(c)]의 영향선종거(곱수는 1) 및 영향선면적(곱수는 l_1)의 수치를 사용하면 다음과 같이 된다.

$$_lQ_B = -1.00000 \cdot P + (-0.55495 \cdot p_1 - 0.12981 \cdot p_2 - 0.66827 \cdot g)\, l_1$$

$$_rQ_B = +1.00000 \cdot P + (0.04762 \cdot p_1 + 0.75000 \cdot p_2 + 0.75000 \cdot g)\, l_1$$

예를 들면, $l_1 = 45\ \mathrm{m}$, $P = 30{,}000\ \mathrm{kgf}$, $p_1 = 400\ \mathrm{kgf/m}$, $p_2 = 300\ \mathrm{kgf/m}$, $g = 200\ \mathrm{kgf/m}$이라 하면, 최대전단력 ${}_lQ_B$ 및 ${}_rQ_B$은 다음과 같이 된다.

$$\begin{aligned} {}_lQ_B &= -1.00000 \times 30{,}000 + (-0.55495 \times 400 - 0.12981 \times 300 - 0.66827 \times 200) \times 45 \\ &= -47{,}756\ \mathrm{kgf} \end{aligned}$$

$$\begin{aligned} {}_rQ_B &= +1.00000 \times 30{,}000 + (0.04762 \times 400 + 0.75000 \times 300 + 0.75000 \times 200) \times 45 \\ &= +47{,}732\ \mathrm{kgf} \end{aligned}$$

5.5.3.2 점 $x = (3/8)l_1$에서의 전단력 영향선 ″$Q_{(3/8)l_1}$″

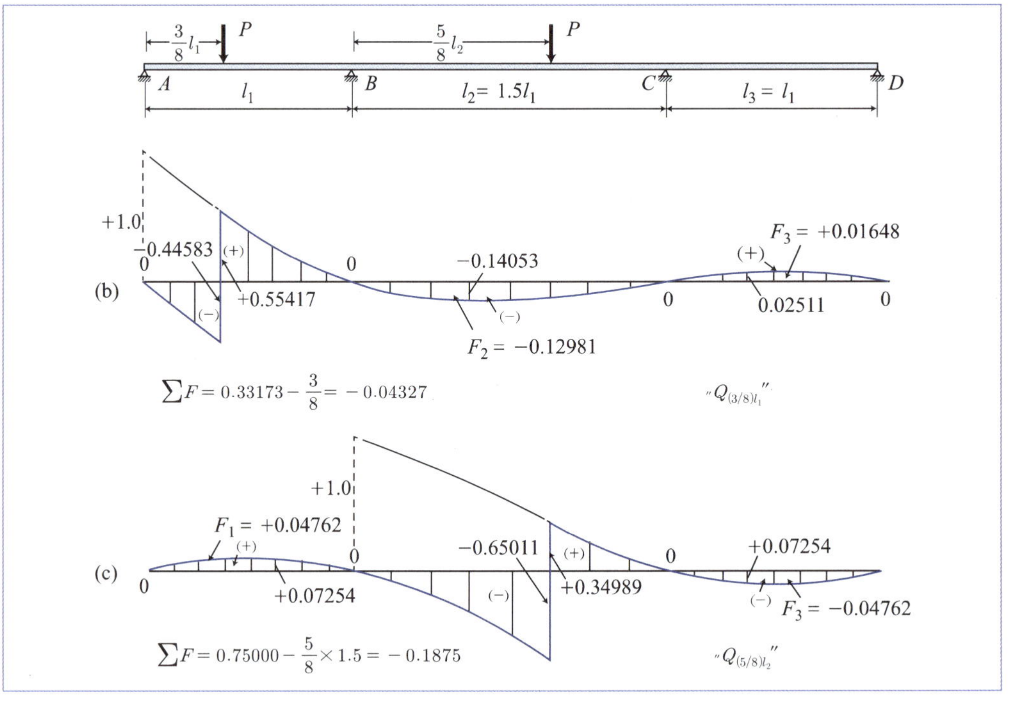

[그림 5.5.5] 점 $x = (3/8)l_1$과 점 $x = (5/8)l_2$에서의 전단력 영향선

[그림 5.5.5]의 3경간연속교에서 점 $x = (3/8)l_1$에서의 전단력 영향선 ″$Q_{(3/8)l_1}$″을 그리려면 3경간연속교의 $l_1 + l_2 + l_3 = 1:1.5:1$의 전단력의 수치표([표 5.5.2])의 지점 A의 반력 R_A의 수치를 취하여 ″R_A″를 먼저 그리고 점 0에서부터 점 $x = (3/8)l_1$까지의 구간은 이 ″R_A″에서 1.0을 제하고 그리면 구하려는 ″$Q_{(3/8)l_1}$″으로서 [그림 5.5.5(b)]와 같이 된다. 그리고 점 $x = (5/8)l_2$에서의 전단력 영향선 ″$Q_{(5/8)l_2}$″을 그리려면 3경간연속교의 $l_1 + l_2 + l_3 = 1:1.5:1$의 전단력의 수치표([표 5.5.2])의 지점 B의 바로 우측에 있어서의 전단력 영향선 ″${}_rQ_B$″를 먼저 그리고 점 B에서부터 점 $x = (5/8)l_2$까지의 구간은 이 ″${}_rQ_B$″에서 1.0을 제하고 그리면 구하려는 ″$Q_{(5/8)l_2}$″으로서 [그림 5.5.5(c)]와 같이 된다.

5.5.4 반력 영향선

5.5.4.1 지점 A의 반력 영향선 „ R_A"

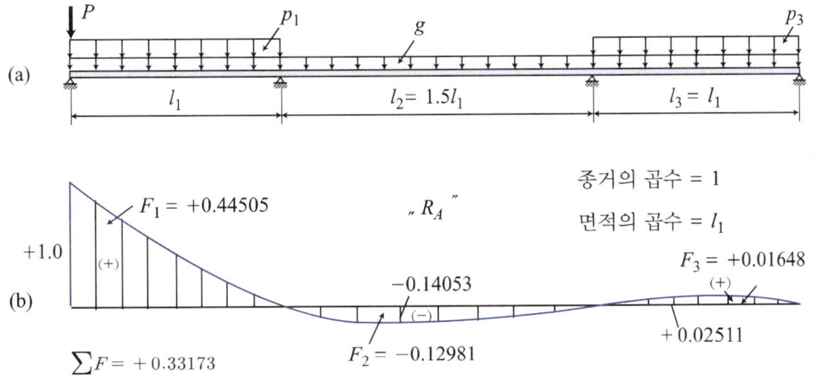

[그림 5.5.6] 지점 A의 반력 영향선 „ R_A"

[그림 5.5.6]의 3경간연속교에서 지점 A의 반력 영향선 „ R_A" (또는 지점 A의 바로 우측에서의 전단력 영향선 „$_r Q_B$")을 그리려면 3경간연속교의 $l_1 + l_2 + l_3 = 1:1.5:1$의 반력 R_A의 수치표([표 5.5.2])의 열의 수치를 종으로 취하여 이것을 그림으로 나타내면 [그림 5.5.6(b)]와 같이 된다. 여기서 지점 A의 반력을 구하기 위해서는 [그림 5.5.6(a)]와 같이 하중을 작용시켜야 한다. 지점 A의 반력 R_A는 [그림 5.5.6(b)]의 영향선종거(곱수는 1) 및 영향선면적(곱수는 l_1)의 수치를 사용하면 다음과 같이 된다.

$$R_A = 1.00000 \cdot P + (0.44505 \cdot p_1 + 0.01648 \cdot p_3 + 0.33173 \cdot g)\, l_1$$

예를 들면, $l_1 = 45\ \text{m}$, $P = 30{,}000\ \text{kgf}$, $p_1 = 400\ \text{kgf/m}$, $p_3 = 500\ \text{kgf/m}$, $g = 200\ \text{kgf/m}$이라 하면, 최대반력 R_A는 다음과 같이 된다.

$$R_A = 1.00000 \times 30{,}000 + (0.44505 \times 400 + 0.01648 \times 500 + 0.33173 \times 200) \times 45$$

$$= 41{,}367\ \text{kgf}$$

5.5.4.2 지점 B의 반력 영향선 „ R_B"

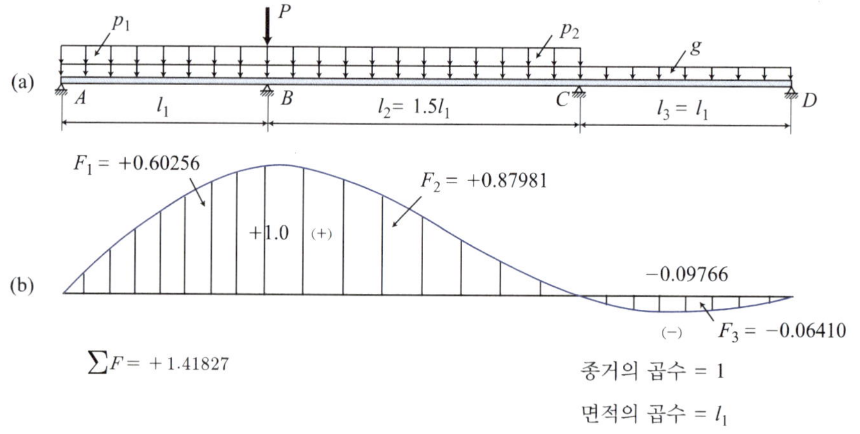

[그림 5.5.7] 지점 B의 반력 영향선 „ R_B"

[그림 5.5.7]의 3경간연속교에서 지점 B의 반력 영향선 „ R_B" 을 그리려면 3경간연속교의 $l_1 + l_2 + l_3 = 1 : 1.5 : 1$의 반력 R_B의 수치표([표 5.5.2])의 열의 수치를 종으로 취하여 이것을 그림으로 나타내면 [그림 5.5.7(b)]와 같이 된다. 여기서 지점 B의 반력을 구하기 위해서는 [그림 5.5.7(a)]와 같이 하중을 작용시켜야 한다. 지점 B의 반력 R_B는 [그림 5.5.7(b)] 의 영향선 종거(곱수는 1) 및 영향선면적(곱수는 l_1)의 수치를 사용하면 다음과 같이 된다.

$$R_B = 1.00000 \cdot P + (0.60256 \cdot p_1 + 0.87981 \cdot p_2 + 1.41827 \cdot g)\, l_1$$

예를 들면, $l_1 = 45\ \text{m}$, $P = 30{,}000\ \text{kgf}$, $p_1 = 400\ \text{kgf/m}$, $p_2 = 300\ \text{kgf/m}$, $g = 200\ \text{kgf/m}$이라 하면, 최대반력 R_A는 다음과 같이 된다.

$$R_B = 1.00000 \times 30{,}000 + (0.60256 \times 400 + 0.87981 \times 300 + 1.41827 \times 200) \times 45$$

$$= 65{,}488\ \text{kgf}$$

5.5.5 처짐 영향선

5.5.5.1 점 $x=(3/8)l_1$에서의 수직처짐 영향선 〃 $f_{(3/8)l_1}$″

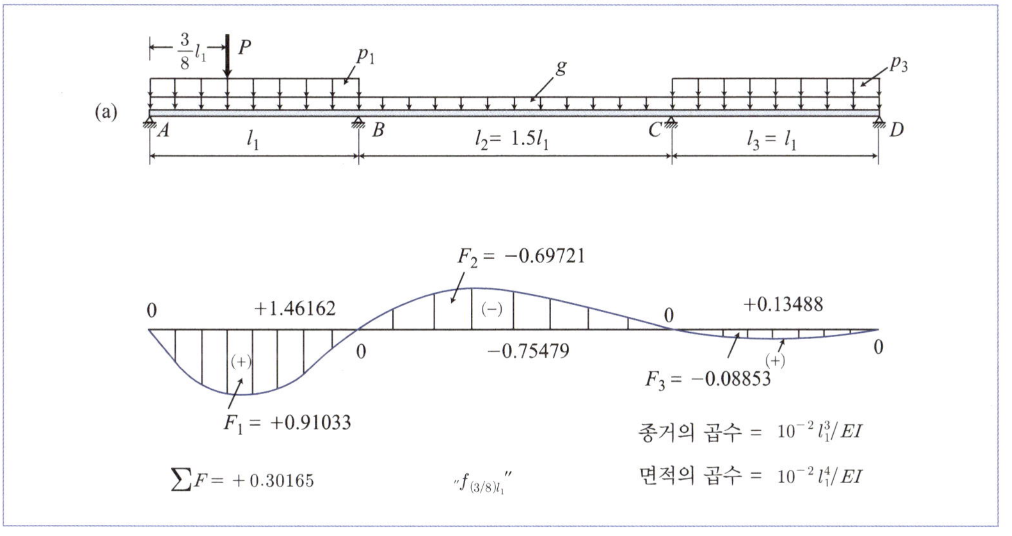

[그림 5.5.8] 점 $x=(3/8)l_1$에서의 수직처짐 영향선 〃$f_{(3/8)l_1}$″

[그림 5.5.8]의 3경간연속교에서 점 $x=(3/8)l_1$에서의 수직처짐 영향선 〃 $f_{(3/8)l_1}$″ 을 그리려면 3경간연속교의 $l_1+l_2+l_3=1:1.5:1$의 처짐의 수치표([표 5.5.3])의 점 3의 열의 수치를 종으로 취하여 이것을 그림으로 나타내면 [그림 5.5.8(b)]와 같이 된다. 이 연속교의 점 $x=(3/8)l_1$에서의 최대 수직처짐을 구하기 위해서는 [그림 5.5.8(a)]와 같이 하중을 작용시켜야 한다. 즉, 점 $x=(3/8)l_1$에서의 최대수직처짐 $f_{(3/8)l_1}$은 [그림 5.5.8(b)]의 영향선종거(곱수는 $10^{-2}l_1^3/EI$) 및 영향선면적(곱수는 $10^{-2}l_1^4 EI$)의 수치를 사용하면 다음과 같이 된다.

$$f_{\frac{3}{8}l_1} = 1.45063\times10^{-2}(l_1^3/EI)\cdot P + (0.91033\cdot p_1+0.08853\cdot p_3+0.30165\cdot g)\times10^{-2}(l_1^4/EI)$$

예를 들면, $l_1=4{,}500\text{ cm}$, $E=2.1\times10^6\text{ kgf/cm}^2$, $I=4\times10^6\text{ cm}^4$, $P=30{,}000\text{ kgf}$, $p_1=4\text{ kgf/cm}$, $p_3=5\text{ kgf/cm}$, $g=20\text{ kgf/cm}$이라 하면, 점 $x=(3/8)l_1$에서 최대수직처짐 $f_{(3/8)l_1}$은 다음과 같이 된다.

$$f_{(3/8)l_1}=[1.45063\times30{,}000+(0.91033\times4+0.08853\times5+0.30165\times20)\times4{,}500]\times10^{-2}\times\frac{4{,}500^3}{(2.1\times10^6)\times(4\times10^6)} = 9.66\text{ cm}$$

5.5.5.2 점 $x=(5/8)l_2$에서의 수직처짐 영향선 〃 $f_{(5/8)l_2}$″

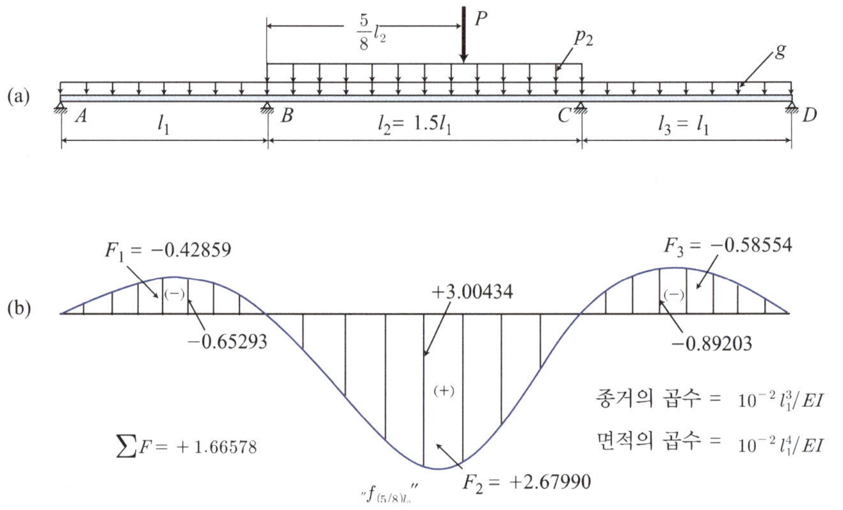

[그림 5.5.9] 점 $x=(5/8)l_2$에서의 수직처짐 영향선 〃 $f_{(5/8)l_2}$″

[그림 5.5.9(a)]의 3경간연속교에서 점 $x=(5/8)l_2$에서의 수직처짐 영향선 〃 $f_{(5/8)l_2}$″ 을 그리려면 3경간연속교의 $l_1+l_2+l_3=1:1.5:1$의 수직처짐의 수치표([표 5.5.3])의 점 13의 열의 수치를 종으로 취하여 이것을 그림으로 나타내면 [그림 5.5.9(b)]와 같이 된다.

이 연속교의 점 $x=(5/8)l_2$에서의 최대 수직처짐을 구하기 위해서는 [그림 5.5.9(a)]와 같이 하중을 작용시켜야 한다. 즉, 점 $x=(5/8)l_2$에서의 최대수직처짐 $f_{(5/8)l_2}$은 [그림 5.5.9(b)]의 영향선종거(곱수는 $10^{-2}l_1^3/EI$) 및 영향선면적(곱수는 $10^{-2}l_1^4/EI$)의 수치를 사용하면 다음과 같이 된다.

$$f_{\frac{5}{8}l_1}=2.92968\times10^{-2}\frac{l_1^3}{EI}\cdot P+(2.67990\cdot p_2+1.66578\cdot g)\times10^{-2}\frac{l_1^4}{EI}$$

예를 들면, $l_1=4,500\text{ cm}$, $E=2.1\times10^6\text{ kgf/cm}^2$, $I=4\times10^6\text{ cm}^4$, $P=30,000\text{ kgf}$, $p_2=3\text{ kgf/cm}$, $g=20\text{ kgf/cm}$이라 하면, 최대수직처짐 $f_{(5/8)l_2}$은 다음과 같이 된다.

$$f_{\frac{5}{8}l_2}=[2.92968\times30,000+(2.57578\times3+1.66578\times20)\times4,500]\times10^{-2}$$
$$\times\frac{4,500^3}{(2.1\times10^6)\times(4\times10^6)}=29.57\text{ cm}$$

5.5.6 휨모멘트도

5.5.6.1 점 $x=(3/8)l_1$에서 휨모멘트도

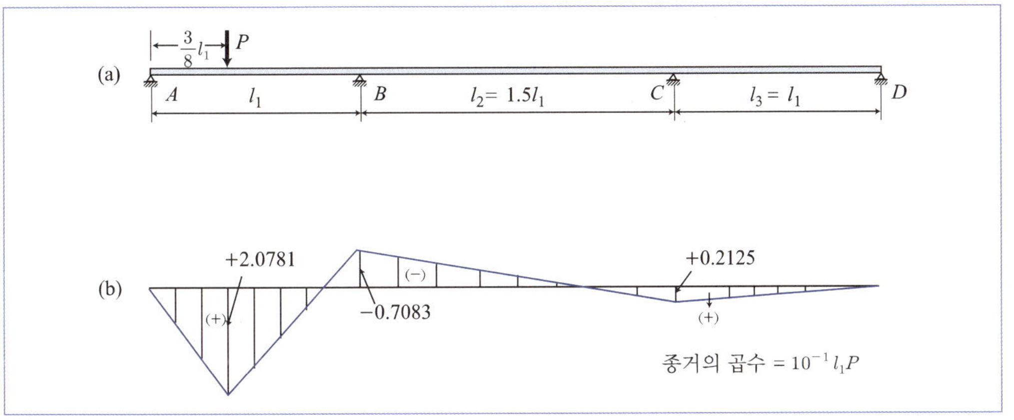

[그림 5.5.10] 점 $x=(3/8)l_1$에서 힘 P가 작용시 휨모멘트도

[그림 5.5.10]의 3경간연속교에서 점 $x=(3/8)l_1$에서 힘 P가 정지하여 작용하였을 때의 연속보의 휨모멘트도를 그리려면, 3경간연속교의 $l_1+l_2+l_3=1:1.5:1$의 휨모멘트의 수치표([표 5.5.1])의 점 3의 행의 수치를 좌측에서 우측으로 취하여 점 12의 열인 곳의 수치 -0.2479까지 가면 거기서부터 점 21열인 곳의 수치 -0.2479로 뛰고, 다시 그대로 점 21행의 수치를 우측에서 좌측으로 취하여 이것을 그림으로 나타내면 [그림 5.5.10(b)]와 같이 된다. 이 그림의 종거의 곱수는 $10^{-1}l_1P$이다. 예를 들면 $l_1=45\text{ m}$, $P=30{,}000\text{ kgf}$이라 하면 [그림 6.4.83(b)]의 P의 새하점의 휨모넨트 $M_{(3/8)l_1}$은 다음과 같다.

$$M_{\frac{3}{8}l_1}=2.0781\times10^{-1}l_1P=2.0781\times10^{-1}\times45\times30{,}000=280{,}544\text{ kgf}\cdot\text{m}$$

5.5.6.2 점 $x=(5/8)l_2$에서 휨모멘트도

[그림 5.5.11]의 3경간연속교에서 점 $x=(5/8)l_2$에서 힘 P가 정지하여 작용하였을 때의 연속보의 휨모멘트도를 그리려면, 3경간연속교의 $l_1+l_2+l_3=1:1.5:1$의 휨모멘트의 수치표([표 5.5.1])의 점 13의 행의 수치를 좌측에서 우측으로 취하여 점 12의 열인 곳의 수치 1.5956까지 가면 거기서부터 점 11의 행인 점 12의 열인 곳의 수치 1.5956로 뛰고, 다시 그대로 점 11인 행의 수치를 우측에서 좌측으로 취하여 이것을 그림으로 나타내면 [그림 5.5.11(b)]와 같이 된다. 이 그림의 종거의 곱수는 $10^{-1}l_1P$이다.

예를 들면 $l_1=45\text{ m}$, $P=30{,}000\text{ kgf}$이라 하면 [그림 5.5.11(b)]의 P의 재하점의 휨모멘트

$M_{(5/8)l_2}$은 다음과 같다.

$$M_{\frac{5}{8}l_2} = 2.2516 \times 10^{-1} l_1 P = 2.2516 \times 10^{-1} \times 45 \times 30,000 = 303,966 \text{ kgf} \cdot \text{m}$$

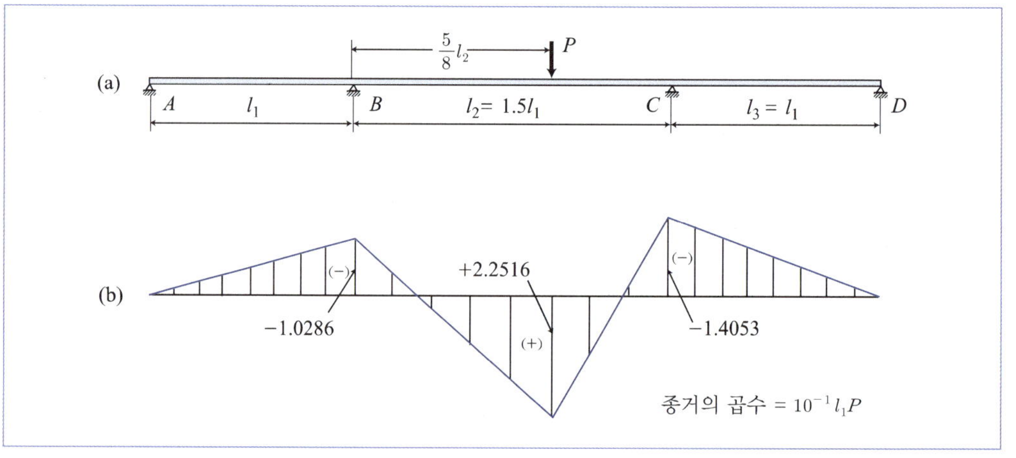

[그림 5.5.11] 점 $x=(5/8)l_2$에서 힘 P가 작용시 휨모멘트도

5.5.6.3 지간 l_1에 등분포하중 p_1가 작용시 휨모멘트도

[그림 5.5.12]의 3경간연속교에서 지간 l_1에 등분포하중 p_1가 작용하였을 때의 연속보의 휨모멘트도를 그리려면, 3경간연속교의 $l_1+l_2+l_3=1:1.5:1$의 휨모멘트의 영향선면적 수치표([표 5.5.1]) 제1경간 수치를 좌측에서 우측으로 취하여 점 12의 열인 곳의 수치 -0.1923인 곳에서 제3경간의 점 12의 수치 -0.1923으로 뛰고, 거기서 제3경간의 수치를 우측에서 좌측으로 취하여 이것을 그림으로 나타내면 [그림 5.5.12(b)]와 같이 된다. 이 그림의 종거의 곱수는 $10^{-1}\ l_1^2 p_1$이다. 예를 들면 $l_1=45$ m, $p_1=400$ kgf/m이라 하면 [그림 5.5.12(b)]의

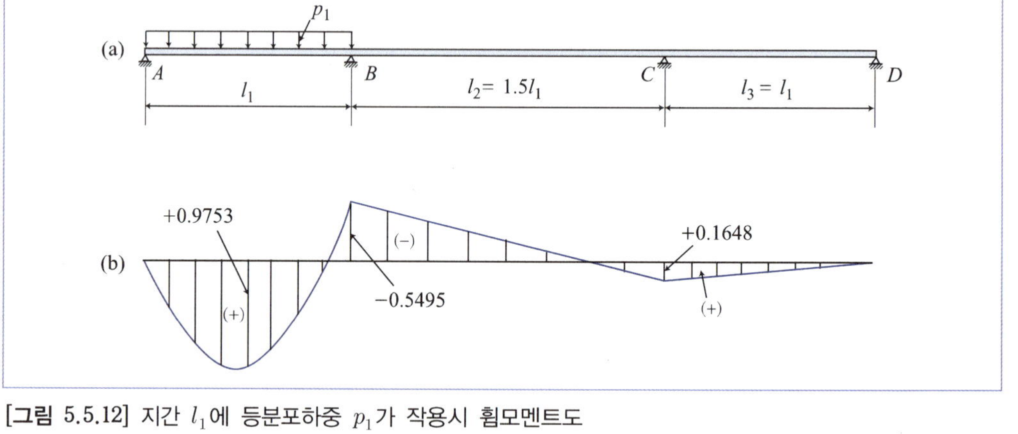

[그림 5.5.12] 지간 l_1에 등분포하중 p_1가 작용시 휨모멘트도

점 $\frac{4}{8}l_1$의 휨모멘트 $M_{(4/8)l_1}$은 다음과 같다.

$$M_{\frac{4}{8}l_1} = 0.9753 \times 10^{-1}\, l_1^2\, p_1 = 0.9753 \times 10^{-1} \times 45^2 \times 400 = 78{,}999\ \mathrm{kgf \cdot m}$$

5.5.6.4 지간 l_2에 등분포하중 p_2가 작용시 휨모멘트도

[그림 5.5.13]의 3경간연속교에서 지간 l_2에 등분포하중 p_2가 작용하였을 때의 연속보의 휨모멘트도를 그리려면, 3경간연속교의 $l_1 + l_2 + l_3 = 1 : 1.5 : 1$의 휨모멘트의 영향선면적 수치표([표 5.5.1]) 제2경간 수치를 좌측에서 우측으로 취하여 점 12의 열인 곳의 수치 1.5144인 곳에서 거기서 되돌려 수치를 우측에서 좌측으로 취하여 이것을 그림으로 나타내면 [그림 5.5.13(b)]와 같이 된다. 이 그림의 종거의 곱수는 $10^{-1}\, l_1^2\, p_2$이다. 예를 들면 $l_1 = 45\ \mathrm{m}$, $p_2 = 300\ \mathrm{kgf/m}$이라 하면 [그림 5.5.13(b)]의 점 B의 휨모멘트 M_B은 다음과 같다.

$$M_B = -1.2981 \times 10^{-1}\, l_1^2\, p_2 = -1.2981 \times 10^{-1} \times 45^2 \times 300 = -78{,}860\ \mathrm{kgf \cdot m}$$

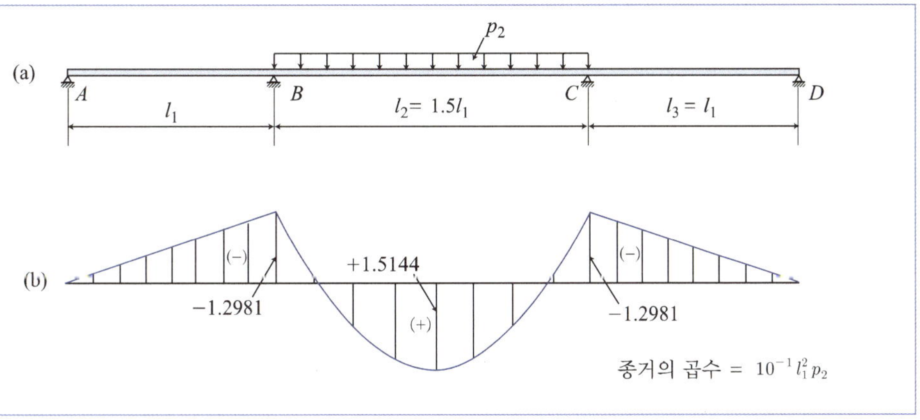

[그림 5.5.13] 지간 l_2에 등분포하중 p_2가 작용시 휨모멘트도

5.5.6.5 전지간에 등분포하중 g가 작용시 휨모멘트도

[그림 5.5.14]의 3경간연속교에서 전지간에 등분포하중 g가 작용하였을 때의 연속보의 휨모멘트도를 그리려면, 3경간연속교의 $l_1 + l_2 + l_3 = 1 : 1.5 : 1$의 휨모멘트의 영향선면적 수치표([표 5.5.1]) 전경간 수치를 좌측에서 우측으로 취하여 점 12의 열인 곳의 수치 1.1298인 곳에서 거기서 되돌려 수치를 우측에서 좌측으로 취하여 이것을 그림으로 나타내면 [그림 5.5.14(b)]와 같이 된다. 이 그림의 종거의 곱수는 $10^{-1}\, l_1^2\, g$이다. 예를 들면 $l_1 = 45\ \mathrm{m}$, $g = 200\ \mathrm{kgf/m}$이라 하면 [그림 5.5.14(b)]의 점 $x = (3/8)l_1$에서의 휨모멘트 $M_{(3/8)l_1}$은 다음

과 같다.

$$M_{\frac{3}{8}l_1} = 0.5409 \times 10^{-1}\, l_1^2\, g = 0.5409 \times 10^{-1} \times 45^2 \times 200 = 21,906\ \mathrm{kgf \cdot m}$$

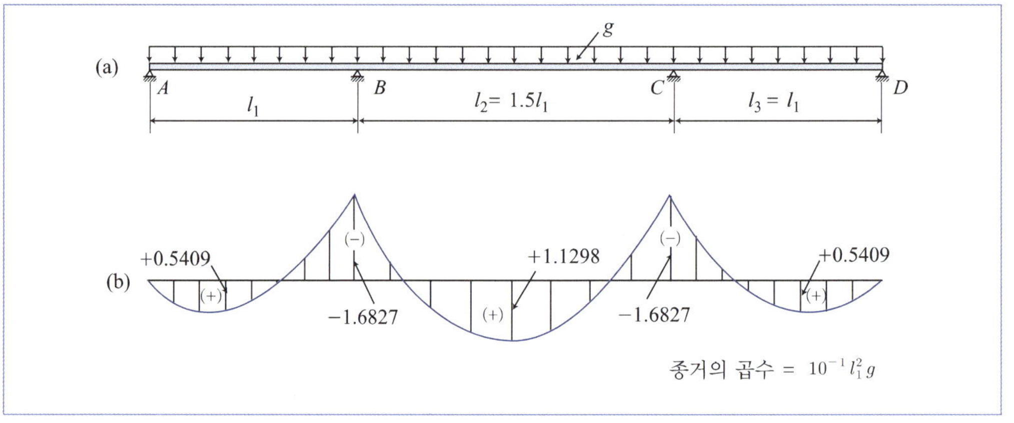

[그림 5.5.14] 전지간에 등분포하중 g가 작용시 휨모멘트도

5.5.7 반력과 전단력도

5.5.7.1 점 $x=(3/8)l_1$에서 전단력도

[그림 5.5.15]의 3경간연속교에서 점 $x=(3/8)l_1$에 P가 정지하여 작용하였을 때의 전단력도를 그리려면, 3경간연속교의 $l_1+l_2+l_3=1:1.5:1$의 반력 R_A, R_B의 수치표([표 5.5.1])에 의하여 $R_A=0.55417$(R_A의 점 3의 수치), $R_B=0.50721$(R_B의 점 3의 수치), $R_C=-0.08263$(R_B의 점 21의 수치), $R_D=0.02125$(R_A의 점 21의 수치)를 취하여 이것을 [그림 5.5.15(a)]에 먼저 그려 넣어 준다. 여기에서 곱수는 P이다. 이것에 의하여 전단력도는 [그림 5.5.15(b)]와 같이 그릴 수 있다.

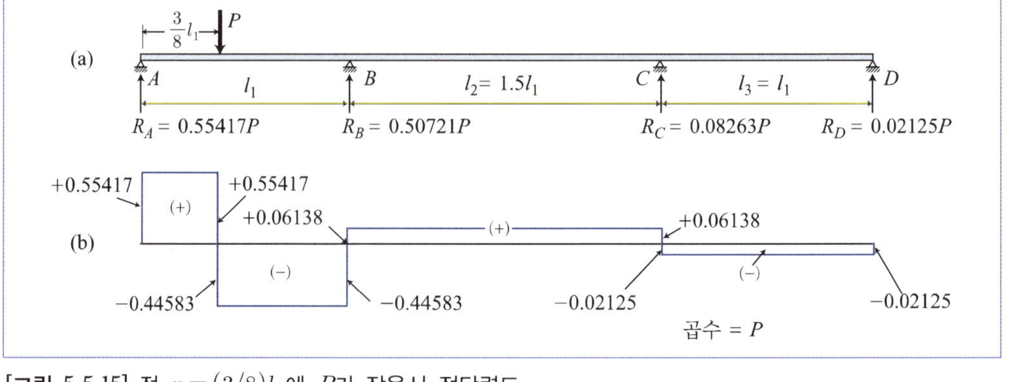

[그림 5.5.15] 점 $x=(3/8)l_1$에 P가 작용시 전단력도

또는 지점 B의 바로 좌측의 전단력 ${}_lQ_B$ 및 지점 B의 바로 우측의 전단력 ${}_rQ_B$는 전단력 ${}_lQ_B$, ${}_rQ_B$의 수치표의 점 3에 있어서의 수치 ${}_lQ_B = -0.44583$, ${}_rQ_B = 0.06138$을 취하고, 그리고 지점 C의 바로 좌측의 전단력 ${}_lQ_C$ 및 지점 C의 바로 우측의 전단력 ${}_rQ_C$는 전단력 ${}_rQ_B$, ${}_lQ_B$의 점 21의 수치의 부호를 바꾸어 ${}_lQ_C = +0.06138$, ${}_rQ_C = -0.02125$로 하여 [그림 5.5.15(b)]를 그릴 수도 있다. 여기에서 곱수는 P이다.

5.5.7.2 점 $x = (5/8)l_2$에서 전단력도

[그림 5.5.16]의 3경간연속교에서 점 $x = (5/8)l_2$에 P가 정지하여 작용하였을 때의 전단력도을 그리려면, 3경간연속교의 $l_1 + l_2 + l_3 = 1 : 1.5 : 1$의 반력 R_A, R_B의 수치표([표 5.5.2])에 의하여 $R_A = -0.10286$(R_A의 점 13의 수치), $R_B = 0.45275$(R_B의 점 13의 수치), $R_C = 0.79064$(R_B의 점 11의 수치), $R_D = -0.14053$(R_A의 점 11의 수치)를 취하여 이것을 [그림 5.5.16(a)]에 먼저 그려 넣어 준다. 여기에서 곱수는 P이다. 이것에 의하여 전단력도는 [그림 5.5.16(b)]와 같이 그릴 수 있다.

또는 지점 B의 바로 좌측의 전단력 ${}_lQ_B$ 및 지점 B의 바로 우측의 전단력 ${}_rQ_B$는 전단력 ${}_lQ_B$, ${}_rQ_B$의 수치표의 점 13에 있어서의 수치 ${}_lQ_B = -0.10286$, ${}_rQ_B = 0.34989$을 취하고, 그리고 지점 C의 바로 좌측의 전단력 ${}_lQ_C$ 및 지점 C의 바로 우측의 전단력 ${}_rQ_C$는 전단력 ${}_rQ_B$, ${}_lQ_B$의 점 11의 수치의 부호를 바꾸어 ${}_lQ_C = -0.65011$, ${}_rQ_C = 0.14053$로 하여 [그림 5.5.16(b)]를 그릴 수도 있다. 여기에서 곱수는 P이다.

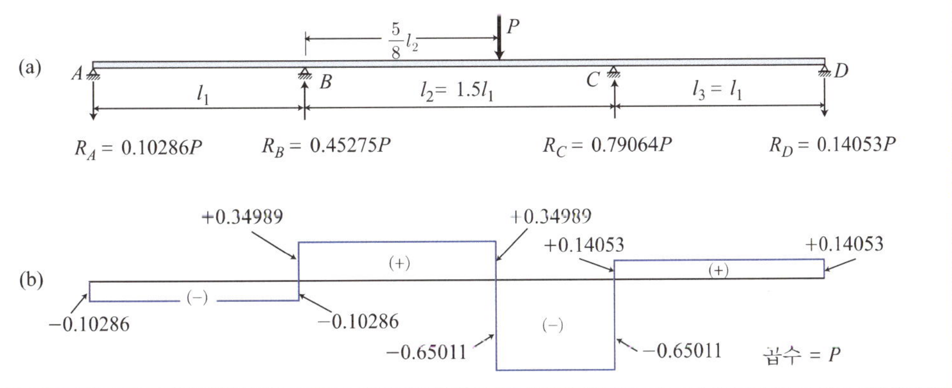

[그림 5.5.16] 점 $x = (5/8)l_2$에 P가 작용시 전단력도

5.5.7.3 지간 l_1에 등분포하중 p_1가 작용시 전단력도

[그림 5.5.17(a)]의 3경간연속교에서 지간 l_1에 등분포하중 p_1가 작용하였을 때의 연속보의 전

단력도를 그리려면, 3경간연속교의 $l_1+l_2+l_3=1:1.5:1$의 반력의 영향선면적의 수치표([표 5.5.2])에 의하여 $R_A=0.44505$(R_A의 제1경간의 수치), $R_B=0.60256$(R_B의 제1경간의 수치), $R_C=-0.06410$(R_B의 제3경간의 수치), $R_D=0.01648$(R_A의 제3경간의 수치)를 취하여 이것을 [그림 5.5.17(a)]에 먼저 그려 넣어 준다. 여기에서 곱수는 l_1p_1이다. 이것에 의하여 전단력도는 [그림 5.5.17(b)]와 같이 그릴 수 있다. 또는 전단력의 영향선면적의 수치표([표 5.5.2])를 사용하여 ${}_lQ_B=-0.55495$(${}_lQ_B$의 제1경간의 수치), ${}_rQ_B=0.04762$(${}_rQ_B$의 제1경간의 수치), ${}_lQ_C=0.04762$(${}_rQ_B$의 제3경간의 수치로 부호를 바꾼 것), ${}_rQ_C=-0.01648$(${}_lQ_B$의 제3간의 수치로 부호를 바꾼 것)를 취하여 [그림 5.5.17(b)]를 그릴 수도 있다. 여기에서 곱수는 l_1p_1이다.

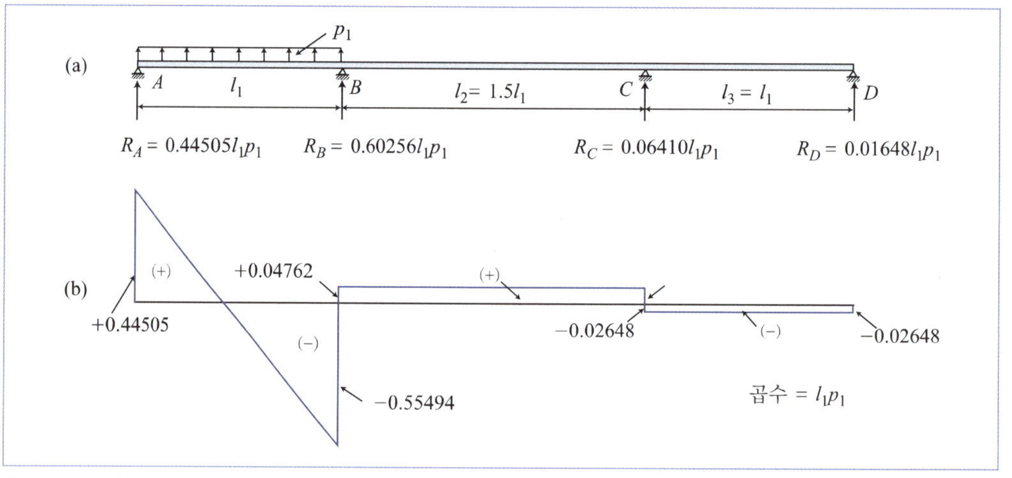

[그림 5.5.17] 지간 l_1에 등분포하중 p_1가 작용시 전단력도

5.5.7.4 지간 l_2에 등분포하중 p_2가 작용시 전단력도

[그림 5.5.18]의 3경간연속교에서 지간 l_2에 등분포하중 p_2가 작용하였을 때의 연속보의 전단력도를 그리려면, 3경간연속교의 $l_1+l_2+l_3=1:1.5:1$의 반력의 영향선면적의 수치표([표 5.5.2])에 의하여 $R_A=-0.12981$(R_A의 제2경간의 수치), $R_B=0.87981$(R_B의 제2경간의 수치), $R_C=R_B$, $R_D=R_A$를 취하여 이것을 [그림 5.5.18(a)]에 먼저 그려 넣어 준다. 여기에서 곱수는 l_1p_2이다. 이것에 의하여 전단력도는 [그림 5.5.18(b)]와 같이 그릴 수 있다.

또는 전단력의 영향선면적의 수치표([표 5.5.2])를 사용하여 ${}_lQ_B=-0.12981$(${}_lQ_B$의 제2경간의 수치), ${}_rQ_B=0.75000$(${}_rQ_B$의 제2경간의 수치), ${}_lQ_C=-{}_rQ_B$, ${}_rQ_C=-{}_lQ_B$를 취하여 [그림 5.5.18(b)]를 그릴 수도 있다. 여기에서 곱수는 l_1p_2이다.

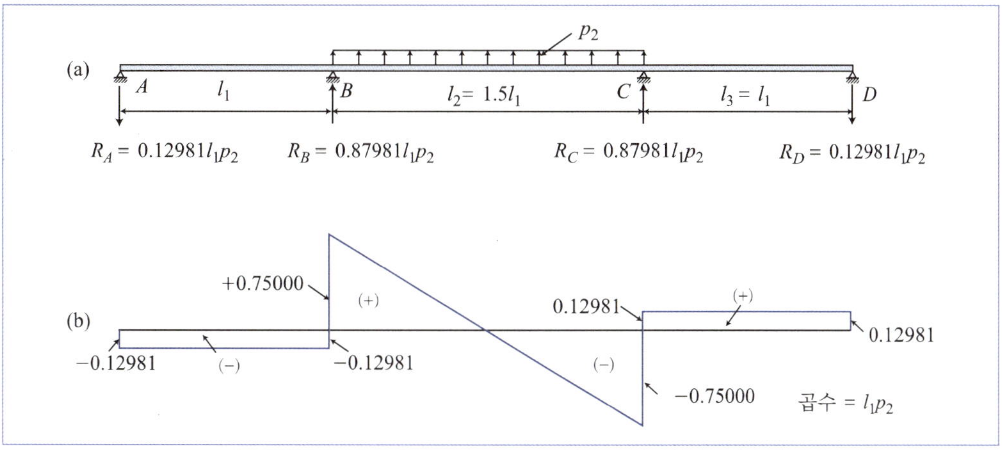

[그림 5.5.18] 지간 l_2에 등분포하중 p_2가 작용시 전단력도

5.5.7.5 전지간에 등분포하중 g가 작용시 전단력도

[그림 5.5.19]의 3경간연속교에서 전지간에 등분포하중 g가 작용하였을 때의 연속보의 전단력도를 그리려면, 3경간연속교의 $l_1 + l_2 + l_3 = 1 : 1.5 : 1$의 반력의 영향선면적의 수치표([표 5.5.2])에 의하여 $R_A = 0.33173$(R_A의 전지간의 수치), $R_B = 1.41827$(R_B의 전지간의 수치), $R_C = R_B$, $R_D = R_A$를 취하여 이것을 [그림 5.5.19(a)]에 먼저 그려 넣어 준다. 여기에서 곱수는 $l_1 g$이다. 이것에 의하여 전단력도는 [그림 5.5.19(b)]와 같이 그릴 수 있다. 또는 전단력의 영향선면적의 수치표([표 5.5.2])를 사용하여 ${}_lQ_B = -0.66827$(${}_lQ_B$의 전지간의 수치), ${}_rQ_B = 0.75000$(${}_rQ_B$의 전지간의 수치), ${}_lQ_C = -{}_rQ_B$, ${}_rQ_C = -{}_lQ_B$를 취하여 [그림 5.5.19(b)]를 그릴 수도 있다. 여기에서 곱수는 $l_1 g$이다.

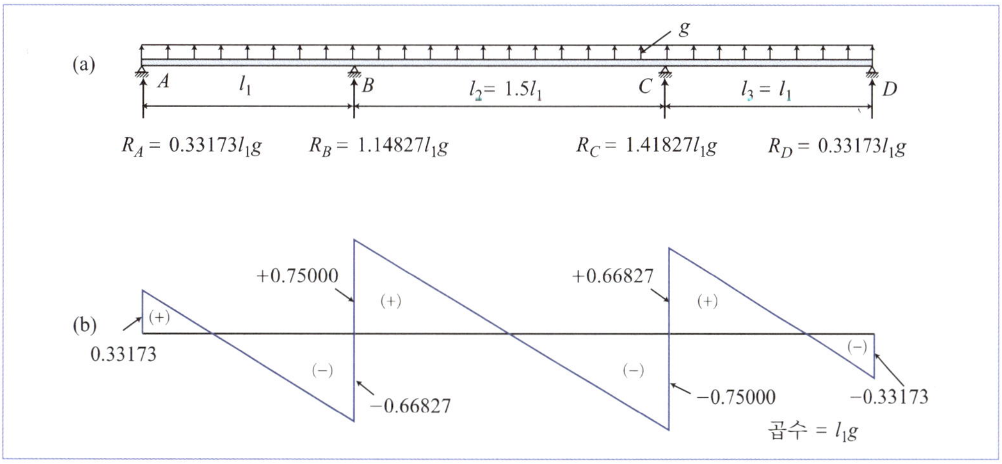

[그림 5.5.19] 전지간에 등분포하중 g가 작용시 전단력도

5.5.8 수직처짐도

5.5.8.1 점 $x = (3/8)l_1$에서 수직처짐도

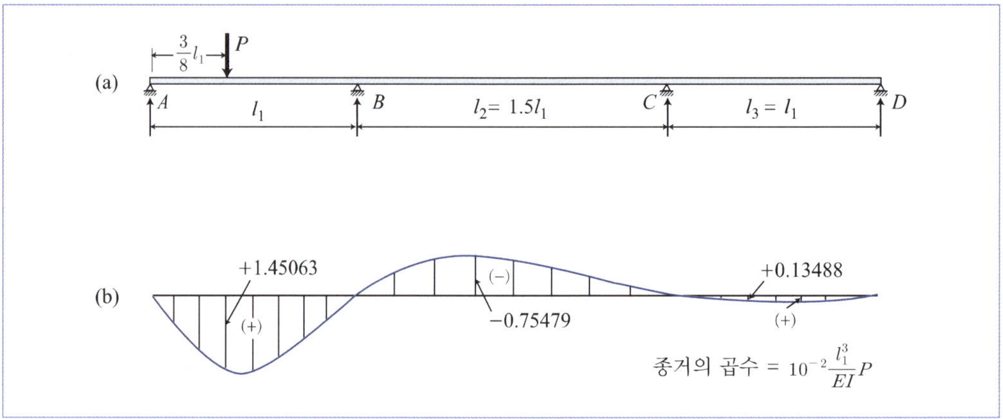

[그림 5.5.20] 점 $x=(3/8)l_1$에서 힘 P가 작용시 수직처짐도

[그림 5.5.20]의 3경간연속교에서 점 $x=(3/8)l_1$에서 힘 P가 정지하여 작용하였을 때의 연속보의 수직처짐도를 그리려면, 3경간연속교의 $l_1+l_2+l_3=1:1.5:1$의 수직처짐의 수치표([표 5.5.3])의 점 3의 행의 수치를 좌측에서 우측으로 취하든가 또는 상반법칙에 의하여 점 $x=(3/8)l_1$에서 힘 $P=1$이 작용했을 때의 수직처짐도는 점 $x=(3/8)l_1$에 있어서의 수직처짐영향선과 같으므로 점 3의 열의 수치를 위에서 아래로 취하면 [그림 5.5.20(b)]와 같이 된다. 이 그림의 종거의 곱수는 $10^{-2}(l_1^3/EI)P$이다.

예를 들면, $l_1=4{,}500\ \mathrm{cm}$, $E=2.1\times10^6\ \mathrm{kgf/cm^2}$, $I=4\times10^6\ \mathrm{cm^4}$, $P=30{,}000\ \mathrm{kgf}$이라 하면, 최대수직처짐 $f_{(3/8)l_1}$은 다음과 같이 된다.

$$
\begin{aligned}
f_{\frac{3}{8}l_1} &= 1.45063\times10^{-2}\frac{l_1^3}{EI}P \\
&= 1.45063\times10^{-2}\times\frac{4{,}500^3}{(2.1\times10^6)\times(4\times10^6)}\times30{,}000 = 4.72\ \mathrm{cm}
\end{aligned}
$$

5.5.8.2 점 $x=(5/8)l_2$에서 수직처짐도

[그림 5.5.21]의 3경간연속교에서 점 $x=(5/8)l_2$에서 힘 P가 정지하여 작용하였을 때의 연속보의 수직처짐도를 그리려면, 3경간연속교의 $l_1+l_2+l_3=1:1.5:1$의 수직처짐의 수치표([표 5.5.3])의 점 13의 행의 수치를 좌측에서 우측으로 취하든가 또는 상반법칙에 의하여 점 $x=(5/8)l_2$에서 힘 $P=1$이 작용했을 때의 수직처짐도는 점 $x=(5/8)l_2$에 있어서의 수직처짐영향선과 같으므로 점 13의 열의 수치를 위에서 아래로 취하면 [그림 5.5.21(b)]와 같이 된다.

이 그림의 종거의 곱수는 $10^{-2}(l_1^3/EI)P$ 이다.

예를 들면, $l_1 = 4{,}500\ \mathrm{cm}$, $E = 2.1\times10^6\ \mathrm{kgf/cm^2}$, $I = 4\times10^6\ \mathrm{cm^4}$, $P = 30{,}000\ \mathrm{kgf}$ 이라 하면, 최대수직처짐 $f_{(5/8)l_2}$은 다음과 같이 된다.

$$
\begin{aligned}
f_{\frac{5}{8}l_2} &= 2.92968\times10^{-2}\frac{l_1^3}{EI}P \\
&= 2.92968\times10^{-2}\times\frac{4{,}500^3}{(2.1\times10^6)\times(4\times10^6)}\times30{,}000 = 9.53\ \mathrm{cm}
\end{aligned}
$$

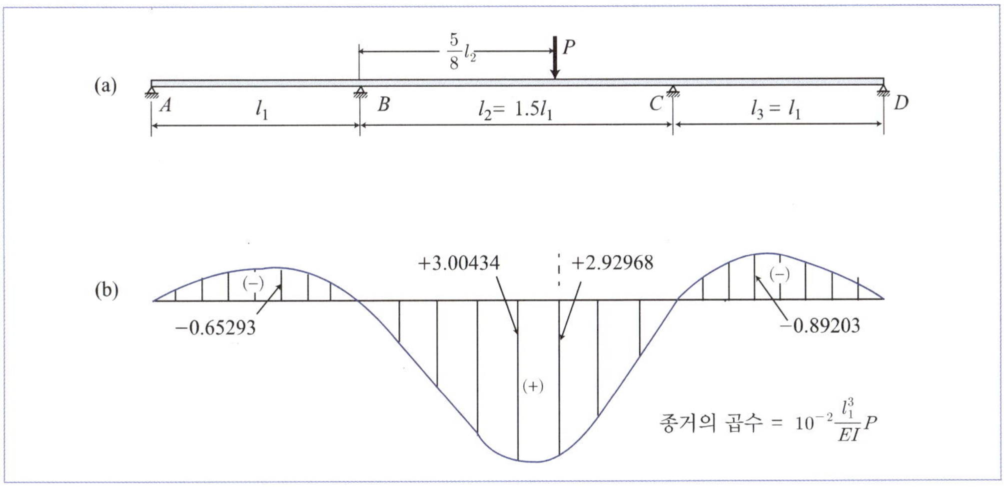

[그림 5.5.21] 점 $x=(5/8)l_2$에서 힘 P가 작용시 수직처짐도

5.5.8.3 지간 l_1에 등분포하중 p_1가 작용시 수직처짐도

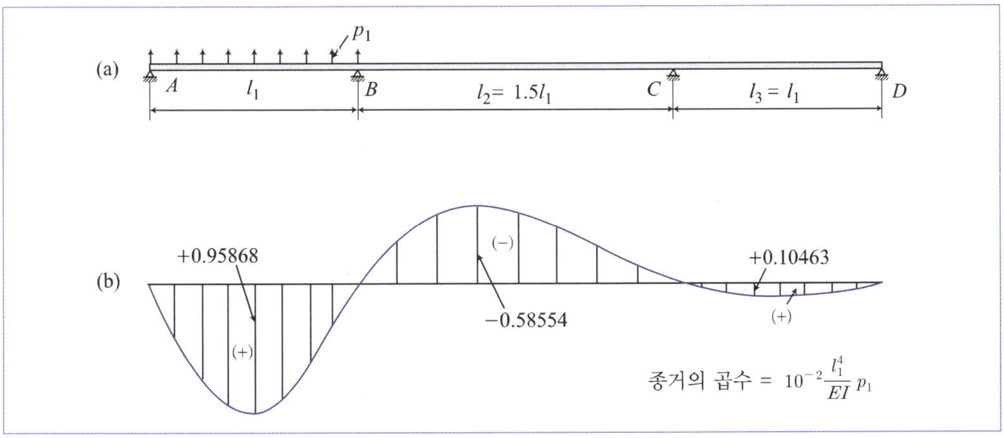

[그림 5.5.22] 지간 l_1에 등분포수직하중 p_1이 작용시 수직처짐도

[그림 5.5.22]의 3경간연속교에서 지간 l_1에 등분포수직하중 p_1이 정지하여 작용하였을 때의 연속보의 수직처짐도를 그리려면, 3경간연속교의 $l_1 + l_2 + l_3 = 1 : 1.5 : 1$의 수직처짐의 영향선 면적의 수치표([표 5.5.3])의 제1경간의 수치를 좌측에서 우측으로 취하여 점 12의 수치 -0.54087인 곳으로부터 제3경간의 점 12의 수치 -0.54087로 뛰어 거기에서 제3경간의 수치를 우측에서 좌측으로 취하여 이것을 그림으로 나타내면 [그림 5.5.22(b)]와 같이 된다. 이 그림의 종거의 곱수는 $10^{-2}(l_1^4/EI)p_1$이다.

예를 들면, $l_1 = 4{,}500\ \mathrm{cm}$, $E = 2.1 \times 10^6\ \mathrm{kgf/cm^2}$, $I = 4 \times 10^6\ \mathrm{cm^4}$, $p_1 = 4\ \mathrm{kgf/cm}$이라 하면, [그림 5.5.22(b)]의 점 $x = (4/8)l_1$의 수직처짐 $f_{(4/8)l_1}$은 다음과 같이 된다.

$$f_{\frac{4}{8}l_1} = 0.95868 \times 10^{-2} \frac{l_1^4}{EI} p_1$$

$$= 0.95868 \times 10^{-2} \times \frac{4{,}500^4}{(2.1 \times 10^6) \times (4 \times 10^6)} \times 4 = 1.87\ \mathrm{cm}$$

5.5.8.4 지간 l_2에 등분포하중 p_2가 작용시 수직처짐도

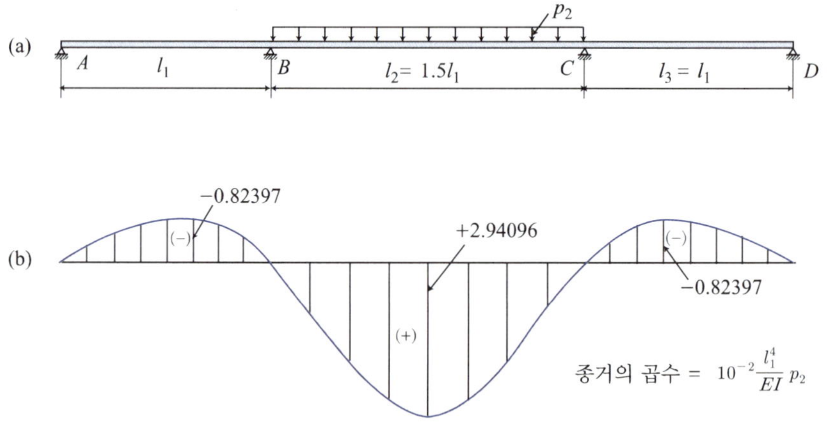

[그림 5.5.23] 지간 l_2에 등분포수직하중 p_2이 작용시 수직처짐도

[그림 5.5.23]의 3경간연속교에서 지간 l_2에 등분포수직하중 p_2이 정지하여 작용하였을 때의 연속보의 수직처짐도를 그리려면, 3경간연속교의 $l_1 + l_2 + l_3 = 1 : 1.5 : 1$의 수직처짐의 영향선 면적의 수치표([표 5.5.3])의 제2간의 수치를 좌측에서 우측으로 취하여 점 12의 수치 2.94096까지 갔다가 되돌아 우측에서 좌측으로 취하여 이것을 그림으로 나타내면 [그림 5.5.23(b)]와 같이 된다. 이 그림의 종거의 곱수는 $10^{-2}(l_1^4/EI)p_2$이다.

예를 들면, $l_1 = 4{,}500\ \mathrm{cm}$, $E = 2.1 \times 10^6\ \mathrm{kgf/cm^2}$, $I = 4 \times 10^6\ \mathrm{cm^4}$, $p_2 = 3\ \mathrm{kgf/cm}$이라

하면, [그림 5.5.23(b)]의 점 $x=(4/8)l_2$의 수직처짐 $f_{(4/8)l_2}$은 다음과 같이 된다.

$$f_{\frac{4}{8}l_2} = 2.94096\times 10^{-2}\frac{l_1^4}{EI}p_2$$

$$= 2.94096\times 10^{-2}\times \frac{4,500^4}{(2.1\times 10^6)\times(4\times 10^6)}\times 3 = 4.31\ \text{cm}$$

5.5.8.5 전지간에 등분포하중 g가 작용시 수직처짐도

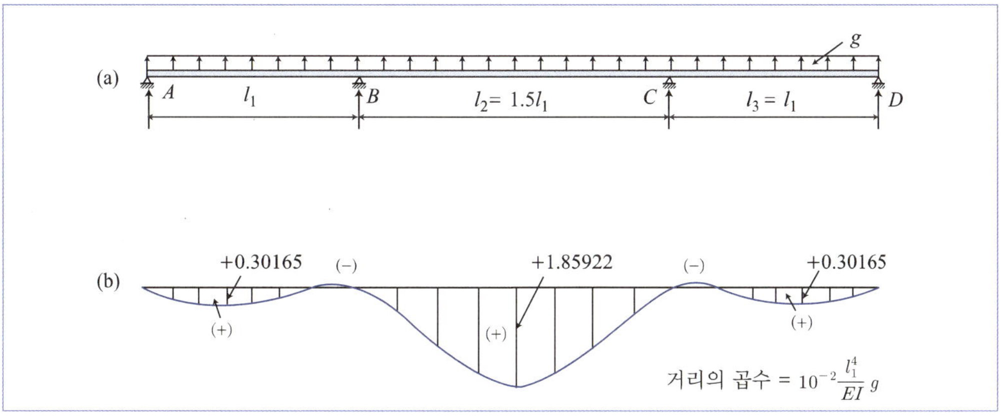

[그림 5.5.24] 전지간에 등분포수직하중 g이 작용시 수직처짐도

[그림 5.5.24]의 3경간연속교에서 전지간에 등분포수직하중 g이 정지하여 작용하였을 때의 연속보의 수직처짐도를 그리려면, 3경간연속교의 $l_1 : l_2 : l_3 = 1 : 1.5 : 1$의 수직처짐의 영향선면적의 수치표([표 5.5.3])의 전경간의 수치를 좌측에서 우측으로 취하여 점 12의 수치 1.85922까지 가서 되돌아 우측에서 좌측으로 취하여 이것을 그림으로 나타내면 [그림 5.5.24(b)]와 같이 된다. 이 그림의 종거의 곱수는 $10^{-2}(l_1^4/EI)g$이다.

예를 들면, $l_1 = 4,500\ \text{cm}$, $E = 2.1\times 10^6\ \text{kgf/cm}^2$, $I = 4\times 10^6\ \text{cm}^4$, $g = 20\ \text{kgf/cm}$이라 하면, [그림 5.5.24(b)]의 점 $x=(4/8)l_2$의 수직처짐 $f_{(4/8)l_2}$은 다음과 같이 된다.

$$f_{\frac{4}{8}l_2} = 1.85922\times 10^{-2}\frac{l_1^4}{EI}g$$

$$= 1.85922\times 10^{-2}\times \frac{4,500^4}{(2.1\times 10^6)\times(4\times 10^6)}\times 20 = 18.15\ \text{cm}$$

참고문헌

1) Timoshenko, S. and S. Woinowsky-Kreiger (1959). *Theory of Plates and Shells*, 2nd ed., McGraw-Hill, New York.
2) 平井 敦 他 (1967), 鋼橋 Ⅲ, 技報堂(株).
3) Przemieniecki, J. S., Theory of Matrix Structural Analysis, McGRAW-Hill, 1968.
4) Timoshenko, S. and J. N. Goodier (1970). *Theory of Elasticity*, 3rd ed., McGraw-Hill, New York.
5) 吉町 太郎一 (1970), 鋼橋の理論と計算, 石崎書店.
6) 山田嘉昭 (1970). *マトリックス法材料力學*, 培風館
7) 信原泰夫 (1970). *有限要素法のプログラム・デザイン*, 培風館.
8) Horne, M. R. (1971). *Plastic Theory of Structures*, Willan Clowes & Sons, Lodon, UK.
9) Livesley, R. K. (1975), *Matrix Methods of Structural Analysis*, 2nd ed., Pergamon Press, Oxford.
10) Mondkar, D. P. and Powell, G. H. (1975), "*Static and Dynamic Analysis of Nonlinear Structures*," Report No. EERC75-10, University of California, Berkeley.
11) Cheung, Y. K. (1976). *Finite Strip Method in Structural Analysis*, 1st ed., Pergamon Press, New York.
12) Seed, H. B., C. Ugas, and J. Lysmer (1976). "*Site Dependent Spectra for Earthquake Resistant Design*," Bulletin of the Seismological Society of America, Vol. 66, No. 1, February, pp. 221~244.
13) Neal, N. G. (1977). *The Plastic Methods of Structural Analysis*, 3rd ed., Chapman & Hall, London, UK.
14) Loo, Y. C. and A. R. Cusens (1978). *The Finite Strip Method in Bridge Engineering*, View Point Publications, Great Britain, UK.
15) Nayfeh, A. H. & Mook, D. T. (1979), *Nonlinear Oscillation*, John Wiley & Sons.
16) Bathe, K. J. and Bolourchi, S. (1979), "*Large Displacement Analysis of Three Dimensional Beam Structures*", Int. J. Numerical Methods in Eng., Vol. 14, pp. 961-986.
17) Beaufait, Fred W., William H. Rowan, Jr., Peter G. Hoadley, and Robert M. Hackett (1979). *Computer Methods of Structural Analysis*, Prentice-Hall, Englewood Cliffs, New Jersey.
18) W. M. Jenkins (1980). *Matrix and Digital Computer Methods in Structural Analysis*, McGraw-Hill.
19) Powell, G. and Simons, J. (1981), "*Improved Iteration Strategy for Nonlinear Structures*," Int. J. Numerical Methods in Eng., Vol. 17, pp. 1455-1467.
20) Ugural, A. C. (1981). *Stresses in Plates and Shells*, McGraw-Hill, New York.
21) Imbsen, R. A. (1981). *Seismic Design of Highway Bridges*, Report No. FHWA-IP-81-2, Federal Highway Administration, Washington, DC.
22) Bathe, K. J. (1982), *Finite Element Procedures in Engineering Analysis*, Prentice-Hall, Inc., Englewood Cliffs.
23) Biggs, J. M. (1982), *Introduction to Structural Dynamics*, McGraw-Hill Book Company.
24) Celal Köstem (1982), "*Overloading and Inelastic Response of Steel Multi-Girder Bridges*," Proceedings of the NATO Advanced Study Institute on Analysis and Design of Bridges, Cesme, Izmir, Tukey, June 28~July 9, pp. 49~56.
25) Heins C. P. (1982), "*Steel Curved I and Box Girder Design and Analysis*," Proceedings of the NATO Advanced Study Institute on Analysis and Design of Bridges, Cesme, Izmir, Tukey, June 28~July 9, pp. 57~94.

26) Evans H. R. (1982), "*Simplified Methods for the Analysis and Design of Bridges of Cellular Cross-Section*," Proceedings of the NATO Advanced Study Institute on Analysis and Design of Bridges, Cesme, Izmir, Tukey, June 28~July 9, pp. 95~115.

27) Schrefler, B. A. and Odorizzi, S. (1983), "*A Total Lagrangian Geometrically Nonlinear Analysis of Combined Beam and Cable Structures*," Computers & Structures, Vol.17, No.1

28) Myongwoo, Lee (1983). *Computer-Oriented Direct Stiffness Method*, B.S., Myongji Univ. Dept. of Civil Engineering.

29) Gouri Dhatt and Gilbert Touzot (1984). *The Finite Element Method Displayed*, John Wiley & Sons.

30) Ramam, N. V., Surya Kumar, G. V., and Sreedhara Rao, V. V. (1988), "*Large Displacement Analysis of Guyed Towers*," Computers & Structures, Vol.28, No.1

31) Desai, Y. M., Popplewell, N. et al. (1988), "*Geometric Nonlinear Static Analysis of Cable Supported Structures*," Computers & Structures, Vol.29, No.6

32) Ghali, A. and A. M. Neville (1989). *Structural Analysis-A Unified Classical and Matrix Approach*, 3rd ed., Chapman & Hall, New York.

33) Humar, J. L. (1990), *Dynamic of Structures*, Prentice Hall.

34) J. B. Kennedy & M. K. S. Madugula (1990). *Elastic Analysis of Structures*. Harper & Row, Publishers.

35) William Weaver & James M. Gere (1990). *Matrix Analysis of Framed Structures*, Third Edition, Van Nostrand Reinhold.

36) Hambly, E. C. (1991). *Bridge Deck Behavior*, 2nd ed., E & FN SPON. An imprint of Chapman & Hall, London, UK.

37) Kleiber, M. and Wozniak, C. (1991), *Nonlinear Mechanics of Structures*, Kluwer Academic Publishers.

38) Zokaie, T., T. A. Osterkamp, and R. A. Imbsen (1991). *Distribution of wheel Loads on Highway Bridges*, Final Report Project 12-26/1, National Cooperative Highway Research Program, Transportation Research Board Council, Washington, DC.

39) Finch, T. R. and J. A. Puckett (1992). "*Transverse Load Distribution of Slab-Girder Bridges*," Report 92-9, Vol. No. 5, Mountain Plains Consortium, Fargo, ND.

40) 中井 博, 北田俊行 (1992), 鋼橋設計の基礎, 共立出版(株).

41) Nowak, A. S. (1993). *Calibration of LRFD Bridge Design Code-NCHRP Project 12-33*, University of Michigan, Ann Arbor, MI.

42) AISC (1994). *LRFD Manual of Steel Construction*, 2nd ed., AISC, Chicago, IL.

43) Barker R. M. and J. A. Puckett (1997), *Design of Highway Bridges based on AASHTO LRFD, Bridge Design Specifications*, John Wiley & Sons, Inc.

44) 박영석 (1997). *구조역학*, 구미서관.

45) AASHTO (1994, 1998, 2004, 2007, 2010). *LRFD Bridge Design Specification*, 1st~5th ed., AASHTO, Washington, DC.

46) 이명우 외 5인 (2011. 12). *IT 융복합 교육과정 개발(스마트 토목설계 트랙)*, 2010 교육역량강화사업 연구보고서, 명지전문대학, 토목과.

47) 이명우 (2013). *구조역학*, 대가.

48) 하중저항계수설계법에 의한 강구조설계기준 (2015), (사)한국강구조학회, 2014.4.21

49) 도로교설계기준(한계상태설계법) (2015), (사)한국도로교통협회, 2014.12

제4편

강교의 설계 (LSD, 2015)

◆ **기존의 설계기준 설계방식** - 재료의 기준강도와 단면치수를 이용한 단면해석을 통해 먼저 부재의 공칭강도를 산정한 후 강도감소계수를 적용하여 설계강도를 산정

◆ **한계상태설계법**(LSD, 2015) **설계기준 설계방식** - 재료의 기준강도에 먼저 강도감소계수를 곱하여 재료의 설계강도를 구한 후 단면해석을 통해 부재의 설계저항강도를 산정

◆ 도로교 한계상태설계법의 콘크리트교 ◆ Eurocode 2	◆ 도로교 한계상태설계법의 강교 ◆ AASHTO LRFD
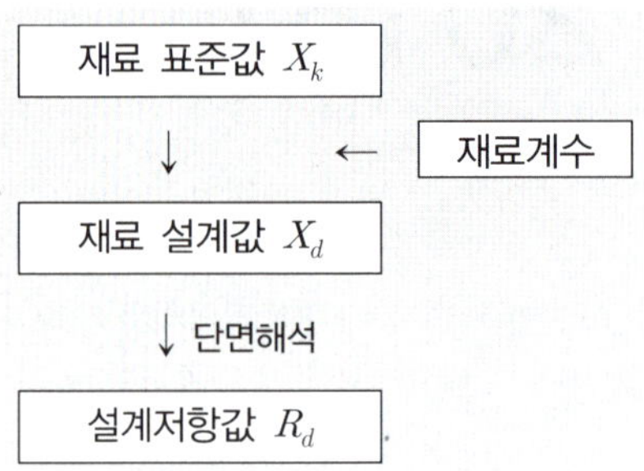	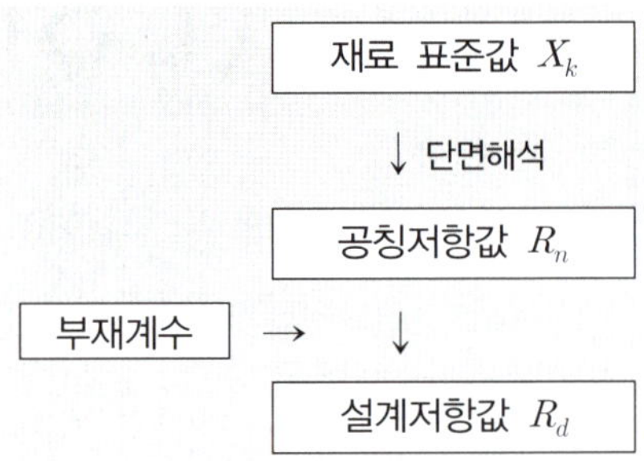

01 강 교

(처음 접하는 학생들이나 기술자들을 위해 『도로교설계기준-2015 한계상태설계법 제6장 강교』의 원문내용에 이론적 보충설명, 그림, 설계예제 등을 추가하였다. 그리고 설계자들의 이해를 돕기 위해서 『제2장 강교 설계과정과 설계예』에서 사용하는 각 절의 규준과 각 절에 주어진 수식번호를 『제6장 강교』의 원문을 그대로 본 장에 수록하도록 하였다.)

6.1 적용범위

이 장에서는 보, 강절뼈대구조, 트러스, 아치, 케이블구조 및 강바닥판구조 등과 연결부의 설계 규정을 다룬다.

6.2 용어정의

2차부재	주하중을 받도록 설계되지 않은 부재
U형박스거더 단면	상부플랜지가 서로 연결되어 있지 않은 U자 모양의 단면
개단면 리브	강바닥판에 있는 하나의 판 또는 말린 단면으로 구성된 리브로 바닥강판에 용접됨
거세트판	트러스의 부재, 스트럿, 또는 브레이싱을 보 또는 기둥에 연결하는 판요소
게이지의 간격	연결재 게이지선 사이의 응력 수직방향 중심간격
격실을 갖는 바닥판	공극비가 40%를 초과하는 콘크리트 바닥판
공극	자중을 감소시키는 바닥 내부의 빈공간
공칭치수	단면의 특성을 산정하는데 적용되도록 인정된 치수
구조재로서의 덧씌움	아스팔트 콘크리트나 콘크리트로 구성된 바닥판에 부착시킨 덧씌움재

국부좌굴	국부적인 영역에서 발생하는 압축부재나 요소의 좌굴현상
국부크리플링	집중하중이나 반력에 바로 인접한 부분에서 복부판의 국부 파괴의 한계상태
국부항복	부재의 국부적인 영역에서 발생하는 항복
국부휨	집중인장하중에 의한 플랜지변형의 한계상태
그루브용접	접합부재면에 홈을 만들어(개선하여) 이루어지는 용접
끼움재	부재의 두께를 늘리기 위해 사용되는 판재
내부 합성작용	바닥판과 구조재로 쓰이는 덧씌움 사이에 발생하는 상호작용
내후성강	적절히 조치된 고강도, 저합금강으로써 부식방지를 위한 도막 없이 대기에 노출되어 사용되는 강재
다이아프램	전단강도나 전단강성을 확보하기 위하여 설치하는 박스단면내의 격벽
등가띠	한 개의 차선에 작용하는 차륜하중에 의하여 횡적 또는 종적으로 콘크리트슬래브에 발생하는 실제 단면력을 산정할 수 있도록 구조해석의 목적으로 바닥판으로부터 분리 이상화 시킨 선형요소
등방성 철근	본질적으로 같은 성질을 갖는 두 방향 철근으로 서로 수직으로 배근됨.
등방성 판	두개의 주방향으로 본질적으로 같은 구조적 성질을 가지는 판
뒴	비틀림에 대한 전체저항중 단면의 뒤틀림에 저항하는 부분
마찰접합부	조임력이 유발하는 마찰력에 의해 연결되도록 설계된 볼트접합부
맞춤지압보강재	지점이나 집중 하중점에 사용되는 보강재로써, 지압을 통하여 하중을 전달하기 위하여 보의 한쪽 혹은 양쪽 플랜지에 꼭 맞도록 만든 보강재
모멘트재분배	부정정구조물에 비탄성변형이 발생되어 모멘트가 변하는 과정
바닥구조	차륜하중을 직접적으로 지지하고 다른 부재들에 의해 지지되는 상부구조
바닥틀	바닥구조를 지지하여 차륜하중을 주부재에 전달하는 역할을 하는 상부구조
바닥판 이음부	구조물의 구성요소들 간의 상대적인 운동을 조절하기 위한 바닥판의 완전한 또는 부분적인 불연속부
보강재	하중을 분배하거나, 전단력을 전달하거나, 좌굴을 방지하기 위해 부재에 부착하는 ㄱ형강이나 판재 같은 구조요소
복부판 횡좌굴	휨부재에서 집중압축력 작용점 반대편의 인장플랜지에서 과도한 횡방향변형에 의해 복부판에 발생하는 좌굴
볼스터	강바닥판과 보 사이의 간격을 띄우는 것

볼트의 순간격	인접한 볼트구멍 가장자리 간의 거리
볼트의 순연단거리	부재 끝에서 볼트구멍 가장자리까지의 거리
볼트의 연단거리	볼트의 중심으로부터 부재의 연단까지의 거리
봉합 연결부	프리캐스트 부재들 사이에 연속성을 제공하기 위해 현장타설되는 콘크리트
부분용입그루브용접	연결부재의 전체 두께보다 적게 내부 용입된 그루브용접
부분 합성작용	두 개 또는 그 이상의 요소들과 부재들이 그들의 접촉면에서 상대적 변위를 100%가 아닌 부분적으로만 억제하는 합성작용
블록전단파단	접합부에서, 한쪽 방향으로는 인장파단, 다른 방향으로는 전단항복 혹은 전단파단이 발생하는 한계상태
붕괴유발부재	파괴될 경우 교량의 붕괴 또는 그 기능 상실을 유발시키는 부재
비조밀단면	국부좌굴이 발생하기 전에 압축요소에 항복응력이 발생할 수 있으나 소성힌지의 회전능력을 갖지 못하는 단면
비지지길이	좌굴 또는 뒤틀림에 저항하는 두 브레이싱 사이의 거리
비탄성재분배	한개 이상의 단면에 발생한 비탄성변형에 의해 구조물 또는 부재의 단면력이 탄성해석에 따른 단면력과 다르게 나타나는 것
비탄성해석	소성해석을 포함한 재료의 비탄성거동을 고려한 구조해석
비틀림좌굴	압축부재가 전단중심축에 대해 비틀리는 좌굴모드
사각	교량의 종방향 축에 수직인 직선과 교좌부 축사이의 각, 즉 0도의 사각은 직각 교량을 의미함
설계하중	한계상태설계법의 하중조합에 따라 결정되는 적용하중
세그멘탈 시공	공장제작 또는 현장타설 등으로 만든 콘크리트 세그먼트를 종방향으로, 현장에서 프리스트레스를 가하면서 조립하는 교량건설 방법
세장비	휨축과 동일한 축의 단면2차반경에 대한 유효길이의 비
세장판단면	탄성범위 내에서 국부좌굴이 발생할 수 있는 세장판요소가 있는 단면
소성단면계수	휨에 저항하는 완전항복단면의 단면계수로서, 소성중립축 상하의 단면적의 중립축에 대한 1차모멘트
소성모멘트	완전히 항복한 단면의 저항모멘트
소성해석	강재의 완전탄성-완전소성거동의 가정에 근거한 구조해석

소요강도	한계상태설계 하중조합에 대한 구조해석에 의해 산정된 구조부재에 작용하는 힘, 응력, 또는 변형을 지칭
수직보강재	복부판에 부착하는 플랜지와 직각을 이루는 복부판 보강재
순경간	지지요소 간의 면과 면사이의 거리
순두께	강재 거푸집의 물결모양으로 타설된 콘크리트를 제외한 콘크리트의 두께
슬롯트용접	부재를 다른 부재에 부착시키기 위해 긴 홈을 뚫어서 하는 용접
신축롤러	둥근 강재봉 형태로, 부재의 신축을 수용할 수 있는 지지부
아이바	균일한 두께를 가진 특수한 형태의 핀접합 부재로서, 핀구멍이 있는 머리와 구멍이 없는 몸체에 거의 동일한 강도를 부여하도록, 몸체의 폭보다 크게 단조되거나 산소절단된 머리 폭을 가진 인장부재
아치효과	차륜하중이 주로 슬래브에 형성된 압축 스트럿에 의해 전달되는 구조적 현상
양연지지판	하중의 방향과 평행하는 두 변이 연속으로 지지된 평판요소
연마면	기계를 사용하여 평평하고 매끄러운 상태로 만든 면
열린 격자바닥	속이 채워지지 않은 강재 격자 바닥
열절단	가스, 플라즈마 및 레이저를 이용한 절단
완전용입그루브용접	용접재가 조인트 두께를 넘어 완전히 용접되는 그루브용접(강관구조 접합부에서는 예외)
완전합성보	충분한 개수의 전단연결재를 사용하여 합성단면의 공칭소성휨강도를 발휘하는 합성보
요구강도	한계상태설계법의 하중조합을 적용하여 구조해석에 의해 산정되는 부재의 단면력 또는 변형
용입재	용접접합을 구성하는데 첨가되는 금속 또는 합금재
용착금속	용접과정에서 완전히 용융된 부분. 용착금속은 용접과정에서 열에 의해 녹은 용입재와 모재로 구성되어 있음
용접접근공	뒷받침판 등의 설치를 위한 구멍, 일명 스캘럽
우각부	따내기나 용접접근공에서 오목한 노출면의 방향이 급변하는 절단면
유효순단면	전단지연의 영향을 고려하여 보정된 순단면적
유효좌굴길이	압축재 좌굴공식에 사용되는 등가좌굴길이로서 분기좌굴해석으로부터 결정
유효좌굴길이계수	유효좌굴길이와 부재의 비지지길이의 비

응력범위	차륜활하중으로 발생하는 최대응력과 최소응력크기의 차이
응력재분배	모멘트재분배의 결과로 발생한 휨응력
인장강도	재료가 견딜 수 있는 최대인장응력
인장역작용	복부판에 전단력이 작용할 때 복부판의 대각작용으로 인장력이 발생하고 수직 보강재에 압축력이 발생하는 패널의 거동
인장파단	인장력에 의한 파단한계상태
인장항복	인장에 의한 항복
일정진폭피로한계	부재가 피로파괴 없이 일정한 응력범위 내에서 무한대의 반복횟수에 견딜 수 있는 최대 응력범위
자유돌출판	하중방향과 평행한 두변 중에서 한 변은 자유지지되고, 그 다른 변은 고정 지지된 평판요소
재하경로	하중이 작용점에서부터 지점까지 전달되는 과정에 있는 부재와 연결부의 연속경로
국부 해석	전체 해석에서 구한 단면력 결과들을 사용하여 부재간에 또는 부재 내부에 발생하는 변형도와 응력해석
저항계수	공칭강도와 설계강도 사이의 불가피한 오차 또는 파괴모드 및 파괴결과가 부차적으로 유발하는 위험도를 반영하기 위한 계수
적합성	함께 연결된 요소 또는 부재들의 사이에 발생하는 변형이 같게 되는 성질
전단연결재	두 합성부재의 접촉면에 수직과 수평 방향의 상대적인 운동을 방지하기 위한 역학적 장치
전단연속성	합성되는 두 부재의 접촉면에서 전단력이 전달되는 조건
전단지연	접합부에서 응력이 집중되거나 응력이 전달되지 않는 현상
전단좌굴	면내에 순수 전단력에 의해 보의 복부판과 같은 판요소가 변형하는 좌굴모드, 복부판의 전단상수
전단키	부재들 사이의 전단 연속성을 제공하려는 의노로 만들어신 그라우트로 채워질 프리캐스트 부재의 측면에 미리 형성된 구멍, 또는 세그멘트의 표면에 움푹 파인 곳과 돌출부의 시스템
전단파단	전단력에 의한 파단 한계상태
전단항복(뚫림)	강관접합에서, 지강관이 붙어있는 주강관의 면외전단강도에 기반한 한계상태
접지면	차륜과 도로표면 사이의 접촉 면적

존치거푸집	건설이 끝난 후에도 현장에 남아있는 영구적인 강재 또는 프리캐스트 콘크리트 거푸집
주방향	등방성 바닥의 경우는 짧은 경간 방향 직교이방성 판의 경우는 주하중 전달 요소 방향
직교이방성 판	두개의 주방향으로 서로 다른 구조적 성질을 가지는 판
조립부재	용접, 볼트접합, 리벳 접합된 구조용 금속소재로 제작된 부재
조밀단면	휨을 받을 때 플랜지나 복부판에 국부좌굴이 일어나지 않고 완전소성상태에 도달하는 단면으로서 이 단면은 플랜지와 복부판의 세장비와 브레이싱에 관한 요구 조건들을 만족해야 함
좌굴	임계하중상태에서 구조물이나 구조요소가 기하학적으로 갑자기 변화하는 한계상태
중공바닥판	공극 면적이 전체 면적의 40%이상 초과하지 않는 콘크리트바닥
지강관	강관접합에서, 주강관 또는 주요부재에 붙어있는 부재
지압	볼트접합부에서, 볼트가 접합요소에 전달하는 전달력에 의한 한계상태
충전형합성기둥	콘크리트로 충전된 각형 또는 원형강판으로 이루어진 합성기둥
커버플레이트	단면적, 단면계수, 단면 2차모멘트를 증가시키기 위하여 부재의 플랜지에 용접이나 볼트로 연결된 플레이트
콘크리트 슬래브 코아 두께	콘크리트 슬래브에서 제일 위에 배근된 철근의 윗부분에서 제일 아래 배근된 철근의 아래 부분까지의 거리
콘크리트압괴	콘크리트가 극한변형률에 도달함으로써 압축파괴를 일으키는 한계상태
콘크리트 헌치	강거더와 콘크리트 슬래브가 이루는 합성구조단면에서 강거더 상단과 슬래브 하단 사이 전단연결재가 위치하는 콘크리트 단면
타이다운	접촉면에서 수직한 상대적 운동을 방지하는 역학적 장치
타이드아치	아치 리브의 수평하중이 수평인장부재에 의해 저항되는 아치
탄성단면계수	단면2차모멘트를 도심축에서 단면의 양 끝까지의 거리로 나눈값
파괴인성	구조용 재료 또는 요소가 파괴되지 않고 흡수할 수 있는 에너지의 양. 일반적으로 샤피 V-노치 시험에 의해 결정함.
플레이트거더	상하부 플랜지와 복부판을 용접으로 접합한 I형 단면을 가지는 거더
피로강도	특정 반복횟수 동안 부재에 파괴가 일어나지 않고 저항할 수 있는 최대응력범위

피로설계수명	피로균열의 발생 없이 설계교통하중에 저항할 수 있는 기간으로서 설계기준에서는 100년으로 하였음
필릿용접	용접되는 부재의 교차되는 면 사이에 일반적으로 삼각형의 단면이 만들어지는 용접
필릿용접보강	그루브용접을 보강하기 위해 추가된 필릿용접
하이브리드 거더	상, 하부 플랜지에 사용한 강판과 다른(일반적으로 낮은) 최소항복강도를 갖는 강판을 복부판으로 사용한 거더
합성	내부힘의 분산에 있어 강재요소와 콘크리트요소가 일체로서 거동하는 조건
항복강도	응력과 변형의 비례상태의 규정된 변형한계를 벗어날 때의 응력
항복모멘트	작용하중에 의하여 발생하는 단면 최연단부의 휨응력이 항복응력에 도달했을 때 그 단면에 발생하는 휨모멘트
항복선 방법	콘크리트 슬래브의 여러 개의 가능한 항복선 형태 중에서 최소 하중전달 능력을 결정하는 해석 방법
항복선	소성 힌지 선
항복선 해석	소성힌지 메커니즘 형성에 근거를 둔 부재의 하중 전달 능력을 결정하는 방법
휨 연속성	부재들 사이 또는 부재 내부에서 회전변위를 통하여 모멘트를 전달하는 성질
횡방향보강재	복부판에 부착되고 플랜지와 수직을 이루는 복부판 보강재
횡방향철근	매입형합성기둥에서 강재코아 주위의 콘크리트를 구속하는 역할을 하는 폐쇄형 타이나 용접철망과 같은 철근
횡지지부재	횡비틀림좌굴이 방지되도록 설계된 부재
횡비틀림좌굴	횡방향 변형과 비틀림을 동반하는 좌굴
휨좌굴	단면의 비틀림이나 형상의 변화 없이 압축부재가 휨으로 휘는 좌굴모드

6.3 기호

A	단면적; 피로상세범주 A; 지간계수; 리브 복부판의 간격 중에서 큰 것(mm)
A_b	핀 플레이트의 지압면적; 볼트의 단면적(mm^2)
A_c	콘크리트 단면적; 압축 플랜지 단면적(mm^2)
$A_{d,eff}$	종방향 리브를 포함한 바닥판의 유효 단면적(mm^2)
$ADTT$	일평균 트럭 교통량
$ADTT_{SL}$	한차로당 일평균 트럭 교통량
A_e	플랜지 유효단면적(mm^2)
A_f	집중하중을 전달하는 플랜지의 면적(mm^2)
A_{fb}	하부플랜지 단면적(mm^2)
A_{fc}	상부플랜지 단면적(mm^2)
A_g	압축 부재의 전단면적(mm^2)
A_{gn}	감소계수가 고려되지 않은 순단면적(mm^2)
A_n	인장 부재의 순단면적(mm^2)
A_{ne}	감소계수가 고려된 순단면적(mm^2)
A_o	박스거더 단면의 내부단면적(mm^2)
A_p	연결부의 윗판과 아랫판의 접합단면적의 합이나 연결판의 면적 중 적은면적(mm^2)
A_{pn}	보강재의 유효단면적(mm^2)
A_r	주철근 단면적; 플랜지 유효폭 내의 철근단면적(mm^2)
A_s	강재 단면적; 슬래브 단면적; 보강재의 전단면적(mm^2)
A_{sc}	전단연결재 단면적(mm^2)
A_t	인장플랜지 단면적(mm^2)
A_{tf}	합성단면에서 유효폭 내의 철근과 플랜지의 총단면적(mm^2)
A_{tg}	블록전단 상태에서 인장항복이 일어나는 전단면적(mm^2)
A_{tn}	블록전단 상태에서 인장파괴가 일어나는 순단면적(mm^2)
A_v	사인장을 지지하는 수직철근 단면적(mm^2)
A_{vg}	블록전단 상태에서 전단항복이 일어나는 전단면적(mm^2)
A_{vn}	블록전단 상태에서 전단파괴가 일어나는 순단면적(mm^2)
A_w	복부판단면적(mm^2)
a	탄성중립축에서 응력블럭 도심까지의 거리(mm); 볼트중심에서 연단까지의 거리; 다중 박스거더 단면에서 인접 박스간의 플랜지 중심간 거리(mm)

B	수직보강재 단면에 대한 상수
B_r	지압강도(N)
b	아이바 몸체의 폭(mm)
b_c	압축 플랜지 폭(mm)
b_f	플랜지 폭(mm)
b_{fb}	하부플랜지 폭(mm)
b_1	종방향보강재의 폭(mm)
b_t	인장플랜지 폭(mm); 수직보강재의 폭(mm)
b_w	풍하중을 받는 하부플랜지의 폭(mm)
C	전단좌굴응력 대 전단항복강도의 비 직교이방성에 있는 리브를 조절하기 위한 바닥 홈의 두께(mm)
C_b	모멘트 변화 보정계수
C_1, C_2, C_3	[표 6.9.2]에서의 합성기둥상수
c	주철근 중심을 기준으로 한 피복두께(mm); 휨강도 결정 계수
D	원형강관의 외경 복부판높이 수평보강재 안의 최대복부판 높이 핀 직경(mm)
D'	콘크리트 슬래브의 최대변형율이 파쇄변형율이론치와 같을 때 조밀단면이 소성모멘트한계치에 도달할 때의 조밀단면 높이(mm)
D_c	탄성상태에서 압축력을 받는 복부판높이(mm)
D_{cp}	소성모멘트 상태에서의 압축력을 받는 복부판높이(mm)
D_p	소성모멘트 상태의 합성단면에서 슬래브 상부에서 중립축간의 거리(mm); 수평보강재간의 최대복부판높이(보강재가 없을경우 복부판높이)
d	강재단면의 높이, 볼트 직경, 스터드 직경, 휨면에서의 부재높이, 전단면에서의 부재높이, 볼트의 공칭직경(mm); 유효길이: 외측 압축 섬유와 인장 철근 중심사이의 거리(mm)
d_b	보의 높이(mm)
d_c	기둥의 높이(mm)
d_n	합성단면의 하부 플랜지 하단에서 중립축까지의 거리(mm)
d_o	수직보강재의 간격(mm)
d_s	강재의 높이(mm)
e	직교이방성 강바닥판에서 폐단면 리브사이의 순간격(mm)
E	강재의 탄성계수(MPa)
E_c	콘크리트의 탄성계수(MPa)
FCM	붕괴유발부재
F_{cf}	이음점에서 제어플랜지의 설계응력(MPa)
F_{cr}	임계 좌굴응력(MPa)

F_e	합성부재의 공칭압축강도(MPa)
F_{exx}	용접금속의 분류강도(MPa)
F_n	응력으로 표현된 공칭휨강도(MPa)
F_r	응력으로 표현된 설계휨강도(MPa)
F_n	사용하중II에 의한 이음점 플랜지의 설계응력(MPa)
F_u	강재의 최소인장강도; 풍하중을 제외한 설계하중에 의한 바닥플랜지의 휨응력; 전단연결재의 최소인장강도(MPa)
F_{ub}	볼트의 최소인장강도(MPa)
F_w	풍하중에 의한 플랜지 연단의 휨응력(MPa)
F_y	핀의 항복강도; 강재의 최소항복강도(MPa)
F_{yb}	하부플랜지의 항복강도(MPa)
F_{yc}	압축플랜지의 최소항복강도(MPa)
F_{yce}	압축플랜지의 유효항복강도(MPa)
F_{yf}	플랜지의 최소항복강도(MPa)
F_{yr}	철근의 최소항복강도(MPa)
F_{yre}	주철근의 유효항복강도(MPa)
F_{ys}	보강재의 최소항복강도(MPa)
F_{yt}	인장플랜지의 최소항복강도(MPa)
F_{yte}	인장플랜지의 유효항복강도(MPa)
F_{yw}	복부판의 최소항복강도(MPa)
F_{ywe}	복부판의 유효항복강도(MPa)
f_a	설계하중에 의한 축방향응력(MPa)
f_b	모멘트 확대 계수를 고려한 설계하중에 의한 최대응력(MPa)
f_c	설계하중에 의한 압축플랜지응력(MPa)
f_{cf}	설계피로하중의 두 배와 하중계수가 고려되지 않은 영구사용하중에 의한 압축플랜지의 탄성 휨응력(MPa)
f_{ck}	콘크리트의 최소압축강도(MPa)
f_f	설계하중에 의한 탄성 플랜지응력(MPa)
f_{fl}	각 플랜지의 설계하중에 의한 응력과 최소항복응력중 작은 값(MPa)
f_{fr}	재분배된 플랜지 응력(MPa)
f_g	바닥판의 전체 축방향 응력(MPa)
f_{ncf}	설계하중으로 인한 비제어 플랜지 중앙점의 휨응력(MPa)
f_r	M_y 상태의 철근응력(MPa); 리브 복부판에서 면외 휨응력 (MPa)

f_s	사용하중조합II에 의한 이음점에서 검토대상 플랜지 두께 중앙에서의 최대 휨응력(MPa)
f_{sr}	교각 주철근의 휨응력 범위(MPa)
f_t	서로 다른 하중으로 발생하는 인장플랜지 휨응력의 합(MPa)
f_u	검토대상 패널에서 설계하중에 의한 압축 또는 인장플랜지의 휨응력(MPa)
f_v	박스거더에서 플랜지의 최대비틀림전단응력(MPa)
f_{vg}	바닥판의 전체전단응력(MPa)
g	볼트열간의 거리(mm)
h'	리브 복부판의 경사부분의 길이(mm)
H	필릿용접의 유효목두께(mm)
H_{uw}	이음점에서 복부판의 높이 중앙에 작용하는 수평합력(kN)
h_w	항복된 복부판높이(mm)
I	합성단면의 단면2차모멘트(mm^4)
I_l	수평보강재의 단면2차모멘트(mm^4)
I_p	이음판으로 연결된 복부판 볼트군의 극관성모멘트(mm^4)
I_s	단부를 기준으로 한 수평보강재의 단면2차모멘트(mm^4); 아치리브보강재의 단면2차모멘트(mm^4)
I_t	수직보강재의 총단면2차모멘트(mm^4)
I_y	단부를 기준으로 한 수직보강재의 단면2차모멘트(mm^4); 약축에 대한 단면2차모멘트(mm^4)
I_{yc}	압축플랜지의 단면2차모멘트(mm^4)
IM	[LSD 3.6.2]에서의 충격계수
J	순수비틀림상수(mm^4)
K	유효좌굴길이계수
K_h	볼트연결부에서의 구멍크기계수
K_s	볼트연결부에서의 표면상태계수
KL/r	세장비
k	전단좌굴계수; 플랜지 하면에서 필릿용접 끝단까지의 거리; [표 6.9.1]에서의 판좌굴계수; 리브를 따라 휨모멘트의 분포를 나타내는 계수
L	지간길이; 부재길이; 연결부의 길이
L_b	비지지길이; 고정점간 거리; 부재단부에서 첫 브레이싱점까지의 거리(mm)
L_c	ㄷ 형강전단연결재의 길이; 볼트구멍 순간격 혹은 볼트 연단거리(mm)
L_{cp}	덮개판 길이(mm)
L_p	소성거동을 보장하는 비지지길이의 한계(mm)

L_r	비탄성 횡-비틀림좌굴을 보장하는 비지지길이의 한계(mm)
LE	활하중
LFD	하중계수 설계법
$LRFD$	하중저항계수 설계법
l	비지지길이(mm)
M_c	설계하중에 의한 기둥모멘트(N · mm)
M_{cp}	최대정모멘트에 의한 내측 지점의 설계모멘트(N · mm)
M_{fb}	가로보의 설계모멘트(N · mm)
M_{fl}	인접보로부터 전달되는 축중하중에 의한 바닥판의 종방향 설계모멘트(N · mm)
M_{ft}	인접리브로부터 전달되는 축중하중에 의한 바닥판의 횡방향 설계모멘트(N · mm)
M_h	소성힌지에서의 설계모멘트(N · mm)
M_l	비지지부재 단부에서의 설계하중에 의한 최소모멘트(N · mm)
$M_{\max}$	최대휨강도(N · mm)
M_n	공칭휨강도(N · mm)
M_{np}	내측지점에서의 공칭휨강도(N · mm)
M_p	소성휨강도(N · mm)
M_{pe}	유효소성휨강도(N · mm)
M_{ps}	콘크리트로 채워진 부재에서 강재단면의 소성휨강도(N · mm)
M_r	설계휨강도(N · mm)
M_{rb}	가로보의 설계휨강도(N · mm)
M_{rr}	종방향리브의 설계휨강도(N · mm)
M_{rt}	인접리브로부터 전달되는 축중하중에 의한 바닥판의 설계휨강도(N · mm)
M_{rx}, M_{ry}	x-방향, y-방향의 저항계수가 고려된 설계휨강도(N · mm)
M_u	설계하중에 의한 휨모멘트; 설계하중에 의한 최대 패널모멘트(N · mm)
M_{ur}	강바닥판리브의 국부설계휨모멘트(N · mm)
M_{uw}	이음점에서 복부판 높이 중앙에서의 설계모멘트(N · mm)
M_{ux}, M_{uy}	x-방향, y-방향에서의 설계하중에 의한 휨모멘트(N · mm)
M_w	설계풍하중에 의한 하부플랜지의 최대 횡방향모멘트(N · mm)
M_y	항복휨강도; 복부판항복을 고려하지 않을 경우의 항복휨모멘트(N · mm)
M_{yc}	콘크리트로 채워진 부재에서 합성단면의 항복휨강도(N · mm)
M_{yr}	복부판의 항복을 고려할 경우 항복모멘트능력(N · mm)
m	복부판이음판 볼트의 수직방향 열수
N	응력범위의 반복횟수

NDT	비파괴검사
N_s	전단단면수; 볼트당 전단단면수
n	트럭당 응력범위의 반복횟수; 강재에 대한 콘크리트의 탄성계수비; 전단연결재의 수; 볼트의 수
n_{AC}	부모멘트 영역에서의 비합성단면의 고정하중에 의한 모멘트부호변환점에서 요구되는 추가 전단연결재의 갯수
P_A	비지지 구간의 1/4지점에서 압축플랜지 하중의 절대값(N)
P_B	비지지 구간의 중앙지점에서 압축플랜지 하중의 절대값(N)
P_C	비지지 구간의 3/4지점에서 압축플랜지 하중의 절대값(N)
P_h	설계하중에 의해 최대모멘트가 발생될 때의 브레이싱점에서 압축플랜지에 발생하는 하중(N)
P_l	설계하중에 의해 최소모멘트가 발생될 때의 브레이싱점에서 압축플랜지에 발생되는 하중(N)
$P_{\max}$	비지지구간에서 최대압축플랜지 하중의 절대값(N)
P_n	공칭강도; 공칭지압강도; 공칭압축강도
P_{nu}	순단면의 파단에 대한 공칭인장강도(N)
P_{ny}	전단면의 항복에 대한 공칭인장강도(N)
P_r	축방향 설계강도; 핀 보강판의 설계지압강도; 바닥판의 공칭인장강도(N)
P_t	볼트의 최소 소요인장력(N)
P_u	설계 축방향하중; 설계하중에 의한 볼트당 인장력 혹은 전단력; 강바닥판 리브의 하중(N)
p	전단연결재의 피치(mm) 하중강도(MPa)
Q	정모멘트부에서 합성단면의 중립축에 대한 슬래브 환산단면 바닥판의 단면 1차 모멘트, 또는 부모멘트부에서 합성단면의 중립축에 대한 바닥판 종방향 철근의 단면1차 모멘트(mm^3)
Q_{fl}	플랜지 항복강도에 대한 좌굴강도의 비
Q_n	전단연결재의 설계강도
Q_p	M_r의 휨강도를 확보하기 위한 복부와 압축플랜지의 세장비
Q_r	전단연결재의 설계강도
Q_u	설계하중에 의한 볼트당 프라잉 인장력
R	소성회전, 전단상관계수
R_b^*	합성단면의 하중저감계수(load-shedding factor)
R_b, R_b	플랜지 강도감소계수
R_{cf}	이음점에서 F_{cf}와 f_{cf}비의 절대값

R_n	볼트연결부의 공칭강도(N 또는 MPa)
$(R_{pB})_r$	핀의 지압강도(N)
R_r	극한한계상태에서 볼트 또는 용접연결부의 설계강도(N 또는 MPa)
R_s	전단과 인장을 동시에 받는 볼트의 공칭전단강도(N)
r_s	좌굴이 발생하는 축에 대한 단면회전반경(mm)
r_t	합성단면에서 수직축에 대해 압축플랜지와 압축을 받는 복부판의 1/3을 포함한 단면회전반경(mm); 비합성단면에서 수직축에 대한 압축플랜지의 단면회전반경(mm)
r_y	고정점 사이에서 복부판 평면의 수직축에 대한 단면회전반경(mm)
S	탄성단면계수(mm^3); 유효경간 길이(mm)
S_{xc}	단면의 수평, 주축에 대한 압축플랜지에 관련된 단면계수(mm^3)
s	구멍의 핏치 횡방향 철근의 종방향 간격(mm)
T	설계하중으로 인한 내적토크(N·mm)
T_n	볼트의 공칭인장강도(N)
T_u	사용한계상태 하중조합 II에 의한 볼트 한 개가 받는 인장력(N)
t	판두께(mm); 집중하중을 받는 플랜지의 두께(mm); 슬래브 또는 판의 두께(mm)
t_b	압축플랜지의 두께(mm)
t_c	보강될 플랜지의 두께(mm)
$t_{d,eff}$	표면의 보강효과를 포함하는 바닥판의 유효두께(mm)
t_f	플랜지의 두께(mm); ㄷ 형 전단연결재 플랜지의 두께(mm)
t_{fb}	하부플랜지의 두께(mm)
t_h	강재단면 플랜지위의 콘크리트헌치 두께(mm)
t_p	횡방향 하중을 받는 판의 두께(mm); 보강재의 두께(mm)
t_r	리브 복부판의 두께(mm)
t_s	콘크리트 바닥판의 두께(mm); 보강재의 두께(mm)
t_t	강재의 인장플랜지의 두께(mm)
t_w	복부판 또는 강관의 두께(mm)
U	전단지연에 의한 감소계수
V	유공핀에 수직적으로 작용하는 전단력(N)
V_h	전단연결재가 받는 수평전단력의 합(N)
V_n	공칭전단강도(N)
V_p	소성전단강도(N)
V_r	설계전단강도(N)
V_{sr}	전단력의 범위(N)

V_u	설계하중에 의한 전단력(N)
V_{ui}	경사진 복부판의 설계하중에 의한 전단력(N)
V_{uw}	이음점 복부판의 설계전단력(N)
v_{cf}	활하중에 의한 전단력(N); 순수단면 복부판에 작용하는 전단력(N)
w	플랜지에 있는 수평보강재의 간격과 복부판에 가장 가까운 플랜지 수평보강재와 복부판 간의 거리중 큰 값(mm); 박스거더 단면에서 플랜지의 중심간격(mm)
x	부재연결에서 전단을 받는 연결면과 단면 도심간 거리(mm)
Z	소성단면계수(mm^3)
Z_r	전단연결재의 피로전단강도(N)
α	플랜지 이음판 설계시 적용되는 계수
β	플랜지 유효단면적 계산시 플랜지 전단면적에 적용되는 계수
γ	LSD [표 3.4.1]에 있는 하중계수
(Δf)	활하중의 응력범위(MPa)
$(\Delta F)_n^c$	상세범주 C에 대한 공칭피로강도(MPa)
$(\Delta F)_n$	공칭피로강도(MPa)
(ΔF_{TH})	일정진폭 피로한계값(MPa)
λ	기둥의 세장비 계수
λ_b	b/t와 관계된 계수
θ	수직축에 대한 복부판의 경사각(DEG)
ϕ_b	지압에 대한 저항계수
ϕ_{bb}	지압볼트의 저항계수
ϕ_{bc}	블록전단에 대한 저항계수
ϕ_c	압축에 대한 저항계수
ϕ_{e1}	완전 그루브용접에 사용되는 용접재료의 전단 또는 인장에 대한 저항계수
ϕ_{e2}	부분 그루브용접에 사용되는 용접재료의 저항계수
ϕ_f	휨에 대한 저항계수
ϕ_s	볼트의 전단에 대한 저항계수
ϕ_{sc}	전단연결재의 저항계수
ϕ_t	고장력볼트의 인장에 대한 저항계수
ϕ_u	인장부재의 파단에 대한 저항계수
ϕ_v	전단에 대한 저항계수
ϕ_w	필릿용접의 전단에 대한 저항계수
ϕ_y	인장부재의 항복에 대한 저항계수

6.4 재료

6.4.1 강재

6.4.1.1 사용강재

(1) 구조용 강재는 [표 6.4.1]에 나타낸 한국산업표준(이하 “KS”)에 적합한 것을 사용.

(2) 표면처리제품, 주단조품, 선재 및 선재2차제품은 [표 6.4.2]에 나타낸 KS에 적합한 것을 사용

(3) 강종은 판의 두께에 따라서 [표 6.4.3]을 기준으로 하여 선정하는 것을 원칙으로 한다. 단, 인장 또는 교번 응력을 받는 부재에 대해서는 6.6.2를 따른다.

6.4.1.2 접합재료

(1) 일반볼트, 고장력볼트, 기초볼트와 턴버클 등은 [표 6.4.4]에 나타낸 KS에 적합한 것을 사용

(2) 용접재료 : 용접재료는 [표 6.4.5]에 나타낸 KS에 적합한 것으로 하고, 모재의 재질 및 용접조건을 고려하여 적절히 선택한다.

[표 6.4.1] 주요 구조용 강재의 규격 및 기호

강재의 종류	규 격		강 재 기 호
구조용 강재	KS D 3503[1)]	일반구조용 압연강재	SS400
	KS D 3515	용접구조용 압연강재	SM400, SM490, SM490Y, SM520, SM570
	KS D 3529	용접구조용 내후성, 열간압연강재	SMA400, SMA490, SMA570
	KS D 3868	교량구조용 압연강재	HSB500, HSB600, HSB800
	KS D 3566	일반구조용 탄소강관	STK400, STK490, STK500
	KS D 3568	일반구조용 각형강관	SPSR400, SPSR490
	KS D 3780	철탑용 고장력강 강관	STKT540, STKT590
	KS D 4108	용접구조용 원심력 주강관	SCW490-CF
	KS F 4602	강관말뚝	SKK400, SKK490
	KS F 4605	강관시트파일	SKY400, SKY490
	KS D 3530 KS D 3558	일반구조용 경량형강 일반구조용 용접경량 H형강	SSC400 SWH400, SWH400L
	KS D 3602	강제갑판(데크플레이트)	SDP1, 2, 3,
	KS D 3858	냉간성형 강널말뚝	SPY345, SPY345W, SPY450, SPY345M
	KS F 4603	H형강 말뚝	SHP400W, SHP490W
	KS F 4604	열간압연 강널말뚝	SY295, SY390
	KS D 3542	고내후성 압연강재	SPA-H, SPA-C

주1) SS400의 교량적용은 비용접부재로 한정. 단, 판두께 22 mm 이하의 SS400을 가설자재로 사용하거나, 2차부재의 형강이나 박판으로서 SM재 입수가 곤란한 경우에는 용접성에 문제가 없음을 확인한 후 사용가능하다.

[표 6.4.2] 표면처리제품, 주단조품, 선재 및 선재2차제품 강재의 규격 및 기호

강재의 종류	규 격		강 재 기 호
표면처리제품	KS D 3506	용융아연도금 강판 및 강대	SGH400, SGH440, SGH490, SGH540 SGC400, SGC440, SGC490, SGC570
주단조품	KS D 3752	기계구조용 탄소강재	SM35C, SM45C
	KS D 3710	탄소강 단강품	SF490A, SF50A
	KS D 4101	탄소강 주강품	SC450, SC480
	KS D 4102	구조용 고장력 탄소강 및 저합금강 주강품	SCMn1A, SCMn2A
	KS D 4106[1)]	용접구조용 주강품	SCW410, SCW480
	KS D 4118	도로교량용 주강품	SCHB1, SCHB2, SCHB3
	KS D 4301	회주철품	GC250
	KS D 4302	구상 흑연주철품	GCD400, GCD450
선재 및 선재 2차 제품	KS D 3509	피아노선재	SWRS
	KS D 3510	경강선	SW-A, SW-B, SW-C
	KS D 3514	와이어 로프	–
	KS D 3556	피아노선	PW-1, PW-2, PW-3
	KS D 3559	경강선재	HSWR
	KS D 7002	PC 강선 및 PC 강연선	SWPC1, SWPD1, SWPC2, SWPD3, SWPC7, SWPC19
	KS D 3505	PC 강봉	SBPR 785/1030, SBPR 930/1080 SBPR 930/1180

주1) 주단조품 중 KS D 4106에 해당되는 SCW410, SCW480 강재는 용접하여 사용 가능하다. 그 외 주단조품을 용접하여 사용하고자 할 경우, 사전에 용접성 검증이 필요하다.

[표 6.4.3] 판두께에 따른 강재종류 선정기준

강종		판두께(mm) (6, 8, 16, 25, 32, 40, 50, 80, 100)
일반구조용 압연강재	SS400	8 ~ 100
용접구조용 압연강재	SM400A	8 ~ 32
	SM400B	8 ~ 40
	SM400C	8 ~ 100
	SM490A	8 ~ 25
	SM490B	8 ~ 40
	SM490C	8 ~ 100
	SM490C-TMC	8 ~ 100
	SM490YA	8 ~ 16
	SM490YB	8 ~ 40
	SM520B	8 ~ 40
	SM520C	8 ~ 100
	SM520C-TMC	8 ~ 100
	SM570	8 ~ 100
	SM570-TMC	8 ~ 100
용접구조용 내후성열간 압연강재	SMA400A	8 ~ 25
	SMA400B	8 ~ 40
	SMA400C	8 ~ 100
	SMA490A	8 ~ 25
	SMA490B	8 ~ 40
	SMA490C	8 ~ 100
	SMA570	8 ~ 100
교량구조용 압연강재	HSB500	8 ~ 100
	HSB500L	8 ~ 100
	HSB500W	8 ~ 100
	HSB600	8 ~ 100
	HSB600L	8 ~ 100
	HSB600W	8 ~ 100
	HSB800	8 ~ 80
	HSB800L	8 ~ 80

주1) 판두께가 8 mm 미만의 강재에 대해서는 도로교설계기준의 강바닥판 구조 세목에 따른다.
주2) 판두께 25 mm로 부터 32 mm 사이의 SM490YB는 진정강괴로 제조해야 한다.

6.4.2 철근 및 콘크리트

철근 및 콘크리트의 품질은 "콘크리트구조설계기준"을 따른다.

6.4.3 형상 및 치수

(1) 구조용 강재의 형상, 치수 및 그 허용차와 관련하여 강재는 "도로교표준시방서"의 규정에 따른다.

(2) 볼트, 고장력볼트, 기초볼트 및 턴버클 등 접합요소의 형상 및 치수는 [표 6.4.4]에 나타낸 KS의 규정에 적합한 것으로 한다.

(3) 용접에 의한 조립재는 "도로교표준시방서"에서 규정하는 제품정밀도 기준에 적합한 형상 및 치수로 한다.

[표 6.4.4] 볼트, 고장력볼트 및 기초볼트 등의 제품 규격

번 호	명 칭	종 류
KS B 1002	육각볼트	보통형
KS B 1010	마찰접합용 고장력 육각볼트, 육각 너트, 평와셔의 세트	F8T, F10(F8), F35 F10T, F10, F35 F13T, F13, F35
KS B 1012	육각너트	보통형
KS B 1016	기초볼트	J형, L형
KS B 1324	스프링 와셔	
KS B 1326	평와셔	

[표 6.4.5] 용접재료

번 호	명 칭
KS D 3508	피복아크 용접봉 심선재
KS D 3550	피복아크 용접봉 심선
KS D 7004	연강용 피복아크 용접봉
KS D 7005	연강용 가스 용접봉
KS D 7006	고장력강용 피복아크 용접봉
KS D 7023	저온용 강용 피복아크 용접봉
KS D 7025	연강 및 고장력강용 마그용접 솔리드 와이어
KS D 7101	내후성강용 피복아크 용접봉
KS D 7102	탄소강 및 저합금강용 서브머지드 아크용접 플럭스
KS D 7103	탄소강 및 저합금강용 서브머지드 아크용접 와이어
KS D 7104	연강, 고장력강 및 저온용 강용 아크용접 플럭스 코아선
KS D 7105	일렉트로 가스 아크용접용 플럭스 코아선
KS D 7106	내후성강용 탄산가스 아크용접 솔리드 와이어
KS D 7109	내후성강용 탄산가스 아크용접 플럭스 충전 와이어

6.4.4 재료의 강도

6.4.4.1 강재의 강도

(1) [표 6.4.1]에 나타낸 구조용 강재의 항복강도 F_y 및 인장강도 F_u는 [표 6.4.6]~[표 6.4.8]에 나타낸 값으로 한다. 다만, [표 6.4.6]~[표 6.4.8]에 항복강도 및 인장강도가 정의되지 아니한 강재는 [표 6.4.1]의 관련 KS 규격에 명시된 재료의 강도값을 사용한다.

(2) [표 6.4.2]에 나타낸 표면처리제품, 주단조품, 선재 및 선재2차제품의 항복강도 F_y 및 인장강도 F_u는 해당 KS 규격에 명시된 재료의 강도값을 사용한다. 특히, 주단조품의 경우 해당 KS규격에서 명시하고 있는 열처리 조건에 따른 재료의 강도값을 사용해야 한다.

[표 6.4.6] 주요 구조용 강재의 재료강도(MPa)

강도	강재 기호 / 판두께	SS400 SM400 SMA400	SM490 SMA490	SM520 SM490Y	SM570 SMA570
F_y	40mm 이하	235	315	355	450
	40mm 초과 75mm 이하	215	295	335	430
	75mm 초과 100mm 이하	215	295	325	420
F_u	100mm 이하	400	490	520 (490)[1]	570

강도	강재기호 / 판두께	SM490C-TMC	SM520C-TMC	SM570-TMC	HSB500	HSB600	HSB800
F_y	100mm 이하	315	355	450	380	450	690[2]
F_u	100mm 이하	490	520	570	500	600	800[2]

주1) SM490Y의 인장강도는 490 MPa

주2) HSB800의 경우 적용 판두께는 80mm 이하

[표 6.4.7] 강관용 강재의 재료강도(MPa)

강재 기호		STK400 SKK400 SKY400	SPSR400	STK490 SKK490 SKY490 SCW490-CF	SPSR490	STK500	STKT540	STKT590
강도	F_y	235	245	315 (325,295)[1]	325	355	390	440
	F_u	400	400	490	490	500	540	590

주1) SCW490-CF는 판두께 40 mm 이하일 때 항복강도 325 MPa 이상, 40 mm 초과 60 mm 이하일 때 항복강도는 295 MPa 이상

[표 6.4.8] 경량 및 기타 구조용 강재의 재료강도(MPa)

강재 기호		SSC400 SWH400 SWH400L SHP400W	SY295	SHP490W	SPY345 SPY345W SPY345M	SY390	SPY450	SPA-H	SPA-C	SDP1	SDP2	SDP3
강도	F_y	245 (235)[1)]	295	325 (315)[2)]	345	390	450	355	315	206	245	315
	F_u	400	490	490	450 (485)[3)]	540	550	490[4)]	450	270	400	450

주1) 두께 16 mm 이상 SHP400W의 항복강도는 235 MPa 이상
주2) 두께 16 mm 이상 SHP490W의 항복강도는 315 MPa 이상
주3) SPY345M의 인장강도는 485 MPa
주4) 3 mm 미만의 SPA-H의 인장강도는 주문자 제조자 협정에 따라 510 MPa 이상 적용 가능

6.4.4.2 접합재료의 강도

(1) 고장력볼트의 재료강도는 [표 6.4.9]에 나타낸 값으로 한다.

[표 6.4.9] 고장력볼트의 재료강도(MPa)

강도 \ 등급	F8T	F10T	F13T
F_y	640	900	1,170
F_u	800	1,000	1,300

(2) 볼트의 재료강도는 [표 6.4.10]와 같고, 표에서 규정하는 것 이외의 일반볼트에 대한 항복강도 및 인장강도는 “KS B 1002”에 정해진 항복강도 및 인장강도의 최소값으로 한다.

[표 6.4.10] 볼트의 재료강도(MPa)

강종	SS400, SM400의 일반볼트
F_y	235
F_u	400

(3) 용접이음재료의 강도는 강재의 용접후 모재의 재료강도 이상을 확보한다.

6.4.4.3 철근 및 콘크리트의 강도

철근 및 콘크리트의 강도는 “콘크리트구조설계기준”을 따른다.

6.4.5 물리상수

설계 계산에 사용되는 강재의 물리상수의 값은 [표 6.4.11]을 사용한다.

[표 6.4.11] 물리상수

종 류	물리상수의 값
강과 주강의 탄성계수(MPa)	205,000
PS강선, PS강연선, PS강봉의 탄성계수(MPa)	200,000
주철의 탄성계수(MPa)	100,000
강의 전단탄성계수(MPa)	79,000
강과 주강의 포아송비	0.30
주철의 포아송비	0.25
강의 열팽창계수(/℃)	1.2×10^{-5}

6.4.6 기타 강재

6.4.6.1 핀, 롤러 및 록커

핀, 롤러 및 록커의 재료 강도는 6.4.1.1의 해당 재료의 KS 규격에 따른다.

6.4.6.2 스터드 전단연결재

스터드 전단연결재의 줄기 지름은 19 mm, 22 mm 및 25 mm를 표준으로 하며 재질은 KS B 1062(머리붙이 스터드)를 따른다. 스터드 전단연결재의 항복강도는 235 MPa 이상, 인장강도는 400 MPa 이상으로 한다.

6.4.6.3 스테인레스 강재

스테인레스 강재는 KS D 3698(냉간압연 스테인레스 강판 및 강대), KS D 3705(열간압연 스테인레스 강판 및 강대), KS D 3706(스테인레스 강봉), KS D 3697(냉간압조용 스테인레스 강선) 등의 KS 규격에 따른다.

6.4.6.4 케이블

케이블로 사용되는 강재는 [표 6.4.2]의 선재 · 선재 2차 제품의 관련 KS규격에 따른다.

6.5 한계상태

6.5.1 일반사항

강재 또는 강재와 다른 재료를 결합시켜 만들어진 부재의 구조적 거동은, 건설 중, 이동 운반 중, 또는 가설시 뿐만 아니라 그 구조물의 공용 기간 동안 가장 큰 응력이 발생될 수 있는 모든 단계에 대해 검토해야 한다.

구조 부재는 극한한계상태, 극단상황한계상태, 사용한계상태 및 피로한계상태에서 요구되는 조건을 적절히 만족시켜야 한다.

6.5.2 사용한계상태

[LSD 2.5.2.6 및 6.10.5]의 규정을 적용한다.
강구조물은 LSD [표 3.4.1]에 있는 사용한계상태조합 Ⅱ의 조건을 만족시켜야 한다.

6.5.3 피로 및 파괴한계상태

(1) 각 구조부재 및 상세는 6.6에 규정된 피로에 대한 검토가 있어야 한다.
(2) LSD [표 3.4.1]의 피로한계상태조합 및 [LSD 3.6.1.4]에 규정된 피로 활하중을 적용한다.
(3) 플레이트 거더의 복부판은 6.10.6의 규정을 만족시켜야 한다.
(4) 6.10.7.4(2) 및 6.10.7.4(3)에 있는 전단연결재의 피로에 대한 적절한 규정을 적용한다.

인장피로를 받는 볼트는 6.13.2.10(3)절의 규정을 만족시켜야 한다.
요구되는 파괴인성치는 6.6.2에 따른다.

6.5.4 극한한계상태

6.5.4.1 일반사항

강도 및 안정성 검토시 [LSD 표 3.4.1]에 규정된 적합한 극한한계상태 조합을 이용한다.

6.5.4.2 저항계수

극한한계상태에 대한 저항계수 ϕ는 다음 값을 취한다.

- 휨에 대해 $\phi_f = 1.00$
- 전단에 대해 $\phi_v = 1.00$
- 축방향 압축력에 대해(강재) $\phi_c = 0.90$
- 축방향 압축력에 대해(합성부재) $\phi_c = 0.90$
- 인장력에 대해(순단면 적용시 파단) $\phi_u = 0.80$
- 인장력에 대해(총단면 적용시 항복) $\phi_y = 0.95$
- 핀의 지압력에 대해 $\phi_b = 1.00$
- 볼트의 지압력에 대해 $\phi_{bb} = 0.80$
- 전단연결재에 대해 $\phi_{sc} = 0.85$
- 인장력을 받는 고장력 볼트 F8T, F10T, F13T에 대해 $\phi_t = 0.80$
- 인장력을 받는 일반볼트에 대해 $\phi_t = 0.80$
- 전단력을 받는 고장력 볼트 F8T, F10T, F13T에 대해 $\phi_t = 0.80$
- 전단력을 받는 일반볼트에 대해 $\phi_s = 0.65$
- 블록전단에 대해 $\phi_{bs} = 0.80$
- 완전용입 그루브용접시의 용접 금속에 대해:
  - 유효단면적에 대한 전단력 $\phi_{e1} = 0.85$
  - 유효단면적에 수직한 인장 또는 압축력 $\phi =$ 모재 ϕ
  - 용접선에 평행한 인장 또는 압축력 $\phi =$ 모재 ϕ
- 부분용입 그루브용접시 용접금속에 대해:
  - 용접선에 평행한 전단력 $\phi_{e2} = 0.80$
  - 용접선에 평행한 인장 또는 압축력 $\phi =$ 모재 ϕ
  - 유효단면적에 수직한 압축력 $\phi =$ 모재 ϕ
  - 유효단면적에 수직한 인장력 $\phi_{e2} = 0.80$
- 필릿용접시에 용접금속에 대해:
  - 용접선에 평행한 방향의 인장 또는 압축력 $\phi =$ 모재 ϕ
  - 용접금속의 목에 작용하는 전단력 $\phi_{e2} = 0.80$
- 관입상태가 불량한 지반으로 인한 영향을 받고 압축력을 받는 말뚝의 축방향력에 대해:
  - H형 말뚝 $\phi_c = 0.50$
  - 강관 말뚝 $\phi_c = 0.50$
- 관입상태가 양호한 지반에서 압축력을 받는 말뚝의 축방향력에 대해:
  - H형 말뚝 $\phi_c = 0.60$
  - 강관 말뚝 $\phi_c = 0.70$
- 비항타말뚝의 축방향력과 휨의 조합에 대해:
  - H형 말뚝의 축방향력에 대해 $\phi_c = 0.70$
  - 강관 파일의 축방향력에 대해 $\phi_c = 0.80$
  - 휨에 대해 $\phi_f = 1.00$
- 항타시의 저항계수에 대해 $\phi = 1.00$

6.5.5 극단상황한계상태

[LSD 표 3.4.1]의 모든 적용 가능한 극단상황한계상태조합에 대해 검토한다.
극단상황한계상태에 대한 저항계수는 볼트의 경우를 제외하고는 모두 1.0을 취한다.
내하력 설계에 의해 보호되지 않은 볼트 조인트는 극단상황한계상태에 대해 지압이음 형식으로 거동하는 것으로 가정하며, 저항계수는 6.5.4.2에 주어진 볼트 지압력에 대한 값을 적용한다.

6.6 피로 및 파단

6.6.1 피로

6.6.1.1 일반사항

피로는 하중유발 피로와 변형유발 피로로 분류된다.

6.6.1.2 하중유발 피로

(1) 적용

강교량 구조상세에 대한 피로설계시 고려해야 할 응력은 활하중에 의해 발생된 응력범위이다. 전 길이에 걸쳐 전단연결재가 설치되고 6.10.3.7의 조항을 만족하는 바닥판 철근이 배근된 휨부재에 대하여, 활하중에 의해 발생된 응력범위는 콘크리트 바닥판에 발생하는 정모멘트부와 부모멘트부 모두가 부재 전체에 대해 유효하다고 가정한 합성단면으로 계산할 수 있다.
잔류응력은 피로설계시 고려하지 않는다.
이 규정들은 순인장응력을 받는 상세에만 적용된다. 하중계수를 적용하지 않은 고정하중이 압축응력을 발생시키는 부분의 경우, 이 압축응력이 LSD [표 3.4.1]에 규정된 피로한계상태조합으로 인한 최대 활하중 인장응력의 2배보다 작은 경우에만 피로 문제를 고려한다.

(2) 설계기준

하중유발피로를 고려하는 경우, 각 구조상세는 다음 조건을 만족시켜야 한다:

$$\gamma(\Delta f) \leq (\Delta F)_n \tag{6.6.1}$$

여기서, γ = [LSD 표 3.4.1]에 규정된 피로한계상태 조합에 대한 하중계수, (Δf) = 하중효과, 즉 [LSD 3.6.1.4]에 규정된 피로하중 통과시 발생되는 활하중 응력범위(MPa), $(\Delta F)_n$ = 6.6.1.2(5)에 규정된 공칭피로강도(MPa).

(3) 상세범주

피로강도가 상세범주 C보다 낮거나 같은 부재와 이음부는 각각 그 상세범주에 해당하는 조건을 만족하도록 설계한다. 상세범주는 [표 6.6.1]과 [표 6.6.2]에 요약되어 있으며 [그림 6.6.1]에 예시되어 있다.

[표 6.6.1] 하중유발 피로에 대한 상세범주

일반조건	상 황	상세범주	그림으로본 실예 참조 : [그림 6.6.1]
단순부재	모재금속 :		1, 2
	• 압연면 또는 부착물이 없는 깨끗한 표면을 갖는 경우 (가스 절단부의 경우 0.025 mm 이하의 평탄도)	A	
	• 무도장 내후성강재 전등급	B	
	• 아이바의 머리부분과 핀연결 보강판의 순단면적 고려	E	
조립부재	부착물이 없는 연결부가 다음과 같이 연결될 때 모재와 용접 금속 :		3, 4, 5, 7
	• 받침봉을 제거한 연속 완전용입그루브용접	B	
	• 응력 작용방향과 평행인 연속 필릿용접	B	
	• 받침봉을 제거하지 않은 연속 완전용입그루브용접	B'	
	• 응력 작용방향과 평행한 연속 부분용입그루브용접 부재보다 짧은 길이의 덮개판의 끝부분에서의 모재 :	B'	
	• 마찰이음 고장력볼트로 끝부분이 연결된 경우	B	22
	• 끝부분 돌림용접 여부와 관계없이 덮개판 폭이 플랜지보다 좁을 경우 또는 끝부분 돌림용접을 하고 덮개판 폭이 플랜지 보다 넓은 경우		7
	• 플랜지 두께 ≤ 20 mm	E	
	• 플랜지 두께 > 20 mm	E'	
	• 끝부분 돌림용접이 없으면서 덮개판 폭이 플랜지 보다 넓은 경우	E'	
용접의 건정성이 비파괴시험으로 입증되고 응력작용방향으로 연마가 되어 있는 그루브용접 이음부	완전용입그루브용접 이음부의 모재와 용접 금속으로:		
	• 서로 비슷한 단면을 가진 강판들의 용접부위를 연마하여 연결부위가 원 래 판면과 같이 처리된 경우	B	8, 10
	• 용접부 연마가 되어있고 폭으로 600 mm의 변화부 반경을 갖는 경우	B	13
	• 폭이나 두께 방향 변화부 기울기가 1.0 : 2.5 이하가 되도록 용접부위 를 연마한 경우	B	11, 12
	• 폭이나 두께 방향 변화부 기울기가 1.0 : 2.5 이하거나 변화부여부와 상관없이 용접부 보강을 위한 용용접덧살을 제거하지 않는 경우	C	8, 10, 11, 12

일반조건	상 황	상세 범주	그림으로본 실예 참조 : [그림 6.6.1]
종방향으로 응력을 받는 그루브 용접 부착물	완전용입 또는 부분용입 그루브용접으로 부착된 이음부의 모재로 : • 이음부의 길이가 응력이 작용하는 방향으로 :		
	• 50 mm 이하일 때 • 50 mm와 이음부 판두께의 12배 이내일 때, 단, 100 mm 이하	C D	6, 15 15
	• 이음부 두께의 12배 또는 100 mm 이상일 때 • 이음부 두께 < 25 mm • 이음부 두께 ≥ 25 mm • 이음부 길이에 관계없이 용접단을 매끈하게 연마하였으며 변화부의 반경이 다음과 같을 때: • 변화부 반경 ≥ 600 mm • 600 mm > 변화부 반경 ≥ 150 mm • 150 mm > 변화부 반경 ≥ 50 mm • 변화부 반경 < 50 mm • 용접단을 매끈하게 연마하지 않은 모든 변화부 반경에 대하여	 E E' B C D E E	 15 15 16 16
횡방향으로 응력을 받는 그루브 용접된 부착물의 용접 건전도가 비파괴시험으로 입증되고 응력작용방향과 직각으로 연마가 되어 있을 때	완전용입 그루브용접으로 된 모재와 용접금속으로 변화부의반경이 다음과 같을 때 : • 동일한 판두께이고 용접덧살이 제거되었을 때 • 변화부반경 ≥ 600 mm • 600 mm > 변화부반경 ≥ 150 mm • 150 mm > 변화부반경 ≥ 50 mm • 변화부반경 < 50 mm	 B C D E	16
	• 동일한 판두께이고 용접덧살이 제거되지 않았을 때 • 변화부반경 ≥ 150 mm • 150 mm > 변화부반경 ≥ 50 mm • 변화부반경 < 50 mm • 다른 판두께이고 용접덧살이 제거되지 않았을 때 • 변화부반경 ≥ 50 mm • 변화부반경 < 50 mm • 다른 판두께이고 용접덧살이 제거되지 않았을 때 변화부 반경에 상관 없이	 C D E D E E	
응력작용방향에 직각으로 필릿용접된 연결부	모재금속 : • 수직보강재를 플랜지에 또는 수직보강재를 복부판에 부착시키는 경우를 제외한 모든 이음부	C범주 또는 식 6.6.4 중 낮은 값	14
	• 수직보강재를 플랜지에 또는 수직보강재를 복부판에 용접할 때의 용접 단부	C'	6

일반조건	상 황	상세 범주	그림으로본 실례 참조 : [그림 6.6.1]
응력작용 방향에 직각 또는 평행하게 필릿용접된 연결부	용접목에 작용하는 전단응력 용접단에서의 모재금속	E	9
종방향으로 응력을 받는 필릿용접 부착물	필릿용접으로 부착된 이음부의 모재금속으로 :		
	• 응력이 작용하는 방향으로 이음부 길이가 :		
	• 50 mm 이내 또는 스터드 형태의 전단연결재	C	5,17,18,20
	• 50 mm 이내 또는 이음부판 두께의 12배 이내일 때, 단, 100 mm 이하	D	
	• 이음부 두께의 12배 또는 100 mm 이상일 때		15,17
	• 이음부 두께 < 25 mm	E	7,9,15,17
	• 이음부 두께 ≥ 25 mm	E'	
	• 이음부의 길이에 관계없이, 용접단을 매끈하게 연마하였으며 다음과 같은 변화부 반경을 가졌을 때 :		16
	• 변화부 반경 ≥ 50 mm	D	
	• 변화부 반경 < 50 mm	E	
	• 용접단을 매끈하게 연마하지 않았을 때 변화부 반경에 대하여	E	16
교축방향과 평행하게 용접된 횡방향으로 응력을 받는 필릿용접 부착물	필릿용접으로 부착된 이음부의 모재금속: 16		
	• 용접단을 매끈하게 연마하였으며 다음과 같은 변화부 반경을 가졌을 때 :		
	• 변화부 반경 ≥ 50 mm	D	
	• 변화부 반경 < 50 mm	E	
	• 용접단을 매끈하게 연마하지 않았을 때 변화부 반경에 대하여	E	
볼트 및 리벳 연결부	모재금속 :		21
	• 연결부재에 면외휨을 일으키는 축방향 힘을 받는 이음부를 제외한, 고장력 볼트 마찰이음의 전단면적에 대한 응력	B	
	• 고장력 볼트를 사용하였으나 마찰이음이 아닐 때 순단면적에 대한 응력	B	
	• 리벳을 사용한 이음부의 순단면적에 대한 응력	D	
아이바 혹은 핀연결보강판	아이바의 머리부분 또는 핀연결 보강판 등의 순단면적에 대한 모재	E	23,24
	금속 아이바 주요부 또는 핀연결 보강판의 거친부분의 모재금속:		
	• 압연 또는 매끄럽게 처리된 면	A	23,24
	• 가스절단부	B	23,24

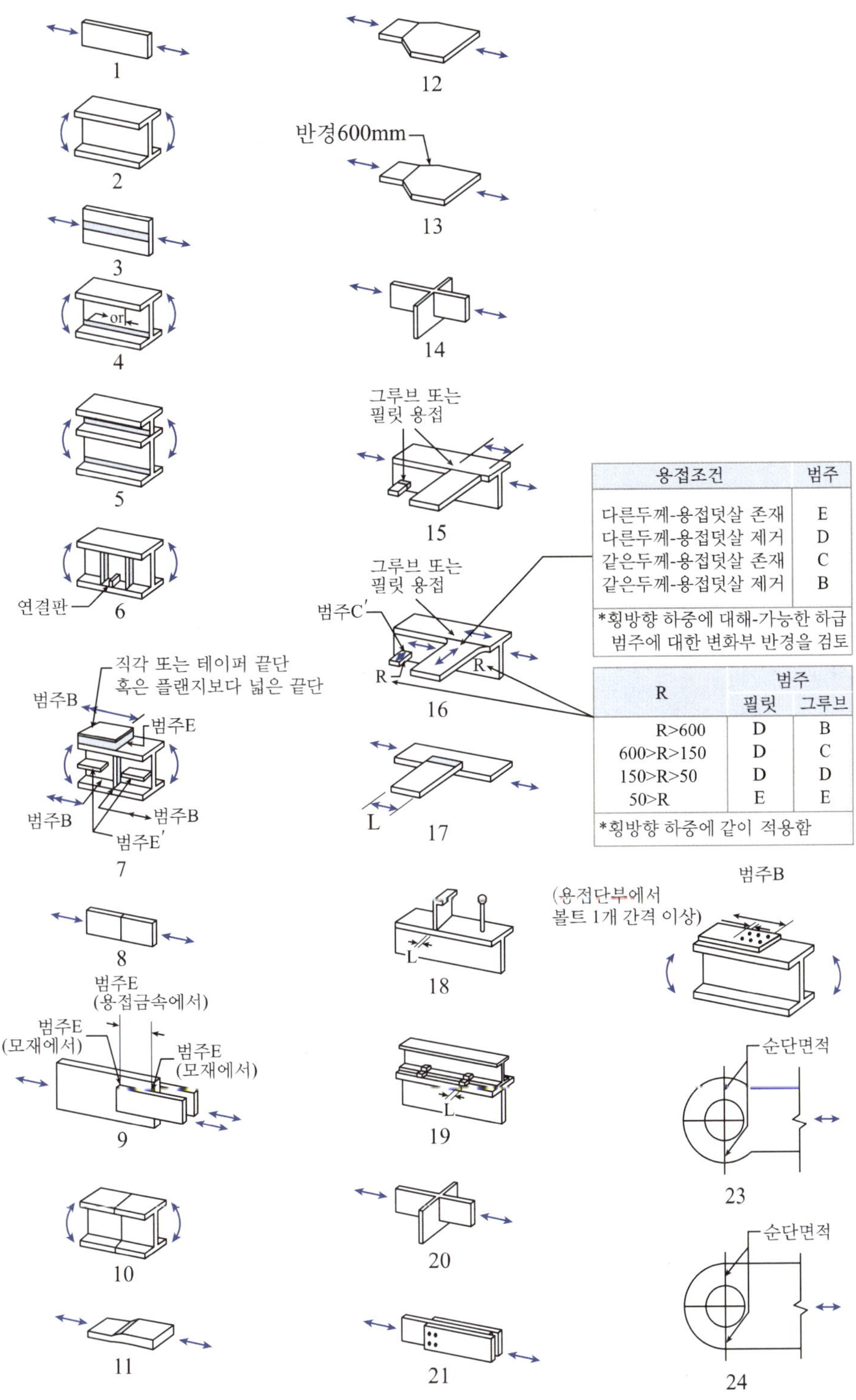

용접조건	범주
다른두께-용접덧살 존재	E
다른두께-용접덧살 제거	D
같은두께-용접덧살 존재	C
같은두께-용접덧살 제거	B

*횡방향 하중에 대해-가능한 하급 범주에 대한 변화부 반경을 검토

R	범주	
	필릿	그루브
R>600	D	B
600>R>150	D	C
150>R>50	D	D
50>R	E	E

*횡방향 하중에 같이 적용함

[그림 6.6.1] 피로상세범주 예

[표 6.6.2] 하중으로 인하여 강바닥판에 발생하는 피로균열의 상세범주

그 림 예	상 세	조 건 설 명	상세 범주
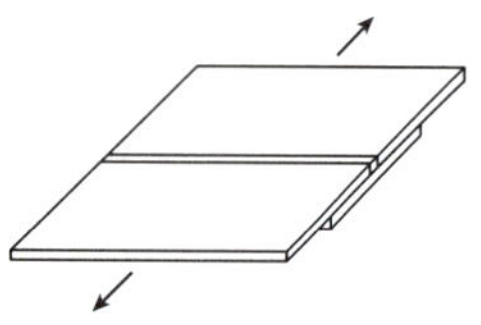	종방향 또는 횡방향의 바닥판 또는 리브 이음 맞대기 일면 그루브용접	(1) 세라믹 받침봉을 제거하고 응력과 평행한 방향으로 용접부를 연마한 경우	B
		(2) 세라믹 받침봉을 제거하고 용접부를 연마하지 않은 경우	C
		(3) 받침봉을 제거하지 않은 경우	D
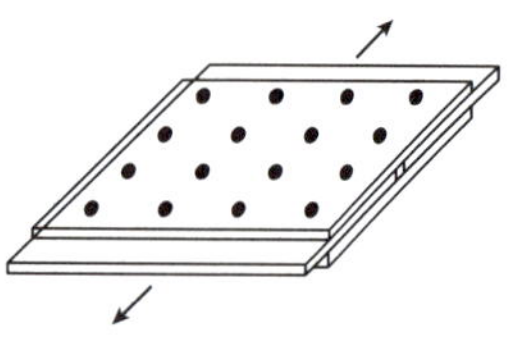	볼트가 적용된 바닥판 또는 리브 이음부	(4) 비대칭 이음부는, 응력 계산시 편심의 영향을 고려해야 한다.	B
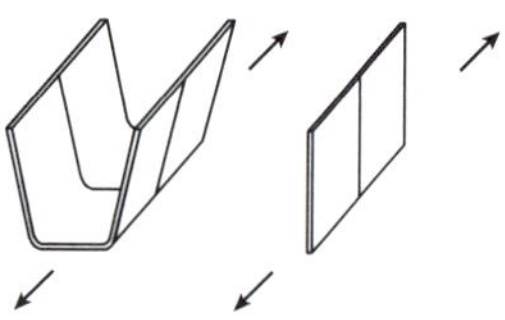	바닥판 또는 종리브이음부 양면 그루브용접	(5) 용접 연결부를 모재와 같은 단면이 되도록 편평하게 연마하고, 단부도 응력방향으로 연마한 경우	B
		(6) 용접덧살의 높이가 용접폭의 20%를 넘지 않는 경우	C
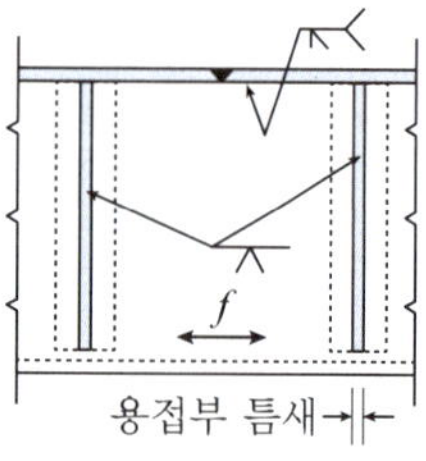	현장용접을 위한 구멍이 있는 리브 용접이음부 맞대기 일면 그루브용접	(7) 리브 이음을 위한 영구받침봉을 적용한 경우 용접 갭 > 리브 두께 f = 리브 바닥에서의 축응력범위	D
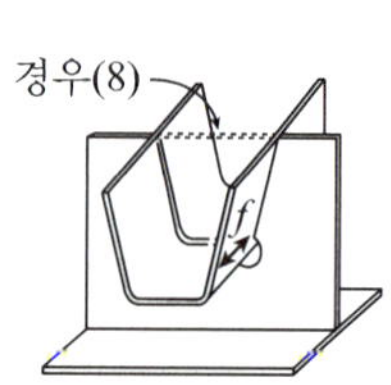	종리브와 가로보 교차부에서의 종리브판	(8) 개단면 종리브 또는 내부 다이아프램이 있는 폐단면 리브 f = 횡리브와 종리브 용접 하단부의 종리브판 에 작용하는 축응력범위	C
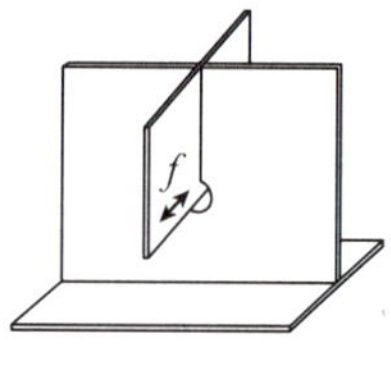	종리브와 가로보복부판 사이의 필릿용접	(9) 내부 다이아프램이 없는 폐단면 리브 $f = f_1 + f_2$ f_1 =종리브판에 작용하는 축응력 범위 f_2 =합리적 해석을 통해 얻는 종리브와 가로보 교차부의 상호작용에 기인한 면외 방향휨에 의한 종리브판의 국부적인 휨응력범위	C

그 림 예	상 세	조 건 설 명	상세 범주
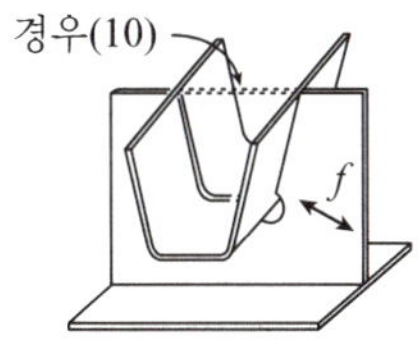	종리브와 가로보 교차부의 가로보 복부판	(10) 개단면 종리브 또는 내부 다이아프램이 있는 폐단면 리브 f=가로보 복부판에서 발생하는 용접과 수직한 방향의 축응력범위 $=f_1+f_2$ f_1=복부판에서의 축응력범위 f_2=지지점에서 종리브의 회전에 기인한 면외 방향휨에 의해 복부판에 발생하는 휨응력범위 (응력 f_1, f_2 모두 정성적 해석을 통해 구함)	C범주 또는 식 6.6.4 중 낮은 값
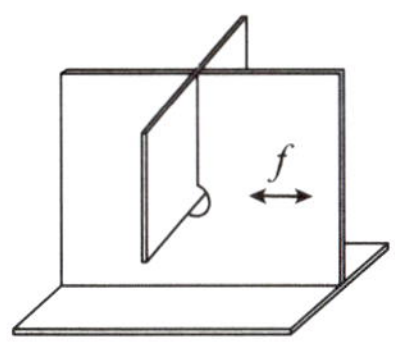	종리브와 가로보 복부판 사이, 내부 다이아프램과 종리브 사이의 필릿용접	(11) 내부 다이아프램이 없는 폐단면 종리브 $f=f_1+f_2$ f_1=합리적 해석으로부터 구한 횡리브 또는 가로 보 복부판과 종리브 사이의 상호작용에 의한 응력범위 f_2는 (10)과 동일	C
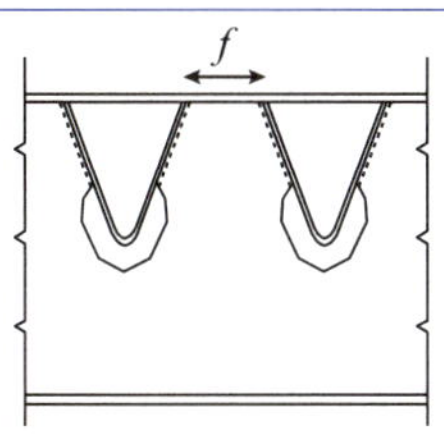 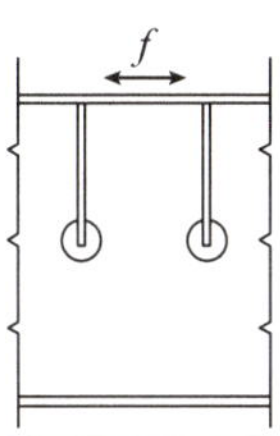	횡리브 또는 가로보 복부판과 접합된 바닥판	(12) f = 가로보와 바닥판 용접부의 바닥판에 발생하는 축응력범위	E

(4) 사용해서는 안되는 구조상세

6.14.5.3(7)②에 허용된 것을 제외하고는, 횡방향 하중을 받는 곳에는 부분용입그루브용접이 사용되어서는 안 된다. 또한 횡방향 필릿용접만으로 거더 플랜지 표면에 거셋판을 부착해서도 안 된다.

(5) 피로강도

이후에 규정된 것을 제외한 공칭피로강도는 다음과 같이 구한다.

$$(\Delta F)_n = \left(\frac{A}{N}\right)^{\frac{1}{3}} \geq \frac{1}{2}(\Delta F)_{TH} \qquad (6.6.2)$$

여기서, $N = (365)(100)n(ADTT)_{SL}$ (6.6.3)

A = [표 6.6.3]에서 선택한 상수(MPa³), n = [표 6.6.4]에서 선택한 트럭 한 대 통과시 발생하는 응력범위의 반복회수, $(ADTT)_{SL}$ = [LSD 3.6.1.4]에서 규정한 한차선당 ADTT(일평균 트럭교통량), $(\Delta F)_{TH}$ = [표 6.6.5]에서 택한 일정 피로 진폭 한계값(MPa).

응력 방향과 수직한 방향으로 필릿 용접연결된 불연속판 상세부 모재에 대한 공칭 피로강도 범위는 $(\Delta F)_n^c$ 보다 작아야 한다. 이때의 공칭피로강도 범위는 다음과 같다.

$$(\Delta F)_n = (\Delta F)_n^c \left(\frac{0.094 + 1.23\dfrac{H}{t_p}}{1.1 t_p^{\frac{1}{6}}} \right) \leq (\Delta F)_n^c \quad (6.6.4)$$

여기서, $(\Delta F)_n^c$ = 범주 C에 대한 공칭피로강도(MPa), H = 필릿용접의 유효목두께(mm), t_p = 하중을 받는 판의 두께(mm).

[표 6.6.3] 구조 상세범주 상수, A

상세범주	상수, A×10¹¹(MPa³)
A	82.0
B	39.3
B'	20.0
C	14.4
C'	14.4
D	7.21
E	3.61
E'	1.28
축방향 인장을 받는 F8T볼트	5.61
축방향 인장을 받는 F10T 볼트	10.3
축방향 인장을 받는 F13T 볼트	4.32

[표 6.6.4] 트럭 통과당 반복회수, n

종방향 부재	경간 길이	
	> 12,000 mm	≤12,000 mm
단순경간 거더	1.0	2.0
연 속 주 형		
1) 내측 지점 부근	1.5	2.0
2) 기타	1.0	2.0
캔틸레버 거더	5.0	
트 러 스	1.0	
횡방향 부재	간 격	
	> 6,000 mm	≤6,000 mm
	1.0	2.0

[표 6.6.5] 일정 피로 진폭 한계값

상세범주	한계 값(MPa)
A	165.0
B	110.0
B'	82.7
C	69.0
C'	82.7
D	48.3
E	31.0
E'	17.9
축방향 인장을 받는 F8T 볼트	100
축방향 인장을 받는 F10T 볼트	110
축방향 인장을 받는 F13T 볼트	80

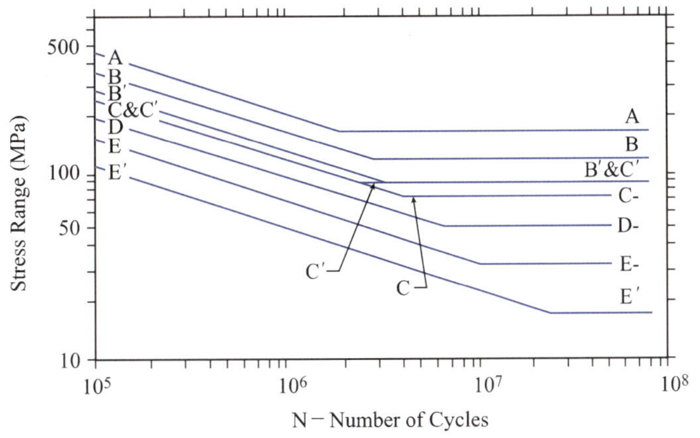

[그림 6.6.2] 응력한계와 반복회수의 관계도 [AASHTO Fig. C6.6.1.2.6-1]

6.6.1.3 변형유발 피로

횡방향 부재를 종방향 부재의 단면을 포함하는 적절한 구조요소에 연결함에 따라, 예상하였거나 예상치 못한 하중을 전달하기에 충분한 하중경로를 제공할 수 있어야 한다. 이러한 하중경로는 여러 구조 요소를 용접 또는 볼트로 연결하여 확보할 수 있다.

복부판의 좌굴과 면외변형을 제어하기 위해 6.10.6의 규정을 만족해야 한다.

(1) 수직연결판

연결판은 다음과 같은 단면의 압축 및 인장 플랜지 모두에 대해 용접 또는 볼트연결해야 한다.

- 연결 다이아프램이나 수직브레이싱(cross-frame)은 횡방향 연결판 또는 연결판으로서의 기능을 갖는 수직보강재에 부착해야 한다.
- 내 · 외부 다이아프램이나 브레이싱은 횡방향 연결판 또는 연결판으로서의 기능을 갖는 수직보강재에 부착해야 한다.

- 가로보는 횡방향 연결판 또는 연결판으로서의 기능을 갖는 수직보강재에 부착해야 한다. 특별한 조건이 주어지지 않는 한, 용접 및 볼트 연결은 직선교의 경우 90,000 N의 횡하중에 저항하도록 설계해야 한다.

(2) 수평연결판

플랜지에 수평연결판을 붙이는 것이 곤란할 경우에는, 보강된 복부판에 부착되는 수평연결판은 플랜지에서 플랜지폭의 1/2 이상 떨어져야 한다. 비보강 복부판에 부착된 수평연결판은 플랜지에서 150 mm 이상 및 플랜지 폭의 1/2 이상 떨어져야 한다. 수평연결판으로 연결된 수평브레이싱 부재의 끝은 복부판 및 수직보강재로부터 최소 100 mm의 거리를 유지해야만 한다.

보강재가 사용된 복부판의 수평연결판은 보강재의 중심에 있어야 한다. 또한, 수평연결판은 보강재로써 복부판의 같은 면에 위치한다. 수평연결판과 보강재가 복부판의 같은 면에 위치한 경우에는 수평연결판을 보강재에 부착해야 한다. 이 경우에 수직보강재는 압축플랜지로부터 인장플랜지까지 연속된 판으로서 양쪽 플랜지 모두에 부착해야 한다.

(3) 강바닥판

강바닥판에 대한 구조상세는 6.14.5.3(7)의 규정을 만족해야 한다.

6.6.2 인성요구조건

[표 6.6.6] 국내 지역별 최저 공용온도에 따른 온도구역 구분

구 분	최저 공용온도(T)[2]	대 상 지 역[1]
온도구역 I	$-15℃ \le T$	부산, 울산, 광주 전체 지역 전라남도 전체 지역 경상남도 전체 지역 경상북도 전체 지역(온도구역 Ⅱ 지역제외) 제주도 전체 지역
온도구역 II	$-25℃ \le T < -15℃$	서울, 인천, 대구, 대전 전체 지역 경기도 동부를 제외한 지역 충청남도 전체 지역 전라북도 전체 지역 경상북도 내륙 지역 강원도 해안 지역
온도구역 III	$-35℃ \le T < -25℃$	경기도 동부지역(동두천, 이천, 양평 등) 강원도 내륙 지역 충청북도 전체 지역

주 1) 교량이 건설되는 지역의 온도구역 구분이 명확하지 않은 경우에는, 대상 지역의 기상청 관측자료를 기준으로 최근 30년내 최저기온에 따라 온도구역을 구분한다.

주 2) 최저 공용온도(T)라 함은 교량이 건설되는 지역의 최근 30년 내 최저 기온(100년 재현주기 최저 기온과 유사)을 말한다.

(1) 인장 또는 교번응력을 받는 주부재의 사용 강재는 [표 6.6.7]에 따라서 샤르피 흡수에너지로 나타내는 저온인성 규격을 만족해야 한다.

(2) 인장 또는 교번응력을 받는 주부재의 최대 허용 판두께는 교량이 건설되는 지역의 온도구역에 따라 [표 6.6.7]에 규정한 값으로 한다.

(3) 국내의 지역별 온도구역은 [표 6.6.6]에 따른다.

(4) 인장 또는 교번응력을 받는 주부재는 도면과 공사시방서 등에 명시해야 한다.

[표 6.6.7] 인장 또는 교번응력을 받는 주부재의 강종별 인성규격과 온도구역별 최대 허용 판두께

강종 \ 온도구역				온도구역 Ⅰ (−15℃)[1]	온도구역 Ⅱ (−25℃)[1]	온도구역 Ⅲ (−35℃)[1]
구분	기호	충격시험[3] 시험온도	충격시험[3] 샤르피흡수에너지	시험 최대 허용 판두께[2] (mm)		
용접구조용압연강재	SM400B	0℃	27J 이상	40	40	40
	SM400C	0℃	47J 이상	100	100	95
	SM490B	0℃	27J 이상	40	40	40
	SM490C	0℃	47J 이상	95	80	70
	SM490C-TMC	0℃	47J 이상	95	80	70
	SM490YB	0℃	27J 이상	40	40	40
	SM520B	0℃	27J 이상	40	40	40
	SM520C	0℃	47J 이상	85	70	60
	SM520C-TMC	0℃	47J 이상	85	70	60
	SM570	−5℃	47J 이상	70	60	50
	SM570-TMC	−5℃	47J 이상	70	60	50
용접구조용내후성열간압연강재	SMA400B	0℃	27J 이상	40	40	40
	SMA400C	0℃	47J 이상	100	100	95
	SMA490B	0℃	27J 이상	40	40	40
	SMA490C	0℃	47J 이상	85	70	60
	SMA570	−5℃	47J 이상	70	60	50
교량구조용압연강재	HSB500	−5℃	47J 이상	85	70	60
	HSB500L	−20℃	47J 이상	100	95	80
	HSB500W	−5℃	47J 이상	85	70	60
	HSB600	−5℃	47J 이상	70	60	50
	HSB600L	−20℃	47J 이상	95	80	65
	HSB600W	−5℃	47J 이상	70	60	50
	HSB800	−20℃	47J 이상	55	45	40
	HSB800L	−40℃	47J 이상	80	70	60

주 1. 선형 보간법에 따라 최대 허용 판두께를 산정할 때 사용되는 각 구역별 기준 공용온도.
2. 교량이 건설되는 지역의 최근 30년 내 최저기온(T)를 알고 있는 경우, 주 1의 기준 공용온도에 따른 선형 보간법을 적용하여 최대 허용 판두께를 산정해도 좋다. 예를 들어 SM520C의 경우, 어느 지역의 최저기온(T)이 −20℃라면 구역 Ⅰ의 −15℃와 구역 Ⅱ의 −25℃를 기준으로 하여 최대 허용 판두께는 77.5 mm(≒78 mm)로 된다. 단, 최저기온의 범위가 −35℃≤T<−15℃일 때만 선형 보간을 적용할 수 있다.
3. KS B 0810 '금속 재료 충격 시험 방법'에 따른다.

6.6.3 응력-범위 사이클 수 - 계산예

한 방향 도시 간 교통으로 지간이 10,670 mm인 단순교일 때, 2차로의 피로설계에 고려되는 응력-범위 사이클 수를 구하여라. 한 방향 일일트럭교통량(ADT)는 20,000대이다.

피로하중의 빈도는 단일차로의 일평균트럭교통량($ADTT_{SL}$)에 대한 확실한 정보가 없을 때는 [LSD 식(3.6.2)]의 차로당 통행비율을 적용하여 산정할 수 있다. 즉,

$$ADTT_{SL} = p \times ADTT$$

여기서, ADTT = 한 방향 일일트럭교통량의 설계수명기간동안 평균값
= 0.2(2)(20,000) = 8,000 trucks/day

$ADTT_{SL}$ = p × ADTT 한 방향 한 차로의 일일트럭교통량의 설계수명기간동안 평균값
= 0.85(8,000) = 6,800 trucks/day

p = 2차로 0.85

사이클 수 N은 100년 설계수명에 대해 다음과 같이 계산된다[식 (6.6.3)].

$$N = (365)(100)n(ADTT)_{SL} = (365)(100)(2.0)(6,800) = 496.4 \times 10^6 \text{ cycles}$$

6.7 부재에 관한 일반 사항

6.7.1 유효지간

지간은 받침부나 기타 지지부의 중심 간격으로 한다.

6.7.2 솟음

고정하중에 의한 처짐의 보정 및 현장에서의 원활한 부재조립을 위하여 부재의 제작시 솟음을 설치해야 한다. 트러스교, 아치교 및 사장교에서 다음과 같은 경우에는 선택적으로 부재의 길이를 적절히 조절할 수 있다.

- 고정하중에 의한 처짐으로 인하여 다른 부재들과의 연결이 곤란한 경우
- 아치 리브가 고정하중에 의하여 줄어드는 것을 상쇄시킬 필요가 있는 경우
- 부정정구조물에서 고정하중에 의한 휨모멘트도의 조절이 필요한 경우

6.7.3 강재의 최소두께

수직브레이싱, 수평브레이싱 및 연결판을 포함한 모든 강재의 최소두께는 8.0 mm 이상으로 한다. 단, 압연형강의 복부판, 강바닥판의 폐단면리브, 채움재 및 난간용 재료는 이 규정을 따르

지 않아도 좋다. 압연형강이나 ㄷ 형강의 복부판 및 강바닥판의 폐단면리브의 두께는 7.0 mm 이상으로 한다. 부식이 우려되는 곳에서는 부식방지 조치를 취하거나, 부식두께를 예측하여 그 만큼 두께를 증가시켜야 한다.

6.7.4 다이아프램 및 수직브레이싱

6.7.4.1 일반사항

교량의 단부 및 내부지점과 지간 중간부에는 필요에 따라 다이아프램이나 수직브레이싱을 설치해야 한다[그림 6.7.1]. 모든 시공단계 및 사용단계에서 다이아프램이나 수직브레이싱의 필요성을 다음과 같이 검토한다.

- 주형의 아랫부분에서 바닥틀로, 그리고 바닥틀에서 받침부로 횡방향 풍하중의 전달
- 모든 하중에 대한 압축플랜지의 안정성
- 콘크리트 바닥판이 양생되기 이전의 상부압축플랜지의 안정성
- 수직방향의 고정하중 및 활하중의 분배

사용단계에서 필요한 다이아프램이나 수직브레이싱 이외에도 시공 중 필요시에는 임시로 브레이싱을 설치한다. 수직브레이싱이나 다이아프램이 하중을 받는 경우에는 이에 대응하도록 설계해야 한다. 적어도 다이아프램이나 수직브레이싱은 [LSD 4.6.8]에 따라 풍하중을 전달할 수 있도록 설계해야 하며, 6.8.4 또는 6.9.3에 규정된 세장비 규정을 만족시켜야 한다. 다이아프램과 수직브레이싱의 연결판은 6.6.1.3(1)을 만족시켜야 한다.

교량 단부 및 슬래브의 이음부에는 다이아프램을 설치하거나 6.14.2.4에 규정된 방법으로 슬래브의 캔틸레버부가 지지되도록 한다.

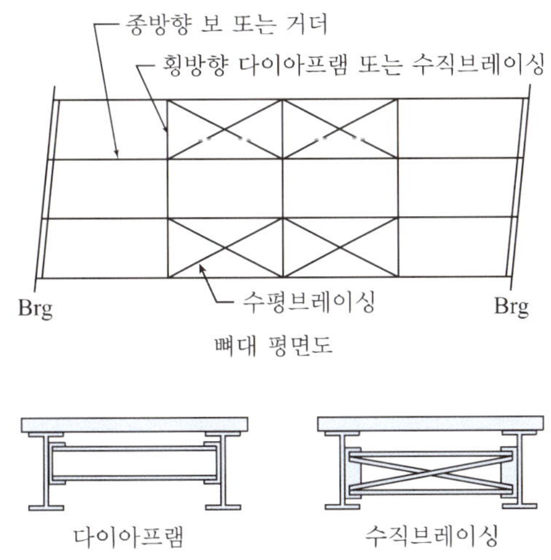

[그림 6.7.1] 표준 횡방향 다이아프램, 가로보, 브레이싱

6.7.4.2 직선교의 I형 단면

압연거더에 설치되는 다이아프램이나 수직브레이싱의 높이는 거더 높이의 1/2 이상으로 하고, 플레이트 거더에 설치되는 경우에는 가능한 한 높게 한다.

단부에 설치되는 다이아프램이나 수직브레이싱은 모든 횡방향 하중을 받침부로 전달할 수 있도록 설계한다. 다이아프램이나 수직브레이싱이 교축방향과 수직이 아닌 경우에는 전달되는 힘의 교축방향 성분을 고려한다. 사각이 20° 이상인 사교의 중간에 설치되는 수직브레이싱은 교축방향과 직각으로 한다. 사교의 경우 지점부의 수직브레이싱은 받침의 가로방향 연결선과 일치하지 않아도 좋다.

단부에 설치되는 다이아프램은 바닥틀이나 바닥틀 연결부에서 전달되는 힘과 뒤틀림에 저항할 수 있도록 설계한다. 교축방향 부재와 다이아프램의 연결부 설계시 다이아프램의 단부 휨모멘트를 고려해야 한다.

6.7.4.3 직선교의 박스거더 단면

단면의 회전, 변위 및 뒤틀림에 저항할 수 있도록 각 지점부에는 박스거더 단면 내부에 다이아프램이나 수직브레이싱을 설치하고, 박스거더로부터 받침부로 비틀림모멘트나 횡방향 하중을 전달할 수 있도록 설계해야 한다. 인장력에 저항하거나 연결을 위해 다이아프램을 설치할 경우, 박스거더 단면의 복부판과 플랜지에 연결해야 한다. 내부 출입문은 가능한 크게 설치해야 하고, 내부 출입문의 설치로 인한 다이아프램의 응력집중을 검토하여 필요시 보강해야 한다.

[LSD 6.11.1.1]의 규정대로 다중 박스거더 단면을 설계할 경우 단면 내부나 단면과 단면 사이에 영구적인 다이아프램이나 수직브레이싱을 설치하지 않아도 좋다. 단실 박스거더 단면인 경우에는 단면변형을 방지하기 위하여 적당한 간격으로 내부에 다이아프램이나 수직브레이싱을 설치해야 한다.

6.7.4.4 트러스교 및 아치교

집중하중의 작용점, 가로보 연결부 및 기타 연결부에는 다이아프램을 설치한다. 교량의 뒤틀림을 방지하기 위하여 중간에 다이아프램을 설치하는 것이 좋다. 트러스교 단부의 지지부 핀에 연결된 연결판은 다이아프램으로 연결한다. 지지부의 복부판은 다이아프램으로 연결한다.

덮개판이나 복부판의 단부가 주부재의 교차점으로부터 1,200 mm 이상 떨어져 있을 경우에는 주부재를 연결하는 연결판 사이에 다이아프램을 설치한다.

6.7.5 수평브레이싱

6.7.5.1 일반사항

모든 시공단계나 사용단계에서 수평브레이싱의 필요성을 반드시 검토하고, 필요시 플랜지면 근처에 수평브레이싱을 설치한다. 수평브레이싱의 필요성을 검토할 때 다음 사항을 고려한다.

- [LSD 4.6.8]에 규정된 횡방향 풍하중의 받침부로의 전달
- [LSD 4.6.9]에 규정된 횡방향 하중의 전달
- 제작, 가설 및 바닥틀의 설치 시에 발생하는 변형 방지

시공 후 필요치 않은 임시 수평브레이싱은 철거하여도 좋다.
영구 수평브레이싱의 설계 시에는 적어도 6.8.4 및 6.9.3을 만족해야 한다.
수평브레이싱의 연결판은 6.6.1.3(2)를 만족시켜야 한다.
수평브레이싱의 내진설계 시에는 [LSD 4.6.9]를 만족시켜야 한다.

6.7.5.2 직선교의 I형 단면

필요할 경우 외측 거더 사이에 수평브레이싱을 설치한다. 충분한 강성을 갖고 있는 바닥틀에 연결된 플랜지에는 수평브레이싱을 설치하지 않아도 좋다.

연속교 주형의 부모멘트 구간에는 가설 중 부재의 안정성을 위한 수평브레이싱의 필요 여부를 검토해야 한다.

6.7.5.3 직선교의 박스거더 단면

제작, 가설 및 콘크리트의 타설 도중에 발생하는 단면의 변형을 방지하기 위하여 각 박스거더 단면의 플랜지 사이에 상부수평브레이싱의 필요성을 검토해야 한다.

바닥콘크리트가 굳기 이전에 발생하는 전단흐름에 저항할 수 있도록 상부수평브레이싱을 설치하고, 이 때 박스거더의 휨으로 인해 발생하는 하중을 고려해야 한다.

브레이싱이 복부판과 연결되어 있는 경우, 브레이싱의 실제 위치를 고려하여 전단흐름을 계산하기 위해 단면적을 감소시켜야 하고, 브레이싱으로 부터 상부플랜지로 하중이 전달될 수 있도록 적절한 수단을 강구해야 한다.

6.7.5.4 트러스교

하로트러스교와 상로트러스교에는 상부수평브레이싱과 하부수평브레이싱을 각각 설치한다. X형 브레이싱의 경우, 인장 및 압축부재의 세장비 규정을 만족하도록 하며, 교차점에서 서로 연결한다. 압축을 받는 현재에 연결된 브레이싱 부재는 가능한 한 높을수록 좋고, 상·하부플랜지에 연결한다. 수평브레이싱의 설치가 원활하도록 가로보 연결부의 위치를 결정한다. 가로보와 교축방향의 주부재가 만나는 곳에서는 수평브레이싱을 양 부재에 연결한다.

6.8 인장부재

축방향인장을 받는 부재 및 이음재는 다음을 검토한다.

① 식 (6.8.1)에 의한 전단면 항복

② 식 (6.8.2)에 의한 순단면 파단

순단면은 다음 사항을 고려하여 구한다.

① 감소계수가 적용되거나 단면적의 감소가 적용되는 전단면적

② 설계단면에서 모든 구멍에 대한 감소분

③ 지그재그로 볼트를 체결한 경우 6.8.3에 따른 볼트 구멍의 감소분에 대한 보정

④ 전단지연을 고려하기 위하여 이음부재에 적용되는 6.8.2.2와 이음판 및 기타 이음재에 적용되는 6.13.5.2에서 규정된 감소계수 U

⑤ 6.13.5.2에서 규정된 이음판 및 기타 이음재의 순단면적의 최대값은 전단면적의 85%를 초과할 수 없음.

인장부재는 6.8.4에 있는 세장비 규정과 6.6.1의 피로에 관한 규정을 만족해야 하며, 6.13.4에서 규정된 연결부 끝부분에서 블록전단강도에 관한 검토를 수행해야 한다.

6.8.1 연결형태

인장부재의 연결로는 볼트연결과 용접연결이 고려할 수 있다. 두 개의 플레이트 사이의 간단한 볼트연결은 [그림 6.8.1]에 나타내었다. 명백히 볼트구멍은 부재의 횡단면적을 감소시킨다. 또한 볼트의 구멍은 구멍의 주변에서 구멍으로부터 떨어진 거리에서의 등분포응력의 3배가되는 응력집중이 발생한다. 인장력이 증가하면 이 지점이 먼저 국부적으로 항복에 도달하면서 점차적으로 전단면이 항복에 이르게 되어 인장력 작용방향의 직각으로 파단하게 된다. 볼트구멍이 여러 개 있는 인장부재의 경우 각 구멍마다 응력집중에 의한 국부적인 항복형상이 생기나 볼트구멍의 배열상태에 따라 파단선이 달라진다. 따라서 발생가능한 파단선을 가정하고 일정한 경험식을 적용하여 순단면적(net area)을 계산한 후, 그 중 제일 불리한 값을 선택하여 설계에 사용한다.

두 개의 플레이트 사이의 간단한 용접연결은 [그림 6.8.2]에 나타내었다. 용접연결에 대해 부재의 횡단면적은 감소되지 않는다. 그러나 플레이트에서 응력은 용접에 인접하여 집중되고 연결로부터 떨어진 거리에서는 등분포한다.

국부적으로 단부연결에 인접한 이들 응력집중은 전단뒤짐(shear lag)이라고 하는 현상에 의한 것이다. 구멍의 주변 또는 용접의 주변영역에서 전단응력은 단부에서 높은 값 배후의 뒤짐(lag)된 구멍 또는 용접으로부터 인장응력으로 발생한다.

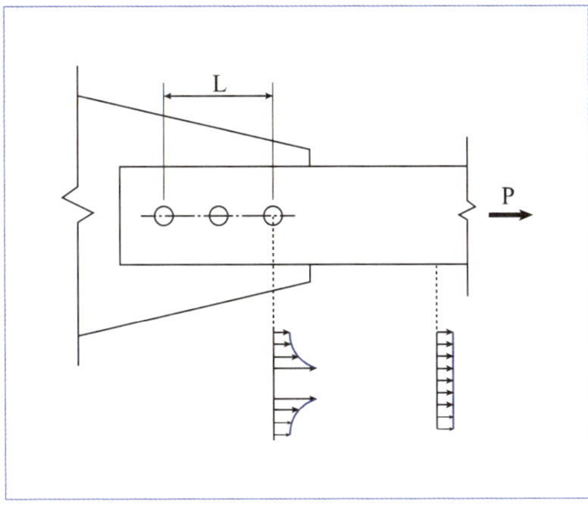

[그림 6.8.1] 볼트홀에서 국부응력집중 및 전단뒤짐 (shear lag)

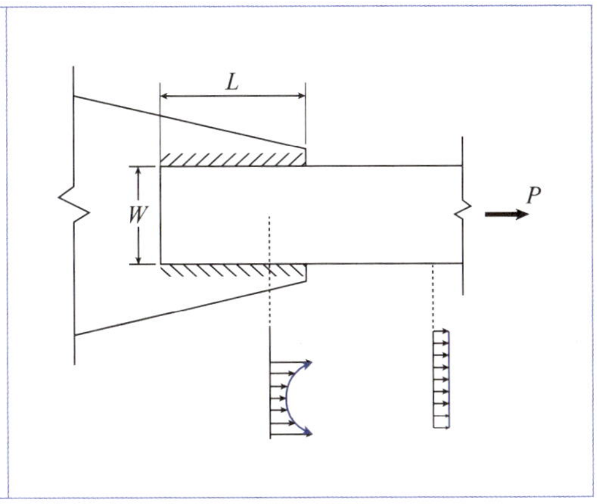

[그림 6.8.2] 용접연결에서 국부응력집중 및 전단뒤짐(shear lag)

6.8.2 인장강도

6.8.2.1 일반사항

인장강도 P_r은 다음의 두 값 중에서 작은 값으로 한다.

$$P_r = \phi_y P_{ny} = \phi_y f_y A_g \qquad (6.8.1)$$

$$P_r = \phi_u P_{nu} = \phi_u f_u A_n U \qquad (6.8.2)$$

여기서, P_{ny} = 전단면의 항복에 대한 공칭인장강도(N), f_y = 항복강도(MPa), A_g = 부재의 전단면적(mm^2), P_{nu} = 순단면의 파단에 대한 공칭인장강도(N), f_u = 인장강도(MPa), A_n = 6.8.3에 따라 구한 부재의 순단면적(mm^2), U = 전단뒤짐을 고려하기 위한 감소계수(부재내의 모든 요소에 인장력이 작용될 경우에는 1.0으로 하고, 기타 경우에는 6.8.2.2를 따른다), ϕ_y = 6.5.4.2에 규정된 인장부재의 항복에 대한 저항계수, ϕ_u = 6.5.4.2에 규정된 인장부재의 파단에 대한 저항계수

6.8.2.2 감소계수 U

정밀해석이나 실험을 하지 않을 경우에는 연결부에서 전단뒤짐을 고려하기 위하여 다음에 주어진 감소계수를 사용할 수 있다.

볼트나 용접 연결 단면내에서 각 연결요소에 직접적으로 인장력이 전달되는 단면의 경우 : $U = 1.0$

볼트연결부에서,

① 플랜지폭이 복부판 높이의 2/3 이상인 압연 I형 단면 및 I형 단면으로부터 한쪽 플랜지가 제거된 T형 단면에서, 응력방향으로 한 접합선당 3개 이상 볼트로 플랜지에서 연결된 부

재 : $U = 0.90$

② ①에 해당되지 않은 부재에서 응력방향으로 한 접합선당 3개 이상의 볼트를 사용한 부재 : $U = 0.85$

③ 응력방향으로 한 접합선당 2개의 볼트를 사용한 모든 부재 : $U = 0.75$

인장력이 단면 일부분의 필릿 용접부로 전달되는 경우에는 용접강도로 설계한다.

6.8.2.3 인장과 휨의 조합

인장과 휨을 동시에 받는 부재는 다음을 만족해야 한다.

$$\frac{P_u}{P_r} < 0.2 \text{ 인 경우 : } \quad \frac{P_u}{2.0P_r} + \left(\frac{M_{ux}}{M_{rx}} + \frac{M_{uy}}{M_{ry}}\right) \le 1.0 \tag{6.8.3}$$

$$\frac{P_u}{P_r} \ge 0.2 \text{ 인 경우 : } \quad \frac{P_u}{P_r} + \frac{8.0}{9.0}\left(\frac{M_{ux}}{M_{rx}} + \frac{M_{uy}}{M_{ry}}\right) \le 1.0 \tag{6.8.4}$$

여기서, P_r = 6.8.2.1에 규정된 설계인장강도(N), M_{rx}, M_{ry} = 6.10.4와 6.12에 규정된 x와 y축에 관한 설계휨강도(N · mm), M_{ux}, M_{uy} = 설계하중에 의한 x와 y축에 관한 휨모멘트(N · mm), P_u = 설계하중에 의한 축방향력(N).

축방향 인장력과 휨모멘트를 동시에 받아 순압축응력이 작용하는 플랜지는 국부좌굴에 대한 검토가 필요하다.

6.8.3 순단면적

인장부재의 순단면적 A_n은 각 요소의 가장 작은 순폭과 두께의 곱이다. 볼트구멍의 지름은 볼트의 공칭지름에 3.2 mm를 더한 값으로 한다. 6.13.2.4(1)에서 허용하고 있는 표준보다 큰 구멍이나 길쭉한 구멍의 경우 폭의 감소분은 6.13.2.4(2)에 있는 구멍의 크기에 1.6 mm를 더한 값으로 한다. 순폭을 결정할 경우 응력방향과 직각 방향, 대각선 방향, 또는 지그재그로 배치된 모든 볼트선을 조사하여 가장 작은 값을 취한다.

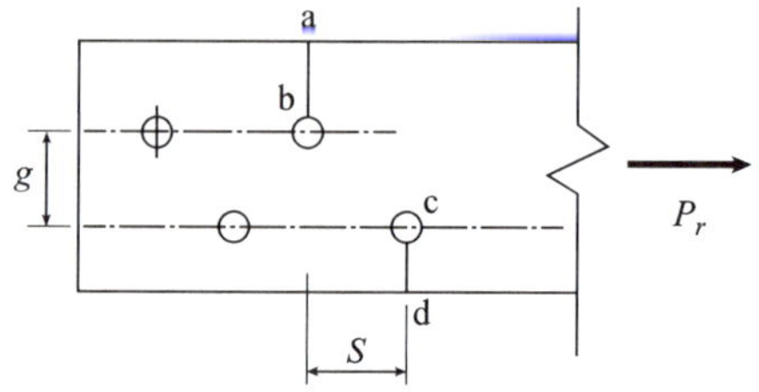

[그림 6.8.3] 지그재그로 배치된 볼트형태

각각의 볼트선에 대한 순폭 w_n은 전폭에서 조사선상에 있는 모든 구멍의 지름을 뺀 다음 인접한 지그재그로 배열된 인접한 두개의 볼트사이 마다 구한 $s^2/(4g)$ 값을 더하여 구한다.

$$w_n = w_g - \sum d + \sum s^2/(4g)$$

여기서, w_g = 요소의 전폭(mm), d = 볼트구멍의 공칭직경 + 3.2 mm, s = 인접한 두 볼트구멍의 응력방향 간격(mm), g = 인접한 두 볼트구멍의 응력직각방향 간격(mm)이다.

L-형의 경우 볼트구멍 중심간 거리 g는 L-형의 뒷면을 따라 잰 구멍의 중심간 거리에서 두께를 뺀 값으로 한다.

$$g = g_1 + g_2 - t$$

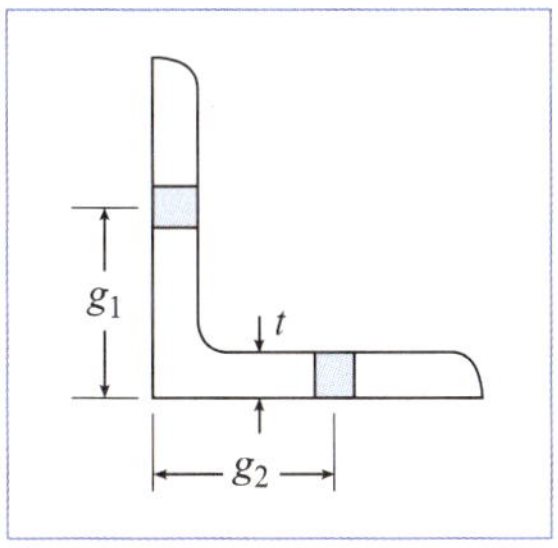

[그림 6.8.3-1] L-형

6.8.4 세장비의 제한

아이바, 봉강, 케이블 및 판을 제외한 모든 인장부재의 세장비는 다음을 만족해야 한다.

① 교번응력을 받는 주부재 $L/r \leq 140$
② 교번응력을 받지 않는 주부재 $L/r \leq 200$
③ 브레이싱 부재 $L/r \leq 240$
여기서, L = 비지지 길이(mm), r = 단면회전반경(mm)

6.8.5 조립부재

6.8.5.1 일반사항

압연형강이나 용접형강을 사용하여 조립된 인장부재의 주요 요소들은 연속판이나 타이플레이트 등을 사용하여 연결한다. 형강과 연결판 사이의 용접은 연속용접으로 한다. 형강과 연결판을 볼트로 연결하는 경우 6.13.2를 따른다.

6.8.5.2 유공판

응력방향으로 잰 구멍길이는 구멍폭의 2배를 초과할 수 없다. 응력방향으로 잰 구멍간의 순간격은 인접한 연결선 간의 거리보다 커야 하며, 판의 단부에서 첫 번째 구멍의 단부까지의 거리는 인접한 연결선간의 거리의 1.25배보다 커야 한다. 구멍의 곡률반경은 38 mm 이상이어야 한다. 연단거리도 부재의 순단면적을 구할 때 포함시켜도 좋다. 부재의 양측에 있는 유공판 구멍의 위치가 서로 엇갈리는 경우 구멍이 동일 단면에 있는 것으로 간주하여 순단면적을 구한다.

6.8.6 인장부재의 설계 적용예

6.8.6.1 인장부재의 설계 – 적용예 (1)

[그림 6.8.4]에 나타낸 바와 같이 거싯판(gusset plate)에 용접된 $L = 152 \times 102 \times 12.7$인 단일앵글 인장부재의 총유효단면적과 계수인장강도를 결정하라. 구조용 강재는 $SS400$을 사용한다.

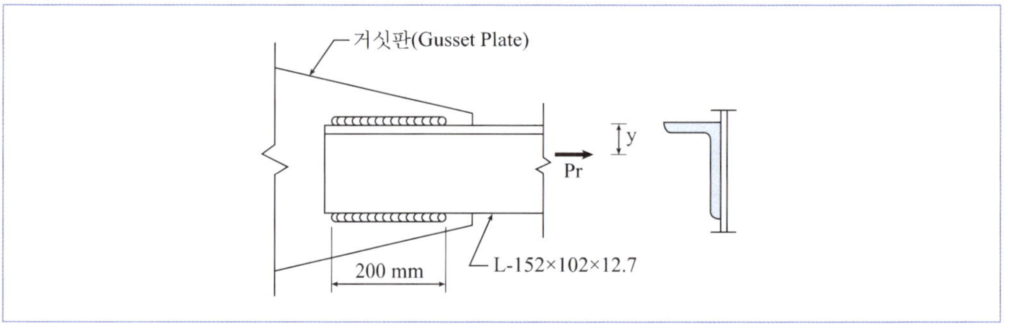

[그림 6.8.4] 거싯판(gusset plate)에 용접으로 단일앵글

[풀이]

앵글의 뒤짐(lag)만으로 연결되었기 때문에 순단면적은 감소계수를 사용할 수 있다. 용접 연결 단면내에서 각 연결요소에 직접적으로 인장력이 전달되는 단면의 경우 : $U = 1.0$

$$A_g = 3{,}060\ \mathrm{mm}^2$$

$$A_n = UA_g = 1.0(3{,}060) = 3{,}060\ \mathrm{mm}^2$$

판두께 40 mm 이하, $F_y = 235\ \mathrm{MPa}$, $F_u = 400\ \mathrm{MPa}$, 인장력에 대해(총단면 적용시 항복)시 $\phi_y = 0.95$, 인장력에 대해(순단면 적용시 파단) $\phi_u = 0.80$
계수인장강도 P_r은 다음의 두 값 중에서 작은 값으로 한다.

$$P_r = \phi_y P_{ny} = \phi_y f_y A_g = 0.95(235)(3{,}060) = 683 \times 10^3\ \mathrm{N},\ \text{결정}$$

$$P_r = \phi_u P_{nu} = \phi_u f_u A_n U = 0.8(400)(3{,}060)(1.0) = 979 \times 10^3\ \mathrm{N}$$

용접연결로부터 총단면적의 항복으로 적용된 계수인장강도는 683 kN이다.

6.8.6.2 인장부재의 설계 – 적용예 (2)

[그림 6.8.5]에 나타낸 바와 같이 거싯판(gusset plate)에 볼트로 연결된 $L = 152 \times 102 \times 12.7$인 단일앵글 인장부재의 총유효단면적과 계수인장강도를 결정하라. 볼트구멍에는 $22\ \mathrm{mm}$ 볼트를 사용하고, 구조용 강재는 $SS400$을 사용한다.

[풀이]

단면적의 전폭 w_g은 지연의 합에서 앵글의 두께를 뺀다.

$w_g = 152 + 102 - 12.7 = 241.3\ \mathrm{mm}$

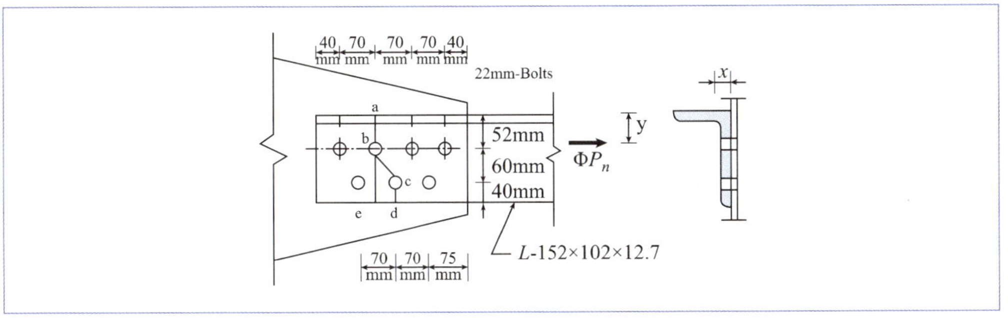

[그림 6.8.5] 거싯판(gusset plate)에 볼트로 연결된 단일앵글 인장부재

볼트구멍의 유효직경은 $d = 22 + 3.2 = 25.2\ \mathrm{mm}$이다.

순폭 w_n은 전폭에서 조사선상에 있는 모든 구멍의 지름을 뺀 다음 인접한 지그재그로 배열된 인접한 두개의 볼트사이 마다 구한 $s^2/(4g)$ 값을 더하여 구한다.

$$w_n = w_g - \sum d + \sum s^2/(4g)$$

조사선 $abcd$에 대한 순폭 w_n은

$$w_n = w_g - \sum d + \sum \frac{s^2}{(4g)} = 241.3 - 2(25.2) + \frac{(35)^2}{[4(60)]} = 196.0\ \mathrm{mm}$$

조사선 abe에 대한 순폭 w_n은

$$w_n = w_g - \sum d = 241.3 - 1(25.2) = 216.1\ \mathrm{mm}$$

첫 번째 경우의 순단면적은 다음과 같다.

$$A_n = tw_n = 12.7(196.0) = 2{,}489\ \mathrm{mm}^2$$

단면적의 한 뒤짐만 연결되었기 때문에 총단면적은 계수 U에 의해 감소된다. AISC(1992)에서 정수표로부터 중심으로부터 앵글의 뒤짐의 외측면까지의 거리는 $x = 25.2\ \mathrm{mm}$이다. 부재의 단면형상과 연결길이를 고려한 유효순단면적을 구하기 위하여 다음 식을 사용할 수도 있지만 0.85보다 작을 필요는 없다.

$$L = 30(70) = 210\ \mathrm{mm}$$

$$U = 1 - \frac{x}{L} = 1 - \frac{25.2}{210} = 0.88 > 0.85$$

$$A_n = UA_n = 0.88(2{,}489) = 2{,}190\ \mathrm{mm}^2$$

인장력에 대해(총단면 적용시 항복)시 $\phi_y = 0.95$

인장력에 대해(순단면 적용시 파단) $\phi_u = 0.80$

계수인장강도 P_r은 다음의 두 값 중에서 작은 값으로 한다.

$$P_r = \phi_y P_{ny} = \phi_y f_y A_g = 0.95(235)(3{,}060) = 683 \times 10^3\,\mathrm{N}, \text{ 결정}$$

$$P_r = \phi_u P_{nu} = \phi_u f_u A_n U = 0.8(400)(2{,}190)(1.0) = 701 \times 10^3\,\mathrm{N}$$

용접연결로부터 총단면적의 항복으로 적용된 계수인장강도는 683 kN이다.

6.9 압축부재

이 규정은 최소한 하나의 대칭면을 갖고 횡방향 압축(기둥, column) 또는 축방향 압축과 대칭축에 대한 휨을 동시에 받는 균일단면 강부재(보-기둥, beam-column)에 적용한다. 아치교의 경우도 6.15.4의 규정을 만족해야 한다. 중로교 트러스의 압축재들은 6.15.2.9의 규정을 만족해야 한다.

6.9.1 기둥의 안정 및 탄성과 비탄성 좌굴

6.9.1.1 기둥의 안정

구조용 강재에서 기둥의 단면은 흔히 가늘어 재료 파쇄전에 다른 한계상태에 도달하게 된다. 이들 다른 한계상태는 비탄성과 가는 부재좌굴에 관계된다. 이들은 압축부재의 횡좌굴, 국부좌굴, 횡-비틀림좌굴을 포함한다. 각 한계상태는 선정된 압축부재를 개발시키는 설계규정에 구체화되어야 한다.

좌굴현상연구의 시작은 양단이 핀으로 된 완전히 직선탄성기둥으로 이상화되었다. 기둥에서 축방향 축하중 P가 증가할 때, 기둥은 **임계하중**(critical load) P_{cr}에 도달할 때까지 직선을 유지하고 탄성적으로 단축된다. 이러한 곧은 형태의 평형상태를 **안정**(stable)하다고 하며, 기둥이 다른 외력에 의해 교란되더라도 곧은 상태로 되돌아간다는 것을 의미한다. 예를 들어 미소한 횡방향하중을 가하여 기둥이 휨을 받도록 한다고 해도 횡방향하중을 제거하면 처짐은 사라지고 기둥은 원래의 위치로 되돌아가게 된다. 축방향 축하중 P를 점차 증가함에 따라 기둥은 휘어진 형태인 **중립평형상태**(neutral equilibrium states)에 도달하게 된다. 이때의 하중을 **임계하중**(critical load) P_{cr}이라 한다. 기둥은 작용하중이 어느 한계에 이르면 하중은 증가하지 않고 변형만이 증가하여 하중을 제거한 후에도 부재형상이 원래의 형태로 돌아가지 않는 **좌굴현상**(buckling phenomenon)이 발생하게 된다. 그러므로 임계하중은 기둥을 곧은 상태 혹은 미소한 휨 상태로 정역학적 평형상태를 유지하게끔 한다. 임계하중보다 큰 값에서는 기둥은 **불안정**(unstable)하게 되며 휨에 의해 붕괴하게 된다. 여기서 논의되는 이상적인 경우에는 P가 P_{cr}보다 큰 값을 갖는다 할지라도 기둥은 곧은 상태로서 평형상태에 존재한다. 그러나 그러한 평형상태는 불안정하며 가능한 최소의 외력에 의해서도 기둥은 횡방향으로 처짐을 일으키며, 처짐은 곧 증가하여 마침내 붕괴하게 된다.

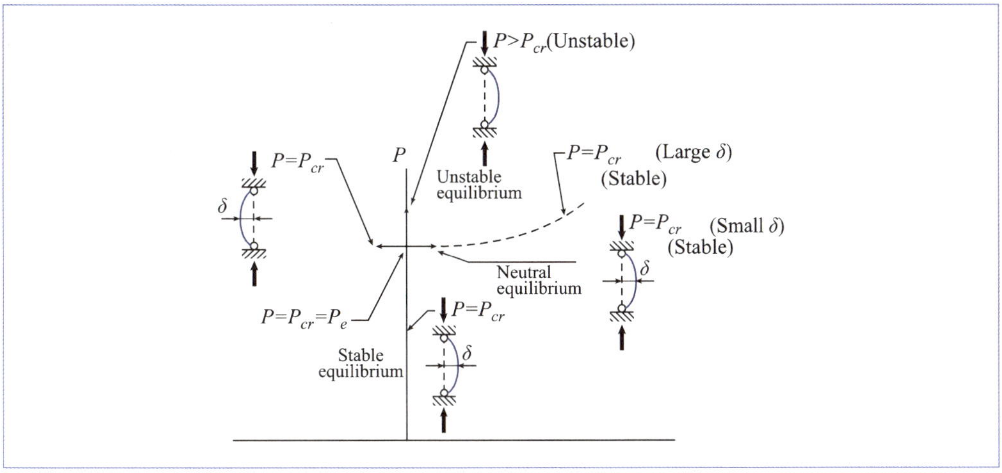

[그림 6.9.1] 탄성기둥의 하중-처짐 곡선

축방향 축하중 P에 의해 압축을 받는 이상기둥의 거동은 다음과 같이 요약할 수 있다.

$P < P_{cr}$ 이면, 곧은 상태의 안정평형상태

$P = P_{cr}$ 이면, 곧은 상태 또는 미소처짐 상태의 중립평형상태

$P > P_{cr}$ 이면, 곧은 상태의 불안정상태, 좌굴현상

[그림 6.9.2]에 나타낸 양단 힌지인 Euler 기둥에 대한 Euler(1759)의 좌굴하중은 다음과 같다.

$$P_{cr} = \frac{\pi^2 EI}{L^2} \tag{a}$$

여기서, E = 재료의 탄성계수, I = 좌굴면에 수직 중심축에 대한 기둥단면의 단면 2차모멘트, L = 양단이 핀으로 된 기둥의 길이이다.

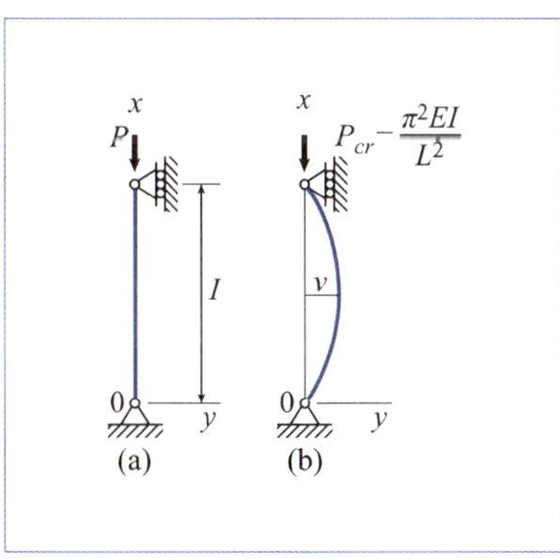

[그림 6.9.2] Euler 기둥

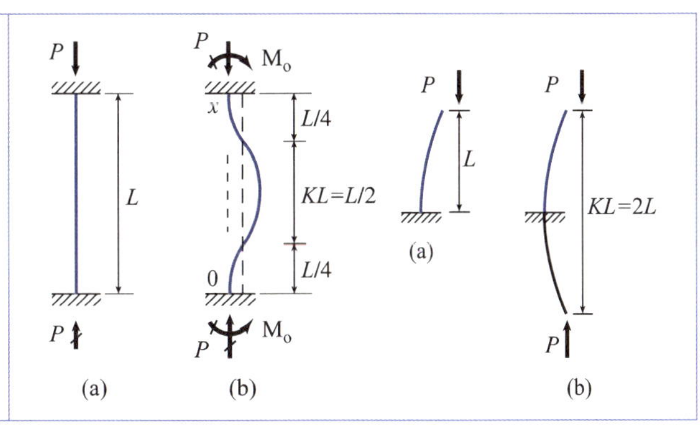

[그림 6.9.3] 유효좌굴길이의 개념

Euler(1759)의 좌굴응력은 다음과 같다.

$$f_{cr} = \frac{P_{cr}}{A_s} = \frac{\pi^2 (EI/A_s)}{L^2} \tag{b}$$

$I = A_s r^2$와 같이 단면의 회전반지름 r을 사용하여 위의 방정식을 다시 나타내면 다음과 같이 된다.

$$f_{cr} = \frac{\pi^2 E}{\left(\frac{L}{r}\right)^2} \tag{c}$$

여기서, L/r은 기둥의 세장비이다.

(1) 기둥의 유효좌굴길이

Euler 좌굴하중은 기둥 양단의 지지조건에 따라 유효좌굴길이가 변화함으로써 다르게 된다. 이러한 유효좌굴길이는 [그림 6.9.3]에 나타낸 바와 같이 좌굴형상의 변곡점간의 거리로 정의할 수 있다. 즉 양단힌지 기둥의 좌굴형상은 [그림 6.9.2]와 같이 Sine형태가 되며, 이때의 좌굴하중은 식 (a)과 같이 주어진다. 그러나 양단의 지지조건에 따라 기둥의 좌굴형상은 다르게 되며, 이때의 좌굴하중은 유효좌굴길이를 고려하여 다음 식으로부터 구한다.

$$P_{cr} = \frac{\pi^2 EI}{(KL)^2} \tag{d}$$

여기서, KL = 유효좌굴길이, K = 유효좌굴길이계수이다[표 a].

[표 a] 유효좌굴길이계수

	1단 자유 타단 고정	양단 힌지	1단 힌지 타단 고정	양단 고정
양단 지지상태		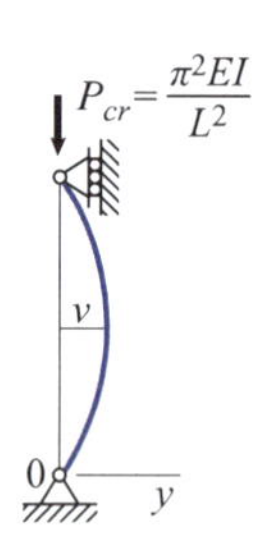	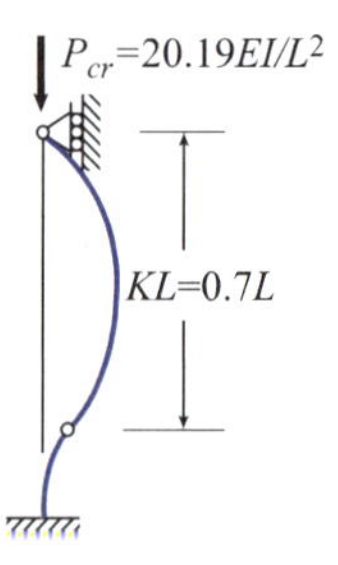	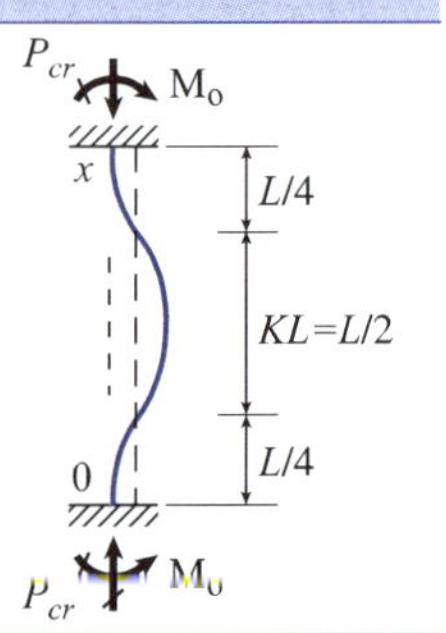
K의 이론값	2.0	1.0	0.7	0.5
K의 권장값	2.1	1.0	0.8	0.65
좌굴하중(P_{cr})	$\frac{\pi^2 EI}{4l^2}$	$\frac{\pi^2 EI}{l^2}$	$\frac{2\pi^2 EI}{l^2}$	$\frac{4\pi^2 EI}{l^2}$
좌굴응력(f_{cr})	$\frac{\pi^2 E}{4\lambda^2}$	$\frac{\pi^2 E}{\lambda^2}$	$\frac{2\pi^2 E}{\lambda^2}$	$\frac{4\pi^2 E}{\lambda^2}$

또한 식 (d)의 양변을 기둥의 단면적 A_s로 나누고, 회전반경 $r=\sqrt{I/A_s}$ 의 관계를 적용하면, 좌굴응력 f_{cr}은 다음과 같이 구할 수 있다.

$$f_{cr}=\frac{\pi^2 E}{(KL/r)^2}=\frac{\pi^2 E}{\lambda^2} \tag{e}$$

여기서, $\lambda = KL/r$(세장비)이다.

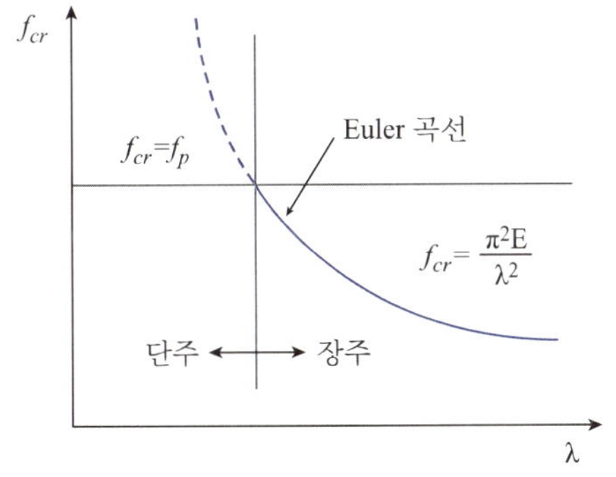

[그림 6.9.4] 탄성좌굴응력(f_{cr})곡선

[그림 6.9.4]는 좌굴응력(f_{cr})−세장비(λ)의 관계를 나타낸 것이다. 식 (e)는 좌굴응력이 비례한계응력(f_p) 이하가 되는 ($f_{cr} \le f_p$) 범위에서만 적용가능하며, $f_{cr}=f_p$인 점을 경계로 탄성좌굴이 일어나는 장주와 비탄성좌굴이 일어나는 단주로 나누어진다.

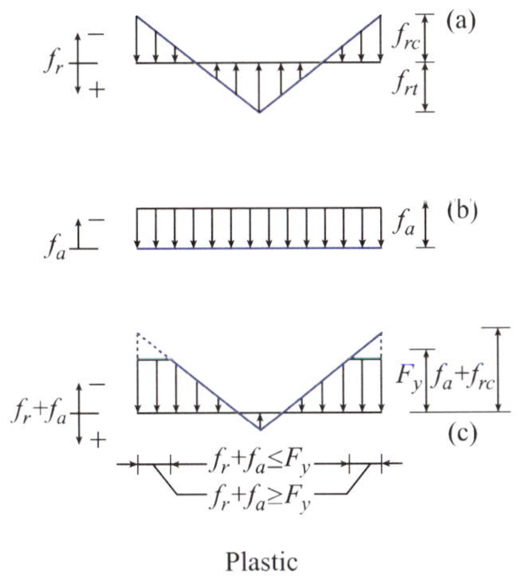

[그림 6.9.5] 잔류응력의 분포형상 (a) 잔류응력, (b) 작용압축응력, (c) 잔류응력과 작용응력의 조합 (Bjorhovde, 1992)

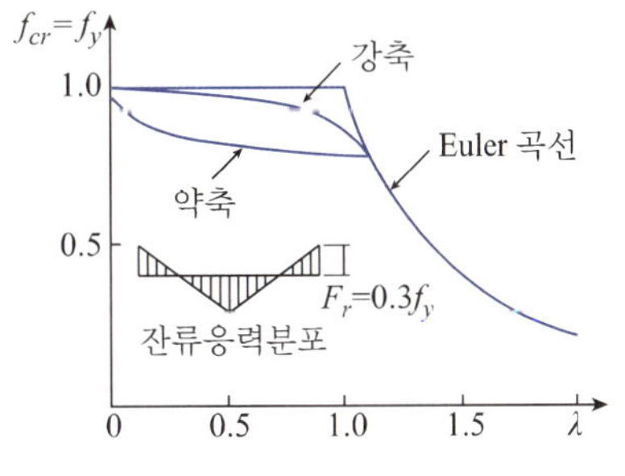

[그림 6.9.6] 좌굴응력에 대한 잔류응력의 영향

(2) 잔류응력(Residual Stress)

잔류응력은 열간압연 강재나 용접부가 균일하지 않게 냉각됨으로써 생기는 현상이다. 예를 들어 I 형강에 있어서는 플랜지 끝부분이 먼저 냉각하여 수축하고, 중간부분은 천천히 냉각되므로 잔류응력의 분포형상은 [그림 6.9.5]와 같이 될 수 있다. 잔류응력을 가진 부재에 압축하중이 작용하게 되면 압축잔류응력 f_{rc}에 압축응력 f_a가 가산된다. 따라서 하중이 증가함에 따라 전응력($F_y = f_a + f_{rc}$)은 압축잔류응력이 큰 플랜지의 끝 부분으로부터 f_y에 도달하여 그 분포 폭이 플랜지의 안쪽으로 넓어지게 되며 그만큼 유효단면이 감소하게 된다. 여기서 f_{rt}는 인장잔류응력이다. 이러한 유효단면의 단면2차모멘트는 부재축에 따라 서로 다르게 되므로 좌굴축에 관한 좌굴응력 역시 [그림 6.9.6]에 나타낸 바와 같이 서로 다르게 되며, 잔류응력의 영향에 따라 좌굴응력이 저하하는 것을 알 수 있다.

(3) 초기 구부러짐(Initial Crookedness)

실제에 있어서는 이상적인 기둥은 존재하지 않으며 제작 및 시공오차 등에 의한 초기휨이나 편심하중 등이 발생하게 되며, 또한 단면내에는 잔류응력이 존재하게 된다(**기둥의 결함**, imperfection of columns). 이러한 문제의 또 다른 접근방법은 기둥의 부정확성을 초기처짐 또는 뒤틀림과 유사하게 나타낼 수 있다고 가정하는 것이다. [그림 6.9.7]에 나타낸 바와 같이 양단이 핀으로 연결된 기둥에서 초기처짐 v_0는 최대처짐 a를 갖는 정현곡선의 반파형과 같다고 가정할 수 있다.

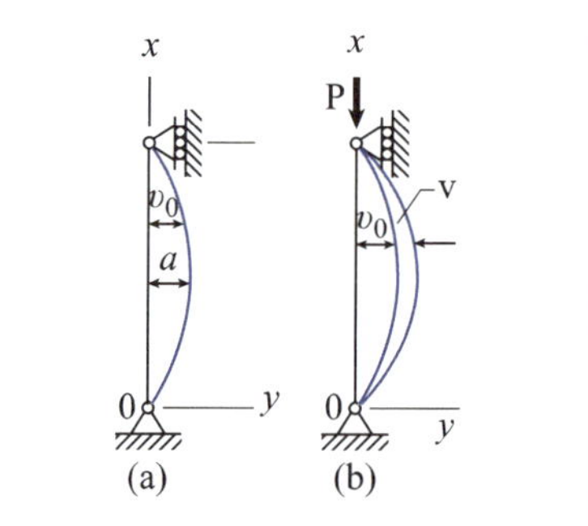

[그림 6.9.7] 초기처짐 v_0를 가진 기둥

$$v_0 = a\sin\left(\frac{\pi x}{KL}\right) \tag{f}$$

위의 식 (f)는 구부러진 재료가 가질 수 있는 임의의 실제 처짐모양과 매우 근사한 초기처짐을 나타낸다. 축하중 P가 도심상에 작용할 때 기둥의 휨모멘트는 다음과 같다.

$$M_0 = P(v_0 + v) \tag{g}$$

여기서, v는 휨에 의해 부가적으로 생기는 기둥의 처짐이다. 이 모멘트 M에 대한 식을 처짐곡선 미분방정식에 대입하여 풀 수 있다. 기둥의 중앙에서의 처짐은 다음과 같다.

$$\delta_{max} = a + v_{max} = \frac{a}{\left(1 - \dfrac{P}{P_{cr}}\right)} \tag{h}$$

위의 식 (h)는 축하중 P가 기둥의 초기처짐량을 확대계수 $1/(1-P/P_{cr})$만큼 증가시키는데 영향을 미친다는 것을 보여준다. $P/P_{cr} < 1$이므로 이 계수는 항상 1보다 크다. $P/P_{cr} = 0$일

때는 최대처짐은 a가 되며, $P/P_{cr}=1$일 때는 최대처짐이 무한대로 커짐을 알 수 있다. 즉, 초기휨이 있는 기둥의 지지능력은 하중 P가 P_{cr}에 접근함에 따라 처짐량이 급속히 증가하게 되므로 P_{cr}보다 낮은 하중에서 붕괴가 발생하게 된다는 것을 알 수 있다.

기둥의 최대휨모멘트와 최대휨응력은 다음과 같다.

$$M_{\max}=P\delta_{\max}=\frac{Pa}{\left(1-\frac{P}{P_{cr}}\right)} \tag{i}$$

$$f_{\max}=\frac{P}{A_s}+\frac{M_{\max}c}{I}=\frac{P}{A_s}\left[1+\frac{ac}{r^2\left(1-\frac{P}{P_{cr}}\right)}\right] \tag{j}$$

여기서, $r^2=I/A_s$이다. 위의 식에 $P/P_{cr}=\dfrac{P(KL)^2}{\pi^2EI}$를 대입하면 다음과 같이 된다.

$$f_{\max}=\frac{P}{A_s}\left[1+\frac{\frac{ac}{r^2}}{1-\frac{P}{\pi^2EA_s}\left(\frac{KL}{r}\right)^2}\right]=\frac{P}{A_s}\left[1+\frac{\frac{ac}{r^2}}{1-\frac{P}{\pi^2EA_s}\lambda^2}\right] \tag{k}$$

위의 식에서 ac/r^2을 **결함비**(imperfection ratio)라 한다. 최대응력 $f_{\max}$에 한계치를 두면 위의 식으로부터 이에 해당하는 임의의 주어진 결함비 ac/r^2에 대한 압축응력 $f=P/A_s$ 값을 계산할 수 있다.

6.9.1.2 탄성과 비탄성 좌굴

앞에서 재료가 Hooke의 법칙을 따를 때의 기둥의 거동에 대해 논의하였다. 도심축하중을 받는 이상기둥을 고찰함으로써 임계하중 P_{cr}의 개념에 도달했었다. 이상기둥의 거동은 평균압축응력 $f=P/A$에 대한 세장비 $\lambda=KL/r$의 [그림 6.9.8]에 나타낸 **Euler곡선**(Euler's curve)으로 표시된다. 이 곡선은 재료의 비례한도 f_{pl}이하의 CD영역에서만 성립한다. Euler곡선이 적용되는 범위 이상의 세장비는 식 (c)에서 f_{cr}을 f_{pl}과 같이 두고 세장비 KL/r에 대해 풀어서 구한다. 여기서 세장비 $(KL/r)_{cr}$은 **세장비의 임계값**(critical value of slenderness ratio)을 나타낸다. 즉

$$\left(\frac{KL}{r}\right)_{cr}=\sqrt{\frac{\pi^2E}{f_{pl}}} \tag{l}$$

하중의 편심에 의한 영향 또는 기둥의 결함에 의한 영향을 고려함과 동시에 재료가 Hooke의 법칙을 따른다고 가정한다면 [그림 6.9.8]에 나타낸 secant **공식**(secant formula)을 얻는다. 이 곡선은 최대하중을 비례한도 f_{pl}와 같게 두고 그려졌다. 그러므로 secant 공식에 대한 곡선과 Euler곡선을 비교하여 두 곡선 사이의 차이점을 알고 있어야 한다. Euler곡선의 경우 응력

$f = P/A_s$는 하중 P에 비례할 뿐 아니라 좌굴이 발생할 때 기둥에 생기는 최대응력이다. 그러므로 C에서 D로 움직임에 따라 하중 P와 최대응력은 둘 다 같은 비율로 감소한다. 그러나 secant 공식에서 하중 P는 곡선상에서 좌에서 우로 움직임에 따라 감소하지만 최대응력은 변하지 않는다.

Euler곡선으로부터 큰 세장비를 가진 **장주**(long columns)가 낮은 평균압축응력 $f = P/A_s$에서 좌굴한다는 것을 알 수 있다. 이러한 조건은 고강도재료를 사용한다고 해서 개선되지는 않는다. 왜냐하면 파괴는 재료자체의 파괴에 의해서가 아니라 기둥의 전체적인 불안정성에 기인하기 때문이다. 임계응력은 세장비 $\lambda = KL/r$을 감소시키거나 고탄성계수 E를 가지는 재료를 사용함으로써 상승될 수 있다.

압축부재가 매우 짧은 **단주**(short columns)일 때는 재료의 항복이나 붕괴에 의해서 파괴되므로 좌굴이나 안정성을 고려할 필요가 없다. 이러한 경우 최대압축응력 f_u를 재료의 **파괴응력**(failure stress)이라고 정의할 수 있다. 이 응력은 그림에서 수평선 AB로 단주에 대한 **한계강도**(strength limit)를 나타낸다. 이러한 응력은 압축상태에서 극한응력을 나타내기 때문에 비례한도 f_{pl}보다 매우 높은 값이 된다.

단주와 장주 영역사이에 탄성적 안정성은 매우 작고 강도자체는 매우 큰 중간세장비영역이 존재한다. 이러한 중간주는 **비탄성좌굴**(inelastic buckling)에 의해 파괴된다. 중간주에서 기둥 내에 생기는 응력은 좌굴이 시작되기 전에 비례한도를 넘어선다[그림 6.9.8]. 응력-변형률 곡선의 기울기는 비례한도를 넘어서부터 감소하므로 비탄성좌굴의 임계하중은 Euler하중보다 작다. 그러므로 이러한 범위의 세장비에 대한 임계하중을 계산하기 위해 **비탄성좌굴이론**(inelastic buckling theory)이 필요하다.

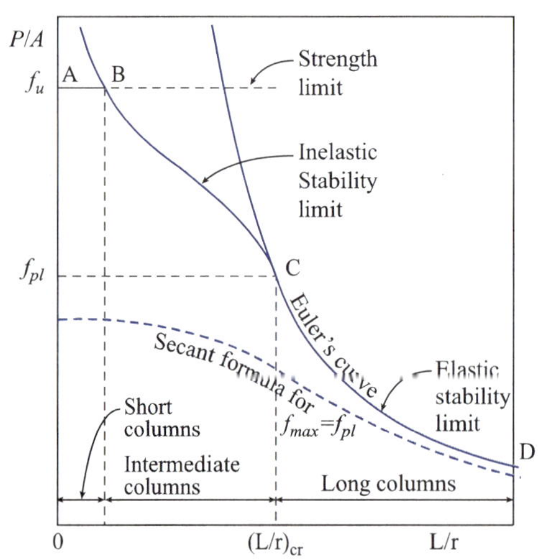

[그림 6.9.8] 평균압축응력 P/A에 대한 세장비 $\lambda = KL/r$ 선도

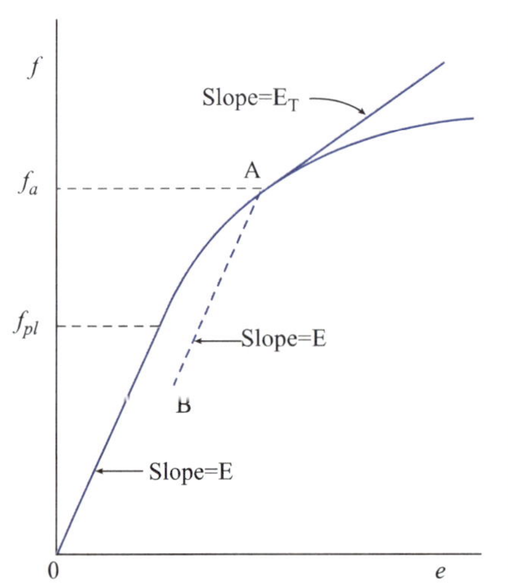

[그림 6.9.9] 응력-변형률 선도

축방향 압축력 P를 받는 양단 핀으로 연결된 기둥을 고려해보자([그림 6.9.2(a)]). 기둥의 세장비 KL/r이 임계세장비 $(KL/r)_{cr}$보다 작은 값을 가지므로 축응력 $f=P/A_s$는 탄성임계하중에 도달하기 전에 비례한도에 도달한다([그림 6.9.8] 참조). 기둥의 재료에 대한 응력-변형률 그래프를 [그림 6.9.9]에 나타내었다. 기둥내의 응력 f_a를 그래프상의 A점과 같이 비례한도보다 큰 값이라고 가정하자. 응력이 조금 증가하게 되면 응력증분과 그에 따른 변형률증분 사이의 관계식은 그래프상의 점 A에서 응력-변형률곡선의 기울기가 된다. 점 A에서 접선의 기울기를 **접선계수**(tangent modulus)라 하고 E_T로 표시한다.

$$E_T=\frac{df}{d\varepsilon} \tag{m}$$

재료에 있어서 접선계수는 비례한도를 넘어서서 응력이 증가할수록 감소하는 가변적인 값이다. 응력이 비례한도 이하에 있을 때 E_T는 탄성계수 E와 같다.

비탄성좌굴의 **접선계수이론**(tangent modulus theory)에 따르면 [그림 6.9.2(a)]의 기둥은 임계하중에 도달할 때까지 곧은 상태로 존재한다. 그러한 하중 값에서 기둥은 [그림 6.9.2(b)]와 같이 미소횡방향처짐을 갖는다. 휨응력의 합은 압축응력 f_a에 중첩된다. 기둥이 곧은 상태에서 휨을 시작하기 때문에 초기의 휨응력은 응력의 미소증분만을 나타낸다. 그러므로 휨응력과 변형률 사이의 관계식은 접선계수 E_T로 나타낸다. 변형률이 단면을 통해서 선형적으로 변하기 때문에 초기 휨응력 역시 단면에 걸쳐 선형적으로 변하게 되고 곡률에 대한 식도 E_T가 E를 대신한다는 것을 제외하고는 탄성휨의 경우와 같다. 그러므로 접선계수이론에 대한 **임계하중**(tangent modulus load)은 다음과 같이 나타낼 수 있다.

$$P_T=\frac{\pi^2 E_T I}{(KL)^2} \tag{n}$$

이에 대응하는 접선응력은 다음과 같다.

$$f_T=\frac{\pi^2 E_T}{(KL/r)^2} \tag{o}$$

접선계수가 압축응력 $f=P/A_s$에 따라 변하는 만큼, 일반적으로 반복과정(iterative procedure)으로 P_T를 구하여야 한다. P_T의 값을 구하는데 있어서 시행 값 P_1(trial value)은 응력이 비례한도 f_{pl}에 도달할 때의 하중 $f_{pl}A_s$보다 조금 큰 값이어야 한다. P_1을 알면 이에 대응하는 축응력 $f_1=P_1/A_s$를 계산할 수 있고, 또한 응력-변형률곡선에서 접선계수 E_T를 결정할 수 있다. 그 다음 식 (n)을 사용하여 두 번째 추정 값 P_T를 구한다. 이 값을 P_2라 하자. P_2가 P_1에 아주 가까운 값이면 하중 P_2를 접선계수하중 P_T로 취할 수 있다. 그러나 시행하중과 매우 일치하는 하중을 계산할 때까지 반복과정을 계속해야 한다. 이러한 방법으로 접선계수하중 값에 도달한다.

조합된 Euler(탄성)와 접선계수(비탄성) 기둥좌굴곡선을 [그림 6.9.10]에 나타내었다. 탄성좌굴로부터 비탄성좌굴의 거동을 세장비에 따라 변화하는 과정을 나타낸 것이다.

단주, 중간주, 장주를 구분하는 선은 명확하지 않지만 이들 세 가지 형태의 기둥의 거동을 구분하는데 유용하다. [그림 6.9.8]의 곡선 $ABCD$는 전형적인 기둥의 최대하중능력(maximum load-carrying capacity)을 나타낸다. [그림 6.9.8]에 나타낸 그림에서 길이 L을 유효길이 KL로 대치시킬 수 있다면 어떠한 단부조건을 갖는 기둥에 대해서도 접선계수공식을 적용할 수 있다.

짧고 굵은 기둥의 경우 기둥단면의 응력이 항복응력에 도달할 때까지 파괴되지 않는다. 즉, 기둥이 받을 수 있는 최대하중은 완전소성항복하중 P_y로서 다음과 같이 나타낼 수 있다.

$$P_y = A_s F_y \tag{p}$$

긴 기둥인 경우에 임계좌굴하중 P_{cr}은 다음과 같이 구할 수 있다.

$$P_{cr} = \frac{\pi^2 E A_s}{(Kl/r)^2} \tag{q}$$

$$\frac{P_{cr}}{P_y} = \left(\frac{r\pi}{Kl}\right)^2 \frac{E}{F_y} = \frac{1}{\lambda_c^2} \tag{r}$$

식 (q)를 (p)로 나누면 다음과 같이 된다.

$$\lambda_c = \left(\frac{Kl}{r\pi}\right)\sqrt{\frac{F_y}{E}} \tag{s}$$

여기서 λ_c는 기둥의 세장비모수이다.

정규화한 항복 및 Euler 기둥곡선은 [그림 6.9.11] 중 가장 상부에 그려진다. 잔류응력에 의하여 기둥의 강도가 감소된 비탄성 기둥곡선은 그 아래에 그려진다. 잔류응력과 기하학적 불완전(geometric imperfection)을 모두 고려하면 기둥의 강도는 더욱 감소하여 강도곡선은 [그림 6.9.11]에서 가장하단에 위치하게 되며 도로교설계기준에서는 바로 이 곡선을 기준으로 설계식을 만든 것이다.

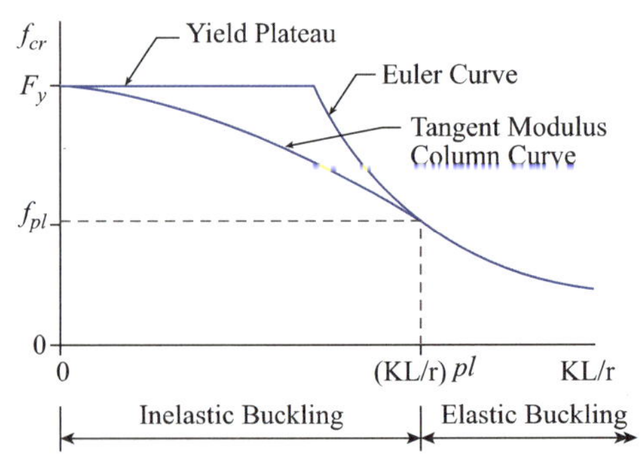

[그림 6.9.10] 조합된 Euler(탄성)와 접선계수(비탄성) 기둥좌굴곡선

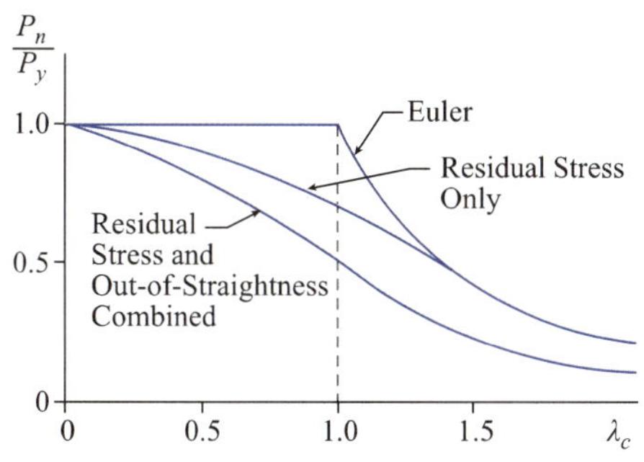

[그림 6.9.11] 불완전 영향을 갖는 정규화한 기둥곡선

식 (s)에서 제곱근의 사용을 피하기 위하여 이하 기둥의 세장비모수 λ_c를 다시 정의하여 다음과 같은 λ를 이용한다.

$$\lambda = \lambda_c^2 = \left(\frac{K\,l}{r_s \pi}\right)^2 \frac{F_y}{E} \tag{t}$$

비탄성좌굴 및 탄성좌굴 혹은 중간 길이 기둥과 긴 기둥의 천이점을 $\lambda = 2.25$로 하면, 긴 기둥($\lambda \geq 2.25$)에 대하여 공칭압축강도 P_n는 다음의 식 (6.9.5)와 같다. 여기서 아래첨자 s를 붙인 것은 도로교설계기준의 기호와 일치시키기 위함이다. 식 (t)는 식 (q)의 Euler좌굴하중을 $l/1{,}500$의 초기변형을 고려하여 0.88의 계수로 줄여준 값이다.

중간 길이 기둥($\lambda < 2.25$)의 경우 공칭압축강도 P_n은 접선탄성계수로부터 결정되며 P_y와 Euler좌굴곡선 사이에서 부드럽게 변화한다. 공칭압축강도 P_n은 식 (6.9.4)와 같다.

6.9.2 압축강도

6.9.2.1 축방향 압축

부재의 설계압축강도 P_r은 다음과 같이 산정한다.

$$P_r = \phi_c P_n \tag{6.9.1}$$

여기서, P_n = 6.9.4와 6.9.5절의 공칭압축강도(N), ϕ_c = 6.5.4.2절의 압축에 관한 저항계수

6.9.2.2 축방향 압축과 휨

설계하중에 대해 탄성해석에 의해 계산된 축방향력 P_u와 모멘트 M_{ux}, M_{uy}는 다음 관계를 만족시켜야 한다.

$$\frac{P_u}{P_r} < 0.2 \text{ 인 경우 : } \quad \frac{P_u}{2.0P_r} + \left(\frac{M_{ux}}{M_{rx}} + \frac{M_{uy}}{M_{ry}}\right) \leq 1.0 \tag{6.9.2}$$

$$\frac{P_u}{P_r} \geq 0.2 \text{ 인 경우 : } \quad \frac{P_u}{P_r} + \frac{8.0}{9.0}\left(\frac{M_{ux}}{M_{rx}} + \frac{M_{uy}}{M_{ry}}\right) \leq 1.0 \tag{6.9.3}$$

여기서, P_r = 6.9.2.1의 설계압축강도(N), M_{rx} = 6.10.4 및 6.12에 규정된 x축에 관한 설계휨강도(N · mm), M_{ry} = 6.10, 6.11 및 6.12에 규정된 y에 관한 설계휨강도(N · mm), M_{ux} = 다음의 규정에 따라 계산된 x축에 관한 휨모멘트(N · mm), M_{uy} = 다음의 규정에 따라 계산된 y축에 관한 휨모멘트(N · mm)

각 대칭축에 관한 설계휨모멘트 M_{ux}와 M_{uy}는 다음 중 하나로 결정한다.

- 설계하중으로 인해 발생하는 모멘트의 증가를 고려한 2차 탄성해석
- [LSD 4.5.3.3]에 규정된 근사방법

6.9.3 세장비의 제한

압축부재의 세장비는 다음을 만족해야 한다.

- 주부재 $\quad \dfrac{Kl}{r} \leq 120$
- 브레이싱 $\quad \dfrac{Kl}{r} \leq 140$

여기서, K = [LSD 4.6.6]에 규정된 유효좌굴길이계수, l = 비지지길이(mm), r = 단면회전반경(mm).

이 항에 한하여, 다음 경우의 회전반경은 단면의 일부를 제외하고 계산할 수 있다.

- 실제단면과 회전반경을 바탕으로 한 부재의 능력이 설계하중을 초과하고,
- 부재의 면적을 감소시킨 유효단면과 그 회전반경에 의한 부재의 능력이 설계하중을 초과할 경우

6.9.4 비합성단면

6.9.4.1 공칭압축강도

6.9.4.2의 폭-두께비 규정을 만족시키는 부재에 대한, 공칭압축강도 P_n은 다음과 같다.

$$\lambda \leq 2.25 \text{인 경우 : } \quad P_n = 0.66^{\lambda} F_y A_s \tag{6.9.4}$$

$\lambda > 2.25$인 경우 : $P_n = \dfrac{0.88 F_y A_s}{\lambda}$ (6.9.5)

단, $\lambda = \left(\dfrac{Kl}{r_s \pi}\right)^2 \dfrac{F_y}{E}$ (6.9.6)

여기서, A_s = 전단면적(mm^2), F_y = 항복강도(MPa), E = 탄성계수(MPa), K = [LSD 4.6.6]에 규정된 유효좌굴길이계수, l = 비지지길이(mm), r_s = 회전반경(mm).

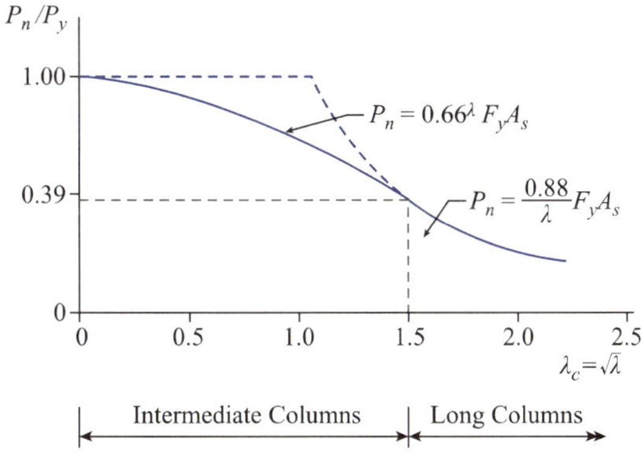

[그림 6.9.12] 기둥설계곡선

6.9.4.2 축방향 압축부재의 폭-두께비 제한

판의 세장비 b/t는 다음을 만족시켜야 한다.

$$\frac{b}{t} \leq k\sqrt{\frac{E}{F_y}} \tag{6.9.7}$$

여기서, k = [표 6.9.1]에 규정된 판좌굴계수, b = [표 6.9.1]에 규정된 판의 폭(mm), t = 판 두께(mm).

강관단면의 두께는 다음을 만족시켜야 한다.

- 원형강관 : $\dfrac{D}{t} \leq 2.8\sqrt{\dfrac{E}{F_y}}$ (6.9.8)
- 사각형 강관 : $\dfrac{b}{t} \leq 1.7\sqrt{\dfrac{E}{F_y}}$ (6.9.9)

여기서, D = 강관의 직경(mm), b = 강관의 폭(mm), t = 강관의 두께(mm)

6.9.2.2의 식들을 사용하여 설계된 부재의 경우 F_y는 축방향 설계하중과 이로 인하여 발생하는 휨모멘트를 사용하여 계산한 최대압축응력으로 대체할 수 있다.

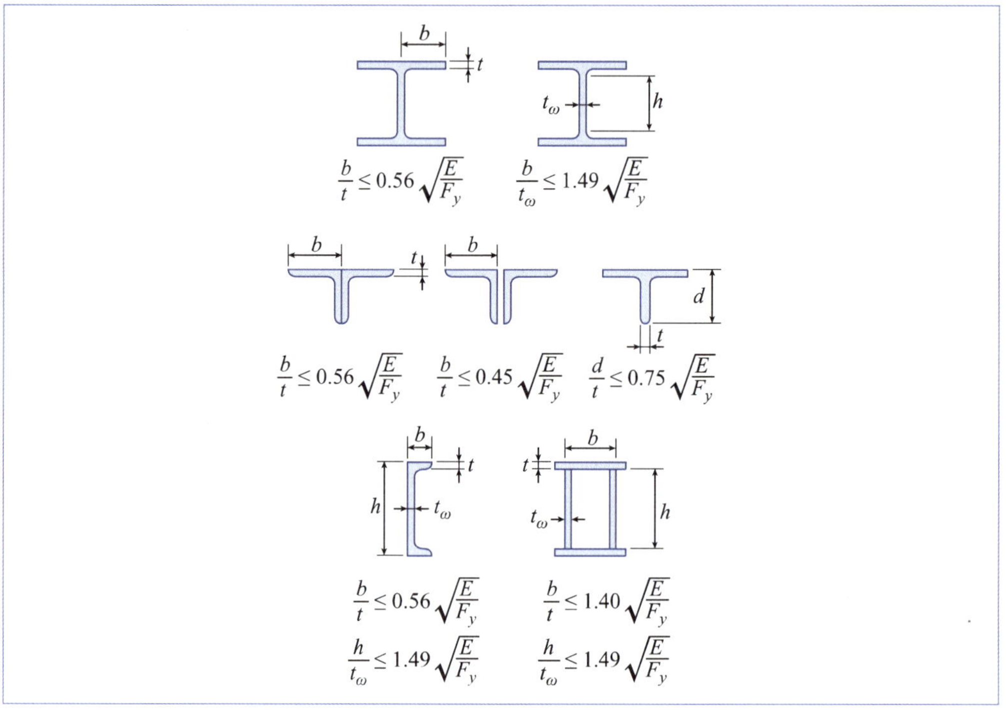

[그림 6.9.13] 폭-두께비 제한

[표 6.9.1] 폭-두께비의 제한

한쪽 단이 지지된 판	k	b
플랜지와 자유돌출판	0.56	• I형 단면의 플랜지 폭의 반
		• ㄷ 형 단면의 플랜지 전폭
		• 자유단과판의 첫 번째 볼트 연결선 또는 용접선간의 거리
		• 맞대어진 두 L형강에서 맞대어지지 않은 한 L형강의 다리길이
압연 T형강의 복부판	0.75	• T형강
기타 돌출부재	0.45	• 단일 L형강 또는 분리재를 갖는 이중 L형강에 있어서 돌출 다리의 전체폭
		• 기타 경우는 전 돌출폭
박스거더 단면의 플랜지와 덮개판	1.40	• 박스거더 단면의 플랜지의 경우 복부판간 순간격에서 내부 모서리 반경을 뺀 거리
		• 플랜지 덮개판의 용접선 또는 볼트선간 거리
복부판과 기타 판요소	1.49	• 압연 부의 복부판에서 플랜지간 순간격에서 필릿 반경을 뺀 거리
		• 기타의 모든 경우는 지지점간 순 간격
유공덮개판(cover plate)	1.86	• 지지점간 순간격

6.9.5 합성단면

6.9.5.1 공칭압축강도

이 규정은 휨을 받지 않는 합성단면 기둥에 적용한다. 휨을 받는 합성단면기둥에는 6.12.2.3의 규정을 적용한다. 6.9.5.2의 규정을 만족하는 합성단면기둥의 공칭압축강도는 다음과 같다.

$\lambda \leq 2.25$일 경우 : $P_n = 0.66^{\lambda} F_e A_s$ (6.9.11)

$\lambda > 2.25$일 경우 : $P_n = \dfrac{0.88 F_e A_s}{\lambda}$ (6.9.12)

여기서,

$$\lambda = \left(\frac{Kl}{r_s \pi}\right)^2 \frac{F_e}{E_e} \tag{6.9.13}$$

$$F_e = F_y + C_1 F_{yr}\left(\frac{A_r}{A_s}\right) + C_2 f_c{}'\left(\frac{A_c}{A_s}\right) \tag{6.9.14}$$

$$E_e = E\left[1 + \left(\frac{C_3}{n}\right)\left(\frac{A_c}{A_s}\right)\right] \tag{6.9.15}$$

여기서, A_s = 강재 단면적(mm^2), A_c = 콘크리트 단면적(mm^2), A_r = 종방향철근의 전단면적(mm^2), F_y = 강재의 최소항복강도(MPa), F_{yr} = 종방향철근의 최소항복강도(MPa), $f_c{}'$ = 콘크리트 28일 압축강도(MPa), E = 강재의 탄성계수(MPa), l = 기둥의 비지지길이(mm), K = [LSD 4.6.6]에 규정된 유효길이계수, n = 6.10.3.1(1)②규정된 탄성계수비, r_s = 강재단면의 휨면에서의 회전반경(mm). 단, 콘크리트로 둘러싸인 합성단면에 대해서는 합성부재 폭의 0.3배 이상, C_1, C_2, C_3 = [표 6.9.2]에 규정된 합성단면기둥의 상수

[표 6.9.2] 합성단면기둥의 상수

	콘크리트로 채워진 강관	콘크리트로 둘러싸인 강재
C_1	1.0	0.7
C_2	0.85	0.6
C_3	0.4	0.2

4.5.3.3에 규정된 근사방법에 의한 휨과 압축을 받는 합성단면부재에 대한 모멘트확대계수를 결정하기 위해서는 다음을 적용한다.

$$P_e = \frac{A_s F_e}{\lambda} \tag{6.9.16}$$

6.9.5.2 제한사항

(a) 일반사항

강재의 단면적이 전체 단면적의 4% 이상일 때는 6.9.5.1의 규정에 의해 압축강도를 결정한다.

강재 또는 강판의 단면적이 전체 단면적의 4% 이하일 경우에는 5장의 철근콘크리트기둥으로 계산한다. 콘크리트 압축강도는 20 MPa 이상, 55 MPa 이하로 한다. 공칭압축강도 계산을 위한 강재와 종방향철근의 항복강도는 400 MPa을 넘지 않도록 한다. 합성단면기둥에 의해 전달되는 모든 하중은 인접한 지지부재의 설계시 고려해야 한다. 단면은 최소한 하나의 대칭축을 가져야 한다.

(b) 콘크리트로 채워진 강관

콘크리트로 채워진 합성강관의 두께는 6.9.4.2 규정을 적용한다.

(c) 콘크리트로 둘러싸인 단면

콘크리트로 둘러싸인 단면은 종방향 및 횡방향으로 보강해야 한다. 단, 횡방향 띠철근 간격은 다음을 초과할 수 없다.

- 종방향 철근지름의 16배
- 띠철근 지름의 48배
- 합성단면 최소변길이의 1/2

하나의 합성단면에 여러 개의 강재가 들어 있는 경우에는 각 강재의 좌굴을 방지하기 위해 콘크리트 타설 전에 브레이싱 또는 연결판으로 서로 연결시켜야 한다.

6.9.6 압축부재의 설계 적용예

6.9.6.1 압축부재의 설계 – 적용예 (1)

$H-300\times150\times6.5\times9$ 형강부재의 국부좌굴 발생가능성을 검사하시오. SM400인 구조용 강재를 사용한다.

[풀이]

$F_y=235\,\mathrm{MPa},\ F_u=400\,\mathrm{MPa}.$

플랜지의 폭/두께비 : $\dfrac{b}{t_w}=\dfrac{(150/2)}{9}=8.33<k\sqrt{\dfrac{E}{F_y}}=0.56\sqrt{\dfrac{200{,}000}{235}}=16.34,\quad \mathrm{OK}$

복부판의 폭/두께비 :

$$\frac{h}{t_w}=\frac{d-2t_f-2r}{t_w}=\frac{300-2\times9-2\times13}{6.5}=39.38<k\sqrt{\frac{E}{F_y}}=1.49\sqrt{\frac{200{,}000}{235}}=43.47,\ \mathrm{OK}$$

따라서 국부좌굴이 발생할 가능성 없음.

6.9.6.2 압축부재의 설계 – 적용예 (2)

양단이 핀으로 연결된 $L = 6{,}100\ \mathrm{mm}$, $W360 \times 110$인 기둥의 압축강도를 계산하라. SM400인 구조용 강재를 사용한다.

[정수] AISC(1992)로부터 $A_s = 14{,}000\ \mathrm{mm}^2$, $d = 360\ \mathrm{mm}$, $t_w = 11.4\ \mathrm{mm}$, $b_f = 256\ \mathrm{mm}$, $t_f = 19.9\ \mathrm{mm}$, $h_c/t_w = 25.3$, $r_x = 153\ \mathrm{mm}$, $r_y = 62.9\ \mathrm{mm}$.

[풀이]

$F_y = 235\ \mathrm{MPa}$, $F_u = 400\ \mathrm{MPa}$

세장비 $\max \dfrac{KL}{r} = \dfrac{1.0(6{,}100)}{62.9} = 97.0 < 120$, OK

폭/두께 : $\dfrac{b_f}{2t_f} = \dfrac{256}{2(19.9)} = 6.4 < k\sqrt{\dfrac{E}{F_y}} = 0.56\sqrt{\dfrac{200{,}000}{235}} = 16.3$, OK

$\dfrac{h_c}{t_w} = 25.3 < k\sqrt{\dfrac{E}{F_y}} = 1.49\sqrt{\dfrac{200{,}000}{235}} = 43.5$, OK

기둥의 세장비 : $\lambda = \left(\dfrac{Kl}{r_s\pi}\right)^2 \dfrac{F_y}{E} = \left(\dfrac{97}{\pi}\right)^2 \dfrac{235}{200{,}000} = 1.12 < 2.25$

공칭압축강도 : $P_n = 0.66^{\lambda} F_y A_s = (0.66)^{1.19}(235)(14{,}100) = 2.02 \times 10^6\ \mathrm{N}$

설계압축강도 : $P_r = \phi_c P_n = 0.9(2.02 \times 10^6) = 1.818 \times 10^6\ \mathrm{N} = 1{,}818\ \mathrm{kN}$

6.9.6.3 압축부재의 설계 – 적용예 (3)

양단이 핀으로 연결된 $L = 3{,}000\ \mathrm{mm}$, $H - 300 \times 300 \times 10 \times 15$인 형강기둥의 설계압축강도를 계산하라. SM400인 구조용 강재를 사용한다.

[풀이]

$F_y = 235\ \mathrm{MPa}$, $F_u = 400\ \mathrm{MPa}$, $A_s = 11{,}980\ \mathrm{mm}^2$, $r_y = 75.1\ \mathrm{mm}$

세장비 $\max \dfrac{KL}{r} = \dfrac{KL}{r_y} = \dfrac{1.0(3{,}000)}{75.1} = 39.95 < 120$, OK

기둥의 세장비 : $\lambda = \left(\dfrac{Kl}{r_s\pi}\right)^2 \dfrac{F_y}{E} = \left(\dfrac{39.95}{\pi}\right)^2 \dfrac{235}{200{,}000} = 0.19 < 2.25$

공칭압축강도 : $P_n = 0.66^{\lambda} F_y A_s = (0.66)^{0.19}(235)(11{,}980) = 2.60 \times 10^6\ \mathrm{N}$

설계압축강도 : $P_r = \phi_c P_n = 0.9(2.60 \times 10^6) = 2.34 \times 10^6\ \mathrm{N} = 2{,}340\ \mathrm{kN}$

6.10 휨을 받는 I형 단면(I–Section in Flexure)

구조물에서 부재들의 종방향 축에 직각으로 작용하는 가로방향 하중들을 지탱하는 구조부재를 휨부재라고 한다. 일반적으로 상부의 압축플랜지와 하부의 인장플랜지, 이 둘을 연결하는 복부요소로 구성된다. 휨부재는 주로 작용하중으로 인해 발생하는 휨응력과 전단응력에 저항하며, 대부분의 교량의 보에 있어 축방향력은 미미하므로 무시된다.

한계상태설계법에 의한 휨부재의 설계는 설계절차에 있어 종래의 설계법과 동일하나 주요한 거동과 관련된 한계상태를 구체적으로 고려하고 체계적으로 정식화하여 설계한다는 점이 재래의 설계법과 다르다. 휨부재 단면의 강도는 전체적이거나 국부적인 안정도에 의해 좌우된다. 부재의 단면이 큰 하중하에서 매우 안정되어 있다면, 그 단면은 항복모멘트 M_y를 넘어 소성모멘트 M_p의 휨강도를 발현시킬 수 있다. 국부좌굴이나 전체적인 좌굴에 의해 안정도가 제한된다면 휨강성은 M_p보다 적은 것은 물론이고, M_y보다도 적을 수 있다. 이러한 각 경우의 한계상태를 고려한 것이 한계상태설계법에 의한 휨부재설계의 가장 큰 특징이다.

휨에 대한 **한계상태설계법**(Limit State Design, 이하 LSD라고 요약하여 나타냄)의 규정은 복부판 중심선의 수직축에 대하여 대칭인 직선 플레이트거더의 휨 설계에 적용한다. 복부판의 항복강도가 플랜지의 항복강도보다 작은 하이브리드단면의 경우도 이 규정을 적용할 수 있다. 복부판의 항복강도가 플랜지의 항복강도보다 큰 경우도 이 규정을 적용할 수 있으나, 이러한 단면을 하이브리드단면으로 취급해서는 안 된다. 이 규정은 조밀 또는 비조밀단면과 합성 또는 비합성단면에 적용된다. 휨 부재는 다음의 규정에 따라 설계한다.

- 휨에 대한 극한한계상태 : 6.10.4 조항
- 영구처짐에 대한 사용한계상태 : 6.10.5 조항
- 구조상세에 관한 피로 및 파괴한계상태 : 6.5.3 조항 및 6.10.6 조항
- 전단에 대한 극한한계상태 : 6.10.7 조항
- 시공성 : 6.10.3.2 조항

필요시에는 2.5.2.6(2) 조항의 처짐규정을 고려할 수도 있다.

본 장에서는 먼저 부재가 횡방향으로 지지되어 있어 안정적인 단면을 대상으로 휨부재의 한계상태설계 개념을 소개한다. 그러나 실제로 보는 완전한 직선 및 균질성이 아니며, 일반적으로 설계 및 해석시에 가정된 평면에 정확하게 하중이 작용하지 않는다. 보의 압축플랜지가 강축휨에 의해 횡방향으로 급작스럽게 좌굴하는 것을 **횡비틀림좌굴**(Lateral-Torsional Buckling, LTB)이라 한다. 이러한 횡비틀림좌굴을 고려한 강재보의 휨설계에 대해 별도로 설명하였으며, 마지막으로 영구 처짐을 방지하기 위한 **사용한계상태**를 다루었다.

6.10.1 휨부재의 거동(Behavior of Flexible Members)

[그림 6.10.1(a)]에 나타낸 바와 같이 2개의 같은 집중하중에 의해 지간의 중앙에서 순수 휨을 받는 대칭 I형 단면의 휨 거동을 고려한다.

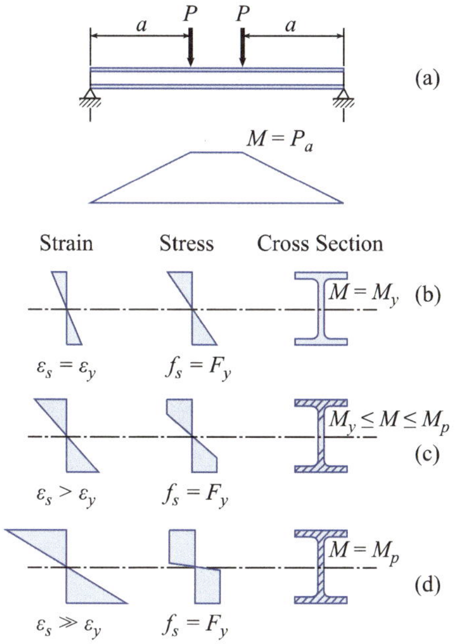

[그림 6.10.1] 휨부재의 거동.
(a) 2개의 같은 집중하중을 받는 단순보, (b) 탄성상태 거동, (c) 비탄성 거동, (d) 소성상태

6.10.1.1 탄성상태의 거동(Behavior of Elastic States)

휨모멘트를 받고 있는 보의 탄성상태 거동을 [그림 6.10.1(b)]에 나타내었다. 여기서, 탄성상태에서의 응력과 곡률의 관계는 다음과 같이 나타낼 수 있다[그림 6.10.2].

$$f = E\varepsilon = E\,y\,\psi \tag{a}$$

재료역학 이론에 의하면, 곡률과 휨모멘트의 관계식은 다음과 같다.

$$\psi = \frac{M}{EI} \tag{b}$$

식 (a)와 (b)를 결합하면 다음 식을 얻을 수 있다.

$$f = E\,y\,\psi = E\,y\,\frac{M}{EI} = \frac{M}{I}y \tag{c}$$

최대휨응력은 다음과 같이 규정된다.

$$f_{max} = \frac{M}{I}c = \frac{M}{\left(\frac{I}{c}\right)} = \frac{M}{S} \tag{d}$$

여기서 c는 최대휨응력을 받는 연단에서 중립축(neutral axis)까지의 거리, S는 탄성단면계수(elastic section modulus)를 의미한다.

잔류응력이 없는 상태하에서 탄성거동의 한계는 최대휨응력이 재료의 항복응력과 같을 때 ($f_{max} = F_y$) 발생한다. 단면에 최초의 항복이 발생했을 때의 모멘트는 항복모멘트 M_y로 규정된다.

$$M_y = S\,F_y \tag{e}$$

최대변형률과 곡률은 다음과 같다.

$$\varepsilon_{max} = \varepsilon_y = \frac{F_y}{E} \tag{f}$$

$$\psi = \psi_y = \frac{M_y}{E\,I} \tag{g}$$

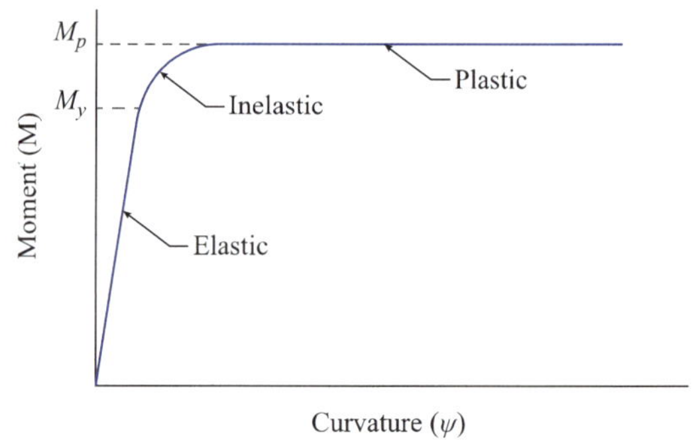

[그림 6.10.2] 이상화한 모멘트-곡률 곡선

6.10.1.2 비탄성 거동(Inelastic Behaviour)

[그림 6.10.1(c)]는 비탄성 거동을 나타낸 그림이다. 항복모멘트 도달 후, 하중을 더 증가시키면 변형률이 증가하고 단면의 항복영역도 증가한다. 이 상태에서 단면의 변형상태로부터 다음과 같은 관계를 얻을 수 있다[그림 6.10.2].

$$\varepsilon < \varepsilon_y \text{ 이면,} \quad f = E\varepsilon$$
$$\varepsilon \geq \varepsilon_y \text{ 이면,} \quad f = F_y \tag{h}$$

위의 식 (h)는 단면내에서 변형률 양에 따라 항복한 부분과 탄성인 부분이 같이 존재하는 것을 보여주고 있다.

6.10.1.3 소성모멘트(Plastic Moment)

[그림 6.10.1(d)]에 나타낸 바와 같이 보에 하중이 더 가해지면, 전체단면이 항복상태에 도달하여 소성상태가 된다. 이때의 모멘트를 소성모멘트 M_p로 정의한다[그림 6.10.2]. 하중을 더 이상 증가시켜도 모멘트 강도는 증가하지 않고 변형량만 증가한다. 그러므로 소성모멘트는 보가 견딜 수 있는 최대모멘트를 의미한다.

이 모멘트의 한계는 [그림 6.10.2(a)]와 같이 이상화된 모멘트-곡률 곡선으로 나타낼 수 있다. 곡률 ϕ는 변형률의 변화 비 또는 단순히 변형도 곡선의 경사로 정의할 수 있다.

$$\psi = \frac{\varepsilon_c}{c} \tag{i}$$

소성모멘트를 계산하기 위해서는 우선 소성중립축(PNA, plastic neutral axis) 위치의 결정이 필요하다. PNA는 단면의 도심과 다를 수 있다. PNA는 평형조건, $P=0$으로부터 결정된다.

$$P = \int_A f dA = \int_{A_{comp}} f_{comp} dA + \int_{A_{ten}} f_{ten} dA = 0 \tag{j}$$

완전소성상태에 달한 단면에서는 다음과 같이 된다.

$$f_{comp} = -F_y,\ f_{ten} = +F_y \tag{k}$$

만약 F_y가 전체단면에서 같다면 위의 식 (k)는 다음과 같이 단순화 될 수 있다.

$$P = -F_y \int_{A_{comp}} dA + F_y \int_{A_{ten}} dA = 0 \tag{l}$$

그러므로

$$A_{comp} = A_{ten}$$

이 결과는 PNA가 단면을 균등하게 나누는 축에 있다는 것을 의미한다. 또한 소성모멘트 M_p는 PNA를 이용하여 다음과 같이 구한다.

$$M_p = \int_A F_y y dA = F_y \int_A y\, dA \tag{m}$$

소성단면계수(plastic section modulus) $Z = \int_A y\, dA$로 정의하면, 위의 소성모멘트는 다음과 같이 단순화 된다.

$$M_p = F_y \int_A y\, dA = F_y Z \tag{n}$$

6.10.1.4 단면의 분류(Classification of Sections)

단면형상은 압축요소의 폭-두께비 및 횡지지조건에 따라 [그림 6.10.3]에 나타낸 바와 같이 조밀(compact), 비조밀(noncompact), 세장(slender)단면으로 분류된다. **조밀단면**은 횡-비틀림좌굴(lateral-torsional buckling, LTB)이나([그림 6.10.4]) 플랜지 또는 복부판의 국부좌굴에 앞서 소성모멘트를 확보할 수 있는 단면이다. **비조밀단면**은 압축요소의 국부좌굴에 앞서 단면의 소성모멘트보다는 작지만 항복모멘트 M_y 이상인 모멘트강도를 갖는 단면을 의미한다. **세장단면**은 압축요소들이 너무 가늘어서(slenderness), 항복모멘트 M_y에 도달하기 전에 압축요소들이 국부적인 좌굴을 일으키는 단면을 말한다.

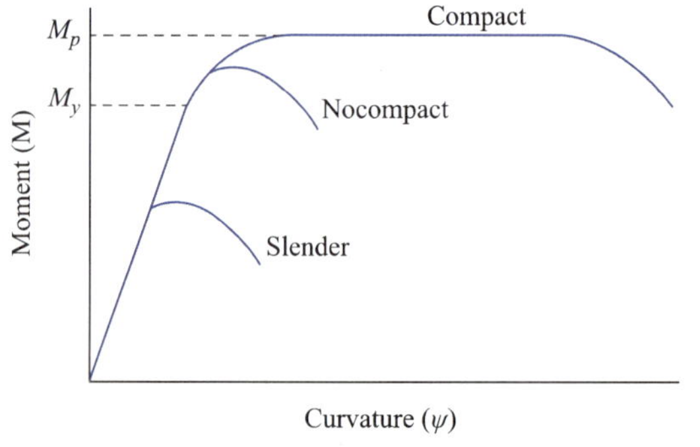

[그림 6.10.3] 조밀, 비조밀, 세장단면의 응답

단면은 합성과 비합성으로 분류된다. **합성단면**은 콘크리트 바닥판과 강재보 사이에 적절히 설계된 전단연결재가 존재하는 단면을 의미한다([그림 6.10.5]). 콘크리트 바닥판이 강재보에 연결되어 있지 않으면 **비합성단면**으로 간주된다.

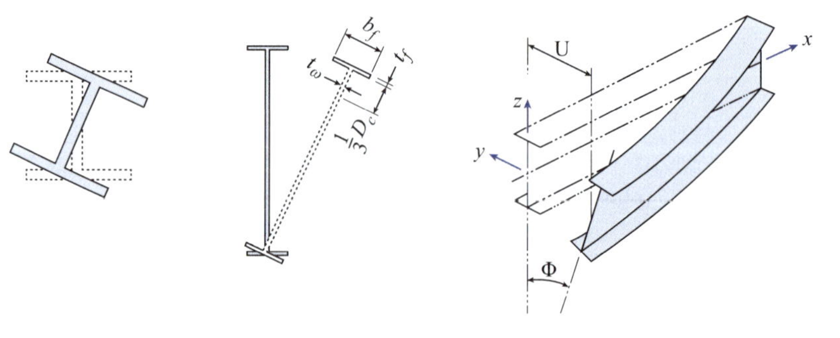

[그림 6.10.4] 횡-비틀림 좌굴(Lateral-Torsional Buckling, LTB)

6.10.2 단면비의 제한

휨을 받는 I형 단면의 단면비는 다음의 조건들을 만족해야 한다. 6.10.2.2 조항의 f_c와 D_c는 설계하중을 적용하여 구한다.

6.10.2.1 단면비

휨 부재를 구성하는 요소들은 다음을 만족해야 한다.

$$0.1 \leq \frac{I_{yc}}{I_y} \leq 0.9 \tag{6.10.1}$$

여기서, I_y = 복부판 중심선의 수직축에 관한 단면 2차모멘트(mm^4), I_{yc} = 복부판 중심선의 수직축에 관한 압축플랜지의 단면 2차모멘트(mm^4)이다.

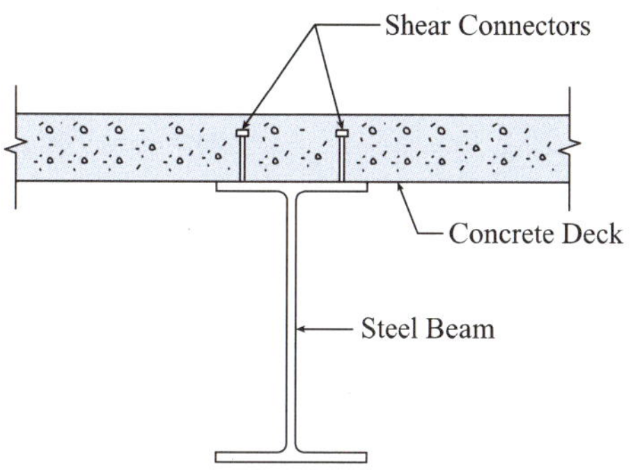

[그림 6.10.5] 합성단면(Composite Section)

6.10.2.2 복부판 세장비

복부판은 다음의 세장비조건을 만족해야 한다.

수평보강재가 없는 경우 $$\frac{2D_c}{t_w} \leq 6.77\sqrt{\frac{E}{f_c}} \leq 200 \tag{6.10.2}$$

수평보강재가 있는 경우 $$\frac{2D_c}{t_w} \leq 13.54\sqrt{\frac{E}{f_c}} \leq 400 \tag{6.10.3}$$

여기서, D_c = 탄성영역내에서 압축을 받는 복부판의 높이(mm), f_c = 설계하중에 의한 압축플랜지의 응력(MPa).

6.10.2.3 플랜지의 단면비

압축플랜지의 폭과 인장플랜지의 세장비는 다음을 만족해야 한다.

압축플랜지의 폭 $$b_f \geq 0.3D_c \tag{6.10.4}$$

인장플랜지의 세장비 $$\frac{b_t}{2t_t} \leq 12.0 \tag{6.10.5}$$

여기서, b_f = 압축플랜지의 폭(mm), D_c = 탄성영역에서 압축을 받는 복부판의 높이(mm), b_t = 인장플랜지의 폭(mm), t_t = 인장플랜지의 두께(mm).

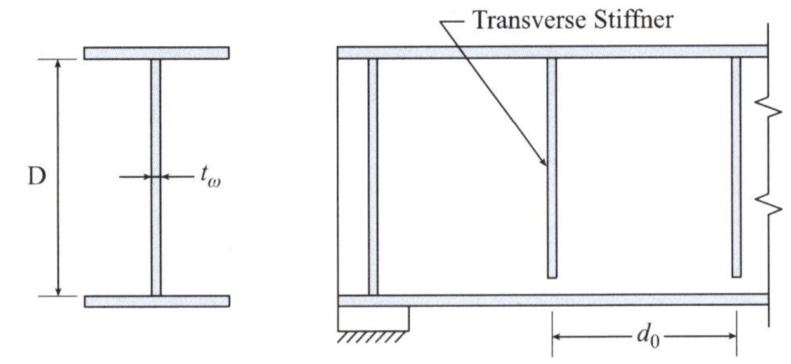

[그림 6.10.6] 복부판의 전체 높이 D와 보강재 간격 d_0

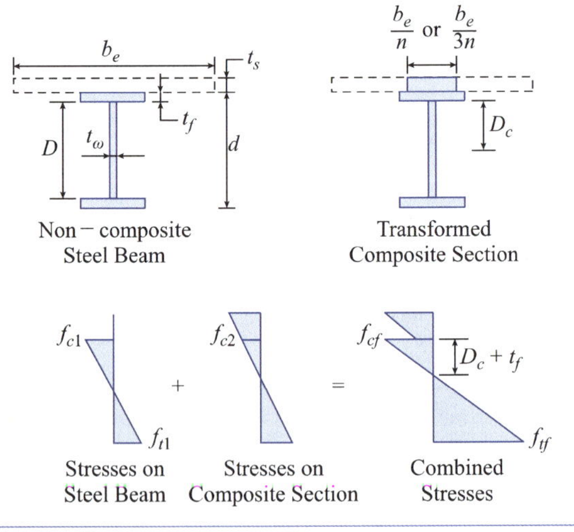

[그림 6.10.7] 탄성영역에서 압축을 받는 복부판의 높이의 정의

6.10.3 적용

6.10.3.1 합성단면(Composite Section)

합성단면은 6.10.7.4에 규정된 전단연결재에 의해 콘크리트 바닥판이 강재단면과 연결된 단면을 의미한다. 그리고 합성작용이 확실하고 횡방향지지가 충분한 다른 형태의 바닥시스템에도 적용할 수 있다.

(1) 응력

① 하중재하순서

외력에 의해 합성단면 임의의 점에서 발생하는 탄성응력은 다음과 같은 단면에 각각 작용하는 하중에 의해 발생한 응력의 합으로 구한다[그림 6.10.8].

- 강재단면
- 단기합성단면
- 장기합성단면

콘크리트 바닥판의 강도가 f_{ck}의 75%에 도달하기 전에 작용하는 영구하중은 강재단면만이 지지하는 것으로 간주해야 한다. 콘크리트 강도가 f_{ck}의 75%에 이른 후에 작용하는 영구하중과 활하중은 합성단면이 지지하는 것으로 간주한다. 동바리공법을 적용하여 시공하는 경우 모든 장기하중은 콘크리트 강도가 f_{ck}의 75% 이상 발현된 후에 작용하는 것으로 간주해야 한다.

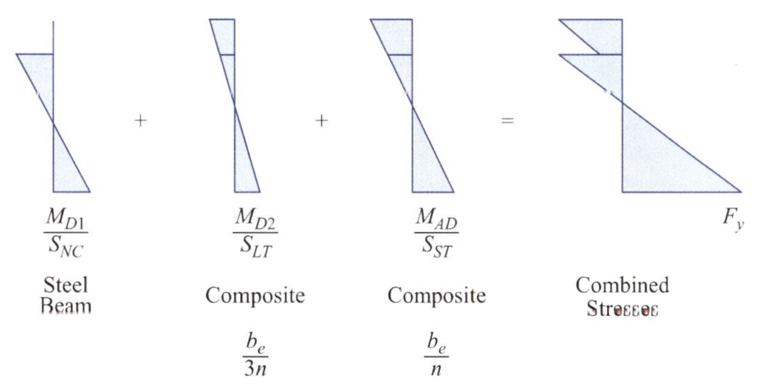

[그림 6.10.8] 합성단면에서 3단계의 하중재하에서 정모멘트 영역

② 정모멘트

휨응력을 계산할 때의 합성단면은 강재단면과 콘크리트 바닥판 유효폭의 환산단면으로 구성된다. 단기합성단면에 작용하는 일시적인 하중에 대해서는, 단기 탄성계수비 n을 사용하여 바닥판의 환산단면적을 구해야 한다. 장기합성단면에 작용하는 영구하중에 대해서는 탄성계수비 3 n 또는 n 중 큰 응력을 주는 값을 사용하여 바닥판의 환산단면적을 구한다. 보통 밀도 콘크리트의 탄성계수비 n은 E/E_c이다.

③ 부모멘트

장기 및 단기합성 모멘트에 의한 응력을 계산할 때 환산단면은 강재단면과 바닥판 유효폭 내의 축방향 철근으로 구성된다. 단, 6.6.1.2(1), 6.10.5.1 또는 6.10.10.2(1)에서 본 규정과 다르게 허용된 경우나, 6.10.3.1(1)②를 적용하여 콘크리트 바닥판의 응력을 계산하는 경우는 예외로 한다.

④ 바닥판의 유효폭

바닥판의 유효폭을 결정하는 특별한 다른 방법이 없을 경우에는 4.6.7 규정을 적용한다.

(2) 항복모멘트

정모멘트부 합성단면의 항복모멘트 M_y는 강도한계상태에서 상하부 어느 한 쪽 강재플랜지에서 최초항복을 일으키는 강재단면, 단기합성단면 및 장기합성단면에 각각 작용하는 모멘트의 합과 같다. 이와 같은 계산 시 모든 형태의 단면에서 플랜지 횡방향휨과 하이브리드단면의 웨브항복은 무시해야 한다. 정모멘트부 합성단면의 항복모멘트는 아래와 같이 구한다.

- 콘크리트바닥판이 굳기 전이나 합성되기 전에 작용하는 계수영구하중에 의한 모멘트 M_{D1}을 계산한다.
- 나머지 계수영구하중에 의한 모멘트 M_{D2}를 계산한다. 이 모멘트는 장기합성단면에 적용된다.
- 단기합성단면에서 어느 한 쪽 플랜지가 항복응력에 도달하기 위해 추가로 적용해야 하는 모멘트 M_{AD}를 계산한다.
- 항복모멘트는 총 영구하중에 의한 모멘트와 추가모멘트의 합이다.

계산과정을 식으로 나타내면 다음과 같다.

(1) 다음 식으로부터 M_{AD}를 구한다.

$$F_{yf} = \frac{M_{D1}}{S_{NC}} + \frac{M_{D2}}{S_{LT}} + \frac{M_{AD}}{S_{ST}}$$

(2) $M_y = M_{D1} + M_{D2} + M_{AD}$

여기서, S_{NC}= 비합성단면의 단면계수(mm^3), S_{ST}= 단기합성단면의 단면계수(mm^3), S_{LT}= 장기합성단면의 단면계수(mm^3), M_{D1}, M_{D2}, M_{AD}= 단면에 적용되는 계수하중에 의한 모멘트(N · mm)이다.

M_y는 압축플랜지 항복모멘트 M_{yc} 또는 인장플랜지 항복모멘트 M_{yt} 가운데 작은 값이다. 부모멘트 합성단면의 경우도, 위의 정모멘트부 합성단면에 대한 규정에 따라 구한다. 이 때 단기합성과 장기합성단면에 대한 합성단면은 콘크리트바닥판 유효폭 내의 종방향 철근과 강재단면으로 구성된 단면으로 하여 결과적으로 S_{ST}와 S_{LT}는 같은 값이다. 또한, M_{yt}는 인장플랜지 또는 종방향철근 중에 먼저 항복에 도달할 때에 대응되는 모멘트이다.

(3) 소성모멘트

소성모멘트 M_p는 소성단면력의 소성중립축에 대한 1차모멘트로 구한다. 단면의 강재 부분의 소성력은 플랜지, 복부판 및 철근의 항복강도를 사용하여 계산한다. 단면의 압축부 콘크리트의 소성단면력은 직사각형 응력블록으로 구하며 인장부 콘크리트는 무시한다. 소성중립축의 위치는 단면력의 평형조건을 적용하여 구한다.

M_p에 대한 공식에서 d는 합력과 소성중립축간의 거리이다. 합력은 1) 플랜지와 슬래브의 중심점, 2) 복부판의 중간점, 3) 철근의 중심에 작용한다. 모든 합력, 치수 및 거리는 양의 값을 취한다. 소성중립축의 위치와 소성모멘트는 아래 표에 주어진 순서에 따라 검토한다. 즉, 소성중립축은 아래 표의 경우 I 부터 차례로 검토하여 합력조건을 맨 먼저 만족하는 경우에 해당된다.

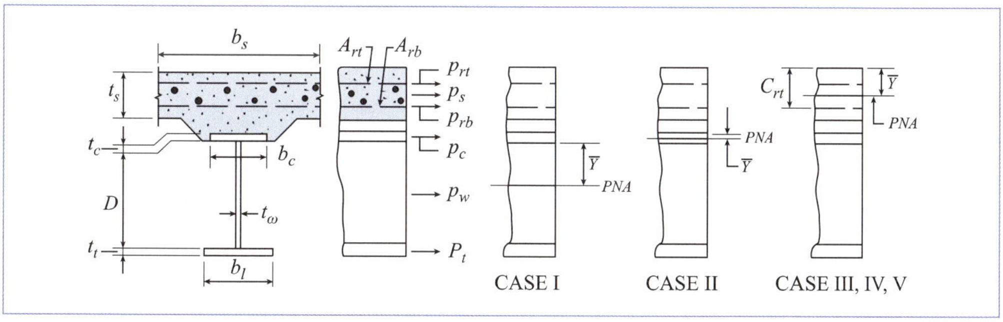

[그림 6.10.9] 정모멘트 단면에 대한 $\overline{Y}$와 M_p

경우	소성중립축	조건	$\overline{Y}$와 M_p
I	복부판	$P_t+P_w \geq P_c+P_s+P_{rb}+P_{rt}$	$\overline{Y}=(\frac{D}{2})\left[\frac{P_t-P_c-P_s-P_{rt}-P_{rb}}{P_w}+1\right]$ $M_p=\frac{P_w}{2D}\left[\overline{Y}^2+(D-\overline{Y})^2\right]+\left[P_s d_s+P_{rt}d_{rt}+P_{rb}d_{rb}+P_c d_c+P_t d_t\right]$
II	상부플랜지	$P_t+P_w+P_c \geq P_s+P_{rb}+P_{rt}$	$\overline{Y}=(\frac{t_c}{2})\left[\frac{P_w+P_t-P_s-P_{rt}-P_{rb}}{P_t}+1\right]$ $M_p=\frac{P_c}{2t_c}\left[\overline{Y}^2+(t_c-\overline{Y})^2\right]+\left[P_s d_s+P_{rt}d_{rt}+P_{rb}d_{rb}+P_w d_w+P_t d_t\right]$
III	슬래브 (P_{rb}아래부분)	$P_t+P_w+P_c \geq \left(\frac{C_{rb}}{t_s}\right)P_s+P_{rb}+P_{rt}$	$\overline{Y}=(t_s)\left[\frac{P_c+P_w+P_t-P_{rt}-P_{rb}}{P_s}\right]$ $M_p=\left(\frac{\overline{Y}^2 P_s}{2t_s}\right)+\left[P_{rt}d_{rt}+P_{rb}d_{rb}+P_c d_c+P_w d_w+P_t d_t\right]$
IV	슬래브 (P_{rb}부분)	$P_t+P_w+P_c+P_{rb} \geq \left(\frac{C_{rb}}{t_s}\right)P_s+P_{rt}$	$\overline{Y}=C_{rb}$ $M_p=\left(\frac{\overline{Y}^2 P_s}{2t_s}\right)+\left[P_{rt}d_{rt}+P_c d_c+P_w d_w+P_t d_t\right]$
V	슬래브 (P_{rb}윗부분)	$P_t+P_w+P_c+P_{rb} \geq \left(\frac{C_{rb}}{t_s}\right)P_s+P_{rt}$	$\overline{Y}=(t_s)\left[\frac{P_{rb}+P_c+P_w+P_t-P_{rt}}{P_s}\right]$ $M_p=\left(\frac{\overline{Y}^2 P_s}{2t_s}\right)+\left[P_{rt}d_{rt}+P_{rb}d_{rb}+P_c d_c+P_w d_w+P_t d_t\right]$

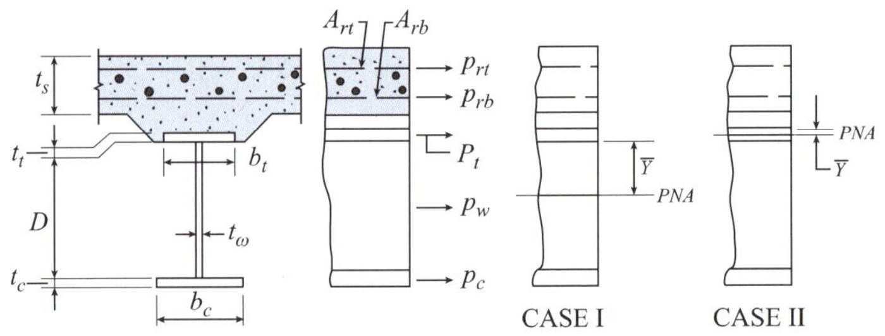

[그림 6.10.10] 부모멘트 단면에 대한 $\overline{Y}$와 M_p

경우	소성중립축	조건	$\overline{Y}$와 M_p
I	복부판	$P_c+P_w \geq P_t+P_{rb}+P_{rt}$	$\overline{Y}=(\frac{D}{2})\left[\frac{P_c-P_t-P_{rt}-P_{rb}}{P_w}+1\right]$ $M_p=\frac{P_w}{2D}\left[\overline{Y}^2+(D-\overline{Y})^2\right]+\left[P_{rt}d_{rt}+P_{rb}d_{rb}+P_t d_t+P_c d_c\right]$
II	상부플랜지	$P_c+P_w+P_t \geq P_{rb}+P_{rt}$	$\overline{Y}=(\frac{t_t}{2})\left[\frac{P_w+P_c-P_{rt}-P_{rb}}{P_t}+1\right]$ $M_p=\frac{P_t}{2t_t}\left[\overline{Y}^2+(t_t-\overline{Y})^2\right]+\left[P_{rt}d_{rt}+P_{rb}d_{rb}+P_w d_w+P_c d_c\right]$

여기서, $P_{rt}=F_{yrt}A_{rt}$, $P_s=0.85f_{ck}b_s t_s$, $P_{rb}=F_{yrb}A_{rb}$, $P_c=F_{yc}b_c t_c$, $P_w=F_{yw}Dt_w$, $P_t=F_{yt}b_t t_t$

(4) 복부판의 압축 측 높이

① 탄성모멘트 적용 시

탄성설계모멘트 적용시 복부판의 압축 측 높이 D_c	
정모멘트를 받는 단면의 경우	고정하중, 활하중 및 충격하중에 의한 강재단면, 장기합성단면과 단기합성단면의 합응력이 압축인 복부판 높이
부모멘트를 받는 단면의 경우	강재 거더와 축방향 철근만으로 구성된 단면으로 계산

② 소성모멘트 적용시

소성모멘트 적용시 복부판의 압축 측 높이 D_{cp}	
• 정모멘트를 받는 단면에서 소성중립축이 복부판 내에 있을 때	$D_{cp}=\frac{D}{2}\left[\frac{F_{yt}A_t-F_{yc}A_c-0.85f_{ck}A_s-F_{yr}A_r}{F_{yw}A_w}+1\right]$ (6.10.6)
• 위의 경우를 제외한 정모멘트 단면	D_{cp}는 0으로 하고, 복부판은 6.10.4.1(2)에 규정된 조밀단면 복부판 세장비 조건을 만족해야 한다.

• 부모멘트를 받는 단면에서 소성중립축이 복부판 내에 있을 때	$D_{cp} = \dfrac{D}{2A_w F_{yw}}(F_{yt}A_t + F_{yw}A_w + F_{yr}A_r - F_{yc}A_c)$ (6.10.7)
• 그 밖의 모든 부모멘트 단면	D_{cp}는 D로 한다.

여기서, D_{cp} = 소성모멘트 적용시 복부판 압축 측 높이(mm), D = 복부판 높이(mm), A_s = 바닥판 단면적(mm^2), A_t = 인장플랜지 단면적(mm^2), A_c = 압축플랜지 단면적(mm^2), A_w = 복부판 단면적(mm^2), A_r = 단면에 포함된 축방향 철근 단면적(mm^2), F_{yc} = 압축플랜지의 항복강도(MPa), F_{yr} = 단면에 포함된 축방향 철근의 항복강도(MPa), F_{yt} = 인장플랜지의 항복강도(MPa), F_{yw} = 복부판의 항복강도(MPa), f_{ck} = 콘크리트의 28일 압축강도(MPa)이다.

6.10.3.2 합성단면의 시공성 검토

(1) 일반사항

시공성을 확보하기 위하여, 최종 조건은 합성이지만 시공 중에는 비합성인 단면은 적절한 하중조합을 적용하여 바닥판의 시공단계별로 비합성단면 검토를 수행해야 한다. 이 조항에 따라 공칭휨강도를 계산하기 위하여 사용하는 기하학적인 특성, 비지지길이 및 응력은 설계시공하중을 재하하는 강재단면에만 국한된다. 콘크리트 타설 단계 별 하중, 강성 및 비지지길이 조건의 변화를 반드시 고려해야 한다.

(2) 공칭휨강도

거더의 시공성에 대한 검토는 비조밀단면 압축플랜지의 세장비 조항인 6.10.4.1(4)부터 시작한다. 합성거더가 아직 합성되지 않은 경우와 비합성거더는 시공 중에 다음 요구사항을 만족해야 한다.

$$f_{cw} \le \frac{0.9E\alpha k}{(Dt_w)^2} \le F_{yw} \quad (6.10.8)$$

여기서, f_{cw} = 복부판의 최대 휨압축응력(MPa), $\alpha = 1.25$: 수평보강재가 없는 경우, 1.00 : 수평보강재가 있는 경우, D = 복부판 높이(mm), t_w = 복부판 두께(mm), F_{yw} = 복부판의 항복강도(MPa), $k = 9.0(D/D_c)^2 \ge 7.2$: 수평보강재가 없는 경우, [LSD 식 (6.10.63) 또는 식 (6.10.64)] : 수평보강재가 있는 경우, D_c = 탄성범위 내에서 복부판의 압축 측 높이(mm)이다.

(3) 공칭전단강도

수직보강재가 부착된 균질한 복부판의 경우, 수평보강재의 부착 여부와는 관계없이 설계영구하중에 대한 검토를 위한 공칭전단강도는 다음과 같다.

$$V_n = C\,V_p \tag{6.10.9}$$

여기서, C= 6.10.7.3(3)①항에 규정된 전단항복강도에 대한 전단좌굴응력 비, V_p = 6.10.7.3 (3)①에 규정된 소성전단강도(N).

6.10.3.3 비합성단면

기술적으로 가능한 한 합성단면으로 시공하는 것이 좋다. 6.10.7.4 조항에 따라 설계된 전단연결재로 콘크리트 바닥판이 강재단면에 연결되지 않은 단면은 비합성단면으로 간주한다.

(1) 항복모멘트 및 소성모멘트

하이브리드단면의 복부판항복을 무시하면, 비합성단면의 항복모멘트 M_y는 상부 또는 하부플랜지에 최초 항복응력을 발생시키는 모멘트이다.
비합성단면에 대해 단면계수는 모두 S_{NC}와 같고 항복모멘트 M_y는 다음과 같다.

$$M_y = F_y S_{NC}$$

비합성단면의 소성모멘트 M_p는 완전소성응력 상태에서 구한 모멘트이다.

(2) 소성모멘트 적용시 복부판의 압축 측 높이

콘크리트 바닥판과 강재단면 사이에 전단연결재가 없다면, 콘크리트 슬래브와 철근은 단면정수에 포함시키지 않는다. PNA는 $P_{rb} = P_{rt} = 0$으로부터 결정된다. 강재 보 단면이 상단과 하단 플랜지가 같다면, 대칭이므로 $P_c = P_t$이고 $\overline{Y} = D/2$이다.

소성모멘트 하에서 복부판의 압축 측 높이

- $F_{yw}A_w \geq |F_{yc}A_c - F_{yt}A_t|$인 경우 $D_{cp} = \dfrac{D}{2A_w f_{yw}}(F_{yt}A_t + F_{yw}A_w - F_{yc}A_c)$ (6.10.10)
- 그 밖의 경우 $D_{cp} = D$ (6.10.11)

여기서, D_{cp} = 소성모멘트 적용시 복부판의 압축 측 높이(mm), D = 복부판 높이(mm), A_t = 인장플랜지 단면적(mm^2), A_c = 압축플랜지 단면적(mm^2), A_w = 복부판 단면적(mm^2), F_{yc} = 압축플랜지의 항복강도(MPa), F_{yt} = 인장플랜지의 항복강도(MPa), F_{yw} = 복부판의 항복강도(MPa)이다.

6.10.3.4 강성

다음의 강성을 휨부재의 해석 시에 적용한다.

해석시 하중	강성
• 비합성단면에 작용하는 하중	강재단면의 강성
• 합성단면에 작용하는 영구하중	전 지간에 걸쳐서 콘크리트 바닥판이 유효하다고 가정하여 구한 장기합성단면의 강성
• 합성단면에 작용하는 임시하중	전 지간에 걸쳐서 콘크리트 바닥판이 유효하다고 가정하여 구한 단기합성단면의 강성

6.10.3.5 거더 플랜지에 미치는 풍하중의 영향

(1) 조밀단면(Compact Section)

횡방향 풍하중에 의한 하부플랜지의 설계모멘트는 하부플랜지의 양쪽 폭 b_w에 의해서 지지된다고 가정한다. b_w는 아래 식으로 구한다.

$$b_w = \frac{b_{fb} - \sqrt{b_{fb}^2 - \dfrac{4M_w}{t_{fb}F_{yb}}}}{2} \le \frac{b_{fb}}{2} \tag{6.10.12}$$

여기서, b_{fb} = 하부플랜지 폭(mm), t_{fb} = 하부플랜지 두께(mm), F_{yb} = 하부플랜지의 항복강도(MPa), M_w = 설계풍하중에 의한 하부플랜지의 최대 횡방향모멘트((N · mm)이다.

하중조합에 적용된 수직하중은 하부플랜지의 각 모서리로부터 폭 b_w를 제외한 유효조밀단면에 의해서 지지된다고 가정한다. 필요한 모든 강도의 계산은 이 유효단면을 근거로 한다.

(2) 비조밀단면(Noncompact Section)

비조밀단면의 하부플랜지 응력은 다음과 같이 조합하여 구한다.

$$(F_u + F_w) \le F_r \tag{6.10.13}$$

$$F_w = \frac{6M_w}{t_{fb}\,b_{fb}^2} \tag{6.10.14}$$

여기서, F_w = 설계풍하중에 의한 하부플랜지 모서리의 휨응력(MPa), F_u = 풍하중을 제외한 설계하중에 의한 하부플랜지 모서리의 휨응력(MPa), F_r = 6.10.4 조항에 의한 플랜지의 설계휨강도(MPa), M_w = 설계풍하중에 의한 최대 횡방향모멘트(N · mm).

상부플랜지에 대한 검토는 불필요하다. 공칭휨강도를 6.10.4.2(3) 조항에 따라 계산하는 경우에는 6.10.3.5(1)의 유효단면을 사용해야 한다.

6.10.3.6 유효단면

극한한계상태에서는 인장플랜지에 구멍이 있는 휨부재의 단면은 유효플랜지 단면적을 사용하여 계산한다. 유효인장플랜지 단면적은 다음과 같이 구한다.

$$A_c = A_n + \beta A_g \leq A_g \tag{6.10.15}$$

여기서, $\beta = \left(\dfrac{A_n}{A_g}\right)\left[\left(\dfrac{\phi F_u}{\phi_y F_{yf}}\right) - 1\right] \geq 0.0$: 구멍의 지름이 32 mm 이하인 경우, $\beta = 0.0$: 구멍의 지름이 32 mm를 초과하는 경우, A_n = 6.8.3에 규정된 플랜지 순단면적(mm^2), A_g = 플랜지 전단면적(mm^2), ϕ_u = 6.5.4.2에 규정된 인장부재의 파단에 대한 저항계수, ϕ_y = 6.5.4.2에 규정된 인장부재의 항복에 대한 저항계수, F_u = 플랜지의 인장강도(MPa), F_{yf} = 플랜지의 항복강도(MPa).

압축플랜지의 유효단면적은 다음과 같이 전단면적을 취한다.

$$A_e = A_g \tag{6.10.16}$$

6.10.3.7 부모멘트 구간의 최소 바닥판 철근

계수시공하중 또는 [표 3.4.1]의 사용하중조합 II에 의한 바닥판의 교축방향 인장응력이 [LSD 식(5.3.48)]의 설계인장강도를 초과하는 경우, 교축방향 철근 단면적은 계산에 의해 결정하되 적어도 바닥판 총단면적의 1.5% 이상이어야 한다. 이 때 적용하는 철근의 최소 항복강도는 400 MPa 이상이어야 하며, D19 이하의 철근을 사용해야 한다.

철근을 바닥판 전폭에 걸쳐서 등간격 및 2단으로 배근한다. 또한 철근의 간격은 300 mm를 넘지 않도록 배근해야 한다. 부모멘트 구간에 전단연결재를 사용하지 않은 경우, 모든 교축방향 철근은 6.10.7.4(3)에 규정된 추가 전단연결재 설치 구간을 지나 정모멘트 구간까지 연장해야 한다.

6.10.4 극한한계상태(Strength Limit State)에 대한 휨강도

모멘트 및 응력으로 표시되는 설계휨강도(Factored Flexural Resistance)는 다음과 같다.

$$M_r = \phi_f M_n \tag{6.10.17}$$

$$F_r = \phi_f F_n \tag{6.10.18}$$

여기서, ϕ_f = 6.5.4.2에서 규정된 휨에 대한 저항계수, M_n = 단면의 공칭휨강도(N · mm), F_n = 각 플랜지의 공칭휨강도(MPa).

6.10.4.4의 모멘트재분배(Moment Redistribution)에 대한 사항은 단순보에는 적용되지 않는다. 연속보의 모멘트재분배는 6.10.4의 탄성해석에 대한 규정이나 6.10.10의 비탄성해석을 이용해서 검토할 수 있다. 내측 지점부 단면이 조밀단면이고 강재의 항복강도가 355 MPa 이하이며 높이가 일정한 조밀 또는 비조밀 I형 단면의 경우에만 6.10.10의 비탄성해석을 적용할 수 있다.

6.10.4.1 휨강도의 분류

(1) 강재의 항복강도

6.10.2의 규정을 만족하는 I형 단면의 휨강도 검토는 다음 절차를 따른다.

• 강재의 항복강도가 460 MPa를 넘지 않고, 거더의 높이가 일정하면서 복부판에 수평보강재가 없고 인장플랜지에 구멍이 없는 경우는
– 6.10.4.1(2)의 조밀단면의 복부판 세장비 규정에 서부터 휨강도 검토를 시작한다.

• 강재의 항복강도가 460 MPa을 초과하거나 거더의 높이가 변하거나 복부판에 수평보강재가 설치되었거나 혹은 인장플랜지에 구멍이 있는 경우는	
– 정모멘트를 받는 합성단면	6.10.4.2(4)의 비조밀단면의 플랜지 휨강도 규정을 적용하여 각 플랜지의 휨강도를 구한다.
– 그 밖의 단면	6.10.4.1(4)의 비조밀단면 압축플랜지 세장비 규정으로 검토한다.

인장플랜지에 구멍이 있는 휨부재의 유효단면은 6.10.3.6의 규정을 따라야 한다.

(2) 조밀단면의 복부판 세장비

다음 식을 만족하면 복부판은 조밀한 것으로 본다.

[LSD 식 (6.10.19)]를 만족하는 조밀 복부판의 경우	정모멘트를 받는 합성단면에서는 6.10.4.2(2)의 정모멘트구간 합성조밀단면의 휨강도 규정을 적용해서 휨강도를 구한다.
그 밖의 단면의 경우	6.10.4.1(3)의 조밀단면의 압축플랜지 세장비 규정을 만족하는지 검토해야 한다.

$$\frac{2D_{cp}}{t_w} < 3.76\sqrt{\frac{E}{F'_{yc}}} \tag{6.10.19}$$

여기서, D_{cp} = 소성모멘트 적용시 압축력 측 복부판의 높이(mm), F_{yc} = 압축플랜지의 항복강도(MPa).

[LSD 식 (6.10.19)]를 만족하지 못하는 비조밀 복부판의 경우, 6.10.4.1(5)의 Q 공식을 적용하지 않는다면	
• 정모멘트를 받는 합성단면	6.10.4.2(4)의 비조밀단면의 플랜지의 휨강도 규정에 따라 각 플랜지의 휨강도를 구한다.
• 그 밖의 모든 단면	6.10.4.1(4)의 비조밀단면의 압축플랜지 세장비 규정으로 검토한다.
Q 공식을 적용하려면 6.10.4.1(5)의 규정을 만족하는지 검토해야 한다.	

(3) 조밀단면의 압축플랜지 세장비

압축플랜지가 다음 조건을 만족하면 압축플랜지는 조밀한 것으로 본다.

$$\frac{b_f}{2t_f} \leq 0.382\sqrt{\frac{E}{F_{yc}}} \tag{6.10.20}$$

여기서, b_f = 압축플랜지의 폭(mm), t_f = 압축플랜지의 두께(mm).

이 조건을 만족하면	6.10.4.1(6)의 조밀단면의 복부판과 압축플랜지의 상관관계 규정을 만족하는지 검토한다.
이를 만족하지 않으면	압축플랜지가 비조밀한 것으로 간주한다.

비조밀단면의 휨강도 산정에 Q공식을 사용하지 않는 경우	6.10.4.1(4)의 비조밀단면의 압축플랜지 세장비 규정을 검토해야 한다.
Q공식을 적용하려면	6.10.4.1(5) 규정을 만족하는지 검토해야 한다.

(4) 비조밀단면의 압축플랜지 세장비

압축플랜지가 다음 조건을 만족하면	6.10.4.1(9)의 비조밀단면 압축플랜지 비지지길이 규정을 만족하는지 검토한다.
조건을 만족하지 못할 경우	단면을 다시 설계해야 한다.

$$\frac{b_f}{2t_f} \leq 12.0 \tag{6.10.21}$$

여기서, b_f = 압축플랜지의 폭(mm), t_f = 압축플랜지의 두께(mm).

(5) Q 공식 적용성 검토

부모멘트 구간에서 강재의 항복강도가 460 MPa를 초과하지 않고, 거더의 높이가 일정하면서 복부판 수평보강재가 설치되어 있지 않고 인장플랜지에 구멍이 없는 경우	Q 공식을 적용하기 위해서는 6.10.4.1(8)의 복부판과 압축플랜지 세장비 규정을 만족해야 한다.
그 밖의 모든 단면	6.10.4.1(4)의 비조밀단면 압축플랜지 세장비 규정으로 Q 공식 적용성을 검토한다.

(6) 조밀단면의 복부판과 압축플랜지 세장비 상관관계

① 일반사항

다음 두 식 중 하나를 만족하면 6.10.4.1(7)의 압축플랜지 비지지길이 규정으로 검토한다.

$$\frac{2D_{cp}}{t_w} \leq 0.75(3.76)\sqrt{\frac{E}{F_{yc}}} \tag{6.10.22}$$

$$\frac{b_f}{2t_f} \leq 0.75(0.382)\sqrt{\frac{E}{F_{yc}}} \tag{6.10.23}$$

위 조건을 만족하지 않으면 6.10.4.1(6)②로 검토한다.

② **상호작용(interaction) 규정**

다음 조건을 만족하는 경우는 6.10.4.1(7)의 조밀단면 압축플랜지 비지지길이 규정을 만족하는지 검토한다.

$$\frac{2D_{cp}}{t_w} + 9.35\left(\frac{b_f}{2t_f}\right) \leq 6.25\sqrt{\frac{E}{F_{yc}}} \tag{6.10.24}$$

위 조건을 만족하지 못할 경우	Q공식을 사용하지 않을 때는	6.10.4.1(4)의 비조밀단면의 압축플랜지 세장비 규정을 검토해야 한다.
	Q공식을 적용하려면	6.10.4.1(5)의 Q공식 적용성 규정을 만족해야 한다.

(7) 조밀단면 압축플랜지 비지지길이

조밀단면이 되기 위해서는 압축플랜지 비지지길이가 다음 식을 만족해야 한다.

$$L_b = \left[0.124 - 0.0759\left(\frac{M_l}{M_p}\right)\right]\left[\frac{r_y E}{F_{yc}}\right] \tag{6.10.25}$$

여기서, L_b = 비지지길이(mm), r_y = 수직축에 대한 강재단면의 회전반경(mm), M_l = 설계하중에 의한 비지지 지간의 양단에 발생하는 모멘트 중 작은 값(N · mm), M_p = 소성모멘트(N · mm), F_{yc} = 압축플랜지의 항복강도(MPa).

비지지길이 사이에서 이중 곡률이 존재한다면	위 식의 (M_l/M_p)는 음의 값을 갖는다.
위 조건을 만족하고,	
조밀단면에 대한 압축플랜지의 세장비 규정인 6.10.4.1.(6)① 또는 6.10.4.1(6)②를 만족한다면	압축플랜지를 조밀한 것으로 간주하고 6.10.4.2(1)을 적용하여 휨강도를 구한다.
6.10.4.1(6)① 또는 6.10.4.1(6)②를 만족하지 못하는 단면은	6.10.4.2(3)의 Q 공식으로 휨강도를 계산한다.
비지지길이가 [LSD 식 (6.10.25)]를 만족하지 못하면	6.10.4.1(9)의 비조밀단면의 압축플랜지 비지지길이 규정을 검토한다.

(8) Q 공식 적용을 위한 복부판과 압축플랜지 세장비

다음 두 조건을 만족하면	6.10.4.1(7)의 조밀단면 압축플랜지 비지지길이 규정으로 검토한다.
이 조건을 만족하지 않으면	6.10.4.1(4)의 비조밀단면의 압축플랜지 세장비 규정을 검토해야 한다.

$$\frac{2D_{cp}}{t_w} \le 6.77\sqrt{\frac{E}{F_{yc}}} \tag{6.10.26}$$

$$\frac{b_f}{2t_f} \le 2.52\sqrt{\frac{E}{F_{yc}\sqrt{2D_{cp}/t_w}}} \tag{6.10.27}$$

(9) 비조밀단면의 압축플랜지 비지지길이

$$L_b \le L_p = 1.76\, r_t \sqrt{\frac{E}{F_{yc}}} \tag{6.10.28}$$

여기서, r_t = 강재단면의 압축플랜지와 압축응력을 받는 복부판 높이의 1/3로 이루어진 단면의 연직축에 관한 회전반경(mm), F_{yc} = 압축플랜지의 항복강도(MPa).

압축플랜지 비지지길이가 [LSD 식 (6.10.28)]을 만족시키는 경우	플랜지의 휨강도는 6.10.4.2(4) 비조밀단면의 압축플랜지 휨강도 규정을 적용해서 구한다.
압축플랜지 비지지길이가 [LSD 식 (6.10.28)]을 만족시키지 못하는 경우	최종 합성단면의 휨강도는 6.10.4.2(5)의 횡비틀림좌굴을 고려한 플랜지 휨강도 규정으로 구한다.
비합성단면 또는 합성단면의 시공 중 휨강도는	6.10.4.2(6)의 횡비틀림좌굴을 고려한 비합성단면의 플랜지 휨강도 규정으로 구한다.

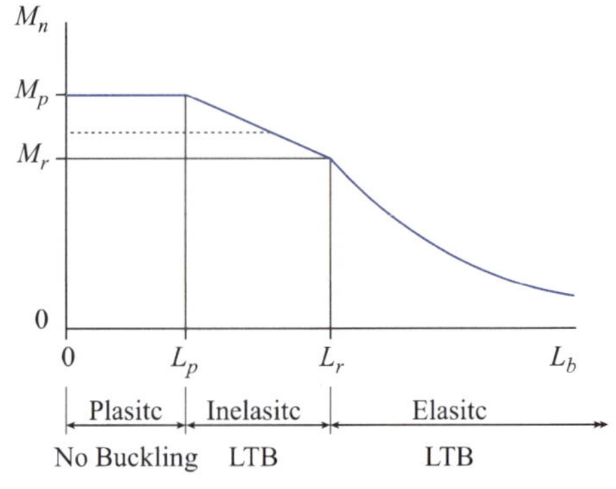

[그림 6.10.11] I-형 단면의 휨강도와 압축플랜지의 비지지길이의 관계

6.10.4.2 휨강도의 정의

단면이 소성모멘트 M_p에 도달하기 위해서는 브레이싱을 적절히 설치해야 한다.

(1) 일반적인 조밀단면의 휨강도

공칭휨강도는 다음과 같다.

$$M_n = M_p \tag{6.10.29}$$

여기서, M_p = 6.10.3.1(3)에 규정된 소성모멘트(N · mm).

(2) 정모멘트를 받는 합성조밀단면의 휨강도

① 일반사항

단순교 또는 연속교 내측 지점 위의 부모멘트 구간이 조밀단면인 경우, 정모멘트를 받는 합성조밀단면의 공칭휨강도는 다음과 같이 구한다.

- $D_p \le D'$ $\quad M_n = M_p$ (6.10.30)
- $D' < D_p \le 5D'$ $\quad M_n = \dfrac{5M_p - 0.85M_y}{4} + \dfrac{0.85M_y - M_p}{4}\left[\dfrac{D_p}{D'}\right]$ (6.10.31)

여기서, D_p = 슬래브의 상단에서 소성모멘트의 중립축까지의 거리(mm), D' = 8.1.10.4.2(2)②에 규정된 높이(mm), M_y = 항복모멘트(N · mm)이다.

내측 지점부가 비조밀단면인 연속보의 경우, 정모멘트를 받는 조밀단면의 공칭휨강도는 아래의 두 가지 방법으로 구할 수 있다. 그러나 식 (6.10.30)이나 식 (6.10.31)로 계산한 M_n보다 커서는 안 된다.

- 근사해석 $\quad M_n = 1.3R_hM_y$ (6.10.32)
- 정밀해석 $\quad M_n = R_h M_y + A|M_{np} - M_{cp}|$ (6.10.33)

여기서, M_{np} = 내측 지점부의 공칭휨강도(N · mm), M_{cp} = 공칭휨강도를 구하는 단면에 설계하중 하에서 최대 정모멘트가 발생할 때 내측지점의 모멘트(N · mm), A = 외측지간의 경우는 외측 지점으로부터 공칭휨강도를 구하는 단면까지의 거리를 지간 길이로 나눈 값이고, 내측 지간의 경우는 1.0으로 한다. R_h = 6.10.4.3(1)에 규정된 하이브리드 단면의 강도감소계수이다.

내측지간의 $(M_{np} - M_{cp})$값은 양 지점부 값 중에서 작은 값으로 한다.

정밀해석을 적용할 때, 양 지점부에 최대 부모멘트를 유발하는 설계하중에 의한 정모멘트는 $R_h M_y$를 초과할 수 없다.

② **연성요구조건**

합성단면이 소성모멘트에 도달하기 이전에 콘크리트 바닥판에 미리 파손이 일어나서는 안 된다. 보다 엄밀한 해석 대신, 본 규정을 사용하여 이 같은 연성요구조건을 검토할 수 있다. 정모멘트를 받는 조밀합성단면의 경우, 설계하중에 의한 플랜지 응력이 항복강도에 하이브리드단면의 강도감소계수 R_h를 곱한 값을 초과한다면 다음 조건을 만족해야 한다.

$$\frac{D_p}{D'} \leq 5 \tag{6.10.34}$$

여기서, $D' \leq \beta\dfrac{(d+t_s+t_h)}{7.5}$ (6.10.35)

여기서, $\beta = 0.9$ (F_y = 240 MPa), $\beta = 0.7$ (F_y = 360 MPa), $\beta = 0.7$ (F_y = 460 MPa), D_p = 콘크리트 슬래브의 상단에서 소성모멘트의 중립축까지의 거리(mm), D' = 콘크리트 슬래브의 최대변형율이 파쇄변형율 이론치와 같을 때 조밀단면이 소성모멘트 한계치에 도달할 때의 조밀단면의 높이(mm), d = 강재단면의 높이(mm), t_s = 콘크리트 슬래브의 두께(mm), t_h = 콘크리트 헌치의 두께(mm)이다.

(3) Q 공식에 의한 휨강도

휨강도 M_n은 다음 식으로 구한 값 중 작은 값을 사용한다.

$$M_n = M_p \tag{6.10.36}$$

$$M_n = \left[1-\left(1-\frac{0.7}{\left(\frac{M_p}{M_y}\right)}\right)\left(\frac{Q_p - Q_{fl}}{Q_p - 0.7}\right)\right]M_p \tag{6.10.37}$$

여기서, • 비대칭 단면의 경우 $Q_p = 5.47\left(\dfrac{M_p}{M_y}\right) - 3.13$ (6.10.38)

• 대칭 단면의 경우 $Q_p = 3.0$ (6.10.39)

그리고, 다음 식을 만족할 경우

$$\frac{b_f}{2t_w} \leq 0.382\sqrt{\frac{E}{F_{yc}}} \tag{6.10.40}$$

$$Q_{fl} = \frac{30.5}{\sqrt{\frac{2D_{cp}}{t_w}}} \tag{6.10.41}$$

기타의 경우 $Q_{fl} = \dfrac{4.45}{\left(\dfrac{b_f}{2t_f}\right)^2\sqrt{\dfrac{2D_{cp}}{t_w}}}\dfrac{E}{F_{yc}}$ (6.10.42)

여기서, M_p = 소성모멘트(N · mm), F_{yc} = 압축플랜지의 항복강도(MPa), M_y = 6.10.3.1(2)에 규정된 항복모멘트(N · mm).

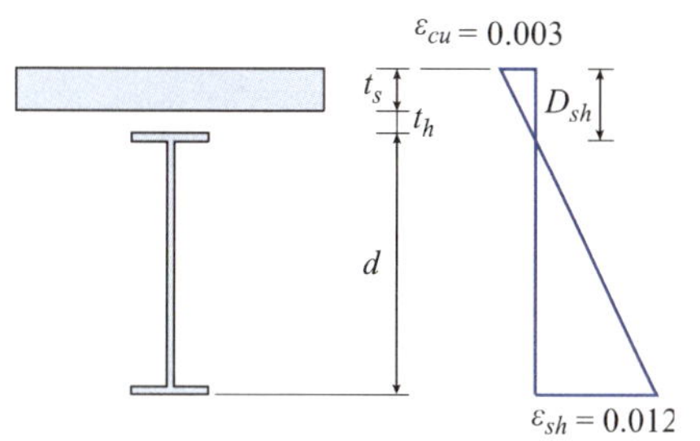

[그림 6.10.12] 중립축에 대한 D_{sh}

(4) 비조밀단면의 플랜지 휨강도

① 압축플랜지

응력으로 표시되는 압축플랜지의 공칭휨강도는 다음과 같이 구한다.

- 정모멘트 구역의 합성단면 $F_n = R_b R_h F_{yc}$ (6.10.43)

- 기타 단면과 시공 중인 단면 $F_n = R_b R_h F_{cr}$ (6.10.44)

여기서, • 복부판에 수평보강재가 없는 경우 $$F_{cr} = \frac{1.904E}{\left(\frac{b_f}{2t_f}\right)^2 \sqrt{\frac{2D_c}{t_w}}} \le F_{yc}$$

• 복부판에 수평보강재가 있는 경우 $$F_{cr} = \frac{0.166E}{\left(\frac{b_f}{2t_f}\right)^2} \le F_{yc}$$

여기서, b_f = 압축플랜지의 폭(mm), D_c = 탄성영역 내에서 압축을 받는 복부판의 높이(mm), R_h = 6.10.4.3(1)에 규정된 하이브리드단면의 플랜지 강도감소계수, R_b = 6.10.4.3(2)에 규정된 복부판 국부좌굴에 대한 플랜지 강도감소계수, F_{yc} = 압축플랜지의 항복강도(MPa)이다.

② 인장플랜지

응력으로 표시되는 인장플랜지의 공칭휨강도는 다음과 같다.

$$F_n = R_b R_h F_{yt} \tag{6.10.45}$$

여기서, F_{yt} = 인장플랜지의 항복강도(MPa).

(5) 횡비틀림좌굴(Lateral-Torsional Buckling, LTB)을 고려한 합성단면 플랜지의 휨강도

① 압축플랜지

응력으로 표시되는 압축플랜지의 공칭휨강도는 식 (6.10.44)로 구한다. 그러나 횡비틀림좌굴을 고려한 다음 식을 초과할 수는 없다.

- $L_b \leq L_r = 4.44\, r_t \sqrt{\dfrac{E}{F_{yc}}}$ 인 경우

$$F_n = C_b R_b R_h F_{yc}\left\{1.33 - 0.187\left(\frac{L_b}{r_t}\right)\sqrt{\frac{F_{yc}}{E}}\right\} \leq R_b R_h F_{yc} \quad (6.10.46)$$

- 그 밖의 경우

$$F_n = C_b R_b R_h \left[\frac{9.86E}{\left(\dfrac{L_b}{r_t}\right)^2}\right] \leq R_b R_h F_{yc} \quad (6.10.47)$$

여기서,

- 브레이싱이 없는 캔틸레버나 브레이싱 사이에서 발생하는 휨모멘트가 부재 양단의 모멘트 중 큰 값을 초과하는 경우 $C_b = 1.0$ (6.10.48)

- 그 밖의 경우 $C_b = 1.75 - 1.05\left(\dfrac{P_l}{P_h}\right) + 0.3\left(\dfrac{P_l}{P_h}\right)^2 \leq K_b$ (6.10.49)

여기서, C_b = 모멘트 변화를 고려한 보정계수, P_l = 설계하중 하에서 양 브레이싱점에서 발생하는 압축플랜지 단면력 중 작은 값(N), P_h = 설계하중 하에서 양 브레이싱점에서 발생하는 압축플랜지 단면력 중 큰 값(N), L_b = 브레이싱 간의 거리(mm), r_t = 압축플랜지와 압축을 받는 복부판 높이의 1/3을 합한 면적의 연직축에 대한 회전반경(mm), F_{yc} = 압축플랜지의 항복강도(MPa), R_h = 6.10.4.3(1)에 규정된 하이브리드단면의 플랜지 강도감소계수, R_b = 6.10.4.3(2)에 규정된 복부판 국부좌굴에 대한 플랜지 강도감소계수, K_b =1.75, P_l/P_h의 계산시 P_l과 P_h의 값으로 양 브레이싱점에서 각각 발생 가능한 최대모멘트를 사용한 경우, K_b =2.3, P_l/P_h의 계산시 P_h를 발생시키는 설계하중과 동일한 하중 상태에서 다른 쪽 브레이싱점에서 발생하는 하부(압축)플랜지 축력을 P_l로 사용한 경우 (P_l/P_h)는 P_l/P_h이 인장력이면 음의 값을 취한다.

② 인장플랜지

인장플랜지의 공칭휨강도는 응력의 함수로 다음과 같다.

$$F_n = R_b R_h F_{yt} \quad (6.10.50)$$

여기서, F_{yt} = 인장플랜지의 항복강도(MPa).

(6) 횡비틀림좌굴을 고려한 비합성단면의 플랜지 휨강도

① 압축플랜지

압축플랜지의 공칭휨강도는 식 (6.10.44)로 구하지만, 횡비틀림좌굴을 고려한 다음의 휨강도를 S_{xc}로 나눈 값을 초과할 수는 없다.

- 복부판에 수평보강재가 있거나 $\dfrac{2D_{cp}}{t_w} \le \lambda_b\sqrt{\dfrac{E}{F_{yc}}}$ 이면

$$M_n = 3.14EC_bR_h\left[\frac{I_{yc}}{L_b}\right]\sqrt{0.772\left[\frac{J}{I_{yc}}\right]+9.87\left[\frac{d}{L_b}\right]^2} \leqq R_hM_y \tag{6.10.51}$$

- 그 밖의 경우 $\dfrac{2D_{cp}}{t_w} \le \lambda_b\sqrt{\dfrac{E}{F_{yc}}}$ 이면

$$M_n = C_bR_bR_hM_y\left[1-0.5\left(\frac{L_b-L_p}{L_r-L_p}\right)\right] \le R_bR_hM_y \tag{6.10.52}$$

- 그 밖의 경우

$$M_n = C_bR_bR_h\frac{M_y}{2}\left[\frac{L_r}{L_b}\right]^2 \leqq R_bR_hM_y \tag{6.10.53}$$

여기서,

$$J = \frac{D\,t_w^3}{3}+\sum\frac{b_f\,t_f^3}{3} \tag{6.10.54}$$

$$L_p = 1.76r'\sqrt{\frac{E}{F_{yc}}} \tag{6.10.55}$$

여기서, λ_b = 5.76 (D_c가 D/2 이하인 단면), λ_b = 4.64 (D_c가 D/2 보다 큰 단면), C_b = 6.10.4.2(5)①에 규정된 모멘트 변화에 대한 보정계수, I_{yc} = 복부판을 지나는 연직축(약축)에 대한 압축플랜지의 단면2차모멘트(mm^4), S_{xc} = 단면의 수평축(강축)에 대한 압축플랜지의 단면계수(mm^3), M_y = 6.10.3.3(1)에서 정의된 압축플랜지의 항복모멘트(N · mm), R_h = 6.10.4.3(1)에 규정된 하이브리드단면의 플랜지 응력 감소계수, R_b = 6.10.4.3(2)에 규정된 복부판 국부좌굴에 대한 플랜지 강도감소계수, r_t = 연직축에 대한 압축플랜지의 회전반경(mm), t_f = 플랜지 두께(mm), F_{yc} = 압축플랜지의 항복강도(MPa), D_c = 탄성영역 내에서 압축을 받는 복부판의 높이(mm), d = 강재단면의 높이(mm), b_f = 압축플랜지의 폭(mm), b_t = 인장플랜지의 폭(mm), t_t = 인장플랜지의 두께(mm)이다.

② 인장플랜지

응력으로 표시되는 인장플랜지의 공칭휨강도는 다음과 같다.

$$F = R_b R_h F_{yt} \tag{6.10.56}$$

여기서, F_{yt} = 인장플랜지의 항복강도(MPa).

6.10.4.3 플랜지-강도감소계수

(1) 하이브리드단면의 플랜지 강도감소계수, R_h

① 일반사항

균질단면인 경우는 R_h는 1.0으로 취한다. 설계하중 재하시 양 플랜지의 응력이 복부판의 항복강도를 초과하지 않는 하이브리드단면에 대해서는 R_h는 1.0으로 취한다. 한쪽 플랜지가 설계하중 재하시 항복강도에 도달하는 하이브리드단면은 6.10.4.3(1)② 또는 6.10.4.3(1)③이나 혹은 양 규정을 모두 적용해도 좋다. 6.10.3.1(3)에 규정된 바와 같이 소성모멘트의 산정시 하이브리드단면의 영향이 고려되기 때문에 이 감소계수는 조밀단면에 대해서는 적용하지 않는다.

② 정모멘트를 받는 합성단면

합성하이브리드단면의 플랜지 강도감소계수는 다음과 같이 구한다.

$$R_h = 1 - \left\{ \frac{\beta\,\psi(1-\rho)^2(3-\psi+\rho\psi)}{6+\beta\,\psi(3-\psi)} \right\} \tag{6.10.57}$$

여기서, $\rho = F_{yw}/F_{yb}$, $\beta = A_w/A_{fb}$, $\psi = d_n/d$, d_n = 하부플랜지의 외측면에서부터 변환된 단기간 합성단면의 중립축까지 거리(mm), d = 강재단면의 깊이(mm), F_{yb} = 하부플랜지의 규정된 최소항복강도(MPa), F_{yw} = 복부판의 규정된 최소항복강도(MPa), A_w = 복부판의 단면적(mm2), A_{fb} = 하부플랜지의 단면적(mm^2)이다.

③ 비합성단면과 부모멘트를 받는 합성단면

6.10.3.1(4)①에 의해서 결정되는 합성하이브리드단면의 중립축 또는 비합성하이브리드단면의 중립축이 복부판 중앙으로부터 복부판 높이의 10%안에 있을 때, 플랜지 강도감소계수

$$R_h = \frac{12+\beta(3\rho-\rho^3)}{12+2\beta} \tag{6.10.58}$$

여기서, $\rho = F_{yw}/f_{fl}$, $\beta = 2A_w/A_{tf}$, f_{fl} = 항복응력과 설계하중으로 인해 발생하는 상하 플랜지 응력 중 작은 값(MPa), A_{tf} = 합성단면에서는 상하 강재 플랜지와 콘크리트 바닥판 유효폭 내에 있는 종방향 철근면적의 합, 비합성단면에서는 상하 강재 플랜지 면적의 합(mm^2).

그 밖의 하이브리드합성 또는 비합성 하이브리드단면에 대한 플랜지 강도감소계수 :

$$R_h = \frac{M_{yr}}{M_y} \tag{6.10.59}$$

여기서, M_y = 복부판의 항복을 무시할 경우의 항복모멘트(N · mm), M_{yr} = 복부판의 항복을 고려할 경우의 항복모멘트(N · mm)이다.

$$M_{yr} \cong M_y - P \cdot a$$

$$P = \frac{(F_{yf} - F_{yw})}{2} t_w h_w$$

여기서, F_{yf} = 바닥 플랜지의 규정된 최소항복강도(MPa), F_{yw} = 복부판의 규정된 최소항복강도(MPa), t_w = 복부판의 두께(mm), a = 탄성중립축으로부터 응력블럭 중심까지의 거리(mm), f_r = M_y에서 보강철근의 응력(MPa), h_w = 항복된 복부판의 깊이(mm)이다.

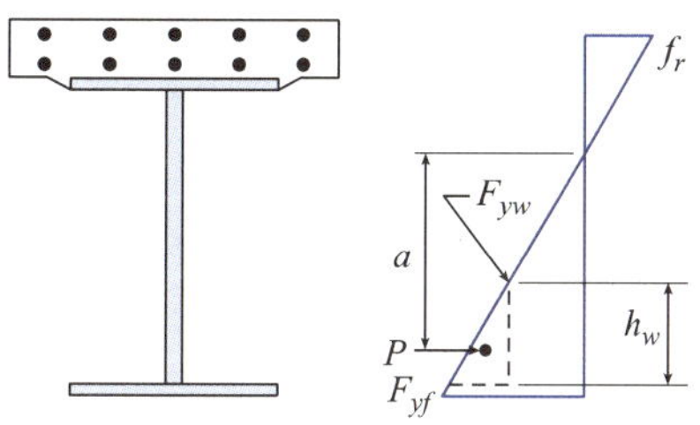

[그림 6.10.13] 하이브리드단면에서 응력분포

(2) 복부판 국부좌굴을 고려한 플랜지 강도감소계수, R_b

① 압축플랜지

복부판이 식 (6.10.60)을 만족하거나 혹은 한 개 또는 두 개의 수평보강재가 설치된 복부판이 식 (6.10.61)을 만족하면 R_b는 1.0을 사용한다.

$$\frac{2D_c}{t_w} \le \lambda_b \sqrt{\frac{E}{f_c}} \tag{6.10.60}$$

$$\frac{D_c}{t_w} \le 1.01 \sqrt{\frac{Ek}{f_c}} \tag{6.10.61}$$

그 밖의 경우에는 아래와 같이 구한다.

$$R_b = 1 - \left(\frac{a_r}{1{,}200 + 300a_r}\right)\left(\frac{2D_c}{t_w} - \lambda_b \sqrt{\frac{E}{f_c}}\right) \tag{6.10.62}$$

여기서, $\dfrac{d_s}{D_c} \geq 0.4$ 이면, $$k = 5.17\left(\frac{D}{d_s}\right)^2 \geq 9.0\left(\frac{D}{D_c}\right)^2 \geq 7.2 \quad (6.10.63)$$

$\dfrac{d_s}{D_c} < 0.4$ 이면, $$k = 11.64\left(\frac{D}{D_c - d_s}\right)^2 \geq 9.0\left(\frac{D}{D_c}\right)^2 \geq 7.2 \quad (6.10.64)$$

$$a_r = \frac{2D_c t_w}{A_c} \quad (6.10.65)$$

여기서, $\lambda_b = 5.76$(D_c가 $D/2$ 이하인 경우), $\lambda_b = 4.64$(D_c가 $D/2$보다 큰 경우), f_c = 설계하중에 의한 압축플랜지의 응력(MPa), A_c = 압축플랜지 단면적(mm^2), d_s = 수평보강재 중심선과 압축플랜지 안쪽 면 사이의 거리(mm), D_c = 탄성범위에서 압축을 받는 복부판 높이(mm)이다.

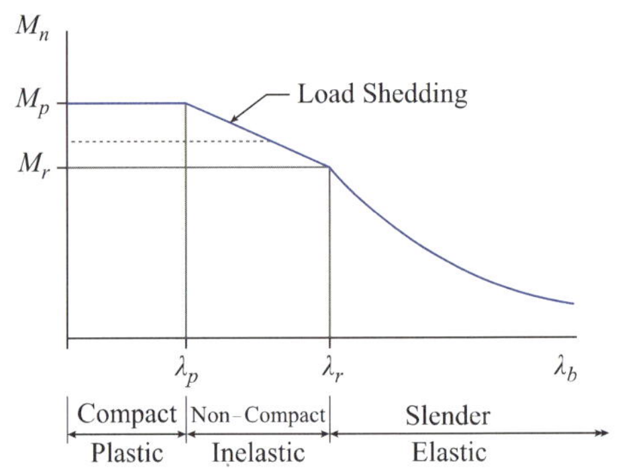

[그림 6.10.14] I-형 단면의 휨강도와 세장비의 관계

② **인장플랜지**

인장플랜지의 경우는 R_b는 1.0을 취한다.

6.10.4.4 탄성해석에 따른 모멘트재분배

강재의 항복강도가 355 MPa를 넘지 않는 연속보에서, 내측 지점 위에 있는 부모멘트 단면이 6.10.4.1(2)와 6.10.4.1(3), 6.10.4.1(6)① 혹은 6.10.4.1(6)② 그리고 6.10.4.1(7)을 만족하는 경우, 설계하중 하에서 탄성해석으로 계산한 지점에서의 부모멘트를 최대 10%까지 감소시킬 수 있다. 이처럼 부모멘트를 감소시키는 경우에는 양쪽 지간에서 정력학적으로 동등한 양 만큼 정모멘트를 증가시켜야 한다. 모멘트재분배는 켄틸레버의 부모멘트에는 적용되지 않는다.

부모멘트를 받는 내측 지점부가 조밀단면이면서 강재의 항복강도가 355 MPa를 넘지 않는 경우, 모멘트재분배를 위해 6.10.10에 규정된 비탄성 해석방법을 적용해도 좋다.

6.10.5 사용한계상태에 따른 영구처짐의 제한

6.10.5.1 일반사항

하중은 LSD [표 3.4.1]에 있는 사용한계상태조합 II를 적용해야 한다. 6.10.4의 규정에 따라 탄성 또는 비탄성해석을 할 수 있다. 극한한계상태나 영구처짐에 대한 검토시에도 탄성 또는 비탄성해석으로 수행할 수 있지만 일관성 있는 동일한 해석방법을 적용해야 한다.

탄성영역에서 압축을 받는 복부판의 높이 D_c를 사용하는 경우에, 복부판은 식 (6.10.8)을 만족해야 한다. 6.10.3.7을 만족하면서 전 길이에 걸쳐 전단연결재가 부착된 부재의 경우, 합성단면에 별개로 작용하는 하중에 의한 휨응력은 단기 또는 장기 합성단면으로 가정하여 계산한다. 이때 콘크리트 바닥판은 정모멘트 및 부모멘트의 경우 모두 전단면을 유효단면으로 가정한다.

6.10.5.2 플랜지 응력 제한

정모멘트 및 부모멘트에 의한 플랜지 응력은 다음을 만족해야 한다.

① 합성단면의 상하 플랜지 $$f_f = 0.95F_{yf} \tag{6.10.66}$$

② 비합성단면의 상하 플랜지 $$f_f = 0.80F_{yf} \tag{6.10.67}$$

여기서, f_f = 설계하중에 의해서 발생하는 플랜지의 탄성응력(MPa), F_{yf} = 플랜지의 항복강도(MPa).

6.10.4.4 규정을 만족하는 부재의 경우, 영구처짐을 검토할 때에 모멘트 재분배를 사용할 수 있다.

6.10.6 복부판 피로설계조건

6.10.6.1 일반사항

반복적인 활하중하에서 휨과 전단으로 인한 복부판 면외 휨을 제한하기 위한 규정이다.

6.10.6.2 피로하중

[LSD 3.6.1.4]에서 규정된 피로하중에 의한 활하중 휨응력과 전단응력은 LSD [표 3.4.1]에 있는 피로하중 조합으로 계산한 값의 2배로 한다.

6.10.6.3 휨

복부판 종방향으로 보강재 유무에 관계없이 다음 조건을 만족해야 한다.

$$\frac{D_c}{t_w} < 0.95\sqrt{\frac{k\,E}{F_{yw}}} \text{ 일 때} \qquad f_{cf} = F_{yw} \tag{6.10.68}$$

그렇지 않으면
$$f_{cf} \leq 0.9\,k\,E\left(\frac{t_w}{D}\right)^2 \qquad (6.10.69)$$

여기서, D= 복부판높이(mm), f_{cf}= 6.10.6.2에서 규정된 하중계수를 곱하지 않은 압축플랜지에서 지속하중과 피로하중으로 인한 최대 탄성휨압축응력(MPa), F_{yw}= 복부판 항복강도(MPa), k= 종방향보강재가 없는 복부판에 대하여 $9.0(D/D_c)^2 \geq 7.2$와 같은 값을 갖는 복부판에 대한 탄성휨좌굴계수이며, 종방향보강재가 있는 복부판에 대해서 k는 [LSD 식(6.10.63) 또는 식(6.10.64)] 중 적절한 값으로 한다. D_c= 탄성범위에서 압축을 받는 복부판의 높이(mm), t_w= 복부판의 두께(mm)이다.

6.10.6.4 전단

수직보강재와 종방향보강재의 유무에 관계없이 균일 단면의 복부판은 다음 식을 만족해야 한다.

$$v_{cf} \leq 0.58\,C\,F_{yw} \qquad (6.10.70)$$

여기서, v_{cf}= 6.10.6.2에 규정된 하중계수를 곱하지 않은 지속하중과 피로하중으로 발생하는 복부판의 최대 탄성전단응력(MPa), C= 6.10.7.3(3)①에 규정된 전단항복강도에 대한 전단좌굴응력비, F_{yw}= 복부판의 항복강도(MPa)이다.

6.10.7 전단저항강도

6.10.7.1 일반사항

보나 거더에 대한 설계전단강도 V_r은 다음과 같이 구한다.

$$V_r = \phi_v\,V_n \qquad (6.10.71)$$

여기서, V_n= 6.10.7.2와 6.10.7.3에 규정된 비보강 또는 보강된 복부판에 대한 공칭전단강도(N), ϕ_v= 6.5.4.2에 규정된 단에 대한 저항계수이다.

중간수직보강재는 6.10.8.1로, 그리고 수평보강재는 6.10.8.3에 따라 설계해야 한다. 또한 균질단면의 보강복부판 패널은 6.10.6.4의 반복활하중 재하상태시의 전단에 대하여 검토해야 하며, 6.10.7.3(3)에서 규정한 전단 및 모멘트 상관관계에 대하여 검토해야 한다.

• 균질단면거더 및 하이브리드단면거더의 중간복부판 패널	수평보강재가 없는 경우	수직보강재 간격은 $3D$를 초과하지 말아야 하며
	보강이 필요한 경우	6.10.7.3을 적용한다
	만일 패널을 보강할 필요가 없을 경우	6.10.7.2를 적용한다.
• 단부 패널	6.10.7.3(3)③ 또는 6.10.7.3(4)를 적용 한다.	

6.10.7.2 비보강 복부판의 공칭강도

하이브리드 또는 균질단면 거더의 비보강 복부판의 공칭전단강도는 다음과 같이 정한다.

$$V_n = C V_p \qquad (6.10.72)$$

여기서,

$$V_p = 0.58 F_{yw} D t_w \qquad (6.10.73)$$

여기서, C= 6.10.7.3(3)①에 규정된 전단항복강도에 대한 전단좌굴응력의 비로서, 전단좌굴계수 k는 5.0으로 한다. V_p = 소성전단력(N), F_{yw} = 복부판 항복강도(MPa), D= 복부판 높이(mm), t_w = 복부판 두께(mm)이다.

6.10.7.3 보강된 복부판의 공칭강도

(1) 일반사항

수직보강재나 수평보강재가 있는 하이브리드단면이나 균질단면에 대한 중간 및 단부복부판 패널의 공칭전단강도는 각각 6.10.7.3(4)와 6.10.7.3(3)의 규정과 같다. 수평보강재가 있는 복부판 패널의 공칭전단강도를 구하는데 있어서는 복부판의 전체 높이 D를 사용한다. 수직보강재는 패널에 작용하는 최대전단력을 고려하여 간격을 정한다. 보강재는 6.10.8에서 규정한 요구사항을 만족해야 한다.

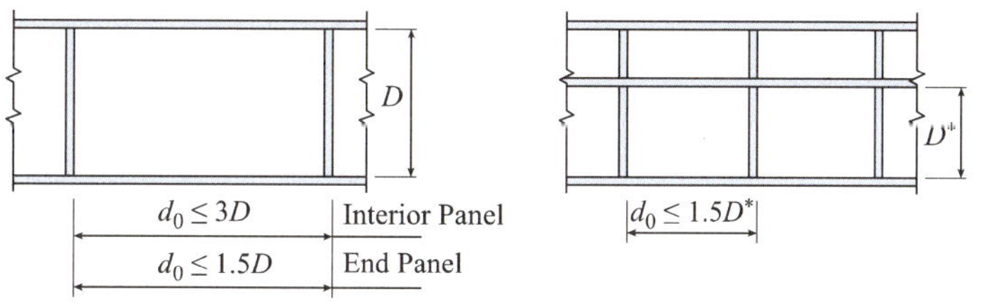

[그림 6.10.15] 최대 수직보강재의 간격

(2) 설계요구조건

수평보강재가 없는 복부판 패널에서는 다음 식과 같은 조건일 경우에는 수직보강재를 사용해야 한다.

$$\frac{D}{t_w} > 150 \qquad (6.10.74)$$

수직보강재의 간격, d_o는 다음을 만족해야 한다.

$$d_o \leq D\left[\frac{260}{(D/t_w)}\right]^2 \qquad (6.10.75)$$

(3) 균질단면

① 조밀단면의 중간 패널

조밀단면 거더의 중간복부판 패널의 공칭전단강도는 6.10.7.1에 따라 다음과 같이 구한다.

$M_u \leq 0.5\,\phi_f\,M_p$ 일 경우 $$V_n = V_p\left[C + \frac{0.87(1-C)}{\sqrt{1+(d_o/D)^2}}\right] \tag{6.10.76}$$

$M_u > 0.5\,\phi_f\,M_p$ 일 경우 $$V_n = RV_p\left[C + \frac{0.87(1-C)}{\sqrt{1+(d_o/D)^2}}\right] \geq CV_p \tag{6.10.77}$$

$$R = \left[0.6 + 0.4\left(\frac{M_r - M_u}{M_r - 0.75\phi_f M_y}\right)\right] \leq 1.0 \tag{6.10.78}$$

$$V_p = 0.58\,F_{yw}Dt_w \tag{6.10.79}$$

여기서, M_u = 설계하중에 의한 패널의 최대모멘트(N · mm), V_n = 공칭전단강도(MPa), V_p = 소성전단력(MPa), M_r = 6.10.4 또는 6.11.2.1(1)(MPa)에 규정된 설계휨강도(N · mm), ϕ_f = 6.5.4.2에 규정된 휨에 대한 저항계수, M_y = 6.10.3.1(2) 또는 6.10.3.3(1)에 규정된 항복모멘트(N · mm), D = 복부판의 높이(mm), d_0 = 보강재 간격(mm), C = 전단항복강도에 대한 전단좌굴응력비이다.

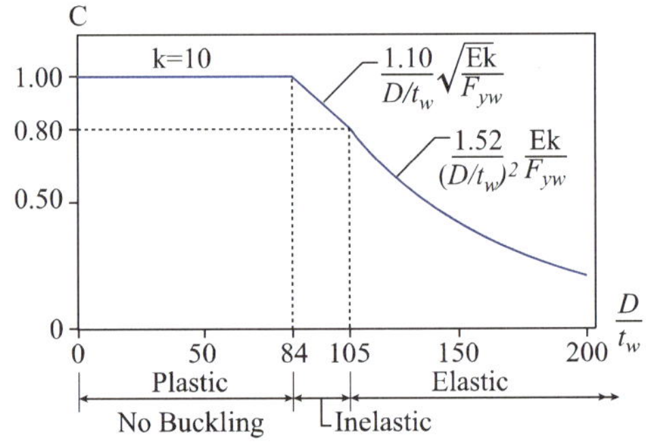

[그림 6.10.16] 복부전단좌굴거동

전단좌굴응력비 C는 아래와 같이 계산한다.

$\frac{D}{t_w} < 1.10\sqrt{\frac{Ek}{F_{yw}}}$ 의 경우 $$C = 1.0 \tag{6.10.80}$$

$1.10\sqrt{\frac{Ek}{F_{yw}}} \leq \frac{D}{t_w} \leq 1.38\sqrt{\frac{Ek}{F_{yw}}}$ 의 경우 $$C = \frac{1.10}{(D/t_w)}\sqrt{\frac{Ek}{F_{yw}}} \tag{6.10.81}$$

$\frac{D}{t_w} > 1.38\sqrt{\frac{Ek}{F_{yw}}}$ 의 경우 $$C = \frac{1.52}{(D/t_w)^2}\left(\frac{Ek}{F_{yw}}\right) \tag{6.10.82}$$

여기서, $k = 5 + \dfrac{5}{(d_o/D)^2} = 5 + \dfrac{5}{\alpha^2}, \quad \alpha = d_0/D$ (6.10.83)

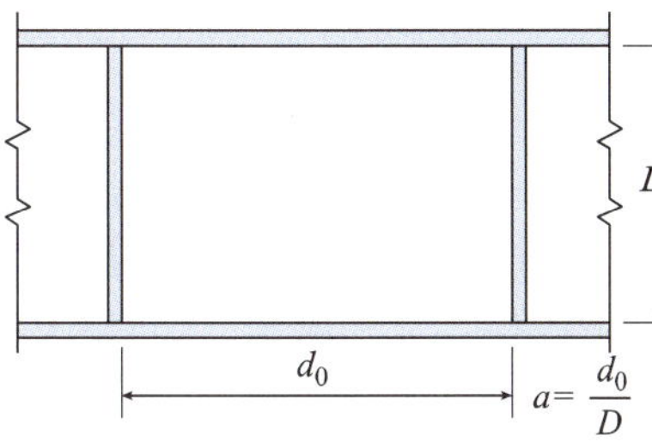

[그림 6.10.17] 종횡비 α의 정의

② 비조밀단면의 중간 패널

비조밀단면의 내부 보강복부판패널의 공칭전단저항은 6.10.7.1에 따라 다음과 같이 계산한다.

$f_u \le 0.75\,\phi_f F_y$ 일 때, $$V_n = V_p\left[C + \frac{0.87(1-C)}{\sqrt{1+\left(\dfrac{d_o}{D}\right)^2}}\right] \quad (6.10.84)$$

$f_u > 0.75\,\phi_f F_y$ 일 때, $$V_n = RV_p\left[C + \frac{0.87(1-C)}{\sqrt{1+\left(\dfrac{d_o}{D}\right)^2}}\right] \ge CV_p \quad (6.10.85)$$

윗 식에서, $$R = \left[0.6 + 0.4\left(\frac{F_r - f_u}{F_r - 0.75\,\phi_f F_y}\right)\right] \quad (6.10.86)$$

여기서, f_u = 검토대상 패널에서 설계하중에 의한 압축 또는 인장플랜지의 휨응력(MPa), C= 6.10.7.3(3)①에 규정한 전단항복강도에 대한 전단좌굴응력의 비, F_r = 6.10.4 또는 6.11.2.1 (1)의 규정으로 구한 f_u에 대한 플랜지의 설계휨강도(MPa)이다.

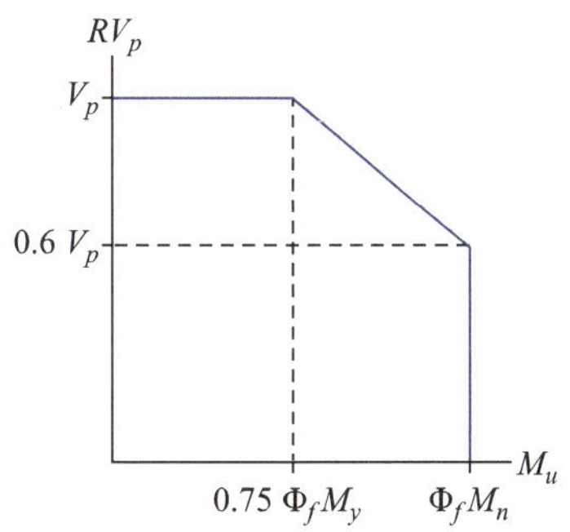

[그림 6.10.18] 전단과 휨의 상관도

③ **단부 패널**

단부 패널의 공칭전단강도는 다음과 같은 전단좌굴강도 또는 전단항복강도 이하이어야 한다.

$$V_n = C\,V_p \tag{6.10.87}$$

윗 식에서,

$$V_p = 0.58\,F_{yw}\,D\,t_w \tag{6.10.88}$$

여기서, C= 6.10.7.3(3)①에 규정되어 있는 전단항복강도에 대한 전단좌굴응력의 비, V_p = 소성전단력(N)이다.

수평보강재의 유무와 관계없이 단부 패널에서의 수직보강재 간격은 $1.5D$를 초과할 수 없다.

(4) 하이브리드단면

6.10.7.3(3)③의 수직보강재의 간격에 대한 요구조건은 하이브리드 단면에서도 동일하다. 중간 또는 단부의 복부판 패널의 공칭전단강도는 전단좌굴 또는 전단항복 이하이어야 한다.

$$V_n = C\,V_p \tag{6.10.89}$$

6.10.7.4 전단연결재

(1) 일반사항

합성단면에서, 스터드나 ㄷ 형강의 전단연결재는 콘크리트 바닥판과 강재단면 사이의 내부전단에 저항하기 위해 설치한다. 단경간 합성교는 지간길이 전체에 걸쳐 전단연결재를 설치한다. 연속 합성교는 보통 교량의 전체길이에 걸쳐 전단연결재를 설치해야 한다. 부모멘트 영역에서는 축방향 철근 합성단면의 일부분으로 고려되는 구간에 전단연결재를 설치한다. 그렇지 않을 경우, 전단연결재는 부모멘트 영역에 설치할 필요는 없지만, 6.10.7.4(3)에 따라 영구하중에 의하여 휨의 부호가 서로 상반되는 변곡점 구간에는 추가적인 연결재를 설치해야 한다. 부모멘트 영역에서 전단연결재를 사용하는 구간에서는 6.10.3.7에 따라 축방향 철근을 정모멘트 구간내로 연장시켜야 한다.

① **형태**

스터드와 ㄷ 형강 전단연결재는 본 규정에 따라 설계해야 한다. 전단연결재는 표면 전체가 콘크리트와 접촉될 수 있도록 콘크리트를 철저히 다짐할 수 있는 형태이어야 한다. 전단연결재는 콘크리트와 강재 사이에서 수직 및 수평 등 모든 방향의 이동에 저항할 수 있어야 한다. 스터드 전단연결재의 직경에 대한 높이의 비는 4.0 이상이어야 한다. ㄷ 형강 전단연결재는 5 mm 보다 큰 치수로 필릿용접을 해야 한다.

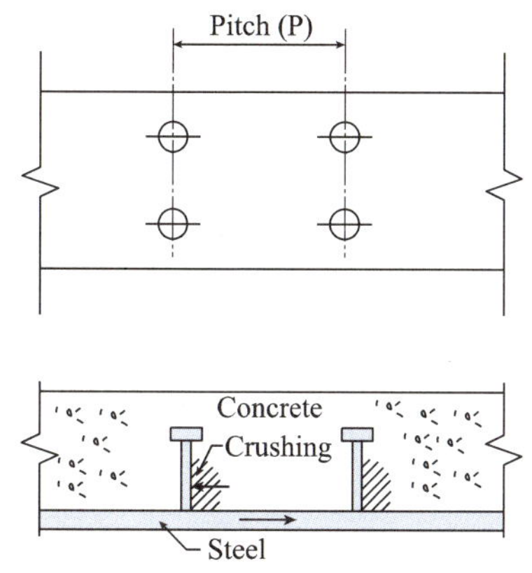

[그림 6.10.19] 상판슬래브에서 전단연결재에 작용력

② **피치**

전단연결의 피치는 6.10.7.4(2)와 6.10.7.4(3)에 규정된 피로한계상태를 만족해야 한다. 전단연결재의 갯수는 6.10.7.4(4)에 규정된 극한한계상태를 만족하기 위한 소요갯수 보다 많아야 한다. 전단연결재의 피치 p는 다음 조건을 만족해야 한다.

$$p = \frac{n\,Z_r\,I}{V_{st}\,Q} \qquad (6.10.90)$$

여기서, $p=$ 거더방향으로 배치된 전단연결재의 피치(mm), $n=$ 횡 단면으로 배치된 전단연결재의 개수, $I=$ 단기합성단면의 단면2차모멘트(mm^4), $Q=$ 단기합성단면의 중립축에 대한 바닥판 환산단면적의 단면1차모멘트(mm^3), $V_{st}=$ 피로한계상태에 대한 LL+IM(활하중+충격)하의 전단력 발생범위(N), $Z_r=$ 6.10.7.4(2)에 의해 결정된 전단연결재 한 개의 전단피로저항강도(N)이다.

전단연결재의 중심과 중심사이의 피치는 600 mm를 초과해서는 안 되며, 직경의 6배 이상이어야 한다.

③ **횡방향 간격**

전단연결재는 상부플랜지의 횡방향으로 배치되며 규칙적이거나 다양한 간격을 갖는다. 스터드 전단연결재는 거더직각방향으로 스터드의 중심과 중심 사이의 간격이 스터드 직경의 4배 이상이어야 한다. 상부플랜지의 연단과 가장 인접한 전단연결재 간의 연단거리는 25 mm 이상이어야 한다.

④ **덮개와 관입**

전단연결재 위의 콘크리트 피복 덮개 높이는 50 mm 이상이어야 한다. 전단연결재는 적어도 50 mm를 슬래브 내부로 관입시켜야 한다.

(2) 합성단면 전단연결재의 피로저항

전단연결재의 피로강도 Z_r은 아래와 같이 구한다.

$$Z_r = \alpha d^2 > \frac{38.0d^2}{2} \quad (6.10.91)$$

$$\alpha = 238 - 29.5 \log N \quad (6.10.92)$$

여기서, d = 스터드의 직경(mm), N = 6.6.1.2(5)에 규정된 반복하중 수 이다.

전단연결재 피치 Z_r값과 전단력범위 V_{sr}을 이용하여 식 (6.10.90)으로부터 구한다. 플랜지의 피로강도에 대한 전단연결재의 효과는 6.6.1.2로 검토한다.

(3) 영구하중에 의한 역방향 휨 발생부위에 대한 특별 요구사항

정(+)방향 휨 구간내의 합성 연속거더는 부(−)방향 휨 구간 내에 배치되는 전단연결재를 포함하지 않으며, 영구적인 하중으로 인한 휨의 변곡점 구간에는 추가적인 전단연결재를 설치해야 한다. 추가적인 연결재의 개수 n_{ac}는 다음과 같다.

$$n_{ac} = \frac{A_c f_{st}}{Z_r} \quad (6.10.93)$$

여기서, A_c = 유효플랜지폭내의 철근의 총단면적(mm²), f_{st} = 축방향철근의 응력범위(MPa), Z_r = 6.10.7.4(2)에 규정한 전단연결재 한 개의 전단피로강도(N)이다.

추가적인 전단연결재는 영구적인 하중에 의한 휨의 변곡점에서 양쪽으로 유효바닥판 폭의 1/3 거리 이내에 설치해야 한다. 현장 이음판들은 전단연결재와 간섭하지 않도록 배치해야 한다.

(4) 극한한계상태

① 일반사항

전단연결재의 설계강도는 다음과 같다.

$$Q_r = \phi_{se} Q_n \quad (6.10.94)$$

여기서, Q_n = 6.10.7.4(4)③에 규정된 공칭전단강도(N), ϕ_{se} = 6.5.4.2에 규정된 전단연결재에 대한 저항계수이다.

최대 정모멘트의 단면과 양측으로 인접한 모멘트가 0이 되는 구간 또는 내부지점부의 중심에서 양쪽으로 인접한 모멘트가 0인 지점 구간에서의 전단연결재의 개수는 다음 식보다 많아야 한다.

$$n = \frac{V_h}{Q_r} \quad (6.10.95)$$

여기서, V_h = 6.10.7.4(4)②에 규정된 공칭수평전단력(N), Q_r = 6.10.7.4(4)①에 규정한 전단연결재 한 개에 대한 설계전단강도(N)이다.

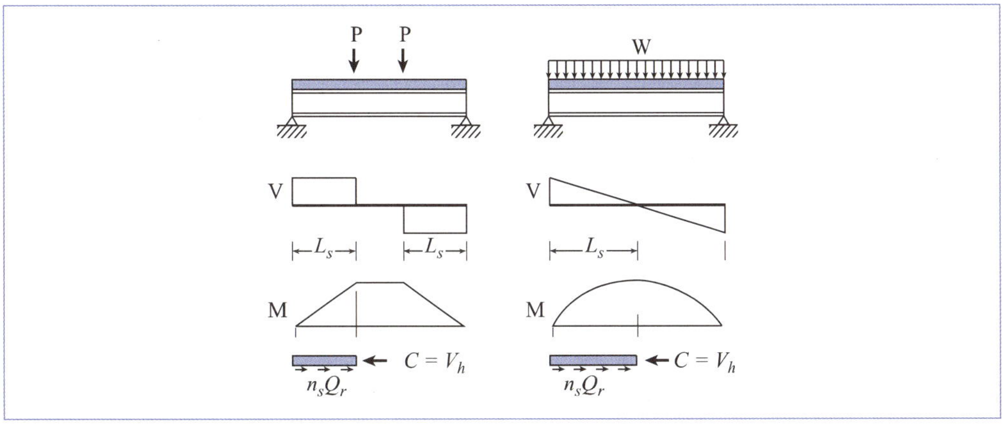

[그림 6.10.20] 전단연결재의 개수

② **공칭수평전단력**

최대 정모멘트 지점과 양측으로 인접한 모멘트가 0이 되는 구간에서의 총공칭전단력 V_h는 다음 값보다 작아야 한다.

$$V_h = 0.85 f_{ck} b t_s \tag{6.10.96}$$

또는

$$V_h = F_{yw} D t_w + F_{yt} b_t t_t + F_{yc} b_c t_f \tag{6.10.97}$$

여기서, f_{ck} = 콘크리트 28일 압축강도(MPa), b = 바닥판 유효폭(mm), b_c = 압축플랜지 폭(mm), b_t = 인장플랜지 폭(mm), t_s = 바닥판 두께(mm), F_{yw} = 복부판 항복강도(MPa), F_{yt} = 인장플랜지 항복강도(MPa), F_{yc} = 압축플랜지 항복강도(MPa), D = 복부판 높이(mm), t_t =압축플랜지의 두께(mm), t_t = 인장플랜지의 두께(mm), t_w = 복부판 두께(mm)이다.

연속경간의 합성단면에서 양쪽으로 인접한 각각의 모멘트가 0인 위치와 내부지점 중심간의 총수평전단력은 다음과 같다.

$$V_h = A_r F_{yt} \tag{6.10.98}$$

여기서, A_r = 바닥판 유효폭 내 내부지점 위의 축방향철근의 총단면적 (mm^2), F_{yt} = 축방향철근의 항복강도 (MPa)이다.

③ **공칭전단강도**

콘크리트 바닥판 내에 매립된 스터드 전단연결재 한 개에 대한 공칭전단강도는 다음과 같다.

$$Q_n = 0.5 A_{sc} \sqrt{f_{ck} E_c} \leqq A_{sc} F_u \tag{6.10.99}$$

여기서, A_{sc} = 스터드 전단연결재의 단면적(mm^2), f_{ck} = 콘크리트 28일 압축강도(MPa), E_c = 콘크리트의 탄성계수(MPa), F_u = 6.4.6.2에서 규정된 스터드 전단연결재의 최소인장강도(MPa)이다.

콘크리트에 매립된 ㄷ 형강 전단연결재의 공칭전단강도는 다음과 같다.

$$Q_n = 0.3(t_t + 0.5 t_w) L_c \sqrt{f_{ck} E_c} \tag{6.10.100}$$

여기서, t_t = ㄷ 형강 전단연결재의 플랜지 두께(mm), t_w = ㄷ 형강 전단연결재의 복부판 두께(mm), L_c = ㄷ 형강 전단연결재의 길이(mm)이다.

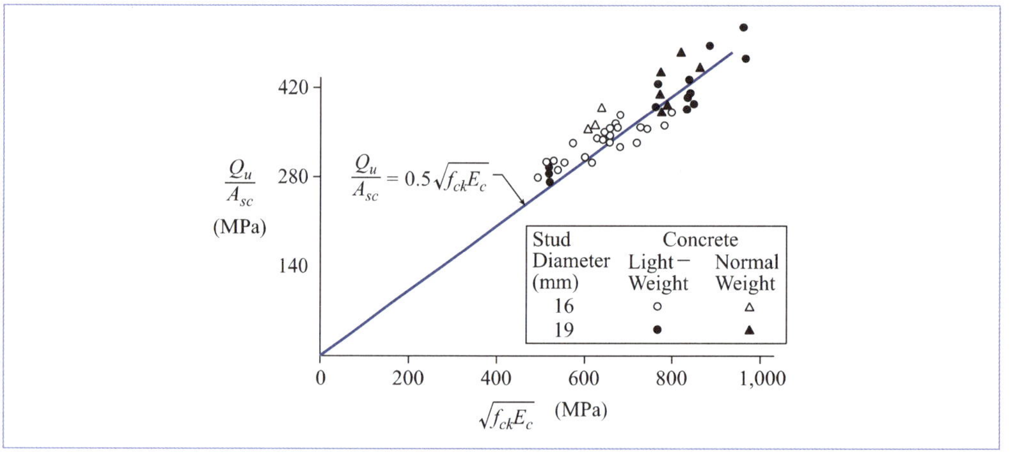

[그림 6.10.21] 스터드 전단연결재 한 개에 대한 공칭전단강도

6.10.8 보강재(Stiffeners)

6.10.8.1 중간수직보강재(Transverse Intermediate Stiffeners)

(1) 일반사항

수직보강재는 판 또는 L형강을 사용하여 복부판의 한쪽 또는 양쪽에 볼트나 용접으로 접합한다. 수직보강재는 압축플랜지에 틈이 없도록 밀착시켜야 하나, 인장플랜지와는 밀착시키지 않아도 된다. 다이아프램이나 수직브레이싱의 이음판으로 사용되는 보강재는 양 플랜지에 볼트나 용접으로 접합시킨다. 수직보강재는 복부판에 부착시키는 용접 끝에서 인접한 복부판과 플랜지 필릿용접단까지의 거리는 $4t_w$ 이상이고 $6t_w$ 이하이어야 한다.

(2) 수직보강재의 돌출폭

수직보강재의 돌출폭 b_t는 다음 조건을 만족해야 한다.

$$b_t \geq 50 + \frac{d}{30} \tag{6.10.101}$$

$$16.0t_p \geq b_t \geq 0.25b_f \tag{6.10.102}$$

여기서, d = 강재단면의 높이(mm), t_p = 수직보강재의 두께(mm), b_f = 플랜지의 전폭(mm)이다.

(3) 단면2차모멘트

수직보강재의 단면2차모멘트는 다음 조건을 만족해야 한다.

$$I_t \geq d_o t_w^3 J \tag{6.10.103}$$

여기서,

$$J = 2.5\left(\frac{D}{d_o}\right)^2 - 2.0 \geq 0.5 \tag{6.10.104}$$

여기서, I_t = 한 쪽면만 보강된 경우는 복부판과의 접합면에 대하여, 양면 보강된 경우에는 복부판의 중심축에 대한 수직보강재의 단면2차모멘트(mm^4), t_w = 복부판 두께(mm), d_o = 수직보강재의 간격(mm), D = 복부판의 높이(mm)이다.

수평보강재가 있는 경우, 수직보강재는 또한 다음을 만족해야 한다.

$$I_t \geq \left(\frac{b_t}{b_l}\right)\left(\frac{D}{0.3d_o}\right) I_l \tag{6.10.105}$$

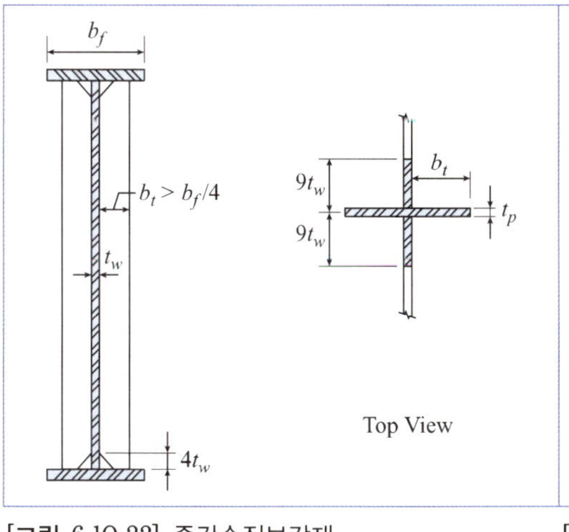

[그림 6.10.22] 중간수직보강재

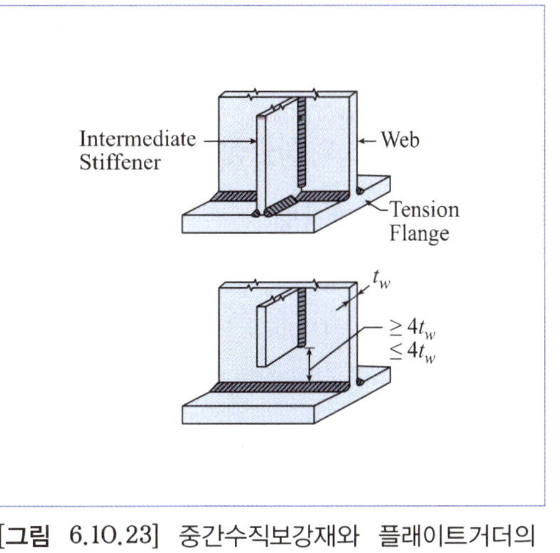

[그림 6.10.23] 중간수직보강재와 플레이트거더의 인장플랜지 사이의 용접연결

여기서, b_t = 수직보강재의 돌출폭(mm), b_l = 수평보강재의 돌출폭(mm), I_t = 복부판과의 접합면에 대한 수평보강재의 단면2차모멘트(mm^4), D = 복부판 높이(mm)이다.

(4) 면적

6.10.7.3에 규정된 복부판 사인장작용에 의한 힘을 지지해야 하는 중간수직보강재는 다음을 만족해야 한다.

$$A_s \geq \left[0.15B\frac{D}{t_w}(1-C)\frac{V_u}{V_r} - 18.0\right]\left(\frac{F_{yw}}{F_{cr}}\right)t_w^2 \qquad (6.10.106)$$

여기서, $F_{cr} = \dfrac{0.311E}{\left(\dfrac{b_t}{t_p}\right)^2} \leq F_{ys}$

여기서, V_r = 6.10.7.1에 규정된 설계전단강도(N), V_u = 극한한계상태의 설계하중에 의한 전단력(N), A_s = 수직보강재의 단면적; 양면 수직보강재의 전면적(mm^2), B = 1.0 : 양면 보강된 경우, B = 1.8 : 한쪽면만 ㄴ형강으로 보강된 경우, B = 2.4 : 한쪽면만 판으로 보강된 경우, C = 6.10.7.3(3)①에 규정된 전단좌굴응력대 전단항복강도의 비, F_{yw} = 복부판의 항복강도(MPa), F_{ys} = 수직보강재의 항복강도(MPa)이다.

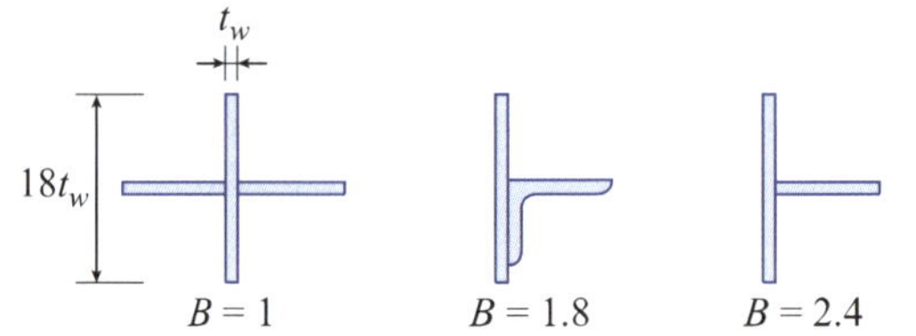

[그림 6.10.24] 수직보강재의 상수 B

6.10.8.2 하중집중점 지압보강재(Bearing Stiffeners)

(1) 일반사항

시공 도중 또는 완공 후에 작용하는 지점 반력과 기타 집중하중은 보강재로 지지해야 한다. 압연형강보(Rolled Beam Shapes)의 경우에 모든 지점과 집중하중이 작용하는 위치에서 다음의 조건이 성립되면 수직지압보강재를 두어야 한다[그림 6.10.25].

$$V_u > 0.75\,\phi_b V_n \qquad (6.10.107)$$

여기서, ϕ_b = 6.5.4.2에 규정된 지압에 대한 저항계수, V_u = 설계하중에 의한 전단력(N), V_n = 6.10.7에 의하여 계산되는 공칭전단강도(N)이다.

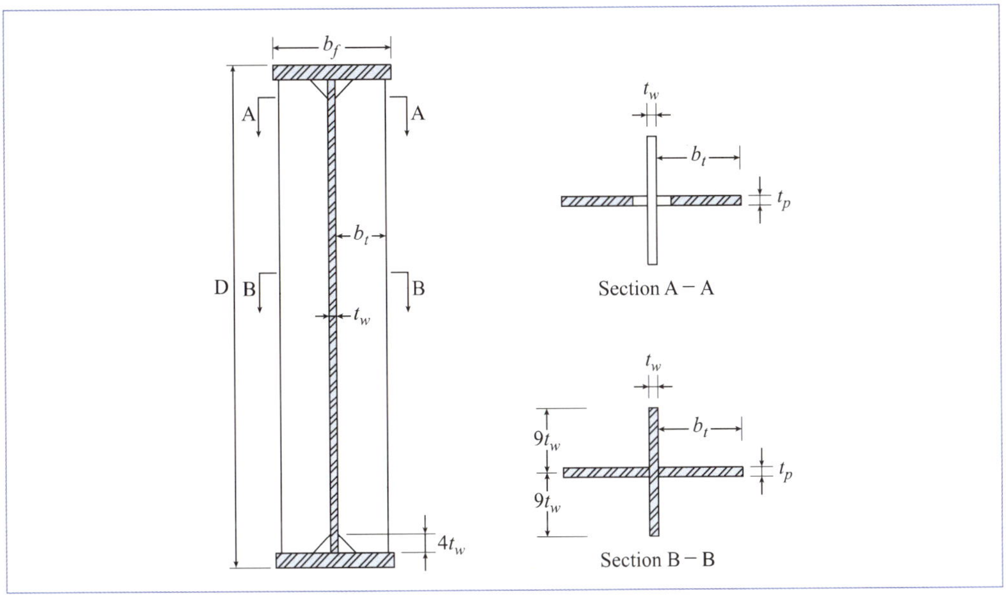

[그림 6.10.25] 지압보강재의 단면

플레이트거더의 경우에는 모든 지점과 집중하중이 작용하는 위치에 지압보강재를 두어야 한다. 지압보강재는 단일 또는 여러 개의 판 또는 L형강을 복부판 양면에 용접 또는 볼트로 접합시켜 설계하중에 의한 전 수직력을 전달할 수 있도록 한다. 각 지압보강재는 플랜지에 밀착되어 반력을 지지할 수 있도록 플랜지에 가능한 한 가깝도록 복부판의 전 높이까지 연장시켜야 하며, 공장가공이 이루어지거나, 완전용입그루브용접으로 플랜지와 접합시켜야 한다.

(2) 돌출폭

지압보강재의 돌출폭 b_t는 다음의 조건을 만족해야 한다.

$$b_t \leq 0.48\, t_p \sqrt{\frac{E}{F_{ys}}} \qquad (6.10.108)$$

여기서, t_p = 지압보강재 두께(mm), F_{ys} = 지압보강재의 항복강도(MPa)이다.

(3) 지압강도(Bearing Resistance)

설계지압강도 B_r은 아래와 같이 계산해야 한다.

$$B_r = 1.4\, \phi_b A_{pn} F_{ys} \qquad (6.10.109)$$

여기서, F_{ys} = 지압보강재의 항복강도(MPa), A_{pn} = 복부판 용접면으로부터 돌출된 지압보강재의 단면적(mm^2), ϕ_b = 6.5.4.2에 규정된 지압에 대한 저항계수이다.

(4) 지압보강재의 축방향강도

① **일반사항**

설계축방향강도 P_r은 6.9.2.1에 의하여 결정해야 한다. 회전반경은 복부판중심축에 대해 계산하며 계산 시에 사용할 유효폭은 0.75D이며, 이 때 D는 복부판 높이이다.

② **유효폭**

복부판에 볼트로 접합된 보강재의 경우는 지압보강재만을 유효기둥단면으로 취급한다. 복부판에 용접으로 접합된 한 쌍 이상의 지압보강재가 사용된 경우는 모든 지압보강재와 지압보강재중 가장 외측 돌출 요소로부터 $9t_w$이내의 복부판을 유효기둥단면으로 본다. 하이브리드단면으로 된 연속지간의 내부지점에서 다음 조건이 만족되면 복부판은 유효단면에서 제외시켜야 한다.

$$\frac{F_{yw}}{F_{yf}} < 0.70 \tag{6.10.110}$$

여기서, F_{yw} = 복부판의 항복강도(MPa), F_{yf} = 양 플랜지의 항복강도 중 큰 값(MPa).

6.10.8.3 수평보강재

(1) 일반사항

수평보강재는 필요부분에 따라 복부판의 한 면에 수평방향으로 용접된 플레이트 혹은 볼트로 체결된 앵글로 구성한다. 수평보강재는 [LSD 식(6.10.8)]로 규정된 시공성 기준 그리고 극한한계상태에서의 필요조건을 모두 만족하는 복부판에 수직으로 배치해야 한다. 설계하중에 의해 발생하는 수평보강재의 휨응력은 $\phi_f F_{ys}$를 초과해서는 안 된다. 여기서, ϕ_f는 극한한계상태에서 휨에 대한 저항계수이며, F_{ys}는 보강재의 항복강도이다.

(2) 돌출폭

수평보강재의 돌출폭, b_l은 다음을 만족해야 한다.

$$b_l \leq 0.48\, t_s \sqrt{\frac{E}{F_{ys}}} \tag{6.10.111}$$

여기서, t_s = 수평보강재의 두께(mm), F_{ys} = 수평보강재의 최소항복강도(MPa).

(3) 단면 2차모멘트

수평보강재의 단면특성은 유효단면을 기초로 구하며, 복부판 중심선에서 $18t_w$를 초과할 수 없다. 수평보강재는 다음을 만족해야 한다.

$$I_l \geq D\, t_w^3 \left[2.4 \left(\frac{d_o}{D} \right)^2 - 0.13 \right] \tag{6.10.112}$$

$$r \geq 0.234\, d_o \sqrt{\frac{F_{ys}}{E}} \tag{6.10.113}$$

여기서, $I_l =$ 복부판과 만나는 끝단에서 복부판과 수평보강재의 단면 2차모멘트(mm^4), $r =$ 수평보강재의 회전반경(mm), $D =$ 복부판의 높이(mm), $d_o =$ 수평보강재 간격(mm), $t_w =$ 복부판 두께(mm), $F_{ys} =$ 수평보강재의 항복강도(MPa)이다.

6.10.9 덮개판

6.10.9.1 일반사항

부재에 덧붙여지는 각 덮개판의 길이 L_{cp}(mm)는 다음 조건을 만족해야 한다.

$$L_{cp} \geq 2d_s + 900 \tag{6.10.114}$$

여기서, $d_s =$ 강재 단면의 전체높이(mm).

플랜지에 인장응력과 압축 인장응력을 일으키는 교번하중을 받는 단재하경로 구조물에서 두께 20 mm 이상 되는 플랜지에는 부분용접을 한 덮개판을 사용해서는 안 된다. 각 덮개판의 최대 두께는 덮개판이 붙여지는 플랜지 두께의 2배를 초과해서는 안 된다. 덮개판을 여러 겹으로 용접해 붙이는 것은 허용되지 않는다. 덮개판의 폭은 덮개판이 붙여지는 플랜지폭보다 좁거나 넓게 할 수 있나.

6.10.9.2 단부조건

(1) 일반사항

이론적인 덮개판의 끝단은 설계하중에 의한 모멘트 M_u나 휨응력값 F_u가 그곳에서 플랜지의 설계휨강도 값과 같아지는 단면으로 산정할 수 있다. 덮개판의 길이는 이론적인 덮개판의 끝단보다 다음과 같은 조건을 만족하도록 연장해야 한다.

- 실제 덮개판의 끝단은 6.6.1.2에 규정된 피로조건의 응력범위 내에 있어야 한다.
- 설계하중에 의한 이론적인 끝단에서의 덮개판에 발생되는 축력은 덮개판의 이론적인 끝단과 실제 끝단 사이의 용접이나 볼트를 통하여 전달될 수 있어야 한다. 단면변화를 준 덮개판 끝의 폭은 75 mm 이상이어야 한다.

(2) 용접단

덮개판의 이론적인 끝단과 실제 끝단 사이의 용접은 이론적인 끝단에서 덮개판에 발생되는 단면력을 충분히 전달할 수 있어야 한다. 덮개판의 폭이 플랜지폭보다 더 넓을 경우, 용접은 덮개판의 끝돌림용접을 해서는 안 된다.

(3) 볼트연결단

이론적인 끝단과 실제 끝단 사이의 플랜지와 덮개판을 마찰연결로 할 때 이 볼트는 이론적인 끝단에서 설계하중에 의해서 계산되는 덮개판의 축방향력을 충분히 저항 할 수 있어야 한다. 단부볼트연결의 미끌림강도는 6.13.2.8에 따라서 결정한다. 덮개판과 플랜지의 종방향 용접은 연속적이어야 하고, 단부 볼트연결부의 첫 번째 볼트 열과 만나기 전 볼트간격만큼 떨어진 곳에서 용접을 끝내야 한다.

6.10.10 비탄성 해석

6.10.10.1 극한한계상태

(1) 일반사항

비탄성해석법은 최소항복강도가 355 MPa을 초과하지 않고 이 항의 규정들을 만족하는 합성 또는 비합성인 높이가 일정한 연속보의 I형 단면 강재에 적용될 수 있다. 극한한계상태에서의 비탄성해석법은 다음을 고려한다.

- 소성힌지가 발생한 단면으로부터 나머지 단면들로의 모멘트재분배
- 소성회전이 유지되기 위한 단면의 비탄성모멘트 회전특성
- 합성부재내의 강재단면에만 작용하는 하중

해석은 각각 6.10.10.1(2)이나 6.10.10.1(3)에 규정된 **붕괴메커니즘법**(mechanism method)이나 **통합자동응력법**(unified autostress methods)을 따른다.

소성모멘트 M_p에 도달한 후 추가의 소성회전을 견디기 위해서 요구되는 단면은 이 조항에 규정된 복부판의 세장비, 압축플랜지의 세장비, 압축플랜지의 횡지지 및 지점보강재에 관한 조건을 만족해야 한다. 정모멘트를 받는 합성 단면은 설계휨강도에 도달한 이후에는 추가의 비탄성회전을 견딜 수 있다고 가정해서는 안 된다.

① 복부판 세장비

소성회전을 유지하기 위하여 요구되는 단면의 복부판 세장비는 다음을 만족해야 한다.

$$\frac{2\,D_{cp}}{t_w} \le 3.76\sqrt{\frac{E}{F_{yc}}} \qquad (6.10.115)$$

여기서, F_{yc} = 압축플랜지의 항복강도(MPa), D_{cp} = 소성모멘트 상태에서의 압축력을 받는 복부판 높이(mm), t_w = 복부판 두께(mm)이다.

② 압축플랜지 세장비

소성회전을 유지하기 위하여 요구되는 단면의 압축플랜지 세장비는 다음을 만족해야 한다.

$$\frac{b_f}{2t_f} \leq 0.382\sqrt{\frac{E}{F_{yc}}} \tag{6.10.116}$$

여기서, b_f = 플랜지 폭(mm)이다.

③ 세장비 상호작용

소성회전을 유지하기 위해 요구되는 단면의 복부판 세장비와 압축플랜지 세장비 모두가 식 (6.10.115)와 식 (6.10.116)에 규정된 값의 75%를 초과할 때는 다음의 세장비 상호관계를 적용한다.

$$\frac{2\,D_{cp}}{t_w} + 9.35\left(\frac{b_f}{2t_f}\right) \leq 6.25\sqrt{\frac{E}{F_{yc}}} \tag{6.10.117}$$

④ 압축 플랜지 비지지길이

소성회전을 유지하도록 압축플랜지는 횡방향 변위에 대하여 지지해야 한다. 횡지지는 L_b간격으로 설치한다. L_b는 다음을 만족해야 한다.

$$L_b < \left[3.15 - 1.93\left(\frac{M_l}{M_h}\right)\right]\left(\frac{r_y E}{F_{yc}}\right) \tag{6.10.118}$$

여기서, L_b = 소성회전이 유지되기 위한 단면에 인접한 첫 횡지지점사이의 거리(mm), r_y = 첫 번째 횡지지점과 소성회전을 유지하기 위한 단면의 복부판 면내 연직축에 대한 강재단면의 단면회전반경(mm), M_l = 비탄성해석법에 따라 설계하중에 대하여 계산된 첫 번째 횡지지점에서의 모멘트(N · mm), M_h = 비탄성해석법에 따라 설계하중에 대하여 계산된 소성회전을 유지하도록 요구되는 단면에서의 모멘트(N · mm), F_{yc} = r_y를 계산한 단면에서 압축플랜지의 항복강도(MPa)이다.

만약, 횡지지점 사이의 부재부분이 이중곡률로 휜다면 M_l/M_h의 비는 음의 값을 취한다.

⑤ 지점보강재

6.10.8.2에 의해서 설계된 지점보강재는 소성회전을 유지하기 위해 각 단면마다 설치한다.

(2) 붕괴메커니즘법

① 일반사항

$$\text{설계휨강도 } M_r = \phi_f M_n \tag{6.10.119}$$

여기서, ϕ_f = 6.5.4.2에 규정된 휨저항계수, M_n = 6.10.10.1(2)② 또는 6.10.10.1(2)③에 규정된 공칭휨강도(N · mm).

$$\text{설계전단강도 } V_r = \phi_v V_n \tag{6.10.120}$$

여기서, ϕ_v = 6.5.4.2에 규정된 전단저항계수, V_n = 6.10.7에 규정된 공칭전단강도(N).

② 소성회전의 유지를 위하여 필요한 단면의 공칭휨강도

소성회전의 유지가 필요한 단면의 공칭휨강도는 다음과 같다.

$$M_n = M_{pe} \tag{6.10.121}$$

여기서, M_n = 소성회전의 유지를 위하여 필요한 소성힌지단면에서의 공칭휨강도(N · mm), M_{pe} = 6.10.10.1(2)④에 규정된 유효소성휨강도(N · mm)이다.

③ 소성회전의 유지가 필요 없는 단면의 공칭휨강도

소성회전의 유지가 필요 없는 단면의 공칭휨강도는 다음과 같다.

- 조밀단면 $$M_n = M_p \tag{6.10.122}$$
- 비조밀단면 $$M_n = R_b R_h M_y \tag{6.10.123}$$

여기서, M_p = 6.10.3.1(3) 또는 6.10.3.3(1)에 규정된 소성모멘트(N · mm), M_y = 6.10.3.1(2) 또는 6.10.3.3(1)에 규정된 항복휨강도(N · mm), R_b , R_h = 6.10.4.3(1)과 6.10.4.3(2)에 규정된 플랜지 강도감소계수; 정모멘트를 받는 합성단면에 대해서 R_b는 1.0으로 취한다.

④ 유효소성모멘트

유효소성모멘트는 6.10.3.1(3)의 원리에 근거한 완전소성응력 분포에 의해 발생한 모멘트이고 다음과 같은 유효항복강도를 이용한다.

$$F_{yce} = 0.0845\, E \left(\frac{2t_f}{b_f} \right)^2 \leq F_{yc} \tag{6.10.124}$$

$$F_{yte} = 0.0845\, E \left(\frac{2t_f}{b_f} \right)^2 \leq F_{yt} \tag*{(6.10.124)}$$

$$F_{ywe} = 1.32\, E \left(\frac{t_w}{D_{cp}} \right)^2 \leq F_{yw} \tag{6.10.126}$$

$$F_{yre} = F_{yr} \quad (6.10.127)$$

여기서, F_{yc} = 압축플랜지의 항복강도(MPa), F_{yce} = 압축플랜지의 유효항복강도(MPa), F_{yt} = 인장플랜지의 항복강도(MPa), F_{yte} = 인장플랜지의 유효항복강도(MPa), F_{yw} = 복부판의 항복강도(MPa), F_{ywe} = 복부판의 유효항복강도(MPa), F_{yr} = 종방향철근의 항복강도(MPa), F_{yre} = 종방향철근의 유효항복강도(MPa), t_f = 플랜지의 두께(mm), b_f = 압축플랜지의 폭(mm), t_w = 복부판 두께(mm), D_{cp} = 6.10.3.1 (4)② 또는 6.10.3.3(2)에 규정된 압축을 받는 복부판 높이(mm)이다.

(3) 통합자동응력법

통합자동응력법은 비탄성해석법으로 설계시 극한한계상태에서 I형 단면의 플랜지나 복부판의 치수를 결정하는데 사용된다. 이 방법을 적용하는 데 있어, 설계소성회전곡선은 항복이 발생될 것으로 예상되는 모든 단면에서 휨강도를 구하기 위해 사용된다. 각 설계소성회전곡선은 공칭소성회전곡선의 종거에 6.5.4.2에서 규정된 휨에 대한 저항계수를 곱하여 구한다. 전단에 대해서는 6.10.7을 적용한다.

(4) 보의 플랜지에 미치는 풍하중의 영향

플랜지를 6.6.2.7의 규정에 따라 풍하중을 전달하도록 설계할 경우 6.10.3.5(1)의 규정을 적용한다.

6.10.10.2 영구처짐의 사용한계상태 검토

(1) 일반사항

LSD [표 3.4.1]에 규정된 사용한계상태조합 Ⅱ로 영구처짐을 검토해야 한다. 복부판은 탄성범위 내에서 압축력을 받는 복부판의 높이 D_c는 적절한 값을 사용하며 식 (6.10.8)을 만족해야 한다. 6.10.3.7의 규정을 만족하며 부재 전장에 전단 연결재를 갖는 부재에 대해서, 합성단면에 분산되어 작용하는 하중에 대한 휨응력은 적절하게 콘크리트 슬래브가 정모멘트와 부모멘트 모두에 유효하다고 가정하며 단기합성단면 또는 장기합성단면을 사용하여 계산한다.

(2) 정모멘트단면

- 합성단면의 양쪽 강재 플랜지 $\quad (f_f + f_{fr}) \leq 0.95\, F_{yf} \quad$ (6.10.128)
- 비합성단면의 양쪽 강재 플랜지 $\quad (f_f + f_{fr}) \leq 0.80\, F_{yf} \quad$ (6.10.129)

여기서, F_{yf} = 플랜지 항복강도(MPa), f_f = 설계하중에 의한 탄성 플랜지응력(MPa), f_{fr} = 6.10.10.2 (4)에 규정된 재분배된 플랜지응력(MPa).

(3) 부모멘트단면

- 내측지점 합성단면의 플랜지에서 $f_f > 0.95\ F_{yf}$ 이거나
- 내측지점 비합성단면의 플랜지에서 $f_f > 0.80\ F_{yf}$ 이면,

  모멘트의 비탄성재분배는 6.10.10.2(4)에 따라 정해야 하며 다음과 같은 한계값을 적용한다.
- 합성단면의 플랜지단면 변화 위치에서

$$(f_f + f_{fr}) \le 0.95\ F_{yf} \tag{6.10.130}$$

- 비합성단면의 플랜지단면 변화 위치에서

$$(f_f + f_{fr}) \le 0.80\ F_{yf} \tag{6.10.131}$$

- 내측지점 최대 부모멘트단면에서의 응력은 이와 같은 제한을 받지 않는다.

여기서, f_f = 설계하중에 의한 탄성 플랜지응력(MPa), f_{fr} = 610.10.2(4)에 규정된 재분배된 플랜지응력(MPa), F_{yf} = 플랜지 최소항복강도(MPa)이다.

부모멘트 단면에 대해서는 6.10.10.1(1)①, 6.10.10.1(1)②, 6.10.10.1(1)③ 및 6.10.10.1(1)④에 의한 복부판의 세장비, 압축플랜지의 세장비 및 압축플랜지의 비지지길이 규정을 적용해야 한다.

(4) 모멘트의 비탄성재분배

6.10.10.2(3)에 의해 요구되는 경우, 연속보의 부모멘트영역에서 항복으로 인한 재분배응력은 비탄성해석법에 의해 계산한다.

비탄성해석법	
① 해석적 방법	보선법(beam-line method)과 통합자동응력법(unified autostress method)의 사용이 허용된다. 통합자동응력법에서 재분배응력을 계산할 때 소성회전곡선에는 저항계수를 곱하지 않는다.
② 활하중	재분배응력을 계산할 경우, 재분배 모멘트가 허용치 이내로 수렴될 때까지 각 내측 지점에 인접한 두 지간에는 연속적으로 하중이 재하 되어야 한다.
③ 합성단면	합성부재에서 모멘트재분배는 정모멘트단면에서 단기합성단면의 강성을 이용하여 계산한다. 정모멘트를 받는 합성단면에서의 재분배응력을 계산하는데 사용하는 단면계수는 장기합성단면을 사용하여 계산한다.
④ 소성회전곡선	소성회전곡선을 사용할 수 없는 특정 단면에 대해서는 식 (6.10.132)에 주어진 소성회전곡선이 부모멘트 단면에 대해 사용될 수 있다. 이 곡선은 8.0mRAD 이상의 소성회전각에는 적용할 수 없다. $$\frac{M_u}{M_{\max}} = 0.7 + 0.06\,R \le 1.0 \tag{6.10.132}$$

여기서, M_u = 설계하중에 의한 모멘트(N · mm), M_{max} = 최대휨강도(N · mm), R = 소성회전각(m RAD)이다. 더 나은 자료가 없는 경우, M_{max}는 6.10.3.1(3) 또는 6.10.3.3(1)에 규정된 소성모멘트 M_p로 취할 수 있다.

6.11 휨을 받는 박스거더 단면

6.11.1 일반사항

이 규정은 6.11.1.1(1)과 6.11.1.2(1)의 규정을 만족시키며, 복부판면의 수직축에 대하여 대칭인 강합성 다중 박스거더나 단일 박스거더 직선부재의 단면에 적용된다. 박스거더 단면은 다음의 규정에 따라 설계해야 한다.

① 극한한계상태는 6.11.2의 규정을 따른다.
② 복부판에서의 피로조건은 6.10.6의 규정을 따른다.
③ 시공성은 6.11.5의 규정을 따른다.
④ 기타의 한계상태는 6.5의 규정을 따른다.
⑤ 영구처짐에서 사용한계상태는 6.11.7의 규정을 따른다.

박스거더 단면에서 복부판은 하부플랜지에 수직하거나 경사지게 설계할 수 있다. 이때, 복부판의 경사도는 1/4을 넘어서는 안 된다. 외부로 통하는 문은 개폐가 가능해야 하며 잠금장치를 해야 한다. 박스거더 단면의 모든 개구부는 동물이나 조류의 침입을 차단할 수 있도록 해야 한다. 내측 복부판에는 통풍구를 설치해야 한다. 내부 도색은 밝은 색으로 칠해야 한다.

6.11.1.1 다중 박스거더 단면

(1) 일반

6.11의 규정은 다음에 언급된 기하학적 조건을 만족하며 지간 100 m 이내인 다중 박스 합성거더 단순교나 연속교에 적용한다. 지간 중앙에서의 인접 박스간 플랜지의 중심간격 a는 각 박스단면의 플랜지 중심간격 W의 80%보다 크고 120%보다 작아야 한다([그림 6.11.1]). 또한, 평행하지 않은 박스거더 단면을 사용하는 경우 중앙 지간에서의 요구조건 외에 지점에서의 인접한 박스거더의 플랜지 중심간격은 각 박스단면의 플랜지 중심간격의 65%이상 135%이내이어야 한다.

박스단면의 플랜지 중심간격은 동일해야 한다. 해석시 합성거더의 강성도는 비균열 상태를 기준으로 한다. 난간이나 연석을 포함한 바닥판의 내민부는 인접 박스간 상부 강재플랜지의 평균 중심간격 값의 60%를 초과할 수 없으며, 또한 1,800 mm 이내이어야 한다. 부모멘트를 받는 박스거더 단면에는 전단연결재를 설치해야 하며, 이 이외에는 6.10.3.7의 규정을 만족해야 한다.

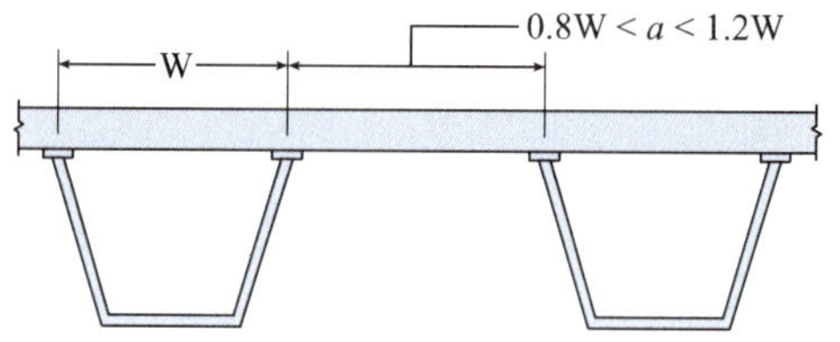

[그림 6.11.1] 플랜지 중심간 거리

(2) 활하중 분배

다중 박스거더 단면에서 각 박스에 발생하는 활하중에 의한 휨모멘트는 [LDS 4.6.3.2(1)] 규정에 따라 결정한다.

6.11.1.2 단일 박스거더

(1) 일반사항

이 규정을 다실 단일 박스거더 단면에 적용해서는 안 된다. 박스거더 단면은 전체 단면의 중심에 위치해야 하며, 고정하중의 무게중심은 가능한 한 박스의 전단중심에 가까워야 한다. 박스의 상면은 강판으로 폐합할 수도 있으며, 폐합하지 않을 수도 있다. 플랜지와 복부판간 용접은 6.11.4를 따라야 한다. 바닥콘크리트의 양생 전에 작용하는 하중에 대하여 정모멘트 작용부의 강판은 6.11.2.1(3)①의 압축플랜지에 관한 규정에 따라 설계해야 한다. 상부강판과 바닥콘크리트간의 전단연결재는 적용가능한 모든 하중에 의한 전단에 대하여 설계해야 한다. 바닥콘크리트의 설치전이나 설치도중에 발생하는 강판의 좌굴에 대하여 검토해야 하며 필요시에는 보강재를 사용할 수 있다. 단일 박스거더 단면에 대한 해석결과 인장을 받는 강재부재가 완전 파단된 후에도 그 단면이 총 고정하중과 활하중을 지지할 수 있지 않는 한, 인장부재는 붕괴유발부재로 간주해야 한다.

(2) 해석

단일 박스거더의 해석은 [LSD 4.6.1.2(2)]의 유사해석법을 이용할 수 있지만, 해석시에는 비틀림과 휨에 대한 영향을 모두 고려해야 한다. 박스 내부에 단면의 변형을 막기 위한 적절한 브레이싱이나 다이아프램이 설치되어 있지 않으면 비틀림의 영향을 고려해야 한다. 또한 해석에는 받침의 횡방향 위치를 고려해야 한다. 피로해석시 축방향 뒴응력(warping stress)을 고려해야 하지만, 극한한계상태에서는 이를 무시할 수 있다. 뒤틀림(distortion)에 대한 영향을 무시할 수 있을 경우에 박스거더 단면의 순수비틀림상수 J는 다음의 식을 사용할 수 있다.

$$J = 4\frac{A_o^2}{\sum \frac{b}{t}} \tag{6.11.1}$$

여기서, A_o = 박스거더 단면의 폐합단면적(mm^2), b = 구형판 요소의 폭(mm), t = 판 두께(mm)이다.

(3) 받침

단일 박스거더 단면의 받침은 가능한 한 지점부에 쌍으로 설치해야 한다. 박스거더 단면의 복부판 내외측에 이중 받침을 설치할 수 있다. 단일 받침이 하부플랜지폭보다 좁은 경우는 전단중심선을 따라 배치해야 하며, 기타 지점은 모든 하중경우에 대하여 전도가 발생하지 않도록 배치해야 한다. 받침은 거더의 종방향에 대하여 직각방향으로 배치해야 한다. 하부고정받침을 사용할 때에는 설계시 이들로부터 야기되는 하중효과도 고려해야 한다.

6.11.2 박스단면의 극한한계상태

6.11.2.1 휨

(1) 설계휨강도

모멘트와 응력으로 표현한 박스거더 단면의 설계휨강도는 다음과 같다.

$$M_r = \phi_f M_n \tag{6.11.2}$$

$$F_r = \phi_f F_n \tag{6.11.3}$$

여기서, ϕ_f = 6.5.4.2에 규정된 휨에 대한 저항계수, M_n = 6.11.2.1(2)①에 규정된 공칭휨강도(N · mm), F_n = 6.11.2.1(2) 또는 6.11.2.1(3)에 규정된 응력으로 표현된 공칭휨강도(MPa)이다.

인장플랜지에 구멍이 있는 휨부재의 유효단면은 6.10.3.6의 규정에 따라 결정해야 한다.

(2) 정모멘트 구간

① 공칭휨강도

인장플랜지에 구멍이 없는 다중 박스거더 단면은 6.10.4.1(2)와 6.10.4.2(2)②에 규정된 요구조건을 만족해야 하며, 공칭휨강도는 6.10.4.2(2)①에 의해 산정한다. 인장플랜지에 구멍이 있는 다중 박스거더 단면은 6.10.2.2의 규정을 만족해야 하며, 공칭휨강도는 6.10.4.2(4)에 의해 산정한다.

단일 박스거더 단면은 6.10.2.2의 규정을 만족해야 하고, 상부플랜지에서의 공칭휨강도는 6.10.4.2(4)의 규정에 따라 결정해야 한다. 단일 박스거더 단면의 하부플랜지의 공칭휨강도는 다음과 같다.

$$F_n = R_b R_h F_{yt} \sqrt{1 - 3\left(\frac{f_v}{F_{yt}}\right)^2} \tag{6.11.4}$$

여기서, F_{yt} = 인장플랜지의 최소항복강도(MPa), R_b, R_b = 6.10.4.3에 규정된 플랜지 강도감소 계수, f_v = 설계하중에 의한 플랜지의 최대 생 베낭 비틀림전단응력(MPa) $(f_v = T/(2A_0 t))$, T = 설계하중에 의한 내부 비틀림모멘트(N · mm), A_0 = 박스거더 단면의 폐합단면적(mm²), t = 판 두께(mm)이다.

설계하중에 의해 단일 박스에 작용하는 전단 및 휨응력은 박스 플랜지상의 동일한 위치에서 계산해야 한다. 다중 박스거더 및 단일 박스거더 단면에 대하여도 6.11.2.1(2)②의 압축플랜지 브레이싱 규정을 적용해야 한다. 단순지간의 경우 하부플랜지의 폭이 지간장의 1/5을 초과하지 않으면 다중 박스거더 및 단일 박스거더 단면의 하부플랜지폭 전체를 휨에 대한 유효폭으로 본다. 하부플랜지의 폭이 지간장의 1/5을 초과할 때에는 지간장의 1/5을 휨에 대한 유효폭으로 본다. 연속지간에서는 상기 조건을 영구하중 작용시 변곡점간의 거리에 대하여 적용한다.

② 압축플랜지 브레이싱

극한한계상태의 계산시 정방향 휨을 받는 다중 박스거더나 단일 박스거더 단면은 브레이싱에 대한 규정을 적용할 필요가 없다. 콘크리트 바닥판 타설을 포함한 시공 전과정을 통하여 박스거더 단면의 형태를 유지시키기 위하여 설치하는 일시적이거나 영구적인 압축플랜지 브레이싱은 6.11.5.1의 규정을 따른다.

(3) 부모멘트 구간

이 규정은 보강 또는 비보강 압축플랜지와 인장플랜지에 대하여 적용한다.

① 공칭휨강도

다중 박스거더와 단일 박스거더 단면에서 공칭휨강도는 다음의 규정에 의한다. 종방향보강재로 보강된 압축플랜지의 공칭휨강도는 다음과 같다.

가) $\dfrac{w}{t_f} \le 0.57\sqrt{\dfrac{kE}{F_{yc}}}$ 인 경우

$$F_n = R_b R_h F_{yc} \tag{6.11.5}$$

나) $0.57\sqrt{\dfrac{kE}{F_{yc}}} < \dfrac{w}{t_f} \le 1.23\sqrt{\dfrac{kE}{F_{yc}}}$ 인 경우

$$F_n = 0.592 R_b R_h F_{yc}\left(1 + 0.687\ \sin\frac{c\pi}{2}\right) \tag{6.11.6}$$

다) $\dfrac{w}{t_f} > 1.23\sqrt{\dfrac{kE}{F_{yc}}}$ 인 경우

$$F_n = 181{,}000\ R_b R_h k\left(\frac{t_f}{w}\right)^2 \tag{6.11.7}$$

윗 식에서,

$$c = \frac{1.23 - \frac{w}{t_f}\sqrt{\frac{F_{yc}}{kE}}}{0.66} \tag{6.11.8}$$

k는 다음에 규정된 좌굴계수로

- $n = 1$ 인 경우

$$k = \left(\frac{8\,I_s}{w\,t_f^3}\right)^{\frac{1}{3}} \le 4.0 \tag{6.11.9}$$

- $n = 2, 3, 4, 5$ 인 경우

$$k = \left(\frac{14.3\,I_s}{w\,t_f^3\,n^4}\right)^{\frac{1}{3}} \le 4.0 \tag{6.11.10}$$

여기서, F_{yc} = 압축플랜지의 항복강도(MPa), w = 압축플랜지의 종방향보강재 사이 폭 또는 복부판으로부터 가장 가까운 종방향 보강재까지의 거리 중 큰 값(mm), t = 압축플랜지의 두께(mm), R_b, R_b = 8.1.10.4.3에 규정된 플랜지응력 감소계수, n = 등간격인 종방향보강재의 수, I_s = 보강되는 판의 보강재쪽 표면을 기준으로한 종방향보강재의 단면2차모멘트(mm^4)이다.

종방향보강재는 6.11.3.2(1)의 규정을 만족해야 한다. 종방향보강재가 없는 압축플랜지에서의 공칭휨강도는 보강재가 있을 때의 규정값에 w대신 복부판간 압축플랜지의 폭 b로 치환하고 좌굴계수 $k = 4$를 적용한다.

인장플랜지에서의 공칭휨강도는 다음과 같다.

$$F_n = R_b R_n F_{yt} \tag{6.11.11}$$

여기서, F_{yt} = 인장플랜지의 항복강도(MPa).

② **복부판 세장비**

6.10.2.2의 규정을 따른다.

6.11.2.2 전단

(1) 일반사항

박스거더의 설계전단강도 V_r은 다음과 같다.

$$V_r = \phi_v V_n \tag{6.11.12}$$

여기서, ϕ_v = 6.5.4.2에 규정된 전단에 대한 저항계수, V_n = 경사진 복부판을 제외하고 6.10.7에 규정된 하나의 복부판에 대한 공칭전단강도(N)이다.

경사진 복부판의 경우에는 6.10.7의 복부판 높이 D는 경사를 고려한 높이를 사용해야 한다. 각 복부판은 설계하중에 의한 전단력 V_{ui}에 대하여 설계해야 한다.

$$V_{ui} = V_u / \cos\theta \tag{6.11.13}$$

여기서, V_{ui} = 경사진 복부판의 설계하중에 의한 전단력(N), θ = 연직축에 대한 복부판의 경사각이다.

단일 박스거더 단면에 대하여는 휨에 대한 최대전단력과 비틀림에 의한 최대전단력의 각 절대값을 더하여 사용하거나 휨과 비틀림이 동시에 발생할 때의 최대전단력을 사용한다.

(2) 전단연결재

직선부재의 전단연결재는 6.10.7.4의 규정에 따른다. 부모멘트 구간에도 전단연결재를 사용한다. 단일 박스거더 단면에서는 전단연결재를 휨과 비틀림에 의한 전단력에 대하여 설계한다. 휨에 의한 전단력을 계산할 때 콘크리트 바닥판 전체가 유효한 것으로 보아야 한다. 총 설계전단력은 각 전단력의 벡터합 또는 절대값의 합으로 결정한다.

6.11.3 보강재

6.11.3.1 복부판 보강재

- 다중 박스거더나 단일 박스거더 단면에서 복부판의 모든 중간수직보강재는 6.10.8.1의 규정에 따라 설계한다.
- 박스거더 단면의 복부판의 수평보강재는 6.10.8.3의 규정에 따라 설계한다.
- 단일 박스거더나 다중 박스거더 단면에서의 모든 지점부보강재는 6.10.8.2의 규정에 따라 설계한다.

6.11.3.2 압축플랜지 보강재

(1) 종방향보강재

다중 박스거더나 단일 박스거더 단면의 압축플랜지 종방향보강재는 등간격으로 배치해야 한다. 보강재의 폭 b_l은 다음을 만족해야 한다.

$$b_l \leq 0.48\, t_p \sqrt{\frac{E}{F_{yc}}} \tag{6.11.14}$$

여기서, t_p = 보강재의 두께(mm), F_{yc} = 압축플랜지의 항복강도(MPa)이다.

보강재가 연결된 플랜지와 평행한 축에 관한 플랜지 중심면에서의 각 보강재 단면2차모멘트 I_l은 다음을 만족해야 한다.

$$I_l \geq \psi\, w\, t_f^3 \tag{6.11.15}$$

여기서, $\psi = 0.125\, k^3$ ($n = 1$인 경우), $\psi = 0.07\, k^3 n^4$ ($n = 2, 3, 4, 5$인 경우), n = 등간격

인 종방향보강재의 수, w = 압축플랜지의 종방향보강재 사이 폭과 복부판에서 가장 가까운 종방향보강재까지의 거리 중 큰 값(mm), t_f = 압축플랜지 두께(mm), k = 6.11.2.1(3)①에 규정된 좌굴계수이다.

(2) 횡방향보강재

플랜지에 횡방향보강재를 사용할 때에는 종방향보강재와 크기가 같아야 한다. 보강재의 폭은 6.11.3.2(1)의 규정을 만족해야 한다.

6.11.4 플랜지와 복부판의 연결

이 절에 규정된 경우를 제외하고는 플랜지-복부판 용접의 총 유효두께는 복부판 두께 보다 작아서는 안 된다. 한 지간 내에 두 개 이상의 중간 다이아프램이 설치된 경우의 용접치수는 6.13.3.4의 규정치보다 작아서는 안 된다. 만약, 필릿용접을 사용할 때는 연결플랜지 또는 복부판 양측 모두 용접해야 한다.

6.11.5 시공성

6.11.5.1 일반사항

박스거더 단면 부재는 시공 단계별 강도와 안정성을 검토해야 한다. 박스거더 단면은 시공 중에 단면 변형이 생기지 않도록 해야 한다. 내부 또는 외부 다이아프램, 수직브레이싱 및 상부수평브레이싱 등이 제작, 가설 및 콘크리트 타설 단계에서 박스거더 단면의 변형을 적절히 제어할 수 있도록 해야 한다. 콘크리트 바닥판의 양생 전에는 U형 박스거더 단면의 상부플랜지는 내부 크로스프레임이나 상부 수평브레이싱이 부착된 곳에서만 보강된 것으로 본다. 캔틸레버 바닥판의 거푸집을 플랜지나 복부판에 설치시킬 때 발생하는 힘에 대해서도 고려해야 한다.

6.11.5.2 복부판

바닥판 타설 단계에서 강박스거더 단면의 복부판은 식 (6.10.8)의 규정을 만족해야 한다.

6.11.5.3 압축플랜지

정모멘트 구간에서, 바닥판의 타설단계에서 다중 박스거더와 단일 박스거더의 압축플랜지는 6.10.4.1(4)의 비합성 압축플랜지의 세장비 규정으로 검토해야 한다.

6.11.5.4 전단

바닥판 타설단계를 고려한 설계하중에 의한 전단력 V_u는 다음과 같은 설계전단강도 V_r을 초과하지 않아야 한다.

$$V_r = \phi_v V_n \tag{6.11.16}$$

여기서, V_n = 6.10.3.2(3)에 규정된 공칭전단강도(N), ϕ_v = 6.5.4.2에 규정된 전단에 대한 저항계수이다.

6.11.6 외측 부재에 대한 풍하중의 영향

수평 방향 설계풍하중을 지지하기 위한 단면은 하부플랜지가 복부판으로 작용하고 복부판은 두께의 12배의 폭을 갖는 플랜지로 작용하는 것으로 본다.

6.11.7 영구처짐에 대한 사용한계상태

LSD [표 3.4.1]의 사용한계상태 II 하중조합을 적용한다. 복부판은 탄성영역에서 압축을 받는 복부판높이 D_c를 이용하여 식 (6.10.8)을 만족해야 한다. 다중 박스거더 단면의 정모멘트 구간에서 플랜지 응력은 다음을 만족해야 한다.

$$f_f \le 0.95 F_{yf} \tag{6.11.17}$$

여기서, f_f = 설계하중에 의한 탄성플랜지응력(MPa), F_{yf} = 플랜지의 항복강도(MPa)이다.

6.12 기타 휨부재

6.12.1 일반사항

6.12.1.1 적용범위

이 항의 규정은 다음의 경우에 적용한다.

- 휨을 받는 비합성 H-형 부재
- 비합성 박스형 부재
- 비합성 원형강관
- ㄷ형강, L형강, T형강 및 봉
- 매입형 압연형강
- 합성강관

6.12.1.2 극한한계상태

(1) 휨

설계휨강도 M_r은 다음과 같다.

$$M_r = \phi_f M_n \tag{6.12.1}$$

여기서, M_n = 6.12.2.2 및 6.12.2.3에 규정된 비합성 및 합성부재에 대한 공칭휨강도(N · mm), ϕ_f = 6.5.4.2에 규정된 휨에 대한 저항계수이다.

(2) 축방향력과 휨모멘트의 조합

6.8.2.3에 규정된 축방향 인장력과 휨모멘트의 조합에 관한 연관관계식 또는 6.9.2.2에 규정된 축방향 압축력과 휨모멘트의 조합에 관한 연관관계식을 적용한다.

(3) 전단력

설계전단강도 V_r은 다음과 같다.

$$V_r = \phi_v V_n \tag{6.12.2}$$

여기서, V_n = 비합성 및 합성부재의 복부판에 대한 6.10.7.2 및 6.12.3에 규정된 공칭전단강도(N), ϕ_v = 6.5.4.2에 규정된 전단에 대한 저항계수이다.

6.12.2 공칭휨강도

6.12.2.1 일반사항

횡-비틀림좌굴에 관한 규정을 합성부재, 비합성 박스형 부재, 복부판과 평행한 축에 대해 휨을 받는 H형 부재 및 원형강관에는 적용할 필요가 없다.

6.12.2.2 비합성부재

(1) H형 부재

이 규정은 H형 부재와 두개의 ㄷ형강의 플랜지가 복부판으로 연결되는 부재에 적용한다.
6.10.4의 규정은 복부판에 수직한 축에 대한 휨의 경우에 적용한다.
복부판과 평행한 축에 대한 공칭휨강도는 다음과 같다.

$$M_n = M_p \tag{6.12.3}$$

여기서, M_p = 복부판과 평행한 중심축에 관한 소성휨강도(N · mm)이다.

(2) 박스형 부재

공칭휨강도는 다음과 같다.

$$M_n = F_y S \left[1 - \frac{0.064\, F_y\, S\, l}{A\, E} \left(\sum \frac{\left(\frac{b}{t}\right)}{I_y} \right)^{0.5} \right] \tag{6.12.4}$$

여기서, S= 휨 축에 관한 단면계수(mm³), A = 박스를 형성하는 판의 중심선으로 둘러싸인 면적(mm²), l = 비지지길이(mm), I_y = 휨 축에 수직한 축에 대한 단면2차모멘트(mm⁴), b = 판 사이의 순간격(mm), t = 판두께(mm)이다.

(3) 원형강관

비합성 원형강관의 공칭휨강도는 다음과 같다.

- $\frac{D}{t} < 2\sqrt{\frac{E}{F_y}}$ 인 경우 $\qquad M_n = M_p \qquad$ (6.12.5)
- $2\sqrt{\frac{E}{F_y}} < \frac{D}{t} \le 8.8\sqrt{\frac{E}{F_y}}$ 인 경우 $\qquad M_n = M_y \qquad$ (6.12.6)

여기서, D= 원형관의 외경(mm), t = 관두께(mm)이다.

(4) ㄷ형강, L형강, T형강 및 강봉

① 비틀림이 구속된 ㄷ형강

하중 작용점과 지점의 비틀림이 구속된 ㄷ형강의 경우에는 6.10.4의 규정을 적용한다.

② 기타의 경우

6.12.2.2(4)①에 포함되지 않은 ㄷ형강, L형강, T형강 및 강봉의 공칭휨강도는 다음 중 최소값을 취한다.

- 항복 • 횡방향 비틀림좌굴 • 요소(element)의 국부좌굴

6.12.2.3 합성부재

(1) 매입형 형강

6.9.5.2(3)의 규정을 만족하는 매입형 형강이 압축력을 받지 않는 경우, 공칭휨강도는 다음 값 중 작은 값으로 한다.

$$M_n = M_{ps} \tag{6.12.7}$$

$$M_n = M_{yc} \tag{6.12.8}$$

6.9.2.2의 규정을 고려하기 위하여 압축력과 휨을 동시에 받는 매입형 형강의 공칭휨강도는 다음과 같다.

- $\dfrac{P_u}{\phi_c P_n} \ge 0.3$인 경우 : $$M_n = ZF_y + \frac{(d-2c)A_r F_{yr}}{3} + \left(\frac{d}{2} - \frac{A_w F_y}{1.7 f_{ck} b}\right) A_w F_y \quad (6.12.9)$$

- $0.0 < \left(\dfrac{P_u}{\phi_c P_n}\right) < 0.3$인 경우 : M_n은 $P_u = 0$일 때 식 (6.12.7)과 식 (6.12.8)로 계산되는 M_n과 $\dfrac{P_u}{\phi_c P_n} \ge 0.3$일 때의 식 (6.12.9)에 의한 M_n사이를 선형보간으로 결정한다.

여기서, P_u = 설계축방향하중(N), P_u = 6.9.5.1에 규정된 공칭압축강도(N), ϕ_c = 6.5.4.2에 규정된 압축에 대한 저항계수, M_{ps} = 강재단면의 소성모멘트(N · mm), M_{yc} = 6.10.5.1(2)에 규정된 합성단면의 항복모멘트(N · mm), Z = 소성단면계수(mm^3), A_w = 복부판 단면적(mm^2), f_{ck} = 콘크리트 28일 압축강도(MPa), A_r = 주철근 단면적(mm^2), c = 주철근 중심을 기준으로 한 피복두께(mm), d = 휨 평면에서의 부재 높이(mm), b = 휨 평면에 수직인 부재의 폭(mm), F_{yr} = 철근의 항복강도(MPa)이다.

(2) 충전형 강관

6.9.5.2의 규정을 만족하는 충전형 강관의 공칭휨강도는 다음과 같다.

- $\dfrac{D}{t} < 2.0\sqrt{\dfrac{E}{F_y}}$ 인 경우 : $$M_n = M_{ps} \quad (6.12.10)$$

- $2.0\sqrt{\dfrac{E}{F_y}} < \dfrac{D}{t} \le 8.8\sqrt{\dfrac{E}{F_y}}$ 인 경우 : $$M_n = M_{yc} \quad (6.12.11)$$

6.12.3 합성부재의 공칭전단강도

6.12.3.1 매입형 형강

공칭전단강도는 다음과 같다.

$$V_n = 0.58 F_{yw} D t_w + \frac{F_{yr} A_v (d-c)}{s} \quad (6.12.12)$$

여기서, F_{yw} = 강재 복부판의 항복강도(MPa), F_{yr} = 전단철근의 항복강도(MPa), D = 강재의 복부판 높이(mm), t_w = 강재의 복부판 두께(mm), A_v = 사인장균열에 대한 전단철근의 단면적(mm^2), s = 전단철근의 간격(mm), d = 전단평면 내의 부재 높이(mm), c = 주철근 중심을 기준으로 한 피복 두께(mm).

6.12.3.2 충전형 강관

(1) 직사각형 강관

공칭전단강도는 다음과 같다.

$$V_n = 1.16 D\, t_w F_y \tag{6.12.13}$$

여기서, $D=$ 강관의 복부판 높이(mm), $t_w=$ 강관의 두께(mm).

(2) 원형강관

원형강관의 공칭전단강도는 강관만을 고려하여 산정한다.

6.13 연결

6.13.1 일반사항

주부재의 이음과 연결부는 다음의 2가지 하중조건 중 큰 값에 대해 극한한계상태로써 설계한다.

- 연결부에서의 설계하중에 의한 단면력(휨모멘트, 전단력, 축방향력)과 이음되는 부재의 설계 강도(설계휨강도, 설계전단강도, 설계 축방향강도)의 평균값
- 부재의 설계강도(설계휨강도, 설계전단강도, 설계 축방향강도)의 75%

다이아프램, 수직 브레이싱, 수평 브레이싱 또는 직선 가로보의 단부 연결은 설계하중에 의한 부재력에 대해 설계한다.

연결은 가능한 한 부재의 축에 대칭이 되도록 한다. 난간 등을 제외한 이음부에서는 한 볼트 군당 2개 이상의 볼트 또는 이와 동등한 용접이 되도록 한다. 브레이싱을 포함한 부재는 편심연결이 되지 않도록 연결해야한다. 편심연결이 불가피한 곳에서는 편심에 의해 생기는 전단과 모멘트를 고려하여 설계한다. 부재 단부의 전체 전단력을 전달하는 연결부의 경우는 연결된 요소의 전체 단면을 전체 단면으로 취해야 한다.

바닥판의 가로보와 거더의 단부연결용 L형강의 두께는 9.5 mm 이상으로 해야 한다. 바닥판 가로보와 거더의 단부연결은 두개의 L형강을 사용한다. 가설시 지지용으로 사용될 수 있는 브래킷 또는 받침용 L형강은 부재단부의 전단력에 대한 연결부 설계시 고려하지 않는다.

보, 거더 및 바닥판의 가로보 등의 단부는 고장력 볼트를 사용하여 연결해야 한다. 볼트연결이 불가능할 경우 용접연결도 허용된다. 용접연결은 전단력과 휨모멘트에 대하여 설계한다.

목재세로보가 강재가로보에 설치된 곳에서는 보강재가 있는 받침용 L형강이 총 반력을 지지할 수 있도록 설계한다. 받침용 L형강의 두께는 11 mm 이상이 되도록 한다.

6.13.2 볼트 연결

6.13.2.1 일반사항

볼트연결부는 도장을 할 수도 있고 안 할 수도 있으며, 볼트를 체결한 뒤에는 견고하게 서로 맞아야 한다. 볼트 연결면의 먼지, 이물질 또는 느슨한 흑피 등은 제거해야 한다. 고장력 볼트에 의한 연결은 마찰연결 또는 지압연결로 설계한다. 마찰연결은 6.13.2.8에 따른다. 볼트의 연결부에는 강재만 사용한다.

(1) 마찰연결

교번응력, 충격하중, 심한 진동을 받는 연결부는 마찰연결로 설계한다. 마찰연결로 설계해야하는 경우는 다음과 같다.

- 연결부가 피로하중을 받는 경우
- 정규 볼트 구멍보다 직경이 큰 구멍에 체결된 볼트가 전단력을 받는 경우
- 슬롯에 체결된 볼트가 슬롯에 수직이 아닌 방향의 전단력을 받는 경우
- 심한 교번하중을 받는 연결부
- 볼트와 용접이 동일한 접합면에서 함께 힘을 전달하는 연결부
- 볼트가 축방향 인장력 또는 동시에 축방향 인장력과 전단력을 받는 경우
- 6.13.6.1(3)에 따라 설계된 연결부를 제외한, 압축력만을 받는 연결부
- 구조물의 사용성을 확보하기 위하여 연결부의 미끄러짐이 발생하면 안 되는 경우

마찰연결은 [LSD 표 3.4.1]의 사용한계상태의 하중조합 II에 대해 미끄러짐을 방지할 수 있도록 설계해야 한다. 또한, 극한한계상태의 하중조합에 대해 지압, 전단 및 인장력에 저항할 수 있어야 한다. 6.13.2.2의 규정에 따른다.

(2) 지압연결

지압연결은 축방향 압축을 받는 연결부 또는 브레이싱 연결부에 대해서만 허용되며 극한한계상태에서 설계강도 R_r을 만족해야 한다.

6.13.2.2 설계강도

마찰연결의 경우 사용한계상태의 하중조합 II 상태에서 볼트의 설계강도 R_r은 다음과 같다.

$$R_r = R_n \tag{6.13.1}$$

여기서, R_n = 6.13.2.8에 규정된 공칭강도(N)이다.

극한한계상태에서 볼트연결부의 설계강도는 R_n 또는 T_n 중 하나를 취한다.

$$R_r = \phi R_n \tag{6.13.2}$$

$$T_r = \phi T_n \tag{6.13.3}$$

여기서

R_n = 볼트 연결부의 공칭강도(N)	• 볼트의 전단에 대한 공칭강도, R_n은 6.13.2.7에 따른다. • 연결부재의 지압에 대한 공칭강도, R_n은 6.13.2.9에 따른다. • 연결부재의 인장 또는 전단에 대한 공칭강도, R_n은 6.13.5에 따른다.
T_n = 볼트의 공칭강도(N)	• 볼트의 축방향 인장력에 대한 공칭강도, T_n은 6.13.2.10에 따른다. • 볼트의 축방향 인장력과 전단력의 조합에 대한 공칭강도, T_n은 6.13.2.11에 따른다.
ϕ = 6.5.4.2에 규정된 볼트의 저항계수	• ϕ_s : 전단력을 받는 볼트 • ϕ_t : 인장력을 받는 볼트 • ϕ_{bb} : 지압력을 받는 볼트 • ϕ_y, ϕ_u : 인장력을 받는 연결부재 • ϕ_v : 전단력을 받는 연결부재

6.13.2.3 볼트, 너트, 와셔

(1) 볼트와 너트

6.4.1.2의 규정을 적용한다.

(2) 와셔

볼트연결에 사용된 와셔는 6.4.1.2의 규정을 만족해야 한다. 다음과 같은 경우 고장력볼트를 사용한 연결부에서는 경화와셔를 사용한다.

- 볼트 연결된 외측 면이 볼트 축에 수직인 면에 대해서 경사가 1:20 이상인 경우
- 조임은 검증된 렌치로 실시하는데, 이 경우 와셔는 조이는 측에 사용
- 볼트의 조임 방법에 상관없이 항복강도가 355 MPa 이하인 재료에 볼트를 체결하는 경우
- 과대볼트구멍 또는 슬롯이 필요한 경우
- M24 이상인 볼트가 과대볼트구멍 또는 짧은 슬롯에 설치되는 경우에는 볼트머리와 너트 하부에 최소두께가 8 mm인 와셔를 사용한다. 경화와셔를 여러 개 겹쳐서 사용해서는 안 된다.

연결부재 외측면의 과대볼트구멍과 짧은 슬롯 위에는 경화와셔를 사용한다. 긴 슬롯에는 슬롯을 완전히 덮을 수 있도록 두께 8mm 이상의 판 와셔를 사용한다. 고장력 볼트에 사용되는 경화와셔는 판 와셔의 외측 면에 두도록 한다. 경화와셔 또는 판 와셔와 같이 설치하지 않은 경우에는 연결부재 외측면의 과대볼트구멍 또는 슬롯 위에 볼트 축력의 크기를 나타내는 장치를 사용하지 않는다.

6.13.2.4 볼트구멍

(1) 형식

① 표준 볼트구멍	별도의 규정이 없으면 고장력볼트를 이용한 연결에는 표준볼트구멍을 사용한다.
② 과대 볼트구멍	마찰연결부에는 과대 볼트구멍을 사용할 수 있으나 지압연결부에서는 사용하지 않는다.
③ 짧은 슬롯	짧은 슬롯은 마찰연결부 또는 지압연결부에 사용할 수 있다. 지압연결부의 경우에는 슬롯의 길이방향과 하중작용방향은 직각이 해야 한다.
④ 긴 슬롯	긴 슬롯은 가능한 한 연결부의 한쪽에만 사용한다. 마찰연결은 슬롯의 방향과 하중작용방향에 관계없이 사용할 수 있으나 지압연결은 슬롯의 길이방향과 하중작용방향이 직각이 되도록 해야 한다.

(2) 크기

볼트구멍의 크기는 [표 6.13.1]에 주어진 값들을 초과해서는 안 된다.

[표 6.13.1] 볼트구멍의 최대 크기(mm)

볼트 직경	표준볼트구멍	과대볼트구멍	짧은 슬롯	긴 슬롯
d	직경	직경	폭 × 길이	폭 × 길이
16	18.0	20.0	18.0 × 22.0	18.0 × 40.0
20	22.0	24.0	22.0 × 26.0	22.0 × 50.0
22	24.0	28.0	24.0 × 30.0	24.0 × 55.0
24	26.0	30.0	26.0 × 33.0	26.0 × 60.0
27	30.0	35.0	30.0 × 37.0	30.0 × 67.0
30	33.0	38.0	33.0 × 40.0	33.0 × 75.0

6.13.2.5 볼트 크기

볼트의 직경은 16 mm 이상이어야 한다. 다리길이가 64 mm인 L형강 및 연결부 상세에 대한 다른 규정을 만족시키기 위해 별도로 직경 16 mm 볼트의 사용이 요구되는 경우를 제외하고는, 주부재에 직경 16 mm의 볼트를 사용하지 않는다. 직경 16 mm 볼트의 사용이 어려운 형강은 핸드레일에만 사용한다. 구조계산에 의해 치수를 결정하지 않은 L형강에는 다음과 같은 볼트를 사용할 수 있다.

• 다리길이 50 mm인 L형강	직경 16.0 mm 볼트
• 다리길이 64 mm인 L형강	직경 20.0 mm 볼트
• 다리길이 75 mm인 L형강	직경 24.0 mm 볼트
• 다리길이 90 mm인 L형강	직경 27.0 mm 볼트

주부재로 사용된 L형강의 볼트 직경은 볼트 체결 측 L형강 다리길이의 1/4보다 작게 한다.

6.13.2.6 볼트 간격

(1) 최소 간격과 순간격

볼트의 최소중심간격은 볼트직경의 3배 보다 작아서는 안 된다. 과대볼트구멍이나 슬롯의 경우 힘작용 방향 및 힘작용 방향에 수직인 방향으로의 인접 구멍 간 최소 순간격은 볼트지름의 2배 이상이어야 한다.

(2) 봉합볼트의 최대피치

봉합볼트의 경우 외측 판 혹은 형강의 자유단에 인접한 볼트선의 볼트간격은 다음을 만족해야 한다.

$$p \le (100 + 4.0\,t) \le 175 \tag{6.13.4}$$

자유단에 인접한 두 볼트선의 게이지가 38 + 4.0t 미만이고, 볼트가 서로 균일하게 엇갈려서 배치된 경우 엇갈린 볼트의 피치, p는 다음을 만족해야한다.

$$p \le 100 + 4.0\,t - \left(\frac{3.0\,g}{4.0}\right) \le 175 \tag{6.13.5}$$

엇갈린 볼트의 피치는 한 볼트선상의 간격에 대해 요구되는 최대값의 반절보다 작을 필요는 없다. 여기서, $t =$ 외측판 또는 형강의 얇은 쪽 두께(mm), $g =$ 인접한 두 볼트선의 게이지 (mm).

(3) 누빔볼트의 최대간격

누빔볼트는 2개 이상의 판이나 형강을 볼트로 조립하여 만든 부재에 사용한다.

압축부재에서 누빔볼트의 피치는 12.0t를 초과해서는 안 된다. 인접한 두 볼트선의 게이지는 24.0t를 초과할 수 없다. 엇갈려 배치된 볼트의 엇갈린 피치는 다음을 만족해야 한다.

$$p \le 15.0\,t - \left(\frac{3.0\,g}{8.0}\right) \le 12.0\,t \tag{6.13.6}$$

인장부재에 대한 피치는 압축부재에 대해서 규정된 값의 2배를 초과해서는 안 된다. 인장부재에 대한 볼트선 게이지는 24.0t를 초과할 수 없다. 볼트를 사용한 조합 단면의 부재에서 최대볼트 간격은 봉합볼트나 누빔 볼트에 대한 요건 중 작은 값을 초과해서는 안 된다.

(4) 압축부재 단부의 누빔볼트 최대피치

압축부재를 연결하는 볼트의 피치는 압축부재 최대 폭의 1.5배 구간에 대해서는 볼트 직경의

4배를 초과할 수 없다. 이 구간을 지나서 압축부재 최대 폭의 1.5배에 달하는 구간에서는 6.13.2.6(3)에 규정된 최대피치에 도달할 때까지 점차적으로 피치를 증가시킬 수 있다.

(5) 힘방향의 연단거리

모든 형태의 볼트구멍에 대해서 볼트중심으로부터 힘작용 방향의 연단거리는 [표 6.13.2]에 규정된 거리 이상이어야 한다. 과대구멍 또는 슬롯이 사용된 경우에는 힘작용 방향의 최소 순 연단거리가 볼트직경보다 커야한다. 힘 작용방향의 최대 연단거리는 6.13.2.6(6)에 규정된 최대 연단거리로 한다.

(6) 힘 수직 방향의 연단거리

최소 연단거리는 [표 6.13.2]에 규정에 따른다. 최대 연단거리는 가장 얇은 외측판 두께의 8배 또는 125 mm 이하로 한다.

[표 6.13.2] 최소 연단거리

볼트 호칭	전단연, 수동가스 절단연(mm)	압연형, 다듬질연, 자동가스 절단연(mm)
16	28	22
20	34	26
22	38	28
24	42	30
27	48	34
30	52	38

6.13.2.7 전단강도

<table>
<tr><td colspan="2">길이가 1,270mm 이하인 연결부에서 극한한계상태의 고장력볼트의 공칭전단강도</td></tr>
<tr><td>• 전단 단면에 나사산이 없을 경우</td><td>$R_n = 0.48 A_b F_{ub} N_s$ (6.13.7)</td></tr>
<tr><td>• 전단 단면에 나사산이 있을 경우</td><td>$R_n = 0.38 A_b F_{ub} N_s$ (6.13.8)</td></tr>
<tr><td colspan="2">길이가 1,270 mm 이상인 연결부에서의 볼트 1개당의 공칭전단강도는 식 (6.13.7) 또는 식 (6.13.8)의 값에 0.8배한 것이다.</td></tr>
<tr><td>전단 단면에 볼트의 나사산이 있는지를 판단할 경우</td><td>나사부의 길이는 나사부의 공칭길이에 나사산 피치의 2배를 더한 것</td></tr>
<tr><td>연결부의 전단단면에 나사산이 있을 경우</td><td>전단 강도는 나사부의 값으로 계산</td></tr>
</table>

여기서, A_b = 공칭직경에 의한 볼트 단면적(mm^2), F_{ub} = 6.4.4.2에 규정된 볼트의 최소인장강도(MPa), N_s = 볼트 1개당 전단 단면 수.

6.13.2.8 마찰강도

마찰연결에서 볼트의 공칭마찰강도는 다음과 같다.

$$R_n = K_h K_s N_s P_t \tag{6.13.9}$$

여기서, N_s = 볼트 1개당 미끄러짐면의 수, P_t = [표 6.13.3]에 규정된 볼트의 설계 축력(N), K_h = [표 6.13.4]에 규정된 볼트 연결부에서의 구멍크기계수, K_s = [표 6.13.5]에 규정된 볼트 연결부에서의 표면상태계수.

[표 6.13.3] 볼트의 설계 축력

볼트 직경(mm)	볼트축력 P_t (kN)		
	F8T	F10T	F13T
20	130	160	215
22	160	200	265
24	190	235	305
27	–[1)]	310	–[1)]
30	–[1)]	375	–[1)]

1) : 현재 사용 가능하지 않음

[표 6.13.4] K_h 값

표준구멍	1.0
과대볼트구멍 또는 짧은 슬롯	0.85
재하 방향에 직각인 긴 슬롯	0.70
재하 방향에 평행인 긴 슬롯	0.60

[표 6.13.5] K_s 값

등급 A 표면상태	0.33
등급 B 표면상태	0.40
등급 C 표면상태	0.33

[표 6.13.5]의 등급별 표면상태는 다음과 같다.

- 등급 A : 페인트칠하지 않은 깨끗한 흑피 또는 녹을 제거하고 A등급 도장을 한 표면
- 등급 B : 도장을 하지 않고 녹을 제거한 깨끗한 표면, 녹을 제거한 깨끗한 표면에 등급 B 도장을 한 표면
- 등급 C : 용융 도금한 표면과 거친 표면

전 처리를 하지 않은 연결부의 경우 볼트구멍연단에서 볼트직경 또는 25 mm 이내의 구간 및 볼트배치부에는 도장을 하지 않도록 계약서에 명시해야 한다. 도장을 하는 등급을 사용한 연결 면은 녹을 깨끗이 제거하고 실험에 합격한 등급의 도장을 사용하도록 계약서에 명시해야 한다. 만일 평균 표면 상태 계수가 실험에 의해 정해졌고 책임 기술자가 승인하는 경우에는 0.33보다 작은 값을 사용할 수 있다. 이 경우 공칭마찰강도는 실험에서 구한 표면상태계수의 값에 의해 계산한다. 계약서에는 다음 사항이 규정해야 한다.

- 도장한 접합면은 최소경화시간을 경과한 후에 조립해야 한다.
- 도금 처리하도록 규정된 접합면은 용융아연도금을 해야 한다. 도금 후에 수동 와이어-브러시를 사용하여 표면을 거칠게 해주어야 하며, 자동 와이어-브러시는 사용해서는 안 된다.

마찰연결부에 조임력(clamping force)을 감소시키는 인장력이 작용하는 경우, 공칭마찰강도는 식 (6.13.17)에 의해 규정된 계수를 곱하여 감소시켜야 한다.

6.13.2.9 볼트구멍의 지압강도

볼트의 유효지압면적은 볼트의 지름에 연결부재의 두께를 곱한 값과 같다. 원추형 구멍을 갖는 연결부재의 유효두께는 연결부재의 두께에서 원추부 높이의 차의 절반을 뺀 값과 같다.

표준구멍, 과대볼트구멍, 짧은 슬롯과 지압력 방향에 평행한 긴 슬롯에 대해, 안쪽 볼트구멍과 가장자리 볼트구멍의 공칭 지압강도 R_n은 극한한계상태에서 다음과 같다.

- 볼트구멍의 순간격, 또는 응력방향의 순연단거리가 $2d$이상으로 배열된 경우

$$R_n = 2.4 \; d \; t \; F_u \qquad (6.13.10)$$

- 볼트구멍들의 순간격, 또는 응력방향의 순연단거리가 $2d$보다 작은 경우

$$R_n = 1.2 \; L_c \; t \; F_u \qquad (6.13.11)$$

지압력 방향에 수직인 긴 슬롯에 대해 :

- 볼트구멍의 순간격 및 순연단 거리가 $2d$이상인 경우

$$R_n = 2.0 \; d \, t \, F_u \qquad (6.13.12)$$

- 볼트구멍들의 순간격 또는 응력방향의 순연단 거리가 $2d$보다 작은 경우

$$R_n = L_c \, t \, F_u \qquad (6.13.13)$$

여기서, d = 볼트 공칭직경(mm), t = 연결부재 두께(mm), F_u = [표 6.4.4.2]에 규정된 연결부재의 인장강도(MPa), L_c = 구멍 사이의 순간격 또는 구멍과 부재의 응력방향의 순연단거리(mm)이다.

6.13.2.10 인장강도

(1) 일반사항

고장력볼트에는 [표 6.13.3]에 규정된 인장력을 도입한다. 작용 인장력은 설계하중에 의한 인장력과 6.13.2.10(4)에 규정된 연결부의 변형에 따른 프라잉 작용에 의한 모든 인장력을 더한 값을 사용한다.

(2) 공칭인장강도

볼트의 공칭인장강도 T_n은 초기에 도입된 힘과 무관하게 다음과 같이 결정한다.

$$T_n = 0.76\,A_b F_{ub} \tag{6.13.14}$$

여기서, A_b = 공칭직경에 대한 볼트의 단면적(mm^2), F_{ub} = 8.1.4.4.2에 규정된 볼트의 인장강도(MPa).

(3) 피로강도

고장력볼트가 축방향의 피로하중을 받는 경우 볼트의 응력범위 Δf는 [LSD 3.6.1.4]에 규정된 충격을 포함하는 피로설계 활하중에 프라잉력을 합한 것이며 식 (6.6.1)을 만족해야 한다.

볼트의 응력범위 산정에는 볼트의 공칭직경이 사용된다. 계산된 프라잉 작용력은 외부 하중으로 인한 작용력의 60%를 초과해서는 안 된다. ASTM A307에 따른 저탄소강 볼트는 피로하중을 받는 연결부에 사용할 수 없다.

(4) 프라잉 작용

프라잉 작용에 의한 인장력은 다음과 같다.

$$Q_u = \left[\frac{3b}{8a} - \frac{t^3}{328{,}000}\right] P_u \tag{6.13.15}$$

여기서, Q_u = 설계하중으로 인한 볼트 1개당 프라잉 인장력(N)으로서 압축인 경우는 0으로 한다. P_u = 설계하중에 의한 볼트 1개당 인장력(N), a = 볼트의 중심에서 연단까지 거리(mm), b = 볼트의 중심에서 연결부의 필릿 용접단까지 거리(mm), t = 가장 얇은 연결부의 두께(mm).

6.13.2.11 인장과 전단의 조합

전단과 인장을 동시에 받는 볼트의 공칭인장강도는 다음과 같다.

- $\dfrac{P_u}{R_n} \le 0.33$ 인 경우 : $\quad T_n = 0.76\,A_b F_{ub}$ (6.13.16)
- $\dfrac{P_u}{R_n} > 0.33$ 인 경우 : $\quad T_n = 0.76\,A_b F_{ub}\sqrt{1-\left(\dfrac{P_u}{\phi_s R_n}\right)^2}$ (6.13.17)

여기서, A_b = 공칭직경에 대한 볼트의 단면적(mm^2), F_{ub} = 6.4.4.2에 규정된 볼트의 최소인장강도(MPa), P_u = 설계하중에 의한 볼트의 전단력(N), R_n = 6.13.2.7에 규정된 볼트의 공칭전단강도(N)이다.

[LSD 표 3.4.1]에 규정된 사용한계상태조합 II의 설계하중에 대해 인장과 전단이 동시에 작용할 때의 마찰연결 볼트의 공칭강도는 6.13.2.8에 규정된 공칭마찰강도에 아래의 계수를 곱한

값 이하이어야 한다.

$$1 - T_u/P_t \tag{6.13.18}$$

여기서, T_u = 사용한계상태조합 II에서 설계하중에 의한 인장력(N), P_t = 볼트의 최소소요 인장력(N).

6.13.3 용접 연결

6.13.3.1 일반사항

용접에 관한 일반사항은 [도로교표준시방서 2-4 용접]에 따른다.

그루브용접과 필릿용접에는 매칭 용접금속을 사용하여야 한다. 그러나 필릿용접의 상세를 정하는 데 있어서 건전한 용접이 이루어지도록 용접절차와 용접금속이 선정되어야 한다면 모재보다 낮은 강도의 용접봉 등급이 규정될 수 있다.

6.13.3.2 설계강도

(1) 일반사항

극한한계상태에서 용접연결의 설계강도 R_r은 6.13.3.2(2)부터 6.13.3.2(4)의 규정에 따라 정한다. 용접의 유효면적은 6.13.3.3의 규정에 따른다. 연결재료의 설계강도 6.13.5의 규정에 따른다.

(2) 완전용입 그루브용접 연결부

① 인장과 압축

유효면적에 직각으로 또는 용접축에 평행으로 인장 또는 압축을 받을 경우, 용접의 설계강도는 모재의 설계강도를 취한다.

② 전단

유효면적에 전단력이 작용할 때 완전용입 그루브용접의 설계강도는 식(6.13.19)의 값이나 모재의 인장에 대한 설계강도의 60% 중 작은 값을 사용한다.

$$R_r = 0.6\,\phi_{e1} F_{exx} \tag{6.13.19}$$

여기서, F_{exx} = 용접금속의 분류강도(MPa), ϕ_{e1} = 6.5.4.2에 규정된 용접금속의 저항계수이다.

(3) 부분용입 그루브용접 연결부

① 인장 또는 압축

용접축에 평행으로 인장 또는 압축을, 또는 유효면적에 수직으로 압축을 받는 부분용입 그루브용접의 설계강도는 모재의 설계강도를 취한다. 유효면적에 직각인 방향의 인장력에 대한 부분용입 그루브용접의 설계강도는 다음 식에서 주어진 값과 모재의 설계강도 중 작은 값으로 한다.

$$R_r = 0.6\,\phi_{e1} F_{exx} \tag{6.13.20}$$

여기서, ϕ_{e1} = 6.5.4.2에 규정된 용접금속의 저항계수이다.

② **전단**

용접축에 평행한 전단력에 대한 부분용입 그루브용접의 설계강도는 6.13.5에 규정된 연결재료의 공칭설계강도와 다음 식에 의한 설계강도 중에서 작은 값으로 정한다.

$$R_r = 0.6\,\phi_{e2} F_{exx} \tag{6.13.21}$$

여기서, ϕ_{e2} = 6.5.4.2에 규정된 용접금속의 저항계수이다.

(4) 필릿용접 연결

① **인장과 압축**

용접축에 평행한 압축이나 인장에 대한 필릿용접의 설계강도는 모재의 설계강도를 사용한다.

② **전단**

매칭 또는 언더매칭 용접금속을 사용하고 전형적인 용접형상이며, 전단력을 받는 필릿용접 연결의 설계강도는 6.13.3.3에 규정된 용접부의 유효면적과 다음 식의 용접금속에 대한 강도를 곱하여 구한다.

$$R_r = 0.6\,\phi_{e2} F_{exx} \tag{6.13.22}$$

6.13.3.3 유효면적

유효면적은 유효용접 길이에 유효 목두께를 곱한 값과 같다. 유효목두께는 부재접합부 루트에서 용접면까지의 최단거리다.

6.13.3.4 필릿용접의 치수

연결부의 설계시 가정하는 필릿용접의 치수는 설계하중이 6.13.3.2에 규정된 설계강도를 초과하지 않도록 정한다.

연결되는 부재의 연단을 따라 용접한 필릿용접의 최대치수	
• 두께가 6 mm 미만인 부재	그 부재의 두께
• 두께가 6 mm 이상인 부재	계약서에 용접을 전체 목두께만큼 육성하도록 명시되지 않는 한 그 부재 두께보다 2 mm 작은 값

필릿용접의 최소치수는 [표 6.13.6]과 같다. 용접 크기는 연결부의 얇은 부재의 두께를 초과할 필요가 없다. 작용 응력의 크기와 적절한 예열이 함께 사용될 경우 더 작은 필릿용접 치수의 사용을 감독으로부터 승인 받을 수 있다.

[표 6.13.6] 필릿용접의 최소치수

연결부의 두꺼운 부재의 두께(T) (mm)	필렛 용접의 최소치수 (mm)
T ≤ 20	6
20 < T	8

6.13.3.5 필릿용접의 최소 유효길이

필릿용접의 최소유효길이는 용접치수의 4배, 그리고 어떤 경우에도 40 mm보다 길어야 한다.

6.13.3.6 필릿용접 단부의 돌림용접

용접 축에 평행하지 않게 작용하는 인장력을 지지하거나, 반복하중을 지지하도록 설계된 필릿용접은 부재 또는 요소의 모퉁이에서 끝나면 안 된다. 동일평면에서 그런 모퉁이의 돌림이 이루어질 수 있는 곳에서는 같은 용접치수로 모퉁이를 돌아 용접치수의 2배의 길이만큼 연속해서 용접을 해야 한다. 용접단부의 돌림은 설계도서에 명시 되어야 한다. 두 부재가 서로 접촉하는 공유평면의 서로 반대쪽에 용접되는 필릿용접은 양쪽 용접의 공통된 모퉁이에서 끝내야 한다.

6.13.3.7 내밀용접

내밀용접은 채움기능과 강도기능을 발휘할 수 있도록 연속적인 용접을 해야 한다. 내밀용접에서는 강도상의 이유나 필릿용접의 최소치수 규정을 만족하기 위하여서만 단면을 변화시킬 수 있다.

6.13.4 블록전단파괴강도

플랜지가 절취된 보의 복부판 연결부와 연결판, 이음판, 연결판을 포함한 모든 인장 연결부는, 설계강도가 발휘되도록 적절하게 부재가 연결되어 있는지를 검토해야 한다.

연결부는 부재나 연결판의 모든 가능한 파괴면에 대해서 검토해야 한다. 파괴면은 작용하중에 평행 또는 수직인 면을 포함해야 한다. 작용하중에 평행인 면은 전단응력만 지지하도록 하고, 작용하중에 수직인 면은 인장응력만 지지하도록 한다.

평행면과 수직면을 동시에 고려한 설계강도

- $A_{tn} \geq 0.58 A_{vn}$ 인 경우 $R_r = \phi_{bs}(0.58\, F_y\, A_{vg} + F_u\, A_{tn})$ (6.13.23)

• 그 외의 경우 $$R_r = \phi_{bs}(0.58\,F_u\,A_{vn} + F_y\,A_{tg}) \qquad (6.13.24)$$

여기서, A_{vg} = 전단력에 저항하는 단면의 전단면적(mm^2), A_{vn} = 전단력에 저항하는 단면의 순단면적(mm^2), A_{tg} = 인장력에 저항하는 단면의 전단면적(mm^2), A_{tn} = 인장력에 저항하는 단면의 순단면적(mm^2), F_y = 연결재의 최소항복강도(MPa), F_u = 연결재의 최소 인장강도(MPa), ϕ_{bs} = 6.5.4.2에 주어진 블록 전단에 대한 저항계수이다.

전단면적	면의 길이와 부재의 두께의 곱
순단면적	총단면적에서, (구멍 치수 + 2 mm) × (구멍 개수)에 부재의 두께를 곱한 값을 뺀 값

인장응력을 받는 예상 파단면의 순단면적을 결정함에 있어, 절단면 주위의 지그재그 배치된 구멍의 효과는 6.8.3에 따라 결정한다. 전단응력에 대한 순단면적에서는 예상 파단면에서 직경 2배 내에 중심을 둔 총 유효직경을 감하고 그 이외의 구멍은 무시한다.

6.13.5 연결 요소

6.13.5.1 일반사항

다음 사항은 인장이나 전단에 대한 연결판, 연결용 형강, 브래킷, 그 외 연결판과 같은 연결요소의 설계에 적용한다.

6.13.5.2 인장

인장에 대한 설계강도 R_r은 항복과 파괴에 대해서 각각 식 (6.8.1)과 식 (6.8.2)에 주어진 값과 6.13.4에 주어진 블록전단파괴 강도 중에서 작은 값을 취한다. 식 (6.8.2)를 적용하여 연결판에 대한 P_{nu}를 결정할 때, 6.8.2.2에 주어진 감소계수 U는 1.0으로 하고 식 (6.8.2)에 사용된 연결판의 순단면적 A_n은 판의 전단면적의 85%를 넘지 않도록 한다.

6.13.5.3 전단

전단에 대한 연결요소의 설계강도 R_r은 다음과 같다.

$$R_r = \phi_v R_n \qquad (6.13.25)$$

$$R_n = 0.58\,A_g F_y \qquad (6.13.26)$$

여기서, R_n = 공칭전단강도(N), A_g = 연결요소의 전단면적(mm^2), F_y = 연결요소의 최소항복강도(MPa), ϕ_v = 6.5.4.2에 규정된 전단에 대한 저항계수이다.

6.13.6 이음

6.13.6.1 볼트이음

(1) 일반

볼트이음은 6.13.1에 규정된 요건을 만족하도록 극한한계상태에 대해 설계해야 한다.

(2) 인장부재

인장부재에 대한 이음은 6.13.5.2에 규정된 요건들을 만족시켜야 한다. 인장부재의 이음은 6.13.2.1(1)에 규정된 마찰 연결과 같이 설계해야 한다.

(3) 접촉연결 압축부재

기계 가공한 단부를 서로 완전 접촉시켜 부재 단부 사이의 지압으로 힘이 전달되도록 한 압축부재의 이음은 연결되는 부재의 작은 쪽 설계강도의 50% 이상에 대해 설계해야 한다. 트러스의 현재, 아치의 부재, 그리고 기둥의 이음은 되도록 절점에 가까이, 그리고 일반적으로 힘에 의한 효과가 작게 일어나는 쪽에 위치하도록 해야 한다. 판, L-형강, 또는 이음요소들은 이음부 부재의 모든 요소에 미쳐지는 힘의 효과에 대해 적합해야 한다.

(4) 휨부재

① 일반

연속경간에서 이음은 고정하중에 의한 휨모멘트 방향의 변환점 또는 그 근처에 있도록 해야 한다. 응력 작용방향이 변하는 복부판과 플랜지의 이음은 정과 부의 휨모멘트에 대해 모두 검토해야 한다. 복부판과 플랜지의 이음에서 이음 한쪽 편에 볼트를 2줄 미만으로 해서는 안 된다.

과대구멍과 슬롯트 구멍은 볼트 이음에서 부재나 이음판 어느 쪽에도 사용해서는 안 된다.

휨부재의 볼트이음은 6.13.2.1(1)의 규정에 따른 마찰이음으로 설계해야 한다. 강구조물의 가설과 바닥판의 콘크리트 타설 도중에 이음부에서 미끄러짐이 발생하지 않도록 설계해야 한다.

이음점에서 극한한계상태에 대한 플랜지의 설계휨강도는 6.10.4의 관련 조항을 만족시켜야 한다. 이음점에서의 극한한계상태의 설계하중에 의한 휨응력과 볼트이음의 미끄러짐에 대한 검토를 위한 휨응력은 전체단면을 사용하여 구한다.

플랜지 L-형강 이음은 휨부재 양쪽 면에 각각 1개씩 2개의 L-형강을 사용해야 한다.

② 복부판 이음

복부판이음판과 복부판의 연결은 복부판 이음점에서의 전단력과 이 전단력의 편심작용으로 인한 모멘트, 그리고 이음점에서 복부판가 분담해야하는 휨모멘트에 대해 설계해야 한다.

극한한계상태에서 최소 값으로 설계전단력, V_{uw}

- $V_u < 0.5\phi_v V_n$ 인 경우 : $V_{uw} = 1.5\,V_u$ (6.13.27)

- $V_u \geq 0.5\phi_v V_n$ 인 경우 : $V_{uw} = \dfrac{(V_u + \phi_v V_n)}{2}$ (6.13.28)

여기서, V_u = 이음점에서 설계하중에 의한 전단력(N), V_n = 6.10.7.2에 규정된 복부판의 공칭 전단강도(N).

극한한계상태에서의 설계 전단력은 6.13.4에 규정된 복부판이음판의 설계강도와 6.13.5.3에 규정된 복부판이음판의 설계강도 중 작은 값을 초과해서는 안 된다.

전단력의 편심거리는 이음의 중심선으로부터 고려중인 이음 한쪽 편에 있는 볼트들의 무게 중심까지의 거리를 취해야 한다.

극한한계상태에서 복부판이음판의 휨응력은 이음판의 항복강도에 6.5.4.2의 저항계수를 곱한 값을 초과해서는 안 된다.

복부판이음의 볼트는 최대 볼트 설계력에 대해 마찰이음으로 설계해야 한다. 복부판 이음볼트의 미끄러짐을 검토하기 위해서 최소값으로 설계전단력은 LSD [표 3.4.1]에 규정된 사용한계상태Ⅱ 하중조합 작용 하에 이음점에서의 전단력을 취해야 한다.

복부판은 복부판 양면에 이음판으로 대칭이 되도록 연결한다. 복부판이음판은 가능한 한 플랜지 사이의 복부판 전 높이를 덮을 수 있도록 연장해야 한다.

③ 플랜지 이음

극한한계상태에서 제어플랜지의 이음판과 볼트이음은 설계응력 F_{cf}에 이음의 양측 유효플랜지면적중 작은 값인 A_e를 곱하여 구한 최소강도 이상을 갖도록 설계해야 한다. 여기서 A_e는 6.10.3.6에 규정되어 있으며, F_{cf}는 다음과 같다.

$$F_{cf} = \frac{\left(\left|\dfrac{f_{cf}}{R_n}\right| + \alpha\,\phi_f\,F_{yf}\right)}{2} \geq\ 0.75\,\alpha\,\phi_f\,F_{yf} \qquad \text{[LSD 식 (6.13.29)]}$$

여기서, f_{cf} = 이음점에서 설계하중에 의한 제어플랜지 두께 중심에서의 최대 휨응력(MPa), R_n = 식(해설 6.13.3참조), α = 1.0(단, F_n이 F_{yf}보다 작은 비조밀단면의 플랜지에 대해 1.0보다 작은 (F_n/F_{yf})의 값을 사용할 수 있다), ϕ_f = 6.5.4.2에 규정된 휨에 대한 저항계수, F_n = 플랜지의 공칭휨강도(MPa), F_{yf} = 플랜지의 항복강도(MPa).

극한한계상태에서 비제어플랜지의 이음판과 볼트이음은 설계응력 F_{ncf}에 이음의 양측 유효플랜지면적중 작은 값인 A_e를 곱하여 구한 최소강도 이상을 갖도록 설계해야 한다. 여기서 A_e는 6.10.3.6에 규정되어 있으며, F_{ncf}는 다음과 같다.

$$F_{ncf} = R_{cf}\left|\frac{f_{ncf}}{R_h}\right| \geq\ 0.75\,\alpha\,\phi_f\,F_{yt} \qquad (6.13.30)$$

여기서, R_{cf} = 제어 플랜지의 f_{cf}에 대한 F_{cf}의 비의 절대값, $f_{ncf} = f_{nf}$와 동일한 이음점에서의 비제어 플랜지 두께 중앙점의 설계휨응력, 인장응력은 (+), 압축응력은 (−) (MPa), R_h = 6.10.4.3(1)에 하이브리드단면 플랜지 강도감소계수.

극한한계상태에서 인장력을 받는 이음판의 설계단면력은 6.13.5.2에 규정된 설계 인장강도를 초과하지 않도록 해야 한다. 압축력을 받은 이음판의 설계단면력은 다음의 설계압축강도, R_r을 초과하지 않도록 해야 한다.

$$R_r = \phi_c F_y A_s \tag{6.13.31}$$

여기서, ϕ_c = 6.5.4.2에 규정된 압축에 대한 저항계수, F_y = 이음판의 항복강도(MPa), A_s = 이음판의 전 단면적(mm^2).

플랜지의 볼트이음은 플랜지의 설계 단면력에 대해 마찰 연결로 설계해야 한다. 플랜지 볼트이음부의 미끄러짐에 대한 검토를 위한 플랜지의 설계단면력은 사용한계상태Ⅱ 하중조합에 의한 설계응력, F_s에 이음 양측의 플랜지 전 단면적 중 작은 값을 곱하여 구한 값 이상이어야 한다. 여기서 F_s는 다음과 같다.

$$F_s = f_s / R_h \tag{6.13.32}$$

여기서, f_s = 사용한계상태Ⅱ 하중조합에 의한 이음점에서 작은 쪽 단면의 검토대상 플랜지 두께 중앙에서의 최대휨응력(MPa), R_h = 6.10.4.3(1)에 하이브리드단면 플랜지 강도감소계수.

채움판이 필요한 경우에는 6.13.6.1(5)의 규정을 적용해야 한다.

(5) 채움재

본 항목의 조항들은 지압연결부에 적용한다. 볼트가 6 mm 이상의 두께를 갖는 채움재를 거쳐 하중을 지지할 때에는

- 채움재를 거셋이나 이음재를 지나서까지 연장해야 하고 채움재 연장부는 채움재와 부재 합성단면 전체에 걸쳐 부재 응력이 균등히 분포하도록 추가적인 볼트로 고정해야 한다. 혹은
- 대안으로, 채움재를 연장하지 않는다면 다음 식에 의한 6.13.2.2절의 극한전단강도 상태인 볼트의 설계강도에 적당해야 한다.

$$R = \left[\frac{(1+\gamma)}{(1+2\gamma)}\right] \tag{6.13.33}$$

여기서, $\gamma = A_f / A_p$, A_f = 연결부의 윗판과 아랫판의 채움재의 총단면적(mm^2), A_f = 연결부의 윗판과 아랫판의 접합단면적의 합이나 연결판의 면적 중 적은 면적(mm^2).

마찰연결에서 설계마찰강도는 6.13.2.2의 사용한계상태 II 하중조합을 따르고 채움재의 효과를 위해 조정하지 않는다. 두께 6 mm 이상의 채움재는 기술자가 승인하지 않는 한, 2개 이상의 판으로 구성되어서는 안 된다.

6.13.6.2 용접이음

용접이음의 설계나 세부사항은 ANSI/AASHTO/AWS Bridge Welding Code D1.5의 최신판이나 여기에 명시된 사항을 따른다. 용접이음은 6.13.1에 규정된 설계모멘트, 설계전단력 혹은 설계축방향력에 저항하도록 설계해야 한다. 인장과 압축부재는 완전용입맞대기용접으로 이어질 수 있는데, 이때 이음판을 사용하지 않아도 된다.

현장 용접이음은 상향자세를 피하도록 설계해야 한다.

서로 다른 폭을 갖는 부재에 대한 맞대기용접이음은 [그림 6.13.1]에서와 같은 대칭인 변화부를 가져야 한다.

계약서에는 서로 다른 두께의 맞대기 용접 이음부의 오프셋 표면 기울기가 1/2.5 이하가 되도록 규정해야 한다.

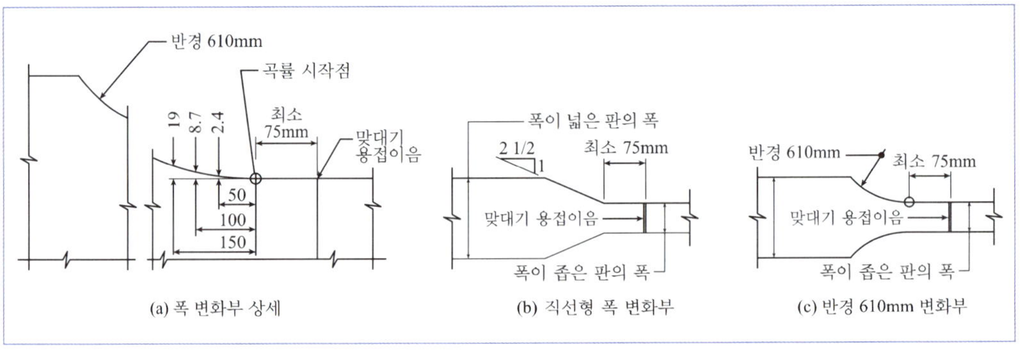

[그림 6.13.1] 이음부 상세

6.13.7 강절연결

6.13.7.1 일반사항

모든 강절 연결부는 극한한계상태에서 설계하중으로 인한 모멘트, 전단력, 그리고 축방향력에 저항하도록 설계한다.

6.13.7.2 복부판

보강재를 갖지 않는 보의 복부판 두께는 다음과 같아야 한다.

$$t_w \geq \sqrt{3}\left(\frac{M_c}{\phi_v\, F_y\, d_b\, d_c}\right) \qquad (6.13.34)$$

여기서, F_y = 복부판의 항복강도(MPa), M_c = 설계하중에 의한 기둥의 모멘트(N · mm), d_b = 보의 높이(mm), d_c = 기둥단면의 높이(mm), ϕ_v = 6.5.4.2절에 규정된 전단에 대한 저항계수이다.

연결 복부판의 두께가 [LSD 식 (6.13.34)] 보다 작을 때에는 복부판을 대각 보강재나 연결면적 전체에 걸쳐 복부판과 접촉하는 보강판으로 보강해야 한다.

한 부재의 양 플랜지가 다른 부재의 플랜지에 강절로 연결될 때 다음과 같은 조건의 경우 한 부재의 압축플랜지 맞은편 부재의 복부판을 보강해야 한다.

$$t_w < \frac{A_f}{t_b + 5k} \tag{6.13.35}$$

또한, 다음과 같은 조건의 경우 한부재의 인장플랜지 맞은편 부재의 복부판을 보강해야 한다.

$$t_c < 0.4\sqrt{A_f} \tag{6.13.36}$$

여기서, t_w = 보강될 복부판의 두께(mm), k = 플랜지 하면에서 필릿용접 끝단까지의 거리(mm), t_b = 집중하중을 전달하는 플랜지의 두께(mm), t_c = 보강될 플랜지의 두께(mm), A_f = 집중하중을 전달하는 플랜지의 면적(mm^2)이다.

6.14 바닥판과 바닥틀

6.14.1 적용범위

이 장은, 연직하중을 받는 강재, 콘크리트 또는 그의 조합의 교량 바닥판과 바닥틀의 해석 및 설계의 조항을 포함한다. 규정된 조건을 만족하는 일체로 된 콘크리트 교량 바닥판은 어떤 해석도 요구하지 않는 경험적 설계를 허용한다. 바닥판과 지지구조물은 연속구조로 하는 것이 바람직하다. 기술적으로 가능한 경우에는 바닥판과 그 지지구조물을 합성시키는 것이 좋다.

6.14.2 일반적인 설계규정

6.14.2.1 상호작용

바닥판은 특별한 사유가 없는 한 바닥판을 지지하는 부재들과 합성시킨다. 합성되지 않은 바닥판이 지지부재와 수직으로 분리되는 것을 막기 위해 지지 부재와 연결시켜야한다. 바닥판과 지지부재 사이의 전단연결재와 다른 연결재들은, 완전 합성작용을 가정하여 설계해야 한다. 전단연결부의 상세 설계는 6.10.7.4의 적용조항을 만족해야 한다.

바닥판과 부대시설 또는 바닥판과 다른 구조 요소 사이에 작용하는 힘의 영향도 설계시 고려해야 한다.

6.14.2.2 바닥판 배수

바닥판 상면의 횡구배와 종구배는 [LSD 2.6.6]의 적용규정을 따른다. 바닥판 설계시 배수 공간의 구조적 영향을 고려해야 한다.

6.14.2.3 콘크리트 부대시설

발주자에 의해 다르게 명시되지 않았으면, 콘크리트 연석, 난간, 방호울타리, 분리대는 구조적으로 연속적으로 만들어져야 한다. 바닥판 설계시 부대시설의 구조적 역할은 6.14.3.1에 따라 고려한다.

6.14.2.4 단부 지지

단부의 끝부분이 윤하중을 지지하도록 설계되지 않은 경우에는 단부보를 두어 보강해야 한다. 바닥판과 일체가 아닌 단부보는 6.14.6.1(4)의 조항에 따른다.

6.14.2.5 캔틸레버부를 위한 존치거푸집

현장치기 콘크리트와 합성으로 거동하지 못하는 존치거푸집은 캔틸레버부에는 사용하지 않는다.

6.14.3 한계상태

6.14.3.1 일반사항

바닥판에 대한 콘크리트 부대시설의 구조적인 역할은 사용하중상태와 피로한계상태에 대한 설계시 고려할 수 있으며, 저항강도나 극한하중 한계상태에 대해서는 고려하지 않는다.

6.14.6.2의 경험적 설계규정을 만족시키는 바닥판은 사용성, 피로, 파괴와 극한한계상태의 요구를 모두 만족하는 것으로 가정할 수 있으며, 6.14.3의 다른 조항은 만족할 필요가 없다.

6.14.3.2 사용한계상태

사용한계상태에서는 바닥구조와 바닥틀을 전체 탄성구조로 해석하고 [LSD 제5장, 제6장]의 조항을 만족하도록 설계해야 한다. 바닥판의 과도한 변형과 처짐을 설계시 고려해야 한다. 충격계수를 고려한 설계트럭하중 작용시 바닥판의 허용처짐량은 다음과 같다.

$L/800$: 보도부가 없는 바닥판
$L/1{,}000$: 보도부가 있는 바닥판
$L/1{,}200$: 보도부가 매우 중요한 바닥판

여기서, L = 바닥판 지지부재의 중심간 거리이다.

6.14.3.3 피로와 파괴한계상태

콘크리트 바닥판은 피로에 대한 검토가 필요 없다. 강재 격자와 강바닥판은 6.14.5의 조항을 따른다. 여러 개의 거더 위에 설치되지 않는 콘크리트 바닥판은 [LSD 5.7]에 기술된 피로한계상태에 대하여 검토해야 한다.

6.14.3.4 극한한계상태

극한한계상태에서는 바닥판과 바닥틀을 탄성구조 또는 비탄성 구조로 해석할 수 있고 [LSD 제5장, 제6장]의 조항을 만족하도록 설계해야 한다.

6.14.3.5 극한하중한계상태

바닥판은 차량하중과 난간에 작용하는 하중으로부터 전달되는 힘에 대하여 설계해야 한다.

6.14.4 해석

6.14.4.1 해석방법

[LSD 4.6.2]에 기술된 해석의 근사적 탄성방법이나, [LSD 4.6.11.2]에 기술된 개선된 방법 또는 6.14.6에 기술된 콘크리트 슬래브의 경험적 설계는 6.14.3에 허용된 다양한 한계상태에 대하여 적용될 수 있다.

6.14.4.2 하중

하중, 하중 위치, 타이어 접지 면적 그리고 하중 조합은 [LSD 제3장]의 조항에 따른다.

6.14.5 강재 바닥판

6.14.5.1 일반사항

강재 바닥판은 제6장의 규정을 만족하도록 설계해야 하며, 차륜 접지면적은 [LSD 3.6.1.2(5)]의 규정에 따라 결정된다.

6.14.5.2 강재 격자형 바닥판

(1) 일반사항

격자형 바닥판은 보, 세로보 또는 가로보 사이에 걸쳐있는 주부재와 이 주부재 사이를 서로 연결시켜주는 2차부재로 구성되어있다. 주부재와 2차부재는 직사각형 또는 대각선의 형태로 견고하게 서로 연결된다. 하중의 영향은 아래의 방법 중의 하나를 이용하여 결정할 수 있다.

1) [LSD 4.6.2]에 제시된 근사해법
2) 직교이방성 판이론
3) 등가 격자구조
4) 바닥판의 성능이 기술적 증거들에 의해 충분히 입증되는 경우, 제작자가 제시한 설계 보조자료의 사용

완전히 채워지거나 부분적으로 채워진 격자형 바닥판을 직교이방성판 또는 등가 격자형으로 해석하기 위해 모델링하는 경우, 휨강성 및 비틈강성은 입증된 다른 근사해법이나 물리적 실험에 의해 얻을 수 있다. 이러한 근사해법 중의 하나는 환산 단면에 기초를 두고 있다. 격자요소와 콘크리트 사이의 합성작용을 증가시키기 위하여, 톱니 또는 요철 모양의 돌기, 표면 모래코팅, 기타 다른 적당한 장치를 포함한 전단 전달장치를 사용할 수 있다. 만일 완전히 채워지거나 부분적으로 채워진 바닥판이 설계상 이들을 지지하고 있는 부재와 일체로 작용하는 경우, 합성단면에서 슬래브의 유효폭은 [LSD 4.6.7.2]의 규정을 따른다.

(2) 개단면 격자형 바닥틀

개단면 격자형 바닥틀은 용접이나 볼트 등으로 주부재에 연결시킴으로써 지지하고 있는 부재와 연결된다. 용접을 하는 경우, 주부재의 일방향으로 75 mm 길이 용접을 하거나 혹은 양방향 40 mm 용접을 한다. 저촉되는 조항이 없으면, 개단면 격자형 바닥틀은 상세 범주 'E'용접으로 간주되며, 8.1.6의 규정이 적용된다.

차량하중에 직접 노출된 개단면 격자형 바닥틀의 끝 또는 단부는 마감봉 혹은 다른 효과적인 방법으로 지지한다.

(3) 완전히 채워지거나 부분적으로 채워진 격자형 바닥판

① 일반사항

이러한 바닥판들은 콘크리트가 완전히 또는 부분적으로 채워진 강재 격자형으로 구성된다. 6.14.5.2(1)은 완전히 채워진 또는 부분적으로 채워진 격자형 바닥판에 적용된다. 가능하다면, 40mm 두께의 구조적 덧댐이 요구된다. 두 면 사이에서 전단을 전달하기 위해 완전히 채워지거나 또는 부분적으로 채워진 격자형은 용접이나 전달 연결재에 의하여 지지하고 있는 부재에 부착된다.

② 설계요구사항

콘크리트 채움재의 무게는 바닥판의 강재 부분이 지지한다고 가정한다. 변동 하중과 상시 하중은 합성 작용을 하는 격자봉과 콘크리트가 지지한다고 가정한다. 구조적 덧댐 부분은 합성형 바닥판의 구조적 일부분으로 작용한다고 본다.

③ **피로와 파괴한계상태**

완전히 채워진 격자형 바닥판의 경우, 강재격자 요소들 간의 내부연결은 피로에 대하여 고려하지 않아도 된다. 부분적으로 채워진 격자형 바닥판의 경우, 콘크리트로 채워진 강재격자 부분의 내부연결은 피로에 대하여 고려하지 않아도 되지만, 콘크리트로 채워지지 않은 강재격자 요소들 간의 내부 연결용접은, 반대 근거가 제시되지 않는 한, 상세범주 'E' 용접에 속하는 것으로 간주한다.

(4) 철근콘크리트 슬래브와 합성된 채워지지 않은 격자형 바닥판

① **일반사항**

채워지지 않은 격자형 합성 바닥틀은 6.14.5.2(1)의 요구조항을 따르는 채워지지 않은 강재격자형 구조체로 구성되며, 이는 채워지지 않은 강재 바닥판 위에 철근콘크리트 슬래브가 놓이는 형태를 갖는다. 전단연결재 또는 다른 유효한 방법을 사용하여 접촉면 사이에서 전단의 수평 및 수직 성분에 저항할 수 있어야 콘크리트 슬래브와 격자형 바닥판의 합성작용이 보장된다. 격자형 바닥판과 지지부재와의 합성작용은 역학적으로 전단연결재에 의해 보장된다. 다른 규정이 없다면 6.14.5.2(2)의 규정이 적용된다. 이러한 바닥판에서 불연속부분 및 시공 이음부는 최소화해야 한다.

② **설계**

콘크리트 슬래브의 설계는 [LSD 제5장]의 규정을 따르며, 여기서 각 주응력 방향으로 한 층의 철근을 배열하는 조항은 예외로 한다. 콘크리트 슬래브와 강재 격자 구조 간의 접촉면은 6.10.7.4를 만족해야 한다.

③ **피로한계상태**

6.14.5.2(2)의 피로 조항이 적용된다. 응력범위의 계산시 합성 철근콘크리트 슬래브도 포함 된다.

6.14.5.3 직교이방성 강바닥판

(1) 일반사항

직교이방성 강바닥판은 세로리브와 가로보에 의해 지지되고 보강되는 바닥강판으로 구성된다. 이때 바닥강판은 세로리브와 가로보의 플랜지로 작용하는 동시에 주형의 플랜지로도 작용한다. 보수·보강시, 직교이방성 강바닥판이 이미 존재하는 가로보에 의해 지지되고 있는 경우에는 비록 가로보의 설계 시에 합성작용이 무시되었다고 할지라도, 가로보와 바닥강판 사이의 연결은 완전히 일체가 되도록 설계해야 한다. 실제적으로 가로보와 주형사이의 합성작용을 증가시키는 적절한 연결이 요구된다.

(2) 차륜의 분포하중

바닥강판에 작용하는 차륜하중은 접지 면적으로부터 바닥판의 중립면까지 모든 방향으로 45^o의 분포를 갖는다고 가정한다. 타이어의 접촉면은 [LSD 3.6.1.2(5)]에 제시한 바와 같다.

(3) 포장

포장은 전체 직교이방성 강바닥판 구조의 한 부분으로 취급되며, 바닥판의 상부에 접착해야 한다. 포장의 구조적 성질 및 접착성이 섭씨 -30^o에서 50° 범위에서 만족스럽게 작용한다면, 포장이 직교이방성 강바닥판 부재들의 강성에 미치는 영향을 고려할 수도 있다. 만일 포장의 강성에 대한 영향을 설계에서 고려하는 경우, 요구되는 포장의 성질을 공사 계약서에 명시해야 한다. 예상되는 극한 사용온도 하에서 포장의 성질에 대한 고려와 함께 바닥강판과 포장의 접촉면에서 또는 포장 내에서 하중의 영향이 검토해야 한다.

포장과 바닥강판 사이의 장기적 합성거동은 정적 및 주기반복 하중시험을 통하여 입증해야 한다. 포장 자체와 포장의 바닥강판 접착에 대한 설계를 하는 경우, 바닥강판이 합성으로 설계되었든지 아니든지에 상관없이 포장이 바닥강판과 합성으로 거동한다고 가정한다.

(4) 세부해석

직교이방성 강바닥판에 있어서 하중의 영향은 [LSD 제4장]에서 규정된 등가 격자법, 유한대판법 또는 유한요소법과 같은 탄성해석에 의해 결정할 수 있다.

(5) 근사해석

① 유효폭

세로 리브와 같이 거동하는 바닥강판의 유효폭은 [LSD 4.6.7.4]에 따라 결정된다.

② 개단면 리브를 갖는 바닥판

세로 리브는 가로보에 의해 지지되는 연속보로 해석될 수 있다. 지간이 4,500 mm를 넘지 않는 리브의 경우, 하나의 리브에 작용하는 차륜하중은 리브들에 의해 고정지지 되는 연속 바닥강판의 반력으로 구할 수 있다. 지간이 4,500 mm 이상인 경우, 차륜하중의 횡분배에 대한 리브 유연성의 영향은 탄성해석에 의해 구할 수 있다. 리브의 지간이 3,000 mm를 넘지 않는 경우, 하중의 영향을 계산하는 과정에서 가로보의 유연성이 고려해야 한다. 피로검토가 필요한 리브와 가로보 연결부의 국부응력은 상세해석으로부터 구한다.

③ 폐단면 리브를 갖는 바닥판

폐단면 리브가 있는 바닥판을 해석하기 위하여, 어느 정도 경험에 바탕을 둔 Pelikan-Esslinger 방법을 사용할 수 있다. 피로검토가 필요한 리브와 가로보 연결부의 국부응력은 상세해석으로 구한다. 지간이 6,000 mm보다 작은 폐단면 리브에 대한 하중의 효과는, 인접한 횡방향의 차륜하중의 효과를 무시하고, 오직 한 리브 위에 차륜하중을 재하시켜 계산할 수 있다. 지간이 6,000 mm 이상의 폐단면 리브에 대한 하중의 효과는 인접한 횡방향의 차륜하중의 효과를 고려하여 적절히 보정해 주어야 한다.

(6) 설계

① 국부적인 효과와 전체적인 효과의 중첩

바닥판의 최대 하중효과를 계산하기 위해서, 국부적인 효과와 전체적인 효과의 조합을 6.14.3에 따라 결정해야 한다.

② 한계상태

직교이방성 강바닥판은 다른 규정이 없으면, 모든 적용 가능한 한계상태에 대한 제6장의 규정들에 따라 설계한다. 사용한계상태에서, 바닥판은 [LSD 2.5.2.6]의 규정을 만족해야 한다. 국부하중효과와 전체 하중효과의 조합에 대한 극한한계상태는 6.14.3의 규정이 적용된다. 직교이방성판의 좌굴 효과는 극한한계상태에 대하여 검토해야 하며, 좌굴을 제어할 수 없는 경우, 직교이방성 강바닥판의 저항은 단면의 어느 위치에서 항복강도에 도달하는 것에 근거한다. 피로한계상태에서, 하중으로 유발된 피로에 대해 6.6.1.2의 내용과 [표 6.6.2]가 적용되며, 6.14.5.3(7)의 세부요구조건들과 함께 6.6.1.3(3)의 조항들이 뒤틀림으로 유발된 피로를 받는 요소에 적용된다.

(7) 세부 요구조건

① 판의 최소두께

바닥강판의 두께는 14 mm 또는 리브 복부판의 간격 중 큰 것의 4% 보다 작아서는 안 된다.

② 폐단면 리브

폐단면 리브의 두께는 7 mm보다 작아서는 안 된다. 직교이방성 강바닥판의 단면 치수는 아래의 식을 만족해야 한다.

$$\frac{t_r\, a^3}{t_{d,\,eff}^3\, h'} \leq 400 \tag{6.14.1}$$

여기서, t_r = 리브 복부판의 두께(mm), $t_{d,\,eff}$ = 6.14.5.3(3) 규정과 같이 표면의 강도효과를 고려한 바닥강판의 유효두께(mm), a = 리브 복부판 간격 중 큰 것(mm), h' = 리브 복부판의 경사진 길이(mm)이다.

폐단면 리브의 내부는 다음과 같이 밀봉해야 한다.

1) 리브와 바닥판 접촉부의 연속용접
2) 용접된 리브 덧판 부위의 용접
3) 다이아프램 부위에서 리브 끝단의 용접

폐단면 리브의 복부판과 바닥판 사이에서 80% 부분관통용접이 허용된다.

③ 직교이방성 강바닥판에서 금지된 용접

부착물, 설비 지지대, 계단 손잡이 혹은 전단연결재 등을 바닥강판이나 리브에 용접하는 것은 허용되지 않는다.

④ 바닥판과 리브의 상세규정

[표 6.6.2]와 [그림 6.14.1]에 나타난 상세규정을 적용하여, 바닥강판과 리브의 덧판을 고강도 볼트로 단단히 연결하거나 용접으로 연결해야 한다. [그림 6.14.1]에 보인 바와 같이 리브를 가로보 복부판의 홈을 지나도록 연속적으로 설치한다. [그림 6.14.1]에 표시한 상세부에 대해서는 다음 제작규정을 따라야 한다.

a) 가로보 복부판의 절단 금지
b) 용접시에는 돌림용접 사용
c) 그라인딩에 의한 표면 다듬기
d) 리브 하단까지 내부 다이아프램을 연결하지 않은 경우에는 최소 25 mm 확보
e) 필릿용접만으로 [표 6.6.2(10)] 항목에 규정된 강도조건을 만족시키기 어려운 경우에는 필릿용접과 그루브용접을 조합하여 용접한다.

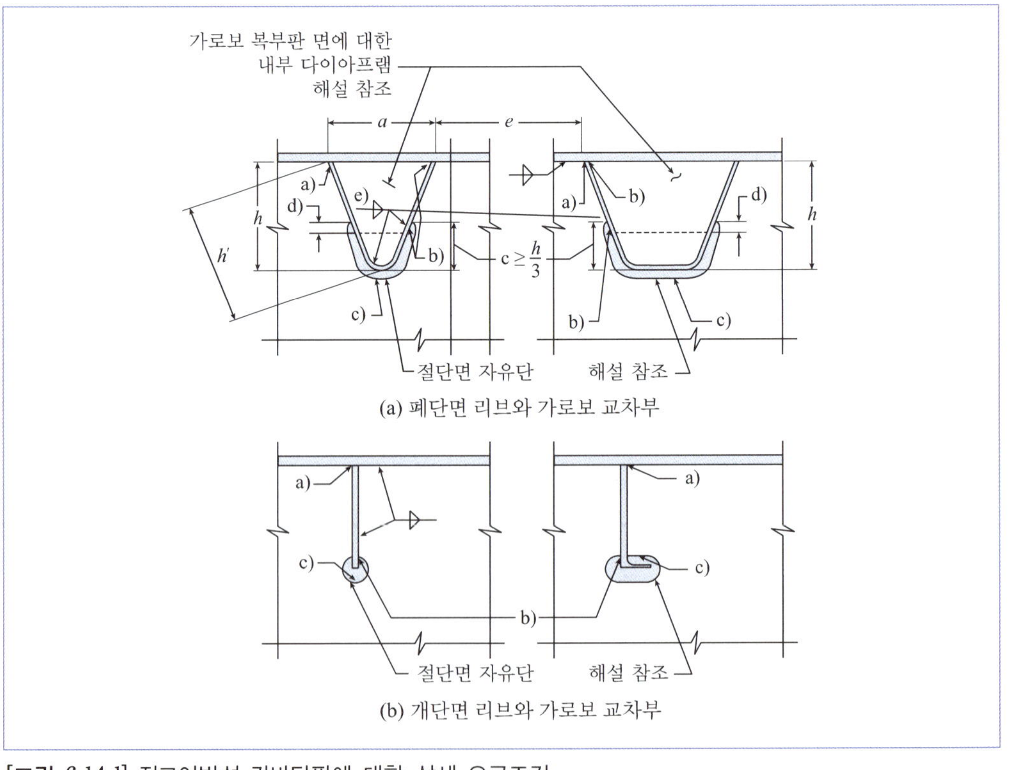

[그림 6.14.1] 직교이방성 강바닥판에 대한 상세 요구조건

6.14.6 콘크리트 바닥판

6.14.6.1 일반사항

(1) 최소 두께와 최소 피복두께

발주자에 의해 승인되지 않은 한, 콘크리트 바닥판의 최소두께는 바닥판의 흠집, 마모면 그리고 보호덮개를 제외하고 220 mm보다 작아서는 안 된다. 프리스트레스트 콘크리트 바닥판의 최소두께는 200 mm 이상이어야 한다. 최소 피복두께는 [LSD 5.8]절에 따라야 한다.

(2) 합성 작용

전단연결재는 6.10.7.4의 규정을 따른다.

(3) 사교의 바닥판

사교의 경사각이 25°를 넘지 않는 경우 주철근은 경사 방향으로 배근할 수 있으며, 사교의 경사각이 25°를 넘는 경우에는 주철근을 지지 부재에 수직으로 배근해야 한다.

(4) 단부지지

특별한 제한사항이 명시되지 않는 한, 교량 바닥판의 단부는 보강되거나, 보로 지지되거나 또는, 다른 구조부재로 보강해야 한다. 단부보나 다른 구조부재는 바닥판과 합성구조 또는 일체구조여야 한다. 단부보는 [LSD 4.6.2]절에 나타난 조항과 같이 바닥판의 유효폭이 고려된 보로서 설계해야 한다.

(5) 캔틸레버 바닥판의 설계

캔틸레버 바닥판은 [LSD 3.6.1.3(4)]와 방호울타리의 충격하중에 관련된 조항에 따라 설계해야 한다. 차량 충돌에 의한 난간기둥 또는 방호울타리의 바깥쪽 앞부리에서의 뚫림전단 효과를 검토해야 한다.

6.14.6.2 경험적 설계

(1) 일반사항

6.14.6.2절의 규정은 주로 교축방향 부재들에 의해 지지되는 콘크리트 바닥판에 대한 경험적 설계방법에 대한 내용이며, 적용조건에 해당되지 않는 경우 이 장 이외의 어떤 항에도 적용할 수 없다. 양방향으로 같게 배근되는 교축방향 철근은 연속 구조물의 내부지점에서 발생하는 부모멘트를 저항할 수 있어야 한다.

(2) 적용

철근 콘크리트 바닥판의 경험적 설계방법은 6.14.6.2(4)절에 설명된 조건을 만족시키는 경우에 한하여 사용할 수 있다. 이 절의 조항들은 캔틸레버부에 적용될 수 없다. 캔틸레버 바닥판은 다음과 같은 하중에 대해 설계해야 한다.

1) 불연속 난간과 방호울타리를 가진 캔틸레버 바닥판은 단위폭에 대한 윤하중
2) [LSD 3.6.1.3(4)]에 명시된 연속 방호울타리를 가진 캔틸레버 바닥판은 [LSD 3.6.1.3(4)]에 명시된 등가선하중
3) [LSD 부록 13.2]에 명시된 파괴 메커니즘을 사용한 충돌 하중

(3) 유효지간

경험적 설계법을 사용하여 바닥판을 설계할 때 바닥판의 유효지간은 다음과 같다.

1) 벽 또는 보와 일체로 된 바닥판의 경우 : 순지간
2) 강거더 또는 콘크리트 거더로 지지된 바닥판의 경우 : 상부플랜지 끝단 사이의 거리에 필릿을 고려하지 않은 복부판 한쪽면에서 플랜지 끝까지의 거리를 더한 거리

지지보의 간격이 일정하지 않는 경우에는 유효지간 $S_{effective}$는 [그림 6.14.2]에 나타난 바와 같이 두 위치에서의 바닥판 길이 중 큰 것으로 한다.

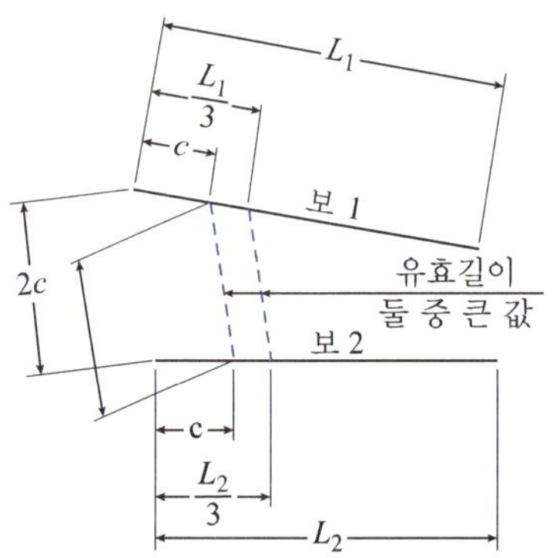

[그림 6.14.2] 지지보의 간격이 일정하지 않는 경우의 유효지간

(4) 설계 조건

이 절의 목적으로, 슬래브의 설계 두께는 바닥판의 홈집, 마모면, 그리고 마감을 제외한 수치로 한다. 경험적 설계는 다음의 조건들을 모두 만족시키는 경우에만 사용할 수 있다.

1) 지점선의 단면에 가로보 또는 격벽이 사용된 경우
2) 따로 분리된 박스 거더와 같이 비틀림 강성이 큰 단면은 박스 사이의 중간격벽 간격이 8,000 mm를 초과하지 않는 경우이며, 그렇지 않는 경우 박스단면 사이의 횡방향 휨에 대한

검토를 수행하여 필요시 추가 철근을 배근한다.

3) 지지부재들이 강재 또는 콘크리트로 된 경우
4) 콘크리트의 바닥판이 현장타설되고 습윤양생된 경우
5) 거더 플랜지부의 헌치와 국부적으로 두껍게 한 곳을 제외한 상태에서 전체적으로 바닥판의 두께가 일정한 경우
6) 바닥판의 두께에 대한 유효지간의 비가 6 이상이고 15 이하인 경우
7) 슬래브의 코아 두께는 150 mm 이상인 경우
8) 6.14.6.2(3)절에 명시된 유효지간은 3,600 mm 이하인 경우
9) 보호면의 두께를 제외한 슬래브의 최소 두께는 240 mm 이상인 경우
10) 외측 거더 중심선에 내민부의 길이는 적어도 슬래브 두께의 5배 이상인 경우.
    내민부의 길이가 슬래브의 두께의 적어도 3배 이상이 되고, 구조적으로 연속적인 콘크리트 방호벽과 합성된 경우에도 적용 가능.
11) 콘크리트의 28일 압축강도는 27 MPa 이상인 경우
12) 바닥판은 바닥판을 지지하는 구조부재들과 합성거동을 하는 경우

경험적 설계법을 적용하기 위해서는 강합성 구조로된 연속보의 부모멘트부에는 전단 연결재를 600 mm 간격으로 적어도 2개 설치해야 한다. 또한 6.10.3절의 조항도 만족해야 한다.

(5) 철근 배근량

경험적 설계법으로 설계되는 콘크리트 바닥판은 4개 층의 철근이 등방향으로 배근된다. 철근은 콘크리트 피복두께의 요구조건이 허용하는 한도 내에서 바깥 표면에 가까이 배근한다. 철근은 슬래브 양면에 배근하며, 유효길이 방향으로 배근되는 철근이 가장 바깥쪽 층에 배근된다.

배근해야 되는 4개층의 최소철근량		
• 지간방향	하부 철근량	콘크리트바닥판 단면의 0.3% 이상
	상부 철근량	콘크리트바닥판 단면의 0.3% 이상
• 지간방향에 직각방향	하부 철근량	콘크리트바닥판 단면의 0.3% 이상
	상부 철근량	콘크리트바닥판 단면의 0.3% 이상

철근 간격은 100 mm 이상 또한 300 mm를 초과할 수 없다. 철근의 항복 강도는 400 MPa이상이어야 한다. 모든 철근은 직선으로 연속적으로 배근해야 한다.

겹침 이음과 기계적 이음을 사용할 수 있다. 기계적 이음은 [LSD 5.7.4]절의 철근의 용접 또는 기계적 이음의 피로한계를 넘지 않는지 시험을 통해 검증받아야 한다. 도막철근의 이음은 도막에 손상이 가지 않는 형식의 이음방법을 사용해야 한다.

사교의 경사각이 25°를 넘는 경우, 바닥판의 단부 철근은 앞에 언급된 철근량의 2배를 배근한다. 즉, 6.14.6.2(3)절에 명시된 바와 같이 단부 끝단에서 바닥판 유효지간에 해당하는 위치까

지 2배의 철근을 배치한다.

(6) 콘크리트 타설 후 거푸집을 제거하지 않는 시공

주름진 강재 거푸집으로 만들어진 바닥판인 경우, 슬래브의 설계두께는 최소 콘크리트 두께로 가정한다. 콘크리트 거푸집을 사용하는 바닥판의 경우 지간방향에 직각방향의 하부철근이 연속되면 경험적 설계법을 적용할 수 있다. 만약, 지간방향에 직각방향의 하부철근이 연속되지 않는 경우에는 휨설계 방법를 적용한다.

6.14.6.3 휨 설계

(1) 일반사항

이 절의 조항은 각 방향으로 2층씩 총 4개 층의 철근배근이 되어 있고, 6.14.6.1(1)절을 따르는 콘크리트 바닥판에 적용된다.

(2) 배력철근

하부 배력철근은 정모멘트의 크기에 따라 설계된 주철근에 대한 백분율로 다음과 같이 배근된다.

1) 주철근이 차량진행방향에 평행한 경우	$1{,}750/\sqrt{S} \le 50\ \%$
2) 주철근이 차량진행방향에 수직인 경우	$3{,}840/\sqrt{S} \le 67\ \%$

여기서, S = 6.14.6.2(3)절에 명시된 유효지간과 동등하다고 간주되는 유효지간 길이(mm).

6.14.6.4 존치 거푸집

(1) 일반

존치거푸집은 시공시 부하되는 하중 하에서 탄성적으로 거동하게 설계해야 한다. 시공하중은 거푸집과 콘크리트의 고정하중에 2.4×10^{-3} MPa을 더한 수치 이상으로 설계된다. 계수가 곱해지지 않은 시공하중에 대한 휨응력은 다음 수치를 초과할 수 없다.

1) 강재 항복강도의 75%, 또는
2) 압축을 받는 경우 콘크리트 28일 압축강도의 65%, 인장을 받는 프리스트레스 콘크리트 거푸집에 대해서는 콘크리트 인장강도의 65%

거푸집, 타설된 콘크리트와 철근의 고정하중에 의한 탄성 처짐은 다음 값을 넘지 않아야 한다.

1) 거푸집 지간이 3.0 m 이하일 때 거푸집 지간을 180으로 나눈 값으로 13 mm를 초과하지 못하며,
2) 거푸집 지간이 3.0 m 이상일 때 거푸집 지간을 240으로 나눈 값으로 20 mm를 초과하지 않아야 한다.

(2) 강재 거푸집

강재 거푸집은 연결부에서 역학적으로 서로 연결해야 하며 지지부에 단단하게 고정해야 한다. 계약문서에서 명기되지 않는 한, 강재 거푸집을 고정하기 위해서 지지부재에 용접을 허용하지 않는다. 강재 거푸집은 콘크리트 슬래브와 합성으로 고려하지 않는다.

(3) 콘크리트 거푸집

① 두께

콘크리트 거푸집은 콘크리트 바닥판 시공시 과도한 처짐이 발생하지 않는 충분한 강성이 확보해야 한다. 반두께(half-depth) 프리캐스트 존치 거푸집의 두께는 후 타설되는 콘크리트의 건조수축에 의한 균열발생을 감소시키기 위해 최종 슬래브 두께의 55%를 초과할 수 없고, 90 mm 보다도 커야 한다. 다양한 형태의 콘크리트 거푸집의 경우 발주자의 승인을 득한 후 적용해야 한다.

② 철근배근

콘크리트 거푸집은 주철근 방향 또는 설계방향으로 프리스트레스될 수 있다. 프리캐스트 거푸집인 경우, 강선은 슬래브에 배근된 주철근으로 간주될 수 있다. 스트랜드의 전달 길이와 정착길이를 가설중 조건과 사용중 조건에 대해서 검토해야 한다. 프리캐스트 패널에서 사용되는 프리스트레싱 스트랜드 또는 철근은 패널 위의 현장타설되는 콘크리트 내부로 연장시킬 필요는 없다. 하부 배력철근을 배근하는 경우에는 패널의 바로 윗면에 배근할 수 있다. 상부 주철근 이음은 패널 연결부위에 위치해서는 안 된다. 스트랜드에 대한 콘크리트 피복 덮개는 20 mm 이상이어야 한다.

③ 크리프와 건조 수축 조절

현장타설 콘크리트를 타설하는 시점에서 패널 콘크리트의 재령은 프리캐스트 패널의 수축 및 크리프와 현장타설 콘크리트의 수축에 의한 차이가 최소로 되도록 해야 한다. 패널의 상부표면은 현장타설 콘크리트와의 합성이 잘되도록 표면 거칠기가 보장해야 한다.

④ 패널 설치

거푸집 패널의 단부는 연속적인 모르타르 기초 위에 지지되거나, 또는 가설 중에는 현장타설 콘크리트가 콘크리트 기초를 형성하기 위해 패널과 지지 구조 사이로 흘러가는 방식으로 지지해야 한다.

6.14.6.5 거더 위의 프리캐스트 바닥판 슬래브

(1) 일반사항

철근만 배근되거나 또는 프리스트레스트된 두 가지 종류의 프리캐스트 콘크리트 슬래브 패널을 사용할 수 있다. 마모, 흠집, 보호덮개층을 제외한 바닥 슬래브의 두께는 200 mm 이상이어야 한다.

(2) 횡방향으로 연결된 바닥판

프리캐스트 패널들이 전단키에 의해 연결된, 휨에 불연속인 바닥판이 사용될 수 있다. 전단키와 전단키에 사용된 그라우트에 대한 설계는 발주자에 의해 승인해야 한다. 6.14.6.4(3)④절의 조항을 바닥판의 설계에 대해서 적용할 수 있다.

(3) 교축방향으로 포스트텐션된 프리캐스트 바닥판

프리캐스트 부재들은 보 위에 설치될 때, 교축방향 포스트텐션에 의하여 서로 연결된다. 최소 평균 유효긴장력은 1.7 MPa 이상이어야 한다. 프리캐스트 부재사이의 횡방향 연결부와 포스트텐션 덕트의 공간들은 24시간에 최소 압축강도가 35 MPa을 초과하는 무수축 그라우트로 채워야 한다. 전단 연결재 설치를 위한 전단연결부도 포스트텐션이 끝난 후에 같은 종류의 무수축 그라우트로 채워져야 한다.

6.14.6.6 세그먼트 공법으로 시공된 바닥판

(1) 일반사항

이 조항은 단면이 단일 또는 다중 박스로 구성된 포스트텐션된 이중합성거더의 상부 슬래브에 적용한다. 이 슬래브는 [LSD 4.6.2]절의 조항에 따라서 해석한다.

(2) 바닥판 연결부

프리캐스트 세그멘탈 교량의 바닥 연결부는 에폭시 접합 또는 현장타설 콘크리트로 연결한다. 건조 연결은 시공이음부로 수분과 염소이온 등의 침투로 강재의 부식이 쉽게 발생되기 때문에 실교량에 적용할 수 없다. 현장타설 콘크리트 연결시 콘크리트 강도는 프리캐스트 콘크리트의 강도 이상 이어야 한다. 현장타설 콘크리트 연결시 그 폭은 연결부에서의 철근배근 또는 덕트의 연결이 가능하게 해야 하며 어떠한 경우에도 300 mm보다 작아서는 안 된다.

6.15 구조형식

6.15.1 중로교와 하로교

중로교나 하로교의 주부재인 보나 주형은 횡변형을 방지하기 위하여 연결판이나 니브레이스 (knee brace) 등으로 반드시 보강해야 한다. 연결판이나 니브레이스는 주부재 또는 가로보의 보강재에 연결된 복부판을 가지고 있어야 한다. 연결판의 설계는 6.15.2.8의 규정을 만족시켜야 한다.

6.15.2 트러스교

6.15.2.1 일반사항

트러스에는 경사진 교문구를 설치하고 각 격점은 횡방향으로 지지한다. 각각의 주트러스들은 전도를 방지하기 위하여 충분한 중심간 거리를 둔다. 트러스의 유효높이는 다음과 같이 정한다.

- 볼트연결인 경우 현재의 무게중심간 거리
- 핀연결인 경우 핀의 중심간 거리

6.15.2.2 트러스 부재

트러스 부재는 트러스의 중심면에 대하여 대칭되게 배치해야 한다. 압축현재는 가능한 한 접합부 없는 부재를 사용한다. 교번 응력을 받는 복부판재들의 단연결에서는 핀연결을 피한다. 대재(counters)는 사용하지 않는 것이 좋다.

6.15.2.3 2차 응력

2차응력이 작게 발생하게 해야 한다. 부재의 고정하중 모멘트에 의한 응력들과 또는 부재축선의 편심에 의한 응력을 고려해야 한다. 트러스의 뒤틀림 또는 가로보의 처짐에 의한 2차 응력은 뒤틀림 평면에 평행한 부재폭이 부재길이의 1/10보다 작을 경우에는 고려할 필요가 없다.

6.15.2.4 다이아프램

트러스의 다이아프램은 6.7.4.4에 따른다.

6.15.2.5 솟음

트러스의 솟음은 고정하중에 의한 처짐 이상이 되도록 한다. 트러스의 처짐을 계산할 때에는 부재의 전단면적을 사용하되, 유공판의 경우 구멍 중심간의 순체적을 구멍 중심간의 길이로 나는 값을 유효단면적으로 하여 계산한다. 유공판의 설계는 6.8.5.2와 6.9.4.3(2)를 따른다.

6.15.2.6 부재축선(working line)과 도심축

트러스의 주부재는 가능하면 부재의 도심축이 단면의 중앙부에 위치하도록 설계한다. 비대칭 단면 압축부재는 고정하중휨에 대한 보정으로 편심을 주는 경우를 제외하고는 부재축선과 도심을 가능한 한 일치되게 한다. 두 개의 L형강으로 구성되는 하현재 또는 사재의 부재축선은 용접으로 맞대었을 경우에는 단면의 도심축으로, 그리고 볼트 연결인 경우에는 모서리에서 가장 가까운 종방향 볼트중심선으로 한다.

6.15.2.7 교문브레이싱과 수직브레이싱

(1) 일반사항

트러스에서는 수직브레이싱의 필요성을 검토해야 한다. 모든 한계상태에서 평형, 적합 그리고 안정조건이 만족된다면 중간 수직브레이싱을 고려하지 않는 해석도 타당하다고 보아도 된다.

(2) 하로교

하로교는 교문브레이싱을 설치하거나, 그렇지 않으면 브레이싱된 교문 없이도 트러스의 강도와 강성이 충분하다는 것이 입증해야 한다. 교문브레이싱이 사용된 경우에 단주와 상현재 플랜지에 강결된 이중평면형 또는 박스형이어야 하며, 여유공간이 허용하는 한 깊게 연결해야 한다. 만약 단일 2평면 교문이 사용되었다면 교문응력을 분포시키기 위하여 단주의 복부판사이에 다이아프램을 두어야하며 단주의 중앙 휨평면에 위치시켜야 한다.

브레이싱의 유무와 관계없이 교문은 상현재의 휨방향으로의 모든 반력을 받도록 하고, 단주는 이 반력을 트러스 받침부에 전달할 수 있도록 설계한다.

(3) 상로교

상로교는 단주가 이루는 면내에 수직브레이싱을 설치하거나, 그렇지 않으면 수직브레이싱이 없어도 트러스의 강도와 강성이 충분하다는 것이 입증해야 한다. 수직브레이싱은 트러스바닥틀로부터 전높이에 걸쳐서 설치한다. 단부 스직브레이싱은 상부에서 발생되는 모든 횡방향하중을 단주를 통하여 받침부에 전달시키는 데 적합하게 설계한다.

6.15.2.8 연결판

6.13.4와 6.13.5의 규정을 적용한다. 핀연결 부재를 제외한 주부재의 연결에는 연결판을 사용한다. 각 부재들을 연결하는 볼트는 부재축에 가능한한 대칭이 되도록 배열하고 부재와 연결판의 접촉면 전체에 걸쳐 배치해야 한다. 설계휨하중 및 설계축방향하중의 조합으로 인한 최대응력은 전면적을 기준으로 할 경우 $\phi_v F_y$를 초과하지 못한다. 설계하중에 의한 단면의 최대전단응

력은 순수전단인 경우 $\phi_v F_u / \sqrt{3}$ 으로 하고, 설계전단력을 전단을 받는 면적으로 나눠 구한 휨 전단응력은 $\phi_v 0.74 F_u / \sqrt{3}$ 으로 한다.

연결판의 지지되지 않은 가장자리의 길이가 판두께의 $2.06(E/F_y)^{0.5}$배를 초과할 경우에는 가장자리를 보강해야 한다. 보강되거나 또는 보강되지 않은 연결판의 가장자리는 이상화된 기둥단면으로 보고 설계해야 한다.

6.15.2.9 중로교

중로교의 수직재와 가로보 그리고 그 부재들의 연결부는 각 트러스 상현재의 부재접합점에 작용하는 4.38 N/mm 이상의 횡방향력에 대하여 저항하도록 설계해야 한다. 이 횡방방향력은 강도하중조합 I의 영구 하중으로 간주하여 구한 하중계수를 사용한다. 상현재는 부재접합점에 횡방향으로 탄성지지된 기둥으로 보아야 한다.

6.15.2.10 설계강도

인장부재의 설계강도는 6.8.2절의 규정을 따른다. 압축부재의 설계강도는 6.9.2절의 규정을 따른다. 부재의 공칭휨강도는 6.12절의 규정에 따라 산정되며, 그 부재들의 설계강도는 6.8.2.3절 또는 6.9.2.2절의 규정에 제시된 식을 만족시켜야 한다.

6.15.3 강바닥판

6.15.3.1 일반사항

이 규정은 보강된 강판을 바닥판으로 하는 강교의 설계에 적용한다. 강바닥판은 교량 상부구조의 일부분으로 간주하며 교량에 작용하는 전반적 하중을 분담한다. 교량의 주부재와 바닥판의 연결은 6.14.2.1절의 규정에 따라 설계해야 한다. 강바닥판 박스거더교를 해석할 때는 단면 형상의 뒤틀림 변형을 고려해야 한다.

6.15.3.2 바닥강판의 유효폭

[LSD 4.6.7절]의 규정을 적용한다.

6.15.3.3 전체 및 국부적 영향의 중첩

(1) 일반사항

바닥판에서 하중에 의한 최대효과를 산정할 때는 전체 및 국부적 영향이 중첩해야 한다. 이러한 하중효과의 조합은 동일한 형태 및 위치의 활하중에 대하여 계산한다.

(2) 전체인장을 받는 바닥판

전체인장, 국부휨 및 전체 전단력을 동시에 받는 바닥판은 다음을 만족해야 한다.

$$\frac{P_u}{P_r}+\frac{M_{ur}}{M_{rr}} \leqq 1.33 \tag{6.15.1}$$

$$P_u = A_{d,eff}(f_g^2+3f_{vg}^2)^{0.5} \tag{6.15.2}$$

여기서, f_g = 바닥판의 전체 축방향 응력(MPa), f_{vg} = 바닥판의 전체전단응력(MPa), $A_{d,eff}$ = 종방향리브를 포함한 바닥판의 유효단면적(mm^2), P_r = 바닥판의 유효폭을 고려한 바닥강판의 설계인장강도(N), M_{ur} = 설계하중에 의한 종방향리브의 국부 휨모멘트(N · mm), M_{rr} = 연단의 항복 도달을 기준으로 한 종방향 리브의 휨강도(N · mm)이다.

(3) 전체압축을 받는 바닥판

종방향리브의 국부 휨압축력과 전체 압축력에 의한 전체적인 좌굴해석을 수행하지 않을 경우에는, 바닥강판의 유효폭을 포함하는 종방향리브를 가로보에 의해 단순지지된 기둥으로 설계해야 한다.

6.15.3.4 횡방향휨

가로보와 바닥판의 설계휨강도는 다음 조건을 만족해야 한다.

$$\frac{M_{fb}}{M_{rb}}+\frac{M_{ft}}{M_{rt}} \leqq 1.0 \tag{6.15.3}$$

여기서, M_{fb} = 설계하중에 의해 가로보에 작용되는 모멘트(N · mm), M_{rb} = 가로보의 설계휨강도(N · mm), M_{ft} = 인접리브로부터 전달되는 축중하중에 의한 바닥판의 횡방향 설계모멘트(N · mm), M_{rt} = 인접리브로부터 전달되는 축중하중에 의한 바닥판의 횡방향 설계휨강도(N · mm)이다.

가로보의 간격이 종방향리브의 복부판 간격의 3배 이상이 되는 형상을 가진 바닥판에서는 식 (6.15.3)의 2번째 항을 생략할 수 있다.

6.15.3.5 다이아프램

다이아프램 혹은 수직 브레이싱은 지점마다 설치해야 하며 횡방향력을 지점에 전달하고 횡방향 회전과 변위 그리고 뒤틀림에 견딜 수 있는 충분한 강도와 강성을 가지게 해야 한다. 중간 다이아프램과 수직브레이싱은 거더의 해석결과에 따라 배치해야 하며 횡방향 뒤틀림에 견딜 수 있도록 충분한 강성과 강도를 가지게 해야 한다.

6.15.4 충복아치

6.15.4.1 처짐에 관한 모멘트 확대

모멘트 확대는 [LSD 4.5.3.2]절의 규정에 따라야 한다.

6.15.4.2 복부판의 세장비

아치리브 복부판의 세장비는 다음 식을 만족해야 한다.

$$\frac{D}{t_w} \leq k\sqrt{\frac{E}{f_a}} \tag{6.15.4}$$

여기서, f_a = 설계하중에 의한 축방향응력(MPa), k = [표 6.15.1]에 규정된 보강재의 좌굴계수이다.

[표 6.15.1] 아치의 보강재 세장비

조 건	k	I_s
수평보강재가 없는 경우	1.25	–
수평보강재가 1단인 경우	1.88	$I_s = 0.75Dt_w^3$
수평보강재가 2단인 경우	2.51	$I_s = 2.2Dt_w^3$

보강재가 부착된 복부판 표면을 기준으로 한 보강재의 단면2차 모멘트는 [표 6.15.1]에 규정된 값 이상이어야 한다. 보강재의 폭-두께비는 다음 식을 만족해야 한다.

$$\frac{b}{t_s} \leq 0.408\sqrt{\frac{E}{f_a + \frac{f_b}{3}}} \leq 12 \tag{6.15.5}$$

여기서, f_b = 모멘트 확대계수를 고려한 설계하중에 의한 최대응력(MPa)이다.

6.15.4.3 플랜지 좌굴

플랜지의 폭-두께비는 다음을 만족해야 한다.

- 복부판 사이에 있는 플랜지의 경우 $$\frac{b}{t} \leq 1.06\sqrt{\frac{E}{f_a + f_b}} \tag{6.15.6}$$
- 복부판 외측 플랜지의 경우 $$\frac{b}{t} \leq 0.408\sqrt{\frac{E}{f_a + f_b}} \leq 12 \tag{6.15.7}$$

6.16 말뚝

6.16.1 일반

말뚝은 모든 상재하중을 안전하게 지지할 수 있는 구조부재로 설계해야한다. 횡하중을 받는 연직말뚝 만으로 구성된 군말뚝의 경우, 말뚝의 구조해석시 [LSD 10.7.3.11] 조항에 규정된 바와 같이 흙-구조물 상호작용을 반드시 고려해야 한다.

6.16.2 구조적인 저항

극한한계상태의 저항계수 ϕ는 6.5.4.2 조항에 규정된 값으로 한다. 말뚝 타입에 의해 손상을 입는 압축력을 받는 말뚝의 축력에 대한 저항계수는 손상을 받기 쉬운 단면에만 적용한다. 그러므로 휨하중 없이 압축력만을 받는 말뚝에 대한 0.50−0.70의 값을 가지는 축저항계수 ϕ_c는 말뚝의 압축성능에만 적용한다. 저항계수 ϕ_c 값 0.70−0.80 그리고 ϕ_f 값 1.0은 압축과 휨에 대한 상관관계식에서 말뚝의 압축과 휨 저항에 각각 적용한다.

6.16.3 압축저항

6.16.3.1 축압축

압축하중을 받는 말뚝의 경우 설계압축강도 P_r은 6.9.2.1절의 규정에 따라 결정하고, 저항계수 ϕ_c는 6.5.4.2절에 규정한 값으로 한다.

6.16.3.2 축압축과 휨의 조합

축하중과 휨을 받는 말뚝은 6.9.2.2절에 따라 설계해야 한다. 이 때, 저항계수 ϕ_c와 ϕ_f는 6.5.4.2절에 규정한 값으로 한다.

6.16.3.3 좌굴

수중 또는 대기 중으로 연장된 말뚝의 안정문제는 6.9 조항에 규정된 바와 같이 검토해야 한다. 수중 또는 대기 중으로 연장된 밀뚝은 지표면으로부터 직당한 높이에서 고징된 것으로 간주한다. 안정문제는 6.9절의 압축부재에 관한 규정에 따라 횡방향 비지지길이와 고정점까지의 매입깊이를 합한 말뚝의 등가길이를 적용하여 검토한다. 고정점까지의 깊이는 경사말뚝에 대하여는 [LSD 10.7.4.2]절 그리고 수직말뚝에 대하여는 $P-\Delta$ 해석을 적용하여 구한다.

6.16.4 최대허용항타응력

두부 항타 강말뚝의 최대허용항타응력은 [LSD 10.7.1.16]절에 따라 정한다.

강교 설계과정과 설계예 02

2.1 강교설계 전체 순서

LSD규정에 의한 강합성거더교 상부구조의 설계순서는 콘크리트 바닥판, 강재거더, 전단연결재, 브레이싱, 강거더 종방향 및 횡방향 보강재, 용접 및 볼트체결에 의한 연결상세, 크로스프레임, 다이아프램 등의 설계순서를 따른다. 각 설계단계별로 LSD 설계규정을 적용한 설계시 고려해야 되는 상세항목은 아래에 나타난 바와 같다.

B6.1 일반사항

본 부록은 단순설계법에 의한 설계과정을 개괄적으로 설명하기 위함이다.

B6.2 고려사항

A. 설계원칙 - 일반사항 (1.3.1)
B. 한계상태 (1.3.2)
C. 설계 및 위치 (2.3) (2.5)

B6.3 상부구조설계

A. 형상선정
  1. 교폭
  2. 경간배치 (2.3.2) (2.5.5) (2.6)
  3. 교량형식 선정 - I-거너 또는 박스거더 (6.10) (6.11)

B. 단면선정 및 설계근거
  1. I-거더
    a. 일반사항 (6.10.1)
      (1) 탄성 또는 비탄성해석 (6.10.4) (6.10.10)
      (2) 합성 또는 비합성 (6.10.3)
      (3) 균일재료 또는 비균일재료 단면 (6.10.4.3(1))

2. 박스거더
   a. 일반사항 (6.11.1)
      (1) 다중 박스거더 (6.11.1.1)
      (2) 단일 박스거더 (6.11.1.2)
      (3) 직교이방성 강바닥판 (6.15.3)
   b. 세부요구조건
      (1) 복부판 보강재 (6.11.3.1)
      (2) 압축플랜지 보강재 (6.11.3.2)
      (3) 플랜지-복부판 연결 (6.11.4)
   c. 시공성 (6.11.5)

C. 철근콘크리트 바닥판 설계
1. 바닥판 슬래브 (4.6.2.1)
2. 최소두께 (6.14.6.1(1))
3. 경험적 설계법 (6.14.6.2)
4. 전통적 설계법 (6.14.6.3)
5. 스트립법 (4.6.4)
6. 활하중재하 (3.6.1.4) (4.6.2.4) (4.6.2.5)
7. 철근배근 (6.14.6.2(5)) (6.14.6.3(2))
8. 외팔보부 설계 (3.6.1.4) (4.6.2.5)
9. 부모멘트부 배근 (6.10.3.7)

D. 저항계수 선정
극한한계상태 (6.5.4)

E. 하중수정계수 선정
1. 연성도 (1.3.3)
2. 여용성 (1.3.4)
3. 공용중 중요도 (1.3.5)

F. 하중조합 및 하중계수 선정
1. 극한한계상태 (6.10.4 및 6.11.2)
2. 사용한계상태 (6.10.5 및 6.11.7)
3. 피로 및 파괴한계상태 (6.6)

G. 활하중효과 계산
1. 활하중선정 (3.6.1) 및 차로수 (3.6.1.1)
2. 동시재하 (3.6.1.2)
3. 동적하중계수 (3.6.2)
4. 모멘트 분배계수 (4.6.3.2)
   a. 콘크리트바닥판 내측보 (4.6.3.2(1))
   b. 외측보 (4.6.3.2(2))
   c. 사교 (4.6.3.2(3))

5. 전단 분배계수 (4.6.3.3)
   a. 내측보 (4.6.3.3(1))
   b. 외측보 (4.6.3.3(2))
   c. 사교 (4.6.3.3(3) 및 [표 4.6.9])
6. 풍하중효과 (3.13) (4.6.8) (6.10.3.5) (6.11.6)
7. 하부구조반력 (3.6)

H. B6.3F의 기타하중에 의한 하중효과 계산

I. 단면설계 - I-거더의 경우

1. 복부판 휨이나 전단에 의한 피로에 대한 D_c/t_w 검토 (6.10.6)
2. 휨설계 (6.10.4)
   a. 재하 및 타설순서 고려 (6.10.3.2)
   b. 유효플랜지폭 계산 (4.6.7)
   c. 단면조밀성 검토
      (1) 조밀단면의 휨강도
         (a) 복부판 세장비 (6.10.4.1(2))
         (b) 플랜지 세장비 (6.10.4.1(3))
         (c) 플랜지 브레이싱 (6.10.4.1(7))
         (d) 휨강도계산 (6.10.4.2(1)) (6.10.4.2(2))
         (e) 정모멘트 연성도 검토 (6.10.4.2(2)②)
      (2) 비조밀단면의 휨강도
         (a) 복부판 세장비 (6.10.2.2)
         (b) 플랜지 세장비 (6.10.4.1(4))
         (c) 플랜지 브레이싱 (6.10.4.1(9))
         (d) 강도감소계수 (6.10.4.3(2))
         (e) 공칭휨강도계산 (6.10.4.2(4))
3. 횡비틀림좌굴(LTB)을 고려한 플랜지의 휨강도 (6.10.4.2(5)) (6.10.4.2(6))
4. 전단설계 (6.10.7)
   a. 비보강 복부판 (6.10.7.2)
   b. 보강 복부판 (6.10.7.3)
      (1) 일반사항 (6.10.7.3(1))
      (2) 설계요구조건 (6.10.7.3(2))
      (3) 균질단면 (6.10.7.3(3))
      (4) 하이브리드단면 (6.10.7.3(4))
   c. 보강재 설계 (6.10.8)
      (1) 중간수직보강재 (6.10.8.1)
      (2) 지점부보강재 (6.10.8.2)
      (3) 종방향보강재 (6.10.8.3)
   d. 전단연결재 (6.10.7.4)
      (1) 피로저항 (6.10.7.4(2))
      (2) 극한한계상태 (6.10.7.4(4))
      (3) 상세 (6.10.7.4(1))(6.10.7.4(3))

5. 시공성 (6.10.3.2)
   a. 일반사항 (6.10.3.2(1))
   b. 휨강도 (6.10.3.2(2))
   c. 전단강도 (6.10.3.2(3))

J. 치수 및 상세 조건
1. 재료두께 (6.7.3)
2. 처짐 (2.5.2.6)
3. 볼트연결 (6.13.2)
   a. 최소설계강도 (6.13.2.2)
   b. 순단면 (6.8.3)
   c. 볼트간격 (6.13.2.6)
   d. 마찰이음강도 (6.13.2.2) (6.13.2.8)
   e. 전단강도 (6.13.2.7)
   f. 지압강도 (6.13.2.9)
   g. 인장강도 (6.13.2.10)
4. 용접상세 (6.13.3)
5. 다이아프램 및 수직브레이싱 (6.7.4)
6. 수평브레이싱 (6.7.5)
7. 이음 (6.13.6)
8. 피로 및 파괴 여부 (6.5.3)

2.1.1 순서도 규칙

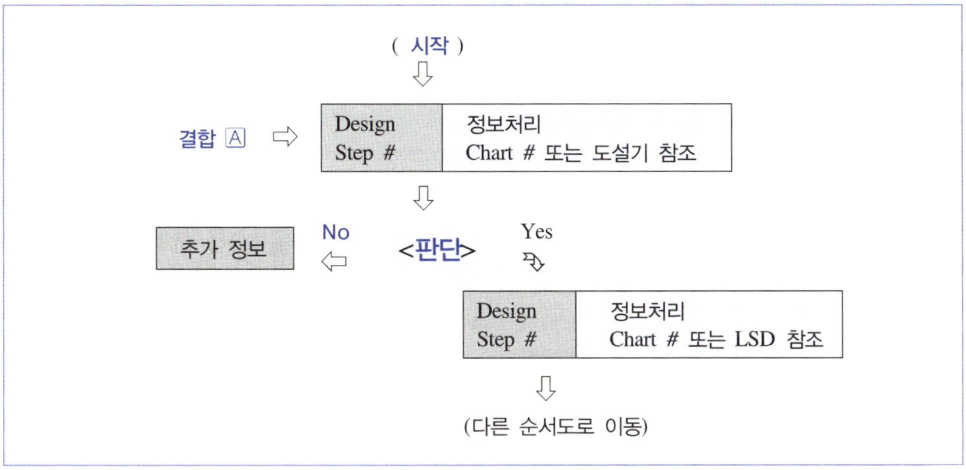

[설명] ( )=시작 또는 이동, ⇩, ➪=흐름선, < >=판단, ／ ／=입출력, ▭ =정보처리, ○=결합

2.1.2 Chart

Chart 1 기본계획 정보
Chart 2 콘크리트 바닥판 설계
Chart 3 강 거더 설계
Chart 4 볼트 현장이음 설계
Chart 5 기타 강 설계
Chart 6 받침 설계
Chart 7 교대 및 날개벽 설계
Chart 8 교각 설계
Chart 9 기타 설계
Chart 10 특별 준비 및 공사비 산출
Chart P 말뚝기초 설계

2.1.3 강교의 메인 순서도

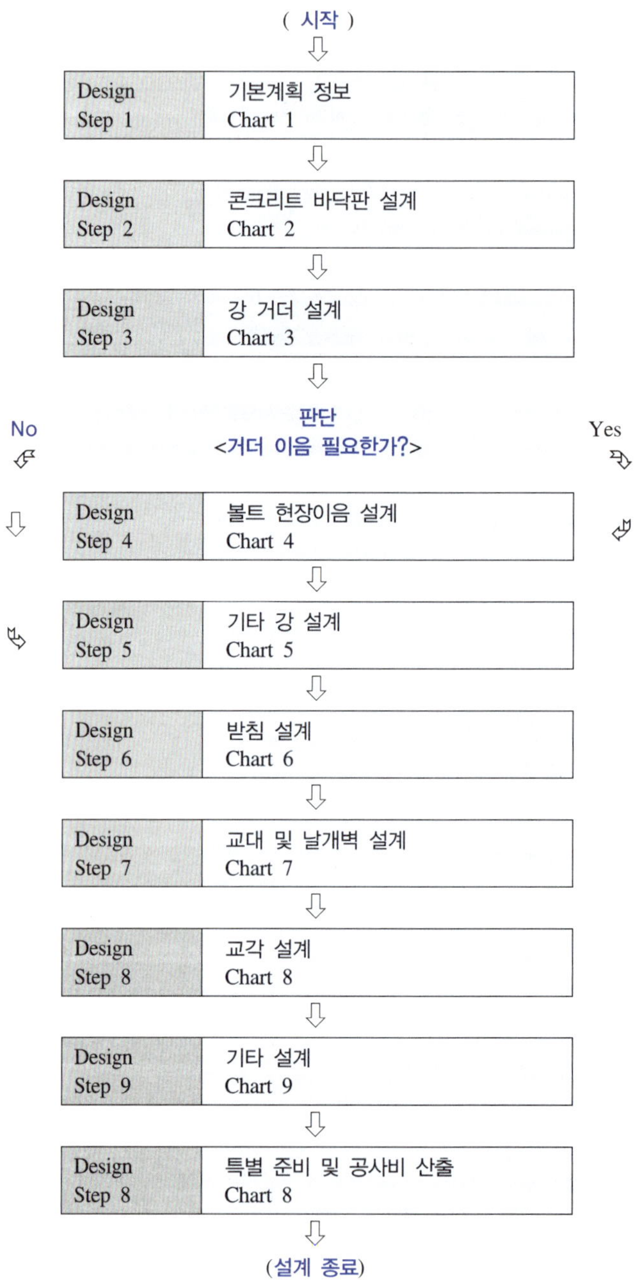

Note : Design Step P는 교대, 날개벽, 교각에 대한 말뚝기초설계에 대해 사용

2.1.4 설계단계별 순서도

2.1.4.1 기본계획정보 순서도 Chart 1

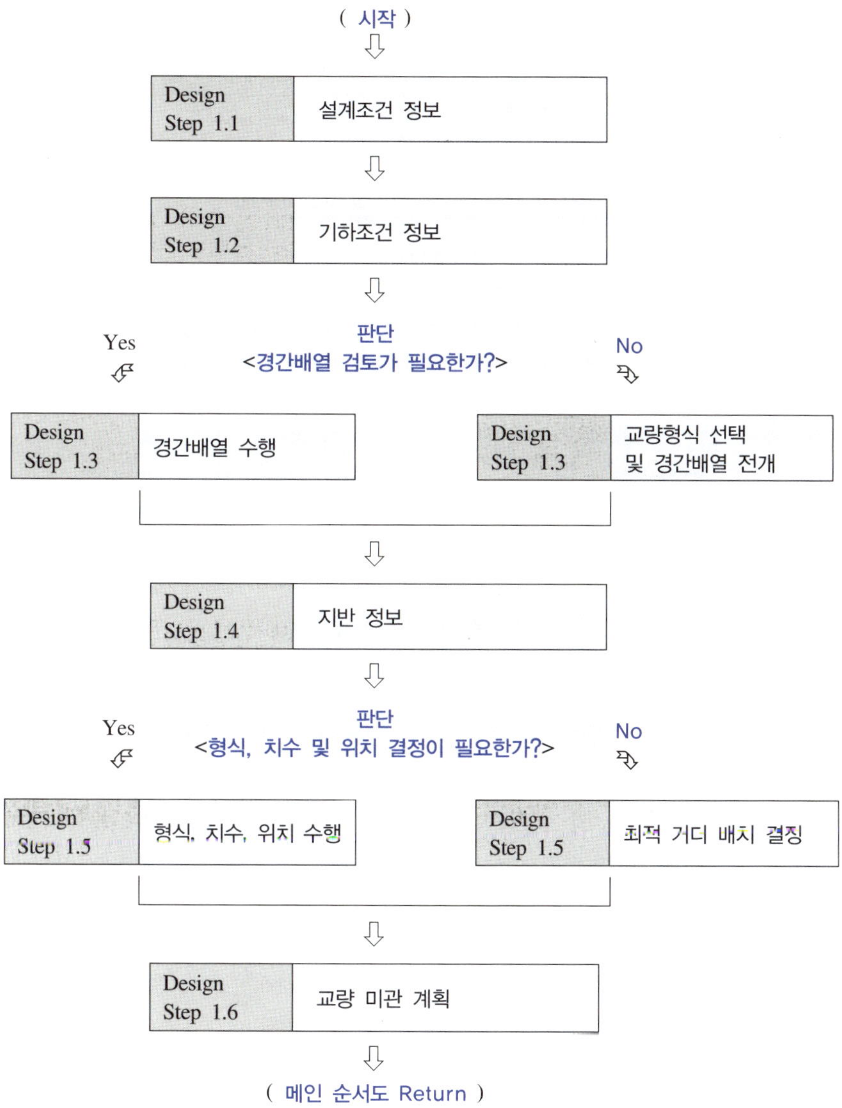

2.1.4.2 콘크리트 바닥판 설계 순서도 Chart 2

(시작)

⇩

Design Step 2.1	설계조건 정보

⇩

Design Step 2.2	최소 슬래브 두께 결정 [LSD 2.5.2.6, 5.4.2.4, 6.14.6.1(1)]

⇩

Design Step 2.3	최소 캔틸레버 두께 결정 [LSD 2.5.2.6, 3.6.1.4, 4.6.2.5, 4.6.3, 5.4.2.4, 6.14.6]

⇩

Design Step 2.4	슬래브 및 캔틸레버 두께 선택 [LSD 2.5.2.6, 3.6.1.4, 4.6.2.5, 4.6.3, 5.4.2.4, 6.14.6]

⇩

판단
<등가스트립 방법이 필요한가?>

No ⇨ 기타 바닥판 설계 [LSD 4.6]

Yes ⇩

Design Step 2.5	고정하중 효과 산정 [LSD 3.4.2, 3.5]

⇩

Design Step 2.6	활하중 효과 산정 [LSD 3.4.2, 3.6]

⇩

Design Step 2.7	정(+) 및 부(−) 설계모멘트 산정 [LSD 4.6.3]

⇩

Design Step 2.8	바닥판의 정(+) 휨모멘트에 대한 설계 [LSD 5.7.1]

⇩

Design Step 2.9	사용한계상태에서 정(+) 휨모멘트균열에 대한 검토 [LSD 5.4.3.3, 5.8.3]

⇩

(Go To B)

(B)

⇩

Design Step 2.10 — 바닥판의 부(−) 휨모멘트에 대한 설계 [LSD 5.7.1]

⇩

Design Step 2.11 — 사용한계상태에서 부(-) 휨모멘트균열에 대한 검토 [LSD 5.4.3.3, 5.8.3]

⇩

Design Step 2.12 — 캔틸레버 바닥판의 휨모멘트에 대한 설계 [LSD 5.4.3.3, 5.8.3, 9.7.6] [LRFD SA13.4]

⇩

- **Design Case 1** — 수평차량충격력에 대한 캔틸레버 설계 [LRFD SA13.4.1]
  - ⇩
  - **Case 1A** — 난간내측면 검토
  - **Case 1B** — 캔틸레버설계단면 검토
  - **Case 1C** — 첫번째지간에서 설계단면 검토
- **Design Case 1** — 수직차량충격력에 대한 캔틸레버 설계 [LRFD SA13.4.1]
- **Design Case 1** — 고정하중과 활하중에 대한 캔틸레버 설계 [LRFD SA13.4.1]
  - ⇩
  - **Case 1A** — 캔틸레버설계단면 검토
  - **Case 1B** — 첫번째지간에서 설계단면 검토

⇩

Yes ⇦ 판단 < A_s(캔틸레버) 〉 A_s(바닥판) ? > No ⇨

- Yes: 캔틸레버에 A_s(캔틸레버)를 사용
- No: 캔틸레버에 A_s(바닥판)을 사용

⇩

Design Step 2.13 — 사용한계상태에서 캔틸레버균열에 대한 검토 [LSD 5.4.3.3, 5.8.3]

[대부분의 경우의 설계에서 검사하지 않음]

⇩

(Go To Ⓒ)

(Ⓒ)

⇩

Design Step 2.14	캔틸레버 절단길이 산정 [LSD 5.11.4]

⇩

Design Step 2.15	캔틸레버 정착길이 산정 [LSD 5.11.4]

⇩

Design Step 2.16	바닥 종방향 분배철근 설계 [LSD 5.12.3, 5.12.5]

⇩

Design Step 2.17	상부 종방향 분배철근 설계 [LSD 5.12.15]

⇩

Design Step 2.18	교각위의 종방향 철근 설계 [LSD 6.10.3.7]

⇩

판단

< 연속 강거더인가? >

No ⇨ 활하중에 대해 연속으로 시공된 단순 프리캐스트 거더에 대해 [LSD 5.13.2]에 따라 교각위의 거더 상단 종방향 철근 설계

Yes ⇩ 연속 강교에 대해 [LSD 6.10.3.7]에 따라 교각위의 거더 상단 종방향 철근 설계

⇩

Design Step 2.19	최종 콘크리트 바닥판설계 구조물도 작성

⇩

(메인 순서도 Return)

2.1.4.3 강 거더 설계 순서도 Chart 3

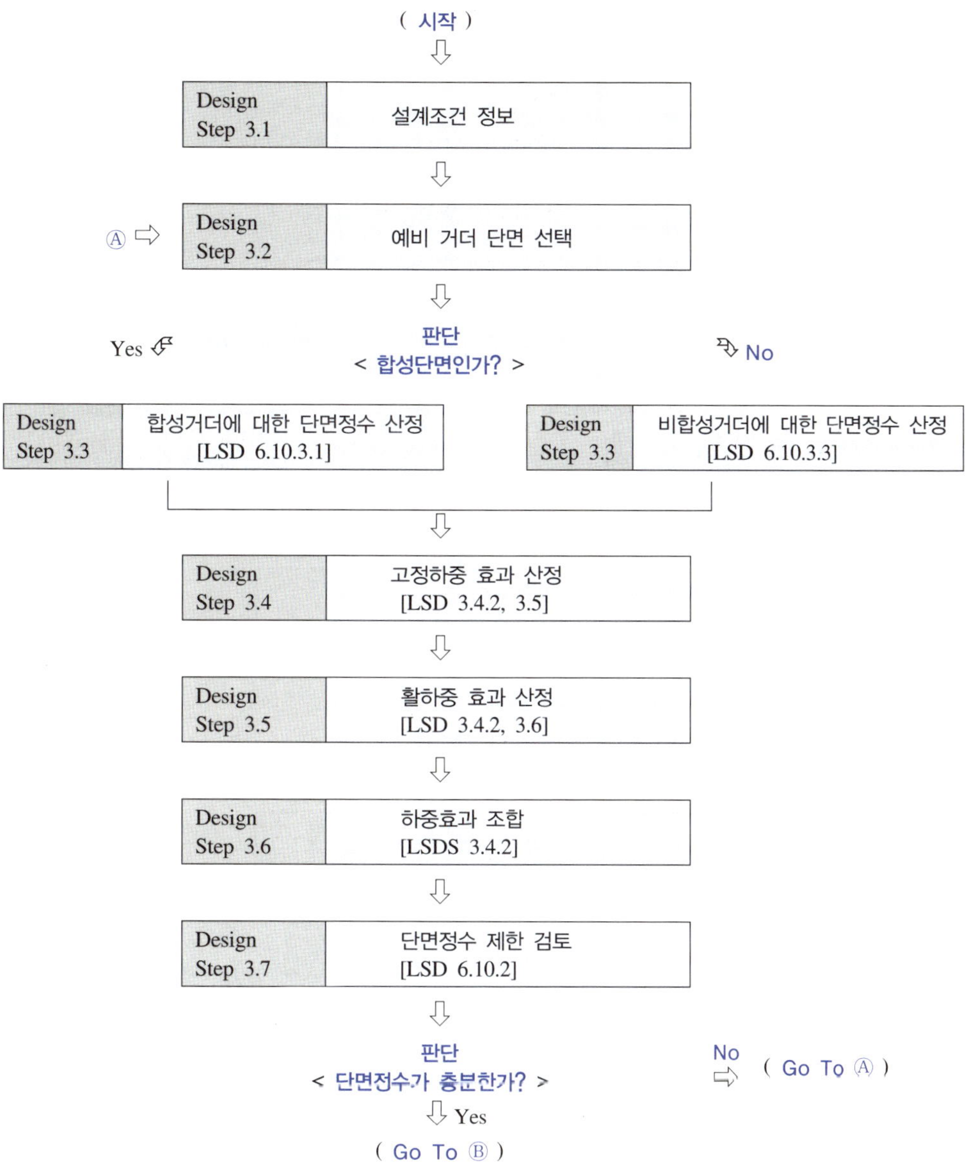

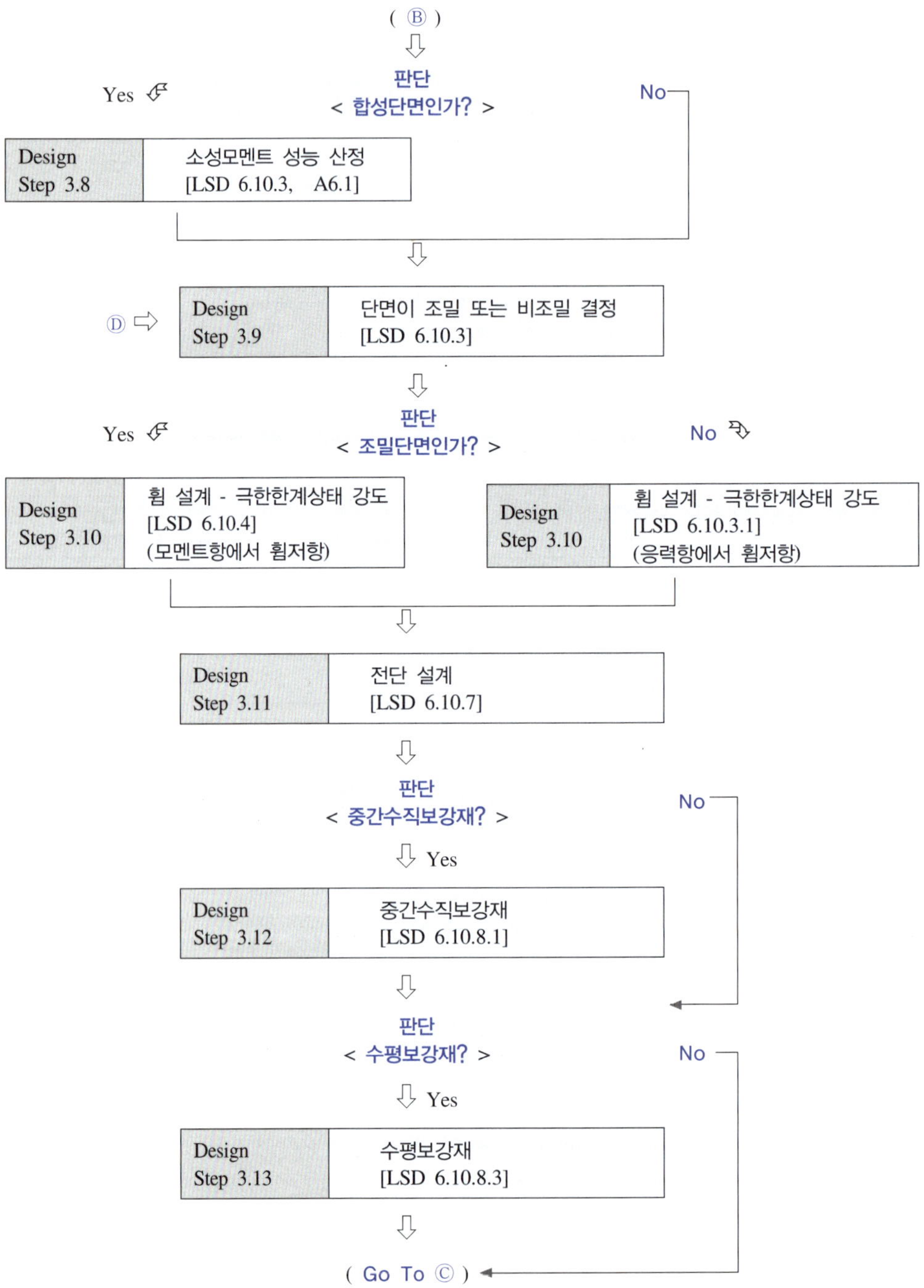
(Ⓑ)
판단
< 합성단면인가? >
Yes
No
Design Step 3.8
소성모멘트 성능 산정
[LSD 6.10.3, A6.1]
Ⓓ
Design Step 3.9
단면이 조밀 또는 비조밀 결정
[LSD 6.10.3]
판단
< 조밀단면인가? >
Yes
No
Design Step 3.10
휨 설계 - 극한한계상태 강도
[LSD 6.10.4]
(모멘트항에서 휨저항)
Design Step 3.10
휨 설계 - 극한한계상태 강도
[LSD 6.10.3.1]
(응력항에서 휨저항)
Design Step 3.11
전단 설계
[LSD 6.10.7]
판단
< 중간수직보강재? >
Yes
No
Design Step 3.12
중간수직보강재
[LSD 6.10.8.1]
판단
< 수평보강재? >
Yes
No
Design Step 3.13
수평보강재
[LSD 6.10.8.3]
(Go To Ⓒ)

(Ⓒ)

⇩

판단
< 보강된 복부 가격이 효율적인가? >

Yes: 강 거더 설계에 보강된 복부 사용

No: 강 거더 설계에 보강재가 없는 복부 사용

⇩

Design Step 3.14	휨 설계 - 피로 및 파괴한계상태 [LSD 6.5.3, 6.10.6]

⇩

Design Step 3.15	휨 설계 - 사용한계상태 [LSD 2.5.2.6, 3.4.2, 6.5.2, 6.10.5]

⇩

Design Step 3.16	휨 설계 - 시공성 검토 [LSD 6.10.3.2]

⇩

Design Step 3.17	거더 플랜지에 미치는 풍하중의 영향 [LSD 6.10.3.5]

⇩

판단
< 모든 정(+) 및 부(−) 휨설계 단면 검토 ? >

No ⇨ (Go To Ⓓ)

⇩ Yes

판단
< 모든 규정 검토 및 거더 최적화 ? >

No ⇨ (Go To Ⓐ)

⇩ Yes

Design Step 3.18	최종 강 거더 설계 구조물도 작성

⇩

(메인 순서도 Return)

2.1.4.4 볼트 현장이음 설계 순서도 Chart 4

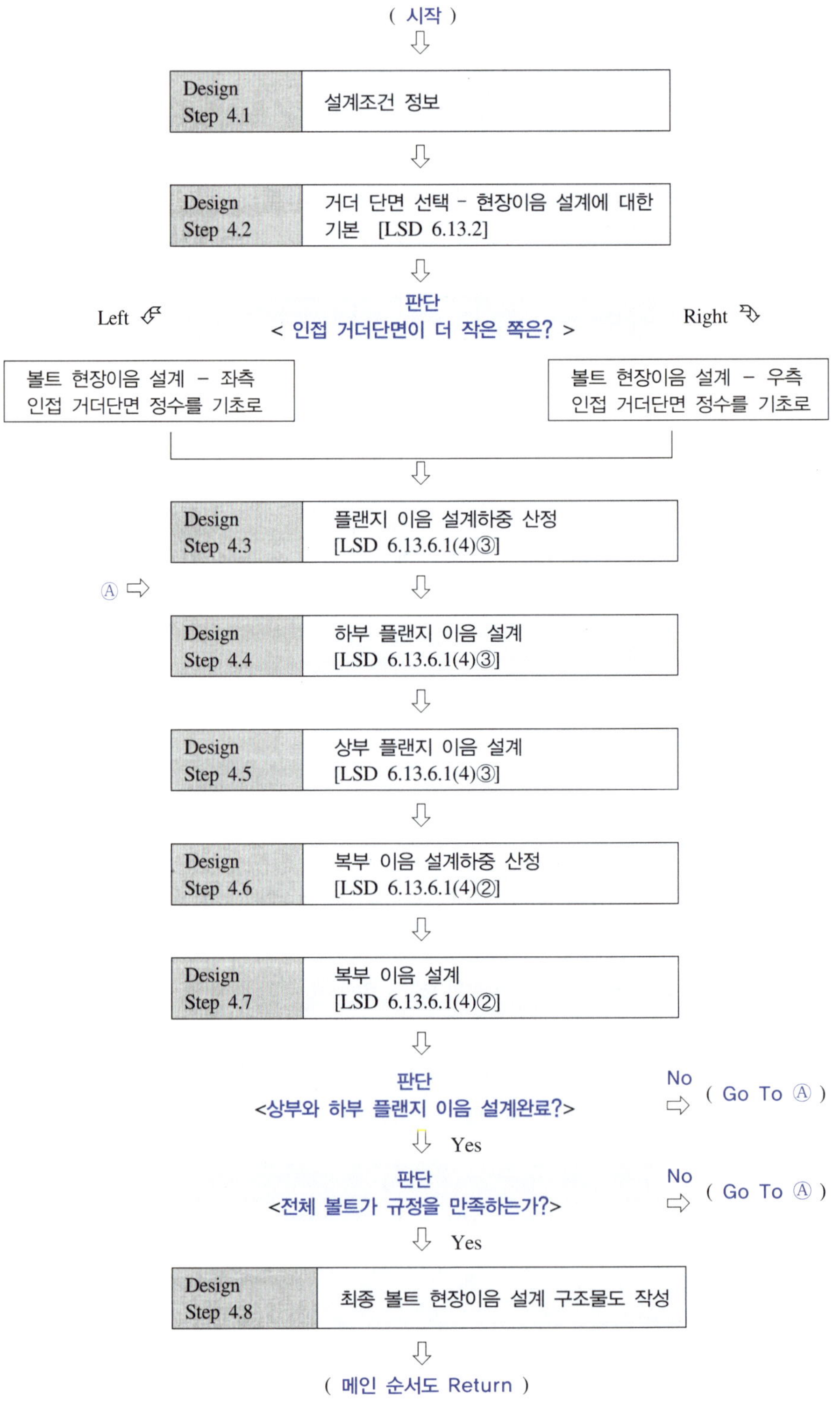

2.1.4.5 기타 강 설계 순서도 Chart 5

(시작)

⇩

판단

< 합성단면인가? > → No

⇩ Yes

Design Step 5.1	전단연결 설계 [LSD 6.10.7.4]

⇩

Design Step 5.2	받침 보강재 설계 [LSD 6.10.8.2]

⇩

Design Step 5.3	용접연결 설계 [LSD 6.13.3]

⇩

판단

<다이어프램 또는 브레이싱(cross-frame) 필요한가?> → No

⇩ Yes

Design Step 5.4	브레이싱(cross-frame) 설계 [LSD 6.7.4]

⇩

판단

< 수평브레이싱 필요한가? > → No

⇩ Yes

Design Step 5.5	수평브레이싱 설계 [LSD 6.7.5]

⇩

Design Step 5.6	거더 솟음 산정 [LSD 6.7.2]

⇩

(메인 순서도 Return)

2.1.4.6 받침 설계 순서도 Chart 6

(시작)

⇩

Design Step 6.1	설계조건 정보

⇩

Design Step 6.2	최적 받침 형식 선정 [LSD 9.5.3, 9.5.3.4]

⇩

판단
< 강-보강탄성받침인가? > — No ⇨ [LSD 제9장]에 주어진 받침형식을 선정하여 설계

⇩ Yes

⇩

Ⓐ ⇨

Design Step 6.3	기본 받침의 정수 선정

⇩

Design Step 6.4	설계방법 선정 [LSD 9.5.3]

⇩

Design Step 6.5	형상계수 산정 [LSD 9.5.3.7]

⇩

Design Step 6.6	압축응력 검토 [LSD 9.5.3.8]

⇩

판단
<받침은 압축응력에 대해 안전한가?> — No ⇨ (Go To Ⓐ)

⇩ Yes

Design Step 6.7	압축처짐 검토 [LSD 9.5.3.13]

⇩

판단
<받침은 압축처짐에 대해 안전한가?> — No ⇨ (Go To Ⓐ)

⇩ Yes

Design Step 6.8	전단변형 검토 [LSD 9.5.3.9]

⇩

판단
<받침은 전단변형에 안전한가?> — No ⇨ (Go To Ⓐ)

⇩ Yes

Design Step 6.9	회전 또는 조합된 압축과 회전 검토 [LSD 9.5.3]

⇩

판단
<받침은 압축과 회전에 대해 안전한가?> — No ⇨ (Go To Ⓐ)

⇩ Yes

Design Step 6.10	안정검토 [LSD 9.5.3.12, 9.5.3.13]

⇩

판단
< 받침은 안정에 대해 안전한가? > — No ⇨ (Go To Ⓐ)

⇩ Yes

Design Step 6.11	보강판 검토 [LSD 9.5.3.6, 9.5.3.11]

⇩

판단
< 받침은 보강판에 대해 안전한가? > — No ⇨ (Go To Ⓐ)

⇩ Yes

Design Step 6.12	정착 설계 [LSD 9.5.3.13]

⇩

판단
< 받침은 고정하는가? > — No → Design Step 6.14

⇩ Yes

Design Step 6.13	고정받침 정착 설계 [LSD 9.5.3.13]

⇩

Design Step 6.14	최종 받침 설계 구조물도 작성

⇩

(메인 순서도 Return)

2.1.4.7 교대 및 날개벽 설계 순서도 Chart 7

(시작)

⇩

Design Step 7.1	설계조건 정보

⇩

Design Step 7.2	최적 교대 형식 선정

⇩

판단 < RC 캔틸레버 교대인가? > — No ⇨ 선정된 교대형식 설계

⇩ Yes

Design Step 7.3	기본 교대의 치수의 선정

⇩

Design Step 7.4	고정하중(Dead Load) 효과 산정 [LSD 3.5]

⇩

Design Step 7.5	활하중(Live Load) 효과 산정 [LSD 3.6]

⇩

Design Step 7.6	기타하중 효과 산정 [LSD 3.5 ~ 3.21]

⇩

Design Step 7.7	해석 및 조합력 효과 [LSD 3.4.2]

⇩

판단 <말뚝기초 또는 확대기초인가?> — 확대기초 ⇨ Design Step 7.8 확개기초 설계 [LSD 7.6]

⇩ 말뚝기초

Design Step 7.8	안정 및 안전 검토 [LSD 7.7, 7.9.2, 7.9.3]

⇩

Design Step 7.9	교대 뒷벽 설계	휨설계, 전단설계, 균열검토

⇩

Design Step 7.10	교대 Stem 설계	휨설계, 전단설계, 균열검토

⇩

판단 <말뚝기초 사용되는가?> — Yes ⇨ (Go To: Design Step P)

⇩ No

Design Step 7.11	교대기초의 설계	휨설계, 전단설계, 균열검토

⇩

Design Step 7.12	최종 교대설계 구조물도 작성

⇩

(메인 순서도 Return)

2.1.4.8 교각 설계 순서도 Chart 8

(시작)

⇩

Design Step 8.1	설계조건 정보

⇩

Design Step 8.2	최적 교각 형식 선정

⇩

판단
< RC 해머 교각인가? >

No ⇨ 선정된 교각형식 설계

⇩ Yes

Design Step 8.3	기본 교각의 치수의 선정	교각의 두부, 기둥, 기초

⇩

Design Step 8.4	고정하중(Dead Load) 효과 산정 [LSD 3.5]	상부구조로부터 고정하중, 교각 두부, 기둥, 기초 고정하중

⇩

Design Step 8.5	활하중(Live Load) 효과 산정 [LSD 3.6]

⇩

Design Step 8.6	기타하중 효과 산정 [LSD 3.5-3.21]

⇩

Design Step 8.7	해석 및 조합력 효과 [LSD 3.4.2]

⇩

Design Step 8.8	교각 두부 설계

⇩

Design Step 8.9	교각 기둥 설계

⇩

판단
<말뚝기초 사용되는가?>

Yes ⇨

Design Step 8.10	교각 말뚝 설계 [LSD 7.8]

⇩

(Go To: Design Step P)

⇩ No

Design Step 8.11	교각 기초 설계

⇩

Design Step 8.12	최종 교각설계 구조물도 작성

⇩

(메인 순서도 Return)

2.1.4.9 기타 설계 순서도 Chart 9

(시작)

⇩

Design Step 9.1	진입부 슬래브 설계 [LSD 4.6.2.9]

⇩

Design Step 9.2	교량 바닥판 배수시설 설계 [LSD 2.6.6]

⇩

판단
<바닥판 배수관 필요한가?> No ⇨

⇩ Yes

배수관의 형태, 치수, 개수, 위치 설계

⇩

Design Step 9.3	교량 조명주 설계

⇩

판단
<교량 교명주 필요한가?> No ⇨

⇩ Yes

교명주의 형태, 치수, 개수, 위치 설계

⇩

Design Step 9.4	교량 시공성 검토 [LSD 2.5.3]

⇩

판단
<추가로 설계에 고려사항 있는가?> No ⇨

⇩ Yes

Design Step 9.5	추가 설계에 고려사항 완료

⇩

(메인 순서도 Return)

2.1.4.10 특별준비 및 비용평가 순서도 Chart 10

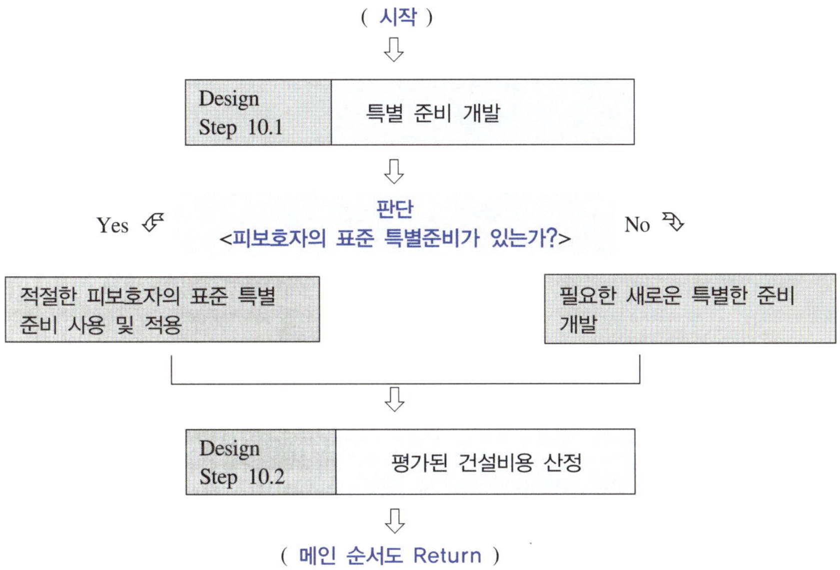

2.1.4.11 말뚝기초 설계 순서도 Chart P

(시작)

⇩

Design Step P.1	지반조건 및 기하적인 구속 규정 [LSD 7.4]

⇩

Design Step P.2	적용하중 및 하중조합 [LSD 3.4.2]

⇩

Design Step P.3	각 하중조합에 대한 계수하중 [LSD 3.4.2]

⇩

Design Step P.4	말뚝기초에 대한 필요성 입증 [LSD 7.6.2]

⇩

Ⓐ ⇨

Design Step P.5	계수하중 및 지반조건에 기초한 알맞은 말뚝형식 및 치수 선택

⇩ Yes

Design Step P.6	선택된 말뚝형식 및 치수에 대한 공칭압축강도 결정 [LSD 6.9.4.1]

⇩

Design Step P.7	선택된 말뚝형식 및 치수에 대한 극한한계상태 지지력 결정 [LSD 7.6.3]

⇩

Design Step P.8	단일말뚝에 대한 극한한계상태 저항계수 결정 [LSD 6.5.4.2]

⇩

Design Step P.9	단일말뚝에 대한 극한한계상태 지지력 결정 [LSD 7.5.5]

⇩

Design Step P.10	말뚝의 항타 용이성 검토

⇩

판단

<말뚝에 위험없이 극한 기하적 또는 구조적 저항을 최소로 하는 말뚝 항타 용이성?> [LSD 6.16.4] 참조

No ⇦ (Go ToⒶ)

⇩ Yes

Ⓓ ⇨

Design Step P.11	계수하중 및 전도모멘트에 기초한 기본 말뚝 배치

⇩

⇩

판단
<말뚝 배치가능하고 기하적 구속내에 있는가?> — No ⇨ 선정된 교대형식 설계

⇩ Yes

Design Step P.12	말뚝 해드 고정 평가
Design Step P.13	말뚝-흙 상관 해석 수행 [LSD 6.16.1, 7.7.3.7(3)]
Design Step P.14	극한한계상태 지반 축 성능 검토 [LSD 7.5.3]
Design Step P.15	구조적 축 성능 검토 [LSD 6.5.4.2, 6.16.2, 6.16.3.1]
Design Step P.16	휨과 축력의 조합된 구조성능 검토 [LSD 6.5.4.2, 6.6.2, 6.16.3.2]
Design Step P.17	구조 전단 성능 검토
Design Step P.18	말뚝그룹의 최대 수평 및 수직처짐 검토 [LSD 7.6.2, 7.8.2] (휨설계, 전단설계, 균열검토)
Design Step P.19	추가 기타 설계

⇩

판단
<말뚝기초의 모든 적용 설계기준을 만족 ?> — No ⇦ (Go To Ⓓ)

⇩ Yes

판단
<말뚝시스템이 최적인가 ?> — No ⇨ (Go To Ⓓ)

⇩ Yes

(교대 또는 교각 순서도로 Return)

2.2 강교 단면설계

2.2.1 강교 단면설계 순서

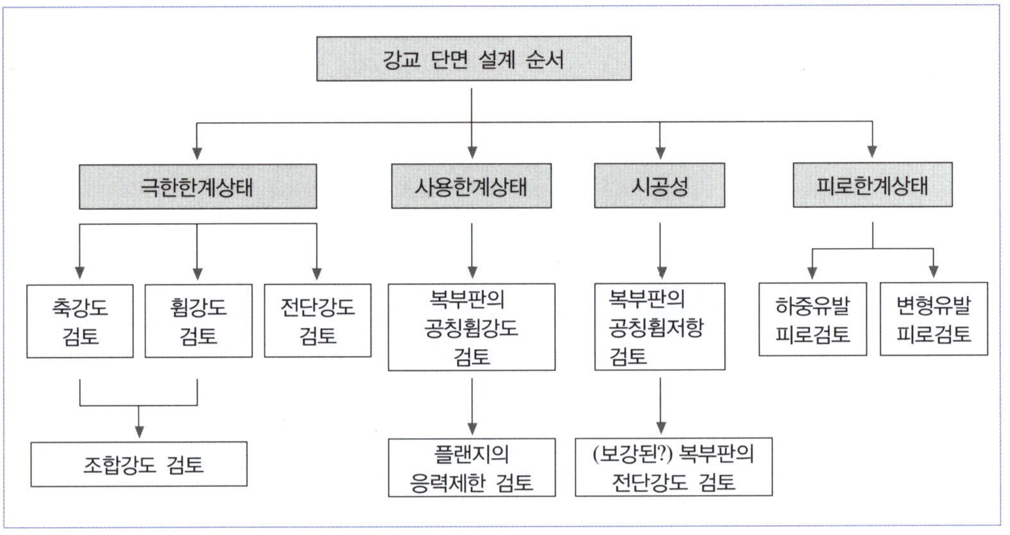

2.2.2 주거더 부재 설계 순서

2.2.2.1 극한한계상태 검토

(1) 거더부재 축강도 검토

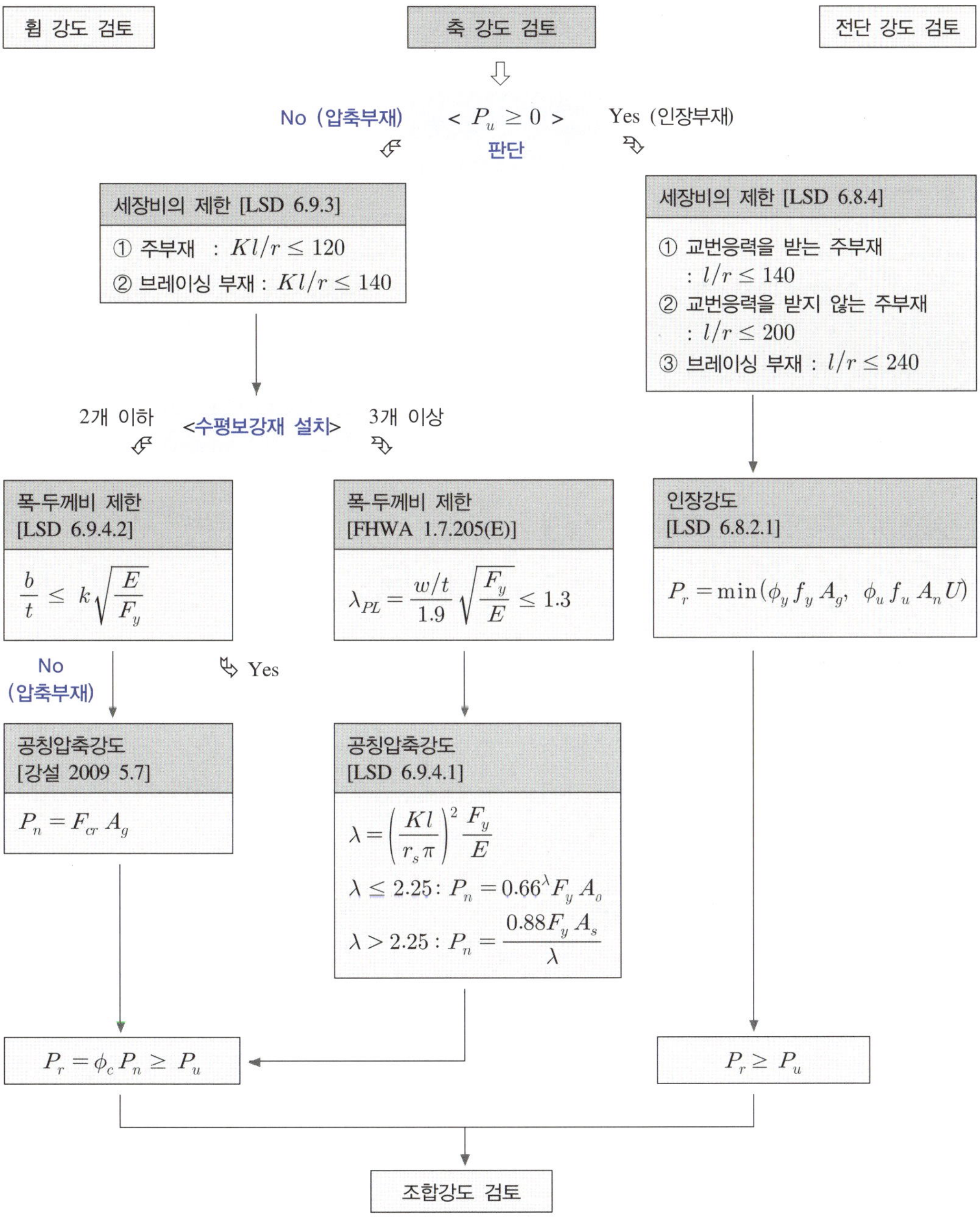

(2) 거더부재 휨강도 검토 (I형 단면)

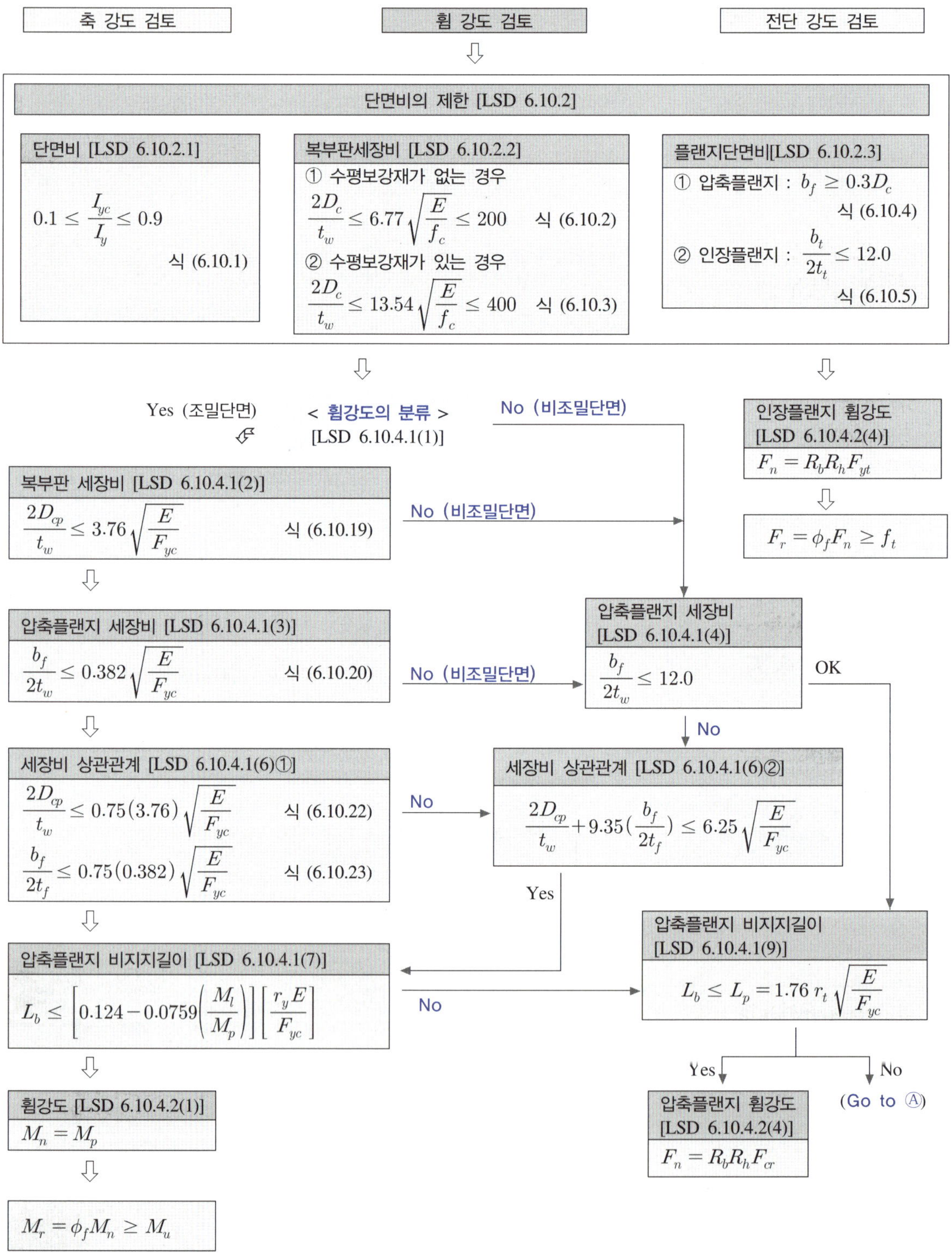

(Ⓐ)

⇩

횡비틀림 좌굴을 고려한 압축플랜지 휨강도 [LSD 6.10.4.2(6)]

복부판에 수평보강재가 있거나, $\dfrac{2D_c}{t_w} \le \lambda_b \sqrt{\dfrac{E}{F_{yc}}}$

⇩ Yes

$$M_n = 3.14 C_b R_h \left(\frac{I_{yc}}{L_b}\right) \sqrt{0.772\left(\frac{J}{I_{yc}}\right) + 9.87\left(\frac{d}{L_b}\right)^2} \le R_h M_y$$

No →

$$L_b \le L_r = 4.44\sqrt{\frac{I_{yc}d}{S_{xc}}\frac{E}{F_{yc}}}$$

⇩

Yes

$$M_n = C_b R_b R_h M_y \left[1 - 0.5\left(\frac{L_b - L_p}{L_r - L_p}\right)\right] \le R_b R_h M_y$$

No

$$M_n = C_b R_b R_h \frac{M_y}{2}\left[\frac{L_r}{L_b}\right]^2 \le R_b R_h M_y$$

⇩

압축플랜지 공칭 휨강도

$$\therefore F_n = \min\left(F_n,\ \frac{M_n}{S_{xc}}\right)$$

⇩

$$F_r = \phi_f F_n \ge F_u$$

(3) 거더부재 휨강도 검토 (Box형 단면)

축 강도 검토 → **압축플랜지 검토**

휨 강도 검토

⇩

복부판세장비 [LSD 6.10.2.2] (OK ⇦ 압축플랜지 검토 / OK ⇨ 인장플랜지 검토)

① 수평보강재가 없는 경우

$$\frac{2D_c}{t_w} \le 6.77\sqrt{\frac{E}{f_c}} \le 200 \quad \text{식 (6.10.2)}$$

② 수평보강재가 있는 경우

$$\frac{2D_c}{t_w} \le 13.54\sqrt{\frac{E}{f_c}} \le 400 \quad \text{식 (6.10.3)}$$

전단 강도 검토

인장플랜지 검토

⇩

공칭휨강도 [LSD 6.11.2.1(3)]

$$F_n = R_b R_h F_{yt}$$

⇩

$$(F_r = \phi_f F_n \ge F_t)$$

<수평보강재 설치>

– 2개이하 →

압축플랜지 보강재 [LSD 6.11.3.2]

$$b_f \le 0.48\, t_p \sqrt{\frac{E}{F_{yc}}}, \quad I_l \ge \Psi\, w\, t_f^3$$

⇩

부모멘트 구간 공칭휨강도 [LSD 6.11.2.1(3)]

① $\dfrac{w}{t_f} \le 0.57\sqrt{\dfrac{kE}{F_{yc}}}, \quad F_n = R_b R_h F_{yc}$

② $0.57\sqrt{\dfrac{kE}{F_{yc}}} < \dfrac{w}{t_f} \le 1.23\sqrt{\dfrac{kE}{F_{yc}}}$,

$$F_n = 0.592 R_b R_h F_{yc}\left(1 + 0.687\sin\frac{c\pi}{2}\right)$$

③ $\dfrac{w}{t_f} > 1.23\sqrt{\dfrac{kE}{F_{yc}}}, \quad F_n = 181{,}000 R_b R_h k \left(\dfrac{t_f}{w}\right)^2$

$$c = \frac{1.23 - \dfrac{w}{t_f}\sqrt{\dfrac{F_{yc}}{kE}}}{0.66}$$

⇩

– 3개이상 →

압축플랜지 보강재 [FHWA 1.7.207]

⇩

개단면 보강재 [FHWA 1.7.207(A)]

Flat : $C_s = \dfrac{d}{1.5t_o} + \dfrac{w}{12t}$

Tee : $C_s = \dfrac{d}{1.35t_o + 0.56r_y} + \dfrac{w}{12t}$

⇩

① $f_{\max} \ge 0.5F_y$: $C_s \le \dfrac{0.40}{\sqrt{F_y/E}}$

② $f_{\max} < 0.5F_y$: $C_s \le \dfrac{0.65}{\sqrt{F_y/E}}$

폐단면 보강재 [FHWA 1.7.207(B)]

$$\lambda_{PL} = \frac{w/t}{1.9}\sqrt{\frac{f_y}{E}}$$

① $\lambda_{PL} < 0.65$: $f_{us} = f_y$

② $0.65 \le \lambda_{PL} < 1.5$: $f_{us} = f_y[0.5 + 0.43(\lambda_{PL} - 1.73)^2]$

③ $\lambda_{PL} > 1.5$: $f_{us} = f_y(0.82 - 0.2\lambda_{PL})$

[FHWA Fig. 1.7.206(A)]에서 F_{uf} 산정

⇩

$$F_{us} > F_{uf}$$

⇩

(Go to Ⓐ)

(Ⓐ)

⇩

공칭휨강도 [FHWA 1.7.206]	
$f_v = \max\left[\frac{1}{3}f_{v,\max},\ (1-\frac{4}{n+1})f_{v\ \max}\right]$	$\lambda_{pl} = \frac{w/t}{1.9}\sqrt{\frac{F_y}{E}}$, $\lambda_{pl} = \frac{1}{\pi}\sqrt{\frac{F_y}{E}}\ \frac{L}{r}$ [Fig 1.7.206(A)에서 F_u 산정]

⇩

① $f_v \le 0.175F_y$: $F_u' = F_u = F_n$

② $f_v > 0.175F_y$: $F_u' = 1.05F_u\sqrt{(1-\frac{3f_v^2}{f_y^2})} = F_n$

⇩

$$F_r = \phi F_n \ge f_c$$

(4) 거더부재 조합강도 검토

조합강도 검토

⇩

조합강도
① $\frac{P_u}{P_r} < 0.2$: $\frac{P_u}{2.0P_r} + \left(\frac{M_{ux}}{M_{rx}} + \frac{M_{uy}}{M_{ry}}\right) \le 1.0$
② $\frac{P_u}{P_r} \ge 0.2$: $\frac{P_u}{P_r} + \frac{8.0}{9.0}\left(\frac{M_{ux}}{M_{rx}} + \frac{M_{uy}}{M_{ry}}\right) \le 1.0$

인장 : [LSD 6.8.2.3]

- P_r = 설계인장강도(N)
- M_{rx}, M_{ry} = [LSD 6.10.4와 6.12]에 규정된 x와 y축에 관한 설계휨강도(N·mm)
- M_{ux}, M_{uy} = 설계하중에 의한 x와 y축에 관한 휨모멘트(N·mm)
- P_u = 설계하중에 의한 축방향력(N)

압축 : [LSD 6.9.2.2]

- P_r = 설계압축강도(N)
- M_{rx} = [LSD 6.10.4 및 6.12]에 규정된 x축에 관한 설계휨강도(N·mm)
- M_{ry} = [LSD 6.10, 6.11 및 6.12]에 규정된 y축에 관한 설계휨강도(N·mm)
- M_{ux}, M_{uy} = 다음의 규정에 따라 계산된 x와 y축에 관한 휨모멘트(N·mm)

  각 대칭축에 관한 설계휨모멘트 M_{ux}와 M_{uy}는 다음 중 하나로 결정한다.
  - 설계하중으로 인해 발생하는 모멘트의 증가를 고려한 2차 탄성해석
  - [LSD 4.5.3.3]에 규정된 근사방법

(5) 거더부재 전단강도 검토

축 강도 검토 | **전단 강도 검토** | 휨 강도 검토

전단좌굴응력비 산정[LSD 6.10.7.3(3)①]

① $\frac{D}{t_w} < 1.10\sqrt{\frac{Ek}{F_{yw}}}$

: $C = 1.0,\ k = 5 + \frac{5}{(d_o/D)^2}$

② $1.10\sqrt{\frac{Ek}{F_{yw}}} \le \frac{D}{t_w} \le 1.38\sqrt{\frac{Ek}{F_{yw}}}$

: $C = \frac{1.10}{D/t_w}\sqrt{\frac{Ek}{F_{yw}}}$

③ $\frac{D}{t_w} > 1.38\sqrt{\frac{Ek}{F_{yw}}}$

: $C = \frac{1.52}{(D/t_w)^2}\left(\frac{Ek}{F_{yw}}\right)$

⇨

설계요구조건 [LSD 6.10.7.3(2)]

$$\frac{D}{t_w} > 150,\quad d_o \le D\left[\frac{260}{D/t_w}\right]^2$$

⇩

< 수직보강재 설치 ? >

Yes (수직보강재 설치) → **보강된 복부판의 공칭강도 [LSD 6.10.7.3]**

No (수직보강재 필요없음) → **비보강 복부판의 공칭강도 [LSD 6.10.7.2]** → $V_r = \phi_v V_n \ge V_u$

보강된 복부판의 공칭강도 → 조밀 / 비조밀

조밀단면의 중간패널 [LSD 6.10.7.3(3)①]

$$R = \left[0.6 + 0.4\left(\frac{M_r - M_u}{M_r - 0.75\phi_f M_y}\right)\right] \le 1.0$$

$$V_p = 0.58 F_{yw} D t_w$$

① $M_u \le 0.5\phi_f M_p$:

$$V_n = V_p\left[C + \frac{0.87(1-C)}{\sqrt{1+(\frac{d_o}{D})^2}}\right]$$

② $M_u > 0.5\phi_f M_p$:

$$V_n = RV_p\left[C + \frac{0.87(1-C)}{\sqrt{1+(\frac{d_o}{D})^2}}\right] \ge CV_p$$

비조밀단면의 중간패널 [LSD 6.10.7.3(3)②]

$$R = \left[0.6 + 0.4\left(\frac{F_r - f_u}{F_r - 0.75\phi_f F_y}\right)\right] \le 1.0$$

$$V_p = 0.58 F_{yw} D t_w$$

① $f_u \le 0.75\phi_f F_y$:

$$V_n = V_p\left[C + \frac{0.87(1-C)}{\sqrt{1+(\frac{d_o}{D})^2}}\right]$$

② $f_u > 0.75\phi_f F_y$:

$$V_n = RV_p\left[C + \frac{0.87(1-C)}{\sqrt{1+(\frac{d_o}{D})^2}}\right] \ge CV_p$$

⇩

$$V_r = \phi_v V_n \ge V_u$$

2.2.2.2 사용한계상태 검토

사용한계상태 검토

- **복부판의 공칭휨 저항검토 [LSD 6.10.3.2(2)]**

$$f_{cw} \le \frac{0.9E\alpha k}{\left(\frac{D}{t_w}\right)^2} \le F_{yw}$$

- **플랜지의 응력제한 [LSD 6.10.5.2]**

$$f_f \le 0.8F_{yf}$$

2.2.2.3 피로한계상태 검토

피로한계상태 검토

- **하중유발피로 검토 [LSD 6.6.1.2]**

$$N = (365)(100)n(ADTT)_{SL}$$

$$(\Delta F)_n = \left(\frac{A}{N}\right)^{\frac{1}{3}} \ge \frac{1}{2}(\Delta F)_{TH}$$

- **변형유발피로 검토**
  - **보강된 복부판의 공칭강도 [LSD 6.10.6.3]**

① $\frac{D}{t_w} \le 0.95\sqrt{\frac{kE}{F_{yw}}}$: $f_{cf} \le F_{yw}$

② $\frac{D}{t_w} > 0.95\sqrt{\frac{kE}{F_{yw}}}$: $f_{cf} \le 0.9kE\left(\frac{t_w}{D}\right)^2$

  - **전단조건 [LSD 6.10.6.4]**

$$V_{cf} \le 0.58CF_{yw}$$

피로검토 하중조건 [LSD 6.6.1.2(1)]
$f_{fatigue} = 2 \times 0.75 \times MV_{fatigue} > 0$
피로검토 조건 적용
이 규정들은 순인장응력을 받는 상세에만 적용된다. 하중계수를 적용하지 않은 고정하중이 압축응력을 발생시키는 부분의 경우, 이 압축응력이 [LSD 표 3.4.1]에 규정된 피로한계상태조합으로 인한 최대 활하중 인장응력의 2배보다 작은 경우에만 피로 문제를 고려한다.

2.2.3 아치부재 단면 설계 순서 (Box 형 단면)

2.2.3.1 극한한계상태 검토

(1) 압축 강도 검토

휨 강도 검토 | 압축 강도 검토 | 전단 강도 검토

⇩

세장비의 제한 [LSD 6.9.3]

① 주부재 : $Kl/r \le 120$

② 브레이싱 부재 : $Kl/r \le 140$

⇩

복부판 세장비 검토 [LSD 6.15.4.2]

<수평보강재 설치>

No ⇦ $k = 1.25$

⇩

$\frac{b}{t} \le k\sqrt{\frac{E}{F_y}}$

Yes ⇨

① 수평보강재가 1단

$k = 1.88,\ I_s = 0.75Dt_w^3$

② 수평보강재가 2단

$k = 2.51,\ I_s = 2.2Dt_w^3$

⇩

$I_s = \frac{t_s\, b^3}{12} < I_{s,\,req}$

⇦ OK

⇨ 보강재 폭-두께비 검토 [LSD 6.25.4.2]

$\frac{b}{t_s} \le 0.408\sqrt{\frac{E}{f_a + \frac{f_b}{3}}} \le 12$

⇩ OK

플랜지 폭-두께비 검토 [LSD 6.15.4.3]

- 복부판 사이에 있는 플랜지의 경우 : $\frac{b}{t} \le 1.06\sqrt{\frac{E}{f_a + f_b}}$ (6.15.6)
- 복부판 외측 플랜지의 경우 : $\frac{b}{t} \le 0.408\sqrt{\frac{E}{f_a + f_b}} \le 12$ (6.15.7)

⇩ OK

공칭압축강도 [LSD 6.9.4.1]

$$\lambda = \left(\frac{Kl}{r_s \pi}\right)^2 \frac{F_y}{E}$$

$$\lambda \le 2.25 : P_n = 0.66^{\lambda} F_y A_s$$

$$\lambda > 2.25 : P_n = \frac{0.88 F_y A_s}{\lambda}$$

⇩

$$P_r = \phi_c P_n \ge P_u$$

⇩

조합 강도 검토

2.2.3.2 사용한계상태 검토

사용한계상태 검토

⇩

복부판의 공칭휨 저항검토 [LSD 6.10.3.2(2)]

$$f_{cw} \le \frac{0.9E\alpha k}{\left(\frac{D}{t_w}\right)^2} \le F_{yw}$$

플랜지의 응력제한 [LSD 6.10.5.2]

$$f_f \le 0.8F_{yf}$$

2.2.3.3 피로한계상태 검토

피로한계상태 검토

⇩

하중유발피로 검토 [LSD 6.6.1.2]

$$N = (365)(100)n(ADTT)_{SL}$$

$$(\Delta F)_n = \left(\frac{A}{N}\right)^{\frac{1}{3}} \ge \frac{1}{2}(\Delta F)_{TH}$$

변형유발피로 검토

⇩

보강된 복부판의 공칭강도 [LSD 6.10.6.3]

① $\frac{D}{t_w} \le 0.95\sqrt{\frac{kE}{F_{yw}}}$: $f_{cf} \le F_{yw}$

② $\frac{D}{t_w} > 0.95\sqrt{\frac{kE}{F_{yw}}}$: $f_{cf} \le 0.9kE\left(\frac{t_w}{D}\right)^2$

전단조건 [LSD 6.10.6.4]

$$V_{cf} \le 0.58CF_{yw}$$

피로검토 하중조건 [LSD 6.6.1.2(1)]
$f_{fatigue} = 2 \times 0.75 \times MV_{fatigue} > 0$
피로검토 조건 적용
이 규정들은 순인장응력을 받는 상세에만 적용된다. 하중계수를 적용하지 않은 고정하중이 압축응력을 발생시키는 부분의 경우, 이 압축응력이 [LSD 표 3.4.1]에 규정된 피로한계상태조합으로 인한 최대 활하중 인장응력의 2배보다 작은 경우에만 피로 문제를 고려한다.

2.2.4 기타부재 단면 설계 순서 (Box형 단면)

– 기타 휨부재의 경우 극한한계상태만 검토 [LSD 6.12.1.2 참고]

2.2.4.1 극한한계상태 검토

(1) 휨강도 검토

축 강도 검토	휨 강도 검토	전단 강도 검토

⇩

Box형 부재의 공칭 휨강도 [LSD 6.12.2.2(2)]

$$M_n = F_y S\left[1 - \frac{0.064\,F_y\,S\,l}{AE}\left(\sum\frac{(\frac{b}{t})}{I_y}\right)^{0.5}\right] \tag{6.12.4}$$

여기서, S = 휨 축에 관한 단면계수(mm^3), A = 박스를 형성하는 판의 중심선으로 둘러싸인 면적(mm^2), l = 비지지길이(mm), I_y = 휨 축에 수직한 축에 대한 단면2차모멘트(mm^4), b = 판 사이의 순간격(mm), t = 판두께(mm)

⇩

$$M_r = \phi_f M_n \geq M_u$$

⇩

조합 강도 검토

2.2.5 연결부 설계 (플랜지 연결부)

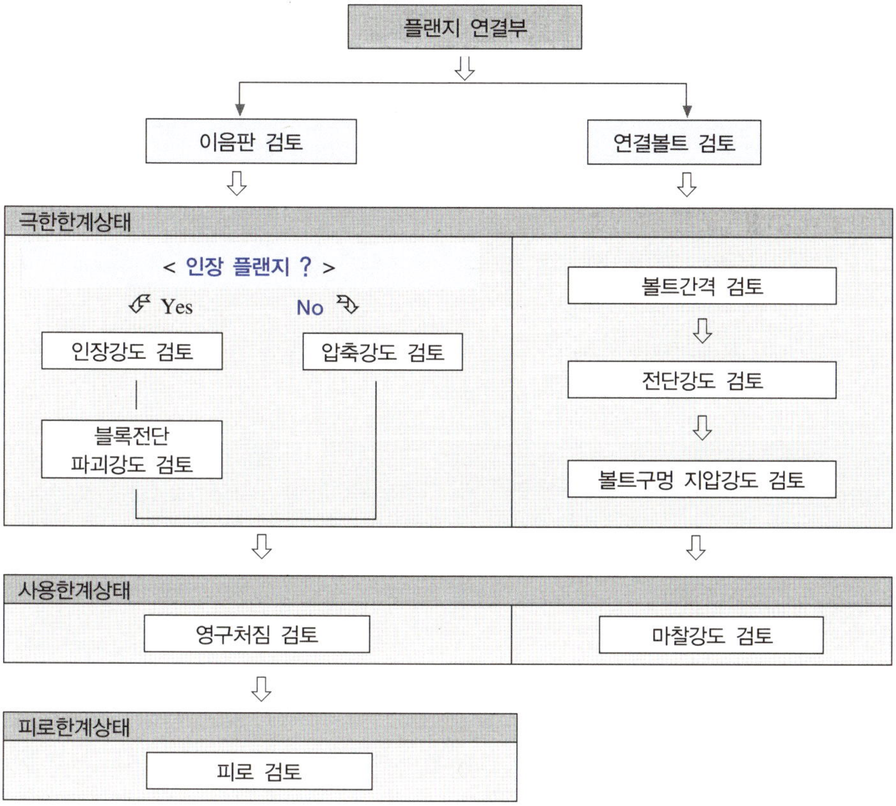

2.2.5.1 극한한계상태

사용한계상태 | **극한한계상태** | 피로한계상태

⇩

설계하중 산정 [LSD 6.13.6.1(4)③]

제어 플랜지	비제어 플랜지
$F_{cf} = \dfrac{\left(\left\lvert \dfrac{f_{cf}}{R_n} \right\rvert + \alpha\, \phi_f F_{yf}\right)}{2} \geq 0.75\,\alpha\, \phi_f F_{yf}$ (6.13.29)	$F_{ncf} = R_{cf} \left\lvert \dfrac{f_{ncf}}{R_h} \right\rvert \geq 0.75\,\alpha\, \phi_f F_{yt}$ (6.13.30)

이음판 검토 (제어 플랜지)

Yes (인장) ⇦ < $f_{cf} > 0$ > ⇨ No (압축)

유효단면적 산정 [LSD 6.10.3.6] (Yes, 인장)

① 구멍의 지름이 32mm 이하인 경우 :

$$\beta = \left(\frac{A_n}{A_g}\right)\left[\left(\frac{\phi F_u}{\phi_y F_{yf}}\right) - 1\right] \geq 0.0$$

② 구멍의 지름이 32mm를 초과하는 경우 : $\beta = 0.0$

$$A_e = A_n + \beta A_g \leq A_g \quad (6.10.15)$$

⇩

인장강도 검토[LSD 6.8.2.1]

$$P_r = \phi_y P_{ny} = \phi_y f_y A_g \geq P_{cu} \quad (6.8.1)$$

$$P_r = \phi_u P_{nu} = \phi_u f_u A_n U \geq P_{cu} \quad (6.8.2)$$

⇩ OK

블록전단 파괴강도 검토[LSD 6.13.4]

- $A_{tn} \geq 0.58 A_{vn}$ 인 경우 ;
  $R_r = \phi_{bs}(0.58\, F_y\, A_{vg} + F_u\, A_{tn})$
- $A_{tn} < 0.58 A_{vn}$ 인 경우 ;
  $R_r = \phi_{bs}(0.58\, F_u\, A_{vg} + F_y\, A_{tg})$

→ $R_r \geq P_{cu}$

유효단면적 산정 [LSD 6.10.3.6] (No, 압축)

$$A_e = A_g \quad (6.10.16)$$

↓

압축강도 검토[LSD 6.9.2.1]

$$P_r = \phi_c P_n = \phi_c F_y A_s \quad (6.9.1)$$

↓

$R_r \geq P_{cu}$

연결볼트 검토 (비제어 플랜지)

⇩

볼트간격 검토[LSD 6.13.2.6]

① 최소간격 검토 : $S_{\min} \geq 3 d_{bolt}$

② 최대간격 검토
$p \leq (100 + 4.0\,t) \leq 175$

③ 최소 연단거리 검토
LSD [표 6.13.2] 참조

④ 힘 수직 방향의 최대 연단거리
$e_{\max} = \min(8t,\ 125mm)$

⇩

전단강도 검토 [LSD 6.13.2.7]

- 전단 단면에 나사산이 없을 경우 :
  $R_n = 0.48\, A_b F_{ub} N_s$ (6.13.7)
- 전단 단면에 나사산이 있을 경우 :
  $R_n = 0.38\, A_b F_{ub} N_s$ (6.13.8)

$$R_r = \phi_s R_n, \quad N_{req} = \frac{P_{cu}}{R_r} < N_{used}$$

⇩

볼트구멍 지압강도 검토 [LSD 6.13.2.9]

- 볼트구멍의 순간격, 또는 응력방향의 순연단거리가 $2d$이상으로 배열된 경우:
  $R_n = 2.4\ d\ t\ F_u$ (6.13.10)
- 볼트구멍들의 순간격, 또는 응력방향의 순연단거리가 $2d$보다 작은 경우:
  $R_n = 1.2\ L_c\ t\ F_u$ (6.13.11)

⇩

$R_r \geq \phi R_n$ ⇨ $R_r \geq P_{cu}$

[LSD 표 6.13.2] 최소연단거리

볼트 호칭	전단연, 수동가스 절단연(mm)	압연형, 다든질연, 자동가스 절단연(mm)
16	28	22
20	34	26
22	38	28
24	42	30
27	48	34
30	52	38

2.2.5.2 사용한계상태

극한한계상태 | **사용한계상태** | 피로한계상태

⇩

설계하중 산정 [LSD 6.13.6.1(4)③]

$$F_s = \frac{f_s}{R_h} \qquad P_s = F_s A_s$$

이음판 영구처짐 검토 [LSD 6.10.5.2]

① 합성단면의 상하 플랜지 : $f_f = 0.95F_{yf}$

② 비합성단면의 상하 플랜지 : $f_f = 0.80F_{yf}$

연결볼트 마찰강도 검토[LSD 6.13.2.8]

$$R_n = K_h K_s N_s P_t$$

$$N_{req} = \frac{P_s}{R_r} < N_{used}$$

2.2.5.3 피로한계상태

극한한계상태 | **피로한계상태** | 사용한계상태

⇩

이음판 피루 검투 [LSD 6.6.1]

$$N = (365)(100)n(ADTT)_{SL}$$

$$(\Delta F)_n = \left(\frac{A}{N}\right)^{\frac{1}{3}} \ge \frac{1}{2}(\Delta F)_{TH}$$

⇩ OK

$$(\Delta F)_n \ge \gamma(\Delta f)$$

2.2.6 연결부 설계 (복부판 연결부)

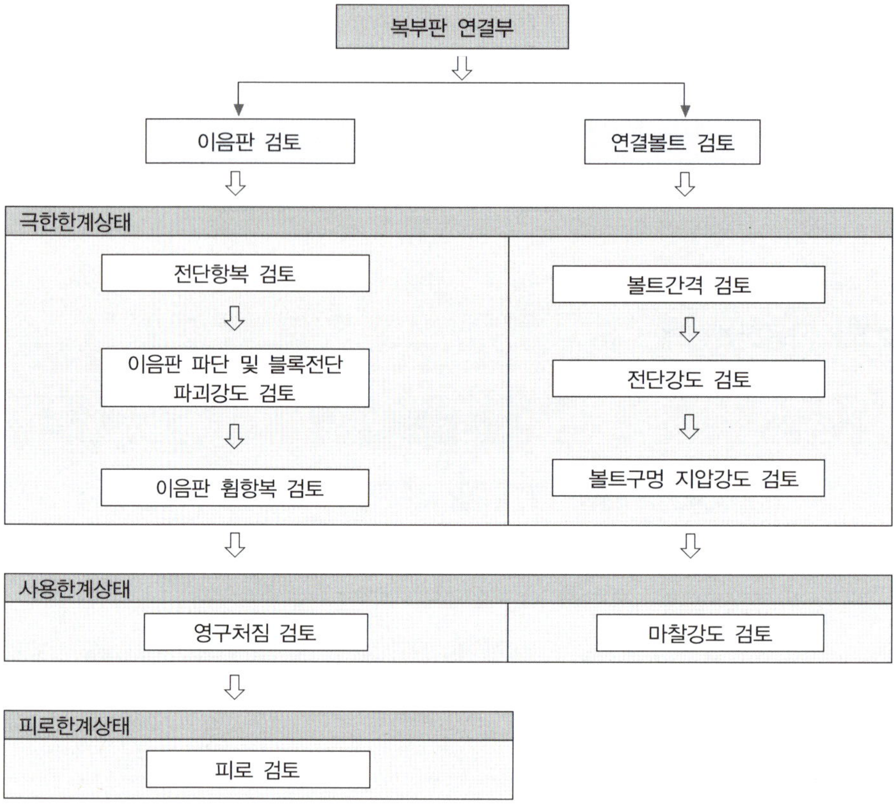

2.2.6.1 극한한계상태

사용한계상태 | **극한한계상태** | 피로한계상태

⇩

No (비보강) ⇦ < 수직보강재 설치 ?> ⇨ Yes (비보강)

보강된 복부판의 공칭강도 [LSD 6.10.7.3]

⇩

조밀 / 비조밀

조밀단면의 중간패널 [LSD 6.10.7.3(3)①]

$$R=\left[0.6+0.4\left(\frac{M_r-M_u}{M_r-0.75\phi_f M_y}\right)\right]\le 1.0$$

$$V_p=0.58F_{yw}Dt_w$$

① $M_u \le 0.5\phi_f M_p$

$$: V_n=V_p\left[C+\frac{0.87(1-C)}{\sqrt{1+(\frac{d_o}{D})^2}}\right]$$

② $M_u > 0.5\phi_f M_p$

$$: V_n=RV_p\left[C+\frac{0.87(1-C)}{\sqrt{1+(\frac{d_o}{D})^2}}\right]\ge CV_p$$

비조밀단면의 중간패널 [LSD 6.10.7.3(3)②]

$$R=\left[0.6+0.4\left(\frac{F_r-f_u}{F_r-0.75\phi_f F_y}\right)\right]\le 1.0$$

$$V_p=0.58F_{yw}Dt_w$$

① $f_u \le 0.75\phi_f F_y$

$$: V_n=V_p\left[C+\frac{0.87(1-C)}{\sqrt{1+(\frac{d_o}{D})^2}}\right]$$

② $f_u > 0.75\phi_f F_y$

$$: V_n=RV_p\left[C+\frac{0.87(1-C)}{\sqrt{1+(\frac{d_o}{D})^2}}\right]\ge CV_p$$

공칭전단강도 [LSD 6.10.7.2]

$$V_n=CV_p$$

$$V_p=0.58F_{yw}Dt_w$$

⇩

설계 단면력 산정 [LSD 6.13.6.1(4)②]

- $V_u < 0.5\phi_v V_n$ 인 경우; $V_{uw}=1.5V_u$
- $V_u > 0.5\phi_v V_n$ 인 경우; $V_{uw}=\dfrac{(V_u+\phi_v V_n)}{2}$

⇩

설계 응력 산정 [LSD 6.13.6.1(4)③]

제어 플랜지

$$F_{cf}=\frac{\left(\left|\frac{f_{cf}}{R_h}\right|+\alpha\,\phi_f F_{yf}\right)}{2}\ge 0.75\,\alpha\,\phi_f F_{yf}$$

비제어 플랜지

$$F_{cf}=R_{cf}\left|\frac{f_{ncf}}{R_h}\right|\ge 0.75\,\alpha\,\phi_f F_{yt}$$

⇩

복부판 작용모멘트 및 수평력 산정 [AASHTO LRFD 6.13.6.1.4b]

$$M_{uw}=\frac{t_w D^2}{12}[R_h F_{cf}-R_{cf}f_{ncf}],\quad M_{tot}=M_{uw}+V_{uw}e,\quad H_{uw}=\frac{t_w D}{2}[R_h F_{cf}+R_{cf}f_{ncf}]$$

⇩

(Go to : Ⓐ)

(Ⓐ)

⇩

이음판 검토

⇩

전단항복 검토 [LSD 6.13.5.3]

$$R_n = 0.58\,A_g F_y \qquad (6.13.26)$$

$$R_r = \phi_v R_n \geq V_{uw} \qquad (6.13.25)$$

⇩

이음판 파단, 블록전단 파괴강도 검토 [LSD 6.13.4]

- $A_{tn} \geq 0.58 A_{vn}$ 인 경우;
  $R_r = \phi_{bs}(0.58\,F_y\,A_{vg} + F_u\,A_{tn}) \geq V_{uw}$
- $A_{tn} < 0.58 A_{vn}$ 인 경우;
  $R_r = \phi_{bs}(0.58\,F_u\,A_{vn} + F_y\,A_{tg}) \geq V_{uw}$

⇩ OK

이음판 휨항복 검토 [AASHTO LRFD 6.13.6.1.4b]

$$f = \frac{M_{tot}}{S_{pl}} + \frac{H_{uw}}{A_{g-wp}} \leq \phi_f F_{ys}$$

연결볼트 검토

⇩

볼트간격 검토 [LSD 6.13.2.6]

① 최소간격 검토
$S_{\min} \geq 3 d_{bolt}$

② 최대간격 검토
$p \leq (100 + 4.0\,t) \leq 175$

③ 최소 연단거리 검토 : LSD [표 6.13.2] 참조

④ 힘 수직 방향의 최대 연단거리
$e_{\max} = \min(8t,\ 125mm)$

⇩

전단강도 검토 [LSD 6.13.2.7]

- 전단 단면에 나사산이 없을 경우 :
  $R_n = 0.48\,A_b F_{ub} N_s \qquad (6.13.7)$
- 전단 단면에 나사산이 있을 경우 :
  $R_n = 0.38\,A_b F_{ub} N_s \qquad (6.13.8)$

$$R_r = \phi_s R_n \qquad N_{req} = \frac{P_{cu}}{R_r} < N_{used}$$

⇩

볼트구멍 지압강도 검토 [LSD 6.13.2.9]

- 볼트구멍의 순간격, 또는 응력방향의 순연단거리가 $2d$이상으로 배열된 경우:
  $R_n = 2.4\,d\,t\,F_u \qquad (6.13.10)$
- 볼트구멍들의 순간격, 또는 응력방향의 순연단거리가 $2d$보다 작은 경우:
  $R_n = 1.2\,L_c\,t\,F_u \qquad (6.13.11)$

⇩

$$R_r \geq \phi_{bb} R_n > P_u$$

2.2.6.2 사용한계상태

극한한계상태 | **사용한계상태** | 피로한계상태

⇩

복부판 작용 모멘트 및 수평력 산정 [AASHTO LRFD 6.13.6.1.4b]

$$M_{w-ser} = \frac{t_w D^2}{12}|f_s - f_{os}|$$

$$M_{tot-ser} = M_{w-ser} + V_{ser}\, e$$

$$H_{w-ser} = \frac{t_w D}{2}[f_s + f_{os}]$$

⇩

이음판 휨항복 검토 [AASHTO LRFD 6.13.6.1.4b]

$$f = \frac{M_{tot-ser}}{S_{pl}} + \frac{H_{w-ser}}{A_{g-wp}}$$

⇩

이음판 영구처짐 검토 [LSD 6.10.5.2]

① 합성단면의 상하 플랜지 : $f_f = 0.95F_{yf}$	② 비합성단면의 상하 플랜지 : $f_f = 0.80F_{yf}$

연결볼트 마찰강도 검토[LSD 6.13.2.8]

$$R_n = K_h K_s N_s P_t$$

⇩

$$R_r = R_n > P_u$$

2.2.6.3 피로한계상태

극한한계상태 | **피로한계상태** | 사용한계상태

⇩

이음판 피로 검토 [LSD 6.6.1]

$$N - (365)(100)n(ADTT)_{SL}$$

$$(\Delta F)_n = \left(\frac{A}{N}\right)^{\frac{1}{3}} \geq \frac{1}{2}(\Delta F)_{TH}$$

⇩ OK

$$(\Delta F)_n \geq \gamma(\Delta f)$$

2.3 강합성교 단면설계

2.3.1 강합성교 단면설계 순서

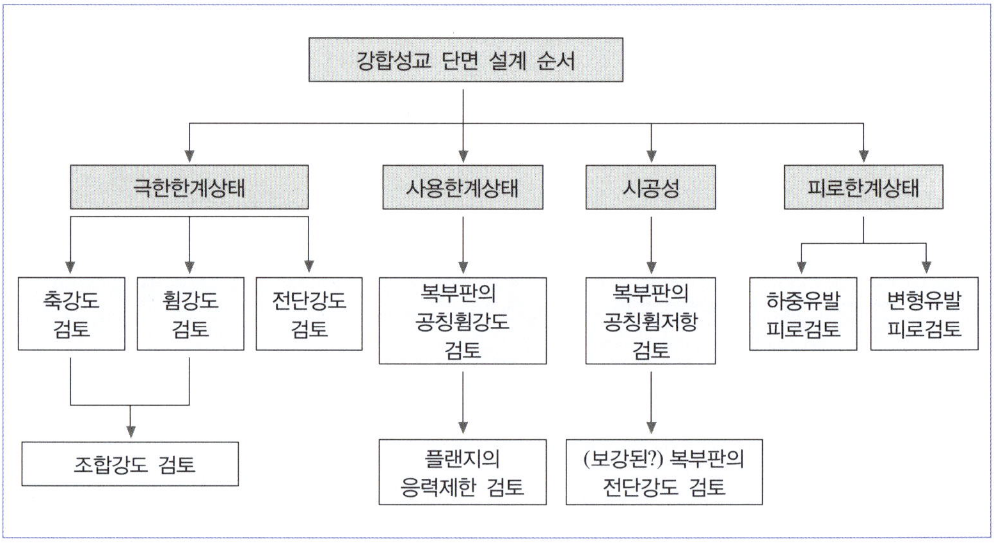

2.3.1.1 극한한계상태 검토

(1) 휨강도 검토(강 - I형 단면)

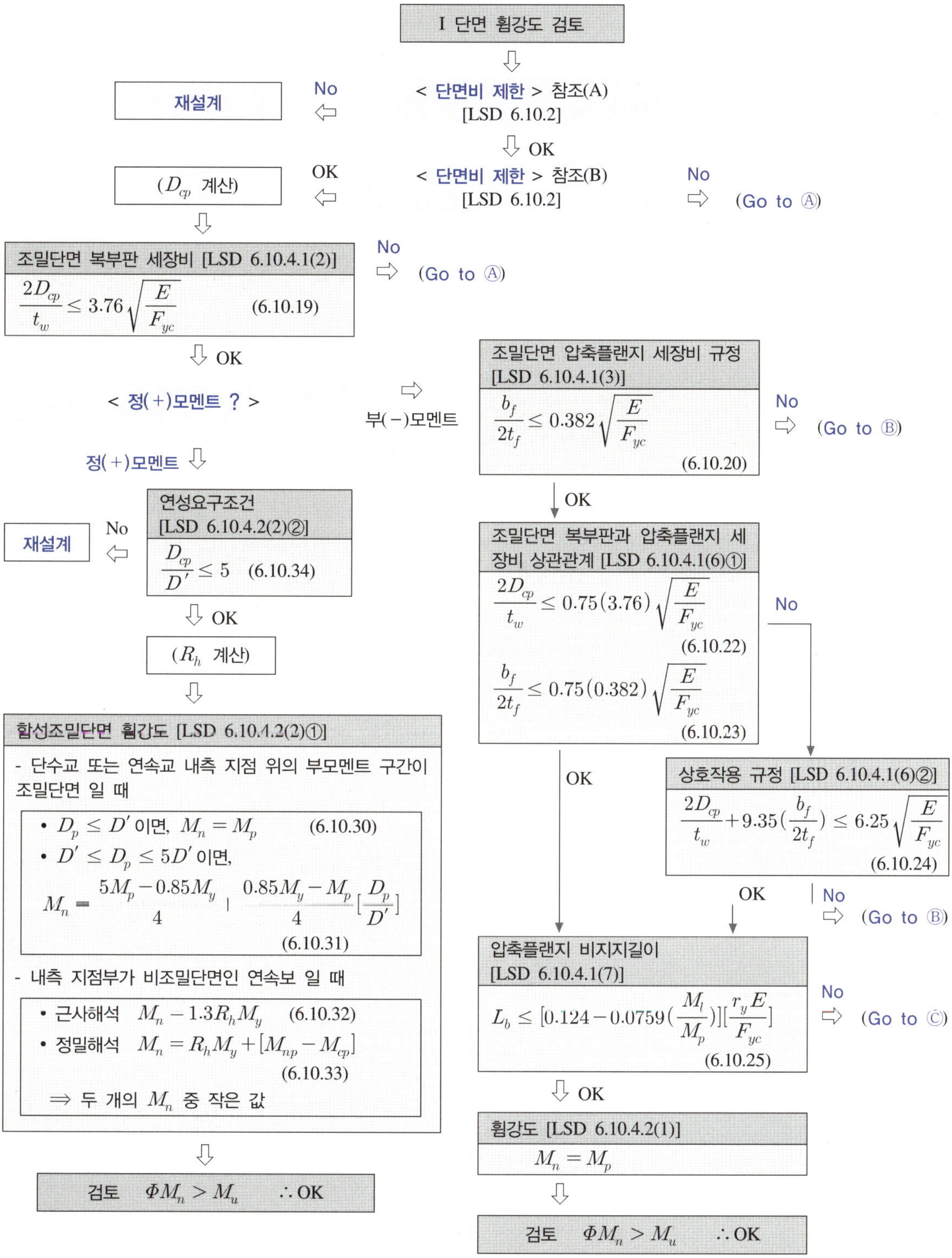

(Ⓐ)

⇩

Ⓐ ⇨ < 정(+)모멘트 ? > — 정(+)모멘트 ⇨ (Go to Ⓓ)

⇩ 부(−)모멘트

Ⓑ ⇨ **비조밀단면 압축플랜지 세장비 규정 [LSD 6.10.4.1(4)]**

$$\frac{b_f}{2t_f} \le 12.0 \qquad (6.10.21)$$

No ⇨ 재설계

⇩ OK

Ⓒ ⇨ **비조밀단면 압축플랜지 비지지 규정 [LSD 6.10.4.1(9)]**

$$L_b \le L_p = 1.76\, r_t \sqrt{\frac{E}{F_{yc}}} \qquad (6.10.28)$$

OK ⇨ (Go to Ⓓ)

⇩ No

Ⓔ

⇩

< 정(+)모멘트 ? >

⇩

OK 정(+)모멘트

횡비틀림좌굴(LTB)을 고려한 플랜지 휨강도 합성단면 압축플랜지 [LSD 6.10.4.2(5)①] − F_{nc2}

• $L_b \le L_r = 4.44 r_t \sqrt{\dfrac{E}{F_{yc}}}$ 인 경우 :

$$F_n = C_b R_b R_h F_{yc}\left\{1.33 - 0.187\left(\frac{L_b}{r_t}\right)\sqrt{\frac{F_{yc}}{E}}\right\} \le R_b R_h F_{yc}$$

• 그 밖의 경우 :

$$F_n = C_b R_b R_h \left[\frac{9.86E}{\left(\frac{L_b}{r_t}\right)^2}\right] \le R_b R_h F_{yc}$$

$$F_{nc} = \min\left[F_{nc1},\ F_{nc2}\right]$$

⇩

검토

- 압축 플랜지 $\phi F_{nc} > F_c$ ∴OK
- 인장 플랜지 $\phi F_{nt} > F_t$ ∴OK

No

횡비틀림좌굴(LTB)을 고려한 플랜지 휨강도 합성단면 압축플랜지 [LSD 6.10.4.2(6)①] − F_{nc2}

• 복부판에 수평보강재가 있거나,

• $\dfrac{2D_{cp}}{t_w} \le \lambda\sqrt{\dfrac{E}{F_{yc}}}$ 이면,

$$M_n = 3.14 E C_b R_h \left[\frac{I_{yc}}{L_b}\right]\sqrt{0.772\left[\frac{J}{I_{yc}}\right] + 9.87\left[\frac{d}{L_b}\right]^2} \le R_h M_y$$

• 그 밖의 경우 :

$L_b \le L_r = 4.44\sqrt{\dfrac{I_{yc}\,d}{S_{xc}}\dfrac{E}{F_{yc}}}$ 이면,

$$M_n = C_b R_b R_h M_y\left[1 - 0.5\left(\frac{L_b - L_p}{L_r - L_p}\right)\right] \le R_b R_h M_y$$

• 그 밖의 경우는

$$M_n = C_b R_b R_h \frac{M_y}{2}\left[\frac{L_r}{L_b}\right]^2 \le R_b R_h M_y$$

$$F_{nc} = \min\left[F_{nc1},\ F_{nc2}\right]$$

횡비틀림좌굴(LTB)을 고려한 플랜지 휨강도 비합성단면 압축플랜지 [LSD 6.10.4.2(6)②]

$$F_n = R_b R_h F_{yt}$$

⇦

검토

- 압축 플랜지 $\phi F_{nc} > F_c$ ∴OK
- 인장 플랜지 $\phi F_{nt} > F_t$ ∴OK

Ⓔ

(Ⓓ)

⇩

(R_h 계산) (R_b 계산)

⇩

비조밀단면의 플랜지 휨강도
압축플랜지 [LSD 6.10.4.2(4)①] – F_{nc1}

- 정모멘트 구역의 합성단면 : $F_n = R_b R_h F_{yc}$ (6.10.43)
- 기타 단면과 시공 중인 단면 : $F_n = R_b R_h F_{cr}$ (6.10.44)
- 복부판에 수평보강재가 없는 경우 :

$$F_{cr} = \frac{1.904}{\left(\frac{b_f}{2t_f}\right)^2 \sqrt{\frac{2D_c}{t_w}}} \le F_{yc}$$

- 복부판에 수평보강재가 있는 경우 :

$$F_{cr} = \frac{0.166E}{\left(\frac{b_f}{2t_f}\right)^2} \le F_{yc}$$

비조밀단면의 플랜지 휨강도
압축플랜지 [LSD 6.10.4.2(4)②]

응력으로 검토

$$F_n = R_b R_h F_{yt} \qquad (6.10.45)$$

⇩

검토

- 압축 플랜지 $\phi F_{nc} > F_c$ ∴ OK
- 인장 플랜지 $\phi F_{nt} > F_t$ ∴ OK

<참조>

(A) 단면비 검토 [6.10.2.1]
 복부판 세장비 [6.10.2.2]
 플랜시 단면비 [6.10.2.3]
 - 모든 경우 만족되어야 OK

(B) $f_y \le 460$ MPa
 거더높이 일정
 복부판에 수평보강재 없음
 인장플랜지에 구멍이 없음
 - 모든 경우 만족되어야 OK

(2) 휨강도 모멘트 검토

2-1) 휨강도 정(+)모멘트 검토(강 - Box형 단면)

Box 단면 - 휨강도 정(+)모멘트 검토 [LSD 6.11.2.1(2)]

⇩

< 다중 Box ? >

No ⇨ (Go to Ⓐ)

다중 ⇦ (D_{cp} 계산)

⇩

조밀단면 복부판 세장비 [LSD 6.10.4.1(2)]

$$\frac{2D_{cp}}{t_w} \le 3.76\sqrt{\frac{E}{F_{yc}}} \qquad (6.10.19)$$

No → (R_h 계산) | (R_b 계산)

⇩ OK

연성요구조건 [LSD 6.10.4.2(2) 2]

$$\frac{D_{cp}}{D'} \le 5 \qquad (6.10.34)$$

No ⇨ 재설계

⇩ OK

(R_h 계산)

⇩

합성조밀단면 휨강도 [LSD 6.10.4.2(2)①]

- 단순교 또는 연속교 내측 지점 위의 부모멘트 구간이 조밀단면 일 때

• $D_p \le D'$ 이면, $M_n = M_p$ (6.10.30)

• $D' \le D_p \le 5D'$ 이면,

$$M_n = \frac{5M_p - 0.85M_y}{4} + \frac{0.85M_y - M_p}{4}\left[\frac{D_p}{D'}\right] \qquad (6.10.31)$$

- 내측 지점부가 비조밀단면인 연속보 일 때

• 근사해석 $M_n = 1.3R_hM_y$ (6.10.32)

• 정밀해석 $M_n = R_hM_y + [M_{np} - M_{cp}]$ (6.10.33)

⇒ 두 개의 M_n 중 작은 값

⇩

검토 $\Phi M_n > M_u$ ∴ OK

(R_h 계산) (R_b 계산)

⇩

비조밀단면의 플랜지 휨강도 압축플랜지 [LSD 6.10.4.2(4)①] : − F_{nc1}

• 수평보강재가 없는 경우 :

$$F_n = R_b R_h F_{yc} \qquad (6.10.43)$$

• 수평보강재가 있는 경우 :

$$F_n = R_b R_h F_{cr} \qquad (6.10.44)$$

• 복부판에 수평보강재가 없는 경우 :

$$F_{cr} = \frac{1.904}{\left(\frac{b_f}{2t_f}\right)^2 \sqrt{\frac{2D_c}{t_w}}} \le F_{yc}$$

• 복부판에 수평보강재가 있는 경우 :

$$F_{cr} = \frac{0.166E}{\left(\frac{b_f}{2t_f}\right)^2} \le F_{yc}$$

비조밀단면의 플랜지 휨강도 압축플랜지 [LSD 6.10.4.2(4)②]

응력으로 검토

$$F_n = R_b R_h F_{yt} \qquad (6.10.45)$$

⇩

검토

- 압축 플랜지 $\phi F_{nc} > F_c$ ∴ OK
- 인장 플랜지 $\phi F_{nt} > F_t$ ∴ OK

(Ⓐ)

⇩

복부판 세장비 [LSD 6.10.2.2]

수평보강재가 없는 경우 :

$$\frac{2D_c}{t_w} \leq 6.77\sqrt{\frac{E}{f_c}} \leq 200 \qquad (6.10.2)$$

수평보강재가 있는 경우 :

$$\frac{2D_c}{t_w} \leq 13.54\sqrt{\frac{E}{f_c}} \leq 400 \qquad (6.10.3)$$

NG ⇨ 재설계

⇩ OK

(R_h 계산)	(R_b 계산)

⇩

비조밀단면의 플랜지 휨강도
압축플랜지 [LSD 6.10.4.2(4)①] : − F_{nc1}

- 수평보강재가 없는 경우 :

$$F_n = R_b R_h F_{yc} \qquad (6.10.43)$$

- 수평보강재가 있는 경우 :

$$F_n = R_b R_h F_{cr} \qquad (6.10.44)$$

- 복부판에 수평보강재가 없는 경우 :

$$F_{cr} = \frac{1.904}{\left(\frac{b_f}{2t_f}\right)^2 \sqrt{\frac{2D_c}{t_w}}} \leq F_{yc}$$

- 복부판에 수평보강재가 있는 경우 :

$$F_{cr} = \frac{0.166E}{\left(\frac{b_f}{2t_f}\right)^2} \leq F_{yc}$$

비조밀단면의 플랜지 휨강도
압축플랜지 [LSD 6.10.4.2(4)②]

응력으로 검토

$$F_n - R_b R_h F_{yt} \sqrt{1-3\left(\frac{f_v}{F_{yt}}\right)^2} \qquad (6.11.4)$$

⇩

검토

- 압축 플랜지 $\phi F_{nc} > F_c$ ∴ OK
- 인장 플랜지 $\phi F_{nt} > F_t$ ∴ OK

2-2) 휨강도 부(-)모멘트 검토(강 - Box형 단면)

Box 단면 - 휨강도 부(-)모멘트 검토 [LSD 6,11,2.1(3)]

⇩

복부판 세장비 [LSD 6.10.2.2]

수평보강재가 없는 경우 : $\frac{2D_c}{t_w} \le 6.77\sqrt{\frac{E}{f_c}} \le 200$ (6.10.2)

수평보강재가 있는 경우 : $\frac{2D_c}{t_w} \le 13.54\sqrt{\frac{E}{f_c}} \le 400$ (6.10.3)

No ⇨ 재설계

⇩ OK

(R_h 계산) | (R_b 계산)

⇩

< 다중 Box ? >

보강재 없음 →

좌굴계수
k = 4
w = 복부판간 압축플랜지의 폭 b

⇩ 1 ~ 2개 →

좌굴계수 k

$n=1$인 경우 : $k=\left(\frac{8\,I_s}{w\,t_f^3}\right)^{\frac{1}{3}} \le 4.0$

$n=2,3,4,5$인 경우 : $k=\left(\frac{14.5\,I_s}{w\,t_f^3\,n^4}\right)^{\frac{1}{3}} \le 4.0$

w = 압축플랜지의 종방향보강재 사이 폭 또는 복부판으로부터 가장 가까운 종방향보강재까지의 거리 중 큰 값

3개 이상 →

FHWA 1.7.207 적용
1) 휨강도
-압축플랜지의 휨강도검토
-인축플랜지의 휨강도검토
2) 압축플랜지의 수평보강재 검토

⇩

종방향보강재로 보강된 압축플랜지의 공칭휨강도 [LSD 6.11.2.1(3)①]

가) $\frac{w}{t_f} \le 0.57\sqrt{\frac{kE}{F_{yc}}}$ 인 경우 : $F_n = R_b R_h F_{yc}$ (6.11.5)

나) $0.57\sqrt{\frac{kE}{F_{yc}}} < \frac{w}{t_f} \le 1.23\sqrt{\frac{kE}{F_{yc}}}$ 인 경우 : $F_n = 0.592 R_b R_h F_{yc}(1+0.687\sin\frac{c\pi}{2})$ (6.11.6)

다) $\frac{w}{t_f} > 1.23\sqrt{\frac{kE}{F_{yc}}}$ 인 경우 : $F_n = 181{,}000\, R_b R_h k\left(\frac{t_f}{w}\right)^2$ (6.11.7)

$$c = \frac{1.23 - \frac{w}{t_f}\sqrt{\frac{F_{yc}}{kE}}}{0.66} \quad (6.11.8)$$

인장플랜지에서의 공칭휨강도 [LSD 6.11.2.1(3)]

$F_n = R_b R_n F_{yt}$ (6.11.11)

검토

- 압축 플랜지 $\phi F_{nc} > F_c$ ∴ OK
- 인장 플랜지 $\phi F_{nt} > F_t$ ∴ OK

⇩

종방향 보강재 검토 [LSD 6.11.3.2]

(3) 기타 계수

(D_{cp}계산)

⇩

< **단면비 제한** >
[LSD 6.10.2]

정모멘트

단면비 검토 [LSD 6.10.2.1]

$$0.1 \le \frac{I_{yc}}{I_y} \le 0.9 \qquad (6.10.1)$$

복부판 세장비 [LSD 6.10.2.2]

수평보강재가 없는 경우 :

$$\frac{2D_c}{t_w} \le 6.77\sqrt{\frac{E}{f_c}} \le 200 \qquad (6.10.2)$$

수평보강재가 있는 경우 :

$$\frac{2D_c}{t_w} \le 13.54\sqrt{\frac{E}{f_c}} \le 400 \qquad (6.10.3)$$

플랜지 단면비 [LSD 6.10.2.3]

$$\frac{b_t}{2t_t} \le 12.0 \qquad (6.10.5)$$

No ⇨ $D_{cp} = D$

⇩ OK

$$D_{cp} = \frac{D}{2}\left[\frac{F_{yt}A_t - F_{yc}A_c - 0.85f_{ck}A_s - F_{yr}A_r}{F_{yw}A_w} + 1\right] \qquad (6.10.6)$$

부모멘트

소성중립축이 복부판내에 있을 때

No ⇨ $D_{cp} = D$

⇩ OK

$$D_{cp} = \frac{D}{2A_w f_{yw}}(F_{yt}A_t + F_{yw}A_w + F_{yr}A_r - F_{yc}A_c) \qquad (6.10.7)$$

(R_h 계산) [LSD 6.10.4.3(1)]

⇩

< 균질단면인가 ? [LSD 6.10.2] >

⇩ 균질단면 → $R_h = 1.0$

하이브리드 → < 플랜지 응력 〈 복부 항복강도 >

OK → $R_h = 1.0$

⇩ No

< 정모멘트 ? >

정모멘트 →

$$R_h = 1 - \left\{ \frac{\beta\psi(1-\rho)^2(3-\psi+\rho\psi)}{6+\beta\psi(3-\psi)} \right\} \quad (6.10.57)$$

부모멘트 →

단면비 검토 [LSD 6.10.2.1]
복부판 세장비 [LSD 6.10.2.2]
플랜지 단면비 [LSD 6.10.2.3]
⇒ 모든 경우 만족되어야 OK

OK ⇩

$$R_h = \frac{12+\beta(3\rho-\rho^3)}{12+2\beta} \quad (6.10.58)$$

⇩ 그외

$$R_h = \frac{M_{yr}}{M_y} \quad (6.10.59)$$

(R_b 계산) [LSD 6.10.4.3(2)]

⇩

< 압축플랜지 ? >

인장플랜지 ⇩ → $R_b = 1.0$

압축플랜지 →

$\lambda_b = 5.76$ (D_c가 $D/2$ 이하인 경우)
$\lambda_b = 4.64$ (D_c가 $D/2$보다 큰 경우)

⇩

$$\frac{2D_c}{t_w} \le \lambda_b \sqrt{\frac{E}{f_c}}$$

OK → $R_b = 1.0$

⇩ No

< 수평보강재 ? >

⇩ 1개 또는 2개

$$\frac{D_c}{t_w} \le 1.01 \sqrt{\frac{Ek}{f_c}} \quad (6.10.61)$$

$\dfrac{d_s}{D_c} \ge 0.4$ 이면, $k = 5.17\left(\dfrac{D}{d_s}\right)^2 \ge 9.0\left(\dfrac{D}{D_c}\right)^2 \ge 7.2$

$\dfrac{d_s}{D_c} < 0.4$ 이면, $k = 11.64\left(\dfrac{D}{D_c - d_s}\right)^2 \ge 9.0\left(\dfrac{D}{D_c}\right)^2 \ge 7.2$

$$a_r = \frac{2D_c t_w}{A_c}$$

OK → $R_b = 1.0$

No, 그 외 →

$$R_b = 1 - \left(\frac{a_r}{1{,}200 + 300a_r}\right)\left(\frac{2D_c}{t_w} - \lambda_b\sqrt{\frac{E}{f_c}}\right) \quad (6.10.62)$$

(4) 전단강도 검토

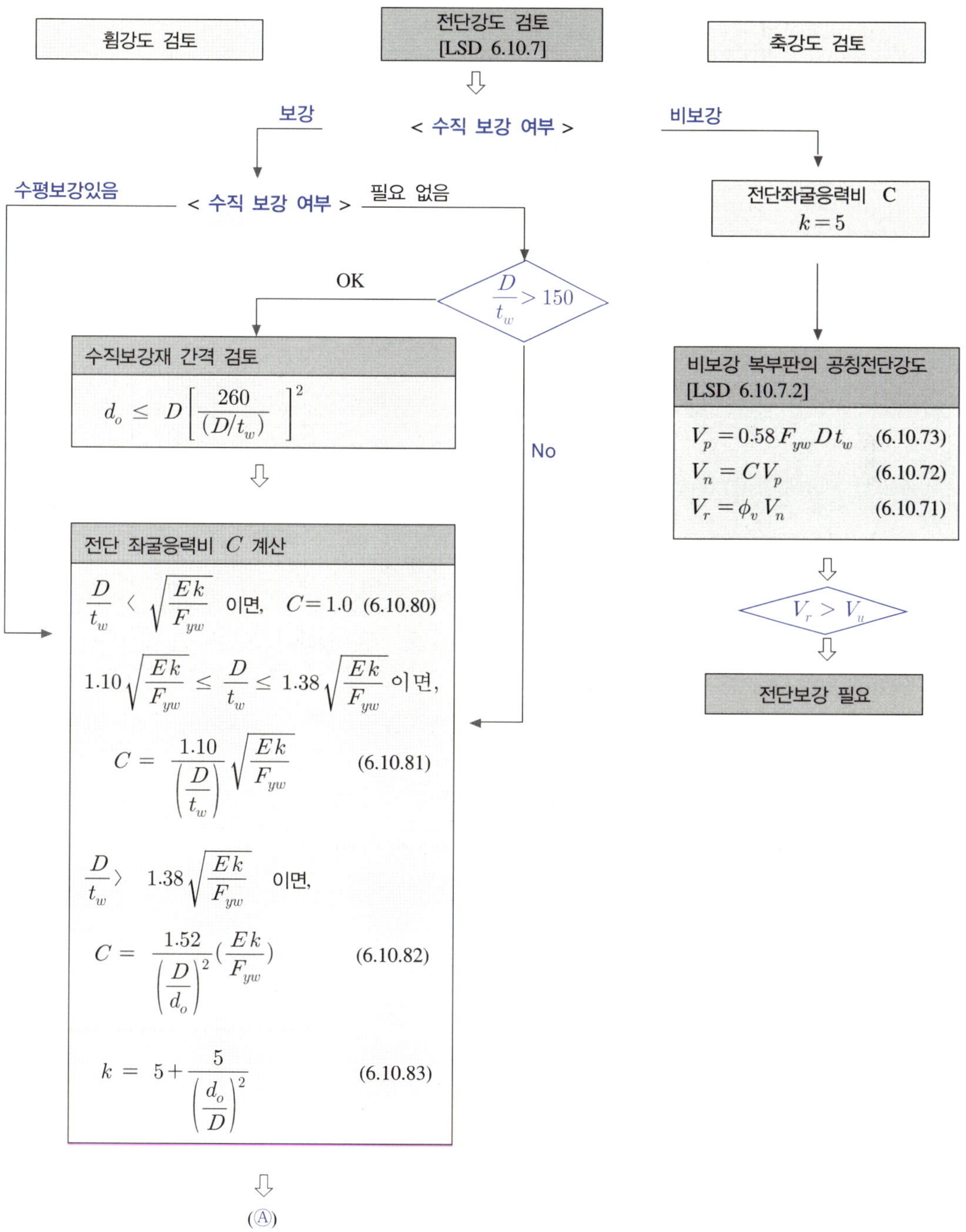
휨강도 검토
전단강도 검토 [LSD 6.10.7]
축강도 검토
보강
< 수직 보강 여부 >
비보강
수평보강있음
< 수직 보강 여부 >
필요 없음
전단좌굴응력비 C $k=5$
$\frac{D}{t_w} > 150$
OK
No
수직보강재 간격 검토
$d_o \leq D\left[\frac{260}{(D/t_w)}\right]^2$
비보강 복부판의 공칭전단강도 [LSD 6.10.7.2]
$V_p = 0.58 F_{yw} D t_w$ (6.10.73)
$V_n = C V_p$ (6.10.72)
$V_r = \phi_v V_n$ (6.10.71)
$V_r > V_u$
전단보강 필요
전단 좌굴응력비 C 계산
$\frac{D}{t_w} < \sqrt{\frac{Ek}{F_{yw}}}$ 이면, $C=1.0$ (6.10.80)
$1.10\sqrt{\frac{Ek}{F_{yw}}} \leq \frac{D}{t_w} \leq 1.38\sqrt{\frac{Ek}{F_{yw}}}$ 이면,
$C = \frac{1.10}{\left(\frac{D}{t_w}\right)}\sqrt{\frac{Ek}{F_{yw}}}$ (6.10.81)
$\frac{D}{t_w} > 1.38\sqrt{\frac{Ek}{F_{yw}}}$ 이면,
$C = \frac{1.52}{\left(\frac{D}{d_o}\right)^2}\left(\frac{Ek}{F_{yw}}\right)$ (6.10.82)
$k = 5 + \frac{5}{\left(\frac{d_o}{D}\right)^2}$ (6.10.83)
(Ⓐ)

(Ⓐ)

< 휨검토에서 판단된 조밀/비조밀 단면구분 >

조밀

보강된 복부판의 공칭강도 - 조밀 [LSD 6.10.7.3(3)]

$$R=\left[0.6+0.4\left(\frac{M_r-M_u}{M_r-0.75\phi_f M_y}\right)\right]\leq 1.0 \quad (6.10.78)$$

$$V_p=0.58\,F_{yw}Dt_w \quad (6.10.79)$$

만약 $M_u \leq 0.5\,\phi_f\,M_p$ 이면,

$$V_n = V_p\left[C+\frac{0.87(1-C)}{\sqrt{1+\left(\frac{d_o}{D}\right)^2}}\right] \quad (6.10.76)$$

만약 $M_u > 0.5\,\phi_f\,M_p$ 이면,

$$V_n = RV_p\left[C+\frac{0.87(1-C)}{\sqrt{1+\left(\frac{d_o}{D}\right)^2}}\right]\geq CV_p \quad (6.10.77)$$

$$V_r=\phi_v\,V_n \quad (6.10.71)$$

비조밀

보강된 복부판의 공칭강도 - 비조밀 [LSD 6.10.7.3(3)]

$$R=\left[0.6+0.4\left(\frac{F_r-f_u}{F_r-0.75\,\phi_f\,F_y}\right)\right]\leq 1.0 \quad (6.10.86)$$

$$V_p=0.58\,F_{yw}\,D\,t_w \quad (6.10.88)$$

만약 $f_u \leq 0.75\,\phi_f\,F_y$ 이면,

$$V_n= V_p\left[C+\frac{0.87(1-C)}{\sqrt{1+\left(\frac{d_o}{D}\right)^2}}\right] \quad (6.10.84)$$

만약 $f_u > 0.75\,\phi_f\,F_y$ 이면,

$$V_n = RV_p\left[C+\frac{0.87(1-C)}{\sqrt{1+\left(\frac{d_o}{D}\right)^2}}\right]\geq CV_p \quad (6.10.85)$$

$$V_r=\phi_v\,V_n \quad (6.10.71)$$

$V_r > V_p$

$\frac{D}{t_w} < 150$

OK → 간격 검토 생략

No → 수직보강재 검토 생략

2.3.1.2 사용한계상태 검토

사용한계상태 검토

⇩

복부판의 공칭휨저항검토 [LSD 6.10.3.2(2)]
$f_{cw} \le \dfrac{0.9E\alpha\, k}{\left(\dfrac{D}{t_w}\right)^2} \le F_{yw}$

플랜지의 응력제한 [LSD 6.10.5.2]
$f_f \le 0.8F_{yf}$

2.3.1.3 시공성 검토

(1) 복부판 공칭 휨저항 검토 [LSD 6.11.5.2]

설계부재력 및 발생응력 산정
합성되기 전까지 시공단계별 해석의 휨에 대한 발생응력/부재력이 가장 불리한 경우를 산정

⇩

복부판 최대 휨압축응력(f_{cw}) 산정
$f_{cw} = f_{Brfore} + f_{Short\ term} + f_{Long\ term}$

⇩

복부판 탄성휨좌굴의 좌굴계수(k)의 산정 [LSD 6.10.3.2(2)]
$k = 9.0 \times (D/D_c)^2$ 여기서, $D_c = \dfrac{\lvert f_c\rvert}{\lvert f_c\rvert + f_t} d - t_f$ $k = \max[k_{cal},\ 7.2]$

⇩

복부판의 공칭휨저항 검토 [LSD 6.10.3.2(2)]
$F = \dfrac{0.9E\alpha\, k}{\left(\dfrac{D}{t_w}\right)^2}$ ⇨ $f_{cw} = \min[F,\ F_{yw}]$ 여기서, f_{cw} =복부판의 최대 휨압축응력(MPa), α =1.25(수평보강재가 없는 경우), 1.00(수평보강재가 있는 경우), D=복부판 높이(mm), t_w =복부판 두께(mm), F_{yw} =복부판의 항복강도(MPa), $k = 9.0(D/D_c)^2 \ge 7.2$: 수평보강재가 없는 경우, [LSD 식 6.10.63 또는 식 6.10.64] : 수평보강재가 있는 경우, D_c=탄성 범위 내에서 복부판의 압축 측 높이(mm)

(2) 압축플랜지 공칭휨저항 검토 [LSD 6.11.5.3]

비조밀단면 압축플랜지의 세장비 검토 [LSD 6.10.4.1(4)]

$$\frac{b_f}{2t_f} \leq 12.0 \tag{6.10.21}$$

여기서, b_f = 압축플랜지의 폭(mm), t_f = 압축플랜지의 두께(mm)
위 조건을 만족하지 못할 경우는 단면을 재설계

⇩

비조밀단면의 압축플랜지 비지지길이 검토 [LSD 6.10.4.1(9)]

$$L_b \leq L_p = 1.76\, r_t \sqrt{\frac{E}{F_{yc}}} \tag{6.10.28}$$

여기서, r_t = 강재단면의 압축플랜지와 압축응력을 받는 복부판 높이의 1/3로 이루어진 단면의 연직축에 관한 회전반경(mm), F_{yc} = 압축플랜지의 항복강도(MPa)

압축플랜지 비지지길이가 식 (6.10.28)을 만족시키지 못하는 경우, 최종 합성단면의 휨강도는 [LSD 6.10.4.2(5)]의 횡비틀림좌굴을 고려한 플랜지 휨강도 규정으로 구한다. 비합성단면 또는 합성단면의 시공 중 휨강도는 [LSD 6.10.4.2(6)]의 횡비틀림좌굴을 고려한 비합성단면의 플랜지 휨강도 규정으로 구한다.

⇩

비조밀단면의 플랜지 휨저항 검토 [LSD 6.10.4.2(4)]

- 정모멘트 구역의 합성단면 : $F_n = R_b R_h F_{yc}$ (6.10.43)
- 기타 단면과 시공 중인 단면 : $F_n = R_b R_h F_{cr}$ (6.10.44)

여기서,

복부판에 수평보강재가 없는 경우 : $$F_{cr} = \frac{1.904}{\left(\frac{b_f}{2t_f}\right)^2 \sqrt{\frac{2D_c}{t_w}}} \leq F_{yc}$$

복부판에 수평보강재가 있는 경우 : $$F_{cr} = \frac{0.166E}{\left(\frac{b_f}{2t_f}\right)^2} \leq F_{yc}$$

여기서, b_f = 압축플랜지의 폭(mm), D_c = 탄성영역 내에서 압축을 받는 복부판의 높이(mm), R_h = [LSD 6.10.4.3(1)]에 규정된 하이브리드단면의 플랜지 강도감소계수, R_b = {LSD 6.10.4.3(2)}에 규정된 복부판 국부좌굴에 대한 플랜지 강도감소계수, F_{yc} = 압축플랜지의 항복강도(MPa)

(3) 복부판 전단강도 검토 [LSD 6.10.7.3(3)②]

설계부재력 및 발생응력 산정
합성되기 전까지 시공단계별 해석의 휨에 대한 발생응력/부재력이 가장 불리한 경우를 산정

⇩

전단항복강도에 대한 전단좌굴응력비 C의 산정 [LSD 6.10.7.3(3)①]

$$\frac{D}{t_w} < 1.10\sqrt{\frac{Ek}{F_{yw}}} \text{ 이면, } C = 1.0 \quad (6.10.80)$$

$$1.10\sqrt{\frac{Ek}{F_{yw}}} \le \frac{D}{t_w} \le 1.38\sqrt{\frac{Ek}{F_{yw}}} \text{ 이면, } C = \frac{1.10}{\left(\frac{D}{t_w}\right)}\sqrt{\frac{Ek}{F_{yw}}} \quad (6.10.81)$$

$$\frac{D}{t_w} > 1.38\sqrt{\frac{Ek}{F_{yw}}} \text{ 이면, } C = \frac{1.52}{\left(\frac{D}{d_o}\right)^2}\left(\frac{Ek}{F_{yw}}\right) \quad (6.10.82)$$

여기서, $k = 5 + \dfrac{5}{\left(\dfrac{d_o}{D}\right)^2}$ (6.10.83)

⇩

비조밀단면의 내부 보강복부판패널의 전단저항 검토 [LSD 6.10.7.3(3)②]

$$f_u \le 0.75\,\phi_f F_y \text{ 이면, } V_n = V_p\left[C + \frac{0.87(1-C)}{\sqrt{1+\left(\frac{d_o}{D}\right)^2}}\right] \quad (6.10.84)$$

$$f_u > 0.75\,\phi_f F_y \text{ 이면, } V_n = RV_p\left[C + \frac{0.87(1-C)}{\sqrt{1+\left(\frac{d_o}{D}\right)^2}}\right] \ge CV_p \quad (6.10.85)$$

$$R = \left[0.6 + 0.4\left(\frac{F_r - f_u}{F_r - 0.75\,\phi_f F_y}\right)\right] \le 1.0 \quad (6.10.86)$$

여기서, f_u =검토대상 패널에서 설계하중에 의한 압축 또는 인장플랜지의 휨응력(MPa), C= [LSD 6.10.7.3(3)①]에 규정한 전단항복강도에 대한 전단좌굴응력의 비, F_r = [LSD 6.10.4 또는 6.11.2.1(1)]의 규정으로 구한 f_u에 대한 플랜지의 설계휨강도(MPa)

2.3.1.4 피로한계상태 검토

피로한계상태 검토

⇩

하중유발피로 검토 [LSD 6.6.1.2]

$$N = (365)(100)n(ADTT)_{SL}$$

$$(\Delta F)_n = \left(\frac{A}{N}\right)^{\frac{1}{3}} \geq \frac{1}{2}(\Delta F)_{TH}$$

변형유발피로 검토

⇩

보강된 복부판의 공칭강도 [LSD 6.10.6.3]

① $\dfrac{D}{t_w} \leq 0.95\sqrt{\dfrac{kE}{F_{yw}}}$

: $f_{cf} \leq F_{yw}$

② $\dfrac{D}{t_w} > 0.95\sqrt{\dfrac{kE}{F_{yw}}}$

: $f_{cf} \leq 0.9kE\left(\dfrac{t_w}{D}\right)^2$

전단조건 [LSD 6.10.6.4]

$$V_{cf} \leq 0.58CF_{yw}$$

피로검토 하중조건 [LSD 6.6.1.2(1)]
$f_{fatigue} = 2 \times 0.75 \times MV_{fatigue} > 0$
피로검토조건 적용
이 규정들은 순인장응력을 받는 상세에만 적용된다. 하중계수를 적용하지 않은 고정하중이 압축응력을 발생시키는 부분의 경우, 이 압축응력이 [LSD 표 3.4.1]에 규정된 피로한계상태조합으로 인한 최대 활하중 인장응력의 2배보다 작은 경우에만 피로 문제를 고려한다.

2.3.2 전단연결재 설계

2.3.2.1 전단연결재형태 검토

전단연결재형태 검토 [LSD 6.10.7.4(1)①]
전단연결재는 표면 전체가 콘크리트와 접촉될 수 있도록 콘크리트를 철저히 다짐할 수 있는 형태. 전단연결재는 콘크리트와 강재 사이에서 수직 및 수평 등 모든 방향의 이동에 저항. 스터드전단연결재의 직경에 대한 높이의 비는 4.0 이상. ㄷ 형강 전단연결재는 5 mm 보다 큰 치수로 필릿용접을 해야 한다.

2.3.2.2 전단연결재의 피치 검토

전단연결재의 피치 검토 [LSD 6.10.7.4(1)②]

■ $$p = \frac{n Z_r I}{V_{st} Q} \quad (6.10.90)$$

여기서, p = 거더방향으로 배치된 전단연결재의 피치 (mm), n = 횡 단면으로 배치된 전단연결재의 개수, I = 단기합성단면의 단면2차모멘트(mm^4), Q = 단기합성단면의 중립축에 대한 바닥판 환산단면적의 단면1차모멘트 (mm^3), V_{st} = 피로한계상태에 대한 LL+IM(활하중+충격)하의 전단력 발생범위(N), Z_r = [LSD 6.10.7.4(2)]에 의해 결정된 전단연결재 한 개의 전단피로저항강도 (N).

$$Z_r = \alpha d^2 \quad > \quad \frac{38.0 d^2}{2} \quad (6.10.91)$$

$$\alpha = 238 - 29.5 \log N \quad (6.10.92)$$

여기서, d = 스터드의 직경(mm), N = [LSD 6.6.1.2(5)]에 규정된 반복하중 수

$$N = (365)(100) n (ADTT)_{SL} \quad (6.6.3)$$

여기서, n = [LSD 표 6.6.4]에서 선택한 트럭 한 대 통과시 발생하는 응력범위의 반복회수, $(ADTT)_{SL}$ = [LSD 3.6.1.4]에서 규정한 한차선당 ADTT(일평균 트럭교통량)

■ 전단연결재의 중심과 중심사이의 피치는 600 mm를 초과해서는 안 되며, 직경의 6배 이상이어야 한다.

2.3.2.3 전단연결재 횡방향 간격 검토

전단연결재 횡방향 간격 검토 [LSD 6.10.7.4(1)③]

■ 스터드전단연결재는 거더직각방향으로 스터드의 중심과 중심 사이의 간격이 스터드 직경의 4배 이상.

$$S_{use} \geq 4D$$

■ 상부플랜지의 연단과 가장 인접한 전단연결재 간의 연단거리는 25 mm 이상.

$$\frac{b_{tf} - (N-1)S}{2} - \frac{D}{2} \geq 25.0\,\mathrm{mm}$$

2.3.2.4 소요 전단연결재 개수 산정

소요 전단연결재 개수 산정 [LSD 6.10.7.4(4)]

■ 스터드 전단연결재 한 개에 대한 공칭전단강도 :

$$Q_n = 0.5A_{sc}\sqrt{f_{ck}E_c} \leqq A_{sc}F_u \tag{6.10.99}$$

여기서, A_{sc} = 스터드 전단연결재의 단면적(mm^2), f_{ck} = 콘크리트 28일 압축강도(MPa), E_c = 콘크리트의 탄성계수(MPa), F_u = [LSD 6.4.6.2]에서 규정된 스터드 전단연결재의 최소인장강도 (MPa)

■ 전단연결재의 설계강도 :

$$Q_r = \phi_{se} Q_n \tag{6.10.94}$$

여기서, Q_n = [LSD 6.10.7.4(4)③]에 규정된 공칭전단강도(N), ϕ_{se} = [LSD 6.5.4.2에 규정된 전단연결재에 대한 저항계수

■ 공칭수평전단력

정모멘트 구간 :

$$V_h = 0.85 f_{ck} b t_s \tag{6.10.96}$$

또는

$$V_h = F_{yw} D t_w + F_{yt} b_t t_t + F_{yc} b_c t_c \tag{6.10.97}$$

여기서, f_{ck} = 콘크리트 28일 압축강도(MPa), b = 바닥판 유효폭(mm), b_c = 압축플랜지 폭(mm), b_t = 인장플랜지 폭(mm), t_s = 바닥판 두께(mm), F_{yw} = 복부판 항복강도(MPa), F_{yt} = 인장플랜지 항복강도(MPa), F_{yc} = 압축플랜지 항복강도(MPa), D = 복부판 높이(mm), t_t = 인장플랜지의 두께(mm), t_w = 복부판 두께(mm)

부모멘트 구간 :

$$V_h = A_r F_{yt} \tag{6.10.98}$$

여기서, A_r = 바닥판 유효폭 내 내부지점 위의 축방향철근의 총단면적 (mm^2), F_{yt} = 축방향철근의 항복강도(MPa)

■ 전단연결재의 개수 :

$$n = \frac{V_h}{Q_r} \tag{6.10.95}$$

여기서, V_h = [LSD 6.10.7.4(4)②]에 규정된 공칭수평전단력(N), Q_r = [LSD 6.10.7.4(4)①]에 규정한 전단연결재 한 개에 대한 설계전단강도(N)

2.4 휨을 받는 단면의 설계 적용예

2.4.1 항복모멘트 계산 - 적용예 (1)

계수정모멘트 $M_{D1} = 1,180\ \mathrm{kN \cdot m}$와 $M_{D2} = 419\ \mathrm{kN \cdot m}$가 작용하는 [그림 2.4.1]에 나타낸 합성 거더 단면에 대해 항복모멘트 M_y를 결정하라. 콘크리트 바닥슬래브에 대해 $f_{ck} = 30\ \mathrm{MPa}$이고 거더의 강재는 SM520 ($F_y = 355\ \mathrm{MPa}$, $F_u = 520\ \mathrm{MPa}$)이다.

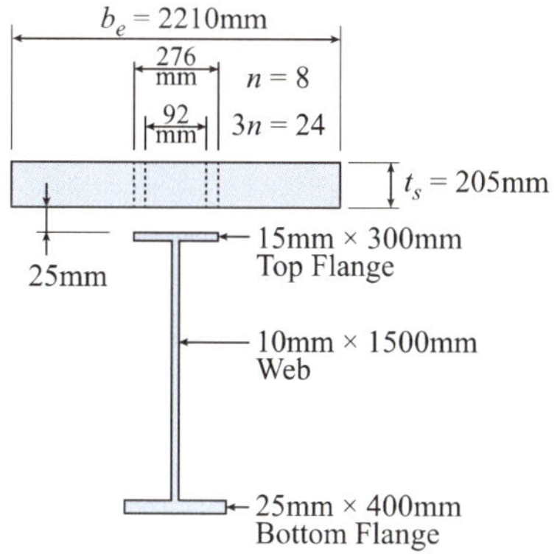

[그림 2.4.1] 압축 정모멘트단면에 대한 항복모멘트

[단면정수]

비합성, 단기, 장기 단면정수는 [표 2.4.1~2.4.3]에 계산되었다. $f_{ck} = 30\ \mathrm{MPa}$에 대한 탄성계수비는 $n = 8$이다. 슬래브의 변환된 유효폭은 단기정수에 대해 n으로 크리프를 계산하기 위한 장기정수에 대해서는 $2n$으로 나눈 b_e이다. 각 단계에서 단면의 중심은 강재 보의 주심으로부터 계산되고 중심에 대해 성분의 단면2차모멘트를 구하는데 평행축 이론이 사용된다.

[표 2.4.1] 비합성단면 정수

성분	A (mm^2)	y (mm)	$A \cdot y$ (mm^3)	$A \cdot y^2$ (mm^4)	I_0 (mm^4)	I_x (mm^4)
상단 플랜지 15 mm×300 mm	4,500	757.5	3.409×10^6	2.582×10^9	8.440×10^4	2.582×10^9
복부 10 mm×1,500 mm	15,000	0	0	0	2.813×10^9	2.813×10^9
바닥 플랜지 25 mm×400 mm	10,000	−762.5	-7.625×10^6	5.814×10^9	5.210×10^5	5.815×10^9
$\sum$	29,500		-4.216×10^6			11.210×10^9

$$y_c = \frac{\sum A \cdot y}{\sum A} = \frac{-4.216 \times 10^6}{29{,}500} = -142.9\,\mathrm{mm}$$

$$I_{NA} = I - (\sum A)(y_c)^2 = 11.210 \times 10^9 - (29{,}500)(-142.9)^2 = 10.608 \times 10^9\,\mathrm{mm}^4$$

$$\bar{y}^{\,t}_{NC} = \frac{1{,}500}{2} + 15 - (-y_c) = 907.9\,\mathrm{mm}$$, 보의 상단까지 높이

$$\bar{y}^{\,b}_{NC} = \frac{1{,}500}{2} + 25 + (-y_c) = 631.1\,\mathrm{mm}$$, 보의 하단까지 높이

$$S^t_{NC} = \frac{10.608 \times 10^9}{907.9} = 11.68 \times 10^6\,\mathrm{mm}^3$$, 강재의 상단

$$S^b_{NC} = \frac{10.608 \times 10^9}{631.1} = 16.81 \times 10^6\,\mathrm{mm}^3$$, 강재의 하단

[표 2.4.2] 단기합성단면 정수, $n = 8$

성분	A (mm^2)	y (mm)	$A \cdot y$ (mm^3)	$A \cdot y^2$ (mm^4)	I_0 (mm^4)	I_x (mm^4)
콘크리트 슬래브 205mm×(2,210/8)mm	56,631	892.5	50.543×10^6	45.110×10^9	0.198×10^9	45.308×10^9
강재 보	29,500	−142.9	−4.216×10^6	0.602×10^9	11.210×10^9	11.812×10^9
합계	86,131		46.327×10^6			57.120×10^9

$$y_c = \frac{\sum A \cdot y}{\sum A} = \frac{46.327 \times 10^6}{86{,}131} = 537.9\,\mathrm{mm}$$

$$I_{NA} = I - (\sum A)(y_c)^2 = 57.120 \times 10^9 - (86{,}131)(537.9)^2 = 32.199 \times 10^9\,\mathrm{mm}^4$$

$$\bar{y}^{\,t}_{ST} = \frac{1{,}500}{2} + 15 - y_c = 227.1\,\mathrm{mm}$$, 보의 상단까지 높이

$$\bar{y}^{\,b}_{ST} = \frac{1{,}500}{2} + 25 + y_c = 1{,}312.9\,\mathrm{mm}$$, 보의 하단까지 높이

$$S^t_{ST} = \frac{31.199 \times 10^9}{227.1} = 141.78 \times 10^6\,\mathrm{mm}^3$$, 강재의 상단

$$S^b_{ST} = \frac{31.199 \times 10^9}{1{,}312.9} = 23.76 \times 10^6\,\mathrm{mm}^3$$, 강재의 하단

[표 2.4.3] 장기합성단면 정수, $n = 24$

성분	A (mm^2)	y (mm)	$A \cdot y$ (mm^3)	$A \cdot y^2$ (mm^4)	I_0 (mm^4)	I_x (mm^4)
콘크리트 슬래브 205mm×(2,210/24)mm	18,877	892.5	16.848×10^6	15.037×10^9	0.066×10^9	15.103×10^9
강재 보	29,500	−142.9	−4.216×10^6	0.602×10^9	11.210×10^9	11.812×10^9
합계	48,377		12.632×10^6			26.915×10^9

$$y_c = \frac{\sum A \cdot y}{\sum A} = \frac{12.632 \times 10^6}{48,377} = 261.1 \text{ mm}$$

$$I_{NA} = I - (\sum A)(y_c)^2 = 26.915 \times 10^9 - (48,377)(261.1)^2 = 23.617 \times 10^9 \text{ mm}^4$$

$$\bar{y}^t_{LT} = \frac{1,500}{2} + 15 - y_c = 603.9 \text{ mm},$$ 보의 상단까지 높이

$$\bar{y}^b_{LT} = \frac{1,500}{2} + 25 + y_c = 1,036.1 \text{ mm},$$ 보의 상단까지 높이

$$S^t_{LT} = \frac{23.617 \times 10^9}{603.9} = 39.11 \times 10^6 \text{ mm}^3,$$ 강재의 상단

$$S^b_{LT} = \frac{23.617 \times 10^9}{1,036.1} = 22.79 \times 10^6 \text{ mm}^3,$$ 강재의 하단

[풀이]

거더의 하단에서 응력은 첫 번째 항복에 이르게 될 것이다.

$$F_y = \frac{M_{D1}}{S_{NC}} + \frac{M_{D2}}{S_{LT}} + \frac{M_{AD}}{S_{ST}}$$

$$355 = \frac{1,180 \times 10^6}{16.81 \times 10^6} + \frac{419 \times 10^6}{22.79 \times 10^6} + \frac{M_{AD}}{23.76 \times 10^6}$$

$$355 = 70.2 + 18.4 + \frac{M_{AD}}{23.76 \times 10^6}$$

$$M_{AD} = 23.76 \times 10^6 (355 - 70.2 - 18.4) = 6,330 \times 10^6 \text{ N} \cdot \text{mm}$$

$$M_{AD} = 6,330 \text{ kN} \cdot \text{m}$$

[답] $M_y = M_{D1} + M_{D2} + M_{AD}$

$$M_y = 1,180 + 419 + 6,330 = 7,929 \text{ kN} \cdot \text{m}$$

2.4.2 정모멘트 단면의 소성중립축 계산 – 적용예 (2)

정모멘트 휨이 작용하는 적용예 (1)의 합성단면에 대한 소성중립축의 위치를 결정하라. 콘크리트 바닥슬래브에 대해 f_{ck} = 30 MPa이고 거더의 강재는 SM520 (F_y = 355 MPa, F_u = 520 MPa)이다. 바닥 슬래브의 종방향 철근에서 소성력은 무시한다.

[소성력]

일반적인 치수와 소성력은 [그림 2.4.2]에 나타낸 바와 같다.

- 슬래브 $P_s = 0.85 f_{ck} b_e t_s = 0.85(30)(2,210)(205) = 11.553 \times 10^6$ N
- 압축 플랜지 $P_c = F_{yc} b_f t_b = 355(300)(15) = 1.598 \times 10^6$ N

- 복부판 $P_w = F_{yw} D t_w = 355(1{,}500)(10) = 5.325 \times 10^6$ N
- 인장 플랜지 $P_t = F_y b_b t_t = 355(400)(25) = 3.550 \times 10^6$ N

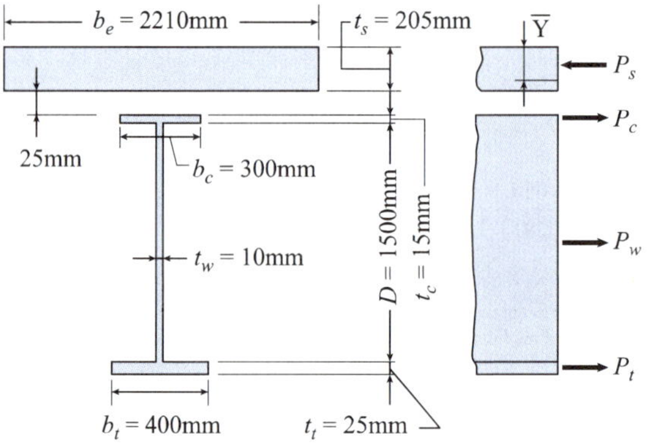

[그림 2.4.2] 압축 정모멘트단면에 대한 항복력

[풀이]

면밀한 조사에 의해 PNA는 슬래브 내에 놓인다.

$$P_s > P_c + P_w + P_t$$

슬래브의 부분만 강재 보에서 소성력과 균형이 필요하다.

$$\frac{\bar{y}}{t_s} P_s > P_c + P_w + P_t$$

결국, PNA는 슬래브의 상단으로부터 $\bar{y}$ 거리에 위치한다.

$$\bar{y} = t_s \frac{P_c + P_w + P_t}{P_s}$$

[답] $\bar{y} = t_s \dfrac{P_c + P_w + P_t}{P_s} = 205 \dfrac{(1.598 + 5.325 + 3.550) \times 10^6}{11.553 \times 10^6} = 185.8\ \text{mm}$

전단연결로 합성작용하는 부 휨모멘트의 영역에서 콘크리트 바닥에서 철근은 저항하는 휨모멘트로 유효하게 고려할 수 있다. 대조적으로 정모멘트 영역에 저항모멘트의 팔 길이가 짧아 부모멘트에서 철근의 분담에 차이를 갖는다고 할 수 있다.

2.4.3 부모멘트 단면의 소성중립축 계산 - 적용예 (3)

부휨모멘트가 작용하는 [그림 2.4.3]의 합성단면에 대한 소성중립축의 위치를 결정하라. 콘크리트 바닥슬래브에 대해 f_{ck} = 30 MPa이고 거더의 강재는 SM520(F_y = 355 MPa, F_u = 520 MPa) 이다. 상단층에 $9-D13$, 그리고 하단층에 $7-D16$인 두 층으로 나누어 바닥 슬래브의 종방향 철근을 둘 때, 소성력을 고려하라. 철근은 f_y = 400 MPa을 사용한다.

[소성력]

일반적인 치수와 소성력은 [그림 2.4.3]에 나타낸 바와 같다.

- 상단 철근 $P_{rt} = A_{rt} f_y = 9(126.7)(400) = 0.46 \times 10^6\ \mathrm{N}$
- 하단 철근 $P_{rb} = A_{rb} f_y = 7(198.6)(400) = 0.56 \times 10^6\ \mathrm{N}$
- 인장 플랜지 $P_t = F_y\, b_b\, t_t = 355(400)(30) = 4.260 \times 10^6\ \mathrm{N}$
- 복부판 $P_w = F_{yw} D\, t_w = 355(1{,}500)(10) = 5.325 \times 10^6\ \mathrm{N}$
- 압축 플랜지 $P_c = F_{yc}\, b_f\, t_b = 355(400)(30) = 4.260 \times 10^6\ \mathrm{N}$

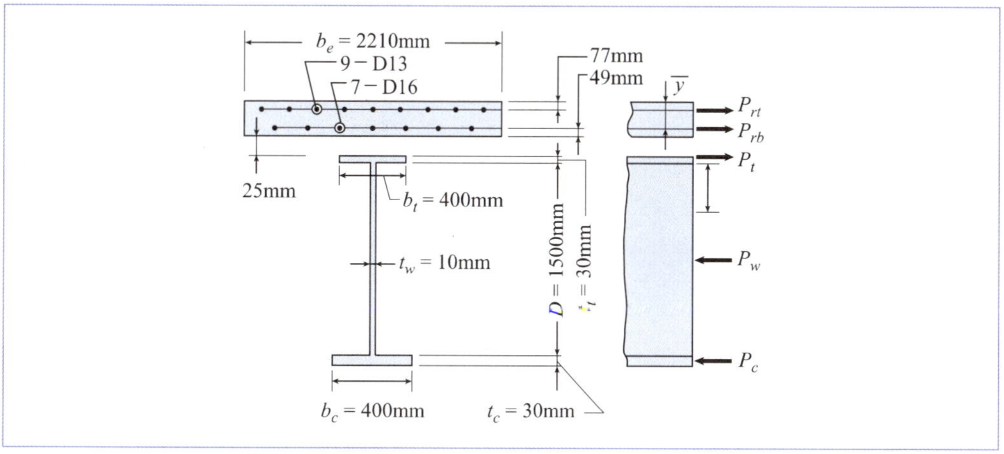

[그림 2.4.3] 압축 부모멘트단면에 대한 항복력

[풀이]

면밀한 조사에 의해 PNA는 슬래브 내에 놓인다.

$$P_c + P_w > P_t + P_{rb} + P_{rt}$$

복부에서 소성력은 평형을 얻기 위해 인장과 압축 소성력으로 나누어야 한다.

$$P_c + P_w\left(1 - \frac{\bar{y}}{D}\right) = P_w\left(\frac{\bar{y}}{D}\right) + P_t + P_{rb} + P_{rt}$$

여기서 $\bar{y}$는 상단에서부터 복부의 PNA까지의 거리이다.

$$\bar{y} = \frac{D}{2}\,\frac{P_c + P_w - P_t - P_{rb} - P_{rt}}{P_w}$$

[답] $\bar{y} = \dfrac{1{,}500}{2}\,\dfrac{(4.26+5.325-4.26-0.56-0.46)\times 10^6}{5.325\times 10^6} = 606.3\ \mathrm{mm}$

2.4.4 정소성모멘트 계산 – 적용예 (4)

[그림 2.4.2]에 나타낸 적용예 (2)의 합성단면에 대한 정소성모멘트를 결정하라. 소성력은 적용예 (2)에 계산되었고 $\bar{y}$는 슬래브의 상단으로부터 185.8 mm로 결정되었다.

[모멘트의 팔길이]

소성력의 각각에 대한 PNA에 대한 모멘트의 팔길이는 [그림 2.4.2]에 주어진 치수로부터 구할 수 있다.

- 슬래브 $d_s = \dfrac{\bar{y}}{2} = \dfrac{185.8}{2} = 92.9\ \mathrm{mm}$
- 압축플랜지 $d_c = (t_s - \bar{y}) + 25 + \dfrac{t_c}{2} = (205-185.8)+25+\dfrac{15}{2} = 51.7\ \mathrm{mm}$
- 복부판 $d_w = (t_s - \bar{y}) + 25 + t_c + \dfrac{D}{2} = (205-185.8)+25+15+\dfrac{1{,}500}{2} = 809.2\ \mathrm{mm}$
- 인장 플랜지
  $d_t = (t_s - \bar{y}) + 25 + t_c + D + \dfrac{t_t}{2} = (205-185.8)+25+15+1{,}500+\dfrac{25}{2} = 1{,}571.7\ \mathrm{mm}$

[풀이]

PNA에 대한 소성력의 모멘트의 합이 소성모멘트이다.

$$M_p = \frac{\bar{y}}{t_s}P_s d_s + P_c d_c + P_w d_w + P_t d_t$$

[답]

- 슬래브 $P_s = 0.85 f_{ck}\, b_e\, t_s = 0.85(30)(2{,}210)(205) = 11.553\times 10^6\ \mathrm{N}$
- 압축 플랜지 $P_c = F_{yc}\, b_f\, t_b = 355(300)(15) = 1.598\times 10^6\ \mathrm{N}$
- 복부판 $P_w = F_{yw}\, D\, t_w = 355(1{,}500)(10) = 5.325\times 10^6\ \mathrm{N}$
- 인장 플랜지 $P_t = F_y\, b_b\, t_t = 355(400)(25) = 3.550\times 10^6\ \mathrm{N}$

$$M_p = \frac{185.8}{205}(11.533\times 10^6)(92.9) + (1.598\times 10^6)(51.7) + (5.325\times 10^6)(809.2) + (3.550\times 10^6)(1{,}571.7)$$

$$M_p = 10.942\times 10^9\ \mathrm{N\cdot mm} = 10{,}942\ \mathrm{kN\cdot m}$$

2.4.5 부소성모멘트 계산 - 적용예 (5)

[그림 2.4.3]에 나타낸 적용예 (3)의 합성단면에 대한 부소성모멘트를 결정하라. 소성력은 적용예 (3)에 계산되었고 $\bar{y}$는 복부의 상단으로부터 606.3 mm로 결정되었다.

[모멘트의 팔길이]

소성력의 각각에 대한 PNA에 대한 모멘트의 팔길이는 [그림 2.4.3]에 주어진 치수로부터 구할 수 있다.

- 상단 철근 $d_{rt} = \bar{y} + t_t + 25 + t_s - 77 = 606.3 + 30 + 25 + 205 - 77 = 789.3\ \text{mm}$
- 하단 철근 $d_{rb} = \bar{y} + t_t + 25 + 49 = 606.3 + 30 + 25 + 49 = 710.3\ \text{mm}$
- 인장 플랜지 $d_t = \bar{y} + \dfrac{t_t}{2} = 606.3 + \dfrac{30}{2} = 621.3\ \text{mm}$
- 인장 복부판 $d_{wt} = \dfrac{\bar{y}}{2} = \dfrac{606.3}{2} = 303.15\ \text{mm}$
- 압축 복부판 $d_{wc} = \dfrac{1}{2}(D - \bar{y}) = \dfrac{1}{2}(1{,}500 - 606.3) = 446.85\ \text{mm}$
- 압축 플랜지 $d_c = (D - \bar{y}) + \dfrac{t_c}{2} = (1{,}500 - 606.3) + \dfrac{30}{2} = 908.7\ \text{mm}$

[풀이]

PNA에 대한 소성력의 모멘트의 합이 소성모멘트이다.

$$M_p = P_{rt}d_{rt} + P_{rb}d_{rb} + P_t d_t + \frac{\bar{y}}{D}P_w d_{wt} + \frac{(D-\bar{y})}{D}P_w d_{wc} + P_c d_c$$

[답]

- 상단 철근 $P_{rt} = A_{rt} f_y = 9(126.7)(400) = 0.46 \times 10^6\ \text{N}$
- 하단 철근 $P_{rb} = A_{rb} f_y = 7(198.6)(400) = 0.56 \times 10^6\ \text{N}$
- 인장 플랜지 $P_t = F_y b_b t_t = 355(400)(30) = 4.260 \times 10^6\ \text{N}$
- 복부판 $P_w = F_{yw} D t_w = 355(1{,}500)(10) = 5.325 \times 10^6\ \text{N}$
- 압축 플랜지 $P_c = F_{yc} b_f t_b = 355(400)(30) = 4.260 \times 10^6\ \text{N}$

$$\begin{aligned} M_p = &\ 0.46 \times 10^6(789.3) + 0.56 \times 10^6(710.3) + 4.26 \times 10^6(621.3) \\ &+ \frac{606.3}{1{,}500}(5.325 \times 10^6)(302.15) \\ &+ \frac{1{,}500 - 606.3}{1{,}500}(5.325 \times 10^6)(446.85) + 4.26 \times 10^6(908.7) \end{aligned}$$

$$M_p = 9.347 \times 10^9\ \text{N} \cdot \text{mm} = 9{,}347\ \text{kN} \cdot \text{m}$$

[비합성단면의 소성모멘트]

콘크리트 바닥판과 강재단면 사이에 전단연결재가 없다면, 콘크리트 슬래브와 철근은 단면정수에 포함시키지 않는다. PNA는 $P_{rb} = P_{rt} = 0$으로부터 결정된다. 강재 보 단면이 상단과 하단 플랜지가 같다면, 대칭이므로 $P_c = P_t$이고 $\bar{y} = D/2$이다.

$$M_p = P_t\left(\frac{D}{2} + \frac{t_t}{2}\right) + P_w\left(\frac{D}{4}\right) + P_c\left(\frac{D}{2} + \frac{t_c}{2}\right)$$

$$M_p = 4.26 \times 10^6\left(\frac{1,500}{2} + \frac{30}{2}\right) + 5.325 \times 10^6\left(\frac{1,500}{4}\right) + 4.26 \times 10^6\left(\frac{1,500}{2} + \frac{30}{2}\right)$$

$$M_p = 6.885 \times 10^9\ \text{N} \cdot \text{mm} = 6,885\ \text{kN} \cdot \text{m}$$

2.4.6 복부판의 압축측높이 계산 – 적용예 (6)

적용예 (1)에서 계산되어진 탄성정수를 사용하여 [그림 2.4.1]의 단면에 대한 폭부판의 압축측 높이 D_c를 결정하라. 단면에는 계수가 곱해지지 않은 정모멘트 M_{D1} = 978 kN · m, M_{D2} = 361 kN · m, M_{LL+IM} =1,563 kN · m가 작용한다.

[풀이]

주어진 모멘트와 단면정수에 대한 강재의 상단에서 응력은 다음과 같다.

$$\begin{aligned} f_t &= \frac{M_{D1}}{S_{NC}^t} + \frac{M_{D2}}{S_{LT}^t} + \frac{M_{LL+IM}}{S_{ST}^t} \\ &= \frac{978 \times 10^6}{11.68 \times 10^6} + \frac{361 \times 10^6}{39.11 \times 10^6} + \frac{1,563 \times 10^6}{141.78 \times 10^6} \\ &= 83.7 + 9.2 + 11.0 \\ &= 103.9\ \text{MPa (인장)} \end{aligned}$$

$$\begin{aligned} f_b &= \frac{M_{D1}}{S_{NC}^b} + \frac{M_{D2}}{S_{LT}^b} + \frac{M_{LL+IM}}{S_{ST}^b} \\ &= \frac{978 \times 10^6}{16.81 \times 10^6} + \frac{361 \times 10^6}{22.79 \times 10^6} + \frac{1,563 \times 10^6}{23.76 \times 10^6} \\ &= 58.2 + 15.8 + 65.8 \\ &= 139.8\ \text{MPa (인장)} \end{aligned}$$

[답]

압축단면 비례를 사용하고 $d = 1,500 + 15 + 25 = 1,540$ mm인 압축플랜지의 두께를 공제한다.

$$D_c = d\frac{f_t}{f_t + f_b} - t_c = 1{,}540\frac{103.9}{103.9 + 139.8} - 15 = 641.6\ \mathrm{mm}$$

소성모멘트에서 폭부판의 압축측 높이 D_{cp}는 일반적으로 PNA 위치로 결정된다. 적용예 (2)에서 정 휨모멘트가 작용하고, PNA는 바닥슬래브에 위치한다. 전체 복부판이 인장이고 $D_{cp} = 0$이다. 적용예 (3)에서 단면에는 부 휨모멘트가 작용하고 PNA는 복부의 상단으로부터 $606.3\ \mathrm{mm}$에 위치한다. 복부의 바닥부분은 압축으로 다음과 같이 된다.

$$D_{cp} = 1{,}500 - 606.3 = 893.7\ \mathrm{mm}$$

2.4.7 부휨강도 계산 – 적용예 (7)

[그림 2.4.3]에 나타낸 적용예 (3)의 합성단면의 부휨강도를 결정하라. 비지지길이 L_b는 내측 지지에서 6,000 mm이다. PNA는 복부의 상단으로부터 606.3 mm로 적용예 (3)에서 결정되었다. 압축플랜지의 항복강도 F_{yc} = 355 MPa이다[거더의 강재는 SM520]이다. 이 단면에 대한 부 소성모멘트 M_p는 6.10.11.5에서 9,347 kN・m으로 계산되었다. 비지지길이의 어느 쪽에서 작은 계수모멘트 M_1은 −2,308 kN・m이고 큰 계수모멘트 M_2는 −6,657 kN・m이다. 계수설계모멘트에 의한 강재단면에서 응력의 대수합은 상단플랜지에서 f_t = 290 MPa(인장)이고 하단플랜지에서 f_b = 316 MPa(압축)이다.

[모양의 분류]

조밀단면의 복부판 세장비[LSD 식 (6.10.19)]

$$\frac{2D_{cp}}{t_w} \le 3.76\sqrt{\frac{E}{F_{yc}}} = 3.76\sqrt{\frac{200{,}000}{355}} = 89$$

$$D_{cp} = 1{,}500 - 606.3 = 893.7\ \mathrm{mm}$$

$$\frac{2D_{cp}}{t_w} = \frac{2(893.7)}{10} = 179 > 89\ ,\ \text{비조밀}$$

종방향 보강이 없는 비조밀단면에 대한 복부판 세장비

$$\frac{2D_c}{t_w} \le 6.77\sqrt{\frac{E}{f_c}} = 6.77\sqrt{\frac{200{,}000}{316}} = 170$$

$$d = 1{,}500 + 30 + 30 = 1{,}560\ \mathrm{mm}$$

$$D_c = d\frac{f_b}{f_b + f_t} - t_f = 1{,}560\frac{316}{316 + 290} - 30 = 783\ \mathrm{mm}$$

$$\frac{2D_c}{t_w} = \frac{2(783)}{10} = 157 < 170\ ,\ \text{종방향 보강재는 필요없다.}$$

비조밀단면의 플랜지 세장비[LSD 식 (6.10.21)].

$$\frac{b_f}{2t_f} \le 12.0$$

$$\frac{b_f}{2t_f} = \frac{400}{2(30)} = 6.7 \le 12.0 \,, \quad \text{OK 압축플랜지는 세장이 아니다.}$$

비조밀단면 압축플랜지 비지지길이 규정을 만족하는지 검토한다[LSD 식 (6.10.28)].

$$L_b \le L_p = 1.76\, r_t \sqrt{\frac{E}{F_{yc}}}$$

여기서, r_t = 강재단면의 압축플랜지와 압축응력을 받는 복부판 높이의 1/3로 이루어진 단면의 연직축에 관한 회전반경(mm) = $\sqrt{\dfrac{I_{yc}}{A_c + D_c t_w/3}} = \sqrt{\dfrac{30(400)^3/12}{30(400)+783(10)/3}} = 104.6\,\text{mm}$

F_{yc} = 압축플랜지의 항복강도(MPa) = 355 MPa

$$L_b \le 1.76\, r_t \sqrt{\frac{E}{F_{yc}}} = 1.76(104.6)\sqrt{\frac{200{,}000}{355}} = 4{,}370\,\text{mm}$$

$$L_b = 6{,}000\,\text{mm} > 4{,}370\,\text{mm}, \quad \text{NG}$$

조밀단면에 대해 필요한 비지지길이 보다 작다. 모멘트 경사를 고려함으로써, 더 큰 비지지길이는 결정할 수 있다. 응력으로 표시되는 압축플랜지의 공칭휨강도는 [LSD 식 (6.10.44)]로 구한다. 그러나 횡비틀림좌굴을 고려한 다음 식을 초과할 수는 없다[LSD 식 (6.10.46)].

$$F_n = C_b R_b R_h F_{yc}\left\{1.33 - 0.187\left(\frac{L_b}{r_t}\right)\sqrt{\frac{F_{yc}}{E}}\right\} \le R_b R_h F_{yc}$$

위의 식에서 다음과 같이 된다는 것을 알 수 있다.

$$C_b\left\{1.33 - 0.187\left(\frac{L_b}{r_t}\right)\sqrt{\frac{F_{yc}}{E}}\right\} = 1 \qquad ①$$

여기서 C_b는 모멘트 변화를 고려한 보정계수로서, 지지점 사이 일정한 단면에 대해 [LSD 식 (6.10.49)]에서 P_l/P_h비는 M_1/M_2항으로 쓸 수 있다.

$$C_b = 1.75 - 1.05\left(\frac{M_1}{M_2}\right) + 0.3\left(\frac{M_1}{M_2}\right)^2 \le K_b = 2.3$$

$$C_b = 1.75 - 1.05\left(\frac{2{,}308}{6{,}657}\right) + 0.3\left(\frac{2{,}308}{6{,}657}\right)^2 = 1.42 \le K_b = 2.3$$

위에 나타낸 식 ①을 L_b에 대해 정리하면 다음과 같다.

$$L_b = \frac{1.33 - 1/C_b}{0.187} r_t \sqrt{\frac{E}{F_{yc}}}$$

$$= \frac{1.33 - 1/1.42}{0.187} r_t \sqrt{\frac{E}{F_{yc}}} = 3.35 r_t \sqrt{\frac{E}{F_{yc}}}$$

$$= 3.35(104.6)\sqrt{\frac{200,000}{355}} = 8,317 \text{ mm} > 6,000 \text{ mm}$$

그러므로, 단면은 세장이 아니므로 비조밀단면으로 분류된다.

[풀이]

비조밀단면이므로 계수강도는 다음과 같이 응력의 항으로 규정된다.

$$\phi_f F_n = \phi_f R_b R_h F_{yc} \qquad ②$$

여기서 ϕ_f는 6.5.4.2에 나타낸 저항계수이다. 복부판 국부좌굴을 고려한 플랜지 강도감소계수 R_b는 다음 식으로 구한다[LSD 식 (6.10.62)].

$$R_b = 1 - \left(\frac{a_r}{1,200 + 300a_r}\right)\left(\frac{2D_c}{t_w} - \lambda_b \sqrt{\frac{E}{f_c}}\right)$$

여기서, $a_r = 2D_c t_w / A_{fc}$, $\lambda_b = 5.76$ (D_c가 $D/2$ 이하인 경우), f_c = 설계하중에 의한 압축플랜지의 응력(MPa), A_{fc} = 압축플랜지 단면적(mm^2), D_c = 탄성범위에서 압축을 받는 복부판 높이(mm), 그리고

$$a_r = \frac{2D_c t_w}{A_{fc}} = \frac{2(783)(10)}{30(400)} = 1.305$$

그러므로

$$R_b = 1 - \left(\frac{a_r}{1,200 + 300a_r}\right)\left(\frac{2D_c}{t_w} - \lambda_b \sqrt{\frac{E}{f_c}}\right)$$

$$= 1 - \left(\frac{1.305}{1,200 + 300 \times 1.305}\right)\left(157 - 5.76\sqrt{\frac{200,000}{316}}\right)$$

$$= 0.990$$

$\phi_f = 1.0$, $R_h = 1.0$에 대해 위의 식 ②에 나타낸 계수강도는 다음과 같다.

$$\phi_f F_n = \phi_f R_b R_h F_{yc} = 1.0(0.990)(1.0)(355) = 351 \text{ MPa}$$

[답]

단면의 계수강도 351 MPa는 작용하중으로 산출된 316 MPa인 최대응력을 초과하기 때문에 충분하다.

2.4.8 복부 전단강도 계산 – 적용예 (8)

수평보강재의 간격 d_0이 내측복부패널에 대해 2,000 mm인 [그림 2.4.3]에 나타낸 적용예 (3)의 I-형 단면의 복부 전단강도를 결정하라. 적용예 (7)에서 부모멘트 영역에서 6,000 mm인 압축플랜지의 비지지 길이 L_b에 대해 비조밀단면으로 규정되었다. 계수설계모멘트에 의한 강재단면에서 응력의 대수합은 상단플랜지에서 f_t = 290 MPa(인장)이고 하단플랜지에서 f_b =316 MPa(압축)이다. 복부판의 항복강도 F_{yw} = 355 MPa이다[거더의 강재는 SM520]이다.

[풀이]

비조밀단면에 대해 모멘트-전단 상관량은 계수하중에 의한 압축플랜지에서 최대응력 f_u를 따른다. 이 예제에서 $f_u = 316 \text{ MPa}$으로 다음 값보다 크다. 즉,

$$f_u > 0.75\,\phi_f\,F_y = 0.75\,(1.0)(355) = 266\text{ MPa}$$

그래서 비조밀단면의 내부 보강복부판패널의 공칭전단저항은 [LSD 6.10.7.1]에 따라 다음과 같이 계산한다.

$$V_n = R\,V_p\left[C + \frac{0.87(1-C)}{\sqrt{1+\left(\frac{d_o}{D}\right)^2}}\right] \geq C\,V_p \qquad \text{[LSD 식 (6.10.85)]}$$

여기서 $$R = \left[0.6 + 0.4\left(\frac{F_r - f_u}{F_r - 0.75\,\phi_f\,F_y}\right)\right] \qquad \text{[LSD 식 (6.10.86)]}$$

여기서, f_u = 검토대상 패널에서 설계하중에 의한 압축 또는 인장플랜지의 휨응력(MPa), C= [LSD 6.10.7.3(3)①]에 규정한 전단항복강도에 대한 전단좌굴응력의 비, F_r = [LSD 6.10.4 또는 6.11.2.1(1)]의 규정으로 구한 f_u에 대한 플랜지의 설계휨강도(MPa).

그리고 적용예 (7)로부터

$$\phi_f\,F_n = \phi_f R_b\,R_h\,F_{yc} = 1.0(0.990)(1.0)(355) = 351\text{ MPa}$$

그러므로

$$R = \left[0.6 + 0.4\left(\frac{F_r - f_u}{F_r - 0.75\,\phi_f\,F_y}\right)\right] = \left[0.6 + 0.4\left(\frac{351-316}{351-266}\right)\right] = 0.765$$

[LSD 식 (6.10.79)]로부터

$$V_p = 0.58\,F_{yw}\,D\,t_w = 0.58\,(355)(1{,}500)(10) = 3{,}088{,}500\text{ N} = 3{,}089\text{ kN}$$

[LSD 식 (6.10.83)]으로부터

$$k = 5 + \frac{5}{(d_o/D)^2} = 5 + \frac{5}{(2{,}000/1{,}500)^2} = 7.81$$

그래서 [LSD 6.10.7.3(3)①, 식 (6.10.82)]으로부터

$$1.38\sqrt{\frac{E\,k}{F_{yw}}} = 1.38\sqrt{\frac{(200{,}000)(7.81)}{355}} = 92$$

그리고

$$\frac{D}{t_w} = \frac{1{,}500}{10} = 150 > 1.38\sqrt{\frac{E\,k}{F_{yw}}} = 92$$

그러므로 전단좌굴응력비 C는 아래와 같이 계산한다.

$$C = \frac{1.52}{(D/t_w)^2}\left(\frac{E\,k}{F_{yw}}\right) = \frac{1.52}{(150)^2}\left(\frac{(200{,}000)(7.81)}{355}\right) = 0.297$$

그리고

$$CV_p = 0.297(3{,}089) = 917\,kN$$

[답]

보강복부판패널의 공칭전단저항강도는 다음과 같다.

$$V_n = RV_p\left[C + \frac{0.87(1-C)}{\sqrt{1+\left(\frac{d_o}{D}\right)^2}}\right] \geq CV_p = 917\text{ kN}$$

$$= 0.765(3{,}089)\left[0.297 + \frac{0.87(1-0.297)}{\sqrt{1+\left(\frac{2{,}000}{1{,}500}\right)^2}}\right]$$

$$= 2{,}363(0.297+0.367) = 1{,}569\text{ kN}$$

그리고 거더에 대한 설계전단강도 V_r은 다음과 같이 구한다[LSD 식 (6.10.71)].

$$V_r = \phi_v\,V_n = (1.0)(1{,}569) = 1{,}569\text{ kN}$$

2.4.9 스터드 전단연결재 설계 - 적용예 (9)

[그림 2.4.2]에 나타낸 적용예 (1)의 정모멘트 합성단면에 대한 스터드 전단연결재를 설계하라. 피로한계상태에 대한 LL+IM(활하중+충격)하의 전단력 발생범위 V_{st}는 정모멘트 영역에서 230 kN와 같고 근처에서 일정하다고 가정한다. 스터드의 직경 d는 19 mm이고 높이 h = 100 mm를 사용하였다. 6.4.6.2에서 규정된 스터드 전단연결재의 최소인장강도 F_u = 400 MPa, 콘크리트 바닥판의 f_{ck} = 30 MPa, 거더의 강재는 SM520(F_y = 355 MPa, F_u = 520 MPa)이다.

[일반] [LSD 6.10.7.4] 참조

헌치 높이는 25 mm, 그러므로 연결재는 $100-25=75\text{ mm}$가 콘크리트 바닥판에 관입된다.

전단연결재는 적어도 50 mm를 슬래브 내부로 관입시켜야 한다. 스터드전단연결재의 직경에 대한 높이의 비는 4.0 이상이어야 한다.

$$\frac{h}{d} = \frac{100}{19} = 5.26 > 4.0, \quad \text{OK}$$

전단연결재 위의 콘크리트 피복 덮개 높이는 50mm 이상이어야 한다.

$$205 - 75 = 130 \text{ mm} > 50 \text{ mm}, \quad \text{OK}$$

전단연결재는 상부플랜지의 횡방향으로 배치되며 규칙적이거나 다양한 간격을 갖는다. 스터드전단연결재는 거더직각방향으로 스터드의 중심과 중심 사이의 간격이 스터드 직경의 4배 이상이어야 한다. 상부플랜지의 연단과 가장 인접한 전단연결재 간의 연단거리는 25 mm 이상이어야 한다. 3개의 19 mm 스터드가 나란히 놓일 때, 필요한 상부플랜지의 최소 폭은 다음과 같다.

$$b_{f \cdot \min} = 2 \times 25 + 19 + 2(4)(19) = 221 \text{ mm} < 300 \text{ mm}(\text{사용 상부플랜지의 폭}), \quad \text{OK}$$

그러므로 각 횡방향으로 3개의 19 mm 스터드를 나란히 배치할 수 있다.

[피로한계상태] [LSD 6.10.7.4] 참조

종방향으로 전단연결재의 중심과 중심사이의 피치 p는 600 mm를 초과해서는 안 되며, 직경의 6배 이상이어야 한다. 즉

$$6 \times 19 = 114 \text{ mm} < p < 600 \text{ mm}$$

전단연결의 피치는 [LSD 6.10.7.4(2)와 6.10.7.4(3)]에 규정된 피로한계상태를 만족해야 한다. 전단연결재의 피치 p는 다음 조건을 만족해야 한다[LSD 식 (6.10.90)].

$$p = \frac{n Z_r I}{V_{st} Q}$$

여기서, p = 거더방향으로 배치된 전단연결재의 피치(mm), n = 횡 단면으로 배치된 전단연결재의 개수, I = 단기합성단면의 단면2차모멘트(mm^4), Q = 단기합성단면의 중립축에 대한 바닥판 환산단면적의 단면1차모멘트(mm^3), V_{st} = 피로한계상태에 대한 LL+IM(활하중+충격) 하의 전단력 발생범위(N), Z_r = [LSD 6.10.7.4(2)]에 의해 결정된 전단연결재 한 개의 전단피로저항강도(N).

전단연결재의 피로강도 Z_r은 아래와 같이 구한다[LSD 식 (6.10.91)].

$$Z_r = \alpha d^2 \quad > \quad \frac{38.0 d^2}{2}$$

$$\alpha = 238 - 29.5 \log N$$

여기서, d = 스터드의 직경(mm), N = [LSD 6.6.1.2(5)]에 규정된 반복하중 수.

피로하중의 빈도는 단일차로의 일평균트럭교통량($ADTT_{SL}$)에 대한 확실한 정보가 없을 때는 [LSD 식 (3.6.3)]의 차로당 통행비율을 적용하여 산정할 수 있다. 즉,

$$ADTT_{SL} = p \times ADTT$$

여기서, ADTT = 한 방향 일일트럭교통량의 설계수명기간동안 평균값

= 0.2(2)(20,000) = 8,000 trucks/day

$ADTT_{SL}$ = p × ADTT 한 방향 한 차로의 일일트럭교통량의 설계수명기간동안 평균값

= 0.85(8,000) = 6.800 trucks/day

p = 2차로 0.85

n = 트럭 통과당 반복회수, [LSD 표 6.6.4]

[LSD 6.6.1.2(5)]에서 사이클 수 N은 100년 설계수명에 대해 다음과 같이 나타낼 수 있다 [LSD 식 (6.6.3)].

$$N = (365)(100)n(ADTT)_{SL} = (365)(100)(2.0)(6{,}800) = 496.4 \times 10^6 \text{ cycles}$$

$$\alpha = 238 - 29.5 \log N$$

$$= 238 - 29.5 \log(496.4 \times 10^6) = 238 - 29.5(8.7) = -18.7 \text{ MPa} < 19 \text{ MPa}$$

그러므로

$$Z_r = \frac{38.0d^2}{2} = \frac{38.0(19)^2}{2} = 6{,}859 \text{ N} = 6.859 \text{ kN}$$

단기합성단면의 단면2차모멘트

$$I = 32.199 \times 10^9 \text{ mm}^4$$

단기합성단면의 중립축에 대한 바닥판 환산단면적의 단면1차모멘트

$$Q = Ay = (56{,}631)(227.1 + 25 + 205/2) = 20.1 \times 10^6 \text{ mm}^3$$

횡단면으로 3개의 스티드 전단연결재의 V_{st} = 230 kN에 대해 전단연결재의 피치 p는 다음과 같이 계산된다.

$$p = \frac{nZ_r I}{V_{st} Q} = \frac{3(6.859)(32.199 \times 10^9)}{230(20.1 \times 10^6)} = 144 \text{ mm}$$

위에서부터

$$114 \text{ mm} < p < 600 \text{ mm}$$

최대 정모멘트로부터 모멘트 0점까지 거리는 12,000 mm로 가정하고 V_{st}는 상대적으로 변함이 없다. 이 거리를 통해 19 mm 스터드 전단연결재의 수는 피치를 설계에 편리하게

140 mm하면 다음과 같다.

$$n = 3\left(\frac{12,000}{140}\right) = 257\text{ 개 전단연결재}$$

[극한한계상태]

최대 정모멘트의 단면과 양측으로 인접한 모멘트가 0이 되는 구간에서의 전단연결재의 개수는 다음 식보다 많아야 한다[LSD 식 (6.10.95)].

$$n = V_h / Q_r$$

여기서, $V_h = F_y A_s$, [LSD 6.10.7.4(4)②]에 규정된 공칭수평전단력(N), Q_r = [LSD 6.10.7.4(4)①]에 규정한 전단연결재 한 개에 대한 설계전단강도(N).

전단연결재의 설계전단강도는 다음과 같다[LSD 식 (6.10.94)].

$$Q_r = \phi_{se} Q_n$$

여기서, Q_n = 6.10.7.4(4)③에 규정된 공칭전단강도(N), $\phi_{se} = 0.85$, [LSD 6.5.4.2]에 규정된 전단연결재에 대한 저항계수.

콘크리트 바닥판 내에 매립된 19 mm 스터드 전단연결재 한 개에 대한 공칭전단강도 Q_n는 다음과 같다[LSD 식 (6.10.99)].

$$Q_n = 0.5 A_{sc} \sqrt{f_{ck} E_c} \leqq A_{sc} F_u$$

여기서, $A_{sc} = \pi d^2/4 = \pi(19)^2/4 = 284\text{ mm}^2$, 스터드 전단연결재의 단면적, $f_{ck} = 30\text{ MPa}$, 콘크리트 28일 압축강도, $E_c = 0.077 m_c^{1.5} \sqrt[3]{f_{ck}} = 0.077(2,350)^{1.5} \sqrt[3]{30} = 27,256\text{ MPa}$, 콘크리트의 탄성계수, $m_c = 2,350\text{ kg/m}^3$, 콘크리트의 질량, $F_u = 400\text{ MPa}$, [LSD 6.4.6.2]에서 규정된 스터드 전단연결재의 최소인장강도.

$$Q_n = 0.5 A_{sc} \sqrt{f_{ck} E_c} \leqq A_{sc} F_u = 284(400) = 113,600\text{ N} = 113.6\text{ kN}$$
$$= 0.5 A_{sc} \sqrt{f_{ck} E_c} = 0.5(284)\sqrt{(30)(27,256)} = 128.4\text{ kN} > 113.6\text{ kN}$$

그러므로,

$$Q_n = 113.6\text{ kN}$$

강재의 공칭수평전단력

$$V_h = F_y A_s = 355(29,500) = 10.473 \times 10^6\text{ N} = 10,473\text{ kN}$$

[그림 2.4.2]에 주어진 콘크리트 바닥판에서 $b = 2,210\text{ mm}$, $t_s = 205\text{ mm}$일 때, 콘크리트 바닥판의 공칭수평전단력

$$V_h = 0.85 f_{ck} b\, t_s = 0.85(30)(2,210)(205) = 11.553 \times 10^6\ \text{N} = 11,553\ \text{kN}$$

그러므로, $V_h = 10,473\ \text{kN}$, 그리고 최대 정모멘트의 단면과 양측으로 인접한 모멘트가 0이 되는 구간에서의 전단연결재의 개수는 다음과 같다.

$$n = \frac{V_h}{Q_r} = \frac{V_h}{\phi_{sc} Q_n} = \frac{10,473}{0.85(113.6)} = 109\ \text{개 전단연결재}$$

[답]

필요한 전단연결재의 수는 피로한계상태에 의해 적용된다. 이 예제에서 3그룹으로 위치한 19 mm 스터드 전단연결재는 정모멘트 영역을 통해 피치의 간격은 140 mm이다.

2.4.10 중간수직보강재 설계 - 적용예 (10)

[그림 2.4.3]에 나타내고 적용예 (8)에 사용된 I-형단면에 대해 한쪽 중간수직보강재를 설계하라. 보강재용 구조용 강재는 SM400(F_y = 235 MPa, F_u = 400 MPa), 거더의 강재는 SM520(F_y = 355 MPa, F_u = 520 MPa)이다. 단면에 작용하는 설계하중에 의한 전단력 V_u는 1,000 kN으로 가정하였다.

[세장비]

보강재의 치수는 필요한 세장비조건을 만족해야 하고, 그때 강성과 강도에 대해 검토되어야 한다. 돌출폭은 수직보강재의 국부좌굴을 피하기 위해 검토된다. 각 돌출보강재의 폭 b_t은 다음과 같은 조건을 만족해야 한다[LSD (6.10.101), (6.10.102)].

$$b_t \geq 50 + \frac{d}{30} \tag{6.10.101}$$

$$16.0 t_p \geq b_t \geq 0.25 b_f \tag{6.10.102}$$

여기서, d = 1,500 mm, 강재단면의 높이, t_p = 수직보강재의 두께(mm), b_f = 400mm, 플랜지의 전폭(mm).

수직보강재의 돌출폭 b_t는 다음 조건을 만족해야 한다[LSD 식 (6.10.102)].

$$b_t \geq 50 + \frac{d}{30} = 50 + \frac{1,500 + 30 + 30}{30} = 102\ \text{mm}$$

$$b_t \geq 0.25 b_f = 0.25(400) = 100\ \text{mm}$$

그리고 돌출폭의 두께 t_p는 다음 조건을 만족해야 한다.

$$16.0 t_p \geq b_t \geq 0.25 b_f$$

$$t_p \geq \frac{b_t}{16} \geq \frac{b_f}{64}$$

$$t_p \geq \frac{b_t}{16} = \frac{102}{16} = 6.38\ \mathrm{mm}$$

[LSD 6.7.3]에 강재의 최소두께는 수직브레이싱, 수평브레이싱 및 연결판을 포함한 모든 강재의 최소두께는 8.0 mm 이상으로 한다고 규정되어 있다. 그러므로 중간수직보강재의 단면치수를 10-mm×110-mm로 하여 검토한다[그림 2.4.4].

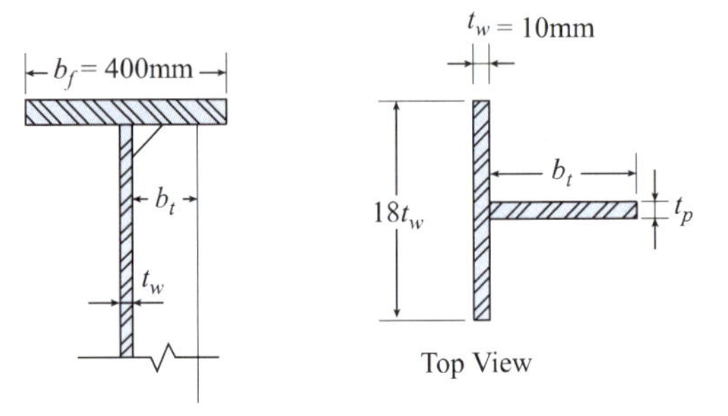

[그림 2.4.4] I-형단면에 대한 한쪽 중간수직보강재

그리고 [LSD 식 (6.10.101)]을 검토한다.

$$b_t \geq 50 + \frac{d}{30} = 50 + \frac{1{,}500 + 30 + 30}{30} = 102\ \mathrm{mm}$$

$$b_t = 110\ \mathrm{mm} > 102\ \mathrm{mm}, \quad \text{OK}$$

[강성]

한 쪽면만 보강된 경우 수직보강재의 단면2차모멘트는 복부판과의 접합면에 대한 것으로 한다. 10-mm×110-mm인 사각형 플레이트에 대한 단면2차모멘트는 다음과 같이 계산된다.

$$I_t = \frac{1}{3} t_p b_t^3 = \frac{1}{3}(10)(110)^3 = 4.44 \times 10^6\ \mathrm{mm}^4$$

수평보강재가 없으므로 수직보강재의 단면2차모멘트는 다음 조건을 만족해야 한다[LSD 식 (6.10. 103), (6.10.104)].

$$I_t \geq d_o t_w^3 J$$

여기서, $J = 2.5\left(\frac{D_p}{d_o}\right)^2 - 2.0 \geq 0.5$

여기서, $I_t = 4.44 \times 10^6\ \mathrm{mm}^4$, 한 쪽면만 보강된 경우는 복부판과의 접합면에 대하여, 양면 보강된 경우에는 복부판의 중심축에 대한 수직보강재의 단면2차모멘트, $t_w = 10\ \mathrm{mm}$, 복부판

두께, $d_o = 2,000\,\text{mm}$, 수직보강재의 간격, $D_p = D = 1,500\,\text{mm}$, 복부판의 높이.

$$J = 2.5\left(\frac{1,500}{2,000}\right)^2 - 2.0 = -0.59 < 0.5,\ J = 0.5\text{를 사용}$$

그러므로

$$I_t \geqq d_o t_w^3 J = (2,000)(10)^3(0.5) = 1.0 \times 10^6\ \text{mm}^4, \quad \text{OK}$$

[강도]

[LSD 6.10.7.3]에 규정된 복부판 사인장작용에 의한 힘을 지지해야 하는 중간수직보강재는 다음을 만족해야 한다[LSD 식 (6.10.106)].

$$A_s \geqq \left[0.15B\frac{D}{t_w}(1-C)\frac{V_u}{V_r} - 18.0\right]\left(\frac{F_{yw}}{F_{cr}}\right)t_w^2$$

수직보강재의 단면적 $A_s = 10 \times 110 = 1,100\ \text{mm}^2$

한쪽면만 판으로 보강된 경우 $B = 2.4$

적용예 (8)로부터 설계전단강도 $V_r = 1,569\ \text{kN}$

전단좌굴응력과 전단항복강도의 비 $C = 0.297$

극한한계상태의 설계하중에 의한 전단력 $V_u = 1,000\ \text{kN}$

복부판의 항복강도 $F_{yw} = 355\ \text{MPa}$

수직보강재의 항복강도 $F_{ys} = 235\ \text{MPa}$

여기서, $F_{cr} = \dfrac{0.311E}{\left(\dfrac{b_t}{t_p}\right)^2} \leq F_{ys} = 235\ \text{MPa}$

$$F_{cr} = \frac{0.311E}{\left(\frac{b_t}{t_p}\right)^2} = \frac{0.311(200,000)}{\left(\frac{110}{10}\right)^2} = 514\ \text{MPa} > F_{ys} = 235\ \text{MPa}$$

$F_{cr} - 235\ \text{MPa}$를 사용.

$$A_s \geqq \left[0.15(2.4)\frac{1,500}{10}(1-0.297)\frac{1,000}{1,569} - 18.0\right]\left(\frac{355}{235}\right)(10)^2 = 936\ \text{mm}^2$$

$A_s - 1,100\ \text{mm}^2 > 936\ \text{mm}^2$, OK

[답]

두께 $t_p = 10\ \text{mm}$, 폭 $b_t = 110\text{-mm}$인 단면치수를 갖는 한 쪽면만으로 보강된 중간수직보강재를 사용한다.

2.4.11 하중집중점 지압보강재 설계 - 적용예 (11)

[그림 2.4.3]에 나타내고 적용예 (10)에 사용된 I-형단면에 대해 작용하는 설계하중에 의한 반력 R_u를 1,750 kN으로 하여 하중집중점 지압보강재를 설계하라. 보강재용 구조용 강재는 SM400 (F_y = 235 MPa, F_u = 400 MPa), 거더의 강재는 SM520 (F_y = 355 MPa, F_u = 520 MPa)이다.

[세장비]

400 mm인 플랜지폭을 지지하는 지압보강재의 폭 b_t을 180 mm로 설정하고 지압보강재의 돌출폭의 최소두께 t_p를 다음 식으로부터 구한다[LSD 식 (6.10.108)].

$$b_t \leqq 0.48\, t_p \sqrt{\frac{E}{F_{ys}}}$$

$$\frac{b_t}{t_p} \leqq 0.48 \sqrt{\frac{E}{F_{ys}}} = 0.48 \sqrt{\frac{200,000}{235}} = 14$$

$$t_p \geq \frac{b_t}{14} = \frac{180}{14} = 12.9\ \text{mm}$$

15 mm × 180 mm인 지압보강재를 선택.

[지압강도]

복부판 용접면으로부터 돌출된 지압보강재의 단면적 A_{pn}은 설계지압강도 $B_r = 1,750$ kN, 지압에 대한 저항계수 $\phi_b = 1.0$, 지압보강재의 항복강도 $F_{ys} = 235$ MPa로부터 계산할 수 있다[LSD 식 (6.10.109)].

$$B_r = 1.4\,\phi_b\,A_{pn}\,F_{ys}$$

$$B_r = 1.4\,(1.0)\,A_{pn}\,(235) = 329\,A_{pn}$$

$$A_{pn} = \frac{B_r}{329} = \frac{1,750 \times 10^3}{329} = 5,319\ \text{mm}^2$$

복부의 양측에 15 mm × 180 mm인 2개의 지압보강재와 복부에 40 mm의 플랜지 필릿용접을 사용함으로써 준비된 지압보강재의 단면적은 다음과 같이 된다.

$$4(15)(180-40) = 8,400\ \text{mm}^2 > 5,319\ \text{mm}^2, \quad \text{OK}$$

플레이트거더의 경우에는 모든 지점과 집중하중이 작용하는 위치에 지압보강재를 두어야 한다. 지압보강재는 15 mm × 180 mm인 2개의 플레이트를 복부판 양면에 용접으로 접합시켜 설계하중에 의한 전 수직력을 전달할 수 있도록 한다. 각 지압보강재는 플랜지에 밀착되어 반력을 지지할 수 있도록 플랜지에 가능한 한 가깝도록 복부판의 전 높이까지 연장시켜야 하며, 공장가공이 이루어지거나, 완전용입그루브용접으로 플랜지와 접합시켜야 한다.

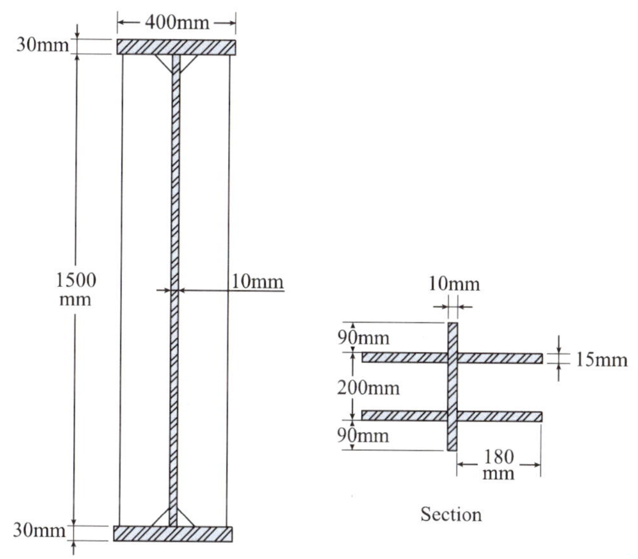

[그림 2.4.5] 지압보강재

[지압보강재의 축방향강도]

[그림 2.4.5]에 나타낸 바와 같이 보강재를 200 mm 떨어지게 하여 복부판의 양측에 배치함으로 기둥의 유효단면적은 다음과 같다.

$$A = 4A_s + t_w(18t_w + 200) = 4(15)(180) + 10[18(10) + 200] = 14{,}600\ \mathrm{mm}^2$$

그리고 복부의 중심선에 대한 보강재의 단면2차모멘트는 다음과 같다.

$$I = 4I_0 + 4A_s y^2 = 4\left[\frac{1}{12}(15)(180)^3\right] + 4(15)(180)\left(\frac{180}{2} + 5\right)^2 = 126.6 \times 10^6\ \mathrm{mm}^4$$

그래서 기둥단면에 대한 회전반지름 r은 다음과 같이 된다.

$$r = \sqrt{\frac{I}{A}} = \sqrt{\frac{126.6 \times 10^6}{14{,}600}} = 93\ \mathrm{mm}$$

그러므로

$$\frac{KL}{r} = \frac{0.75D}{r} = \frac{0.75(1{,}500)}{93} = 12.1 < 120, \quad \mathrm{OK}$$

그리고 [LSD 식 (6.9.6)]에 세장비가 주어졌다.

$$\lambda = \left(\frac{Kl}{r_s \pi}\right)^2 \frac{F_y}{E} = \left(\frac{12.1}{\pi}\right)^2 \frac{235}{200{,}000} = 0.0174 < 2.25$$

[LSD 6.9.4.2]의 폭-두께비 규정을 만족시키는 부재에 대한, 공칭압축강도 P_n은 다음과 같

다[LSD 식 (6.9.4)].

$$P_n = 0.66^{\lambda} F_y A_s = (0.66)^{0.0174}(235)(14{,}600) = 3.406 \times 10^6 \text{ N}$$

부재의 설계압축강도 P_r은 [LSD 6.5.4.2]의 압축에 관한 재료계수 $\phi_c = 0.90$을 사용하여 다음과 같이 산정한다[LSD 식 (6.9.1)].

$$P_r = \phi_c P_n = 0.9(3{,}406) = 3{,}065 \text{ kN} > R_u = 1{,}750 \text{ kN}, \quad \text{OK}$$

[답]

[그림 2.4.5]에 나타낸 바와 같이 15 mm × 180 mm 인 2개의 보강재를 복부의 양측에 배치되는 지압보강재를 사용한다.

2.5 강합성교의 설계예

2.5.1 비합성 압연강 단순거더교의 설계 – 적용예 (12)
(Design of Noncomposite Rolled Steel Beam Bridge)

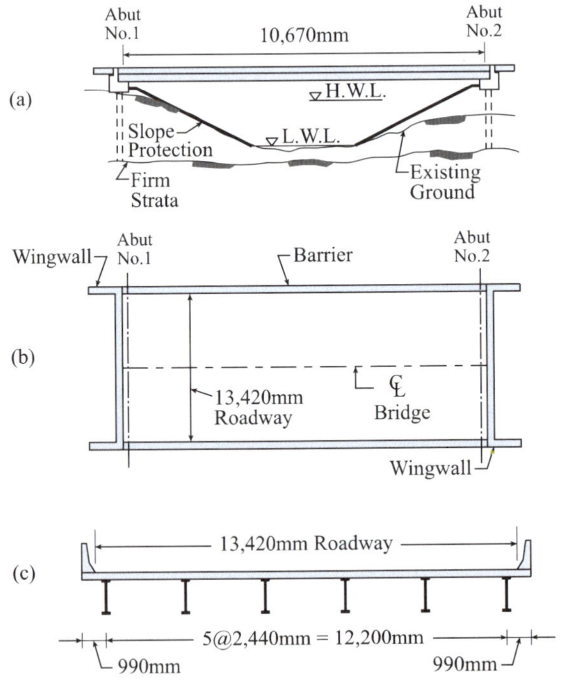

[그림 2.5.1.1] 비합성 압연강 단순거더교. (a) 종단면도, (b) 평면도, (c) 단면도

지간이 10,670 mm, 차도의 폭이 13,420 mm인 **비합성 압연강 단순거더교**([그림 2.5.1.1])를 LSD 차량활하중('KL-510', 2015 **한계상태설계법**)으로 설계하라. RC T형보의 바닥판슬래브의 예제에서와 같이 차량활하중, 장래 마모에 대해 추가포장, 바닥판슬래브를 지지하는 거더는 간격 $S = 2,440$ mm으로 되어 있다. 거더 간격의 0.4배 정도를 내민보의 폭으로 사용하고, 콘크리트면의 15 mm가 마모되는 것으로 보고, 장래 추가로 75 mm를 역청재로 포장하는 것으로 한다. 콘크리트 28일 압축강도 $f_{ck} = 30$ MPa, 보강재용 구조용 강재는 SM400 ($F_y = 235$ MPa, $F_u = 400$ MPa), 거더의 강재는 SM520 ($F_y = 355$ MPa, $F_u = 520$ MPa)이다.

A. 일반단면도

이 교량은 장마철에는 고수위가 흘러 일반 저수위 때에만 고속도로교통을 통과시킨다[그림 2.5.1.1].

1. 차도의 폭 : 양측 연석사이가 13,420 mm
2. 경간배치 : 단순지간, 10,670 mm
3. 교량형식 : I-형 거더

B. 대표적 단면 및 설계기초

1. I-형 거더

a. 일반사항과 다음사항에 대한 휨부재설계

- 극한한계상태[LSD 6.10.4]
- 영구처짐에 대한 사용한계상태[LSD 6.10.5]
- 구조상세에 관한 피로 및 파괴한계상태[LSD 6.6.1.2 및 6.10.6]
- 전단에 대한 극한한계상태[LSD 6.10.7]
- 시공성[LSD 6.10.3.2]

b. 휨 부재를 구성하는 요소의 단면비[LSD 6.10.2.1]

$$0.1 \leq \frac{I_{yc}}{I_y} \leq 0.9 \qquad (6.10.1)$$

여기서, $I_y =$ 복부판 중심선의 수직축에 관한 단면 2차모멘트(mm^4), $I_{yc} =$ 복부판 중심선의 수직축에 관한 압축플랜지의 단면 2차모멘트(mm^4)이다.

2. 탄성해석 및 비탄성해석

탄성해석이 적용된다. 지간은 단순한 거더로 보고 모멘트재분배는 사용되지 않는다.

3. 균질 또는 하이브리드

압연된 보는 균질하다(플랜지와 복부판은 동일한 재료이고 같은 강도를 갖는다). 균질인 단면에 대한 하이브리드계수 $R_h = 1.0$. 압축플랜지에 대해 복부판이 다음에 나타낸 [LSD 식 (6.10.60)]을 만족하거나 혹은 한 개 또는 두 개의 수평보강재가 설치된 복부판이 [LSD 식 (6.10.61)]을 만족하면 R_b는 1.0을 사용한다[LSD 6.10.4.3(2)①].

$$\frac{2D_c}{t_w} \leq \lambda_b \sqrt{\frac{E}{f_c}} \tag{6.10.60}$$

$$\frac{D_c}{t_w} \leq 1.01 \sqrt{\frac{E\,k}{f_c}} \tag{6.10.61}$$

그 밖의 경우에는 아래와 같이 구한다[LSD 식 (6.10.62)].

$$R_b = 1 - \left(\frac{a_r}{1,200 + 300a_r}\right)\left(\frac{2D_c}{t_w} - \lambda_b \sqrt{\frac{E}{f_c}}\right) \tag{6.10.62}$$

여기서,

$$\frac{d_s}{D_c} \geq 0.4 \text{ 이면,} \quad k = 5.17\left(\frac{D}{d_s}\right)^2 \geq 9.0\left(\frac{D}{D_c}\right)^2 \geq 7.2 \tag{6.10.63}$$

$$\frac{d_s}{D_c} < 0.4 \text{ 이면,} \quad k = 11.64\left(\frac{D}{D_c - d_s}\right)^2 \geq 9.0\left(\frac{D}{D_c}\right)^2 \geq 7.2 \tag{6.10.64}$$

$$a_r = \frac{2D_c t_w}{A_c} \tag{6.10.65}$$

여기서, $\lambda_b = 5.76$ (D_c가 $D/2$ 이하인 경우), $\lambda_b = 4.64$ (D_c가 $D/2$보다 큰 경우), f_c = 설계하중에 의한 압축플랜지의 응력(MPa), A_c = 압축플랜지 단면적(mm^2), d_s = 수평보강재 중심선과 압축플랜지 안쪽 면 사이의 거리(mm), D_c = 탄성범위에서 압축을 받는 복부판 높이(mm). 인장플랜지의 경우는 R_b는 1.0을 취한다.

C. 바닥슬래브의 전통적 설계[LSD 5.12.5.3]

이 교량의 RC 바닥판 슬래브는 『콘크리트교의 해석 및 설계』에서 제4편 제2장 2.2.4.1절의 예제에서 설계되었다. 바닥판슬래브의 설계스케치는 [그림 2.2.4.1.16]과 [그림 2.2.4.1.17]에 주어져 있다.

D. 저항계수[LSD 6.5.4.2]

극한한계상태에 대한 저항계수 ϕ는 다음 값을 취한다.

- 휨에 대해 $\phi_f = 1.00$
- 전단에 대해 $\phi_v = 1.00$
- 축압축에 대해 $\phi_c = 0.90$
- 전단연결재에 대해 $\phi_{sc} = 0.85$

E. 하중수정계수[LSD 1.3]

	극한강도한계상태	사용한계상태	피로한계상태	
1. 연성, η_D	0.95	1.0	1.0	LSD 1.3.3
2. 여용성, η_R	0.95	1.0	1.0	LSD 1.3.4
3. 중요도, η_I	1.05	N/A[a]	N/A	LSD 1.3.5
$\eta_i = \eta_D \eta_R \eta_I \geq 0.95$	0.95	1.0	1.0	

N/A[a] 적용하지 않음

$$\eta = \eta_D\, \eta_R\, \eta_I = (0.95)(0.95)(1.05) = 0.95$$

여기서, $\eta_D = 0.95$: 이 설계기준이 요구하는 것 이외의 추가 연성보강장치가 규정되어 있는 구성요소 및 연결부[LSD 1.3.3], $\eta_R = 0.95$: 특별한 여용수준[LSD 1.3.4], $\eta_I = 1.05$: 중요교량[LSD 1.3.5]이다.

F. 하중조합[LSD 3.4.2]

하중계수를 고려한 총 설계하중은 다음과 같이 결정된다[LSD 3.4.2].

$$U = \eta \sum \gamma_i Q_i \leq \phi R_n = R_r \tag{3.4.1}$$

여기서, $\eta =$ 하중수정계수([LSD 1.3.2항] 참조), $\gamma_i =$ 하중계수, $Q_i =$ 하중효과, $\phi =$ 재료저항계수, $R_n =$ 공칭강도, $R_r =$ 보정된 저항($=\phi R_n$)이다([LSD 표 3.4.1], [LSD 표 3.4.2], [LSD 제5장-제7장] 참조)

$$U = \eta \sum \gamma_i Q_i = \eta[\gamma_p DC + \gamma_p DW + \gamma_p (LL + IM) + \gamma_p WS + \gamma_p WL + \gamma_p FR + \gamma_{TG} TG]$$

1. **극한한계상태 하중조합** I – 일반적인 차량통행을 고려한 기본하중조합. 이때 풍하중은 고려하지 않는다.

$$U_L = \eta \sum \gamma_i Q_i = \eta[1.25DC + 1.5DW + 1.8(LL + IM) + 1.0FR + \gamma_{TG} \cdot TG]$$

2. **사용한계상태 하중조합** II – 차량하중에 의한 강구조물의 항복과 마찰이음부의 미끄러짐에 대한 하중조합.

$$U_S = \eta \sum \gamma_i Q_i = 1.0(DC + DW) + 1.3(LL + IM)$$

3. **피로 및 파괴한계상태 하중조합** – [LSD 3.6.2]에 규정되어 있는 피로설계트럭하중을 이용하여 반복적인 차량하중과 동적응답에 의한 피로파괴를 검토하기 위한 하중조합.

$$U_F = \eta \sum \gamma_i Q_i = 0.75(LL + IM)$$

G. 설계차량하중[LSD 3.6.1.3]

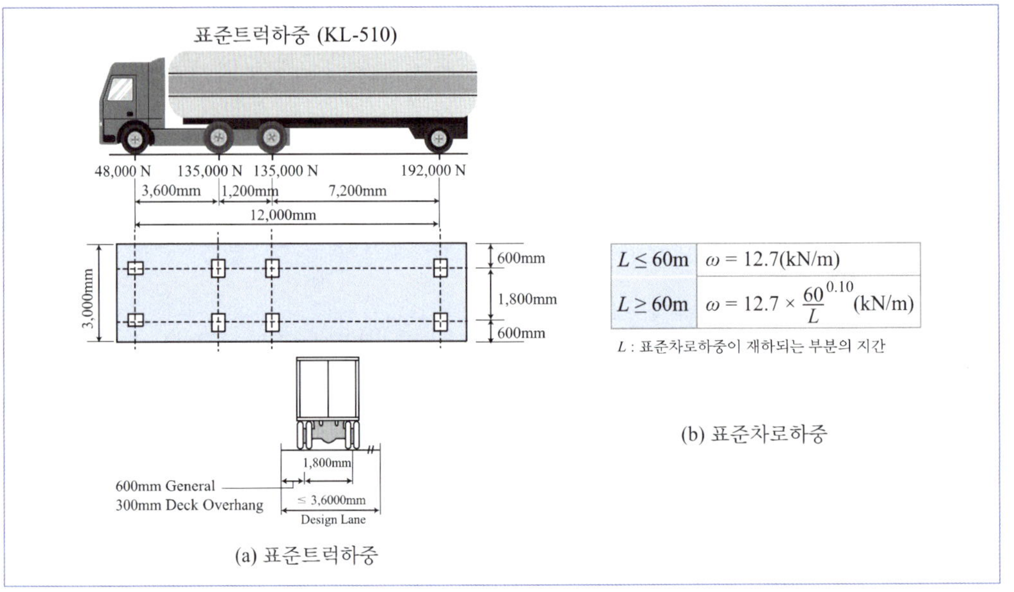

[그림 2.5.1.2] 설계 차량활하중 'KL-510'

1. 설계차로 수[LSD 3.6.1.1]

$$N_L = int(W/3{,}600) = int(13{,}420/3{,}600) = 3$$

2. 다차로재하계수[LSD 表 3.6.2]

재하차로의 수	다차로재하계수 'm'
1	1.0
2	0.9
3	0.8
4	0.7
5 이상	0.65

3. 충격하중계수, IM [LSD 表 3.7.1]

성 분		IM
바닥판 신축이음장치를 제외한 모든 다른 부재	피로한계상태를 제외한 모든 한계상태	25%
	피로한계상태	15%

- 충격하중은 보도하중이나 표준차로하중에는 적용되지 않는다.

4. 모멘트에 대한 분-배계수

적용 : 일정한 바닥판의 폭, 적어도 유사한 강성의 4개의 평행한 보, 내민보의 차도부분[그림 2.5.1.3]의 길이 d_e,

$$d_e = 990 - 380 = 610 \text{ mm} < 910 \text{ mm}, \quad \text{OK}$$

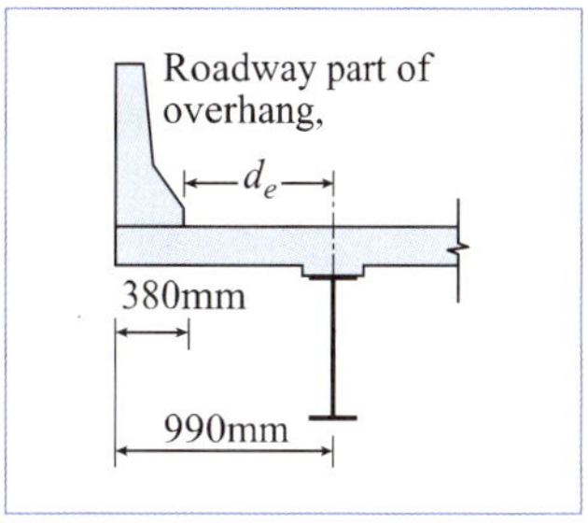

[그림 2.5.1.3] 내민보 차도부분

[LSD 표 4.6.3]에 나타낸 상부구조 형식으로부터 전형적인 단면 형상 (a), 바닥판 지지 유형- 강재 거더, 바닥판형태 - 현장 타설 콘크리트 슬래브, 프리캐스트콘크리트 슬래브, 강재격자) [LSD 표 4.6.3]

$$\text{보의 수 } N_b = 6,\ t_s = 190 \text{ mm},\ S = 2{,}440 \text{ mm},\ L = 10{,}670 \text{ mm}$$

모멘트에 대한 분배계수는 내측거더는 [LSD 표 4.6.4], 외측거더는 [LSD 표 4.6.5]를 사용하여 결정한다. 그러므로, 설계 파라메타는 범위 내에 있고, 근사법은 강거더 단면위의 콘크리트 바닥판에 적용된다. (주의 : 정수는 $t_s = 205$ mm을 기본으로 하고, 장래 15 mm가 마모되어 두께가 줄어든 바닥판 두께 $t_s = 205 - 15 = 190$ mm를 사용하게 된다.)

a. 내측거더

기본 설계 시 $K_g/(L\,t_s^3)$항과 I/J를 1.0으로 취할 수 있다[LSD 4.6.3.2]. 즉,

$$\frac{K_g}{L\,t_s^3} = 1.0 \quad \text{그리고,} \quad \frac{I}{J} = 1.0$$

(1) 한개 설세차로 재하 :

$$mg_M^{SI} = 0.83\left[0.06 + \left(\frac{S}{4{,}300}\right)^{0.4} \times \left(\frac{S}{L}\right)^{0.3}\left(\frac{K_g}{L\,t_s^3}\right)^{0.1}\right]$$

(2) 두개 이상 설계차로 재하 :

$$mg_M^{MI} = 0.9\left[0.075 + \left(\frac{S}{2{,}900}\right)^{0.6} \times \left(\frac{S}{L}\right)^{0.2}\left(\frac{K_g}{L\,t_s^3}\right)^{0.1}\right]$$

MI = 다차로 설계차로(내측), M = 모멘트,
SI = 한개 설계차로(내측), mg = 다차로 계수를 포함한 거더 분배계수.

$L = 10{,}670$ mm일 때,

$$mg_M^{SI} = 0.83\left[0.06 + \left(\frac{2{,}440}{4{,}300}\right)^{0.4} \times \left(\frac{2{,}440}{10{,}670}\right)^{0.3}(1.0)^{0.1}\right] = 0.475$$

$$mg_M^{MI} = 0.9\left[0.075 + \left(\frac{2{,}440}{2{,}900}\right)^{0.6} \times \left(\frac{2{,}440}{10{,}670}\right)^{0.2}(1.0)^{0.1}\right] = 0.671$$

내측 거더에 대해, 분배계수는 한개 설계차로 재하보다 다차로 설계차로 재하가 더 크므로 다차로 설계차로 재하로 결정된다.

[표 2.5.1.1] 내측거더 분배계수

모멘트에 대한 분배계수	$L = 10{,}670$ mm
mg_M^{SI}	0.475
mg_M^{MI}	0.671, 적용

b. 외측거더

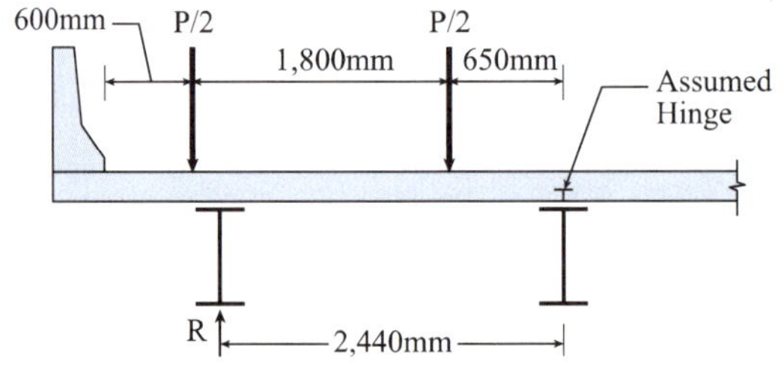

[그림 2.5.1.4] 지렛대 법칙의 정의

(1) 한개 설계차로 재하 : 지렛대 법칙

$$R = \frac{P}{2}\left(\frac{2{,}450 + 650}{2{,}440}\right) = 0.635P$$

$g_M^{SE} = 0.635$, $SE =$ 한개 설계차로(외측)

$mg_M^{SE} = m(0.635) = 1.0(0.635) = 0.635$

(2) 두개 이상 설계차로 재하 :

$d_e = 610$ mm, 수정계수 $e = 0.77 + \dfrac{d_e}{2{,}800} \geq 1.0$

두개 이상 설계차로 재하에 대한 외측거더에서 모멘트에 대해 수정계수가 필요하다 [LSD 표 4.6.5].

$e = 0.77 + \dfrac{610}{2{,}800} = 0.99$, $e = 1.0$을 사용

모멘트에 대한 수정은 내측거더에 대해 수정계수를 곱한다.

$mg_M^{ME} = e(mg_M^{MI})$

$MI =$ 다차로 내측 설계차로, $ME =$ 다차로 외측 설계차로, $M =$ 모멘트

$L = 10{,}670$ mm일 때,

$mg_M^{ME} = e(mg_M^{MI}) = 1.0(0.671) = 0.671$

외측 거더에 대해, 분배계수는 한개 설계차로 재하보다 다차로 설계차로 재하가 더 크므로 다차로 설계차로 재하로 결정된다.

[표 2.5.1.2] 외측거더 분배계수

모멘트에 대한 분배계수	$L = 10{,}670$ mm
mg_M^{SE}	0.635
mg_M^{ME}	0.671, 적용

c. 사교- 사각이 없으므로 생략

d. 분배된 활하중 모멘트

$$M_{LL+IM} = mgr\left[M_{Tr}\left(1+\frac{IM}{100}\right)+M_{\mathrm{Ln}}\right]$$

M_{Tr} = 표준트럭하중에 의한 모멘트, M_{Ln} = 표준차로하중에 의한 모멘트

IM = 충격하중계수

표준 트럭하중([LSD 3.6.1.3.1], [그림 2.5.1.5])

Case 1 – P_3가 $\frac{1}{2}l$에 작용

$$M_C^{Tr} = P_{3.2}(y_3+y_2)+P_1(y_1)$$
$$= 135(2.668+2.068)+48(0.268) = 652.224 \text{ kN} \cdot \text{m}$$

Case 2 – P_2가 $\frac{1}{2}l$에 작용

$$M_C^{Tr} = P_{3.2}(y_3+y_2)+P_1(y_1)$$
$$= 135(2.668+2.068)+48(0.868) = 681.204 \text{ kN} \cdot \text{m}$$, 적용

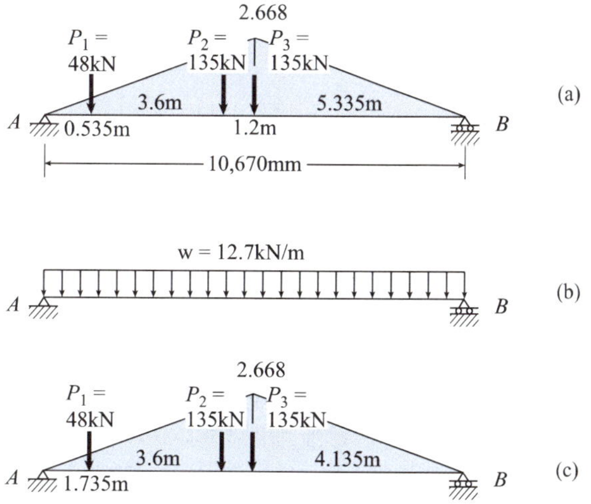

[그림 2.5.1.5] 최대휨모멘트에 대한 활하중 재하위치. (a) Case 1, (b) 표준차로하중, (c) Case 2

Case 3 – 절대최대 휨모멘트

$$_{asb}M_C^{Tr} = P_{3.2}(y_3 + y_2) = 135(2.748 + 1.870) = 623.43 \text{ kN} \cdot \text{m}$$

최대 정모멘트는 Case 2를 적용, $M_C^{Tr} = 681.204 \text{ kN} \cdot \text{m}$

표준차로하중[LSD 3.6.1.3.2]

$$M_C^{\text{Ln}} = w(l)(y_3)\left(\frac{1}{2}\right) = 12.7(10.670)(2.668)\left(\frac{1}{2}\right) = 180.769 \text{ kN} \cdot \text{m}$$

충격하중계수 = 1.25, 표준차로하중의 영향에는 충격하중을 적용하지 않는다.

$$M_{LL+IM} = mgr\left[M_C^{Tr}(1 + \frac{IM}{100}) + M_{\text{Ln}}\right]$$

$$M_{LL+IM} = 0.671[(1.25)(M_C^{Tr}) + 1.0(M_C^{\text{Ln}})]$$
$$= 0.671[(1.25)(681.204) + 1.0(180.769)] = 692.656 \text{ kN} \cdot \text{m}$$

5. 전단력에 대한 분배계수

전단력에 대한 분배계수는 내측거더는 [LSD 표 4.6.7], 외측거더는 [LSD 표 4.6.8]을 사용하여 결정한다.

a. 내측거더

(1) 한개 설계차로 재하

$$mg_V^{SI} = 0.83\left[0.36 + \frac{S}{7{,}600}\right]$$

$$mg_V^{SI} = 0.83\left[0.36 + \frac{2{,}440}{7{,}600}\right] = 0.565$$

(2) 두개 이상 설계차로 재하

$$mg_V^{MI} = 0.9\left[0.2 + \frac{S}{3{,}600} - \left(\frac{S}{10{,}700}\right)^{2.0}\right]$$

$$mg_V^{MI} = 0.9\left[0.2 + \frac{2{,}440}{3{,}600} - \left(\frac{2{,}440}{10{,}700}\right)^{2.0}\right] = 0.743, \text{ 적용}$$

b. 외측거더

(1) 한개 설계차로 재하 : 지렛대 법칙

$$R = \frac{P}{2}\left(\frac{2{,}450 + 650}{2{,}440}\right) = 0.635P$$

$g_V^{SE} = 0.635$, SE = 한개 설계차로(외측)

$$mg_V^{SE} = m(0.635) = 1.0(0.635) = 0.635, \text{ 적용}$$

(2) 두개 이상 설계차로 재하 : 두개 이상 설계차로 재하에 대한 외측거더에서 전단력에

대해 수정계수가 필요하다[LSD 표 4.6.8].

$$e = 0.6 + \frac{d_e}{3,000} = 0.6 + \frac{610}{3,000} = 0.803$$

$$mg_V^{ME} = e(mg_V^{MI}) = 0.803(0.743) = 0.597$$

외측 거더에 대해, 분배계수는 한개 설계차로 재하가 다차로 설계차로 재하보다 더 크므로 한개 설계차로 재하로 결정된다.

c. 사교– 사각이 없으므로 생략

d. 분배된 활하중 전단력

$$V_{LL+IM} = mgr\left[V_{Tr}(1 + \frac{IM}{100}) + V_{\mathrm{Ln}}\right]$$

V_{Tr} = 표준트럭하중에 의한 전단력, V_{Ln} = 표준차로하중에 의한 전단력

IM = 충격하중계수

최대 전단력-축하중[그림 2.5.1.6]

표준 트럭하중[LSD 3.6.1.3.1]

Case 1 – P_4가 A에 작용

$$V_A^{Tr} = P_4(y_4) + P_{3.2}(y_3 + y_2) = 192(1.0) + 135(0.325 + 0.213) = 264.63\ \mathrm{kN}$$

Case 2 – P_3가 A에 작용,

$$V_A^{Tr} = P_{3.2}(y_3 + y_2) + P_1(y_1) = 135(1.0 + 0.888) + 48(0.55) = 281.280\ \mathrm{kN},\ \text{적용}$$

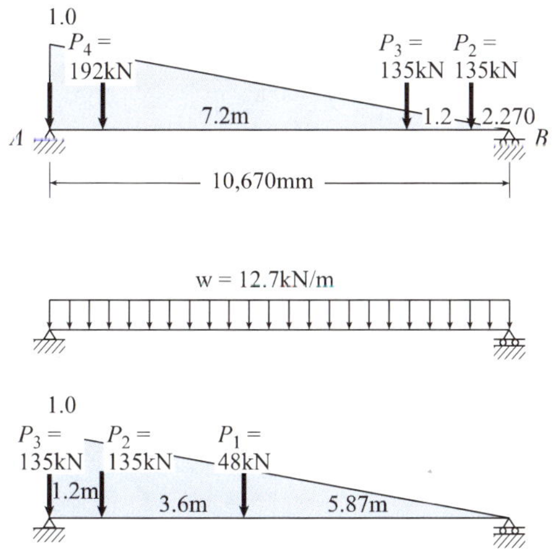

[그림 2.5.1.6] 최대전단력에 대한 활하중 재하위치. (a) Case 1, (b) 표준차로하중, (c) Case 2

표준차로하중[LSD 3.6.1.3.2]

$$V_A^{\mathrm{Ln}} = w(l)\left(\frac{1}{2}\right) = 12.7(10.670)\left(\frac{1}{2}\right) = 67.755\ \mathrm{kN}$$

$$V_{LL+IM} = mgr\left[V_{Tr}\left(1+\frac{IM}{100}\right) + V_{\mathrm{Ln}}\right]$$

(1) 내측거더

$$V_{LL+IM} = 0.743[(1.25)(281.280) + 1.0(67.755)] = 311.581\, kN$$

(2) 외측거더

$$V_{LL+IM} = 0.635[(1.25)(281.280) + 1.0(67.755)] = 266.290\, kN$$

6. 하부구조에 대한 반력계산

다음 반력은 분배계수가 없는 설계차로 당의 값이다. 차로는 최대 하중효과를 산출하도록 가로로 놓이게 될 것이다.

a. 지점 A에서 차량활하중에 의한 반력[그림 2.5.1.6(c)]:

$$R_A = V_{LL+IM} = V_{Tr}\left(1+\frac{25}{100}\right) + V_{\mathrm{Ln}} = 281.280(1.25) + 67.755 = 419.355\ \mathrm{kN}$$

H. 기타하중에 대한 단면력

등분포하중 w에 대해 해석한다.

$$M_{\max} = M_{105} = \frac{wl^2}{8} = \frac{w(10.67)^2}{8} = 14.231w$$

$$V_{\max} = V_{100} = \frac{wl}{2} = \frac{w(10.67)}{2} = 5.335w$$

1. 내측거더

슬래브 두께 205 mm : DC $\rho_{conc} = 2{,}500\ \mathrm{kg/m^3}$

DC 슬래브 $w_s = 2{,}500 \times 10^{-9}\ \mathrm{kgf/mm^2} \times 9.81\ \mathrm{N/kgf} \times 205\ \mathrm{mm} \times 2{,}440\ \mathrm{mm} = 12.267\ \mathrm{kN/m}$

거더 $w_G = 1.500\ \mathrm{kN/m}$

$w_{DC} = w_s + w_G = 12.267 + 1.500 = 13.767\ \mathrm{kN/m}$

$$V_{DC} = \frac{1}{2}(w_{DC})(L) = \frac{1}{2}(13.767)(10.67) = 73.447\ \mathrm{kN}$$

$$M_{DC} = \frac{1}{8}w_{DC}L^2 = \frac{1}{8}(13.767)(10.67^2) = 195.920\ \mathrm{kN \cdot m}$$

DW(장래 추가 역청재 포장) $\rho_{DW} = 2{,}300\ \mathrm{kg/m^3}$

$w_{DW} = 2{,}300 \times 10^{-9}\ \mathrm{kgf/mm^2} \times 9.81\ \mathrm{N/kgf} \times 75\ \mathrm{mm} \times 2{,}440\ \mathrm{mm} = 4.129\ \mathrm{kN/m}$

$$V_{DW} = \frac{1}{2}(w_{DW})(L) = \frac{1}{2}(4.129)(10.67) = 22.028 \text{ kN}$$

$$M_{DW} = \frac{1}{8} w_{DW} L^2 = \frac{1}{8}(4.129)(10.67^2) = 58.760 \text{ kN} \cdot \text{m}$$

내측거더에 대해 계수를 곱하지 않은 모멘트와 전단력을 [표 2.5.1.3]에 정리되었다.

[표 2.5.1.3] 내측거더 단면력

하중	w (kN/m)	모멘트 (kN · m)	전단력 (kN)
		M_{105}	V_{100}
DC	13.267	195.920	73.447
DW	4.129	58.760	22.028
LL+IM	N/A	692.656	311.581

2. 외측거더

『RC T형교 상판슬래브의 설계 – C.』로부터 외측거더에 작용하는 반력에 대한 바닥판설계결과를 사용하였다.

DC 슬래브 $w_s = 4.82$ N/mm

내민보 $w_o = 7.02$ N/mm

방호벽 $w_b = 4.81$ N/mm

거더 $w_G = 1.500$ kN/m

$$w_{DC} = w_s + w_o + w_b + w_G = 4.82 + 7.02 + 4.81 + 1.50 = 18.150 \text{ kN/m}$$

$$V_{DC} = \frac{1}{2} w_{DC} l = \frac{1}{2}(18.150)(10.67) = 96.830 \text{ kN}$$

$$M_{DC} = \frac{1}{8} w_{DC} l^2 = \frac{1}{8}(18.15)(10.67^2) = 258.295 \text{ kN} \cdot \text{m}$$

DW(장래 추가 역청재 포장)

$w_{DW} = 2.81$ kN/m

$$V_{DW} = \frac{1}{2} w_{DW} l = \frac{1}{2}(2.810)(10.67) = 14.991 \text{ kN}$$

$$M_{DW} = \frac{1}{8} w_{DW} l^2 = \frac{1}{8}(2.810)(10.67^2) = 39.989 \text{ kN} \cdot \text{m}$$

외측거더에 대해 계수를 곱하지 않은 모멘트와 전단단력을 [표 2.5.1.4]에 정리되었다.

[표 2.5.1.4] 외측거더 단면력

하중	w (kN/m)	모멘트 (kN · m)	전단력 (kN)
		M_{105}	V_{100}
DC	20.310	258.295	96.830
DW	2.810	39.989	14.991
LL+IM	N/A	692.656	266.290

I. 단면설계

1. 극한한계상태 강도 I

일반적인 차량통행을 고려한 기본하중조합. 이때 풍하중은 고려하지 않는다.

a. 내측거더

계수 전단력 및 모멘트

$$U=\eta\sum\gamma_i Q_i=0.95[1.25DC+1.5DW+1.8(LL+IM)]$$

$$V_u=0.95[1.25(73.447)+1.5(22.028)+1.8(311.581)]=651.412\text{ kN}$$

$$M_u=0.95[1.25(195.920)+1.5(58.760)+1.8(692.656)]=1{,}500.830\text{ kN}\cdot\text{m}$$

b. 외측거더

계수 전단력 및 모멘트

$$V_u=0.95[1.25(96.830)+1.5(14.991)+1.8(266.290)]=591.704\text{ kN}$$

$$M_u=0.95[1.25(258.295)+1.5(39.989)+1.8(692.656)]=1{,}548.151\text{ kN}\cdot\text{m}$$

2. 필요한 소성단면계수, Z

$$\phi_f M_n\geq M_u,\quad \phi_f=1.0,\quad M_n=M_p=ZF_y$$

$$ZF_y\geq M_u$$

가정한 압축 플랜지는 전체적으로 지지되고 조밀단면이다.

$$req'd\,Z\ \geq\ \frac{M_u}{F_y}=\frac{1{,}548.151\times10^6}{355}=4.361\times10^6\text{ mm}^3$$

$$W-760\times134,\ Z=4.63\times10^6\text{ mm}^3,$$

$$S=4{,}000\times10^3\text{ mm}^3,\ I=1{,}500\times10^3\text{ mm}^4$$

$$w_g=(134)(9.81)(10^{-3})=1.31\text{ kN/m}$$

3. 복부 휨과 전단에 기인한 피로

탄성범위에서 압축을 받는 복부판 높이 D_c

$$D_c=\frac{1}{2}(d-2t_f)=\frac{1}{2}[750-2(15.5)]=359.5\text{ mm}$$

[LSD 식 (6.10.60)]을 만족하면 플랜지 강도감소계수 R_b는 1.0을 사용한다[LSD 6.10.4.3(2)①].

$$\frac{2D_c}{t_w}\leq\lambda_b\sqrt{\frac{E}{f_c}}\qquad(6.10.60)$$

여기서, $\lambda_b=5.76$(D_c가 $D/2$ 이하인 경우), $\lambda_b=4.64$(D_c가 $D/2$ 보다 큰 경우), $f_c=$ 설계하

중에 의한 압축플랜지의 응력(MPa).

$$\frac{2D_c}{t_w}=\frac{2(359.5)}{11.9}=60.42<5.76\sqrt{\frac{E}{F_{yc}}}=5.76\sqrt{\frac{200,000}{355}}=136.7$$

그러므로 f_{cf}는 R_hF_{yc}보다 작아야 한다.

여기서, f_{cf} = [LSD 6.10.6.2]에서 규정된 하중계수를 곱하지 않은 압축플랜지에서 지속하중과 피로하중의 2배로 인한 최대 탄성휨압축응력(MPa).

$$R_1=\frac{48(8.935)+135(5.335)+135(4.135)}{10.67}=160.012\ \text{kN}$$

$$M_{105}=160.012(5.335)-48(3.6)=681\ \text{kN}\cdot\text{m}$$

M_{cf} = 무계수 영구하중 + 피로하중(외측거더 적용)

$$= M_{DC}+M_{DW}+2(0.75)(mg_M^{ME})(M_{LL})(IM)/0.9$$

$$= 258.295+39.989+2(0.75)(0.671)(681)(1.15)/0.9$$

$$= 1{,}174\ \text{kN}\cdot\text{m}$$

$$f_{cf}=\frac{M_{cf}}{S}=\frac{1,174\times10^6}{4,000\times10^3}=294\ \text{MPa}<R_hF_{yc}=1.0(355)=355\ \text{MPa},\quad \text{OK}$$

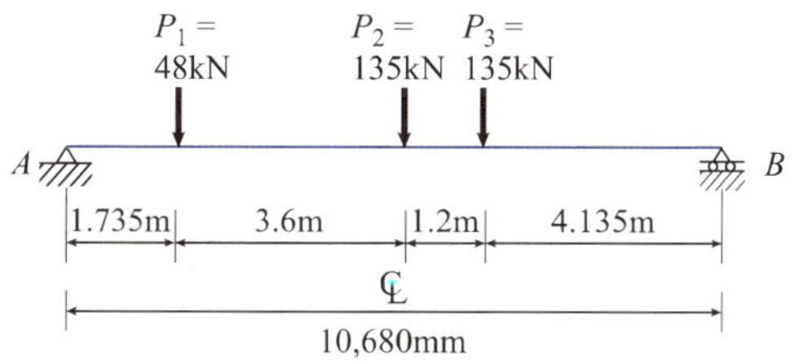

[그림 2.5.1.7] 최대휨모멘트에 대한 피로트럭 재하위치

4. 비합성단면에 대해

(대부분의 압연된 강재단면에 대한 검토는 여기서 설명되었다.)

a. 조밀단면

(1) 조밀단면 복부판 세장비

다음 식을 만족하면 복부판은 조밀한 것으로 본다[LSD 6.10.4.1(2)].

$$\frac{2D_{cp}}{t_w}\leq 3.76\sqrt{\frac{E}{F_{yc}}} \tag{6.10.19}$$

여기서, D_{cp} = 359.5 mm, 소성모멘트 적용시 압축력 측 복부판의 높이, F_{yc} = 355 MPa, 압축플랜지의 항복강도.

$$\frac{2D_{cp}}{t_w} = \frac{2\left[\frac{1}{2}(d-2t_f)\right]}{t_w} = \frac{2\left[\frac{1}{2}(750-2(15.5))\right]}{11.9} = 60.42$$

$$3.76\sqrt{\frac{E}{F_{yc}}} = 3.76\sqrt{\frac{200,000}{355}} = 89.25$$

$$\frac{2D_{cp}}{t_w} = 60.42 \leq 3.76\sqrt{\frac{E}{F_{yc}}} = 89.25\,,\quad \text{OK}$$

(2) 조밀단면 압축플랜지 세장비

압축플랜지가 다음 조건을 만족하면 압축플랜지는 조밀한 것으로 본다[LSD 6.10.4.1(3)].

$$\frac{b_f}{2t_w} \leq 0.382\sqrt{\frac{E}{F_{yc}}} \tag{6.10.20}$$

여기서, $b_f = 264$ mm, 압축플랜지의 폭, $t_f = 15.5$ mm, 압축플랜지의 두께.

$$\frac{b_f}{2t_f} = \frac{264}{2(15.5)} = 8.52$$

$$0.382\sqrt{\frac{E}{F_{yc}}} = 0.382\sqrt{\frac{200,000}{355}} = 9.07$$

$$\frac{b_f}{2t_f} = 8.52 \leq 0.382\sqrt{\frac{E}{F_{yc}}} = 9.07,\quad \text{OK}$$

- 조밀단면 압축플랜지 지지조건 – 압축플랜지가 전체적으로 바닥슬래브의 헌치로 지지되는 것으로 가정한다. 모든 조건을 만족한다. 그러므로 단면은 조밀한 것으로 분류된다.

b. 횡비틀림 좌굴 휨강도

- 압축플랜지 – 단면이 전체적으로 지지되어 있기 때문에 적용하지 않는다.
- 인장플랜지 – 단면이 전체적으로 지지되어 있기 때문에 적용하지 않는다.

5. 전단설계

a. 비보강 복부판인 보에 대해

보나 거더에 대한 설계전단강도 V_r은 다음과 같이 구한다[LSD 6.10.7.1].

$$V_r = \phi_v V_n \tag{6.10.71}$$

여기서, V_n = [LSD 6.10.7.2와 6.10.7.3]에 규정된 비보강 또는 보강된 복부판에 대한 공칭 전단강도(N), $\phi_v = 1.0$, [LSD 6.5.4.2]에 규정된 단에 대한 저항계수이다.

$$V_r = \phi_v V_n = (1.0) V_n = V_n$$

$$2.46\sqrt{\frac{E}{F_{yw}}} = 2.46\sqrt{\frac{200{,}000}{355}} = 58.39$$

$$3.07\sqrt{\frac{E}{F_{yw}}} = 3.07\sqrt{\frac{200{,}000}{355}} = 72.87$$

$$\frac{D}{t_w} = \frac{d-2t_f}{t_w} = \frac{750-2(15.5)}{11.9} = 60.42$$

$$2.46\sqrt{\frac{E}{F_{yw}}} = 58.39 < \frac{D}{t_w} = 60.42 < 3.07\sqrt{\frac{E}{F_{yw}}} < 72.87, \quad \text{OK}$$

$$V_r = V_n = 1.48t_w^2\sqrt{EF_{yw}} = 1.48(11.9)^2\sqrt{(200{,}000)(355)}\,(10^{-3}) = 1{,}766\ \text{kN}$$

$$V_r = 1{,}766\ \text{kN} > V_u = 651.412\ \text{kN}, \quad \text{OK}$$

b. 하중집중점 지압보강재

시공 도중 또는 완공 후에 작용하는 지점 반력과 기타 집중하중은 보강재로 지지해야 한다. 압연강보(Rolled Beam Shapes)의 경우에 모든 지점과 집중하중이 작용하는 위치에서 다음의 조건이 성립되면 수직지압보강재를 두어야 한다.

$$V_u > 0.75\,\phi_b V_n \qquad (6.10.107)$$

여기서, $\phi_b = 1.0$, [LSD 6.5.4.2]에 규정된 지압에 대한 저항계수, $V_u = 651.412$ kN, 설계하중에 의한 전단력(N), $V_n = 1{,}766$ kN, [LSD 6.10.7]에 의하여 계산되는 공칭전단강도(N).

$$0.75\,\phi_b V_n = 0.75(1.0)(1{,}766) = 1{,}325\ \text{kN} > V_u = 651.412\ \text{kN}$$

그러므로, 수직지압보강재가 필요 없다.

6. 시공성

(횡지지 요구사항은 이 예제의 뒤에서 검토하게 된다.)

a. 일반사항

휨 부재를 구성하는 요소들은 다음을 만족해야 한다[LSD 6.10.2.1].

$$0.1 \le \frac{I_{yc}}{I_y} \le 0.9 \qquad (6.10.1)$$

복부판 중심선의 수직축에 관한 단면 2차모멘트 : $I_y = 47.7 \times 10^6\ \text{mm}^4$
복부판 중심선의 수직축에 관한 압축플랜지의 단면 2차모멘트 :

$$I_{yc}=\frac{1}{12}t_f b_f^3=\frac{1}{12}(15.5)(264.0)^3=23.77\times10^6\ \text{mm}^4$$

$$0.1\le\frac{I_{yc}}{I_y}=\frac{23.77\times10^6}{47.7\times10^6}=0.50\le0.9,\quad \text{OK}$$

b. 휨강도

복부판이 식 (6.10.60)을 만족하면 R_b는 1.0을 사용한다.

$$\frac{2D_c}{t_w}\le\lambda_b\sqrt{\frac{E}{f_c}}\tag{6.10.60}$$

여기서, λ_b = 5.76, (D_c가 $D/2$ 이하인 경우), λ_b = 4.64, (D_c가 $D/2$ 보다 큰 경우), f_c = 설계하중에 의한 압축플랜지의 응력(MPa), D_c = 탄성범위에서 압축을 받는 복부판 높이(mm).

$$M_u=\eta[1.25M_{DC}]=0.95[1.25(195.92)]=232.655\ \text{kN}\cdot\text{m}$$

설계하중에 의한 압축플랜지의 응력 $f_c=\dfrac{M_u}{I}c=\dfrac{232.655\times10^6}{1,500\times10^6}\left(\dfrac{750}{2}\right)=58.2\ \text{MPa}$

$$\frac{2D_c}{t_w}=60.42\le\lambda_b\sqrt{\frac{E}{f_c}}=5.76\sqrt{\frac{200,000}{58.2}}=337.66,\quad \text{OK}$$

그러므로 $R_b=1.0$, 균질단면에 대해, $R_h=1.0$

$$M_n=R_b R_h M_y=(1.0)(1.0)M_y=M_y=S_xF_y=(4,000\times10^3)(355\times10^{-6})$$
$$=1,420\ \text{kN}\cdot\text{m}>M_u=232.655\ \text{kN}\cdot\text{m},\quad \text{OK}$$

c. 비보강 복부판의 전단강도

$$2.46\sqrt{\frac{E}{F_{yw}}}=2.46\sqrt{\frac{200,000}{355}}=58.39$$

$$3.07\sqrt{\frac{E}{F_{yw}}}=3.07\sqrt{\frac{200,000}{355}}=72.87$$

$$\frac{D}{t_w}=\frac{d-2t_f}{t_w}=\frac{750-2(15.5)}{11.9}=60.42$$

$$2.46\sqrt{\frac{E}{F_{yw}}}=58.39<\frac{D}{t_w}=60.42<3.07\sqrt{\frac{E}{F_{yw}}}<72.87,\quad \text{OK}$$

그러므로,

$$V_r=V_n=1.48t_w^2\sqrt{EF_{yw}}$$

$$= 1.48(11.9)^2\sqrt{(200,000)(355)}(10^{-3}) = 1,766\ \text{kN}$$

$$V_u = \eta[1.25V_{DC}] = 0.95[1.25(73.447)] = 87.218\ \text{kN}\cdot\text{m}$$

$$V_u = 87.218\ \text{kN} < V_r = 1,766\ \text{kN},\quad \text{OK}$$

J. 치수 및 상세

1. 강재의 최소두께

수직브레이싱, 수평브레이싱 및 연결판을 포함한 모든 강재의 최소두께는 8.0 mm 이상으로 한다. 단, 압연형강의 복부판, 강바닥판의 폐단면리브, 채움재 및 난간용 재료는 이 규정을 따르지 않아도 좋다. 압연강형이나 ⊏ 형강의 복부판 및 강바닥판의 폐단면리브의 두께는 7.0 mm 이상으로 한다.

부식이 우려되는 곳에서는 부식방지 조치를 취하거나, 부식두께를 예측하여 그만큼 두께를 증가시켜야 한다.

$$t_w = 11.9\ \text{mm} > 7\ \text{mm},\quad \text{OK}$$

2. 처짐기준

처짐 제한[LSD 2.5.2.6] : Δ_{all} = 지간/800 = 10,670/800 = 13 mm

만약 발주자가 규정된 활하중에 대한 처짐의 허용기준을 요구할 때 처짐은 아래의 값 중 큰 값을 사용해야한다[LSD 3.6.1.7].

- 표준트럭하중만으로 얻은 처짐
- 표준차로하중과 조합된 표준트럭하중의 25%에 의해 얻은 처짐

처짐에 대한 분배계수는 차로의 수를 보의 수로 나눔으로써 만들어진다. 모든 설계차로가 재하되기 때문에, 그리고 모든 지지성분은 같이 처지는 것으로 가정되어야 한다.

$$DF = \frac{No.\ lanes}{No.\ beams} = \frac{3}{6} = 0.5$$

a. 설계 트럭만의 처짐결과

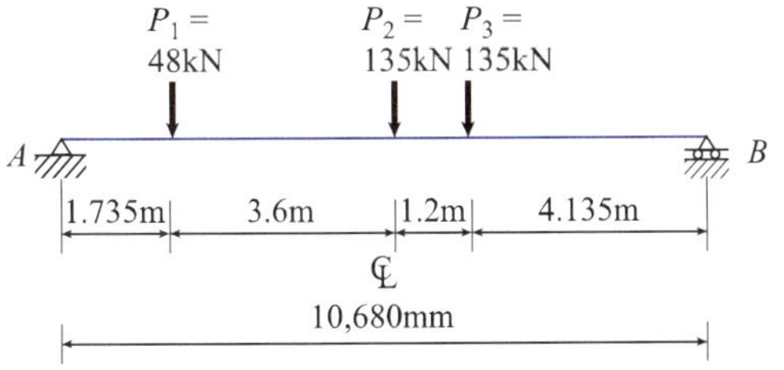

[그림 2.5.1.8] 최대처짐에 대한 설계트럭 재하

표준트럭하중만으로 얻은 처짐 또는 표준차로하중과 조합된 표준트럭하중의 25%에 의해 얻은 처짐을 사용한다. 표준트럭하중만일 때, 절대최대 휨모멘트는 보에 실리는 합력의 작용점과 그와 가장 인접한 차륜(또는 그 부근의 큰 차륜)과의 사이의 중간이 지간을 2등분할 때 그 인접한 차륜이 작용하는 위치에서 생긴다. 모든 설계차선이 재하되어야 한다[그림 2.5.1.8].

$$P_1 = 0.5(48)\left(1+\frac{IM}{100}\right) = 0.5(48)(1.25) = 30 \text{ kN}$$

$$P_2 = P_3 = 0.5(135)\left(1+\frac{IM}{100}\right) = 0.5(135)(1.25) = 84.375 \text{ kN}$$

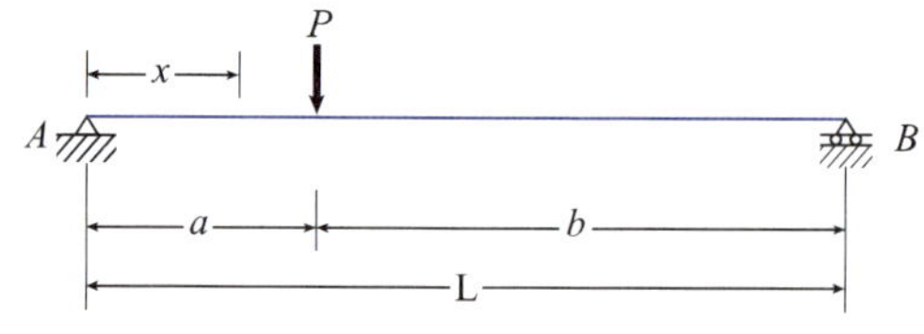

[그림 2.5.1.9] 처짐계산에 대한 차륜하중 재하

AISC Manual, Case 8로부터, 집중하중에 의한 처짐은 다음과 같다[그림 2.5.1.9].

$$\triangle_x(x<a) = \frac{Pbx}{6EIL}(L^2-b^2-x^2)$$

1번째 하중 : $P_1 = 30$ kN, $a = 1.735$ m, $b = 8.935$ m, $x = 5.335$ m

$$\triangle_1 = \frac{P_1 bx}{6EIL}(L^2-b^2-x^2)$$
$$= \frac{(30\times10^3)(8.935)(5.335)(10^9)}{6(200{,}000)(1{,}500\times10^6)(10.67)}[(10.67)^2-(8.935)^2-(5.335)^2]$$
$$= 0.4 \text{ mm}$$

2번째 하중 : $P_2 = 84.375$ kN, $a = 5.335$ m, $b = 5.335$ m, $x = 5.335$ m

$$\triangle_2 = \frac{P_2 bx}{6EIL}(L^2-b^2-x^2)$$
$$= \frac{(84.375\times10^3)(5.335)(5.335)(10^9)}{6(200{,}000)(1{,}500\times10^6)(10.67)}[(10.67.)^2-(5.335)^2-(5.335)^2]$$
$$= 7.1 \text{ mm}$$

3번째 하중 : $P_3 = 84.375$ kN, $a = 6.335$ m, $b = 4.135$m, $x = 5.335$ m

$$\triangle_3 = \frac{P_3 bx}{6EIL}(L^2-b^2-x^2)$$

$$= \frac{(84.375 \times 10^3)(4.135)(5.335)(10^9)}{6(200,000)(1,500 \times 10^6)(10.67)}[(10.67)^2 - (4.135)^2 - (5.335)^2]$$

$$= 6.6\ \mathrm{mm}$$

$$\triangle_{CL\ Tr} = \sum \triangle_x = \triangle_2 + \triangle_3 + \triangle_4 = 0.4 + 7.1 + 6.6 = 14\ \mathrm{mm}$$

b. 표준차로하중과 조합된 표준트럭하중의 25%에 의해 얻은 처짐

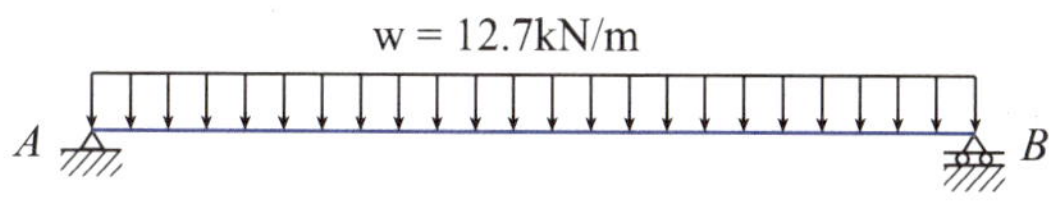

[그림 2.5.1.10] 처짐계산에 대한 차로하중 재하

트럭의 25% : $0.25(\triangle_{CL\ Tr}) = 0.25(14) = 3.5\ \mathrm{mm}$

차로하중에 의한 처짐은 다음과 같이 구해진다.

$$\triangle_{CL\ lane} = \frac{5}{384}\frac{wL^4}{EI} = \frac{5}{384}\frac{(0.5)(12.7)(10,670)^4}{(200,000)(1,500 \times 10^6)} = 3.6\ \mathrm{mm}$$

$$\triangle_{CL} = 0.25\triangle_{CL\ Tr} + \triangle_{CL\ lane} = 3.5 + 3.6 = 7.1\ \mathrm{mm}$$

$\therefore\ \triangle_{CL\ Tr} = 14\ \mathrm{mm}$, 조정

$\triangle_{CL} = 14\ \mathrm{mm} \cong \triangle_{\mathrm{all}} = 13\ \mathrm{mm}$, OK

(1 mm의 오차는 거의 없는 것으로 본다)

3. 사용한계상태에 따른 영구처짐의 세한

정모멘트에 의한 플랜지 응력은 다음을 만족해야 한다.

비합성단면의 상하 플랜지[LSD 식 (6.10.67)]

설계하중에 의해서 발생하는 플랜지의 탄성응력 f_f은 다음과 같다.

$$f_f = 0.80 R_h F_{yf}$$

여기서, 균질단면에 대해 $R_h = 1.0$, 플랜지의 항복강도 $F_{yf} = 355\ \mathrm{MPa}$이다.

외측거더 105 위치에서 사용한계상태 II에서 최대모멘트 M_{105}는 다음과 같다.

$$M_{105} = 1.0(M_{DC} + M_{DW}) + 1.3(M_{LL+IM})$$

$$= 1.0(258.295 + 39.989) + 1.3(692.656) = 1,199\ \mathrm{kN \cdot m}$$

$$f_f = \frac{M_{105}}{S_x} = \frac{1,199 \times 10^6}{4,000 \times 10^3} = 300\ \mathrm{MPa} > 0.8 R_h F_{yf} = 0.8(1.0)(355) = 284\ \mathrm{MPa}, \quad \mathrm{NG}$$

(단면이 부족하다고 판단된다)

4. 시공에 필요한 검토

a. 고정하중에 대한 솟음

고정하중에 의한 처짐의 보정 및 현장에서의 원활한 부재조립을 위하여 부재의 제작시 솟음을 설치해야 한다.

외측거더, $w_D = w_{DC} + w_{DW} = 18.150 + 2.810 = 20.960\ \mathrm{N/mm}$

내측거더, $w_D = w_{DC} + w_{DW} = 13.267 + 4.129 = 17.396\ \mathrm{N/mm}$

외측거더에 대해 처짐을 계산한다.

$$\triangle_{CL} = \frac{5}{384}\frac{w_D L^4}{EI} = \frac{5}{384}\frac{(20.960)(10{,}670)^4}{(200{,}000)(1{,}500 \times 10^6)} = 12\ \mathrm{mm}$$

모든 거더에 대해 12-mm의 솟음을 준다.

b. 콘크리트 바닥판이 양생되기 이전의 상부압축플랜지의 수평브레이싱

조밀단면이 되기 위해서는 압축플랜지 비지지길이 L_b가 다음 식을 만족해야 한다[LSD 식 (6.10.25)].

$$L_b = \left[0.124 - 0.0759\left(\frac{M_l}{M_p}\right)\right]\left[\frac{r_y E}{F_{yc}}\right]$$

여기서, 수직축에 대한 강재단면의 회전반경 $r_y = 53$ mm, 설계하중에 의한 비지지 지간의 양단에 발생하는 모멘트 중 작은 값 $M_l = 0$ N · mm, 소성모멘트 M_p(N · mm), 압축플랜지의 항복강도 $F_{yc} = 355$ MPa이다.

$$L_b = [0.124]\left[\frac{(53)(200{,}000)}{355}\right] = 3{,}702\ \mathrm{mm}$$

콘크리트 바닥판이 양생될 때까지 강거더의 압축플랜지는 측면에 충분히 지지되어야 한다. 압축플랜지는 3,702 mm 떨어져서 지지되어야 한다. 소성회전을 유지하도록 압축플랜지는 횡방향 변위에 대하여 지지되어야 한다. 거더를 따라 1/4 위치에 수평브레이싱을 설치한다.

5. 다이아프램

교량의 단부 및 내부지점과 지간 중간부에는 필요에 따라 다이아프램이나 수직브레이싱을 설치해야 한다. 모든 시공단계 및 사용단계에서 다이아프램이나 수직브레이싱의 필요성을 다음과 같이 검토한다.

- 주형의 아랫부분에서 바닥틀로, 그리고 바닥틀에서 받침부로 횡방향 풍하중의 전달
- 모든 하중에 대한 압축플랜지의 안정성
- 콘크리트 바닥판이 양생되기 이전의 상부압축플랜지의 안정성
- 수직방향의 고정하중 및 활하중의 분배

사용단계에서 필요한 다이아프램이나 수직브레이싱 이외에도 시공 중 필요시에는 임시로 브레이싱을 설치한다. 수직브레이싱이나 다이아프램이 하중을 받는 경우에는 이에 대응하도록 설계해야 한다. 적어도 다이아프램이나 수직브레이싱은 [LSD 4.6.8]에 따라 풍하중을 전달할 수 있도록 설계해야 하며, [LSD 6.8.4 또는 6.9.3]에 규정된 세장비 규정을 만족시켜야 한다.

압연거더에 설치되는 다이아프램이나 수직브레이싱의 높이는 거더 높이의 1/2 이상으로 한다.

a. 중간 다이아프램

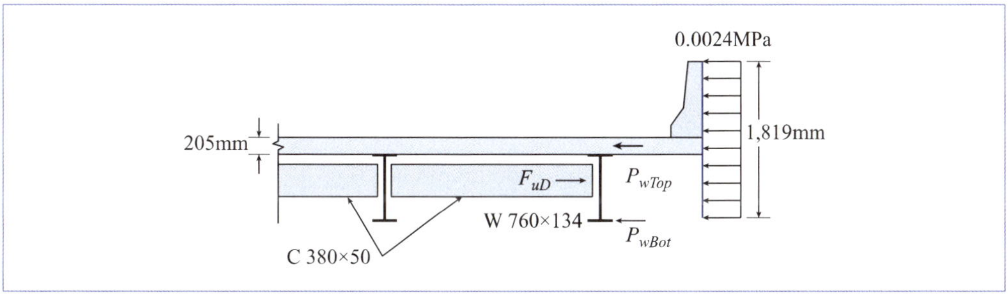

[그림 2.5.1.11] 외측에 작용하는 풍하중

지간의 중앙에 C-380×50 내측 다이아프램을 설치한다. $A_s = 6,430\ \mathrm{mm}^2$, $L_b = 5.335\ \mathrm{m}$

거더의 바닥 1/2에서 작용하는 풍하중은 바닥플랜지에 전달된다.

$$w_{Bot} = \frac{\gamma P_D d}{2} = \frac{1.4(0.0024)(750)}{2} = 1.26\ \mathrm{N/mm}$$

$$P_{w\,Bot} = w_{Bot} L_b = (1.26)(5.335) = 6.7\ \mathrm{kN}$$

나머지 풍하중은 바닥 다이아프램으로 교대로 전달된다. 단부 반력은 6개 거더 전체로 전달된다.

$$P_{w\,Top} = [\gamma P_D D - w_{Bot}]\left[\frac{L_b}{6\ \mathrm{girders}}\right]$$

$$= [1.4(0.0024)(1819) - 1.26]\left[\frac{5.335}{6\ \mathrm{girders}}\right] = 5\ \mathrm{kN}$$

$$F_{u\,D} = P_{w\,Bot} + P_{w\,Top} = 6.7 + 5 = 11.7\ \mathrm{kN}$$

압축강도

브레이싱 : $\dfrac{Kl}{r_y} = \dfrac{1.0(2,440)}{22.9} = 107 \le 140$

$$\lambda = \left(\frac{Kl}{r_s \pi}\right)^2 \frac{F_y}{E} = \left(\frac{1.0(2,440)}{22.9\pi}\right)^2 \frac{235}{200,000} = 1.35 < 2.25$$

$$P_n = 0.66^{\lambda} F_y A_s = 0.66^{1.35}(235)(6,430)(10^{-3}) = 862\ \mathrm{kN}$$

$$P_r = \phi_c P_n = 0.9(862) = 776\ \mathrm{kN} > P_{w\,Bot} = 6.7\ \mathrm{kN}, \quad \mathrm{OK}$$

b. 단부 다이아프램

모든 힘들은 받침으로 충분히 전달되어야 한다.

$$P_r = 776\,\text{kN} \;>\; P_{uD} = 11.7\,\text{kN}, \quad \text{OK}$$

내측 다이아프램과 같이 C-380×50을 사용한다.
모든 다이아프램에 대해 C-380×50을 사용한다.

6. 수평브레이싱

모든 시공단계나 사용단계에서 수평브레이싱의 필요성을 반드시 검토하고, 필요시 플랜지면 근처에 수평브레이싱을 설치한다. 수평브레이싱의 필요성을 검토할 때 다음 사항을 고려한다.

- [LSD 4.6.8]에 규정된 횡방향 풍하중의 받침부로의 전달
- [LSD 4.6.9]에 규정된 횡방향 하중의 전달
- 제작, 가설 및 바닥틀의 설치 시에 발생하는 변형 방지

수평브레이싱은 앞에서 설명된 J-4.b와 같이 거더를 따라 1/4 위치에 수평브레이싱을 설치한다. 모든 수평브레이싱에 대해 C-380×50을 사용한다.

7. 피로 및 파단의 검토

강교량 구조상세에 대한 피로설계시 고려해야 할 응력은 활하중에 의해 발생된 응력범위이다. 피로한계는 기대응력범위의 반복 횟수에서 발생하는 단일 피로설계트럭에 의한 응력 범위를 제한하는 것으로 규정한다. 파단한계는 재료인성요구사항으로 규정한다. 피로의 영향을 검토하는 경우의 활하중은 [LSD 3.6.1.3.1]에서 규정된 표준트럭하중의 80%를 적용한다.

a. 응력 사이클

(한 방향 도시 간 교통으로 한 방향 일일트럭교통량ADT는 20,000대로 가정하였다.)
피로하중의 빈도는 단일차로의 일평균트럭교통량($ADTT_{SL}$)에 대한 확실한 정보가 없을 때는 [LSD 식 (3.6.3)]의 차로당 통행비율을 적용하여 산정할 수 있다. 즉,

$$ADTT_{SL} = p \times ADTT \tag{3.6.3}$$

여기서, ADTT = 한 방향 일일트럭교통량의 설계수명기간동안 평균값
= 0.2(2)(20,000) = 8,000 trucks/day
p = 2차로 0.85
$ADTT_{SL} = p \times ADTT$ 한 방향 한 차로의 일일트럭교통량의 설계수명기간동안 평균값
= 0.85(8,000) = 6.800 trucks/day

사이클 수 N은 100년 설계수명에 대해 다음과 같이 계산된다[LSD 3.6.2.2].

$$N = (365)(100)n(ADTT)_{SL} = (365)(100)(2.0)(6,800) = 496.4 \times 10^6 \text{ cycles} \quad (6.6.3)$$

b. 허용피로응력범위 - Category A (피로 진폭 한계값 165 MPa)

이후에 규정된 것을 제외한 공칭피로강도는 다음과 같이 구한다.

$$(\Delta F)_n = (\frac{A}{N})^{\frac{1}{3}} = \left(\frac{8.2 \times 10^{12}}{496.4 \times 10^6}\right)^{\frac{1}{3}} = 25.5 < \frac{1}{2}(\Delta F)_{TH} = \frac{1}{2}(165) = 82.5 \text{ MPa}$$

그러므로 $(\Delta F)_n = 82.5 \text{ MPa}$

c. 최대응력범위

(하중계수를 적용하지 않은 고정하중이 압축응력을 발생시키는 부분의 경우, 이 압축응력이 [LSD 표 3.4.1]에 규정된 피로한계상태조합으로 인한 최대 활하중 인장응력의 2배보다 작은 경우에만 피로 문제를 고려한다. 그러나 응력범위는 피로강도를 2로 나누었기 때문에 2를 곱할 필요가 없다.)

피로의 영향을 검토하는 경우의 활하중은 [LSD 3.6.1.3.1]에서 규정된 표준트럭하중의 80%를 적용한다.

피로에 대해, $U = 0.75(M_{LL+IM})$

피로에 대한 충격하중계수, $IM = 15\%$

M_{LL+IM}은 다차로재하계수가 없는 외측거더에서 최대이다.

$$M_{LL+IM} = 0.671[(0.8)(681)(1.15)]/0.9 = 467 \text{ kN} \cdot \text{m}$$

$$M_{fatigue} = 0.75(467) = 350 \text{ kN} \cdot \text{m}$$

$$f = \frac{M_{fatigue}}{S_x} = \frac{350 \times 10^6}{4,000 \times 10^3} = 87 \text{ MPa} > (\Delta F)_n = 82.5 \text{ MPa}, \quad \text{NG}$$

(단면이 부족하다고 판단된다)

8. 설계에서 가정된 것들의 검토

$W-760 \times 134$ 을 사용하여, 모든 요구조건을 만족하는가를 검토한다. 이 거더는 다음과 같은 자중을 갖는다. $w_g = (134)(9.81)(10^{-3}) = 1.31 \text{ kN/m}$; 그러므로, 1.5 kN/m로 가정된 거더의 자중은 충분하다. 또한, 기본설계 시 $K_g/(L t_s^3)$항과 I/J를 1.0으로 취하였다. 실제 값을 계산하면 다음과 같다.

$$K_g = n(I + A e_g^2)$$

$$n = \frac{E_s}{E_c} = \frac{200,000}{4,800\sqrt{30}} = 7.6, \text{ Used } 8$$

$$I = 1,500 \times 10^6 \text{ mm}^4$$

단면이 비합성이기 때문에 $e_g = 0$.

$$K_g = n(I + A\,e_g^2) = 8(1,500 \times 10^6) = 12 \times 10^9$$

$$\frac{K_g}{L\,t_s^3} = \frac{12 \times 10^9}{(10,670)(205)^3} = 0.131$$

$$\left(\frac{K_g}{L\,t_s^3}\right)^{0.1} = (0.131)^{0.1} = 0.816$$

이것은 기본설계에서 계산된 활하중은 실제보다 18% 크다는 것을 의미하므로 충분하다. 그러나 분배계수는 활하중과 사하중 효과를 조합할 때 사하중에는 적용하지 않는다. 기본설계에서 단면은 일부 부족함으로 조정할 필요가 있다.

K. 설계스케치

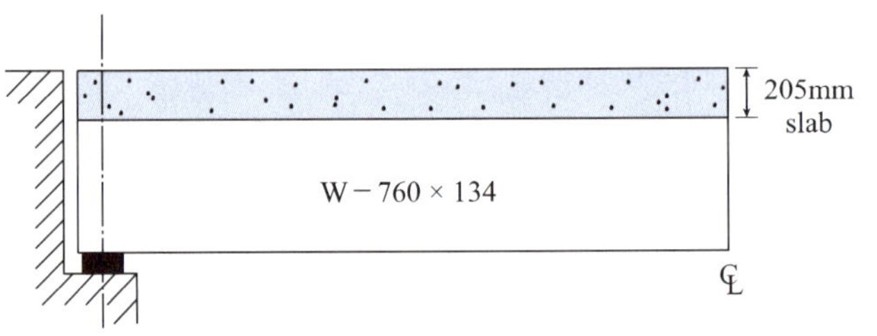

[그림 2.5.1.12] 비합성 압연강 거더의 설계스케치

2.5.2 합성 압연강 단순거더교의 설계 – 적용예 (13)
(Design of Composite Rolled Steel Beam Bridge)

지간이 10,670 mm, 차도의 폭이 13,420 mm인 **합성 압연강 단순거더교**([그림 2.5.2.1])를 LSD 차량활하중('KL-510', 2015 **한계상태설계법**)으로 설계하라. RC T형보의 바닥판슬래브의 예제에서와 같이 차량활하중, 장래 마모에 대해 추가포장, 바닥판슬래브를 지지하는 거더는 간격 $S = 2{,}440$ mm으로 되어 있다. 거더 간격의 0.4배 정도를 내민보의 폭으로 사용하고, 콘크리트면의 15 mm가 마모되는 것으로 보고, 장래 추가로 75 mm의 역청재를 포장하는 것으로 한다. 콘크리트 28일 압축강도 $f_{ck} = 30$ MPa, 보강재용 구조용 강재는 SM400($F_y = 235$ MPa, $F_u = 400$ MPa), 거더의 강재는 SM520($F_y = 355$ MPa, $F_u = 520$ MPa)이다.

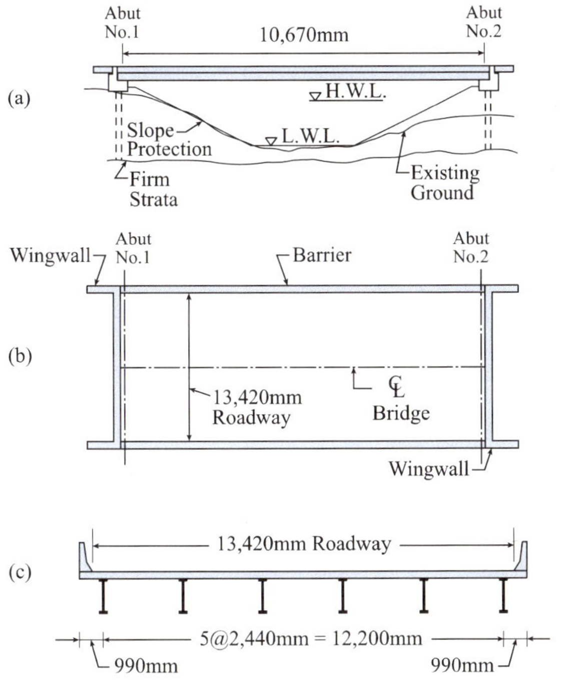

[그림 2.5.2.1] 합성 압연강 단순거더교

A. 일반단면도

이 교량은 장마철에는 고수위가 흐르고 일반 저수위때에 고속도로 교통을 통과시킨다[그림 2.5.2.1].

1. 차도의 폭 : 양측 연석사이가 13,420 mm
2. 경간배치 : 단순지간, 10,670 mm
3. 교량형식 : I-형 거더($W-610\times101$)

B. 대표적 단면 및 설계기초

1. I-형 거더

a. 일반사항과 다음사항에 대한 휨부재설계

- 극한한계상태[LSD 6.10.4 조항]
- 영구처짐에 대한 사용한계상태[LSD 6.10.5 조항]
- 구조상세에 관한 피로 및 파괴한계상태[LSD 6.6.3 조항 및 6.10.6 조항]
- 전단에 대한 극한한계상태[LSD 6.10.7 조항]
- 시공성[LSD 6.10.3.2 조항]

b. 휨 부재를 구성하는 요소의 단면비[LSD 6.10.2.1]

$$0.1 \leq \frac{I_{yc}}{I_y} \leq 0.9 \tag{6.10.1}$$

여기서, I_y = 복부판 중심선의 수직축에 관한 단면 2차모멘트(mm^4), I_{yc} = 복부판 중심선의 수직축에 관한 압축플랜지의 단면 2차모멘트(mm^4)이다.

2. 탄성해석 및 비탄성해석

탄성해석이 적용된다. 지간은 단순거더로 보고 모멘트재분배는 사용되지 않는다.

3. 균질 또는 하이브리드

압연된 보는 균질하다(플랜지와 복부판은 동일한 재료이고 같은 강도를 갖는다). 균질인 단면에 대한 하이브리드계수 R_h =1.0. 압축플랜지에 대해 복부판이 다음에 나타낸 [LSD 식(6.10.60)]을 만족하거나 혹은 한 개 또는 두 개의 수평보강재가 설치된 복부판이 [LSD 식(6.10.61)]을 만족하면 R_b = 1.0을 사용한다[LSD 6.10.4.3(2)①].

$$\frac{2D_c}{t_w} \leq \lambda_b \sqrt{\frac{E}{f_c}} \tag{6.10.60}$$

$$\frac{D_c}{t_w} \leq 1.01 \sqrt{\frac{E\,k}{f_c}} \tag{6.10.61}$$

그 밖의 경우에는 아래와 같이 구한다.

$$R_b = 1 - \left(\frac{a_r}{1,200 + 300a_r}\right)\left(\frac{2D_c}{t_w} - \lambda_b \sqrt{\frac{E}{f_c}}\right) \tag{6.10.62}$$

여기서,

$$\frac{d_s}{D_c} \geq 0.4 \text{ 이면,} \quad k = 5.17\left(\frac{D}{d_s}\right)^2 \geq 9.0\left(\frac{D}{D_c}\right)^2 \geq 7.2 \tag{6.10.63}$$

$$\frac{d_s}{D_c} < 0.4 \text{ 이면,} \quad k = 11.64\left(\frac{D}{D_c - d_s}\right)^2 \geq 9.0\left(\frac{D}{D_c}\right)^2 \geq 7.2 \tag{6.10.64}$$

$$a_r = \frac{2D_c t_w}{A_c} \tag{6.10.65}$$

여기서, λ_b = 5.76 (D_c가 $D/2$ 이하인 경우), λ_b = 4.64 (D_c가 $D/2$ 보다 큰 경우), f_c = 설계하중에 의한 압축플랜지의 응력(MPa), A_c = 압축플랜지 단면적(mm^2), d_s = 수평보강재 중심선과 압축플랜지 안쪽 면 사이의 거리(mm), D_c = 탄성범위에서 압축을 받는 복부판 높이(mm).

인장플랜지의 경우는 R_b = 1.0을 취한다.

C. 바닥슬래브의 전통적 설계[LSD 5.10.5.3]

이 교량의 RC 바닥판 슬래브는 『콘크리트교의 해석 및 설계』에서 제4편 제2장 2.2.4.1절의 예제에서 설계되었다. 바닥판슬래브의 설계스케치는 [그림 2.2.4.1.16]과 [그림 2.2.4.1.17]에 주어져 있다.

D. 저항계수[LSD 6.5.4.2]

극한한계상태에 대한 저항계수 ϕ는 다음 값을 취한다.

- 휨에 대해 $\phi_f = 1.00$
- 전단에 대해 $\phi_v = 1.00$

E. 하중수정계수[LSD 1.3]

	극한강도한계상태	사용한계상태	피로한계상태	
1. 연성, η_D	0.95	1.0	1.0	LSD 1.3.3
2. 여용성, η_R	0.95	1.0	1.0	LSD 1.3.4
3. 중요도, η_I	1.05	N/A[a]	N/A	LSD 1.3.5
$\eta_i = \eta_D \eta_R \eta_I \geq 0.95$	0.95	1.0	1.0	

N/A[a] 적용하지 않음

$$\eta = \eta_D \eta_R \eta_I = (0.95)(0.95)(1.05) = 0.95$$

여기서, $\eta_D = 0.95$: 이 설계기준이 요구하는 것 이외의 추가 연성보강장치가 규정되어 있는 구성요소 및 연결부[LSD 1.3.3], $\eta_R = 0.95$: 특별한 여용수준[LSD 1.3.4], $\eta_I = 1.05$: 중요교량[LSD 1.3.5]이다.

F. 하중조합[LSD 3.4.2]

하중계수를 고려한 총 설계하중은 다음과 같이 결정된다.

$$U = \eta \sum \gamma_i Q_i \leq \phi R_n = R_r$$

여기서, $\eta =$ 하중수정계수([LSD 1.3.2항] 참조), $\gamma_i =$ 하중계수, $Q_i =$ 하중효과, $\phi =$ 재료저항계수, $R_n =$ 공칭강도, $R_r =$ 보정된 저항($=\phi R_n$)이다([LSD 표 3.4.1], [LSD 표 3.4.2], [LSD 제5장-제7장] 참조)

$$U = \eta \sum \gamma_i Q_i = \eta[\gamma_p DC + \gamma_p DW + \gamma_p (LL + IM) + \gamma_p WS + \gamma_p WL + \gamma_p FR + \gamma_{TG} TG]$$

1. **극한한계상태 하중조합 I** – 일반적인 차량통행을 고려한 기본하중조합. 이때 풍하중은 고려하지 않는다.

$$U_L = \eta \sum \gamma_i Q_i = \eta [1.25DC + 1.5DW + 1.8(LL + IM) + 1.0FR + \gamma_{TG} \cdot TG]$$

2. **사용한계상태 하중조합 II** – 차량하중에 의한 강구조물의 항복과 마찰이음부의 미끄러짐에 대한 하중조합.

$$U_S = \eta \sum \gamma_i Q_i = 1.0(DC + DW) + 1.3(LL + IM)$$

3. **피로 및 파괴한계상태 하중조합** – [LSD 3.6.2항]에 규정되어 있는 피로설계트럭하중을 이용하여 반복적인 차량하중과 동적응답에 의한 피로파괴를 검토하기 위한 하중조합.

$$U_F = \eta \sum \gamma_i Q_i = 0.75(LL + IM)$$

G. 설계차량하중[LSD 3.6.1.3]

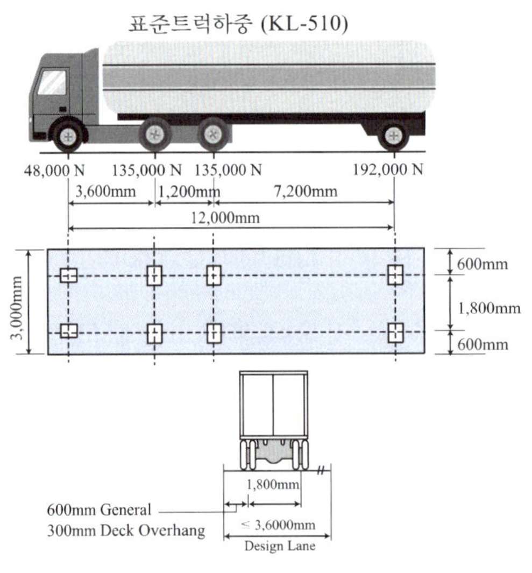

(a) 표준트럭하중

$L \le 60\text{m}$	$\omega = 12.7(\text{kN/m})$
$L \ge 60\text{m}$	$\omega = 12.7 \times \left(\dfrac{60}{L}\right)^{0.10} (\text{kN/m})$

L : 표준차로하중이 재하되는 부분의 지간

(b) 표준차로하중

[그림 2.5.2.2] 설계 차량활하중 'KL-510'

1. 설계차로 수[LSD 3.6.1.1]

$$N_L = int(W/3,600) = int(13,420/3,600) = 3$$

2. 다차로재하계수[LSD 표 3.6.2]

재하차로의 수	다차로재하계수 $'m'$
1	1.0
2	0.9
3	0.8
4	0.7
5 이상	0.65

3. 충격하중계수, IM [LSD 표 3.7.1]

성 분		IM
바닥판 신축이음장치를 제외한 모든 다른 부재	피로한계상태를 제외한 모든 한계상태	25%
	피로한계상태	15%

- 충격하중은 보도하중이나 표준차로하중에는 적용되지 않는다.

4. 모멘트에 대한 분배계수

적용 : 일정한 바닥판의 폭, 적어도 유사한 강성의 4개의 평행한 보, 내민보의 차도부분[그림 2.5.2.3]의 길이 d_e는 다음과 같다.

$$d_e = 990 - 380 = 610\ \text{mm} < 910\ \text{mm},\quad \text{OK}$$

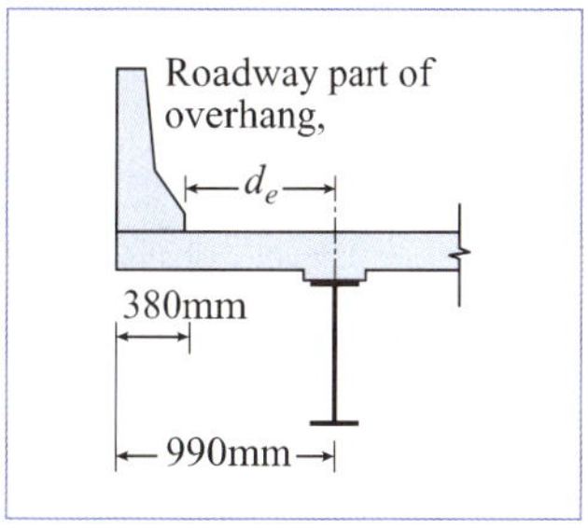

[그림 2.5.2.3] 내민보 차도부분

[LSD 표 4.6.3]에 나타낸 상부구조 형식으로부터 전형적인 단면 형상 (a), 바닥판 지지 유형- 강재 거더, 바닥판형태 - 현장 타설 콘크리트 슬래브, 프리캐스트콘크리트 슬래브, 강재격자).

$$\text{보의 수 } N_b = 6,\ t_s = 190\ \text{mm},\ S = 2{,}440\ \text{mm},\ L = 10{,}670\ \text{mm}$$

모멘트에 대한 분배계수는 내측거더는 [LSD 표 4.6.4], 외측거더는 [LSD 표 4.6.5]을 사용하여 결정한다.

a. 내측거더

기본 설계 시 $K_g/(L\,t_s^3)$항과 I/J를 1.0으로 취할 수 있다[LSD 4.6.3.2]. 즉,

$$\frac{K_g}{L\,t_s^3} = 1.0 \quad \text{그리고,} \quad \frac{I}{J} = 1.0$$

(1) 한개 설계차로 재하 :

$$mg_M^{SI} = 0.83\left[0.06 + \left(\frac{S}{4,300}\right)^{0.4} \times \left(\frac{S}{L}\right)^{0.3}\left(\frac{K_g}{L\,t_s^3}\right)^{0.1}\right]$$

$mg =$ 다차로 계수를 포함한 거더 분배계수, $SI =$ 한개 설계차로(내측), $M =$ 모멘트

$L = 10,670\ \text{mm}$일 때,

$$mg_M^{SI} = 0.83\left[0.06 + \left(\frac{2,440}{4,300}\right)^{0.4} \times \left(\frac{2,440}{10,670}\right)^{0.3}(1.0)^{0.1}\right] = 0.475$$

(2) 두개 이상 설계차로 재하 :

$$mg_M^{MI} = 0.9\left[0.075 + \left(\frac{S}{2,900}\right)^{0.6} \times \left(\frac{S}{L}\right)^{0.2}\left(\frac{K_g}{L\,t_s^3}\right)^{0.1}\right]$$

$MI =$ 다차로 설계차로(내측), $M =$ 모멘트

$L = 10,670\ \text{mm}$일 때,

$$mg_M^{MI} = 0.9\left[0.075 + \left(\frac{2,440}{2,900}\right)^{0.6} \times \left(\frac{2,440}{10,670}\right)^{0.2}(1.0)^{0.1}\right] = 0.671$$

내측 거더에 대해, 분배계수는 한개 설계차로 재하보다 다차로 설계차로 재하가 더 크므로 다차로 설계차로 재하로 결정된다.

[표 2.5.2.1] 내측거더 분배계수

모멘트에 대한 분배계수	$L = 10,670\ \text{mm}$
mg_M^{SI}	0.475
mg_M^{MI}	0.671, 적용

b. 외측거더

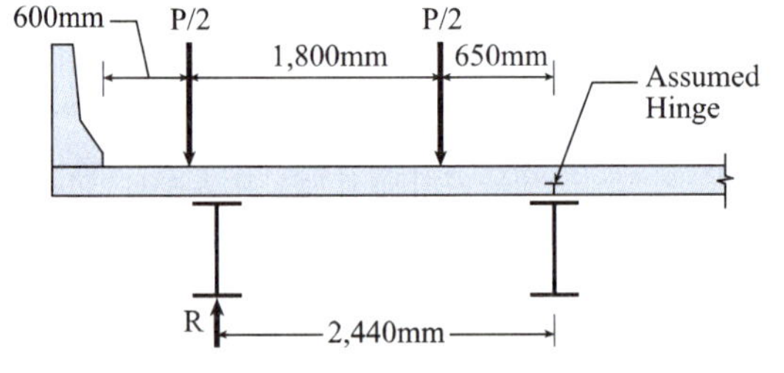

[그림 2.5.2.4] 지렛대 법칙의 정의

(1) 한개 설계차로 재하 : 지렛대 법칙 [LSD 표 6.1.8]

$$R = \frac{P}{2}\left(\frac{2,450 + 650}{2,440}\right) = 0.635P$$

$g_M^{SE} = 0.635$, $SE =$ 한개 설계차로(외측)

$$mg_M^{SE} = m(0.635) = 1.0(0.635) = 0.635$$

(2) 두개 이상 설계차로 재하 :

$d_e = 610\,mm$

두개 이상 설계차로 재하에 대한 외측거더에서 모멘트에 대해 수정계수가 필요하다 [LSD 표 4.6.5].

수정계수 $e = 0.77 + \dfrac{d_e}{2,800} \geq 1.0$

$e = 0.77 + \dfrac{610}{2,800} = 0.99$, $e = 1.0$을 사용

모멘트에 대한 수정은 내측거더에 대해 수정계수를 곱한다.

$$mg_M^{ME} = e(mg_M^{MI})$$

MI= 다차로 내측 설계차로, ME= 다차로 외측 설계차로, M= 모멘트

$L = 10,670$ mm일 때,

$$mg_M^{ME} = e(mg_M^{MI}) = 1.0(0.671) = 0.671$$

외측 거더에 대해, 분배계수는 한개 설계차로 재하보다 다차로설계차로재하가 더 크므로 다차로설계차로재하로 결정된다.

[표 2.5.2.2] 외측거더 분배계수

모멘트에 대한 분배계수	L = 10,670 mm
mg_M^{SE}	0.635
mg_M^{ME}	0.671, 적용

c. 사교– 사각이 없으므로 생략

d. 분배된 활하중 모멘트

$$M_{LL+IM} = mgr\left[M_{Tr}\left(1 + \frac{IM}{100}\right) + M_{\text{Ln}}\right]$$

M_{Tr} = 표준트럭하중에 의한 모멘트, M_{Ln} = 표준차로하중에 의한 모멘트

IM = 충격하중계수

표준 트럭하중([LSD 3.6.1.3.1], [그림 2.5.2.5])

Case 1 – P_3가 $\frac{1}{2}l$에 작용

$$M_C^{Tr} = P_{3.2}(y_3 + y_2) + P_1(y_1)$$
$$= 135(2.668 + 2.068) + 48(0.268) = 652.224\ \text{kN}\cdot\text{m}$$

Case 2 – P_2가 $\frac{1}{2}l$에 작용

$$M_C^{Tr} = P_{3.2}(y_3 + y_2) + P_1(y_1)$$
$$= 135(2.668 + 2.068) + 48(0.868) = 681.204 \text{ kN} \cdot \text{m}, \text{ 적용}$$

Case 3 – 절대최대 휨모멘트

$$_{asb}M_C^{Tr} = P_{3.2}(y_3 + y_2) = 135(2.748 + 1.870) = 623.43 \text{ kN} \cdot \text{m}$$

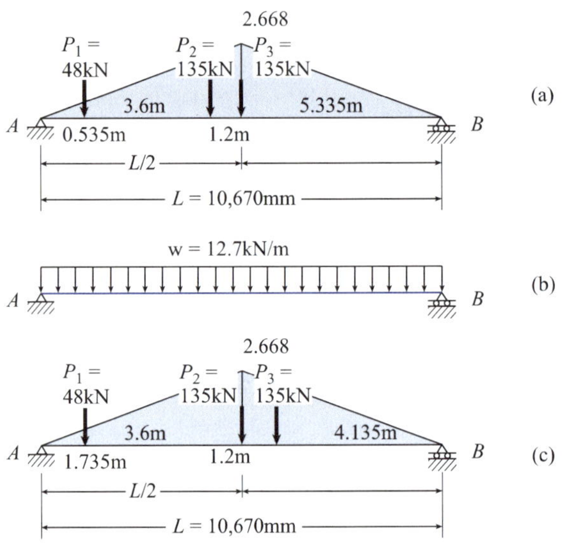

[그림 2.5.2.5] 최대휨모멘트에 대한 활하중 재하위치. (a) Case 1, (b) 표준차로하중, (c) Case 2

최대 정모멘트는 Case 2를 적용, $M_C^{Tr} = 681.204 \text{ kN} \cdot \text{m}$

표준차로하중[LSD 3.6.1.3.2]

$$M_C^{\text{Ln}} = w(L)(y_3)\left(\frac{1}{2}\right) = 12.7(10.670)(2.668)\left(\frac{1}{2}\right) = 180.769 \text{ kN} \cdot \text{m}$$

충격하중계수=1.25, 표준차로하중의 영향에는 충격하중을 적용하지 않는다.

$$M_{LL+IM} = mgr\left[M_C^{Tr}\left(1 + \frac{IM}{100}\right) + M_{\text{Ln}}\right]$$

$$M_{LL+IM} = 0.671[(1.25)(M_C^{Tr}) + 1.0(M_C^{\text{Ln}})]$$
$$= 0.671[(1.25)(681.204) + 1.0(180.769)] = 692.656 \text{ kN} \cdot \text{m}$$

5. 전단력에 대한 분배계수

전단력에 대한 분배계수는 내측거더는 [LSD 표 4.6.7], 외측거더는 [LSD 표 4.6.8]을 사용하여 결정한다.

a. 내측거더

(1) 한개 설계차로 재하

$$mg_V^{SI} = 0.83\left[0.36 + \frac{S}{7,600}\right]$$

$$mg_V^{SI} = 0.83\left[0.36 + \frac{2,440}{7,600}\right] = 0.565$$

(2) 두개 이상 설계차로 재하

$$mg_V^{MI} = 0.9\left[0.2 + \frac{S}{3,600} - \left(\frac{S}{10,700}\right)^{2.0}\right]$$

$$mg_V^{MI} = 0.9\left[0.2 + \frac{2,440}{3,600} - \left(\frac{2,440}{10,700}\right)^{2.0}\right] = 0.743, \text{ 적용}$$

b. 외측거더

(1) 한개 설계차로 재하 : 지렛대 법칙

$$R = \frac{P}{2}\left(\frac{2,450 + 650}{2,440}\right) = 0.635P$$

$g_V^{SE} = 0.635$, $SE =$ 한개 설계차로(외측)

$mg_V^{SE} = m(0.635) = 1.0(0.635) = 0.635$, 적용

(2) 두개 이상 설계차로 재하 :

두개 이상 설계차로 재하에 대한 외측거더에서 전단력에 대해 수정계수가 필요하다 [LSD 표 4.6.8].

$$e = 0.6 + \frac{d_e}{3,000} = 0.6 + \frac{610}{3,000} = 0.803$$

$$mg_V^{ME} = e\left(mg_V^{MI}\right) = 0.803(0.743) = 0.597$$

외측 거더에 대해, 분배계수는 한개 설계차로 재하가 다차로설계차로재하보다 더 크므로 한개 설계차로 재하로 결정된다.

c. 사교- 사각이 없으므로 생략

d. 분배된 활하중 전단력

$$V_{LL+IM} = mgr\left[V_{Tr}\left(1 + \frac{IM}{100}\right) + V_{\mathrm{Ln}}\right]$$

$V_{Tr} =$ 표준트럭하중에 의한 전단력, $V_{\mathrm{Ln}} =$ 표준차로하중에 의한 전단력

$IM =$ 충격하중계수

최대 전단력-축하중[그림 2.5.2.6]

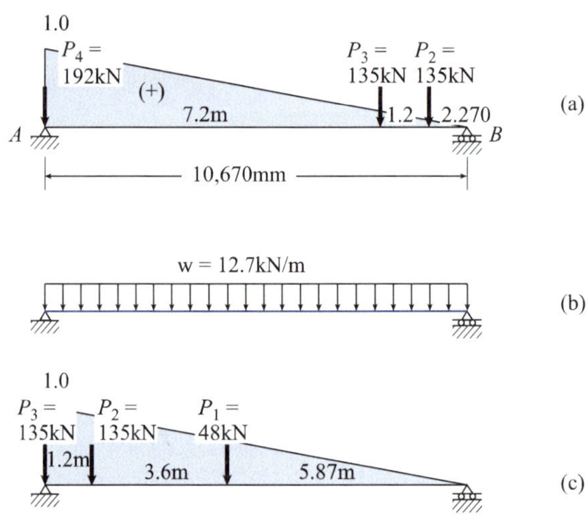

[그림 2.5.2.6] 최대전단력에 대한 활하중 재하위치. (a) Case 1, (b) 표준차로하중, (c) Case 2

표준 트럭하중[LSD 3.6.1.3.1]

Case 1 – P_4가 A에 작용,

$$V_A^{Tr} = P_4(y_4) + P_{3.2}(y_3 + y_2) = 192(1.0) + 135(0.325 + 0.213) = 264.63 \text{ kN}$$

Case 2 – P_3가 A에 작용,

$$V_A^{Tr} = P_{3.2}(y_3 + y_2) + P_1(y_1) = 135(1.0 + 0.888) + 48(0.55) = 281.280 \text{ kN}, \text{ 적용}$$

표준차로하중[LSD 3.6.1.3.2]

$$V_A^{\text{Ln}} = w(L)(\frac{1}{2}) = 12.7(10.670)(\frac{1}{2}) = 67.755 \text{ kN}$$

$$V_{LL+IM} = mgr\left[V_{Tr}\left(1 + \frac{IM}{100}\right) + V_{\text{Ln}}\right]$$

(1) 내측거더 : $V_{LL+IM} = 0.743[(1.25)(281.280) + 1.0(67.755)] = 311.581 \text{ kN}$

(2) 외측거더 : $V_{LL+IM} = 0.635[(1.25)(281.280) + 1.0(67.755)] = 266.290 \text{ kN}$

6. 하부구조에 대한 반력계산

다음 반력은 분배계수가 없는 설계차로 당의 값이다. 차로는 최대 하중효과를 산출하도록 가로로 놓이게 될 것이다.

a. 지점 A에서 차량활하중에 의한 반력:

$$R_A = V_{LL+IM} = V_{Tr}\left(1 + \frac{25}{100}\right) + V_{\text{Ln}}$$

$$= 281.280(1.25) + 67.755 = 419.355 \text{ kN}$$

H. 기타하중에 대한 단면력

등분포하중 w에 대해 해석한다.

$$V_{\max} = V_{100} = \frac{wL}{2} = \frac{w(10.67)}{2} = 5.335w$$

$$M_{\max} = M_{105} = \frac{wL^2}{8} = \frac{w(10.67)^2}{8} = 14.231w$$

1. 내측거더

DC 슬래브 두께 205 mm : $\rho_{conc} = 2{,}500\ \text{kg/m}^3$

바닥슬래브 $w_s = 2{,}500 \times 10^{-9}\ \text{kgf/mm}^2 \times 9.81\ \text{N/kgf} \times 205\ \text{mm} \times 2{,}440\ \text{mm} = 12.267\ \text{kN/m}$

거더 $w_G = 1.500\ \text{kN/m}\,(W-610 \times 101)$

헌치 $w_h = 2{,}500 \times 10^{-9}\ \text{kgf/mm}^2 \times 9.81\ \text{N/kgf} \times 50\ \text{mm} \times 300\ \text{mm} = 0.368\ \text{kN/m}$

$\therefore w_{DC} = w_s + w_G + w_h = 12.267 + 1.500 + 0.368 = 14.135\ \text{kN/m}$

$V_{DC} = 5.335 w_{DC} = 5.335(14.135) = 75.410\ \text{kN}$

$M_{DC} = 14.231 w_{DC} = 14.231(14.135) = 201.155\ \text{kN} \cdot \text{m}$

DW(장래 추가 역청재 포장) $\rho_{DW} = 2{,}300\ \text{kg/m}^3$

$\therefore w_{DW} = 2{,}300 \times 10^{-9}\ \text{kgf/mm}^2 \times 9.81\ \text{N/kgf} \times 75\ \text{mm} \times 2{,}440\ \text{mm} = 4.129\ \text{kN/m}$

$V_{DW} = 5.335 w_{DW} = 5.335(4.129) = 22.028\ \text{kN}$

$M_{DW} = 14.231 w_{DW} = 14.231(4.129) = 58.760\ \text{kN} \cdot \text{m}$

방호벽 – 각 거더에 1/6로 분배 $w_b = 4.81\ \text{kN/m}$/방호벽당

$\therefore w_B = \frac{2w_b}{6} = \frac{2(4.81)}{6} = 1.603\ \text{kN/m}$

$V_B = 5.335 w_B = 5.335(1.603) = 8.552\ \text{kN}$

$M_B = 14.231 w_B = 14.231(1.603) = 22.812\ \text{kN} \cdot \text{m}$

[표 2.5.2.3] 내측거더 단면력

하중	w (kN/m)	모멘트 (kN · m)	전단력 (kN)
		M_{105}	V_{100}
DC	14.135	201.155	75.410
DW	4.129	58.760	22.028
B	2.323	22.812	8.552
LL+IM	N/A	692.656	311.581

2. 외측거더

『RC T형교 상판슬래브의 설계 - C』 로부터 외측거더에 작용하는 반력에 대한 바닥판 설계결과를 사용하였다.

DC 슬래브 $w_s = 4.82\ \text{kN/m}$

내민보 $w_o = 7.02\ \text{kN/m}$

거더 $w_G = 1.500\ \text{kN/m}\,(W-610\times 101)$

헌치 $w_h = 2{,}500\times 10^{-9}\ \text{kgf/mm}^2\times 9.81\ \text{N/kgf}\times 50\ \text{mm}\times 300\ \text{mm} = 0.368\ \text{kN/m}$

$\therefore w_{DC} = w_s + w_o + w_G + w_h = 4.82 + 7.02 + 1.50 + 0.368 = 13.708\ \text{kN/m}$

$V_{DC} = 5.335 w_{DC} = 5.335(13.708) = 73.132\ \text{kN}$

$M_{DC} = 14.231 w_{DC} = 14.231(13.708) = 195.079\ \text{kN}\cdot\text{m}$

DW(장래 추가 역청재 포장)

$\therefore w_{DW} = 2.810\ \text{kN/m}$

$V_{DW} = 5.335 w_{DW} = 5.335(2.81) = 14.991\ \text{kN}$

$M_{DW} = 14.231 w_{DW} = 14.231(2.81) = 39.989\ \text{kN}\cdot\text{m}$

방호벽 – 각 거더에 1/6로 분배 $w_b = 4.81\ \text{kN/m}$/방호벽 당

$\therefore w_B = \dfrac{2w_b}{6} = \dfrac{2(4.81)}{6} = 1.603\ \text{kN/m}$

$V_B = 5.335 w_B = 5.335(1.603) = 8.552\ \text{kN}$

$M_B = 14.231 w_B = 14.231(1.603) = 22.812\ \text{kN}\cdot\text{m}$

[표 2.5.2.4] 외측거더 단면력

하중	w (kN/m)	모멘트 (kN · m)	전단력 (kN)
		M_{105}	V_{100}
DC	13.708	195.079	73.132
DW	2.810	39.989	14.991
B	2.323	22.812	8.552
LL+IM	N/A	692.656	266.290

I. 설계 단면

1. 극한한계상태 강도 I

일반적인 차량통행을 고려한 기본하중조합(계수 전단력 및 모멘트). 이때 풍하중은 고려하지

않는다.

a. 내측거더

$$U = \eta \sum \gamma_i Q_i = 0.95[1.25(DC + B) + 1.5DW + 1.8(LL + IM)]$$

$$V_u = 0.95[1.25(75.410 + 8.552) + 1.5(22.028) + 1.8(311.581)] = 663.898 \text{ kN}$$

$$M_u = 0.95[1.25(201.155 + 22.812) + 1.5(58.758) + 1.8(692.656)]$$

$$= 1,534.133 \text{ kN} \cdot \text{m}$$

b. 외측거더

$$V_u = 0.95[1.25(73.132 + 8.552) + 1.5(14.991) + 1.8(266.290)] = 573.718 \text{ kN}$$

$$M_u = 0.95[1.25(195.079 + 22.812) + 1.5(39.989) + 1.8(692.656)]$$

$$= 1,500.172 \text{ kN} \cdot \text{m}$$

2. 하중재하순서

합성단면 임의의 점에서 탄성응력은 다음과 같은 단면에 각각 작용해서 발생한 응력의 합으로 계산해야 한다.

Case 1 – 거더와 슬래브의 중량(D_1), 강더만으로 지지된다.

Case 2 – 2차 사하중(DW, 방호책, 난간) (D_2, D_3), 장기 합성단면으로 지지된다.

Case 3 – 활하중 + 충격, 단기 합성단면으로 지지된다.

콘크리트 바닥판의 강도가 f_{ck}의 75%에 도달하기 전에 작용하는 영구하중은 강재단면만이 지지하는 것으로 간주해야 한다. 콘크리트 강도가 f_{ck}의 75%에 이른 후에 작용하는 영구하중과 활하중은 합성단면이 지지하는 것으로 간주한다. 동바리공법을 적용하여 시공하는 경우 모든 장기하중은 콘크리트 강도가 f_{ck}의 75% 이상 발현된 후에 작용하는 것으로 간주해야 한다.

3. 유효플렌지폭의 결정

플랜지의 유효폭을 계산하는데 사용하는 등가지간장은 단순지지된 지간에서는 실제 지간장을 사용하고, 연속 지지의 경우에는 고정하중에 의하여 발생하는 정모멘트 구간의 거리 혹은 부모멘트 구간의 거리 중에서 고려하고 있는 단면이 속한 구간의 거리를 사용한다.

a. 내측거더의 플랜지 유효폭은 다음의 값들 중 가장 작은 값으로 한다.

- 등가지간장의 1/4 : $(1/4)(10,670) = 2,668$ mm
- $12t_s + b_w$ 또는 b_f의 1/2 : $(12)(190) + \dfrac{200}{2} = 2,380$ mm
- 인접한 보사이의 평균 간격 : 2,440 mm

b. 외측거더의 플랜지 유효폭은 인접한 내측거더 유효폭의 절반($b_i/2$)과 다음 값 중의 최소값의 합으로 한다.

- 등가지간장의 1/8 : $(1/8)(10,670) =$ 1,334 mm
- $6t_s + b_w/2$ 또는 b_f의 1/4 : $(6)(190) + \dfrac{200}{4} =$ 1,190 mm
- 내민부분(overhang)의 폭 : 990 mm

그러므로, $\dfrac{b_i}{2} + 990 = \dfrac{2,380}{2} + 990 =$ 2,180 mm

4. 탄성계수비

$$f_{ck} = 30\,\mathrm{MPa}\text{에 대해, } n = \frac{E_s}{E_c} = 8$$

5. 덮개판

부재에 덧붙여지는 각 덮개판의 길이 L_{cp}(mm)는 다음 조건을 만족해야 한다[LSD 식(6.10.114)].

$$L_{cp} \geq 2d_s + 900$$

여기서, d_s = 강재 단면의 전체높이 (mm).

플랜지에 인장응력과 압축 인장응력을 일으키는 교번하중을 받는 단재하경로 구조물에서 두께 20 mm 이상 되는 플랜지에는 부분용접을 한 덮개판을 사용해서는 안 된다. 각 덮개판의 최대 두께는 덮개판이 붙여지는 플랜지 두께의 2배를 초과해서는 안 된다. 덮개판을 여러 겹으로 용접해 붙이는 것은 허용되지 않는다. 덮개판의 폭은 덮개판이 붙여지는 플랜지폭보다 좁거나 넓게 할 수 있다.

6. 필요한 소성단면계수, Z

a. 지간중앙의 강재단면

$$\phi_f M_n \geq M_u, \quad \phi_f = 1.0, \quad M_n = M_p = ZF_y$$

$$ZF_y \geq M_u$$

가정한 압축 플랜지는 전체적으로 지지되고 조밀단면이다.

$$req'd\ Z \geq \frac{M_u}{F_y} = \frac{1,534.133 \times 10^6}{355} = 4.322 \times 10^6\ \mathrm{mm}^3$$

$10\ \mathrm{mm} \times 200\ \mathrm{mm}$인 덮개판을 갖는 $W-610 \times 101$를 적용한다.

$W-610 \times 101$의 정수는 AISC(1992)으로부터 얻을 수 있다. 지간중앙의 강재단면은 [그림 2.5.2.7]에 나타내었고 강재단면정수에 대한 계산은 [표 2.5.2.5]에 정리되었다.

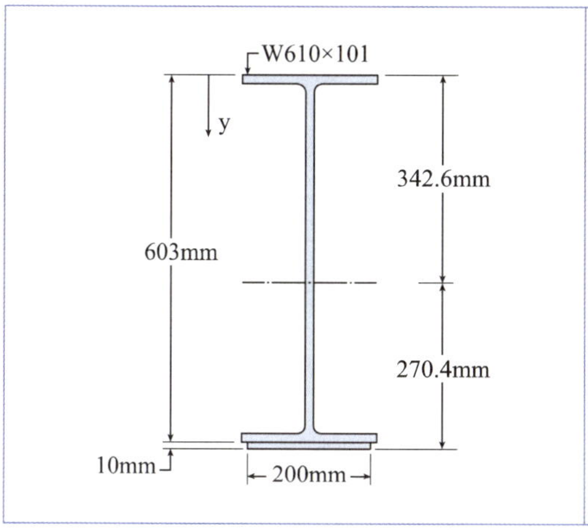

[그림 2.5.2.7] 지간중앙의 강재단면

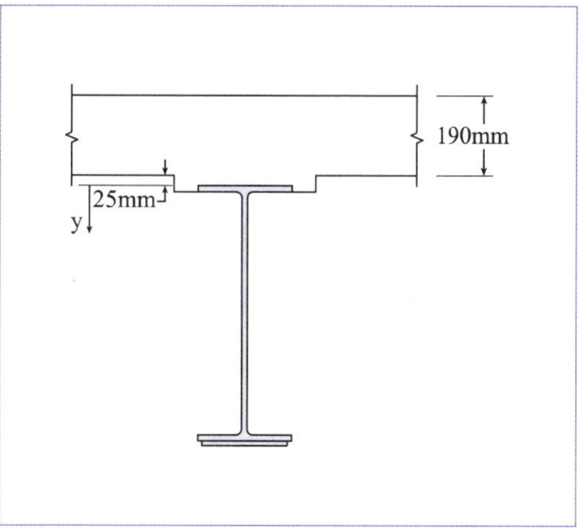

[그림 2.5.2.8] 지간중앙의 합성단면

[표 2.5.2.5] 강재단면의 정수

구분	A	y	Ay	$y-\bar{y}$	A$(y-\bar{y})^2$	I_o
강재거더	12,900	603/2=301.5	3.889×10^6	−41.4	21.8×10^6	764×10^6
덮개판	2,000	603+5=608.0	1.216×10^6	265.4	140.9×10^6	17×10^6
$\sum$	14,900		5.105×10^6		162.7×10^6	781×10^6

$$I_x = (162.7\times10^6) + (781\times10^6) = 943.7\times10^6\ \text{mm}^4$$

$$\bar{y} = \frac{\sum A\,y}{\sum A} = \frac{5.105\times10^6}{14,900} = 342.6\ \text{mm},\qquad y_t = -342.6\ \text{mm}$$

$$y_b = 613 - 342.6 = 270.4\ \text{mm}$$

$$S_t = \frac{I_x}{y_t} = \frac{943.7\times10^6}{-342.6} = -2.755\times10^6\ \text{mm}^3$$

$$S_b = \frac{I_x}{y_b} = \frac{943.7\times10^6}{270.4} = 3.490\times10^6\ \text{mm}^3$$

(주의 : $+y$는 단면의 중심으로부터 아랫방향이다)

b. 지간중앙의 합성단면, $n=8$

[그림 2.5.2.8]은 25 mm인 헌치, 190 mm의 최종 슬래브 두께(콘크리트면의 15 mm 마보를 제외한 두께), 2,380 mm의 유효폭을 갖는 합성단면을 나타낸 것이다. 계산된 합성단면의 정수는 [표 2.5.2.6]에 정리되었다.

[표 2.5.2.6] 합성단면의 정수, $n=8$

구분	A	y	Ay	$y-\bar{y}$	A$(y-\bar{y})^2$	I_o
콘크리트 $(b_i \times t_s/n)$	56,525	$-25-190/2$ $=-120$	-6.783×10^6	-96.5	526×10^6	170×10^6
강재	14,900	342.6	5.105×10^6	366.1	$1,997\times10^6$	927×10^6
$\sum$	71,425		-1.678×10^6		$2,523\times10^6$	$1,097\times10^6$

$$I_x = (2,523 \times 10^6) + (1,097 \times 10^6) = 3,620 \times 10^6 \text{ mm}^4$$

$$\bar{y} = \frac{\sum Ay}{\sum A} = \frac{-1.678 \times 10^6}{71,425} = -23.5 \text{ mm}, \qquad y_t = 23.5 \text{ mm}$$

$$y_b = 613 + 23.5 = 636.5 \text{ mm}$$

$$S_t = \frac{I_x}{y_t} = \frac{3,620 \times 10^6}{23.5} = 154.0 \times 10^6 \text{ mm}^3$$

$$S_b = \frac{I_x}{y_b} = \frac{3,620 \times 10^6}{636.5} = 5.69 \times 10^6 \text{ mm}^3$$

(주의 : $+y$는 단면의 중심으로부터 아랫방향이다)

c. 지간중앙의 합성단면, $3n = 3(8) = 24$

콘크리트 슬래브에서 크리프의 영향에 대해 축소된 합성단면의 정수는 [표 2.5.2.7]에 정리되었다.

[표 2.5.2.7] 합성단면의 정수, $3n=3(8)=24$

구분	A	y	Ay	$y-\bar{y}$	A$(y-\bar{y})^2$	I_o
콘크리트 $(b_i \times t_s/n)$	18,842	-120	-2.261×10^6	-204.3	786×10^6	56.7×10^6
강재	14,900	342.6	5.105×10^6	258.3	994×10^6	926.7×10^6
$\sum$	33,742		2.844×10^6		$1,780\times10^6$	983.4×10^6

$$I_x = (1,780 \times 10^6) + (983.4 \times 10^6) = 2,763.4 \times 10^6 \text{ mm}^4$$

$$\bar{y} = \frac{\sum Ay}{\sum A} = \frac{2.844 \times 10^6}{33,742} = 84.3 \text{ mm}, \qquad y_t = -84.3 \text{ mm}$$

$$y_b = 613 - 84.3 = 528.7 \text{ mm}$$

$$S_t = \frac{I_x}{y_t} = \frac{2,763.4 \times 10^6}{-84.3} = -32.78 \times 10^6 \text{ mm}^3$$

$$S_b = \frac{I_x}{y_b} = \frac{2,763.4 \times 10^6}{528.7} = 5.227 \times 10^6 \text{ mm}^3$$

7. 부재의 정수

휨 부재를 구성하는 요소들은 다음을 만족해야 한다[LSD 6.10.2.1].

$$0.1 \leq \frac{I_{yc}}{I_y} \leq 0.9 \tag{6.10.1}$$

복부판 중심선의 수직축에 관한 단면 2차모멘트

$$I_y = (29.5 \times 10^6) + \frac{1}{12}(10)(200)^3 = 36.17 \times 10^6 \text{ mm}^4$$

복부판 중심선의 수직축에 관한 압축플랜지의 단면 2차모멘트

$$I_{yc} = \frac{1}{12} t_f b_f^3 = \frac{1}{12}(14.9)(228)^3 = 14.72 \times 10^6 \text{ mm}^4$$

$$0.1 \leq \frac{I_{yc}}{I_y} = \frac{14.72 \times 10^6}{36.17 \times 10^6} = 0.407 \leq 0.9, \quad \text{OK}$$

8. 복부 휨에 기인한 피로

탄성범위에서 압축을 받는 복부판 높이 $D_c = 342.6 \text{ mm}$.

[LSD 6.10.4.3(2)①]으로부터

$$\frac{2D_c}{t_w} \leq \lambda_b \sqrt{\frac{E}{f_c}} \tag{6.10.60}$$

여기서, $\lambda_b = 5.76$(D_c가 $D/2$ 이하인 경우), $\lambda_b = 4.64$(D_c가 $D/2$ 보다 큰 경우), f_c = 설계하중에 의한 압축플랜지의 응력(MPa)이다.

$$\frac{2D_c}{t_w} = \frac{2(342.6)}{10.5} = 66.3 < 5.76\sqrt{\frac{E}{F_{yc}}} = 5.76\sqrt{\frac{200{,}000}{355}} = 137, \quad \text{OK}$$

그러므로 f_{cf}는 $R_h F_{yc}$보다 작아야 한다.

여기서, f_{cf} = [LSD 6.10.6.2]에서 규정된 하중계수를 곱하지 않은 압축플렌지에서 지속하중과 피로하중의 2배로 인한 최대 탄성휨압축응력(MPa)이다.

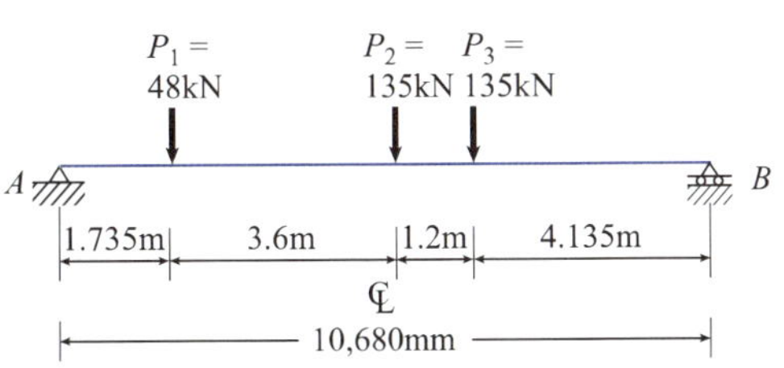

[그림 2.5.2.9] 최대휨모멘트에 대한 피로트럭 재하위치

$$R_1 = \frac{48(8.935)+135(5.335)+135(4.135)}{10.7} = 160.012 \text{ kN}$$

$$M_{105} = 160.012(5.335) - 48(3.6) = 681 \text{ kN} \cdot \text{m}$$

$$M_{LL+IM} = 2(0.75)(mg_M^{ME})(M_{LL})(IM)/0.9$$

$$= 2(0.75)(0.671)(681)(1.15)/0.9 = 876 \text{ kN} \cdot \text{m}$$

$$f_{cf} = 69.8 \text{ MPa} < R_h F_{yc} = (1.0)(355) = 355 \text{ MPa}, \quad \text{OK}$$

[표 2.5.2.8] 정(+) 휨에 대한 복부에서 최대휨응력(내측거더)

하중	M_{DC}	M_{DW}	M_B	M_{LL+IM}	S_t 강재	S_t 합성	응력(MPa)
DC	201.155				-2.755×10^6		-73.0
DW		58.758				-32.78×10^6	-1.8
B			22.812			-32.78×10^6	-0.7
LL+IM				876		154.00×10^6	5.7
$\sum$							-69.8

9. 응력

극한한계상태에 대한 거더의 상연과 하연에서 응력은 [표 2.5.2.9]와 [표 2.5.2.10]에 주어져 있다. 항복(Yielding)은 플랜지에서 발생하지 않는다.

[표 2.5.2.9] 계수하중에 의한 강거더의 상단에서 압축응력(내측거더)

하중	M_{DC}	M_{DW}	M_B	M_{LL+IM}	S_t 강재	S_t 합성	응력(MPa)
DC	251.444				-2.755×10^6		-91.3
DW		88.137				-32.78×10^6	-2.7
B			27.650			-32.78×10^6	-0.8
LL+IM				1,247		154.00×10^6	8.1
$\sum$						$\eta=0.95$	-86.7 -82.4

$f_{cf} = 82.4 \text{ MPa} < R_h F_{yc} = (1.0)(355) = 355 \text{ MPa}, \quad \text{OK}$

[표 2.5.2.10] 계수하중에 의한 강거더의 하단에서 인장응력(내측거더)

하중	M_{DC}	M_{DW}	M_B	M_{LL+IM}	S_t 강재	S_t 합성	응력(MPa)
DC	251.444				3.49×10^6		72.0
DW		88.137				5.227×10^6	16.9
B			27.650			5.227×10^6	5.3
LL+IM				1,247		5.690×10^6	219.2
$\sum$						$\eta=0.95$	313.4 297.7

$f_{tf} = 297.7 \text{ MPa} < R_h F_{yc} = 1.0(355) = 355 \text{ MPa}, \quad \text{OK}$

10. 조밀단면의 결정

a. 조밀단면 복부판 세장비

다음 식을 만족하면, 복부판은 조밀한 것으로 본다[LSD 6.10.4.1(2)].

$$\frac{2D_{cp}}{t_w} \le 3.76\sqrt{\frac{E}{F_{yc}}} \tag{6.10.19}$$

콘크리트 바닥판에서 철근의 간격은 『콘크리트교의 해석 및 설계』에서 [그림 2.2.4.1.17]에 주어졌다.

유효폭에서 슬래브 상단의 철근수= b_i/(철근 간격)= 2,290/250= 10-D13

슬래브 하단의 철근수= b_i/(철근 간격)= 2,290/350= 7-D16

가정된 소성력 중립축 PNA는 슬래브의 하단철근위에 있는 것으로 가정($c < 156$ mm).

상단 철근 : $P_{rt} = F_{yr}A_{rt} = (400)(10)(126.7)(10^{-3}) = 507$ kN

콘크리트 슬래브 : $P_s = 0.85f_{ck}ab_i = 0.85(30)a(2,290)(10^{-3}) = 58a$

하단 철근 : $P_{rb} = F_{yr}A_{rb} = (400)(7)(198.6)(10^{-3}) = 556$ kN

강거더 : $T_{bm} = (AF_y)_{bm} = (12,900)(355)(10^{-3}) = 4,515$ kN

덮개판 : $T_{cp} = (AF_y)_{cp} = (10)(200)(355)(10^{-3}) = 710$ kN

소성 중립축 PNA

$$C = P_{rt} + P_s$$

$$T = P_{rb} + T_{bm} + T_{cp}$$

$$C = T$$

$$507 + 58a = 556 + 4,515 + 710$$

$$a = 90.9 \text{ mm}$$

$$\beta_1 = 0.85 - 0.007(f_{ck} - 28) = 0.85 - 0.007(30-28) = 0.836$$

$$\beta_1 = \frac{a}{c}$$

$$c = \frac{a}{\beta_1} = \frac{90.9}{0.836} = 108.7 \text{ mm} < 156 \text{ mm}$$

PNA가 복부에 없기 때문에 D_{cp}는 0(zero)과 같게 되어 복부판 세장비는 만족된다.

$$3.76\sqrt{\frac{E}{F_{yc}}} = 3.76\sqrt{\frac{200,000}{355}} = 89.24$$

$$\frac{2D_{cp}}{t_w} = \frac{2(0)}{t_w} = 0 \le 3.76\sqrt{\frac{E}{F_{yc}}} = 89.24, \quad \text{OK}$$

단면은 조밀단면으로 분류된다. 결국, $M_n = M_p$가 된다.

PNA에 대한 모멘트의 합으로 소성모멘트 M_p를 계산한다. $d' = 60 + 12.7 = 72.7\,\text{mm}$

상단 철근 : $P_{rt}(c - d') = 507(108.7 - 72.7)(10^{-3}) = 18.3\ \text{kN}\cdot\text{m}$

콘크리트 슬래브 : $P_s\left(c - \dfrac{a}{2}\right) = 58a\left(c - \dfrac{a}{2}\right)$

$$= 58(90.9)\left(108.7 - \frac{90.9}{2}\right)(10^{-3}) = 333.5\ \text{kN}\cdot\text{m}$$

하단 철근 : $P_{rb}(d - c) = 556(156 - 108.7)(10^{-3}) = 26.3\ \text{kN}\cdot\text{m}$

강거더 : $T_{bm}\left(t_s + 25 + \dfrac{H}{2} - c\right)$

$$= 4{,}515\left(205 + 25 + \frac{603}{2} - 108.7\right)(10^{-3}) = 1{,}908.9\,\text{kN}\cdot\text{m}$$

덮개판 : $T_{cp}\left(t_s + 25 + H + \dfrac{10}{2} - c\right)$

$$= 710\left(205 + 25 + 603 + \frac{10}{2} - 108.7\right)(10^{-3}) = 517.8\ \text{kN}\cdot\text{m}$$

$M_p = 18.3 + 333.5 + 26.3 + 1{,}908.9 + 517.8 = 2{,}804.8\ \text{kN}\cdot\text{m}$

$\phi M_p = (1.0)(2{,}804.8) = 2{,}804.8\ \text{kN}\cdot\text{m} > M_u = 1{,}534\ \text{kN}\cdot\text{m}$, OK

b. 조밀단면 압축플랜지 세장비 – 강도한계상태에서 제한이 없음

c. 조밀단면 압축플랜지 지지조건 – 강도한계상태에서 제한이 없음

d. 휨강도 계산 – 단순보에 대하여 공칭휨강도는 다음과 같다.

$M_n = M_p = 2{,}804.8\ kN\cdot m$

$M_r = \phi_f M_n = (1.0)(2{,}804.8) = 2{,}804.8\ \text{kN}\cdot\text{m} > M_u = 1{,}534\ \text{kN}\cdot\text{m}$, OK

e. 연성요구조건

합성단면이 소성모멘트에 도달하기 이전에 콘크리트 바닥판에 미리 파손이 일어나서는 안 된다. 보다 엄밀한 해석 대신, 본 규정을 사용하여 이 같은 연성요구조건을 검토할 수 있다. [표 2.5.2.9]와 [표 2.5.2.10]에서 계산된 바와 같이, 정모멘트를 받는 조밀합성단면의 경우, 하단 플랜지 탄성응력(297.2 MPa)이 플랜지의 항복강도(355 MPa)를 이하이기 때문에 단면은 휨에 대한 모든 제한을 만족한다.

11. 전단설계

a. 비보강 복부판인 보에 대해

보나 거더에 대한 설계전단강도 V_r은 다음과 같이 구한다[LSD 식 (6.10.71)].

$$V_r = \phi_v V_n = (1.0) V_n = V_n$$

$$\frac{D}{t_w} = \frac{d - 2t_f}{t_w} = \frac{603 - 2(14.9)}{10.5} = 54.6$$

$$2.46\sqrt{\frac{E}{F_{yw}}} = 2.46\sqrt{\frac{200,000}{355}} = 58.4 > \frac{D}{t_w} = 54.6$$

그러므로,

$$V_r = V_p = 0.58 F_{yw} D t_w = 0.58(355)(573.2)(10.5) = 1,239 \text{ kN}$$

$$V_r = (1.0) V_n = 1,239 \text{ kN} > V_u = 668 \text{ kN}, \quad \text{OK}$$

b. 하중집중점 지압보강재

시공 도중 또는 완공 후에 작용하는 지점 반력과 기타 집중하중은 보강재로 지지해야 한다. 압연강 보(Rolled Beam Shapes)의 경우에 모든 지점과 집중하중이 작용하는 위치에서 다음의 조건이 성립되면 수직지압보강재를 두어야 한다.

$$0.75\,\phi_b V_n < V_u \tag{6.10.107}$$

$$0.75\,\phi_b V_n = 0.75(1.0)(1,239) = 929 \text{ kN} > V_u = 668 \text{ kN}$$

그러므로, 수직지압보강재가 필요 없다.

12. 시공성

a. 일반사항

휨 부재를 구성하는 요소들은 나음을 만족해야 한다[LSD 6.10.2.1].

$$0.1 \le \frac{I_{yc}}{I_y} \le 0.9 \tag{6.10.1}$$

이것은 앞에서 설명된 I.7에서 만족한다는 것을 알 수 있다.

b. 휨강도

단면은 압축 플랜지 세장비, 복부판 세장비, 압축 플랜지 비지지길이를 만족해야 한다. 공칭휨강도는 다음과 같다.

$$M_n = R_b R_h M_y$$

(1) 복부판의 세장비

수평보강재가 없는 경우, 복부판은 다음의 세장비조건을 만족해야 한다[LSD 식 (6.10.2)].

$$\frac{2D_c}{t_w} \leq 6.77\sqrt{\frac{E}{f_c}} \leq 200 \tag{6.10.2}$$

여기서, D_c = 탄성영역내에서 압축을 받는 복부판의 높이(mm), f_c = 설계하중에 의한 압축플랜지의 응력(MPa)이다.

바닥판 설치동안, 단면은 아직 합성되지 않았다. 강거더는 구조성분(슬래브와 거더)에 의해 모두 사하중으로 적재된다. 탄성영역에서 압축인 복부판의 깊이 D_c는 앞의 I.6a에서 계산된 강단면 정수로부터 찾을 수 있다.

$$\overline{y_t} = 342.6 \text{ mm}$$

$$D_c = \overline{y_t} - t_f = 342.6 - 14.9 = 327.7 \text{ mm}$$

계수하중에 의한 응력 f_c는 앞의 H.에서 계산된 w_{DC}로부터 구해진다. w_{DC}에 의한 최대 계수모멘트는 내측거더를 적용한다.

$$M_{105} = \eta[1.25M_{DC}] = 0.95(1.25)(201.155) = 239 \text{ kN} \cdot \text{m}$$

설계하중에 의한 압축플랜지의 응력 $f_c = \dfrac{M_u}{S_t} = \dfrac{239 \times 10^6}{2.755 \times 10^6} = 86.8 \text{ MPa}$

[LSD 식(6.10.2)]은 다음과 같다.

$$\frac{2D_c}{t_w} = \frac{2(327.7)}{10.5} = 62.4 \leq 6.77\sqrt{\frac{E}{f_c}} = 6.77\sqrt{\frac{200{,}000}{86.8}} = 325, \quad \text{OK}$$

(2) 압축 플랜지 세장비

이 조건은 콘크리트 바닥판이 경화되기 전에 상단 플랜지의 국부좌굴을 방지하는 것이다.

$$\frac{b_f}{2t_f} \leq 1.38\sqrt{\frac{E}{f_c\sqrt{2D_c/t_w}}}$$

$$\frac{b_f}{2t_f} = \frac{228}{2(14.9)} = 7.65$$

$$1.38\sqrt{\frac{E}{f_c\sqrt{2D_c/t_w}}} = 1.38\sqrt{\frac{200{,}000}{86.8\sqrt{62.4}}} = 23.6 > 7.75, \quad \text{OK}$$

(3) 압축 플랜지 비지지길이

지지사이에 필요한 거리를 검토한다.

$$L_b \leq 1.76\, r_t\sqrt{\frac{E}{F_{yc}}}$$

여기서, r_t = 강재단면의 압축플랜지와 압축응력을 받는 복부판 높이의 1/3로 이루어진 단면의 연직축에 관한 회전반경(mm), F_{yc} = 355 MPa, 압축플랜지의 항복강도.

$$I_t = \frac{1}{12}t_f b_f^3 = \frac{1}{12}(14.9)(228)^3 = 14.72 \times 10^6\ \mathrm{mm}^4$$

$$A_t = t_f b_f = (14.9)(228) = 3,397\ \mathrm{mm}^2$$

$$r_t = \sqrt{\frac{I_t}{A_t}} = \sqrt{\frac{14.72 \times 10^6}{3,397}} = 65.8\ \mathrm{mm}$$

$$L_b \le 1.76\, r_t \sqrt{\frac{E}{F_{yc}}} = 1.76\,(65.8)\sqrt{\frac{200,000}{355}} = 2,749\ \mathrm{mm}$$

지간의 1/4에서 압축 플랜지에 대해 지지하는 것으로 한다.

$$L_b = \frac{L}{4} = \frac{10,670}{4} = 2,667\ \mathrm{mm}$$

이 지지길이는 영구적으로 필요하지는 않다.

(4) 공칭휨강도

균질단면인 경우는 $R_h = 1.0$으로 취한다.

$$\frac{2D_c}{t_w} \le \lambda_b \sqrt{\frac{E}{f_c}}$$

$\lambda_b = 4.64$(D_c가 $D/2$ 보다 큰 경우)

$$\frac{2D_c}{t_w} = 62.4 \le \lambda_b \sqrt{\frac{E}{f_c}} = 4.64\sqrt{\frac{200,000}{73}} = 243$$

그러므로 $R_b = 1.0$을 사용한다.

앞의 I.6a에서 S_t을 찾을 수 있고 상단 플랜지의 항복에 대해

$$M_y = S_t F_y = (2.755 \times 10^6)(355)(10^{-6}) = 978\ \mathrm{kN \cdot m}$$

그리고 하단 플랜지의 항복에 대해

$$M_y = S_b F_y = (3.490 \times 10^6)(355)(10^{-6}) = 1,239\ \mathrm{kN \cdot m}$$

항복모멘트는 상단 플랜지가 항복할 때이다. 그러므로

$$M_y = 978\ \mathrm{kN \cdot m}$$

$$M_n = R_b R_h M_y = (1.0)(1.0)(978) = 978\ \mathrm{kN \cdot m}$$

$$\phi_f M_n = 1.0(978) = 978 > M_u = 239\ \mathrm{kN \cdot m}$$

내측 거더에 대해, OK

(5) 전단설계

전단력은 극한한계상태강도에서 전단항복 또는 전단좌굴력이 제한되기 때문에 비보강 복부판인 단면에는 적용하지 않는다.

J. 치수 및 상세

1. 강재의 최소두께

수직브레이싱, 수평브레이싱 및 연결판을 포함한 모든 강재의 최소두께는 8.0 mm 이상으로 한다. 단, 압연형강의 복부판, 강바닥판의 폐단면리브, 채움재 및 난간용 재료는 이 규정을 따르지 않아도 좋다. 압연강형이나 ㄷ 형강의 복부판 및 강바닥판의 폐단면리브의 두께는 7.0 mm 이상으로 한다. 부식이 우려되는 곳에서는 부식방지 조치를 취하거나, 부식두께를 예측하여 그만큼 두께를 증가시켜야 한다.

$$t_w = 10.5\ \mathrm{mm} > 7\ \mathrm{mm}, \quad \text{OK}$$

2. 처짐기준

처짐 제한[LSD 2.5.2.6] : Δ_{all} = 지간/800 = 10,670/800 = 13 mm

만약 발주자가 규정된 활하중에 대한 처짐의 허용기준을 요구할 때 처짐은 아래의 값 중 큰 값을 사용해야한다.

- 표준트럭하중만으로 얻은 처짐
- 표준차로하중과 조합된 표준트럭하중의 25%에 의해 얻은 처짐

처짐에 대한 분배계수는 차로의 수를 보의 수로 나눔으로써 만들어진다. 모든 설계차로가 재하되기 때문에, 그리고 모든 지지성분은 같이 처지는 것으로 가정되어야 한다.

$$DF = \frac{No.\,lanes}{No.\,beams} = \frac{3}{6} = 0.5$$

a. 설계 트럭만의 처짐결과

표준트럭하중만으로 얻은 처짐 또는 표준차로하중과 조합된 표준트럭하중의 25%에 의해 얻은 처짐을 사용한다. 표준트럭하중만일 때, 절대최대 휨모멘트는 보에 실리는 합력의 작용점과 그와 가장 인접한 차륜(또는 그 부근의 큰 차륜)과의 사이의 중간이 지간을 2등분할 때 그 인접한 차륜이 작용하는 위치에서 생긴다. 모든 설계차선이 재하되어야 한다[그림 2.5.2.10].

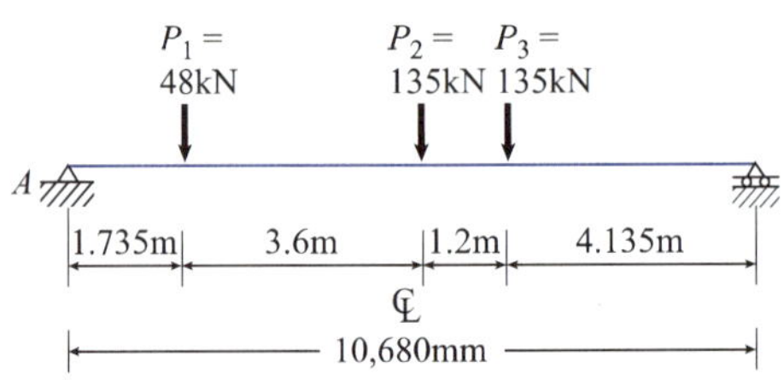

[그림 2.5.2.10] 최대처짐에 대한 설계트럭 재하

$$P_1 = 0.5(48)\left(1+\frac{IM}{100}\right) = 0.5(48)(1.25) = 30\ \text{kN}$$

$$P_2 = P_3 = 0.5(135)\left(1+\frac{IM}{100}\right) = 0.5(135)(1.25) = 84.375\ \text{kN}$$

AISC Manual, Case 8로부터, 집중하중에 의한 처짐은 다음과 같다[그림 2.5.2.11].

$$\triangle_x(x<a) = \frac{Pbx}{6EIL}(L^2 - b^2 - x^2)$$

$$I_x = (2{,}523\times10^6) + (1{,}097\times10^6) = 3{,}620\times10^6\ \text{mm}^4$$

1번째 하중 : $P_1 = 30\ \text{kN},\ a = 1.735\ \text{m},\ b = 8.935\ \text{m},\ x = 5.335\ \text{m}$

$$\begin{aligned}\triangle_1 &= \frac{P_1 bx}{6EIL}(L^2 - b^2 - x^2)\\ &= \frac{(30\times10^3)(8.935)(5.335)(10^9)}{6(200{,}000)(3{,}620\times10^6)(10.67)}[(10.67)^2-(8.935)^2-(5.335)^2]\\ &= 0.03\ \text{mm}\end{aligned}$$

2번째 하중 : $P_2 = 84.375\ \text{kN},\ a = 5.335\ \text{m},\ b = 5.335\ \text{m},\ x = 5.335\ \text{m}$

$$\begin{aligned}\triangle_2 &= \frac{P_2 bx}{6EIL}(L^2 - b^2 - x^2)\\ &= \frac{(84.375\times10^3)(5.335)(5.335)(10^9)}{6(200{,}000)(3{,}620\times10^6)(10.67)}[(10.67.)^2-(5.335)^2-(5.335)^2]\\ &= 2.95\ \text{mm}\end{aligned}$$

3번째 하중 : $P_3 = 84.375\ \text{kN},\ a = 6.335\ \text{m},\ b = 4.135\ \text{m},\ x = 5.335\ \text{m}$

$$\begin{aligned}\triangle_3 &= \frac{P_3 bx}{6EIL}(L^2 - b^2 - x^2)\\ &= \frac{(84.375\times10^3)(4.135)(5.335)(10^9)}{6(200{,}000)(3{,}620\times10^6)(10.67)}[(10.67)^2-(4.135)^2-(5.335)^2]\\ &= 2.74\ \text{mm}\end{aligned}$$

$$\triangle_{CL\ Tr} = \sum\triangle_x = \triangle_2 + \triangle_3 + \triangle_4 = 0.03 + 2.95 + 2.74 = 5.72\ \text{mm}$$

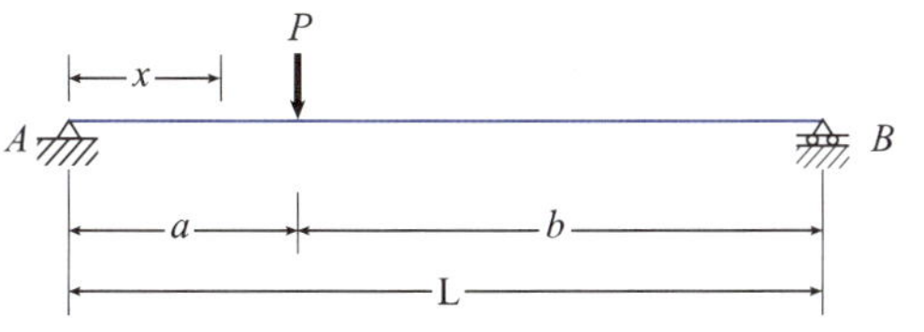

[그림 2.5.2.11] 처짐계산에 대한 차륜하중 재하

b. 표준차로하중과 조합된 표준트럭하중의 25%에 의해 얻은 처짐

$$\text{트럭의 25\%} : 0.25(\triangle_{CL\ Tr}) = 0.25(5.72) = 1.43\ \text{mm}$$

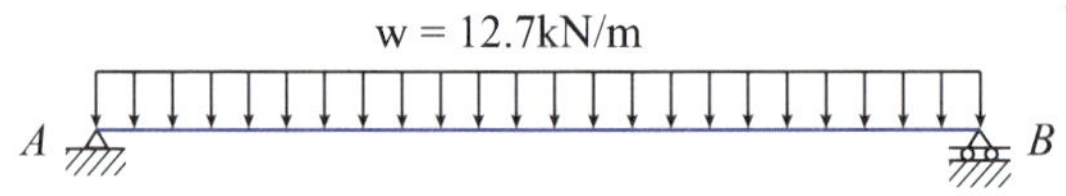

[그림 2.5.2.12] 처짐계산에 대한 차로하중 재하

차로하중에 의한 처짐은 다음과 같이 구해진다.

$$\triangle_{CL\ lane} = \frac{5}{384}\frac{wL^4}{EI} = \frac{5}{384}\frac{(0.5)(12.7)(10{,}670)^4}{(200{,}000)(3{,}620\times10^6)} = 1.48\ \text{mm}$$

$$\triangle_{CL} = 25\%\triangle_{CL\ Tr} + \triangle_{CL\ lane} = 1.43 + 1.48 = 2.91\ \text{mm}$$

$$\therefore\ \triangle_{CL\ Tr} = 5.72\ \text{mm},\quad \text{조정}$$

$$\triangle_{CL} = 5.72\ \text{mm} < \triangle_{all} = 13\ \text{mm},\quad \text{OK}$$

3. 사용한계상태에 따른 영구처짐의 제한

정모멘트에 의한 플랜지 응력은 다음을 만족해야 한다.
비합성단면의 상하 플랜지[LSD 식 (6.10.67)]
설계하중에 의해서 발생하는 합성단면의 플랜지의 탄성응력 f_f은 다음을 만족하여야 같다.

$$f_f \le 0.95R_hF_{yf} = 0.95(1.0)(355) = 337\ \text{MPa}$$

여기서, 균질단면에 대해 $R_h = 1.0$, 플랜지의 항복강도 $F_{yf} = 355$ MPa이다.
외측거더 105 위치에서 사용한계상태 II에서 최대모멘트 M_{105}는 다음과 같다.

$$M_{105} = 1.0(M_{DC} + M_{DW} + M_B) + 1.3(M_{LL+IM})$$

이들 모멘트로부터 계산된 응력은 [표 2.5.2.11]와 [표 2.5.2.12]에 정리되었다.

[표 2.5.2.11] 사용한계상태 II에 의한 강거더의 상단에서 압축응력(내측거더)

하중	M_{DC}	M_{DW}	M_B	$1.3M_{LL+IM}$	S_t 강재	S_t 합성	응력(MPa)
DC	201.155				-2.755×10^6		-73.0
DW		58.760				-32.78×10^6	-1.8
B			22.812			-32.78×10^6	-0.7
LL+IM				900.453		154.00×10^6	5.8
Σ							-69.7

$f_{cf} = 69.7\ \text{MPa} < 0.95R_hF_{yc} = 0.95(1.0)(355) = 337\ \text{MPa}$, OK

[표 2.5.2.12] 사용한계상태 II에 의한 강거더의 하단에서 인장응력(내측거더)

하중	M_{DC}	M_{DW}	M_B	$1.3M_{LL+IM}$	S_t 강재	S_t 합성	응력(MPa)
DC	201.155				3.490×10^6		57.6
DW		58.760				5.227×10^6	11.2
B			22.812			5.227×10^6	4.4
LL+IM				900.453		5.690×10^6	158.3
$\sum$							231.5

$f_{tf} = 231.5\ \text{MPa} < 0.95R_hF_{yc} = 0.951.0(355) = 337\ \text{MPa}$, OK

4. 시공에 필요한 검토

a. 고정하중에 대한 솟음

고정하중에 의한 처짐의 보정 및 현장에서의 원활한 부재조립을 위하여 부재의 제작시 솟음을 설치해야 한다. 내측 및 외측 거더에 대해 처짐을 계산한다.

$$\triangle_{CL} = \frac{5}{384}\frac{w_D L^4}{EI} = \frac{5}{384}\frac{w_D(10{,}670)^4}{(200{,}000)I} = (843.9\times10^6)\frac{w_D}{I}$$

[표 2.5.2.3]과 [표 2.5.2.4]으로부터 고정하중 w_D을 대입하고, 앞의 I.6.c에서 장기하중에 대해 결정된 단면2차모멘트 I를 사용하여 지간중앙의 처짐을 계산하여 [표 2.5.2.13]과 [표 2.5.2.14]에 정리하였다. 모든 거더에 대해 14.4-mm 솟음을 준다.

[표 2.5.2.13] 고정하중에 의한 내측거더의 처짐

하중	w (kN/m)	I (mm^4)	$\triangle_{CL}$(mm)
DC	14.135	943.7×10^6	12.6
DW	4.129	$2{,}763.4\times10^6$	1.3
B	1.603	$2{,}763.4\times10^6$	0.5
$\sum$			14.4

[표 2.5.2.14] 고정하중에 의한 외측거더의 처짐

하중	w (kN/m)	I (mm^4)	$\triangle_{CL}$(mm)
DC	13.708	943.7×10^6	12.3
DW	2.810	$2{,}763.4\times10^6$	0.9
B	1.603	$2{,}763.4\times10^6$	0.5
$\sum$			13.7

5. 다이아프램

교량의 단부 및 내부지점과 지간 중간부에는 필요에 따라 다이아프램이나 수직브레이싱을 설치해야 한다. 모든 시공단계 및 사용단계에서 다이아프램이나 수직브레이싱의 필요성을 다음

과 같이 검토한다.

- 주형의 아랫부분에서 바닥틀로, 그리고 바닥틀에서 받침부로 횡방향 풍하중의 전달
- 모든 하중에 대한 압축플랜지의 안정성
- 콘크리트 바닥판이 양생되기 이전의 상부압축플랜지의 안정성
- 수직방향의 고정하중 및 활하중의 분배

사용단계에서 필요한 다이아프램이나 수직브레이싱 이외에도 시공 중 필요시에는 임시로 브레이싱을 설치한다.

수직브레이싱이나 다이아프램이 하중을 받는 경우에는 이에 대응하도록 설계해야 한다. 적어도 다이아프램이나 수직브레이싱은 [LSD 4.6.8]에 따라 풍하중을 전달할 수 있도록 설계해야 하며, [LSD 6.8.4 또는 6.9.3]에 규정된 세장비 규정을 만족시켜야 한다. 압연거더에 설치되는 다이아프램이나 수직브레이싱의 높이는 거더 높이의 1/2 이상으로 한다.

a. 중간 다이아프램

지간의 중앙에 C-380×50 내측 다이아프램을 설치한다. $A_s = 6{,}430\ \text{mm}^2$, $L_b = 5.335\ \text{m}$ 거더의 바닥 1/2에서 작용하는 풍하중은 바닥플랜지에 전달된다.

$$w_{Bot} = \frac{\gamma P_D d}{2} = \frac{1.4(0.0024)(750)}{2} = 1.26\ \text{N/mm}$$

$$P_{w\,Bot} = w_{Bot} L_b = (1.26)(5.335) = 6.7\ \text{kN}$$

나머지 풍하중은 바닥 다이아프램으로 교대로 전달된다. 단부 반력은 6개 거더 전체로 전달된다.

$$\begin{aligned} P_{w\,Top} &= [\gamma P_D D - w_{Bot}]\left[\frac{L_b}{6\ \text{girders}}\right] \\ &= [1.4(0.0024)(1819) - 1.26]\left[\frac{5.335}{6\ \text{girders}}\right] = 5\ \text{kN} \end{aligned}$$

$$F_{u\,D} = P_{w\,Bot} + P_{w\,Top} = 6.7 + 5 = 11.7\ \text{kN}$$

압축강도

브레이싱 : $\dfrac{Kl}{r_y} = \dfrac{1.0(2{,}440)}{22.9} = 107 \le 140$

$$\lambda = \left(\frac{Kl}{r_s \pi}\right)^2 \frac{F_y}{E} = \left(\frac{1.0(2{,}440)}{22.9\pi}\right)^2 \frac{235}{200{,}000} = 1.35 < 2.25$$

$$P_n = 0.66^{\lambda} F_y A_s = 0.66^{1.35}(235)(6{,}430)(10^{-3}) = 862\ \text{kN}$$

$$P_r = \phi_c P_n = 0.9(862) = 776\ \text{kN} > P_{w\,Bot} = 6.7\ \text{kN}, \quad \text{OK}$$

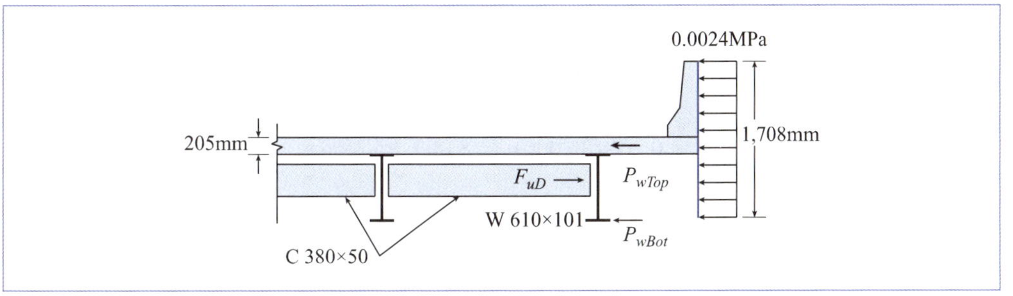

[그림 2.5.2.13] 외측에 작용하는 풍하중

b. 단부 다이아프램

모든 힘들은 받침으로 충분히 전달되어야 한다.

$$P_r = 776 \text{ kN} > P_{uD} = 11.7 \text{ kN}, \quad \text{OK}$$

내측 다이아프램과 같이 C-380×50을 사용한다.
모든 다이아프램에 대해 C-380×50을 사용한다.

6. 수평브레이싱

모든 시공단계나 사용단계에서 수평브레이싱의 필요성을 반드시 검토하고, 필요시 플랜지면 근처에 수평브레이싱을 설치한다. 수평브레이싱의 필요성을 검토할 때 다음 사항을 고려한다.

- [LSD 4.6.8]에 규정된 횡방향 풍하중의 받침부로의 전달
- [LSD 4.6.9]에 규정된 횡방향 하중의 전달
- 제작, 가설 및 바닥틀의 설치 시에 발생하는 변형 방지

수평브레이싱은 거더를 따라 1/4 위치에 수평브레이싱을 설치한다. 모든 수평브레이싱에 대해 C-380×50을 사용한다.

7. 피로 및 파단의 검토

강교량 구조상세에 대한 피로설계시 고려해야 할 응력은 활하중에 의해 발생된 응력범위이다. 피로한계는 기대응력범위의 반복 횟수에서 발생하는 단일 피로설계트럭에 의한 응력 범위를 제한하는 것으로 규정한다. 파단한계는 재료인성요구사항으로 규정한다. 피로의 영향을 검토하는 경우의 활하중은 LSD에서 규정된 표준트럭하중의 80%를 적용한다.

a. 응력 사이클

(한 방향 도시 간 교통으로 한 방향 일일트럭교통량ADT는 20,000대로 가정하였다.)
피로하중의 빈도는 단일차로의 일평균트럭교통량($ADTT_{SL}$)에 대한 확실한 정보가 없을 때는 본문 식 (3.6.2)의 차로당 통행비율을 적용하여 산정할 수 있다. 즉,

$$\text{ADTT}_{SL} = \text{p} \times \text{ADTT}$$

여기서, ADTT = 한 방향 일일트럭교통량의 설계수명기간동안 평균값

= 0.2(2)(20,000) = 8,000 trucks/day

p = 2차로 0.85

ADTT_{SL} = p × ADTT 한 방향 한 차로의 일일트럭교통량의 설계수명기간동안 평균값

= 0.85(8,000) = 6.800 trucks/day

사이클 수 N은 100년 설계수명에 대해 다음과 같이 계산된다.

$$N = (365)(100)n(ADTT)_{SL} = (365)(100)(2.0)(6{,}800) = 496.4 \times 10^6 \text{ cycles}$$

b. 허용피로응력범위 – Category A(피로 진폭 한계값 165MPa)

이후에 규정된 것을 제외한 공칭피로강도는 다음과 같이 구한다.

$$(\triangle F)_n = \left(\frac{A}{N}\right)^{\frac{1}{3}} = \left(\frac{8.2 \times 10^{12}}{496.4 \times 10^6}\right)^{\frac{1}{3}} = 25.5 < \frac{1}{2}(\triangle F)_{TH} = \frac{1}{2}(165) = 82.5 \text{ MPa}$$

그러므로 $(\triangle F)_n = 82.5 \text{ MPa}$

c. 최대응력범위

(하중계수를 적용하지 않은 고정하중이 압축응력을 발생시키는 부분의 경우, 이 압축응력이 [LSD 표 3.4.1]에 규정된 피로한계상태조합으로 인한 최대 활하중 인장응력의 2배보다 작은 경우에만 피로 문제를 고려한다. 그러나 응력범위는 피로강도를 2로 나누었기 때문에 2를 곱할 필요가 없다.)

피로의 영향을 검토하는 경우의 활하중은 LSD에서 규정된 표준트럭하중의 80%를 적용한다.

피로에 대해, $U = 0.75(M_{LL+IM})$

피로에 대한 충격하중계수, $IM = 15\%$

M_{LL+IM}은 다차로재하계수가 없는 외측거더에서 최대이다.

$$M_{LL+IM} = 0.671[(0.8)(681)(1.15)]/0.9 = 467 \text{ kN} \cdot \text{m}$$

$$M_{fatigue} = 0.75(467) = 350 \text{ kN} \cdot \text{m}$$

$$f = \frac{M_{fatigue}}{S_x} = \frac{350 \times 10^6}{5.690 \times 10^6} = 61.5 \text{ MPa} < (\triangle F)_n = 82.5 \text{ MPa}, \quad \text{OK}$$

8. 전단연결재

합성단면에서, 스터드나 ㄷ 형강의 전단연결재는 콘크리트 바닥판과 강재단면 사이의 내부전단에 저항하기 위해 설치한다. 단경간 합성교는 지간길이 전체에 걸쳐 전단연결재를 설치한다.

스터드 전단연결재의 줄기 지름은 19 mm, 22 mm 및 25 mm를 표준으로 하며 재질은 KS B 1062(머리붙이 스터드)를 따른다. 스터드 전단연결재의 항복강도 $F_y = 235$ MPa 이상, 인장강도 $F_u = 400$ MPa 이상으로 한다. 여기서는 지름은 19 mm 스터드, 100 mm 높이를 사용하고, 높이/지름 비는 다음과 같다.

$$\frac{100}{19} = 5.26 > 4\,,\qquad \text{OK [LSD 6.10.7.4(1)①]}$$

a. 횡방향 간격[LSD 6.10.7.4(1)③]

전단연결재는 상부플랜지의 횡방향으로 배치되며 규칙적이거나 다양한 간격을 갖는다. 스터드전단연결재는 거더직각방향으로 스터드의 중심과 중심 사이의 간격이 스터드 직경의 4배 이상이어야 한다. 상부플랜지의 연단과 가장 인접한 전단연결재 간의 연단거리는 25 mm 이상이어야 한다.

b. 덮개와 관입[LSD 6.10.7.4(1)④]

전단연결재 위의 콘크리트 피복 덮개 높이는 50 mm 이상이어야 한다. 전단연결재는 적어도 50 mm를 슬래브 내부로 관입시켜야 한다.

c. 전단연결재의 피로강도[LSD 6.10.7.4(2)]

전단연결재의 피로강도 Z_r은 아래와 같이 구한다.

$$Z_r = \alpha d^2 \quad \geq \frac{38.0d^2}{2}$$

$$\alpha = 238 - 29.5\ \log N$$

여기서, $d = 19$ mm, 스터드의 직경(mm), N=[LSD 6.6.1.2(5)]에 규정된 반복하중 수이다. 사이클 수 N은 100년 설계수명에 대해 다음과 같이 계산된다.

$$N = (365)(100)n(ADTT)_{SL} = (365)(100)(2.0)(6{,}800) = 496.4 \times 10^6 \text{ cycles}$$

$$\alpha = 238 - 29.5\ \log N = 238 - 29.5\ \log(496.4 \times 10^6) = -18.5$$

[LSD 6.10.7.4(2)]에 의해 결정된 전단연결재 한 개의 전단피로저항강도.

$$Z_r = \frac{38.0d^2}{2} = \frac{38.0(19)^2}{2} = 6{,}859\ \text{N}$$

거더방향으로 배치된 전단연결재의 피치 p는 다음 조건을 만족해야 한다[LSD 식 (6.10.90)].

$$p = \frac{n\,Z_r\,I}{V_{st}\,Q}$$

여기서, $n = 3$, 횡 단면으로 배치된 전단연결재의 개수,

$I = 3,620 \times 10^6 \text{ mm}^4$, 단기합성단면의 단면2차모멘트,

$Q =$ 단기합성단면의 중립축에 대한 바닥판 환산단면적의 단면1차모멘트(mm^3),

$$= t_s\left(\frac{b}{n}\right)\left(y_t + t_h + \frac{t_s}{2}\right)$$

$$= (190)\left(\frac{2,290}{8}\right)\left(-20.5 + 25 + \frac{190}{2}\right) = 5.410 \times 10^6 \text{ mm}^3$$

$V_{st} =$ 피로한계상태에 대한 LL+IM(활하중+충격)하의 전단력 발생범위(N)

전단력 발생범위 V_{st}는 규정된 점에서 전단력의 최대차이이다. 전단력 발생범위는 피로에 대해 충격계수(1.15), 다차로재하계수가 없는 한 설계차로하중(외측거더에 대해 0.671/0.9)에 대한 최대분배계수, 그리고 피로한계상태에 대해 하중계수(0.75)로 곱한 피로트럭에 의해 그 점에서 정(+) 및 부(+) 전단에서 차이로 계산된다. 9번째 점에서 전단범위와 필요한 피치는 [표 2.5.2.15]에서 찾을 수 있다. 피치 열에서 값은 특정한 위치에서 최대허용간격이다. 이 값은 지간중앙(위치 105)에 대해 대칭이다.

[표 2.5.2.15] 피로하중과 필요한 전단력에 대한 전단력의 범위

위치	계수 없는 최대 정(+) 전단력, kN	계수 없는 최대 부(−) 전단력, kN	전단력의 범위 V_{sr} (kN)	피치(mm)
100	173	0	111.2	124
101	154	−16	109.3	126
102	135	−30	106.1	130
103	117	−46	104.8	131
104	98	−60	101.6	136
105	79	−79	101.6	136

다음은 위치 101에서 전단범위에 대해 피치의 계산예를 나타내었다.

$$V_{sr} = [154 - (-16)](1.15)(0.671/0.9)(0.75) = 109.3 \text{ kN}$$

$$p = \frac{n Z_r I}{V_{sr} Q} = \frac{3(6,859)(3,620 \times 10^6)}{V_{sr}(5.41 \times 10^6)} = \frac{13.769 \times 10^3}{V_{sr}}$$

전단연결재의 중심과 중심사이의 피치는 $6d_s = 6 \times 19 = 114 \text{ mm} < 600 \text{ mm}$, OK

횡방향으로 3개의 전단연결재를 전 지간을 따라 120 mm의 피치로 설치한다.

d. 극한한계상태

전단연결재의 설계강도는 다음과 같다 [LSD 식 (6.10.94)].

$$Q_r = \phi_{se} Q_n$$

여기서, $Q_n = 0.5 A_{sc}\sqrt{f_{ck}E_c} \le A_{sc}F_u$, [LSD 6.10.7.4(4)③]에 규정된 공칭전단강도(N),

$\phi_{se}=0.85$, [LSD 6.10.7.4(4)①]에 규정된 전단연결재에 대한 저항계수이다.

$$A_{sc}=\frac{\pi d^2}{4}=\frac{\pi(19)^2}{4}=284\ \mathrm{mm}^2$$

$$E_c=4{,}800\sqrt{f_{ck}}=4{,}800\sqrt{30}=26{,}291\ \mathrm{MPa}$$

$$Q_n=0.5A_{sc}\sqrt{f_{ck}E_c}=0.5(284)\sqrt{30(26.291)}(10^{-3})=126\,\mathrm{kN}$$

$$A_{sc}F_u=(284)(400)(10^{-3})=114\ \mathrm{kN}>126\ \mathrm{kN}$$

$$Q_n=114\ \mathrm{kN}$$

$$Q_r=\phi_{se}Q_n=0.85(114)=97\ \mathrm{kN}$$

최대 정모멘트의 단면과 양측으로 인접한 모멘트가 0이 되는 구간 또는 내부지점부의 중심에서 양쪽으로 인접한 모멘트가 0인 지점 구간에서의 전단연결재의 개수 n는 다음 식보다 많아야 한다[LSD 식 (6.10.95)].

$$n=\frac{V_h}{Q_r}$$

$$V_h=\min\begin{cases}0.85\ f_{ck}bt_s=0.85(30)(2{,}290)(190)(10^{-3})=11{,}095\ \mathrm{kN}\\ A_sF_y=(12{,}900)(235)(10^{-3})=3{,}032\ \mathrm{kN}\end{cases}$$

그러므로, 공칭수평전단력 $V_h=3{,}032\,kN$을 사용한다.

$$n=\frac{V_h}{Q_r}=\frac{3{,}032}{97}=31$$

그러므로, 극한한계상태에서 지간의 반에 최소 31개의 전단연결재가 필요하다. 이 조건은 피로강도에 대해 필요한 횡방향으로 3개의 전단연결재를 전 지간을 따라 120 mm의 피치로 설치하는 것을 만족한다. 결국 횡방향으로 3개의 전단연결재를 전 지간을 따라 [그림 2.5.2.14]에 나타낸 바와 같이 배치하였다.

K. 설계스케치

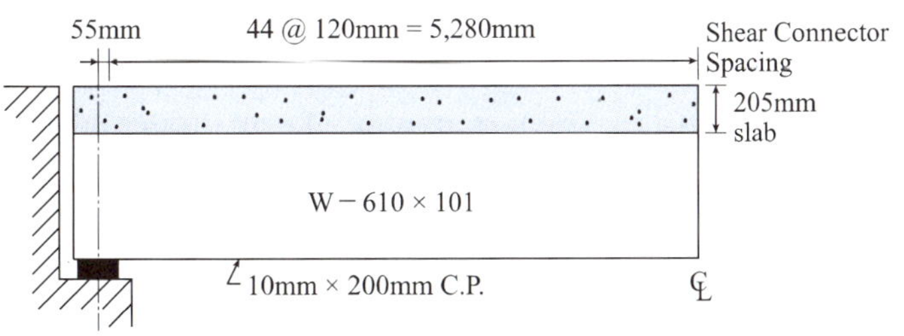

[그림 2.5.2.14] 합성 압연강 거더의 설계스케치

2.5.3 합성 플레이트 연속거더교의 설계 - 적용예 (14)
(Design of Composite Continuous Steel Plate Girder Bridge)

[그림 2.5.3.1]에 나타낸 차도의 폭이 13,420 mm인 **합성 플레이트 연속거더교**(30m-36m-30m)를 LSD **차량활하중**('KL-510', 2015 **한계상태설계법**)으로 설계하라. RC T형보의 바닥판슬래브의 예제에서와 같이 차량활하중, 장래 마모에 대해 추가포장, 바닥판슬래브를 지지하는 거더는 간격 S=2,440 mm으로 되어 있다. 거더 간격의 0.4배 정도를 내민보의 폭으로 사용하고, 콘크리트면의 15 mm가 마모되는 것으로 보고, 장래에 추가로 75 mm의 역청재를 포장하는 것으로 한다. 콘크리트 28일 압축강도 f_{ck} = 30 MPa, 보강재용 구조용 강재는 SM400(F_y=235 MPa, F_u=400 MPa), 거더의 강재는 SM520(F_y=355 MPa, F_u=520 MPa)을 사용한다.

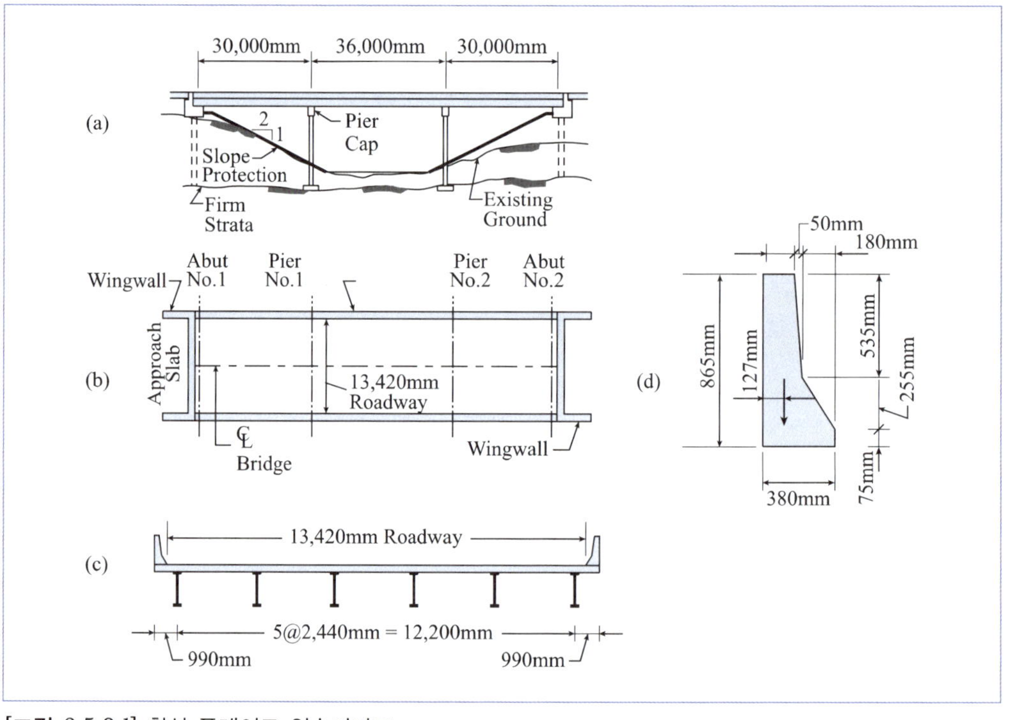

[그림 2.5.3.1] 합성 플레이트 연속거더교

A. 일반단면도

이 교량은 장마철에는 고수위가 흘러 일반 저수위 때에만 고속도로교통을 통과시킨다[그림 2.5.3.1].

1. 차도의 폭 : 양측 연석사이가 13,420 mm
2. 경간 배치 : 30,000 mm - 36,000 mm - 30,000 mm
3. 교량 형식 : 합성 플레이트 거더

B. 대표적 단면 및 설계기초

1. 플레이트 거더

a. 일반사항과 다음사항에 대한 휨부재설계

- 극한한계상태[LSD 6.10.4]
- 영구처짐에 대한 사용한계상태[LSD 6.10.5]
- 구조상세에 관한 피로 및 파괴한계상태[LSD 6.6.1.2 및 6.10.6]
- 전단에 대한 극한한계상태[LSD 6.10.7]
- 시공성[LSD 6.10.3.2]

b. 휨 부재를 구성하는 요소의 단면비[LSD 6.10.2.1)]

$$0.1 \leq \frac{I_{yc}}{I_y} \leq 0.9 \tag{6.10.1}$$

여기서, I_y = 복부판 중심선의 수직축에 관한 단면 2차모멘트(mm^4), I_{yc} = 복부판 중심선의 수직축에 관한 압축플랜지의 단면 2차모멘트(mm^4)이다.

2. 탄성해석 및 비탄성해석

탄성해석이 적용된다. 지간은 단순한 거더로 보고 모멘트재분배는 사용되지 않는다.

3. 균질 또는 하이브리드

플레이트 거더는 균질하다(플랜지와 복부판은 동일한 재료이고 같은 강도를 갖는다). 균질인 단면에 대한 하이브리드계수 $R_h = 1.0$. 압축플랜지에 대해 복부판이 다음에 나타낸 [LSD 식 (6.10.60)]을 만족하거나 혹은 한 개 또는 두 개의 수평보강재가 설치된 복부판이 [LSD 식 (6.10.61)]을 만족하면 $R_b = 1.0$을 사용한다[LSD 6.10.4.3(2)①].

$$\frac{2D_c}{t_w} \leq \lambda_b \sqrt{\frac{E}{f_c}} \tag{6.10.60}$$

$$\frac{D_c}{t_w} \leq 1.01 \sqrt{\frac{E\,k}{f_c}} \tag{6.10.61}$$

그 밖의 경우에는 아래와 같이 구한다.

$$R_b = 1 - \left(\frac{a_r}{1,200 + 300a_r}\right)\left(\frac{2D_c}{t_w} - \lambda_b \sqrt{\frac{E}{f_c}}\right) \tag{6.10.62}$$

여기서,

$$\frac{d_s}{D_c} \geq 0.4 \text{ 이면,} \qquad k = 5.17\left(\frac{D}{d_s}\right)^2 \geq 9.0\left(\frac{D}{D_c}\right)^2 \geq 7.2 \tag{6.10.63}$$

$$\frac{d_s}{D_c} < 0.4 \text{ 이면,} \qquad k = 11.64\left(\frac{D}{D_c - d_s}\right)^2 \geq 9.0\left(\frac{D}{D_c}\right)^2 \geq 7.2 \tag{6.10.64}$$

$$a_r = \frac{2D_c t_w}{A_c} \tag{6.10.65}$$

여기서, $\lambda_b = 5.76$ (D_c가 $D/2$ 이하인 경우), $\lambda_b = 4.64$ (D_c가 $D/2$ 보다 큰 경우), f_c = 설계하중에 의한 압축플랜지의 응력(MPa), A_c = 압축플랜지 단면적(mm^2), d_s = 수평보강재 중심선과 압축플랜지 안쪽 면 사이의 거리(mm), D_c = 탄성범위에서 압축을 받는 복부판 높이(mm)이다.

인장플랜지의 경우는 $R_b = 1.0$을 취한다.

C. 바닥슬래브의 전통적 설계[LSD 5.12.5.3]

이 교량의 RC 바닥판 슬래브는 『콘크리트교의 해석 및 설계』에서 제4편 제2장 2.2.4.1절의 예제에서 설계되었다. 바닥판슬래브의 설계스케치는 [그림 2.2.4.1.16]과 [그림 2.2.4.1.17]에 주어져 있다.

D. 저항계수[LSD 6.5.4.2]

극한한계상태에 대한 저항계수 ϕ는 다음 값을 취한다.

- 휨에 대해 $\phi_f = 1.00$
- 전단에 대해 $\phi_v = 1.00$
- 축압축에 대해 $\phi_c = 0.90$
- 전단연결재에 대해 $\phi_{sc} = 0.85$

E. 하중수정계수[LSD 1.3]

용접 플레이트 거더는 연성으로 고려되었다. 교량의 다거더와 연속은 여용성으로 나누어진다. 도시간 교통통행은 중요하다.

	극한강도한계상태	사용한계상태	피로한계상태	
1. 연성, η_D	0.95	1.0	1.0	LSD 1.3.3
2. 여용성, η_R	0.95	1.0	1.0	LSD 1.3.4
3. 중요도, η_I	1.05	N/A[a]	N/A	LSD 1.3.5
$\eta_i = \eta_D \eta_R \eta_I \geq 0.95$	0.95	1.0	1.0	

N/A[a] 적용하지 않음

$$\eta = \eta_D \, \eta_R \, \eta_I = (0.95)(0.95)(1.05) = 0.95$$

여기서, $\eta_D = 0.95$: 이 설계기준이 요구하는 것 이외의 추가 연성보강장치가 규정되어 있는 구성요소 및 연결부[LSD 1.3.3], $\eta_R = 0.95$: 특별한 여용수준[LSD 1.3.4], $\eta_I = 1.05$: 중요 교량[LSD 1.3.5]이다.

F. 하중조합

하중계수를 고려한 총 설계하중은 다음과 같이 결정된다[LSD 3.4.2].

$$U = \eta \sum \gamma_i Q_i \le \phi R_n = R_r \tag{3.4.1}$$

여기서, η = 하중수정계수([LSD 1.3.2항] 참조), γ_i = 하중계수, Q_i = 하중효과, ϕ = 재료저항계수, R_n = 공칭강도, R_r = 보정된 저항(=ϕR_n)이다([LSD 표 3.4.1], [LSD 표 3.4.2], [LSD 제5장-제7장] 참조).

$$U = \eta \sum \gamma_i Q_i = \eta [\gamma_p DC + \gamma_p DW + \gamma_p (LL + IM) + \gamma_p WS + \gamma_p WL + \gamma_p FR + \gamma_{TG} TG]$$

1. **극한한계상태 하중조합 I** – 일반적인 차량통행을 고려한 기본하중조합. 이때 풍하중은 고려하지 않는다.

$$U_L = \eta \sum \gamma_i Q_i = (0.95)[1.25DC + 1.5DW + 1.8(LL + IM) + 1.0FR + \gamma_{TG} \cdot TG]$$

2. **사용한계상태 하중조합 I** – 교량의 정상 운용 상태에서 발생 가능한 모든 하중의 표준값과 25 m/s의 풍하중을 조합한 하중상태이며, 교량의 설계 수명 동안 발생 확률이 매우 적은 하중조합.

$$U_S = \eta \sum \gamma_i Q_i = (1.0)[DC + DW + (LL + IM)]$$

3. **사용한계상태 하중조합 II** – 차량하중에 의한 강구조물의 항복과 마찰이음부의 미끄러짐에 대한 하중조합.

$$U_S = \eta \sum \gamma_i Q_i = (1.0)[1.0(DC + DW) + 1.3(LL + IM)]$$

4. **피로 및 파괴한계상태 하중조합** – [LSD 3.6.2항]에 규정되어 있는 피로설계트럭하중을 이용하여 반복적인 차량하중과 동적응답에 의한 피로파괴를 검토하기 위한 하중조합.

$$U_F = \eta \sum \gamma_i Q_i = (1.0)[0.75(LL + IM)]$$

G. 설계차량하중[LSD 3.6.1.3]

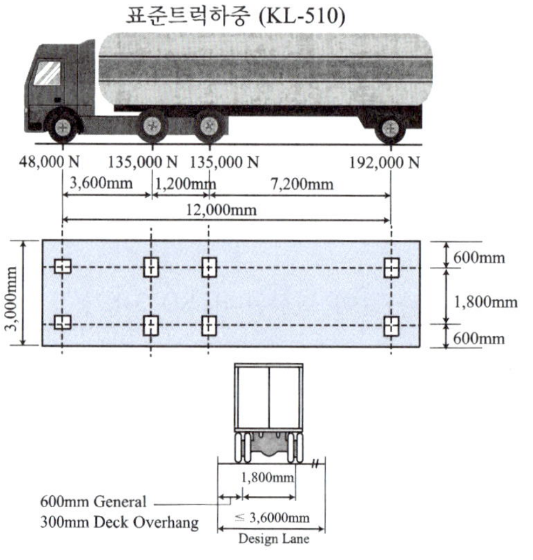

(a) 표준트럭하중

$L \le 60\text{m}$	$\omega = 12.7(\text{kN/m})$
$L \ge 60\text{m}$	$\omega = 12.7 \times \frac{60}{L}^{0.10}(\text{kN/m})$

L : 표준차로하중이 재하되는 부분의 지간

(b) 표준차로하중

[그림 2.5.3.2] 설계 차량활하중 'KL-510'

1. 설계차로 수[LSD 3.6.1.1]

$$N_L = int(W/3{,}600) = int(13{,}420/3{,}600) = 3$$

2. 다차로재하계수[LSD 표 3.6.2]

재하차로의 수	다차로재하계수'm'
1	1.0
2	0.9
3	0.8
4	0.7
5 이상	0.65

3. 충격하중계수, IM [LSD 표 3.7.1]

성 분		IM
바닥판 신축이음 장치를 제외한 모든 다른 부재	피로한계상태를 제외한 모든 한계상태	25%
	피로한계상태	15%

- 충격하중은 보도하중이나 표준차로하중에는 적용되지 않는다.

4. 모멘트에 대한 분배계수

적용 : 일정한 바닥판의 폭, 적어도 유사한 강성의 4개의 평행한 보, 내민보의 차도부분[그림 2.5.3.3]의 길이 d_e는 다음과 같다.

$$d_e = 990 - 380 = 610\ \text{mm} < 910\ \text{mm},\ \ \text{OK}$$

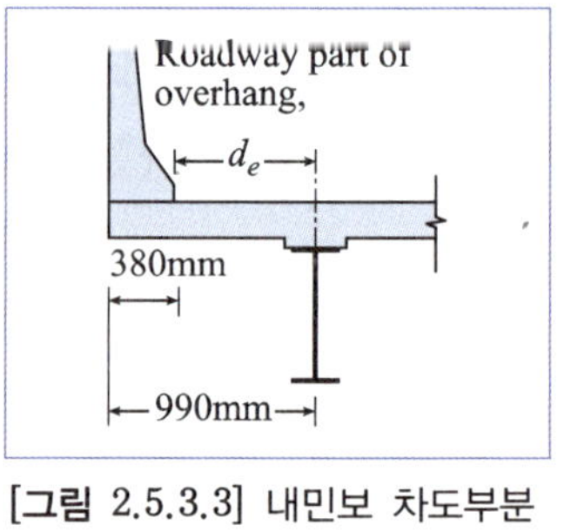

[그림 2.5.3.3] 내민보 차도부분

[LSD 표 4.6.3]에 나타낸 상부구조 형식으로부터 전형적인 단면 형상 (a), 바닥판 지지 유형-강재 거더, 바닥판형태 - 현장타설 콘크리트 슬래브, 프리캐스트콘크리트 슬래브, 강재격자).

$1{,}100 \text{ mm} < S = 2{,}440 \text{ mm} < 4{,}900 \text{ mm}$

$6{,}000 \text{ mm} < L = 36{,}000 \text{ mm}$ 또는 $30{,}000 \text{ mm} < 73{,}000 \text{ mm}$

거더의 수 $N_b = 6 > 4$

모멘트에 대한 분배계수는 내측거더는 [LSD 표 4.6.4], 외측거더는 [LSD 표 4.6.5]을 사용하여 결정한다. 그러므로, 설계 파라메타는 범위 내에 있고, 근사법은 강거더 단면위의 콘크리트 바닥판에 적용된다. (주의 : 정수는 $t_s = 205 \text{ mm}$을 기본으로 하고, 장래 15 mm가 마모되어 두께가 줄어든 바닥판 두께 $t_s = 205 - 15 = 190 \text{ mm}$를 사용하게 된다.)

a. 내측거더

종방향 강성도 변수 K_g는 다음과 같이 주어진다[LSD 4.6.3.2].

$$K_g = n(I + A\, e_g^2)$$

기본 설계 시 $K_g/(L\, t_s^3)$은 일관성을 갖는다. 그러나 상부구조를 설계한 후에 이 값은 주어진 지간에 대해 바뀌고 재평가 된다. K_g의 값은 단면정수가 다르므로 정(+)과 부(−) 모멘트 영역에서 서로 다르다. 부(−) 휨모멘트 단면에 대해

$A = 45{,}600 \text{ mm}^2$, (본 적용예의 [표 2.5.3.4]에서)

$I = 25.928 \times 10^9 \text{ mm}^4$, (본 적용예의 I.3.에서)

$e_g = y_{Top\ of\ steel} + Haunch + t_s/2$

$\quad = 930 + 25 + 205/2 = 1{,}057.5 \text{ mm}$, (본 적용예의 I.3.에서)

$n = 8$ ($f_{ck} = 30 \text{ MPa}$에 대해)

$K_g = n(I + A\, e_g^2) = 8(25.928 \times 10^9 + 45{,}600 \times 1{,}057.5^2) = 615.382 \times 10^9 \text{ mm}^4$

$K_g/(L\, t_s^3) = 615.382 \times 10^9/(L \times (205)^3) = 71.43 \times 10^3/L$

정(+) 휨모멘트 단면에 대해

$A = 32{,}500 \text{ mm}^2$, (본 적용예의 [표 2.5.3.11]에서)

$I = 16.894 \times 10^9 \text{ mm}^4$, (본 적용예의 J.1.에서)

$e_g = y_{Top\ of\ steel} + Haunch + t_s/2$

$\quad = 1{,}069.8 + 25 + 205/2 = 1{,}197.3 \text{ mm}$, (본 적용예의 J.1.에서)

$n = 8$ ($f_{ck} = 30 \text{ MPa}$에 대해)

$K_g = n(I + A\, e_g^2) = 8(16.894 \times 10^9 + 32{,}500 \times 1{,}197.3^2) = 507.87 \times 10^9 \text{ mm}^4$

$$K_g/(L\,t_s^3) = 507.87 \times 10^9/(L \times (205)^3) = 58.95 \times 10^3/L$$

$$mg_M^{SI} = 0.83\left[0.06 + \left(\frac{S}{4,300}\right)^{0.4} \times \left(\frac{S}{L}\right)^{0.3}\left(\frac{K_g}{L\,t_s^3}\right)^{0.1}\right]$$

$$mg_M^{MI} = 0.9\left[0.075 + \left(\frac{S}{2,900}\right)^{0.6} \times \left(\frac{S}{L}\right)^{0.2}\left(\frac{K_g}{L\,t_s^3}\right)^{0.1}\right]$$

여기서, $mg=$ 다차로 계수를 포함한 거더 분배계수, $SI=$ 한개 설계차로(내측), $MI=$ 다차로설계차로 (내측), $M=$ 모멘트.

정(+) 휨모멘트 단면에 대해

$$mg_M^{SI} = 0.83\left[0.06 + \left(\frac{S}{4,300}\right)^{0.4} \times \left(\frac{S}{L}\right)^{0.3}\left(\frac{58.95 \times 10^3}{L}\right)^{0.1}\right]$$

$$mg_M^{MI} = 0.9\left[0.075 + \left(\frac{S}{2,900}\right)^{0.6} \times \left(\frac{S}{L}\right)^{0.2}\left(\frac{58.95 \times 10^3}{L}\right)^{0.1}\right]$$

부(−) 휨모멘트 단면에 대해

$$mg_M^{SI} = 0.83\left[0.06 + \left(\frac{S}{4,300}\right)^{0.4} \times \left(\frac{S}{L}\right)^{0.3}\left(\frac{71.43 \times 10^3}{L}\right)^{0.1}\right]$$

$$mg_M^{MI} = 0.9\left[0.075 + \left(\frac{S}{2,900}\right)^{0.6} \times \left(\frac{S}{L}\right)^{0.2}\left(\frac{71.43 \times 10^3}{L}\right)^{0.1}\right]$$

$S = 2,440\ \text{mm}$, $L_1 = 30,000\ \text{mm}$ 일 때, 정(+) 휨모멘트 단면에 대해

$$mg_M^{SI} = 0.83\left[0.06 + \left(\frac{2,440}{4,300}\right)^{0.4} \times \left(\frac{2,440}{30,000}\right)^{0.3}\left(\frac{58.95 \times 10^3}{30,000}\right)^{0.1}\right] = 0.383$$

$$mg_M^{MI} = 0.9\left[0.075 + \left(\frac{2,440}{2,900}\right)^{0.6} \times \left(\frac{2,440}{30,000}\right)^{0.2}\left(\frac{58.95 \times 10^3}{30,000}\right)^{0.1}\right] = 0.593$$

$L_{ave} = 33,000\ \text{mm}$ 일 때, 부(−) 휨모멘트 단면에 대해

$$mg_M^{SI} = 0.83\left[0.06 + \left(\frac{2,440}{4,300}\right)^{0.4} \times \left(\frac{2,440}{33,000}\right)^{0.3}\left(\frac{71.43 \times 10^3}{33,000}\right)^{0.1}\right] = 0.377$$

$$mg_M^{MI} = 0.9\left[0.075 + \left(\frac{2,440}{2,900}\right)^{0.6} \times \left(\frac{2,440}{33,000}\right)^{0.2}\left(\frac{71.43 \times 10^3}{33,000}\right)^{0.1}\right] = 0.588$$

$L_2 = 36,000\ \text{mm}$ 일 때, 정(+) 휨모멘트 단면에 대해

$$mg_M^{SI} = 0.83\left[0.06 + \left(\frac{2,440}{4,300}\right)^{0.4} \times \left(\frac{2,440}{36,000}\right)^{0.3}\left(\frac{58.95 \times 10^3}{36,000}\right)^{0.1}\right] = 0.360$$

$$mg_M^{MI} = 0.9\left[0.075 + \left(\frac{2,440}{2,900}\right)^{0.6} \times \left(\frac{2,440}{36,000}\right)^{0.2}\left(\frac{58.95 \times 10^3}{36,000}\right)^{0.1}\right] = 0.565$$

내측거더 분배계수

모멘트에 대한 분배계수	$L_1 = 30,000$ mm	$L_{ave} = 33,000$ mm	$L_2 = 36,000$ mm
mg_M^{SI}	0.383	0.377	0.360
mg_M^{MI}	0.593, 적용	0.588	0.565

내측 거더에 대해, 분배계수는 한개 설계차로 재하보다 다차로 설계차로 재하가 더 크므로 다차로 설계차로 재하로 결정된다. $mg_M^{MI} = 0.593$.

b. 외측거더

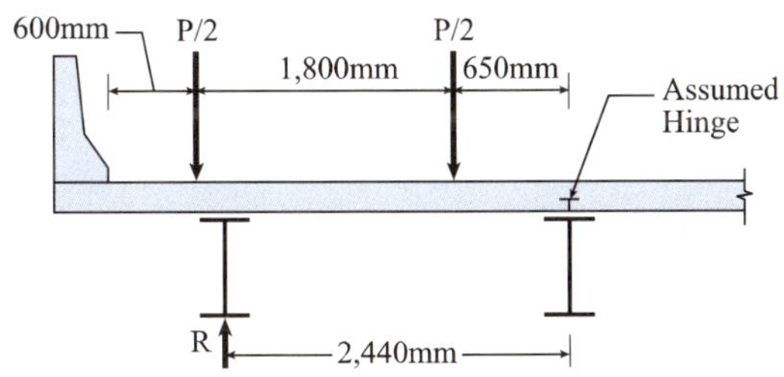

[그림 2.5.3.4] 지렛대 법칙의 정의

- 한개 설계차로 재하 : 지렛대 법칙

$$R = \frac{P}{2}\left(\frac{2,450+650}{2,440}\right) = 0.635P$$

$$g_M^{SE} = 0.635, \ SE = \text{한개 설계차로(외측)}$$

$$mg_M^{SE} = m(0.635) = 1.0(0.635) = 0.635$$

- 두개 이상 설계차로 재하 : $d_e = 610$ mm

두개 이상 설계차로 재하에 대한 외측거더에서 모멘트에 대해 수정계수가 필요하다[LSD 표 4.6.5].

$$\text{수정계수} \quad e = 0.77 + \frac{d_e}{2,800} \geq 1.0$$

$$e = 0.77 + \frac{610}{2,800} = 0.99, \quad e = 1.0\text{을 사용}$$

모멘트에 대한 수정은 내측거더에 대해 수정계수를 곱한다.

$$mg_M^{ME} = e(mg_M^{MI}) = 1.0(0.593) = 0.593$$

외측거더 분배계수

모멘트에 대한 분배계수	l
mg_M^{SE}	0.635
mg_M^{ME}	0.671, 적용

외측 거더에 대해, 분배계수는 한개 설계차로 재하가 다차로 설계차로 재하보다 더 크므로 한개 설계차로 재하로 결정된다. $mg_M^{SE} = 0.635$.

5. 전단력에 대한 분배계수

전단력에 대한 분배계수는 내측거더는 [LSD 표 4.6.7], 외측거더는 [LSD 표 4.6.8]을 사용하여 결정한다. $S = 2{,}440\ \text{mm}$

a. 내측거더

- 한개 설계차로 재하 :

$$mg_V^{SI} = 0.83\left[0.36 + \frac{S}{7{,}600}\right]$$

$$mg_V^{SI} = 0.83\left[0.36 + \frac{2{,}440}{7{,}600}\right] = 0.565$$

- 두개 이상 설계차로 재하 :

$$mg_V^{MI} = 0.9\left[0.2 + \frac{S}{3{,}600} - \left(\frac{S}{L}\right)^{2.0}\right]$$

$L_1 = 30{,}000\ \text{mm}$일 때,

$$mg_V^{MI} = 0.9\left[0.2 + \frac{2{,}440}{3{,}600} - \left(\frac{2{,}440}{30{,}000}\right)^{2.0}\right] = 0.784$$

$L_{ave} = 33{,}000\ \text{mm}$일 때,

$$mg_V^{MI} = 0.9\left[0.2 + \frac{2{,}440}{3{,}600} - \left(\frac{2{,}440}{33{,}000}\right)^{2.0}\right] = 0.785$$

$L_2 = 36{,}000\ \text{mm}$일 때,

$$mg_V^{MI} = 0.9[0.2 + \frac{2{,}440}{3{,}600} - (\frac{2{,}440}{36{,}000})^{2.0}] = 0.786,\ \text{적용}$$

내측 거더에 대해, 분배계수는 한개 설계차로 재하보다 다차로 설계차로 재하가 더 크므로 다차로 설계차로 재하로 결정된다. $mg_M^{MI} = 0.786$.

b. 외측거더

- 한개 설계차로 재하 : 지렛대 법칙

$$R = \frac{P}{2}\left(\frac{2,450+650}{2,440}\right) = 0.635P$$

$$g_V^{SE} = 0.635,\ SE = \text{한개 설계차로(외측)}$$

$$mg_V^{SE} = m(0.635) = 1.0(0.635) = 0.635,\ \text{적용}$$

- 두개 이상 설계차로 재하 : 두개 이상 설계차로 재하에 대한 외측거더에서 전단력에 대해 수정계수가 필요하다[LSD 표 4.6.8].

$$e = 0.6 + \frac{d_e}{3,000} = 0.6 + \frac{610}{3,000} = 0.803$$

$$mg_V^{ME} = e(mg_V^{MI}) = 0.803(0.786) = 0.631$$

외측 거더에 대해, 분배계수는 한개 설계차로 재하가 다차로 설계차로 재하보다 더 크므로 한개 설계차로 재하로 결정된다. $mg_V^{SE} = 0.635$.

6. 활하중에 대한 단면력

$$M_{LL+IM} = mgr\left[M_{Tr}\left(1+\frac{IM}{100}\right) + M_{\text{Ln}}\right]$$

$$V_{LL+IM} = mgr\left[V_{Tr}\left(1+\frac{IM}{100}\right) + V_{\text{Ln}}\right]$$

여기서, M_{Tr} = 표준트럭하중에 의한 모멘트, M_{Ln} = 표준차로하중에 의한 모멘트, V_{Tr} = 표준트럭하중에 의한 전단력, V_{Ln} = 표준차로하중에 의한 전단력, IM = 충격하중계수이다.

a. 모멘트

(1) $3l_1/8$에서 최대 활하중 정 모멘트

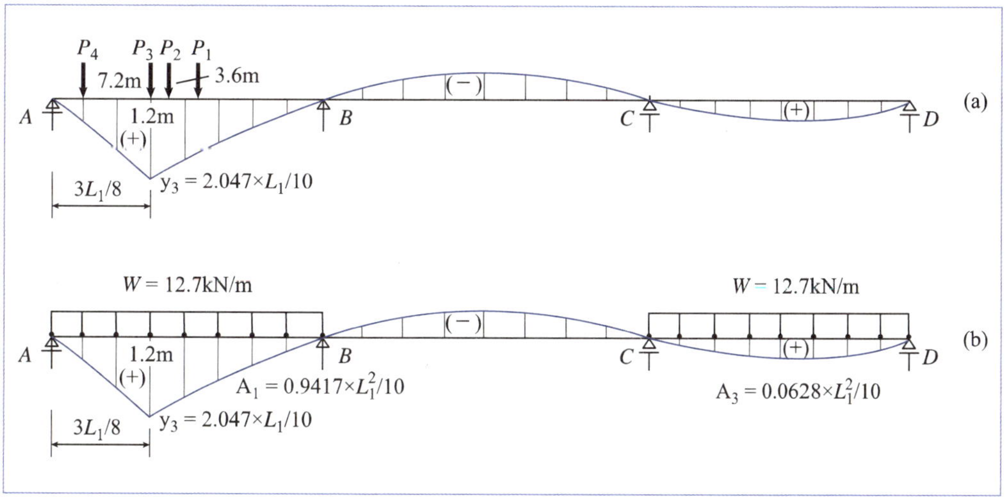

[그림 2.5.3.5] $3l_1/8$에서 최대 활하중 정 모멘트

외측거더

표준트럭하중([LSD 3.6.1.3.1], [그림 2.5.3.5(a)]) - P_3가 $3l_1/8$에 작용

$$M_{Tr} = [P_4(y_4) + P_{3\cdot 2}(y_3 + y_2) + P_1(y_1)] \times 10^{-1} l_1$$

$$= [192(0.7223) + 135(2.047 + 1.8815) + 48(1.3970)] \times 10^{-1}(30)$$

$$= 2,208 \text{ kN} \cdot \text{m}$$

표준차로하중([LSD 3.6.1.3.2], [그림 2.5.3.5(b)] – 1지간과 3지간에 작용

$$M_{\text{Ln}} = w(A_1 + A_3) \times 10^{-1} l_1^2$$

$$= 12.7(0.9417 + 0.0628) \times 10^{-1}(30)^2 = 1,148 \text{ kN} \cdot \text{m}$$

$$M_{LL+IM} = mgr\left[M_{Tr}\left(1 + \frac{IM}{100}\right) + M_{\text{Ln}}\right]$$

$$= 0.635[2,208(1.25) + 1,148] = 2,482 \text{ kN} \cdot \text{m}$$

(2) B점에서 최대 활하중 부 모멘트

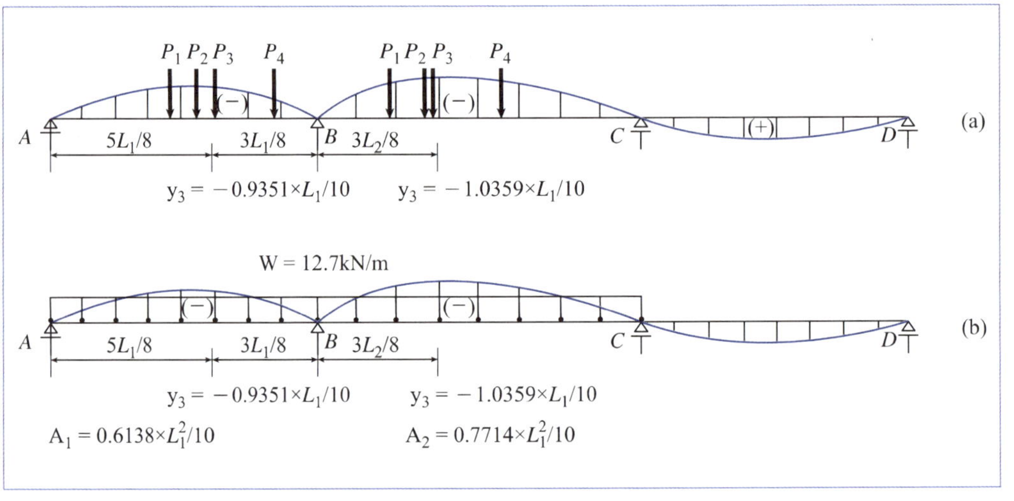

[그림 2.5.3.6] B점에서 최대 활하중 부 모멘트

외측거더

표준트럭하중([LSD 3.6.1.3.1], [그림 2.5.3.6(a)]) – P_3가 $5L_1/8$과 $3L_2/8$에 작용

$$M_{Tr} = -[P_4(y_4) + P_{3.2}(y_3 + y_2) + P_1(y_1) + P_4(y_4) + P_{3.2}(y_3 + y_2) + P_1(y_1)] \times 10^{-1} l_1$$

$$= -[192(0.5277) + 135(0.9351 + 0.9305) + 48(0.8845)$$
$$+ 192(0.8490) + 135(1.0359 + 1.0088) + 48(0.9123)] \times 10^{-1}(30)$$

$$= -2,635 \text{ kN} \cdot \text{m}$$

표준차로하중([LSD 3.6.1.3.2], [그림 2.5.3.6(b)]) − 1지간과 2지간에 작용

$$M_{\rm Ln} = w(A_1 + A_2) \times 10^{-1} l_1^2$$

$$= -12.7(0.6138 + 0.7714) \times 10^{-1}(30)^2 = -1{,}583 \text{ kN}\cdot\text{m}$$

$$M_{LL+IM} = -0.635\left[M_{Tr}\left(1 + \frac{IM}{100}\right) + M_{\rm Ln}\right]$$

$$= -0.635[2{,}635(1.25) + 1{,}583] = -3{,}097 \text{ kN}\cdot\text{m}$$

(3) $l_2/2$에서 최대 활하중 모멘트

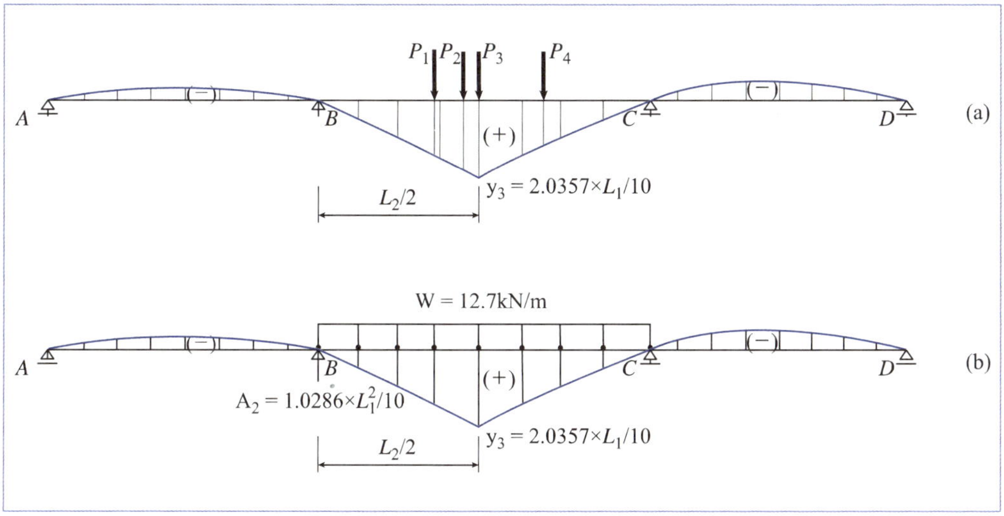

[그림 2.5.3.7] $l_2/2$에서 최대휨모멘트에 대한 영향선

외측거더

표준트럭하중([LSD 3.6.1.3.1], [그림 2.5.3.7(a)]) − P_3가 $L_2/2$에 작용

$$M_{Tr} = [P_4(y_4) + P_{3\cdot 2}(y_3 + y_2) + P_1(y_1)] \times 10^{-1} l_1$$

$$= [192(1.0045) + 135(2.0357 + 1.8518) + 48(0.8147)] \times 10^{-1}(30)$$

$$= 2{,}270 \text{ kN}\cdot\text{m}$$

표준차로하중([LSD 3.6.1.3.2], [그림 2.5.3.7(b)]) − 2지간에 작용

$$M_{\rm Ln} = wA_2 \times 10^{-1} l_1^2 = 12.7(1.0286) \times 10^{-1}(30)^2 = 1{,}176 \text{ kN}\cdot\text{m}$$

$$M_{LL+IM} = mgr\left[M_{Tr}\left(1 + \frac{IM}{100}\right) + M_{\rm Ln}\right]$$

$$= 0.635[2{,}270(1.25) + 1{,}176] = 2{,}549 \text{ kN}\cdot\text{m}$$

b. 전단력

(1) A에서 최대 활하중 전단력

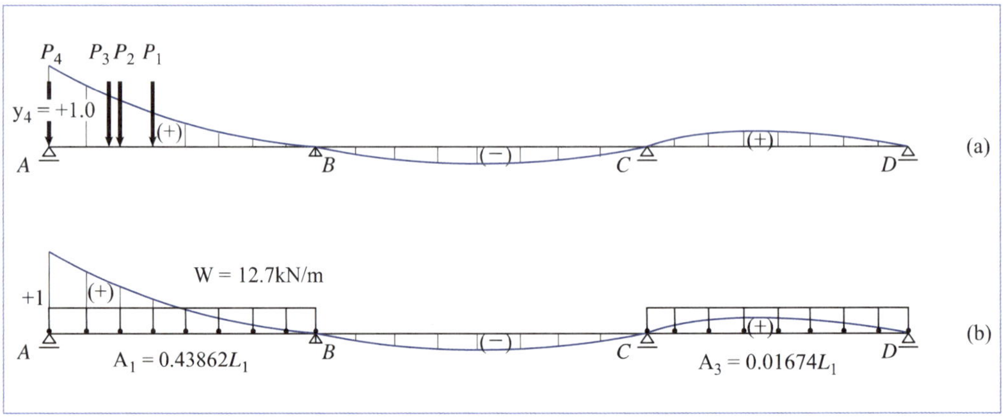

[그림 2.5.3.8] A에서 최대 활하중 전단력

표준트럭하중([LSD 3.6.1.3.1], [그림 2.5.3.8(a)]) − P_4가 A에 작용

$$V_A^{Tr} = P_4(y_4) + P_{3.2}(y_3 + y_2) + P_1(y_1)$$
$$= 192(1.0) + 135(0.7046 + 0.6573) + 48(0.5183) = 401\ \text{kN}$$

표준차로하중([LSD 3.6.1.3.2], [그림 2.5.3.8(b)]) − 1지간과 3지간에 작용

$$V_{\text{Ln}} = w(A_1 + A_3)\, l_1 = 12.7(0.43862 + 0.01674)(30) = 173\ \text{kN}$$

$$V_{LL+IM} = mgr\left[V_{Tr}\left(1 + \frac{IM}{100}\right) + V_{\text{Ln}}\right]$$

$$V_{LL+IM} = 0.786[401(1.25) + 173] = 530\ \text{kN}$$

(2) $_lB$에서 최대 활하중 전단력

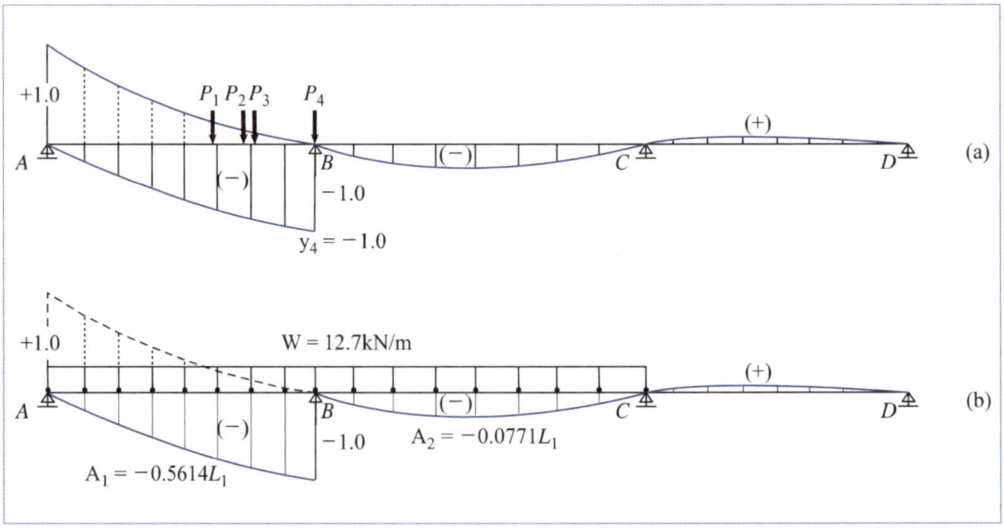

[그림 2.5.3.9] $_lB$에서 최대 활하중 전단력

표준트럭하중([LSD 3.6.1.3.1], [그림 2.5.3.9(a)]) – P_4가 B에 작용

$$ {}_lV_B^{Tr} = P_4(y_4) + P_{3.2}(y_3 + y_2) + P_1(y_1) $$
$$ = 192(-1.0) + 135(-0.8382 - 0.8037) + 48(-0.6932) = -447 \text{ kN} $$

표준차로하중([LSD 3.6.1.3.2], [그림 2.5.3.9(b)]) – 1지간과 2지간에 작용

$$ {}_lV_B^{\text{Ln}} = w(A_1 + A_2)l_1 = 12.7(-0.5614 - 0.0771)(30) = -243 \text{ kN} $$
$$ {}_lV_{LL+IM} = mgr\left[V_{Tr}\left(1 + \frac{IM}{100}\right) + V_{\text{Ln}}\right] $$
$$ {}_lV_{LL+IM} = 0.786[-447(1.25) - 243] = -630 \text{ kN} $$

(3) ${}_rB$에서 최대 활하중 전단력

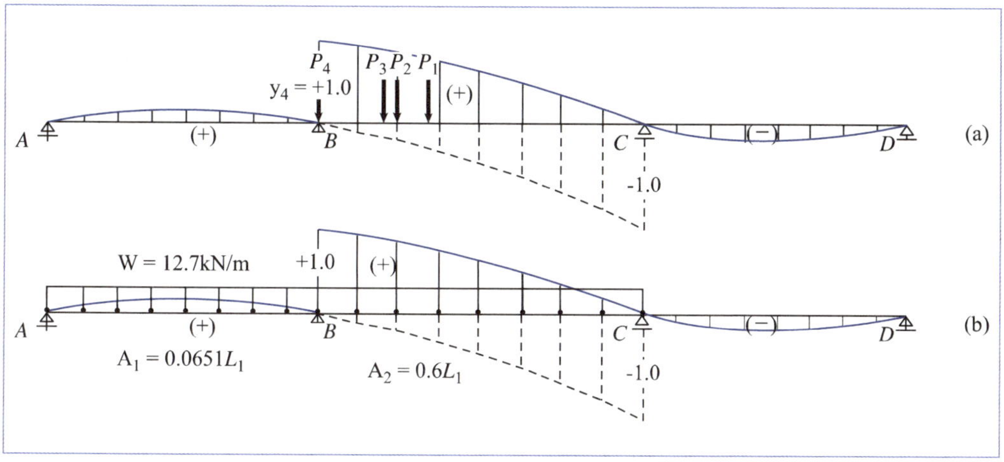

[그림 2.5.3.10] ${}_rB$에서 최대 활하중 전단력

표준트럭하중([LSD 3.6.1.3.1], [그림 2.5.2.10(a)]) – P_4가 B에 작용

$$ {}_rV_B^{Tr} = P_4(y_4) + P_{3.2}(y_3 + y_2) + P_1(y_1) $$
$$ = 192(1.0) + 135(0.8334 + 0.8012) + 48(0.6930) = 446 \text{ kN} $$

표준차로하중([LSD 3.6.1.3.2], [그림 2.5.2.10(b)]) – 1지간과 2지간에 작용

$$ {}_rV_B^{\text{Ln}} = w(A_1 + A_2)\,l_1 = 12.7(0.0651 + 0.6)(30) = 253 \text{ kN} $$
$$ {}_rV_{LL+IM} = mgr\left[V_{Tr}\left(1 + \frac{IM}{100}\right) + V_{\text{Ln}}\right] $$
$$ {}_rV_{LL+IM} = 0.786\,[446(1.25) + 253] = 637 \text{ kN} $$

(4) $l_2/2$에서 최대 활하중 전단력

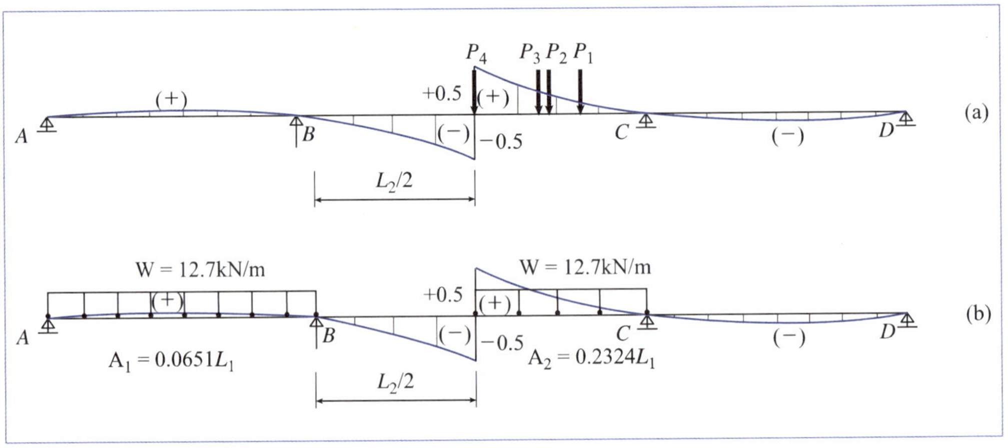

[그림 2.5.3.11] $l_2/2$에서 최대 활하중 전단력

내측거더 표준트럭하중([LSD 3.6.1.3.1], [그림 2.5.3.11(a)]) – P_4가 $l_2/2$에 정(+)에만 작용

$$V_{l_2/2}^{Tr} = P_4(y_4) + P_{3\cdot 2}(y_3 + y_2) + P_1(y_1)$$

$$= 192(0.5) + 135(0.2701 + 0.2332) + 48(0.1344) = 170 \text{ kN}$$

표준차로하중([LSD 3.6.1.3.2], [그림 2.5.3.11(b)]) – 1지간과 2지간의 정(+)에만 작용

$$V_{\text{Ln}} = w(A_1 + A_2)\, l_1 = 12.7(0.0651 + 0.2324)(30) = 113 \text{ kN}$$

$$V_{LL+IM} = mgr\left[V_{Tr}\left(1 + \frac{IM}{100}\right) + V_{\text{Ln}}\right]$$

$$V_{LL+IM} = 0.786\,[170(1.25) + 113] = 256 \text{ kN}$$

H. 기타하중에 대한 단면력

1. 내측거더

3개로 분리된 고정하중으로 계산되어야 한다. 첫째는 구조성분과 그들이 결합된 고정하중, 비합성단면에 작용하는 DC. 고정하중의 두 번째 형태는 장래 추가 역청재 포장인 DW. 세 번째 하중은 196,075 mm^2인 단면적을 갖는 방호벽 B. 이 설계에서 방호벽의 하중은 내측과 외측 거더에 등가로 분배되는 것으로 가정하였다. 초기단면은 10(또는 지점 B는 12)-mm×1,800-mm인 복부판과 30-mm×400-mm인 상단과 하단 플랜지로 구성된다. 거더의 간격은 2,440 mm, 그리고 각 거더에서 50-mm×305-mm인 평균 콘크리트 헌치가 솟음을 조정하는데 사용되었다. 철근콘크리트의 밀도는 2,500 kg/m^3, 강재의 밀도는 7,850 kg/m^3이다. 장래 추가 역청재의 밀도는 2,300 kg/m^3이다.

DC 슬래브 두께 205 mm : $\rho_{conc} = 2{,}500\ \text{kg/m}^3$

바닥슬래브 $w_s = 2{,}500\ \text{kgf/mm}^3 \times 9.81\ \text{N/kgf} \times 205\ \text{mm} \times 2{,}440\ \text{mm}/10^9 = 12.267\ \text{N/mm}$

헌치 $w_h = 2{,}500\ \text{kgf/mm}^3 \times 9.81\ \text{N/kgf} \times 305\ \text{mm} \times 50\ \text{mm}/10^9 = 0.374\ \text{N/mm}$

거더복부판 $w_{gw} = 7{,}850\ \text{kgf/mm}^3 \times 9.81\ \text{N/kgf} \times 1{,}800\ \text{mm} \times 10\ \text{mm}/10^9 = 1.386\ \text{N/mm}$

$w_{gw} = 7{,}850\ \text{kgf/mm}^3 \times 9.81\ \text{N/kgf} \times 1{,}800\ \text{mm} \times 12\ \text{mm}/10^9 = 1.663\ \text{N/mm}$(지점 B)

거더플랜지 $w_{gf} = 2 \times 7{,}850\ \text{kgf/mm}^3 \times 9.81\ \text{N/kgf} \times 400\ \text{mm} \times 30\ \text{mm}/10^9 = 1.850\ \text{N/mm}$

$\therefore w_{DC} = w_s + w_h + w_{gw} + w_{gf} = 12.267 + 0.374 + 1.386 + 1.850 = 15.877\ \text{N/mm}$

$\therefore w_{DC} = w_s + w_h + w_{gw} + w_{gf} = 12.267 + 0.374 + 1.663 + 1.850 = 16.154\ \text{N/mm}$(지점 B)

DW(장래 추가 역청재 포장) $\rho_{DW} = 2{,}300\ \text{kg/m}^3$

$\therefore w_{DW} = 2{,}300\ \text{kgf/mm}^3 \times 9.81\ \text{N/kgf} \times 75\ \text{mm} \times 2{,}440\ \text{mm}/10^9 = 4.129\ \text{N/mm}$

방호벽 – 각 거더에 1/6로 분배 $w_b = 4.81$ N/mm/방호벽 당

$$\therefore w_B = \frac{2w_b}{6} = \frac{2(4.81)}{6} = 1.603\ \text{N/mm}$$

2. 외측거더

『RC T형교 상판슬래브의 설계』로부터 외측거더에 작용하는 반력에 대한 바닥판 설계결과를 사용하였다.

DC 슬래브 $w_s = (2{,}500)(9.81)(230 \times 990)/10^9 = 5.584\ \text{N/mm}$

내민보 $w_o = (2{,}500)(9.81)(205)(1{,}220)/10^9 = 6.134\ \text{N/mm}$

헌치 $w_h = 2{,}500\ \text{kgf/mm}^3 \times 9.81\ \text{N/kgf} \times 305\ \text{mm} \times 50\ \text{mm}/10^9 = 0.374\ \text{N/mm}$

거더복부판 $w_{gw} = 7{,}850\ \text{kgf/mm}^3 \times 9.81\ \text{N/kgf} \times 1{,}800\ \text{mm} \times 10\ \text{mm}/10^9 = 1.386\ \text{N/mm}$

$w_{qw} = 7{,}850\ \text{kgf/mm}^3 \times 9.81\ \text{N/kgf} \times 1{,}800\ \text{mm} \times 12\ \text{mm}/10^9 = 1.663\ \text{N/mm}$(지점 B)

거더플랜지 $w_{gf} = 2 \times 7{,}850\ \text{kgf/mm}^3 \times 9.81\ \text{N/kgf} \times 400\ \text{mm} \times 30\ \text{mm}/10^9 = 1.850\ \text{N/mm}$

$\therefore w_{DC} = w_s + w_o + w_h + w_{gw} + w_{gf} = 5.584 + 6.134 + 0.374 + 1.386 + 1.850 = 15.328\ \text{N/mm}$

$\therefore w_{DC} = w_s + w_o + w_h + w_{gw} + w_{gf} = 5.584 + 6.134 + 0.374 + 1.663 + 1.850 = 15.605\ \text{N/mm}$(지점 B)

DW(장래 추가 역청재 포장) $\rho_{DW} = 2{,}300\ \text{kg/m}^3$

$\therefore w_{DW} = 2{,}300 \times 9.81 \times (1{,}220 + 990 - 380) \times 75/10^9 = 3.097\ \text{N/mm}$

방호벽 – 각 거더에 1/6로 분배 $w_b = 4.81$ N/mm/방호벽 당

$$\therefore w_B = \frac{2w_b}{6} = \frac{2(4.81)}{6} = 1.603\ \text{N/mm}$$

3. 등분포하중 w의 해석

등분포하중 w에 대해 해석한다[그림 2.5.3.12].

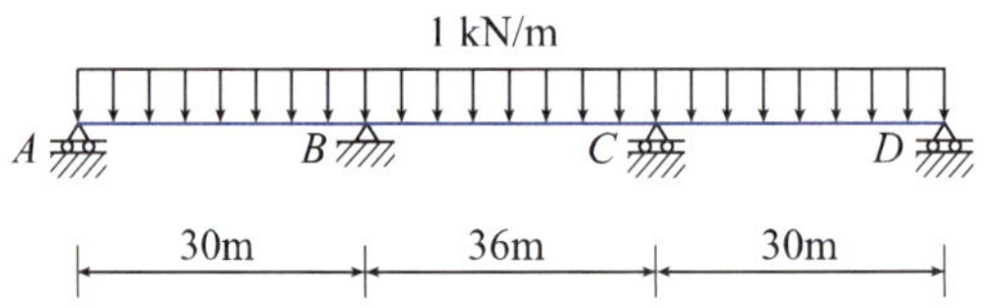

[그림 2.5.3.12] 등분포하중

a. 모멘트

$$M_{3l_1/8} = w(0.7152)10^{-1} \times l_1^2 = w(0.7152)10^{-1} \times 30^2 = 64.368w \text{ kN} \cdot \text{m}$$

$$M_B = w(-1.2179)10^{-1} \times l_1^2 = w(-1.2179)10^{-1} \times 30^2 = -109.611w \text{ kN} \cdot \text{m}$$

$$M_{l_2/2} = w(0.5821)10^{-1} \times l_1^2 = w(0.5821)10^{-1} \times 30^2 = 52.389w \text{ kN} \cdot \text{m}$$

b. 전단력

$$V_A = w(0.37821) \times l_1 = w(0.37821)(30) = 11.346w \text{ kN}$$

$$_lV_B = w(-0.62179) \times l_1 = w(-0.62179)(30) = -18.654w \text{ kN}$$

$$_rV_B = w(0.6) \times l_1 = w(0.6)(30) = 18.0w \text{ kN}$$

[표 2.5.3.1] 임계위치에서 모멘트와 전단력

Load Type	Value(N/mm)	Moment (kN · m)[a]			Shear (kN)[b]		
		$M_{3l_1/8}$	M_B	$M_{l_2/2}$	V_A	$_lV_B$	$_rV_B$
Uniform	1.0	64.368	−109.611	52.389	11.346	−18.654	18.000
DC^I (지점 B) DW^I B^I	15.877 (16.154) 4.129 1.603	1,022 266 103	−1,771 −453 −176	832 216 84	180 47 18	−301 −77 −30	291 74 29
DC^E (지점 B) DW^E B^E	15.328 (15.605) 3.097 1.603	987 199 103	−1,711 −339 −176	803 162 84	174 35 18	−291 −58 −30	281 56 29
LL + IM	$T_r + L_n$	2,482	−3,097	2,549	530	−630	637
Strength I	$U = \eta[1.25DC + 1.5DW + 1.25B + 1.8(LL + IM)]$						
$\eta = 0.95$		5,827	−8,149	5,643	1,210	−1,582	1,575
Service I	$U = \eta[DC + DW + B + (LL + IM)]$						
$\eta = 1.0$		3,771	−5,323	3,598			
Service III	$U = \eta[DC + DW + B + 0.8(LL + IM)]$						
$\eta = 1.0$		3,275	−4,704	3,088			

[a] 모멘트에 대해서는 외측거더 적용, [b] 전단력에 대해서는 내측거더 적용

고정하중을 모멘트와 전단력에 대한 방정식에 대입하여 값을 결정하였다. 임계위치에서 값은 [표 2.5.3.1]에 정리되었다.

[표 2.5.3.1]에서 $LL+IM$ 값은 G.6.에 설명된 거더 분배계수를 포함하여 정리된 것이다.

$$M_{LL+IM} = mgr\left[M_{Tr}\left(1+\frac{IM}{100}\right)+M_{\mathrm{Ln}}\right]$$

$$V_{LL+IM} = mgr\left[V_{Tr}\left(1+\frac{IM}{100}\right)+V_{\mathrm{Ln}}\right]$$

c. 유효지간길이

유효지간길이는 연속지간에 대한 영구하중 변곡점사이의 거리로 정의된다.

지간 1 **[그림** 2.5.3.13]

$$M = 0 = 11.35x - \frac{1}{2}(1.0)x^2$$

$$x = L_{eff} = 22.7\ \mathrm{m}$$

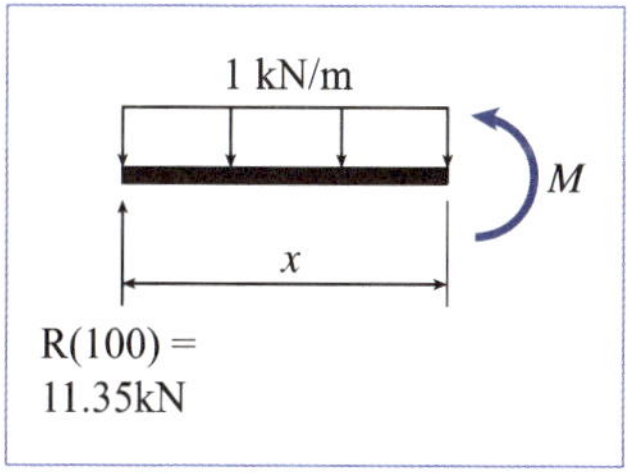

[그림 2.5.3.13] 지간 1에 대한 등분포하중 변곡점

지간 2 **[그림** 2.5.3.14]

$$M = 0 = 18x - \frac{1}{2}(1.0)x^2 - 109.611$$

$$x = 7.8\ \mathrm{m},\ 28.2\ \mathrm{m}$$

$$L_{eff} = 28.2 - 7.8 = 20.4\ \mathrm{m}$$

변곡점은 0모멘트인 점이다. 고정하중에 의한 변곡점은 플랜지판 전이를 나타내는 이들 위치이기 때문에 중요하다.

d. 최대 고정하중 모멘트

최대모멘트는 전단력이 0인 곳에서 생긴다([그림 2.5.3.15]).

$$M = 11.35x^2 - \frac{1}{2}(1.0)x^2 = 11.35(11.35)^2 - \frac{1}{2}(1.0)(11.35)^2 = 64\ \mathrm{kN \cdot m}$$

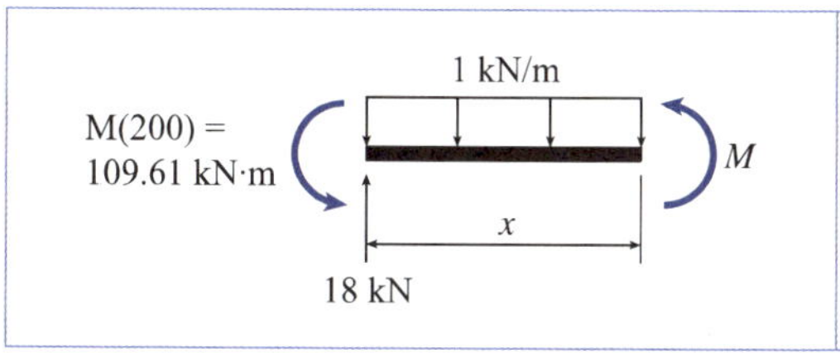

[그림 2.5.3.14] 지간 2에 대한 등분포하중 변곡점

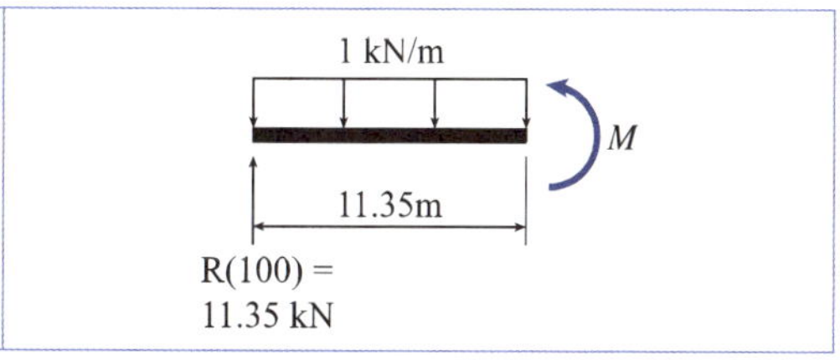

[그림 2.5.3.15] 지간 1에서 등분포하중에 의한 최대모멘트

[표 2.5.3.2] 모멘트 포락선 $U=\eta[1.25DC+1.5DW+1.25B+1.8(LL+IM)]$

위치	단위 고정하중	정(+) 모멘트				부(−) 모멘트			
		Truck	Lane	η[Sum] 내측거더	η[Sum] 외측거더	Truck	Lane	η[Sum] 내측거더	η[Sum] 외측거더
100 (A)	0.0	0	0	0	0	0	0	0	0
101	29.6	981	454	2,430	2,550	−126	−88	477	459
102	50.3	1,654	797	4,138	4,344	−254	−175	734	699
103	61.9	2,040	1,029	5,147	5,404	−380	−265	767	714
104	64.6	2,208	1,148	5,547	5,827	−506	−353	585	514
105	58.2	2,164	1,154	5,340	5,617	−695	−441	99	5
106	42.9	1,949	1,048	4,585	4,835	−833	−528	−539	−652
107	18.5	1,535	831	3,242	3,439	−972	−616	−1,403	−1,535
108	−14.8	1,047	514	1,485	1,616	−1,112	−706	−2,488	−2,639
109	−57.2	423	246	−618	−562	−1,250	−980	−3,981	−4,163
110($_l$B)	−109.6	340	191	−2,229	−2,185	−2,635	−1,583	−7,799	−8,149
200(B$_r$)	−109.6	340	191	−2,229	−2,185	−2,635	−1,583	−7,799	−8,149
201	−50.2	489	197	−411	−353	−1,093	−844	−3,472	−3,631
202	−4.8	1,193	455	1,856	1,996	−933	−524	−1,833	−1,953
203	27.6	1,789	848	3,804	4,026	−775	−510	−823	−929
204	47.0	2,167	1,093	5,007	5,281	−615	−510	−144	−236
205	52.4	2,270	1,176	5,355	5,643	−434	−510	218	142

[표 2.5.3.3] 전단력 포락선 $U=\eta[1.25DC+1.5DW+1.25B+1.8(LL+IM)]$

위치	단위 고정하중	정(+) 전단력				부(−) 전단력			
		Truck	Lane	η[Sum] 내측거더	η[Sum] 외측거더	Truck	Lane	η[Sum] 내측거더	η[Sum] 외측거더
100 (A)	11.4	401	173	1,210	1,036	−45	−29	189	211
101	8.4	346	138	991	843	−47	−31	103	126
102	5.4	291	106	775	654	−72	−38	−28	5
103	2.4	239	80	573	475	−120	−51	−206	−154
104	−0.6	190	59	383	306	−177	−66	−402	−328
105	−3.6	144	41	201	144	−232	−86	−601	−504
106	−6.6	101	27	30	−9	−283	−112	−802	−682
107	−9.6	63	18	−126	−151	−331	−139	−999	−856
108	−12.6	35	11	−262	−276	−375	−172	−1,201	−1,036
109	−15.6	14	8	−381	−388	−413	−206	−1,391	−1,205
110($_l$B)	−18.7	11	6	−472	−477	−447	−243	−1,582	−1,375
200(B$_r$)	18.0	446	253	1,575	1,366	−61	−36	335	364
201	14.4	405	209	1,350	1,165	−62	−40	230	261
202	10.8	357	170	1,120	960	−66	−46	119	152
203	7.2	304	134	883	750	−95	−63	−52	−6
204	3.6	250	124	683	570	−123	−83	−222	−161
205	0.0	170	113	437	353	−170	−113	−437	−353

고정하중과 활하중에 의한 전단력과 모멘트는 10번째 점에서 계산되었다. 절차는 활하중의 다른 변위만 갖는 임계위치에 대해 설명된 것과 같다. 결과는 극한한계상태강도 I에 대해 [표 2.5.3.2]와 [표 2.5.3.3]에 정리되었다. 이들 표에서 2번째 열은 각 10번째 점에서 단위 분포된 하중에 의한 모멘트 또는 전단력이 주어져 있다. 이들은 적합한 하중계수로 조합되어 [표 2.5.3.1]에 주어진 실제 분포된 하중을 곱하였다. 그리고 계수활하중에 충격을 더하여 분배계수를 곱한 결과를 더한다. 이 합은 하중 수정계수 η를 곱하였고, η[Sum]으로 표에 나타내었다. 전단력과 모멘트 포락선을 [그림 2.5.3.16(1), (2)]에 그려놓았다.

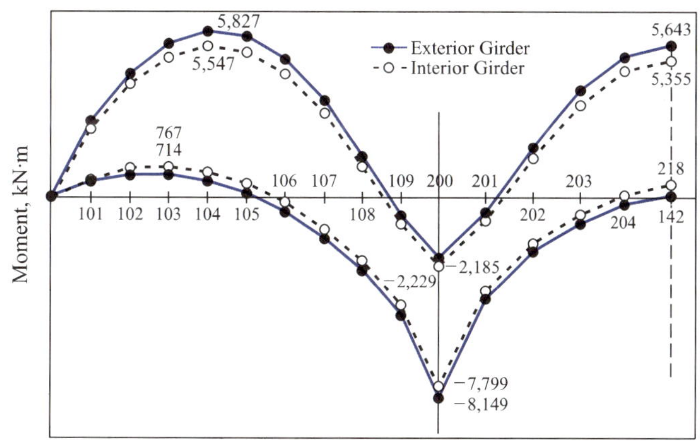

(1) 모멘트의 포락선

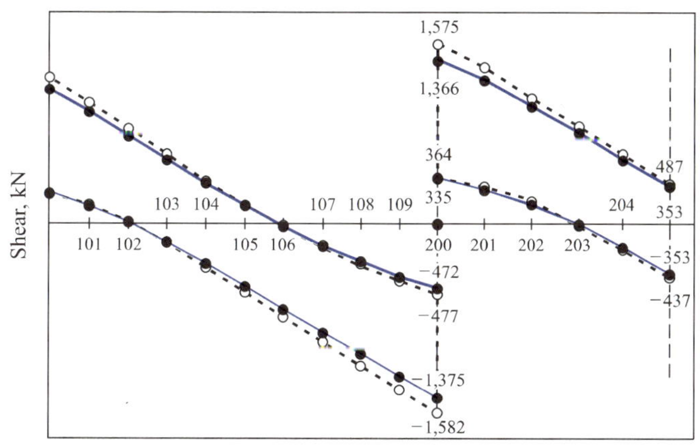

(2) 전단력의 포락선

[그림 2.5.3.16] 모멘트와 전단력의 포락선

I. 부(−)휨모멘트에 대한 설계단면

본 교량은 연속으로 정 및 부 영역 모두 합성거더이다. 균질단면이 사용되었고 복부판의 깊이는 일정하다. 플랜지 플레이트만 변화한다. 종방향 보강재는 사용되지 않았다. 강재의 최소두께는 8 mm이다. 처짐은 다루지 않았다.

플레이트 거더는 처음에는 휨에 대해 설계되었다. 부모멘트 영역은 처음에 거더단면에 대해 전반적 크기를 조절을 정하는 것으로 설계되었다. 이 단계를 따라 단면은 최대 정모멘트에 대해 설계되었다. 초기단면은 유사한 설계를 기초로 선택되었다. 정 및 부모멘트 영역 모두에 대한 최종단면은 반복을 통해 이루어 졌다. 단면의 수가 조사된 것이지만, 단면의 최종설계만 여기에서 설명되었다.

앞의 H.1.에서 시작된 바와 같이 최대 부모멘트 영역에 대해 단면은 12 mm×1,800 mm인 복부판과 30 mm×400 mm인 상단 및 하단플랜지로 구성되는 강재단면을 사용하였다. 단면정수는 강재만 및 합성단면에 대해 계산되었다. 연속지간의 부모멘트 영역에서 합성단면은 강거더와 슬래브의 유효폭내에 있는 종방향 철근으로 구성되었다. 콘크리트는 인장응력에서 균열이 고려됨으로 무시되었다. 내측지점에서 응력은 강거더의 상단과 하단 및 계수모멘트를 사용한 철근에서 검토한다. 강거더만 DC에 의한 모멘트에 저항한다. 합성단면은 DW, B, LL+IM에 의한 모멘트에 저항한다.

1. 하중재하순서

합성단면 임의의 점에서 탄성응력은 다음과 같은 단면에 각각 작용해서 발생한 응력의 합으로 계산해야 한다[LSD 6.10.3.1(1)①].

(1) 강거더
(2) 단기 합성단면
(3) 장기 합성단면

콘크리트 바닥판의 강도가 f_{ck}의 75%에 도달하기 전에 작용하는 영구하중은 강재단면만이 지지하는 것으로 간주해야 한다. 콘크리트 강도가 f_{ck}의 75%에 이른 후에 작용하는 영구하중과 활하중은 합성단면이 지지하는 것으로 간주한다. 동바리공법을 적용하여 시공하는 경우 모든 장기하중은 콘크리트 강도가 f_{ck}의 75% 이상 발현된 후에 작용하는 것으로 간주해야 한다.

2. 유효플랜지폭의 결정

플랜지의 유효폭을 계산하는데 사용하는 등가지간장은 단순지지된 지간에서는 실제 지간장을 사용하고, 연속 지지의 경우에는 고정하중에 의하여 발생하는 정모멘트 구간의 거리 혹은 부모멘트 구간의 거리 중에서 고려하고 있는 단면이 속한 구간의 거리를 사용한다[LSD 4.6.7.1].

a. **내측거더의 플랜지 유효폭**은 다음의 값들 중 가장 작은 값으로 한다.

a. 등가지간장의 1/4 : $(1/4)(22{,}700) = 5{,}675$ mm

b. $12t_s + b_w$ 또는 b_f의 1/2 : $(12)(190) + \dfrac{400}{2} = 2{,}480$ mm

c. 인접한 거더 사이의 평균 간격 : 2,440 mm, **적용**

b. **외측거더의 플랜지 유효폭**은 인접한 내측거더 유효폭의 절반($b_i/2$)과 다음 값 중의 최소값의 합으로 한다.

a. 등가지간장의 1/8 : $(1/8)(22,700) = 2,838$ mm

b. $6t_s + b_w/2$ 또는 b_f의 1/4 : $(6)(190) + \frac{400}{4} = 1,240$ mm

c. 내민부분(overhang)의 폭 : 990 mm, **적용**

그러므로, $\frac{b_i}{2} + 990 = \frac{2,440}{2} + 990 = 2,210$ mm

3. 단면정수

강거더와 합성단면에 대해 단면정수를 계산한다. [그림 2.5.3.17]에 단면의 치수를 나타내었다. [표 2.5.3.4]로부터 다음과 같은 단면정수는 강거더 단면만에 대해 계산되었다.

$$y_c = \frac{\sum A \cdot y}{\sum A} = 0$$

$$I_{NA} = 25.928 \times 10^9 \text{ mm}^4$$

$$y_{t-s} = \frac{D}{2} + t_f - y_c = \frac{1,800}{2} + 30 - 0 = 930 \text{ mm}$$

$$y_{b-s} = \frac{D}{2} + t_f + y_c = \frac{1,800}{2} + 30 - 0 = 930 \text{ mm}$$

$$S_{t-s} = \frac{I_{NA}}{y_t} = \frac{25.928 \times 10^9}{930} = 27.880 \times 10^6 \text{ mm}^3$$

$$S_{b-s} = \frac{I_{NA}}{y_b} = \frac{25.928 \times 10^9}{930} = 27.880 \times 10^6 \text{ mm}^3$$

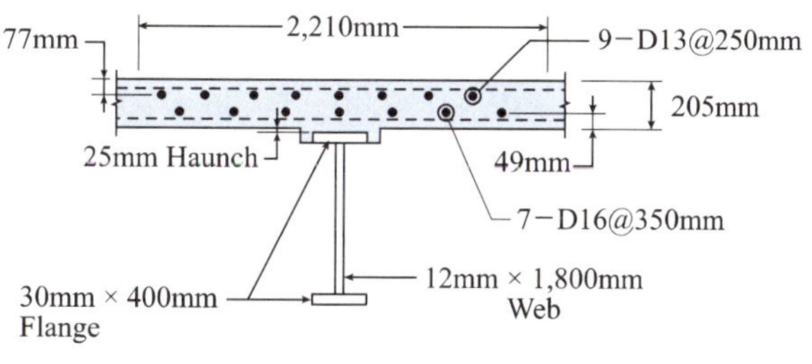

[그림 2.5.3.17] 부(−)모멘트에 대한 합성단면

[표 2.5.3.4] 부(−)모멘트에 대한 강재단면정수

구분	A(mm^2)	y(mm)	Ay	Ay^2	I_o(mm^4)	I(mm^4)
상단 플랜지 30mm×400mm	12,000	915	10,980,000	10.047×10^9	900,000	10.048×10^9
복부판 12mm×1,800mm	21,600	0	0	0	5.832×10^9	5.832×10^9
하단 플랜지 30mm×400mm	12,000	−915	−10,980,000	10.047×10^9	900,000	10.048×10^9
합계 $\sum$	45,600		0			25.928×10^9

[표 2.5.3.5] 부(−)모멘트에 대한 합성단면정수

구분	A(mm^2)	y(mm)	Ay	Ay^2	I_o(mm^4)	I(mm^4)
상단 플랜지 30mm×400mm	12,000	915	10,980,000	10.047×10^9	900,000	10.047×10^9
복부판 12mm×1,800mm	21,600	0	0	0	5.382×10^9	5.382×10^9
하단 플랜지 30mm×400mm	12,000	−915	−10,980,000	10.047×10^9	900,000	10.047×10^9
상단 철근 9−D13	1,140.3	1,083	1,234,945	1.337×10^9		1.337×10^9
하단 철근 7−D16	1,390.2	1,004	1,395,761	1.401×10^9		1.401×10^9
합계 $\sum$	48,131		2,630,706			28.214×10^9

[표 2.5.3.5]로부터 다음과 같은 단면정수는 부 휨모멘트에 대한 합성단면에 대해 계산되었다.

$$y_c = \frac{\sum A\, y}{\sum A} = \frac{2,630,706}{48,131} = 54.66\,\text{mm}$$

$$I_{NA} = I - [(\sum A) \cdot (y)^2] = 28.214 \times 10^9 - 48,131 \times 54.66^2 = 28.07 \times 10^9\ \text{mm}^4$$

$$y_{r-t\,or\,b} = \frac{D}{2} + t_f + haunch + cover - y_c$$

$$y_{rt} = \frac{1,800}{2} + 30 + 25 + 128.05 - 54.66 = 1,028.39\ \text{mm}$$

$$y_{rb} = \frac{1,800}{2} + 30 + 25 + 49 - 54.66 = 949.34\ \text{mm}$$

$$S_{rt} = \frac{I_{NA}}{y_{rt}} = \frac{28.07 \times 10^9}{1,028.39} = 27.295 \times 10^6\ \text{mm}^3$$

$$S_{rb} = \frac{I_{NA}}{y_{rb}} = \frac{28.07 \times 10^9}{949.34} = 29.568 \times 10^6\ \text{mm}^3$$

$$y_{st}=\frac{D}{2}+t_f-y_c=\frac{1,800}{2}+30-54.66=875.34\ \mathrm{mm}$$

$$y_{sb}=\frac{D}{2}+t_f+y_c=\frac{1,800}{2}+30+54.66=984.66\ \mathrm{mm}$$

$$S_{st}=\frac{I_{NA}}{y_{st}}=\frac{28.07\times10^9}{875.34}=32.068\times10^6\ \mathrm{mm}^3$$

$$S_{sb}=\frac{I_{NA}}{y_{sb}}=\frac{28.07\times10^9}{984.66}=28.507\times10^6\ \mathrm{mm}^3$$

4. 부재의 정수

부재의 정수에 대해 검토한다. 휨 부재를 구성하는 요소들은 다음을 만족해야 한다[LSD 6.10.2.1].

$$0.1\le\frac{I_{yc}}{I_y}\le0.9 \tag{6.10.1}$$

복부판 중심선의 수직축에 관한 단면 2차모멘트 :

$$I_y=\frac{1}{12}(30)(400)^3+\frac{1}{12}(30)(400)^3+\frac{1}{12}(1,800)(12)^3=320.3\times10^6\ \ \mathrm{mm}^4$$

복부판 중심선의 수직축에 관한 압축플랜지의 단면 2차모멘트 :

$$I_{yc}=\frac{1}{12}t_f b_f^3=\frac{1}{12}(30)(400)^3=160\times10^6\ \ \mathrm{mm}^4$$

$$0.1\le\frac{I_{yc}}{I_y}=\frac{160\times10^6}{320.3\times10^6}=0.5<0.9,\quad \mathrm{OK}$$

5. 휨에 대한 D_c/t_w의 검토

종방향 보강재가 없는 복부판에 대해 복부 휨에 기인한 피로에 대해 D_c/t_w를 검토한다. 이 절의 목적은 휨에 의한 복부의 면외휨을 조정하는 것이다. 요구조건은 압축플랜지에서 최대압축탄성휨응력 f_{cf} 계산을 포함하고 있다. 이 값은 복부판에서 최대 휨응력을 나타낸다.

복부판 종방향으로 보강재 유무에 관계없이 다음 조건을 만족해야 한다[LSD 6.10.6.3].

$$\frac{D_c}{t_w}<0.95\sqrt{\frac{kE}{F_{yw}}}\ \text{이면,}\qquad f_{cf}=F_{yw} \tag{6.10.68}$$

그렇지 않으면, [LSD 6.10.6.2]에서 규정된 하중계수를 곱하지 않은 지속하중과 피로하중에 의한 압축플랜지에서 최대압축탄성휨응력 f_{cf}(MPa)은 다음과 같다.

$$f_{cf}\le0.9kE\left(\frac{t_w}{D}\right)^2 \tag{6.10.69}$$

여기서, D= 1,800 mm, 복부판높이, F_{yw} = 355 MPa, 복부판 항복강도, k = 종방향보강재가 없는 복부판에 대하여 $9.0(D/D_c)^2 \geq 7.2$ 와 같은 값을 갖는 복부판에 대한 탄성휨좌굴계수, D_c = 탄성범위에서 압축을 받는 복부판의 높이(mm), t_w = 복부판의 두께(mm)이다.

$$D_c = 1{,}800/2 + 54.66 = 954.66 \text{ mm}$$

$$k = 9.0(D/D_c)^2 = 9.0(1{,}800/954.66)^2 = 32.0 \geq 7.2$$

$$\frac{D_c}{t_w} = \frac{1{,}800/2 + 54.66}{12} = 79.56$$

$$0.95\sqrt{\frac{k\,E}{F_{yw}}} = 0.95\sqrt{\frac{(32.0)(200{,}000)}{355}} = 127.6$$

$$\frac{D_c}{t_w} = 79.56 < 0.95\sqrt{\frac{k\,E}{F_{yw}}} = 127.6, \text{ 그러므로 } f_{cf} = F_{yw} = 355 \text{ MPa}$$

355 MPa인 복부판 항복강도에 대해 단면이 충분한지 복부에서 결정된 최대 휨피로응력과 비교한다. 임계점에서 피로하중에 의한 하중계수를 곱하지 않은 전단력과 휨모멘트는 다음과 같이 구하였다.

a. 전단력

(1) V_A

1) 정(+) 전단력([그림 2.5.3.8(a)]) – P_4가 A점에 작용

$$V_A^{Tr} = P_4(y_4) + P_{3\,.\,2}(y_3 + y_2) + P_1(y_1)$$
$$= 192(1.0) + 135(0.7046 + 0.6573) + 48(0.5183) = 401 \text{ kN}$$

2) 부(–) 전단력([그림 2.5.3.18]) – P_4가 $3l_2/8$에 작용

$$-V_A^{Tr} = P_4(y_4) + P_{3\,.\,2}(y_3 + y_2) + P_1(y_1)$$
$$= 192(-0.10359) + 135(-0.0849 - 0.07978) + 48(-0.05989) = -45 \text{ kN}$$

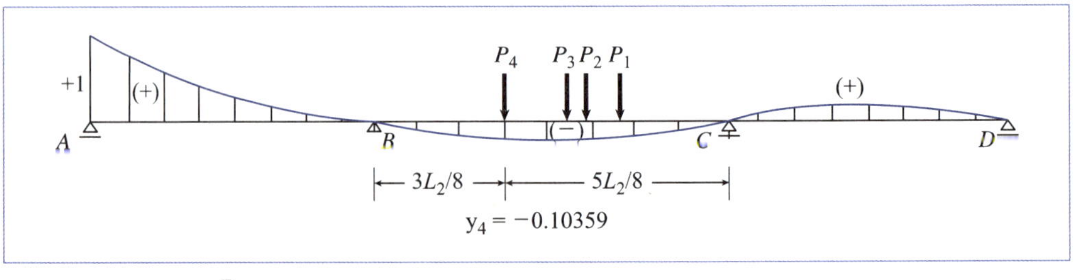

[그림 2.5.3.18] $-V_A^{Tr}$

(2) $V_{3l_1/8}$

1) 정(+) 전단력([그림 2.5.3.19]) – P_4가 $3l_1/8$에 작용

$$V^{Tr}_{3l_1/8} = P_4(y_4) + P_{3\cdot 2}(y_3 + y_2) + P_1(y_1)$$
$$= 192(0.54584) + 135(0.2916 + 0.25459) + 48(0.1047) = 186 \text{ kN}$$

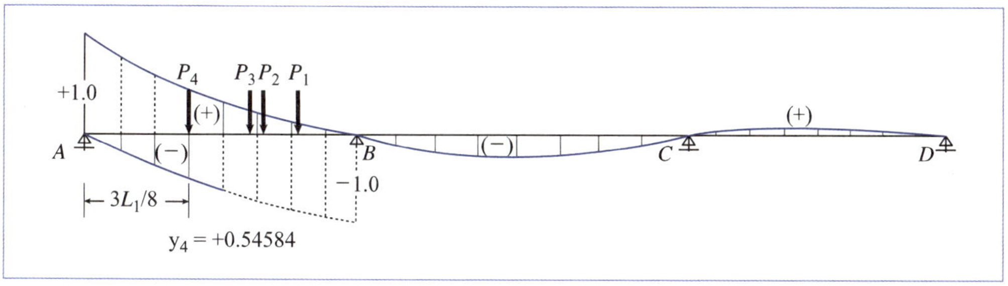

[그림 2.5.3.19] $+V^{Tr}_{3l_1/8}$

2) 부(−) 전단력([그림 2.5.3.20]) − P_4가 $3l_1/8$에 작용

$$-V^{Tr}_{3l_1/8} = P_4(y_4) + P_{3\cdot 2}(y_3 + y_2) + P_1(y_1)$$
$$= 192(-0.45413) + 135(-0.1674 - 0.1196) + 48(0) = -126 \text{ kN}$$

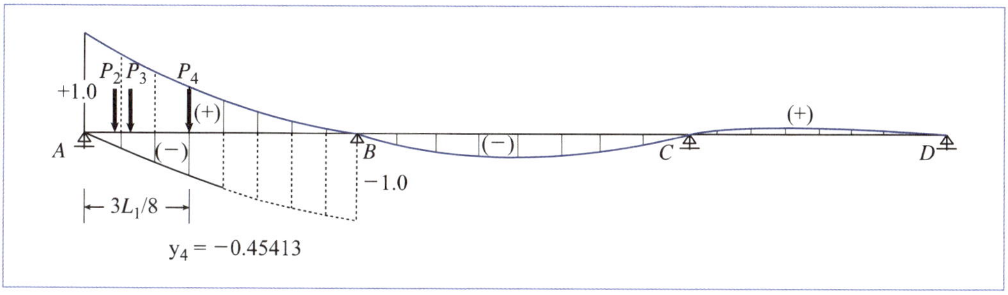

[그림 2.5.3.20] $-V^{Tr}_{3l_1/8}$

(3) ${}_lV_B$

1) 정(+) 전단력([그림 2.5.3.21]) − P_4가 $3l_3/8$에 작용

$${}_lV^{Tr}_B = P_4(y_4) + P_{3\cdot 2}(y_3 + y_2) + P_1(y_1)$$
$$= 192(0.0255) + 135(0.02186 + 0.02138) + 48(0.0142) = 11 \text{ kN}$$

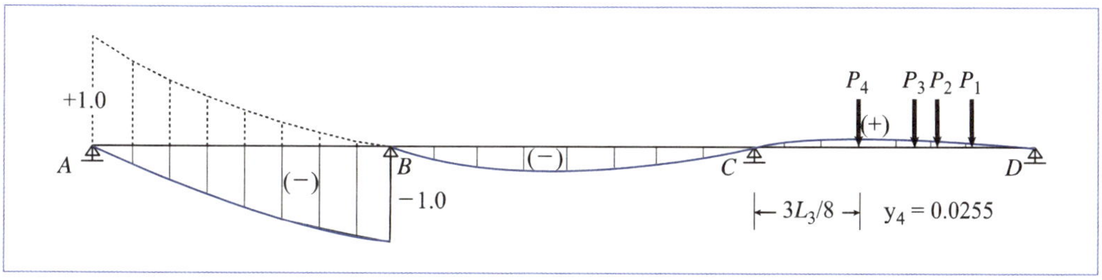

[그림 2.5.3.21] $+{}_lV^{Tr}_B$

2) 부(−) 전단력([그림 2.5.3.9(a)]) − P_4가 B에 작용

$$-{}_lV_B^{Tr}=P_4(y_4)+P_{3\,.\,2}(y_3+y_2)+P_1(y_1)$$
$$=192(-1.0)+135(-0.83815-0.80368)+48(-0.69322)=-447\text{ kN}$$

(4) ${}_rV_B^{Tr}$

1) 정(+) 전단력([그림 2.5.3.10(a)]) − P_4가 B에 작용

$${}_rV_B^{Tr}=P_4(y_4)+P_{3\,.\,2}(y_3+y_2)+P_1(y_1)$$
$$=192(1.0)+135(0.8334+0.80124)+48(0.69303)=446\text{ kN}$$

2) 부(−) 전단력([그림 2.5.3.22]) − P_4가 $3l_3/8$에 작용

$$-{}_rV_B^{Tr}=P_4(y_4)+P_{3\,.\,2}(y_3y_2)+P_1(y_1)$$
$$=192(-0.09918)+135(-0.08502-0.07843)+48(-0.05524)=-44\text{ kN}$$

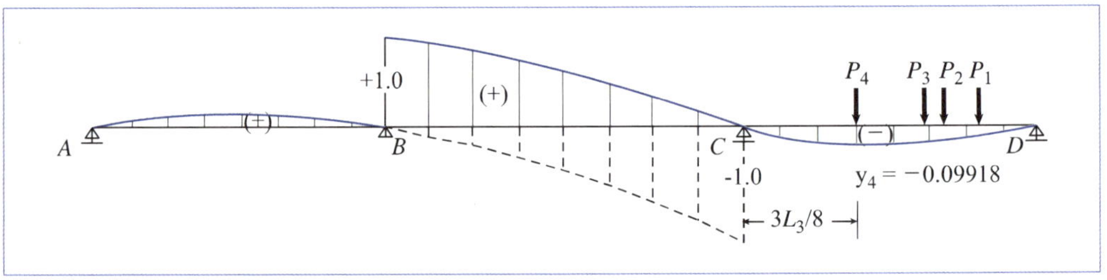

[그림 2.5.3.22] $-{}_rV_B^{Tr}$

(5) $V_{l_2/2}^{Tr}$

1) 정(+) 전단력([그림 2.5.3.11(a)]) − P_4가 B에 작용

$$V_{l_2/2}^{Tr}=P_4(y_4)+P_{3\,.\,2}(y_3+y_2)+P_1(y_1)$$
$$=192(0.5)+135(0.27012+0.23326)+48(0.13444)=170\text{ kN}$$

2) 부(−) 전단력([그림 2.5.3.23]) − P_4가 B에 작용

$$-V_{l_2/2}^{Tr}=P_4(y_4)+P_{3\,.\,2}(y_3+y_2)+P_1(y_1)$$
$$=192(-0.5)+135(-0.27012-0.23326)+48(-0.13444)=-170\text{ kN}$$

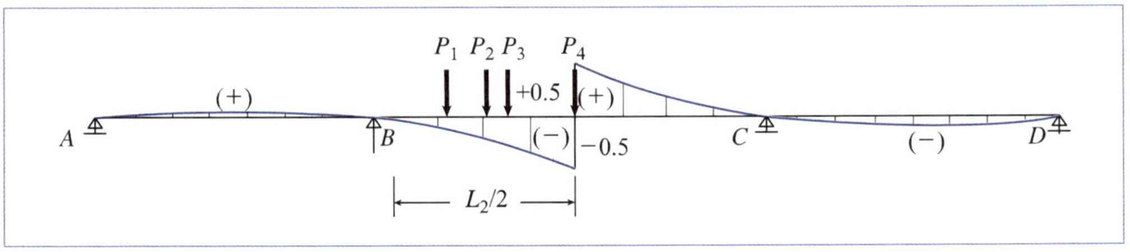

[그림 2.5.3.23] $-V_{l_2/2}^{Tr}$

b. 모멘트

(1) M_A

1) 정(+) 모멘트 : $M_A = 0$

2) 부(−) 모멘트 : $M_A = 0$

(2) $M_{3l_1/8}$

1) 정(+) 모멘트([그림 2.5.3.5(a)) − P_4가 $3l_1/8$에 작용

$$M^{Tr}_{3l_1/8} = [P_4(y_4) + P_{3\,.\,2}(y_3 + y_2) + P_1(y_1)] \times 10^{-1} l_1$$
$$= [192(0.7223) + 135(2.047 + 1.8815) + 48(1.3970)] \times 10^{-1}(30)$$
$$= 2{,}208 \text{ kN} \cdot \text{m}$$

2) 부(−) 모멘트([그림 2.5.3.24]) − P_4가 $3l_2/8$에 작용

$$-M^{Tr}_{3l_1/8} = [P_4(y_4) + P_{3\,.\,2}(y_3 + y_2) + P_1(y_1)] \times 10^{-1} l_1$$
$$= [192(-0.3884) + 135(-0.3184 - 0.2992) + 48(-0.2246)] \times 10^{-1}(30)$$
$$= -506 \text{ kN} \cdot \text{m}$$

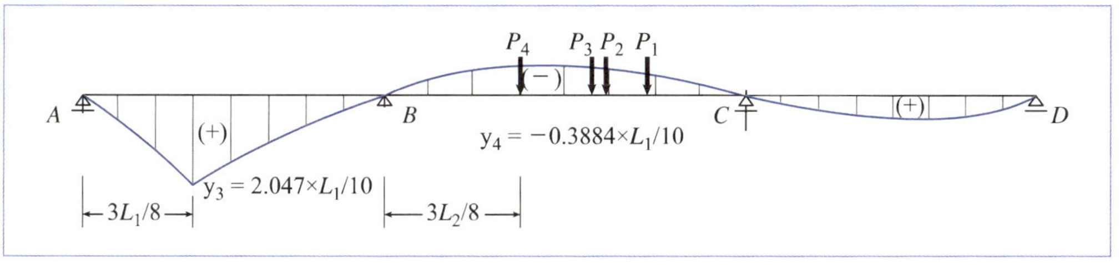

[그림 2.5.3.24] $-M^{Tr}_{3l_1/8}$

(3) M_B

1) 정(+) 모멘트([그림 2.5.3.25]) − P_4가 $3l_3/8$에 작용

$$+M^{Tr}_B = [P_4(y_4) + P_{3\,.\,2}(y_3 + y_2) + P_1(y_1)] \times 10^{-1} l_1$$
$$= [192(0.255) + 135(0.2243 + 0.2016) + 48(0.142)] \times 10^{-1}(30)$$
$$= 340 \text{ kN} \cdot \text{m}$$

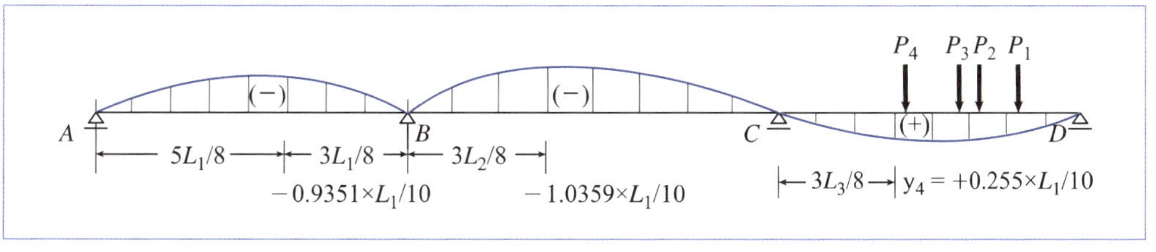

[그림 2.5.3.25] $+M^{Tr}_B$

2) 부(−) 모멘트([그림 2.5.3.6(a)]) − P_4가 $3l_3/8$에 작용

$$-M_B^{Tr} = [P_4(y_4) + P_{3\cdot 2}(y_3 + y_2) + P_1(y_1)] \times 10^{-1} l_1$$
$$= -[192(0.5277) + 135(0.9351 + 0.9305) + 48(0.8845) + 192(0.8490) + 135(1.0359 + 1.0088) + 48(0.9123)] \times 10^{-1}(30)$$
$$= -2{,}635\ \text{kN}\cdot\text{m}$$

(4) $M_{l_2/2}$

1) 정(+) 모멘트([그림 2.5.3.7−(a)]) − P_4가 B에 작용

$$M_{l_2/2}^{Tr} = [P_4(y_4) + P_{3\cdot 2}(y_3 + y_2) + P_1(y_1)] \times 10^{-1} l_1$$
$$= [192(1.0045) + 135(2.0357 + 1.8518) + 48(0.8147)] \times 10^{-1}(30)$$
$$= 2{,}270\ \text{kN}\cdot\text{m}$$

2) 부(−) 모멘트([그림 2.5.3.26]) − P_4가 B에 작용

$$-M_{l_2/2}^{Tr} = [P_4(y_4) + P_{3\cdot 2}(y_3 + y_2) + P_1(y_1)] \times 10^{-1} l_1$$
$$= [192(-0.3401) + 135(-0.2915 - 0.2281) + 48(-0.1894)] \times 10^{-1}(30)$$
$$= -434\ \text{kN}\cdot\text{m}$$

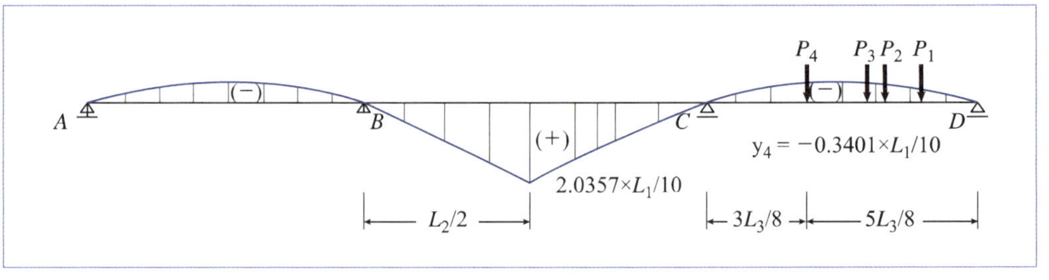

[그림 2.5.3.26] $-M_{l_2/2}^{Tr}$

위에서 계산된 임계점에서 피로하중에 대한 하중계수를 곱하지 않은 전단력과 휨모멘트를 [표 2.5.3.6]에 정리하였다.

[표 2.5.3.6] 임계점에서 피로하중에 의한 하중계수를 곱하지 않은 전단력과 휨모멘트

전단력 (kN)	A	$3l_1/8$	$_lB$	$_rB$	$l_2/2$
정(+)	401	86	11	446	170
부(−)	−45	−126	−447	−44	−170
모멘트(kN·m)	A	$3l_1/8$	$_lB$	$_rB$	$l_2/2$
정(+)	0	2,208	340	340	2,270
부(−)	0	−506	−2,635	−2,635	−434

[표 2.5.3.6]에 주어진 임계점에서 피로하중에 의한 하중계수를 곱하지 않은 휨모멘트에 대하여 피로한계상태에 대해 적용되는 충격계수 15%(G.3), 분배계수 $mg_M^{SE} = 0.635$[앞에서 G.4.b], 피로 및 파괴한계상태 하중조합[LSD 3.6.2항] 0.75(LL+IM)을 갖는 계수모멘트는 다음과 같이 계산하여 [표 2.5.3.7]에 나타내었다.

[표 2.5.3.7] 외측거더의 피로한계상태에 대한 계수모멘트

위치	정(+) 모멘트 (kN · m)			부(−) 모멘트 (kN · m)		
	LL+IM w/ IM=0.15	LL+IM w/ DF=0.635	LL+IM w/ LF=0.75	LL+IM w/ IM=0.15	LL+IM w/ DF=0.635	LL+IM w/ LF=0.75
A	0	0	0	0	0	0
$3l_1/8$	2,539	1,612	1,209	−582	−370	−278
B	391	248	186	−3,030	−1,924	−1,443
$l_2/2$	2,611	1,658	1,244	−499	−317	−238

[표 2.5.3.6]으로부터 최대 부(−) 모멘트 −2,635 kN · m에 대해

임계 LL+IM w/ IM= 0.15 = −2,635 × 1.15 = −3,030 kN · m
LL+IM w/ DF= 0.635= −3,030 × 0.635= −1,924 kN · m
LL+IM w/ LF= 0.75= −1,924 × 0.75 = −1,443 kN · m

복부판에서 피로검토에 대해 모멘트는 [LSD 3.6.1.4]에서 규정된 피로하중에 의한 활하중 휨응력은 [LSD 표 3.4.1]에 있는 피로하중 조합으로 계산한 값의 2배로 한다.

−1,443 − 2= −2,886 kN · m

위치 B에서 복부판의 최대휨피로응력은 [표 2.5.3.8]에 계산되었다.

[표 2.5.3.8] 위치 B에서 부(−) 모멘트에 대한 복부판의 최대휨피로응력

하중	M_{DC} (kN m)	M_{DW} (kN · m)	M_B (kN · m)	M_{LL+IM} (kN · m)	S_b Steel (mm³)	S_b Composite (mm³)	Stress (MPa)
DC^E	1,655				27.88×10^6		59.4
DW^E		339				28.507×10^6	11.9
B^E			176			28.507×10^6	6.2
LL+IM				2,886		28.507×10^6	101.2
Σ						$\eta = 1.0$	178.7 178.7

$f_{cf} = 178.7\text{ MPa} < F_{yw} = (1.0)(355) = 355\text{ MPa}$, OK

[표 2.5.3.9] 위치 B에서 계수하중에 의한 부(−) 모멘트에 대한 강거더의 상단의 인장응력
$U=\eta[1.25DC+1.5DW+1.25B+1.8(LL+IM)]$

하중	M_{DC} (kN · m)	M_{DW} (kN · m)	M_B (kN · m)	M_{LL+IM} (kN · m)	S_t Steel (mm^3)	S_t Composite (mm^3)	Stress (MPa)
DC^E	2,069				27.88×10^6		74.2
DW^E		509				32.068×10^6	15.9
B^E			220			32.068×10^6	6.9
LL+IM				5,575		32.068×10^6	173.8
Σ						$\eta=0.95$	270.8 257.3

6. 응력

이 단계는 극한한계상태에 대한 거더의 상연과 하연에서 응력들의 계산을 나타내었다. 외측거더 모멘트가 휨설계에 적용되었다. 응력들은 위치 B에서 각 하중계수를 곱한 [표 2.5.3.1]로부터 계수모멘트를 기초로 하고 있다. [표 2.5.3.9]와 [표 2.5.3.10]는 인장 플랜지(257.3 MPa)와 압축 플랜지(283.8 MPa)에서 최대 응력을 정리한 것이다.

[표 2.5.3.10] 위치 B에서 계수하중에 의한 부(−) 모멘트에 대한 강거더의 하단의 압축응력
$U=\eta[1.25DC+1.5DW+1.25B+1.8(LL+IM)]$

하중	M_{DC} (kN · m)	M_{DW} (kN · m)	M_B (kN · m)	M_{LL+IM} (kN · m)	S_t Steel (mm^3)	S_t Composite (mm^3)	Stress (MPa)
DC^E	2,069				27.88×10^6		74.2
DW^E		509				28.068×10^6	18.1
B^E			220			28.068×10^6	7.8
LL+IM				5,575		28.068×10^6	198.6
Σ						$\eta=0.95$	298.7 283.8

7. 조밀단면의 결정

처음에 단면은 조밀단면으로 가정되었고 가정단면이 타당하다면 휨강도를 검토한다.

a. 부(−)모멘트에서 조밀단면에 대한 휨강도 검토

다음 식을 만족하면, 복부판은 조밀한 것으로 본다[LSD 6.10.4.1(2)].

$$\frac{2D_{cp}}{t_w} \le 3.76\sqrt{\frac{E}{F_{yc}}} \qquad (6.10.19)$$

여기서, D_{cp} = 소성모멘트 적용시 압축력 측 복부판의 높이(mm), F_{yc} = 압축플랜지의 항복강도(MPa)이다.

복부판 세장비가 [LSD 식 (6.10.19)]를 만족하지 못하는 비조밀 복부판의 경우, [LSD 6.10.4.1(4)]의 비조밀단면의 압축플랜지 세장비 규정으로 검토한다.

부 모멘트 단면에 대해 [LSD 6.10.3.1(4)]로부터 소성모멘트 적용시 복부판의 압축 측 높이 D_{cp}가 부모멘트를 받는 단면에서 소성중립축이 복부판 내에 있을 때[LSD 6.10.3.1(4)②],

$$D_{cp} = \frac{D}{2A_w F_{yw}}(F_{yt}A_t + F_{yw}A_w + F_{yr}A_r - F_{yc}A_c) \tag{6.10.7}$$

여기서, D=1,800 mm, 복부판 높이, A_t = 인장플랜지 단면적(mm²), A_c =압축플랜지 단면적(mm²), A_w = 복부판 단면적(mm²), A_r = 단면에 포함된 축방향 철근 단면적(mm²), F_{yc} = 압축플랜지의 항복강도(MPa), F_{yr} = 단면에 포함된 축방향 철근의 항복강도(MPa), F_{yt} = 인장플랜지의 항복강도(MPa), F_{yw} = 복부판의 항복강도(Mpa)이다.

그 밖의 모든 부모멘트 단면에 대해 D_{cp}는 D로 한다. [그림 2.5.3.27]에 나타낸 그림은 단면치수와 소성중립축을 내타낸 것이다.

콘크리트 바닥판에서 철근의 간격은 『콘크리트교의 해석 및 설계』 제4편 제2장 [2.2.4.1 RC T형보 교량의 바닥슬래브의 설계예] [그림 2.2.4.1.17]에 주어졌다.

유효폭에서 슬래브 상단의 철근수= b_i/(철근 간격) = 2,210/250 = 9−D13
슬래브 하단의 철근수= b_i/(철근 간격) = 2,210/350 = 7−D16

가정된 소성력중립축 PNA는 복부판 내에 있는 것으로 가정한다.

소성력

상단 철근	$P_{rt} = F_{yr}A_{rt} = (400)(9)(126.7)(10^{-3})$	= 456 kN
하단 철근	$P_{rb} = F_{yr}A_{rb} = (400)(7)(198.6)(10^{-3})$	= 556 kN
인장플랜지	$P_t = F_{yt}b_t t_t = (355)(400)(30)(10^{-3})$	= 4,260 kN
압축플랜지	$P_c = F_{yc}b_c t_c = (355)(400)(30)(10^{-3})$	= 4,260 kN
복부판	$P_w = F_{yw}Dt_w = (355)(1,800)(12)(10^{-3})$	= 7,668 kN

소성 중립축 PNA : $C = T$

PNA가 복부판 내에 있는지 검토.

$C = P_c + P_w$ = 4,260 + 7,668 = 11,928 kN

$T = P_t + P_{rb} + P_{rt}$ = 4,260 + 556 + 456 = 5,272 kN

$C = 11,928\ kN > T = 5,272\ kN$, 소성 중립축 PNA는 복부판 내에 있다.

$$D_{cp} = \frac{D}{2A_w F_{yw}}(F_{yt}A_t + F_{yw}A_w + F_{yr}A_r - F_{yc}A_c)$$

$$= \frac{1,800}{2(7,668)}(4,260 + 7,668 + 456 + 556 - 4,260) = 1,018.8\ \mathrm{mm}$$

$$3.76\sqrt{\frac{E}{F_{yc}}} = 3.76\sqrt{\frac{200,000}{355}} = 89.24$$

$$\frac{2D_{cp}}{t_w} = \frac{2(1,018.8)}{12} = 169.8 > 3.76\sqrt{\frac{E}{F_{yc}}} = 89.24\,,\quad \text{NG}$$

결국 단면은 비조밀단면으로 분류된다.

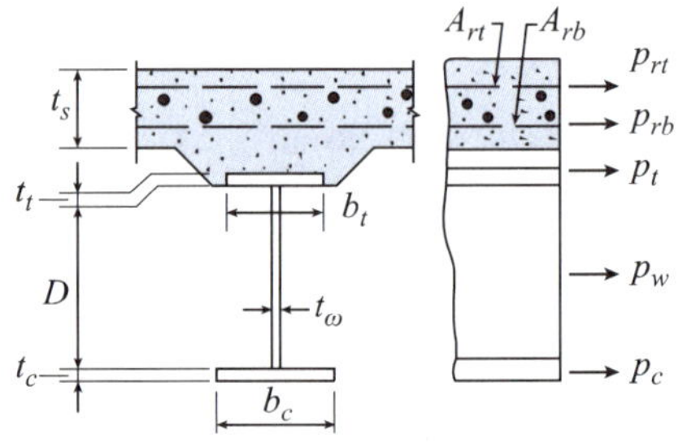

[그림 2.5.3.27] 부 모멘트 단면에 대한 소성중립축

b. 비조밀단면에 대한 휨강도

부모멘트에서 비조밀단면에 대한 휨강도를 검토한다.

(1) 복부판의 세장비 : 비조밀단면에 대해 복부판의 한계상태[LSD 6.10.2.2].

$$\frac{2D_c}{t_w} \le 6.77\sqrt{\frac{E}{f_c}} \le 200 \tag{6.10.2}$$

여기서, D_c = 탄성영역내에서 압축을 받는 복부판의 높이(mm)

$= D/2 + y_c = 1,800/2 + 54.66 = 954.66\ \text{mm}$

f_c = 283.8 MPa, 설계하중에 의한 압축플랜지의 응력([표 2.5.3.10]).

$$\frac{2D_c}{t_w} = \frac{2(954.66)}{12} = 159.11$$

$$6.77\sqrt{\frac{E}{f_c}} = 6.77\sqrt{\frac{200,000}{283.8}} = 179.72 > 159.11,\quad \text{OK}$$

(2) 비조밀단면 압축플랜지 세장비

압축플랜지가 다음 조건을 만족하면 6.10.4.1(9)의 비조밀단면 압축플랜지 비지지길이 규정을 만족하는지 검토한다[LSD 6.10.4.1(4)].

$$\frac{b_f}{2t_f} \le 12.0 \tag{6.10.21}$$

여기서, b_f = 400 mm, 압축플랜지의 폭, t_f = 30 mm, 압축플랜지의 두께

위 조건을 만족하지 못할 경우는 단면을 다시 설계해야 한다.

$$\frac{b_f}{2t_f} = \frac{400}{2(30)} = 6.667 < 12, \quad \text{OK}$$

(3) 비조밀단면 압축플랜지 지지조건[LSD 6.10.4.1(9)]

$$L_b \leq 1.76\, r_t \sqrt{\frac{E}{F_{yc}}} \tag{6.10.28}$$

여기서, r_t = 강재단면의 압축플랜지와 압축응력을 받는 복부판 높이의 1/3로 이루어진 단면의 연직축에 관한 회전반경(mm), F_{yc} = 355 MPa, 압축플랜지의 항복강도이다.

$$I_y = \frac{(D_c/3)(t_w)^3}{12} + \frac{(t_f)(b_f)^3}{12} = \frac{(954.66/3)(12)^3}{12} + \frac{(30)(400)^3}{12} = 160 \times 10^6\,\text{mm}^4$$

$$A = (D_c/3)(t_w) + (t_f)(b_f) = (954.66/3)(12) + (30)(400) = 15{,}819\,\text{mm}^2$$

$$r_t = \sqrt{\frac{I_y}{A}} = \sqrt{\frac{160 \times 10^6}{15{,}819}} = 100.57\,\text{mm}$$

$$L_b \leq 1.76\, r_t \sqrt{\frac{E}{F_{yc}}} = 1.76(100.57)\sqrt{\frac{200{,}000}{355}} = 4{,}201\,\text{mm}$$

이 예제에서 다이아프램이 설계되었기 때문에 규정된 다이아프램의 간격 내에 정 모멘트 영역인 단면을 고려하였다. 압축플랜지가 4,201 mm보다 적은 거리에 지지되었으므로 횡비틀림좌굴에는 문제가 없다.

8. 복부 휨에 기인한 피로

탄성범위에서 압축을 받는 복부판 높이 $D_c = 954.66$ mm.

[LSD 식 (6.10.60)]을 만족하면 플랜지 강도감소계수 R_b는 1.0을 사용한다[LSD 6.10.4.3(2)①].

$$\frac{2D_c}{t_w} \leq \lambda_b \sqrt{\frac{E}{f_c}} \tag{6.10.60}$$

그렇지 않은 경우에는 아래와 같이 구한다.

$$R_b = 1 - \left(\frac{a_r}{1{,}200 + 300a_r}\right)\left(\frac{2D_c}{t_w} - \lambda_b\sqrt{\frac{E}{f_c}}\right) \tag{6.10.62}$$

$$a_r = \frac{2D_c t_w}{A_c} \tag{6.10.65}$$

여기서, λ_b = 5.76(D_c가 $D/2$ 이하인 경우), λ_b = 4.64(D_c가 $D/2$ 보다 큰 경우), f_c=283.8 MPa, 설계하중에 의한 압축플랜지의 응력[표 2.5.3.10], A_c = 압축플랜지 단면적(mm^2)

$D_c = 954.66$ mm > $D/2 = 1{,}800/2 = 900$ mm이므로 λ_b = 4.64를 사용한다.

$$\frac{2D_c}{t_w} = \frac{2(954.66)}{12} = 159.11 > 4.64\sqrt{\frac{E}{f_c}} = 4.64\sqrt{\frac{200{,}000}{283.8}} = 123.18, \quad \text{NG}$$

요구조건을 만족되지 않음으로 복부판 국부좌굴을 고려한 플랜지 강도감소계수, R_b[LSD 식 (6.10.62)]를 구한다.

$A_c = 30 \times 400 = 12{,}000\ \text{mm}^2$, 압축플랜지 단면적

$$a_r = \frac{2D_c t_w}{A_c} = \frac{2(954.66)(12)}{12{,}000} = 1.909$$

$$R_b = 1 - \left(\frac{a_r}{1{,}200 + 300a_r}\right)\left(\frac{2D_c}{t_w} - \lambda_b\sqrt{\frac{E}{f_c}}\right)$$

$$= 1 - \left(\frac{1.909}{1{,}200 + 300(1.909)}\right)(159.11 - 123.18) = 0.961$$

그러므로 압축플랜지에 대해 복부판 국부좌굴을 고려한 플랜지 강도감소계수, $R_b = 0.961$이다.

9. 휨강도

부 모멘트 영역에 대한 단면설계의 마지막 단계는 단면강도를 계산하여 I.6에서 구해진 최대응력값과 비교한다. 비조밀단면에 대해 각 플랜지의 강도는 [LSD 6.10.4.2(4)]에 주어진 응력이다.

R_h =하이브리드단면의 플랜지 강도감소계수= 1.0.

R_b =복부판 국부좌굴에 대한 플랜지 강도감소계수, 압축에 대해 0.961, 인장에 대해 1.0.

F_{yt} =인장플랜지의 항복강도= 355 MPa.

F_{yc} =압축플랜지의 항복강도= 355 MPa.

응력으로 표시되는 인장플랜지의 공칭휨강도는 다음과 같다[LSD 6.10.4.2(4)②].

응력으로 표시되는 인장플랜지의 공칭휨강도는 다음과 같다[LSD 6.10.4, 6.10.4.2(4)②].

$$F_n = R_b\, R_h\, F_{yt} \tag{6.10.45}$$

$$F_n = R_b\, R_h\, F_{yt} = (1.0)(1.0)(355) = 355\ \text{MPa}$$

$$F_r = \phi_f F_n = (1.0)(355) = 355\ \text{MPa} \tag{6.10.18}$$

이 값 $F_r = 355$ MPa는 [표 2.5.3.9]에 계산된 최대응력 $f_c = 257.3$ MPa보다 크므로 단면은 충분하다. 응력으로 표시되는 압축플랜지의 공칭휨강도는 다음과 같이 구한다[LSD 식 (6.10.44)].

- 복부판에 수평보강재가 없는 경우

$$F_{cr} = \frac{1.904E}{\left(\frac{b_f}{2t_f}\right)^2\sqrt{\frac{2D_c}{t_w}}} \le F_{yc}$$

$$\frac{b_f}{2t_f} = \frac{400}{2(30)} = 6.667, \quad \frac{2D_c}{t_w} = \frac{2(954.66)}{12} = 159.11$$

$$F_{cr} = \frac{1.904E}{\left(\frac{b_f}{2t_f}\right)^2 \sqrt{\frac{2D_c}{t_w}}} = \frac{1.904(200,000)}{(6.667)^2\sqrt{159.11}} = 679\text{ MPa} > F_{yc} = 355\text{ MPa}$$

그러므로

$$F_{cr} = F_{yc} = 355\text{ MPa}$$

$$F_n = R_b R_h F_{cr} = (0.961)(1.0)(355) = 341.2\text{ MPa}$$

$$F_r = \phi_f F_n = (1.0)(341.2) = 341.2\text{ MPa}$$

이 값 $F_r = 341.2$ MPa는 [표 2.5.3.10]에 계산된 최대응력 $f_c = 283.8$ MPa보다 크므로 단면은 충분하다. 휨에 대해 모든 조건을 만족한다. 그러므로 부 모멘트 영역에 대해 12 mm ×1,800 mm인 복부판과 30 mm×400 mm인 플랜지로 구성되는 강재단면을 사용하였다.

J. 정휨모멘트에 대한 설계 단면

정모멘트 영역에 대해 10 mm×1,800 mm인 복부판과 15 mm×300 mm인 상단플랜지, 25 mm×400 mm인 하단플랜지로 구성되는 강재단면을 사용한다. 상단플랜지는 콘크리트로 구분되는 부가강도가 포함되어 있어 바닥플랜지보다 작다. 단면정수는 강재만, $n = 8$인 단기합성단면, $3n = 24$인 장기합성단면에 대해 계산되었다. 정모멘트 합성단면은 강재단면과 콘크리트 슬래브의 유효폭의 변환단면으로 구성된다. 응력은 계수모멘트를 사용하여 강거더의 상단과 하단에서 콘크리트에 대해 계산된다. 강거더는 DC에 의한 모멘트에 저항한다. 단기합성단면은 LL+IM에 의한 모멘트에 저항하고, 장기합성단면은 DW와 B에 의한 모멘트에 저항한다. 하중과 유효플랜지폭의 결과는 I.1과 I.2에서 부모멘트 영역에 대해 결정된 것이다. 외측거더에 대한 모멘트는 정모멘트 영역으로 조정된다. 그러므로 콘크리트의 유효폭 b_e는 2,210 mm를 사용하였다.

1. 단면정수

강거더와 단기 및 장기합성단면에 대한 단면정수를 계산한다. 단면의 치수는 [그림 2.5.3.28]에 나타내었다. 강단면에 대한 단면정수는 [표 2.5.3.11]에 계산되었다.

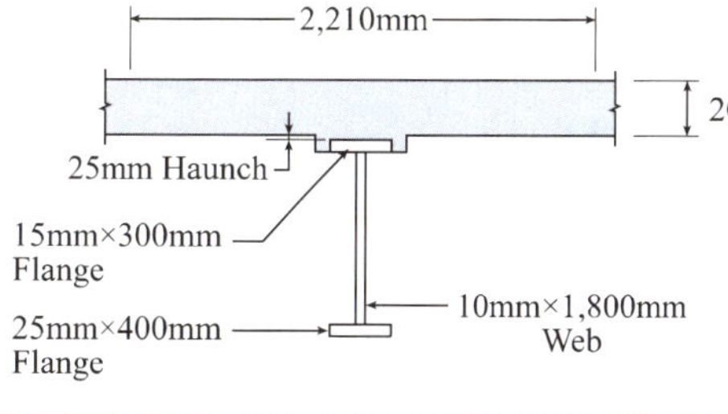

[그림 2.5.3.28] 정(+)휨모멘트에 대한 합성단면

[표 2.5.3.11] 정모멘트에 대한 강재단면정수

구분	A(mm²)	y(mm)	Ay	Ay²	I_o(mm⁴)	I(mm⁴)
상단 플랜지 15mm×300mm	4,500	907.5	4,083,750	3.706×10⁹	84,375	3.706×10⁹
복부판 10mm×1,800mm	18,000	0	0	0	4.86×10⁹	4.860×10⁹
하단 플랜지 25mm×400mm	10,000	−912.5	−9,125,000	8.327×10⁹	520,833	8.328×10⁹
합계 ∑	32,500		−5.041,250			16.894×10⁹

$$y_c = \frac{\sum A \cdot y}{\sum A} = \frac{-5,041,250}{32,500} = -155.1\,\text{mm}$$

$$I_{NA} = 16.894 \times 10^9 \text{mm}^4$$

$$y_{t-s} = \frac{D}{2} + t_f - y_c = \frac{1,800}{2} + 15 - (-155.1) = 1,070.1\,\text{mm}$$

$$y_{b-s} = \frac{D}{2} + t_f + y_c = \frac{1,800}{2} + 25 + (-155.1) = 769.9\,\text{mm}$$

$$S_{t-s} = \frac{I_{NA}}{y_t} = \frac{16.894 \times 10^9}{1,070.1} = 15.787 \times 10^6\,\text{mm}^3$$

$$S_{b-s} = \frac{I_{NA}}{y_b} = \frac{16.894 \times 10^9}{769.9} = 21.943 \times 10^6\,\text{mm}^3$$

정휨모멘트에 대한 단기합성단면에 대한단면정수는 [표 2.5.3.12]에 계산되었다.

[표 2.5.3.12] 정 모멘트에 대한 합성단면정수, $n = 8$

구분	A(mm²)	y(mm)	Ay	Ay²	I_o(mm⁴)	I(mm⁴)
상단 플랜지 15mm×300mm	4,500	907.5	4,083,750	3.706×10⁹	84,375	3.706×10⁹
복부판 10mm×1,800mm	18,000	0	0	0	4.86×10⁹	4.860×10⁹
하단 플랜지 25mm×400mm	10,000	−912.5	−9,125,000	8.327×10⁹	520,833	8.328×10⁹
콘크리트 $b_e \times t_s/n$	56,631	1,042.5	59,037,818	62.547×10⁹	0.198×10⁹	62.745×10⁹
합계 ∑	89,131		53.996,568			79.639×10⁹

$$y_c = \frac{\sum A\, y}{\sum A} = \frac{53,996,568}{89,131} = 605.8\,\text{mm}$$

$$I_{NA} = I - [(\sum A) \cdot (y)^2] = 79.639 \times 10^9 - 89,131 \times 605.8^2 = 46.928 \times 10^9 \text{mm}^4$$

$$y_{s-t\,\text{or}\,b} = \frac{D}{2} + t_f \mp y_c$$

$$y_{st}=\frac{1,800}{2}+15-605.8=309.2\,\mathrm{mm}$$

$$y_{sb}=\frac{1,800}{2}+25+605.8=1,530.8\,\mathrm{mm}$$

$$S_{st}=\frac{I_{NA}}{y_{st}}=\frac{46.928\times10^{9}}{309.2}=151.772\times10^{6}\,\mathrm{mm}^{3}$$

$$S_{sb}=\frac{I_{NA}}{y_{sb}}=\frac{46.928\times10^{9}}{1,530.8}=30.656\times10^{6}\,\mathrm{mm}^{3}$$

$$y_{ct}=\frac{D}{2}+t_{f}+haunch+t_{s}-y_{c}$$

$$y_{ct}=\frac{1,800}{2}+15+25+205-605.8=539.2\,\mathrm{mm}$$

$$S_{ct}=\frac{I_{NA}}{y_{ct}}=\frac{46.928\times10^{9}}{539.2}=87.032\times10^{6}\,\mathrm{mm}^{3}$$

[표 2.5.3.13] 정 모멘트에 대한 합성단면정수, $3n=24$

구분	A(mm^2)	y(mm)	Ay	Ay^2	I_o(mm^4)	I(mm^4)
상단 플랜지 15mm×300mm	4,500	907.5	4,083,750	3.706×10^9	84,375	3.706×10^9
복부판 10mm×1,800mm	18,000	0	0	0	4.86×10^9	4.860×10^9
하단 플랜지 25mm×400mm	10,000	−912.5	−9,125,000	8.327×10^9	520,833	8.328×10^9
콘크리트 $b_e\times t_s/3n$	18,877	1,042.5	19,679,273	20.516×10^9	0.066×10^9	20.582×10^9
합계 $\sum$	51,377		14.638,023			37.476×10^9

$$y_{c}=\frac{\sum A\,y}{\sum A}=\frac{14,638,023}{51,377}=284.9\,\mathrm{mm}$$

$$I_{NA}=I-[(\sum A)\cdot(y)^{2}]=37.476\times10^{9}-51,377\times284.9^{2}=33.306\times10^{9}\mathrm{mm}^{4}$$

$$y_{r-t\,\mathrm{or}\,b}=\frac{D}{2}+t_{f}\mp y_{c}$$

$$y_{rt}=\frac{1,800}{2}+15-284.9=630.1\,\mathrm{mm}$$

$$y_{rb}=\frac{1,800}{2}+25+284.9=1,209.9\,\mathrm{mm}$$

$$S_{st}=\frac{I_{NA}}{y_{st}}=\frac{33.306\times10^{9}}{630.1}=52.858\times10^{6}\,\mathrm{mm}^{3}$$

$$S_{sb}=\frac{I_{NA}}{y_{rb}}=\frac{33.306\times10^{9}}{1,209.9}=27.528\times10^{6}\,\mathrm{mm}^{3}$$

2. 부재정수

부재의 정수에 대해 검토한다. 휨 부재를 구성하는 요소들은 다음을 만족해야 한다[LSD 6.10.2.1)].

$$0.1 \le \frac{I_{yc}}{I_y} \le 0.9 \tag{6.10.1}$$

복부판 중심선의 수직축에 관한 단면 2차모멘트 :

$$I_y = \frac{1}{12}(15)(300)^3 + \frac{1}{12}(25)(400)^3 + \frac{1}{12}(1{,}800)(10)^3 = 167.2 \times 10^6 \ \ \text{mm}^4$$

복부판 중심선의 수직축에 관한 압축플랜지의 단면 2차모멘트 :

$$I_{yc} = \frac{1}{12} t_f b_f^3 = \frac{1}{12}(15)(300)^3 = 33.8 \times 10^6 \ \ \text{mm}^4$$

$$0.1 \le \frac{I_{yc}}{I_y} = \frac{33.8 \times 10^6}{167.2 \times 10^6} = 0.2 < 0.9, \quad \text{OK}$$

3. 휨에 대한 D_c/t_w의 검토

복부판 종방향으로 보강재 유무에 관계없이 다음 조건을 만족해야 한다[LSD 6.10.6.3].

$$\frac{D_c}{t_w} < 0.95\sqrt{\frac{k\,E}{F_{yw}}} \ \text{이면,} \qquad f_{cf} = F_{yw} \tag{6.10.68}$$

그렇지 않으면[LSD 6.10.6.2],

$$f_{cf} \le 0.9\,k\,E\left(\frac{t_w}{D}\right)^2 \tag{6.10.69}$$

여기서, D = 복부판높이 (mm), f_{cf} = [LSD 6.10.6.2]에서 규정된 하중계수를 곱하지 않은 압축플랜지에서 지속하중과 피로하중으로 인한 최대 탄성휨압축응력(MPa), F_{yw} = 복부판 항복강도(MPa), k = 종방향 보강재가 없는 복부판에 대하여 $9.0(D/D_c)^2 \ge 7.2$와 같은 값을 갖는 복부판에 대한 탄성휨좌굴계수, D_c = 탄성범위에서 압축을 받는 복부판의 높이(mm), t_w = 복부판의 두께(mm)이다.

$$D_c = 1{,}800/2 - 155.1 = 744.9 \text{ mm}$$

$$k = 9.0(D/D_c)^2 = 9.0(1{,}800/744.9)^2 = 52.55 \ge 7.2$$

$$\frac{D_c}{t_w} = \frac{744.9 - 155.1}{10} = 74.49$$

$$0.95\sqrt{\frac{k\,E}{F_{yw}}} = 0.95\sqrt{\frac{(52.55)(200{,}000)}{355}} = 163.46$$

$$\frac{D_c}{t_w} = 74.49 < \ 0.95 \sqrt{\frac{k\,E}{F_{yw}}} = 163.46, \text{ 그러므로 } f_{cf} = F_{yw} = 355 \text{ MPa}$$

355 MPa인 허용응력에 대해 단면이 충분한지 [표 2.5.3.14]으로부터 복부에서 결정된 최대 휨피로응력(87.5 MPa)과 비교한다. 임계점에서 피로하중에 의한 하중계수를 곱하지 않은 휨모멘트에 대한 값은 [표 2.5.3.6]에 각 경우에 대해 정리하여 나타내었다. [표 2.5.3.6]으로부터 최대 정(+)모멘트 2,208 kN · m에 대해

임계 LL+IM w/ IM= 0.15 = −2,539 kN · m
LL+IM w/ DF= 0.635= 1,612 kN · m
LL+IM w/ LF= 0.75 = 1,209 kN · m

복부판에서 피로검토에 대해 모멘트는 [LSD 3.6.1.4]에서 규정된 피로하중에 의한 활하중 휨응력은 [LSD 표 3.4.1]에 있는 피로하중 조합으로 계산한 값의 2배로 한다.

$$1{,}209 \times 2 = 2{,}418 \text{ kN} \cdot \text{m}$$

M_{DC}, M_{DW}, M_B는 [표 2.5.3.1]으로부터 내측거더에 대해 $M_{3l_1/8}$을 찾을 수 있다. 단면정수는 J.1에 계산되어 있다.

[표 2.5.3.14] 정(+) 모멘트에 대한 복부판의 최대 휨 피로응력, 내측거더

하중	M_{DC} (kN · m)	M_{DW} (kN · m)	M_B (kN · m)	M_{LL+IM} (kN · m)	S_b Steel (mm^3)	S_b Composite (mm^3)	Stress (MPa)
DC^E	1,022				15.79×10^6		64.7
DW^E		266				52.858×10^6	5.0
B^E			103			52.858×10^6	1.9
LL+IM				2,418		151.772×10^6	15.9
Σ						 $\eta = 1.0$	87.5 87.5

$f_{cf} = 87.5 \text{ MPa} < F_{yw} = (1.0)(355) = 355 \text{ MPa}$, OK

4. 응력

이 단계는 극한한계상태에 대한 거더의 상연과 하연에서 응력들의 계산을 나타내었다. 외측거더 모멘트가 휨설계에 적용되었다. 응력들은 위치 $3l_1/8$에서 각 하중계수를 곱한 [표 2.5.3.1]로부터 계수모멘트를 기초로 하고 있다. [표 2.5.3.15]와 [표 2.5.3.16]은 압축플랜지(114.2 MPa)와 인장플랜지(207.6 MPa)에서 최대응력을 정리한 것이다.

[표 2.5.3.15] 위치 $3l_1/8$에서 계수하중에 의한 정(+) 모멘트에 대한 외측 강거더의 상단의 압축응력

$U=\eta[1.25DC+1.5DW+1.25B+1.8(LL+IM)]$

하중	M_{DC} (kN · m)	M_{DW} (kN · m)	M_B (kN · m)	M_{LL+IM} (kN · m)	S_b Steel (mm^3)	S_b Composite (mm^3)	Stress (MPa)
DC^E	1,278				15.79×10^6		80.9
DW^E		399				52.858×10^6	7.5
B^E			129			52.858×10^6	2.4
LL+IM				4,468		151.772×10^6	29.4
Σ						$\eta=0.95$	120.2 114.2

[표 2.5.3.16] 위치 $3l_1/8$에서 계수하중에 의한 정(+) 모멘트에 대한 외측 강거더의 하단의 인장응력

$U=\eta[1.25DC+1.5DW+1.25B+1.8(LL+IM)]$

하중	M_{DC} (kN · m)	M_{DW} (kN · m)	M_B (kN · m)	M_{LL+IM} (kN · m)	S_b Steel (mm^3)	S_b Composite (mm^3)	Stress (MPa)
DC^E	1,278				21.94×10^6		58.3
DW^E		399				22.212×10^6	8.7
B^E			129			22.212×10^6	25.8
LL+IM				4,468		30.656×10^6	145.7
Σ						$\eta=0.95$	218.5 207.6

5. 조밀단면의 결정

처음에 단면은 조밀단면으로 가정되었고 가정이 타당하다면 조밀단면으로 결정한다. 정(+)모멘트에서 조밀단면에 대한 휨강도를 검토한다.

a. 복부 세장비

다음 식을 만족하면, 복부판은 조밀한 것으로 본다[LSD 6.10.4.1(4)].

$$\frac{2D_{cp}}{t_w} \le 3.76\sqrt{\frac{E}{F_{yc}}} \qquad (6.10.19)$$

여기서, D_{cp} = 소성모멘트 적용시 압축력 측 복부판의 높이(mm), F_{yc} = 압축플랜지의 항복강도(MPa).

복부판 세장비가 [LSD 식(6.10.19)]를 만족하지 못하는 비조밀 복부판의 경우, [LSD 6.10.4.1(4)]의 비조밀단면의 압축플랜지 세장비 규정으로 검토한다.

- 정모멘트를 받는 단면에서 소성중립축이 복부판 내에 있을 때[LSD 6.10.3.1(4)②].

$$D_{cp} = \frac{D}{2}\left[\frac{F_{yt}A_t - F_{yc}A_c - 0.85f_{ck}A_s - F_{yr}A_r}{F_{yw}A_w} + 1\right] \qquad (6.10.6)$$

- 위의 경우를 제외한 정모멘트 단면, D_{cp}는 0으로 하고, 복부판은 [LSD 6.10.4.1(2)]에 규정된 조밀단면 복부판 세장비 조건을 만족해야 한다.

  여기서, D_{cp} = 소성모멘트 적용시 복부판 압축 측 높이(mm), D = 1,800mm, 복부판 높이, A_s = 바닥판 단면적(mm^2), A_t = 인장플랜지 단면적(mm^2), A_c = 압축플랜지 단면적(mm^2), A_w = 복부판 단면적(mm^2), A_r = 단면에 포함된 축방향 철근 단면적(mm^2), F_{yc} = 압축플랜지의 항복강도(MPa), F_{yr} = 단면에 포함된 축방향 철근의 항복강도(MPa), F_{yt} = 인장플랜지의 항복강도(MPa), F_{yw} = 복부판의 항복강도(Mpa), f_{ck} = 콘크리트의 28일 압축강도(MPa)이다.

[그림 2.5.3.29]에 나타낸 그림은 정 모멘트단면의 단면치수와 소성중립축을 내타낸 것이다.

b. 소성력

콘크리트 바닥판에서 철근의 간격은 『콘크리트교의 해석 및 설계』 제4편 제2장 [2.2.4.1 RC T형보 교량의 바닥슬래브의 설계예] [그림 2.2.4.1.17]에 주어졌다.

유효폭에서 슬래브 상단의 철근수= b_i/(철근 간격) = 2,210/250 = 9 − D13

슬래브 하단의 철근수= b_i/(철근 간격) = 2,210/350 = 7 − D16

가정된 소성력중립축 PNA는 복부판 내에 있는 것으로 가정한다.

상단 철근	$P_{rt} = F_{yr}A_{rt} = (400)(9)(126.7)(10^{-3})$	= 456 kN
콘크리트슬래브	$P_s = 0.85f_{ck}ab_e = 0.85(30)(a)(2,210)(10^{-3})$	= 56.355a kN
하단 철근	$P_{rb} = F_{yr}A_{rb} = (400)(7)(198.6)(10^{-3})$	= 556 kN
인장플랜지	$P_t = F_{yt}b_tt_t = (355)(400)(25)(10^{-3})$	= 3,550 kN
압축플랜지	$P_c = F_{yc}b_ct_c = (355)(300)(15)(10^{-3})$	= 1,597.5 kN
복부판	$P_w = F_{yw}Dt_w = (355)(1,800)(10)(10^{-3})$	= 6,390 kN

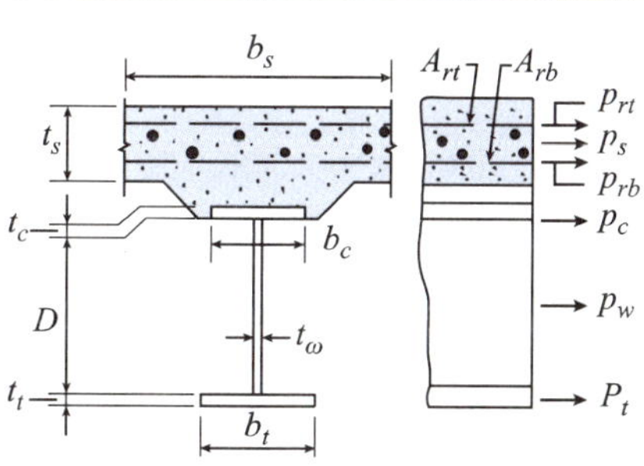

[그림 2.5.3.29] 정 모멘트 단면에 대한 소성중립축

c. 소성 중립축 PNA : $C = T$

PNA가 상단철근과 하단철근 사이의 콘크리트 상판에 있는 것으로 가정한다.

$$C = P_s + P_{rt} = 56.355a + 456$$

$$T = P_{rb} + P_t + P_c + P_w = 556 + 3{,}550 + 1{,}597.5 + 6{,}390 = 12{,}093.5 \text{ kN}$$

$$C = T$$

$$56.355a + 456 = 12{,}093.5$$

$$\therefore a = 206.5 \text{ mm}$$

그러므로 $\beta_1 = 0.85 - \dfrac{2}{7}(0.05) = 0.836$

$$c = \frac{a}{\beta_1} = \frac{206.5}{0.836} = 247.0 \text{ mm} > c_{rb} = 157 \text{ mm}$$

(c_{rb} = 콘크리트슬래브 상단에서 하단철근까지의 거리)

그러므로 하단철근 아래에 있는 PNA을 다시 계산한다.

$$C = P_s + P_{rt} + P_{rb} = 56.355a + 456 + 556 = 56.355a + 1{,}022$$

$$T = P_t + P_c + P_w = 3{,}550 + 1{,}597.5 + 6{,}390 = 11{,}537.5 \text{ kN}$$

$$C = T$$

$$56.355a + 1{,}022 = 11{,}537.5$$

그러므로 $a = 186.6$ mm

$$c = \frac{a}{\beta_1} = \frac{186.6}{0.836} = 223.2 \text{ mm} > c_{rb} = 157 \text{ mm}, \quad \text{OK}$$

$$P_s = 0.85 f_{ck} a b_e = 0.85(30)(186.6)(2{,}210)(10^{-3}) = 10{,}516 \text{ kN}$$

PNA는 슬래브에서 P_{rb} 아래에 있다면,

$$P_t + P_c + P_w \geq \left(\frac{c_{rb}}{t_s}\right) P_s + P_{rt} + P_{rb}$$

$$3{,}550 + 1{,}597.5 + 6{,}390 \geq \left(\frac{157}{205}\right)(10{,}516) + 456 + 556$$

$$11{,}537.5 \text{ kN} \geq 90{,}066 \text{ kN}, \quad \text{OK}$$

PNA는 슬래브에서 P_{rb} 아래에 있다, 그러므로 소성모멘트 적용시 복부판 압축 측 높이 $D_{cp} = 0$. 복부판세장비는 만족하므로 단면은 조밀단면이다.

6. 소성모멘트 M_p 계산

$$\overline{Y} = c = 223.2 \text{ mm}$$

$$M_p = \left(\frac{\overline{Y}^2 P_s}{2t_s}\right) + [P_{rt}d_{rt} + P_{rb}d_{rb} + P_c d_c + P_w d_w + P_t d_t]$$

여기서,

d_{rt} = PNA에서부터 상단철근의 중심까지 거리

d_{rt} = 223.2 - 77 = 146.2 mm

d_{rb} = PNA에서부터 하단철근의 중심까지 거리

d_{rb} = 223.2 - 156 = 67.2 mm

d_w = PNA에서부터 복부판 중심까지 거리

d_w = 1,800/2 + 15 + 25 + 205 − 223.2 = 921.8 mm

d_t = PNA에서부터 인장플랜지 중심까지 거리

d_t = 25/2 + 1,800 + 15 + 25 + 205 − 223.2 = 1,834.3 mm

d_c = PNA에서부터 압축플랜지 중심까지 거리

d_c = 15/2 + 25 + 205 − 223.2 = 14.3 mm

$$M_p = \left(\frac{\overline{Y}^2 P_s}{2t_s}\right) + [P_{rt}d_{rt} + P_{rb}d_{rb} + P_c d_c + P_w d_w + P_t d_t]$$

$$= \left(\frac{(223.2)^2(10{,}516)}{2(205)}\right) + \begin{bmatrix}(456)(146.2)+(556)(67.2)+(1{,}597.5)(14.3)\\ +(6{,}390)(921.8)+(3550)(1{,}834.3)\end{bmatrix}$$

$$= 13{,}807 \times 10^6\ \mathrm{kN \cdot mm} = 13{,}807\ \mathrm{kN \cdot m} > M_u = 5{,}822\ \mathrm{kN \cdot m}, \quad \mathrm{OK}$$

[표 2.5.3.1]으로부터 위치 $3l_1/8$에서 외측거더 모멘트 $M_u = 5{,}822\ \mathrm{kN \cdot m}$. 그러므로 단면은 충분하다.

a. 압축플랜지 세장비

압축플랜지 세장비를 검토한다. 이 조항은 부(−) 모멘트에서 단면에 적용하였다. 정(+) 모멘트에서 조밀단면에 대해 극한한계상태요건은 없다.

b. 압축플랜지 브레이싱

압축플랜지 브레이싱을 검토한다. 이 조항은 부(−)모멘트에서 단면에 적용하였다. 정(+) 모멘트에서 조밀단면에 대해 극한한계상태요건은 없다. 그러나 기술자는 바닥콘크리트의 양생동안에 단면이 비합성이고 비지지라는 것을 이해하여야 된다.

7. 휨강도

단면으로 정해진 휨강도를 계산한다. 내측 지점부가 비조밀단면인 연속보의 경우, 정모멘트를 받는 조밀단면의 공칭휨강도 M_n는 다음 방법으로 구할 수 있다[LSD 6.10.4.2(2)①].

$$M_n = 1.3 R_h M_y \tag{6.10.32}$$

여기서 R_h = [LSD 6.10.4.3(1)]에 규정된 하이브리드 단면의 강도감소계수이다.

그러나 [LSD 식 (6.10.30)이나 식 (6.10.31)]로 계산한 M_n보다 커서는 안된다. 합성단면의 항복모멘트 M_y는 다음과 같이 계산된다[LSD A6.2]. 정모멘트부 합성단면의 항복모멘트 M_y는 강도한계상태에서 상하부 어느 한 쪽 강재플랜지에서 최초항복을 일으키는 강재단면, 단기합성단면 및 장기합성단면에 각각 작용하는 모멘트의 합과 같다. 이와 같은 계산 시 모든 형태의 단면에서 플랜지 횡방향휨과 하이브리드단면의 복부항복은 무시해야 한다. 정모멘트부 합성단면의 항복모멘트는 아래와 같이 구한다.

- 콘크리트바닥판이 굳기 전이나 합성되기 전에 작용하는 계수영구하중에 의한 모멘트 M_{D1} $(=M_{DC})$을 계산한다. 이 모멘트는 강재단면에 적용된다.
- 나머지 계수영구하중에 의한 모멘트 $M_{D2}(=M_{DW}+M_B)$를 계산한다. 이 모멘트는 장기합성단면에 적용된다.
- 단기합성단면에서 어느 한 쪽 플랜지가 항복응력에 도달하기 위해 추가로 적용해야 하는 모멘트 M_{AD}를 계산한다.
- 항복모멘트는 총 영구하중에 의한 모멘트와 추가모멘트의 합이다.

계산과정을 식으로 나타내면 다음과 같다.

(1) 다음 식으로부터 M_{AD}를 구한다.

$$\begin{aligned} F_{yf} &= \frac{M_{DC}}{S_{NC}} + \frac{M_{DW}}{S_{LT}} + \frac{M_B}{S_{LT}} + \frac{M_{AD}}{S_{ST}} \\ &= f_{DC} + f_{DW} + f_B + f_{AD} \end{aligned} \tag{A6.2-1}$$

여기서 $S_{NC} = 21.943 \times 10^6\ \mathrm{mm}^3$, 비합성단면의 단면계수, $S_{ST} = 30.656 \times 10^6\ \mathrm{mm}^3$, 단기합성단면의 단면계수, $S_{LT} = 27.528 \times 10^6\ \mathrm{mm}^3$, 장기합성단면의 단면계수이다.

(2) $$M_y = M_{DC} + M_{DW} + M_B + M_{AD} \tag{A6.2-2}$$

첫째로 인장플랜지가 항복응력에 도달하기 위해 추가로 적용해야 하는 응력을 계산한다.

$$f_{AD} = F_y - (f_{DC} + f_{DW} + f_B)$$

여기서, F_y = 인장플랜지의 최소항보강도 (MPa), f_{DC} = 콘크리트 바닥판의 강도가 f_{ck}의 75%에 도달하기 전에 작용하는 영구하중에 의한 강재단면만의 응력, [표 2.5.3.16]에 계산되었다. f_{DW}와 f_B = 콘크리트 강도가 f_{ck}의 75%에 이른 후에 작용하는 영구하중에 의한 합성단면의 응력, [표 2.5.3.16]에 계산되었다.

인장플랜지가 항복응력에 도달하기 위한 추가응력은 다음과 같이 계산된다.

$$\begin{aligned} f_{AD} &= F_y - (f_{DC} + f_{DW} + f_B) \\ &= 355 - (58.3 + 8.7 + 5.8) = 282.2\ \mathrm{MPa} \end{aligned}$$

식 $f_{AD} = \dfrac{M_{AD}}{S_{ST}}$ 으로부터

$$M_{AD} = f_{AD}\, S_{ST} = (282.2)(30.656) = 8{,}651\ \mathrm{kN \cdot m}$$

여기서, $M_{DC} = 1{,}278\ \mathrm{kN \cdot m}$, $M_{DW} = 399\ \mathrm{kN \cdot m}$, $M_B = 129\ \mathrm{kN \cdot m}$, $M_{AD} = 8{,}651\ \mathrm{kN \cdot m}$, 단면에 적용되는 계수하중에 의한 모멘트이다.

$$\begin{aligned} M_y &= M_{DC} + M_{DW} + M_B + M_{AD} \\ &= 1{,}278 + 399 + 129 + 8{,}651 = 10{,}457\ \mathrm{kN \cdot m} \\ M_n &= 1.3 R_h M_y \\ &= 1.3(1.0)(10{,}457) = 13{,}594\ \mathrm{kN \cdot m} < M_p = 13{,}807\ \mathrm{kN \cdot m} \\ M_r &= \phi_f M_n = 1.0(13{,}594) = 13{,}594\ \mathrm{kN \cdot m} > M_u = 5{,}726\ \mathrm{kN \cdot m}, \quad \mathrm{OK} \end{aligned}$$

8. 연성요구조건

최종단계는 정 휨모멘트에서 조밀합성단면에 대해 연성요구조건을 검토한다. [LSD 6.10.4.2(2) ②]에서 연성요구조건의 목적은 합성단면이 소성모멘트에 도달하기 이전에 콘크리트 바닥판에 미리 파손이 일어나서는 안된다는 것이다. 보다 엄밀한 해석 대신, 본 규정을 사용하여 이 같은 연성요구조건을 검토할 수 있다.

[표 2.5.3.16]에서 계산된 바와 같이, 정모멘트를 받는 조밀합성단면의 경우, 하단 플랜지 인장응력(207.6 MPa)이 플랜지의 항복강도(355 MPa)를 이하이기 때문에 단면은 휨에 대한 모든 제한을 만족한다.

휨에 대해 모든 조건을 만족한다. 그러므로 정 모멘트 영역에 대해 15 mm×300 mm인 상단 플랜지, 10 mm×1,800 mm인 복부판과 25 mm×400 mm인 하단플랜지로 구성되는 강재단면을 사용하였다.

9. 모멘트 전이점

정 모멘트 영역의 단면으로부터 부 모멘트 영역의 단면으로 전이점은 고정하중 변곡점으로 주어진다. 이들 위치는 합성작용을 고려하지 않기 때문에 선택된다. 영구하중 변곡점은 앞에서 H.3.c에 계산된 유효길이로 결정되었다. 변곡점은 교량의 좌측에서부터 우측을 따라 다음의 위치에 존재한다.

$$x = 22.7\ \mathrm{m},\ 37.8\ \mathrm{m},\ 58.2\ \mathrm{m},\ 73.3\ \mathrm{m}$$

이들 변곡점은 0모멘트인 점이다. 고정하중에 의한 변곡점은 플랜지판 전이를 나타내는 이들 위치이기 때문에 중요하다. 복부판은 정 모멘트 영역에서는 10 mm×1,800 mm이고 부 모멘트 영역에서는 12 mm×1,800 mm이다.

K. 전단설계

보나 거더에 대한 설계전단강도 V_r은 다음과 같이 구한다[LSD 6.10.7.1].

$$V_r = \phi_v V_n \tag{6.10.71}$$

여기서, V_n = [LSD 6.10.7.2와 6.10.7.3]에 규정된 비보강 또는 보강된 복부판에 대한 공칭전단강도(N), ϕ_v = [LSD 6.5.4.2]에 규정된 단에 대한 저항계수이다.

1. 보강 복부판

중간수직보강재는 [LSD 6.10.8.1]로, 그리고 수평보강재는 [LSD 6.10.8.3]에 따라 설계해야 한다. 또한 균질단면의 보강복부판 패널은 [LSD 6.10.6.4]의 반복활하중 재하상태시의 전단에 대하여 검토해야 하며, [LSD 6.10.7.3(3)]에서 규정한 전단 및 모멘트 상관관계에 대하여 검토해야 한다. 수평보강재가 없는 균질단면거더 및 하이브리드단면거더의 중간복부판 패널의 수직보강재 간격은 $3D$를 초과하지 말아야 하며, 보강을 고려하여야 한다. 보강된 복부판의 공칭강도는 [LSD 6.10.7.3]에 주어져 있다.

a. 설계요구조건

수평보강재가 없는 복부판 패널에서는 다음 식과 같은 조건일 경우에는 수직보강재를 사용해야 한다[LSD 6.10.7.3(2)].

$$\frac{D}{t_w} > 150 \tag{6.10.74}$$

$$\frac{D}{t_w} = \frac{1,800}{10} = 180 > 150$$

수직보강재의 간격, d_o는 다음을 만족해야 한다[LSD 6.10.7.3(2)].

$$d_o \leq D\left[\frac{260}{(D/t_w)}\right]^2 \tag{6.10.75}$$

$$D\left[\frac{260}{(D/t_w)}\right]^2 = 1,800\left[\frac{260}{(180)}\right]^2 = 3,756\text{ mm} < 3D = 3(1,800) = 5,400\text{ mm}, \quad \text{OK}$$

그러므로 수직보강재의 최대간격 $d_o = 3,756\text{ mm}$

b. 균질단면

균질단면에 대한 요구조건은 [LSD 6.10.7.3(3)]에 주어져 있다. 이 절의 목적은 패널 내에서 전단강도를 충족하는 동안에 보강재의 최대간격을 결정하는 것이다. 분리된 3가지를 검토하여야 한다.

(1) 단부 패널
(2) 정 모멘트 영역에서 합성단면에 대한 내측 패널
(3) 부 모멘트 영역에서 비합성단면에 대한 내측 패널

해석으로부터 내측거더는 [표 2.5.3.1]에 정리된 최대전단력 값이다.

2. 단부 패널

단부 패널에서 인장장 작용은 사용되지 않는다. 단부 패널의 공칭전단강도는 다음과 같은 전단좌굴강도 또는 전단항복강도 이하이어야 한다[LSD 6.10.7.3(3)③].

$$V_n = C\,V_p \qquad (6.10.87)$$

여기서, $V_p = 0.58\,F_{yw}\,D\,t_w$, 소성전단력(N), $C=$ [LSD 6.10.7.3(3)①]에 규정되어 있는 전단항복강도에 대한 전단좌굴응력의 비이다.

소성전단력 V_p :

$$V_p = 0.58\,F_{yw}\,D\,t_w = 0.58(355)(1{,}800)(10)(10^{-3}) = 3{,}706\text{ kN}$$

전단좌굴응력비 C는 아래와 같이 계산한다.

$\dfrac{D}{t_w} < 1.10\sqrt{\dfrac{Ek}{F_{yw}}}$	$C=1.0$	[LSD 식 (6.10.80)]
$1.10\sqrt{\dfrac{Ek}{F_{yw}}} \le \dfrac{D}{t_w} \le 1.38\sqrt{\dfrac{Ek}{F_{yw}}}$	$C = \dfrac{1.10}{(D/t_w)}\sqrt{\dfrac{Ek}{F_{yw}}}$	[LSD 식 (6.10.81)]
$\dfrac{D}{t_w} > 1.38\sqrt{\dfrac{Ek}{F_{yw}}}$	$C = \dfrac{1.52}{(D/t_w)^2}\left(\dfrac{Ek}{F_{yw}}\right)$	[LSD 식 (6.10.82)]
여기서, $k = 5+\dfrac{5}{(d_o/D)^2}$		[LSD 식 (6.10.83)]

단부 패널에 대해 [표 2.5.3.3]으로부터 지점 A 위치에서 $V_u = 1{,}210\text{ kN}$ 이다.

$\dfrac{D}{t_w} > 1.38\sqrt{\dfrac{E\,k}{F_{yw}}}$ 이면, $\qquad C= \dfrac{1.52}{(D/t_w)^2}\left(\dfrac{E\,k}{F_{yw}}\right) \qquad (6.10.82)$

$$V_n = CV_p = \frac{1.52}{(D/t_w)^2}\left(\frac{Ek}{F_{yw}}\right) V_p \qquad (6.10.87)$$

수평보강재의 유무와 관계없이 단부 패널에서의 수직보강재 간격 d_o은 $1.5D$를 초과할 수 없다.

$$d_o \leq 1.5D = 1.5(1{,}800) = 2{,}700 \text{ mm}$$

$d_o = 1{,}500 \text{ mm}$에 대해 D/t_w를 검토한다.

$$k = 5 + \frac{5}{(d_o/D)^2} = 5 + \frac{5}{(1{,}500/1{,}800)^2} = 12.2$$

$$1.38\sqrt{\frac{Ek}{F_{yw}}} = 1.38\sqrt{\frac{(200{,}000)(12.2)}{355}} = 114$$

$$\frac{D}{t_w} = \frac{1{,}800}{10} = 180 \rangle\ 1.38\sqrt{\frac{Ek}{F_{yw}}} = 114, \quad \text{OK}$$

단부 패널에서의 수직보강재 간격 $d_o = 1{,}500 \text{ mm}$

3. 조밀단면의 중간 패널

이 설계에서 단면은 정 모멘트 영역에서만 적용한다. 고려되는 영역은 등분포 단위하중에 대한 유효길이이다. 이들 유효길이는 앞의 H.3(3)에서 결정되었다. 첫째지간 30 m에 대해 고려한다.

조밀단면 거더의 중간복부판 패널의 공칭전단강도는 [LSD 6.10.7.1]에 따라 다음과 같이 구한다.

$M_u \leq 0.5\,\phi_f M_p$	$V_n = V_p\left[C + \frac{0.87(1-C)}{\sqrt{1+(d_o/D)^2}}\right]$	[LSD 식 (6.10.76)]
$M_u > 0.5\,\phi_f M_p$	$V_n = RV_p\left[C + \frac{0.87(1-C)}{\sqrt{1+(d_o/D)^2}}\right] \geq CV_p$	[LSD 식 (6.10.77)]
	$R = \left[0.6 + 0.4\left(\frac{M_r - M_u}{M_r - 0.75\phi_f M_y}\right)\right] \leq 1.0$	[LSD 식 (6.10.78)]
	$V_p = 0.58\,F_{yw} D t_w$	[LSD 식 (6.10.79)]

여기서, M_u = 5,827 kN · m, 설계하중에 의한 패널의 최대모멘트[표 2.5.3.2], V_n = 공칭전단강도(kN), V_p = 3,706 kN, 소성전단력, M_r = [LSD 6.10.4 또는 6.11.2.1(1)]에 규정된 설계휨강도(kN · m), ϕ_f = 1.0, [LSD 6.5.4.2]에 규정된 휨에 대한 저항계수, M_y = [LSD 6.10.3.1(2) 또는 6.10.3.3(1)]에 규정된 항복모멘트(kN · m), D = 복부판의 높이(mm), d_0 = 보강재 간격(mm), C = 전단항복강도에 대한 전단좌굴응력비이다.

소성전단력 V_p :

$$V_p = 0.58\, F_{yw} D t_w = 0.58\,(355)(1{,}800)(10)(10^{-3}) = 3{,}706 \text{ kN}$$

$$0.5\,\phi_f\, M_p = 0.5\,(1.0)(13{,}807) = 6{,}904 \text{ kN}\cdot\text{m} > M_u = 5{,}827 \text{ kN}\cdot\text{m}$$

그러므로

$$V_n = V_p\left[C + \frac{0.87(1-C)}{\sqrt{1+(d_o/D)^2}}\right] \tag{6.10.76}$$

최대전단력을 사용하여 조밀단면에 대해 패널의 최소간격을 계산한다. 30 m 지간에 대해 조밀단면은 H.3(3)으로부터 교량의 처음 22.66 m에 존재한다. 설계에 대하여 조밀단면의 길이는 22 m로 하였다.

첫 번째 내측 보강재는 교량의 단부로부터 1.5 m와 두 번째 처음으로부터 1.5 m이기 때문에, 앞에서 K.1으로부터 보강재는 나머지 19m에 걸쳐 같은 간격으로 배치되어야 한다. 두 번째 보강재는 [표 2.5.3.3]으로부터 교량의 단부로부터 3 m, 즉 101 위치에서 $V_u = 991$ kN이다.

$$M_y = 10{,}457 \text{ kN}\cdot\text{m}$$

$$M_r = 13{,}594 \text{ kN}\cdot\text{m}$$

$$R = \left[0.6 + 0.4\left(\frac{M_r - M_u}{M_r - 0.75\phi_f M_y}\right)\right]$$

$$= \left[0.6 + 0.4\left(\frac{13{,}594 - 5{,}827}{13{,}594 - 0.75(1.0)(10{,}457)}\right)\right] = 1.14 \le 1.0$$

그러므로 $R = 1.0$

다음과 같다고 가정한다.

$$\frac{D}{t_w} > 1.38\sqrt{\frac{Ek}{F_{yw}}} \text{ 이면,} \qquad C = \frac{1.52}{(D/t_w)^2}\left(\frac{Ek}{F_{yw}}\right) \tag{6.10.82}$$

3,250 mm의 간격으로 6개의 보강재를 6(3.25) = 19.5 m 길이에 배치한다.

$$k = 5 + \frac{5}{(d_o/D)^2} = 5 + \frac{5}{(3{,}250/1{,}800)^2} = 6.53$$

$$\frac{D}{t_w} = \frac{1{,}800}{10} = 180 > 1.38\sqrt{\frac{Ek}{F_{yw}}} = 1.38\sqrt{\frac{(200{,}000)(6.53)}{355}} = 84, \quad \text{OK}$$

그러므로

$$C = \frac{1.52}{(D/t_w)^2}\left(\frac{Ek}{F_{yw}}\right) = \frac{1.52}{(180)^2}\left[\frac{(200{,}000)(6.53)}{355}\right] = 0.173$$

$$V_n = V_p\left[C + \frac{0.87(1-C)}{\sqrt{1+(d_o/D)^2}}\right] = 3{,}706\left[0.173 + \frac{0.87(1-0.173)}{\sqrt{1+(3{,}250/1{,}800)^2}}\right] = 1{,}933 \text{ kN}$$

$$V_r = \phi_v\, V_n = 1.0(1{,}933) = 1{,}933 \text{ kN} > V_u = 991 \text{ kN}, \quad \text{OK}$$

30 m 지간을 따라 $x = 3$ m로부터 $x = 22.5$ m까지 3,250 mm 간격으로 수직중간보강재를 배치한다.

조밀단면은 교량을 따라 $x = 37.8$ m로부터 $x = 58.2$ m까지 존재하는 36 m 지간에 고려한다. 그러므로 20.4 m 길이를 따라 수직중간보강재를 일정하게 배치한다.

$$0.5\,\phi_f\,M_p = 0.5\,(1.0)(13{,}807) = 6{,}904\ \text{kN}\cdot\text{m} > M_u = 5{,}643\ \text{kN}\cdot\text{m}$$

[표 2.5.3.2]의 위치 205에서 $M_u = 5{,}643$ kN · m 이다.

그러므로

$$V_n = V_p\left[C + \frac{0.87(1-C)}{\sqrt{1+(d_o/D)^2}}\right] \tag{6.10.76}$$

[표 2.5.3.3]으로부터 $x = 37.8$ m ([위치 202.17])에서

$$V_u = V_{202} - \frac{(V_{202} - V_{203})}{(203-202)}(202.17-202)$$

$$= 1{,}120 - \frac{(1{,}120-883)}{(203-202)}(202.17-202) = 1{,}080\ \text{kN}$$

다음과 같다고 가정한다.

$$\frac{D}{t_w} > 1.38\sqrt{\frac{Ek}{F_{yw}}}\ \text{이면,} \qquad C = \frac{1.52}{(D/t_w)^2}\left(\frac{Ek}{F_{yw}}\right) \tag{6.10.82}$$

2,550 mm의 간격으로 8개의 보강재를 8(2.55) = 20.4 m 길이에 배치한다.

$$k = 5 + \frac{5}{(d_o/D)^2} = 5 + \frac{5}{(2{,}550/1{,}800)^2} = 7.49$$

$$\frac{D}{t_w} = \frac{1{,}800}{10} = 180 > 1.38\sqrt{\frac{Ek}{F_{yw}}} = 1.38\sqrt{\frac{(200{,}000)(7.49)}{355}} = 90, \quad \text{OK}$$

그러므로

$$C = \frac{1.52}{(D/t_w)^2}\left(\frac{Ek}{F_{yw}}\right) = \frac{1.52}{(180)^2}\left[\frac{(200{,}000)(7.49)}{355}\right] = 0.198$$

$$V_n = V_p\left[C + \frac{0.87(1-C)}{\sqrt{1+(d_o/D)^2}}\right] = 3{,}706\left[0.198 + \frac{0.87(1-0.198)}{\sqrt{1+(2{,}550/1{,}800)^2}}\right] = 2{,}225\ \text{kN}$$

$$V_r = \phi_v V_n = 1.0(2{,}225) = 2{,}225\ \text{kN} > V_u = 1{,}080\ \text{kN}, \quad \text{OK}$$

$x = 37.8$ m로부터 $x = 58.2$ m까지 2,550 mm 간격으로 수직중간보강재를 배치한다.

4. 비조밀단면의 중간 패널

이 단면은 부 모멘트 영역에만 적용한다. 고려되는 영역은 등분포 단위하중에 대한 유효길이이다. 이들 유효길이는 앞의 H.3(3)에서 결정되었다. 비조밀단면은 교량을 따라 $x=22$ m로부터 $x=37.8$ m까지, $x=58.2$ m로부터 $x=74$ m까지에 존재한다. 그러므로 30 m 지간에서 8 m와 36m 지간에서 지지위의 지압보강재로부터 가정된 전이점까지 7.8 m이다.

비조밀단면의 내부 보강복부판패널의 공칭전단저항은 [LSD 6.10.7.1]에 따라 다음과 같이 계산한다.

$f_u \le 0.75\,\phi_f F_y$	$V_n = V_p\left[C+\dfrac{0.87(1-C)}{\sqrt{1+(d_o/D)^2}}\right]$	[LSD 식 (6.10.84)]
$f_u > 0.75\,\phi_f F_y$	$V_n = RV_p\left[C+\dfrac{0.87(1-C)}{\sqrt{1+(d_o/D)^2}}\right] \ge CV_p$	[LSD 식 (6.10.85)]
	$R=\left[0.6+0.4\left(\dfrac{F_r - f_u}{F_r-0.75\,\phi_f F_y}\right)\right] \le 1.0$	[LSD 식 (6.10.86)]

여기서, $f_u=283.8$ MPa [표 2.5.3.10], 검토대상 패널에서 설계하중에 의한 압축 또는 인장플랜지의 휨응력, $C=$ [LSD 6.10.7.3(3)①]에 규정한 전단항복강도에 대한 전단좌굴응력의 비, $F_r=341.2$ MPa, I.9으로부터, [LSD 6.10.4 또는 6.11.2.1(1)]의 규정으로 구한 f_u에 대한 플랜지의 설계휨강도.

$$V_p = 0.58\,F_{yw}Dt_w = 0.58\,(355)(1,800)(10)(10^{-3}) = 3,706\text{ kN}$$
$$f_u = 283.8\text{ MPa} > 0.75\,\phi_f\,F_y = 0.75(1.0)(355) = 266.3\text{ MPa}$$

그러므로

$$V_n = RV_p\left[C+\frac{0.87(1-C)}{\sqrt{1+(d_o/D)^2}}\right] \ge CV_p \qquad (6.10.85)$$

30 m 지간을 따라 보강재의 간격을 먼저 결정한다. 1,500 mm의 간격이 전 보강재에 대해 사용하고, 간격이 충분한지 검토한다. $x=22.5$ m에서부터 $x=30$ m까지 패널에서 최대전단력은 [표 2.5.3.3]으로부터 $x=30$ m(위치 110)에서 $V_u=1,582$ kN이다. 다음과 같다고 가정한다.

$$\frac{D}{t_w} > 1.38\sqrt{\frac{E\,k}{F_{yw}}}\text{ 이면,}\qquad C=\frac{1.52}{(D/t_w)^2}\left(\frac{E\,k}{F_{yw}}\right) \qquad (6.10.82)$$

$$k = 5+\frac{5}{(d_o/D)^2} = 5+\frac{5}{(1,500/1,800)^2} = 12.2$$

$$1.38\sqrt{\frac{E\,k}{F_{yw}}} = 1.38\sqrt{\frac{(200,000)(12.2)}{355}} = 114$$

$$\frac{D}{t_w} = \frac{1,800}{12} = 150 \ \rangle \ 1.38\sqrt{\frac{E\,k}{F_{yw}}} = 114, \quad \text{OK}$$

그러므로

$$C = \frac{1.52}{(D/t_w)^2}\left(\frac{E\,k}{F_{yw}}\right) = \frac{1.52}{(150)^2}\left[\frac{(200,000)(12.2)}{355}\right] = 0.464$$

$$R = \left[0.6 + 0.4\left(\frac{F_r - f_u}{F_r - 0.75\,\phi_f\,F_y}\right)\right] = \left[0.6 + 0.4\left(\frac{341.2 - 298.7}{341.2 - 266.3}\right)\right] = 0.827 \le 1.0$$

$$V_n = RV_p\left[C + \frac{0.87(1-C)}{\sqrt{1+\left(\dfrac{d_o}{D}\right)^2}}\right] = 0.827(3,706)\left[0.464 + \frac{0.87(1-0.464)}{\sqrt{1+\left(\dfrac{1,500}{1,800}\right)^2}}\right] = 2{,}520\ \text{kN}$$

$$CV_p = 0.464(3,706) = 1,720\ \text{kN} < V_n = 2,520\ \text{kN}, \quad \text{OK}$$

$$V_r = \phi_v\,V_n = 1.0(2,520) = 2,520\ \text{kN} > V_u = 1,582\ \text{kN}, \quad \text{OK}$$

30 m 지간을 따라 $x = 22.5$ m로부터 $x = 30$ m까지 1,500 mm 간격으로 수직중간보강재를 배치한다.

36 m 지간을 따라 보강재의 간격을 결정한다. 1,500 mm의 간격이 전 보강재에 대해 사용하고, 간격이 충분한지 검토한다. $x = 30$ m에서부터 $x = 37.8$ m까지 7.8 m 길이를 따라 수직중간보강재를 일정하게 배치한다. 이 패널에서 최대전단력은 [표 2.5.3.3]으로부터 $x = 30$ m(위치 200)에서 $V_u = 1,575$ kN이다.

다음과 같다고 가정한다.

$$\frac{D}{t_w} \ \rangle \ 1.38\sqrt{\frac{E\,k}{F_{yw}}}\ \text{이면,} \qquad C = \frac{1.52}{(D/t_w)^2}\left(\frac{E\,k}{F_{yw}}\right) \tag{6.10.82}$$

1,950 mm의 간격으로 4개의 보강재를 4(1.95) = 7.8 m 길이에 배치한다.

$$k = 5 + \frac{5}{(d_o/D)^2} = 5 + \frac{5}{(1,950/1,800)^2} = 9.26$$

$$1.38\sqrt{\frac{E\,k}{F_{yw}}} = 1.38\sqrt{\frac{(200,000)(9.26)}{355}} = 99.7$$

$$\frac{D}{t_w} = \frac{1,800}{12} = 150 \ \rangle \ 1.38\sqrt{\frac{E\,k}{F_{yw}}} = 99.7, \quad \text{OK}$$

그러므로

$$C = \frac{1.52}{(D/t_w)^2}\left(\frac{E\,k}{F_{yw}}\right) = \frac{1.52}{(150)^2}\left[\frac{(200{,}000)(9.26)}{355}\right] = 0.352$$

$$V_n = R\,V_p\left[C + \frac{0.87(1-C)}{\sqrt{1+\left(\frac{d_o}{D}\right)^2}}\right] = 0.827(3{,}706)\left[0.352 + \frac{0.87(1-0.352)}{\sqrt{1+\left(\frac{1{,}950}{1{,}800}\right)^2}}\right] = 2{,}251\text{ kN}$$

$$CV_p = 0.352(3{,}706) = 1{,}305\text{ kN} < V_n = 2{,}251\text{ kN}, \quad \text{OK}$$

$$V_r = \phi_v\,V_n = 1.0(2{,}251) = 2{,}251\text{ kN} > V_u = 1{,}575\text{ kN}, \quad \text{OK}$$

36 m 지간을 따라 $x = 30$ m로부터 $x = 37.8$ m까지 1,950 mm 간격으로 수직중간보강재를 배치한다.

5. 전단에 대한 D_c/t_w의 검토

요구조건은 복부판에서 최대전단탄성응력 계산을 포함하고 있다. 요구조건의 검토는 보강재의 간격이 전단응력응 계산에 포함되어 있으므로 동시에 수행된다. 같은 복부단면은 설계를 통해 사용되기 때문에 전단응력은 지점위의 복부판에 대해서만 검토된다. 지점이 최대전단력의 위치이고 교량단부에서 보강재의 간격은 이들 위치에서 고려한 강도크기에 대비하여 충분히 작어야 한다. 수직보강재와 종방향보강재의 유무에 관계없이 균일 단면의 복부판은 다음 식을 만족해야 한다[LSD 6.10.6.4].

$$v_{cf} \le 0.58\,C\,F_{yw} \tag{6.10.70}$$

여기서, v_{cf} = [LSD 6.10.6.2]에 규정된 하중계수를 곱하지 않은 지속하중과 피로하중으로 발생하는 복부판의 최대전단탄성응력(MPa), C = [LSD 6.10.7.3(3)①]에 규정된 전단항복강도에 대한 전단좌굴응력비, F_{yw} = 복부판의 항복강도(MPa).

[표 2.5.3.17] 내측거더의 피로한계상태에 대한 계수전단력

위치	정(+) 전단력 (kN)				부(−) 전단력 (kN)			
	LL+IM w/	LL+IM w/ IM=0.15	LL+IM w/ DF=0.786	LL+IM w/ LF=0.75	LL+IM w/	LL+IM w/ IM=0.15	LL+IM w/ DF=0.786	LL+IM w/ LF=0.75
100 (A)	401	461	362	272	−45	−52	−41	−31
104($3l_1/8$)	186	214	168	126	−126	−145	−114	−85
110 ($_l$B)	11	13	10	8	−447	−514	−404	−303
200 ($_r$B)	446	513	403	302	−44	−51	−40	−30
205 ($l_2/2$)	170	196	154	115	−170	−196	−154	−115

[표 2.5.3.6]에 주어진 임계점에서 피로하중에 의한 하중계수를 곱하지 않은 전단력에 대하여 피로한계상태에 대해 적용되는 충격계수 15%(G.3.), 분배계수 $mg_M^{MI} = 0.786$(앞에서 G.5.a), 피로 및 파괴한계상태 하중조합[LSD 3.6.2항] 0.75(LL+IM)을 갖는 계수전단력은 다음과 같

이 계산하여 [표 2.5.3.17]에 표로 나타내었다. [표 2.5.3.6]으로부터 최대 부(−) 전단력 −447 kN에 대해

$$
\begin{aligned}
\text{임계 } LL+IM \text{ w/ } IM &= 0.15 = -447\times 1.15 = -514\ \text{kN} \\
LL+IM \text{ w/ } DF &= 0.635 = -514\times 0.786 = -404\ \text{kN} \\
LL+IM \text{ w/ } LF &= 0.75 = -404\times 0.75 = -303\ \text{kN}
\end{aligned}
$$

복부판에서 피로검토에 대해 전단력은 [LSD 3.6.1.4]에서 규정된 피로하중에 의한 활하중 휨응력은 [LSD 표 3.4.1]에 있는 피로하중 조합으로 계산한 값의 2배로 한다.

$$-303\times 2 = -606\ \text{kN}$$

위치 110($_l$B)의 내측거더에 대해 [표 2.5.3.1]에 정리된 하중계수를 곱하지 않은 지속하중과 피로하중으로 발생하는 복부판의 최대전단탄성응력을 [표 2.5.3.18]에 나타내었다.

[표 2.5.3.18] 위치 110($_l$B)에서 부(−) 모멘트에 대한 복부판의 최대휨피로응력

하중	V_{DC} (kN · m)	V_{DW} (kN · m)	V_B (kN · m)	V_{LL+IM} (kN · m)	A_{web} (mm^2)	Stress (MPa)
DC^I	301				21,000	14.3
DW^I		77			21.600	3.6
B^I			30		21.600	1.4
LL+IM				606	21.600	28.1
$\sum$						47.4

앞의 K.4에서 지점에서 최대보강재는 1,950 mm의 간격으로 4개의 보강재를 4(1.95) = 7.8 m 길이에 배치되었다. 다음과 같다고 가정한다.

$$\frac{D}{t_w} > 1.38\sqrt{\frac{Ek}{F_{yw}}} \text{ 이면,} \qquad C=\frac{1.52}{(D/t_w)^2}\left(\frac{Ek}{F_{yw}}\right) \tag{6.10.82}$$

$$k=5+\frac{5}{(d_o/D)^2}=5+\frac{5}{(1,950/1,800)^2}=9.26$$

$$1.38\sqrt{\frac{Ek}{F_{yw}}}=1.38\sqrt{\frac{(200,000)(9.26)}{355}}=99.7$$

$$\frac{D}{t_w}=\frac{1,800}{12}=150 > 1.38\sqrt{\frac{Ek}{F_{yw}}}=99.7, \quad \text{OK}$$

그러므로

$$C=\frac{1.52}{(D/t_w)^2}\left(\frac{Ek}{F_{yw}}\right)=\frac{1.52}{(150)^2}\left[\frac{(200,000)(9.26)}{355}\right]=0.352$$

$$v_{cf} \le 0.58\,C F_{yw} = 0.58(0.352)(355) = 72.5\ \mathrm{MPa}$$

하중계수를 곱하지 않은 지속하중과 피로하중으로 발생하는 복부판의 최대전단탄성응력 $v_{cf}=$ 47.4 MPa은 72.5 MPa 보다 작으므로 단면은 충분하다.

6. 중간수직보강재의 설계

보강재의 설계에 대한 한계상태설계법의 규정은 [2015 도로교설계기준(한계상태설계법)]의 6.10.8에 제시되어 있다. 수직보강재는 판 또는 L형강을 사용하여 복부판의 한쪽 또는 양쪽에 볼트나 용접으로 접합한다. 수직보강재는 압축플랜지에 틈이 없도록 밀착시켜야 하나, 인장플랜지와는 밀착시키지 않아도 된다. 다이아프램이나 수직브레이싱의 이음판으로 사용되는 보강재는 양 플랜지에 볼트나 용접으로 접합시킨다. 수직보강재는 복부판에 부착시키는 용접 끝에서 인접한 복부판과 플랜지 필릿용접단까지의 거리는 $4t_w$이상이고 $6t_w$이하이어야 한다.

이 설계에 대해 보강재용 구조용 강재는 SM400 ($F_y = 235\ \mathrm{MPa}$, $F_u = 400\ \mathrm{MPa}$)을 사용하였다. 다이아프램이 사용된 부분의 보강재는 연결요소와 같이 복부판의 양쪽에 사용되었다. 기타 부분에 대해서는 한 개의 강판이 복부판의 한쪽에만 용접된다. 보강재는 한개 또는 두 개의 강판이거나 복부판의 중앙부분 스트립으로 만들어지는 기둥과 같이 설계된다.

a. 한개 강판인 수직보강재

한개 강판인 수직보강재는 연결요소(다이아프램이나 수직브레이싱의 이음판)가 없는 부분에 사용된다. 정 및 부 모멘트 영역에 대해 최대전단력을 기본으로 하여 계산된다. 최대전단력은 신중히 접근하여 사용한다. 보강재가 변화로 저축된 강재의 양이 적기 때문에 무시함으로 인해 요구강재 이상을 갖게 될 것이다. 그러므로 중간수직보강재의 단면치수는 두 영역에 대해 20-mm×140-mm인 강판을 선택하였다. 다음과 같이 이 단면으로 요구조건이 충분한지 검토하게 될 것이다.

b. 돌출폭

돌출폭은 수직보강재의 국부좌굴을 피하기 위해 검토된다. 각 돌출보강재의 폭 b_t은 다음과 같은 조건을 만족해야 한다[LSD 6.10.8.1(2)].

$$b_t \ge 50 + \frac{d}{30} \tag{6.10.101}$$

$$16.0t_p \ge b_t \ge 0.25b_f \tag{6.10.102}$$

여기서, $d = 1{,}800$ mm, 강재단면의 높이, $t_p = 20$ mm, 수직보강재의 두께(mm), $b_f = 140$ mm, 플랜지의 전폭(mm).

정(+)모멘트 영역에 대해

$$b_t = 140\ \mathrm{mm} > 50 + \frac{\mathrm{d}}{30} = 50 + \frac{1{,}800 + 15 + 25}{30} = 111\ \mathrm{mm}, \quad \mathrm{OK}$$

$$16.0t_p = 16.0(20) = 320\ \mathrm{mm} > b_t = 140\ \mathrm{mm}, \quad \mathrm{OK}$$

$$b_t = 140\ \mathrm{mm} > 0.25b_f = 0.25(140) = 35\ \mathrm{mm}, \quad \mathrm{OK}$$

부(−)모멘트 영역에 대해

$$b_t = 140\ \mathrm{mm} > 50 + \frac{d}{30} = 50 + \frac{1{,}800 + 30 + 30}{30} = 112\ \mathrm{mm}, \quad \mathrm{OK}$$

$$16.0t_p = 16.0(20) = 320\ \mathrm{mm} > b_t = 140\ \mathrm{mm}, \quad \mathrm{OK}$$

$$b_t = 140\ \mathrm{mm} > 0.25b_f = 0.25(400) = 100\ \mathrm{mm}, \quad \mathrm{OK}$$

c. 단면2차모멘트

수직보강재의 단면2차모멘트는 다음 조건을 만족해야 한다[LSD 6.10.8.1.(3)].

$$I_t \geq d_o t_w^3 J \tag{6.10.103}$$

여기서, $J = 2.5\left(\dfrac{D_p}{d_o}\right)^2 - 2.0 \geq 0.5$ (6.10.104)

여기서, I_t = 한 쪽면만 보강된 경우는 복부판과의 접합면에 대하여, 양면 보강된 경우에는 복부판의 중심축에 대한 수직보강재의 단면2차모멘트(mm^4), t_w = 10 mm, 복부판 두께(mm), d_o = 수직보강재의 간격(mm), D_p = 1,800 mm, 복부판의 높이이다.

수직보강재의 간격

정(+)모멘트 영역에 대하여, d_o = 3,250 mm

부(−)모멘트 영역에 대하여, d_o = 1,950 mm

[그림 2.5.3.30]에 나타낸 한 쪽면만 보강된 경우 수직보강재의 단면2차모멘트는 복부판과의 접합면에 대한 것으로 한다. 20-mm×140-mm인 사각형 플레이트에 대한 단면2차모멘트는 다음과 같이 계산된다.

$$I_t = I_o + A_s d^2$$
$$= \frac{1}{12}(20)(140)^3 + (20)(140)(70)^2$$
$$= 18.293 \times 10^6\ \mathrm{mm}^4$$

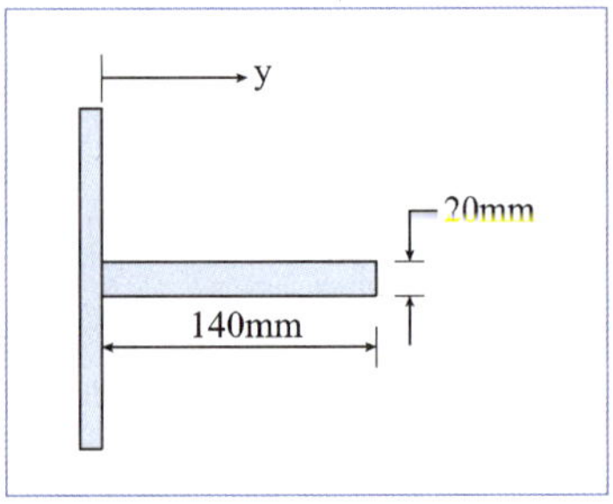

[그림 2.5.3.30] 한쪽면만 보강된 수직보강재

정(+)모멘트 영역에 대하여

$$J = 2.5\left(\frac{D_p}{d_o}\right)^2 - 2.0$$

$$= 2.5\left(\frac{1,800}{3,250}\right)^2 - 2.0 = -1.23 < 0.5, \text{ 그러므로, } J = 0.5\text{를 사용}$$

그러므로

$I_t = 18.293 \times 10^6\ \text{mm}^4 \geqq d_o t_w^3 J = (3,250)(10)^3(0.5) = 1.63 \times 10^6\ \text{mm}^4$, OK

부(−)모멘트 영역에 대하여

$$J = 2.5\left(\frac{D_p}{d_o}\right)^2 - 2.0$$

$$= 2.5\left(\frac{1,800}{1,950}\right)^2 - 2.0 = 0.13 < 0.5, \text{ 그러므로, } J = 0.5\text{를 사용}$$

그러므로

$I_t = 18.293 \times 10^6\ \text{mm}^4 \geqq d_o t_w^3 J = (1,950)(10)^3(0.5) = 0.975 \times 10^6\ \text{mm}^4$, OK

d. 면적

[LSD 6.10.7.3]에 규정된 복부판 사인장작용에 의한 힘을 지지해야 하는 중간수직보강재는 다음을 만족해야 한다[LSD 6.10.8.1(4)].

$$A_s \geqq \left[0.15B\frac{D}{t_w}(1-C)\frac{V_u}{V_r} - 18.0\right]\left(\frac{F_{yw}}{F_{cr}}\right)t_w^2 \tag{6.10.106}$$

여기서, $F_{cr} = \dfrac{0.311E}{\left(\dfrac{b_t}{t_p}\right)^2} \leq F_{ys}$

여기서, V_r = [LSD 6.10.7.1]에 규정된 설계전단강도(N), V_u = 극한한계상태의 설계하중에 의한 전단력(N), A_s = 수직보강재의 단면적; 양면 수직보강재의 전면적(mm^2), $B = 1.0$: 양면 보강된 경우, $B = 1.8$: 한쪽면만 ㄴ형강으로 보강된 경우, $B = 2.4$: 한쪽면만 판으로 보강된 경우, C = [LSD 6.10.7.3(3)①]에 규정된 전단좌굴응력대 전단항복강도의 비, F_{yw} = 복부판의 항복강도(MPa), F_{ys} = 수직보강재의 항복강도(MPa)이다.

30-m 지간과 36-m 지간의 정 모멘트 영역에 대해 검토한다. 다음 값들은 정(+)모멘트 영역에서 조밀단면에 대해 앞의 K.3에서 결정되었다.

30-m 지간에 대해

$$C = 0.173$$

$$V_u = 991 \text{ kN}$$

$$V_r = 1{,}933 \text{ kN}$$

$$A_s = (20)(140) = 2{,}800 \text{ mm}^2$$

$$A_s \geqq \left[0.15B\frac{D}{t_w}(1-C)\frac{V_u}{V_r} - 18.0\right]\left(\frac{F_{yw}}{F_{cr}}\right)t_w^2$$

$$= \left[0.15(2.4)\frac{(1{,}800)}{(10)}(1-0.173)\frac{(991)}{(1{,}933)} - 18.0\right]\left(\frac{355}{235}\right)(10)^2$$

$$= 1{,}431 \text{ mm}^2$$

$$A_s = 2{,}800 \text{ mm}^2 > 1{,}431 \text{ mm}^2, \text{ OK}$$

36-m 지간에 대해

$$C = 0.198$$

$$V_u = 1{,}080 \text{ kN}$$

$$V_r = 2{,}225 \text{ kN}$$

$$A_s = (20)(140) = 2{,}800 \text{ mm}^2$$

$$A_s \geqq \left[0.15B\frac{D}{t_w}(1-C)\frac{V_u}{V_r} - 18.0\right]\left(\frac{F_{yw}}{F_{cr}}\right)t_w^2$$

$$= \left[0.15(2.4)\frac{(1{,}800)}{(10)}(1-0.198)\frac{(1{,}080)}{(2{,}225)} - 18.0\right]\left(\frac{355}{235}\right)(10)^2$$

$$= 1{,}092 \text{ mm}^2$$

$$A_s = 2{,}800 \text{ mm}^2 > 1{,}092 \text{ mm}^2, \quad \text{OK}$$

30-m 지간과 36-m 지간의 부 모멘트 영역에 대해 검토한다. 다음 값들은 부(−)모멘트 영역에서 비조밀단면에 대해 앞의 K.4.에서 결정되었다.

30-m 지간에 대해

$$C = 0.464$$

$$V_u = 1{,}582 \text{ kN}$$

$$V_r = 2{,}520 \text{ kN}$$

$$A_s = (20)(140) = 2{,}800 \text{ mm}^2$$

$$A_s \geqq \left[0.15B\frac{D}{t_w}(1-C)\frac{V_u}{V_r} - 18.0\right]\left(\frac{F_{yw}}{F_{cr}}\right)t_w^2$$

$$= \left[0.15(2.4)\frac{(1{,}800)}{(12)}(1-0.464)\frac{(1{,}582)}{(2{,}520)} - 18.0\right]\left(\frac{355}{235}\right)(12)^2$$

$$= 37 \text{ mm}^2$$

$$A_s = 2{,}800 \text{ mm}^2 > 37 \text{ mm}^2, \quad \text{OK}$$

36-m 지간에 대해

$$C = 0.352$$
$$V_u = 1{,}575 \text{ kN}$$
$$V_r = 2{,}251 \text{ kN}$$
$$A_s = (20)(140) = 2{,}800 \text{ mm}^2$$
$$A_s \geq \left[0.15B\frac{D}{t_w}(1-C)\frac{V_u}{V_r} - 18.0\right]\left(\frac{F_{yw}}{F_{cr}}\right)t_w^2$$
$$= \left[0.15(2.4)\frac{(1{,}800)}{(12)}(1-0.352)\frac{(1{,}575)}{(2{,}251)} - 18.0\right]\left(\frac{355}{235}\right)(12)^2$$
$$= 1{,}410 \text{ mm}^2$$
$$A_s = 2{,}800 \text{ mm}^2 > 1{,}410 \text{ mm}^2, \quad \text{OK}$$

그러므로, 두께 $t_p = 20$ mm, 폭 $b_t = 140$-mm인 단면치수를 갖는 한 쪽면만으로 보강된 중간수직보강재를 사용한다.

7. 양단 강판 중간수직보강재의 설계

양단 강판 중간수직보강재는 다이아프램이의 이음판으로 사용되는 위치에 사용된다. 양단 강판 중간수직보강재는 양플랜지에 볼트나 용접으로 접합시킨다. 이 설계에 대해 정 및 부 모멘트 영역에 대해 최대전단력을 기본으로 한다. 최대전단력은 신중히 접근하여 사용한다. 보강재가 변화로 저축된 강재의 양이 적기 때문에 무시함으로 인해 요구강재 이상을 갖게 될 것이다. 그러므로 중간수직보강재의 단면치수는 두 영역에 대해 12-mm×120-mm인 강판을 선택하였다. 다음과 같이 이 단면으로 요구조건이 충분한지 검토하게 될 것이다.

a. 돌출폭

돌출폭은 수직보강재의 국부좌굴을 피하기 위해 검토된다. 각 돌출보강재의 폭 b_t은 다음과 같은 조건을 만족해야 한다[LSD 6.10.8.1(2)].

$$b_t \geq 50 + \frac{d}{30} \quad (6.10.101)$$

$$16.0t_p \geq b_t \geq 0.25b_f \quad (6.10.102)$$

여기서, $d = 1{,}800$ mm, 강재단면의 높이, $t_p = 12$ mm, 수직보강재의 두께(mm), $b_f = 300$ mm, 플랜지의 전폭이다.

정(+)모멘트 영역에 대해

$$b_t = 120 \text{ mm} > 50 + \frac{\text{d}}{30} = 50 + \frac{1{,}800 + 15 + 25}{30} = 111 \text{ mm}, \quad \text{OK}$$

$$16.0t_p = 16.0(12) = 192\text{ mm} > b_t = 120\text{ mm}, \quad \text{OK}$$

$$b_t = 120\text{ mm} > 0.25b_f = 0.25(300) = 75\text{ mm}, \quad \text{OK}$$

부(−)모멘트 영역에 대해

$$b_t = 120\text{ mm} > 50 + \frac{\text{d}}{30} = 50 + \frac{1{,}800 + 15 + 25}{30} = 112\text{ mm}, \quad \text{OK}$$

$$16.0t_p = 16.0(12) = 192\text{ mm} > b_t = 120\text{ mm}, \quad \text{OK}$$

$$b_t = 120\text{ mm} > 0.25b_f = 0.25(400) = 100\text{ mm}, \quad \text{OK}$$

b. 단면2차모멘트

수직보강재의 단면2차모멘트는 다음 조건을 만족해야 한다[LSD 6.10.8.1(3)].

$$I_t \geq d_o t_w^3 J \tag{6.10.103}$$

여기서, $J = 2.5\left(\dfrac{D_p}{d_o}\right)^2 - 2.0 \geq 0.5$ (6.10.104)

여기서, I_t = 한 쪽면만 보강된 경우는 복부판과의 접합면에 대하여, 양면 보강된 경우에는 복부판의 중심축에 대한 수직보강재의 단면2차모멘트(mm^4), t_w = 복부판 두께(mm), d_o = 수직보강재의 간격(mm), D_p = 1,800 mm, 복부판의 높이이다.

수직보강재의 간격

정(+)모멘트 영역에 대하여, d_o = 3,250 mm

부(+)모멘트 영역에 대하여, d_o = 1,950 mm

[그림 2.5.3.31]에 나타낸 양면 보강된 경우에는 복부판의 중심축에 대한 수직보강재의 단면2차모멘트로 한다. 12-mm×120-mm인 2개의 사각형 플레이트에 대한 단면2차모멘트는 다음과 같이 계산된다.

$$I_t = 2(I_o + A_s d^2) = 2\left[\frac{1}{12}(12)(120)^3 + (12)(120)(60)^2\right] = 13.824 \times 10^6\text{ mm}^4$$

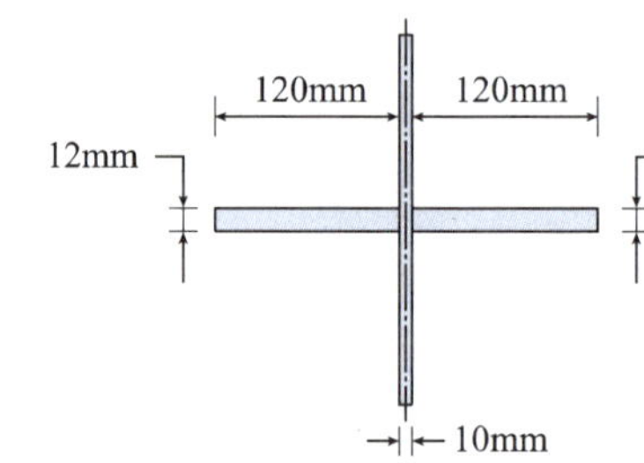

[그림 2.5.3.31] 양면에 보강된 수직보강재

정(+)모멘트 영역에 대하여

$$J = 2.5\left(\frac{D_p}{d_o}\right)^2 - 2.0$$

$$= 2.5\left(\frac{1,800}{3,250}\right)^2 - 2.0 = -1.23 < 0.5, \quad \text{그러므로, } J=0.5\text{를 사용}$$

그러므로

$$I_t = 13.824 \times 10^6 \text{ mm}^4 \geqq d_o t_w^3 J = (3,250)(10)^3(0.5) = 1.625 \times 10^6 \text{ mm}^4, \quad \text{OK}$$

부(−)모멘트 영역에 대하여

$$J = 2.5\left(\frac{D_p}{d_o}\right)^2 - 2.0$$

$$= 2.5\left(\frac{1,800}{1,950}\right)^2 - 2.0 = 0.13 < 0.5, \quad \text{그러므로, } J=0.5\text{를 사용}$$

그러므로

$$I_t = 13.284 \times 10^6 \text{ mm}^4 \geqq d_o t_w^3 J = (1,950)(12)^3(0.5) = 1.685 \times 10^6 \text{ mm}^4, \quad \text{OK}$$

c. 면적

[LSD 6.10.7.3]에 규정된 복부판 사인장작용에 의한 힘을 지지해야 하는 중간수직보강재는 다음을 만족해야 한다[LSD 6.10.8.1(4)].

$$A_s \geqq \left[0.15B\frac{D}{t_w}(1-C)\frac{V_u}{V_r} - 18.0\right]\left(\frac{F_{yw}}{F_{cr}}\right)t_w^2 \qquad (6.10.106)$$

여기서, $F_{cr} = \dfrac{0.311E}{\left(\dfrac{b_t}{t_p}\right)^2} \leq F_{ys}$

여기서, V_r = [LSD 6.10.7.1]에 규정된 설계전단강도(N), V_u = 극한한계상태의 설계하중에 의한 전단력(N), A_s = 수직보강재의 단면적; 양면 수직보강재의 전면적(mm²), B = 1.0 : 양면 보강된 경우, B = 1.8 : 한쪽면만 ㄴ형강으로 보강된 경우, B = 2.4 : 한쪽면만 판으로 보강된 경우, C = [LSD 6.10.7.3(3)①]에 규정된 전단좌굴응력대 전단항복강도의 비, F_{yw} = 복부판의 항복강도(MPa), F_{ys} = 수직보강재의 항복강도(MPa)이다.

30-m 지간과 36-m 지간의 정모멘트 영역에 대해 검토한다. 다음 값들은 정(+)모멘트 영역에서 조밀단면에 대해 앞의 K.3.에서 결정되었다.

30-m 지간에 대해

$$C = 0.173$$

$$V_u = 991 \text{ kN}$$

$$V_r = 1{,}933\ \text{kN}$$

$$A_s = 2(12)(120) = 2{,}880\ \text{mm}^2$$

$$A_s \geq \left[0.15B\frac{D}{t_w}(1-C)\frac{V_u}{V_r} - 18.0\right]\left(\frac{F_{yw}}{F_{cr}}\right)t_w^2$$

$$= \left[0.15(1.0)\frac{(1{,}800)}{(10)}(1-0.173)\frac{(991)}{(1{,}933)} - 18.0\right]\left(\frac{355}{235}\right)(10)^2$$

$$= -990\ \text{mm}^2$$

$$A_s = 2{,}880\ \text{mm}^2 > -990\ \text{mm}^2, \quad \text{OK}$$

36-m 지간에 대해

$$C = 0.198$$

$$V_u = 1{,}080\ \text{kN}$$

$$V_r = 2{,}225\ \text{kN}$$

$$A_s = (12)(120) = 2{,}880\ \text{mm}^2$$

$$A_s \geq \left[0.15B\frac{D}{t_w}(1-C)\frac{V_u}{V_r} - 18.0\right]\left(\frac{F_{yw}}{F_{cr}}\right)t_w^2$$

$$= \left[0.15(1.0)\frac{(1{,}800)}{(10)}(1-0.198)\frac{(1{,}080)}{(2{,}225)} - 18.0\right]\left(\frac{355}{235}\right)(10)^2$$

$$= -1{,}131\ \text{mm}^2$$

$$A_s = 2{,}880\ \text{mm}^2 > -1{,}131\ \text{mm}^2, \quad \text{OK}$$

30-m 지간과 36-m 지간의 부모멘트 영역에 대해 검토한다. 다음 값들은 부(−)모멘트 영역에서 비조밀단면에 대해 앞의 K.4.에서 결정되었다.

30-m 지간에 대해

$$C = 0.464$$

$$V_u = 1{,}582\ \text{kN}$$

$$V_r = 2{,}520\ \text{kN}$$

$$A_s = (12)(120) = 2{,}880\ \text{mm}^2$$

$$A_s \geq \left[0.15B\frac{D}{t_w}(1-C)\frac{V_u}{V_r} - 18.0\right]\left(\frac{F_{yw}}{F_{cr}}\right)t_w^2$$

$$= \left[0.15(1.0)\frac{(1{,}800)}{(12)}(1-0.464)\frac{(1{,}582)}{(2{,}520)} - 18.0\right]\left(\frac{355}{235}\right)(12)^2$$

$$= -2{,}269\ \text{mm}^2$$

$$A_s = 2{,}880\ \text{mm}^2 > -2{,}269\ \text{mm}^2, \quad \text{OK}$$

36-m 지간에 대해

$$C = 0.352$$

$$V_u = 1{,}575 \text{ kN}$$

$$V_r = 2{,}251 \text{ kN}$$

$$A_s = (12)(120) = 2{,}880 \text{ mm}^2$$

$$A_s \geq \left[0.15B\frac{D}{t_w}(1-C)\frac{V_u}{V_r} - 18.0\right]\left(\frac{F_{yw}}{F_{cr}}\right)t_w^2$$

$$= \left[0.15(1.0)\frac{(1{,}800)}{(12)}(1-0.352)\frac{(1{,}575)}{(2{,}251)} - 18.0\right]\left(\frac{355}{235}\right)(12)^2$$

$$= -1{,}696 \text{ mm}^2$$

$$A_s = 2{,}880 \text{ mm}^2 > -1{,}696 \text{ mm}^2, \quad \text{OK}$$

그러므로, 두께 t_p =12 mm, 폭 b_t =120-mm인 단면치수를 갖는 양면 보강된 중간수직보강재를 사용한다.

8. 교대에서 지압보강재의 설계

지압보강재의 설계에 대한 한계상태설계법의 규정은 [2015, 도로교설계기준(한계상태설계법)]의 6.10.8.2에 제시되어 있다. 지압보강재는 플레이트거더의 경우에는 모든 지점과 집중하중이 작용하는 위치에 두어야 한다.

지압보강재는 단일 또는 여러 개의 판 또는 L형강을 복부판 양면에 용접 또는 볼트로 접합시켜 설계하중에 의한 전 수직력을 전달할 수 있도록 한다. 각 지압보강재는 플랜지에 밀착되어 반력을 지지할 수 있도록 플랜지에 가능한 한 가깝도록 복부판의 전 높이까지 연장시켜야 하며, 공장가공이 이루어지거나, 완전용입그루브용접으로 플랜지와 접합시켜야 한다.

교대에서 지압보강재는 복부판의 양측에 20-mm×150-mm인 강판을 두는 것으로 하였다. 다음과 같이 이 단면으로 요구조건이 충분한지 검토하게 될 것이다.

a. 돌출폭

지압보강재판의 국부좌굴을 피하기 위하여 돌출폭 b_t는 다음의 조건을 만족해야 한다[LSD 식 (6.10.8.2(2))].

$$b_t \leq 0.48\, t_p \sqrt{\frac{E}{F_{ys}}} \tag{6.10.108}$$

여기서, t_p = 20 mm, 지압보강재 두께, F_{ys} = 235 MPa, 지압보강재의 항복강도이다.

$$b_t = 150 \text{ mm} \leq 0.48\, t_p\sqrt{\frac{E}{F_{ys}}} = 0.48(20)\sqrt{\frac{200{,}000}{235}} = 280 \text{ mm}, \text{ 그러므로 OK}$$

b. 지압강도

플렌지에 대해 지압보강재를 밀착되어 반력을 지지할 수 있도록 모서리 부분을 잘라내어야 한다. 이 보강재의 절단은 플렌지와 복부판의 필릿용접을 하기 위함이다. 보강재 절단에 의해 보강재의 지압면적은 축소된다[그림 2.5.3.32]. 지압강도를 결정할 때, 이 축소된 지압면적이 사용되어야 한다. 설계지압강도 B_r은 아래와 같이 계산해야 한다[LSD 6.10.8.2(3)].

$$B_r = 1.4\,\phi_b A_{pn} F_{ys} \qquad (6.10.109)$$

여기서, F_{ys} = 235 MPa, 지압보강재의 항복강도, A_{pn} = 2(150−40)(20)=4,400 mm^2, 복부판 용접면으로부터 돌출된 지압보강재의 단면적, ϕ_b = [LSD 6.5.4.2]에 규정된 지압에 대한 저항계수.

$$\begin{aligned} B_r &= 1.4\,\phi_b A_{pn} F_{ys} \\ &= 1.4(1.0)(4,400)(235)(10^{-3}) = 1,447.6\ \text{kN} > V_u = 1,210\ \text{kN}, \quad \text{OK} \end{aligned}$$

V_u의 값은 교대에서의 반력과 같다. 이 값은 [표 2.5.3.3]의 위치 100(내측거더)에 주어져 있다.

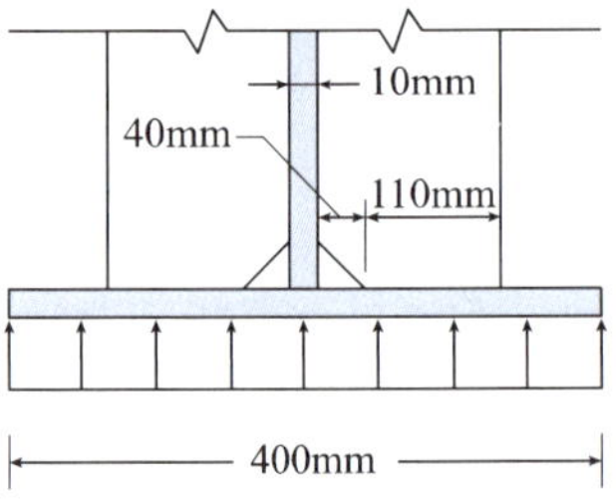

[그림 2.5.3.32] 교대에서 지압보강재

c. 지압보강재의 축방향강도

지압보강재의 축방향강도는 [LSD 6.10.8.3(4)]으로부터 결정된다. 설계축방향강도 P_r은 [LSD 6.9.2.1]에 의하여 결정해야 한다.

$$P_r = \phi_c P_n \qquad (6.9.1)$$

여기서, P_n = [LSD 6.9.4와 6.9.5]절의 공칭압축강도(N), ϕ_c = 0.9, [LSD 6.5.4.2]절의 압축에 관한 저항계수.

공칭압축강도 P_n을 계산하기 위하여 단면정수가 결정되어야 한다. 회전반경은 복부판중심축에 대해 계산하며 계산 시에 사용할 유효길이는 0.75D 이며, 이 때 D는 복부판 높이이다. 유효길이가 감소된 이유는 기둥좌굴에 대해 플렌지에 의한 단부구속 때문이다.

d. 유효단면

복부판에 용접된 보강재에 대해[그림 2.5.3.33], 유효기둥단면은 20-mm×150-mm인 보강재로 구성된다([LSD 6.10.8.2(4)②]).

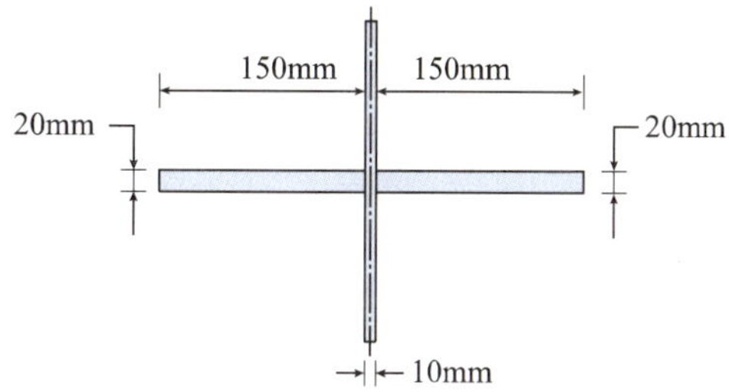

[그림 2.5.3.33] 교대에서 지압보강재의 단면

Part	A_s	y	$A \cdot y$	$A \cdot y^2$	I_o
보강재	3,000	80	240,000	19.200×10^6	5.625×10^6
보강재	3,000	−80	240,000	19.200×10^6	5.625×10^6
$\sum$	6,000			38.400×10^6	11.250×10^6

그리고 복부의 중심선에 대한 보강재의 단면2차모멘트는 다음과 같다.

$$I_G = I_0 + A_s y^2 = 11.25 \times 10^6 + 38.4 \times 10^6 = 49.650 \times 10^6 \text{ mm}^4$$

그래서 기둥단면에 대한 회전반지름 r은 다음과 같이 된다.

$$r_s = \sqrt{\frac{I_G}{A_s}} = \sqrt{\frac{49.650 \times 10^6}{6,000}} = 90.97 \text{ mm}$$

e. 세장비

축방향 압축부재에 대해 폭−두께비 제한을 검토해야 한다.
판의 세장비 b/t는 다음을 만족시켜야 한다[LSD 6.9.4.2].

$$\frac{b}{t} \leq k\sqrt{\frac{E}{F_y}} \tag{6.9.7}$$

여기서, $k = 0.45$, [LSD 표 6.9.1]에 규정된 판좌굴계수, $b = 150$ mm, [LSD [표 6.9.1]에 규정된 판의 폭, $t = 20$ mm, 판 두께이다.

$$\frac{b}{t} = \frac{150}{20} = 7.5 < k\sqrt{\frac{E}{F_y}} = 0.45\sqrt{\frac{200,000}{235}} = 13.1 \text{ , 그러므로 OK}$$

f. 공칭압축강도

보강재는 비합성부재이므로 공칭압축강도는 [LSD 6.9.4.1]에 주어져 있다. [LSD 6.9.4.2]의 폭-두께비 규정을 만족시키는 부재에 대한, 공칭압축강도 P_n은 다음과 같다.

$\lambda \leq 2.25$ 인 경우 : $$P_n = 0.66^{\lambda} F_y A_s \tag{6.9.4}$$

$\lambda > 2.25$ 인 경우 : $$P_n = \frac{0.88 F_y A_s}{\lambda} \tag{6.9.6}$$

단, $$\lambda = \left(\frac{Kl}{r_s \pi}\right)^2 \frac{F_y}{E} \tag{6.9.7}$$

여기서, A_s = 전단면적(mm^2), F_y = 235 MPa, 항복강도, E = 200,000 MPa, 탄성계수, K = 0.75, [LSD 4.6.6]에 규정된 유효좌굴길이계수, l = 1,800 mm, 비지지길이, r_s = 90.97 mm, 회전반경이다.

$$\lambda = \left(\frac{Kl}{r_s \pi}\right)^2 \frac{F_y}{E} = [\frac{0.75(1,800)}{90.97\pi}]^2 \frac{235}{200,000} = 0.0262 < 2.25$$

$$P_n = 0.66^{\lambda} F_y A_s = 0.66^{0.0262}(235)(6,000) = 1.394 \times 10^6 \text{ N} = 1,394 \text{ kN}$$

부재의 설계압축강도 P_r은 [LSD 6.5.4.2]절의 압축에 관한 저항계수 $\phi_c = 0.90$을 사용하여 다음과 같이 산정한다[[LSD 식 (6.9.16)].

$$P_r = \phi_c P_n = 0.9(1,395) = 1,255 \text{ kN} > V_u = 1,210 \text{ kN}, \quad \text{OK}$$

그러므로 교대의 지압보강재는 복부판의 양측에 두께 t_p =20-mm, 폭 b_t =150-mm인 단면치수를 갖는 강판을 사용한다.

9. 교각(내측지점)에서 지압보강재의 설계

교대에서 지압보강재에 대해 규정된 요구조건은 이 단면에 대해서도 적용한다. 내측 지점에서 지압보강재는 복부판의 양측에 20-mm×150-mm인 2개의 플레이트를 복부판 양면에 용접으로 접합시켜 설계하중에 의한 전 수직력을 전달할 수 있도록 한다. 2개의 보강재 플레이트는 200 mm 떨어지게 하여 복부판의 양측에 배치하였다. 다음과 같이 이 단면으로 요구조건이 충분한지 검토하게 될 것이다.

a. 돌출폭

지압보강재판의 국부좌굴을 피하기 위하여 돌출폭 b_t는 다음의 조건을 만족해야 한다[LSD 6.10.8.2(2)].

$$b_t \leq 0.48\, t_p \sqrt{\frac{E}{F_{ys}}} \tag{6.10.108}$$

여기서, $t_p = 20$ mm, 지압보강재 두께, $F_{ys} = 235$ MPa, 지압보강재의 항복강도이다.

$$b_t = 150\text{ mm} \leqq 0.48\, t_p \sqrt{\frac{E}{F_{ys}}} = 0.48(20)\sqrt{\frac{200{,}000}{235}} = 280\text{ mm},\ \text{그러므로 OK}$$

b. 지압강도

플렌지에 대해 지압보강재를 밀착되어 반력을 지지할 수 있도록 모서리 부분을 잘라내어야 한다. 이 보강재의 절단은 플렌지와 복부판의 필릿용접을 하기 위함이다. 보강재 절단에 의해 보강재의 지압면적은 축소된다[그림 2.5.3.32]. 지압강도를 결정할 때, 이 축소된 지압면적이 사용되어야 한다. 설계지압강도 B_r은 아래와 같이 계산해야 한다[LSD 6.10.8.2(3)].

$$B_r = 1.4\,\phi_b A_{pn} F_{ys} \tag{6.10.109}$$

여기서, $F_{ys} = 235$ MPa, 지압보강재의 항복강도, $A_{pn} = 4(150-40)(20) = 8{,}800\text{ mm}^2$, 복부판 용접면으로부터 돌출된 지압보강재의 단면적, $\phi_b =$ [LSD 6.5.4.2]에 규정된 지압에 대한 저항계수이다.

$$\begin{aligned} B_r &= 1.4\,\phi_b A_{pn} F_{ys} \\ &= 1.4(1.0)(8{,}800)(235)(10^{-3}) = 2{,}895.2\text{ kN} > R_u = 2{,}047\text{ kN},\ \text{그러므로 OK} \end{aligned}$$

R_u의 값은 교각(B)에서의 반력과 같다. 이 값은 [표 2.5.3.3]의 내측거더 위치 110의 ${}_lV_B = -472$ kN에 위치 200의 ${}_rV_B = 1{,}575$ kN을 더한 값이다[그림 2.5.3.34]. 이것은 설계트럭에 의한 전단력에 대한 최대값이 사용되었기 때문에 매우 보존력 있는 근사이다.

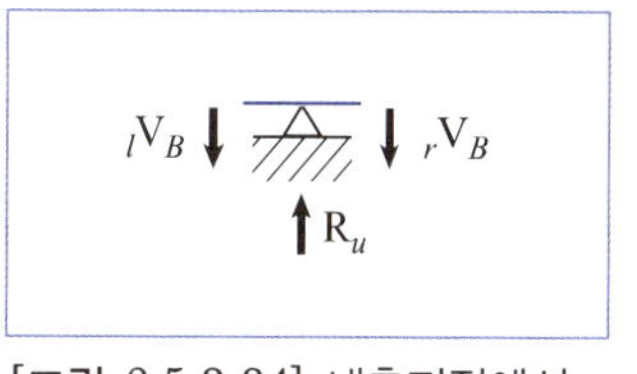

[그림 2.5.3.34] 내측지점에서 반력 R_u

c. 지압보강재의 축방향강도

지압보강재의 축방향강도는 [LSD 6.10.8.3(4)]으로부터 결정된다. 설계축방향강도 P_r은 [LSD 6.9.2.1]에 의하여 결정해야 한다[[LSD 6.9.2.1].

$$P_r = \phi_c P_n \tag{6.9.1}$$

여기서, $P_n =$ [LSD 6.9.4와 6.9.5]절의 공칭압축강도(N), $\phi_c = 0.9$, [LSD 6.5.4.2]절의 압축에 관한 저항계수이다.

공칭압축강도 P_n을 계산하기 위하여 단면정수가 결정되어야 한다. 회전반경은 복부판중심축에 대해 계산하며 계산 시에 사용할 유효길이는 $0.75D = 0.75 \times 1{,}800 = 1{,}350$ mm이며, 이 때 D는 복부판 높이이다. 유효길이가 감소된 이유는 기둥좌굴에 대해 플렌지에 의한 단부구속 때문이다.

d. 유효단면

복부판에 용접된 보강재에 대해[그림 2.5.3.35], 유효기둥단면은 20-mm×150-mm인 보강재로 구성된다([LSD 6.10.8.2(4)②]).

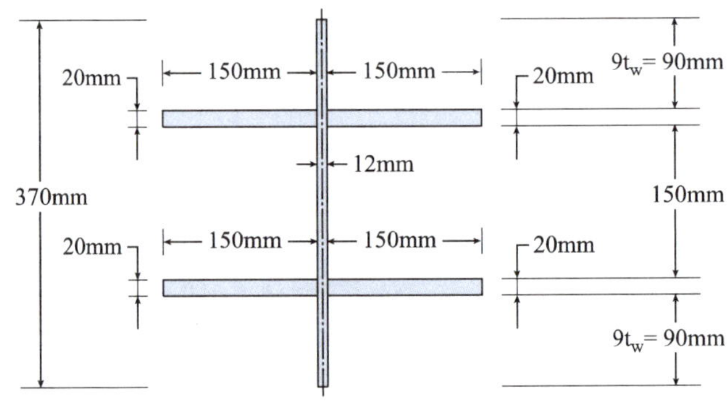

[그림 2.5.3.35] 내측 지점에서 지압보강재의 단면

Part	A_s	y	$A_s \cdot y$	$A_s \cdot y^2$	I_o
복부판	4,060	0	0	0	0.058×10^6
보강재	3,000	81	243,000	19.683×10^6	5.625×10^6
보강재	3,000	81	243,000	19.683×10^6	5.625×10^6
보강재	3,000	−81	−243,000	19.683×10^6	5.625×10^6
보강재	3,000	−81	−243,000	19.683×10^6	5.625×10^6
$\sum$	16,060			78.732×10^6	22.500×10^6

그리고 복부의 중심선에 대한 보강재의 단면2차모멘트는 다음과 같다.

$$I_G = I_0 + A_s y^2 = 22.50 \times 10^6 + 78.732 \times 10^6 = 101.232 \times 10^6 \text{ mm}^4$$

그래서 기둥단면에 대한 회전반지름 r은 다음과 같이 된다.

$$r_s = \sqrt{\frac{I_G}{A_s}} = \sqrt{\frac{101.232 \times 10^6}{16{,}060}} = 79.39 \text{ mm}$$

e. 세장비

축방향 압축부재에 대해 폭–두께비 제한을 검토해야 한다.

판의 세장비 b/t는 다음을 만족시켜야 한다[[LSD 6.9.4.2].

$$\frac{b}{t} \le k\sqrt{\frac{E}{F_y}} \qquad (6.9.7)$$

여기서, $k = 0.45$, [LSD 표 6.9.1]에 규정된 판좌굴계수, $b = 150$ mm, [LSD 표 6.9.1]에 규정된 판의 폭, $t = 20$ mm, 판 두께.

$$\frac{b}{t} = \frac{150}{20} = 7.5 < k\sqrt{\frac{E}{F_y}} = 0.45\sqrt{\frac{200,000}{235}} = 13.1 \text{ , 그러므로 OK}$$

f. 공칭압축강도

보강재는 비합성부재이므로 공칭압축강도는 [LSD 6.9.4.1]에 주어져 있다. [LSD 6.9.4.2]의 폭－두께비 규정을 만족시키는 부재에 대한, 공칭압축강도 P_n은 다음과 같다.

$\lambda \le 2.25$ 인 경우 : $$P_n = 0.66^{\lambda} F_y A_s \qquad (6.9.4)$$

$\lambda > 2.25$ 인 경우 : $$P_n = \frac{0.88 F_y A_s}{\lambda} \qquad (6.9.6)$$

단, $$\lambda = \left(\frac{Kl}{r_s \pi}\right)^2 \frac{F_y}{E} \qquad (6.9.7)$$

여기서, A_s = 전단면적(mm²), F_y = 235 MPa, 항복강도, E = 200,000 MPa, 탄성계수, K = 0.75, [LSD 4.6.6]에 규정된 유효좌굴길이계수, l = 1,800 mm, 비지지길이, r_s = 90.97 mm, 회전반경이다.

$$\lambda = \left(\frac{Kl}{r_s \pi}\right)^2 \frac{F_y}{E} = \left[\frac{0.75(1,800)}{79.39\pi}\right]^2 \frac{235}{200,000} = 0.0344 < 2.25$$

$$P_n = 0.66^{\lambda} F_y A_s = 0.66^{0.0344}(235)(16,060) = 3.721 \times 10^6 \text{N} = 3,721 \text{ kN}$$

부재의 설계압축강도 P_r은 [LSD 6.5.4.2]절의 압축에 관한 저항계수 ϕ_c=0.90을 사용하여 다음과 같이 산정한다[[LSD 식 (6.9.16)].

$$P_r = \phi_c P_n = 0.9(3,721) = 3,349 \text{ kN} > V_u = 2,047 \text{ kN}, \quad \text{OK}$$

그러므로, 교각의 지압보강재는 복부판의 양측에 두께 t_p=20 mm, 폭 b_t=150-mm인 단면 치수를 갖는 2개의 강판을 사용한다. 보강재 설계도는 [그림 2.5.3.36]에 나타내었다.

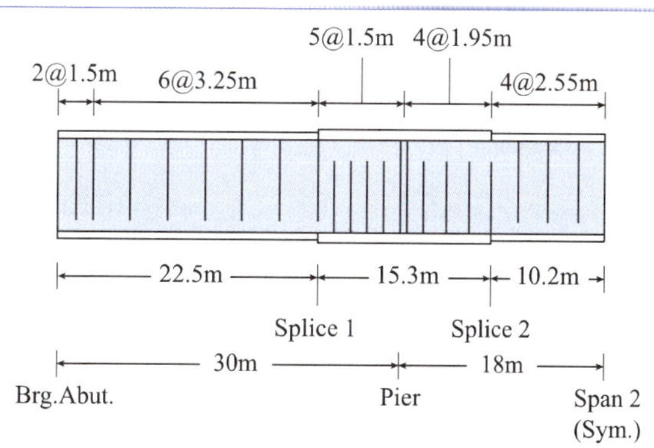

[그림 2.5.3.36] 교량 일반도

10. 전단연결재

합성단면에서, 스터드나 ㄷ 형강의 전단연결재는 콘크리트 바닥판과 강재단면 사이의 내부전단에 저항하기 위해 설치한다. 연속 합성교는 보통 교량의 전체길이에 걸쳐 전단연결재를 설치해야 한다. 부모멘트 영역에서는 축방향 철근 합성단면의 일부분으로 고려되는 구간에 전단연결재를 설치한다. 그렇지 않을 경우, 전단연결재는 부모멘트 영역에 설치할 필요는 없지만, [LSD 6.10.7.4(3)]에 따라 영구하중에 의하여 휨의 부호가 서로 상반되는 변곡점 구간에는 추가적인 연결재를 설치해야 한다. 부모멘트 영역에서 전단연결재를 사용하는 구간에서는 [LSD 6.10.3.7]에 따라 축방향 철근을 정모멘트 구간내로 연장시켜야 한다.

a. 전단연결재의 형태

스터드 전단연결재의 줄기 지름은 19 mm, 22 mm 및 25 mm를 표준으로 하며 재질은 KS B 1062(머리붙이 스터드)를 따른다. 스터드 전단연결재의 항복강도 $F_y = 235$ MPa 이상, 인장강도 $F_u = 400$ MPa 이상으로 한다.

여기서는 스터드의 지름 19 mm, 높이 100 mm를 사용하고, 높이/지름 비는 다음과 같다 [LSD 6.10.7.4(1)①].

$$\frac{100}{19} = 5.26 > 4\,, \quad \text{OK}$$

b. 횡방향 간격[LSD 6.10.7.4(1)③]

전단연결재는 상부플랜지의 횡방향으로 배치되며 규칙적이거나 다양한 간격을 갖는다. 스터드전단연결재는 거더직각방향으로 스터드의 중심과 중심 사이의 간격이 스터드 직경의 4배 이상이어야 한다. 상부플랜지의 연단과 가장 인접한 전단연결재 간의 연단거리는 25 mm 이상이어야 한다.

c. 덮개와 관입[LSD 6.10.7.4(1)④]

전단연결재 위의 콘크리트 피복 덮개 높이는 50 mm 이상이어야 한다. 전단연결재는 적어도 50 mm를 슬래브 내부로 관입시켜야 한다.

d. 전단연결재의 피로강도

전단연결재의 피로강도 Z_r은 아래와 같이 구한다[LSD 6.10.7.4(2)].

$$Z_r = \alpha d^2 \ \geq \ \frac{38.0 d^2}{2} \tag{6.10.91}$$

$$\alpha = 238 - 29.5 \log N \tag{6.10.92}$$

여기서, $d = 19$ mm, 스터드의 직경(mm), $N =$ 응력범위의 반복횟수이다.

사이클 수 N은 100년 설계수명에 대해 다음과 같이 계산된다[LSD 3.6.2.2].

$$N = (365)(100)n(ADTT)_{SL} \tag{6.6.3}$$

여기서, $n =$ [표 6.6.4]에서 선택한 트럭 한 대 통과시 발생하는 응력범위의 반복회수.
$(ADTT)_{SL}$ = 한 방향 한 차로의 일일트럭교통량의 설계수명기간동안 평균값 [LSD 3.6.2.2].

피로하중의 빈도는 단일차로 일평균트럭교통량 $(ADTT)_{SL}$을 사용한다. 이 빈도는 교량의 모든 부재에 적용하며 통행차량수가 적은 차로에도 적용한다. 단일차로의 일평균트럭교통량에 대한 확실한 정보가 없을 때는 [LSD 식 (3.6.3)]의 차로당 통행비율을 적용하여 산정할 수 있다. 즉,

$$(ADTT)_{SL} = p \times ADTT \tag{3.6.3}$$

여기서, $ADTT$ = 20,000 vehicles/lane/day
한 방향 일일트럭교통량의 설계수명기간동안 평균값.
$p = 0.85$, 한 차로에서의 트럭교통량 비율.
Fraction of Trucks = 15%.
$(ADTT)_{SL}$ = 0.85(0.15)(20,000 vehicles/lane/day)(2 lanes) = 5,100 trucks/day
$N = (365)(100)n(ADTT)_{SL} = (365)(100)(1.0)(5,100) = 186 \times 10^6\,cycles$
$\alpha = 238 - 29.5\ \log N = 238 - 29.5\ \log(186 \times 10^6) = -5.95$

전단연결재 피치 p는 Z_r값과 전단력범위 V_{sr}을 이용하여 [LSD 식(6.10.90)]으로부터 구한다. 플랜지의 피로강도에 대한 전단연결재의 효과는 [LSD 6.6.1.2]로 검토한다.
[LSD 6.10.7.4(2)]에 의해 결정된 전단연결재 한 개의 전단피로저항강도.

$$Z_r = \frac{38.0d^2}{2} = \frac{38.0(19)^2}{2} = 6,859\ N$$

그러므로, 개개 전단연결재 스터드의 피로강도 Z_r은 6.86 kN 이다.

e. 피치

전단연결의 피치는 [LSD 6.10.7.4(2)와 6.10.7.4(3)]에 규정된 피로한계상태를 만족해야 한다. 전단연결재의 갯수는 [LSD 6.10.7.4(4)]에 규정된 극한한계상태를 만족하기 위한 소요갯수 보다 많아야 한다. 거더방향으로 배치된 전단연결재의 피치 p는 다음 조건을 만족해야 한다[LSD 6.10.7.4②].

$$p = \frac{n\,Z_r\,I}{V_{st}\,Q} \tag{6.10.90}$$

여기서, $n=3$, 횡 단면으로 배치된 전단연결재의 개수, $I=46{,}928\times10^6\ \mathrm{mm}^4$, 단기합성단면의 단면2차모멘트(J.1), $Q=$ 단기합성단면의 중립축에 대한 바닥판 환산단면적의 단면 1차모멘트(mm^3)([그림 2.5.3.37]),

$$Q=t_s\left(\frac{b}{n}\right)\left(y_t+t_h+\frac{t_s}{2}\right)=(190)\left(\frac{2{,}210}{8}\right)\left(309.2+25+\frac{190}{2}\right)=22.528\times10^6\ \mathrm{mm}^3$$

$V_{st}=$ 피로한계상태에 대해 결정된 LL+IM(활하중+충격)하의 전단력 발생범위(N).

전단연결재의 중심과 중심사이의 피치 p는 600 mm를 초과해서는 안 되며, 직경의 6배 이상이어야 한다.

전단연결재의 피치 p

$$6d=6(19)=114\ \mathrm{mm}\le p\le600\ \mathrm{mm}$$

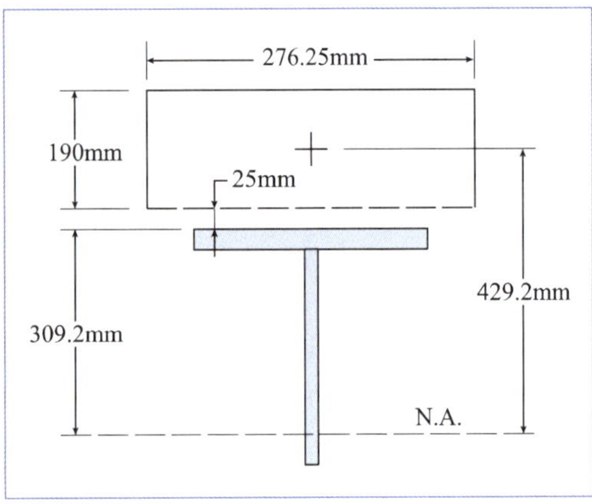

[그림 2.5.3.37] 합성단면의 정수

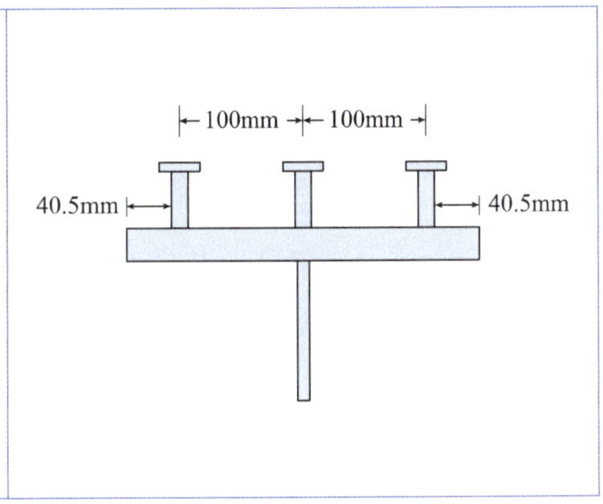

[그림 2.5.3.38] 횡방향 3개의 전단연결재

전단연결재는 상부플랜지의 횡방향으로 배치되며 규칙적이거나 다양한 간격을 갖는다. 스터드전단연결재는 거더직각방향으로 스터드의 중심과 중심 사이의 간격이 스터드 직경의 4배 이상이어야 한다. 상부플랜지의 연단과 가장 인접한 전단연결재 간의 연단거리는 25 mm 이상이어야 한다. 이 설계에 대해 횡방향 3개의 전단연결재는 [그림 2.5.3.38]에 나타낸 바와 같이 횡단면에 사용한다.

스터드 간격 $=100\ \mathrm{mm}>4(19)=76\ \mathrm{mm}$

연단거리 $=40.5\ \mathrm{mm}>25\ \mathrm{mm}$

그러므로, 횡방향 간격은 [LSD 6.10.7.4(1)③]의 규정을 만족한다. 요구하는 전단연결재의 피치는 피로 트럭에 대해 전단력의 범위를 사용하여 지간을 따라 10번째 점에서 계산되었다. 전단력 발생범위 V_{st}는 규정된 점에서 전단력의 최대차이이다. 전단력 발생범위는 피로에 대해 충격계수(1.15), 다차로재하계수가 없는 한 설계차로하중(외측거더에 대해

0.635/1.0)에 대한 최대분배계수, 그리고 피로한계상태에 대해 하중계수(0.75)로 곱한 피로트럭에 의해 그 점에서 정(+) 및 부(+) 전단에서 차이로 계산된다. 10번째 점에서 전단력 발생범위와 필요한 피치는 [표 2.5.3.19]에서 찾을 수 있다. 피치 열에서 값은 특정한 위치에서 최대허용간격이다. 요구하는 간격은 [그림 2.5.3.39]에 그려놓았다. 사용된 간격은 그래프로부터 결정되었다.

[표 2.5.3.19] 피로하중과 필요한 전단력에 대한 전단력의 범위

위치		계수 없는 최대 정(+) 전단력, kN	계수 없는 최대 부(−) 전단력, kN	전단력의 범위 V_{sr} (kN)	피치(mm)
Sta	(m)				
100	0	401	−45	244.3	175
101	3	354	−45	218.5	196
102	6	293	−54	190.0	226
103	9	233	−76	169.2	253
104	12	186	−126	170.8	251
105	15	129	−178	168.1	255
106	18	85	−243	179.6	239
107	21	56	−309	199.9	214
108	24	16	−360	205.9	600
109	27	11	−406	228.4	600
110	30	11	−447	250.8	600
200	30	446	−44	268.4	600
201	33.6	398	−44	242.1	600
202	37.2	344	−44	212.5	202
203	40.8	287	−68	194.4	221
204	44.4	229	−116	189.0	227
205	48	170	−170	186.2	230

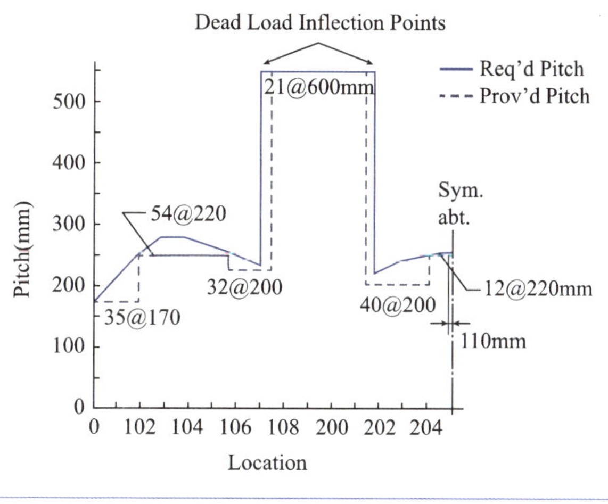

[그림 2.5.3.39] 전단연결재의 간격

다음은 교량의 단부(위치 100)에서 전단범위에 대해 피치의 계산예를 나타낸 것이다.

$$V_{st} = [401-(-45)](1.15)(0.635/1.0)(0.75) = 244.3\text{ kN}$$

$$p = \frac{n Z_r I}{V_{st} Q} = \frac{3(6.859)(46.928\times 10^9)}{V_{st}(22.527\times 10^6)} = \frac{42.866\times 10^3}{V_{st}}$$

$$p = \frac{n Z_r I}{V_{st} Q} = \frac{42.866\times 10^3}{344.3} = 175\text{ mm}$$

f. 극한한계상태

전단연결재의 설계강도는 다음과 같다 [LSD 식 (6.10.7.4(4)①].

$$Q_r = \phi_{se} Q_n \tag{6.10.94}$$

여기서, $Q_n = 0.5A_{sc}\sqrt{f_{ck}E_c} \le A_{sc}F_u$, [LSD 6.10.7.4(4)③]에 규정된 공칭전단강도(N), $\phi_{se} = 0.85$, [LSD 6.5.4.2]에 규정된 전단연결재에 대한 저항계수이다.

$$A_{sc} = \frac{\pi d^2}{4} = \frac{\pi (19)^2}{4} = 284\text{ mm}^2$$

$$E_c = 4{,}800\sqrt{f_{ck}} = 4{,}800\sqrt{30} = 26{,}291\text{ MPa}$$

$$Q_n = 0.5A_{sc}\sqrt{f_{ck}E_c} = 0.5(284)\sqrt{30(26{,}291)}(10^{-3}) = 126\text{ kN}$$

$$A_{sc}F_u = (284)(400)(10^{-3}) = 114\text{ kN} < 126\text{ kN}$$

$$Q_n = 114\text{ kN}$$

$$Q_r = \phi_{se} Q_n = 0.85(114) = 97\text{ kN}$$

최대 정모멘트의 단면과 양측으로 인접한 모멘트가 0이 되는 구간 또는 내부지점부의 중심에서 양쪽으로 인접한 모멘트가 0인 지점 구간에서의 전단연결재의 개수 n는 다음 식보다 많아야 한다[LSD 식 (6.10.7.4(4)①].

$$n = \frac{V_h}{Q_r} \tag{6.10.95}$$

$$V_h = \min\begin{cases} 0.85\ \ f_{ck} b t_s = 0.85(30)(2{,}210)(190)(10^{-3}) = 10{,}707\text{ kN} \\ AsF_y = [(1{,}800)(10)+(400)(25)+(300)(15)](355)(10^{-3}) = 11{,}538\text{ kN}\end{cases}$$

그러므로, 공칭수평전단력 $V_h = 10{,}707\text{ kN}$을 사용한다. 이 영역에서 필요한 전단연결재의 수는 다음과 같이 계산된다.

$$n = \frac{V_h}{Q_r} = \frac{10{,}707}{97} = 110$$

그러므로, 최소 110개의 전단연결재가 최대 정(+) 모멘트와 모메트가 0인 점 사이에 필요하다. [그림 2.5.3.39]로부터, 전단연결재의 수는 극한한계상태에 필요한 량을 초과하는 피로한계상태에 의해 필요하다. 연속인 합성단면에 대해, 지점의 중심과 모멘트가 0인 점 사이의 수평전단력은 슬래브의 철근으로 결정된다. 다음과 같이 수평전단력을 결정한다[LSD 식 (6.10.7.4(4)②].

$$V_h = A_r F_{yr} \tag{6.10.98}$$

여기서, $A_r = 1{,}140.3 + 1{,}390.2 = 2{,}530.5\ \text{mm}^2$, 내측지점위의 유효폭에서 종방향 철근의 전면적(mm^2), $F_{yr} = 400$ MPa, 종방향 철근의 최소 항복강도.

$$V_h = A_r F_{yr} = (2{,}530.5)(400)(10^{-3}) = 1{,}012\ \text{kN}$$

그러므로, 이 영역에 필요한 전단연결재의 수는 다음과 같다.

$$n = \frac{V_h}{Q_r} = \frac{1{,}012}{97} = 10$$

10개의 스터드가 내측교각과 모멘트가 0인 점 사이에 필요하다. 계산된 전단연결재의 수보다 더 많게 고려하여 최대 허용간격 600-mm로 하였다. 결국 횡방향으로 3개의 전단연결재를 전 지간을 따라 [그림 2.5.3.39]에 나타낸 바와 같이 배치하였다.

L. 수직브레이싱(cross－frame) 설계

교량의 단부 및 내부지점과 지간 중간부에는 필요에 따라 다이아프램(diaphragms)이나 수직브레이싱(cross－frame)을 설치해야 한다. 모든 시공단계 및 사용단계에서 다이아프램이나 수직브레이싱의 필요성을 다음과 같이 검토한다.

- 주형의 아랫부분에서 바닥틀로, 그리고 바닥틀에서 받침부로 횡방향 풍하중의 전달
- 모든 하중에 대한 압축플랜지의 안정성
- 콘크리트 바닥판이 양생되기 이전의 상부압축플래지의 안정성
- 수직방향의 고정하중 및 활하중의 분배

사용단계에서 필요한 다이아프램이나 수직브레이싱 이외에도 시공 중 필요시에는 임시로 브레이싱을 설치한다. 수직브레이싱이나 다이아프램이 하중을 받는 경우에는 이에 대응하도록 설계해야 한다. 적어도 다이아프램이나 수직브레이싱은 [LSD 4.6.8]에 따라 풍하중을 전달할 수 있도록 설계해야 하며, [LSD 6.8.4 또는 6.9.3]에 규정된 세장비 규정을 만족시켜야 한다. 다이아프램과 수직브레이싱의 연결판은 [LSD 6.6.1.3(1)]을 만족시켜야 한다.

교량 단부 및 슬래브의 이음부에는 다이아프램을 설치하거나 [LSD 6.14.2.4]에 규정된 방법으로 슬래브의 캔틸레버부가 지지되도록 한다.

1. 간격

부(−)모멘트 영역에서 허용 비지지 길이는 앞에서 I.7.b에 계산되었다. 이 값은 4,201 mm 이다. 정 휨모멘트 단면의 압축플랜지에 필요 없다. 그러나 단면이 합성되기 이전에 콘크리트 양생동안에 상부압축플랜지는 브레이싱이 필요하다. 그러므로 허용비지지 길이는 그 단면에 대해 계산되어야 한다. 정 휨모멘트 단면에 대한 허용비지지 길이는 비합성단면과 같이 단면을 취급하여 결정된다. 정(+) 및 부(−)휨모멘트 영역에서 비합성부재의 압축플랜지 브레이싱에 대해 [LSD 6.10.4.1(9)]는 부 휨모멘트를 받는 합성 비조밀단면의 요구조건을 만족시키는 경우 플랜지의 휨강도는 [LSD 6.10.4.2(4)]의 비조밀단면의 압축플랜지 휨강도 규정을 적용해서 구한다. 허용비지지 길이는 다음과 같이 계산된다.

$$L_b \le \; L_p = 1.76\, r_t \sqrt{\frac{E}{F_{yc}}} \tag{6.10.28}$$

여기서, r_t = 강재단면의 압축플랜지와 압축응력을 받는 복부판 높이의 1/3로 이루어진 단면의 연직축에 관한 회전반경(mm), F_{yc} = 355 MPa, 압축플랜지의 항복강도이다.

$$I_y = \frac{b h^3}{12} = \frac{(15)(300)^3}{12} = 33,750,000 \text{ mm}^4$$

$$A = bh = (15)(300) = 4,500 \text{ mm}^2$$

$$r_t = \sqrt{\frac{I_y}{A}} = \sqrt{\frac{33,750,000}{4,500}} = 87 \text{ mm}$$

$$L_b = 1.76\, r_t \sqrt{\frac{E}{F_{yc}}} = 1.76\,(87)\sqrt{\frac{200,000}{355}} = 3,630 \text{ mm} = 3.63 \text{ m}$$

그러므로, 수직브레이싱의 최대간격은 정 모멘트 영역에서 3,630 mm와 부 모멘트 영역에서 4,201 mm 허용한다. [그림 2.5.3.36]에 나타낸 보강재의 간격을 기본으로 하여 수직브레이

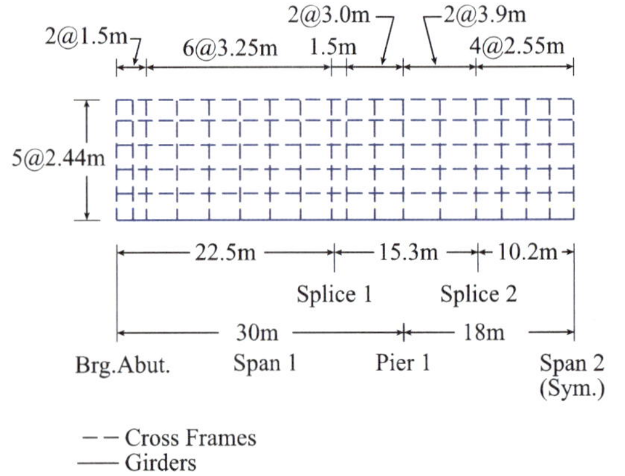

[그림 2.5.3.40] 수직브레이싱(cross−frame)의 위치

싱의 간격을 사용하는 것이 적합하다. 수직브레이싱은 정(+)모멘트 영역에서 모든 보강재 위치에 놓이게 된다. 최대 비지지 길이는 3,250 mm이다. 부 모멘트 영역에서 수직브레이싱은 36-m 지간의 부 모멘트 영역에서 보강재의 간격의 2배 또는 3,900 mm로 모든 다른 보강재에 놓이게 된다. 수직브레이싱의 위치는 [그림 2.5.3.40]에 나타내었다.

2. 풍하중

풍하중은 주로 외측거더에 작용한다. 합성 바닥판을 갖는 교량에서 거더, 바닥판, 방호책, 차량의 상단 1/2에 작용하는 풍하중은 직접 바닥에 전달되는 것으로 가정되었다. 이들 힘은 바닥판을 통해 지점으로 전달된다. 거더의 바닥 1/2에 작용하는 풍하중은 직접 바닥플랜지에 전달된다. 이 설계에서 바닥플랜지에 작용되는 단위길이당 풍하중 W는 다음과 같이 계산된다.

$$W = \frac{\gamma p_B d}{2}$$

여기서, $p_B = 0.0024$ MPa, 기준 수평풍압, d = 부재의 높이(mm), γ = 1.4(강도한계상태조합 Ⅲ), 특별한 하중조합에 대한 풍하중(WS)의 하중계수이다.

먼저 d가 큰 값인 부 모멘트 영역을 고려한다. 계산된 풍력은 정 모멘트 영역에 대해 고려하였다.

$$d = 1{,}800 + 2(30) = 1{,}860 \text{ mm} = 1.86 \text{ m}$$

$$W = \frac{\gamma p_D d}{2} = \frac{1.4(0.0024)(1{,}860)}{2} = 3.13 \text{ kN/m}$$

이들 풍하중의 하중경로는 다음과 같다.

a. 바닥플랜지에서 힘은 수직브레이싱으로 전달된다.
b. 수직브레이싱은 바닥판으로 힘을 전달한다.
c. 거더, 바닥판, 방호책, 차량의 상단 1/2에 작용하는 힘은 직접 바닥판에 전달된다.
d. 단부에 설치되는 다이아프램이나 수직브레이싱은 모든 횡방향 하중을 받침부로 전달한다.

이 하중경로에 대해 풍하중에 의한 플랜지의 최대모멘트는 다음과 같이 계산된다.

$$M_W = \frac{W L_b^2}{10}$$

여기서, L_b = 수직브레이싱의 간격이다.

부 모멘트 영역에 대해 최대비지지 길이는 3,900 mm를 사용하였다. 그러므로 계수하중에 의한 외측거더의 플랜지의 최대 횡방향 모멘트는 다음과 같다.

$$M_W = \frac{W L_b^2}{10} = \frac{(3.13)(3.9)^2}{10} = 4.76 \text{ kN} \cdot \text{m}$$

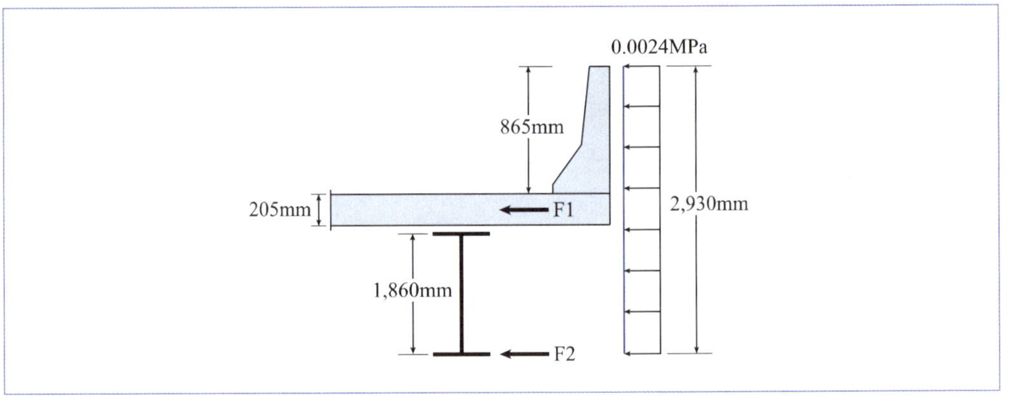

[그림 2.5.3.41] 교량의 외측에 작용하는 풍하중

플랜지의 단면계수 : $S_f = \frac{1}{6}(30)(400)^2 = 0.8 \times 10^6 \text{ mm}^3$

플랜지의 최대 휨응력 : $f = \frac{M_W}{S_f} = \frac{4.76 \times 10^6}{0.8 \times 10^6} = 5.95 \text{ MPa}$

이 응력은 적고 중력하중과 어떤 상관도 무시할 수 있다.

각 지지 점에 작용하는 최대 수평풍력도 또한 최대간격을 사용하여 결정되었다. 그러므로 값은 교량의 대부분의 단면에 보존될 것이다.

$$P_w = WL_b = (3.13)(3.9) = 12.2 \text{ kN}$$

수직브레이싱은 횡방향 하중을 받침부로 전달할 수 있도록 설계되어야 한다. [그림 2.5.3.41]은 힘의 전달경로를 설명하고 있다. 바닥판, 방호책, 거더의 상단 1/2에 작용하는 풍하중 F_1은 직접 바닥에 전달된다. 이 하중은 모든 거더에 전달된다. 거더의 하단 1/2에 작용하는 풍하중 F_2는 거더의 바닥플랜지에 전달된다.

바닥플랜지에 작용되는 단위길이당 풍하중 W는 앞에서 3.13 kN/m로 계산되었다. 이 하중은 [그림 2.5.3.41]에서 F_2로 나타내었다. F_1은 다음과 같이 계산되었다.

$$F_1 = 1.4(0.0024)(2{,}930) - 3.13 = 6.71 \text{ kN/m}$$

3. 중간 수직브레이싱 설계

중간 수직브레이싱은 [그림 2.5.3.42]에 나타낸 바와 같이 바닥플랜지에 가로지지대를 갖는 X-브레이싱을 사용하여 설계되었다. SM400 ($F_y = 235$ MPa, $F_u = 400$ MPa)인 단일 L형강이 지지대로 사용되었다. 인장이 작용하는 수직브레이싱에 대해 75×75×9-L형강이 사용되었다. 압축 가로지지대에 대해 100×100×8-L형강이 사용되었다. 실제 이들 단면은 최소단면으로 고려되었다. 단면의 정수는 [KS D 3502]에 주어져 있다.

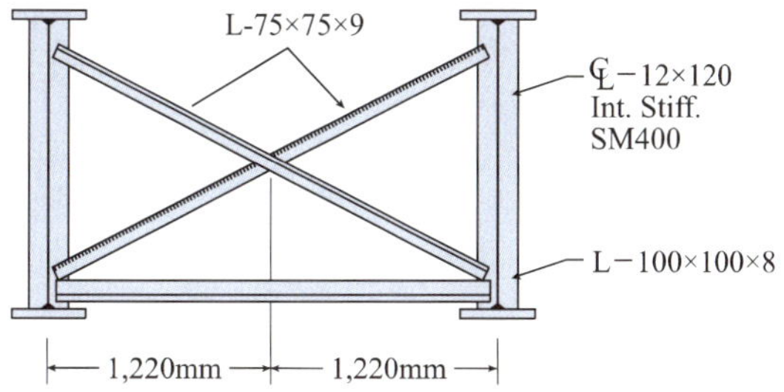

[그림 2.5.3.42] 중간 수직브레이싱

지지점에서 바닥플랜지의 최대 힘은 다음과 같다.

$$P_{wb} = WL_b = (3.13)(3.9) = 12.2 \text{ kN}$$

수직브레이싱 및 압축 가로지지대에서 작용하는 힘을 구하기 위하여 단면은 인장 대각만 갖는 트러스와 같이 취급되었고 정역학으로 풀었다. 이 해석으로부터 수직브레이싱은 14.4 kN인 인장력으로 설계되는 것으로 하고, 바닥플랜지에 가로지지대는 12.2 kN인 압축력으로 설계되는 것으로 한다. 인장이 작용하는 수직브레이싱에 대한 75×75×9−L형강의 인장강도를 검토한다[LSD 6.8.2.1].

$$P_r = \phi_y P_{ny} = \phi_y F_y A_g = 0.95(235)(1,269) = 283 \text{ kN} > 14.4 \text{ kN}, \quad \text{OK}$$

그러므로 수직브레이싱에 작용하는 힘이 14.4 kN 이므로 충분하다.

그리고 인장부재에 대한 수직브레이싱의 세장비의 제한을 검토한다[LSD 6.8.4③]. 아이바, 봉강, 케이블 및 판을 제외한 모든 인장부재의 세장비는 다음을 만족해야 한다.

$$\frac{L}{r} \le 240$$

여기서, L = 3,030 mm, 비지지 길이, r = 22.5 mm, 단면회전반경이다.

$$\frac{L}{r} = \frac{3,030}{22.5} = 134.7 \le 240$$

그러므로 중간 수직브레이싱으로 75×75×9−L형강을 사용한다.

압축이 작용하는 가로지지대에 대한 100×100×8−L형강의 압축강도를 검토한다[LSD 6.9.2.1]. 그러나 축방향 압축부재에 대해 폭−두께비 제한을 검토한다[LSD 6.9.4.2].

$$\frac{b}{t} \le k\sqrt{\frac{E}{F_y}} \tag{6.9.7}$$

여기서, $k = 0.45$, [LSD 표 6.9.3]에 규정된 판좌굴계수, $b = 100$ mm, [LSD 표 6.9.3]에 규정된 판의 폭, $t = 8$ mm, 판 두께이다.

$$\frac{b}{t} = \frac{100}{8} = 12.5 \le k\sqrt{\frac{E}{F_y}} = 0.45\sqrt{\frac{200{,}000}{235}} = 13.1\,, \quad \text{OK}$$

부재의 설계압축강도 P_r은 다음과 같이 산정한다[LSD 6.9.2.1].

$$P_r = \phi_c P_n \tag{6.9.1}$$

여기서, P_n = [LSD 6.9.4와 6.9.5]절의 공칭압축강도(N), ϕ_c = 0.9, [LSD 6.5.4.2]절의 압축에 관한 저항계수이다. 위의 폭-두께비 규정을 만족시키는 부재에 대한, 공칭압축강도 P_n은 다음과 같다[LSD 6.9.4.1].

$$\lambda \le 2.25\text{인 경우 :} \quad P_n = 0.66^{\lambda} F_y A_s \tag{6.9.4}$$

$$\lambda > 2.25\text{인 경우 :} \quad P_n = \frac{0.88 F_y A_s}{\lambda} \tag{6.9.5}$$

$$\text{단,} \quad \lambda = \left(\frac{Kl}{r_s \pi}\right)^2 \frac{F_y}{E} \tag{6.9.6}$$

여기서, A_s = 1,536 mm², 전단면적, F_y = 235 MPa, 항복강도, E = 200,000 MPa, 탄성계수, K = 0.75, [LSD 4.6.6]에 규정된 유효좌굴길이계수, l = 2,440 mm, 비지지길이, r_s = 30.6 mm, 회전반경이다.

$$\lambda = \left(\frac{Kl}{r_s \pi}\right)^2 \frac{F_y}{E} = \left(\frac{0.75(2{,}440)}{30.6\pi}\right)^2 \frac{235}{200{,}000} = 0.43 < 2.25$$

$$P_n = 0.66^{\lambda} F_y A_s = 0.66^{0.43}(235)(1{,}536) = 302 \text{ kN}$$

그러므로

$$P_r = \phi_c P_n = 0.9(302) = 272 \text{ kN} > 12.2 \text{ kN}, \quad \text{OK}$$

그러므로 가로지지대에 작용하는 힘이 12.2 kN 이므로 충분하다.

그리고 압축부재인 가로지지대의 세장비의 제한을 검토한다[LSD 6.9.3]. 압축부재인 브레이싱의 세장비는 다음을 만족해야 한다.

$$\frac{Kl}{r} \le 140$$

여기서, K = 0.75, [LSD 4.6.6]에 규정된 유효좌굴길이계수, l = 2,440 mm, 비지지길이, r = 30.6 mm, 단면회전반경이다.

$$\frac{Kl}{r} = \frac{0.75(2{,}440)}{30.6} = 59.8 \le 140, \quad \text{OK}$$

그러므로 중간 가로지지대로 100×100×8−L형강을 사용한다.

4. 지점위의 수직브레이싱 설계

지점위의 수직브레이싱은 [그림 2.5.3.43]에 나타낸 바와 같이 바닥플랜지에 가로지지대를 갖는 X-브레이싱을 사용하여 설계되었다. SM400 ($F_y=235$ MPa, $F_u=400$ MPa)인 단일 L형강이 지지대로 사용되었다. 인장이 작용하는 수직브레이싱에 대해 75×75×9-L형강이 사용되었다. 압축 가로지지대에 대해 100×100×8-L형강이 사용되었다. 실제 이들 단면은 최소단면으로 고려되었다. 단면의 정수는 [KS D 3502]에 주어져 있다.

인장대각을 통한 중간 수직브레이싱은 지점사이의 모든 풍하중을 바닥판 다이아프램으로 전달한다. 지점에서 수직브레이싱은 바닥판 다이아프램에서 종속적 전체 풍하중을 받침으로 전달한다. 지점에서 바닥판 다이아프램으로부터 각 수직브레이싱의 힘은 근사적으로 다음과 같다.

$$P_{frame}=\frac{(F_1+F_2)L_{ave}}{5\,frames}=\frac{(6.71+3.13)33.0}{5}=64.94\text{ kN}$$

지점의 받침으로 전달되는 각 거더의 하단플랜지에서 힘은 근사적으로 다음과 같다.

$$P_{girder}=\frac{(F_1+F_2)L_{ave}}{6\,girders}=\frac{(6.71+3.13)33.0}{6}=54.12\text{ kN}$$

수직브레이싱 및 압축 가로지지대에서 작용하는 힘을 구하기 위하여 단면은 인장 대각만 갖는 트러스와 같이 취급되었고 정역학으로 풀었다. 이 해석으로부터 수직브레이싱은 76.08 kN인 인장력으로 설계되는 것으로 하고, 바닥플랜지에 가로지지대는 64.94 kN인 압축력으로 설계되는 것으로 한다. 위의 힘은 중간 수직브레이싱 부재의 강도보다 작기 때문에 중간 수직브레이싱과 같은 부재를 사용하였으므로 단면은 충분하다. 그러므로 수직브레이싱에 대해 75×75×9-L형강이, 그리고 지점위의 압축 가로지지대에 대해 100×100×8-L형강이 사용되었다.

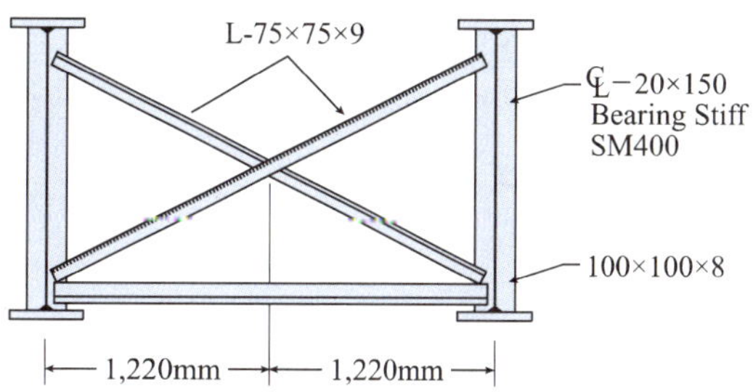

[그림 2.5.3.43] 지점위의 수직브레이싱

5. 교대위의 수직브레이싱 설계

교대위의 수직브레이싱은 [그림 2.5.3.44]에 나타낸 바와 같이 바닥플랜지에 가로지지대를 갖는 V-브레이싱(K-브레이싱)을 사용하여 설계되었다. SM400 ($F_y=235$ MPa, $F_u=400$ MPa)인 단일 L형강이 지지대로 사용되었다. 인장이 작용하는 수직브레이싱에 대해 75×75×9-L형강이 사용되었다. 가로 압축 다이아프램에 대해 상단플랜지에 $W-310\times60$이 교량의 불연속단에서 추가 보강을 마련하는데 사용되었다. 하단플랜지 가로지지대에 대해 100×100×8－L형강이 사용되었다. 실제 이들 단면은 최소단면으로 고려되었다. 단면의 정수는 [KS D 3502]에 주어져 있다.

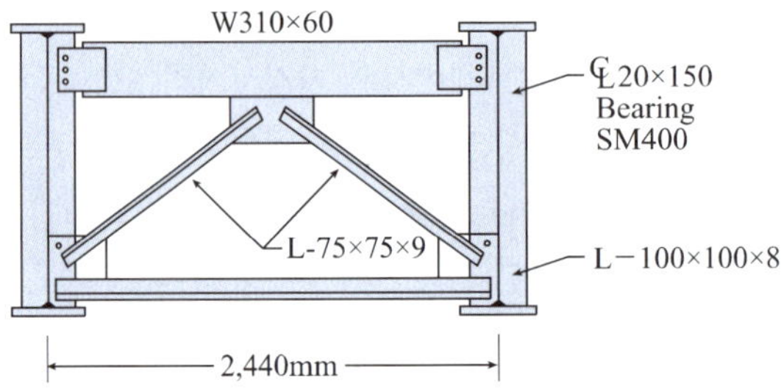

[그림 2.5.3.44] 교대위의 수직브레이싱

교대에 대해 종속적인 풍하중 길이가 15 m이기 때문에 수직브레이싱과 거더에 의한 힘은 다음과 같이 지점에서 값으로부터 결정할 수 있다.

$$P_{frame} = \frac{15}{33}(64.94) = 29.52\ \text{kN}$$

$$P_{girder} = \frac{15}{33}(54.12) = 24.60\ \text{kN}$$

수직브레이싱 및 압축 다이아프램에서 작용하는 힘을 구하기 위하여 단면은 트러스와 같이 취급되었고 정역학으로 풀었다. 이 해석으로부터 수직브레이싱은 39.66 kN, 바닥플랜지에 가로지지대는 29.52 kN로 결정되었다. 이들 하중 둘다 부재의 강도보다 작다. 상단플랜지 가로 다이아프램은 29.52 kN인 압축력으로 설계되어야 한다.

$W-310\times60$인 다이아프램의 압축강도를 검토한다. 그러나 축방향 압축부재에 대해 폭－두께비 제한을 검토한다[LSD 6.9.4.2].

$$\frac{b}{t} \le k\sqrt{\frac{E}{F_y}} \tag{6.9.7}$$

여기서, $k=1.49$, [LSD 표 6.9.1]에 규정된 판좌굴계수, $b=239$ mm, [LSD 표 6.9.1]에 규정된 판의 폭, $t=7.49$ mm, 판 두께이다.

$$\frac{b}{t} = \frac{239}{7.49} = 31.9 \le k\sqrt{\frac{E}{F_y}} = 1.49\sqrt{\frac{200{,}000}{235}} = 43.5\,,\qquad \text{OK}$$

부재의 설계압축강도 P_r은 다음과 같이 산정한다[LSD 6.9.2.1].

$$P_r = \phi_c P_n \tag{6.9.1}$$

여기서, P_n = [LSD 6.9.4와 6.9.5]절의 공칭압축강도(N), $\phi_c = 0.9$, [LSD 6.5.4.2]절의 압축에 관한 저항계수이다. 위의 폭-두께비 규정을 만족시키는 부재에 대한, 공칭압축강도 P_n은 다음과 같다[LSD 6.9.4.1].

$$\lambda \le 2.25 \text{인 경우 :} \quad P_n = 0.66^{\lambda} F_y A_s \tag{6.9.4}$$

$$\lambda > 2.25 \text{인 경우 :} \quad P_n = \frac{0.88 F_y A_s}{\lambda} \tag{6.9.5}$$

$$\text{단,} \quad \lambda = \left(\frac{Kl}{r_s \pi}\right)^2 \frac{F_y}{E} \tag{6.9.7}$$

여기서, $A_s = 7{,}600\ \text{mm}^2$, 전단면적, $F_y = 235\ \text{MPa}$, 항복강도, $E = 200{,}000\ \text{MPa}$, 탄성계수, $K = 0.75$, [LSD 4.6.6]에 규정된 유효좌굴길이계수, $l = 2{,}440\ \text{mm}$, 비지지길이, $r_s = 49.1\ \text{mm}$, 회전반경이다.

$$\lambda = \left(\frac{Kl}{r_s \pi}\right)^2 \frac{F_y}{E} = \left(\frac{0.75(2{,}440)}{49.1\pi}\right)^2 \frac{235}{200{,}000} = 0.165 < 2.25$$

$$P_n = 0.66^{\lambda} F_y A_s = 0.66^{0.165}(235)(7{,}600) = 1{,}668\ \text{kN}$$

그러므로

$$P_r = \phi_c P_n = 0.9(1{,}668) = 1{,}501\ \text{kN} > 29.52\ \text{kN}, \quad \text{OK}$$

그러므로 가로지지대인 다이아프램에 작용하는 힘이 29.52 kN 이므로 다이아프램강도는 충분하다. 그리고 압축부재인 다이아프램의 세장비의 제한을 검토한다[LSD 6.9.3]. 압축부재인 브레이싱의 세장비는 다음을 만족해야 한다.

$$\frac{Kl}{r} \le 140$$

여기서, $K = 0.75$, [LSD 4.6.6]에 규정된 유효좌굴길이계수, $l = 2{,}440\ \text{mm}$, 비지지길이, $r = 49.1\ \text{mm}$, 단면회전반경이다.

$$\frac{Kl}{r} = \frac{0.75(2{,}440)}{49.1} = 37.3 \le 140, \quad \text{OK}$$

그러므로 교대위의 수직브레이싱에 W-310×60 다이아프램을 사용한다.

M. 수평브레이싱

모든 시공단계나 사용단계에서 수평브레이싱의 필요성을 반드시 검토하고, 필요시 플랜지면 근처에 수평브레이싱을 설치한다. 수평브레이싱의 필요성을 검토할 때 다음 사항을 고려한다.

- [LSD 4.6.8]에 규정된 횡방향 풍하중의 받침부로의 전달
- [LSD 4.6.9]에 규정된 횡방향 하중의 전달
- 제작, 가설 및 바닥틀의 설치 시에 발생하는 변형 방지

수평브레이싱은 거더를 따라 1/4 위치에 수평브레이싱을 설치한다. 모든 수평브레이싱에 대해 C−380×50을 사용한다.

N. 설계 스케치

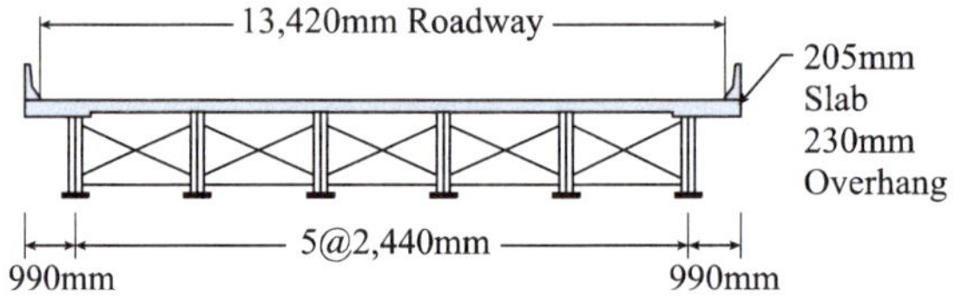

[그림 2.5.3.45] 거더와 수직브레이싱을 나타낸 합성 플레이트 거더교의 단면도

합성 플레이트 거더교의 설계단면도는 [그림 2.5.3.45]에 나타내었다. 플레이트 거더와 슬래브에 대해서는 [그림 2.5.3.17]과 [그림 2.5.3.28]에 나타내었다. 보강재의 배치에 대해서는 [그림 2.5.3.36]에 나타내었다. 전단연결재의 간격에 대해서는 [그림 2.5.3.39]에 나타내었다. 수직브레이싱(cross-frame)의 배치에 대해서는 [그림 2.5.3.40]에, 그리고 수직브레이싱의 단면에 대해서는 [그림 2.5.3.42]~[그림 2.5.3.45]에 나타내었다. 또한 기술자는 용접, 시공이음, 볼트연결에 대해서도 설계하여야 한다.

참고문헌

1) Bleich, F. (1952). *Buckling Strength of Metal Structures*, McGraw-Hill, New York.
2) Basler, K. (1961a). "Strength of Plate Girders in Shear," *Journal of Structural Division*, ASCE, Vol. 87, ST7, October, pp. 151~180.
3) Basler, K. (1961b). "Strength of Plate Girders Under Combined Bending and Shear," *Journal of Structural Division*, ASCE, Vol. 87, ST7, October, pp. 181~197.
4) Basler, K. and B. Thürlimann (1961). "Strength of Plate Girders in Bending," *Journal of Structural Division*, ASCE, Vol. 87, ST6, August, pp. 153~181.
5) Munse, W. H. and E. Chesson, Jr. (1963). "*Reverted and Bolted Joints*: Net Section Design," Journal of Structural Division, ASCE, Vol. 89, ST1, February, pp. 107~126.
6) Slutter, R. G. and G. C. Driscoll, Jr. (1965). "Flexural Strength of Steel-Concrete Composite Beams," *Journal of Structural Division*, ASCE, Vol. 91, ST2, April, pp. 71~99.
7) Slutter, R. G. and J. W. Fisher (1967). "*Fatigue Strength of Shear Connectors*," Steel Reach for Construction, Bulletin No. 5, American Iron and Steel Institute, Washington, DC.
8) 平井 敦 他 (1967), 鋼橋 Ⅲ, 技報堂(株).
9) Przemieniecki, J. S. (1968), Theory of Matrix Structural Analysis, McGraw-Hill.
10) Timoshenko, S. and J. M. Gere (1969). *Theory of Elastic Stability*, 3rd ed., McGraw-Hill, New York.
11) 吉町 太郎一 (1970), 鋼橋の理論と計算, 石崎書店.
12) Ollgaard, J. G., R. G. Slutter, and J. W. Fisher (1971). "Shear Strength of Stud Connectors in Lightweight and Normal-Weight Concrete," *AISC Engineering Journal*, Vol. 8, No. 2, April, pp. 55~64.
13) Livesley, R. K. (1975), Matrix Methods of Structural Analysis, 2nd ed., Pergamon Press, Oxford.
14) Mondkar, D. P. and Powell, G. H. (1975), "Static and Dynamic Analysis of Nonlinear Structures," Report No. EERC75-10, University of California, Berkeley.
15) Yura, J. A., T. V. Galambos, and M. K. Ravindra (1978). " The Bending Resistance of Steel Beams," *Journal of Structural Division*, ASCE, Vol. 104, ST9, September, pp. 1355~1370.
16) Nayfeh, A. H. & Mook, D. T. (1979), Nonlinear Oscillation, John Wiley & Sons.
17) Bathe, K. J. and Bolourchi, S. (1979), "Large Displacement Analysis of Three Dimensional Beam Structures", Int. J. Numerical Methods in Eng., Vol. 14, pp. 961-986.
18) Kitipornchai, S. and N. S. Trahair (1980). "Buckling Properties of Monosymmetric I-Beams," *Journal of Structural Division*, ASCE, Vol. 106, ST5, May, pp. 941~957.
19) Brockenbrough, R. L. and G. B. Johnston (1981). *USS Steel Design Manual*, R. L. Brockenbrough and Assoc., Pittsburgh, PA.
20) Powell, G. and Simons, J. (1981), "Improved Iteration Strategy for Nonlinear Structures," Int. J. Numerical Methods in Eng., Vol. 17, pp. 1455-1467.
21) Bathe, K. J. (1982), Finite Element Procedures in Engineering Analysis, Prentice-Hall, Inc., Englewood Cliffs.
22) Biggs, J. M. (1982), Introduction to Structural Dynamics, McGraw-Hill Book Company.
23) Celal Köstem (1982), "Overloading and Inelastic Response of Steel Multi-Girder Bridges," Proceedings of the NATO Advanced Study Institute on Analysis and Design of Bridges, Cesme, Izmir, Tukey, June 28~July 9, pp. 49~56.
24) Heins C. P. (1982), "Steel Curved I and Box Girder Design and Analysis," Proceedings of the NATO Advanced Study Institute on Analysis and Design of Bridges, Cesme, Izmir, Tukey, June 28~July 9, pp. 57~94.
25) Evans H. R. (1982), "Simplified Methods for the Analysis and Design of Bridges of Cellular

Cross-Section," Proceedings of the NATO Advanced Study Institute on Analysis and Design of Bridges, Cesme, Izmir, Tukey, June 28~July 9, pp. 95~115.

26) Schrefler, B. A. and Odorizzi, S. (1983), "A Total Lagrangian Geometrically Nonlinear Analysis of Combined Beam and Cable Structures," Computers & Structures, Vol.17, No.1

27) AISI (1985). *Steel Product Manual-Plates*, AISI, Washington, DC.

28) Ramam, N. V., Surya Kumar, G. V., and Sreedhara Rao, V. V. (1988), "Large Displacement Analysis of Guyed Towers," Computers & Structures, Vol.28, No.1

29) Desai, Y. M., Popplewell, N. et al. (1988), "Geometric Nonlinear Static Analysis of Cable Supported Structures," Computers & Structures, Vol.29, No.6

30) Humar, J. L. (1990), Dynamic of Structures, Prentice Hall.

31) AASHTO (1994, 1998, 2004, 2007, 2010). *LRFD Bridge Design Specification*, 1st~5th ed., AASHTO, Washington, DC.

32) AISC (1986). *LRFD Manual of Steel Construction*, 1st ed., AISC, Chicago, IL.

33) Kleiber, M. and Wozniak, C. (1991), Nonlinear Mechanics of Structures, Kluwer Academic Publishers.

34) AISC (1992). *Metric Properties of Structural Shapes*, AISC, Chicago, IL.

35) Bjorhovde, R. (1992). "*Compression Members*," Chapter 2.3, Constructional Steel Design, Dowling et al. Eds., Elsevier Science Publishers (Chapman & Hall, Andover, England).

36) Barsom, J. M. (1992). "*Fracture Design*," Chapter 5.5, Constructional Steel Design, Dowling et al. Eds., Elsevier Science Publishers (Chapman & Hall, Andover, England).

37) Brockenbrough, R. L. (1992). "*Material Properties*," Chapter 1.2, Constructional Steel Design, Dowling et al. Eds., Elsevier Science Publishers (Chapman & Hall, Andover, England).

38) Brockenbrough, R. L. and J. M. Barsom (1992). "*Metallurgy*," Chapter 1.1, Constructional Steel Design, Dowling et al. Eds., Elsevier Science Publishers (Chapman & Hall, Andover, England).

39) Dowling, P. J., J. E. Hardin, and R. Bjorhovde, Eds. (1992). *Constructional Steel Design-An International Guide*, Elsevier Science Publishers (Chapman & Hall, Andover, England).

40) Gayload, E. H., Jr., C. N. Gayload, and J. E. Stallmeyer (1992). *Design of Steel Structures*, 3rd ed., McGraw-Hill, New York.

41) Guyney, T. R. (1992). "*Fatigue Design*," Chapter 5.4, Constructional Steel Design, Dowling et al. Eds., Elsevier Science Publishers (Chapman & Hall, Andover, England).

42) Maquoi, R. (1992). "*Plate girders*," Chapter 2.6, Constructional Steel Design, Dowling et al. Eds., Elsevier Science Publishers (Chapman & Hall, Andover, England).

43) Nethercot, D. A. (1992). "*Beams*," Chapter 2.2, Constructional Steel Design, Dowling et al. Eds., Elsevier Science Publishers (Chapman & Hall, Andover, England).

44) Taylor, J. C. (1992). "*Tension Members*," Chapter 2.1, Constructional Steel Design, Dowling et al. Eds., Elsevier Science Publishers (Chapman & Hall, Andover, England).

45) 中井 博, 北田俊行 (1992), 鋼橋設計の基礎, 共立出版(株).

46) Segui, W. T. (1994). *LRFD Steel Design*, PWS Publishing Co., Boston, MA.

47) AISC (1994). *LRFD Manual of Steel Construction*, 2nd ed., AISC, Chicago, IL.

48) ASTM (1995). "*Standard Specification for Carbon and High-Strength Low-Alloy Structural Design Shapes, Plates, and Bars and Quenched-and-Tempered Alloy Structural Steel Plates for Bridges*," Annual Book of ASTM Standard, Vol/ 01.04, ASTM, Philadelphia, PA.

49) Barker R. M. and J. A. Puckett (1997), *Design of Highway Bridges based on AASHTO LRFD, Bridge Design Specifications*, John Wiley & Sons, Inc.

50) 이명우 외 5인 (2011. 12). *IT 융·복합 교육과정 개발(스마트 토목설계 트랙)*, 2010 교육역량강화사업 연구보고서, 명지전문대학, 토목과.

51) *하중저항계수설계법에 의한 강구조설계기준* (2015), (사)한국강구조학회, 2014.4.21

52) *도로교설계기준(한계상태설계법)* (2015), (사)한국도로교통협회, 2014.12

제5편

복합구조 합성형교

복부판에 파형강판 또는 강재트러스를 사용한 합성형교에 관하여 소개한다. 이 두 종류 구조를 사용한 합성형교는 일반적인 PSC상자형을 사용한 것에 비해 30% 정도 경량화가 가능하게 된다. 즉, PSC상자형에 있는 상부플랜지와 복부판, 그리고 하부플랜지의 횡단면적의 비율은 통상 [그림 5.0]에 나타낸 범위와 같다. 여기서 30%에서 40%에 달하는 콘크리트복부판을 가벼운 파형강판 또는 강재트러스로 치환하고 상·하부플랜지는 콘크리트로 함으로써 휨강성을 유지하면서 상자형 전체중량을 감소시키려는 것이 이 형식의 교량의 기본적인 고찰 목적이다. 이러한 부재중량의 감소에 병행하여 프리스트레스량도 감소시킬 수 있다는 것에 착안하여 콘크리트교의 시공 간략화 및 신속화에도 부응하는 것이다. 다만, PSC구조로 하는 경우에는 일반적인 PSC거더에서 처럼 케이블을 복부판 내부에 둘 수 없기 때문에 외부케이블을 활용하는 것이 전제조건이다.

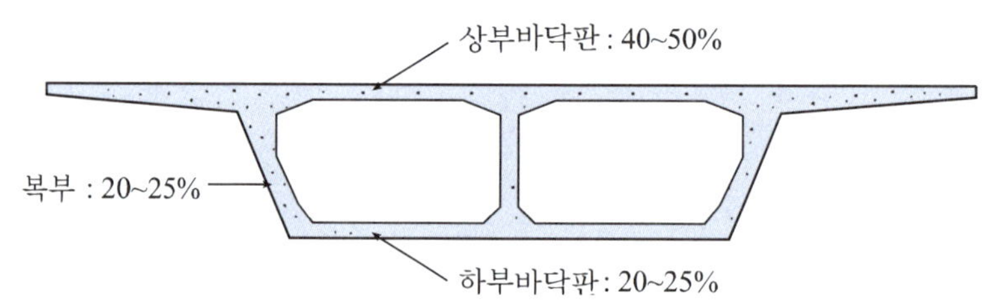

[그림 5.0] PSC상자형의 횡단면적 비율

또한, 아래에 기술하는 설계법과 그 계산결과는 현재 강교설계에 사용하고 있는 허용응력설계법을 사용하였다.

01 복부판에 파형강판을 사용한 합성형교

1.1 개요

최근 "파형강판복부 PSC거더"라고 하는 새로운 교량형식이 화제가 되고 있다. 프랑스의 모프레교([사진 1.1] 및 [그림 1.1])와 코니악교([사진 1.2])에 이어 일본에서도 [사진 1.3]에 보인 신개교(新開橋)가 완성되었고 또, [사진 1.4]에 보인 松木7互橋가 시공중에 있어 여러 면으로 관심이 집중되고 있다.

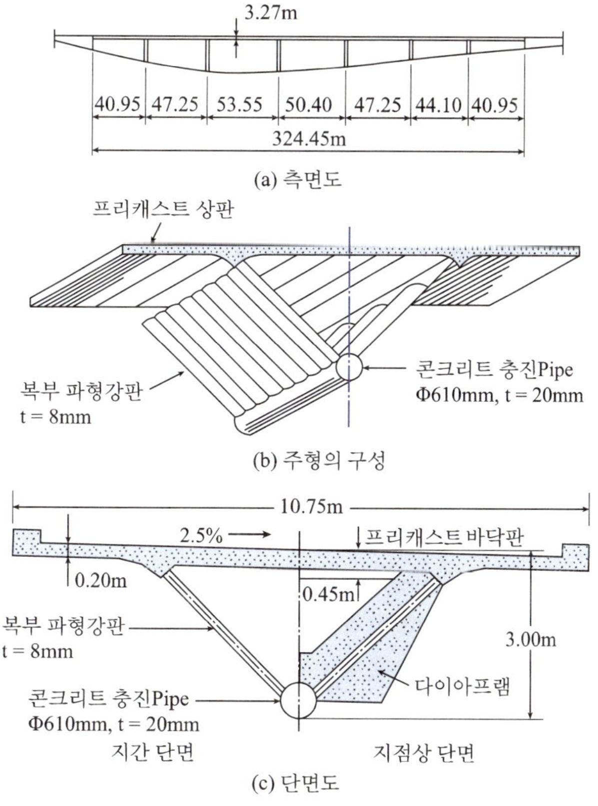

[그림 1.1] 프랑스의 모프레(Maupre) 고가교

[사진 1.1] 프랑스의 모프레(Maupre) 고가교

[사진 1.2] 프랑스의 코니악교

[사진 1.3] 일본의 신개교(新開橋)

[사진 1.4] 일본의 松木7互橋

플레이트거더의 복부판에 파형강판을 활용하는 시험은 비교적 일찍부터 있었다. 일본에서는 67년에 시마덴(島田)에 의해 실험적인 연구가 이루어 졌다. 이외에도 [사진 1.5]에 나타낸 것처럼 경량화를 목적으로 복부에 파형강판(주로 수출용 트레일러하우스의 샤시 등에 이용)을 사용한 예도 있다.

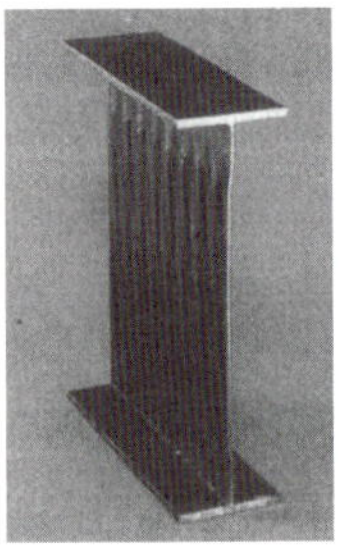

[사진 1.5] 수출용 파형강판을 웨브로 사용한 강재

이와 같은 강판의 사용목적은 복부판을 프레스가공하여 입체화 시킴으로써 전단좌굴강도를 높임과 동시에 보강재를 없앰으로써 생산성을 향상시키고, 또 플랜지와 복부와의 접합부분의 강도를 높여 이 부분에 작용하는 상판으로부터의 면외좌굴에 의한 용접부의 피로영향을 작게 하는 것 등이다. 확실히, 큰 집중력이 이동하여 작용하는 크레인거더 등을 생각하면 웨브에 파형강판을 사용한 거더는 합리적인 구조라 할 수 있다.

프랑스의 크베논베르날(사)의 착안의 놀라움은 이러한 소재를 프리스트레스 콘크리트와 결합시킨데 있다. 파형강판은 전단좌굴에 강할 뿐만 아니라 아코디언과 같이 신축하여 프리스트레스의 도입에 의한 콘크리트의 탄성변형과 크리프 또는 건조수축 등의 변형에 자유롭게 거동할 수 있다는 것이 특징이다. 즉, 복부판의 면내방향 신축에 대한 저항력은 거의 '0'이며, 복부판 면외방향으로는 비교적 높은 반작용이 확보된다. 이 착안은 합성구조에 있어 새로운 전환이라고 말할 수 있다. 다음절에서는 파형강판을 사용한 합성구조의 특성과 설계법의 개요를 소개하고, 또한 향후 발전을 전망한다.

1.2 파형강판의 특성

파형강판의 특징은 [그림 1.2]에 나타낸 것처럼 직교하는 두 방향의 힘의 전달특성이 모두 다르다는 점이다. 즉 면외방향의 하중에 대해서는 판으로써 충분한 저항을 한다. 한편, 판의 면내에 작용하는 전단력에 대한 전달특성은 아니지만 축방향 또는 휨에 대해서는 공학적으로 무시할 수 있는 정도의 저항만이 있는 것이 특징이다.

이러한 특징을 이용하여 프리스트레스를 도입할 때의 잔존효과가 크게 되도록 PSC거더의 복부콘크리트의 단면적을 감소시켜 경량화한 교량구조가 등장하기 시작했다. 그러나 파형강판을 강도부재로써 적정하고도 정확하게 평가하기 위해서는 설계법 또는 구조세목 등에 대한 연구의 여지가 남아 있다. 예를 들어, 설계시에 파형강판을 복부판으로 사용하고, 상·하부플랜지를 콘크리트로 하는 경우에 상자형의 휨, 전단 및 비틀림에 대한 거동이 지적할 수 있다.

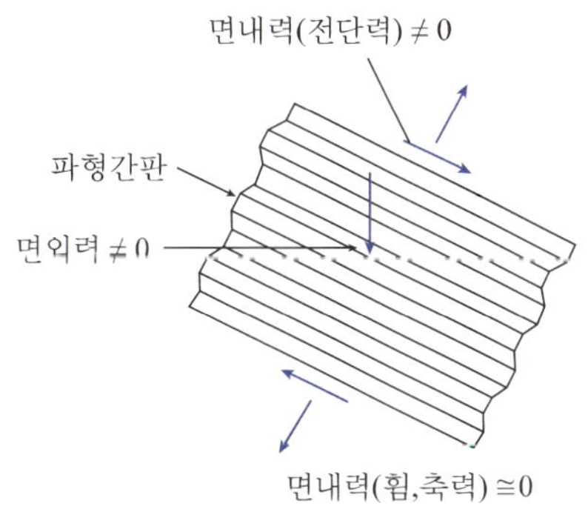

[그림 1.2] 파형강판의 면내·외 방향에 대한 힘의 전달 특성

따라서, 이러한 상자형의 역학적 거동을 파악하기 위해 [그림 1.3]에 나타낸 3차원모델에 의한 FEM해석을 수행하였다. 이 해석모델은 연속형교에서 휨과 전단이 탁월한 단면을 대상으로 한 것이므로, 이러한 교량을 설계한 다음에는 필히 조사를 하여야 한다. 이 조사결과는 뒤에 기술한다.

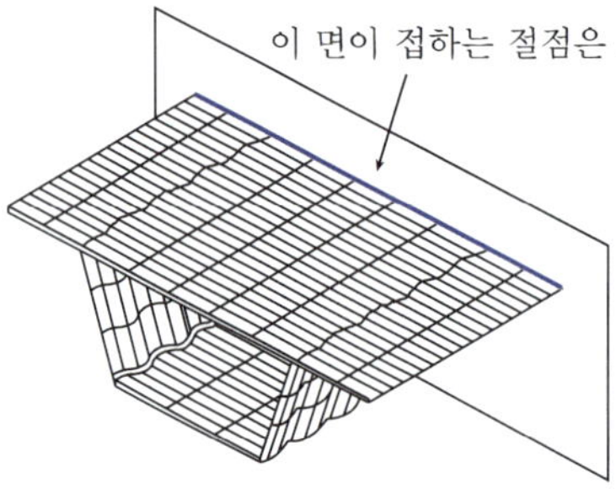

[그림 1.3] 파형강판복부를 갖는 상자형의 3차원 FEM해석 모델

이 상자형을 설계하는 경우에는 필히 단면력을 계산할 필요가 있다. 이때 작용과 단면력의 관계는 주지한 대로 [표 1.1]과 같이 분류, 정리된다. 그리고 휨모멘트, 전단력, 비틀림 모멘트 등 단면력 산정에 필요한 상자형의 강성 평가방법을 아래에 나타내었다.

[표 1.1] 부재의 작용, 작용단면력과 변형상태

작용력	변형상태	단면력
압축력	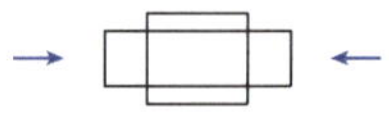	축방향력
인장력	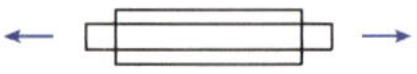	축방향력
휨모멘트		휨모멘트
전단력	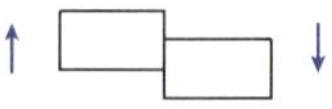	전단력
비틀림	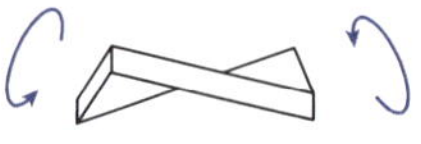	비틀림 모멘트

1.2.1 복부에 파형강판을 사용한 상자형에 대한 강성평가

1.2.1.1 축방향력과 휨에 대한 강성

[그림 1.4 (a), (b)]에 나타낸 상자형에 축방향력과 휨이 작용하는 경우를 고찰하자. 여기서, 복부는 파형강판이므로 큰 힘을 가해도 아코디언처럼 자유롭게 변형하여 [그림 1.4]에 나타낸 변형을 보인다. 그러므로 복부의 축방향력과 면내 휨에 대한 저항은 '0'으로 간주할 수 있다. 따라서 파형강판복부를 사용한 상자형이 축방향력과 휨에 저항하기 위해서는 그 단면력을 상·하부콘크리트상판에서 부담하여야 한다. 즉, 이 상자형의 신축강성과 휨강성은 [그림 1.4(a)]에 나타낸 상하부의 콘크리트상판을 고려하여 평가하여야 한다.

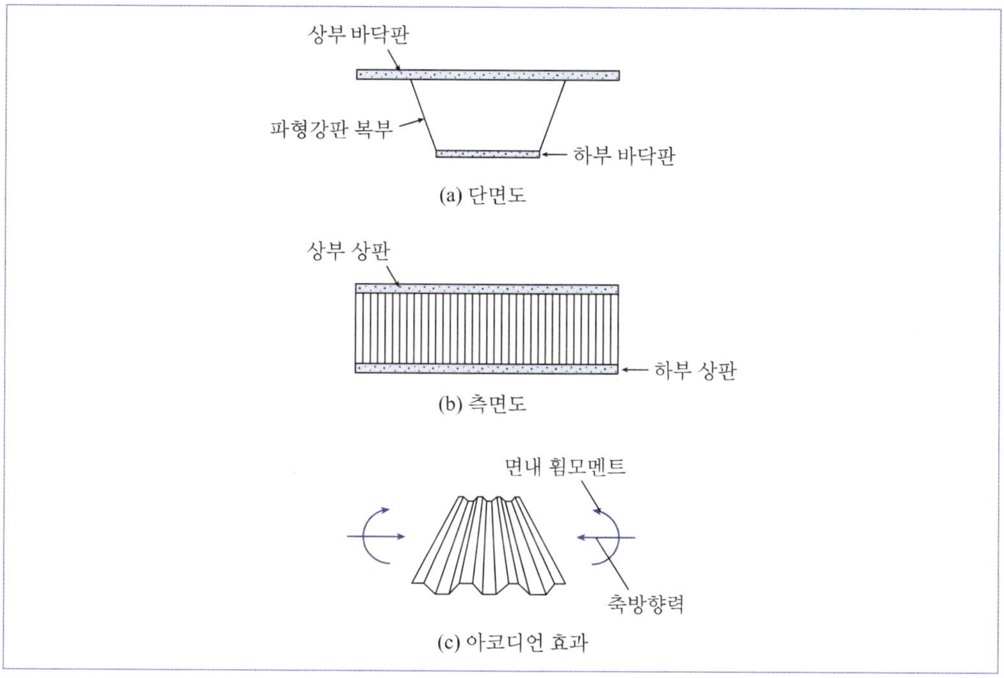

[그림 1.4] 복부에 파형강판을 사용한 상자형과 파형강판의 아코디언효과

1.2.1.2 비틀림에 대한 강성

파형강판복부를 사용한 상자형은 수평방향의 변위에 대해서는 콘크리트상판의 강성에 비해 파형강판의 강성의 기여도가 확실히 적다. 이 때문에 상부 상판과 복부는 거의 힌지로써 결합한다고 보아도 좋으며, 일반적인 콘크리트상자형과는 달리 비틀림 모멘트에 대해서 특이한 거동을 보이는 것이 명백하다. 따라서 종래의 콘크리트상자형에서는 문제가 되지 않는 단면변형의 영향이 강하게 나타나며, 파형강판복부를 사용한 상자형의 경우에는 추가로 단면변형에 따른 특수한 순비틀림모멘트가 발생할 우려가 있다. 이것을 방지하기 위해서는 단면변형을 억제하기 위한 다이아프램을 적절한 간격으로 배치할 필요가 있다.

위의 내용을 근거로 [그림 1.4]의 파형강판을 사용하고 적절히 다이아프램을 배치한 상자형을 비튼 경우에 [그림 1.5]와 같은 변형을 보이는 것이 [그림 1.3]에 나타낸 FEM해석으로 분명하게 확인되었다.

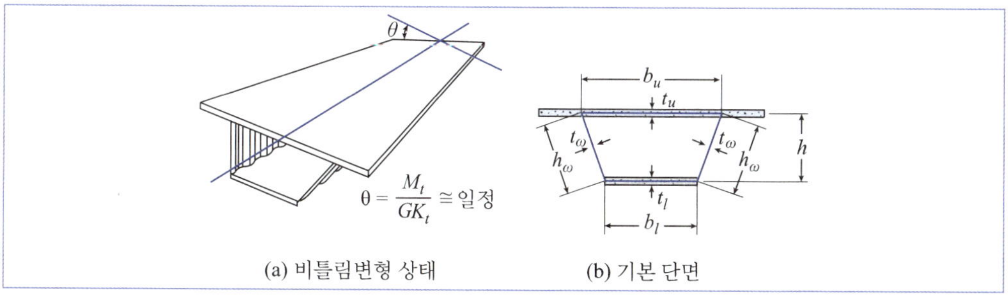

[그림 1.5] 비틀림 변형 상태와 기본 단면

더구나, 이 경우 파형강판의 변형은 축방향력 및 휨변형 이외에 파형강판에도 비틀림에 의한 전단력이 전달되어 변형이 일어나는 것도 알았다. 따라서 비틀림에 따른 전단력에 대해서는 당연한 것이며, 이 강판에서도 부담할 수 있으므로 파형강판의 기여도 고려할 수 있다

그렇다면, [그림 1.5 (b)]에 표시한 상자형 단면의 비틀림상수 K_t는 Batho의 공식을 사용하고, 또, 강 복부단면을 콘크리트단면으로 치환하면 다음 식을 얻는다.

$$K_t = \frac{4A_m^2}{\dfrac{h_w}{n_g t_w} + \dfrac{b_u}{t_u} + \dfrac{h_w}{n_g t_1} + \dfrac{b_1}{t_w}} \tag{1.1}$$

여기서, K_t : 비틀림상수

$n_g = G_s / G_c$

G_s : 강재의 전단탄성계수

G_c : 콘크리트의 전단탄성계수

$A_m = (b_u + b_t)h/2$

1.2.2 응력 산출

여기서는 허용응력법에 기초하여 설계하중 작용시 응력산정법에 관하여 기술한다.

1.2.2.1 축방향력이 작용하는 경우

앞에서도 기술하였듯이 축방향력에 대한 파형강판의 저항력은 무시할 수 있으므로 축방향력에 의해서 합성단면에 발생하는 응력은 상하부콘크리트 상판만 고려해도 좋다. 예를 들어, 프리스트레스력 P를 받는 경우의 축방향응력 f는 다음 식으로 계산할 수 있다.

$$f_c = \frac{P}{A_c} \tag{1.2}$$

여기서, A_c : 상하부 콘크리트상판만의 단면적

1.2.2.2 휨모멘트가 작용하는 경우

휨모멘트 M이 작용하는 경우에 대해서도 축방향력과 마찬가지로 휨에 대하여 파형강판의 아코디언효과가 나타나므로 파형강판의 저항력을 무시해도 좋다. 이 특성은 [그림 1.6]에 표시한 것처럼 3차원 FEM해석에 의한 상하부 콘크리트상판의 휨응력 분포와 상하부 콘크리트상판만을 고려한 보이론의 응력분포가 잘 일치하는 것으로도 확인할 수 있다.

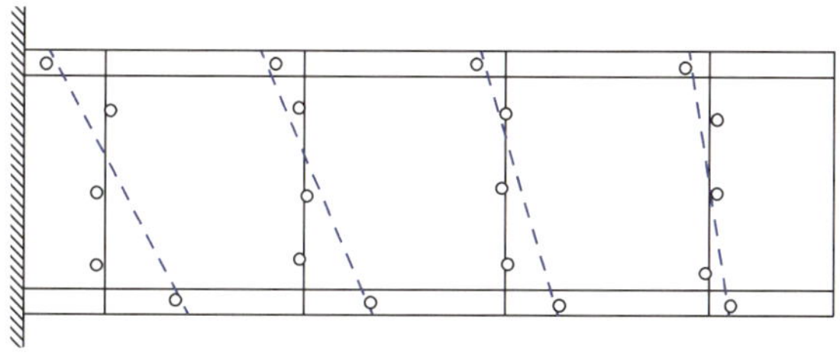

[그림 1.6] 주요단면의 휨응력 분포(FEM해석 결과)

따라서, 합성단면에 발생하는 휨응력 f_{bc}는 다음 식으로 계산해도 좋다.

$$f_{bc} = \frac{M}{W_c} \tag{1.3}$$

여기서, W_c : 상하부 상판콘크리트만의 단면계수

1.2.2.3 전단력이 작용하는 경우

파형강판에 작용하는 전단력에 대해서도 [그림 1.7]에 나타낸 것처럼 3차원 FEM해석에 의해 조사한 결과 형고를 따라 거의 일정한 값이 되는 것을 알았다. 이 결과로부터 전단력 S에 대해서는 기본적으로 파형강판복부에서 받는다고 보아도 좋다.

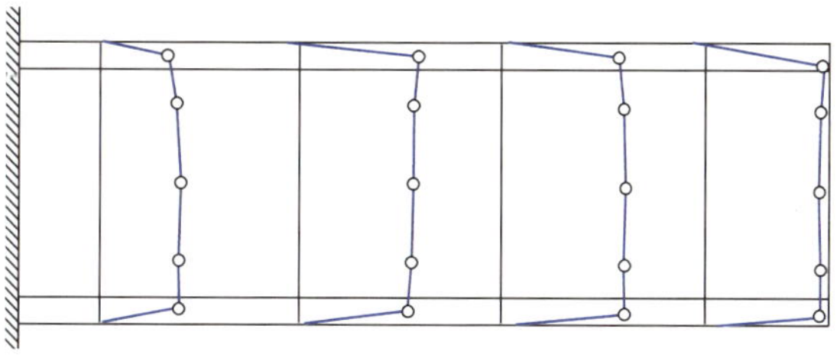

[그림 1.7] 주요단면의 전단응력 분포(FEM해석 결과)

따라서, 전단응력 v_w는 다음 식으로 계산할 수 있다.

$$v_w = \frac{S}{A_w} \tag{1.4}$$

여기서, A_w : 파형강판복부의 단면적

다만 콘크리트상판과 파형강판과의 접합면에 발생하는 전단응력을 검토하는 경우 전단응력의 전달이 복부에 수평적으로 전달되기 때문에 평판강판을 사용한 합성단면에 비해 단면변형

에 수반되는 전단력이 크게 될 가능성도 있다. 따라서 이에 대해서는 적절한 간격 내에 다이아프램을 설치하는 등 충분한 대책을 강구하고, 또한, 접합면에 발생하는 응력집중에 대하여 안전측이 되도록 설계하는 것이 좋다.

1.2.2.4 비틀림모멘트가 작용하는 경우

비틀림강성의 평가에서 기술한 바와 같이 3차원 FEM해석 결과에 기초하여 비틀림모멘트 M_t에 의해 발생하는 전단력 v_t는 다음의 Bredt공식으로 계산할 수 있다.

$$v_t = \frac{M_t}{2A_m t} \qquad (1.5)$$

여기서, A_m : 부재중심선으로 둘러싸인 단면의 면적

t : 부재의 두께

위에서 강성 및 응력계산에서 밝혀진 것처럼 파형강판을 사용한 합성형교량의 설계시 현행 도로교시방서 대부분 그대로 적용이 가능하다. 그밖에 합성구조 특유의 상판의 크리프와 건조수축에 따른 단면력의 변화에 대해서도 무시할 수 있으므로 번잡한 설계계산이 불필요하게 된다.

1.3 파형강판을 사용한 합성교량

1.3.1 시험설계교량의 이미지

파형강판을 교량에 활용할 경우 어떠한 가능성이 있는지 [그림 1.8]과 [그림 1.9]의 완성예상도에 나타낸 자동차전용도로의 인터체인지(최대지간 약 70 m로 곡률반경 60 m)에 대하여 검토해보았다. 이 교량은 자동차전용도로(고속도로)에 대한 주민의 반대운동이 심한 곳에 위치하고 있으며 또한 제약조건이 많은 하천지역에 설계되었다. 이 때문에 특히 미적설계와 환경보전에 배려를 하지 않을 수 없었다. 시험설계교량을 요약하면 다음과 같다.

① 하부플랜지에는 콘크리트충진 강관(편평오각형 합성강관)을 사용하여 하부플랜지의 강도를 높였고, 저면의 폭을 축소시켰다(3각형 단면에 가까움). 이것은 교량을 아래에서 볼 경우에 느껴지는 주형의 위압감의 경감과 교량거더 때문에 발생하는 그늘을 최소화하기 위함이다.
② 이 형식에서는 상판과 합성강관의 내부에 배치되는 케이블과 외부케이블의 조합에 의한 프리스트레스력의 도입효과로 후판을 사용할 필요는 없다. 즉, 파형강판웨브+프리스트레스+합성강관의 조합이 이 교량의 기본형상을 구성한다.
③ 강성이 큰 다이아프램 겸 디비에이터(PSC거더의 외부케이블의 방향을 변화시키는 콘크리트부재)의 배치를 고안하여 특히 곡선교에서 발생하는 비틀림 모멘트에 저항하도록 하였다.

[그림 1.8] 시험설계 교량의 완성예상도

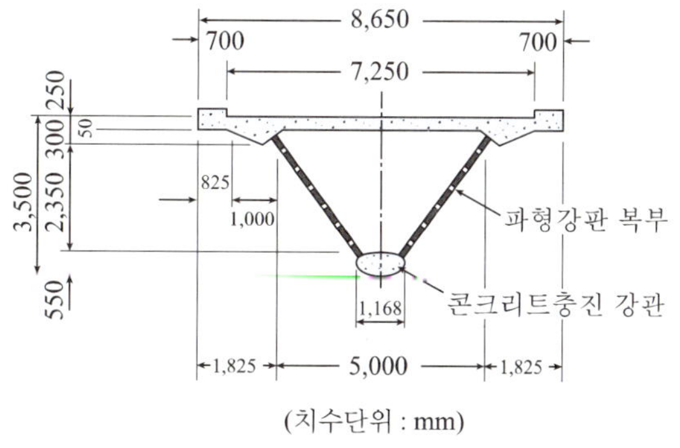

[그림 1.9] 시험설계 교량의 완성예상 단면

④ 거더단부와 중간지점에서의 전단변형에 대처하기 위하여 지점부 근방의 상자형에 파형강판의 면과 평행하게 트러스를 조립하여 보강하는 것도 가능하다.

⑤ 곡선교에 적합하도록 하기 위해 사다리꼴로 컷트한 파형강판을 '절판(折板)'에 연결하고, 합성강관에 용접하여 상자형을 제작하는 것은 그다지 어렵지 않다. 또, 모프레교에서는 하부플랜지에 강관(콘크리트가 충진되어 있는)을 사용하고 있으나, 이 교량을 계획할 때에는 편평한 오각형단면을 채택하였다. 이렇게 한 이유는 파형강판복부와 하부플랜지부재(편평오각형 강관)와의 접합부를 평면으로 하고 파형강판의 절단, 가공 및 용접 등을 쉽게 하기 위함이다.

파형강판복부와 하부플랜지강관 등의 강부재 제작비용을 일반적인 형식(곡선 강상자형)보다 2배 정도 높게 비용인상 요인을 포함하여 개략설계를 수행한 결과 표준 강상자형 곡선교와 경제성을 비교하여도 파형강판복부를 사용한 3각형 단면의 신합성형교가 경제적으로 유리하였다. 이 비교는 단순히 최신형과 재래형의 비교이기 때문에 불공평한 면도 있다. 예를 들어, 상자형에 대해 각종 개선(외부케이블에 의한 프리스트레스력의 도입 등)을 실시하여도 새로운 합성형교 쪽이 유리한지 아닌지는 향후 검토해 볼 필요가 있다.

이상으로 본 시험설계가 교량형식의 새로운 발전을 시사하고 있음은 확실하다. 종래의 도시내 고속도로 등이 주민에 끼친 나쁜 인상을 씻기 위해서라도 교량설계의 미적 아름다움을 연출하는 것은 토목기술의 새로운 전개라고 할 수 있다.

1.3.2 압출공법으로 가설된 PSC거더의 이용

파형강판을 사용한 교량의 이용법으로 압출공법에 의한 가설 예를 보인다. 지금까지의 경험으로 보아 자중이 큰 PSC상자형을 압출공법으로 가설하면 가설 시에 소요되는 프리스트레스량(케이블 수)이 완성시의 필요량을 크게 웃돌고, 또 공비증가를 초래하는 경우가 많다. 이것은 강형에 비해 PSC거더의 자중이 크기 때문에 송출되는 거더선단이 다음 교각에 도달하기 직전까지 캔틸레버 상태가 되어 일시적으로 작용하는 과대한 부모멘트가 발생하는 것에 기인한다.

복부에 파형강판을 사용하면 주형의 경량화뿐만 아니라 단면적의 감소에 따른 프리스트레스의 효율증대가 동시에 가능하기 때문에 상기의 PSC거더의 압출공법에 따른 결점이 개선되며 공비절감으로 연결된다. 같은 이유로 秋田의 松木7橋(파형강판복부를 사용)는 [사진 1.6]에 나타낸 바와 같이 압출공법에 의해 가설되었다.

[사진 1.6] 공사중인 松木7号橋

이와 같이 압출공법에 의한 PSC거더교의 경제성이 개선되는 것은 강판형이 경제성에서 높은 경쟁력을 갖고 있다고 할 수 있는 지간 30~50 m 정도의 하천교량에 있어서도 PSC교의 채택을 충분히 고려하는 등 교량의 미관설계자로 하여금 선택의 폭이 넓어졌기 때문이라고 할 수 있다.

1.3.3 교량설계 계획상에 유의해야 할 파형강판복부의 구조 특성

복부플레이트에 파형강판을 사용한 합성상자형의 시험설계와 실시설계로부터 본 형식의 교량을 계획한 후에 숙지해야 할 파형강판의 구조특성은 다음과 같이 정리할 수 있다.

① 일반적인 PSC상자형에 비해 횡단면적이 약 30%까지 감소될 수 있다. 또한 경량이 되므로 소요 프리스트레스량을 감소시킬 수 있다. 특히 압출공법에 의해 가설된 경우에는 가설시의 소요 프리스트레스량을 완성시의 소요량에 가깝게 설정할 수 있으므로 유리하다.
② 거더 자중이 작기 때문에 하부구조의 규모를 한층 작게 할 수 있다.
③ 일반적인 PSC상자형의 복부는 케이블 수용공간도 겸하고 있으므로 '여유'가 있다. 그러나 파형강판복부에서는 전단에 필요한 최소단면적만 결정하는데 축방향으로 자유롭게 변형할 수 있는 파형강판의 특성 때문에 전단변형이 크게 되는 경향이 있다. 이와 같은 특성을 숙지하여 연속형의 중간지점부 등에서는 특히 여유 있게 단면을 설정할 필요가 있다.
④ [그림 1.10]에 나타낸 바와 같이 파형강판복부의 양단에서는 강플랜지 플레이트가 필요하다. 이 강플랜지 플레이트에는 상하부의 콘크리트상판과 파형강판복부를 합성시키기 위해 스터드듀웰을 용접한다. 그러나 스터드듀웰의 배치가 조밀하게 되기 쉬운 점에 유의하여 설계하는 것이 중요하다.

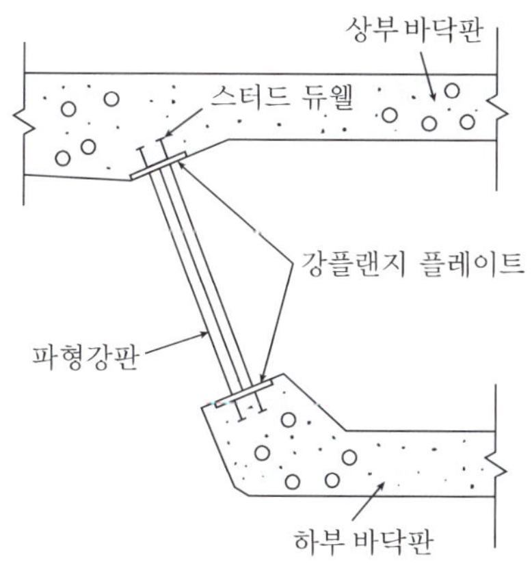

[그림 1.10] 강플랜지 플레이트

⑤ 파형강판의 특징인 교축방향 신축성을 살리기 위해 파형강판복부의 상·하부 강플랜지 플

래이트는 얇게 되도록 설계하는 것이 바람직하다.

⑥ 지금까지의 완성된 교량 또는 시공중인 교량은 모두 직교이고 비틀림 작용은 그다지 크지 않다. 반면에 향후 적용이 유망시 되는 곡선교에는 비틀림 작용을 무시할 수 없으므로 다이아프램구조, 강도, 강성 및 그 적절한 배치법에 대해서는 검토하여야 할 것이다.

1.4 맺음말

이상으로 향후 검토해야 할 과제가 남아있지만, 파형강판복부를 사용한 PSC교에 대한 역학적 특성의 우수함을 시험설계를 통하여 입증되었다. 또한, 파형강판이 PSC교의 미적설계를 포함한 설계의 예술성 향상에 크게 기여할 수 있을 것이다.

복부에 트러스를 사용한 합성형교 02

2.1 개요

본 절에서는 주로 상자형의 복부판으로 강재트러스 부재를 사용한 합성형교에 대하여 소개한다[사진 2.1]. 이 교량은 상부상판만 또는 상부상판과 하부 상판의 양쪽을 콘크리트구조로 하고 이것에 결합되는 복부는 강재트러스부재를 사용함으로써 구조전체를 콘크리트부재로 하는 경우에 비해 크게 중량을 감소시켜 경간의 장대화를 가능케 하고 동시에 공비절감에 목적을 둔 새로운 교량형식이다. 최근에 이러한 형식의 교량은 주로 유럽에서 많이 시공되었다. 그러나 우리나라에서는 이렇게 복부판에 트러스를 사용한 합성형교의 설계, 시공사례는 아직 없다.

[사진 2.1] 합성 트러스교(Isar 교)

다음에 본 형식의 교량의 구조적인 특징을 기술함과 동시에 최근의 해외에서의 시공사례에 대하여 소개한다. 그리고 시험설계 결과와 가설방법을 설명하고, 본 교량의 미래를 전망한다.

2.2 기본구조

본 형식의 교량은 [그림 2.1]과 같은 구조형식을 갖고 있으며 콘크리트구조의 상하부의 상판과 복부가 트러스로 이루어진 상자형 단면(뒤에 언급될 3각형 단면인 것도 있다)의 주형을 갖는 트러스와 거더의 중간구조의 교량이다. 상부상판을 지지하고 전체강성을 높일 목적으로 강재 브레이싱이 설치되어 있다. 휨모멘트와 전단력에 저항하기 위하여 주형에는 PSC케이블이 교축방향으로 배치되어 있다. 이 PSC케이블은 복부를 따라 절선상으로 배치되는 케이블과 하부 상판의 내부 또는 외부에 직선 배치되는 것 등 2종류가 있다. 이중에 부재의 외부에 배치되는 PSC케이블을 외부케이블이라 한다.

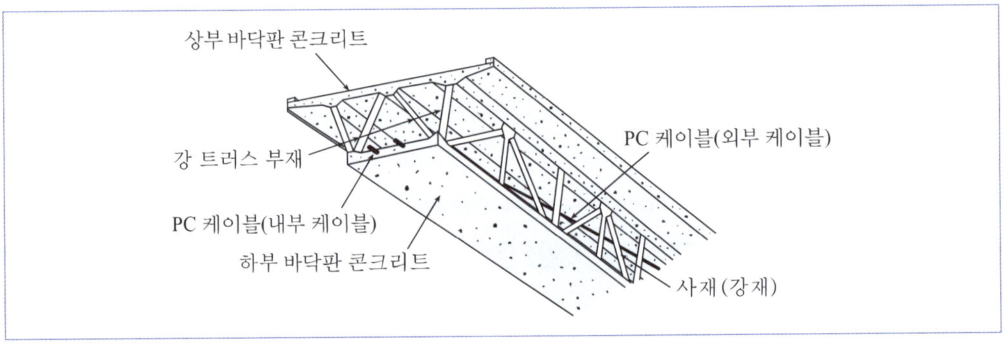

[그림 2.1] 강트러스를 사용한 합성형교의 구조

외부케이블방식을 사용하면 케이블의 유지관리가 용이하고, 필요하다면 케이블의 교체도 가능하다. PSC케이블을 사용하지 않은 합성형교도 생각해 보았으나 당연히 형고가 높아지고 상판의 두께도 증가하여 경량화라는 설계목적에는 맞지 않는다.

2.3 시공사례

본 형식의 교량은 앞에서 기술한 바와 같이 유럽에서 많은 사례를 볼 수 있다. 본 절에서는 프랑스의 아르보아(Arbois)교와 로아즈(Roize)교를 선정하여 그 구조와 시공법을 중심으로 소개한다.

2.3.1 아르보아교

아르보아교는 1984년에 프랑스에서 완공된 트러스 복부를 사용한 3경간 연속 합성형교이다. 그림 2에 일반도를 나타내었다. [그림 2.2(b)]에 나타난 바와 같이 교폭방향의 트러스부재의 형식은 W형을 하고 있다. 여기서, 상부상판은 외측트러스의 수직재 위치와 일치되게 배치된 강재 스트럿에 의해 지지되어 있다. 또한, 강재 스트럿은 횡방향 강성을 현저하게 증가시킨다.

교축방향의 PSC케이블은 [그림 2.3]과 같이 배치된 외측케이블에 12T15 (ϕ15.2 mm 강선 12본)와 19T15가 사용되었다. 방청은 쉬스관(폴리에틸렌)에 시멘트그라우트를 주입하여 하고 있다. 트러스부재와 상하부의 콘크리트부재와의 절점부에는 지벨철근이 배근되어 있다. 따라서 콘크리트의 타설시에는 확실한 충진을 위해 주의가 필요하다.

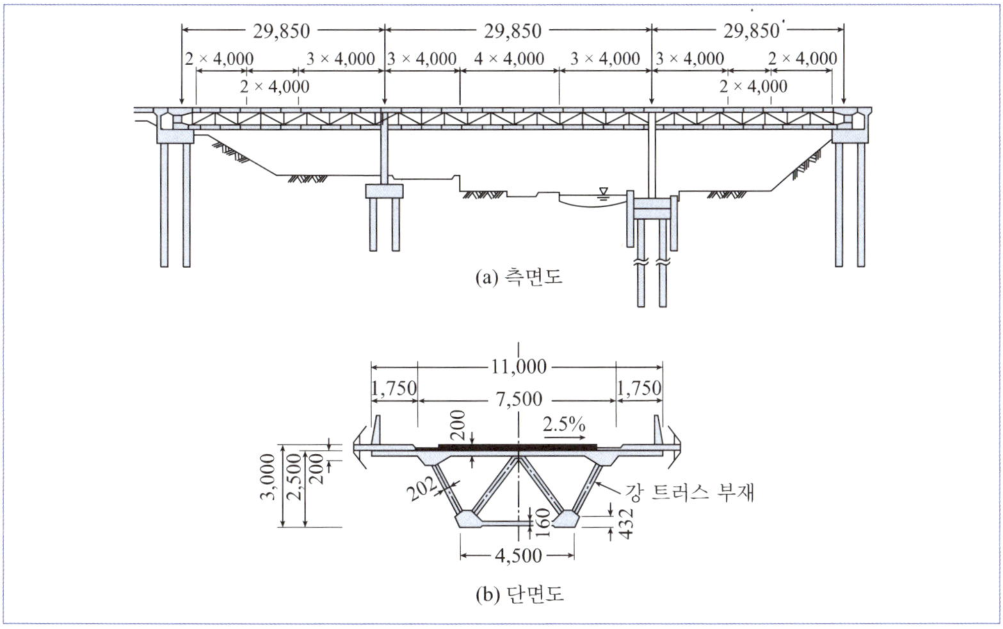

[그림 2.2] 아르보아(Arbois)교의 일반도

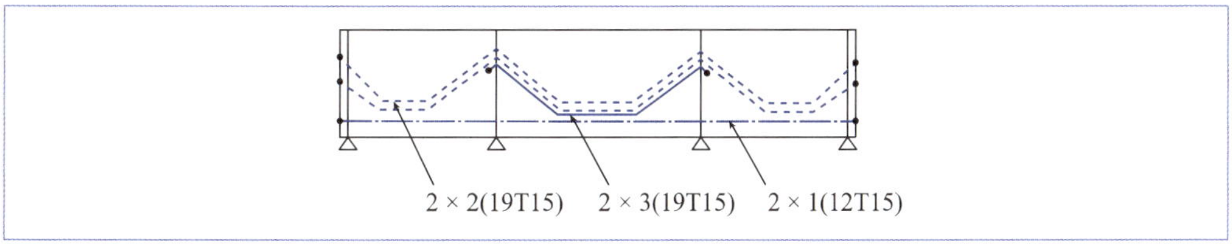

[그림 2.3] PSC케이블 배치의 개요

이 교량의 시공은 먼저 동바리상에서 트러스부재를 조립하고, 다음에 거푸집과 철근공을 끝낸 후 콘크리트를 타설하는 순서로 한다. 트러스 절점부의 구조상세를 [그림 2.4]에 나타내었다. 또한, 트러스의 사재는 시공 중에 많은 임시지지대로 받쳐 조립정밀도를 확보할 수 있도록 시공되었다.

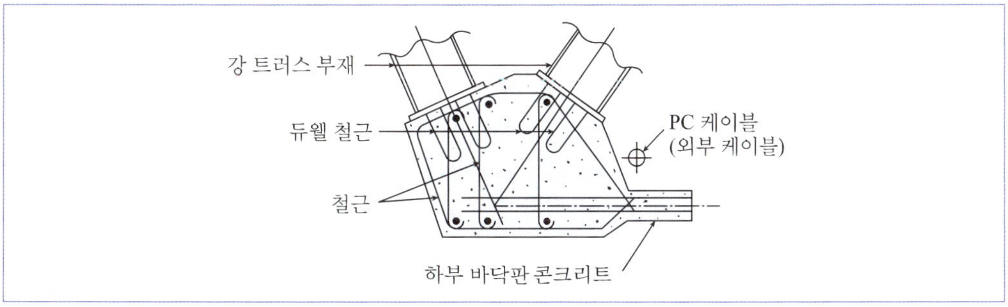

[그림 2.4] 하부 상판 연결부 배근도

2.3.2 로아즈교

가장 최근의 프랑스에서의 사례로 로아즈교를 들 수 있다. 이 교량도 [그림 2.5]에 나타낸 바와 같이 3경간 연속구조이다. 그러나 횡단면은 하부상판부분을 강관으로 대체한 역삼각형의 트러스구조로써 콘크리트구조의 상부상판을 지지하고 있다. 이 점이 앞에서 기술한 아르보아교와 크게 다른 점이다. PSC케이블은 [그림 2.6]과 같이 12T15가 외부케이블 방식으로 배치되어 있다. 하현재에는 콘크리트를 충진한 육각형강관 1본이 사용되었고, 이것과 사재, 그리고, 상부상판접합용 가로보 일체가 한 유닛트로 제작되었다.

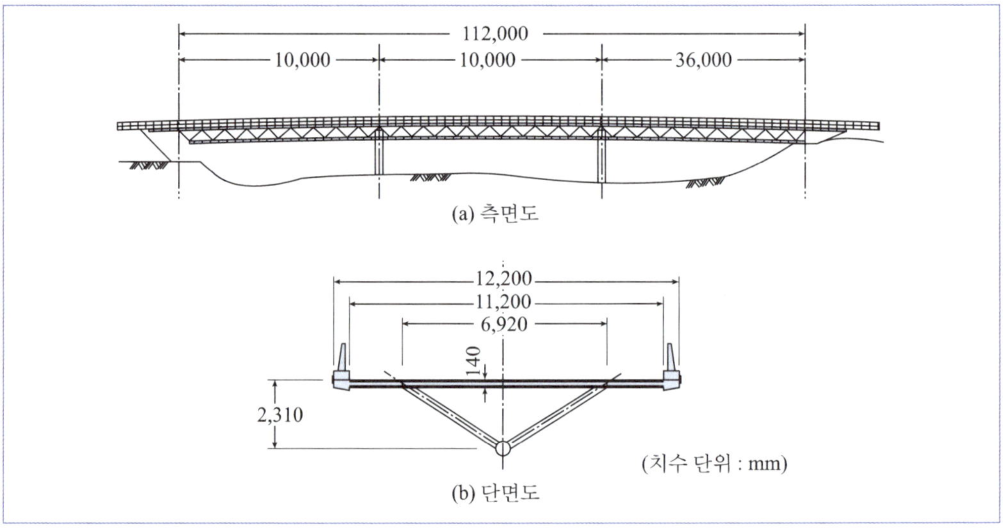

[그림 2.5] 로아즈교의 일반도

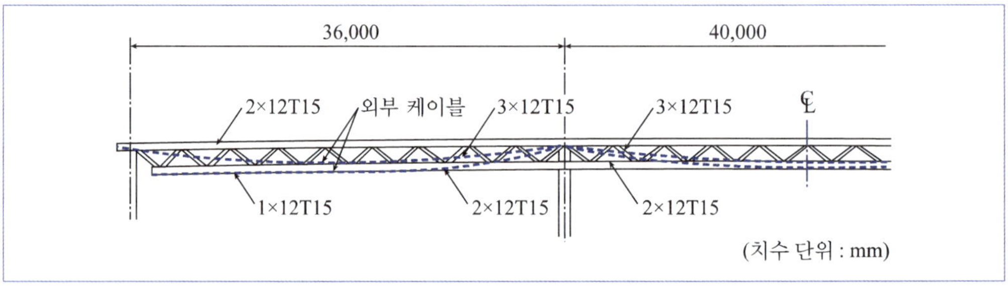

[그림 2.6] PSC케이블의 배치법(측면도)

조립가설은 지보공상에서 시행되며 양측 경간을 먼저 시공한 후 중앙 경간을 시공한다. 강재 유닛트는 길이 4 m로 제작되어 현장에서 하현재와 맞대기용접을 한다. 상부상판은 프리캐스트판으로 제작되며 가로보의 연결부에 용접하여 일체화시킨다. 이 프리캐스트판은 상판의 내구성 향상을 위해 교축방향으로 프리텐셔닝방식으로 프리스트레스를 도입하고 트러스와 일체화시킨 후 교축직각방향으로도 가로보 위의 연결콘크리트부에 PSC케이블을 사용하여 프리스트레스를 도입한다. 프리캐스트판에는 강도가 약 800 kg/cm^2 (80 MPa, 28일 실린더공시체)의 실리카흄 콘크리트가 사용되었다. 그리고, 표준부의 상판두께는 [그림 2.7]에 나타낸 바와 같이 14 cm이다. 또한, 상판의 피로와 트러스 연결부의 거동 등에 대해서는 대형모형실험이 실시되어 조사되었다.

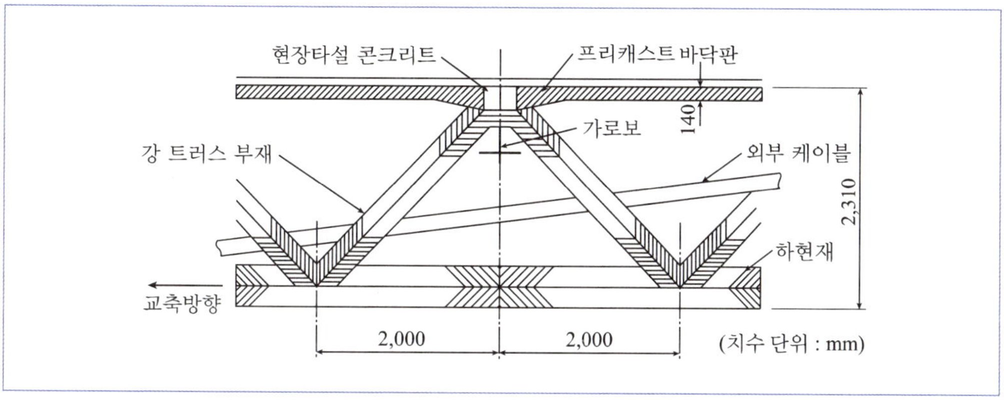

[그림 2.7] 강재트러스와 상판의 연결 요령

[그림 2.8]에 본 교량의 단부에 있는 케이블정착부의 구조상세를 나타내었다. 또한 PSC케이블 12T15의 각각의 스트랜드는 쉬스와 충진그리스로 부식에 대비하였다. 그리고 이것을 한데 모아 수용하는 폴리에틸렌 피복관에는 시멘트그라우트가 주입되었다. PSC케이블은 모노스트랜드용 잭을 사용하여 긴장하였다. 또한, 본 로아즈교(강재중량 175 ton (140 kg/cm^2))의 경우에는 일반 PSC거더를 사용한 경우에 비해 약 50%의 중량저감을 달성하였다고 보고되었다.

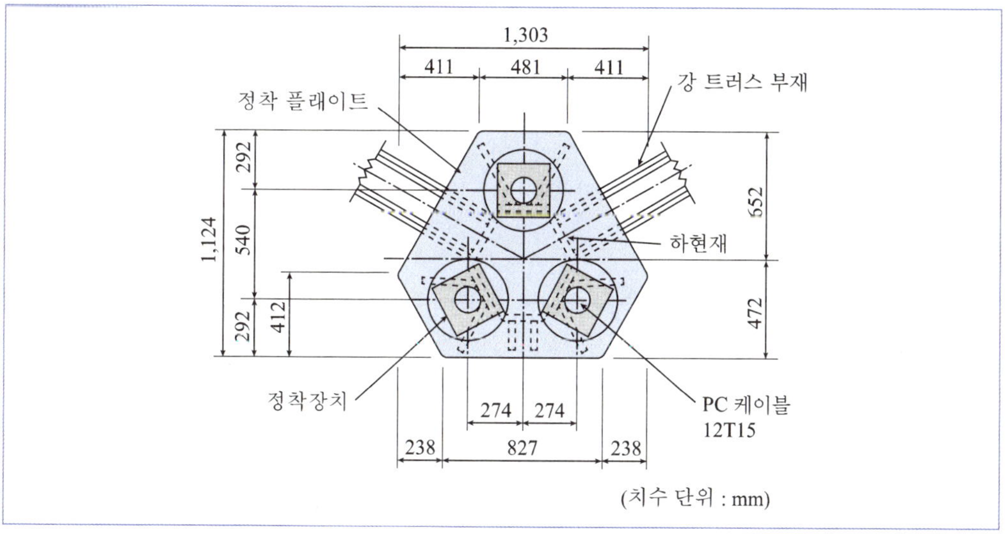

[그림 2.8] 로아즈교의 단부 PC케이블 정착부 구조

2.4 시험설계

트러스복부재를 사용한 합성형교의 역학적 특성을 알아보고, 다른 구조형식과 비교, 검토하기 위해 시험설계를 실시하였다.

2.4.1 시험설계조건의 개요

시험설계를 실시한 교량은 [그림 2.9]에 나타낸 3경간 연속 합성형교이다. 지간 분할은 60 m씩 등간격으로 하였다. 또한, 기본적인 구조는 앞서 기술한 아르보아교와 같게 하였다. 교축방향으로 도입된 프리스트레스힘은 사하중에 의한 전단력을 상쇄시킬 수 있는데, 이것은 절선상(折線狀)으로 배치한 외부케이블이 부담하고 또 설계하중에 대한 부족분은 하부상판 내에 직선으로 배치한 PSC케이블이 부담하게 된다. 또한, 이 교량의 시공은 지보공을 사용한 현장타설콘크리트 시공으로 가정하였다.

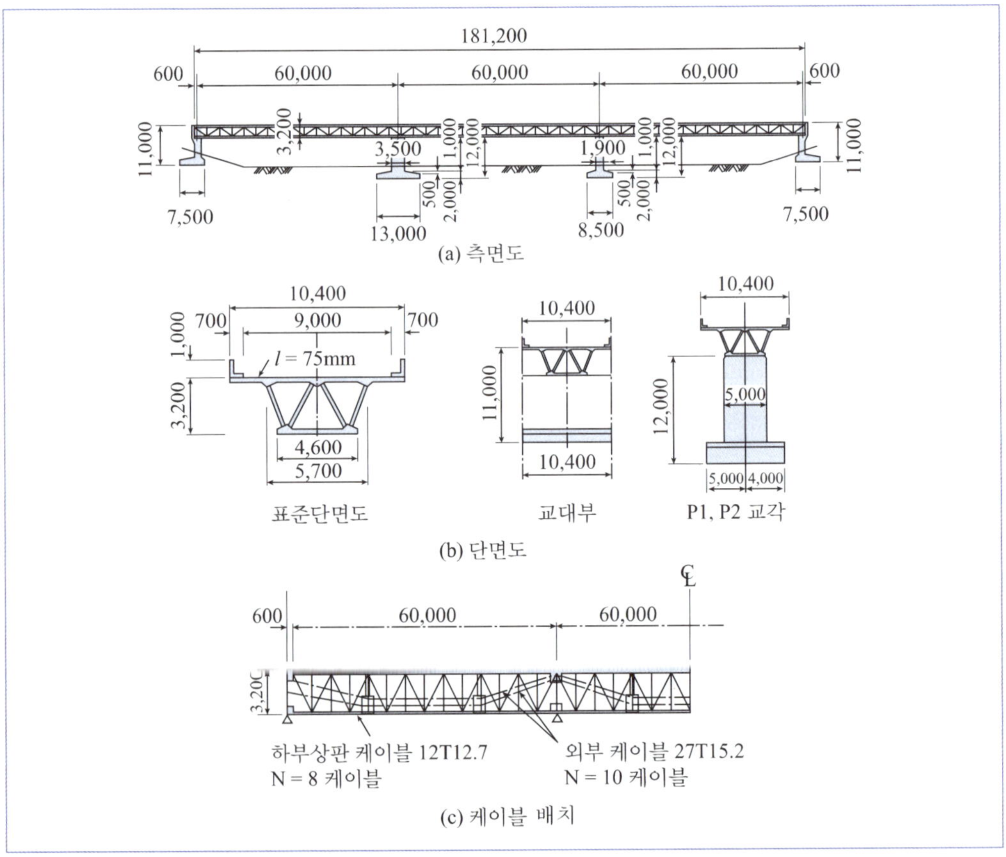

[그림 2.9] 시험설계를 실시한 모델교량

[표 2.1]에 주요 설계조건을 나타내었다. 그리고 [그림 2.9]에는 각부의 구조상세를 나타내었다.

[표 2.1] 설계조건

교량연장		181.200 m
지간		3×60.000 m
유효폭원		9.000 m
콘크리트		400 kgf/cm^2
PC 케이블	외부 케이블	SWPR7B 27K15.2 mm
	내부 케이블	SWPR7B 27K12.7 mm

2.4.2 구조해석

구조해석은 엄밀하게 입체프레임으로 해석해야하나 간단히 평면프레임모델을 사용하여 수행하였다. 또한, 트러스부재는 콘크리트부재인 상판부재와 강결되어 있다고 간주하였다. 해석은 사하중과 활하중, 그리고, 프리스트레스력의 영향을 조합하여 수행하였다.

형고와 지간의 비는 1/20 정도로 하고, 트러스부재의 폭과 길이의 비를 이보다 크게 잡아 강부재와 콘크리트부재의 휨강성을 비교한 결과 콘크리트부재의 휨강성이 강부재의 휨강성보다도 훨씬 컸다. 따라서 콘크리트부재인 상하부의 상판에 분배되는 단면력이 현저하게 커져서 강부재의 절점부에 휨모멘트가 생기지 않는 것으로 판명되었다. 또한, 본 형식의 교량인 경우에는 상판부재의 횡방향 응력에 대한 검토가 중요한 과제로 남아 있다. 엄밀하게 말하면 향후 판요소와 뼈대요소를 조합한 입체 FEM 등의 기법을 사용하여 해석할 필요가 있다.

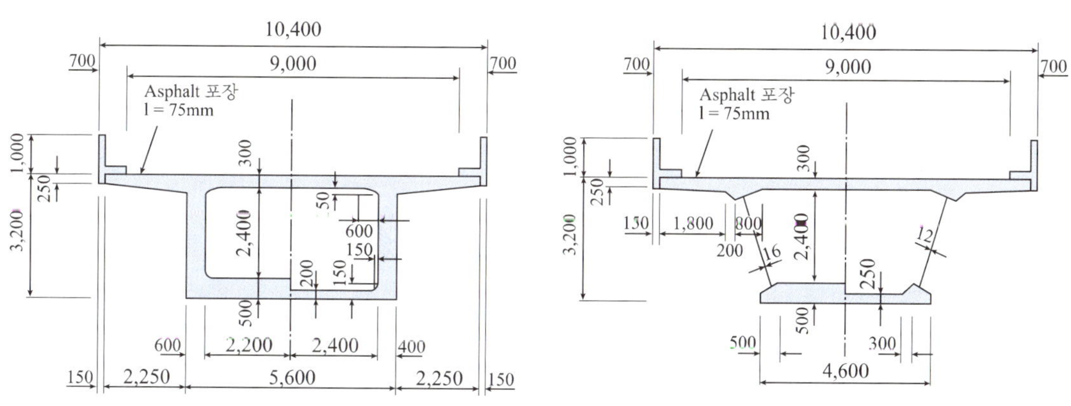

(a) PC 형교

(b) 복부에 파형강판을 사용한 합성형교

[그림 2.10] 시험설계 모델교량의 주형의 표준 단면

2.4.3 다른 형식과의 비교검토

여기서는 지간구성과 하중 등 설계조건을 같게 하여 ① 보통의 PSC거더교, ② 복부에 강판을 사용한 합성형교, ③ 복부에 강트러스를 사용한 합성형교 등의 세 가지 구조형식에 대하여 비교, 검토하였다. ①과 ②에 대한 주형의 표준 단면은 [그림 2.10]에 나타내었다.

시험설계로부터 얻은 각 형식의 주요재료의 수량을 [표 2.2]에 나타내었다. 여기서 PSC거더교의 경우 PSC강재는 보통의 콘크리트단면 내에 배치되는 내부케이블이고 상부상판은 횡방향으로 배치되는 PSC케이블이다.

[표 2.2] 주요재료 수량

항목		사양	단위	수량		
				PC강교	강판합성형교	트러스합성형교
콘크리트		$f_{ck}=400$ kgf/cm^2	m^3	1,346.0	879.0	963.0
거푸집			m^2	5,336.0	2,931.0	3,173.0
철근		SD350	t_f	134.6	87.9	192.6
PC 강재	주강재	27K15.2 mm	t_f	62.3	53.8	53.8
		12T12.7 mm	t_f	0	0	13.8
	상판	SBPR920/1,180ϕ32mm	t_f	19.8	38.5	0
	연직	SBPR920/1,180ϕ26mm	t_f	5.4	0	0
강재		SS400	t_f	5.4	112.3	69.7
공비 비율				1.00	1.05	1.00

이 시험설계에서는 복부에 트러스부재를 사용한 합성형교와 일반적인 PSC거더교의 경제적인 우위성은 거의 같았다. 그러나 프리스트레스 도입작업의 감소 또는 미관상의 특징 더욱이 PSC거더교에 비해 상부구조 중량의 감소라고 하는 [표 2.2]에는 나타나지 않은 이점이 있어 향후 실용적으로 사용될 가능성이 많다.

2.5 맺음말

이 형식은 일반적으로 지간장 50 m 정도의 중간 규모 교량에 적용될 수 있다. 시공에 있어서는 단순화 및 신속성을 위해 압출공법으로 하는 것이 적절할 것이다. 그러나 이 경우 압출시에 집중으로 작용하는 받침반력의 복부부재로 전달방법이 문제가 된다. 또한, 접합부에 있어서 응력집중에 대한 대책도 향후 연구해야 할 과제이다.

장대지간교량으로의 적용에 대해서는 [그림 2.11]에 나타낸 것처럼 사장교의 형식을 채택하는 것도 주형자중의 경감이라고 하는 점에서 유리한 구조형식이라 생각한다.

앞으로는 시공법에도 고유동(高流動)콘크리트 및 프리스트레스상판의 이용 등, 보다 새롭고 합리적인 공법개발과 시공기술의 향상을 착실히 추구해 나아가는 것도 본 형식의 교량의 장래를 위해 노력해야 하는 중요한 과제라 할 수 있다. 그리고, 복부에 트러스부재를 사용한 합성구조교량이 부재의 경량화와 외부케이블의 효율적 이용이라고 하는 구조적 특징에서 향후 우리나라에서도 발전이 예상되는 구조형식이다. 또한, 최근 우리나라에서도 교량의 미적설계가 중요시되고 있다. 이 점을 감안하면 미관상으로 독특한 본 형식의 교량이 이제부터 관심을 가져야 할 것이다.

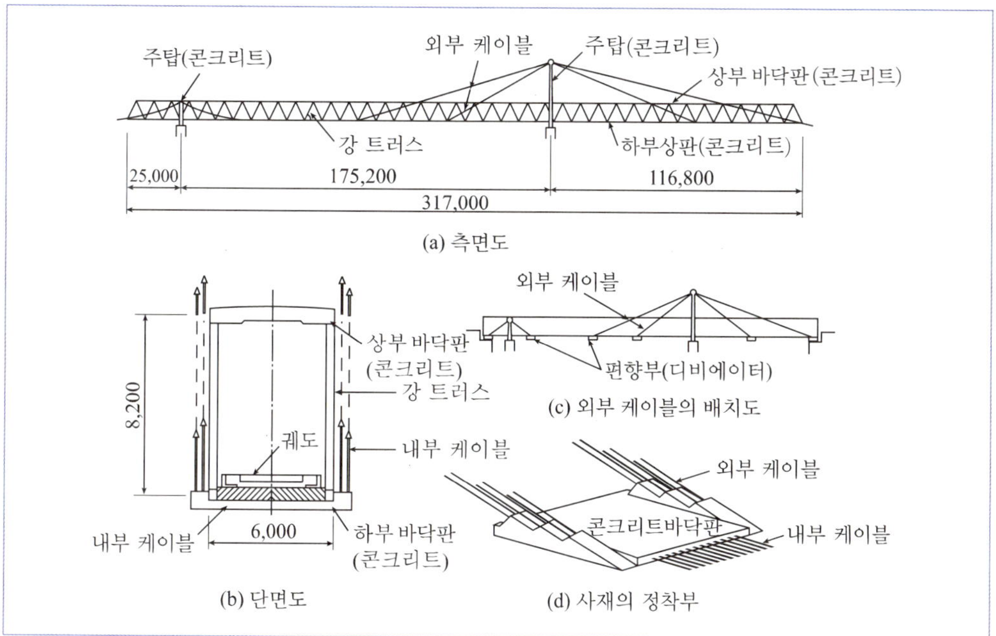

[그림 2.11] 타비이 제안한 사장교

참고문헌

1) Combault T. (1988). The Maupre Viaduct Near Charolles, France, Proc. of the AISC, National Steel Construction Conference, Miami, U.S.A., pp. 12.1-12.22.
2) 近藤昌康, 小林勤一, 清水洋一, 服部政昭 (1994.9). 波形鋼版 Web PC箱桁橋 新開橋の 設計と施工, 橋梁と基礎, Vol. 28, No. 9, pp. 13~20.
3) 島田靜雄 (1965.12). Rippie Web Girderによる 鋼版の せん斷試驗, 土木學會論文集 第124号, pp. 1~10.
4) 服部政昭, 大浦 陸 (1991.11). 波形鋼版 Webを 用いた PC單純桁の 一試設計, 第2回 Prestressed Concreteの 發展に 關する Symposium 論文集, pp. 53~58.
5) 入神久雄, 上平謙二 (1992.11). Webに 波形鋼版を 用いた ボックス桁の 力學的特性, 第3回 Prestressed Concreteの 發展に 關する Symposium 論文集, pp. 187~192.
6) 依田照彦, 大浦 陸 (1993.3). 波形鋼版 Webを 用いた 合成PC箱桁の ねじり特性について, 構造工學論文集, Vol.39A, 土木學會, pp. 1251~1258.
7) 猪股俊司 (88.2). Prestressされた 鋼, Concrete 組み合わせ 橋梁, Prestressed Concrete 技術講習會テキスト, pp. 1~21.
8) 泉 滿明 (1993). Prestressed Concrete 合成構造への Approach, Prestressed Concrete, Vol.35, No.2, pp.16~25.
9) Montens S. (1992.7~8). Le Pont Experimental sur la Roize, Travaux N678, pp. 28~45.
10) 川田工業(株) (1992.9). Franceにおける 鋼・Concrete 組み合わせ 橋梁, 社內資料.
11) Eibl J. (1990 June). On Some External Prestressed Bridges in Germany, Proceeding of FIP, Hamburg, B69~B74.
12) NCB 研究會編 (1996), 新しい合成構造と橋, 山海堂.

찾아보기

저자 : **이 명 우**

- 명지대학교에서 학위를 받고, 동명기술공단, 홍익기술단, 성보종합건설 등에서 설계 및 시공을 경험한 후, 명지과학기술대학교에서 강의하고 있음.
- 서울시, 경기도, 한국산업인력관리공단 등에서 출제 및 채점위원, 그리고 서울시, 경기도, 철도청, 철도시설공단, 철도공사, 조달청 등에서 기술자문 및 설계심사 등을 역임.
- 주요역서로 공업역학(보문당, 2002)이 있고, 주요저서로 『Computer를 이용한 구조물의 해석 및 설계(MJC & 한서기술단, 1997)』, 『교량의 해석 및 설계(문운당, 1999)』, 『응용역학(대가, 2011)』, 『구조역학(대가, 2012)』, 『응용역학(대영사, 2012)』, 『2015 한계상태설계법을 기본으로 한 콘크리트교설계(동화기술, 2017)』, 『매트릭스 컴퓨터 구조공학(동화기술, 2017)』, 『동적응답해석에 의한 내진설계내풍설계(씨아이알, 2017)』 등이 있음.

2015 한계상태설계법을 기본으로 한
강교 설계 정가 35,000원

발 행 2017년 3월 10일 초판 1쇄
저 자 이명우
발행인 정우용
발행처 도서출판 동화기술
경기도 파주시 광인사길 201(문발동, 파주출판도시)
Tel (031)955-4211~6 donghwapub@nate.com
Fax (031)955-4217 www.donghwapub.co.kr
(등록) 1977년 12월 19일/9-16호

Printed in Korea
ISBN 978-89-425-9122-0